U0301851

► 世界银行禽/人流感信托基金项目

"十二五"国家重点图书出版规划项目

世界兽医经典著作译丛

兽医流行病学研究

第2版

［加］Ian Dohoo Wayne Martin Henrik Stryhn 编著

刘秀梵 吴艳涛 宗序平 主译

中国农业出版社

Veterinary Epidemiological Research

By Drs. Dohoo, Martin and Stryhn

Originally published by VER Inc.

This edition is a translation, authorized by the original publisher.

The authors are not able to provide any guarantee as to the accuracy of the translation.

本书简体中文版由加拿大VER出版社授权中国农业出版社独家出版发行。本书内容的任何部分，事先未经出版者书面许可，不得以任何方式或手段复制或刊载。

著作权合同登记号：图字01-2010-8155号

图书在版编目（CIP）数据

兽医流行病学研究 ：第2版 ／（加）多赫
(Dohoo, I.)，（加）马丁 (Martin, W.)，（加）斯特恩
(Stryhn, H.) 编著 ；刘秀梵，吴艳涛，宗序平译. — 北
京 ：中国农业出版社，2012.7
（世界兽医经典著作译丛）
ISBN 978-7-109-15857-3

Ⅰ．①兽⋯ Ⅱ．①多⋯ ②马⋯ ③斯⋯ ④刘⋯ ⑤吴
⋯ ⑥宗⋯ Ⅲ．①兽医学：流行病学－研究 Ⅳ.
①S851.3

中国版本图书馆CIP数据核字(2011)第168226号

中国农业出版社出版

（北京市朝阳区农展馆北路2号）

（邮政编码100125）

责任编辑　邱利伟　黄向阳

北京通州皇家印刷厂印刷　　新华书店北京发行所发行
2012年7月第2版　2012年7月第2版北京第1次印刷

开本：889mm×1194mm 1/16　印张：42
字数：1050千字
定价：280.00元

（凡本版图书出现印刷、装订错误，请向出版社发行部调换）

本书作者

Ian Dohoo　　Wayne Martin　　Henrik Stryhn

本书译者

主译　刘秀梵　吴艳涛　宗序平

译者（以姓名笔画为序）

王志亮　方维焕　包静月　刘文博　刘华雷　刘秀梵

孙　伟　严　钧　李金明　李湘鸣　吴艳涛　吴清民

张志诚　宗序平　焦新安　戴国俊

《世界兽医经典著作译丛》译审委员会

顾　　问　贾幼陵　于康震　陈焕春　夏咸柱

　　　　　　刘秀梵　张改平　文森特·马丁

主任委员　张仲秋

副主任委员（按姓名笔画排序）

　才学鹏　马洪超　孔宪刚　冯忠武　刘增胜　江国托　李长友

　张　弘　陆承平　陈　越　徐百万　殷　宏　黄伟忠　童光志

委　　员（按姓名笔画排序）

　丁伯良　马学恩　王云峰　王志亮　王树双　王洪斌　王笑梅

　文心田　方维焕　田克恭　冯　力　朱兴全　刘　云　刘　朗

　刘占江　刘明远　刘建柱　刘胜旺　刘雅红　刘湘涛　苏敬良

　李怀林　李宏全　李国清　杨汉春　杨焕民　吴　晗　吴艳涛

　邱利伟　余四九　沈建忠　张金国　陈　萍　陈怀涛　陈耀星

　林典生　林德贵　罗建勋　周恩民　郑世军　郑亚东　郑增忍

　赵玉军　赵兴绪　赵茹茜　赵德明　侯加法　施振声　骆学农

　袁占奎　索　勋　夏兆飞　高　福　黄保续　崔治中　崔保安

　康　威　焦新安　曾　林　谢富强　窦永喜　雏秋江　廖　明

　熊惠军　操继跃

执行委员　孙　研　黄向阳

支 持 单 位

农业部兽医局　　　　　　　　　　　中国动物疫病预防控制中心

中国动物卫生与流行病学中心　　　　中国农业科学院兰州兽医研究所

中国农业科学院哈尔滨兽医研究所　　中国兽医协会

青岛易邦生物工程有限公司　　　　　哈尔滨维科生物技术开发公司

中农威特生物科技股份有限公司　　　大连三仪集团

中牧集团

《世界兽医经典著作译丛》总序

　　引进翻译一套经典兽医著作是很多兽医工作者的一个长期愿望。我们倡导、发起这项工作的目的很简单，也很明确，概括起来主要有三点：一是促进兽医基础教育；二是推动兽医科学研究；三是加快兽医人才培养。对这项工作的热情和动力，我想这套译丛的很多组织者和参与者与我一样，源于"见贤思齐"。正因为了解我们在一些兽医学科、工作领域尚存在不足，所以希望多做些基础工作，促进国内兽医工作与国际兽医发展保持同步。

　　回顾近年来我国的兽医工作，我们取得了很多成绩。但是，对照国际相关规则标准，与很多国家相比，我国兽医事业发展水平仍然不高，需要我们博采众长、学习借鉴，积极引进、消化吸收世界兽医发展文明成果，加强基础教育、科学技术研究，进一步提高保障养殖业健康发展、保障动物卫生和兽医公共卫生安全的能力和水平。为此，农业部兽医局着眼长远、统筹规划，委托中国农业出版社组织相关专家，本着"权威、经典、系统、适用"的原则，从世界范围遴选出兽医领域优秀教科书、工具书和参考书50余部，集合形成《世界兽医经典著作译丛》，以期为我国兽医学科发展、技术进步和产业升级提供技术支撑和智力支持。

　　我们深知，优秀的兽医科技、学术专著需要智慧积淀和时间积累，需要实践检验和读者认可，也需要具有稳定性和连续性。为了在浩如烟海、林林总总的著作中选择出真正的经典，我们在设计《世界兽医经典著作译丛》过程中，广泛征求、听取行业专家和读者意见，从促进兽医学科发展、提高兽医服务水平的需要出发，对书目进行了严格挑选。总的来看，所选书目除了涵盖基础兽医学、预防兽医学、临床兽医学等领域以外，还包括动物福利等当前国际热点问题，基本囊括了国外兽医著作的精华。

　　目前，《世界兽医经典著作译丛》已被列入"十二五"国家重点图书出版规划项目，成为我国文化出版领域的重点工程。为高质量完成翻译和出版工作，我们专门组织成立了高规格的译审委员会，协调组织翻译出版工作。每部专著的翻译工作都由兽医各学科的权威专家、学者担纲，翻译稿件需经翻译质量委员会审查合格后才能定稿付梓。尽管如此，由于很多书籍涉及的知识点多、面广，难免存在理解不透彻、翻译不准确的问题。对此，译者和审校人员真诚希望广大读者予以批评指正。

　　我们真诚地希望这套丛书能够成为兽医科技文化建设的一个重要载体，成为兽医领域和相关行业广大学生及从业人员的有益工具，为推动兽医教育发展、技术进步和兽医人才培养发挥积极、长远的作用。

农业部兽医局局长

《世界兽医经典著作译丛》主任委员　

译者序

　　《兽医流行病学研究》（Veterinary Epidemiologic Research）是由加拿大著名兽医流行病学家和生物统计学家Ian Dahoo，Wayne Martin和Henrik Stryhn三人合著的一部研究生用流行病学学科的综合性教科书，2003年第1版问世以来即受到读者广泛好评，2009年出版第2版，比第1版又有了新的扩充和提高。该书有如下几方面的特点：一是全面综合性，不仅全面介绍流行病学的基本原理，还详细描述各种流行病学方法、材料和内容为研究者所用；二是重点介绍设计和分析技术两方面的问题，对这些方法有全面而准确的描述，对其长处和不足有恰当的评价，为初学者也为行家在流行病学方法上引路；三是为各种流行病学方法提供现实的例子，所用的数据集在书中都有描述，所有举例都用Stata TM统计程序作了分析，将统计学和流行病学独特地结合起来，使对方法的学习变得更容易。

　　为了向国内读者介绍这本在国际上有广泛影响的兽医流行病学专著，提高我国兽医流行病学研究水平，促进我国动物疫病的防控和兽医公共卫生的发展，农业部兽医局、农业部对外经济合作中心以及中国农业出版社于2010年4月委托扬州大学刘秀梵教授牵头组织翻译《兽医流行病学研究》第2版，并成立了由扬州大学、中国动物卫生和流行病学中心、浙江大学和中国农业大学部分兽医流行病学和生物统计学专家共16人组成的翻译组。翻译组随即确定每一章的翻译人和审校人，通过大家的努力，于2010年9月中旬完成了初译稿，并在扬州大学召开审稿会，讨论初译稿中的问题和解决方法。会后各章译稿的审校人根据审稿会讨论的意见，对译稿进行修改，最后由刘秀梵、吴艳涛和宗序平统一审校。译校稿共100多万字，于2010年11月底交出版社。我们深深感到，中文版《兽医流行病学研究》翻译出版，时间紧、任务重，鉴于译者的水平所限，缺点、错误和疏漏之处一定不少，敬请读者批评指正。

　　《兽医流行病学研究》第2版中文版的顺利出版，首先要感谢农业部兽医局国际合作与科技处孙岩处长，出版中译本源于他的提议，他与原著作者Dahoo教授交流，促成该书引进，并从世界银行禽/人流感信托基金中争取到部分经费支持。我们还要对世界银行项目经理王世勇先生的支持，对农业部对外经济合作中心耿大力处长、谢东生副处长、储雪玲博士、范峥协调员的支持，表示感谢。前联合国粮农组织驻北京办事处贾贝贝女士，审读了部分初译稿，并提了很好的修改意见，在此对她深表谢意。最后我们衷心感谢中国农业出版社黄向阳主任和邱利伟副编审在本书出版过程中给予的关心和支持。

刘秀梵

二〇一二年一月

原著序

当6年前我应邀为《兽医流行病学研究》第1版作序时，我将这本书的出版看作是兽医流行病学学科不断成熟和成长的一个重要步骤。我们终于有了一本书，从中可以找到如何使用和解释流行病学方法——书中对调查研究的设计和分析技术有全面而准确的描述，对这些方法的优点和不足有恰当的评价。

6年来，本书很好地完成了它的使命，在全世界流行病学工作者的书架上处于中心位置。本领域的初学者和有经验的专家，都能很快从书中找到所关心的问题的答案，或者可以仔细而系统地阅读一整章以开阔视野、增加技能。总之，我们这个学科的专业人员都能从本书中获益。

在第1版中作者利用丰富的调查研究经验，介绍了兽医流行病学研究的大量方法。第2版又补充了新的章节，包括过去10年中变得相当重要的一些细分领域。我特别高兴地看到，空间流行病学、生存分析和贝叶斯分析在新版中均有详细介绍，而且很多研究方法也得到了加强。

流行病学工作者是重实际的人，可以通过实例学习，并从中获益。本书尽可能为各种方法提供现实的例子，并介绍如何去使用它们，使读者在流行病学学习中"如何"以及"为什么"变得更加容易。

在第1版的序中我曾写到："这是一本兽医流行病学学科的综合性教科书，作者独具匠心，为初学者同样也为行家在流行病学学习方法上引路"。第2版则更加全面，读者可以通过本书介绍的流行病学调查和研究的实际经验而得到提高。

我向所有涉足流行病学的人推荐这本书，作为你们书架上必备的工具书。

RS Morris 教授

CNZM，MVSc，PhD，FACVSc，FAmerCE，FRSNZ

Massey University Epicentre，Palmerston North，New Zealand

前言

《兽医流行病学研究》第2版在第1版诞生6年后问世了。第2版扩大了涉及范围，包括几个新的领域，因为它们对兽医流行病学工作者已变得越来越重要。此外，我们用第1版作为研究生的教材，发现很多领域如果描述得更详细、阐释得更清楚，将更加有益。另外，我们认为如果通篇的引用材料都完全注明来源出处，将对读者很有帮助，因此我们努力做到这点。如第1版一样，我们写第2版时，内容也在增加。我们试着在全面综合性与材料内容为研究者和研究生所用之间达到平衡。

对出版第2版的特别鼓励来自很多读者，他们提供了关于本书价值的很多正面评论。全世界使用这本书的确超过了我们的期望，我们要感谢读者，是你们使它获得如此成功。我们也已对提出很多建设性建议的第1版读者表示了感谢，并且把其中的很多建议体现在这一版中。

在评述本书的内容之前，我们认为应该首先回答我们收到的关于第1版最多的3个问题。

- 为什么书中2×2列联表的方向都是疾病为排，暴露为列？对这个问题的回答实际上第1版中就有（第671页词汇和术语）。我们觉得，《现代流行病学》（Rothman等，2008）是流行病学领域里的一本关键参考书，我们选择与他们的格式保持一致。

- 为什么书名中用Epidemiologic一词，而不用Epidemiological一词，按照《科学风格和格式——CSE作者、编者和出版者手册》（科学编者理事会—风格手册委员会，2006）上述两个词都是可以接受的。我们用Epidemiologic一词也是因为《流行病学研究：原理和定量方法》（Kleinbaum等，1982）这本书，我们认为它在流行病学方法发展的过程中影响巨大，而在它的书名中用的是Epidemiologic这个词。

- 为什么第1版书脊上书名的方向与我书架上其他书的刚好相反？这是我们的一个疏忽，在这一版我们已作了改正，与传统保持一致。

本书重点介绍设计和分析两方面的问题。总体结构与第1版一样。第1章到第6章聚焦流行病学基本原理，与第1版相比最大的改变是第5章的内容增加（筛检和诊断试验），这反映了在过去6年中在评价试验方法方面已有了实质性的提高。在这一篇中所有其他章节内容上都有一些扩展。

如第1版那样，第7～11章重点介绍观察研究和临床试验研究设计问题。这一版最大的变化是：所有章节都有更广泛的引用文献，第11章（临床试验）内容有大的扩展。此外，对过去10年中关于流行病学工作者需要充分报告其研究发现有很多讨论（这样做有助于将来有高质量的研究设计），在相关章节概括性地介绍。

第14～19章介绍一系列多变量模型，增加了新的信息，但最大的变化是在第19章（生存数据建模）。在兽医流行病学中时间一对一事件数据的分析增加很多，我们想对这个专题提供更全面的介绍。

如第1版那样，第20～23章处理聚集数据问题，但内容已被更新并作了较大的结构调整。第20章包括了更多的聚集影响的内容，并合并了原先第23章的一些材料。现在的第23章对分析重复测量数据提供了更充分的描述。

第24～30章在原有章节基础上又补充和更新了部分内容。新的章节包括：贝叶斯分析介绍（第24章）、空间数据提交和分析两章（第25、26章）和传染病流行病学概念（第27章）。另外，荟萃分析（第28章）的范围也有较大扩展。

为了给新增加的章节腾出一些地方，需要对第1版的有些内容作改变和删除，这些删除的内容可从http://www.upei.ca/ver获取。

如第1版一样，我们在这一版中也使用了很多实例。在这些实例中所用的所有数据集，在书中都有描述（第31章），并且可以通过本书的网址获取。事实上所有的实例都已用统计程序StataTM作了分析。该程序将统计学和流行病学工具独特地结合起来，我们在教学中广泛地使用它。本书通篇用Stata程序的第10版本，虽然在本书付梓之前不久第11版本已问世。为了充分利用第11版本的特性，本书中使用的一些程序文档的刷新将会及时加到网站上。

我们希望第2版《兽医流行病学研究》对你的学习和研究有所帮助。

Ian Dohoo，Wayne Martin，Henrik Styhn

这是一本流行病学学科的综合性教科书。

谨以本书献给在整个流行病学事业中不断挑战并鼓舞我们的全体研究生；同时，献给我们的家人，是他们的支持才使我们投入更多的精力来完成本书。

致谢

正如前言中所说，很多人对本书第1版提出了建设性的反馈意见，我们非常感谢他们。然而，有一个人需特别提一下，他就是墨尔本大学的Gary Anderson。过去5年，Gary对第一版提供了很多有价值的反馈，对此我们非常感谢。因此，我们在写第2版时，邀请Gary审阅一些分析性的章节，他爽快地答应了，并做得很好。再次对他的重要贡献深表谢意。

我们相信，通过提供很多"真实"数据集，既可用于举例又可用于样本习题，大大提升了本书的价值。所有人描述的数据集在第31章均已列出，对提供数据集的人在这里不一一列举，对他们的贡献一并致谢。

把本书中的材料放在一起写成一本书，既是一个学习过程，也有很多乐趣。我们对Margaret MePike深表感谢，她做了本书编辑、校对和格式化的全部工作。还要感谢Gregory Mercier设计的封面。同时，感谢Stata公司的Bill Rising，他审阅了有关分析方法的很多章节，并且提供了建设性的反馈意见，尤其是在本书网址上可查找的程序文档（Stata-do-files）方面。

目录

《世界兽医经典著作译丛》总序
译者序
原著序
前言

第1章 引言和病因概念................1

1.1 引言 2
1.2 多病因概念简史 2
1.3 科学推断简史 4
1.4 流行病学研究的关键要素 6
1.5 寻找病因 7
1.6 病因（因果）模型 8
1.7 单一暴露因果关系的反事实概念 ...13
1.8 因果关系的实验证据和观察证据 ...15
1.9 构建因果关系图 17
1.10 病因推断准则 18
参考文献 21

第2章 抽样........................25

2.1 引言 26
2.2 非概率抽样 28
2.3 概率抽样 28
2.4 简单随机样本 29
2.5 系统随机样本 29
2.6 分层随机样本 29
2.7 整群抽样 29

2.8 多阶抽样 30
2.9 靶向（基于风险的）抽样 31
2.10 调查数据分析 32
2.11 样本容量的确定 34
2.12 检测疾病的抽样 40
参考文献 41

第3章 调查问卷设计................43

3.1 引言 44
3.2 问题的设计 45
3.3 开放式提问 46
3.4 封闭式提问 46
3.5 调查问卷的措辞 48
3.6 调查问卷的结构 49
3.7 预先测试调查问卷 50
3.8 调查问卷的验证 50
3.9 问卷应答率 51
3.10 资料编码和整理 51
参考文献 52

第4章 疾病频率的度量..............55

4.1 引言 56
4.2 计数、比例、比数和率 56
4.3 发生（率） 57
4.4 计算风险 57
4.5 计算发生率 58

4.6　风险与率的关系 …………………… 59

4.7　现患率 …………………………………… 60

4.8　死亡统计 ……………………………… 62

4.9　疾病频率的其他测量指标 ……… 62

4.10　标准误和置信区间 ……………… 62

4.11　风险和率的标准化 ……………… 63

参考文献 …………………………………… 66

第5章　筛检试验与诊断试验 …………… 67

5.1　引言 …………………………………… 68

5.2　试验自身属性 ……………………… 68

5.3　试验检测疾病或健康的能力 …… 74

5.4　预测值 ………………………………… 76

5.5　试验结果为连续尺度的解释 …… 78

5.6　多重试验的应用 …………………… 83

5.7　诊断试验的评价 …………………… 85

5.8　无金标准时的评价 ………………… 87

5.9　试验评价的其他考虑 ……………… 91

5.10　样本大小的要求 …………………… 92

5.11　群体水平试验 ……………………… 92

5.12　混合样本使用 ……………………… 95

参考文献 …………………………………… 96

第6章　联系的度量 …………………… 101

6.1　引言 ………………………………… 102

6.2　联系的度量 ………………………… 102

6.3　效应度量 …………………………… 105

6.4　研究设计和联系度量 ……………… 107

6.5　假设检验和置信区间 ……………… 107

6.6　联系度量的多变量估计 …………… 111

参考文献 ………………………………… 112

第7章　观察性研究导论 ………………… 113

7.1　引言 ………………………………… 114

7.2　试验设计的统一方法 ……………… 115

7.3　描述性研究 ………………………… 117

7.4　观察性研究 ………………………… 118

7.5　现况研究 …………………………… 118

7.6　重复的现况研究与队列研究 ……… 121

参考文献 ………………………………… 122

第8章　队列研究 ……………………… 125

8.1　引言 ………………………………… 126

8.2　研究组群 …………………………… 127

8.3　暴露 ………………………………… 128

8.4　保证暴露组和非暴露组的可比性 … 130

8.5　追踪期 ……………………………… 131

8.6　度量结局 …………………………… 131

8.7　分析 ………………………………… 132

8.8　队列研究报告 ……………………… 132

参考文献 ………………………………… 134

第9章　病例-对照研究 ……………… 137

9.1　引言 ………………………………… 138

9.2　研究的基础群体 …………………… 138

9.3　病例序列 …………………………… 139

9.4　对照选择的原则 …………………… 139

9.5　基于风险设计的对照选择 ………… 140

9.6　基于率设计的对照选择 …………… 141

9.7　对照的其他来源 …………………… 144

9.8　每一病例的对照数目 ……………… 145

9.9　对照组的数目 ……………………… 145

9.10　暴露和协变量的评估 ……………… 146

9.11　维持病例和对照的可比性 ……… 146

9.12　病例-对照的数据分析 …………… 146

9.13　病例-对照研究报告指南 ………… 147

参考文献 ………………………………… 147

第10章　混合研究设计 ………………… 149

10.1　引言 ………………………………… 150

10.2　病例交叉研究 ……………………… 150

10.3　病例-病例研究 …………………… 152

10.4　病例-序列研究 …………………… 153

10.5　病例-队列研究 …………………… 154

10.6　单纯病例研究 ……………………… 155

10.7　两阶抽样设计 ……………………… 156

参考文献 157

第11章　对照研究（临床试验）.........159

11.1　引言 160

11.2　目的 161

11.3　研究组群 162

11.4　研究动物的分配 165

11.5　确定具体干预 167

11.6　盲法 167

11.7　跟踪/遵从 168

11.8　度量结局 169

11.9　分析 169

11.10　传染性病原预防的临床试验设计 ...171

11.11　伦理考虑 173

11.12　报告临床试验 174

参考文献 175

第12章　观察性研究的真实性 179

12.1　引言 180

12.2　选择偏倚 180

12.3　选择偏倚举例 182

12.4　减少选择偏倚 187

12.5　信息偏倚 188

12.6　分类错误偏倚 189

12.7　纠正错误分类的验证研究 194

12.8　度量误差 194

12.9　暴露代用度量的误差 195

12.10　信息偏倚对样本大小的影响 196

参考文献 196

第13章　混杂：检测和控制 199

13.1　引言 200

13.2　数据分析前混杂的控制 202

13.3　混杂因素匹配 202

13.4　倾向记分匹配 206

13.5　检测混杂 208

13.6　混杂的分析控制 212

13.7　控制混杂和估计因果效应的其他方法 217

13.8　控制混杂的多变量建模 221

13.9　控制混杂的工具变量 222

13.10　未度量混杂因素的外部调整和
　　　敏感性分析 223

13.11　理解因果关系 224

13.12　外来变量的总效应 232

参考文献 233

第14章　线性回归 237

14.1　引言 238

14.2　回归分析 238

14.3　假设检验和效应估计 240

14.4　X变量的性质 244

14.5　高度相关（共线性）变量的检测 248

14.6　交互作用的检测和建模 250

14.7　多变量线性模型的因果解释 251

14.8　最小二乘模型的评价 253

14.9　主要假设的评价 256

14.10　个体观察值的评价 262

14.11　时间序列数据 266

参考文献 268

第15章　建模策略 269

15.1　引言 270

15.2　建模步骤 270

15.3　建立因果模型 271

15.4　减少预测变量的数目 272

15.5　缺失值问题 276

15.6　连续预测变量的效应 277

15.7　确定有关的交互项 282

15.8　建立模型 283

15.9　模型的可靠性评价 287

15.10　结果表述 287

参考文献 289

第16章　Logistic回归 291

16.1　引言 292

16.2　Logistic模型 292

16.3　比数和比数比 293

16.4　拟合logistic回归模型 293

16.5　logistic回归假设 294

16.6　似然比统计量 295

16.7　Wald检验 296

16.8　系数的解释 296

16.9　交互作用和混杂的评价 300

16.10　建模 301

16.11　广义线性模型 302

16.12　评价Logistic回归模型 303

16.13　样本大小 311

16.14　精确logistic回归 311

16.15　配对研究的条件logistic回归 312

参考文献 315

第17章　等级数据和多项数据建模 317

17.1　引言 318

17.2　模型概述 318

17.3　多项Logistic回归 321

17.4　等级数据建模 324

17.5　比数比模型（累计约束Logit模型） 325

17.6　相邻类别模型 328

17.7　连续比模型 329

参考文献 330

第18章　计数数据和率数据的建模 331

18.1　引言 332

18.2　Poisson分布 333

18.3　Poisson回归模型 334

18.4　系数解释 334

18.5　评价Poisson回归模型 336

18.6　负二项回归 338

18.7　零计数问题 342

参考文献 346

第19章　生存数据建模 349

19.1　引言 350

19.2　非参数分析 354

19.3　精算寿命表 354

19.4　生存函数Kaplan-Meier估计 355

19.5　累积危害函数Nelson-Aalen估计 358

19.6　非参数分析的统计推断 358

19.7　生存函数、寿终函数和危害函数 360

19.8　半参数分析 364

19.9　参数模型 378

19.10　加速寿终时间模型 381

19.11　脆弱模型与聚集 384

19.12　多结果事件数据 389

19.13　离散时间生存分析 391

19.14　生存分析的样本容量 394

参考文献 395

第20章　集群数据简介 397

20.1　引言 398

20.2　由数据结构引起的集群 398

20.3　集群数据的效应 402

20.4　集群影响的模拟研究 405

20.5　处理集群的方法引论 407

参考文献 413

第21章　连续型数据的混合模型 415

21.1　引言 416

21.2　线性混合模型 416

21.3　随机斜率 421

21.4　关联效应 424

21.5　线性混合模型的统计分析 425

参考文献 433

第22章　离散数据的混合模型 435

22.1　引言 436

22.2　随机效应Logistic回归 436

22.3　随机效应Poisson回归 439

22.4　广义线性混合模型 441

22.5　广义线性混合模型的统计分析 446

22.6　离散数据集分析的总结 453

参考文献 454

第23章　重复测量数据 …………………… **457**

23.1　引言 …………………………………458

23.2　重复测量数据的单变量和多变量方法……459

23.3　有协相关结构线性混合模型 …………464

23.4　不连续重复测量数据的混合模型 ……469

23.5　广义估计方程 …………………………472

参考文献 ………………………………………476

第24章　贝叶斯分析介绍 ………………… **479**

24.1　引言 …………………………………480

24.2　贝叶斯分析 …………………………480

24.3　马尔可夫蒙特卡罗（MCMC）估计 ……483

24.4　MCMC估计的统计分析 ………………486

24.5　贝叶斯和MCMC模型的拓展 …………489

参考文献 ………………………………………495

第25章　空间数据分析：引言和
**　　　　可视化** ……………………… **497**

25.1　引言 …………………………………498

25.2　空间数据 ……………………………498

25.3　空间数据分析 ………………………500

25.4　附加语 ………………………………505

参考文献 ………………………………………507

第26章　空间数据分析 ………………… **509**

26.1　引言 …………………………………510

26.2　空间数据统计分析的特异问题 ………510

26.3　探查性空间分析 ……………………512

26.4　全局空间聚集 ………………………518

26.5　局部空间聚集检测 …………………523

26.6　空间-时间联系 ……………………525

26.7　建模 …………………………………528

参考文献 ………………………………………532

第27章　传染病流行病学概述 ………… **535**

27.1　引言 …………………………………536

27.2　感染与疾病 …………………………537

27.3　传播 …………………………………538

27.4　传染病传播的数学模型 ………………539

27.5　R_0和其他传染病参数的估计 …………543

参考文献 ………………………………………551

第28章　系统评述和荟萃分析 ………… **553**

28.1　引言 …………………………………554

28.2　叙述性评述 …………………………554

28.3　系统评述 ……………………………555

28.4　荟萃分析概述 ………………………557

28.5　固定效应模型和随机效应模型 ………559

28.6　结果表述 ……………………………561

28.7　异质性 ………………………………561

28.8　发表偏倚 ……………………………568

28.9　有影响力的研究 ……………………570

28.10　结果尺度和数据问题 ………………570

28.11　观察性研究的荟萃分析 ……………573

28.12　诊断试验的荟萃分析 ………………574

28.13　荟萃分析应用 ………………………575

参考文献 ………………………………………575

第29章　生态学与组群水平研究 ……… **579**

29.1　引言 …………………………………580

29.2　组群水平研究的原理 ………………580

29.3　生态变量的类型 ……………………581

29.4　生态研究中与建模方法相关的问题 ……582

29.5　与推断有关的问题 …………………583

29.6　生态偏倚的来源 ……………………583

29.7　非生态组群水平研究 ………………586

参考文献 ………………………………………589

第30章　结构化数据分析方法 ………… **591**

30.1　引言 …………………………………592

30.2　数据收集 ……………………………592

30.3　数据编码 ……………………………592

30.4　数据输入 ……………………………593

30.5　文档跟踪 ……………………………593

30.6　变量跟踪 ……………………………594

30.7　程序式与交互式数据处理 ……………594

30.8　数据编辑 594

30.9　数据验证 596

30.10　数据处理—结果变量 596

30.11　数据处理—预测变量 596

30.12　数据处理—多水平数据 597

30.13　无条件联系 597

30.14　分析跟踪 597

第31章　数据集描述 **599**

词汇和术语 **638**

引言和病因概念

刘秀梵 译　方维焕 校

◤ 目的

阅读本章后，你应该能够：

1. 从流行病学观点解释疾病和科学推断因果思想的历史；

2. 解释病因组分模型的基础和这种观念如何帮助解释疾病联系的度量和因果因素所解释的疾病比例；

3. 解释因果网模型；

4. 描述病因假设概念和用它来理解疾病因果关系和估计因果效应；

5. 解释观察研究和现场实验如何估计因果效应和这些效应如何与病因假设模型和病因–组分模型产生关系的；

6. 根据你感兴趣的研究领域构建一个逻辑因果图，作为研究设计和分析的指南；

7. 将一套因果标准应用于你自己的研究，并帮助你解释已发表的文献，计划未来的研究。

1.1　引言

　　流行病学主要与疾病预防有关，因此也与"导致特定类型个体暴露于特定类型环境的连续事件"有关（即暴露）（MacMahon和Pugh，1970）。所以流行病学工作者努力确定这些暴露和评价它们与各种有意义结果（如健康、福利和生产力）的联系，以改善动物及其所有者的生活。因此，本书是关于联系的书：可能是自然界因果关系的联系，也可能是这样一些联系，即一旦确定就能用来改善动物的健康、福利和生产力，改善动物源食品质量和安全。暴露和结果之间的联系作为涉及动物和所在环境所有方面的复杂关系网的一部分。因此，为了达到此目的，流行病学工作者不断努力改善研究设计和数据分析，以使这种关系网得到最好的描述，只有在现场条件下（真实世界）研究这些联系，才能逐步理解这种关系网。

　　作为开始，回顾一下多种相互关联病因（暴露）观念的历史是有用的（参阅Rothman等，2008）。这种回顾可以知道现在的疾病因果观念是怎么来的，将来可能要向哪里发展。因为我们要鉴别的可能是因果联系，所以回顾与因果推理相关的科学哲学领域是合适的。在简要评述以后，我们将介绍兽医流行病学研究的关键组分，讨论一些疾病因果关系的最新观念，目的是为深入理解流行病学原理和方法打基础。

1.2　多病因概念简史

　　流行病学是建立在"原因（暴露）和后果（健康事件）是复杂关系网的一部分"这一观念的基础上。因此，流行病学家认为，几乎每一种后果都有多种原因，而一个原因可能有多种效果。这一观点并不为所有动物卫生研究者所接受。在当代，对一些疾病遗传成分有了深入的了解，医学和兽医学研究的重点放在具有直接因果关系的致病因子和它们如何与宿主的遗传组成相互作用。如Diez-Roux（1998b）所指出的，遗传异常是很多疾病的重要前导，就保持健康而言，现实的问题是，我们现在的环境暴露和生活方式（动物管理）导致遗传缺陷的程度，以及这些暴露和生活方式允许特定的遗传式样完成充分原因的程度（"充分原因组分"的概念将在1.6.1中讨论）。

　　从历史观点看，接受多种相互作用病因的观念是有起落的，依据某一时代主流的因果标准而定。但是这种观念可追溯到公元前400年，当时希腊医生Hippocrates写了一本名为《空气、水和方位》的书。他指出，要懂得人群的健康，应注意环境的特点。他在书中表达了很强的多病因观念，认为环境中的暴露因子是疾病的重要原因。他还谈到居民的生活方式也是健康状态的关键决定因素，进一步扩展了"因果关系网"。尽管如此，他的环境和生活方式与发生疾病有关的观点仅延续了短时间，公元5-1750年，体液不平衡学说（个体内的事件）占据病因理论的主导地位（Schwabe，1982）。

　　1750-1885年期间，疾病因果关系的多因素理论重新回头，人为造成的环境污秽被认为是疾病的主要原因，流行的病因是疾病由瘴气所致。在19世纪中叶John Snow做水污染的研究时，确定了霍乱的病因（Frerichs，2009）。他敏锐观察到健康工人之间没有疾病传播，霍乱流行有一定的地理分布，并且使用自然实验和设计的实验来验证一系列观察研究的发现，联合这些研究结果他得出关于霍乱传播的正确结论，即霍乱是通过排污水污染饮用水源而传播的。值得一提的是，他的结论大约是在发现霍乱弧菌的30年之前作出的，因此证明了一条重要的原理：疾病可以在不知道它的直接病原体时就能被防止。

　　几年之后（即1880-1890年），Daniel Salmon和Frederick Kilborne确定一种昆虫媒介（具环方头蜱）与牛的得克萨斯热有关，其直接病原体（双芽巴贝斯虫）直到多年之后才被发现（Schwabe，

1984）。其开始的联系是基于疾病和该蜱的自然范围之间的地理分布相近。他们的发现第一次证明了一种寄生虫在传播前需要在一种媒介昆虫中发育。他们的工作也为在知道真正的病原体之前就进行疾病控制提供了依据。因此，在这一时期（19世纪80年代中后期）具体疾病问题的病因研究聚焦于环境中的多种因素，但比Hippocrates讨论过的更具体。

19世纪后期至20世纪中期多病因观念又被淹没，寻找特异病原体（通常为微生物）主导了医学研究。这个微生物的黄金年代导致很多成功的控制方法，包括大规模检测、免疫、特异治疗以及媒介控制（例如疟疾的蚊虫媒介）。事实上，很多特异传染病的成功控制，意味着到20世纪中期，在发达国家中，人的慢性、非传染性疾病已成为引起发病和死亡相对来说更重要的原因。早先就已认识到，单个病原体不可能引起这些慢性疾病，因此启动了大规模的基于群体的研究，检查这些疾病的多个病因。例如，Framingham的心脏研究成为1949年开始的人类健康长期监测和病因研究的先锋。此后不久，开始出现吸烟和肺癌的观察性研究，这引发了很多关于因果推导的讨论（Berlivet，2005）。大规模的基于群体的动物健康研究也在兴起。在1957年，美国启动了对奶牛业疾病和衰老的全国性调查。后来这些调查方法由它们的作者作了评论（Leech，1971）。因此，20世纪60年代初在人和动物的健康研究中，复杂因果网的观念重新抬头。

20世纪70年代，疾病的多个相互作用的原因重新作为疾病因果关系的主要观念。依据从微生物革命得来的知识，病原体—宿主—环境因果关系三联体的观念已出现于一本早期的流行病学教材（MacMahon和Pugh，1970）中。在这种概念模型中，需要很多病因组分凑到一起（先后出现或同时出现）才能产生疾病。后来这种能产生疾病的病因复合体被称为充分原因，据此认为大多数的疾病都有很多充分原因。除了多个病因之外，组分病因模型不限于在同一水平组织上有所有的病因因素。用于描述这些观念的一个传统兽医例子是家禽的黄腿病。当带有特定遗传缺陷的家禽（一种个体——水平的因素）喂玉米时（通常为群体水平的因素），它们的皮肤和腿颜色变黄。如果所有的家禽都喂玉米，那么疾病的原因是遗传缺陷；但是，如果所有的家禽都有遗传缺陷，那么疾病的原因似乎就是饲料。事实上，两种因素都需要，除去遗传缺陷或改变饲料，或者两者，都能防止疾病，视具体情况而定。

20世纪70年代是对因果关系研究的高峰期（Kaufman和Poole，2000）。Susser关于因果关系思考的书于1973年出版（可惜，它再未重印）。3年后Rothman发表了必需原因和充分原因的观念，接着Susser（1977）提出一整套帮助评估因果关系的准则。这一时期也开始对动物疾病作大规模的监控（Ingram等，1975）。在使用动物作为环境监测岗哨观念的基础上，启动了连接跨越北美的兽医学院在兽医数据项目方面的数据库。事实上大规模的主动监测已成为疾病防控的基石（Schwabe，1993）。

20世纪80年代似乎是个平静的年代，因为没有提出重要的因果新观念。因此，前面提到的因果关系网限于研究个体水平，聚焦于生物学障碍的直接因果因素。在20世纪90年代，渐成说（epigenesis）作为一种多变量因果关系的正式模型被提出来，试图把因果结构明确连接到观察的疾病风险上（Koopman和Weed，1990）。虽然该建议被证明是有意义的，但后来认识到这种方法所受到的限制，并且这种方法仍然仅是一种观念。

20世纪90年代中期以来，对过度关注把个体作为研究和分析单元，医学流行病学工作者已有很多反思的著作。我们将不详细评述这些辩论，因为有关这些问题的讨论已出版了专著（Diez-Roux，1998a；Diez-Roux，1998b；McMichael，1999）。显然，只要可能，在确定的生态系统中，具有社会、物质、生物学特性的元素应包括在每一项研究之中。关注的单元从个体到组群（窝、栏、棚），农场/家庭，村庄/乡镇，流域或较大的生态系统。这样，流行病学研究深深根植于这样一种理念中，即疾病发生和疾病预防与多种相互关联的病因因素有关。这种理念的基础由于在建立流行病学研究方法学方面取得实质性进展而得到支持。而这些方法学正是本书的主要内容。

在21世纪第一个10年中，在兽医学和流行病学方面发生的最明显改变是对世界健康重申"一个医学"方法。Schwabe于1991年对兽医公共卫生的早期历史作了评述。历史上很多人对提出"一个医学方法"（One Medicine Approach）做过贡献，例如加拿大医生William Osler和德国病理学家Rudolf Virchow。更近一些做出贡献的人也包括Jim Steele博士（Steele，2008）。但我们的意见是，Calvin Schwabe博士是这方面最强有力的兽医领导人，他的经典著作《兽医学和人类健康》（Schwabe，1984）是这方面独一无二有价值的资料来源。自那以后"一个医学"的观念已得到延续和扩大（Cardiff等，2008；Franco等，2004；King等，2008；Pappaioanou，2004；Van Knapen，2000）。"一个医学"的运动，在全世界发生很多严重疾病爆发后似乎得到了动力，这包括牛海绵状脑病（BSE）流行，重症急性呼吸道综合征（SARS）和H5N1禽流感流行。在2005年11月，《兽医记录》（The Veterinary Record）和《英国医学杂志》（British Medical Journal）同时发表探讨兽医和医学行业如何合作使双方互相获益的问题。在2006年美国医学会和美国兽医学会批准了支持"一个医学"或"一个健康"途径的决定，在两个行业之间架起桥梁。流行病学对支持这个运动的重要性是显而易见的。在写这本书的时候（2009），可靠的流行病学研究对帮助我们理解像流感这样的人兽共患病的重要意义已反复得到了印证。

1.3 科学推断简史

流行病学主要依靠观察研究以确定出暴露和结果之间的联系。这完全是出于实际。很多与健康相关的问题不能在可控制的实验室条件下研究。这可能是由于我们在实验动物制造疾病的能力，对引起实验动物疾病和使其受苦的伦理关注，和在实验室条件下在其自然宿主中研究疾病的费用等诸多限制。最重要的是，如果我们想要理解在其自然状态影响动物的复杂关系网，那么我们就必须在该状态去研究它们。这就需要流行病学研究，而这些研究中的推理主要依据归纳推理。

因果推断的哲学讨论似乎主要限于一些领域，其中观察（在其中我们试图辨别原因）而不是实验（在其中我们试着辨别或显示效果）是主要的研究方法。虽然实验研究途径是很有力的，即使是设计得最好的实验结果，我们也不能认为是绝对可靠的。但是最近的讨论已包括鉴定和理解复杂系统中因果因素的途径（De Vreese，2009；Rickles，2009；Ward，2009）。尽管如此，因为流行病学工作者主要依赖观察研究和现场实验进行大多数的研究调查，所以有必要简略评述一下科学推理的基础。流行病学是实用的科学，我们的活动在于促进健康和预防疾病，正如Schwabe 2004年所指出的那样，预防疾病的关键是鉴定出致病因素，可以控制它们，而不管它们在哪一级组织作用。对因果推断哲学更完整的评述在其他专著中可以找到（Aiello & Larson，2002；Weed，2002；White，2001）。下面介绍科学推断简史。

归纳法推断是根据重复的观察做出关于因果关系一般化推断的过程。简单地说是从仔细记录和分析的观察中得出关于自然状态结论的过程。法兰西斯·培根（1620）第一个提出归纳法推断作为从观察到一般自然定律作一般化处理的方法。这里介绍两个例子。例一是John Snow在19世纪中期爆发霍乱时的观察，他作了关于该病传播机制的正确推断。例二是Edward Jenner关于得牛痘的挤奶女工不生天花的观察，推断出牛痘可以预防天花的结论。这转而又导致研发出粗制的牛痘疫苗，1796年在做人体试验时被证明有效。这两个都是归纳推理用于重要健康问题引人注目的例子。1843年John Stuart Mill提出了归纳推理的一套规则。实际上Mill规则是我们关于引起疾病的必要或充分病因组分观念的来源

（White，2000）。

人类和动物健康的重要进展建立在归纳推断的基础上，因此很容易鉴定出来，而演绎推断的支持者对归纳逻辑的哲学基础（或缺乏）一直持批评态度。David Hume（1940）提出"归纳推断没有逻辑力量"。他进一步指出"我们不能想象一个因果关系仅根据一系列事件"来确定。每天公鸡鸣叫后日出，这是事实，但不能由此得出结论，公鸡鸣叫引起了日出。他进一步注意到两个事件的多次重复发生可以与一个有关因果关系的假设相一致，但并不证明它就是真的。Bertrand Russell（1872-1970）继续对归纳推断的局限性展开讨论，把它称之为"推断结果的谬论"（在这过程中，可能含有这样的意思：例如存在A，则B就发生；因此B存在，则A必定已经存在）。

演绎推断的过程是，存在一个一般性的"自然定律"，把它用于一个具体的或局部的例子。该过程开始于假设一个"自然规律"，然后进行观察，以证明或否定假设。在20世纪有关因果推断思想的最大变化归因于Karl Popper，他指出科学假设决不能被证明或评价为真的，但证据可表明它们是错的。这个哲学被称为反驳主义（refutationism）。依据Popper氏哲学，科学家不应收集数据去试验和证明假设（不管怎么说，Popper认为假设是不可能的），但科学家应该试验证明他们的理论是不对的；这仅用一次观察就可完成。当一个假设一经被证明是不对的，则得到的信息可用于建立一个修改的假设，它应再次经受严厉的反证。Popper认为，只有通过证明假设是不对的，我们才能取得科学进步。这个部分理由是，当进行统计分析时，我们通常形成零假设（即一个因子与一个结果没有联系），并且如果我们的数据与假设不一致，我们可以接受另一种假设（即该因子与该结果有联系）。这样，在演绎推断中，目前的规范是去推测，然后去否定该推测。使用Popper氏方法的主要优点是它帮助缩小流行病学研究的范围，而不是用数据挖掘"风险因子"的方法。它建议我们仔细评审我们已经知道的，然后形成一个明确的假设，而这个假设是可以用合理量的数据来检验的。在前面一种方法中，我们经常产生长达很多页的调查表，而在后一种方法中，所需的信息受到更多的限制并且高度聚集于否定假设。流行病学调查研究，它从一个清晰的假设开始，不可避免地比依照未聚焦记录和分析观察的调查研究更好的聚焦，更可能导致有效结论。

关于科学推断另外两个重要概念值得在这里一提。托马斯·贝叶斯是一位长老会牧师和数学家，他指出"所有形式的推断都是以其前提的有效性为依据"，而且"没有推断能被肯定知道的"（1764）。他注意到科学观察不是存在于真空中，在一系列观察之前我们有的信息将影响我们对这些观察所作的解释。例如，很多研究表明，挤乳后乳头一端消毒可以减少乳牛新的乳房内感染发生率。但是，如果进行一项新的研究，发现接受乳头消毒的乳牛发病率更高，我们不能自动放弃我们先前关于乳头消毒的观点。他的工作产生了统计学的一个分支，即贝叶斯分析，它的内容，在本书第24章介绍。

近来Thomas Kuhn（Rothman等，2008）提醒我们，虽然一个观察可以否定一个假设，该特定观察可能是反常的，而该假设在很多情况下仍然是正确的。因此，科学界常对一个特定的理论做出关于其用处决定，如果不是真理的话。这就是科学思维中的一致作用。虽然在哲学上难于被认为是正当的，但它对形成目前关于病因的理念起了很大的作用。

虽然对因果推断的哲学辩论无疑将继续下去（Robins，2001；White，2001），作为本节的小结我们注意到"……在流行病学或其他学科，科学工作的所有果实，最好也仅是对自然界描述的试验性形成……知识的探索性并不妨碍实际应用，但我们应持怀疑和批评态度"（Rothman和Greenland，2005）。记住这些历史和哲学基础，我们接下来将要提出流行病学研究关键组分的概要。

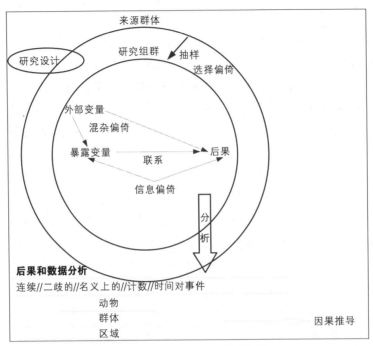

图1.1　流行病学研究的关键组分

1.4　流行病学研究的关键要素

图1.1概括了流行病学研究的关键组分。试图把如此复杂的一个学科简化为用一幅图来表示是有点冒风险的，但我们相信，对评价暴露和结果之间联系的过程有一个概貌，作为本书其余部分的指南，对读者是有益的。

我们做研究的基本原则是确定暴露和结果之间可能的因果联系（图中心）。在许多情况下暴露是风险因子，而结果是所致的疾病。但是，这不是唯一的情况。例如，所致的结果可以是生产力或食品安全的度量，而暴露可以是某些疾病。最后，我们的目的是做关于在来源群体中暴露和疾病之间关系的因果推断（图的右下方），作为制定政策和规划初步行动的依据，以保持健康和预防疾病。

本书内容的概貌如下：

- 第1章介绍流行病学和科学发展简史，并且讨论一些重要的与流行病学研究相关的因果关系概念。
- 现场研究始于总体研究设计，主要的观察研究类型在第7～10章中讨论，而设对照的试验（临床试验）在第11章中介绍。在所有研究中，重要的是确定目标群体，并以不导致选择偏倚的方式从来源群体中得到研究组群。抽样在第2章中讨论，选择偏倚在第12章中介绍。
- 我们已经确定研究主体，需要以不导致信息偏倚的方式获取暴露变量、外部变量和结果的数据。用于该过程的两个重要工具是问卷调查（第3章）和诊断和筛检试验（第5章）。
- 为了建立暴露和结果之间的联系，需要解决疾病频率的度量问题（第4章），选择适合于上下文联系的度量。在很多情况下，研究设计将决定合适的度量。
- 混杂偏倚是观察性研究中主要关注点，而鉴定出作为应被控制的混杂因子在第13章中作详细描述，并介绍防止这类偏倚的各种方法。
- 有了数据我们就可以着手建立模型关系，目的在于估计暴露的因果效应（第13章）。各个章节用于分析合适的后果，它们是连续数据（第14章），二歧数据（第16章），名义/顺序数据（第17章），计数数据（第18章）和时间—对—事件数据（第19章）。第15章介绍可用于所有各种类型模型建模技术的一般指导原则。

- 在兽医流行病学研究中，我们常碰到聚集数据或相关数据，这些是对其分析的主要挑战。第20章介绍这些，而第21、22章聚焦于连续后果和离散后果的混合（随机效应）模型。第23章重点讨论分析重复测量数据的特定问题。

- 第24章介绍贝叶斯分析。在我们看到另外数据之前（先期概率）贝叶斯方法在形式上使我们对假设的确定程度具体化，并根据从新数据得到的信息刷新以前的和得到新的（后期的）关于假设确定性的估计。

- 第25、26章介绍我们在流行病学中使用的地理信息系统和空间统计学的基本知识。这些领域已建立了很多独特的方法，对研究群体中的疾病很有用。回忆一下前面曾提过的Salmon和Kilborne用这些方法所做的先驱性工作。

- 第27章描述传染病流行病学。活病原体从动物到动物传播的能力产生相关（Correlations）和其他现象，如群体免疫力，这在我们的研究中是必须要考虑的。

- 以荟萃分析的形式系统评审和评估文献已变得越来越重要，这部分内容在第28章中介绍。

- 不是所有的研究都允许我们收集在个体水平上的暴露和后果数据，而我们通过研究组群中的疾病可以学到很多。因此在29章中介绍了生态学研究。

- 最后，我们在第30章完成了本书，这一章给开始进入分析复杂流行病学数据集的研究者提供了路径图。

有了以上的背景知识，现在是深入到流行病学这一学科的时候了。一开始就强调，流行病学首先和最重要的是一门生物学科，但是一门依重定量（统计学的）方法的生物学科。整合这两个方面，清楚了解流行病学的原则，才有成功的流行病学研究。正如Rothman和Greenland（1998）所指出的：或者是一个医生（兽医），或者是一个统计学家，或者甚至是两者作为流行病学家来说，既不符合必要条件，又不符合充分条件。必要条件是懂得流行病学研究的原理，并有应用它们的经验。为帮助达到这一目标，本书粗略地把章节分为处理流行病学原理和处理定量方法两部分。

1.5　寻找病因

如已经注意到的那样，流行病学研究的主要目标是确定可以被操作的因素，以最大限度促进健康或预防疾病。"流行病学实践和流行病学教科书的真正主题是解开因果之谜的研究设计和研究方法"（De Vreese，2009）。换句话说，我们需要确定群体中健康和疾病的原因。这似乎很简单，但其实是一个复杂问题。这里我们要聚焦于原因是什么，和如何准确判断一个因素是否是一个原因。根据研究目的，原因（病因）可定义为能改变结果严重程度和频率的任何因素。有些人偏好于将生物学原因（在动物个体内起作用的原因）从群体原因（在个体或个体以外起作用的原因）分开。例如，特定微生物的感染可以看作是在个体内的一个生物学原因，而管理、畜舍或其他因素则是在群体（或组群）水平或在超过群体水平起作用（如气候），影响到个体是否暴露于微生物，或影响动物对暴露效应的敏感性，这些都是群体原因。我们认识到疾病发生在个体中，而"流行病学则处理个体的组群，因为决定因果关系的方法需要它"（De Vreese，2009）。Vineis和Kriebel（2006）评述了"从Koch到Rothman"的因果关系概念（组分—原因模型）。

在寻找病因的过程中，我们强调对健康的整体方法。整体（holistic）一词可以表明我们要鉴定和度量对所致后果受怀疑的每一个因果因素。很显然，我们不能在一个研究中考虑每一个可能的因素，而是面对我们研究的"现实世界"的种种限制，我们将有限的因素鉴定出来进行研究。作为务实的人，我们常试图确定能够操控的病因因素以助于预防疾病，而认识到有些非可操控的因素对我们理解群体中的疾病模式也可能是关键的。现有知识和当前的信念通常是选择研究用因素的基础。正因为如此，记住因果关系和因果模型概念可以帮助阐明所需的数据，疾病频率的关键度量和暴露与疾病之间联系的解释。我们也需要区别建立在个体水平上的（反事实状态）概念性或形而上学的因果关系和我们用来达到在群体水平上目标的技术。下面我们首先介绍两个重要因果关系模型的概要。

1.6　病因（因果）模型

一个效应可能有多种原因，一个特定的原因可以产生多种效应。流行病学家一直追求建立概念性因果关系模型。但是，通常实际的因果模型是未知的，而且反映联系的是统计学度量，并不解释暴露可以引起疾病途径的数目。进一步说，虽然在特定研究中的主要兴趣可能是聚焦于暴露因素，如果我们要知道特定暴露可能产生的因果效应的事实，我们还需要考虑结果的其他原因所产生的效应，该结果与暴露有关（这一过程通常被称为控制混杂）。因为关于因果关系的推断主要建立在暴露和未暴露主体之间结果频率和严重程度的观察差异基础上，我们将通过检查假定的因果模型和所导致的观察结果频率之间的关系来继续我们的讨论。我们首先描述因果关系的组分—原因模型和因果网模型。

1.6.1　组分—原因模型

组分—原因模型以Rothman 1976年建立的必要原因和充分原因的概念为基础。必要原因是没有它疾病就不能发生的原因（即如果发生疾病，则该因素总是存在）。相反，一个充分原因总是引起疾病（即该因素存在，则总是引起疾病）。但是，经验和正式研究告诉我们，很少有几种暴露（因素）本身是充分原因，而是因素的不同组合联合起来成为充分原因。因此，组分—原因是很多因素中的一个，联合起来就构成了一个充分原因。因素可以同时存在，或者可以是以事件时间链的方式一个接一个出现。转过来，当有很多链带有一个或多个共同因素，我们就可以将因果链概念化（即因果网）。这一概念将在因果网模型中（1.6.2节）作进一步解释。

表1.1是组分—原因的一个例子，我们描述了牛呼吸道疾病（BRD）4个风险因素的因果关系。这些包括：

- 一种细菌，即溶血性曼氏杆菌（Mh）；
- 一种病毒，即牛呼吸道合胞体病毒（BRSV）；
- 一系列应激因素，如断乳、运输或严酷的天气；
- 其他的细菌，如嗜血杆菌（Hs）。

表1.1　牛呼吸道疾病的4个假定的充分原因

组分原因	充分原因			
	I	II	III	IV
溶血性曼氏杆菌	+	+		
牛呼吸道合胞体病毒	+		+	
应激因素		+	+	+
其他细菌（如Hs）				+

在此确定性的描述中，有4种充分原因，每一个都含有2个特定的组分；我们假设这4个不同的两因素组合每一个都形成一个充分原因，因此当这些组合发生于同一个动物，则发生临床呼吸道病（如前所述，这些因素不一定需要同时存在，它们可以在给定的动物身上顺序发生）。有些动物可以有2种以上病因因素（例如Mh、BRSV、应激因素），但暴露于两因素组合的第一个就足以引起BRD。注意，我们已经指出过，只有某些特定的两个因素组合起充分原因的作用；Mh是两个充分原因中的一个，BRSV也是一样。因为没有一个因素是包括在所有的充分原因中的，因此在我们的BRD模型中没有必要原因。显然，如果你现在还没有猜到的话，你应该知道，上述例子中病因因素的数目和其组合为充分原因纯粹是为了教学目的。

现在对着病因因素这个背景，我们假定计划度量Mh和BRSV组分（即取鼻腔拭子培养和/或取血样检抗体）。尽管如此，我们知道，虽然并没有度量，其他组分（应激因素和/或Hs）也可以作为一个或多个充分原因的组分起作用。依照2个度量的因素，我们观察到有些发生BRD的牛有2个因素，有些仅有Mh组分，有些仅有BRSV组分。因为有其他未度量因素的因果效应（例如应激因素和Hs形成充分原因Ⅳ），会有一些患BRD的牛2种度量的病因因素都没有。

风险因素流行率对疾病风险的效应，以这种方式思考因果关系的好处之一是有助于我们理解一个辅助因素的流行率如何影响暴露因素和所致结果之间的联系强度。例如，假定我们主要对感染Mh和发生BRD之间的联系强度感兴趣（联系的各种度量将在第6章中解释）。按照表1.1中的例子，当存在BRSV时Mh引起疾病，但没有BRSV而有应激因素时也可引起疾病。但是尚不清楚的是病毒流行率或应激因素的变化（因为它们是同一充分原因的组分）是否可以改变Mh和BRD之间联系的强度。为了显示这一点，注意例1.1和例1.2中的两个群体。

这个例子是根据表1.1所示的组分—原因模型，用3个因果因素：Mh，BRSV和应激因素。例1.1和例1.2的表体上方所指出的每个因素的频率都是相同的｛P（应激因素）=0.4和P（Mh）=0.6｝，除了BRSV的频率在例1.1中为30%，增至例1.2中的70%。在我们的例子中，所有3个因素都是相互独立分布的；在现实中这不可能，但允许我们检查单个因素的效应而不考虑其他因素的偏倚（即混杂）效应。

如果感染Mh是我们感兴趣的暴露因素，显然是一些而不是所有感染Mh的牛发生BRD，而一些没有感染Mh的牛也发生BRD。因此Mh感染本身既不是BRD的必要原因也不是充分原因。同样对BRSV来说，有些感染牛发生BRD，一些未感染牛也发生BRD。为了确定发生BRD是否与暴露于Mh相联系，我们需要度量和对比Mh+暴露牛对Mh-非暴露牛中发生BRD的风险。在例1.1中这些频率分别为58%和12%，我们可以把它们表达为相互的比例关系，即统计学上称为风险比，58/12=4.83。这意味着BRD的频率在Mh+牛比Mh-牛高4.83倍。我们用风险差还可以度量Mh和BRD之间的联系；在这个例子中，风险差（RD）是0.46或46%。这些度量与Mh是BRD的一个原因相一致，但并不证明是因果联系。

在例1.2中，BRSV的发生率增加了，而且Mh+牛的风险比变小了（2.93），RD变大了（0.54或54%）。因此，我们可以认为，对Mh+的暴露，从一个例子到另一个例子的因果概念上说，在某种意义上作用不同，但其中暴露于Mh+与发生BRD的因果关系没有变。度量联系的差异是由于充分原因的其他组分，在这个例子中即BRSV，其频率有了变化。可以形成充分原因的其他组分被称为对暴露因子的因果补充物。这里涉及充分原因的两因素组分，Mh的因果补充物是BRSV或应激因素，但不是两者（后者牛会因受应激而又感染Mh而发生BRD）。

一般说，我们注意到，当因果补充物的流行率高时，在相关因素和基于风险差异的结果之间联系的度量将会增加（尤其当暴露流行率低时）（Pearce，1989）。有一些（但不是所有的）联系比或相对度量都可能与因果补充物的流行率有相反的关系。在任何事件，虽然因果机制保持常数，联系的强度将依据辅助因素的分布而不同，辅助因素有一些我们并不知道，或因实际的困难而没有度量。如将要讨论的，联系的强度是因果关系的标准，但它不是一个固定的度量，在做因果推理时我们需要记住刚才讨论过的现象。

例1.1　因果补助物流行率和疾病风险——第I部分

由2个度量的和1个未知的暴露因素产生的BRD病例的数目和风险，假定联合暴露任2个因素就足以引起疾病，如下面所示。Mh是感兴趣的暴露（总的群体大小为10000；p（应激因素）=0.4；p（Mh）=0.6；p（BRSV）=0.3）

未度量的应激因素	度量的因素		群体动物数	发病动物数
	BRSV	Mh		
1	1	1	720	720
1	1	0	480	480
1	0	1	1680	1680
1	0	0	1120	0
0	1	1	1080	1080
0	1	0	720	0
0	0	1	2520	0
0	0	0	1680	0

Mh+ 动物中疾病风险	3480/6000=0.58
Mh− 动物中疾病风险	480/4000=0.12
Mh+ 动物中的风险差	0.58−0.12=0.46
Mh+ 的风险比	0.58/0.12=4.83

例1.2　因果补助物流行率和疾病风险——第II部分

由2个度量的和1个未知的暴露因素产生的BRD病例的数目和风险，假定联合暴露任2个因素就足以引起疾病，如下面所示。Mh是感兴趣的暴露（总的群体大小为10000；p（应激因素）=0.4；p（Mh）=0.6；p（BRSV）=0.7）

未度量的应激因素	度量的因素		群体动物数	发病动物数
	BRSV	Mh		
1	1	1	720	720
1	1	0	480	480
1	0	1	1680	1680
1	0	0	1120	0
0	1	1	1080	1080
0	1	0	720	0
0	0	1	2520	0
0	0	0	1680	0

Mh+ 动物的疾病风险	4920/6000=0.82
Mh− 动物的疾病风险	1120/4000=0.28
Mh+ 动物中的风险差	0.82−0.28=0.54
Mh+ 的风险比	0.82/0.28=2.93

在上述观察之外，你可能证实BRSV对BRD的影响，正如风险比度量，在例1.1和例1.2都是一样的（RR=3.2），甚至BRSV的流行率已经变了。虽然这是仅有的一个例子，我们可以这样陈述一般规则，对一给定的因素的联系强度依据因果补足物的频率而定，但是如果其他因果因素的分布是固定的，相关因素流行率方面的变化不改变其与结果的联系强度。如果我们能度量包括应激因素和其他因果因素的所有辅助因素，情况就会有相当大的变化。例如，如果应激因素是BRD仅有的其他原因，显然在非应激动物情况就会有相当大的变化。例如，如果应激因素是BRD仅有的其他原因，显然在非应激动物BRD只有在Mh和BRSV两者都存在的情况下才发生。这是生物学协同作用的有力证据。协同作用的特征是统计学相互作用，在数字上检测出来的，即两个因素的联合效应不同于其单个效应的总和，这里它们没有单个效应，仅有一个联合效应（更进一步的阅读可见VanderWeele和 Robins，2007b）。在应激牛，所有暴露于Mh或BRSV的牛，都将发生BRD，但是没有相互作用的证据，因为100%的单一感染以及联合感染的应激牛都发生BRD。

因为未知的或未度量的因素在流行率上的变化将改变度量的暴露的效应大小，我们认为需要思考联系的度量是"群体特异的"。只有在几个研究中发现不同的群体有相似的效应大小之后，才能认为从某种意义上该效应是一个生物学常数。进一步说，如我们的例子所示，即使病例由一个具体表现为生物学协同作用的假设模型引起，由于未知因果因素的分布，相互作用（表现协同作用）可能在观察数据中不明显。Flanders2006年以一种比我们这里描述的更为复杂的多因素形式，讨论过组分—原因模型和它与反事实模型的关系。

组分—原因是确定性的，但是在现实中，因为我们不可能知道一个疾病所有的原因组分，在有些情况下一个因素是因果性的，而在其他情况下则不是因果性的，甚至无共享的效应。我们用来鉴定可能的组分—原因的统计学模型在个体平均了这些效应。事实上，在一个群体中能提高疾病风险的因素，对该群体内的一些个体可能没有效应或没有共享效应，这种情况是可能的（Rothman和Greenland，2005）。因为这个原因，我们需强调，联系的流行病学度量是对组群而言，而不是对个体而言（McMahon 和Pugh 1970年关于流行病学方法的早期著作中也强调了这一点）。Koopman和Lynch1999年曾指出，需拓宽充分原因模型在个体中的范围，以包括个体之间相互作用的效应，和一个以群体为基础的方法，特别是研究传染病。Diez-Roux（2007）延伸了这一方法，以在一个系统方法中整合社会和生物学风险因素，为群体中的疾病预防服务。传统上，社会风险因素被认为通过它们对更接近的生物学原因的影响，是疾病很间接的原因。根据她的观点，一个系统方法不是一次调查一个风险因素（或个体），而是调查一特定群体中起作用的多种因素的行为和关系。

虽然组分—原因模型有点过于简单化，我们相信它在确定研究特定疾病过程中应包括哪些因素具有很大的优点。如已注意到的，从基础生物科学的研究或从鉴定可能病因因素的其他流行病学研究，得到关于一个因素可能影响的线索，比未聚焦挖掘数据的方法更有用，在这类方法中因素被研究仅仅因为我们已有这些因素的数据或因为数据容易得到。尽管这样，通过"在大的组群中研究疾病因果关系使我们……能够回答什么引起疾病这个问题，而无需知道其精确的生物学和化学机制"（De Vreese，2009）。

由风险因素解释的疾病比例

用必要原因和充分原因的概念，我们也能较好地理解在群体中有多少疾病是归因于该暴露的（或者换句话说，有多少疾病我们可以通过完全除去暴露因素而预防的）。

如在第6章中将要解释的，这被称为群体可归因分值（AF_p）。例如，如果假设表1.1中4个充分原因中每一个的流行率都如表1.2中所示，那么，如果检查能归因于每一原因组分的疾病量，似乎可以解释超过100%的该病。当然，我们实际上不能；简单说这是因为组分参与了一个以上的充分原因，我们对每一个病因组分的作用做了双计数。

表1.2　牛呼吸道疾病的假设充分原因和对群体可归因分值的关系

组分原因	充分原因				AF_p（%）
	I	II	III	IV	
Mh	+	+			75
BRSV	+		+		60
应激因素		+	+	+	55
其他病原体（如Hs）				+	10
充分原因的流行率	45	30	15	10	

另一个重要的观察是，当2个或多个因素对疾病发生是必要原因时，难以把特定比例的发病归因于任一单个病因因素。例如，在有Mh、BRSV和应激因素这3个因素的牛中，要决定每一因素独特的重要性是不可能的。我们的模型表明，3个因素中只要有2个存在，就会发生BRD，而第3因素的存在在因果关系上是不重要的；因此正如谚语所说：时间就是一切（Timing is everything）。当然，因为辅助因素的频率从一个小组群到另一小组群是不同的，如同相对风险度量一样，不应该把AF_p作为重要性的通用度量。

AF_p是极有用的重要度量，而我们也要知道"预防悖论"（prevention paradox）（De Vreese，2009）。例如一个因素的AF_p（例如一个疫苗）为50%。这就是说，如果在未接种疫苗的动物中疾病的流行率为6%，那么如果对群体实施全部免疫，只有3%的动物发生该病。事实上，对群体来说这种减少是很显著的。但是，我们接种疫苗的动物有94%如果不接种疫苗的话也不会发病，而不接种疫苗会发病的动物有一半反正要发病，尽管使用了疫苗。因此，当提议实施我们的发现时，我们需要知道实施该项政策或计划所需的费用和可能的副作用。

1.6.2　因果网络模型

对多因素联合致病概念化的第二种方法是通过多个间接和直接原因（Krieger，1994）组成的因果关系网络（例1.3）。这一概念是基于一系列相互连接的因果链条或网络结构；某种意义上，采用充分原因途径中描述的因素并把它们临时连接起来。在这种模型中，直接原因在该因素和疾病之间没有已知的干涉变量（模式图上暴露与后果相邻近）。直接原因常常是治疗中强调的近位原因，如特异的微生物或毒素。与此相反，间接原因暴露对结果的效应，需通过一个或多个干涉变量的介导。就疾病控制而言，间接原因比直接原因更有价值，认识到这一点很重要。事实上，很多大规模的控制努力是建立在操控间接原因而不是直接原因的基础上。在历史上，无论是John Snow通过改善水供应控制霍乱的工作，或是Frederick Kilborne通过聚焦于蜱控制以预防美国牛得克萨斯热的努力，都是针对间接病因。在这两个例子中，在知道真正的直接原因（霍乱弧菌和双芽巴贝斯虫）之前，疾病控制是可能的，控制计划的重点不是直接放在近位原因（直接原因）上。

基于例1.1和例1.2中3因素的牛呼吸道疾病（BRD），其可能的因果网络可以有例1.3所显示的结果。如我们在第13章要介绍的，正式的因果–网络图对于引导我们分析和解释数据是很有用的。在我们的例子中，模型表明，应激因素使动物对Mh和BRSV两者易感，BRSV增加了对Mh的易感性，而且BRSV能直接引起BRD（这可能是真的，或者可能反映对存在如Hs一类的干涉因素缺乏知识）。最后，还表明Mh是BRD的直接原因。如果该因果模型是真的，则表明我们可以通过除去一种间接原因，如应激，来降低BRD的发生，虽然它对BRD无直接效应。我们也可以通过预防直接原因Mh和BRSV的行动来控制BRD（例如通过疫苗接种，或用抗微生物药作预防治疗，尽管不建议这样做）。如上面所提到的，这个模型要求应激因素在没有Mh或BRSV感染时不引起BRD，因此认为组分原因的2或3因素组合为充分原因。但是并没有明确指出，有些近位原因是否本身能够产生疾病（即BRSV本身是否能引起BRD，或者假如需要附加的未度量因素是否致病还不清楚）。从上述的例子看出，在BRSV感染的和未感染的牛的结果频率依赖于其他组分病原的分布，在现实中是否它本身可以是一个充分原因。在1.8中，我们将讨论因果结构对我们研究设计的关系，并在我们的研究数据分析和解释中作为正确方法的指南。

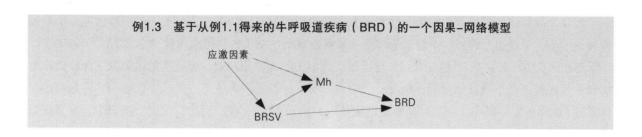

例1.3　基于从例1.1得来的牛呼吸道疾病（BRD）的一个因果-网络模型

1.7　单一暴露因果关系的反事实概念

在流行病学中确定因果关系被最广泛接受的概念性基础是被称为反事实或可能后果模型（Greenland，2005）。从某种意义上说，它反映了很多人做因果推断的方法，对将来的研究则是形成清晰明确问题的基础。Greenland（2005）和Herman（2005）都举例说明，如果要在解决复杂健康问题方面取得进展在反事实问题中需要特异性（通过假设干涉）。

下面的讨论紧跟Herman（2004）的思路。假定对一个疫苗是否能预防一种病感兴趣，又关心该疫苗可能产生有害的副作用。如果看到一个暴露的（即接种过疫苗）主体发生了疾病，可能开始以为该暴露（或它的副作用）引发了该主体的疾病。如果想象这同一主体在同时间没有暴露（接种疫苗），这就被称为反事实状态。显然，这样的个体是不存在的，但正是为了做出有效的因果推理理想上想要的观察。如果疾病在这个假定的反事实个体中不存在，肯定会得出结论，暴露（接种疫苗）在该个体引起了观察到的疾病。相反，如果疾病发生在这个非暴露的反事实个体，可以下这样的结论，即暴露不是该个体疾病的原因（因为疾病发生与暴露无关）。可以使这一推断过程更正式，把暴露主体的可能后果表示为D_{E+}，而同一主体如果不暴露时可能的后果表示为D_{E-}，推断过程的结论是，如果$D_{E+} \neq D_{E-}$，则该主体存在因果效应。注意，一个因果性暴露不一定在所有的个体中都是因果性的，主要是因为要完成一个充分原因所需要的其他因素不存在。而且在现实中不能在个体水平上决定一个因果性效应，因为仅观察到一个暴露水平，而其他暴露水平可能已发生相关的数据丢失了。

把推断过程扩大到群体水平，可以将假定所有成员都是暴露的一个群体中疾病的可能频率（$p(D_{E+}=1)$），与假定所有成员都是没有暴露的同一群体疾病的可能频率$p(D_{E-}=1)$，进行对比（再回忆一下，因为该主体可能丢失一个关键的组分原因，如果暴露并不使每一个成员都得病，而且因为其他未知的充分原因复合体可能存在，如果未暴露于像接种疫苗那样的特定因素，也不是每个成员都无病）。尽管如此，假如反事实平均数$p(D_{E+}=1)-p(D_{E-}=1) \neq 0$存在差异，则在该群体中有因果性效应。基于相对频率的因果性效应的一个等值的度量是$p(D_{E_+}=1)/p(D_{E_-}=1) \neq 1$。虽然这些群体度量不是直接可观察的，不像在个体水平，我们可以在特定条件下估计它们；也就是说，通过在完美的实验中使用随机化。

表1.3概括了Herman（2004）20个主体中所观察的暴露、实际的疾病后果和反事实后果。这里"i"是主体，C是一个混杂因素，E是暴露，而D是结果。1表示存在，0表示不存在该因素或结果。表1.3中右边的两列是反事实暴露组和未暴露组的结果。我们已举了这个例子，暴露（接种疫苗）导致了（或将会导致）3个体发生疾病（主体7，9，11），并防止（或将会防止）另外3个发病（主体1，12，18）。对其余14个体没有作用（它们的后果在反事实状态没有变化）。回忆我们对组分原因的讨论，这些效应（如果是真实的）可能是由于存在或不存在其他组分原因。然而，因为$\sum D_{E+}$和$\sum D_{E-}$两者都等于10，所以在群体中没有因果效应。应注意，在反事实后果中（或者可能的后果）我们关于原因的推理是通过比较在不同暴露条件下完全相同主体中的可能后果而作出的。

现在，我们估计因果效应的第一种实际方法是使用通过对比两个相似但不同的组群所建立的联系度量，一个是暴露组，而另一个是未暴露组。暴露组观察的结果概率（或风险）定义为$p(D+|E+)$，未暴露组为$p(D+|E-)$。虽然这看起来与反事实模型中的比较很相似，但这里的风险依实际群体中暴露和未暴露组所观察的数据而定，而反映"联系"不一定都是因果关系。在这个例子中实际暴露的主体7/13（0.54）发生疾病，而实际未暴露的主体仅3/7（0.43）发病。因此，在这个例子中，联系度量不等于因果效应（一般应记住，在全书中联系不一定都意味着因果关系）。

观察到的风险不等于反事实风险的事实说明了什么呢？如何设计试验以获取适合于因果推理的数据？问题是比较组群（$E-$）不是一个好的组群，因为它以系统性的方式不同于$E+$组群，这改变了后果的风险。在表1.3中E+组群9/13=0.69的个体为C+，而E-组群仅3/7=0.43的个体为C+。因此，这两个组群是不可置换的。可互换性的意思是两组的暴露状态可以对换而不影响结果，但因为两组是不同的，所以对换是不可能的。

流行病学家进行观察性研究（如上面的例子）碰到的一个主要问题是主体的暴露和未暴露组群很少能互换的。这种差异最可能的理由是存在与暴露和疾病有关的其他因素（在我们的例子中，C+和C−主体可能对感染有不同的暴露水平，而这影响到疾病发生）。这些因素被称为混杂因素，混杂现象将在第13章中详细讨论。存在或不存在这种混杂因素在表1.3中第2列可见到。从这些数据我们注意到有混杂因素的动物（例如暴露于感染高风险）中75%是暴露的（即接种疫苗的），而不暴露于感染高风险的动物中仅50%是暴露的（接种疫苗的）。

将在第13章中讨论控制混杂的方法，这里仅引入这样的事实，即有很多方法可以保证观察的风险等于反事实的风险。1991年由Rubin提出的用揭示暴露分配后面机制的观点看问题。例如，观察数据可能是从一个对照实验中得到的，该实验的研究人员决定高风险动物接种疫苗的百分比要高于低风险动物。

这一方法导致建立层特异后果频率得分和比例权重，以得到因果参数的无偏倚估计（Herman和Robins，2006a）。与这有关的是用标准化的风险/率来调整不同混杂水平的暴露分布（Sato和Matsuyama，2003）。其他的研究者已建立了基于工具变量以防止混杂的方法。历史上传统的方法是用依据混杂因素水平的物理分层数据，并且使用最早由Mantel和Haenszel在1959年建立的（详见第13章）调整联系度量（相对风险和比数比）。这里我们注意到疾病的风险主体一旦被分为感染高风险组和感染低风险组，则暴露动物和未暴露动物中疾病的风险是相同的。为了做有效的因果推理，对所有这些方法的一个主要假设是没有残余混杂，对度量的混杂因素进行了控制（调整），这样就在由度量的混杂因素组合形成的层内产生"可互换性"。

表1.3 暴露和疾病的观察结果和反事实结果

主体 （i）	混杂因素 （C）	实际暴露 （E）	实际后果 （D）	反事实结果	
				$D_{E=1}$	$D_{E=0}$
1	1	0	1	0	1
2	0	0	1	1	1
3	1	1	1	1	1
4	1	1	0	0	0
5	1	1	1	1	1
6	1	1	1	1	1
7	0	0	0	1	0
8	0	1	1	1	1
9	0	0	0	1	0
10	0	1	0	0	0
11	1	1	1	1	0
12	1	0	1	0	1
13	1	1	1	1	1
14	0	1	0	0	0
15	1	1	1	1	1
16	0	0	0	0	0
17	1	0	0	0	0
18	1	1	0	0	1
19	0	1	0	0	0
20	1	1	0	0	0
Totals	12	13	10	10	10

$p(D_{E=1}=1)=0.5$ $p(D_{E=0}=1)=0.5$

观察的 $p(D+|E+)=7/13=0.54$
观察的 $p(D+|E-)=3/7=0.43$

	E=1	E=0
$p(D+|C+)$	6/9=0.67	2/3=0.67
$p(D+|C-)$	1/4=0.25	1/4=0.25

1.8 因果关系的实验证据和观察证据

实验证据

传统上，鉴定病因因素的金标准方法是做实验。在大多数2-臂实验中（见第11章），我们随机选一些动物（或其他有关的单元）让其接受某因素，另一些不接受该因素，即用安慰剂，或接受标准的干涉（处理）。过了一段适当的时间，可以评估在研究主体中的结果，评估2组间在结果上是否有不同。另一种是通过交叉设计，其中动物在第一阶段被随机分配为接受试验处理组和对照组，因此可能更接近反事实状态。在一合适的"洗去"阶段后，动物再接受其他水平的处理（即第一阶段接受试验处理的组，则在第二阶段接受安慰剂；第一阶段接受安慰剂的组，第二阶段接受试验处理）。这样就让两组中的动物作为它们自身的对照，就像在反事实模型中一样。在这两种实验设计中，暴露（这里表示为X）在时间上明确位于结果（表示为Y）前，而在X和Y之间不干涉的所有其他的变量（已知的或未知的）都通过随机化过程而独立于（不依赖于）X（这表示外源变量不使暴露X所产生的结果产生混杂或偏倚）。从处理X所有因素的这种独立性产生了处理组的可交换性；如果分配处理到研究动物反过来将会观察到同样的结果（抽样误差除外）（即处理组被分配为未处理组）。在一个实验中，正式使用随机化为这种假设的有效性提供了概率基础。在时间上或因果关系上处于X和Y之间的因素没有度量，对应答试验的因果目标无关。在这些实验的过程中，如果Y的值或状态随X处理后变化，则就证明暴露X是后果Y的原因。

在这种理想的试验中，因果关系的度量被称为因果效应系数，表明"处理"和"非处理"组（即有不同水平的因素X）之间在结果方面有差异。例如，假定接受处理组的结果风险用R1表示，而未接受处理组的风险为R，那么可以选择使用绝对度量（即风险差——RD）或者相对度量（即风险比——RR）来度量处理的效应，这将在第6章中介绍。如果这种差别大于可归因于偶然所产生的差异，那么就可以说，已证明该因素是该结果事件的原因。一个关键点是所有的因果效应陈述都是依据不同处理组中结果的对比；如不知道未处理组中的结果就不能解释处理组中的结果的。

观察证据

在观察性研究中，我们评估恰好有不同X值的组群间Y值的差异。与实验性研究形成对照的是一个主体（动物）是否暴露并不被控制。如我们在表1.3中所见，联系的度量不一定反映的是因果关系。与X和Y都有关但在X和Y之间不干涉的变量必须被控制，以防混杂偏倚和支持因果效应的估计。观察性研究和现场实验之间的主要差别在于防止选择偏倚、错分偏倚、混杂偏倚的能力，以及处理未知或未度量因素影响的能力。因此，观察性研究本身可产生联系的度量，但不能证明为因果关系。但是，在理想的观察性研究中，偏倚得到完全控制，则联系的度量可估计出因果效应系数。尽管如此，在特定的研究中，实验性证据被认为比观察性研究提供了更有力的因果关系证据，因为在现实中如发现干预对某个系统产生作用，应主动进行干预（而不是被动地观察它）"。［Box（1966）语，转引自Snedecor和Cochran（1989）］。

实验研究证据的局限性

实验研究尽管有其优点，但即使在最好的时间（见第11章）做"理想的"实验也不是件容易的事。进一步说，流行病学家感兴趣的很多可能的因果因素很难用对照试验格式去研究。例如，用完善的实验来回答感染牛结核分支杆菌的獾是否引起了牛结核病这个问题是不可能的。实验室研究对显示动物经历特定暴露时发生了什么是有用的。（例如因素A能引起结果B），但如果情况是太人为了（剂量很大、通过非自然途径攻毒、辅助因子范围受限制），则实验室结果对决定日常情况下因果关系问题可能没有多少帮助。例如，我们可以做一个实验室研究，在其中牛和感染獾被置于受限制的围栏内，评估牛是否受到感染。如果牛被感染，这显示感染獾可以引起牛感染，但其感染的程度或感染的途径都不同于现场自然发生的情况。

在经受不依从性（non-compliance）的现场试验中，我们在评估处理对结果的作用时常不得不决定如何把握不依从性。虽然任何给定的现场试验可能为有无因果关系提供比任何给定的观察性研究更有效的证据，但是在明显相似的现场研究中存在结果的差异也是常见的。因此，按照现场试验做完善推断的能力是一种错觉。此外，甚至在与"现实世界"遥相类似的条件下进行实验是不可能的，这有很多例子。Rickles在2008年讨论过用实验设计干预复杂系统时解释因果效应的具体限制。

1.9 构建因果关系图

因果图有助于展示很多可能的因果变量间的关系（变量是我们要研究的因素的名字），以及推演由给定的因果关系可能产生的统计学联系（Glymour和Greenland，2008）。原因—效应关系和相互关系在因果图中得到最好的体现（也称为直接非循环式图或修改的通径模型）。为了构建一个因果图，我们通过对计划研究的变量施加合理的生物学因果结构作为开始，并把这个结构翻译为曲线图，它可以解释我们假定的和已知的变量间关系。因果—次序假设通常是依据已知时间顺序和/或合理性考虑。例如，可能已知一个变量时间上在另一变量之前，或者目前的知识和/或常识可能认为某一个因素引起另一个因素是可能的，但反过来是不可能的。我们将用第一个例子（例1.4）来解释该过程，其中假设奶牛的繁殖疾病会影响奶牛的繁殖效率。因果图在13.5.1节中要进一步讨论。

构建因果图最容易的方法是，开始在左边列出事先确定的变量，再在右边按其因果次序列出变量。这些变量的差异（如在例1.4中最左边的年龄）被认为是模型外的因素引起的。其余的变量按其推测的因果次序被放入图中；左边的变量可能引起其右边的变量发生改变。如果已知或强烈相信一个变量不会引起其右边的一个或多个变量发生改变，那么在它们之间就不画因果箭头。如果提出的模型是正确的，模型一旦完成，则分析不仅对关于哪些变量需要包括在研究中提供更多的信息，而且比忽略相关结构的方法提供更强有力的分析。在这里要描述的唯一因果模型被称为递归（recursive model）；即没有因果反馈环（如果存在该种环，它们可明确表示为一系列因果结构）。

假定该模型是用来评估奶牛繁殖疾病是否影响其生殖力。在我们的模型中，认为年龄是引起胎衣不下、囊肿性卵巢病和影响生殖力的一个直接原因，但与子宫炎无关（这意味胎衣不下和子宫炎的风险随母牛的年龄而变，生殖力的度量也一样）。注意子宫炎和卵巢囊肿是胎衣不下和生殖力结果的干预变量。目的是按照这两个变量间的联系来估计胎衣不下对生殖力的因果效应。

模型表明，年龄能直接引起生殖力的变化，并且可通过涉及3个繁殖疾病中的一个或多个一系列的通径间接引起变化。模型还表明，年龄不是子宫炎的直接原因。就理解因果图包含的关系而言，解释它们最容易的方法是思考从一个暴露变量（例如胎衣不下）到下一个变量（例如生殖力）的经过（或许是路径）。正如我们顺箭头方向通过变量，我们追踪因果通径。跟踪因果路径的规则是，可以从任何变量开始向后去，但一旦从箭头上往前走就不能后退。从一个变量开始往后走的通径是假因果通径，反映混杂因素的影响。在展示关系时，如果因为一个已知或未度量的常见原因有我们认为相关的变量存在，用一条线标出，你可以在这些变量间两个方向的任一方向上走。如果两变量相邻（通过单个直接箭头连接），它们的因果关系被认为是直接因果关系。从一个变量开始向前的通径并且通过干预变量到达结果被认为是间接因果通径（例如胎衣不下通过其到卵巢囊肿的作用可引起生殖力变化，但不是直接的）。通过直接和间接通径的联合效应代表了变量的总因果效应。

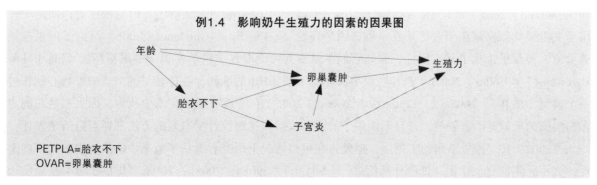

例1.4 影响奶牛生殖力的因素的因果图

PETPLA＝胎衣不下
OVAR＝卵巢囊肿

为了估计因果效应，我们必须防止任何假（混杂的）效应，以至在所研究的一个暴露因素（胎衣不下）之前的变量都必须被控制，这些变量都有箭头指向暴露变量（即从年龄），并通过它使生殖力（后果）可以在一个通径上达到。在这个例子中变量是年龄。模型还断定我们不控制干涉变量，因此当估计因果效应时子宫炎和卵巢囊肿不放在统计学模型中。如果我们设想，没有从模型中丢失的其他混杂因素，我们的分析将估计胎衣不下时生殖力的因果效应（设想统计学模型是正确的，但这是另一回事）。

应该注意，在这个模型中如果我们控制子宫炎和卵巢囊肿，我们就得不到因果效应的正确估计。而是仅得到胎衣不下对生殖力的直接效应，如果该直接效应存在的话（在我们的例子中不存在直接效应）。这个特征在描述回归模型时（例如第14章）还会再讨论，因为这是为什么会不留心打破因果网的一个主要原因。这里用的因果图中，可明确地设想，在胎衣不下和子宫炎之间没有直接的因果关系（因此，从这方面说这也是一个不合适的分析）。但是，胎衣不下通过子宫炎和/或卵巢囊肿能间接影响生殖力，而控制这些变量会阻断这些间接途径。因此，仅通过排除子宫炎和卵巢囊肿和控制年龄，我们就能得到因果效应的正确估计。

Greenland和Brumback（2002）曾讨论过因果图、反事实模型、组分—原因模型和结构方程（即通径）模型间的关系。Howards等（2007）对使用因果图与适当的回归模型连接来估计联系，对基于围产期疾病可能原因的因果图例子作了很好的讨论。进一步的阅读见VanderWeele和Robins（2007）。

1.10　病因推断准则

考虑到研究者希望使用观察研究方法能确定疾病可能原因，很多人提出了因果指南［这些努力带来关于因果关系决定的一致性（Evans，1995；Susser，1995）］。因为这些因果指南依价值判断而定，我们应承认不同的人看待同一事实可能观点不同（Poole，2001）。Hill（1965）提出了做有效因果推断的准则（不是所有的条目都必须完全适合于每一种情况）。这些准则包括：时间顺序，联系强度，剂量—应答，合理性，一致性，特异性，类似性和实验证据。也可以把从荟萃分析得到的证据加上。多年来，前4项在我们因果推断努力中占主导地位（Weed，2000）。最近研究者们已经研究了如何用这些准则和其他准则做推断（Waldmann和Hagmayer，2001）。在某个研究中，有135个流行病学工作者给出各种人为的例子，对于每一个例子都有不同的信息。在练习的最后，他们仅在66%的例子中对因果推断达成了一致。这强调了在解释同一证据时的个性。尽管如此，因为我们认为参照一套因果推断的准则有助于决策［他们提供了"一个通过复杂领域的路线图"（Rothman等，2008）］，我们将对Hill的条目清单作简要的评论，对它们在因果推断中的作用，谈谈我们的观点。

Doll（2002）描述了将Hill因果关系指南用于从流行病学观察推断因果关系。Franco等（2004）对癌症流行病学中的因果准则和流行病学家与实验科学家之间合作的例子作了很好的讨论。Rothman和Greenland（2005）评论到，我们应该"避免简单地用因果准则去支持已有的宠物理论，而是……用至关重要的观察聚焦于评价相互矛盾的因果理论"。Phillips和Goodman（2006）辩论了因果准则的价值，但似乎接受了其实用性，假如它们不退变为可能取代"科学常识"的黑箱算法（black-box algorithms）。Hofler（2005b）选择在反事实模型中解释Hill的准则，在他较早的文章中曾精心制作过一个模型（Hofler，2005a）。Lipton和Odegaard（2005）在一篇有趣的文章中认为，因果表达对制定预防疾病的政策是不需要的，并且不像用于暴露和疾病间达到统计学联系的方法那样可以清楚表述。Lash（2007）接受因果准则的实用性，但警告在很多情况下研究者低估了数据中的系统误差和不确定性的大小，不能完全认识"抵消外部信息"。Shapiro（2008a；2008b；2008c）提供了因果推断实用指南的近期总结。Ward（2009）发表了对因果准则使用的广泛评述。他认为这些准则的应用没有完全满足演绎法或归纳法推理，但它们的应用确为达到统计学联系的最好解释提供了一致的基础。

一开始我们必须清楚因果关系推断的背景。正如Rose（2001）指出，重要的问题是要确定个体的疾病原因还是群体的疾病原因。实际上，随着分子生物学研究的扩展，做因果推断的合适水平和这种推断跨越不同组织水平是否有效仍是可以开展辩论的问题。但是明确决定使用合适的水平（选择时再回想一下我们的目的）将引导试验设计和因果推断。下面的因果准则可用于任何组织水平，而且准则是建立在个案判断而不是在一套规则的基础上。

1.10.1 研究设计和统计学问题

深入到研究设计（第7~10章）之后就能明白，有些试验设计产生的偏倚比其他的少。例如，病例—对照研究常被认为比队列研究产生更多的偏倚。但是这种批评大多依据使用医院或登记的数据库的病例—对照研究。我们认为重要的是，每一项研究都要对其自身的真实情况作出评估，我们需要知道所有研究设计中的选择偏倚、错分偏倚和混杂偏倚。

除非暴露和结果之间有统计学显著联系，最常见的是不做因果推断（和一个不可能被一个或多个以前的偏倚所解释的变量）。当然，如果在一个设计得很好的研究中所观察到的差异P值在0.4以上，这不会对因果关系提供任何支持。但是，在极大P值的外面，统计学显著性在评估因果关系时应该不起关键作用。像其他的研究者一样，建议一种建立在置信限基础上的有效估计方法，即与假设检验相对的方法。尽管如此，近来的研究表明，P值还是经常被用于引导因果推断；P值为0.04被认为与因果联系一致，P值为0.06时不一致。最起码我们相信，同因果联系相比，这是过分强调了估价抽样差异性的作用，不推荐使用。

1.10.2 时间顺序

原因必须在效应之前，显示这一事实，仅能对因果关系提供弱的支持。进一步说，同样的因素在有些个体有病后仍能发生，除这些具体的例子之外，这不能证明不是因果关系。很多时候什么发生在先是不清楚的，例如病毒感染是在呼吸性疾病之前或之后发生？当我们必须用暴露的代理度量（例如抗体滴度以指出新近的暴露）时，这就成为一个较大的问题。尽管这样，为了推导因果关系，我们想要显示暴露先于效应，或至少有一合理的论点，能相信的确是这样的，有时这些论点很大程度上是建立在合理的基础上（即什么时间顺序更合理），而不是在可显示的事实上。

1.10.3 联系的强度

这通常用比度量，如风险比或比数比（odds ratio），但也可以用风险和率的差度量。相信较强的联系是因果性的，与未知的或残留的混杂可能产生这种效应的程度有关。但是，因为联系强度还依赖于充分原因中其他组分的分布，一个联系不应仅因为它弱就打折扣。当研究频率非常高的疾病时，联系的风险比弱于不常见的疾病。White（2004）在做关于2个可能的病因因素的因果推断时研究了病原体相对流行率的影响。似乎是高流行率的病原体（在他的研究中，病因分值大）被认为在因果上更重要。因此有些人认为我们应该把我们的判断更多地建立在病因分值的基础上而不是在风险比上。进一步的工作（White，2005）表明，人们的确重视病因分值，而当第一原因不存在时他们常按照第二原因的影响修正他们的判断，当明显的效应是不足而不是有害时，判断就显得不同。

1.10.4　剂量—应答关系

如果有一个连续的或序数的暴露变量，并且疾病风险直接随暴露水平增加，那么这个证据支持因果关系，因为它倾向于减少混杂的可能性，并与生物学期望相一致。但是，有些情况下可能有一个暴露割点，以至在达到阈值之前什么都不会发生，并且在较高水平的暴露时，疾病频率也没有进一步增加。这些情况需要相当多关于有效推断的因果结构方面的知识。因为某些生理学因素能够在低剂量起作用刺激产生激素或酶，而要减少激素或酶的产生反而需要较高剂量，所以在苛求单调关系时不应太教条。

1.10.5　连贯性和合理性

这条准则的本质是，如果一个联系在生物学上敏感，则比不敏感的更可能是因果性的。但用这条准则推断时要小心。很多从根本上说重要的因果推断已被证明有效，虽然开始时它们被摒弃，因为它们不符合疾病因果关系的现有规范。例如，我们发现，在小牛到达时接种疫苗的饲养场比不接种疫苗的饲养场随后有更多的呼吸道疾病，我们不相信，这讲不通。但是作更多研究和查阅大量文献以后，我们发现有同样的情况，我们相信这是真的。这问题可能与使已经处于应激状态的小牛再给以应激刺激有关，这使得接种疫苗的小牛对一系列的传染性病原体更易感。

连贯性需要观察到的联系是可以按照已知的疾病机制来解释的。但是，我们的知识是处于动态的过程，从观察的被估计为"合理的"联系（没有任何生物学支持证据），到要求"所有的事实是已知的"（实际上目前不存在的状态）。在事实被认为不足以作因果推理时，不要假设生物学机制去解释联系，除非有支持该机制存在的另外证据。

1.10.6　一致性

如果同样的联系在不同的研究中为不同的研究者发现，则支持有因果关系。这是导致我们相信小牛在到达饲养场即接种疫苗对随后呼吸道的有害影响实际上是因果性的一个主要因素。不仅我们的研究一致，而且在文献中有很多例子，表明该实践的可能负面效应。我们的这一认识进一步为对有害效果作出合理解释的实验室研究所证实。

没有一致性并不意味着我们应该忽视对一个问题的第一次研究结果，而应该调和我们对结果的解释，直至结果被重复。这将防止在医学和兽医学两者中发生很多假阳性恐慌。同样的方法还可用于现场试验的结果，并因为混杂不是大问题，我们可能不需要那么严厉。近来的研究指出，在医学中一旦12个研究达到相同的必需结论，为达到相同结论的进一步研究在做因果推断方面不会增加多少份量（Holman等，2001）。

荟萃分析是以严格的定义和明确的方式把从很多研究得到的对一特定暴露因素的结果联合起来（Weed，2000），因此有助于一致性的评价。可以得到支持或反对假设的证据，与此相反的是将研究结果分为支持假设和反对假设的两部分。此外，对用于荟萃分析方法的解释，倾向于提供一个比很多定性评价更清晰的关于因果关系准则的图像（见第28章）。

1.10.7　联系的特异性

按照因果关系的刚性准则，如Henle-Koch's假说，通常认为，如果一个因素仅与一个疾病相联系，则它比与多个疾病结果相联系的因素更可能是因果性的。我们不再相信特异性或缺乏特异性，因为这条准则在评价吸烟因果关系时就不适用。吸烟是多种效应（心、肺、婴儿出生体重、婴儿智力），而这些结果的每一个都有很多原因，应该足以证明这一观点。

1.10.8 类推

对于评估因果关系来说，这不是一个很重要的准则，虽然有用它来做推断的例子。这个方法根据在其他动物种类的实验结果来推断与人类疾病病例的关系。今天很多人有发明才能，几乎对任何观察都能做出解释，因此这条准则对帮助区分因果性和非因果性联系并不特别有用。

1.10.9 实验证据

这条准则或许部分与生物学合理性有关，部分与设计得好的试验中另外的对照有关。如果用相同的靶动物，并且攻毒途径或处理性质与现场条件下可以期望的相一致，则我们倾向于更重视实验证据。从其他种类动物在更人为的设置中得到的实验证据在因果关系评估中的分量较轻。事实上，实验途径是检验假设的另一种方法，因此这对因果关系本身来说不是真正不同的准则。

Swaen和van Amelsvoort（2009）建立了使这些因果关系准则应用的正式化过程，为了评估每一条准则正确的程度和准则正式权重的应用，使用判别分析估计暴露和结果间观察的联系是因果性的概率。但是，有关的详细方法已超出了本书的范围。

参考文献

Aiello AE, Larson EL. Causal inference: the case of hygiene and health Am J Infect Control. 2002; 30: 503-11.

Berlivet L. "Association or causation?" The debate on the scientific status of risk factor epidemiology, 1947-c. 1965 Clio Med. 2005; 75: 39-74.

Cardiff RD, Ward JM, Barthold SW. 'One medicine—one pathology': are veterinary and human pathology prepared? Lab Invest. 2008; 88: 18-26.

De Vreese L. Epidemiology and causation Med Health Care Philos. 2009; 12: 345-53.

Diez Roux AV. Integrating social and biologic factors in health research: a systems view Ann Epidemiol. 2007; 17: 569-74.

Diez-Roux AV. On genes, individuals, society, and epidemiology Am J Epidemiol. 1998a; 148: 1027-32.

Diez-Roux AV. Bringing context back into epidemiology: variables and fallacies in multilevel analysis Am J Public Health. 1998b; 88: 216-22.

Doll R. Proof of causality: deduction from epidemiological observation Perspect Biol Med. 2002; 45: 499-515.

Evans AS. Causation and disease: a chronological journey. The Thomas Parran Lecture. 1978 Am J Epidemiol. 1995; 142: 1126-35; discussion 1125.

Franco EL, Correa P, Santella RM, Wu X, Goodman SN, Petersen GM. Role and limitations of epidemiology in establishing a causal association Semin Cancer Biol. 2004; 14: 413-26.

Frerichs RR. Cholera in Paris. Am J Pub Hlth 2001; 91: 1170.

Rothman KJ, Greenland S and Lash TL. Modern Epidemiology 3rd ed. Philadelphia: Lippincott, Williams and Wilkins; 2008.

Greenland S. Epidemiologic measures and policy formulation: lessons from potential outcomes Emerg Themes Epidemiol. 2005; 2: 5.

Greenland S, Brumback B. An overview of relations among causal modelling methods Int J Epidemiol. 2002; 31: 1030-7.

Hernan MA. A definition of causal effect for epidemiological research J Epidemiol Community Health. 2004; 58: 265-71.

Hernan MA, Robins JM. Estimating causal effects from epidemiological data J Epidemiol Community Health. 2006a; 60: 578-86.

Hill AB. The Environment and Disease: Association Or Causation? Proc RSoc Med. 1965; 58: 295-300.

Hofler M. Causal inference based on counterfactuals BMC Med Res Methodol. 2005a; 5: 28.

Holman CD, Arnold-Reed DE, de Klerk N, McComb C, English DR. A psychometric experiment in causal inference to estimate evidential weights used by epidemiologists Epidemiology. 2001; 12: 246-55.

Howards PP, Schisterman EF, Heagerty PJ. Potential confounding by exposure history and prior outcomes: an example from perinatal epidemiology Epidemiology. 2007; 18: 544-51.

Ingram D, Mitchell W, Martin S. Animal Disease Monitoring CC Thomas: Springfield; 1975.

Kaufman JS, Poole C. Looking back on "causal thinking in the health sciences" Annu Rev Public Health. 2000; 21: 101-19.

King LJ, Anderson LR, Blackmore CG, Blackwell MJ, Lautner EA, Marcus LC, Meyer TE, Monath TP, Nave JE, Ohle J, Pappaioanou M, Sobota J, Stokes WS, Davis RM, Glasser JH, Mahr RK. Executive summary of the AVMA One Health Initiative Task Force report J Am Vet Med Assoc. 2008; 233: 259-61.

Koopman JS, Weed DL. Epigenesis theory: a mathematical model relating causal concepts of pathogenesis in individuals to disease patterns in populations Am J Epidemiol. 1990; 132: 366-90.

Krieger N. Epidemiology and the web of causation: has anyone seen the spider? Soc Sci Med. 1994; 39: 887-903.

Lash TL. Heuristic thinking and inference from observational epidemiology Epidemiology. 2007; 18: 67-72.

Leech FB. A critique of the methods and results of the British national surveys of disease in farm animals II. Some general remarks on population surveys of farm animal disease Br Vet J. 1971; 127: 587-92.

Lipton R, Odegaard T. Causal thinking and causal language in epidemiology: it's in the details Epidemiol Perspect Innov. 2005; 2: 8.

MacMahon B, Pugh TF. Epidemiology: Principles and Methods. Little Brown: Boston; 1970.

Martin S, Meek AH, Willeberg P. Veterinary Epidemiology: Principles and Methods. Iowa State Press: Ames; 1987.

McMichael AJ. Prisoners of the proximate: loosening the constraints on epidemiology in an age of change Am J Epidemiol. 1999; 149: 887-97.

Olsen J. What characterizes a useful concept of causation in epidemiology. J Epidemiol Community Health. 2003; 57: 86-8.

Pappaioanou M. Veterinary medicine protecting and promoting the public's health and wellbeing Prev Vet Med. 2004; 62: 153-63.

Pearce N. Analytical implications of epidemiological concepts of interaction Int J Epidemiol. 1989; 18: 976-80.

Phillips CV, Goodman KJ. Causal criteria and counterfactuals; nothing more (or less) than scientific common sense Emerg Themes Epidemiol. 2006; 3: 5.

Poole C. Causal values Epidemiology. 2001; 12: 139-41.

Rickles D. Causality in complex interventions Med Health Care Philos. 2009; 12: 77-90.

Robins JM. Data, design, and background knowledge in etiologic inference Epidemiology. 2001; 12: 313-20.

Rose G. Sick individuals and sick populations Int J Epidemiol. 2001; 30: 427-32; discussion 433-4.

Rothman KJ. Causes Am J Epidemiol. 1976; 104: 587-92.

Rothman KJ, Greenland S. Causation and causal inference in epidemiology Am J Public Health. 2005; 95 Suppl 1: S144-50.

Rothman KJ, Greenland S, Poole C, and Lash TL. Chapter 2 in Rothman KJ, Greenland S and Lash TL. Modern Epidemiology 3rd ed. Lippincott: Philadelphia; 2008.

Sato T, Matsuyama Y. Marginal structural models as a tool for standardization Epidemiology. 2003; 14: 680-6.

Schwabe CW. The current epidemiological revolution in veterinary medicine. Part I Prev Vet Med. 1982; 1: 5-15.

Schwabe CW. Veterinary Medicine and Human Health. Williams and Wilkins: Baltimore; 1984.

Schwabe CW. The current epidemiological revolution in veterinary medicine. Part II Prev Vet Med. 1993; 18: 3-16.

Shapiro S. Causation, bias and confounding: a hitchhiker's guide to the epidemiological galaxy. Part 1. Principles of causality in epidemiological research: time order, specification of the study base and specificity J Fam Plann Reprod HealthCare. 2008a; 34: 83-7.

Shapiro S. Causation, bias and confounding: a hitchhiker's guide to the epidemiological galaxy Part 2. Principles of causality in epidemiological research: confounding, effect modification and strength of association J Fam Plann Reprod HealthCare. 2008b; 34: 185-90.

Shapiro S. Causation, bias and confounding: a hitchhiker's guide to the epidemiological galaxy. Part 3: Principles of causality in epidemiological research: statistical stability, dose- and duration-response effects, internal and external consistency, analogy and biological plausibility J Fam Plann Reprod HealthCare. 2008c; 34: 261-4.

Steele JH. Veterinary public health: past success, new opportunities Prev Vet Med. 2008; 86: 224-43.

Susser M. Judgment and causal inference: criteria in epidemiologic studies. 1977 Am J Epidemiol. 1995; 141: 701-15; discussion 699-700.

Swaen G, van Amelsvoort L. A weight of evidence approach to causal inference J Clin Epidemiol. 2009; 62: 270-7.

Thompson WD. Effect modification and the limits of biological inference from epidemiologic data J Clin Epidemiol. 1991; 44: 221-32.

van Knapen F. Veterinary public health: past, present, and future Vet Q. 2000; 22: 61-2.

Waldmann MR, Hagmayer Y. Estimating causal strength: the role of structural knowledge and processing effort Cognition. 2001; 82: 27-58.

Ward A. Causal criteria and the problem of complex causation Med Health Care Philos. 2009; 12: 333-43.

Weed DL. Interpreting epidemiological evidence: how meta-analysis and causal inference methods are related Int J Epidemiol. 2000; 29: 387-90.

Weed DL. Environmental epidemiology: basics and proof of cause-effect Toxicology. 2002; 181-182: 399-403.

White P. Judgement of two causal candidates from contingency information: effects of relative prevalence of the two causes Q J Exp Psychol A. 2004; 57: 961-91.

White PA. Causal attribution and Mill's methods of experimental inquiry: past, present and prospect Br J Soc Psychol. 2000; 39 (Pt 3): 429-47.

White PA. Causal judgments about relations between multilevel variables J Exp Psychol Learn Mem Cogn. 2001; 27: 499-513.

White PA. Judgement of two causal candidates from contingency information: II. Effects of information about one cause on judgements of the other cause Q J Exp Psychol A. 2005; 58: 999-1021.

第 2 章

抽 样

孙伟 译　李湘鸣 校

目的

阅读本章后，你应该能够：

1. 选择合适的抽样方法，如随机、简单、系统、分层、整群、多阶抽样或靶向（基于风险）抽样——给出各种抽样方法的基本要素；

2. 认识各种抽样方法的优缺点；

3. 考虑各种抽样方法的要求及优缺点，针对具体情况选择一种合适的抽样方法；

4. 列出影响实现具体目标所需样本容量的因素，并能解释每个因素对样本容量的影响；

5. 能根据分析目的计算所需样本容量；

6. 理解复合抽样技术在统计分析中的应用；

7. 合理选择样本以检出或排除某动物群体中存在疾病。

2.1 引言

2.1.1 普查与抽样调查

针对本章目的，假定所需要的资料是来自总体中的个体（如动物只数、畜群等）或是总体中的子集，这个获得资料的过程将被称为度量。

在普查过程中，要对总体中的每个动物进行评价。而在抽样调查中，资料仅仅是来源于总体中的一个子集。对群体进行抽样测定或收集资料要比对整个总体容易得多。在普查中，误差的唯一来源是由度量造成。然而，即使普查也可以被看成是抽样调查，因为其代表了总体在某时间点上的状态。因此，可看作是总体在过去一段时间内的一个可能状态样本。对抽样调查而言，误差是由度量和抽样造成的。而一个设计周密的样本，用较少的成本，可以获得与普查一样真实可靠的信息。

注： 任何研究的结果（如疾病状态）通常通过诊断试验（见第5章）来判断。为了简便起见，在本章中假定度量的结果没有误差。

2.1.2 描述性研究与分析性研究

抽样的目的是为了满足描述性（常称为调查）和分析性研究（观察性研究）的需要。

描述性研究（调查）目标在于描述群体的属性（疾病发生频率、产出水平）。调查要解决的问题，如："在某总体中患亚临床乳房炎的奶牛占多大比例？"或"爱德华王子岛（PEI）奶牛的平均产奶量是多少？"

分析性研究是对总体中结果和暴露因子间联系大小检验进行评估。分析性研究对各组进行对比并寻找他们之间不同的原因。分析性研究可能要解决的问题，如："牛舍的类型与亚临床的乳房炎是否有关系？"或"亚临床乳房炎与产奶量是否有关？"等。建立联系的第一步是因果关系推断，相关讨论见第7章。

2.1.3 总体级系

在研究中，可以用多种不同的术语来描述各种群体。在本文中，所用术语与现代流行病学（Modern Epidemilolgy，Rothman等，2008）所用的描述总体的3种术语相一致，这3种总体分别是：目标群体、来源群体以及研究样本或组。这些将在后续的一项对犬术后死亡率的定量的研究设计中予以讨论。

目标群体极有可能是从某个研究中外推的群体。但通常目标总体并无清晰的定义，主要依赖于不同的个体对研究结果的看法，例如，研究者对术后犬的死亡率研究可能是以加拿大兽医诊所有处于手术状态的犬作为目标群体；而在美国的研究者看到该研究结果时，可能会将所有在北美处于手术状态的犬假定为目标群体。

来源总体是研究主体从该总体中抽取的。结果是来源群体中的所有研究单位均可以"列表呈现"，而且是百分之百的处于这个研究之中。例如，如果要研究爱德华王子岛（PEI）犬的术后死亡率，同时PEI的所有兽医诊所都应邀参加研究，则来源总体应为PEI全部诊所的所有接受手术的犬。

研究样本（组）是研究中包含所有个体（动物个体或成组动物）。通常这一成组样本是来源总体的样本的某些形式。在进行研究之前，研究者要确定必需的样本容量（可能仅仅是抽取一些诊所及所选诊所中某些病例术后记录）。兽医和犬的主人都将参与这一研究，研究样本应该包括兽医和犬主人同意参加这一研究的动物（其记录对本研究是足够的）。因为这些动物并不组成一个容易定义的总体，因此常被定义为样本或组而不是总体。

有效性的概念将在第12章和第13章进行详细讨论，但是有效性与以下方式定义的总体相关。研究的内部有效性与研究结果（从研究样本得到）是否与来源群体成员的有效性有关，本质上说，这反映了该研究是否为来源总体得出了"正确"的结果。本书大多内容是探讨使得结果正确性的概率最大化的方法。

外部有效性与这些结果针对目标群体如何被归纳有关。外部有效性的评价包括来源群体是否能广泛地代表目标群体的主观评价。若目标群体可能由不同的作者进行定义，则外部有效性的评估更为困难。然而从分析性研究（评价联系）比描述性研究（描述群体中患病水平或其他特征）较易进行评价。例如在PEI地区与北美其他地区，术后并发症的流行率（描述性结果）不同。然而，在麻醉持续时间和术后并发症风险（分析性结果）之间，具有可观察的联系则很容易评价。

2.1.4　抽样框架

抽样框架定义为在一个来源群体中所有的抽样单位。抽样单位是所抽取总体的基本单位（如动物群数、只数）。要获得简单随机抽样，需要完整抽样单位，但是这可能对其他一些抽样策略并不是必需的。抽样框架是提供来源总体的信息，有利于抽取样本。在我们的例子中，抽样框架则可能是PEI的一系列兽医诊所。当兽医诊所选定后，则要根据这些诊所设计策略，有针对性地选择畜主。

2.1.5　研究的对象

研究的对象将影响抽样的策略应用。描述性研究通常在于确定群体中疾病的流行率（或患病率）或者是表明某群体无疾病流行。分析性研究则关注于在因子（如风险因子）和结果（如疾病）之间的联系。除了有其他的特殊说明，本章节主要关注以支持流行率估计或分析对象的抽样。对于抽样是为了检测疾病的存在与否的问题将在2.12讨论。

2.1.6　错误类型

在基于样本观察的研究中，其结果具有变异性，这主要是测量误差以及样本间的变异性，对所得结果的影响。因此，根据样本资料推断时，则会产生错误。本节分析性研究中的假设检验存在2种类型的错误。

Ⅰ型（α）错误：推断出所比较的组之间存在差异（即有联系存在），而事实上并无差异。

Ⅱ型（β）错误：推断出所比较的组之间无差异（也就是暴露和结果无联系），而事实上是有差异的。

有人开展了确定暴露是否对疾病的出现概率有影响的一项研究。表2.1列出了根据研究及其与"真实"的关系所做的可能决定。

表2.1　错误类型

		真实状态	
		有效	无效
统计	有影响（否定无效假设）	正确	Ⅰ型（α）错误
分析结论	无影响（接受无效假设）	Ⅱ型（β）错误	正确

医学文献所报道的统计检验结果是为了否定无效假设（即组间无显著差异性）。如果有差异性，

则用P值表示，如果无效假设为真，则P值表明了差异出现的概率与观察值一样大或比观察值大，此观察值可归于是由偶然因素造成。P值则为犯Ⅰ型（α）错误的概率。当P≤0.05时，会理所当然地认为任何检测到的影响并不是由偶然因素造成的。

把握度　当显著差异性本身存在而且程度比较大时，指能够发现统计上有显著差异性的概率，其大小用$1-\beta$表示。由于在文献中偏好报道阳性结果，因此Ⅱ型（β）错误的概率或称为不能发现差异的概率，有时不报道。所谓阴性结果（未发现差异）报道的可能性较少。对于一个研究中没有发现正在被调查的、产生效应的因子存在的原因有以下几种。

- 暴露对结果确实没有影响；
- 研究设计不合理；
- 样本容量太小（检验功效低）；
- 运气不好。

研究把握度的评估至少确定了以一个给定的备择假设中将犯Ⅱ型（β）错误的可能性。

2.2　非概率抽样

在没有明确方法确定个体被选概率的抽样称为非概率抽样。任何时候，对没有通过正规随机抽样方法抽取的样本，应该被称为非概率样本。非概率样本有3种类型：判断样本、便利样本和目标样本。除了对于探索性研究（甚至在这个时候，使用一个非概率样本也会造成误导），非概率样本不合适描述性研究。然而，非概率抽样方法通常用于分析性研究。

2.2.1　判断样本

选择这种类型的样本是因为根据研究者判断，这种样本是来源群体的典型代表。由于包含样本的标准和选择过程基本不明确，因此很难判定其代表性。

2.2.2　便利样本

选择便利样本是因为很容易得到。例如，靠近研究中心的畜群、具有很好处理设施的畜群以及易获得记录的畜群等均有可能被拿来研究。便利样本通常用于分析性研究，从来源群体选择研究畜群的要求不是很严格。例如，第17章关注的肉牛肥育期开始时的超声波测定和动物胴体最终等级间的关系。即使这个研究是来自于群体的便利样本，但得到的结果对于可比较的条件下饲养和管理肉牛在一般意义上也是适用的。

2.2.3　目标样本

这种类型样本的选择是根据研究目标所拥有的一个或多个可属性，如暴露于风险因子或有特定疾病状态。这种方法通常用在观察性分析研究中。如果随机样本是从所有满足研究标准的抽样单位中抽取，则变成来源群体子集的概率样本。

2.3　概率抽样

概率样本是指总体中的每个元素被包括在样本中的概率为非零。这种方法意味着对抽样框架已应用了规范的随机选择过程。以下章节则讨论如何抽取不同类型的概率样本。分析来源于样本数据的方法将在2.10节进行讨论。一个更为完善的抽样方法描述可参考一般的抽样文献（如Levy和Lemeshow，

2008）。

2.4　简单随机样本

在简单随机样本中，来源总体中的每一个研究对象都有同等的概率被选中。需要来源总体的全部排列以及采用一个标准的随机选择程序（随机与偶然的意思并不完全相同）。随机抽样可以根据多种方式，如从随机编码中获得数字，利用计算生成随机数字，利用随机数字表，掷硬币或掷骰子等。

例如，假定在一个兽医诊所5000只生病的小动物中抽样来确定最新的接种疫苗比例。需要的样本量为500。假定上述5000只动物有编码，且可通过编号获取相关病例档案，则将从1到5000之间随机选择500个数字。这些数字与将要检查的档案记录动物一一对应。

2.5　系统随机样本

在系统随机抽样中，如有动物总数的估计值和所有动物的先后次序（例如牛通过斜坡道），并不需要抽样群体的完整名单。抽样区间（j）是通过由研究群体除以所需要的样本容量计算得到的。第一个研究对象是随机从所有的第j个研究对象中选择的，则每第j个研究对象都包含在样本中。若群体按某种次序排列，则选择概率样本的是一种比较实用的方法，但是如果你所研究的因子与抽样区间有关，则会产生偏倚。因此，最好用简单随机抽样，但是如果抽样程序不合理（如采集血样的所需时间），简单随机样本产生一系列连续数字，因此就不适用。

再假定你在一家兽医诊所患病动物中选500只动物的样本，你知道所需的样本量（500），同时也知道大概有多少只患病动物（5000），但是如何对这些患病动物进行编号却是要花费很多时间的。然而所有的记录均是按字母顺序保存在档案柜内，则需要每隔10个患病动物取1个样本。一开始，随机从1到10之间选择一个数字确定第一个被抽动物，然后每间隔10个动物号码，抽取患病动物。虽然这些资料是由简单随机抽样衍生而来，但这种来源于系统随机抽样的资料仍可用于分析。注：在这种特例中，如果对来源群体的大小评估是可信的，则简单随机抽样也是合理的，因为这里不存在计数文档准备工作的逻辑上的限制。

2.6　分层随机样本

在这种方法中，抽样之前，根据可能影响结果的因子，将群体分成互斥的层。则在每个层内选择简单或系统随机样本。分层随机抽样的最简单方式称为按比例（每层内的样本数与层内总数成比例）抽样。分层随机抽样有3个优点：

1. 它保证了样本代表了所有的层；

2. 总的评估的精确性比来源于简单随机抽样的要大；从总的方差估计值除去层间变异后，结果将更为精确；

3. 它产生了特异结果的估计值，虽然这些估计值的精确性比总的估计值的精确性要低。

例如，假定你相信至今为止进行疫苗防疫的猫少于犬，则会分别产生猫和犬的2个清单，利用比例抽样从每个清单中抽样。如果患病动物有40%为猫，则会选择500×0.4=200只猫，选择300只犬。

2.7　整群抽样

整群是具有一个或多个相同特征研究主体的一种自然的或便利的集合。例如：

- 一窝仔猪是仔猪群集；
- 一群奶牛是牛的群集；
- 一个肉牛圈栏是牛的群集；
- 一个县是农场的群集。

在一个整群样本中，初级抽样单位（PSU）比所关注的单位要大。例如，如果你想评估PEI肉犊牛的血清中硒的平均水平，虽然关注的单位是犊牛，但在采用整群样本时随机选择的抽样单位是牧场。在一个整群样本中，整群内的每个研究对象都包括在样本中。

之所以选择整群抽样是因为得到一系列整群（牧场）的名单比得到个体（犊牛）的名单更为容易，而且抽取较小的数量整群样本比从很多不同的整群中获得信息更为便宜。

在整群抽样的例子中，我们进行了调查以研究PEI肉犊牛体内血清中硒的平均水平。从某省牛群名单中，选择了50个牛群，并在断奶时对50个牛群中每头犊牛采血。由于得到PEI所有肉犊牛名单是不可能的，所以采用整群抽样方便得多。采集50个牧场的所有牛，比到所有的300个肉牛场中分别采集少量牛构成样本容易得多。当然，与不同牛场来源的牛相比，同一个牛场内的牛有许多相似之处，因此在一定数量个体的抽样差异比随机抽样的样本差异大。关于整群水平上的抽样影响，将在2.10.3和2.11.6讨论。

在整群抽样中，组群是个体的集合。如果组群为抽样单位，而且组群内的研究对象是关注的单位，则此样本为聚类样本。当组群既是抽样单位又是关注单位，则根据定义此样本为非聚类样本。例如，以下的例子不属于聚类样本：通过畜群样本想确定这些畜群是否感染特定的病原体（在本例中，畜群是关注的单位，而不是个体动物）。

2.8 多阶抽样

整群抽样可能包含了过多的研究对象，故难以获得每一个研究对象的测定结果，或整群抽样的研究对象多数极为相似，仅有少数能提供整个群体的信息。除了在初级抽样单位（如畜群）选择后，再对次级抽样单位进行选择外，分层抽样与整群抽样相似。假定想确定肉犊牛在断奶时血清中硒的水平，并且一个农场内部的变异很小，这就意味着为了对某特定农场所有犊牛的血清硒水平有较好估计，不需要取很多犊牛作为样本，即只需在每个农场抽取小部分牛个体作为样本。

如果要保证总群体内所有动物被选取的概率相等，有两种可能方法。首先，可根据抽样单位大小成比例的概率，选择初级抽样单位。换句话说，若畜群大小事先已知，则大畜群比小畜群选择到的概率要大。当畜群数选定后，则从每个畜群选择固定的犊牛数来采集血清样本。若畜群大小事先是未知的，则采取简单随机抽样的方法确定初级抽样单位，然后在每个畜群可根据牛犊所占的常数比例抽样。这两种方法任一种都保证了每个动物个体被抽到的概率相同。如果不是这种状况，则要在分析中对其选择概率进行说明（见2.10.2）。

多少畜群被抽样，每个畜群内有多少只动物被抽样，取决于与畜群内相比畜群间的相对差异（所测量的因子），以及在畜群间抽取畜群与在畜群内抽取个体的相对费用。换句话说，当畜群间变异相对大于畜群内变异的时候，则需要抽取较多的畜群，来获得比较精确的估计。在考虑到抽样成本时，多阶抽样是非常灵活的。当经济预算受到限制，获得畜群样本成本昂贵时，大多数研究者都希望抽样量尽可能少。从另一方面讲，如果从动物个体抽样过程的成本比从一个牧场的成本相对较高，则希望从每个牧场中抽样较少的动物。通常研究者都希望以最少的成本来获得对结果的最精确估计，这两种愿望可以通过减少方差和费用的乘积进行平衡。不管研究的总样本量（n）如何，通过每群选择n_i个体，根据下面等式可以算出缩小方差与费用乘积：

$$n_i = \sqrt{\frac{\sigma_i^2}{\sigma_h^2} \cdot \frac{c_h}{c_i}}$$

等式2.1

其中n_i指每个畜群被抽到的个体数；σ_h^2和σ_i^2分别指畜群间和畜群内的方差估计值；c_h和c_i分别指畜群抽样和个体抽样的费用。n_i的值需要调为整数并且不可小于1。每个畜群的个体数量一旦被确定，被抽样畜群的抽样数则为：$n_h = n/n_i$。

应当注意，在相同精确度下，整群抽样和多阶抽样比简单随机抽样需要更多的研究对象。例2.1描述了分层和多阶抽样方法。顾名思义，多阶抽样可以延伸至比上述所讨论的2个水平层更多的层。

例2.1 多阶抽样

data =dairy_dis

为确定奶牛对3种传染病的血清学反应流行率，对东加拿大3个沿海省的副结核病（禽副结核分支杆菌亚种，Map）、地方性牛白血病（白细胞增生症）和犬新孢子虫病（Van Leeuwen J 等，2001）进行了一项研究。数据集的描述见第31章。本研究具有如下特征：

1. 目标群体是这个地区的所有奶牛；
2. 来源群体是这个地区的所有奶牛，大约有70％参加了官方的奶牛产奶记录项目；
3. 抽样框架由两部分组成：一部分为来源群体中的所有牛群排列；另一部分为随后产生的每个牛群中所有奶牛排列，用于本研究的选择抽样（两者均由奶产量检测项目提供）；
4. 以省为单位采用分层抽样的方式，要求在这3个省的每个省内随机选择30个畜群；
5. 抽样以多阶抽样方式进行，即先选择畜群，然后在所选的每个畜群内随机选择30头奶牛；
6. 研究样本由选择参加本研究的动物组成，并且从中得到血液样本；
7. 计算生成随机数字，进行随机抽样。

这些资料将使用于例2.2至例2.4的例子中。

2.9 靶向（基于风险的）抽样

动物疾病监测计划（尤其对于罕见疾病或无疾病）越来越多基于靶向抽样计划。靶向抽样根据一个或多个特征对来源群体进行分层，这些特征通常认为是与疾病发生概率有联系的。尽管如此，与分层抽样不同，靶向抽样可能包含的抽样仅仅是从发现病例的概率最高的层次中得到的（Salman，2003；Stark等，2006），或者是权衡样本有利于高风险阶层的重要性。结果是，一些动物被抽到的概率为0。靶向抽样的方法近期发展很快，目前是一个活跃的研究领域。

在靶向抽样中，根据动物患有关疾病的概率，动物被看成许多点值，抽样与动物的风险估计值呈正比（Thurmond，2003）。抽样达到已确定点数的动物数时，抽样过程结束。从靶向样本进行总体推断，需要2个关键的流行病学参数：一个是特征估计，如何利用其特征去创建与疾病概率有关的层（即风险比估计值，见第4章）；另一个为在来源群体中该特征的分布（频率）估计（Williams等，2009b）。如果有关结果（疾病）罕见，并且强烈影响动物具有该结果概率的特征被确定，靶向抽样具有较其他的抽样需要小的多样本量的优点。缺点是关键的流行参数可能是未知的，特别是所研究总体的有关特征（即风险比）的效应是未知的，必须有来自其他总体的证据。除此以外，具有此有关特征的动物所占的比例可能也是未知的。当计划用靶向抽样时，这两种估计值的不确定性应该重视（Williams等，2009b）。Possion抽样是不规则的概率抽样，可被用于靶向抽样（Williams等，2009a）。

靶向抽样已经广泛应用于疯牛病（BSE）的监测计划（Prattley等，2007a；Prattley等，2007b）。在此例中，抽样主要注重于如下的分层（也称为"分支"）：具有与疯牛病相符临床病症的牛、死亡牛（在牛场中死亡的牛）、急宰牛（在屠宰场屠宰的不健康牛）。一项模拟研究用于评估靶向抽样对疾病流行的估计的性能，结果发现，如果关键的流行病学参数估计值已知，采用靶向抽样是合适的（Wells等，2009）。

2.10 调查数据分析

当来源于任何研究项目中的分析数据包含复杂抽样问题时，则需要考虑抽样计划（注：虽然本文用了"调查"资料一词，但本章所讨论"调查"的概念，等同于分析性研究的数据分析，这种分析性研究是根据复杂的抽样计划制定的）。在以上所讨论的各种抽样计划中，提出了3个重要概念：分层、抽样权重和聚类。除此之外，必须考虑校正来源于有限总体估计值的可能性。

2.10.1 分层

如果抽样的总体在抽样之前就被分成若干层，则在分析中需要考虑到总体的这一特点。例如，研究牛群中副结核病发病率，畜群可能会被分成奶牛群和肉牛群。这种分层的优点是可提供各层特异的有关结果的估计值。如果总体的分层是根据与结果有关的因子（如副结核病在该两阶层的流行），则总流行率的估计值的标准误（SE），要低于不分层的。正确地解释样本分层特点，需要知道各阶层的总体大小，目的是得到正确的抽样权重。

在例2.2中，对新孢子虫病数据先进行不按省分层分析，然后再进行分层分析。

2.10.2 抽样权重

虽然概率抽样需要利用一个规范的随机方法去选择样本，但是并不意味着所有单位被抽到的概率相同。如果畜群样本是从来源群体中选择，则奶牛的样本从每个畜群内部选择，对于任一个给定的奶牛而言被选择到的概率可以计算为：

$$p = \frac{n}{N} \cdot \frac{m}{M}$$

等式2.2

其中n指样本中畜群数，N指来源总体中的畜群数；m指从样本畜群中选择的奶牛数；M指所选畜群的奶牛数。例如，假定在一个地区从100个畜群中选择10个畜群，则从每个畜群中选择20头奶牛作

例2.2 分层调查资料的分析

data = dairy_dis

从2425头奶牛中得到新孢子虫病的有效检测值，对总体的血清流行率进行简单的估计（将该样本作为一个简单随机样本），其值为0.1905（19.05%），估计标准误为0.0080（0.8%）。

如果资料依据省进行分层，则血清流行率的估计如下：

省	样本数	血清流行率	
		流行率	标准误（流行率）
1	810	0.1012	0.0106
2	810	0.2111	0.0143
3	805	0.2596	0.0155
总计	2425	0.1905	0.0079

新孢子虫病的血清流行率各省间有相当大的差异。分层样本总标准误的估计，要略小于资料被作为简单随机样本时标准误估计，但这种差别很小。分层不能改变对总流行率的点估计值。注：提供这种分析仅是为了教学目的。在假定各分层间采取非比例抽样的情况下，假定有相同的抽样权重，这是不正确的（见2.10.2）。

为样本。如果畜群A有80头，则在这个畜群中的奶牛最终进入样本的概率为：

$$10/100 \times 20/80 = 0.025 （2.5\%）$$

同样的，如果畜群B有200头奶牛，在这个畜群中的奶牛进入样本的概率为：

$$10/100 \times 20/200 = 0.01 （1\%）$$

为了得到疾病参数正确的点估计，需要考虑到这些选择的不同概率。

得到抽样权重的最常用方法是使它们与抽样概率的倒数相同。此权重值反映了每个被抽到的个体代表的动物数。例如，畜群A中的一头奶牛实际上代表了总群中的1/0.025=40头奶牛。B群中的一头奶牛由于被选择到的概率较小，则抽样权重为1/0.001=100头。

在例2.3中，在计算新孢子虫的发病率时已经考虑了抽样权重。

2.10.3 聚类

整群抽样和多阶段抽样涉及组群内动物的抽样。组群内动物通常与从总体中随机选择的动物相比，有许多相似的特点（就所测到的结果而言）。从统计分析的角度，这意味着这些观察值不是独立的，在分析中需要考虑这种独立性的缺乏。不注意这一点经常会导致估计标准误比实际的偏小。

例2.3　分层和权重调查数据分析

data = dairy_dis

在研究总体中，奶牛被选择作为样本的概率不同，其主要受有2个因素影响：

- 奶牛群被选择到的概率；
- 奶牛群内奶牛被选择到的概率。

奶牛群选择概率： 在每个省内，一个奶牛群被选择到的概率为30除以该省参加产奶记录项目的总奶牛群数。例如，所抽的2号牛群位于3号省内，该省参加产奶记录的项目牛群有242个，因此该畜群被选择的概率为30/242=0.1240（12.40%）。

奶牛选择概率： 在每个奶牛群内，奶牛被选择到的概率为奶牛群内抽样的奶牛总数除以这个奶牛群当天所记录的奶牛总数。例如，在从2号奶牛群抽得含有26头奶牛的样本，该样本是从该奶牛群中的128奶牛中抽取的。因此群体内一头奶牛（如86号奶牛）被选择到的概率为26/128=0.2031（20.31%）。

总选择概率： 在2号奶牛群中的86号奶牛的总选择概率为以上2个概率之乘积：0.1204×0.2031=0.0252（2.52%）。

抽样权重： 对于2号奶牛群中86号奶牛的抽样权重为总选择概率的倒数：1/0.0252=39.7。实际上，这头奶牛的结果代表了总体中40头奶牛。

考虑到抽样权重后，新孢子虫患病率的总估计值为0.2021（20.21%），标准误为0.0095（0.95%）。合并权重值分析将会改变流行率的点估计值，并增加标准误。

聚类可以发生在多个水平上。例如，当奶牛群内的奶牛聚类时，则奶牛的乳房区也聚类。在第20~22章，将讨论在每个可能的水平上的聚类程度的评估方法。尽管如此，当分析调查数据时，常想简单地处理聚类，将其作为一个损害因子，以得到对被估计参数标准误的正确估计值。最简单和最常用的方法是确定初级抽样单位（如畜群），利用这种方法校正在这个水平或低于这个水平上（奶牛内的聚类和奶牛群内的聚类）的所有聚类效果估计值。

存在聚类和调查设计其他元素时，合适方差估计值的计算，并不能直接得到，需要专门化的软件。该方法的细节不在本章中讨论，最常用的技术是方差线性化（Dargartz和Hill，1996；Kreuter & Vallian，2007）。它有一个优点，就是从调查数据（如比例、平均值）计算得到的大多数统计量，其标准误分析解决都是可行的。但是该方法需要大量的可靠的初级抽样单位。例2.4利用的是方差线性化的方法，在这个例子中考虑的是畜群内聚类（畜群是初级抽样单位，在畜群内抽样奶牛），以评估新孢子虫病的总流行率。注：调查设计不仅可以合并到描述性特性的估计中（如例2.4的流行率），而且可以合并到本书后面的章节描述的很多回归模型中。例20.2是使用这些方法的例子，以解释回归分析中的聚类。

2.10.4 设计效应

精确估计抽样计划的总效应，可以用设计效应表示（即用deff表示）。deff是指考虑抽样计划得到的方差，与从总体抽取的适当大小的、简单随机样本的方差之比。deff > 1反映抽样计划的估计不如简单随机抽样的精确（较大的方差）（当然，简单随机样本经常不可能得到）。在新孢子虫病研究中，计算得到的抽样计划deff值在例2.4中列出。如果deff是独立估计值，在调查数据的分析中，其可以合并到解释聚类的方法中（见20.5.5节）。

2.10.5 有限总体校正

在大多数调查中，实施抽样是无替代的，即一旦一个研究主体被抽取，则不可以再次被放回入总体中并具有再次被抽取的可能。如果总体的抽样比例相对较高（如大于10%），则这可以提高估计的精确度，使之超过"无限"总体所预期的精确度。因此，可以通过有限总体校正（FPC）因子，对所估计的参数方差进行下调：

$$FPC = \frac{N-n}{N-1}$$

等式2.3

其中，N为总体的大小，n为样本容量（注意：即使抽样的PSUs数量大于总体10%，FPC也不应当用于多阶抽样）。估计样本容量时，也可使用有限总体校正（参见2.11.5章节）。

例2.4 多阶调查资料的分析

data = dairy_dis

以畜群为初级抽样单位，采用多阶抽样，得到奶牛疾病数据。如果考虑到样本的多阶性质（加上分层和抽样权重），总的流行率估计在0.2020（20.20%），但是SE（标准误）增加到0.0192（1.92%）（聚类可通过利用方差线性化方法计算标准误来解释）。

考虑到抽样计划不同特性的总血清流行率估计值的汇总如下表。

分析类型	血清流行率	
	评估值	标准误
假定为一个简单随机样本	0.1905	0.008
考虑分层	0.1905	0.0079
考虑分层和抽样权重	0.2021	0.0095
考虑聚类	0.1905	0.0191
考虑分层、抽样权重和聚类	0.2021	0.0192

最后一行包括了对新孢子虫病血清流行率（和标准误）的最合适估计。本分析的设计效应为0.0191/0.00802=5.7，它表示考虑抽样计划时，流行率的方差估计是抽取相同样本容量的简单随机样本的5.7倍（$n=2$，425）。

2.11 样本容量的确定

样本容量的选择涉及统计和非统计性因素。非统计性因素包括可利用的资源，如时间、资金、抽样框架和研究目标的某些因素等。有趣的是，费用也影响样本容量的计算，当预算固定时，每个抽样研究对象的费用越大，样本量就越小。

统计性因素包括所需的估计精确度、有关结果预期方差、置信限的期望水平即抽样获得的估计值与总体真实值接近程度（1–α）以及在分析研究中检测到真实效应的把握度（1–β）。

2.11.1　估计的精确度

无论是想测定淘汰母牛（副结核病检验呈阳性）的比例，还是想估计断奶时小牛的平均体重，都必须要确定所需估计的精确度。所期望的精确度越高，所需的样本量越大。如果想了解淘汰母牛副结核病阳性率误差为±5%，就比误差控制在±10%评估需要更多母牛样本。同样地，如果要求所估计的断奶平均体重与真实总体值相差小于2kg，就比只需将与真实总体值的相差控制在小于5kg的估计，需要称量更多小牛。

2.11.2　数据的期望变异

计算样本容量时，必须考虑数据本身固有的变异。简单比例的方差为$p \cdot q$，其中p是有关结果的比例，q则为$1-p$。因此，为了估计样本容量，需要确定一个比例（表面看来似乎自相矛盾），就必须有一个期望寻找到的、与有关结果有关的比例概念。

估计连续变量样本（如断奶体重）的变异大小是总体方差（σ^2）。标准差（σ）通常未知，但是，可以进行估计。对其进行估测的方法之一是范围估计，即一个包含95%值的范围，然后假定该范围等于4σ。例如，若认为95%小牛的断奶体重在150 kg和250 kg之间，则σ的粗略估计值为（250–150）/4=25 kg，方差为625 kg^2。

2.11.3　置信水平

在描述性研究中，必须确定要求估计值包括真实总体值的置信区间（CI）的肯定程度。同样地，在分析性研究中，必须决定所观察到的2组样本组间差是真实的而不是偶然发生的，这就是所谓的置信度，通常将其设置为95%（假设I型错误率为5%）。

2.11.4　把握度

研究的把握度是当确实存在真实差异时，检测某个效应（如两组之间的差异）的能力。例如，如果在雄性和雌性犊牛之间，断奶重的真实差值为20 kg，那么，把握度为80%的研究，可以有80%可能性检测这一差异（即存在统计学的显著性差异）。为提高把握度，必须增加样本容量。II型错误率（β）为1–把握度。

精确度和把握度，虽然是由同一概念基础产生的，但却作为2个单独的问题提出。样本容量能用两种方法计算，但是，它们会形成不同估计值（这个问题的详细讨论参阅2.11.8）。

2.11.5　样本容量计算等式

用于估测单一参数（比例或者均值），或者用于比较2个比例或者均值，其样本容量计算等式如下列定义所示：

Z_α　置信度 = $1-\alpha$所需的Z_α，$Z_{0.05}$=1.96；

　　Z_α是标准正态分布的（$1-\alpha/2$）的百分位值；

　　注：该值适用于双侧检验或者双侧置信区间；

Z_{β}　把握度 $= 1-\beta$ 所需的 Z_{β} 值，对于把握度（$1-\beta$）为80%而言，$Z_{\beta} = -0.84$；

　　　　Z_{β}是标准正态分布的（$1-\beta$）的百分位值；

L　估计精确度（也称为"允许误差"或者"误差幅度"）等于置信区间长度的一半；

P　比例的先验估计值

　　　　（p_1，p_2——分析研究中2个组的估计值）；

q　$1-p$；

σ^2　总体方差的先验估计；

μ　总体均数的先验估计

　　　　（μ_1，μ_2——如果需要估计时，为2个组总体均数）；

n　样本容量。

估计比例或均值（n = 总样本量）

估计期望精确度的样本比例：

$$n = \frac{Z_a^2 pq}{L^2}$$

等式 2.4

估计期望精确度的样本均值：

$$n = \frac{Z_a^2 \sigma^2}{L^2}$$

等式 2.5

比较比例或者均值（n = 每组样本量）

比较2个比例：

$$n = \frac{[Z_a\sqrt{(2(pq))} - Z_{\beta}\sqrt{p_{1q_1} + p_2q_2}]^2}{(p_1 - p_2)^2}$$

等式 2.6

这里，$p = (p_1 + p_2)/2$，$q = 1-p$.

比较2个均值：

$$n = 2\left[\frac{(Z_a - Z_{\beta})^2 \sigma^2}{(\mu_1 - \mu_2)^2}\right]$$

等式 2.7

注：上述等式为近似算法，大部分软件使用更为精确的等式计算样本容量。如果产生的n很小，应特别谨慎使用这些等式。例2.5显示2个比例比较研究的样本量计算。

有限群体抽样

如果从相对较小的群体中抽样，那么所需的样本量（n'）可用下列FPC等式进行下调：

$$n' = \frac{1}{1/n + 1/N}$$

等式 2.8

这里，n= 无限总体中所需样本量的原估计值，N=总体大小。

如果抽样分值超过10%，计算简单或者分层随机抽样的样本量时，对该有限总体进行调整非常有用。这只适用于描述性研究，而不适用于分析性研究或对照试验的样本量计算。

2.11.6　样本量的聚类调整

在兽医流行病学研究中，常常处理聚类数据（如群内聚类的奶牛），在同一聚类中，就有关结果而言，这些数据的观察值彼此很相似，这与随机从总体抽取的观察值不同。如果有关影响因素发生在奶牛水平，而与牛群无关，研究专门针对较低（奶牛）水平，并且结果（如从产犊至受孕的天数）是

例2.5　比较比例的样本量

data= none

假设要测定一种疫苗（应在到达时注射）是否能够降低肉牛犊患呼吸系统疾病的风险。希望使用该疫苗将动物患该病风险从现有的15%水平降低到10%。如果希望结果的置信限为95%，那么研究应有80%把握度检测到5%风险降低。

$p_1=0.15$　　　　　$p_2=0.10$　　　　　$p=0.125$
$q_1=0.85$　　　　　$q_2=0.90$　　　　　$p=0.875$
$Z_a=Z_{0.05}=1.96$　　$Z_\beta=Z_{0.80}=-0.84$

$$n=\frac{[1.96\sqrt{2\times0.125\times0.875}-(-0.84)\sqrt{0.15\times0.85+0.10\times0.90}]^2}{(0.15-0.10)^2}$$

$$=685$$

因此，需要1370（685×2）头动物，其中685头接种疫苗，余下的不免疫接种。所得到的连续性校正（详情参见Fleiss JL等，2003）样本量为每组736头。

在奶牛水平上进行测定的，那么计算所需样本量时，该聚类不会出现问题。当进行治疗对照试验时，就会产生这种情况，该治疗随机分配到群体内的奶牛（确保治疗分配不受指定群体约束）。有关该情况的更完整论述参阅第20章。

然而，如果有关影响因素存在于群的水平（如牛舍类型：开放式还是拴养式），那么与奶牛数量相比（即使结果是在奶牛水平进行测定），研究中群体数量成为更关键的因素。总样本量的增加将取决于下列增长幅度：

1. 群体内观察值的相似程度（用所谓聚类内相关系数的参数衡量）（见20.3.3）。

2. 每个群体内抽样奶牛数（如果一个群体内的奶牛均非常相似，那么在该群体内抽取很多奶牛都没有意义）。校正样本量的等式：

$$n'=n(1+p(m-1))\qquad\text{等式2.9}$$

这里，n'为新样本量，n为样本量估计值，p为聚类内相关系数，m是每个群体内抽样奶牛数。有关该问题的进一步论述见第20章。在例2.6中，源于例2.5的样本量估计，是在组群水平研究进行校正。另一种适用于二值结果研究的方法，把样本量建立在β-二项分布模型上，该模型群体内的疾病流行呈二项分布，而群体间呈β分布（Fosgate，2007）。

如果有关影响因素是在奶牛水平（如胎次）上进行测定，并且是各个群体内具有聚类（即某些奶牛群老龄牛多于其他群），那么期望的样本量位于简单估计（忽略聚类）和群体水平变量保守估计的样本量之间。这类情况下，模拟方法（2.11.8节）可能是估测所需样本量或者评估把握度的最佳方式。

例2.6　聚类抽样样本量

Data= none

如果不可能将疫苗或者安慰剂随机分配栏内各个肉牛犊，并且也不能在整个饲喂期追踪观察，那么可通过随机分配一些栏内牛接种疫苗，其他栏的接种安慰剂，来进行研究。呼吸系统疾病发病率往往呈现栏内高度聚类，并且根据先前的研究工作，已知肉牛场各个栏舍内呼吸系统疾病的聚类内相关系数（p）约为0.3。

假设每个栏舍内有大约50头肉牛，那么所需的校正后样本量为：

$n'=n[1+p(m-1)]=685[1+0.3(50-1)]=10755$

因此，每组需要10755头肉牛，或者每组分配10755/50=215栏。样本量的极大增加，是由呼吸系统疾病的聚类内相关性相当高（$p=0.3$）引起的，并且与每栏内观察值数量（50）较多有关。

2.11.7　多变量研究中的样本量调整

如果要在研究中考虑混杂和交互作用（见第13章），通常需要增大样本量（Smith和Day，1984）。如果混杂因素并非强混杂因素（疾病与暴露之间的比数比（OR）在0.5～2之间），那么需要增加约15%的样本容量；如果是强混杂因素，那么应该使用增加幅度更大的研究规模。对于连续尺度的混杂因素，估计混杂因素与暴露变量的相关性p_{ce}^2，然后用因数$(1-p_{ce}^2)^{-1}$乘以未校正的样本量。对于有k协变量，相应等式为：

$$n' = n\left(\frac{1+(k-1)p_{ce}^2}{1-p_{ce}^2}\right)$$

等式2.10

式中，p_{ce}是混杂因素与有关暴露变量之间的平均相关性，因而对于p_{ce}约等于0.3 的5个协变量而言，研究规模的增加是50%。

类似的方法是从简单的方法开始估计关键预测变量（暴露）的样本量，然后用方差膨胀因子（VIF）修改多变量条件下的样本量（Hsieh等，1998）。

$$n' = n \times VIF$$

等式2.11

式中，$VIF = 1/(1-p_{1,2,3\cdots,k}^2)$

注：$p_{1,2,3\cdots,k}^2$是复相关系数（关键预测变量与余下的$k-1$个变量之间的相关系数）的平方，或者是当对其余的$k-1$个变量进行回归时，可解释的关键预测变量方差的构成比例。通常情况下，多重相关系数随着k增加而增加，VIF也是如此。估计VIF的方法与连续的二元协变量的相同。

2.11.8　样本量估计的一般方法

如2.11.4所示，计算分析研究（如 比较2个平均值）的样本量，可以通过指定研究所需的把握度，检测明确的数量差异，或者通过所估计的差异（即以精确度为基准的方法 ），指定差值所需CI宽度来完成。在简单的情况下，这些计算相对容易。为了更复杂的研究设计，将这些计算归纳总结为2种方法，如下所述。

以精密度为基础的样本量计算

参数置信区间宽度的通式为：

$$par \pm Z \cdot SE(par)$$

等式2.12

式中，par为要估计的参数，Z为正态分布的期望百分位数，而$SE(par)$是估计参数的SE。

注：为简单起见，标准正态分布将作为这些例子中t分布，大样本的近似值。

对于线性回归模型而言，任何参数的SE 都能采用一般形式：

$$SE(par) = \sigma \cdot c$$

等式2.13

式中，σ为模型的残差，c是取决于研究设计的值。例如，在一次抽样中估计平均值：

$$c = \sqrt{1/n} = 1/\sqrt{n}$$

等式2.14

式中，n为样本量。

对于2个样本的平均值比较：

$$c = \sqrt{2/n}$$

式中，n为2个组群中各自的样本量。

通过CI的等式可以计算n。例如，要估测其2个平均值之间的差异，其CI具有$2L$单位长（即 $\pm L$），那么：

$$L = Z_a \cdot \sigma \cdot \sqrt{2/n} \qquad\qquad \textbf{等式2.15}$$

在此基础之上，所需样本量为：

$$n = \frac{2Z_a^2\sigma^2}{L^2} \qquad\qquad \textbf{等式2.16}$$

等式2.15与等式2.5的双样本情况相同。

注：不同于等式2.7，未指定Z_β，也未指定所假设的2个平均值的"真实"值。无论两个样本平均数实际差异如何，所估计的样本容量需要具有一定宽度（$2L$）的置信区间（针对两个平均数均值）。

假如可以确定c的结构，该方法可推广至任何样本量的估计，这是以研究设计为基础的。例如，评价2个二值变量之间双因素相互作用，计算样本量就相当于评价4个可能组群（通过2个变量的可能组合而形成）的均数。因此：

$$c = \sqrt{4/n}$$

在4个组群中每一个组群所需的样本量为：

$$n = \frac{4Z_a^2\sigma^2}{L^2}$$

这产生了有用的指导原则，那就是估计二值变量之间的相互作用的研究，所需要的样本量是估计主要作用的4倍。

通过模拟计算把握度

用于任何分析情况的把握度计算方法，是以模拟为基础的（Feivesen，2002）。通常，模拟大量的数据集，这些数据集代表了将要分析的数据类型，然后计算所感兴趣的主要因素的次数比例，其P值小于或者等于所设定的显著性（如0.05）水平。该方法可以应用于多变量回归模型以及较简单的无条件分析。

产生模拟数据集的情景有两种。在第一种（最为简单的）方法中，可能要评价已经进行研究的把握度。例如，假设已经进行挤奶前奶头浸渍消毒的对照试验，作为降低奶牛临床乳腺炎病例数的方法。本研究有600头奶牛（试验组300头，对照组300头）进行试验研究，每头都有完整的泌乳期数据。结果（Y）是每个泌乳期的乳腺炎病例数，并且确信服从Possion分布（Possion分布的详情参见第18章）。虽然随机将奶牛分配到2组，但是，仍然想控制分析中的胎次，以便最终可拟合下列形式的Possion模型：

$$\ln E(Y) = \beta_0 + \beta_1（胎次）+ \beta_2（处理）$$

分析数据时，治疗系数为 -0.23（表明治疗降低了乳腺炎发病数），但是不显著，并且还要确定该研究所具有的把握度，以检测所发现的数量效应。

通过模拟确定把握度所涉及的步骤为：

1. 根据观察值模型和特定X值（胎次和处理）的系数，计算数据集中每个观察值的预测值。

2. 从以预测值为均值的Possion分布中产生结果的随机值（此种情况下，不需要担心分布的方差，因为Possion分布的均值和方差是相等的）。

3. 再次分析数据，并注意用于治疗（β_2）效应系数的P值。

4. 重复步骤1～3很多次（如1000次），并确定数据集中治疗效应P值≤0.05的比例。这是该研究把握度的估计值，以检测其相对应系数β_2= -0.23的真实效应。

注意：已经提出了这种事后把握度的计算，因为它是运用模拟方法计算样本量的最简单的例子。一般而言，事后把握度计算是没有用的（Hoenig和Heisey，2001；Smith和Bates，1992）。

如果要在研究之前就计算样本量，就会产生第二种情况，除了开始要根据预期的最终模型创建一个假设数据集外，其计算过程与第一种情况很相似。这意味着需要指定X变量的分布、数据集的大小、数据的层次结构（如果其性质上存在分层性；参见第20～22章）和所有相关的方差估计值。基于某些现有数据（用于协变量效应），提前确定研究把握度的例子见例2.7。

例2.7　通过模拟计算把握度

data=pig_adg

在一项评价体内寄生虫（蛔虫）和呼吸系统疾病对猪生长率影响的研究中，使用了341头猪（114头带有寄生虫，227头没有），进行回归分析以评价成虫（可在屠宰的肠道内观察到）对猪平均日增重（adg）的影响。在该回归分析中，还要校正猪的性别和农场来源的影响。回归分析的重要结果为：

▪ 寄生虫存在/缺失的系数为-7.7，表明肠道内有寄生虫的猪比无寄生虫的猪，少获得7.7 gm/d的日增重。
▪ 系数的P值为0.25，因此，不能确信此估计完全不同于0。
▪ 估计的平均日增重（adg）标准误为46.9 gm/d（这代表预测结果的标准差—参见第14章）

假设想知道可比研究（样本容量相同、协变量分布相同）的把握度，以能发现每头猪的生长率下降15 gm/d。解答该问题的模拟过程如下：

生成10000个随机产生平均日增重（adg）值的数据集。对于每个数据集内的每头猪而言，adg值来自于具有下列特征的正态分布：

▪ 它具有一个对应于来自真实数据预测值的平均值，除了寄生虫的影响效应设置为-15 gm/d，真实数据开始于猪的寄生虫状态、性别和农场来源。
▪ 其标准差为46.9 gm/d。

分析每个新的数据集，并确定比率，其赋予寄生虫状态系数的P值≤0.05，结果表明把握度为0.600（60.0%）。

因此，如果寄生虫的真实影响效应降低生长率的量为15 gm/d，那么基于114头阳性猪和227头阴性猪的研究，有60%可能性发现寄生虫的显著影响。这一估计的把握度明显低于2组简单比较（计算省略）为80%的把握度。

2.12　检测疾病的抽样

检测疾病存在（或者确认没有疾病）的抽样完全不同于参数估计如疾病流行率的抽样。如果要确定一种疾病肯定不存在于某个总体，那么唯一的选择就是检测整个总体。由于这几乎不可行，所以，根据这样一个事实，如果总体中有疾病存在，大多数疾病在最低发病率或超过最低发病率的情况下发生。例如，如果总体内出现接触性传染病，不可能只有不到1%的总体遭受感染。基于此，可以计算所需的样本量，并确信能发现疾病，但条件是该疾病流行率应大于或等于1%。

如果从有限总体抽样（如<1000头动物），那么确定所需样本量的等式为（Cannon，2001）：

$$n = (1-(a)^{1/D})\left(N - \frac{D-1}{2}\right)$$

等式2.17

其中，n= 所需样本量；

例2.8 未感染疾病的样本量

假设要证明200头母猪的群体没有感染支原体，根据经验和文献资料，如果该群体存在支原体，至少20%的母猪血清转为阳性。

$$N=200 \quad \alpha=0.05 \quad D=40$$

$$n=(1-\alpha)^{1/D}\left(n-\frac{D-1}{2}\right)$$

$$=(1-(0.05)^{1/40})\left(200-\frac{40-1}{2}\right)$$

$$=(0.072)(180.5)$$

$$=13.02\approx13$$

如果检测了13头母猪，检测结果全为阴性，那么有95%的把握认为该群体内支原体流行率<20%。因为认为该疾病在流行率<20%时不会存在，那么可以确信该疾病不存在。注意假设检测具有100%灵敏性和特异性。试验特性的论述可参见第5章〔如果使用大群体等式（等式2.18），得到的样本量估计值为13.4〕。

$\alpha=1-$置信限水平（通常为0.05）；
$D=$组内患病动物的最小估计数量（总体大小×最低期望流行率）；
$N=$ 总体大小。

如果从大（无限）的总体抽样，可以使用下列的近似等式：

$$n=\ln\alpha/\ln q \qquad \text{等式2.18}$$

其中，$n=$ 所需样本量；α通常取0.05或者0.01；$q=1-$最低期望流行率

如果抽取了所需样本，未发现阳性结果（假设α取0.05），那么可以说有95%的确信总体内疾病的流行率低于所指定的研究疾病的最低阈值。因此，有充分证据说明总体中没有疾病的存在。例2.8显示了所需样本量的计算，以确定母猪群内未感染支原体病。

关于确定未感染疾病的抽样的问题，更为完整的讨论详见有关发表文献（Cameron和Baldock，1998a；1998b）已经有用于确定未感染样本量计算的贝叶斯方法，并且考虑到疾病有聚类倾向（畜群或区域）的事实，但是，这些方法超出了本书的范围（Branscum等，2006）。

参考文献

Branscum AJ, Johnson WO, Gardner IA. Sample size calculations for disease freedom and prevalence estimation surveys Stat Med. 2006; 25: 2658-74.

Cameron AR, Baldock FC. A new probability formula for surveys to substantiate freedom from disease Prev Vet Med. 1998a; 34: 1-17.

Cameron AR, Baldock FC. Two-stage sampling in surveys to substantiate freedom from disease Prev Vet Med. 1998b; 34: 19-30.

Cannon RM. Sense and sensitivity—designing surveys based on an imperfect test Prev Vet Med. 2001; 49: 141-63.

Dargartz D, Hill G. Analysis of survey data Prev Vet Med. 1996; 28: 225-37.

Feivesen A. Power by simulation The Stata Journal. 2002; 2: 107-24.

Fleiss JL, Levin B, Paik MC. Statistical methods for rates and proportions. 3rd Ed. New York: John Wiley and Sons; 2003.

Fosgate GT. A cluster-adjusted sample size algorithm for proportions was developed using a beta-binomial model J Clin Epidemiol. 2007; 60: 250-5.

Hoenig JM, Heisey DM. The abuse of power: the pervasive fallacy of power calculations for data analysis The American Statistician. 2001; 55: 19-24.

Hsieh FY, Bloch DA, Larsen MD. A simple method of sample size calculation for linear and logistic regression Stat Med. 1998; 17: 1623-34.

Kreuter F, Vallian R. A survey on survey statistics: what is done and can be done in Stata The Stata Journal. 2007; 7: 1-21.

Levy P, Lemeshow S. Sampling of Populations. Methods and Applications 4th Ed. New York: Wiley-Interscience; 2008.

Prattley DJ, Cannon RM, Wilesmith JW, Morris RS, Stevenson MA. A model (BSurvE) for estimating the prevalence of bovine spongiform encephalopathy in a national herd Prev Vet Med. 2007a; 80: 330-43.

Prattley DJ, Morris RS, Cannon RM, Wilesmith JW, Stevenson MA. A model (BSurvE) for evaluating national surveillance programs for bovine spongiform encephalopathy Prev Vet Med. 2007b; 81: 225-35.

Rothman K, Greenland S, Lash T. Modern Epidemiology, 3rd Ed. Philadelphia: Lippincott Williams & Wilkins; 2008.

Salman M. Animal Disease Surveillance. Ames, IA: Iowa State Press; 2003.

Smith AH, Bates MN. Confidence limit analyses should replace power calculations in the interpretation of epidemiologic studies Epidemiology. 1992; 3: 449-452.

Smith PG, Day NE. The design of case-control studies: the influence of confounding and interaction effects Int J Epidemiol. 1984; 13: 356-65.

Stark KDC, Regula G, Hernandez J, Knopf L, Fuchs K, Morris RS, Davies P. Concepts for risk-based surveillance in the field of veterinary medicine and veterinary public health: review of current approaches BMC Health Serv Res. 2006; 6: 20.

Thurmond MC. Conceptual foundations for infectious disease surveillance J Vet Diagn Invest. 2003; 15: 501-14.

VanLeeuwen J, Keefe G, Tremblay R, Power C, Wichtel J. Seroprevalence of infection with Mycobacterium avium subspecies paratuberculosis, bovine leukemia virus and bovine viral diarrhea virus in Maritime Canada dairy cattle Canadian Veterinary Journal. 2001; 42: 193- 198.

Wells SJ, Ebel ED, Williams MS, Scott AE, Wagner BA, Marshall KL. Use of epidemiologic information in targeted surveillance for population inference Prev Vet Med. 2009; 89: 43- 50.

Williams MS, Ebel ED, Wells SJ. Population inferences from targeted sampling with uncertain epidemiologic information Prev Vet Med. 2009a; 89: 25-33.

Williams MS, Ebel ED, Wells SJ. Poisson sampling: a sampling strategy for concurrently establishing freedom from disease and estimating population characteristics Prev Vet Med. 2009b; 89: 34-42.

第 3 章

调查问卷设计

方维焕 译 吴艳涛 校

目的

阅读本章后，你应该能够：

1. 设计一份内容恰当的调查问卷；

2. 为调查问卷精心设计对应的问题；

3. 规范调查问卷的格式，便于填写和编码；

4. 预先测试调查问卷，以便发现其中不足，如内容冗长、措词不当或问题模棱两可等；

5. 采用最大限度提高应答率的调查问卷方式；

6. 对调查问卷所得数据进行编码，作为数据录入的先导。

3.1 引言

问卷调查是兽医流行病学研究中最常用的数据收集方法之一。问卷调查（questionnaire）和调查（survey）这两个术语常互换使用，本书中分别解释如下：

问卷调查：作为一种数据收集手段，可用于多种类型的临床和流行病学研究。

调查：是一种观察性研究，用于收集一个动物群体的描述性信息（如疾病的流行程度、生产水平等），常以问卷的形式进行数据收集。

本章将重点介绍问卷调查的设计，而不讨论是用于调查还是其他类型研究，对调查的详细阐述见第7章。

作为流行病学研究的主要数据收集方法，问卷调查对保证研究质量起着重要作用，但通常人们过多注重数据分析方法，而不太重视数据收集本身。作为提高问卷调查质量的手段之一，有学者建议将所有已发表的流行病学调查中使用过的问卷张贴在一个公开的网站上，面向所有读者（Rosen和Olsen，2006；Schilling等，2006；Wilcox，1999）。期望所有杂志都采用这个方案。问卷调查的验证将在3.8节进行详细阐述。

问卷调查是一个复杂的过程，在设计时需要考虑多方面的因素，这些问题将在下文中详细阐述。同时，可以参考相关文献（Converse和Presser，1986；Gillham，2000；Jackson和Furnham，2000；McColl和Thomas，2000）。最近发表的两篇文章均涉及健康研究中问卷调查的应用（Boynton，2004；Boynton和Greenhalgh，2004）。

3.1.1 研究目标

为了进行有效的问卷调查，需要进行仔细设计，并认真考虑若干相关要素。首要因素是明确调查目的，确定所需的信息资料。这一过程包括咨询相关研究领域的专家，与调查结果的终端"用户"进行交流（如果收集的数据为另一个研究组使用，如政策制定者）。而结构化的处理过程（如Delphi技术）对此有很大帮助（Hotchkiss等，2006）。在计划初始阶段要对被调查人员进行咨询，如果之前发表的问卷调查涵盖了相关信息，应该获取其副本；若之前的问卷调查已进行过正式评价，那么这些调查就特别有价值；然而，对动物健康相关调查研究的正式评价却并不多见。

3.1.2 核心小组

问卷调查的核心小组由6~12名成员组成，负责与被调查人员、终端用户以及受访者商谈。其中一名独立的仲裁者确保核心小组讨论的内容不偏离主题，且讨论不受一两个人主导。核心小组深入了解不同利益相关人员的态度、意见、关注的问题和经验，帮助明确研究目标、数据要求、需解决的问题、主要的定义和概念。小组讨论可用录像或者录音的形式记录，有助于完整保存讨论内容并避免曲解，但这些并非必需手段。

3.1.3 问卷调查类型

问卷调查可以定性也可以定量。前者常称为"探索性"问卷调查，主要由一些开放式问题组成，受调查者可以自由发表对相关事件的观点和想法。定性调查可用于研究过程中假设形成阶段，此时必须确定与研究主题相关的所有议题。这些调查常以访问的形式进行，在受访人许可的情况下还可进行录音，以便在之后对所讨论的内容进行仔细评估。定性问卷调查在本章中不再进一步讨论，读者可参考Creswell（1998）的文章，亦可从Vaarst等（2002）的文章中获得具体实例。

定量调查或称为结构化的问卷调查，可用于获取与研究对象及其环境相关的信息。相对于定性调查，兽医流行病学研究中使用更多的是定量调查。除非特别说明，本章中的所有实例均来源于为获取犬和猫术后镇痛剂使用信息而设计的结构式问卷（Dohoo，1996a；Dohoo，1996b）。

3.1.4　调查方法

问卷调查方法包括亲自采访、电话采访、邮件调查以及网络调查。调查方法对应答率和数据质量有重要影响（Bowling，2005；Kaplan等，2001；Pinnock等，2005；Vuillemin等，2000）（注意：与通常用法一样，应答率是指研究对象中完成问卷调查人员的比例，因此它实际上是一个风险而不是比率）。

亲自采访的优点是研究目的可以得到完整的阐述，参与率高，还可应用音频和视频设备（如使用药物的照片，确定产品的详细信息）。另外，亲自采访还可在调查人和被采访人之间建立关系，特别是当调查内容需要受访者持续参与时就显得重要。然而这种调查方式也存在耗时、费用高、调查范围限于调查人员的邻近地区、由于调查人员的主观因素而造成偏见等缺点。最后一个缺点可以通过对调查人员培训而得到部分弥补。与邮件调查相比，亲自采访的信息遗失比例较低（Smeeth等，2001）。

电话采访具有亲自采访的一些共同优点（如高应答率、可以清楚解释调查目的）。与亲自采访相比，电话采访具有省时、省钱、不易受调查人员的主观因素（如视觉提示）而造成偏见等优点，但受到受访人回答问题的时间限制。有报道指出，与邮件调查相比，电话采访会导致漏报一些健康状况的信息（Frost等，2001）。但与亲自采访相比，可获得更详细的敏感信息（Midanik等，2001）。许多电话采访的相关问题也需要考虑，如一些可能的调查参与者也许没有电话或者电话号码不详等。

邮件调查因费用低廉、由被调查人选择应答、没有调查者的偏向性而得到广泛使用。但是这种方法应答率较低，也不能掌控问卷填写人员的完成程度，特别是填写人员文化水平有限时就完全不适合使用。虽然许多调查应答率可以达到70%以上，但Asch等（1997）所作的236份与健康相关的邮件调查平均应答率只有60%，在一项研究中，邮件调查（结合适当随访）比电话调查获得了更高应答率（Hocking等，2006）。如果可行的话，亲自送达问卷可以增加应答率（Mond 等，2004）。如果应答率低，那么就可能存在严重的选择偏倚问题（见第12章），但由于能够相对容易地从各种研究群体收集相关数据，邮件调查被很多研究所采用。

网络调查近年来已经成为一种可行的调查方式，且其费用比邮件调查更为低廉。这种方式还具有一些独特的优点，包括调查结果可以直接输入数据库，免除数据编码和录入的步骤。但这一方法与邮件调查有相同的缺点，且仅限于能够上网的用户，同时必须采取防止被调查者多次重复填写问卷的措施。目前对网络调查的设计方面研究报道还很少，仅有两篇文章可以参考（Best和Kreuger，2004；Dillman，2000）。基于互联网的问卷调查设计中需要强调的是要保持问卷中各设计要素的一致性，如字体、加粗、颜色（Dillman和Smyth，2007）。

3.2　问题的设计

在起草问题时必须考虑的因素包括：谁来回答这些问题，数据是否容易获得，回答任务是否繁重（如问卷的长度和复杂性），所收集数据的复杂性、保密性及敏感性，数据的可靠性（问题的合理性），调查者和被调查者是否会觉得问题很尴尬，最终如何处理这些数据（编码及录入计算机）。

对问题的回答通常涉及4个不同阶段：理解问题，从记录或记忆中提取信息，对于主观性的问题进行思考和判断，口头或书面作答。必须考虑每个问题的各个方面。当一个问题起草完毕后，需要问问自己：

（1）被调查者是否能够理解这个问题？（问题的措辞必须清楚，而且是非专业术语。）

（2）被调查者能否直接给出答案或者需要通过搜索额外的信息来回答问题？（如果需要额外的信息，受访者要么跳过这个问题或者虚构一个答案。）

（3）如果回答过程需要一个主观决定（如意见或想法），有没有办法使得该问题少些主观性？诸如此类问题的设计需要特别小心，以确保它们能够得到预期的信息。

（4）是否所有的回答都可以清晰地用适当方式记录下来？

问卷调查的问题可分为开放式（不限制回答的类型或范围）或封闭式（从已列出的选项中选择答案），两种形式都将在下文中详述。问卷调查的问题不论格式如何都可看成是一种诊断试验，可用第5章所述的方法进行评估。

3.3　开放式提问

总的来说，开放式提问常用于定性调查研究，少用于定量调查研究，这是因为它所提供的信息不适合于标准的统计学分析。从本质上讲，开放式问题是让受访人表达意见。有时可以在封闭式问题中包括一个"评语"部分，这样也能达到同样的目的。

"填空"题是一种应用于定量调查的开放式问题，特别是用于获取数值数据。如果可能的话，最好是收集数值数据的值（即连续变量）而不是某个范围。例如，最好能知道一只犬的体重为17kg，而不是这一体重属于下列哪个范围：（<10kg，10～20kg，20～30kg，>30kg）。数值数据可以在分析过程中进行归类。

当需要获取敏感信息（如家庭收入）等情况时，受访者更愿意提供类别（范围）而不太愿意给出特定的数值。获取数值数据时，需要标明使用的单位（如：kg），另外也需要给予受访者一个可以选择的度量类型（如：cm）。例3.1展示了一种答案为具体数字的开放式问题。

若调查前所需答案的范围未知时，获得一些分类数据最好采用填空式问题（如询问牛的品种：安格斯牛、安格斯杂交牛或者夏洛莱—安格斯杂交牛都是可能的答案）。

3.4　封闭式提问

所谓封闭式提问，是指被研究者可以从几种可能选项中选取答案。包括以下几类：

• 清单式问题（从备选项中选出所有合适的答案）。

• 双选题/多选题。

• 级差式问题（即在给定的级差范围中选出答案）。

• 排序式问题（从多种选择答案中排列先后顺序的回答方式）。

封闭式提问的优点就是受访者一般都容易回答（同时也可以保持答案的连贯性），答案易于编码。

然而，封闭型问题设计困难，要么把一个特定的议题简化了，或者受访者对给出的答案实际上还缺乏相应的认知或见解。有时要求的信息可能不同于受访者通常使用的格式（如问卷可能要求以每头牛每天的平均产奶量（升）进行回答，但农场主通常用305d的平均产奶量进行回答）。

3.4.1　清单式问题

清单式问题与多选型问题相似，只是受访者需要从列出的问题中选择所有合适的答案（因此这些选项相互之间不排斥，或是组合后更为全面），等同于对每个选项给予"是"或者"不是"的答案。因此，每一个列出的选项要在数据库中占据一个单独的变量值。

3.4.2 双选/多选题

在双选/多选式问题中，重要的是各选项之间不能相互重叠，而组合后又要包含各种可能性。在选项中加入"其他（请注明）"（即半开放式回答）可保证所有可能性均被覆盖，但若问题精心设计的话，就不会有许多受访者去选这一栏目。建议在亲自采访或者电话采访时，所给出的选项不要超过5个，而邮件和互联网调查时不要超过10个。有迹象显示受访人常倾向于选择最上端的选项，这个问题可以通过不同选项排列方式的多种版本问卷来避免，但这会增加后期数据处理的复杂性。从双选/多选题得出的数据可根据选项的数字序号作为一个单独变量值存入数据库中（例3.2）。

3.4.3 级差式问题

要求被调查者根据事先设定的评价尺度给出一个值，按顺序列出答案选项，如Likert评判标尺将答案根据赞同度分为：非常赞同、赞同、既不赞同也不反对、反对和强烈反对，或者用更为连贯的数字尺度（如1~10）来表示级差，如例3.3中所示，连续型的数据也可通过一个可视化的模拟标尺获取（见后）。

级差式问题设计时需要考虑以下因素：如果答案有明确的分类，就需要确定设定多少个选项以及是否需要设立一个中立的选项（如既不赞同也不反对）；数字标尺至少要包含5~7个点（选项），以避免由于将连续型答案转换为一系列分类数据时而造成严重的信息丢失（Streiner和Norman，1995）；具有偶数选项的尺度属于强制性选择，因为它不提供中立选项。就数字式标尺而言，特别是当存在许多值可供选择时（如数字尺度1~10），被调查者可能不愿意选择其两端的选项。也可以考虑提供一类"不知道"或者"均不符合"的选项，可将此种选择与那些回收但未作答的情况区别开来

例3.1　开放式提问

3. 从兽医学院毕业的年份 ▢

例3.2　多项选择题（专门针对从事伴侣动物诊疗兽医的调查问卷）

6. 诊疗类型（只选择其中一个选项）

1. 多种诊疗活动兼有 ▢
2. 仅从事小动物诊疗 ▢
3. 仅从事猫科动物诊疗 ▢
4. 转院动物诊疗（请注明类型） ▢ ▭
5. 其他（请注明类型） ▢ ▭

为了使调查涵盖的内容更为全面，问卷中应该增加"仅从事犬类动物诊疗"一栏，但据认为在设计这份调查表时还没有这类诊疗。

（如遗漏的数据）。现在的争议是认定级差式问题中所获得的顺序数据是否是区间型数据，是否合适进行参数统计分析（Jamieson，2004；Pell，2005）。总之，参数统计方法（如中间值、标准差）在尺度上最少要有5个级差，并且各个点是等距离分布的情况下使用才合适。

有些级差式问题由一系列问题组成，每个问题都包含两个或者两个以上选项，这一系列问题所产生的回馈结果将组合成多个级差变量，通常会增加从一系列Likert级差式问题中得出的结果（因此，有时也被称为叠加尺度），获得的总数即被当作区间型数据处理。Thurstone级差和Guttman级差也是两种对多重级差问题结果进行组合的方法，但这两种方法超出了本章的叙述范围；另外，也可以将个别问题的结果通过诸如因素分析法那样的多变量统计方法进行联合分析（在第15章中简要讨论）。

直观模拟尺度（visual analogue scale，VAS）是一类近年来发展起来的提问方式，比较适合获取级差评价中主观性或半定量信息（当受访者难以给出一个精确的数值）。受访者在一条长度限定的标尺上标记答案，其评价等级决定于标记位置的远近（Cohen，2004；Houe等，2002）。在人类医学研究中，直观模拟尺度广泛用于对患者疼痛程度的评价（Kane等，2005）。但这种评价方式是否为线性受到质疑（Myles，2004；Pesudovs等，2005），是否选择单项Likert尺度或直观模拟尺度要根据具体情况而定（Davey等，2007；van Laerhoven等，2004）。例3.4是直观模拟尺度的例子。

例3.3　级差式问题

你认为，在没有麻醉处理的情况下，犬进行以下外科手术后12小时的疼痛程度有多严重。将疼痛的程度分成10个等级，1表示无疼痛，10表示最严重的疼痛（在选定的号码上画圈）。

11.　大型外科整形手术	1 2 3 4 5 6 7 8 9 10　未知
12.　十字韧带撕裂修复术	1 2 3 4 5 6 7 8 9 10　未知
13.　腹腔外科手术	1 2 3 4 5 6 7 8 9 10　未知
14.　卵巢-子宫切除术	1 2 3 4 5 6 7 8 9 10　未知
15.　去势手术	1 2 3 4 5 6 7 8 9 10　未知
16.　牙科手术	1 2 3 4 5 6 7 8 9 10　未知

3.4.4　排序式提问

排序式提问要求受访者对所有可能的答案（或一组答案）进行排序（例3.5）。在选项众多的情况下，受访者必须迅速记住所有类别的选项，因此对他们来说是有难度的。如果是亲自采访，可以提供给受访者一些印有各种不同答案的卡片，这样可以简化整个排序型提问的过程，因为此时受访者每次只需从一对答案中进行选择（重复这个过程直到这些卡片处在合适的排列顺序）。

受访者不知道排序的间隔，而且这些间隔也不是均等的（即2和3间的差异不同于1和2间的差异）。当受访者难以在2个选项中做出选择时，他们经常会"捆绑式"排序（如将2个选项列在同一个位次），故在进行问卷调查前，应该要先确定所得数据的分析方法（包括如何处理"捆绑式"排序）。计算不同选项的平均排序是假定这些排序的间隔几乎都是均等的，而事实情况也许并非如此，当一些可能的分类选项被省略，而这些选项可能会影响到受访者对于整个调查表上选项做出的排名时，平均排序也会出现问题。另一方面，打高分的那部分受访者（如对每个问题只选定1或2的受访者比例）可能会被计算在内。

3.5　调查问卷的措辞

调查问卷的措辞对于结果的正确性有着重要作用，调查的问题最好不要超过20个单词。重要的是

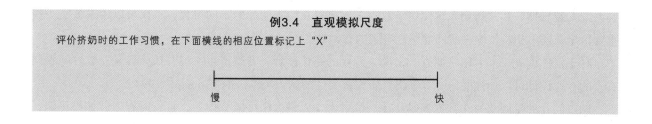

例3.4　直观模拟尺度

评价挤奶时的工作习惯，在下面横线的相应位置标记上 "X"

慢　　　　　　　　　　　　　　　快

例3.5　排序式提问

请排列出你获取有关控制猫和犬手术后疼痛的知识来源（1=最重要的来源，6=最不重要的来源）

问题	知识来源	排名
37	兽医本科教学	
38	研究生阶段训练	
39	期刊论文	
40	继续教育课程/专题报告	
41	实践中获得的经验	
42	与其他兽医工作者讨论	

要避免使用缩写、俗语以及复杂用语或专业术语。在任何时候都要清楚受访人是谁，他们的专业知识水平如何。如当调查对象是挤奶工人时，用"在这段时间内发生的新生犊牛腹泻病例中，有多少死亡病例？"这样一个问题显然是用词不当，若换成"一月份有多少犊牛因腹泻致死？"就更为合适。

问题要尽可能明确。例如，如果要调查牛奶年产量的信息，就要具体到时间期限（如从2002年1月1日到2002年12月31日），明确计算牛奶产量的方法（如贮奶罐的总重量）。

注意避免二合一的问题。例如，当询问"你认为牛病毒性腹泻病是否应该用疫苗来预防的重要疾病？"，这实际上就有两个问题（一是牛病毒性腹泻病的重要性，另一个是关于疫苗的使用），这样的问题就应该分成两个进行提问。

注意避免含有引导性的问题。例如，"犬在做去势手术后不用镇痛剂处理是否会痛？"这样可能会得到比较有导向性的答案，但如果换成"你认为犬在去势手术之后是否要注射镇痛剂？"会得到更加中立的答案。

3.6　调查问卷的结构

调查问卷应该有个引言，主要说明调查目的及意义、数据的用途。在问卷调查中，要确保对受访者的答案保密，告知他们整个问卷调查大约需要的时间有助于提高问卷的应答率（最好让问卷保持在合适的长度）。在邮件调查中，引言内容一般合并到第一页，但也可以作为随附信件的一部分与调查表放在一起发送；对于采访型的问卷调查，一开始就应该向受访者陈述调查的目的及意义。

在引言之后，最好设置一些能够帮助受访者建立信心的问题作为开始。如果需向他们提供说明，确保这些说明内容清楚、简洁，并用某种方法突出说明的内容（例如用粗体字标记）以引起他们的注意。请记住，人们只有在需要帮助时才会去阅读说明。

调查的问题应该根据主题（圈舍、营养）或按时间顺序（产犊期、繁殖期、怀孕诊断）进行分组。在同一个组别中，所提的问题要由浅至深，由宽泛性到针对性。本质上相同信息的问题（如"挤奶系统安装日期"和"挤奶系统使用年数")要放置在调查问卷的不同位置,不仅可以用来核实一些重要信息,还可初步校验一些问卷调查答案的正确性。

对于信件调查(或者网络调查)来说,重要的是让读者一看就产生兴趣并认为容易完成。问卷调查表的专业设计可以加强受访者对于调查研究重要性的认识(Salant和Dilman,1994)。

调查问卷的排版要易于数据编码及计算机录入,以最大限度减少误差,且省时省力。如果可能,可将问题预先编码(所有可能的答案选项前面都编上数字),调查问卷要预留一定的空间(如在页面的右边空出一列空白)用于记录所有需要录入计算机数据库的答案,以方便数据输入员沿着一个列录入答案,而不需要到页面上去找寻答案(例3.6)。

假定一份调查问卷的长度会影响到应答率(以下讨论),缩短问卷的一种方法是使用部分问卷设计法(Wacholdere等,1994)。在这个设计中,需要从所有的研究主题中确定关键信息(如病例—对照试验中确定暴露的致病因子),而那些潜在影响因子的不连续子集问题可以给随机选择的受访人员。这样调查得出的缺失值可以作为"随机缺失"处理,对这一类型数据的分析方法(包括归属分值评估)已有报道(Andres Houseman和Milton,2006)。

3.7　预先测试调查问卷

所有调查问卷在提供给研究人群前都需要进行预测试。预测试可以让调查人员找出问卷中那些令人迷惑、模棱两可或者具有误导性的问题,在问卷版式和说明方面是否存在问题,同时可以发现问卷中那些受访者难以或不愿意回答的问题,或者找到可以额外补充的多选题,并估算出完成这份问卷所需时间。

预测试首先是让该领域的同行专家评估,确保问卷涵盖了所有重要的问题,其次再让少部分受试人群进行预测试,可得知调查对象对问题清晰程度和其他议题的反馈,其方法是让他们按照预期完成调查问卷的方式进行回答,然后讨论可能存在的问题,或者采用一个思想开放式的预测试,让受访者解释他们在完成整个调查问卷的思维过程。

如果可行的话,要对已做过问卷的同一组调查对象进行第二次预测试来检验该问卷的重复性。两次预测试的间隔时间要足够长,既要让他们忘记第一次所写的答案,也不能太长,以至于调查需要的信息发生变化。预测试—再测试只有在第一次测试后问卷改动不是很大的情况下才有效,如果要评估问题的重复性,也可以多请一些受访者参与预测试。

例3.6　调查问卷编码

在右边的空白处供直接编码调查问卷的相应答案

仅供调查执行方使用

1. 性别　1.男　2.女　　　　　　　　　　　　　　1.[　　　　]
2. 年龄　　　　岁　　　　　　　　　　　　　　　2.[　　　　]
3. 从兽医学院毕业时间　　　　　　　　　　　　　3.[　　　　]

3.8　调查问卷的验证

问卷(或一些关键问题)的最后验证包括几个方面。调查所得到的答案可直接与测量值进行比较[如采食量调查问卷(Paul 等,2005)或者是临床疾病调查问卷(Hotchkies 等,2006)];另一方面，调查结果还可与已认可的分析方法处理得到的结果进行比较［如人类焦虑症（Davey 等，2007）］，当所得的调查结果不能与通过其他方法取得的数据资料进行比较时，至少也要通过反复调研来评估问卷的重复性（Fabricant和Harpham，1993；Harbison等，2002），也可对执行问卷的方式进行比较和评估。

3.9　问卷应答率

不论调查问卷采用何种形式，都要努力提高其应答率，以减少选择偏倚的可能性。一些提高问卷应答率（特别是邮件调查）的方法已有评述（Boynton，2004；Edward 等，2007）。除了之前已经论述的几个方面，最大限度提高问卷应答率还包括以下几点：

- 向受访者说明调查目的。
- 确信问卷有清晰的结构和专业的编排。
- 进行预测试，向受访者提供完成问卷估计所需的时间。
- 与受访者后续的接触（包括重复分发问卷）（Wensing和Schattenberg，2005）。
- 减少问卷的长度，建议问卷长度在1000字以下（Jepson 等，2005）。

此外，调查人员也可以通过以下方法提高问卷回收率：

- 对完成问卷的调查对象给予适当奖励。
- 提供调查书写用的笔（Sharp等，2006；White等，2005）。
- 虽然提高报酬未必一定会提高问卷回收率，但经济奖励还是有用的。
- 对于邮寄的问卷，要随信附上贴有邮票的信封（头等邮件）。
- 预先通知参与者关于问卷调查事宜。
- 调查问卷和所附信件要个性化。
- 请大学相关专业人员参与。
- 通过亲自送达、快递、头等邮件分发调查问卷。
- 问卷的纸质、信封和墨水颜色（特别是采用彩色的墨水替代黑色和蓝色墨水会产生积极的效果）都可能影响回收率（Taylor 等，2006）。
- 注意：除非必需，尽量避免询问一些敏感信息。

3.10　资料编码和整理

在实施问卷调查前，必须考虑编码数据和录入电脑的步骤。在编码反馈数据时，可用单一数值代表遗漏的数据；未作答的反馈数据不能按照空白处理，否则将难以区分未作答项目和数据编码及录入过程中的遗漏项目；与问题不相关的特定数值（如-999）可用于代表缺失值。编码的一致性非常重要，将是/否这样的两分法变量答案可以编码成1/0，并在整个调查结果编码过程中使用。

问卷调查结果的编码工作最好在纸上直接完成，包括邮件调查和访问中所记录的数据，不要将数据编码和录入工作简化为同一步骤，使用彩色笔对反馈结果进行编码便于与受访者的回答相区别。

计算机数据录入可使用专门的软件或者通用软件（如电子表格以及数据库管理软件）。使用专门统计软件有两个优点，首先是便于设定验证的标准（如在一个给定变量值的可接受范围）以预先排除不符合逻辑的数值，其次是便于将数据转化为统计软件包的使用形式。EpiData是一个实用的公共数据录入系统（www.epidata.dk），预期的数据库越大或越复杂，使用专门统计软件则愈有益。

使用电子表格时需谨慎。虽然电子表格用于数据录入简便易行，但在进行单列筛选时，有可能完全毁坏数据（同一人的回答将不再在同一行中显示）。使用通用数据库管理系统可以进行大量数据处理。然而，由于大部分数据最终都要被转换为统计软件包的使用格式用于验证和分析，最好所有的数据都使用该统计软件进行处理，便于存档和记录处理过程。数据验证和处理过程详见第30章。

参考文献

Andres Houseman E, Milton DK. Partial questionnaire designs, questionnaire non-response, and attributable fraction: applications to adult onset asthma. Stat Med. 2006; 25: 1499-519.

Asch DA, Jedrziewski MK, Christakis NA. Response rates to mail surveys published in medical journals. J Clin Epidemiol. 1997; 50: 1129-36.

Best SJ, Kreuger BS. Internet Data Collection. Thousand Oaks CA: Sage; 2004.

Bowling A. Mode of questionnaire administration can have serious effects on data quality. J Public Health (Oxf). 2005; 27: 281-91.

Boynton PM, Administering, analysing, and reporting your questionnaire. BMJ. 2004; 328: 1372-5.

Boynton PM, Greenhalgh T. Selecting, designing, and developing your questionnaire. BMJ. 2004; 328: 1312-5.

Cohen IT. Using the analog scale. Anesthesiology. 2004; 100: 1621; author reply 1621-2.

Converse J, Presser S. Survey questions: handcrafting the standardized questionnaire. Beverley Hills CA: Sage Publications; 1986.

Davey HM, Barratt AL, Butow PN, Deeks JJ. A one-item question with a Likert or Visual Analog Scale adequately measured current anxiety. J Clin Epidemiol. 2007; 60: 356-60.

Dillman D. Mail and Internet Surveys: The Tailored Design Method. London: John Wiley & Sons; 2000.

Dillman DA, Smyth JD. Design effects in the transition to web-based surveys. Am J Prev Med. 2007; 32: S90-6.

Doody MM, Sigurdson AS, Kampa D, Chimes K, Alexander BH, Ron E, Tarone RE, Linet MS. Randomized trial of financial incentives and delivery methods for improving response to a mailed questionnaire. Am J Epidemiol. 2003; 157: 643-51.

Edwards P, Roberts I, Clarke M, DiGuiseppi C, Pratap S, Wentz R, Kwan I. Increasing response rates to postal questionnaires: systematic review. BMJ. 2002; 324: 1183.

Edwards PJ, Roberts I, Clarke MJ, Diguiseppi C, Wentz R, Kwan I, Cooper R, Felix LM, Pratap S. Methods to increase response to postal and electronic questionnaires. Cochrane

Database of Systematic Reviews 2008, Issue 4. Art. No.: MR000008. DOI: 10.1002/14651858.MR000008.pub4

Fabricant SJ, Harpham T. Assessing response reliability of health interview surveys using reinterviews. Bull World Health Organ. 1993; 71: 341-8.

Frost NA, Sparrow JM, Hopper CD, Peters TJ. Reliability of the VCM1 Questionnaire when administered by post and by telephone. Ophthalmic Epidemiol. 2001; 8: 1-11.

Gillham B. Developing a Questionnaire (Real World Research). London: Continuum; 2000.

Harbison JL, Slater MR, Howe LM. Repeatability and prediction from a telephone questionnaire measuring diet and activity level in cats. Prev Vet Med. 2002; 55: 79-94.

Hocking JS, Lim MSC, Read T, Hellard M. Postal surveys of physicians gave superior response rates over telephone interviews in a randomized trial. J Clin Epidemiol. 2006; 59: 521-4.

Hotchkiss JW, Reid SW, Christley R. Construction and validation of a risk-screening questionnaire for the investigation of recurrent airway obstruction in epidemiological studies of horse populations in Great Britain. Prev Vet Med. 2006; 75: 8-21.

Houe H, Ersboll A, Toft N, Agger J. Veterinary epidemiology from hypothesis to conclusion. Copenhagen: Samfundslitteratur KVL Bogladen; 2002.

Jackson CJ, Furnham A. Designing and Analysing Questionnaires and Surveys. A Manual for Health Professionals and Administrators. London: Whurr Publ. Ltd; 2000.

Jamieson S. Likert scales: how to (ab)use them. Med Educ. 2004; 38: 1217-8.

Jepson C, Asch DA, Hershey JC, Ubel PA. In a mailed physician survey, questionnaire length had a threshold effect on response rate. J Clin Epidemiol. 2005; 58: 103-5.

Kane RL, Bershadsky B, Rockwood T, Saleh K, Islam NC. Visual Analog Scale pain reporting was standardized. J Clin Epidemiol. 2005; 58: 618-23.

Kaplan CP, Hilton JF, Park-Tanjasiri S, Perez-Stable EJ. The effect of data collection mode on smoking attitudes and behavior in young African American and Latina women. Face-to-face interview versus self-administered questionnaires. Eval Rev. 2001; 25: 454-73.

McColl E, Thomas R. The Use and Design of Questionnaires. London: Royal College of General Practitioners; 2000.

Midanik LT, Greenfield TK, Rogers JD. Reports of alcohol-related harm: telephone versus face-to-face interviews. J Stud Alcohol. 2001; 62: 74-8.

Mond JM, Rodgers B, Hay PJ, Owen C, Beumont PJ. Mode of delivery, but not questionnaire length, affected response in an epidemiological study of eating-disordered behavior. J Clin Epidemiol. 2004; 57: 1167-71.

Myles PS. The pain visual analog scale: linear or nonlinear? Anesthesiology. 2004; 100: 744; author reply 745.

Paul DR, Rhodes DG, Kramer M, Baer DJ, Rumpler WV. Validation of a food frequency questionnaire by direct measurement of habitual ad libitum food intake. Am J Epidemiol. 2005; 162: 806-14.

Pell G. Use and misuse of Likert scales. Med Educ. 2005; 39: 970; author reply 971.

Pesudovs K, Craigie MJ, Roberton G. The visual analogue scale for the measurement of pain is not linear. Anaesth Intensive Care. 2005; 33: 686-7; author reply 687.

Pinnock H, Juniper EF, Sheikh A. Concordance between supervised and postal administration of the Mini Asthma Quality of Life Questionnaire (MiniAQLQ) and Asthma Control Questionnaire (ACQ) was very high. J Clin Epidemiol. 2005; 58: 809-14.

Rosen T, Olsen J. Invited commentary: the art of making questionnaires better. Am J Epidemiol. 2006; 164: 1145-9.

Salant P, Dillman D. How to Conduct Your Own Survey. London: John Wiley & Sons; 1994.

Schilling LM, Kozak K, Lundahl K, Dellavalle RP. Inaccessible novel questionnaires in published medical research: hidden methods, hidden costs. Am J Epidemiol. 2006; 164: 1141-4.

Sharp L, Cochran C, Cotton SC, Gray NM, Gallagher ME. Enclosing a pen with a postal questionnaire can significantly increase the response rate. J Clin Epidemiol. 2006; 59: 747- 54.

Smeeth L, Fletcher AE, Stirling S, Nunes M, Breeze E, Ng E, Bulpitt CJ, Jones D. Randomised comparison of three methods of administering a screening questionnaire to elderly people: findings from the MRC trial of the assessment and management of older people in the community. BMJ. 2001; 323: 1403-7.

Taylor KS, Counsell CE, Harris CE, Gordon JC, Fonseca SC, Lee AJ. In a randomized study of envelope and ink color, colored ink was found to increase the response rate to a postal questionnaire. J Clin Epidemiol. 2006; 59: 1326-30.

van Laerhoven H, van der Zaag-Loonen HJ, Derkx BH. A comparison of Likert scale and visual analogue scales as response options in children's questionnaires. Acta Paediatr. 2004; 93: 830-5.

Vuillemin A, Oppert JM, Guillemin F, Essermeant L, Fontvieille AM, Galan P, Kriska AM, Hercberg S. Self-administered questionnaire compared with interview to assess past-year physical activity. Med Sci Sports Exerc. 2000; 32: 1119-24.

Wacholder S, Carroll RJ, Pee D, Gail MH. The partial questionnaire design for case-control studies. Stat Med. 1994; 13: 623-34.

Wensing M, Schattenberg G. Initial nonresponders had an increased response rate after repeated questionnaire mailings. J Clin Epidemiol. 2005; 58: 959-61.

White E, Carney PA, Kolar AS. Increasing response to mailed questionnaires by including a pencil/pen. Am J Epidemiol. 2005; 162: 261-6.

Wilcox AJ. The quest for better questionnaires. Am J Epidemiol. 1999; 150: 1261-2.

第 4 章

疾病频率的度量

吴艳涛 译　方维焕 校

◤ 目的

阅读本章后，你应该能够：

1. 了解疾病频率的不同度量方法，区分计数、比例、比数、风险和率等概念；

2. 解释发病率和现患率的区别，并知道何时应用这些概念；

3. 解释发生风险和发生率的区别；

4. 阐述特定原因死亡率、比例发病率/死亡率和病死率等概念；

5. 能应用上述所有概念，并在特定情况下选用恰当的疾病频率度量方法；

6. 根据提供的必需资料计算疾病频率、精确的和/或估计的置信区间。

4.1　引言

对疾病（或事件）的频率进行量化分析是日常监测、观察性研究和疾病爆发调查等多种流行病学活动的基础。在观察性研究中，度量疾病和暴露因素的频率，进而确定它们之间的联系，是推断病因的第一步。我们验证的病因假设是定性描述的，但整个过程又是定量的，且起始于对事件和暴露因素的度量。

发病率和死亡率是频率度量的两类主要事件，然而还有其他有关事件，例如淘汰（从群体中剔除动物）、断奶时存活和怀孕（例如某动物在一定时间内怀孕的可能）等。这些事件频率的计算方法与发病率和死亡率的计算相同。

因为发病和死亡均与动物（或畜群）的属性密切相关，而且不同疾病的影响因素也不同，所以我们通常度量特定宿主属性（例如年龄、性别和品种）和特定疾病（即所关注的结局）的频率。

选择频率度量的一些影响因素：

研究阶段　在研究中疾病频率度量，需要考虑到研究阶段和风险期。研究阶段是覆盖整个研究过程的一段时间，通常以日历上的时间段表述，但有时是一个时间点。在任一情况下，研究阶段可被特定为日历上的时间或收集资料的事件点（例如屠宰时或出生时）。

风险期　风险期是指动物个体可能发生有关疾病的时间段。所以，一个重要的问题是：风险期究竟有多长？例如，奶牛胎衣不下的风险期只有1~2d，而诸如跛行或蹄病之类疾病的风险期可能是终生。

风险期和研究阶段均与动物群体是封闭群体还是开放群体有关（见4.4.1节）。然而，除此以外，风险期短（相对于研究阶段而言）的疾病更利于度量风险。风险期长的疾病可能利于度量各种率。度量疾病发生的两种方式（风险和率）将在4.3节中讨论。

4.2　计数、比例、比数和率

在讨论疾病频率的特定度量方法之前，有必要回顾有关计数、比例、比数和率的数学概念。

计数　指单纯计算动物群体中的病例数或受某种情况影响的动物数。由于没有考虑动物群体的大小，所以事件的计数在流行病学研究中的应用很有限。

比例　这是一种比，其中分子是分母的一部分。例如，对200头奶牛进行地方流行性牛白血病（EBL）检测，其中40头为阳性，则阳性比例是40/200=0.2（或20%）。现患率（4.7节）和风险（4.3节，4.4节）两者均属于比例。前者的分子和分母在同一时间点度量。后者的分子是一段时间内新出现的病例数，所以尽管比例没有单位，我们必须明白这是指特定时段的比例。

比数　这是一种比，其中分子不是分母的一部分。例如，出现3例死产和120例活产，则死产比数是3∶120=0.025∶1，或者说25例死产对1000例活产。前一例子中，EBL的比数是40/160=0.25（或1∶4）。

率　率也是一种比，其中分母是存在风险的动物–时间单位数。例如，在3个月的时间里100只犬中出现30例咳嗽病例，则该病的发生率是30/（100×3）=0.1例/犬–月数。注意，分母是300犬–月数。

注："率"一词在一般意义上常被用来表示疾病的各种频率。严格意义上说，"率"应该被用来表示以动物–时间单位这一概念为基础的频率。同样，尽管度量的疾病频率可能并不是一种风险，然而仍经常说发生疾病"机会"很高的动物具有"高风险"。

4.3 发生（率）

发生（率）是指特定时间内某群体新事件（如新病例）的数量（Vandenbroucke，1985）。由于发生（率）涉及新病例，根据这些病例进行的研究可被用于鉴定病因因素。虽然发生（率）是关于"新病例"的概念，但"新病例"并不仅仅指在某一动物身上的"首发病例"。因为有些疾病可以在某一个动物身上表现多例。例如，奶牛乳房炎可以出现在乳房的四个不同乳区，也可能在一个乳区治愈一段时间后再复发。

由于动物的特定易感性或者第一次疾病的影响，发过病的动物再次发病的风险更高。因此，在度量疾病的频率时，最好还是统计首发病例数，但研究期内每个动物的发病次数要分别计数。无论是第一例还是所有病例，你都必须对病例有明确的界定（即考虑病例需要符合哪些标准）。为了使得到的数据可靠，你需要一种能判定全部病例的监测方案。

关于发生（率）的表述包括4个方面：发生时间、发生数量、发生风险（R）、发生率（I）。

发生时间 即病例出现的时间。通常为某参考事件出现以来的时间（例如对于奶牛疾病，产犊后的天数），但对整个群体而言发生时间可能是相同的（例如暴露于某种环境毒素后的天数）。发生时间是存活分析的基础，将在第19章中详细讨论。

发生数量 即在某动物群体中观察到的病例数量。通常用来描述群体中原先不存在的疾病的频率［例如，某国家有12例牛海绵状脑病（BSE）］。这一概念也可用于一些从被检样品/动物中未获得数据的常见疾病（例如人感染沙门氏菌的病例数），但从病例数据进行推断的价值有限。除非与风险群体的信息结合（例如 Poisson 回归分析，第18章），发生数量很少在流行病学研究中使用。发生数量有时被表述为绝对率，涉及观察期间的病例数。例如，在4年内观察到12例BSE，则绝对率为每年3例。

发生风险 发生风险（R）是动物个体在特定时间内发生某种疾病的可能性。风险作为一种度量疾病频率的方式，仅适用于封闭群体（见4.4.1节），因为其中的个体在整个风险阶段都能被观测到。由于风险是一种可能性，所以没有单位，其数值在0~1之间。虽然风险没有单位数，但风险阶段必须明确。例如，从某个时间点起，奶牛临床上发生乳房炎的风险在下一年内与下一周内有很大不同。此外，只有在一段时间内第一次出现的疾病和风险有关，因为某一动物一旦作为病例被包括到计算风险等式的分子中，该动物随后发生的事件则被认为和风险无关。风险用于对动物个体进行预测为目的的研究中。例如，某项研究也许能确定一头7岁公牛下一年内发生白血病的可能性是14%。发生风险有时也被称为累积发生率。在本书第19章的存活分析中，存活（S）被定义为：$S = 1 - R$。

发生率 发生率（I）是一定时间内某动物群体中每个动物–时间单位的新病例数。发生率的单位是1/动物–时间，是没有上限的正数。如果一个饲养50头牛的牛舍中一年内发生72例上呼吸道疾病，则发生率为72/50，即1.44/牛–年（或0.12/牛–月）。发生率用于研究疾病的病因因素及其作用大小的调查研究中。发生率有时亦称为发生密度。发生率的一个相关概念是危害率，指当时间阶段接近零时I的理论极限值。危害率应用于生存分析中。

4.4 计算风险

风险针对的是动物个体，而发生率针对的是病例。风险可以个体水平表述，例如一只8岁的犬下一年发生淋巴肉瘤的可能性；亦可以群体水平表述，例如8岁的犬下一年发生淋巴肉瘤的比例。Rothman和Greenland（2008）指出了两种风险表述方法的区别，后者被称为发生比例。我们在两种方法中都使用风险一词，但是认为风险只能从群体估算。

疾病的风险通过下列等式估算：

$$R = \frac{在特定时段内新出现的受影响动物个体数}{风险群体大小}$$
等式4.1

风险群体 当统计新病例存在困难时，则要估算群体的风险就更加困难。风险群体可以是封闭群体，或者是开放群体。无论是哪种情况，只有在研究开始时没有疾病的动物才被认为有风险。

封闭群体 封闭群体是研究期内没有新引入动物，也很少有动物减少的群体。研究持续时间以日历时间形式（例如一个奶牛群在下一年内）或生命事件形式（例如某奶牛群中所有牛在泌乳期的最初2个月被追踪——不管每头牛何时开始泌乳——以测定酮病的危险）确定。只有在研究开始时的无病动物被认为有风险，并被追踪观察结局事件。在研究阶段失去追踪的动物为退出者，计算R时处理退出者的最简便办法是从有风险的动物总数中减去退出者数目的一半（假设退出者均是在研究阶段一半时失去追踪）。精确处理退出者需要构建寿命表。除非没有退出者，否则风险估算是有误差的。尽管如此，只要退出者的数目相对于群体是小的，则误差也是小的。

开放群体 指研究期间不断有动物加入或退出的群体。例如，测定某诊所提供的犬群体中一年内淋巴肉瘤的频率（假定所有病例都来诊所就诊），这个群体就是开放群体。如果动物加入或退出的机会以及群体的分布相对稳定，则开放群体是稳定的（亦称为稳定状态）。

直接计算开放群体的风险是不可能的，但可以从I估计（见4.6节）。开放群体的风险也可以用分析"存活"资料的方法进行估计（见第19章）。

有时我们可以对特定暴露或事件后的追踪期进行限定，这样可以将一个开放群体转变为封闭群体。例如，由于新生动物加入，奶牛群和猪群本身就是开放的（这里用"开放"并非指农场主是否购入"外来"动物）。然而，如果我们在完整的、特定的风险阶段观察一批动物（例如产后的动物），则这个群体就是封闭群体。

4.5 计算发生率

发生率通过下列等式计算：

$$I = \frac{一定时期内的新病例数}{这一时期内风险动物-时间单位数}$$
等式4.2

一个动物-时间单位为处于特定时段的某动物（例如牛-月，犬-天）。

如上所述，发生率的计算可以只使用任何给定动物第一次出现的疾病（随后这些动物被认为和风险无关），或者用出现的所有疾病计算。例如，肿瘤疾病在动物的一生中可能只出现一次，而乳房炎等传染病在奶牛可能多次发生。然而，即使是可多次发生的疾病，我们也许只对某动物的第一例疾病感兴趣，因为第一例疾病和再出现疾病的风险因素也许不同。

注： 在封闭群体或稳定的开放群体，只要疾病的出现是不可避免的（假如所有动物存活足够长时间，均会发病），则I的倒数（1/I）就是对疾病出现次数平均值的估计。

如同计算R时统计有风险的动物数一样，计算I时也有几种方法统计有风险的动物-时间单位数。如果能精确计算I则最好，但在没有精确方法时必须采用替代的估算方法。

精确方法或估算方法适用于动物处于出现多种疾病风险的情况下，而不是每个动物只发生一起疾病时。需要记住的是，如果你只对动物个体的第一例疾病感兴趣，在该动物被统计后就不认为再有风险；同时，也不再和有风险的动物-时间单位数有关，即使该动物仍然处于研究群体中。

精确计算 精确计算需要源于研究群体中每个成员的精确动物–时间单位数。例4.1为一个精确计算发生率的例子。

估算方法 如果每个动物只发生一次疾病，则I用下面的等式计算：

$$I = \frac{cases}{(start - 1/2\ sick - 1/2\ wth + 1/2\ add) \cdot time}$$

等式4.3

等式中：cases = 新病例数；

start = 研究开始时有风险的动物数；

sick = 正在发病的动物数；

wth = 从群体中退出的动物数；

add = 增加到群体中的动物数；

time = 研究阶段的时长（对所有动物都相同）。

如果每个动物可发生多例疾病，则I用下面的等式计算：

$$I = \frac{cases}{(start - 1/2\ wth + 1/2\ add) \cdot time}$$

等式4.4

注：精确方法和估算方法都考虑到动物从群体中退出后不再被计入有风险的时间（Bendixen，1987）。同样，对于相对少见的疾病，仍可使用第二个等式计算I。即使研究者对"第一次发生的疾病"感兴趣，而除去这些病例对调整有风险动物总数的影响也很小。

总体上讲，如果风险阶段比研究阶段短得多，则适合于度量疾病风险。如果风险阶段比研究阶段长得多，则适合于度量疾病的发生率，问题在于考虑使用第一次出现的病例还是所有病例。

例4.1　精确计算发生率

假设4个原来健康的动物被观察了一个月（30d）。每个动物的被观察史如下：

1动物一直未发病	1.00	风险动物–月
1动物在第10天发病	0.33	风险动物–月
1动物在第20天发病	0.67	风险动物–月
1动物在第15天被出售	0.50	风险动物–月
群体的风险动物–月总数 =	2.50	风险动物–月
新病例总数 =	2	
I = 2/2.5 =	0.80	病例数/动物–月

4.6　风险与率的关系

估算风险的另一种方法是利用R和I的关系。如果有某个封闭群体的完整资料，则：

$$R = A/N \quad \text{和} \quad I = A/(N \Delta t)$$

故

$$R = I \Delta t$$

此处：A=病例数，N=有风险的动物总数，t=研究阶段的时长。

在研究阶段的子区间，如果群体是封闭群体，这些子区间的发生风险或率已知且很小，对于很小的x值（例如$x<0.1$），则：

$$x \approx 1 - e^{-x}$$ 等式**4.5**

如果一个子区间的$I\Delta t < 0.1$，则$R \approx I\Delta t$。整个研究阶段（k个子区间）的风险为：

$$R = 1 - \exp\left(-\sum I_k \Delta t_k\right)$$ 等式**4.6**

表4.1是根据100头仔猪在6周保育期的死亡资料进行的风险计算。

表4.1 从周平均发生率（I）估算R

周（k）	有风险的动物总数（N_k）	死亡病例数（A_k）	周发生率（I_k）
1	100	1	0.0100
2	99	2	0.0202
3	97	1	0.0103
4	96	3	0.0313
5	93	1	0.0108
6	92	0	0.0000
总计		8	0.0826

6周的风险估算是：

$$R = 1 - \exp\left(-\sum I_k \Delta t_k\right) = 1 - e^{(-0.0826)} = 0.079$$

然而，如果只知道某群体的平均发生率I（96只猪-周发生8例死亡，$I = 0.0833$），假定I在整个研究阶段保持不变：

$$R = 1 - e^{I\Delta t} = 1 - e^{-0.0833} = 0.080$$ 等式**4.7**

4.7 现患率

现患率涉及某特定时间点存在的病例，而不是一段时间内出现的新病例。因此，现患率需要统计在特定时间点群体中具有某特征或疾病的个体数。

现患比例（P）（简称为现患率）的计算方法为：

$$P = \frac{cases}{par}$$ 等式**4.8**

等式中：cases = 特定时间点群体中的病例数；

par = 同一时间点群体中有风险的动物数。

例如，从一个马场采集75份马血样，检测马传染性贫血，其中3份为阳性，则

$$P = \frac{3}{75} = 0.04 = 4\%$$

现患率与发病率之间的关系 在某种疾病的I相对不变的稳定群体（这种情况在接触性传染病很少出现），P（任何时间点）、I和疾病持续时间（D）的关系如下：

$$P = \frac{I \cdot D}{I \cdot D + 1}$$ 等式**4.9**

例如，某奶牛群中亚临床乳房炎的发生率是0.3/牛–年（即每年30例新感染/100头牛），感染的平均持续时间是3个月（0.25年），则预计P是：

$$P=\frac{0.3\times0.25}{0.3\times0.25+1}=0.07=7\%$$

在一年中的任何一天，我们预计7%的牛有亚临床乳房炎。然而，发生率和感染持续时间在泌乳期可能不断变化，考虑到这些变化则需要更复杂的计算等式（详见Alho，1992）。

对于难以根据临床症状检测的疾病，我们常用一系列现患率研究来确定I，尤其是确定动物感染某种病原的频率。例如定期对一群猫采血检测白血病病毒，可以估计猫的感染率。

注： 对于研究疾病的风险因素，P不如I有用，因为那些影响到疾病出现或持续时间的因素都会影响患病率。

例4.2为计算P、R和I的各种方法。

例4.2　风险和率的计算

如要测定奶牛乳房内新感染（IMI）金黄色葡萄球菌（*Staph. aureus*）的频率，从某奶牛场选取5头原为IMI阴性的牛，追踪其整个泌乳期（10个月）。分别在0（产犊）、2、4、6、8和10（干乳）月采集乳样进行培养，结果见下表。

牛号	采样时间 0	2	4	6	8	10	有风险的月数 第一次病例	所有病例
A	0	×	0	0	×	×	2	6
B	0	0	0	–	–	–	4	4
C	×	0	0	×	0	×	0	4
D	0	0	0	0	0	0	10	10
E	0	0	×	0	×	×	4	6

此处：

× ＝ 培养阳性

⊠ ＝ 培养阳性，新IMI

0 ＝ 培养阴性

– ＝ 退出研究的牛

par ＝ 风险群体

a）泌乳期最初2个月的感染风险
par ＝ 4头牛
新IMI ＝ 1头牛
2个月的R ＝ 1/4 ＝ 0.25

b）整个泌乳期第一次感染的风险
par ＝ 4 – 1/2（1头牛退出）＝ 3.5头牛
新IMI ＝ 2头牛
泌乳期的R ＝ 2/3.5 ＝ 0.57

c）IMI的发生率 — 仅考虑第一次病例
par ＝ 20牛–月
新IMI ＝ 2个第一次病例
I ＝ 2/20 ＝ 0.1病例/牛–月 ＝ 1病例/牛–泌乳期

d）IMI的发生率 — 考虑所有病例
par ＝ 30牛–月（例如牛A在0~2月和4~8月有风险）
新IMI ＝ 5头牛
I ＝ 5/30 ＝ 0.17病例/牛–月 ＝ 1.7病例/牛–泌乳期

e）从泌乳期发生率估计泌乳期风险（仅考虑第一次病例）
I ＝ 1病例/牛–泌乳期
$R = 1 - e^{-1} = 0.63$

f）干乳时的现患率
par ＝ 4头牛
存在的IMI ＝ 3
P ＝ 3/4 ＝ 0.75

注： 用牛出现感染（或退出）的时间作为样本时间。有时也使用样本时间的中间点，但此处未使用这种计算方法以简化计算过程。

4.8　死亡统计

死亡统计的方法与统计*P*、*R*和*I*相同，只是结局事件是死亡。死亡率严格意义上就是死亡的发生率。然而，死亡率经常被误用来描述死亡的风险，我们应避免出现这种错误。总之，死亡率描述的是在一定时间内因各种原因死亡的动物数。除结局事件是死亡外，死亡率与*I*类似。

特定原因死亡率　描述的是在一定时间内由于特定疾病而死亡的动物数，其计算方法与*I*相同。

死亡统计可以描述由于特定疾病而死亡的动物数，但是确定死亡的特定原因常常很困难。例如，一头侧卧牛的食物回流导致吸入性肺炎，这头牛的死亡原因是侧卧还是肺炎？还是与肺炎有关？"原因"常常是指最直接导致死亡的因素（即损伤背部的稻草），可能很难确定。

4.9　疾病频率的其他测量指标

根据结局事件、风险群体和研究阶段，疾病的频率度量可以分为*P*、*R*和*I*。然而，一些专门术语时常出现在文献中，应当引起注意。这些术语大多数为各种率，但度量的其实是风险。

4.9.1　罹患率

罹患率用来描述疾病爆发时的频率，计算方法为病例数除以暴露动物总数，度量的是疾病风险。罹患率（风险）被用于风险阶段很短疾病的爆发，且所有病例都由于在风险阶段中暴露而引发。

4.9.2　续发率

续发率用来描述活的致病因子的"传染性"（或传播能力）。假设致病因子在群体内（如畜群、家族）传播，且并非所有病例都是同源暴露而感染。当疾病的潜伏期较长，则很难区分动物之间传播与暴露于同一来源（例如牛的BSE）。续发率是所有病例数减去初始病例数，再除以有发病风险的动物总数。

4.9.3　病死率

病死率为一定时期内患某种疾病的动物因该病死亡的比例。病死率实际上度量的是"风险"（即一种比例），而非"率"。病死率常用来描述疾病流行的危害和急性疾病的严重程度。

4.9.4　比例发病率/死亡率

这些率在没有合适的分母时使用，计算方法为特定疾病的病例数（或死亡数）除以所有疾病的病例数（或死亡数）。比例发病率/死亡率常用于诊断实验室的数据，而且随分子或分母的变化而变化。因此，这些率并不比风险度量可取。

4.10　标准误和置信区间

当估算一种率或比例时，从精确度方面考虑需要估算标准误（SE）。比例的SE是：

$$SE(p)=\sqrt{p(1-p)/N}$$
等式**4.10**

其中，*p*是比例的估算值，*N*是样本大小。发生率的SE是：

$$SE(p)=\sqrt{A/t^2}$$
等式**4.11**

其中，A是病例数，t是风险时间。

置信区间（CI）可根据估算值（θ）和参数的SE来计算。CI的上限和下限是：

$$\theta - Z_\alpha \cdot \text{SE} \quad , \quad \theta + Z_\alpha \cdot \text{SE} \qquad \text{等式4.12}$$

其中，Z_α是标准正态分布的（$1-\alpha/2$）百分率。样本数较小时，用t分布替代Z分布。

然而，小样本或疾病频率很低（或很高）时，CI可能不准确（下限可能为负值）。在这些情况下，需要根据二项分布（对于比例）或Poisson分布（对于率）精确计算CI。

例4.3为现患率CI的估算和精确计算，以及发生率估计值CI的精确计算。

例4.3 比例和率的置信区间

data=dairy_dis（herd 1）

从某奶牛场获得传染病的一些现患率资料，例2.1和第31章（dairy_dis）对资料有更详细的描述。

估算和精确计算牛群1（27头牛）白血病和副结核病现患率的CI。

疾病种类		阳性数	P	SE	95% CI	
白血病	估算	22	0.815	0.075	0.658	0.971
	精确计算				0.619	0.937
副结核病	估算	3	0.111	0.060	−0.016	0.238
	精确计算				0.024	0.292

CI的估算可能超出理论值0~1的范围。

发病率的计算考虑到：

- 每头牛的年龄（年）是其泌乳期数加2。
- 所有感染都发生在检测前（即风险期和年龄相当）。（实际情况可能并非如此，这里是举例需要。）

根据Poisson分布精确计算两种疾病发生率的CI。

疾病	阳性数	有风险的牛-年数	I	SE	精确度为95%的CI	
白血病	22	158	0.139	0.030	0.087	0.211
副结核病	3	158	0.019	0.011	0.004	0.056

4.11 风险和率的标准化

4.11.1 考虑群体的差异性

我们经常试图从影响疾病频率的因素做出合理推断，以描述疾病的发生。无论宿主来源于不同地区，还是暴露史有差异，宿主因素常是混杂因素，这使得风险（率）的比较出现偏差。混杂因素可以通过对风险或率的标准化加以控制。第13章对混杂因素有更详细的讨论。

根据一个或多个宿主特性（例如年龄、性别、地理位置），一个动物群体可以划分为不同的层（标志为下标j）。群体中疾病的总频率是各层宿主因素分布（这里标志为H_j）和率（I_j）或风险（R_j）的函数。对于风险，H_j是N_j/N（研究群体在该层的比例）；对于率，H_j是T_j/T（该层的动物-时间比例）。群体的粗风险（R）是：

$$R = \sum H_j R_j \qquad \text{等式4.13}$$

此处 $H_j = N_j/N$。

群体的粗率（I）是：

$$I = \sum H_j I_j$$

等式4.14

此处 $H_j = T_j/T$。

注：简单起见，下面的讨论主要针对率，但对于风险同样适用。

动物群体之间疾病频率（I）的差异原因可能是宿主特性（H_j）分布的不同，或者是各层专率（I_j）的不同。通过"标准化"风险或率可以消除宿主特性分布的影响。进行这种"标准化"可采用参考群体的一系列标准率（I_j）（称为间接标准化），或采用标准群体的一系列 H_j（称为直接标准化）。

4.11.2　率的间接标准化

在比较不同群体的率时，控制宿主特性等混杂因素影响的一种方法是计算标准化发病/死亡比（SMR）。这些 SMR 的计算根据参考或标准群体各层专率（I_{s_j}），结合研究群体各层次的动物—时间比例。该方法称为率的间接标准化。如果研究群体各层专率未知，或者这些率是小样本的估计值，率的间接标准化是很有用的。

参考群体的标准率是我们能够计算调整的或期望的率（I_e）：

$$I_e = \sum H_j I_{s_j}$$

等式4.15

研究群体（使用参考群体的率）期望的病例数是：

$$E = T \cdot I_e$$

等式4.16

此处 T 是所有的风险时间。

如果 A 是一地区观察到的病例数，则 A/E 是标准化发病比（类似于 $I/I_e = SMR$）。为了得到间接标准化率（I_{ind}），我们用标准群体的总率（Is）乘以 SMR。

$$I_{ind} = Is \cdot SMR$$

等式4.17

标准化率比对数[lnSMR]的SE是：

$$SE[\ln SMR] = 1/\sqrt{A}$$

等式4.18

SMR 置信限的计算方法是：

$$e^{[\ln SMR] \pm Z_\alpha} \cdot SE$$

等式4.19

例4.4为率的间接标准化实例。

4.11.3　风险的间接标准化

我们可以使用与上述相同的标准化率策略标准化风险。唯一不同之处是 H_j 是基于各层次的动物比例，而不是动物–时间比例。如果参考群体的风险适用于研究群体的动物分布，则病例数的期望值是 $E = N \cdot Rs$（Rs 为标准群体的总风险）。观察到的病例数与期望病例数之比（A/E）即标准化发病风险比。间接标准化风险是 $Rs \cdot SMR$。基于风险的 SMR 变异比基于率的 SMR 变异更加复杂，由于我们大多

例4.4 率的间接标准化

假如你想比较2个地区牛结核病的资料，而2个地区奶牛和肉牛的比例不同又影响到牛结核病的发生率，你需要标准化发生率。根据整个国家的资料得到的标准发生率是：

- 肉牛发生率为0.025例/牛群－年；
- 奶牛发生率为0.085例/牛群－年；
- 总发生率为0.06例/牛群－年。

现有A地区1000个牛群一年内的资料和B地区2000个牛群一年内的资料，见下表：

分类	病例数量	牛群－年的数量（T_j）	观察到的发生率（I_j）	牛群－年的比例（H_j）	标准发生率（Is_j）
A地区					
肉牛	17	550	0.031	0.55	0.025
奶牛	41	450	0.091	0.45	0.085
总计	58	1000			
总发生率*			0.058		0.052
SMR = 0.058/0.052 = 1.12					
间接标准化率（I_{ind}）= 0.06 × 1.12 = 0.067					
B地区					
肉牛	10	500	0.020	0.25	0.025
奶牛	120	1500	0.080	0.75	0.085
总计	130	2000			
总发生率*			0.065		0.07
SMR = 0.065/0.07 = 0.93					
间接标准化率（I_{ind}）= 0.06 × 0.93 = 0.056					

*总发生率是各层的专率乘以Hj比例的总和，例如A地区观察到的总发生率 =（0.031 × 0.55）+（0.091 × 0.45）= 0.058

尽管A地区各层的专率高于B地区，但A地区的粗总发生率较B地区低（0.058对0.065），而A地区的标准化率较B地区高（0.067对0.056）。

对率进行标准化，所以没有给出风险变异的等式。

4.11.4 率的直接标准化

率的直接标准化采用群体风险时间在各层（根据混杂因素划分）的标准分布（即Ts_j）。直接标准化率（I_{dir}）是：

$$I_{dir} = \sum Ts_j I_j \qquad\qquad \text{等式4.20}$$

此处Ts_j是群体风险时间分布到第j层的比例。

直接标准化法的一个主要缺点是不能对每一层的专率进行调整，即使某一层的动物数较少也具有同样的比重。

例4.5为率的直接标准化实例。

为了表示直接标准化率的变异，SE为：

$$SE(I_{dir}) = \sqrt{\sum (Ts_j^2 \cdot I_j \cdot S_j / N_j)} \qquad\qquad \text{等式4.21}$$

此处Ts_j是群体风险时间分布到第j层的比例，$S_j = 1 - I_j$。

置信区间可用下式计算：

$$I_{dir} \pm Z_\alpha \cdot SE(I_{dir})$$

等式4.22

　　风险的直接标准化方法与率的直接标准化相同。采用参考群体每一层动物的比例（Hs_j）替代每一层动物的时间–风险比例（Ts_j）。例4.5为率的直接标准化实例。

例4.5　率的直接标准化

用与例4.4相同的数据和合适的参考群体计算直接标准化率。参考群体牛群的时间–风险比例（Ts_j）是：
- 肉牛40%；
- 奶牛60%。

直接标准化率的计算如下：

分类	观察到的发生率（I_j）	参考群体比例（Ts_j）	结果（$I_j \cdot Ts_j$）
A地区			
肉牛	0.031	0.4	0.012
奶牛	0.091	0.6	0.055
直接标准化率（I_{dir}）			0.067
B地区			
肉牛	0.02	0.4	0.008
奶牛	0.08	0.6	0.048
直接标准化率（I_{dir}）			0.056

直接标准化率再次表明，实际上A地区牛结核病的发生率较高。

4.11.5　标准化率的应用

　　在许多方面都用到标准化率。只要混杂因素可度量，标准化率使得在比较率时不用担心混杂因素的干扰。当混杂因素的属性清楚时，标准化率的应用效果最佳。

　　下例是标准化率在爱尔兰结核病防控中的应用。在爱尔兰，防控结核病规划的措施之一是监控假定无结核病的牛每年在被屠宰时的病变风险（实际上是现患率）。影响病变风险的因素很多，其中最重要的两个因素是屠宰场（并非所有屠宰场都能很好地检查出病变）和被屠宰牛的种类（奶牛的病变现患率比小母牛、肉牛和公牛高）。也许有人会说，以一年为基础研究病变风险，季节因素就不用考虑。但是，如果屠宰量有季节变化，则季节因素也会影响病变风险。这样，对于18个屠宰场、4种类别的牛和4个季节，每年可以分为288个层次。需要统计每层的屠宰数量和发现结核病病变的数量，根据这些资料才能计算每层的病变风险。每层的动物数量表示为所有被屠宰牛数量的比例（例如用整个国家10年的资料作为标准群体）。这样，就有了每层的H_j和R_j，可以计算每年的直接标准化病变风险。采用这种方法，在比较每年的病变风险时就不用考虑季节、牛的种类和屠宰场的干扰。

参考文献

Alho JM. On prevalence, incidence, and duration in general stable populations Biometrics. 1992; 48: 587-92.

Bendixen P. Notes about incidence calculations in observational studies Prev Vet Med. 1987; 5: 151-6.

Rothman K, Greenland S, Lash T. Modern Epidemiology, 3rd Ed. Philadelphia: Lippincott Williams & Wilkins; 2008.

Vandenbroucke JP. On the rediscovery of a distribution Am J Epidemiol. 1985; 121: 627-8.

第5章

筛检试验与诊断试验

刘文博 译　吴艳涛 校

目的

阅读本章后，你应该能够：

1. 明确相关试验特征的准确性和精确性；

2. 解释定量试验结果精确性的度量方法，计算和解释分类试验结果的统计量Kappa值；

3. 明确流行病学中的敏感性和特异性，计算其估计值及标准误（或置信区间）；

4. 明确预测值及解释影响预测值的因素；

5. 知道如何选择恰当的界定试验结果为阳性的临界点（包括使用受试者操作特征曲线和似然比）；

6. 知道如何使用多重试验，并解释平行试验或系列试验的结果；

7. 理解使用非条件独立性的多重试验之间的相互影响；

8. 描述评价诊断试验的多重方法（如估计敏感性和特异性）；

9. 当不存在金标准时，了解估计敏感性和特异性的潜在归类模型；

10. 了解群体特征如何影响敏感性和特异性估计值，以及如何使用Logistic回归来评价其作用；

11. 描述基于动物个体试验的群体水平敏感性和特异性的主要影响因素；

12. 描述使用混合样本的主要影响因素。

5.1   引言

大多数人认为试验是实验室检测的特定程序（例如，检测肝脏中的酶、血清中的肌酸酐或血液中尿素氮）。从更广泛的意义上说，试验是设计用来检测或量化动物个体的指征、所含物质、组织变化及身体反应的任何装置和方法。试验亦可用于畜群或其他集聚体水平上的测定。因而，除了上述试验的例子外，还要考虑临床症状（例如颈部脉搏检查）、病例检查中病史收集的问题（例如前一次产犊到现在的时间有多长）、问卷调查中的问题（如饲养管理措施相关的问题）或死后尸检中的发现。确实，试验几乎可用于所有解决问题的行动中，因而，理解试验评价和阐释的原理是各项行动的基础。关于试验的应用及解释的讨论可以参考文献（Greiner和Gardner，2000a；Greiner和Gardner，2000b）。

如果试验用来作为决策的参考（临床或田间疾病检测），适宜试验方法的选择必须基于试验结果会改变对疾病存在与否概率的估计，并能指导下一步工作（如进一步检测、手术、特异的抗生素治疗和群体检疫等）（Connell和Koepsell，1985）。在研究过程中，理解试验相关特征对了解它们如何影响研究数据的质量至关重要。对试验的评价可能是一个研究项目的既定目标，或者这种评价可能是一个大型研究项目的重要前提。

筛检与诊断试验

试验可用于疾病过程的不同阶段。在临床医学上，一般认为干预越早康复或预后越好。许多试验可用作健康动物的筛查（如检测疾病的血清阳性率、致病因子或影响生产性能的亚临床疾病）。试验阳性的动物或群体常会给予进一步的诊断检查，而另外一些情况下，如在全国性疾病防控规划中，最初的试验结果被作为疾病的自然状态。为了筛检有效，疾病的早期检测必须对个体或对"规划"有利，而不是让疾病自行发展到出现临床症状时才被检测出来。诊断性试验是用来确诊或疾病分类，指导治疗或辅助判断临床疾病的预后。在这种情况下，所有动物均"异常"，而鉴定这些有问题的动物患何种疾病是一件困难的事。尽管筛检和诊断试验用途不一，而评价和阐释的原理却是相同的。

5.2   试验自身属性

本章大部分内容的重点集中在试验如何正确确定个体（或个体组成的群体）患病与否。然而，在开始讨论试验结果与疾病状态的关系之前，先强调某试验准确反映一种被测物质（如肝中酶或血清中抗体水平）量的能力，以及如果重复该试验其结果一致的几个问题。

文中用来评价试验的术语并非完全一致（de Vet等，2006；Streiner和Norman，2006）。然而，与试验自身属性相关的概念包括了分析的敏感性与特异性、准确性与精确性。我们将精确性用作反映试验结果间变异程度的常用词汇。

5.2.1   分析的敏感性和特异性

分析方法的敏感性是指该方法所能检测出的某种特定化学组分的最低浓度。在实验室背景下，特异性是指某试验仅与某化学组分反应的能力［如奶牛业常用的检测牛奶中所含抗生素（β-内酰胺）抑制物的试验］。某试验检测青霉素的敏感性为3μg/kg是指当牛奶中青霉素的含量低达3μg/kg时该试验能够将其检出。该试验主要与β-内酰胺类抗生素反应，但也与高浓度的其他类抗生素反应，如四环素。因此，该试验并不是β-内酰胺类抗生素特异性的。诊断的（流行病学意义上的）特异性和敏感性取决（部分）于分析的敏感性和特异性，但明显是不同的概念（Saah和Hover，1997），这将在第5.3节中讨论。

5.2.2 准确性和精确性

某试验的准确性与它能检出有关物质（如血液中的葡萄糖、血清中的抗体水平）真实值的能力相关。要达到准确，试验的结果并不需要总是与真实值接近，但如果重复试验，结果的平均值要与真实值接近。

某试验的精确性与试验结果间的符合性相关。如果一个试验对某样品总得到相同的值（无论它是不是正确的值），都可以说是精确的。图5.1显示了多种准确性和精确性的组合。

不准确的试验得到的结果只能通过已建立的对该试验不准确度的测定来进行校正。不精确则可以通过对试验进行重复，然后求结果的平均值来处理。正确的设备校准和遵守标准操作程序对于取得良好的准确性和精确性非常重要。

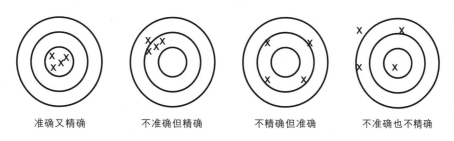

准确又精确　　　　不准确但精确　　　　不精确但准确　　　　不准确也不精确

图5.1 试验的准确性和精确性

5.2.3 评估准确性

对准确性进行评估涉及对含有已知量某物质的样品进行检测。这些样品可以是用田间样品，其中某物质的量已经用被广泛认可的方法测定。例如，通过与一种"湿化学"分析法测定结果的比较对一种测定牛奶样品中尿素氮（MUN）含量的远红外法的准确性，进行了评估（Arunvipas等，2003）。另外一种方法是通过检测加入已知量某物质的样品来评价该试验的准确性。源于样品可能存在的背景水平及对这些"人工添加"样品代表性的问题，使得评价这类方法在现场常规应用时不够理想。一些更细致的基于实验室试验评价方法的描述，请参见Jacobson的论述（1998）。

5.2.4 精确性与一致性

如上所述，精确性一词用于解释试验结果间的差异性。这种变异性可能来自几个方面。在同一个实验室对同一个样品进行重复试验，其试验结果中产生的差异被称为"可重复性"（repeatability）；在不同实验室对同一个样品进行试验，结果产生的差异称为"可重现性"（reproducibility）[世界动物卫生组织（OIE），2004]，它部分地反映了在不同背景下建立一种试验方法的难易程度。一个相关的概念是可靠性（reliability），指某试验区别个体异于他者的能力，严格来讲，并不是精确性的衡量指标（见5.2.6节）。

一致性是指两个试验的符合程度。可以指两个不同试验测定同一种物质的符合性，或是两个评估系统对某估计值的不同应答（如两个检验者对同一个动物心率的测定）的符合性。一致性的常规评价框架近期已发表（Barnhart等，2007；Harber和Barnhart，2008）。

　　评价精确性或一致性涉及对相同量多重测定试验结果的比较。试验结果变异性的量化方法将在下面两节中讨论。用于测量精确性的步骤，也适用于两个不同试验对同一个样品一致性的测量。

5.2.5　定量试验结果的精确性和一致性的度量

　　测量变异性或表示成对试验结果比较的常用技术方法主要有：
- 变异系数；
- Pearson相关系数；
- 符合性相关系数；
- 符合性组限曲线；
- 组内相关系数（ICC）。

变异系数（CV）可由以下公式计算出

$$CV = \frac{\sigma}{\mu}$$

等式5.1

σ表示同一个样品试验结果的标准差，μ是试验结果的均数。对于给定样本的CV可以通过用相同的试验，对同一个样品进行反复测定，然后对这些值求均数来计算出CV的总的估计值（见例5.1）。

　　Pearson相关系数用来表示一组试验的测量结果（为连续性尺度）与第二组之间的变化（线性）程度。然而，该方法不直接比较获得的数值（它忽略了两组结果的定量尺度），因为这个原因，在比较两组试验结果时，不如一致相关系数有用（见例5.1），故不推荐使用。

　　与Pearson相关系数一样，符合性相关系数（CCC）（Lin，1989；Lin，2000）也可用于两组试验结果的比较（如来源于两个实验室的结果），并且它比Pearson相关系数更好地反映了两组结果的符合程度。如果两组连续尺度内的试验结果完全符合，一组结果的绘图将产生与另一组结果绘图形成一个45°角（等值线）的直线。CCC是由3个参数计算出来的，第一个为位置转变参数，测定数据与等值线的距离有多远（高于或低于）。第二个为尺度位移参数，测定样本数据的斜率与等值线斜率（斜率为1）的差异。位置转变与尺度位移参数产生的结果可以认为是准确性参数。第三个为常用Pearson相关系数，测定样品数据在线（斜率）周围的聚集程度。CCC是准确性参数与Pearson相关系数的共同产物。CCC的值为1表示完全符合。例5.1展示了两组ELISA结果的一致性相关曲线。CCC通常被用来处理大于两组的试验结果和分类型数据（Barnhart等，2002；King和Chinchilli，2001）以及处理重复性测定的问题（King等，2007）。

　　一致性界限图（又称Bland-Altman图，Bland和Altman，1986）反映了成对试验结果的差与其平均值的关系。计算出均值（μd）与差（σd）的标准差，代表$1\mu d + 1.96\sigma d$符合性界限的线绘于图中，这界定了两组试验结果差值的范围。该图有助于确定两组观察值是否存在系统误差［也就是差的均数（或>0）］及误差的范围［通过点的散布形式来显示（de Vet，2007）］。该图也有助于确定两组试验结果。不符合程度随测定物质均数的变化，以及用来鉴定异常观察值的存在，一致性界限图在图5.3中展示。

　　可靠性严格意义上说不是描述精确性的，它将试验结果的变异性与个体数值中变异的量相关联（McDowell和Newell，1996），它是临床流行病学中常常碰到的专业术语。可信度常用组内相关系数（ICC）来衡量，ICC将在章节20.3.3中详细描述。在诊断评价的内容中，ICC常与个体值变异的量与

例5.1 定量试验结果精确性的评价

data = ELISA_repeat

用一种基于胃线虫（Ostertagia ostertagin）粗提抗原建立的间接微量ELISA方法，对一组40头奶牛牛奶样品中的该寄生虫抗体进行了6次重复测定。测定的原始数据和调整后的光密度（OD）值，均记录于数据表中（调整方法的描述见第31章），这些结果用来评价试验的精确性（可重复性）。

每个样本重复测定6次，计算其CV值，然后求40个样品CV值的平均值。样本原始值和调整值的CV值分别为0.155和0.126。很明显，值的调整消除了酶标板之间的变异。

Pearson相关（不推荐）用于比较重复试验1和2测定的数值，原始数据相关性为0.937，而调整值的相关性为0.890。

比较重复试验1和2，原始值一致相关系数（CCC）为0.762，调整值的CCC

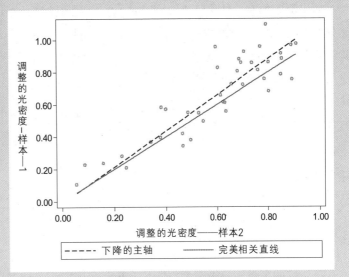

图5.2 一致相关曲线

为0.858，提示调整值的两组数据（重复组）的一致性比两组原始数据之间的一致性要好得多。（注释：CCC比Pearson一致性数值低，反映了Pearson相关性在测定两组结果差异时的不足。图5.2显示了调整值的CCC曲线。

注： 数据必须位于完全一致实线的上面。下降的主轴是对观察值进行线性回归的线。

可见，与低OD值相比，两组数值中高OD值的不一致性程度较高。

图5.3中显示同一数据源的一致性组限曲线，显示大部分重复数据的差异在−0.18到+0.30个单位范围之间。如果两组结果之间完全一致，所有的点应位于y=0的曲线上。

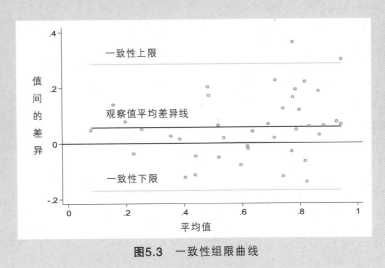

图5.3 一致性组限曲线

总体变异相关，总体变异包含个体值间的变异以及个体值间的测定差异。（de Vet等，2006）。

$$ICC = \frac{个体值差异}{个体值差异+测量误差}$$

另外，ICC可以看作为1−测量误差的方差构成比。如果某试验是不精确的（较多的测量误差），其可信度则比较低，可参考de Vet HCW等（2006）关于一致性与可信度测量用途的讨论。

5.2.6 定性试验结果的准确性和一致性评价

如果测定的有关结果是连续变量，所有上述方法都是有用的。如果试验结果是分类的（二元或多元分类），Kappa（或称为Cohen's Kappa）（Cohen，1960）统计量能够用于测量两组（或更多组）试验结果的一致性水平。显然，必须使用同一分类组结果进行评价，评价应相互独立。表5.1中2×2表显示了一致性评价的数据分布格式。

表5.1　比较两组定性（二元分类）的试验结果

	试验2阳性	试验2阴性	合计
试验1阳性	n_{11}	n_{12}	$n_{1.}$
试验1阴性	n_{21}	n_{22}	$n_{2.}$
合计	$n_{.1}$	$n_{.2}$	n

5.2.7　Kappa值

在评价两个试验结果符合程度时，并非必须要与金标准比较而获得解决，因为金标准可能不存在（见5.3.1节），而是更重视两个试验之间的符合性。很明显，由于偶然性也会造成一定的符合性，因此在分析中要予以考虑。例如，某试验中有30%的对象为阳性，而另一个试验中40%为阳性，两者研究对象中均为阳性的期望值为0.4×0.3=0.12或12%。所以，重要的问题是：一致性达到什么样的水平或程度不是由偶然性造成的？这个问题可用Cohen Kappa（κ）统计值来解决，通过下式来计算κ的主要成分：

- 实际观察一致性=（$n_{11} + n_{22}$）/n
- 期望一致性（偶然性）=[（$n_{1.} \cdot n_{.1}$）/n +（$n_{2.} \cdot n_{.2}$）/n]/n
- 非偶然性实际一致性=实际观察一致性–期望一致性
- 非偶然性潜在一致性=1–期望一致性
- κ=非偶然性实际一致性/非偶然性潜在一致性

直接计算κ值的公式如下：

$$\kappa = 2\frac{(n_{11}n_{22} - n_{12}n_{21})}{n_{1.}n_{2.} + n_{2.}n_{.1}}$$

等式 5.2

计算κ值标准误、置信区间及显著性检验的步骤可参考其他文献（Reichenheim，2004）。

当应用于主观性试验（如用X-射线法鉴别损伤）时，κ的一般解释如下面所示（Landis和Koch，1977）。而当比较两个客观性试验（如病毒分离与PCR）时，κ值期望具有更精确的解释。

≤0	不符合
0.01~0.21	轻度符合
0.21~0.4	比较符合
0.41~0.6	中度符合
0.61~0.8	高度符合
0.81~1.0	完全符合

例5.2中显示了评价两个不同实验室检测鲑鱼传染性贫血病间接荧光抗体试验（IFAT）结果一致性的κ值计算方法（Nerette等，2005b）。

5.2.8　影响Kappa的因素

已经明确，偏倚（某评估系统较另一个评估系统具有更多分配阳性试验结果的倾向）及患病率的状况均影响κ值（Cook，2007；Nam，2007；Sargeant和Martin，1998）。已建议使用的其他评估符合程度的替代方法包括：最大Kappa（Feinstein和Cicchetti，1990）、Yule's Y（Spitznagel和Helzer，1985）、阳性和阴性符合指数（Cicchetti和Feinstein，1990）、患病率与偏倚调整的κ值（PABAK-又称S系数）（Byrt等，1993；Thomsen和Baadsgaard，2006）以及条件相对比数比（Suzuki，2006）。然而，总的说来，这些统计量都没有被广泛接受，因此考虑偏倚及患病率对κ影响是十分重要的。

偏倚　在量化符合程度前，首先要确定，两个试验是否把相近比例的个体确定为阳性（如果某试验的阳性结果远高于另一个试验的阳性结果，再评价符合程度就失去了意义）。可以用测定配对数据的McNemar's χ^2（卡方）试验（如p_1和p_2，这里p_1和p_2分别代表了试验1和试验2的阳性部分）来对每个试验的阳性部分进行比较（Lachenbruch，2007；McNemar，1947）或者一个精确的二项检验来测定相关部分的符合程度（公式未显示）。

$$\text{McNemar's } \chi^2 = (n_{12} - n_{21})^2 / (n_{12} + n_{21})$$ **等式5.3**

非显著性检验提示没有证据表明两个试验中阳性比率有差异，如果差异显著，检验说明试验存在严重不符合，而精细的符合性评价可能没有价值。

患病率　正如已说明的，被检测群体的患病率会影响κ值。在未明情况下，两个试验（或两个评估系统）在患病率是中等时（约为0.5）会比很高或很低的患病率时获得较高的κ值。κ和患病率的关系是复杂的，并依赖于群体中难以分类个体的分布。通常情况下在很高或很低的患病率时，其影响微乎其微。对于此问题更详细的综述以及无需更关注于患病率对κ影响的结论已经发表（Vach，2005）。

5.2.9　多重评估系统（试验）

κ可以被扩展到超过两个评估系统（或两个试验）的情况。这种情况下，由于没有设定评估系统的唯一性，因此个体可以被不同数量的评估系统或用相同数量评估系统的不同检验者对不同个体进行评价（然而相同数量的评估系统对所有个体进行测定的平衡研究能够提供更有意义的结果）。同样的

例5.2　两个试验结果的一致性

data = ISA_test

共有291份鲑鱼肾脏样品，每个样品分成两份，分别送到2个实验室对样品进行了IFAT试验，IFAT的结果表示为0（阴性）或1+、2+、3+或4+，随后将结果分成了两类，所有1+以及以上的结果均认为是阳性。结果如下：

	IFAT 2阳性	IFAT 2阴性	合计
IFAT 1阳性	19	10	29
IFAT 1阴性	6	256	262
合计	25	266	291

McNemar's χ^2检验得到的值为1.00（$p=0.317$，二项分布p值为0.45）意味着没有证据表明两个实验室获得的阳性比率存在差异。

实际观察到的一致性为0.945，期望一致性为0.832

$\kappa = 0.674$　　　$SE(\kappa)^a = 0.0762$

κ值的95%置信区间为0.524~0.823

因此，符合程度为基本符合，然而，由于置信区间较宽，反映了估计的不确定性。

[a] SE计算有多种公式，这里所用的这种没有假定观察的独立性。

方法也适用于仅有两个评估系统的情况。但这些评估的特性因对象不同而异，这些方法的细节包含在Fleiss等人的著作中（2003）。当能够获取多种评估系统的数据时，计算 κ 的另一种办法是使用多层模型（见第22章）建立阳性试验结果概率的模型（Woodard等，2007）。这种分析主要集中于影响阳性试验结果概率的因素，而不同评估系统间变异的估计提供了对一致性水平的洞察。

5.2.10　加权Kappa

对于测量等级分类变量的试验，任何成对试验结果不一致的常规κ计算将被认为不符合。然而，如果一个试验结果被按5个等级来划分，分别计分为4和5的一对试验与计分为5和1的分级结果将被认为没有多大区别。在试验结果比较接近且被认为有部分一致性的成对试验中的部分一致性可以考虑使用加权κ来评价（通过加权矩阵可以特指分配多少一致性）。加权 κ 对于所用分类的数量（Brenner和Kliebsch，1996）以及加权的选择（Graham和Jackson，1993）比较敏感。置信区间可以通过自我重复抽样法来计算（Reichenheim，2004），一种统计显著性的准确检测也已经成为可能（Brusco等，2007）（尽管通常对κ值比其统计显著性更让人感兴趣）。

例5.3中显示了鲑鱼传染性贫血病毒的两组IFAT的数据列表和试验结果比较的加权和未加权κ结果。有报告称当处理顺序分类数据时计算ICC优于使用加权的Kappa。

5.3　试验检测疾病或健康的能力

评价试验的两个关键特征是，试验正确检出发病动物（它的敏感性）和正确检出可疑动物为未发病动物（它的特异性）。假定一种特定"疾病"作为结果，尽管在一些特定的例子中，其他情况如怀孕、早产剔除（淘汰）、具有特异性抗体滴度或感染状态等也可以替代为结果。开始讨论前，先要作一个最简单的假设，假设评价的试验只能给出两个互不相容的结果——阳性或阴性，这可以是进行细菌培养后微生物出现或不出现，或者对奶牛场主的调查问卷中关于使用或不使用带有传送装置的挤奶机的应答。在现实中，许多试验结果将提供一个连续性的应答或一定等级的应答（颜色、相对于背景信号的测试结果、酶活性水平、终点滴定滴度等），需要选择一定的应答水平，处于或超过该水平时试验结果被认为是阳性。

5.3.1　金标准

金标准是指完全准确的试验方法或试验程序，它能够诊断出所有存在的特定疾病而没有任何误诊。例如，鉴定猫白血病病毒感染的某试验能正确地将所有感染猫鉴定为阳性，而对所有未感染的猫给出阴性结果，该试验可以被认为是金标准。在现实中，真正的金标准方法非常少，部分是因为试验本身不完美，很大程度上是由于生物学上的变异性造成的。当暴露于某种感染性、有毒性、物理性或代谢性的因子时，动物不会一下子变成"患病的"，甚至亚临床的。通常，在动物以一定方式应答并产生可检测或有意义的变化之前会有一段时间。每个动物的反应超过一定阈值而被认为是"患病的"，时间长短因动物的个体而异。

按照惯例，为了评价一个新的试验方法，需要一个金标准。5.7节中讨论了多种不同诊断试验的评价方法。

5.3.2　敏感性与特异性

通过使用2×2联表来显示样本动物中患病和测试结果，更容易理解敏感性与特异性的概念

例5.3　分级试验结果之间一致性

data = ISA_test

除保留分级数据以外，本例使用了例5.2中所描述的数据（5分分级）。

IFA1	IFA2				
	Neg	+	++	+++	++++
Neg	256	5	0	1	0
+	8	2	0	2	0
++	2	1	0	4	0
+++	0	0	2	2	0
++++	0	0	0	3	3

该试验结果的未加权Kappa值（假定所有试验结果不同的是不一致的）和加权Kappa值如下：

- 一致：衡量为完全符合
- 相距1级：衡量为70%的符合
- 相距2级：衡量为30%的符合
- 相距大于2级：衡量为完全不符合

	Kappa	标准误（$SE.$）	95%置信区间（CI）	
			低	高
未加权	0.450	0.037	0.318	0.569
加权	0.693	0.048	0.570	0.793

加权Kappa值表示两组检测结果基本符合，结果检验时比未加权Kappa更好地反映了一致性。

（表5.2）。

表5.2　试验评价数据列表

	试验阳性（T+）	试验阴性（T−）	合计
患病（D+）	a（真阳性）	b（假阴性）	m_1
无病（D−）	c（假阳性）	d（真阴性）	m_0
合计	n_1	m	n

试验的敏感性（Se）是指真正患病动物被检测为阳性的比例。统计学上被描述为检测为阳性的动物是患病动物的条件概率[$p（T+\mid D+）$]，可以通过下式计算：

$$Se = \frac{a}{a+b} = \frac{a}{m_1}$$
　　　　　　　　　　　　　　　　　　　　　等式5.4

试验的特异性（Sp）是指未患病动物被检测为阴性的比例。统计学上被描述为测定为阴性的动物是未患病动物的条件概率[$p（T-\mid D-）$]，可以通过下式计算：

$$Sp = \frac{d}{c+d} = \frac{d}{m_0}$$
　　　　　　　　　　　　　　　　　　　　　等式5.5

为了方便，将假阳性部分（FPF）定义为1− Sp，假阴性部分（FNF）定义为1− Se。在实际应用中，如果想确诊一种疾病，需要使用一种有较高特异性（Sp）的试验，因为它只有少量假阳性。相反，如果要排除一种疾病，需要使用一种有较高敏感性（Se）的试验，因为它只有少量假阴性。Se、Sp、FPF和FNF的置信区间可以通过对比例置信区间估计的方法获得（见章节4.10。）对于给定群体的Se和Sp是特定的，但在不同群体中其估计值会发生变化。第5.7节和5.8节包含了估计Se和Sp的各种方法，而第5.9节中则对影响Se和Sp的各种因素进行了讨论。

例5.4中显示了检测胎儿牛病毒性腹泻（BVD）病毒持续感染（PI）的间接ELISA试验中的*Se*和*Sp*估算。采取哺乳后期母牛的血样来检测病毒特异性抗体。如果出现高抗体水平，则认为胎儿被BVD病毒持续感染。

5.3.3 真实与表观患病率

描述分群试验另两个术语很重要，其中之一是指示疾病存在的真实水平。用筛检试验的术语来讲，称为真实患病率（*P*）。在临床流行病学中，被称为先前患病率或试验前患病率。*P*是包含在试验评价讨论中非常重要的信息，因为它将会影响试验结果的解释。在例5.4中 $P=p(D+)=m_1/n=233/1673=0.139$ 或13.9%。

与"真实"状态相比，除非试验非常完美，试验结果仅能给提供一个真实患病率的估计，用筛检试验的术语来讲，这被称为表观患病率（*AP*）。在例5.4中 $AP=p(T+)=n_1/n=800/1673=0.478$ 或47.8%。在临床流行病学中，这被称为试验后患病率。总之，*AP*可以计算为：

$$AP = p(T+) = P \cdot Se + (1-P)(1-Sp)$$

等式5.6

5.3.4 通过表观患病率估计真实患病率

如果某试验的敏感性和特异性已知，群体中疾病的真实患病率可以通过Rogan和Gladen（1978）的方法估计出来：

$$p(D+) = \frac{AP-(1-Sp)}{1-[(1-Sp)+(1-Se)]} = \frac{AP+Sp-1}{Se+Sp-1}$$

等式5.7

例如，*AP*=0.150，敏感性（*Se*）为0.363，特异性（*Sp*）为0.876，我们估算出的真实患病率为0.109或10.9%。

一些*Se*、*Sp*和*AP*组合的结果会导致估算的真实患病率可能超出它允许的范围（0~1），这意味着*Se*和*Sp*中的一个或两者不适用于研究的群体。

5.4 预测值

*Se*和*Sp*是试验的特征。然而，这些术语并未说明当该试验应用于未知疾病状态的动物时用处有多大。一旦决定使用某试验，需要知道动物患或未患某疾病的概率与测试为阳性还是阴性的依赖程度。这些概率被称为预测值。同一个试验的预测值会因被测试动物群体的不同而发生改变，这是因为预测值会被研究群体疾病真实的患病率和试验方法本身的特征影响。在这些讨论中，假设被测试的目标群体是同质的且具有真实患病率，否则，必须鉴别影响疾病发生风险的协变量，并对不同亚群之间进行分别估计。

5.4.1 阳性预测值

在表5.2所列的数据中，阳性预测值（*PV+*）是指试验阳性的动物实际上也是患病动物的概率，这可以用表5.2中的 $p(T+|D+)$ 或 a/n_1 来表示，通常试验阳性的预测值可以通过下面的公式估算：

$$PV+ = \frac{p(D+) \cdot Se}{p(D+) \cdot Se + p(D-) \cdot (1-Sp)}$$

等式5.8

这个公式明确显示了在试验群体中，真实患病率是如何影响阳性预测值的。

例5.4　敏感性、特异性和预测值

data=BVD_test

本例中这些数据来源于一项评价诊断BVD病毒持续感染的ELISA试验的研究。要获取这组数据更多的说明可以参阅第31章。这个试验检测乳汁与血液两种样品，但是这里用的数据仅限于血液样品的结果。平均光密度值为0.92单位，因而如果血液样品测试中光密度值超过0.92单位，则认为该胎儿为试验阳性（这不是该试验理想的分界点，仅用于示例）。

		T+	T−	
持续感染阳性	D（+）	178	55	233
持续感染阴性	D（−）	622	818	1440
		800	873	1673

为了描述方便，试验阳性的178个动物被称为真阳性，试验阴性的另622只动物被称为假阳性，还有55个动物被称为假阴性，另818只动物被称为真阴性。我们这里假定通过简单随机抽样获得了研究对象。

在这个例子中：
- Se=178/233=76.4%　　95% CI=（70.4%，81.7%）
- Sp=818/1440=56.8%　　95% CI=（54.2%，59.4%）
- FNF=1−0.764=23.6%
- FPF=1−0.568=43.2%
- P=233/1673=13.9%
- AP=800/1673=47.8%
- $PV+$=178/800=22.3%　　95% CI=（19.4%，25.3%）
- $PA−$=818/873=93.7%　　95% CI=（91.9%，95.2%）

注：根据二项分布认为置信区间是准确的，但未将群体中的分类归并考虑进去。

5.4.2　阴性预测值

同理，阴性预测值（$PV−$）是指试验阴性的动物实际上也是无病动物的概率（也就是p（$T−\mid D−$）），在表5.2中就是$PV−=d/n_0$。阴性预测值可以通过下面的公式来进行估算：

$$PV- = \frac{p(D\text{-}) \cdot Sp}{p(D\text{-}) \cdot Sp + p(D\text{+}) \cdot (1-Se)}$$

等式5.9

$PV+$和$PV−$的估算在例5.4中进行了显示。注：这些值代表了给定研究群体中患病率（P）的预测值。

由于通常对"疾病"方面的问题更感兴趣，因此还有一种实际有病而试验阴性动物的概率，通常被称为阴性试验的阳性预测值或$PPV− = b/n_0$或$1−$（$PV−$）。

5.4.3　患病率对预测值的影响

如上所述，试验的预测值取决于试验的敏感性和特异性以及所应用的动物群体中某种疾病的患病率。所以，预测值并不是一个好的评价试验性能的方法（因为它们会因群体而异）。例5.5中显示了在患病率从1%到50%变化时预测值的改变是多么巨大。

预测值（PVs）置信区间的计算不能直接进行。对于观测到的患病率P的置信区间可以计算给定样本大小的二项比率（见章节4.10）的置信区间。当阳性预测值（$PV+$）或阴性预测值（$PV−$）接近1（通常当患病率很低时阴性预测值接近1），二项比率的置信区间需要用精确的方法，而对于一些置信区间扩展到低于0或高于1的情况时需要用其他方法（Mercaldo等 2007）。为了对给定患病率，而不是从数据中观察到的患病率的预测值（PVs）进行估计时，需要考虑敏感性和特异性以及患病率估计值的非确定性［Zou（2004），一种计算置信区间的方法及问题的讨论］。

5.4.4　增加试验阳性的预测值

一种增加试验阳性预测值的方法是将试验用于患病率相对较高群体。因而，在一个设计用来验证疾病是否存在的筛检项目中，通常倾向于检测可能患有所考虑疾病的动物。因此，检测淘汰动物或有特定病史的动物是增加测试前（先验）疾病概率的一个有用方法。

第二个增加试验阳性预测值的方法是用一个更特异的试验（敏感性相同或更高），或者改变当前试验的临界点以增加特异性（但这在某种程度上会降低敏感性）。当特异性增加，由于假阳性数量会接近零而使得阳性预测值增加。第三种方法是很常见的一种增加试验阳性预测值的方法，即使用多种而不是一种试验。这里的结果依赖于解释的方法以及每个试验特征。

例5.5　患病率对预测值的影响

data = BVD_test

为了检验患病率变化对试验结果的影响，我们将使用例5.4中的敏感性和特异性值，并指定了3种方案，其真实患病率从50%变化到5%，然后是1%。为了教学方便，在计算50%患病率的方案中使用2×2表格进行演示。一种简单易行的获取结果的方法就是构建一个有1000个动物的群体，基于真实患病率为50%，其中500个有"病"，即持续感染阳性（PI+），500个为持续感染阴性（PI−）。因而，我们计算500的76.4%（Se）并将382填入真阳性的格中。最后我们再计算500的56.8%（Sp）284，填入到真阴性的格中，完成整个表格。

	试验阳性	试验阴性	
持续感染阳性	382	118	500
持续感染阴性	216	284	500
	598	402	1000

从以上数据中可以看出：

阳性预测值=382/598=63.9%，测试为阳性的母牛产持续感染小牛的概率为63.9%。

阴性预测值=284/402=70.6%，测试为阴性的母牛产未发生持续感染小牛的概率为70.7%。

患病率为5%或1%的值比较如下：

患病率（%）	阳性预测值（%）	阴性预测值（%）
5	8.5	97.9
1	1.8	99.6

你会发现，当患病率下降时，阳性预测值会迅速下降，而阴性预测值会上升。

5.5　试验结果为连续尺度的解释

对于很多试验，物质的测定（如牛奶中的尿素，血清中的钙，肝中的每种酶等）会以一个连续尺度或半定量（分级）的结果来表示。与这些试验结果相联系的预测概率可以直接用来估计群体中疾病的患病率（Choi等，2006）。然而，为了在个体水平上解释结果，需要选择一个临界点（cutpoint）［或称为分界值（cut-off）或阈值（threshold）］来决定什么样的水平意味着试验结果为阳性，并在解释血清效价时也是准确可靠的。

实际情况下，健康动物与患病动物被测量的物质分布常会有一些重叠，通常选择一个临界点来对试验的敏感性和特异性进行最适化。图5.4描绘了这种两难的情况。如后面章节所证明的（见5.5.3节），当评估测试群体的健康状态时，使用实际测定结果通常是准确可靠的。

5.5.1　选择临界点

如果患病和无病动物的检测值之间存在任何重叠，无论选择什么临界点都会导致假阴性和假阳性试验结果（见图5.4），在BVD检测数据中，持续性感染或未持续感染的小牛之间光密度（*OD*）值显然存在一定重叠。由于这种重叠，如果提高临界点特异性会增高（假阳性会下降），但是敏感性会下降（更多的假阴性）。降低临界点会出现相反的效果。因而，临界点的选择将取决于假阳性或假阴性试验结果的相对重要性。

如果需要在多个临界点中选择，图解方法可以用来帮助寻找理想的临界点，如受试者工作特征曲线（receiver operating characteristic curvers，以下简称ROC）或敏感性–特异性曲线［sensitivity-specificity plot，又称双图–受试者工作特征曲线（2-graph ROC）］。另一种方法，可以通过实际测试结果计算出似然比（见5.5.3节），以避免必须选出一个特定的临界点。

敏感性–特异性曲线（Reichenheim，2002）显示了一个试验的敏感性和特异性随着临界点在允许范围内移动时如何变化的（图5.5）。它能够确定两个值在何处相等，但却不一定是需要的最适临界点。根据试验的假阴性和假阳性结果的意义，选择一个有高敏感性结果的临界点（从而具有相对较低的特异性）是非常重要的，反之亦然。正如图5.5中所能见到的，在BVD检测中获得一个高于70%的敏感性，同时必须接受一个相对较低的特异性。

5.5.2　受试者工作特征曲线

受试者工作特征曲线（ROC）通过计算某试验在一系列不同临界点上敏感性与假阳性率（$1-Sp$）的比，获取一个理想的临界点来区分有病和无病动物（Greiner等，2000）。图5.6中的45°线代表了仅依赖偶然性就能区分疾病的试验。ROC曲线距图形右上角越近，该试验区别患病与无病动物的能力越强（右上角代表了敏感性和特异性均为100%的试验）。

在决定以敏感性和特异性来描述试验区分有病和无病动物的整体能力方面，使用ROC曲线比"单临界点"有优势。ROC曲线下面的面积（AUC）可以解释为随机选择有病个体比随机选择无病个体（再次假定有病动物群体比无病动物群体测试结果更多地分布在较高值区域内）具有较高检测值（如

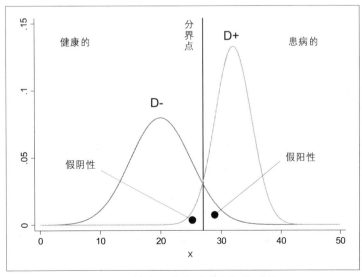

图5.4　健康和患病动物之间的重叠

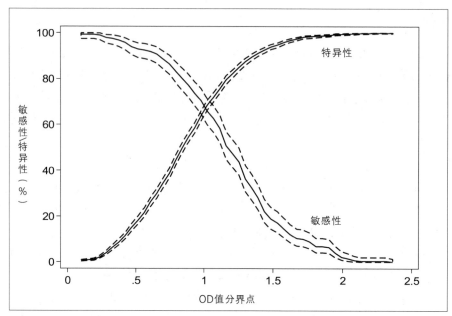

图5.5　BVD检测数据的敏感性–特异性曲线 [95%的置信区间（虚线）]

光密度）的概率。已有多种估算AUC区域标准误（SE）的方法，可参考相关综述（Faraggi和Reiser，2002；Hajian Tilaki和Hanley，2002）。基于AUC，ROC分析可以用来比较两个（或更多的）试验，详见Pepe（2003）。

假设假阳性和假阴性试验结果同样重要，理想的临界点是敏感性与特异性之和最大，并且曲线靠近图形的右上角（换言之，离45°线最远）。相对于假阳性与假阴性结果的重要性，可以在一定ROC曲线特定区域内强调试验结果，如限制试验敏感性（或特异性）的区域。这些可以称为部分AUC（Walter，2005b）。

参数或非参数ROC曲线均可以绘制。非参数曲线可以通过使用试验结果的每个观测值作为临界点来简化绘制Se和（1–Sp）的曲线。参数ROC曲线通过假设潜在的变异代表着在不同临界点的Se和（1–Sp）遵从特定的分布（通常为二项分布）提供了一个平缓估计。例5.6显示了bvd_test数据库的参数与非参数ROC曲线。近来，一个半参数ROC曲线被推断出来（Wan和zhang，2007）。

5.5.3　似然比

似然比（LR）是指患病动物个体的试验结果概率与未患病动物试验结果概率之比。因此，对于一个二分结果的试验而言，有两个似然比，一个针对阳性试验结果（LR+），另一个针对阴性试验结果（LR–）。阳性似然比（LR+）是试验后疾病的比数除以试验前的比数。回忆一下，一般而言，这一比数为P/1–P，所以一个阳性试验结果的LR就是给定试验结果疾病的比数除以试验前的比数。

$$LR+=\frac{PV+/(1-PV+)}{P/(1-P)}=\frac{Se}{1-Sp}$$

等式5.10

这里P是测试群体的患病率，因此，似然比（LRs）反映了当获得试验结果时我们对于患有某病可能性看法的改变程度。

对于有连续结果的试验，有3个可能的似然比（Choi，1998；Gardner和Greiner，2006）：

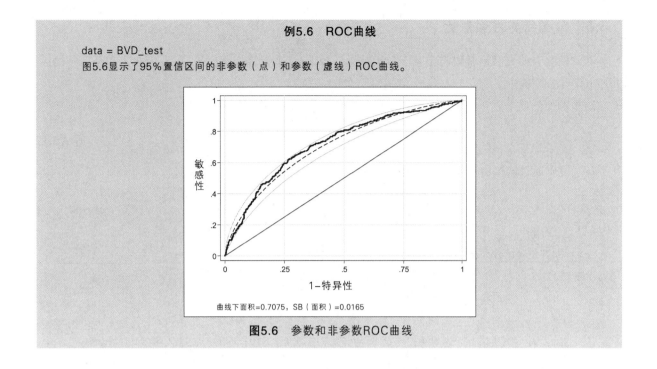

例5.6　ROC曲线

data = BVD_test

图5.6显示了95%置信区间的非参数（点）和参数（虚线）ROC曲线。

曲线下面积=0.7075，SB（面积）=0.0165

图5.6　参数和非参数ROC曲线

- 试验值特异的；
- 临界点特异的；
- 分类特异的。

测试值特异似然比是指患病和无病个体中确切试验结果的概率之比。由于样本大小的限制，通常无法计算。然而，可以通过测定试验值ROC曲线的正切值估算出来（Choi，1998）。

5.5.4　临界点特异性似然比

临界点特异性似然比（cutpoint specific LR，LR_{cp}）是指患病个体中试验结果高于临界点的概率和无病个体中试验结果高于临界点的概率之比。即：

$$LR_{cp}+=\frac{Se_{cp}}{1-Sp_{cp}}$$　　　　　　　　**等式5.11**

这里的cp指的是试验结果处于或高于该值即被认为是阳性的临界点。在本文中，$LR+$可以看做患病个体中具有临界点以上结果的概率相对于无病个体中高于临界点结果的概率。$LR_{cp}+$可以通过ROC曲线上从原点到该临界点连线的斜率来估算（Choi，1998）。

对于一个给定临界点的阴性试验结果的似然比（$LR-$）是（$1-Se$）/Sp的比值。意指一个患病个体得到阴性结果的概率与一个无病个体得到的阴性结果的概率之比。在不同临界点的似然比的例子在例5.7显示。

似然比使用真实的试验结果（与仅仅为阳性相对）并对有特定观察结果的动物患病概率的增加进行定量估计。例如，在临界点为1.1时，阳性似然比为2.31，意味着在此临界点检测为阳性的母牛（也就是说试验结果≥1.1）产持续性感染小牛的可能性是进行试验前所想的可能性的2.3倍。注：技术上讲，应该用比而不是概率，患病率升高了2.3倍，但是疾病极少发生，则比约等于概率。这种方法利用了一个事实，通常反应性（试验结果）增强，则似然比会增加。

5.5.5　分类特异性似然比

在诊断时，研究者通常更希望基于分类结果（LR_{cat}）来计算似然比（LRs）而非累积分布（Giard 和Hermans，1996）。

这里的似然比是：

$$LR_{cat} = \frac{P(result \mid D+)}{P(result \mid D-)}$$

等式5.12

LR_{cat}可以通过连接ROC曲线上代表分类界限上的两个点连线的斜率来估算。

例5.7　似然比

data = BVD_test
BVD_test数据的临界点特异性与分类特异性似然比

光密度分界点	PI+分类（%）	累计敏感性（%）	LR_{cp}^+	PI-分类（%）	累计特异性（%）	LR_{cp}^-	LR_{cat}
0	6.76	100.00		16.91	0.00		0.40
0.5	4.63	93.24	1.12	17.44	16.91	0.40	0.27
0.7	13.17	88.61	1.35	21.64	34.34	0.33	0.61
0.9	16.01	75.44	1.71	18.29	55.98	0.44	0.88
1.1	23.13	59.43	2.31	13.29	74.27	0.55	1.74
1.3	18.51	36.30	2.92	6.75	87.56	0.73	2.74
1.5	7.83	17.79	3.13	3.62	94.31	0.87	2.17
1.7	3.56	9.96	4.81	1.01	97.93	0.92	3.52
1.9	6.41	6.41	6.02	1.06	98.94	0.95	6.02

计算基于临界点的左手终点原则（例如1.5为分界点时分类组从1.5到1.699）进行分类。上述结果基于2162个试验结果。

无论如何计算，似然比（LRs）都是非常有用的，因为它们结合了敏感性和特异性的信息，并且可以测定检测后疾病与检测前疾病的比，如下式：

$$测试后的比数 = LR \cdot 测试前的比数$$

等式5.13

当解释测试后的比数，要意识到是否使用LR_{cp}或是LR_{cat}。前者给出的是在某水平或更高水平时阳性动物的测试后比数，而后者给出的是结果在特定类别（或水平）试验阳性动物的测试后比数。计算分类特异性的测试后概率的步骤如下，假定在试验开始前，母牛产出持续性感染胎儿的概率为2%，认定检测为阳性的OD值为1.77（$LR_{cat}=3.52$）（源自例5.6）。

- 将测试前概率转变成测试前比数
  测试前的比数=0.02/0.98=0.0204
- 将测试前比数与似然比相乘获得测试后比数
  测试后的比数=0.0204×3.52=0.0718
- 将测试后比数比转变为测试后概率
  测试后的概率=0.0718/（1+0.0718）=0.067

获得试验结果1.77后，估计母牛怀有持续性感染胎儿的概率为6.7%。

分类特异性似然比的自然对数（$\ln LR_{cat}$）的变异程度为：

$$\mathrm{var}(\ln LR_{\mathrm{cat}})=[1-p(\mathrm{result}|D+)]/a+(1-p(\mathrm{result}|D-)]/b \qquad \text{等式5.14}$$

在这里a和b分别表示阳性动物和阴性动物组中相关结果的个体数量。（$1-\alpha$）%的置信区间为：

$$LR_{\mathrm{cat}} \cdot \exp(\pm Z_\alpha \sqrt{\mathrm{var}(\ln LR_{\mathrm{cat}})}) \qquad \text{等式5.15}$$

5.6 多重试验的应用

如上所述，多重试验是提高筛检（或诊断）过程整体诊断能力的一种常用方法。

5.6.1 平行或串联解释

尽管是单一检验最简单的扩展，仍使用两重检验作为代表，然而下面所讨论的各种原理均适用于非单一检验。假设有两个不同试验用于检测同一种疾病。在例5.8中，使用检测鲑鱼传染性贫血的IFAT试验结果（Se=0.784，Sp=0.951）和聚合酶链式反应（PCR）结果（Se=0.926，Sp=0.979）。如果两个试验都进行，试验结果可以用两种方法中的任意一种进行解释。如果进行串联解释，只有当两个试验均为阳性才能认为结果确为阳性，如果进行平行解释，两个试验为阳性或任一个为阳性结果均可判为阳性。串联解释提高了特异性但降低了敏感性，而平行解释则提高了敏感性却降低了特异性。

对于给定疾病状态的动物个体，如果获得特定的试验结果不依赖于其他试验结果，这些试验可以认为是条件独立的。例如，对于正在处理未病的个体在试验2中出现假阳性的概率与试验1中检测结果为阴性或阳性的概率相同，则这两个试验是条件独立的。如果试验是条件独立性的，在平行解释中的Se和Sp（Se_p，Sp_p）以及串联解释中的Se和Sp（Se_s，Sp_s）如下：

$$Se_\mathrm{p}=Se_1+Se_2-Se_1 \cdot Se_2 \qquad \text{等式5.16}$$

$$Sp_\mathrm{p}=Sp_1 \cdot Sp_2 \qquad \text{等式5.17}$$

$$Se_\mathrm{s}=Se_1 \cdot Se_2 \qquad \text{等式5.18}$$

$$Sp_\mathrm{s}=Sp_1+Sp_2-Sp_1 \cdot Sp_2 \qquad \text{等式5.19}$$

注：如果准备用试验的系列解释，通常先用一个便宜和/或快捷的方法检测所有动物，然后用第二个试验对所有阳性动物进行检测。这通常称为序列试验（sequential testing）。它提供了与同步检测同样的结果，但是由于仅对第一个试验阳性的结果才进行第二个试验，因此成本较低。

5.6.2 试验相关结果

通过以上对平行或串联试验解释的讨论，有人会认为通过使用2~3个平行试验将能够获得100%的真实敏感性。或通过3~4个串联试验将能够获得100%的真实特异性。然而，假定试验是条件独立的，例5.8中的观察值却不是期望的。如果试验均是独立的，结果的期望分布在表5.3中显示。

平行解释期望的敏感性（Se）比观察值稍高，比系列试验解释中观察值稍低。敏感性的期望值与观察值是相同的。既然假设了条件的独立性，患病动物的样品在试验2出现阳性试验结果而在试验1中出现阴性结果和阳性结果具有一样的概率。在无病的动物中也存在同样的假设。正如对这些数据的观察，这些试验很可能具有特殊的生物学联系（如两种抗体试验），如果某个体试验1检测为阴性比检测为阳性在试验2结果中更倾向于呈现阴性，在此情况下，将按照条件依赖性来描述试验结果，或有相关性（Gardner等，2000）， 而非条件独立性的。注：如果某试验的敏感性或特异性为1（也就是说，非常完美），该试验与其他试验永远是条件独立性的（对于该特征）。

例5.8 多重检验——平行与串联解释

data = ISA_test

本例中的数据来源于检测鲑鱼传染性贫血病（ISA）数据集，所使用的试验为间接免疫抗体试验（IFAT）和聚合酶链反应（PCR）试验，以临床疾病状态（见第31章中关于数据集的描述）作为金标准。观察到的试验结果以及病毒存在的情况按照4个可能的试验解释原则进行了排布。

根据实验结果分类的鱼数量					合计
IFAT结果	+	+	0	0	
PCR结果	+	0	+	0	
患病鱼	134	4	29	9	176
无病鱼	0	28	12	534	574
串联解释	+	0	0	0	
平行解释	+	+	+	0	

IFAT Se=138/176=0.784　　　　IFAT Sp=546/574=0.951
PCR Se=163/176=0.926　　　　PCR Sp=562/574=0.979
串联解释Se=134/176=0.761
平行解释Se=（134+4+29）/176=0.949
串联解释Sp=（28+12+534）/574=1.000
平行解释Sp=534/574=0.930

表5.3 假定条件独立检测ISA组合试验的期望敏感性和特异性水平（数据来源于例5.8）

解释	敏感性 期望值	观察值	特异性 期望值	观察值
平行	0.784+0.926− 0.784×0.926=0.984	0.949	0.951×0.979=0.931	0.930
串联	0.784×0.926=0.726	0.761	0.951+0.979− 0.979×0.951=0.999	1.000

独立性程度能够计算出来，见例5.9。

例5.9 试验结果变异系数的估计

data = ISA_test

使用例5.8中获得的敏感性和特异性的估计值，患病组和无病组的变异系数为：
患病组： covar（+）=p_{111}−Se_1·Se_2=0.761−0.726=0.035
无病组： covar（−）=p_{000}−Sp_1·Sp_2=0.930−0.931=−0.001
患病组有小的阳性变异系数，但是它小到实质上在组合试验中时修正几乎不影响结果。而无病组事实上不存在变异系数。

1. 用p_{111}来表示患病动物在两个试验中有一个试验是阳性结果的动物比例［更常用p_{ijk}，i表示试验1的结果，j表示试验2的结果，k表示疾病状况（1表示患病，0表示未患病）］。

2. 在患病的群体中，分别使用试验1和试验2的敏感性估计值（Se_1和Se_2），变异系数是：

$$\text{covar}(+)= p_{111}− Se_1 \cdot Se_2 \qquad \text{等式5.20}$$

3. 类似的，在无病个体中，使用试验1和试验2的特异性样本估计值Sp_1和Sp_2，变异系数是：

$$\mathrm{covar}(-)=p_{000}-Sp_1 \cdot Sp_2$$

等式5.21

通常情况下，变异系数应该是正值，表示独立性。更正式地，可以分别由患病群体（$D+$）和未患病群体（$D-$）数据分别计算出两者的比数比（OR），分别为$OR+$和$OR-$。这些比数比（ORs）可以分别描述上面两个变异系数。因为，如果两个试验是条件独立性的，比数比通常为（ORs）1。同理，如果试验结果为非条件独立性的，患病动物和无病动物个体数据的Kappa统计值将均为0。

4. 如果条件独立，两个平行试验的敏感性（Se）和特异性（Sp）分别为：

$$Se_p = 1 - p_{001} = 1 - (1-Se_1) \cdot (1-Se_2) - \mathrm{covar}(+)$$

等式5.22

$$Sp_p = p_{000} = Sp_1 \cdot Sp_2 + \mathrm{covar}(-)$$

等式5.23

2个系列试验的敏感性和特异性为：

$$Se_s = p_{111} = Se_1 \cdot Se_2 + \mathrm{covar}(+)$$

等式5.24

$$Sp_s = 1 - p_{110} = 1 - (1-Sp_1) \cdot (1-Sp_2) - \mathrm{covar}(-)$$

等式5.25

从功能上讲，这意味着在条件独立情况下使用这些方法中的任一种的"得/失"没有预测的那么大，这也会影响试验的选择。例如，使用两个敏感性低的独立试验的组合与两个敏感性高的相互依赖试验的组合相比更易获得理想的试验结果。

5.7 诊断试验的评价

评价诊断试验敏感性和特异性的方法有很多种，主要包括：使用金标准群体；使用金标准参考试验；使用准金标准试验（或试验组合）；敏感性和特异性已知参考试验；无"金标准"情况下的评价（见5.8节）。

5.7.1 金标准群体

在有些情况下，假定某个群体完全没有某种疾病，可以用来评价某试验的特异性。例如，在鲑鱼传染性贫血诊断试验评价中，假定4个样本群体中有一个是无病的，这可以做特异性的直接估计（Nerette等，2005a），这种情况下，需要考虑的主要问题是群体特征产生的特异性估计值对相关群体是否合适。通常使用假定所有动物都患病的群体来估计敏感性是不可能的。

另一种估计特异性的方法是当确知某病不常发生（也就是说，少于2%），可以假定试验阳性动物全部为假阳性（也就是，$Sp=1-AP$）。例如，在爱尔兰牛结核皮试试验中每1000个动物大约有4个为阳性，所以该试验的特异性不会少于$1 - 0.004 = 0.996$（99.6%），如果发现（或知道）阳性试验结果的部分为真阳性，那么AP可以进行相应调整，增加的特异性也可以估计。

5.7.2 金标准参考试验

某些情况下，可以找到金标准方法（或试验组合），使用金标准参考试验的研究可以通过两种方法进行：一种方法（一步法）就是用金标准试验和待评价的试验同时检测群体中动物的样本，敏感性和特异性可以直接计算出来，标准误和置信限可以通过二项分布计算出来（见章节4.10）。这种方法的最大缺点就是当疾病患病率很低时需要很大的样本量才能获得合理的敏感性估计值。

另一种方法为两步法，两步法是使用要评价的试验对群体的样本进行筛选，然后，用金标准试验对试验阳性和阴性的动物样本进行二次抽样检测（检测动物样本"真实的"健康状态）。这里最重要的就是选择需要验证的动物与它们的真实健康状况是无关联的（推荐随机抽样）。如果选择出来进行验证的试验阳性动物的组分不同于试验阴性动物的组分，当估计敏感性和特异性时需要考虑进去。如果将阳性试验组分（sf）表示为sf_{T+}，试验阴性的为sf_{T-}，这样敏感性正确估计为：

$$Se_{corr} = \frac{a/sf_{T+}}{a/sf_{T+} + b/sf_{T-}}$$ 等式5.26

特异性的正确估计是：

$$Sp_{corr} = \frac{d/sf_{T-}}{d/sf_{T-} + c/sf_{T+}}$$ 等式5.27

如果$sf_{T+} = sf_{T-}$，采样组分无需调整（见例5.10）。

在变异系数校正公式中"校正"部分的变异系数计算仅使用验证个体的数量，也就是Se_{corr}用的是验证动物$a+b$，Sp_{corr}用的是验证动物$c+d$（见表5.2）（Greiner 和 Gardner，2000a）。

确定用待评价试验检测动物（第一步）以及用金标准试验验证动物（第二步）的合理平衡点方法已经发表（McNamee，2002）。已有一种在第二步中首先评价试验特异性，然后评价其敏感性（如果其特异性在可接受的范围）的方法，推荐用这种方法替代第二步（Wruck等，2006）。

无论是用一步法还是两步法，如果能获得不同宿主特征和归组单元（如有）（也就是说动物来源于不同农场）将是有益的。结果需要用线性回归（见章节5.9.2）按照不同宿主特性评价敏感性和特异性的差异。盲试以及所有动物的诊断检查对于防止估计的偏倚是有用的。当用从一定数量农场抽取的少量动物样品进行敏感性和特异性试验，需要对所得的敏感性（SEs）进行群聚效果的调整。这可以

例5.10　校验二次抽样估计敏感性和特异性

data = none

　　设想在屠宰场检验了10000头牛，查找与牛结核相对应的病变。发现242头牛有病变。对其中100头的动物样本，以及200头"无病变"动物的同种组织进行进一步的试验。在有病变的动物中，83头确认患有牛结核病，200头"干净"的动物中有2头有牛结核病，数据显示如下：

		病变（＋）	病变（－）
TB+	（D+）	83	2
TB-	（D-）	17	198
		100	200

有　　　　　　　　　　$sf_{T+} = 100/242 = 0.413$

　　　　　　　　　　　$sf_{T-} = 200/9758 = 0.020$

通过这些我们可以计算出Se_{corr}和Sp_{corr}：

$$Se_{corr} = \frac{83/0.413}{83/0.413 + 2/0.0205} = \frac{200.9}{298.5} = 0.673$$

SE约等于$\sqrt{(0.673 \times 0.318)/85} = 0.051$

$$Sp_{corr} = \frac{198/0.0205}{198/0.0205 + 17/0.0413} = \frac{9658.5}{9941.2} = 0.996$$

SE约等于$\sqrt{(0.996 \times (1-0.996))/215} = 0.004$

通过多元分层方法（第20章和第22章）或调查统计（第2章）来进行（Greiner，2003）。

5.7.3　准金标准试验

准金标准涉及使用一些不完善的试验组合来替代金标准。曾有两种方法被描述过：差异分析（discrepant resolution）和复合参考标准（composite reference standard）。前者存在一个问题就是疾病状况的衡量对于要评价的试验是条件依赖性的，因而会产生一些有偏倚的结果（Miller，1998），不再进一步考虑。

复合参考标准（CRS）是由一种参考方法对所有样品进行第一次测试，随后用试验对参考试验阴性样品进行测试。结果采用平行试验来阐释，所以无论是参考试验还是待评价的试验结果是阳性均认为CRS为阳性，两个试验均为阴性的样品则认为是CRS阴性（Alonzo和Pepe，1999）。这些结果可以用来代替金标准来评价相关试验。

准金标准也可以通过使用特别的、研究—特异性方法对被选定的方法提供充分评价（Nerette等，2008）。例5.11显示了使用CRS来评价某试验的敏感性和特异性。

5.7.4　敏感性和特异性已知参考试验

如果参考试验的敏感性和特异性（Se_{ref}和Sp_{ref}）已知，然后通过待评价的试验结果形成一个2×2数据表（但通过参考试验确定疾病的状态），可以用表5.2中的排列估计新试验方法的敏感性（Se_{new}）和特异性（Sp_{new}），方法如下（Enøe，等2000）：

$$Se_{new} = \frac{n_1 Sp_{ref} - c}{n Sp_{ref} - m_0} \qquad\qquad 等式5.28$$

$$Sp_{new} = \frac{n_0 Se_{ref} - b}{n Se_{ref} - m_1} \qquad\qquad 等式5.29$$

也可以通过下式来估算患病率（P）：

$$P = \frac{n(Sp_{ref} - 1) + m_1}{n(Se_{ref} + Sp_{ref} - 1)} \qquad\qquad 等式5.30$$

变异系数公式可以获得（Gart和Buck，1966）。这个方法假设相对于疾病状态，需检测的新试验和参考试验是独立的，这也许不是有效假设。

5.8　无金标准时的评价

在既没有合理的金标准又没有已知特性（敏感性和特异性）试验方法的情况下，在对每个个体的真实疾病状况不作任何假设的前提下，可以使用潜在类别模型同时对两个或以上试验的敏感性和特异性同时进行评价（Hui和Walter，1980）。近年来有大量关于使用潜在类别模型来评价诊断试验的文章，本节内容仅提供了简介并选择了一些进一步阅读的参考文献。

5.8.1　潜在类别模型的原理与假设

潜在类别模型（latent class models，LCM）涉及使用分级值时的一个未知（潜在）变异性。在本例中未能观察到的变异性是每个动物的真实疾病状态，通常假定为两种情况（有病或无病）。当没有金标准的时候，这些模型可以用来评价诊断试验的准确性。在其标准且常用的形式中，该模型涉及3个前提：（ⅰ）目标群体应该有两个（或以上）不同患病率的亚群组成；（ⅱ）诊断试验的敏感性和

例5.11　使用准金标准来评价诊断试验的敏感性和特异性

data = ISA_lcm

　　本例以及例5.12、5.13中所使用的部分数据是鲑鱼传染性贫血（ISA）诊断方法评价中的部分数据（Nerette 等，2005a）。样本收集自4个鱼群：高患病率=来自爆发过该病的网箱中的病鱼、中患病率=爆发该病的网箱中未病的鱼、低患病率=爆发该病相邻网箱中的鱼（没有ISA症状）、零患病率=来源于某个假定完全没有该病的群体。每条鱼用了4种检测方法：间接荧光抗体试验（IFAT），聚合酶链式反应（PCR）试验（在3个不同的实验室）（PCRa，PCRb，PCRc），以及病毒分离（VI）试验（VIa和VIb）。复合参考标准（CRS）试验结果是通过PCRb作为参考试验对每条鱼进行检测（用病毒分离作为确定试验）后计算出的。计算用的数据显示如下，这是用来估计IFAT的敏感性和特异性的。

	参考试验PCRb		确定试验VIa		CRS	
IFAT	1	0	1	0	1	0
1	56	10	6	4	62（56+6）	4
0	29	234	13	221	42（29+23）	221
		244			104	225

　　244个PCRb阴性的样本用确定试验VI进行了评价，234个PCRb结果为阴性的13个样品IFAT结果为阴性，但在VI中为阳性，于是加入了CRS阳性组。10个PCRb结果为阴性的样品6个IFAT结果为阳性，也加入了CRS阳性组。IFAT阳性的样本也加入到CRS阳性组。

　　IFAT的敏感性估计值为62/104=0.60，而特异性估计值为221/225=0.98。

特异性在不同的亚群中应该是稳定的（也就是说这个试验方法在检测高患病率群体或低患病率群体的感染个体时应具有相同的能力）；（ⅲ）试验应该与所给定的疾病状态是条件独立性的（Enøe等，2000）。（关于条件独立性的讨论，见章节5.6.2。）

　　如果数据由两个群体中个体的两个试验结果组成，可以像表5.4那样表述。

表5.4　应用潜在类别模型来评价敏感性和特异性的数据排列（两个群体、两个试验）

	群体1				群体2		
	T_2+	T_2-	合计		T_2+	T_2-	合计
T_1+	$n_{kij}=n_{111}$	n_{112}	$n_{11.}$	T_1+	n_{211}	n_{212}	$n_{21.}$
T_1-	n_{121}	n_{122}	$n_{12.}$	T_1-	n_{221}	n_{222}	$n_{22.}$
合计	$n_{1.1}$	$n_{1.2}$	$n_{1..}$	合计	$n_{2.1}$	$n_{2.2}$	$n_{2..}$

试验结果的分布符合每个群体中观察数量的多项式模式。

$$(n_{kij}) \sim 多项分布(n_k, P_{kij})$$

此处n_k是群体样本的大小k（$k=1，2$），P_{kij}是动物处于某单元的概率（i，j代表了两个试验，i，$j=1，2 \sim +，-$）

如果θ_k是群体中的真实（未知）患病率，由前提（ⅱ）和（ⅲ）推出：

$$p_{111}=\theta_1 Se_1 Se_2+(1-\theta_1)(1-Sp_1)(1-Sp_2)$$
$$p_{112}=\theta_1 Se_1(1-Se_2)+(1-\theta_1)(1-Sp_1)Sp_2$$
$$p_{121}=\theta_1(1-Se_1)Se_2+(1-\theta_1)Sp_1(1-Sp_2)$$
$$p_{111}=\theta_1(1-Se_1)(1-Se_2)+(1-\theta_1)Sp_1 Sp_2$$

等式 **5.31**

　　因此，LCM包含有6个参数，每个试验的敏感性和特异性，每个群体的患病率（θ）。如果群体样本大小是固定的（通过试验设计），这些2联表会有6个自由度（每个表含有3个自由度，因为一旦3个位置的值已知，第4个将可以通过减法计算出）。因此，在这种特殊情况，评估涉及将6个观察值变为

6个参数，这样就没有剩余的自由度用来估计模型的合适程度及有效性。如果是针对2个以上的试验和/或2个以上的群体，LCM涉及相关完全多项分布模型参数还原，剩余的自由度可以用来评价模型的合适性。

5.8.2 估计方法

最大似然比（ML）与贝叶斯估计法两者都可以用来评价LCMs的适合性［见Enøe等，（2000）；更早一些的文献综述见Hui和Zhou（1998）］。最大的似然比估计是对一套参数的估计，它是从观察数据中产生并通过对似然比最大化作用获取。可以使用"TAGS"软件得到ML的估计（Pouillot等，2002），本节中讨论的软件及其他方法都可以通过下面的网址获取：epi.ucdavis.edu/diagnostictests。例5.12中显示了使用潜在类别模型对检测鲑鱼传染性贫血的3种检测方法敏感性和特异性的结果。

ML估计通常使用期望最大化算法，这涉及不完整数据（在这种情况一些潜在的变异可能丢失）的问题时常用的一种估计方法。紧接着使用Newton-Raphson估计方法来得出敏感性的估计值。获得置信区间的方法有几种，最常用的方法是正举法。在样本量很少的情况下，ML的估计作用不好，尤其是分了很多单元，而每个单元的频数很小或为零的情况下（Walter，2005a）。

另外一种方法是贝叶斯法，将未知参数的先验科学知识与包含于已观察数据可能性的信息相结合（贝叶斯法的总体讨论见第24章）。关于LCMs适合性的贝叶斯法细节讨论超出了本书的范围。贝叶斯方法具有以下优点：

（1）贝叶斯模型具有很好的伸展性，它相对比较容易将模型扩展到解释相关因素，如试验结果

例5.12 使用潜在组模型评价敏感性和特异性

data = ISA_lcm

来自鲑鱼传染性贫血（ISA）试验评价的数据库中（见例5.10）数据集被用来评价IFAT PCRa，VIa等试验（双分结果的）的特征。使用了来自3个群体（高、中、低流行率的群体）的数据，获得了每个试验敏感性和特异性的最大似然估计值以及每个群体中ISA流行率。这些数据如下：

IFAT	PCR1	VI	鱼的数量		
			高 P	中 P	低 P
0	0	0	6	49	77
1	0	0	0	1	2
0	1	0	13	21	19
1	1	0	1	0	0
0	0	1	0	0	0
1	0	1	0	0	0
0	1	1	22	9	1
1	1	1	57	20	1

最大似然估计（95%的置信区间）的参数通过TAGS软件获得。

	患病率			IFAT		PCR1		VI	
	低	中	高	Se	Sp	Se	Sp	Se	Sp
估计值	0.020	0.292	0.820	0.702	0.984	1.000	0.724	0.979	1.000
低CI	0.005	0.211	0.720	0.608	0.950	na	0.653	0.842	na
高CI	0.077	0.389	0.890	0.782	0.995	na	0.785	0.998	na

最令人惊异的结果是PCR的低特异性，进一步的评价显示这是事实。在点估计值为1.000情况下TAGS软件不可能提供一个似乎可靠的置信区间（CI）。因为从数据中获得的可能自由度的数量 $[3 \times (2^3 - 1) = 21]$ 远远大于估计参数的数量（9），仍有多余的自由度用于评价LCM对数据的适合度。自由度为12，P为0.08的偏差（19.5）不能提供足够证据证明模型的适合性有问题。对该问题更详细的评价超出了本书的范围（见Nerette等，2008）。

的独立性。

（2）如果能获得任何一个参数的先验信息（敏感性，特异性或流行率），它将能够被整合到分析中，这有效地增加了可获得的自由度。

（3）当观察到的数据不足以对所需参数作较好估计时的模型建立。

（4）评价该模型（如对一些参数无法提供先验信息时获得比较合适的估计）。

关于贝叶斯估计的综述（Branscum等，2005；Joseph等，1995）已经发表，最近在兽医上应用的例子见Engel等（2008）；Georgiadis等（2003）；Kostoulas等（2006）。

尽管并不是所有情况下都可能，但对潜在类别模型下的假设进行评价是非常重要的。评价模型的整体适合度以及处理3个假设的各种方法在这里一并作了考虑。

5.8.3　适合度

如果数据中自由度数量超过了潜在类别模型的数量，获得对模型适合度估计是可能的。

数据中每个单元的皮尔逊（Pearson）残差可以通过潜在类别模型（$n_k p_{kij}$，这里p_{kij}是单元估计概率）中预测值和观察值（n_k）的比计算出。这些可以通过对产生预测值的敏感性估计的分解来标化。

$$\epsilon_{kij} = (n_{kij} - n_k p_{kij}) / \sqrt{n_k p_{kij}} \qquad \text{等式5.32}$$

尽管不知道确切的参考分布，推断这些残差平方和应遵从卡方分布。尽管这种检验被认为在检测无适合度时没有多大效力，数量巨大的个体残差能够识别明显缺少适合度的单元。

另外一种情况，根据全多项模型与潜在类别模型计算出的对数似然值的偏差可以达到两倍。偏差可以通过卡方分布进行比较（见第16章关于似然比测试的讨论）。我们的经验是即使当估计显示出其合理性时（见例5.12），该试验也会造成缺乏统计学上的适合度。

5.8.4　患病率不同的两个群体

所研究的群体间患病率差异越大，则敏感性和特异性的估计值越精确。因此，最理想的是确认两个患病率根本不同的群体。在例5.11至例5.13中ISA的研究中这个问题通过从一次疾病爆发时采集了濒死鱼群及没有任何临床症状的网箱中完全健康鱼群的样品得到了解决。如果样本只可能从单一群体中获得，可以根据可能影响期望疾病患病率的一些特征对群体进行分层。例如，Nielsen等（2002）使用牛群大小、地理位置（邮编）以及牛群的兽医作为标准将单一的奶牛群体分成了3组并假定了患病率的差异。然而，必须小心谨慎以确保患病率确实存在差异。

5.8.5　敏感性和特异性稳定的群体

在一个研究中，如果不同群体间敏感性和/或特异性存在变化，潜在类别模型提供的整体估计将是群体中一些特定估计值的混合体，可以通过能提供尽可能多与参数相关信息的群体来衡量。例如，某试验在不同群体的敏感性差异很大，该试验的敏感性可以在一个高患病率的群体中进行衡量，因为这个群体有很多的患病动物，将为试验的敏感性提供尽可能多的信息（Toft等，2005）。

如果能够获得准金标准试验结果，数据可以分成有病和无病的数据系列，回归方法（在章节5.9.2中描述）可以使个体试验结果符合最终结果。模型中包含的群体特征鉴定能够提供证据以确定群体特征是否会影响敏感性和特异性的估计值。

另外，有先验信息的贝叶斯分析可以使潜在类别模型分别适于每个群体的个体。先验信息是必要的，如果假设2个试验需要评估，一个群体只能提供3个自由度，但是潜在类别模型中需要5个，因此，在模型中至少要包含2个先验信息。

5.8.6 试验结果间的依赖性

如果试验之间的生物学原理差异很大（比如病毒分离培养法和分子技术如PCR），试验更可能具有独立性，但这并不足以保证其独立性。

如果有3个或更多试验被应用，准金标准可以用来评价试验结果之间的独立性。基于准金标准可以将数据分为患病个体和无病个体。对数—线性模型可以用来比较嵌套模型以确定最少的、无意义的匹配数据而获得最有独立性的结构。

潜在类别模型可以扩展到解释试验的独立性，以放宽条件独立性假设（如Branscum等，2005；Dendukuri和Joseph，2001；Georgiadis等，2003）。如果有允许试验间相互依赖的更复杂的模型与观察到的数据更匹配，则推断试验间是非独立性，推荐采用更复杂的模型获得估计值，Albert和Dodd（2004）在许多实际情况下用到它，当依赖性结构不特定时，最大似然比法对敏感性和特异性的估计值均发生偏差，使用似然性比较及其他诊断性模型很难找出正确的依赖性结构。他们证实了几个模型均能同等地与数据相匹配，然而，提供了不同的准确度估计。他们建议，当能获得金标准尽可能使用，或者收集主题相关的部分金标准信息以辅助进行模型选择。

5.9 试验评价的其他考虑

5.9.1 影响敏感性和特异性的因素

敏感性和特异性代表试验特征的平均诊断价值，可以认为它们在群体中一个亚群与另一个亚群的水平会有不同。因此，当估计敏感性和特异性时，应用金标准诊断方法检测的样品对目标群体（即那些将要被测试的动物）具有代表性是非常重要的。这种代表性涉及对试验检测疾病的能力产生影响的待测试动物的各种特性，包括它们的年龄、品种、性别等的代表性，以及宿主和环境等因素。事实上，基于这些重要因素进行分层而获得更有益的特异性估计通常是非常重要的。另外，很重要的是研究群体包含有合适的疾病状态谱（如严重程度、长期性、发展阶段）。当然，试验特征会因处于不同疾病时期而异，例如，副结核病的检测，对于临床上出现症状动物的检测效果比仅感染Map（结核杆菌禽分支杆菌亚属）的动物要好。

尽管试验的敏感性和特异性被认为是一个试验的特征，然而越来越多的证据表明在许多试验中，因群体特征不同，敏感性和特异性会发生变化（Greiner和Gardner，2000a）。例如，犊牛时期未免疫的群体与免疫群体相比，检测牛流产布鲁氏菌的血清学试验的特异性要高（Dohoo等，1986）。通常，知道哪些群体特征影响试验的敏感性和特异性是非常重要的（一些人倾向于考虑与假阴性和假阳性试验结果出现相关的各种因素）。

5.9.2 评价影响敏感性和特异性的因素

如果仅有少数因素影响敏感性和特异性，可以将他们分层，分别在各层中评估敏感性和特异性。然而，当有多个因素需要调查时，可以对不充足的样本量进行快速有针对性的分层，使用Logistic回归很方便（Coughlin等，1992），关于Logistic回归的细节见第16章。

Logistic回归方法的建模涉及将双分试验的结果（阳性或阴性）作为真实疾病状态变异度（X_{ts}）的

作用，以及可能影响敏感性和特异性的因素。这可以通过使用患病动物和无病动物的分布作Logistic回归（如在例5.13中及下面方程中所显示的），或通过将真实疾病状态变异度（X_{ts}）包含在模型中来完成。后一方法中，有必要包含X_{ts}与其他因素相互作用项，以考虑到这些因素可能对患病和无病动物产生不同的作用。无意义的因素可以剔除，但是代表动物真实疾病状态的变量必须保留在模型中。

对于一组给定的因素值，试验的敏感性（Se）会是：

$$Se = \frac{e^{\mu^+}}{1+e^{\mu^+}}$$

　　　　等式**5.33**

这里$\mu + = \beta_0 + \sum \beta_j X_j$是一个Logistic模型中仅基于患病动物的线性预示值。

试验的特异性是：

$$Sp = 1 - \frac{e^{\mu^-}}{1+e^{\mu^-}}$$

　　　　等式**5.34**

这里$\mu - = \beta_0 + \sum \beta_j X_j$是一个Logistic模型中仅基于无病动物的线性预示值。

也可以使用类似的方法估计预测值，但在那种情况下，结果得到的是真实患病状态，试验结果是解释变量之一。此例在别处也曾讨论（Greiner和Gardner，2000a）。例5.13中显示了使用Logistic回归评价鲑鱼传染性贫血数据中群体对敏感性和特异性估计的作用。

5.9.3　试验结果的聚类归并

除考虑群体特征是如何对敏感性和特异性的估计值有影响外，将有效研究中观察到的事实聚类归并（观察是非独立的）也很重要。例如，数据可能来源于较多牛群的奶牛。处理聚类归并数据的步骤细节见第20～23章。上述介绍的回归模型中，一种处理缺乏独立性的方法，应该包括分类变量的效应（如随机群体效应）。

5.10　样本大小的要求

5.10.1　基于金标准的方法

当设计一个研究方案来估计某试验的敏感性和/或特异性时，需要考虑每个估计值的特定精确度所需要的动物数量。构成了达到95%置信区间（或其他特定水平）估计的基准在例5.4中有所显示。对于敏感性估计值，±5%是可以接受的，然而对于低风险群体的筛检，获取至少在真实值±5%以内的特异性估计值则需要很大量的样本。在诊断性背景中，特异性估计值误差在真实值3%～5%以内能够满足要求，因为敏感性和特异性的这些估计都是二项比率，对于估计二项比率（见第2章）的样本大小公式都可以应用。

5.10.2　潜在类别模型

一般而言，使用潜在类别模型研究敏感性和特异性所需的样本量要远大于基于金标准的方法。2个条件独立性试验应用于2个群体的计算样本大小的数据表已经可以获取（Georgiadis等，2005），已证实样本大小受到2个群体中疾病患病率差异的严重影响。

5.11　群体水平试验

如果一个群体或其他个体的聚集体作为检测单位，根据群体的整体样品试验结果（如对一个奶牛场的贮奶罐样品中无乳链球菌的培养）将群体分为试验阳性或试验阴性，可以直接应用前面所描述的方法对试验进行评价和解释。这里是将群体而非个体作为检测单位（注：贯穿本章节，读者可以将"群体"这个词认为是任何一种可鉴别的个体的组群）。

　　然而，经常需要通过收集一定量的个体测试结果来表明群体的健康状态。这种情况下，除个体水平上试验的敏感性和特异性以外，有3个因素相互作用决定试验在群体水平上的敏感性和特异性（表示为HSe和HSp），即感染群体内疾病频率、群体中受试动物的数量以及每个群体中产生反应动物的数量将会确定阳性或阴性群体。一旦确定群体敏感性（HSe）和群体特异性（HSp）的方法，阳性和阴性群体结果的预测值评价可以按照已经描述的方式进行（Christensen和Gardner，2000；Martin等，1992）。

例5.13　评价影响敏感性和特异性的因素

data = ISA_lcm

分别建立适合于CRS阳性和CRS阴性的群体的Logistic回归模型，作为唯一指示。CRS阳性的模型（用来估计敏感性）如下。（注：由于不能提供试验敏感性的信息，所以没有使用无病的群体）。

Logistic回归

观察数量=104
LR chi2（2）=3.07
Prob>chi（2）=0.2155
Log 似然比=-68.6　　　　Pseudo R2=0.0219

IFAT	Coef	SE	Z	p>|z|	95%CI	
流行率中等	0.598	1.439	1.420	0.678	-2.222	3.418
流行率高	1.743	1.472	1.180	0.236	-1.143	4.628
常数	-3.689	1.102	-3.640	0.000	-5.673	-1.705

群体整体统计学检验的似然比预测值在自由度为2，p为0.22时为3.07，表明该群体对试验的敏感性影响不具有显著意义。CRS阴性的类似模型（未显示）证实该群体对试验的特异性也没有显著影响（$p=0.64$）。

使用该模型进一步通过不同网箱随机影响对每个网箱中的试验结果聚类进行试验结果的阐述。由于不是所有网箱的鱼都有身份记录资料，因而限制了样本大小，从而导致分析无法进行。阳性试验结果聚类仅有少量证据，而阴性结果没有任何证据（数据未显示）。

5.11.1　表观患病率

　　正如上面提到的，群体敏感性（HSe）和群体特异性（HSp）受到个体水平敏感性和特异性、群体内的患病率、阈值或者确定测试阳性群体为阳性群体百分比的影响。简单起见，假定仅用了一个试验。然而多重试验或重复试验组成的群体试验也需要获取其敏感性和特异性。在一个群体中，获得阳性试验结果的概率为：

$$AP = p(T+) = P \cdot Se + (1-P)(1-Sp)$$ 　　等式5.35

　　如果某群体被感染了，根据$P \cdot Se$将会有1个或多个阳性试验结果正确显现，或者虽然正确显现了，却不是由于正确的原因，而是由于（$1-P$）（$1-Sp$）的成分。

　　因而，如果疾病存在，AP应该是$AP_{pos} = P \cdot Se + (1-P)(1-Sp)$；

　　然而，如果群体未被感染（$P=0$），那么AP就是：$AP_{neg} = (1-Sp)$。

5.11.2　群体敏感性

　　如果指示群体为阳性的试验阳性个体的临界数为k。我们可以使用适合AP的概率分布以解释当检测n个动物时，阳性动物$\geq k$的概率。如果n/N小于0.1，从一个有N个动物的总体中抽出n个动物的样品符合二项式分布，否则要使用更精确估计的超几何分布。最简单的情况是，如果$k=1$，最简单的方法就是就计算$k=0$时的二项分布概率，然后用1减去这个概率以获得1个或更多测试阳性动物的概率。因而，设$k=1$，推断群体被感染：

$$HSe = 1 - (1 - AP_{pos})^n \qquad \text{等式5.36}$$

在更普遍的情况下，如果确定一个群体为阳性需要更高k值或更多的阳性动物数，群体敏感性可以作如下估计：

$$HSe = 1 - \sum_0^{k-1} C_{k-1}^n \cdot (AP_{pos})^{k-1} \cdot (1 - AP_{pos})^{n-(k-1)} \qquad \text{等式5.37}$$

此处，C_k^n是n个被检动物中k个阳性的组合数。

5.11.3 群体特异性

如果群体是无病的并且$k=1$，那么，

$$HSp = Sp^n$$

通常，如果确定一个群体为阳性需要更高k值或更多的阳性动物数，群体特异性将为：

$$HSp = \sum_0^{k-1} C_{k-1}^n \cdot (Sp)^{n-(k-1)} \cdot (1 - Sp)^{k-1} \qquad \text{等式5.38}$$

群体敏感性和群体特异性两者都是相关特征和情况未知时对群体参数的估计值。

5.11.4 敏感性、特异性、群体敏感性和群体特异性之间的关系

研究群体试验特征的一些常见结果有：

（1）如果n是固定的$Se > (1-Sp)$，群体特异性（HSp）将随着患病率（P）和/或群体表观患病率（AP）增加。

（2）当n增加，群体敏感性（HSe）增加。当群体表观患病率（AP）< 0.3时，n增加将获得特别大的群体敏感性（HSe）。

（3）n值固定时，群体敏感性（HSe）会随着试验特异性（Sp）降低而增加（如前所述）。

（4）当n值增加或特异性（Sp）降低时，群体特异性HSp将下降。

在以下网址www.vetschools.co.uk/EpiVeiNet/software.htm 中可以获取Herdacc软件（©D Jordan，1995），该软件可以完成类似"如果-如何"（"what-if"）的计算，了解改变样本大小、认定群体阳性需要个体为阳性的数量或统计分布（二项式或超几何的）是如何影响结果的。例5.14中的例子中显示了群体敏感性（HSe）和群体特异性（HSp）的估计。

5.11.5 敏感性、特异性和患病率估计的不确定性

试验敏感性（Se）和特异性（Sp）或个体患病率都确知的情况极其少见。因此，群体敏感性和群体特异性的估计具有不确定性。计算敏感性和特异性不确定性的一种方法是通过下式来计算群体表观患病率（AP）估计值的变异性（Rogan和Gladen，1978）。

$$var(AP) = P^2 \cdot \frac{Se \cdot (1 - Se)}{N} - (1 - P)^2 \cdot \frac{Sp \cdot (1 - Sp)}{M} \qquad \text{等式5.39}$$

例5.14　群体敏感性（*HSe*）和群体特异性（*HSp*）的估计

　　假定使用敏感性估计值（*Se*）为0.391而特异性估计值（*Sp*）为0.964的ELISA试验，检测有60头成年牛的牛群中牛结核菌禽分支杆菌（Map）的存在。假设该菌存在，检测时真实的患病率为12%，这样这些群体中疾病的表观患病率（*AP*）将是：

$$AP_{pos} = p(T+) = P \cdot Se + (1-P)(1-Sp) = 0.12 \times 0.391 + (0.88)(1-0.964) = 0.079$$

　　无病群体中的*AP*为：$AP_{neg} = 0.036$。

　　假设判定牛群为阳性的阳性动物临界数量为$Y \geqslant 2$。出于本例目的，将用二项式概率分布来解决当检测的动物数量$n = 60$，个体阳性数量$\geqslant 2$时测试阳性动物的概率（假设为无限群体）。要得到$Y \geqslant 2$的概率，首先要计算出$Y < 2$的概率。

$$p(Y<2) = \sum_{0}^{Y-1} C_Y^n \cdot AP^Y \cdot (1-AP)^{n-Y}$$

　　$Y=0$时的概率为：$p(Y=0) = C_0^{60} \times (0.079)^0 \times (1-0.079)^{60} = 0.007$

　　$Y=1$时的概率为：$p(Y=1) = C_1^{60} \times (0.079)^1 \times (1-0.079)^{59} = 0.037$

　　这两者的概率和为0.044，因而，在这个流行率$P=0.12$的群体中2个以及2个以上的测试动物为阳性的概率是$1-0.044=0.956$，这给出了群体敏感性的估计值。

　　对于群体特异性，假定群体是无病的，所以：

　　$Y=0$时的概率为：$p(Y=0) = C_0^{60} \times (0.964)^{60} \times (1-0.964)^0 = 0.111$

　　$Y=1$时的概率为：$p(Y=1) = C_1^{60} \times (0.964)^{59} \times (1-0.964)^1 = 0.248$

　　这里，群体特异性是$0.111+0.248=0.359$

　　由于群体敏感性为96%，可以确定地判断感染群体确实是感染的，然而，由于群体特异性仅有36%，需判定64%无Map的群体被感染，所以该试验在使用时需倍加小心。

　　此处*N*和*M*分别是真阳性动物和真阴性动物数量，群体表观患病率（*AP*）估算值的置信区间可以被计算出，通过群体敏感性（*HSe*）的公式中（等式5.37）使用的最低和最高极限可以获得群体敏感性的置信区间。同理，群体特异性（*HSp*）的置信区间可以通过特异性（*Sp*）上、下极限的置信区间获取（见4.10节）。

　　上面所描述的方法没有考虑群体内聚类的可能性以及群体中给定的不同疾病过程，试验的敏感性和特异性可能在群与群之间差异很大。用于评价群体水平测试性能的Monte Carlo 模拟程序已经发表（Jordam和Mc Ewen，1998），该程序将这些因素一并进行了考虑，近来被用于结核病检测项目对群体水平试验特征的评估（Norby等，2005）。

5.12　混合样本使用

　　为了降低成本，或者在不需要个体试验结果或者个体样本不可能获得的情况下，常将一定数量动物的样本混在一起作为一个检测样本。当患病率低的情况下这是一个非常有效的方法。可能影响混合样本敏感性和特异性（分别命名为*PlSe*和*PlSp*）的主要问题是：混合样本的均质性（与血清样品相比粪便样品更是问题）；个体样本是在实验室还是在田间混合的（如保存在·个试管运输液中的多个拭子）；待测样品稀释的效应（可能会造成稀释后低于试验的敏感性）；拟混合样品来源的动物特征以及混合样本中由于更多动物带来的外来交叉反应物质增加的可能性。

　　几个研究曾验证了稀释效应。例如，对于耳切口液的混合，当样本数量从2增加到5个时，检测牛病毒性腹泻病毒的抗原捕获ELISA的*PlSe*从99%下降到72%（Cleveland等，2006）。同样的效果在从猪胴体上的拭子中检测沙门氏菌得到了证实（Sørensen等，2007）。在使用混合样本研究Map时，观察到了动物特征（排毒水平）对*PlSe*的巨大作用（Van Schaik等，2003）。两个评价不同混合样本及试验特征对*PlSe*和*PlSp*的影响，以及使用混合样本的经济学后果的模拟试验研究最近发表（Jordan，2005；Muñoz-Zanzi等，2006）。

在多种情况下（如是否知道试验的敏感性和特异性），从混合样本中估计疾病患病率的软件可以通过以下网址获取（www.ausvet.com.au/pprev/）。使用该软件利用频数及贝叶斯法来估计混合群体样本患病率的方法已有综述（Cowling等，1999）。最近有项研究将之用在绵羊的Map研究中（Toribio和Segeant，2007）。

混样测试和群体敏感性

Christensen和Gardner（2000）证明了假定混合样本均匀且无稀释效果的前提下，基于r个混合样本，每个包含有m个动物材料的群体敏感性为：

$$HSe = 1 - \left[(1-(1-P)^m) \cdot (1-PlSe) + (1-P)^m \cdot PlSp \right]^r$$ 等式5.40

如果群体是无病的，那么基于混合样本的群体特异性（HSp）是（$PlSp$）^{r}，如果没有混合样本聚类效应，$PlSp=Sp^m$。因而，对一些假定无病的群体进行混样测试，则$HAP=1-HSp=1-(Plsp)^r$，这就使得可以算出未知的$PlSp$。类似的，由于$Sp = PlSp^{1/m}$，当检测某群体的个体时，增加r或m将会增加群体敏感性，而增加n值则以同样的方式降低群体特异性，最佳r和m的选择应建立在逐例研究的基础上。估计混合样本的群体敏感性（Hse）和群体特异性（Hsp）见例5.15。

例5.15   混合样本的群体敏感性和群体特异性的估计

假设要通过混合粪便样品的培养来检测群体中的Map，粪便样品培养法的$PlSe$估计值为0.647，$PlSp$为0.981。假设将5头牛的粪便样本混合成一个样品，每个群体使用6个混合样，因此，$m=5$，$r=6$。

如果群体为无病群，则根据混合样品（假定混合均匀）的群体特异性为：

$$(HSp) = (PlSp)^r = (Sp^m)^r = (0.981^5)^6 = 0.562$$

如果感染群体的真实患病率为12%，且没有稀释效果，则群体敏感性为：

$$HSe = 1 - [(1-(1-0.12)^5) \times (1-0.647) + (1-0.12)^5 \times (0.981)^5]^6$$
$$= 1 - [(1-0.528) \times 0.353 + 0.528 \times 0.909]^6$$
$$= 1 - [0.167 + 0.480]^6$$
$$= 1 - 0.073 = 0.927$$

与对个体进行检测相似，通过混合样品检测群体水平的敏感性（Se）会随着检测更多的动物而增加，而群体水平的特异性（Sp）则是降低的。可以不考虑成本对两种方法进行比较，然后将这些成本的信息引入到最终的决策过程中。

参考文献

Albert PS, Dodd LE. A cautionary note on the robustness of latent class models for estimating diagnostic error without a gold standard. Biometrics 2004; 60: 427-35.

Alonzo TA, Pepe MS. Using a combination of reference tests to assess the accuracy of a new diagnostic test. Stat Med 1999; 18: 2987-3003.

Arunvipas P, VanLeeuwen J, Dohoo I, Keefe G. Evaluation of the reliability and repeatability of automated milk urea nitrogen testing. Can J Vet Res 2003; 67: 60-3.

Barnhart HX, Haber M, Song J. Overall concordance correlation coefficient for evaluating agreement among multiple observers. Biometrics 2002; 58: 1020-7.

Barnhart HX, Haber MJ, Lin LI. An overview on assessing agreement with continuous measurements. J Biopharm Stat 2007; 17: 529-69.

Bland JM, Altman DG. Statistical methods for assessing agreement between two methods of clinical measurement. Lancet 1986; 1: 307-10.

Branscum AJ, Gardner IA, Johnson WO. Estimation of diagnostic-test sensitivity and specificity through Bayesian modeling. Prev Vet Med 2005; 68: 145-63.

Brenner H, Kliebsch U. Dependence of weighted kappa coefficients on the number of categories. Epidemiology 1996; 7: 199-202.

Brusco MJ, Stahl S, Steinley D. An implicit enumeration method for an exact test of weighted kappa. Br J Math Stat Psychol 2007; 60: 377-93.

Byrt T, Bishop J, Carlin JB. Bias, prevalence and kappa. J Clin Epidemiol 1993; 46: 423-9.

Choi BC. Slopes of a receiver operating characteristic curve and likelihood ratios for a diagnostic test. Am J Epidemiol 1998; 148: 1127-32.

Choi Y, Johnson WO, Thurmond MC. Diagnosis using predictive probabilities without cut-offs. Stat Med 2006; 25: 699-717.

Christensen J, Gardner I. Herd-level interpretation of test results for epidemiologic studies of animal diseases Prev Vet Med 2000; 45: 83-106.

Cicchetti DV, Feinstein AR. High agreement but low kappa: II. Resolving the paradoxes. J Clin

Cleveland SM, Salman MD, Van Campen H. Assessment of a bovine viral diarrhea virus antigen capture ELISA and a microtiter virus isolation ELISA using pooled ear notch and serum samples. J Vet Diagn Invest 2006; 18: 395-8.

Cohen J. A coefficient of agreement for nominal scales. Educational and Psychological Measurement 1960; 20: 37-46.

Connell F, Koepsell T. Measures of gain in certainty from a diagnostic test Am J Epidemiol. 1985; 121: 744-53.

Cook RJ. Kappa and its dependence on marginal rates. In: Encyclopedia of Biostatistics, 2nd Ed. J Wiley & Sons: New York; 2007.

Coughlin S, Trock B, Criqui M, Pickle L, Browner D, Tefft M. The logistic modeling of sensitivity, specificity, and predictive value of a diagnostic test J Clin Epidemiol 1992; 45: 1-7.

Cowling DW, Gardner IA, Johnson WO. Comparison of methods for estimation of individuallevel prevalence based on pooled samples. Prev Vet Med 1999; 39: 211-25.

de Vet H. Observer reliability and agreement. In: Encyclopedia of Biostatistics, 2nd Ed. J Wiley & Sons: New York; 2007.

de Vet HCW, Terwee CB, Knol DL, Bouter LM. When to use agreement versus reliability measures. J Clin Epidemiol 2006; 59: 1033-9.

Dendukuri N, Joseph L. Bayesian approaches to modeling the conditional dependence betweenmultiple diagnostic tests. Biometrics 2001; 57: 158-67.

Dohoo I, Wright P, Ruckerbauer G, Samagh B, Robertson F, Forbes L. A comparison of five serological tests for bovine brucellosis. Can J Vet Res 1986; 50: 485-93.

Engel B, Buist W, Orsel K, Dekker A, de Clercq K, Grazioli S, van Roermund H. A Bayesian evaluation of six diagnostic tests for foot-and-mouth disease for vaccinated and nonvaccinated cattle Prev Vet Med 2008; 86: 124-38.

Enøe C, Georgiadis MP, Johnson WO. Estimation of sensitivity and specificity of diagnostic tests and disease prevalence when the true disease state is unknown. Prev Vet Med 2000; 45: 61-81.

Faraggi D, Reiser B. Estimation of the area under the ROC curve. Stat Med 2002; 21: 3093-106.

Feinstein AR, Cicchetti DV. High agreement but low kappa: I. The problems of two paradoxes. J Clin Epidemiol 1990; 43: 543-9.

Fleiss JL, Levin B, Paik MC. Statistical methods for rates and proportions. 3rd Ed. J Wiley & Sons: New York; 2003.

Gardner IA, Greiner M. Receiver-operating characteristic curves and likelihood ratios: improvements over traditional methods for the evaluation and application of veterinary clinical pathology tests. Vet Clin Path. 2006; 35: 8-17.

Gardner IA, Stryhn H, Lind P, Collins MT. Conditional dependence between tests affects the diagnosis and surveillance of animal diseases. Prev Vet Med 2000; 45: 107-22.

Gart JJ, Buck AA. Comparison of a screening test and a reference test in epidemiologic studies. II. A probabilistic model for the comparison of diagnostic tests. Am J Epidemiol 1966; 83: 593-602.

Georgiadis MP, Johnson WO, Gardner IA. Sample size determination for estimation of the accuracy of two conditionally independent tests in the absence of a gold standard. Prev Vet Med 2005; 71: 1-10.

Georgiadis MP, Johnson WO, Gardner IA, Singh R. Correlation-adjusted estimation of sensitivity and specificity of two diagnostic tests. Appl Stat 2003; 52: 63-76.

Giard RW, Hermans J. The diagnostic information of tests for the detection of cancer: the usefulness of the likelihood ratio concept Eur J Cancer. 1996; 32A: 2042-8.

Graham P, Jackson R. The analysis of ordinal agreement data: beyond weighted kappa. J Clin Epidemiol 1993; 46: 1055-62.

Greiner M. Analysis of diagnostic test evaluation data using survey statistics. In: Proceedings of the 10th Symposium of the International Society for Veterinary Epidemiology and Economics, Vina Del Mar, Chile. 2003. p. 243.

Greiner M, Gardner I. Epidemiologic issues in the validation of veterinary diagnostic tests. Prev Vet Med 2000a; 45: 3-22.

Greiner M, Gardner I. Application of diagnostic tests in veterinary epidemiologic studies. Prev Vet Med 2000b; 45: 43-59.

Greiner M, Pfeiffer D, Smith R. Principles and practical application of the receiver-operating characteristic analysis for diagnostic tests. Prev.Vet Med. 2000; 45: 23-41.

Haber MJ, Barnhart HX. A general approach to evaluating agreement between two observers or methods of measurement from quantitative data with replicated measurements. Stat Methods Med Res. 2008; 17: 151-65.

Hajian-Tilaki KO, Hanley JA. Comparison of three methods for estimating the standard error of the area under the curve in ROC analysis of quantitative data. Acad Radiol. 2002; 9: 1278-85.

Hanson TE, Johnson WO, Gardner IA. Log-linear and logistic modeling of dependence among diagnostic tests. Prev Vet Med 2000; 45: 123-37.

Hui SL, Walter SD. Estimating the error rates of diagnostic tests Biometrics 1980; 36: 167-71.

Hui SL, Zhou XH. Evaluation of diagnostic tests without gold standards Stat Methods Med Res 1998; 7: 354-70.

Jacobson RH. Validation of serological assays for diagnosis of infectious diseases Rev Sci Tech 1998; 17: 469-526.

Jordan D. Simulating the sensitivity of pooled-sample herd tests for fecal Salmonella in cattle. Prev Vet Med 2005; 70: 59-73.

Jordan D, McEwen SA. Herd-level test performance based on uncertain estimates of individual test performance, individual true prevalence and herd true prevalence. Prev Vet Med 1998; 36: 187-209.

Joseph L, Gyorkos TW, Coupal L. Bayesian estimation of disease prevalence and the parameters of diagnostic tests in the absence of a gold standard. Am J Epidemiol 1995; 141: 263-72.

King TS, Chinchilli VM. A generalized concordance correlation coefficient for continuous and categorical data. Stat Med 2001; 20: 2131-47.

King TS, Chinchilli VM, Carrasco JL. A repeated measures concordance correlation coefficient. Stat Med 2007; 26: 3095-113.

Kostoulas P, Leontides L, Enøe C, Billinis C, Florou M, Sofia M. Bayesian estimation of sensitivity and specificity of serum ELISA and faecal culture for diagnosis of paratuberculosis in Greek dairy sheep and goats. Prev Vet Med 2006; 76: 56-73.

Lachenbruch PA. McNemar Test. In: Encyclopedia of Biostatistics, 2nd Ed. J Wiley & Sons: New York; 2007.

Landis JR, Koch GG. The measurement of observer agreement for categorical data. Biometrics 1977; 33: 159-74.

Lin LI. A concordance correlation coefficient to evaluate reproducibility Biometrics 1989; 45: 255-68.

Lin LI. A note on the concordance correlation coefficient Biometrics 2000; 56: 324-5.

Maclure M, Willett WC. Misinterpretation and misuse of the kappa statistic. Am J Epidemiol 1987; 126: 161-9.

Martin S, Shoukri M, Thoburn M. Evaluating the health status of herds based on tests applied to individuals. Prev Vet Med 1992; 14: 33-44.

McDowell I, Newell C. Measuring Health. A guide to Rating Scales and Questionnaires. Oxford Univ. Press: Oxford; 1996.

McNamee R. Optimal designs of two-stage studies for estimation of sensitivity, specificity and positive predictive value. Stat Med 2002; 21: 3609-25.

McNemar Q. Note on the sampling error of the idfference between correlated proportions Psychometrika 1947; 12: 153-7.

Mercaldo ND, Lau KF, Zhou XH. Confidence intervals for predictive values with an emphasis to case-control studies. Stat Med 2007; 26: 2170-83.

Miller W. Bias in discrepant analysis: when two wrongs don't make a right. J Clin Epidemiol 1998; 51: 219-31.

Muñoz-Zanzi C, Thurmond M, Hietala S, Johnson W. Factors affecting sensitivity and specificity of pooled-sample testing for diagnosis of low prevalence infections. Prev Vet Med 2006; 74: 309-22.

Nam J. Comparison of validity of assessment methods using indices of adjusted agreement. Stat Med 2007; 26: 620-32.

Nerette P, Dohoo I, Hammell L. Estimation of specificity and sensitivity of three diagnostic tests for infectious salmon anaemia virus in the absence of a gold standard. J Fish Dis 2005a; 28: 89-99.

Nerette P, Dohoo I, Hammell L, Gagne N, Barbash P, Maclean S, Yason C. Estimation of the repeatability and reproducibility of three diagnostic tests for infectious salmon anaemia virus. J Fish Dis 2005b; 28: 101-10.

Nerette P, Stryhn H, Dohoo I, Hammell K. Using pseudogold standareds and latent class analysis in combination to evaluate the accuracy of three diagnostic tests. Prev Vet Med 2008; 85: 207-25.

Nielsen SS, Grønbaek C, Agger JF, Houe H. Maximum-likelihood estimation of sensitivity and specificity of ELISAs and faecal culture for diagnosis of paratuberculosis Prev Vet Med 2002; 53: 191-204.

Norby B, Bartlett PC, Grooms DL, Kaneene JB, Bruning-Fann CS. Use of simulation modeling to estimate herd-level sensitivity, specificity, and predictive values of diagnostic tests for detection of tuberculosis in cattle. Am J Vet Res 2005; 66: 1285-91.

Pepe MS. The Statistical Evaluation of Medical Tests for Classification and Prediction. Oxford University Press: Oxford; 2003.

Pouillot R, Gerbier G, Gardner I. "TAGS", a program for the evaluation of test accuracy in the absence of a gold standard. Prev Vet Med 2002; 53: 67-81.

Reichenheim ME. Two-graph receiver operating characteristic Stata J 2002; 2: 351-7.

Reichenheim ME. Confidence intervals for the kappa statistic Stata J 2004; 4: 241-8.

Rogan WJ, Gladen B. Estimating prevalence from the results of a screening test. Am J Epidemiol 1978; 107: 71-6.

Saah A, Hoover D. "Sensitivity" and "specificity" reconsidered: the meaning of these terms in analytical and diagnostic settings Ann Intern Med. 1997; 126: 91-4.

Sargeant JM, Martin SW. The dependence of kappa on attribute prevalence when assessing the repeatability of questionnaire data. Prev Vet Med 1998; 34: 115-23.

Sørensen LL, Wachmann H, Alban L. Estimation of Salmonella prevalence on individual-level based upon pooled swab samples from swine carcasses. Vet Microbiol 2007; 119: 213-20.

Spitznagel EL, Helzer JE. A proposed solution to the base rate problem in the kappa statistic. Arch Gen Psychiatry. 1985; 42: 725-8.

Streiner DL, Norman GR. "Precision" and "accuracy": two terms that are neither. J Clin Epidemiol 2006; 59: 327-30.

Suzuki S. Conditional relative odds ratio and comparison of accuracy of diagnostic tests based on 2 × 2 tables. J Epidemiol 2006; 16: 145-53.

Thomsen PT, Baadsgaard NP. Intra- and inter-observer agreement of a protocol for clinical examination of dairy cows. Prev Vet Med 2006; 75: 133-9.

Toft N, Jøgensen E, Høsgaard S. Diagnosing diagnostic tests: evaluating the assumptions underlying the estimation of sensitivity and specificity in the absence of a gold standard. Prev Vet Med 2005; 68: 19-33.

Toribio JLML, Sergeant ESG. A comparison of methods to estimate the prevalence of ovine Johne's infection from pooled faecal samples. Aust Vet J 2007; 85: 317-24.

Vach W. The dependence of Cohen's kappa on the prevalence does not matter. J Clin Epidemiol 2005; 58: 655-61.

van Schaik G, Stehman SM, Schukken YH, Rossiter CR, Shin SJ. Pooled fecal culture sampling for Mycobacterium avium subsp. paratuberculosis at different herd sizes and prevalence. J Vet Diagn Invest 2003; 15: 233-41.

Walter SD. The problem of imperfect reference standards. J Clin Epidemiol 2005a; 58: 649-50.

Walter SD. The partial area under the summary ROC curve. Stat Med 2005b; 24: 2025-40.

Wan S, Zhang B. Smooth semiparametric receiver operating characteristic curves for continuous diagnostic tests. Stat Med 2007; 26: 2565-86.

Woodard DB, Gelfand AE, Barlow WE, Elmore JG. Performance assessment for radiologists interpreting screening mammography. Stat Med 2007; 26: 1532-51.

World Organisation for Animal Health (OIE). Manual of Diagnostic Tests and Vaccines for Terrestrial Animals, 5th Ed. Paris: OIE; 2004.

Wruck LM, Yiannoutsos CT, Hughes MD. A sequential design to estimate sensitivity and specificity of a diagnostic or screening test. Stat Med 2006; 25: 3458-73.

Zou G. From diagnostic accuracy to accurate diagnosis: interpreting a test result with confidence Med Decis Making 2004; 24: 313-8.

第6章

联系的度量

孙伟 译　李湘鸣 校

目的

阅读本章后，你应该能够：

1. 计算和解释下列联系的度量：

- 发病风险比
- 比数比
- 发病率比
- 风险差（归因风险度）
- 归因分值（暴露）
- 群体归因风险度
- 群体归因分值

2. 理解在何种情况下需要使用上述联系度量指标；

3. 当呈现研究结果时，能够正确使用联系强度和统计显著性的概念；

4. 理解常用的计算显著性检验和置信区间的基本方法。

6.1 引言

联系的度量用于评估暴露在疾病前（如一个潜在的"致病"因子）和疾病发生之间关系的大小。与此相比，由于统计学的显著性明显依赖样本含量的大小，因此统计显著性度量并不能表明影响效应大小（也就是联系的强度）。

总体而言，本章节将注重比较暴露组和非暴露组的疾病频数。根据实验设计，疾病频数可以表述为：

- 发病风险度（队列研究设计）
- 发病率（队列研究设计）
- 流行率（现况研究设计）
- 比值（队列或现况研究设计）

相反，在病例对照研究设计中，研究目的是为了比较 2 个组的暴露比，分别为：调查中患有疾病的病例（病例组）和调查中未患疾病的对照（对照组）。

如果疾病的频数用风险度表示，则表示暴露与疾病间关系的联系强度如表6.1所示。

表6.1 发病风险度资料

	暴露		
	暴露组	非暴露组	
发病组	a_1	a_0	m_1
非发病组	b_1	b_0	m_0
	n_1	n_0	n

其中：a_1=暴露并发病的动物数；

a_0=未暴露而发病的动物数；

b_1=暴露而未发病的动物数；

b_0=既未暴露也没有发病的动物数。

若发病频率用率来表示，则度量暴露与疾病关系的联系强度如表6.2所示。

表6.2 发病率资料

	暴露		
	暴露组	非暴露组	
病例数	a_1	a_0	m_1
风险动物-时间数	t_1	t_0	t

注：简而言之，提到动物的发病频数，同样可以用于动物组群的度量（如受影响的畜群数）。一般认为这种联系具有因果关系。关于推断因果关系的标准见第1章。

6.2 联系的度量

暴露和疾病之间联系的强度通常用"相对"作用表示，其计算用疾病频数2个估计值的比。通常有3种联系的度量之比：相对风险度（RR）、发病率比（IR）、比数比（OR）。适合的联系度量方法取决于研究设计和相应的疾病频数的度量。

6.2.1　相对风险度（RR）

RR指的是暴露组和非暴露组疾病风险比。

$$RR = p(D+|E+)/p(D+|E-)$$
$$= (a_1/n_1)/(a_0/n_0)$$

等式6.1

RR可通过队列研究计算而得，在某些情况下，也可经现况研究设计计算。由于在病例对照研究中，p（D+）是由病例数和对照数所确定，仅RR不可用于病例对照研究。

RR的取值范围为0到无穷大。其值为1指暴露因素与疾病间无联系。

RR＜1，暴露具有防护作用（如使用疫苗）；

RR＝1，暴露对疾病无影响（即为无效值）；

RR＞1，暴露与疾病呈正相关。

RR并不能说明在总体中疾病的发生程度。实际上疾病发生频数可能很低，而RR值却可能很高。例如，在表6.3中，资料为5年以上的记录资料，来自一大群海福特牛（假定的），患"眼癌"的风险很低：40/6000＝0.0067，但是眼睑无色素的牛比眼睑有色素的牛患眼癌的风险高3.8倍。

表6.3　海福特牛眼癌和眼睑色素的纵向研究资料

		眼睑		
		无色素	有色素	
眼癌	有	38	2	40
	无	4962	998	5960
		5000	1000	6000

RR＝（38/5000）/（2/1000）＝3.8

由此可见，可以通过现况研究得到RR。现况研究通常用于度量疾病的流行率，但在一些条件下（如在短期内得到所有动物的患病风险），流行率可能是最佳的发病风险评估，在这种情况下，RR可以使用。在某些其他情况下，流行率比（PR）应该优先选择使用，其计算方法与RR相同（有时用RR替代PR）。

6.2.2　发病率比（IR）

发病率比（IR）是暴露组与非暴露组的发病率之比。

$$IR = (a_1/t_1)/(a_0/t_0)$$

等式6.2

IR仅能在可计算发病率的研究中获得（如队列研究），有时是指发病密度比。IR的取值范围为0到无穷大。IR＝1表示疾病与暴露无联系；IR＜1，暴露具有保护作用；IR＞1表示暴露增加疾病的发生率。

表6.4列出了奶牛群乳房预浸渍消毒与临床乳房炎病例的假设数据。

在本例中，挤奶前乳房未预浸渍消毒，奶牛乳房炎的发生率是乳房预浸渍消毒的2.1倍。

6.2.3　比数比（OR）

OR是指暴露组中疾病的比值除以非暴露组中疾病的比值。

表6.4　假设奶牛群临床乳房炎病例与乳房预浸渍消毒数据

	未预浸渍消毒	预浸渍消毒	
乳房炎病例数	18	8	26
牛月数	250	236	486

$$OR = 比值(D+|E+)/比值(D+|E-)$$
$$= (a_1/b_1)/(a_0/b_0)$$
$$= (a_1/b_0)/(a_0/b_1)$$
等式6.3

另一种方法也可用有疾病组的暴露比值除以非疾病组中的暴露比值：

$$OR = 比值(E+|D+)/比值(E+|D-)$$
$$= (a_1/a_0)/(b_1/b_0)$$
$$= (a_1/b_0)/(a_0/b_1)$$
等式6.4

根据表6.3的资料，$OR = (38/2)/(4962/998) = 3.82$

注：OR是联系度量中唯一可以表示在暴露组与疾病（结果）间的对称转换的方法，所以，OR作为唯一的联系强度度量应用于病例对照研究中（因为在病例对照研究中，样本的疾病频数是由人为建立起来的，所以以相对风险度并不是一个合适的联系强度指标）。

OR的意义与RR和IR一样，$OR = 1$，暴露无作用，而$OR < 1$和$OR > 1$分别说明暴露具有减少疾病风险（起保护作用）和增加疾病风险。

6.2.4　RR、IR和OR之间的关系

一般而言，三者间关系为IRs比RRs距离无效值（1）较远，而ORs比RRs更远，其关系如图6.1所示。

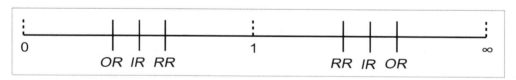

图6.1　*RR*、*IR*和*OR*间的关系

RR和OR

如果疾病在总体中的很少发生（流行或发病风险度 < 5%），OR则近似等于RR，在这种情况下：

$$RR = \frac{\dfrac{a_1}{a_1+b_1}}{\dfrac{a_0}{a_0+b_0}} \approx \frac{\dfrac{a_1}{b_1}}{\dfrac{a_0}{b_0}} = OR$$

由于疾病罕见，a_1很小，则a_1+b_1接近于b_1，而a_0很小，则a_0+b_0接近于b_0。

同样，若在某总体中RR很接近于无效值（即$RR \approx 1$），则RR和OR非常接近（如果$RR = 1$，则$RR = OR$）。ORs经常被采用，因为其很容易从Logistic回归分析中得到（见第16章）。

RR和IR

如果暴露在研究总体中对整个风险时间影响甚微，RR和IR的值则很接近，这种情况发生在疾病发生率很低或IR接近于无效值的情况下（详见第4章关于发病率计算中的风险因素时间的作用）。

OR 和 IR

在2种情况下OR对IR有较好的估计。如果在病例对照研究中对照的选择为"累积"或基于风险的抽样（也就是一旦所有的病例已经发生，对照组从所有非病例中选择详见第9章），则OR是IR在罕见疾病时一个较好的估计。尽管如此，如果对照组是用"密度"抽样（即每发生一个病例，从非病例中选择一个对照），此时不论疾病是否罕见，OR都是对IR的直接估计。

6.3 效应度量

疾病风险因子的效应（影响），可以用"绝对值"的效应度量来表示，即计算2种疾病频率度量之间的差。选用"效应"度量而不选用"强度"数量是因为与联系的强度度量相比，效应度量与某暴露（或预防）因子所导致的病例数有非常紧密的关系。效应的度量计算仅适用于暴露组（6.3.1节）或总体（6.3.2节）。虽然使用"效应"这一术语，但是，应知道是联系度量指标。因此，如果联系是因果关系，则"效应"将是暴露的唯一结果。

6.3.1 暴露组效应的度量

即使暴露与疾病发生有强烈关联（如人类的吸烟与肺癌的关系），但是某些疾病仍发生在非暴露组（如在非吸烟人群，肺癌较少见）。如果总体无暴露因素，则该非暴露总体的发病率可以看成为个体发病风险水平的"基线"。为了评价暴露对暴露对象发病频率的效应，可以认为暴露组与非暴露组风险性绝对不同 [即风险差（RD）和归因于暴露的暴露组疾病比率（可归因分值（AF_e））不同]。在非暴露组中，这两种度量组成了风险基线，并且假定暴露组与非暴露组的其他风险因子都是共同的（也就是缺乏混杂，见第13章）。

风险差，发病率差

风险差（RD）是暴露组中发病风险性减去非暴露组的发病风险性，也指可归因风险。

$$RD = p(D+|E+) - p(D+|E-) \\ = (a_1/n_1) - (a_0/n_0)$$

等式6.5

RD表示由于暴露原因，使得暴露组疾病概率的增加超过基线的部分。

发病率差（ID）同样可用2种发病率差计算。

$$ID = (a_1/t_1) - (a_0/t_0)$$

等式6.6

差异度量的释义为：

RD或ID < 1，暴露为保护因素；

RD或ID = 1，暴露对疾病无作用；

RD或ID > 1，暴露与疾病发生呈正相关。

可归因分值（暴露）

AF_e是指在暴露个体中因暴露因素而引起的疾病发生的比率，并假定这种关系是因果关系。另一方面，也可以看成是当暴露因子被移除后，可避免发生该疾病的比率。AF_e可由暴露组和非暴露组的发病资料计算，也可由RR直接计算。

$$AF_e = RD/p(D+|E+) \\ = \{(a_1/n_1) - (a_0/n_0)\}/(a_1/n_1) \\ = (RR-1)/RR \\ \simeq (OR-1)/OR \quad \text{（近似为 } AF_e)$$

等式6.7

　　上述计算是假设暴露与疾病呈正相关。AF_e值理论上是从0（不管是否暴露，风险是相同的，即 $RR=1$）到1（非暴露组无疾病，而所有疾病的发生均由暴露所致，即 $RR=\infty$）。若暴露与疾病呈负相关，AF_e是通过将"缺乏暴露"当作保护因子进行计算，其方式同增强的风险因子的方法一样，这种方法的例子如疫苗效应的估计。在病例对照研究中，当暴露组和非暴露组中实际的疾病频数未知时，AF_e的计算可近似地用 OR 替代 RR（如等式6.7）。

　　疫苗效应是AF_e的一种形式，具有"未免疫"等同于"因子阳性"（$E+$），例如，若有20%的未免疫动物发生疾病[p（$D+|E+$）=0.20]以及5%的免疫动物发生疾病[p（$D+|E-$）=0.05]，则 RD 和 AFe 可以计算为：

$$RD = 0.20 - 0.05 = 0.15$$
$$AF_e = 0.15/0.20 = 0.75 = 75\%$$

　　即此疫苗对该病具有75%的保护作用，也就是说如果接种组不使用疫苗的情况下，有75%可能发生这种病，便是所谓的疫苗效应。

　　注：当根据发病率计算可归因分值时，暴露组或总体可归因分值（AF_e和AF_p）的作用效果度量与发病率的比率或绝对变化有关，而与病例的病列数或比率无关，这种差别产生是由于暴露可能影响疾病发生的时间（即何时发病），而不影响发病实际数，因此，实际上的病例数是常数，但所处风险时间不同，率也就不同。

病因分值

　　可归因分值（如上计算的，也称为超额分值）和病因分值间（Greenland和Robins，1988; Rothman等，2008）有所不同。前者表示在暴露组中观察到的超额病例数，而后者（病因分值）表示暴露组中，归因于暴露因素的病例所占的比例（见第1章）。通过下面所假定的例子，说明病因分值和可归因分值是不相等的。假定在动物总体中，所有动物在2岁时不可避免要发生某种疾病（即所有的动物都会得该病）。而没有暴露因素的动物在1~2岁间会发病。然而，由于归因于其他致病原因可暴露因素，这使得暴露组的所有动物在1岁时发病，如果对总体追踪观察2年，暴露组和非暴露组的风险度均为1，AF_e则为0。但是，对所有的暴露动物而言，疾病的发生均是暴露所致，因此病因分值为1。

　　可是，病因分值并不能从流行病学资料中估计，因为无法知道导致观察病例的充分病因是什么。在某种特殊的条件下，AF_e与病因分值是相等的（Rothman等，2008），但在一般情况下，AF_e为病因分值提供了一个下限（即病因分值所取的最小值）。

6.3.2　总体效应度量

　　可归因风险和可归因分值可有效地对暴露组的暴露效应进行定量评价，但是，并不能反映整个总体的暴露效应。例如，在初生的肉犊牛死亡和使用预防性新霉素间存在着强烈的关系（$RR=5$，$AF_e=0.8$），但是，如果初生犊牛使用新霉素较少，则不能将初生犊牛的死亡大多归因于新霉素的使用。另一方面，在整个总体中，较为普通的相对弱的风险因子，可能是初生死亡的主要原因。根据国家或地区动物疾病控制计划，在总体中，健康促进和疾病控制的资源分配是很有用的。

群体可归因风险度

　　群体可归因风险度（PAR）与风险差（RD）相似，也表示在2个组中风险度的简单差别。然而，PAR重点强调整个总体疾病风险度的增加，而这种增加归因于暴露。所以，PAR的计算是以总体的总风险度（暴露与非暴露组联合风险度）减去基线风险度。明显地，PAR是由联系强度和暴露于风险因子的频率所决定的。

$$PAR = p(D+) - p(D+|E-)$$
$$= (m_1/n) - (a_0/n_0)$$
$$= RD \cdot p(E+)$$

等式6.8

注： 逻辑上，PAR可以称为总体的风险差，但是，一般并不如此称谓。

群体归因分值（AF_p）

群体归因分值（AF_p）与AF_e类似，但是它反映的是整个总体中的疾病作用，而不是暴露组。假定暴露与疾病存在某种因果关系，AF_p表示在总体中归因于暴露原因的疾病所占比率，也就是说如果将暴露因素从总体中去除（其他因素无任何改变的情况下），其应当可以避免发生疾病的比率。目前有几种计算AF_p的方法（Rockhill等，1998），最常见是用总体中的PAR与总的风险度p（$D+$）的比值表示（等式见6.9的第一行），AF_p又是联系强度和暴露流行率的一个函数。等式6.9第二行是根据RR的估计和总体暴露比率而来。

$$AF_p = PAR / p(D+)$$
$$= \frac{p(E+)(RR-1)}{p(E+)(RR-1)+1}$$

等式6.9

这些等式适用于现况和纵向（简单队列）研究的资料（见第7、8章）。在这些研究中疾病的风险度和暴露流行率是已知的，且无混杂因素存在。

如果混杂因素存在，可校正RR的估计值，AF_p可估计计算为：

$$AF_p = pd \cdot \left(\frac{aRR-1}{aRR} \right)$$

等式6.10

其中pd是暴露于风险因子的病例比例，aRR是校正的RR值（注：见第13章对混杂的讨论，以及在去混杂因素作用后，校正风险比的计算），这种方法经常扩展到病例对照分析研究中的OR替代RR的使用中（见等式6.11）。

若暴露因子有多类的（$k > 2$）或同时对多个暴露因子进行评价，则总的AF_p的估计值可计算如下：

$$AF_p = 1 - \sum_{i=0}^{k} \frac{pd_i}{aRR_i}$$

等式6.11

其中pd_i是第i个暴露水平的病例比例，aRR_i是第i个暴露水平对未暴露组的校正风险度比。

6.4 研究设计和联系度量

表6.5为由各种研究设计所计算的联系度量。例6.1为这些参数的计算例子。

6.5 假设检验和置信区间

上述章节主要注重于参数点估计的计算。但是，研究者往往想评价这些参数的统计学意义，并检测这些点估计的变异性，故通常有3种常用方法：

1. 计算参数的标准误（SE）表示点估计的精确性（也就是检验点估计的不确定程度）；
2. 采用显著性（假设）检验，以确定点估计是否显著性不同于无效假设的特定值；
3. 计算估计的置信区间（CI）。

表6.5　不同研究类型的各种联系度量的计算

	现况研究	队列研究	病例对照研究
RR	X	X	
IR		X	
OR	X	X	X
RD	X	X	
AFe	X	X	X[b]
PAR	X	X[a]	
AFp	X	X[a]	X[c]

[a] PAR和AF_p可以通过队列研究估计，条件是在来源总体中对p（$D+$）或p（$E+$）的独立估计是可行的。PAR和AF_p也可直接来源于简单队列（纵向）研究。

[b] 使用OR近似代替RR的估计值。

[c] 使用OR近似代替RR以及p（$E+|D+$）独立的估计值。

例6.1　联系的度量

　　假定想确定在产犊时候奶牛超标（如肥胖）是否会影响产生酮病的风险。身体状况评分（BCS）等于或大于4.0即被认为是超标（即处于不理想状态）。对有关总体中的一大群奶牛，进行一次队列研究，所有奶牛观察间为自产犊到前4个月的泌乳期（这个时期为发生酮病的风险期）。此外记录每个BCS组发生和未发生酮病的奶牛数，并记录奶牛发生酮病风险的月数。一旦某头奶牛成为酮病的病例，则停止记录奶牛发生酮病风险月数（即从产犊到发生酮病的时间为酮病风险月数），一般平均在产犊后2个月发生。

	BCS		
	≥4	< 4	
酮病阳性	60	157	217
酮病阴性	41	359	400
奶牛数	101	516	617
酮病风险牛月数	284	1750	2034

101头"肥胖"奶牛的酮病的风险月数为284，并有60例发生酮病。

516头"正常"奶牛的酮病风险月数为1750，并有157例发生酮病。

疾病频数度量

$R = p（D+）= 217/617 = 0.352$

$R_{E-} = p（D+|E-）= 157/516 = 0.304$

$R_{E+} = p（D+|E+）= 60/101 = 0.594$

$I = 217/2034 = 0.11$

$I_{E-} = 157/1750 = 0.09$

$I_{E+} = 60/284 = 0.21$

实际解释

所有奶牛中35%患有酮病

正常奶牛中30%患有酮病

肥胖奶牛中59%患有酮病

在总体中每酮病风险月有0.11例酮病

在正常群中每酮病风险月有0.09例酮病

在肥胖群中每酮病风险月有0.21例酮病

联系的度量

$RR = 0.594/0.304 = 1.95$

$IR =（60/284）/（157/1750）= 2.34$

$OR =（359×60）/（157×41）= 3.35$

肥胖奶牛是正常奶牛发生酮病的1.9（或2）倍

肥胖奶牛高于正常奶牛酮病发生率2.3倍

在肥胖奶牛中酮病的比数比高于正常奶牛的3.4倍

效应度量

$RD = 0.594 - 0.304 = 0.290$

$AF_e = 0.290/0.594 = 0.488$

$PAR = 0.352 - 0.304 = 0.048$

$AF_p = 0.048/0.352 = 0.136$

在每100头肥胖奶牛中，有29头发生酮病是由于肥胖所致（假定肥胖与酮病之间有因果关系）；

在肥胖奶牛中，49%的酮病是由于肥胖

在总体中任意100头奶牛中，有5头发生酮病是由于肥胖

在总体中，14%的酮病奶牛是肥胖奶牛

在非条件（即一个为暴露，一个为结果）关联的情况下，对于假设检验和置信区间，会有某种非技术性的内容。其是基于古典（有时也称为"频率论者"）的统计学方法。另一个可选择的方法，是基于贝叶斯统计学的，但较少用到（见第23章）。

注：在本文中所有段落和等式中，除非有所说明，所有对参数推断均来源于资料的估计，"总体参数"（真值、未知值）也是指资料的估计值。

6.5.1　标准误

在前述章节，所描述的某些参数，可直接计算其方差估计值，然后开平方根便是参数SE的估计值。例如，根据表6.2的发病率资料，ID方差为：

$$\mathrm{var}(ID)=\frac{a_1}{t_1^2}+\frac{a_0}{t_0^2}$$

等式6.12

RD方差可通过如下等式直接计算：

$$\mathrm{var}(RD)=\frac{\dfrac{a_1}{n_1}\left(1-\dfrac{a_1}{n_1}\right)}{n_1}+\frac{\dfrac{a_0}{n_0}\left(1-\dfrac{a_0}{n_0}\right)}{n_0}$$

等式6.13

对于其他的总体参数，虽然有根据大样本量近似估计方差的方法，但是不可能直接用来计算这些参数的方差。这种近似一般是利用一个泰勒级数逼近。另外一种可选择方法是基于检验的方法（通常指Delta法）（Kleinbaum等，1982），但是这通常导致SE的估计值很小，因此这种方法将不作进一步讨论。

对于比率度量（如IR）资料，方差的计算使用对数尺度。然而，并没有var（$\ln\theta$）的简单表达式，所以通常采用一阶泰勒级数逼近估计。关于（var（$\ln RR$）和var（$\ln OR$）一阶泰勒级数逼近等式如下：

$$\mathrm{var}(\ln RR)=\frac{1}{a_1}-\frac{1}{n_1}+\frac{1}{a_0}-\frac{1}{n_0}$$

等式6.14

$$\mathrm{var}(\ln OR)=\frac{1}{a_1}+\frac{1}{a_0}+\frac{1}{b_1}+\frac{1}{b_0}$$

等式6.15

Dann 和 Koch（2005）最近综述了2种比例比值估计方差的方法（以及计算置信区间）。估计可归因分值方差的方法最近也有相关综述（Steenland和Armstrong，2006）。

6.5.2　显著性（假设）检验

显著性（假设）检验是建立在总体参数的无效假设之上的。无效假设设通常表明在影响因子和结果之间无联系，意思是差的无效度量（如ID）为0或比值（如IR）的无效度量为1。

在利用这种方法时，可以是单侧或双侧检验，同时应提出备择假设。例如，如果有2组（暴露组和非暴露组）的疾病发病率，通常的双侧假设指暴露组的发病率（I）与非暴露组的不同（也就是暴露组发病率可高可低），即所感兴趣的是在任一个方向上，是否有统计证据来支持率的不同。单侧假设检验表示暴露组的I比未暴露组的高，即不认为暴露组的I值可能会较低，或者这种结果不感兴趣（单侧备择假设检验是暴露组率较低的，也就是说对率较高的可能性不感兴趣）。一般而言，单侧假设检验比双侧假设测验更难判断，因此应该慎重选择使用。

假设检验的下一步是计算检验统计量（如t统计量，Z统计量或χ^2统计量）。通过检验统计量的期望值分布，可得到P值。如果无效假设为真，则P值表示检验统计量等于或大于（在绝对值上）计算检验统计量的概率。在无效假设为真的条件下，P值较小表示不可能（概率很低）得到一个检验统计量等于或大于（在绝对值上）计算统计量，通常则拒绝无效假设，选择备择假设。

虽然P值含有有效的信息，但在表达所估计关系的全面描述时，其能力却受到限制。根据任意的一个临界值（通常选择0.05）将其分为两种情况"显著性"和"无显著性"，但是这通常使得有关参数会损失大量信息。有"显著性"效果，不能提供任何所计算检验统计量的实际概率，也没有任何观察效果量值大小任何信息。所以实际的P值可以解决检验统计量的实际概率，但并不能解决置信区间问题。关于置信区间问题将在置信区间一节内讨论（见6.4.3节）。

检验统计量

通常有4种检验统计量可以用于评估暴露和疾病之间的联系：Pearson χ^2，精确检验统计量，Wald检验以及似然比检验。

Pearson χ^2是最常用的用于比较比例（率）的检验统计量。根据表6.1的数据，Pearson χ^2的等式为：

$$\chi^2 = \sum_{all\ cells} \frac{(obs-exp)^2}{exp}$$ 　　　**等式6.16**

其中：obs=表格中每个小格的观察值；

exp=该小格的期望值=（行总和×列总和）/总和

（例如，该小格观察值的期望值=a_1，即$n_1 \cdot m_1/n$）。

Pearson χ^2有一个近似的 χ^2分布，其条件是所有格子的期望值 >1，同时有80%的格子数（或在2×2表格中有3/4落数）的期望值要 >5。

注：Mantel-Hanenszel χ^2与统计量 χ^2具有密切关系，其与Pearson χ^2不同之处在于其乘数$n/(n-1)$，当n为中等大小以上时，$n/(n-1)$可以忽略的。Mantel-Hanenszel χ^2较多地用于分析分层资料（见第13章）。

在某些例子中，检验统计量的精确概率可以根据资料分布进行计算。在这些例子中，P值通常直接来源于数据的排列，而非检验统计量的假定分布（如正态分布或χ^2分布）。例如，2×2表格的精确检验统计量（如检验RD或RR间的显著差异性）可来自超几何分布。首先，超几何概率是根据观察资料，在同行和同列的总和不变的情况下可能出现的表格数而计算的。Fisher的精确P值是超几何概率等于或小于实际观察表格的所有表格的概率总和。一般而言，精确检验统计量计算工作量大，因此以往经常被用于相对较小的数据集，因其近似值不符合大量观察值的要求。随着计算技术的最新进展，这种限制越来越少。

Wald统计量是适合的，条件是样本含量为中等大小以上（见Pearson χ^2的应用原则）。Wald统计量的一般等式为：

$$Z_{Wald} = \frac{\theta - \theta_0}{SE(\theta)}$$ 　　　**等式6.17**

其中$SE(\theta)$是θ的估计标准误，θ_0是无效假设设定的θ值（通常为0）。在无效设下，Wald统计量假设呈正态分布（或者为该统计量平方的χ^2分布）。

似然比检验（LRT）是根据参数（θ）的似然值而来。如果θ是总体参数的真实值，则参数[$L(\theta)$]是所得到的观察数据的概率（密度）。似然比（LR）是用估计值θ与θ_0比较而来（θ值为无效假设规定的）。LRT的计算如下，如果样本规模大小合理，其值近似于χ^2分布。

$$LRT = -2(\ln LR) = -2\left(\frac{\ln L(\theta)}{\ln L(\theta_0)}\right)$$ 　　　**等式6.18**

注：在某些情况下，*LRT*有可能来自精确概率计算法，而非来自χ^2近似值。一般而言，*LRTs*方法优于Wald测验。*LRTs*将在第16章进一步进行讨论。

6.5.3　置信区间

置信区间（CIs）反映了点估计的不确定水平，并表明了参数可能有的期望值范围。虽然CI包含了一个估计参数可能值范围，但是，值位于范围中心的可能性大于两端。当利用估计的SE和检验统计量分布的特异百分位数来计算CI，通常会比参数的点估计和P值提供更多的信息，主要是其清晰地表现了总体参数的可能值范围。尤其是，95%的CI表示如果在相同的条件下，进行无限次研究，95%的这些研究结果的CIs，都将包含有真实参数值。

如果95%的CI包含无效值（如*RR*、*IR*或*OR*为1以及*RD*和*ID*为0），这表明参数与无效值之间，在P值为0.05水平时，无统计学的显著性差异。尽管如此，这种显著性检验也"没有充分利用"CI，因为CI中包含的所有信息没有得到充分使用。

计算置信区间

与假设检验相同，CIs可以利用精确概率分布或大样本近似计算。精确的CIs是以参数（比例的二项式分布，率的Poisson分布以及比数值的超几何分布）分布的精确概率为基础的。虽然随着计算机能力的提高，使得精确计算中等大小以上的大样资料联系度量的CIs成为可能，但是，参数准确计算CIs通常用于相对较小样本容量的资料。

根据大样本近似值，CIs可用如下通用等式。

差度量（θ）的置信区间为：

$$\theta \pm Z_\alpha \sqrt{\mathrm{var}(\theta)} \qquad\qquad \textbf{等式6.19}$$

其中var（θ）是大样本θ方差的近似估计值。

由以上可见，对于比值的度量，方差利用对数尺度来计算，因此，$\ln\theta$置信区间的一般为：

$$\ln\theta \pm Z_\alpha \sqrt{\mathrm{var}(\ln\theta)} \qquad\qquad \textbf{等式6.20}$$

θ则为：

$$\theta \cdot \exp(\pm Z_\alpha \sqrt{\mathrm{var}(\ln\theta)}) \qquad\qquad \textbf{等式6.21}$$

因为CI是通过对数尺度计算的，所以$\ln\theta$是对称的，而θ却不对称。

注：*OR*的CI是以方差的泰勒级数逼近为基础的，有时候被称为Woolf的近似值。*OR*的精确CI近似值（虽然存在精确CI似乎不合逻辑）是Cornfield近似值（Cornfield，1956）。这种CI的计算是迭代过程，现在较少使用，虽然可能直接计算出精确的置信区间。

例6.1中计算的各种参数的点估计和CIs，见例6.2所示。

6.6　联系度量的多变量估计

[注：如果对混杂因子（第13章）和线性及Logistic回归（第14～16章）不熟悉，可不阅读此章节]。在6.3.2节中介绍了使用校正*RR*或*OR*估计值的概念，在已知或疑似的混杂因子存在时，容许对AF_p的估计值的校正。通常想利用多变量模型来同时控制几个潜在的混杂因素。如果想估计校正值*OR*，由于*ORs*可以直接从Logistic回归模型，使得这种估计简单容易。

RRs的多量估计是较为困难的，其过程是基于广义线性模型或者Poisson回归模型，将在18.4.1节中予以简单的讨论。最近，发表了一项根据普通Logistic回归计算RR的方法，这种方法如同计算所有暴露动物结果的预测概率总和，与所有未暴露动物相应结果的比值一样（Kleinman和Norton，2009），实行起来相对较为容易，同时作者的模拟研究表明，这个过程是可信的。

根据具有稳健标准误（SEs）的普通线性回归计算校正RDs的方法（见20.5.4节），已经由Cheung（2007）提出。在小样本条件下，这些标准误（SEs）可能需要修正。作者的模拟研究发现这个方法是可信的。

例6.2　联系度量的置信区间

下表为联系度量指标的各种CIs，联系度量的计算见例6.1

效应的度量	点估计	CI的类型	CI	
			下限	上限
ID	0.122	直接	0.066	0.177
IR	2.354	精确	1.719	3.19
RD	0.290	精确	0.186	0.393
RR	1.952	精确	1.578	2.402
OR	3.346	精确	2.108	5.329
		Woolf's（泰勒级数）	2.157	5.192
		Cornfield's	2.161	5.181
		基于检验	2.188	5.117

ID、*IR*、*RD*和*RR*的CIs是直接或精确计算。计算*OR*的各种CIs值是用于比较的目的。精确的CIs最宽，服从Cornfield's和Woolf近似值（两者近似）。基于检验的CIs最小，通常不提倡使用。

注：虽然在这个例子中表述了精确有意义位数为3位，但需记住，小数点后几位小数（如1或2位），可能会更好地代表有关研究资料的变异性，与例6.1中"实际解释"的内容相似。

参考文献

Cheung YB. A modified least-squares regression approach to the estimation of risk difference Am J Epidemiol. 2007; 166: 1337-44.

Dann RS, Koch GG. Review and evaluation of methods for computing confidence intervals for the ratio of two proportions and considerations for non-inferiority clinical trials J Biopharm Stat. 2005; 15: 85-107.

Greenland S, Robins JM. Conceptual problems in the definition and interpretation of attributable fractions Am J Epidemiol. 1988; 128: 1185-97.

Kleinman LC, Norton EC. What's the Risk? A simple approach for estimating adjusted risk measures from nonlinear models including logistic regression Health Serv Res. 2009; 44: 288-302.

Rockhill B, Newman B, Weinberg C. Use and misuse of population attributable fractions Am J Public Health. 1998; 88: 15-9.

Rothman K, Greenland S, Lash T. Modern Epidemiology, 3rd Ed. Lippincott Williams & Wilkins: Philadelphia; 2008.

Steenland K, Armstrong B. An overview of methods for calculating the burden of disease due to specific risk factors Epidemiology. 2006; 17: 512-9.

第7章

观察性研究导论

吴清民 译 焦新安 校

目的

阅读本章后，你应该能够：

1. 区分描述性和解释性研究的差异；

2. 区分实验性和观察性研究的差异；

3. 描述实验性研究与观察性研究在病因因素鉴别和评价方面的优缺点；

4. 设计一个将其优缺点考虑在内的现况研究；

5. 鉴定现况研究是合适的观察研究设计的情形。

7.1　引言

流行病学家的主要职责是确定病因因素，并据此预防疾病或减少疾病的危害。因而，读者会问：怎样更好地完成这项研究任务呢？由于研究的特定目的和内容会影响研究类型的选择。当选择研究设计进行因果联系分析时，必须首先清楚各种设计的优缺点。为此，本章将概述可供研究者使用的各种类型研究。

7.1.1　描述性研究与解释性研究

研究可分为两大类：描述性研究和解释性研究（explanatory studies）（表7.1和图7.1）。**描述性研究**包括：病例报告、病例序列报告和调查。虽然研究类型的分类不可能被广泛接受，但描述性研究主要用于描述结局事件的本质与分布，如：动物的健康状况（Grimes和Schulz，2002b）。由于在研究过程中不进行亚组特性间的比较（如暴露组与非暴露组、治疗组与未治疗组），因此很难对暴露和结局间的关联做出推论。7.3节将详细介绍描述性研究。

表7.1　各种研究类型的特点

研究类型	难度水平	研究者控制水平	因果联系证据强度	与真实状态相关性
描述性研究				
病例报告	非常易	非常低	不适用	低到高
病例序列	易	非常低	不适用	低到高
调查	中度	中度	不适用	高
解释性研究–实验性研究				
实验室试验	中度	非常高	非常高	低
田间试验	中度	高	非常高	高
解释性研究–观察性研究				
现况研究	中度	低	低	中度
队列研究	难	高	高	高
病例对照	中度	中度	中度	高

解释性研究是根据暴露及其结局情况对各小组中的研究对象进行比较。研究者可根据暴露（如危险因素、治疗等）及其结局（如疾病发生、生产影响等）之间的统计学相关性进一步推断因果联系（详见第1章）。

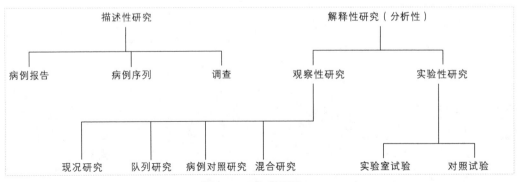

图7.1　研究类型图示

7.1.2　实验性与观察性研究

解释性研究可分为实验性研究与观察性研究。实验性研究是指调查者能够控制（通常采用随机方法）研究对象的分组（如治疗组与未治疗组、暴露组与有危险因素而非暴露组）。相反，在观察性研究中，调查者尽可能不影响研究对象相关事件的自然过程，而只是对研究对象进行仔细观察（包括数据和生物样品采集），并特别关注特定的暴露及其结局。实际上，实验性研究可通过选择研究对象以及控制试验条件以减少多种来源的误差；而观察性研究则利用现况变化鉴定关键变量和暴露因素中存在的、具有重要意义的相互作用。观察性研究的难点在于需要大量工作来预防暴露–疾病相关性的混杂因素影响（详见第13章混杂因素的讨论）。

在制订计划过程中，应尽早明确是选用实验性研究，还是观察性研究，且选择时应尽可能考虑所有可用的研究设计，而不是过早地局限于某一特定的设计，然后试图利用已选的设计路线来适应研究中的问题。如果治疗（或暴露）明确且容易操作则优先选择实验性研究，例如疫苗接种、激素或抗生素等特效治疗剂的研究。实验性方法的主要优点是通过随机分组，能够控制潜在的、可测量或不可测量的混杂因素。在暴露复杂（如同时存在多样性暴露），或因现实、道德或经济等原因暴露因素难以控制的情况下，观察性研究通常是研究者首选的研究设计。观察性研究的优势在于可以检测多种假设或推测。在很多情况下，研究对象均暴露于危险因素中，因此无论研究是否结束，都可将观察研究集中于这些"自然事件"，从而调查可能的因果联系。然而，如果能够实施特异性干预的控制性试验，则应尽量选用该方法。

实验性研究可广义地分为实验室试验和田间试验。实验室试验是在严格控制的室内条件下进行的。优点在于调查人员几乎能完全控制实验条件（如所用实验动物的类型、环境条件、时间、暴露的程度和途径、结局评估方法等）。从研究获得的某一影响因素和暴露间的相关性将为因果联系的证明提供最有力的证据。但因为实验性研究是在人为环境条件下进行，实验室研究的结果与真实条件的关联常被质疑。由于人类健康是流行病学家关注的主要对象，而实验室试验工作并非是其主要部分，这里不做进一步讨论。不过，流行病学家通常利用田间试验来调查健康情况。在此过程中，调查者控制研究对象的分布（随机分组），并且整个研究在自然环境下完成（因此该类研究被称作田间对照试验、随机对照试验或对照试验），第11章将讨论田间试验的设计和实施。

观察性研究是兽医流行病学家采用的最重要研究方法，分为现况研究（第7.5节）、队列研究（第8章）、病例–对照（第9章）和混合研究（第10章）。如前所述，观察性研究可利用现有已暴露的研究对象，通过合理的研究设计调查暴露对结果的影响，无需控制被选研究对象的暴露状态。因此，将此类研究称作"自然试验"可能具有夸大性，但无论是否进行研究调查，研究对象均已暴露，且结局正在发生，因此为何不抓住机会去获得有助于评估暴露和结局之间相关性的数据？Kalsbeek和Heiss（2000）指出大多数经验性知识都来源于对人类（对象）经历的不完全样本（选择的小组）的观察。通常，对整个群体进行研究是不现实的，因而就需要考虑抽样策略；实际上，抽样策略是观察性研究方法的分类基础，详见第8~10章。

7.2　试验设计的统一方法

Hernan（2005）强调，在试图寻找暴露与结局的因果联系时应该选择田间试验来达到此目的。Rubin（2007）进一步强调了这一方法，Rubin认为"设计胜过分析"（design trumps analysis），在观察到任何结果数据之前应考虑所有设计要素。我们非常赞同这些观点，即使知道试验不能实施，也非常有必要考虑田间试验的细节。在任何情况下，都应先完成"思维虚拟试验（thought experiment）"，明确研究小组选择的关键因素、暴露分配、跟踪过程及结果检测。"思维模拟试验"的重要性在于能够确保正式的随机分组具有"可交换性"，使相互比较的各组间具有较高的相似度，因此随机选择暴露组与非暴露组均不会对研究结果造成影响，且混杂因素也不会造成太大影响。但是，如果必须通过观察性研究来探讨因果联系，则暴露组和非暴露组造成结局偏倚的方式可能不同（可能具有混杂因素，详见第13章）。因此，在试验设计时通过对象排除、选择标准和混杂因素控制以防止上述偏倚的发生。Rubin（2007）提供了关于专家组是如何讨论平衡暴露组与非暴露组间的协变量，并最终达成一致意见的实例，其关键在于观察到结局数据前完成了试验设计。Rubin通过暴露组与非暴露组中倾向分数（propensity scores）（指定协变量暴露的概率值）正式确定了这一过程。除非两组的倾向分数值相等，否则可能会存在一定程度混杂。一个优秀研究设计的第三个要素是使用"前瞻设计（forward projection）"（关键评估技术，critical appraisal techniques）（Elwood，2002）。在这一过程中，完成最初设计后，提前推测三种可能的研究结果：即阳性结果、阴性结果和无效结果。根据每种结果对提出的研究设计进行清晰的评估，通过这一过程还有助于找出该设计的潜在缺陷。表7.2列出了该过程的主要特征。正式执行该三种方案并将其与研究设计中关键因素融合（见章节7.4.2和表7.3），将对揭示因果联系的研究设计具有重要意义。

表7.2　研究设计的关键评估表

因果关系评价	适用于研究设计
A 描述证据	
1.什么是暴露或干预？	1.研究设计要求明确定义
2.什么是结局？	2.确定关键结局并加以说明
3.什么是研究设计？	3.考虑替代方案；证明选择理由
4.什么是研究群体？	4.精细定义；考虑替代方案；证明选择理由
5.什么是主要结果？	5.解释阳性、阴性和中性结果
B 内部有效度–考虑非因果解释	
6.结果有可能受观察偏倚的影响吗？	6.考虑方法以避免偏倚
7.结果有可能受混杂因素的影响吗？	7.鉴定潜在混杂、决定控制方法
8.结果可能受偶然变化的影响吗？	8.评估检验能力（power）和样本规模
C 内部有效度–考虑因果关系的正面特征	
9.是正确时间联系吗？	9.暴露和结局何时出现？考虑潜在效应
10.联系度强吗？	10.可能出现何种强度或该强度的重要性是什么？
11.有剂量反应联系吗？	11.怎样展示剂量反应？
12.结果与研究一致吗？	12.何种一致性或特异性对检验或扩大假说有用？
13.研究结果能应用于源群体吗？	13.考虑反应率，如何评价代表性、适合性和不相容标准？
D 外部有效度	
14.研究结果能适用于目标群体吗？ 或结果可用于它们吗？	14.什么组群是相关的？还将会有其他相关组群吗？

　　从因果推断观点看，实验性研究常被看作是金标准，而观察性研究的可信度相对较低（参考第1章的因果联系）。为了进行因果推论，非随机干预研究（研究者非随机地决定哪些对象要进行暴露或治疗，有时又称此为"准试验"）列于其他观察性试验之上（Grimes和Schulz，2002a）。随机分配干

预对象的相关问题在第11章的第四部分讨论。与其他观察性研究相比，现况研究比其他观察性研究的因果推测能力低，这是因为现况研究度量的是患病率而不是发病率，且不能驳倒非永久暴露的反向因果关系（决定暴露与结果发生的先后，详见7.5.2部分）。因此，只要有可能，尽量选择其他方法。利用病例-对照研究和队列研究的纵向设计特性，并以发病率数据作为结果分析的基础，使这两种方法能够推翻反向因果关系，因此它们比现况研究更有助于做出有效的因果推论。在此方面，队列研究优于病例-对照研究。

7.3　描述性研究

尽管描述性研究并非设计用于评价待查暴露及其结局的相关性，但研究中进行的观察和分析可作为分析研究中进一步形成假设的基础（Grimes和Schulz，2002b）。描述性研究包括三种形式：病例报告、病例序列报告和调查。

病例报告通常是描述一个罕见的情况或者一个普通疾病的罕见症状。病例报告通常只基于一个或少数病例，这样基于不常见病例的现象会限制该方法与研究实际临床情况的相关性。但这种观察能帮助调查者在未来的观察研究中提出有用的假说，例如，Schmidt等（2008）报告了发生在德国一个兽医诊所的非洲灰鹦鹉病例。该鹦鹉最初于1996年在扎伊尔被捕获，其舌下结节影响进食能力；另外腿上损伤部位具有黄色干酪样内容物。几年以来，鹦鹉主人对其饲喂咀嚼过的食物，最后鹦鹉主人被诊断为肺结核。鹦鹉死后剖检结果显示，鹦鹉与主人感染了同种肺结核分支杆菌。这个案例提醒研究者，根据鹦鹉眼睛、静脉窦、口或皮肤结节等部位的临床表现，可将其视为疑似肺结核病例。在一些病例报告中，作者试图对病因、结果以及治疗方法的相对优点进行总结，但这些总结只是作者的推测，从一个病例中不可能获得直接支持该结论的数据。

病例序列报告通常描述一组研究对象疾病发生、临床过程及其所处环境条件。病例序列通常应该记录研究对象（受影响对象）、时间（疾病发生的时间）和地点（疾病发生的地理条件）。只要描述的病例能够代表群体中的大部分，则病例序列报告也许能够提供关于疾病预后的有价值信息。例如，Bidwell等（2007）报告了一个私人马病诊所发生的、与全身麻醉相关的手术死亡病例，该报告基于4年时间内对17000匹马诊断的临床数据，显示马匹死亡率低于其他许多诊所，其主要原因被认为是使用了简单的标准麻醉方案。另外，最受关注的是健康的青年运动马匹死亡，并推测迷走神经高度兴奋为危险因素。正如此例所示，病例序列报告可能帮助研究人员对未知结果的病因以及预后因素作出推测，但由于只包括病例特征而没有明确的对照组（例如合适的非病例），序列报告只将数据限制于几种因素。

描述性调查是通过一种较为准确的主动调查方法，评价特定群体中特定结局出现的频率和分布。在某些案例中，调查主要目的是提供特定群体某一疾病发生频率及其分布相关的数据。例如，Karama等（2008）报告了关于安大略省屠宰牛感染产志贺样毒素大肠杆菌（VTEC）的调查。以加拿大大型联邦屠宰厂的屠宰牛为源群体，自2004年4月到10月共20周内，每次取25头牛的直肠粪便作为样本进行细菌分离培养。结果显示VTEC患病率为10.2%，但未发现O157分离株。该研究体现了调查研究设计的两个关键问题，即采样方案设计（见第2章）及数据收集手段设计（见第3章）。Speybroeck等（2003）描述了研究设计中对调查数据分析的重要方法。如果调查（survey）被设计成同时收集结局及其潜在暴露因素相关的信息，那么调查就变成了现况分析研究，这样便可用后者评估特定暴露和结局的相关性。

7.4 观察性研究

观察性研究（分析性研究或解释性研究的亚类）在设计中具有明确正式的参照。与描述性研究的区别在于对两（或多）组的比较是设计的核心。如上所述，观察性研究与实验性研究（控制性试验）的区别在于，研究人员不能控制研究对象在各组中的分配。

7.4.1 前瞻性设计与回顾性设计

观察性研究分为前瞻性研究及回顾性研究。虽然这些术语在流行病学相关文献中的使用并不一致，但在前瞻性研究中，研究开始时疾病或其他结局并没有发生。前瞻性研究设计应包括信息收集方法，以便记录所有必要的数据；或将研究建立在已有数据资源基础上，以便必要时补充这些数据。而在回顾性研究中，研究开始时暴露和结局均已经发生。典型的回顾性研究需要从一个或更多个次级源群体获得已有的记录数据。尽管利用现存的记录数据是一种重要的优势，但数据质量和范围常使该方法受限。因此，选择合适的研究设计可以使可用数据信息量的收集最大化。

这里将介绍观察分析研究设计的三种途径。在现况研究（见7.5节）中，从研究群体中抽取研究对象样本，且选择研究对象时疾病患病率及暴露水平已确定。现况研究常被称为不定向研究，但这里更喜欢称其为回顾性研究。在队列研究中（见第8章），从具有异源暴露的源群体中获得单一研究对象样本，或已知暴露状态的2组或多组研究对象样本后，应在跟踪研究期内确定结局的发生率。尽管该方法在本质上是前瞻性的，但在选择具有足够多记录数据的病例时，也可以实施回顾性研究。在病例–对照研究中（见第9章），鉴定具有结局（常为某一疾病）的对象，并将这些病例对象与非病例对象样本（通常叫做对照对象）暴露历史进行比较。该研究通常主要借助于已经发生病例的数据库进行回顾性分析。如果病例发生于研究开始后，病例–对照研究也可进行前瞻性分析。由于根据结果选择研究对象，所以病例–对照研究不同于根据暴露状态选择研究对象的队列研究。在第十章介绍混合研究设计之前将描述这些差异。

7.4.2 观察研究的报告

Von Elm等（2007）指出："调查研究应该明确地报告，以便读者能够领悟研究计划、内容、结果及结论。调查研究的可信度取决于对研究设计、实施和分析过程中优缺点的严格评估"。同时指出，在已发表的观察性研究报告中，一些重要信息往往缺失或者不清晰。因此，在2004年建立了由方法论专家、科研人员和杂志编辑等相关专家网络，提出了起草"加强流行病学观察性研究报告（STROBE）说明"的建议。此处，复制了一份专家们认为优秀观察性研究报告需要具备的22项要素的审查单（见表7.3）。本书将在本章以及研究设计相关章节涉及这些要素。也可登录STROBE 网站（http://www.epidem .com）查看相关细节及讨论。

7.5 现况研究

现况研究是一种通过患病率测量结果频率的观察性研究（基于研究开始时源群体中已经存在的病例数量）。现况研究设计的基础是从目标群体中获得研究对象样本，或者通过普查，但此时结果的存在与否已经确定。通常情况下，在选择研究目标后与其初次接触即可辨明其暴露状态。尽管在支持因果推论方面不具优势，但现况研究是兽医流行病学中最常用的研究设计之一。可能因设计的基本结构简单明确，很少有该设计相关的文字细节。

7.5.1 获取研究组

如果研究人员想要对目标群体的结果频率或暴露患病率进行推论，则需要通过正式的随机取样程序获得研究对象（见例7.1）。源群体（source population）是从中获得研究组内成员的潜在研究对象列表（真实或想象）。并非目标群体的所有成员都包含在源群体中，因为源群体可能存在一些限制条件，例如存在健康及生产相关记录，或被选兽医门诊或教学医院的病例等。通常情况下，需要首先评估这些限制条件是否会严重影响因果推论。研究组是指同意参与该研究的一系列对象。选取研究对象的准确随机选取过程可以存在差异，但应该包括第2章讨论的分层抽样、整群抽样以及多阶抽样技术。例如，Guerin等（2007）研究冰岛肉鸡在分批屠宰时或者屠宰前，与弯曲菌存在的相关潜在危险因素。由于冰岛内几乎所有肉鸡养殖场都被纳入研究范围，因而无需采用抽样方式。相反，Schouten等（2005）提供了一个群体水平（群）的现况研究的实例，即对荷兰全国牛场、家禽场以及猪场大肠杆菌O157感染情况进行监测，该研究是随机一次性选取危险因素样本，目的是评价群体感染大肠杆菌O157的风险因素和患病率。Nasinyama等（2000）描述了故意或随机性选择研究对象，用于鉴定乌干达人群中急性痢疾的风险因素研究。

例7.1 宠物作为人呼吸道疾病风险因素的现况调查评估

2002年8月1日到20日，Suzuki等（2005）在日本埼玉县进行了一个现况调查。该县总人口数约700万。按人口规模比例，从5个管理行政区中选取100个区域，每个区域选取30家。其中15家为独立式别墅，15家为其他住所（如公寓式）。通过家庭相关情况问卷，包括宠物饲养情况，获得与呼吸系统疾病相关风险因素的信息。问卷内容包括：是否在12个月之内具有呼吸系统疾病的症状（哮喘和/或气促和/或咳嗽）。阳性回答率为78.9%。结果表明饲养犬和猫与患有呼吸道疾病没有相关性，但饲养仓鼠与主人患呼吸道疾病相关。

如果研究的主要目的并非评估群体参数，而是局限于评估暴露与结局的相关性，通常采用非随机方法选择研究对象样本。例如，Williams等（2004）提供了个体水平的现况研究实例，即从大量有目的性选取群体中对2000只犬白内障存在状况进行检测，并将其与检测时犬的年龄和品种进行了相关性分析。因为该设计可能造成严重的选择偏倚，因而有些研究人员怀疑这种非随机方法。尽管偏倚限制了该研究的外部有效性（将结果外推至源群体之外的能力），但研究设计可以保证内部良好的有效性（来源于研究组结果推断至源群体的能力）。

如前所述，对一次性抽取研究对象样本进行某一疾病、微生物存在情况或毒素水平的研究，以患病率作为结果的评价指标（如Arthur等，2007；Minihan等，2004；Woerner等，2006），尽管随时间的推移对同一研究对象重复取样可以确定新的感染率，有时结局的发生率也会随时间进程而改变（如随年龄或季节）。这些研究建立了典型的模型，并将每次取样的患病率作为结局（Berge等，2006；Trotz-Williams等，2007）。

7.5.2 暴露评价

通常暴露状态是在选择研究对象时获得的；然而，少数情况下需在对象选取后调查额外的或者更详细的暴露历史。因为用患病率来评价结局时，确定暴露造成结局的合适时间范围较困难。例如，在Guerin等（2007）研究中，虽然不知道家禽在何时感染了弯曲菌，但推断的感染时间可能是接近屠宰之时；因此研究中特别将家禽屠宰前几周内的暴露作为潜在的危险因素。当研究人员试图重建选取研究对象的暴露史时，对随时间改变的暴露因素来讲，该方法被称作现况队列研究。Hudson等（2005）讨论了该方法的优缺点。一些研究人员（Backer等，2001）根据已知研究对象的暴露状态选取研究群体（如存活，或死亡，或接近污染有毒的场所），然后测定"疾病"结局的发生率。由于抽样基于暴露状态，且结果通过患病率评估，因此可将其称为基于患病率的队列研究。另外，因结果通过患病率评估，人们更喜欢称其为现况研究。

尽管现况研究能够支持对多种潜在病因因素和大量结果的调查研究，但通常选择一个主要特定的结局，然后调查一组潜在的病因因素与该结局的相关性。该研究设计的一个潜在缺点是选择的潜在病因因素可能不是非常集中，因此可能会导致大量数据的挖掘以求获得统计学上显著相关的结果。

7.5.3　样本大小

在只对一种主要结局感兴趣时，第2章介绍的样本大小估计的风险性方法足以达到研究设计的目的。如果源群体特定亚群中暴露与结局的相关性是主要的研究目标，研究人员则需要确保这些亚群中具有足够数量的研究对象，以提供评估假设的合理依据。

7.5.4　确定暴露与非暴露研究对象具有可比性

主要有两种途径用于预防来自暴露组间结局相关因素及其分布不同（混杂因素）造成的偏倚：限制性取样和分析性对照。例如，通过限制性取样，若所有研究对象具有相同的年龄和性别（如2岁的公牛），则年龄和性别不会造成待测暴露与结局相关性的偏倚。Dhand等（2007）（例7.2）曾用多变量回归技术在观测结果的潜在风险因素前，对每一农场的绵羊组群进行了年龄和性别控制（见第13章和第16章）。

7.5.5　分析

现况研究主要是比较暴露对象与非暴露对象的患病率，其相关性的客观评估指标是患病率风险比（见第4章）。但因很多研究者用Logistic回归对现况研究数据进行多变量模拟，因此常用比值比评估相关性。正如队列研究（见第8章）所述，具有抗差方差（robust variance）的Poisson模型或对数二项式模型可直接用于估算患病率的风险比（Barros和Hirakata，2003；Schiaffino等，2003）。

7.5.6　现况研究的推论局限性

本质上，现况研究主要用于评估患病率，即疾病发病率与持续时间的函数。因此，很难将最初病例中结局发生与结局持续（或者具有结局的研究对象存活率）相关因素鉴别开来。影响生存相关因素的动物，一旦患有相关疾病，则其被选入现况研究的概率明显高于不带有该因素的动物。因此认为该因素可能与疾病相关，研究者可能的结论便是该因素为病因，但实际上该因素可能只影响疾病的持续期从而影响疾病的发生。

现况研究最适用于不随时间变化的稳定暴露因素。例如品种、性别以及恒定的管理因素。在这些情况下，尽管不能避免相关因素仅影响结局持续时间的问题，研究者可确定的是暴露发生于结局之

例7.2　羊群感染禽结核分支杆菌病的现况研究

Dhand等（2007）描述了源群体和研究组群，后者是澳大利亚感染禽结核分支杆菌病的羊群。涉及的研究对象为羊群，但选择的研究对象只是羊群中的部分羊。粪样采集时，登记注册特定年龄和性别羊210只，将其粪样按照30份一组分为7组，分别进行细菌培养，按结果划分为低（<2%）、中（2%～10%）或高（>10%）流行组。在与畜主或管理者面对面交流时，进行羊群相关潜在风险因素的问卷调查。

前。当暴露因素随时间变化时，由于反向因果问题，很难区分原因与结果。例如，研究者研究某一管理因素（如修蹄）与蹄障碍发生率间的关系时，如果确实具有相关性，则很难区分是因蹄障碍而进行修蹄还是因管理因素（修蹄）而造成疾病的发生（蹄障碍）。这一问题也存在于最近发表的乳房炎致病因素的评价研究中，研究中乳房健康管理被认为是风险因素（Sampimon等，2009）。同样的问题也存在于宠物饲养与宠物主人患有高血压相关性的研究中，哪个是原因？哪个是结果？暴露因素越是可变，该问题越复杂（见例7.3）。如果可以排除该因素，则应在疾病发生后实施排除措施；否则当疾病达到某一阈值频率后，阳性及阴性关联相互抵消，使该因素看似独立而与结局不相关。许多研究者试图通过确定暴露于潜在病因因素的时间来解决此问题，但除非疾病发生时间已知，否则该问题不可能被完全解决。

例7.3　宠物饲养与宠物主人患高血压相关性的两例现况研究

两例研究均采用了连续性结局评估（高血压），而不是两分结局（患病和非患病反应）。Wright等（2007）跟踪了1137个宠物主人，通过问卷调查显示从1991年到1992年间饲养宠物，并在1997年前测量其血压。经分析显示饲养宠物与患高血压具有相关性。但在调整协变量后（主要是年龄，还有其他一些可能是中间变量的因素），发现不再具有相关性。

Parslow和Jorm（2003）对从澳大利亚新南威尔士州两个区随机选取的5000多人进行了现况研究。通过访问确定饲养宠物的历史，并且两次测量血压，以平均值作为结果。在评估宠物饲养与主人患高血压相互关系时，控制了年龄、性别以及教育程度等变量；研究同时评估了这些变量与宠物饲养的相关性。结果表明饲养宠物者患高血压显著高于未饲养宠物者。

两项研究都受反向因果偏倚限制（例如高血压患者通过饲养宠物帮助其降低血压）。

7.6　重复的现况研究与队列研究

有时，需要在一定时间内跟踪某一群体，此时需要考虑是用重复现况取样，还是对初始研究对象采用纵向研究（此种途径称作队列途径，但在此种情况下，跟踪观察的研究群体中部分对象在跟踪观察开始时就有结局）（Diehr等，1995）。抽样间隔可短（例如跟踪观察从饲养场到屠宰场的牛，以确定微生物如大肠杆菌的污染水平）也可长，如年度调查。简而言之，如果研究目的是在一定时间内跟踪观察特定个体，则应选取跟踪同一研究对象的队列（见第8章）。由于对同样个体进行重复观察，则需要对观察对象内部的关联分析进行调整（见第20～24章）。该方法应用过程中，因研究周期的增长，研究中剩余个体可能会与当时研究群体不同（例如，研究个体年龄增长，且很多情况下代表了最初研究群体中高生存力的亚群）。如果研究目的是确定特定事件与不同时间内全部群体的综合作用具有更多相关性，则更适合采用系列重复现况研究。在该设计中，根据取样比例，不同时间点选取的多数研究对象没有包含在以前的样本中。但取样比例较大时，则需要两种或多种方法抽取足够多的研究对象以便在一定时间内在研究对象内部进行比较（新病的发生）。

附录

表7.3　观察性研究报告中的待查项目内容

题目和摘要

1.（a）题目或摘要部分应指出具有常用术语的研究设计。

　（b）摘要中提供说明性的关于所做工作及其发现的概括性总结。

引言

2.解释要研究的科学背景以及调查的原理。

3.陈述特定目的，包括任何事先特定的假设。

（续表）

方法

4. 在论文中展示早期研究设计的要素。

5. 描述环境、地点、日期，包括召集时期、暴露因素、跟踪以及数据收集。

6. （a）队列研究——提供合格标准、参与者来源及选择方法、描述跟踪的方法。

　　　　病例–对照研究——提供合格标准、病例来源、确定方法、对照选取以及病例与对照选择原则。

　　　　现况研究——提供合格标准、参与者来源及选择方法。

　　（b）队列研究的匹配研究，提供匹配标准以及暴露与非暴露对象的数量。

　　　　病例–对照研究的匹配研究，提供匹配标准以及每个病例的对照数量。

7. 明确所有结局、暴露、预测、潜在的混杂因素以及效应调节因素的定义。如果可能，提供诊断标准。

8. 对于每个待测变量，提供数据来源以及评估方法的细则。如果多于一组，描述评估方法的可比性。

9. 描述解决潜在偏倚来源的所有尝试方案。

10. 解释如何达到研究的规模。

11. 解释如何分析处理量化变量。描述选择了哪些分群方法，以及选择原因。

12. （a）描述所有统计方法，包括用于混杂因素的控制方法。

　　（b）描述用于检查亚组及其相互影响的所有方法。

　　（c）解释如何处理丢失的数据。

　　（d）队列研究——如果可行，解释如何处理跟踪中的对象丢失现象。

　　　　病例–对照研究——如果可行，解释病例和对照的匹配处理情况。

　　　　现况研究——如果可行，描述涉及抽样策略的分析方法。

　　（e）描述敏感性分析。

结果

13. （a）报告每一研究阶段的个体数量，如潜在合格、检测合格、确定合格、包括研究中、完成跟踪观察以及分析。

　　（b）解释每个阶段不参与的原因。

　　（c）考虑使用流程图。

14. （a）提供参与者的特征（如人口、临床及社会的）以及暴露和潜在混杂因素的信息。

　　（b）指出在每个变量上数据丢失的参与者个数。

　　（c）队列研究——跟踪时间总结（如平均时间和总时间）。

15. 队列研究——报告结局事件的数量或一定时间内的总体度量。

　　病例–对照研究——报告每个暴露类别的数量，或暴露的总体度量。

　　现况研究——报告结局事件的数量或总体度量。

16. （a）提供未校正的估计值，如果可以，提供调整混杂因素后的估计值及其精确度（例如95％的置信区间）。弄清调整
　　　　了哪些混杂因素以及为什么要调整这些混杂因素。

　　（b）报告连续变量分类时的分类界线。

　　（c）如果相关，考虑在一个有意义时间段将相对风险估计值转化为绝对风险。

17. 报告其他已完成的分析，如亚组及其相互影响分析和敏感性分析。

讨论

18. 根据研究目的，总结关键结果。

19. 讨论研究的局限性，包括潜在偏倚或不精确的来源；讨论潜在偏倚的方向和程度。

20. 根据目的、局限性、多重分析、相似研究结果及其相关的证据，全面谨慎地解释结果。

21. 讨论研究结果的普遍性（确切说是合法性）。

22. 提供资金来源和本研究及其相关研究中资助者发挥的作用。

参考文献

Arthur TM, Bosilevac JM, Nou X, Shackelford SD, Wheeler TL, Koohmaraie M. Comparison of the molecular genotypes of *Escherichia coli* O157:H7 from the hides of beef cattle in different regions of North America J Food Prot. 2007; 70: 1622-6.

Backer LC, Grindem CB, Corbett WT, Cullins L, Hunter JL. Pet dogs as sentinels for environmental contamination Sci Total Environ. 2001; 274: 161-9.

Barros AJ, Hirakata VN. Alternatives for logistic regression in cross-sectional studies: an empirical comparison of models that directly estimate the prevalence ratio BMC Med Res Methodol. 2003; 3: 21.

Berge AC, Moore DA, Sischo WM. Prevalence and antimicrobial resistance patterns of *Salmonella enterica* in preweaned calves from dairies and calf ranches Am J Vet Res. 2006; 67: 1580-8.

Bidwell LA, Bramlage LR, Rood WA. Equine perioperative fatalities associated with general anaesthesia at a private practice-a retrospective case series Vet Anaesth Analg. 2007; 34: 23-30.

Cramer G, Lissemore KD, Guard CL, Leslie KE, Kelton DF. Herd- and cow-level prevalence of foot lesions in Ontario dairy cattle J Dairy Sci. 2008; 91: 3888-95.

Dhand NK, Eppleston J, Whittington RJ, Toribio JA. Risk factors for ovine Johne's disease in infected sheep flocks in Australia Prev Vet Med. 2007; 82: 51-71.

Diehr P, Martin DC, Koepsell T, Cheadle A, Psaty BM, Wagner EH. Optimal survey design for community intervention evaluations: cohort or cross-sectional? J Clin Epidemiol. 1995; 48: 1461-72.

Elwood M. Forward projection—using critical appraisal in the design of studies Int J Epidemiol. 2002; 31: 1071-3.

Grimes DA, Schulz KF. An overview of clinical research: the lay of the land Lancet. 2002a; 359: 57-61.

Grimes DA, Schulz KF. Descriptive studies: what they can and cannot do Lancet. 2002b; 359: 145-9.

Guerin MT, Martin W, Reiersen J, Berke O, McEwen SA, Bisaillon JR, Lowman R. Houselevel risk factors associated with the colonization of broiler flocks with *Campylobacter* spp. in Iceland, 2001-2004 BMC Vet Res. 2007; 3: 30.

Hudson JI, Pope HG, Jr, Glynn RJ. The cross-sectional cohort study: an underutilized design Epidemiology. 2005; 16: 355-9.

Karama M, Johnson RP, Holtslander R, McEwen SA, Gyles CL. Prevalence and characterization of verotoxin-producing *Escherichia coli* (VTEC) in cattle from an Ontario abattoir Can J Vet Res. 2008; 72: 297-302.

Minihan D, Whyte P, O'Mahony M, Fanning S, McGill K, Collins JD. *Campylobacter* spp. in Irish feedlot cattle: a longitudinal study involving pre-harvest and harvest phases of the food chain J Vet Med B Infect Dis Vet Public Health. 2004; 51: 28-33.

Nasinyama GW, McEwen SA, Wilson JB, Waltner-Toews D, Gyles CL, Opuda-Asibo J. Risk factors for acute diarrhoea among inhabitants of Kampala District, Uganda S Afr Med J. 2000; 90: 891-8.

Parslow RA, Jorm AF. Pet ownership and risk factors for cardiovascular disease: another look Med J Aust. 2003; 179: 466-8.

Rubin DB. The design versus the analysis of observational studies for causal effects: parallels with the design of randomized trials Stat Med. 2007; 26: 20-36.

Sampimon OC, Barkema HW, Berends IMGA, Sol J, Lam TJGM. Prevalence and herd-level risk factors for intramammary infection with coagulase-negative staphylococci in Dutch dairy herds Vet Microbiol. 2009; 134: 37-44.

Schiaffino A, Rodriguez M, Pasarin MI, Regidor E, Borrell C, Fernandez E. Odds ratio or prevalence ratio? Their use in cross-sectional studies Gac Sanit. 2003; 17: 70-4.

Schmidt V, Schneider S, Schlomer J, Krautwald-Junghanns ME, Richter E. Transmission of tuberculosis between men and pet birds: a case report Avian Pathol. 2008; 37: 589-592

Schouten JM, van de Giessen AW, Frankena K, De Jong MC, Graat EA. *Escherichia coli* O157 prevalence in Dutch poultry, pig finishing and veal herds and risk factors in Dutch veal herds Prev Vet Med. 2005; 70: 1-15.

Speybroeck N, Boelaert F, Renard D, Burzykowski T, Mintiens K, Molenberghs G, Berkvens DL. Design-based analysis of surveys: a bovine herpes virus 1 case study Epidemiol Infect. 2003; 131: 991-1002.

Suzuki K, Kayaba K, Tanuma T, Kitazawa J, Yanagawa H. Respiratory symptoms and hamsters or other pets: a large-sized population survey in Saitama Prefecture J Epidemiol. 2005; 15: 9-14.

Trotz-Williams LA, Martin SW, Leslie KE, Duffield T, Nydam DV, Peregrine AS. Calf-level risk factors for neonatal diarrhea and shedding of *Cryptosporidium parvum* in Ontario dairy calves Prev Vet Med. 2007; 82: 12-28.

von Elm E, Altman DG, Egger M, Pocock SJ, Gotzsche PC, Vandenbroucke JP, STROBE Initiative. The Strengthening the

Reporting of Observational Studies in Epidemiology (STROBE) statement: guidelines for reporting observational studies Epidemiology. 2007; 18: 800-4.

Williams DL, Heath MF, Wallis C. Prevalence of canine cataract: preliminary results of a crosssectional study Vet Ophthalmol. 2004; 7: 29-35.

Woerner DR, Ransom JR, Sofos JN, Dewell GA, Smith GC, Salman MD, Belk KE. Determining the prevalence of *Escherichia coli* O157 in cattle and beef from the feedlot to the cooler J Food Prot. 2006; 69: 2824-7.

Wright JD, Kritz-Silverstein D, Morton DJ, Wingard DL, Barrett-Connor E. Pet ownership and blood pressure in old age Epidemiology. 2007; 18: 613-8.

第 8 章

队列研究

吴清民 译　焦新安 校

目的

阅读本章后，你应该能够：

1. 区分与队列研究设计有关的开放和封闭的来源群体；

2. 描述基于风险和基于率的队列研究主要设计特点；

3. 鉴定符合基于风险的队列研究的假设因素和群体类型；

4. 鉴定符合基于率的队列研究的假设因素和群体类型；

5. 详述队列研究中暴露选择和度量的原则；

6. 设计与实施有效的队列研究，以验证具体假设。

8.1　引言

　　这里"队列"，是指一组具有相同状态或特征，并在流行病学研究设计中处于相同暴露状态的研究对象。在队列研究设计中，需要对研究对象从暴露开始直到出现结局进行追踪调查（Grimes & Schulz，2002）。研究对象可以是个体动物、人群或者动物群体，如一胎、一栏或一圈、一群、一窝等。通常获得的结局是某种特定疾病的发生，但也可能是其他方面的结局，如早产或死亡等。

　　如果已经清楚研究对象的暴露状态，可直接根据源群体的暴露状态不同，选择研究组群（如两个队列时，选择一个暴露组和一个非暴露组作研究对象）。如果不清楚群体的暴露状态，可选择单独的研究组群，使其位于目标暴露因素的范围之内，然后再分别确定每个研究对象的暴露程度。我们将前者称为队列研究，后者称为单个队列或纵向研究。但根据研究设计的目的，通常没必要对二者进行严格区别。在上述两种情况下，一旦选择并确认了研究对象，要确保其无特定疾病。接下来，通过对研究对象一段时间内的追踪调查，可以获得不同暴露程度研究组群的疾病发病率。在动物临床实践中研究结局可能是定量测定的生产量（如体重、产奶量、生产周期、产蛋量等）。尽管如此，比较暴露组和非暴露组中研究对象的生产量，应遵照队列研究设计的范例。例如，追踪调查两组牛群，其中一组在出生后8h内饲喂初乳，另一组不饲喂，最终确定该暴露对牛群生长的影响（见例8.1）。在一些研究中，最初的样本是根据暴露程度选择的，但新病例发病率测定非常困难，所以人们在选择研究对象时测定患病率，类似处理需按现况研究进行（见第7章）。

　　队列研究设计的基础是比较其他条件类似、暴露程度不同的两个组群间某结局出现的频率；研究结果的可信度取决于实际研究与理论设计的符合程度。队列研究设计及其分析评述可参阅相关的综述文章（Rothman 和 Greenland，2008），经典评述（Prentice，1995；Samet和Munoz，1998），以及来源于临床前瞻性队列研究的评述性文章（Mamdani等，2005；Normand等，2005；Rochon等，2005）。后面讨论主要集中在选择性偏倚和混杂设计预防方法，然后讨论队列研究报告（见8.8节）。

例8.1　基于风险分析的回顾性队列研究对健康状况及生产性能的调查

Dewell 等（2006）研究了新生犊牛血清中免疫球蛋白（IgG1）浓度与牛群健康状况和生产性能的相关性。该研究所用动物是美国肉用动物研究中心1996、1997、1998年间4岁以上纯种公牛的杂交后代，选用的1568头杂交牛都符合研究条件和要求。收集出生后24h到72h之间犊牛的血清，并分析确定其IgG1浓度（即定量测定其暴露程度），观察结果则包括犊牛出生到断奶期间的增重、发病率和病死率（大约200d）。

　　每一特定研究都面临自身独特的挑战，但所有研究都需先对研究目的进行清晰的描述。包括定义目标（针对群体推论）、源群体（研究组群的来源群体）、观察单位（如个体或群体）、暴露、疾病、追踪期、特定场所（周围环境或发生地点）。如果预先已知足够的生物学背景，病因假设应指出能造成疾病的暴露剂量和持续时间。明确研究目的有助于了解当前暴露与过去暴露是否关联；长期暴露还是短期暴露对结局的影响较大；是否有必要对暴露进行反复测定，如果有必要应如何处理暴露程度的改变。

　　根据现有记录的应用程度，队列研究可分为前瞻性队列研究和回顾性队列研究。在前瞻性研究设计中，研究开始时疾病尚未发生；相反，在回顾性研究设计中，选择确定研究群体时，追踪调查已经结束，而且疾病事件也已出现。与回顾性研究相比，前瞻性研究具有收集更为详细信息并专门记录详情的机会（如Jacob等，2005），而回顾性研究则依赖已有的数据库（如Egenvall等，2005）。

8.2 研究组群

选择暴露组群时，最好来自同一源群体，以保证研究对象具有更多相同的特征，从而降低背景干扰和/或一些无法度量混杂因素的风险。例如，一个源群体可以定义为某一地理性区域的群体（如某一指定地区的猪场），也可以是一个虚拟群体，如宠物门诊的就诊犬，或同一兽医服务的几个农场等。其他一些特定条件，包括年龄、品种、畜群大小等都可用来限定研究组群，但必须清晰、明确地限定所有条件。通常，从源群体中选择研究对象时是有明确目的而不是随机的。尽管这样做可能会增加选择性偏倚的风险，通常又是继续研究的实际可行的唯一途径。研究设计中本部分相关的具体内容将在第12章详述。

通常，队列研究设计时，假设暴露组和非暴露组中选择相同数量的个体。然而，这种假设并非不可调整，若因成本或其他实际问题涉及的暴露组限制了样本大小，则需对此加以解释。最初，假如疾病可以通过风险因素来度量，则样本大小的估计也可由此完成（见8.2.1），如第2章展示。即使在开放群体中进行基于率的队列研究，这种方法估计的初始样本大小也足够（见8.2.2）。当样本含量不均一且需重复测定时，可选用计算机软件进行计算；在对多变量回归模型或比例危害模型分析时，也可以选用新开发的软件进行估计（Latouche等，2004）。Cai和Zeng（2007）曾讨论队列研究和病例–队列研究中的样本大小评估。Matsui（2005）曾对具有生存期结局的基于率的队列研究设计的样本大小进行评估。Mazumdar等（2006）曾对具有生存期结局的分层匹配队列研究设计中的样本大小进行讨论。

8.2.1 基于风险（累计发病率）的队列研究设计

这是一种最简单的队列研究设计，但需要满足多种假设条件以保证设计的有效性。首先，在研究开始时需确定暴露组群并在研究过程中保持不变（称为固定队列）。第二，研究组群必须为封闭群体，即在整个危险期（如奶牛群产犊期间易出现产褥热的几天，或育肥场内牛群易发生呼吸道病的最初30d）内对所有研究对象进行观察。在该设计过程中，最好不出现或很少出现研究对象丢失（包括研究对象因其他疾病造成的丢失，或其他原因造成的死亡，或中途退出试验研究）。如果丢失比例较大（大于10%可作为一个分割点），其研究结论就会受到质疑。基于这一原因，风险性研究设计最好选择危险期较短的疾病进行研究（例如，奶牛不同品种发生的产褥热等）。在整个危险期内对所有对象进行观察，有助于计算出各种暴露组中的危险因素。像蹄部损伤类的慢性疾病，其风险期是终生的，远远大于追踪期，因此通常采用基于率（rate-based）的队列研究设计则更为适合。

以下2×2列表是研究对象在风险性（累计发病率）队列研究中的总结。

	暴露	未暴露	总数
发病	a_1	a_0	m_1
未发病	b_1	b_0	m_0
总数	n_1	n_0	n

本设计中，从整个源群体N_1个暴露个体和N_0个非暴露个体中，分别选择n_1个暴露个体和n_0个非暴露个体作为研究对象。追踪调查早期可确认这些群体中并无疾病发生，然后针对这些研究对象进行一定时期的追踪调查。在追踪观察期内，发现在n_1个暴露对象中a_1个研究对象出现疾病；在n_0个未暴露对象中发现有a_0个研究对象发生疾病。因此总共观测到m_1个发病对象和m_0个未发病对象。

两种风险因素（R）值是：$R_1=a_1/n_1$ 和 $R_0=a_0/n_0$。

注：公式中分母是每个暴露组中研究对象的数量。实例8.1描述了风险性队列研究。

8.2.2 基于率（发病率）的队列研究设计

在很多情况下，整个危险期内很难保证所有研究对象均处于观察范围内，特别是在源群体处于动态变化或者追踪期较长的研究设计中。这样，有时要在研究中期添加一些研究对象以便获得有意义的研究结局；或在追踪期内从研究组群中撤出一定比例的研究对象；也有可能是追踪期内某些研究对象的暴露程度发生了改变。以上情况出现时，不能仅仅计算暴露和非暴露对象的数量，还必须计算暴露组和非暴露组中每一研究对象处于危险时间的数量。因此分母将是每一个暴露组中研究对象–暴露时间的综合值，要求基于率的方法进行研究设计和分析。

在本设计中，拟将最初选择的属于暴露组和非暴露组的研究对象，从观察开始直到发病，或中途退出试验，或研究终止时，暴露于危险因素的时间总和作为分母。如果追踪期有新的个体引入到研究组群中，可以直接将其暴露于危险因素的时间加入到暴露组或非暴露组的分母中进行计算。

以下2×2列表是研究对象在基于率（发病率）队列研究中的总结。

	暴露组	非暴露组	总数
发病	a_1	a_0	m_1
暴露动物–时间	t_1	t_0	T

最初从源群体中分别选择 n_1 个暴露个体和 n_0 个非暴露个体。在研究观察期间，对所有研究对象暴露于危险因素时间持续期进行了追踪记录。最终，暴露组中在暴露动物–时间单位 t_1 中发现 a_1 个病例，而非暴露组中在暴露动物–时间单位 t_0 内出现 a_0 个病例。t_1 代表暴露组中所有研究对象暴露于危险因素的总时间，不管最终发病还是未发病。而 t_0 代表非暴露组中研究对象暴露的总时间。需要估计的两种率（I）是：

$$I_1=a_1/t_1 \quad 和 \quad I_0=a_0/t_0$$

如果追踪期相对较短，上述率值可以用来度量疾病发生的频率。如果追踪期足够长，超过整个追踪期的假设常量值，则可能导致可信度降低；这时可采用生存分析方法（见第19章）以保证数据更加可靠。实例8.2，8.3和8.4分别介绍了三种基于率的风险性队列研究。

8.3 暴露

在队列研究中，主要目标是确定某些特定的暴露因素所造成的影响。暴露是指任何潜在的、能够造成疾病的原因，如研究对象的某些基本特性，以及传染性病原体、毒素、圈舍条件、管理措施或饲养相关因素等。暴露度量看似简单，但需要仔细的设计和度量。每次研究设计都必须认真考虑暴露的构成细节。只要有可能，还应指明达到暴露阈值（exposure threshold）后多长时间就可以合理预期地观察到该暴露所致疾病（如潜伏期）。

暴露程度可用双变量（如暴露或非暴露）、等级度量（如低剂量、中剂量或高剂量）、连续变量（如每克粪便中含菌量、空气或水中含毒素的毫克数、摄入初乳量等）进行测定。暴露可直接用剂量或持续时间单独表述，也可以结合起来表述。通常需要确定暴露是否为长期暴露、历史暴露，而"暴露"度量主要针对当前暴露。由于暴露程度和暴露时间是有效队列研究的关键因素，因此减少暴露度量的误差至关重要。为了这一目标，要求系统了解"暴露因素"和病因因素高风险期相关知识。

例8.2 利用基于率的队列研究评估特定致病因素与骨折发生率间的关联程度

Verheyen等（2007）研究母马年龄和经产次数对其幼驹骨折发生率的影响。这项研究包含来自英格兰地区8个训练员335匹纯种赛马的资料数据，在幼龄开始训练时研究观察每匹马。记录的数据包括出生日期、是否有疾病、父系谱系等。在连续两年监测时间内，每天记录马匹训练速度和距离。最后，在排除外伤性事故引起的骨折后，统计骨折发生率。

因追踪调查期不同，以每匹马每月骨折发生率作为最终结局。母马第一胎所产幼驹，骨折发生的风险为0.56（每100马-月）；而经产两胎及以上母马所产幼驹，骨折发生风险为1.24（每100马-月）。因此，估算骨折发生的比值比（*IR*）为0.45。然后，通过Poisson回归模型评估母马经产次数及年龄对幼驹骨折发生的影响。利用这种方法，将每马每个年龄段（经产次数）中暴露马-月（horse-months）累计数与幼驹骨折发生进行关联，并进一步通过比值比（*IR*）阐述了潜在危险因素与疾病状态的关联程度。

8.3.1 永久暴露

暴露可能为一种永久因素（即时间不变）或随时间改变的因素。永久暴露，包括性别、品种因素以及类似疫苗接种的单次暴露，或犊牛出生12h内是否获得足量初乳等。永久暴露和单次暴露度量相对容易，但暴露是否充分很难限定。例如，单纯就犊牛吸食初乳的剂量来看就比想象的要复杂很多，因为可能涉及暴露组分的数量及暴露时机。在任何情况下，暴露因素都存在一个阈值或计量问题，因此有必要清晰地描述个体暴露所需的剂量。在早期保健研究时，根据研究目标可能需对暴露是否存在阈值进行评估；如果需要评估，则需确定其分割点是多少？若疾病事件出现在暴露完成之前，则失去分析价值，因为暴露不完全时不可能导致疾病发生（见图8.1）。

为了便于分析，当用连续变量测定暴露时可根据测定结果对暴露进行分类，但分类标准需清楚表明。通过永久暴露因素（24～72h免疫球蛋白在犊牛体内水平）进行队列研究的实例见例8.1。

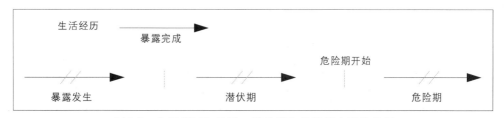

图8.1 生活经历与暴露、潜伏期和危险期之间的关系

例8.3 回顾性队列研究用于犬髋部发育异常与生存曲线关系的评估

Van Hagen等（2005）利用拳师犬队列对犬髋骨发育异常（CHD）发病率、危险因素以及导致后肢跛行等情况进行了调查。在该研究中，截至2002年6月，研究者对1994年1月至1995年3月期间出生于荷兰的1863只纯种拳师犬进行追踪观察。根据临床症状（诊断标准是非特异性的）由兽医确定CHD（*n*=97）。随访观察中的丢失犬，被定为审查对象。危险因素包括性别、是否阉割等。如果阉割，则记录阉割时年龄，并根据是否阉割分为暴露组（阉割）和非暴露组（未阉割），最终结局是CHD出现的时间。因此，危险因素与CHD发病时间关系可以通过比例危害模型分析（见第19章）。

8.3.2 非永久暴露

非永久暴露因素包括饲料定量供应、圈舍条件，随时间改变的环境暴露因素，研究对象特异性因素，如在饲养过程中较为重要的定时（年龄、泌乳期等阶段）修蹄、去势等程序化处理。某些暴露的持续时间及范围，如两个乳期以上母牛所处的圈舍条件类型，则是度量和分析的重要环节。这样可能会增加暴露因素度量的复杂性（如例8.3中的去势时间）。有时简单度量的暴露因素就足够了（如畜群暴露于混凝土地面与污染地面的时间）；而在另一些研究中，则有必要进行更为详尽的度量和分析（如畜群暴露于不同设计类型厩栏的时间、厩栏大小、地面材料构成等）。收集暴露相关的信息越详尽越好，包括暴露水平、暴露开始时间、暴露结束时间等，因为这样可以提高因果关系结论的可信度，并且利于疾病的预防或控制、增加对疾病发生机制的认识。例8.3与例8.4是暴露随时间改变的队列研究实例。

　　为了获得每个研究对象的暴露时间，有必要了解每种暴露组从瞬间暴露直到目标结局出现的危险期，或直到追踪调查中研究对象丢失时，或研究结束时的危险期。追踪调查中丢失的研究对象，则需要收集危险期数据直到暴露状态明确的最后时刻（如果丢失的准确时间不确定，可以利用已知最后暴露期间的中点代替）。如果已知暴露潜伏期，那么该期结束时，暴露个体的危险期应加到非暴露组中去。有些研究人员因不确定潜伏期的持续时间，常遗弃暴露个体在潜伏期间的病程。考虑到这种遗弃造成后果的不确定性，为了获得精确的结果，给未暴露组设定充分的危险期可能是最佳选择。

　　值得注意的是，暴露程度改变时，暴露组或非暴露组中单个研究个体都累加危险期，达到暴露阈值后，先前非暴露组的危险期归于暴露组。同样，如果预先的暴露个体变成非暴露个体，只在滞后效应期限结束后给非暴露队列中增加非暴露时间（以前的暴露个体）。当相同的研究个体出现于不同的暴露组时，暴露组即为发病对象，发病对象的暴露水平即为疾病发生的时间点。

　　至此，按研究对象的暴露程度，可将其划分为暴露和非暴露（即各种暴露），或直接划分到不同水平的暴露组。然而，在很多研究中，暴露是连续计数度量的，完全暴露的阈值可能不清楚，否则模拟剂量–应答方法中暴露与结局的因果关系更为合适。在另外一些情况下，保持连续计数进位具有很多优点，原因是对连续暴露变量进行分类可能会导致信息丢失。在此情况下，发病频率（即危险或率）与连续计数测定的暴露间关系可用合适的回归模型建立（Waldner，2008a、2008b）（见例8.1）

例8.4　对爱尔兰牛群疾病发生时间进行评估的回顾性队列研究

　　Olea-Polperka等（2004）通过回顾性队列研究对1995年新发结核病（暴露组）6000个牛群和1995年结核病阴性（非暴露组）的10000个牛群进行调查分析。如果群体发生结核病，在接下来的5年追踪期内所获结论是下一次结核病扑灭所需的时间。在该研究中，每个牛群暴露程度的确定是依据1995年牛群发生结核病的阳性个体数（净化牛群中无阳性牛），并依据严重程度分为5个级别。尽管这是一个固定队列（仅1995年出现新病例牛群需进行连续5年的追踪）。在长期追踪中，要设定一个风险常数是不现实的，所以利用生存模型（比例危害模型）进行了固定风险因素评估。在5年追踪期间比较了每个暴露组中新病例发生率（不包括1995年病例）。

8.4　保证暴露组和非暴露组的可比性

　　如果不同暴露组中研究对象在与结局和暴露均相关的因素方面不可比，将会产生暴露与结局间因果关系评价（Klein Genltink 等，2007）的偏倚（即混杂，见第13章）。通常，暴露组和非暴露组之间（除暴露状态外）可比性的确定，可以应用下列三种方法。第一种方法主要用于研究对象选择之前，包括排除或限定研究样本。通过这种方法可以确认可能含有的混杂因素变量，然后将研究对象的选择限定在一个变量水平上（例如相同年龄、相同饲养条件或相同性别），以便消除一些特定因素或未知因素引起的混杂、降低研究对象的背景变量。第二种方法用于研究对象选择之时，包括对整个暴露组中匹配同一水平混杂因素的研究对象。为了达到这一目标，首先要确认主要混杂变量，然后选择非暴露对象，获得与暴露组具有同一水平混杂因素的对象（配对标准应具有特异性和可描述性）。配对可避免队列研究中的混杂因素，有利于获得有效的研究结果。第三种预防混杂的方法是使用分析性对照。利用这种方法，能够在分析过程中确定和度量重要的混杂因素，然后通过统计对照（例如从Mantel-Haenszel型分层分析至多变量回归分析）调整这些混杂因素（更多混杂因素介绍见第13章），以获得无偏倚的联系度量。

8.5 追踪期

为了提高队列研究的有效性，追踪调查过程中有关暴露程度的调查，要求尽可能地完整并无偏倚。如果要获得无偏倚的追踪调查结果，需要对暴露程度进行盲法观察。前瞻性和回顾性研究常常使用盲法观察（尽管后者存在更多限制条件），例如在前瞻性研究中，一些研究者被指派进行追踪调查任务时并不知晓暴露程度；在回顾性研究中，审查记录结果的研究者在任何情况下都不应知晓研究对象的暴露程度。在上述任一种情况下，都应尽可能准确记录结果出现的日期，以减少可能的度量误差。如果使用被动监测，则需确认病例发生时间（如，可能是第一个症状出现的时间，或兽医检查的时间）。针对研究对象，配合主动监测和常规检查，将会产生更为准确的数据（Jacob等，2005）。

除非研究时间很短，列举并鉴定类似Tooth等（2005）描述的、在特定时间内危险群体的特征和数目将对进一步分析具有重要意义。此外，收集辅助信息可帮助解决某些研究对象丢失的问题，例如因出售或淘汰研究对象等引起的丢失，还可用于评估审核方法是否与暴露无关联等。

8.6 度量结局

每项研究都需严谨的试验程序确定结局发生及其时间节点。诊断标准的明确定义有助于尽量减少可能出现的诊断误差（例如，髋部发育异常或跛行的定义等）。回顾性队列研究时，若只有结论性诊断信息，则能证明明确定义诊断标准面临困难；在前瞻性队列研究计划时要求包含特定的诊断标准。如果可能，在前瞻性研究中，还应保证诊断技术人员不知晓暴露因素及其程度（盲法诊断），这样做可以平衡诊断误差，但不能降低诊断误差。

由于疾病流行是通过发病率度量的，严格讲，这种度量需要至少两步检验：第一步是在追踪调查开始时，要确保研究对象没有目标疾病发生；第二步是在追踪期间，要确认是否出现病例或出现的时间。只有新发疾病才具有发病率度量过程中以及疾病持续期效应和生存偏倚造成关联度偏倚的反向因果问题（见第12章）。回顾性研究中，人们在追踪调查开始时常常假设无病例，但在前瞻性研究中，追踪调查开始时则需要正式确认研究对象中无特定病例发生。

如果用临床诊断数据确定疾病事件发生及其时间，那么记录时间应是诊断时间而非疾病发生的时间。对于可能具有持续存在亚临床状态的疾病来说，若忽略这种时间差就会导致推论误差的出现。如果对研究组群进行疾病规律性定时筛查，则可将疾病发生的时间定于两次检测的中点。

如前所述，当流行病学方法用于家畜保健相关具体情况评价时，所得结局通常是动物生产相关的参数，而不是疾病发生。这样，生产性指标评价的数据就是研究的目标。以连续性生产变量为目标的队列研究为例，其中包括调查确定影响猪群生长率的因素（Johansen等，2004）或影响奶牛产奶量的因素（Berry等，2007）。后者，有效数据主要是反复测定的母牛产奶量（按月）和泌乳总量。在该研究及其他调查中，研究者需确定哪种度量方法对评价假设因素最重要，并能获得最适合某种分析方法的数据。

队列研究的优点之一是能根据某种指定的暴露因素评价获得的多种结局。在病因推论时，Kunzli等（2001）指出，在对研究对象的特定组群追踪调查一定时间后，研究者可以获得该研究群体中所有死亡的数据，无需考虑暴露效应的时间长短。然而，如果要评估多种结局（例如Berry等调查奶牛产奶量与疾病发生），其中一些结局与暴露偶而会有显著的相关性。在这种情况下，最好将该研究看作是假设提出而非假设验证，除非这种结局是先前存在的，否则可在统计显著性的P-值中引入惩分（penalty）。

8.7   分析

8.7.1   基于风险的队列分析

若属于封闭性的源群体，可以在追踪期间测定疾病和生存时间的风险平均值。所用的基于风险双变量分析见第6章，分层分析（用于混杂对照）见第13章。通常，多变量模型建立的基础是Logistic回归模型，以比值比作为相关性度量的基础（见第16章）。例如，Green和Cornell（2005）用Logistic回归分析对牛群扑灭结核病的相关因素进行了基于风险的队列研究。近年来，通过对数二项式模型（log-binomial model）（见第16章）和Poisson模型（见第18章）能直接无偏差地评估基于风险的队列研究中相关性度量的风险率。

Cheung（2007）报告，如果风险差异而非风险率不同是相关性评估的主要目标，也可以利用线性回归进行分析。

Cox（2006）和Greenland（2004）讨论了队列研究中的群体归因分值（AF_P）。Cox认为，当暴露率已知（单个队列或纵向研究样本）或可以估测（某些队列研究）时，可通过对数线性模型调整AF_P。Greenland曾报告利用Logistic模型、对数线性模型或Poisson模型中一种或多种方法，获取包括AF_P在内的各种联系评估值的分析技术。

8.7.2   基于率的队列分析

若源群体为开放性，通常用率度量发病率（见例8.3）。在兽医文献中，大部分率相关数据分析模式是生存模型（例如Egenvall等，2005；Jacob等，2005）。Callas等（1998）在队列数据分析过程中，比较了比例危害模型、Poisson模型和Logistic模型，发现前两种模型比Logistic模型分析的效果更好，这一结论也被其他研究者所证实（Greenland，2004）。分组数据多变量分析时，也可用Poisson回归模型（见第18章）进行，用每一暴露组中研究对象的危险期作为补偿，该模型中的系数值能直接用于发病率比值比的估计。如前所述，发病率是相对于每一暴露水平的危险期表述的，并非暴露个体（或非暴露个体）的数量。如果疾病（结局）发生的时间比疾病发生的事实更有意义，可将生存模型作为一个备选方法（Case等，2002）。Olea-Polpelka等（2004）提供了这一方法的实例（见例8.4）。例8.5是基于率的队列研究马疝痛的实例。

如果暴露度量是复合性的（例如，总暴露由暴露水平乘以暴露天数决定），那么利用同一模型分别研究各个组分更有利，因为它们可能具有不同的效应（可能是暴露的慢性效应，而非增加疾病风险的暴露水平）。

8.8   队列研究报告

如第7章所述，人们普遍愿意采取措施促进观察研究的报告（STROBE）（von Elm等，2007），本章将详细说明如何制定研究计划和书写报告，帮助读者评估队列研究文献的有效性（见表8.1和表7.2，分别是队列研究和各种观察研究的设计要求）。

例8.5 利用回顾性队列研究确定马肠道手术后生存时间的风险因素

　　Proudman等（2005）报道了马小肠手术恢复后长期生存的影响因素。研究源群体是1998年3月至2004年3月期间，经利物浦大学兽医学院进行小肠外科手术的382匹马。不同暴露组分组的依据包括年龄、品种、临床病理学参数及外科手术的性质、范围和持续期等大量潜在风险因素。生存时间是一个连续变量，即从外科手术恢复直到其死亡，或截止到2004年3月18日。生存时间的变化范围是1~1500d（统计数据作者未列出），作者应用COX比例危害模型进行了数据分析。

表8.1 评价已发表的队列研究文献的标准（Tooth 等，2005）

标　准

1.是否指明本研究的目的和假设？

2.目标群体是否确定？

3.采样框架是否确定？

4.研究群体是否确定？

5.是否描述研究地点（管辖地）或地理位置？

6.研究数据是直接表述还是间接表述？

7.是否描述合格性标准？

8.是否提及研究过程中"选中"的问题？

9.参与者数量是否确定？

10.是否提及满足或不满足合格性标准的数量？

11.如果不合格，是否提及原因？

12.是否提及愿意或者不愿意参与的人数？

13.是否提及不愿意参与者拒绝的原因？

14.是否对回应者和未回应者进行比较？

15.是否提及研究开始时参与者的数量？

16.是否描述数据收集的方法？

17.是否提及度量方法的可靠性和重复性？

18.是否提及度量方法（相对于"金标准"）的有效性？

19.是否提及混杂因素？

20.是否提及每个特定阶段参与者的数量？

21.是否提及追踪调查中丢失的原因？

22.是否提及在每次波动时丢失的数据项？

23.是否描述分析的种类？

24.是否有纵向分析方法？

25.是否报告了绝对效应量？

26.是否报告了相对效应量？

27.是否在分析时考虑到追踪丢失数据？

28.分析时是否考虑了混杂因素？

29.分析时是否考虑了丢失数据的原因和意义？

30.是否对偏倚的影响进行定性评价？

31.是否对偏倚的影响进行定量估计？

32.作者是否将结果用于目标群体？

33.是否进行了其他概括性讨论？

参考文献

Berry DP, Lee JM, Macdonald KA, Roche JR. Body condition score and body weight effects on dystocia and stillbirths and consequent effects on postcalving performance J Dairy Sci 2007; 90: 4201-11.

Cai J, Zeng D. Power calculation for case-cohort studies of non-rare events Biometrics. 2007; 63: 1288-95.

Callas PW, Pastides H, Hosmer DW. Empirical comparisons of proportional hazards, Poisson, and logistic regression modeling of occupational cohort data Am J Ind Med 1998; 33: 33- 47.

Case LD, Kimmick G, Paskett ED, Lohman K, Tucker R. Interpreting measures of treatment effect in cancer clinical trials Oncologist. 2002; 7: 181-7.

Cheung YB. A modified least-squares regression approach to the estimation of risk difference Am J Epidemiol 2007; 166: 1337-44.

Cox C. Model-based estimation of the attributable risk in case-control and cohort studies Stat Meth Med Res 2006; 15: 611-25.

Dewell RD, Hungerford LL, Keen JE, Laegreid WW, Griffin DD, Rupp GP, Grotelueschen DM. Association of neonatal serum immunoglobulin G1 concentration with health and performance in beef calves J Am Vet Med Assoc 2006; 228: 914-21.

Egenvall A, Bonnett BN, Ohagen P, Olson P, Hedhammar A, von Euler H. Incidence of and survival after mammary tumors in a population of over 80,000 insured female dogs in Sweden from 1995 to 2002 Prev Vet Med 2005; 69: 109-27.

Greenland S. Model-based estimation of relative risks and other epidemiologic measures in studies of common outcomes and in case-control studies Am J Epidemiol 2004; 160: 301-5.

Jacob F, Polzin DJ, Osborne CA, Neaton JD, Kirk CA, Allen TA, Swanson LL. Evaluation of the association between initial proteinuria and morbidity rate or death in dogs with naturally occurring chronic renal failure J Am Vet Med Assoc 2005; 226: 393-400.

Johansen M, Alban L, Kjaersgard HD, Baekbo P. Factors associated with suckling piglet average daily gain Prev Vet Med 2004; 63: 91-102.

Klein-Geltink JE, Rochon PA, Dyer S, Laxer M, Anderson GM. Readers should systematically assess methods used to identify, measure and analyze confounding in observational cohort studies J Clin Epidemiol 2007; 60: 766-72.

Kunzli N, Medina S, Kaiser R, Quenel P, Horak,F,Jr, Studnicka M. Assessment of deaths attributable to air pollution: should we use risk estimates based on time series or on cohort studies? Am J Epidemiol 2001; 153: 1050-5.

Latouche A, Porcher R, Chevret S. Sample size formula for proportional hazards modelling of competing risks Stat Med 2004; 23: 3263-74.

Mamdani M, Sykora K, Li P, Normand SL, Streiner DL, Austin PC, Rochon PA, Anderson GM. Reader's guide to critical appraisal of cohort studies: 2. Assessing potential for confounding Br Med J. 2005; 330: 960-2.

Matsui S. Sample size calculations for comparative clinical trials with over-dispersed Poisson process data Stat Med 2005; 24: 1339-56.

Mazumdar M, Tu D, Zhou XK. Some design issues of strata-matched non-randomized studies with survival outcomes Stat Med 2006; 25: 3949-59.

Normand SL, Sykora K, Li P, Mamdani M, Rochon PA, Anderson GM. Readers guide to critical appraisal of cohort studies: 3. Analytical strategies to reduce confounding Br Med J. 2005; 330: 1021-3.

Olea-Popelka FJ, White PW, Collins JD, O'Keeffe J, Kelton DF, Martin SW. Breakdown severity during a bovine tuberculosis episode as a predictor of future herd breakdowns in Ireland Prev Vet Med 2004; 63: 163-72.

Prentice RL. Design issues in cohort studies Stat Meth Med Res 1995; 4: 273-92.

Proudman CJ, Edwards GB, Barnes J, French NP. Modelling long-term survival of horses following surgery for large intestinal disease Equine Vet J 2005; 37: 366-70.

Rochon PA, Gurwitz JH, Sykora K, Mamdani M, Streiner DL, Garfinkel S, Normand SL, Anderson GM. Reader's guide to critical appraisal of cohort studies: 1. Role and design Br Med J. 2005; 330: 895-7.

Rothman KJ, Greenland S, Lash TL. Modern Epidemiology, 3rd Ed. Philadelphia: Lippincott Williams & Wilkins; 2008.

Samet JM, Munoz A. Evolution of the cohort study Epidemiol Rev 1998; 20: 1-14.

Tooth L, Ware R, Bain C, Purdie DM, Dobson A. Quality of reporting of observational longitudinal research Am J Epidemiol 2005; 161: 280-8.

van Hagen MA, Ducro BJ, van den Broek J, Knol BW. Incidence, risk factors, and heritability estimates of hind limb lameness caused by hip dysplasia in a birth cohort of boxers Am J Vet Res 2005; 66: 307-12.

Verheyen KL, Price JS, Wood JL. Fracture rate in Thoroughbred racehorses is affected by dam age and parity Vet J. 2007; 174: 295-301.

von Elm E, Altman DG, Egger M, Pocock SJ, Gotzsche PC, Vandenbroucke JP, STROBE Initiative. The Strengthening the Reporting of Observational Studies in Epidemiology (STROBE) statement: guidelines for reporting observational studies Epidemiology. 2007;
18: 800-4.

Waldner CL. Western Canada study of animal health effects associated with exposure to emissions from oil and natural gas field facilities. Study design and data collection I. Herd performance records and management Arch Environ Occup Health. 2008a; 63: 167-84.

Waldner CL. Western Canada Study of Animal Health Effects Associated With Exposure to Emissions From Oil and Natural Gas Field Facilities. Study Design and Data Collection III. Methods of Assessing Animal Exposure to Contaminants From the Oil and Gas Industry Arch Environ Occup Health. 2008b; 63: 201-19.

第9章

病例–对照研究

吴清民 译　焦新安 校

目的

阅读本章节后，你应该能够：

1. 描述基于风险的病例–对照研究及基于率的病例–对照研究的主要特征；

2. 识别符合基于风险的病例–对照研究的假设以及群体类型；

3. 识别符合基于率的病例–对照研究的假设以及群体类型；

4. 区分开放及封闭一级基础群体（primary–base）与二级基础群体（secondary–base）病例–对照研究；

5. 阐述选择和确定病例系列的原则；

6. 解释开放式及封闭式一级基础病例–对照研究的对照选择的主要特征；

7. 解释开放式二级基础病例–对照研究的对照选择的主要特征；

8. 设计并实施满足特定研究目的的有效病例–对照研究。

9.1　引言

病例–对照研究的基础是选择病例组与非病例组（对照），然后比较病例组与对照组中暴露因素出现的频率（Rothman等，2008）。病例组是指患有某种特定疾病的个体或者具有某种特定结局的个体；对照组是指在选择时未患该病或不具有某种指定结局的个体。需要特别指出的是病例–对照研究并不是针对患病个体与健康个体之间的比较分析，而是在能显示源群体暴露状态、且暴露于特定因素的患病组（个体）与未患病组（个体）之间的比较。若对照出现特定结局，则可以归入病例组。有关病例–对照研究设计的关键问题可参考文献（Schulz和Grimes，2002）。尽管描述的研究设计好像是以动物个体为指定的单位，但病例–对照研究同样适用于群体，例如以一窝动物、一个畜棚或畜群为研究对象（如例9.1以笼为单位及例9.2以农场为单位）。因此，这里的特定单位可理解为研究对象。在多数情况下，研究获得的特定结局为某一特定疾病，或某一特定因素引起的死亡率，但通过病例–对照研究模型可以分析获得多种研究结局（D'Agata，2005）。本章讨论了病例–对照研究用于多重耐药性细菌风险因素评估中的限制性及其解决方案。

通常，病例–对照研究是按回顾性方式进行，因为往往研究开始时，结局（如疾病）已经发生。但也可以进行前瞻性病例–对照研究，在此情况下病例直到研究开始后才出现，并且随着时间的推移逐步发展（如例9.6和Archer，2008）。

9.2　研究的基础群体

研究的基础群体是指获得病例组和对照组的群体。如果研究基础是背景清晰、具有明确采样单位清单的源群体，则被定义为一级研究基础群体或一级基础群体。如果研究的基础群体不是直接来源于实际的源群体，而是通过一步或多步排除获得的，例如门诊、实验室或者中心登记处，则此类源群体被称为次级研究基础群体或二级基础群体。

在病例–对照研究中描述源群体时，术语"巢式"是指列举的能从中选出病例的源群体。通常，整个群体的子样本形成了具有病例序列的源群体，而所有病例或部分病例来自该源群体（见例9.4，马的样本构成了源群体，并从中选出病例和对照）。相对于其他类型病例–对照研究，在巢式病例研究中病例与对照的样本比例已知，因此可以通过暴露状态估计疾病的发生频率。由于比对对象（对照）来自同一个特定背景的群体，因此可在一定程度上避免选择偏倚现象的发生。Rundle等证明，如果要采集和分析生物学样本以确定暴露因素，巢式设计优于病例–队列研究设计。二者要确定的关键问题是解释生物标志物长期储存和反复冻融的批量分析效果。无论研究是否针对背景明确的群体，根据具体情况全面考虑病例–对照设计是有益的，因为这样有助于对照对象的有效选择。

根据病例对照研究设计是在开放性源群体还是封闭性源群体中进行研究，有必要对设计进行调整。如4.4.1部分介绍，封闭式群体是指群体中成员是固定的，研究过程中不增加新的实验对象（如某年内一个奶牛场新出生的犊牛）；而开放式群体是指在研究过程中群体成员可以增加或减少（如母猪群和犬场）。如果群体内研究对象的特征，如暴露状态，不随时间而变化，该群体被称为固定群体。而封闭式群体中的研究对象不固定，尤其在跟踪调查期较长时（例如年龄）。

类似于队列研究，采用封闭式群体有助于风险病例–对照研究设计，而开放式群体大多要求率的研究设计。如果特定结局的危险期具有时限性，则群体很可能变为封闭式。有时，为了研究需要可将开放式群体转为封闭式群体。例如，在研究一年内某奶牛群乳房炎的风险因素时，应考虑该牛群新加入奶牛的数量以及泌乳期已经结束的母牛。但若要通过追踪调查产犊后60d泌乳期内乳牛，研究泌乳前60d内首次发生乳房炎的风险因素，则需要应用封闭式群体。此时，只有在牛群中产犊且被追踪研究60d的母牛才可作为研究对象。

9.3 病例序列

选择病例序列时需考虑的关键性因素包括：确定病例来源、疾病定义（结局的诊断标准）、是否只有偶发病例，或既有偶发病例也有流行病例。通常情况下，每个研究对象只有出现结局时才被列入病例系列。

普遍认为，相对于流行病例而可只选择偶发病例用于研究。在特定情况下也可将流行病例纳入研究内容，但此种情况属于例外。因为用这类事件进行研究时，可能会出现一些问题，详见第7章。

选择病例的关键是确定全部病例是来源于一级基础群体，还是二级基础群体，如兽医门诊或者特定疾病的注册中心。直接从源群体中选择病例具有明显的优势，可降低潜在的选择性偏倚发生，但其执行难度较大且较使用二级基础群体的费用高。在一级基础群体中，需要付出努力以完全确认病例。在兽医学相关研究中针对一级基础群体的研究应用较为普遍，因为农场具有良好的记录资料，可查明动物数量及健康状况（尽管需要处理畜主主诉与兽医诊断病例）。如之前所述，尽管奶牛群体为开放式，研究设计可将此畜群看做封闭式群体以进行基于风险的分析。二级基础群体研究的主要问题是概念化表达病例来源的实际源群体，以便选择过程可以确保对照来源于同一源群体。实际上，如果次级源群体能够出现特定疾病则应该从该次级源群体中选择对照，但该群体很难定义。

确定研究对象为病例的诊断标准通常包括：特异性的、确切的临床症状，以及其他统一方法（适用于所有研究对象的程序文件性诊断标准，如实验室诊断结果）。假如完成诊断任务所需费用较高及所需时间较长，则应更加注意疾病的诊断标准，因为，此类病例的发生与其他多数病例存在显著差异。例如，因来自参照医院与来自私人诊所的犬自身免疫性疾病病例序列可能存在差异，然而，应用特异性诊断可能具有明显优点，防止假阳性出现，有助于降低因病例确认方法敏感性低引起的偏倚（Orenstein等，2007；另见第12章）。在有些情况下，可以根据疾病明显症状差异将病例序列分为不同亚类，特别是当疾病病因不同时。

连续结果的病例-对照研究

病例-对照研究建立在结局依赖性取样的基础上。典型的病例-对照研究结局采用双变量整理研究数据（发病/未发病，或是/否），然后通过Logistic模型进行分析。当结果通过连续性变量度量时（如日产奶量、日增重等），需随机或有目的地选择研究对象，然后比较研究对象结局分布的最高值和最低值，用Logistic模型进行分析以舍弃结局相关信息。如果采用原始的连续性结局，则需利用特殊的回归技术解释说明抽样结构（Jiang等，2009；Zhou等，2007）。这些模型可以将结局从线性比例转为类似Logistic模型，在此不进行详细描述。需要说明的是，如果采用结局依赖性取样，则不适合用常规的线性模型研究数据的分析。

9.4 对照选择的原则

在病例-对照研究中，选择合适的对照最为困难。有效对照的选择关键准则是对照对发生病例的群体暴露经历有代表性，对照在结局出现时就是病例。因此，源群体定义越明确，选择对照的设计方法就会越方便。Grimes 和 Schulz（2005）对正确选择对照进行了详细的讨论。Knol等（2008）提出，尽管在病例-对照研究中比值比是测定相关性的一项非常重要指标，但该方法是否适用其他联系度量方法，如比率比，则取决于研究设计以及对源群体的假设。

对照选择的主要原则：

- 对照需与病例来自同一研究基础群体。
- 在封闭式群体中，对照应能够代表暴露相关的源群体。
- 在开放式群体中，对照应反映出该群体中非病例亚群的暴露–时间分布。
- 将非病例研究对象选为对照的时间段与其变为病例（如果疾病发生）的时间段相同。

这些原则应针对研究设计因地制宜，本章主要讨论基于风险的传统研究设计。

9.5　基于风险设计的对照选择

兽医学中传统的病例–对照研究是基于风险的研究设计（如累计发病率）。在该研究中，对照选自研究结束后未发病的动物群。每个研究对象只有一次机会被选择作为对照。如果研究群体是封闭式群体，较为恰当采用这种设计。如果在选择对象之前危险期已经结束，则更适合采用这种设计。如果疾病爆发是由传染性因素或毒素引起，风险期较短，且在特定研究时期内所有病例都已发生（如食源性疾病点状爆发，或牛运输后牛呼吸道病爆发，见实例9.1），此种情况最适用于基于风险的研究设计。由于危险期（相对较短）已经结束，即使研究期限延长，实际上研究的病例也只能代表由特定暴露产生的所有病例。该设计假设审核与暴露无关（Knol等，2008）。

在基于风险的研究中，对照也应从每次发病的危险群体中选取，这样即可采用"匹配"方法进行分析。

封闭式群体有关暴露和结局分类如下表（大写字母表示群体，小写字母表示样本）：

	暴露	未暴露	总数
病例	A_1	A_0	M_1
非病例	B_1	B_0	M_0
总数	N_1	N_0	N

病例是研究期间发病的个体，对照则是研究期间未发病的个体。通常，研究对象包含全部或大部分病例（M_1），因此病例样本比例（sf）接近1；通常只有小部分非病例作为对照，且对照选择时不考虑暴露情况，因此暴露和非暴露对照的样本比例（sf）基本相同。例如，在研究末期，研究人员从源群体的暴露组非病例B_1与非暴露组非病例B_0中分别选择b_1与b_0作为研究对象。此时对照的选择与暴露状态无关，在这两种情况下非病例抽样比例应该相当。

样本中暴露组对照的数量为$b_1 = sf(B_1)$

样本中非暴露组对照的数量为$b_0 = sf(B_0)$

在一级基础群体研究中，对照的相同抽样比例可以通过从非病例群体中随机抽取固定数量，或固定比例的研究对象而实现（如，研究结束时从未发生疾病的组群抽取；见例9.1和例9.2）。Gustafson等（2007）（例9.1）和Melendez等（2006）分别在ISA和乳头瘤的风险因素研究中使用过所有可用的对照。与之相反，Kung等（2007）在禽流感风险因素研究时则从每个病例场中选择两个对照场样本（例9.2）。

在二级基础群体研究中，有关暴露的相同抽样比例，可以从挂号处列出的所有非病例研究对象中，通过随机方法选择对照。但在该研究中选择对照时还有另一个限制条件，即为了正确评估研究群体的暴露频率，应该从诊断结果与特定暴露无关的非病例研究对象中选取对照。正如以下所述，大多

例9.1 关于缅因州网箱养殖鲑鱼传染性贫血的一级基础群体基于风险的病例–对照研究

2004年，在缅因州3个农场中选择来自同一孵化场的80网箱鲑鱼作为研究对象，研究鲑鱼传染性贫血（ISA）的分布（80网箱鲑鱼构成特定研究的源群体）（Gustafson等，2007）。在网箱水平上鲑鱼 ISA发病的确认，主要通过对每网箱1~2只患病鲑鱼进行ISA病毒实验室检测证实。对照网箱是2004年内所有未发病鲑鱼所在的网箱。风险因素信息来源于公司及政府的资料。网箱水平上风险因素筛选方法是单变量模型，显著性差异p≤0.25的数据进一步利用多变量Logistic回归进行评估。

数二级研究基础群体来源于开放式群体，需要利用基于率的设计方法选取对照。

查阅文献过程中，发现许多研究使用基于风险途径选择对照，且多选用二级基础群体作为对照对象的源群体。如果研究对象审查不依赖于暴露，基于率的取样方法，结合常用的非匹配性风险（比值比）计算，能够获得较风险末期从非病例中取样更加一致的风险比值。例如，在食用动物疾病风险因素的研究中采用非独立性审查非常普遍，研究对象的移除受畜主的控制，那么受研究对象移除风险改变影响的一些疾病就可能与特定的暴露相关。

例9.2 中国香港鸡场A型禽流感一级基础群体的基于风险的病例–对照研究

2002年，香港146个鸡场中有22个鸡场分离到A型禽流感病毒（H5N1）（Kung等，2007）。由H5N1造成高死亡率以及爆发期内分离到H5N1病毒的鸡场被定为病例鸡场。每个病例鸡场选择2个在禽流感爆发后未发病的对照鸡场。通过问卷调查获得潜在风险因素信息，问卷包括62个封闭式及26个开放式问题，并且提前在5个鸡场进行了预测验。通过访问形式收集包括地理位置、鸡场特征、规模状况、健康史、生物安全、鸡场管理和市场运作等方面信息。另外通过香港渔护署官方记录获得农场区域、养殖规模以及新进鸡数量等信息，用来检验所获访问信息的有效性。

$$\frac{a_1/a_0}{b_1/b_0}=\frac{a_1 \cdot b_0}{b_1 \cdot a_0}$$

等式 9.1

在基于风险的研究中，将病例的暴露比值与对照的暴露比值联系度量就是比值比（OR）。OR是联系度量的有效指标，如果源群体中疾病的发生概率相对较低（<5%），OR还可用于计算风险比率（RR）。

9.6 基于率设计的对照选择

由于研究的群体常为开放式，因此病例–对照研究多采用基于率的研究（如发病密度），以确保对照选择时能够考虑到危险期。

有关群体病例数量和群体每个暴露水平的累积暴露时间的开放源群体分类如下表（其中大写字母表示群体，小写字母表示样本）：

	暴露	非暴露	总量
病例	A_1	A_0	M_1
暴露动物–时间	T_1	T_0	T

为了理解基于率的病例–对照研究设计，首先必须考虑：如何度量两个特定的关键的率值及相同源群体中队列研究包含的研究对象。回顾一下：在队列研究中，为了研究暴露与结局出现概率间的相关性，追踪调查期结束有两种特定的率值：

$$I_1=A_1/T_1 \quad 和 \quad I_0=A_0/T_0$$

等式 9.2

*A*代表偶发病例的数量，*T*代表每个暴露组中累积暴露动物-时间。值得注意的是，在跟踪调查开始时，所有的研究对象均为非病例，计算暴露组与非暴露组的累积暴露时间直到研究结果出现，或被选为对照，或者研究结束。队列研究的缺点是队列追踪需要调查所有的对象，特别是发病率低的疾病跟踪观察研究对象的工作量更大。队列研究的优点是只需少量对照序列即可反映研究对象的暴露时间，不需要列举所有群体或者暴露时间。因而，在基于率的病例-对照研究中，病例是在假设队列研究中发病的研究对象，而对照是从非病例对象中选取的。因此，暴露对照与非暴露对照的动物数量反映了T_1与T_0分母的相对大小，而无需考虑T_1与T_0的确切数值。

为了达到上述效果，在暴露和非暴露的非病例群体中采用相同抽样率（*sr*）选择对照。更确切地说，样本中暴露对照数量与暴露群体接触危险因素时间的比值（b_1），等同于非暴露群体中的对照数量与暴露组群体接触危险因素时间的比值（b_0）。

$$sr = \frac{b_1}{T_1} \approx \frac{b_0}{T_0}$$

等式 9.3

因此，在样本中

$$\frac{b_1}{b_0} \approx \frac{T_1}{T_0}$$

等式 9.4

鉴于此，研究群体中暴露组病例与暴露组对照的比值除以非暴露组病例与非暴露组对照的比值，约等于源群体中暴露组与非暴露组发病率比值（*IR*）。

$$\frac{a_1/b_1}{a_0/b_0} \approx \frac{A_1/T_1}{A_0/T_0}$$

等式 9.5

这个比值可被视为病例组暴露概率与对照组暴露概率的比值，又称作比值比（*OR*）或交叉产品率。在该设计方案中，比值比约等于发病率比（在队列研究中），且为了有效评估无需作出关于结局罕见的假设。

9.6.1 一级基础开放式群体的对照取样

如果群体稳定（暴露不随研究时间而改变），选择每个潜在对照对象的概率与出现结局总的暴露时间呈比例（忽略暴露程度），确保有效选取对照的方法是在研究期结束从源群体中随机抽取对照。这里需要一个条件，因为在对照组中应该反映出暴露组与非暴露组暴露时间总量。如果暴露时间数据已知，那么便可以暴露时间偏重选择的概率在研究结束时选取对照。因为每个研究对象至少在追踪期的某段时间内为非病例，因此每一研究对象均可能被选为对照，即使这些对象最终成为病例。对所有背景清晰、记录完整的畜群，暴露时间相对容易确定。例如，在牛白血病危险因素的病例-对照研究中，如果选用具有产奶记录的畜群作为研究对象，则可以获得每只奶牛的暴露时间资料，因此可用与暴露时间成比例的概率选取非病例。Richardson等（2007）对如何编辑软件匹配一个或多个协变量实现有效的风险集取样进行了方法学指导。Olea-Polpelka等（2006）利用此软件在爱尔兰进行牛结核病的研究时成功获得了对照组。但此方法进行对照选择的缺点是，如果需要采集生物学样本，选作对照的某些研究对象将无法参与取样过程。

更为普遍的情况是，源群体中研究对象个体的暴露时间未知，只能在整个研究阶段的某个固定时间点从风险集（源群体中某个时间点是可能成为病例的那些非病例）中选取对照。如果在整个研究阶段暴露水平几乎保持不变，且能够持续监视源群体中的成员以确定暴露群体，那么这种方法是可行的。在每一时间点对照取样的数量可能不同，且无需与病例组间具有固定的比例关系。正如之前所述，如果在整个研究阶段暴露因素及该群体的协变量特性均不发生变化（如稳定的源群体），那么样本的Logistic模型中OR约等于IR。

选取对照最为普遍的方法是按时间次序从匹配的风险集直为每个病例选择特定数量的非病例。这种方法被称为发病密度取样法，其优点是不需要考虑潜在对照组的暴露时间，也不需要假设群体是否稳定，从而在非病例转变为病例时随机选取大量对照。如果观察研究群体，每当一个对象转变为病例时，则可在那一时刻从源群体的非病例对象（B）中选取大量对照（b）。每一病例对应的对照数量可能不同，不需要在一定时间内具有固定的取样比。发病密度取样方法尤其适合暴露水平随时间变化的相关研究，这种匹配设计的研究数据分析也相当方便。然而，如果暴露水平不随时间变化（如稳定群体），则采用匹配方法有利于确定对照选择的时机，同时获得的数据可以通过非匹配方法进行分析。当利用时间匹配设计时，无论群体是否稳定，OR均约等于IR。

在基于率的设计中，最初被选为对照的研究对象可能会变为病例。由于某一对象可作为对照的时间段与其可作为病例的时间段相同，因此，疾病一旦发生则对照就转变为病例，此时获得的数据应分别保存并独立分析。即使研究中只出现第一例随发病例，在这些动物出现特定疾病后，该群动物也不再具有被选作对照的机会。对照组的数据反映了这些动物被选作对照时的暴露状态与协变量状态，而病例的暴露状态和协变量状态与其发病时间具有相关性。开放式群体中选择对照的过程亦说明同一研究对象可能多次被选作对照。值得注意的是，由于从源群体中直接取样，则不存在因暴露状态差异而遗漏潜在的对照（例如，在取样时源群体中未发病的任何个体均可被选为对照）。

9.6.2 二级基础群体研究中对照的选择

当诊所、实验室或注册中心作为病例的源群体时，常常需要进行二级基础群体研究。在此类研究中，从挂号注册中心选择非病例优于其他的源群体选择。如前所述，基本原则是潜在病例群体如果发生特定疾病即被送到该挂号注册中心，则对照便能够反映出潜在病例群体中暴露因素的分布情况。这里要了解的问题是，特定的暴露能否改变非病例进入该注册中心的概率，如果这样，则对照的暴露不能有效地评估源群体的暴露水平。为了避免这种偏倚现象的发生，可以在与特定暴露无关的、具有不同诊断结局的非病例中选择对照。在一些特殊的、限制性注册中心（如法定报告疾病），很大一部分研究对象所患的疾病与特定暴露因素相关，因此其暴露不能够反映源群体中非病例的暴露情况。目前已提出针对此情况的其他研究设计（见第10章；Keogh，2008）。

二级基础群体研究过程中取样的关键在于"接受病例（admission）"而非对象本身。另外，关于诊断项目排除对照应该与研究期间的接受病例相关，而不应该与之前的接受病例相关（例如，假如研究对象在研究进行之前因相关暴露被选作对照，则该对象在研究期间仍可作为对照，只要该次就诊与暴露不相关）。有人提出，对照只能从具有诊断数据证明与特定暴露因素不相关的其他病例中选取。但大部分研究者倾向于采用较宽松的排除原则，即从与暴露因素关系未知、可疑或相关的类群中选取对照。

与一级基础群体研究相似，选择对照的方法是随机从研究末期所有非病例中选择，同时排除与特定暴露因素相关的非病例。这也与基于风险的取样方法类似，但在此类研究中抽样单元是"接受病例"而非正常的研究对象。由于注册的原因可能为与研究不相关的多种疾病，如同种、异种等，非病例研究对象可能在注册中心登记注册多次，利用"接受病例"作为取样单元可以反映出它们的暴露时间（例如那些非病例长期处于源群体中，可能会因非病例类疾病被接受多次）。

在整个研究阶段还可以常规时间间隔从登记处的非病例中随机抽取对照。因此，假如一项研究期限为3年时间，需要选择300个对照的项目，研究者可从挂号登记处"接受病例"的非病例中每月随机选择8~9个样品作为对照。若群体固定则样本的 OR 约等于 IR。若源群体暴露水平随时间变化，通过固定间隔时间取样时，则可通过时间分层方法分析数据以避免偏倚现象的发生。

替代方法是：可选择特定数量被挂号注册中心接受的非病例（或随机选取一定时间如1个月内与特定暴露无关的对象）来匹配"暴露时间"。如果研究期间暴露水平稳定，可以采用非匹配分析，将时间匹配作为确定对照的适宜方法（例9.3）。如果研究期间暴露水平可变，则需采用匹配分析（例9.4）。Keogh（2008）曾针对多种匹配对照的选取方法进行讨论，包括多数对照与病例处于相同暴露状态时的反向抽样方法。

在任何情况下，若一个对象的暴露可变，暴露分类的主要依据是该对象转化为病例时，或被选作为对照时的暴露状态。

9.7   对照的其他来源

既可用于一级基础群体研究、又可用于二级基础群体研究的几种方法，包括邻比对照、用随机数字拨号方法在源群体中选择对照，以及之前确定的以群体为基础的对照。

当随机选取对照不可能实施时，选择病例邻近样本可能比较合适，但需要根据研究的具体情况确定其实用性。也就是说，假如邻近样本与暴露相关，应进行匹配分析。在有些研究中，选择邻近样本可能会引起偏倚，或导致重叠匹配现象发生。例如，在奶牛场贮奶罐沙门氏菌相关因素的一级基础群体研究中，以距离最近的农场作为对照，但这些农场主常与病例农场主具有关联，病例农场与非病例农场间共用农场设备和食品等。因此可能存在重复匹配现象（West等，1988）。同一畜棚内与病例邻近饲养的非病例在一些研究中适合作为对照，至少空间上与对照匹配。

例 9.3   马原虫性脑脊髓炎（EPM）的二级基础群体病例–对照研究

该研究是基于美国11所马病参照医院就诊的患有原虫性脑脊髓炎的183匹病马（Cohen等，2007）。研究采用发病密度病例–对照研究的设计方法。每一参与该项研究的医院在连续三年内（2001年9月至2003年8月31日），每年需至少提供五匹以下数据：10匹患EPM病马（病例）、10匹未患神经病病马（非病例）和6匹患有EPM以外其他神经病病马（神经病类对照）。非神经类病例是每个EPM病例发生之后医院接收的大于6月龄以上的马匹。神经类对照是医院接收的大于6月龄以上的，且患有除EMP之外其他神经类疾病的马匹。通过多项Logistic回归模型比较病例组与两个对照组之间的数据。时间匹配对照选择过程被认为是选择对照的较好方法，因此数据分析时可以忽略匹配。研究中没有介绍选取两组对照的原因以及对照对结果判定的影响，但对照组确实可导致结果产生差异。

利用随机数字拨号（RDD）方法联系潜在的对照对象（如动物主人等）。例如，潜在对照与病例的电话号码在区号上可能匹配，使用这种方法可能存在一些潜在问题，包括拨号时间、工作电话与住宅电话等；如果使用此方法，发现匹配过程与暴露相关，则在分析时应该对该"匹配"加以说明。DiGaetano与Waksberg（2002）比较了亲自筛选研究群体和应用RDD号码簿两种方法选取对照的异同点，并讨论了集合RDD法的应用。

为了避免在二级基础群体病例–对照研究中对照选择偏倚现象的发生，有人直接从源群体中选择对照（例9.5和例9.6）。例如，病例来源于注册中心，但其大部分病例与特定暴露相关，因此从其他来源（如源群体）获取对照，可能是反映源群体实际暴露历史，且具有比较组群的唯一途径。其中一个实例（Dore等，2004）利用了省法定报告疾病数据库中的病例（此数据库主要为食源性和水源性疾病病例，在不考虑实际诊断结果时大部分对象都与食源性或者水源性暴露因素相关，加拿大省级卫生部门的记录可作为对照的来源）。由于疾病报告数据库主要由患有食物源性疾病的病人组成，因此

例9.4　英国马匹呼吸道疾病基于率的巢式病例–对照研究

应用匹配病例–对照研究，确定英国青年赛马临床显性呼吸道相关的传染性因素及其他影响因素（Newton等，2003）。该项病例—对照研究处于一个较大的纵向研究范围内，其中从7个训练场的每个场选择10～15匹马进行指定时间的跟踪观察。1993～1996年间，研究人员共发现确定170个病例，呈现突然咳嗽、流鼻涕、发热等症状。每一病例在发病时从源群体中选择4个对照，并保持训练师和发病时间的匹配。对照选择的标准是选取时未出现呼吸道疾病症状，且与病例由同一训练师管理，并在病例发生后6周内选取（注意：有些对照可能随后转变为病例）。检测的因素包括年龄、性别、最早进入训练场的时间、距离最后一次参加比赛的时间以及是否服用抗生素等。用多变量条件性Logistic回归模型评价其他因素调整后病例的风险程度。

例9.5　瑞典犬二级基础群体的过敏性皮炎危险因素的基于率的病例–对照研究

该研究从瑞典12所宠物诊所获得58例犬过敏性皮炎（CAD）病例及61例与病例年龄和品种相匹配的未患病对照（Nodtvedt等，2007）。研究群体中只含有高患病风险的品种–伯赛犬、牛头狸以及西部高地白狸。取样时期是2003年6月开始，持续两年。新发CAD病例和之前被诊断为CAD的病例只要符合"去除"与"包含"标准即可被纳入研究范围。每获取一个病例，即在瑞典养犬俱乐部随机挑选一个同龄、同品种和健康犬群作为对照，利用单变量模型筛选潜在的危险因素。由于兽医诊所潜在的聚集性，多变量终点模型包括一项"检验兽医师"项目。关联程度度量包括比值比和不饲喂自备食物群体的归因分值。

例9.6　基于群体对照的人弯曲菌病基于率的前瞻性病例–对照研究

1999—2000年间在挪威3个城镇进行了人群散发性弯曲菌病的流行病学调查（Kapperud等，2003）。对212个病例，每一例发病后通过对医生以及患者的走访调查获得可能的风险因素。病例选取的条件是研究区域内的居民，经指定的三个医学微生物实验室之一经细菌培养证实患有由空肠或结肠弯曲菌引起弯曲菌病，在发病前2周内患者没有出国经历。每个病例出现时，从人口登记处随机选择两个年龄、性别、地区匹配的对照。采用条件性Logistic回归方法进行数据分析。

不易获得与食物暴露无关的对照（见第10章，病例–病例研究设计主要针对这一问题）。在其他情况下，来自研究群体的被选组群可以用于获取对照群体。在例9.5中，本来从12个诊所非病例群中获得对照较为实用，作者却从Kennel-club成员中选择对照。

从源群体选择对照时令人担忧的问题是低应答水平，进而引起选择性偏倚。Kalton与Piesse（2007）曾经讨论过一级基础群体研究和二级基础群体研究设计时源群体的对照选择以及用于说明复杂抽样设计的分析方法。

9.8　每一病例的对照数目

大多数研究采用1∶1病例–对照比，但该比例并非具有统计学有效性，因为1∶1病例–对照比并非固定不变。事实上，如果协变量和暴露相关信息已知（如某种意义上说，缺乏暴露数据），则可选取注册中心内所有合格的非病例作为对照，以避免抽样存在的问题。当病例数量较少时，可将病例与对照比提高到1∶1以上，以提高关联程度度量的准确度。有规范的方法用于确定合适的对照数量，但通常增加对照数量带来的优势并不显著，一般每个病例最多设置3~4个对照。

9.9　对照组的数目

为了平衡一个特定对照组造成的偏倚，在研究过程中可设置多个对照组。如果选择多个对照组，必须明确每一对照组可能存在的偏倚以及在对照组间存在较大差异时解释结果的方法。选择多个对照组可能增加分析的难度（例9.5），并且需要比较不同对照组的暴露水平。如果对照组差异不显著，可确保存在偏倚时所有对照组具有相同的净偏倚；但对照组间差异显著时，则不能确定选择哪一个对照组更好。一般的经验认为选择多个对照组的价值很有限。

9.10　暴露和协变量的评估

多数病例–对照研究为回顾性研究，即通过调查分析相关记录代替前瞻性研究中的跟踪观察。因此，在研究过程中准确定义"暴露"非常重要。在确定暴露状态及混杂因素相关信息时应尽量准确；如果此过程难以准确，至少对照组与病例组暴露史的鉴定过程的准确性应该一致，为此可在获取对照组和病例组暴露和混杂数据时使用相同程序；必要时也可让数据采集员通过"盲"法采集。

多数情况下，研究对象的暴露并非恒定，而是随时间变化的。如果在跟踪观察期，研究对象暴露状态发生变化，需要记录该变化及其时间，通常病例暴露状态应为疾病发生时存在的暴露范围，而对照暴露状态则为其被选为对照时的暴露状态。

9.11　维持病例和对照的可比性

为了获得暴露与结局间无偏倚的评估值，结局和暴露相关的协变量在对照与病例组间具有相似的分布状态是非常重要的。可以用"排除"与"包含"标准减少可能影响研究结局的外在因素，且该标准应能同时用于病例与潜在的对照。例如，若品种可能是一个混杂因素，那么可以在研究中只选择一个品种，即通常选择源群体中的优势品种。此方法可避免品种造成的混杂，但获得的结果常常不能推广到其他品种，且不能评估暴露与混杂水平（例如品种）间的相互作用。所用到的"排除"与"包含"标准必须陈述清楚，对已知混杂因素进行匹配是防止混杂的第二种策略，且可以在一定范围内提高效率。但对于病例–对照研究的某些目标（见13.3节），匹配并不能很好地发挥作用。如果需采用此方法，要描述具体实施方法，且要对数据进行条件性分析（见16.15）。第三种控制混杂因素的方法是分析性对照，即度量混杂因素，并使用多变量分析方法。此种方法最常用，有时和限制取样协同使用（详见第13章）。

9.12　病例–对照的数据分析

病例–对照研究的数据格式如下表所示，基于风险的研究与基于率的研究的取样设计相似。假设研究群体中暴露组病例为a_1，暴露组对照为b_1，非暴露组病例为a_0，非暴露组对照为b_0。共有病例m_1、对照m_0。由于取样设计时$m_1 : m_0$的比例是固定的，因此不能通过暴露水平估计发病率。2×2列表格式如下：

	暴露组	非暴露组	总量
病例	a_1	a_0	m_1
对照	b_1	b_0	m_0

第6章介绍了这些数据的处理分析过程，包括假设检验、比值比计算、设置比值比的置信区间。Grimes和Schulz（2008）详细解释了比值比的意义及作用，Rauscher和Poole（2006）曾讨论联合分类协变量的不同方法以获得比值比的常用参照类别（这是一种最佳的分析方法）。前面提到，比值比是否能评估风险比或比率比取决于研究设计。在基于风险的研究中，在跟踪观察末期选取对照，若源群

体发病率介于5%～15%之间，则比值比大约等于风险比。如果同时抽取样本，且用条件性分析方法（见16.15节），则在开放式和封闭式群体中的比值比大约都等于比率比。在封闭式群体中，如果数据分析时忽略匹配关系，则比值比仅仅是一个比值比。如果对照来源于开放式群体，且对照的选取与病例的发生不一致，只在群体稳定时比值比才大约等于风险比，否则只是比值比（Knol等，2008）。

King，Zeng（2002）与Richardson（2004）曾先后指出：比值比并非特定联系的度量方法。但是，除非具备源群体中暴露组与非暴露组的发病率数据，否则比值比是唯一可行的联系度量指标。用源群体暴露个体的τ分值及其上下限作参数，可以提供如何评估源自病例-对照研究数据的风险与概率差异（具有置信区间）。同样，Cox（2006）提出了如何估计归因分值的方法。

有时，病例-对照研究获得的数据可有效地用于第二次研究。Reilly等（2005）演示了当以前暴露变量成为第二次研究结局的数据分析方法（例如，最初研究使用癌症作为结局，幽门螺旋杆菌作为暴露因素，其后再使用相同数据以评估幽门螺旋杆菌存在的潜在风险因素）。Richardson等（2007）描述了如何分析与最初研究结局不同的病例-对照研究数据。

9.13 病例-对照研究报告指南

Von Elm等（2007）介绍了病例-对照研究需报告的主要项目[强化流行病学观察研究报告（STROB），详见列表7.3]，病例-对照研究特有的需报告项目见表9.1。如之前所述，本章详细介绍了病例-对照研究中的关键要点，希望能帮助读者制定病例-对照研究设计方案以及书写报告，同时帮助读者评估病例-对照研究出版物的可靠性。

表9.1 病例-对照研究结果报告项目列表（详见表7.3）

方法	6a 病例-对照研究：表明合格中选条件和标准、病例确认和对照选择的来源及方法、病例与对照选择的理由
	6b 病例-对照研究：对于匹配研究应标明匹配标准，每个病例对应的对照个数
	12 病例-对照研究：解释对照与病例之间如何进行匹配
结果	15 病例-对照研究：每一暴露类型中报告数量，或暴露度量概况

参考文献

Archer DC, Pinchbeck GL, French NP, Proudman CJ. Risk factors for epiploic foramen entrapment colic in a UK horse population: a prospective case-control study Equine Vet J 2008; 40: 405-10.

Cox C. Model-based estimation of the attributable risk in case-control and cohort studies Stat Meth Med Res 2006; 15: 611-25.

D'Agata EMC. Methodologic issues of case-control studies: a review of established and newly recognized limitations Infect Control Hosp Epidemiol 2005; 26: 338-41.

DiGaetano R, Waksberg J. Commentary: Trade-offs in the development of a sample design for case-control studies Am J Epidemiol 2002; 155: 771-5.

Dore K, Buxton J, Henry B, Pollari F, Middleton D, Fyfe M, Ahmed R, Michel P, King A, Tinga C, Wilson JB, Multi-Provincial Salmonella Typhimurium Case-Control Study Steering Committee. Risk factors for Salmonella typhimurium DT104 and non-DT104 infection: a Canadian multi-provincial case-control study Epidemiol Infect 2004; 132: 485- 93.

Grimes DA, Schulz KF. Compared to what? Finding controls for case-control studies Lancet. 2005; 365: 1429-33.

Grimes DA, Schulz KF. Making sense of odds and odds ratios Obstet Gynec 2008; 111: 423-6.

Gustafson L, Ellis S, Robinson T, Marenghi F, Merrill P, Hawkins L, Giray C, Wagner B. Spatial and non-spatial risk factors associated with cage-level distribution of infectious salmon anaemia at three Atlantic salmon, Salmo salar L., farms in Maine, USA J Fish Dis 2007; 30: 101-9.

Hak E, Wei F, Grobbee DE, Nichol KL. A nested case-control study of influenza vaccination was a cost-effective alternative to a full cohort analysis J Clin Epidem 2004; 57: 875-80.

Jiang Y, Scott A, Wild CJ. Case-control analysis with a continuous outcome variable Stat Med 2009; 28: 194-204.

Kalton G, Piesse A. Survey research methods in evaluation and case-control studies Stat Med 2007; 26: 1675-87.

Keogh RH. Inverse sampling of controls in a matched case control study Biostatistics 2008; 9: 152-8.

King G, Zeng L. Estimating risk and rate levels, ratios and differences in case-control studies Stat Med 2002; 21: 1409-27.

Knol MJ, Vandenbroucke JP, Scott P, Egger M. What do case-control studies estimate? Survey of methods and assumptions in published case-control research Am J Epidemiol 2008; 168: 1073-81.

Kung NY, Morris RS, Perkins NR, Sims LD, Ellis TM, Bissett L, Chow M, Shortridge KF, Guan Y, Peiris MJ. Risk for infection with highly pathogenic influenza A virus (H5N1) in chickens, Hong Kong, 2002 Emerg Infect Dis 2007; 13: 412-8.

Melendez P, Hofer CC, Donovan GA. Risk factors for udder edema and its association with lactation performance on primiparous Holstein cows in a large Florida herd, USA Prev Vet Med 2006; 76: 211-21.

Olea-Popelka FJ, Phelan J, White PW, McGrath G, Collins JD, O'keeffe J, Duggan M, Collins DM, Kelton DF, Berke O, More SJ, Martin SW. Quantifying badger exposure and the risk of bovine tuberculosis for cattle herds in county Kilkenny, Ireland Prev Vet Med 2006; 75: 34-46.

Orenstein EW, De Serres G, Haber MJ, Shay DK, Bridges CB, Gargiullo P, Orenstein WA. Methodologic issues regarding the use of three observational study designs to assess influenza vaccine effectiveness Int J Epidemiol 2007; 36: 623-31.

Rauscher GH, Poole C. Common referent versus shifting referent methods when using casecontrol data to examine patterns of incidence across multiple exposure variables Ann Epidemiol 2006; 16: 743-8.

Reilly M, Torrang A, Klint A. Re-use of case-control data for analysis of new outcome variables Stat Med 2005; 24: 4009-19.

Richardson DB. An incidence density sampling program for nested case-control analyses Occup Environ Med. 2004; 61: e59.

Richardson DB, Rzehak P, Klenk J, Weiland SK. Analyses of case-control data for additional outcomes Epidemiology 2007; 18: 441-5.

Rothman K, Greenland S, Lash T. Modern Epidemiology, 3rd Ed. Philadelphia: Lippincott Williams & Wilkins; 2008.

Rundle AG, Vineis P, Ahsan H. Design options for molecular epidemiology research within cohort studies Cancer Epidemiol Biomarkers Prev 2005; 14: 1899-907.

Schulz KF, Grimes DA. Case-control studies: research in reverse Lancet 2002; 359: 431-4.

von Elm E, Altman DG, Egger M, Pocock SJ, Gotzsche PC, Vandenbroucke JP, STROBE Initiative. The Strengthening the Reporting of Observational Studies in Epidemiology (STROBE) statement: guidelines for reporting observational studies Epidemiology 2007; 18: 800-4.

Wacholder S, McLaughlin JK, Silverman DT, Mandel JS. Selection of controls in case-control studies. I. Principles Am J Epidemiol 1992a; 135: 1019-28.

Wacholder S, Silverman DT, McLaughlin JK, Mandel JS. Selection of controls in case-control studies. II. Types of controls Am J Epidemiol 1992b; 135: 1029-41.

Wacholder S, Silverman DT, McLaughlin JK, Mandel JS. Selection of controls in case-control studies. III. Design options Am J Epidemiol 1992c; 135: 1042-50.

West AM, Martin SW, McEwen SA, Clarke RC, Tamblyn SE. Factors associated with the presence of Salmonella spp. in dairy farm families in southwestern Ontario Can J Public Health 1988; 79: 119-23.

Zhou H, Chen J, Rissanen TH, Korrick SA, Hu H, Salonen JT, Longnecker MP. Outcomedependent sampling: an efficient sampling and inference procedure for studies with a continuous outcome Epidemiology 2007; 18: 461-8.

第10章

混合研究设计

焦新安 译　刘秀梵 校

目的

阅读本章后，你应该能够：

1. 描述五种混合研究设计（病例队列、病例交叉、病例-病例、病例序列和单纯病例）的主要特点；

2. 明确源群体的特征，包括暴露和结局的类型，并根据这些特征选择合适的研究设计；

3. 描述两阶研究设计，并确定什么情况下两阶研究有益于传统现况研究、队列研究和病例-对照研究；

4. 为两阶研究设计基本抽样策略。

10.1 引言

本章介绍了传统观察研究和两阶研究设计的5个变种。尽管每种研究设计都有其优缺点且应用相对较少，但研究人员仍需要关注这些研究设计的潜在应用价值。病例交叉是交叉试验设计的经典，允许研究人员只对病例进行研究，可比较病例在两个时间段的不同暴露状态；病例-病例研究采用传统的病例对照研究抽样策略，可比较已知病因疾病患者组与相关病因已知疾病患者组之间的暴露状态；病例序列研究设计只对病例进行研究，试图通过时间聚类，确定暴露和结局之间的联系；病例队列设计综合了队列研究方法的优点和病例对照设计的效果。最后，单纯病例研究设计用于推测病例的暴露状态与研究中涉及的其他因素之间的相互作用。

两阶设计作为验证研究具有重要的应用价值，能提高传统观察研究设计的成本-效益。该类方法允许收集所有研究对象的现成数据，并能用随机抽样研究中获得的、珍贵的协变量数据加以补充。

10.2 病例交叉研究

10.2.1 背景

病例交叉研究是一种观察研究，类似于交叉试验设计，病例本身可作为自己的对照。该研究适用于已知暴露状态、短暂暴露及暴露后结局即发三种情况（如，在暴露导致结局发生的情况下，结局紧随暴露而发生）。为了真实性，研究设计时应符合交叉试验或交叉临床试验中关于滞后效应（如无或有时间限制性的）和疾病持续期（如短暂持续）的相同假设。

病例交叉设计简化了病例-对照研究中有关对照选择的问题。在病例交叉设计中，将结局发生前病例的暴露状态与该研究对象在其他时间段的暴露状态进行比较，只有出现结局时才被追踪调查，这样就控制了其他不随时间变化但与宿主相关的混杂因素。这种设计只适用于研究对象（个体或群体）暴露状态随时间而变化的情况。另外，设计的合理、有效性评估主要是根据病例发生前及其他时间（对照或参考）对暴露水平的比较（Navidi和Weinhandl，2002）。Maclure（2007）总结病例交叉研究的特点是回答了"为什么限定时间"的问题，区别于传统病例-对照研究回答"为什么限定个体自身"的问题。

10.2.2 设计相关问题

最初，我们需要根据疾病生物学特征及可疑危险因素确定该病例风险期。病例风险期是指暴露于病因因素时可能出现病例的时间段。而在病例-交叉研究设计中，风险期是指病例暴露于可疑病因因素的时间段。例如，假设牛舍内杂散电压（又称不规则电压）为待研究的暴露因素，产奶量下降作为观察的结局。为了便于研究，设定产奶量下降的标准是每天下降4kg以上，并通过测定杂散电压可以监控（在特定意义上，这种情况类似于空气污染与人群死亡率增加之间关系的调查研究）。如果设定杂散电压是短暂的、且能影响产奶量，并期望这种影响将在24h以内发生。在风险期选择时，应考虑缩短危险因素持续时间以达到特定暴露与结局之间具有合理的潜伏期，降低暴露和结局相关性的错误检测（Mittleman，2005）。另外，假设对奶产量的潜在影响持续时间也很短（如1或2d）。

这里还要考虑选择参照期或对照期的策略。正常情况下，对照期应与指示病例的时间接近（这样能降低暴露过程中长期变化的效应）。然而，假如特定病例每天暴露的水平基本类似，则应尽量避免选择与病例发生邻近的时间作为对照期（如第2天）。该设计能控制不随时间变化的变量，但同时存在两种隐含的可能性，即无暴露倾向（若为二元性）或暴露水平超越参照框（即能测定每个病例最早和最晚暴露时间点之间的时间段）。目前，怎样更好解决上述问题成为争议的焦点（Moller等，2004；Navidi和Weinhandl，2002）。

进行初次研究设计时，选择的对照时间常常早于病例。如果病例发生会影响随后的暴露，这种选择是获得可靠暴露数据并被接受的方法［例如，在研究训练程序对结局（如腿部损伤）影响时，这种损伤会影响随后的训练时间。详见例10.2］。然而，该设计也会受到暴露水平短暂变化的偏倚影响。比如，在马腿部受伤一周前的速度训练时段数的研究中，人们就不得不选择早于可疑暴露的对照期。在赛季不断逼近时，给马匹不断增加速度训练时段，可能存在因使用先前对照期训练程序引起的潜在的偏倚，因为当前的速度训练时段数可能会低于即将经历的实际数。因此，近期研究普遍使用双向对称设计，尤其在环境暴露（如天气或空气污染）研究中。双向对称设计主要选择病例风险期前后的时间段（通常是等距选择）作为对照期，这样能消除因暴露或协变量随时间变化而产生过高或过低的暴露值。另外，如果存在其他混杂因素，对照期可选择与病例发生的同一天。该设计在病例交叉研究中应用最为广泛（Janes等，2005）。然而，Navidi 和 Weinhandl（2002）建议使用只含两种潜在对照-危险时期之一的半对称双向设计（选择是随机的，详见后述）。此方法存在的问题是病例发生的早或晚，两个风险期中只有一个可行。建议的具体选择方法如下：

假设某病例在特定研究期内从追踪调查第1天（$k=1$）到最后1天（$k=N$）的任何时间（tk，）均可发生，为了确定每个病例的对照期，应做如下几点说明：

（1）选择一个短暂滞后期（L）。如上述杂散电压对产奶量影响的例子中，滞后期可能为2d，如果每周中每天都可能影响产奶量，滞后期可定为7d。滞后期表示参照时窗，且假设在参照时窗内暴露不随时间变化。根据具体情况决定适当的滞后期，特定疾病的滞后期选择见例10.2～例10.4。

（2）将t_k定为j^{th}病例的故障时间。

（3）对于早期病例，如果$t_k \leqslant L$，则选择t_k+L作为对照期。

（4）对于晚期病例，如果$t_k < （N-L）$，则选择t_k-L作为对照期。

（5）对于t_k其他值，则从病例时间前（t_k-L）及一半的病例时间后（t_k+L），随机选择半对照期。

此外，需注意的是，根据具体情况，对照期的期限可能为1d到数天不等。

Janes等（2005）建议，当使用时间分层对照-风险期数据集能够获得共同暴露数据库（如，原作者研究中的空气污染，以及本研究中的瞬时电压日常记录等）时，可以考虑改进该设计方案。在时间分层设计中，研究期限（如，20××年4～6月期间瞬时电压与产奶量）被分成周。病例一旦发生，该周内剩余的天数将被视为对照期，这样可消除设计的偏倚而达到无偏倚估计，原因是在特定时间层内出现的所有病例都使用相同的对照期时窗。假如没有预先分层，病例发生前后一周的时间段将用作不同但潜在重叠的对照期时间段，重叠的程度依赖于病例发生次数和滞后期。为研究杂散电压或空气污染等暴露对健康的影响，可以充分应用不同阶段内所有时间的暴露数据，因为这些暴露共享数据适用于所有病例。如果采用抽样方法，或者暴露不共享（如在马训练模型中每个病例暴露次数相互独立），则在参照框内可以针对每个病例选择多个时间段（无）作为对照期。使用多个对照期可增加统计准确度，但需要更详细的追踪调查以获得暴露数据。

10.2.3　分析

病例交叉研究设计能降低不可预测混杂造成结局分析偏倚的概率。这样，可以运用条件性Logistic回归方法对匹配的病例对照研究数据进行分析。如果运用双向参照抽样方法，条件性Logistic回归方法对评估的结局可能会造成轻微的偏倚（条件性Logistic回归方法对具有一个参照的病例，其偏移量为log（2），否则为0，在此条件下应用该方法可产生无偏估计结局）（Janes等，2005）。若采用时间分层方法则不会产生偏倚。

在整个研究期间获得所有时间的暴露数据时，除病例发生的风险期外，可以用整个观察期内所有时间的暴露数据作为参照时间。在此情况下，每天病例数可用Poisson随机变量模型进行模拟，其平均值即为该天暴露水平的函数（Janes等，2005；Navidi和Weinhandl，2002）。该方法还能对数据的过度离散和相关进行调整。Lu等（2008）和Janes等（2005）在病例交叉研究中通过多重时间匹配参照建立了条件性Logistic回归分析和Poisson时间序列的关联。Poisson分析的优点是允许离散度偏大，并可以通过标准残值检验模型拟合程度，也可通过标准Poisson模型诊断对重要病例进行鉴定（详见18.5）。若去除重要病例将会在很大程度上改变模型分析的结果。实例10.1和10.2描述了2个病例–交叉研究。

例10.1 天气和水源性疾病爆发的病例交叉研究

Thomas等（2006）报道了加拿大1974–2001年间爆发的92例水源性疾病的研究结果。作者假设大量降雨和春季天气条件会影响某些疾病的爆发。暴露数据来源于加拿大环境部。每次爆发的水源性疾病被看作一个病例，疾病爆发前6周作为病例风险期。为了分析方便，将27年期限划分为互相独立的6个互相排斥的时间段。分别在剩余五个无病例发生的时间段内选择6周作为对照风险期，对应于月、天和生态区（描述疾病爆发地点）；生态区包含在所有模型中，运用逐步向前的条件性Logistic回归方法对数据进行分析，并根据生物学机制推测生态区和环境暴露的双向相互作用。结局表明，高温和大量降雨是可能爆发疾病的作用因素。

10.3 病例–病例研究

10.3.1 背景

病例–病例研究是病例–对照研究的变型，其中对照与病例都具有同样的"疾病"（例如，病例可能感染了鼠伤寒沙门氏菌，对照也可能感染海德尔堡沙门氏菌（McCarthy和Giesecke，1999））。在使用待查疾病（例如食源性和水源性疾病）集中监控系统内的数据时，该设计方法被认为是确定疾病危险因素的最佳研究设计。在监控系统的数据库中，所有研究对象的数据都经历过相似的筛查过程，且所有的研究对象都具有相似的临床特征。因此，病例–病例研究设计降低了选择和回顾偏差。在此情况下，选择一组有效的对照用于传统的病例–对照研究就极为困难，因为很多潜在的对照都可能患有与该暴露相关的疾病。基于同样的原因，Kaye等（2005）建议使用病例–病例研究确定产生耐药性的风险因素。

例10.2 共同来源流行的病例交叉研究

Haegebaert等（2003）运用病例交叉设计分析了共同来源爆发流行的食源性沙门氏菌病风险因素。对疾病发生前为期3d的风险期及早于该期2d前为期3d的对照期内饮食情况进行了比较。确定了35例病人，其中大多数长期居住于护理机构，其饮食成分和用量具有完善的记录。通过Mantel-Haenszel比值比对病人饮食中肉制品的相对危险性进行了匹配评估。作者在背景资料里介绍了病例交叉研究的利弊，指出该设计无需选择对照的研究对象，因为很多人虽然食用与病例同样的食物，但由于其自身生理和免疫状态不同而未发病。该研究选择的对照风险期先于病例风险期，因为疾病发生，会影响患者食物摄入量乃至生命。

例10.3 两种弯曲菌感染的病例–病例研究

Gillespie等（2002）报道了结肠弯曲菌和空肠弯曲菌暴露历史的比较研究。尽管结肠弯曲菌较为罕见，但对两种病原体感染的危险因子研究极为重要。早期的研究倾向于检测一种弯曲菌或尚未鉴定种别的弯曲菌感染的危险因素。研究人员通过英国和威尔士基于群体的监测系统获取研究数据，暴露史以标准问卷调查。暴露史中，人口特征差异通过Pearson卡方检验和Student t检验进行评估。通过Logistic回归分析模拟多种特征和暴露，并调查主要效应之间的潜在相互作用。如上所述，作者指出病例–病例研究设计不能鉴定出弯曲菌两个种共有的暴露因素。

10.3.2 设计相关的问题

在多数情况下，病例–病例研究中对照与病例受到相同病原体感染（如沙门氏菌），但病原体的血清型可能存在差异。该研究设计帮助我们确定疾病的不同血清型病原体等风险因素（如调查食源性沙门氏菌感染病例时，火鸡和猪肉可能是主要的来源），也可用于疫情爆发的调查。在这种情况下，虽然对照病例感染的病原体"株型"与病例的相同，但对照病例仍不属于病例的爆发聚类。病例–病例研究方法用于确定正在爆发的一组病例的暴露因素。

与病例交叉研究相似，这种研究设计只适用于危险因素（如污染的食物）效应滞后期较短的情况。另外，与二级基础群体病例对照研究类似，该研究应从研究对象中随机选择比较"病例"，该研究的对象应暴露于同一病原体的多种血清型或菌株。在同一时间内，对照病例也应纳入监测数据库。总而言之，病例–病例研究不能确定疾病发生的全部危险因素，如患者特征和其他的替代风险因素（如食物、水源等），因为这些因素存在于监控系统内很多的研究对象。例10.3和例10.4展示了病例–病例研究设计的应用。

10.4 病例–序列研究

10.4.1 背景

近来报道了一种新型研究设计，有人称之为自身对照的病例–序列研究，或简称病例–序列研究（Whitaker，2008）。该研究设计（可以看作是病例交叉设计的变型）只利用具有暴露结局的研究对象，研究随时间变化的暴露与反向结局间的时间联系。比如，假设有一组明确队列的研究对象，每个研究对象具有各自的观察期，在其观察期内能观察到研究对象的暴露史和结局。了解特定暴露的潜在效应后，能确定每个研究对象的风险期。在暴露风险期间或风险期后，研究对象出现特定结局的概率将会增加或降低（例如，使用24h内的瞬时电压）。另外，除风险期外，将观察期内的所有其他时间视为对照期。病例–序列设计的基础就是在调整观察期和风险期持续时间后，对风险期内发生的病例数与观察期其余时间内出现的病例数进行比较。该研究的优点是，只需对病例进行详细的研究，且可控制其他不依赖时间变化的因素（非混杂因素）。根据具体情况，还需要控制的因素可能是研究对象的年龄。同样，如果依赖季节变化的因素会影响结局的发生，也可对季节因素进行控制。

例10.4 一起关于沙门氏菌病爆发的病例–病例研究

Krumkamp等（2008）对德国2003年6～7月间沙门氏菌病爆发进行了调查研究。通过常规沙门氏菌监测系统获得受侵袭地区的数据，并通过电话采访上次爆发后6周内的暴露历史。2003年，同一地区内沙门氏菌1.4.5.12：i–.株引发10起病例，其他菌株（多数是肠炎沙门氏菌，少数是其他菌株）引发215。从215例中选择97例作为对照病例，其他118例因信息不全或电话采访障碍而未选作对照病例。运用Fisher精确检验和比值比进行分析，结局表明沙门氏菌病爆发的最主要或唯一风险因素是肉类，且均来源于当地同一屠宰户。

10.4.2 设计相关的问题

病例–序列研究曾被用于疫苗接种与副作用（如特发性血小板减少性紫癜）发生之间相关性的研究。假如对兽医实践中疫苗接种可能的副作用感兴趣，该研究设计将具有非常重要的应用价值。

很显然，明确定义暴露和期待结局的内涵非常重要。一旦明确，可以通过回顾性或前瞻性调查获得病例–序列研究的数据。该研究设计适用于每个研究对象只出现一个结局的情况；然而，在多个结局相互独立时，也可用于一个研究对象同时发生多个结局的研究（见后续评论）。观察期通常与结局发生的高风险期保持一致。如果需要对研究对象的年龄进行控制，则应明确指定年龄组，从而避免年龄的可能混杂作用。同样，要确定风险期的期限，必要时可以将整个风险期划分为更小的时间段（如3个月的风险期可以划分为每月风险期）。如果在该研究过程中整个风险期不能包括结局随暴露变化的所有时间，则暴露与结局间的联系将会偏向无效。Whitaker等（2008）论述了决定样本大小的公式，且相关文章对该设计也进行了更加详细的描述。

假设每个研究对象出现的多个结局相互独立。一旦此假设无效，研究分析时只能包括第一个事件。另外设定，结局发生不会影响将来暴露的概率。Whitaker等（2008）介绍了处理这种假设无效的方法，策略之一是忽略结局发生后的所有暴露。第三个假设是结局发生后不会改变和影响观察期，也不会影响研究对象的生存及其参与试验研究。Whitaker等（2008）参照其他研究指出，违反此假设也可能不会造成很大的偏倚。

10.4.3 分析

Whitaker等（2008）提供了研究数据的组织形式和分析实例。数据分析使用Poisson回归模型，其结局是每个时间间隔事件发生的数目和时间间隔长度的对数值用作补偿。联系度量以IR表示（详见18章）。分析用的特定编码系统详见该网站（http://statistics.open.ac.uk/sccs/）。

10.5 病例–队列研究

10.5.1 背景

病例–队列研究与完全队列研究具有相同的优缺点。当疾病较为罕见时，该研究可能是一种有效的研究设计，但获得协变量信息时费用较高。病例–队列研究的基础是在研究开始时从全队列随机抽样，将其作为"对照队列"。在整个研究期内，对全队列中的研究对象进行观察，以全队列中发生的所有病例作为研究对象，将病例队列与未发生病例的对照队列进行暴露和协变量比较（Kulathinal等，2007）。如果结局并非罕见，则可以在全队列中通过只采集部分病例样品对该设计进行改进。病例–队列研究还可用于研究一个特定暴露产生的不同结局，如果在研究开始时能够从对照队列中获得生物样品并储存用于后续分析，那么该研究设计更为有效。

病例–队列研究的主要优点是一个对照队列可以提供比较一系列结局的基础，因而能够对多种疾病（或者同一疾病的不同解释）与特定暴露（如在常规队列研究中）的联系进行分析，不去追踪调查风险期中的整个群体。另外，还可根据对照队列的数据评估疾病发生的频率。

10.5.2 设计相关的问题

假设原始的全部队列封闭（见8.7.1），则可运用基于风险的研究设计来研究持久的风险因素。本设计中，开始时从全队列中随机抽取处于风险期的个体组成对照队列，其中在整个研究期内未发病的研究对象作为对照序列。协变量与暴露状态的相关信息可通过对照队列之外的病例获得。假设发病频率很高，则对照队列中相当一部分研究对象也将发病，此时，必须提高对照队列中研究对象的数量来补偿这些发病对象。如果追踪调查对象丢失较多，为了进行有效推断，必须说明丢失的原因与结局发生的风险无关。

假设原始队列开放，研究开始时从全队列中随机抽取处于风险期的个体组成对照队列，然后在研究期内特定的时间段（每3个月）或疾病发生的时间点，对全队列和对照队列中的研究对象进行反复观察。当对照选择的时机与疾病发生的时间相匹配时，只能对一个结局进行研究。最初病例–队列研究设计时，要求对全队列中的所有病例进行观察，并将这些病例与对照队列中特定时段或疾病发生时间点尚未发病的所有的研究对象或样本进行比较分析。如果疾病较为常见，则只需针对对照队列之外的部分病例进行研究（Pfeiffer等，2005）。假设暴露和协变量是持久性的，则应在疾病发生的时间点对病例状况进行评估，而对照队列中研究对象状况则可以在研究开始时进行评估。对照队列中，在疾病发生时间点未发病的个体都可作为对照，并且可将其全部或部分用于分析。

假设在研究期内暴露状态随时间改变，病例–队列研究则不能作为理想的研究设计，因为在疾病发生的时间点对照队列中研究对象的暴露状态的确定还需要其他数据支持。有时，连续储存的样本和外部数据可能会发挥功效。比如，研究空气污染对人类健康的影响，空气污染水平的既往记录就可用作确定病例及对照队列中研究对象在不同时间点上的暴露关系。

在病例–队列研究设计中，要考虑从研究对象中获得暴露数据或生物样本的需求，并认为只有满足要求的研究对象才可能处于危险状态。如果要对多个结局进行评估，则必须获得每个病例及对照队列中所有研究对象的暴露和协变量信息（Kulathinal等，2007）。另外，选择原始对照队列时，可以采用分层抽样的方法以保证对照队列与预期病例在协变量模式上相似（Kulathinal等，2007）。比如，假设仔畜比成年畜患某种疾病的概率大，则对照队列中的研究对象应包含更多的仔畜。

10.5.3　分析

研究结束时可能获得了大量的记录和资料，其中包括对照队列中的病例数、未发病个体数以及对照队列以外其他群体的发病数。假设这些资料数据适合基于风险的研究设计，则可以将上述两种类型的病例数组合在一起，并用2×2列表通过病例对照格式进行数据分析，用比值比（OR）作为联系的度量标准。若需要直接评估风险性，则需要对这两种类型的病例数单独进行分析。

对来自每个病例发生时间点的病例和对照的暴露数据分析较为复杂。许多研究者使用生存方法和风险比，对开放群体资料进行分析（Kulathinal等，2007）。早先，作者在Cox模型中提出三个不同的权数体系，以解释病例是否来自全队列或对照队列（Onland-Moret等，2007）。另外，权数选择可通过现代计算软件包获取（Prentices方法提供了最接近全队列估计值的评估办法）。如果本研究使用全队列中的部分病例资料，也可采用其他的分析方法（Pfeiffer等，2005）。Cai和Zeng（2007）介绍了一种确定应用二次抽样病例检验功效的方法，是对所有病例进行分析的最简洁方法。Kim等（2006）指出，病例–对照研究方法评估样本大小效果好且简便（例10.5展示了病例–队列研究）。

10.6　单纯病例研究

最初构想的单纯病例研究设计，主要应用在无明确对照组时也能预测"对照"暴露状态的研究中（例如，在遗传学研究中，"对照"暴露分布可通过来源群体中血型分布等加以推断）。单纯病例研究相对于病例–对照研究具有更高的效率，可以预先设定基因频率和其他环境因素之间相互独立、互不影响，同时假设研究的目的基因能遗传且不会因暴露于环境因素而发生突变。这样，假设暴露和目标协变量之间相互独立，单纯病例研究可被用于暴露和协变量（不必是遗传因素）之间相互作用的研究（Rosenbaum，2004）。Schwartz（2005）对该研究的基本设计和分析做了详细介绍（见例10.6）。

近年来，该研究设计也用于研究非遗传危险因素，如个体水平风险因素（年龄、种族、行为等）和社会经济地位不同对死亡率的影响。如上所述，该研究不必设立对照和对照期，其结果分析侧重于判定相互作用，并非确定主要效应。比如，该研究曾用于评估个体特征是否与极端天气相互作用（Medina–Ramon等，2006），社会经济分级与环境是否相互作用而调节死亡风险（Armstrong，2003）。

例10.5　饮用水质量与胃癌风险的病例队列研究

Auvinen等（2005）报道了他们对饮用水中氡和放射性核素与胃癌风险的研究结果。在该研究中，将饮用钻井水的人员作为研究对象，获得1967~1980年共计13年假定暴露期内的研究对象超过144000人。按照年龄和性别对其分层，并随机抽取4590人作为对照队列。对照队列中多数人并非长期饮用钻井水，只有其中371人于1981年前曾经饮用过，表明对照队列有效。根据癌症发生记录，确定了截至1996年1月1日的癌症发生率。数据显示，107个病例在1981年前饮用钻井水，对照队列未见病例。

井水特性相关信息直接来源于研究对象、代理应答者、居民及地方卫生局。1996年7月至11月期间，盲法取水样进行氡和其他放射性核素分析，其中80%病例和对照的水样均在被检水样之中。数据分析以比例危害模型为基础，此模型考虑到病例发生时每个研究对象暴露于特定水平氡的时间。所有统计学显著的风险比率均较低，提示饮用水中氡的水平对胃癌的节约效应（sparing effect）。

例10.6　人类死亡风险潜在效应调节因素的单纯病例研究

Schwartz（2005）对密歇根州韦恩县人群性别、非白人和超过85岁年龄等能否成为极端温度影响死亡人数的调节因素进行了调查。附近气象站提供天气数据，并负责确定极端炎热和极端寒冷的日期。Schwartz共调查了两个时间段：其一为单独的1d，其二是为期3d的时间段。根据死亡人员的医学报告获得了潜在效应调节因素的数据，并建立了极端炎热和寒冷的单独模型。结果表明，性别、非白人和超过85岁年龄三个协变量与极端温度相互作用，并影响死亡人数。

Armstrong（2003）介绍了单纯病例研究的分析方法，并提出了根据潜在可变因素相互作用的自然属性选择分析模型的办法。

假设可以运用Poisson模型调查分析研究对象发生结局的数据相关性，则两次暴露和两次协变量（如性别）的函数为Y。该模型呈现出暴露和性别间潜在的相互作用，可以表示为：

$$\ln E(Y) = \beta_0 + \beta_1(暴露) + \beta_2(性别) + \beta_3(暴露 \cdot 性别)$$

根据暴露和性别的四种组合，运用该模型可以创建预期结局数目的2×2列表。接下来，为了便于反映暴露和性别（β_3）间的相互作用，还可以创建这些数值的比值比。已证明，该模型相当于性别作为暴露函数的Logistic模型：

$$logit(性别 = 1) = \beta_0 + \beta_3(暴露)$$

假设β_3有效，表明性别是暴露结局效应的调控因素。这正是单纯病例研究中相互作用的测试基础。

例10.6描述了一个典型的单纯病例研究，例10.7是对犬咬伤的风险因素研究的非典型性单纯病例研究。

10.7　两阶抽样设计

两阶抽样设计可应用于传统的队列研究、病例–对照研究和现况研究设计中。名词"两阶"出现在很多地方并具有不同含义。这里的含义是指在研究过程中，先将关于第一阶段适当数量的研究对象

（如，根据样本大小估测的研究对象数量）暴露和结局相关信息聚集起来，然后从第一阶段研究对象中抽样作为第二阶的研究对象，从而进一步采集更加详细的信息（通常是很珍贵的暴露数据或协变量数据）。在协变量数据收集成本较高时该方法更为有效，并且同样也适用于测定特定暴露费用较高、而具有廉价替代测定方法的情况。假如替代方法适用于所有的研究对象，则可以通过更加详细的病情检查以准确确定两阶抽样研究对象的真正暴露状态。另外，该方法还可以用于获得具有大量丢失值的变量数据。假如数据为非随机丢失，则含有丢失值的研究对象便会成为第二阶数据收集的重点对象。如12.8所述，两阶方法是验证附属研究的基础（McNamee，2002）。

例10.7　在希腊被犬咬伤的潜在风险因素分析

希腊急救中心报道1996年5月1日至1999年12月21日期间2642例被犬咬伤的病例（Frangakis 和 Petridou，2003）。在所有病例中：61%为男性，平均年龄为26岁，其中1/3病例年龄11岁以下。推测风险因素包括：工作日和周末，季节和上次满月后的时段（time period since the last full moon）；随后该模型还考虑性别和年龄的影响。选择大小稳定群体后能据此推断出工作日和季节的主要作用。选择被犬咬伤和上次满月间的时间间隔，并与相邻满月之间的时间间隔进行比较，试图确定与满月密切相关的聚类。被犬咬伤与上次满月之间的时间段平均为17d，因此未检测到聚类。男性和青年被咬的风险较大，但只能根据指定的被咬群体推断性别和年龄对被咬研究对象的相对影响（性别和年龄不一定是风险因素，但可能对其他因子的效果产生影响）。本模型未包含相互作用分析。

本例中单纯病例研究不同于其他大多数的单纯病例研究（原因见章节10.6），后者主要目的是确定环境暴露和目标协变量之间的相互作用。另外认为病例–系列方法也可用于此研究。

两阶研究设计的关键问题是第二阶研究需要选择多大的样本量。虽然存在很多估计方法，但正如Hanley等（2005）所述，这些工具在过去十年来未能得到很大改善。在队列研究中，人们通常选择固定数目的暴露和非暴露研究对象；在病例对照研究中，也可以选择固定数目的病例和对照。然而，为了进行有效的分析，最好对4种暴露–疾病类别（在2×2列表中）进行分层，并分别从4类别中选择同等数量的研究对象。这样可能涉及选中某个类别的所有对象以及其他类别中的一部分样本。

Cain 和Breslow（1988）提出了运用Logistic回归方法对两阶数据分析的方法学。Hanley（2005）提供了调整比值比和方差的计算样例。实质上，人们将两阶设计中的调整比值比用作暴露和疾病间相关性的调整估计值。方差估计以两阶比值比的方差为基础，并对每个阶段样本大小进行了调整。虽然获得正确方差估计值的方法较为复杂，且存在多种混杂干扰，但若属于二分数据则便于实施（见Hanley等，2005，详细内容）。例10.8描述了两阶研究设计的实例。

例10.8　奶牛腹泻和隐孢子虫危险因素的两阶病例对照研究

Trotz–William等（2007）报道了对安大略地区奶牛腹泻和排出隐孢子虫危险因素的调查研究。此研究包括11个奶牛场中的900头牛。第一阶段检查所有牛是否存在微小隐孢子虫和腹泻。第二阶段选取25%的粪便样品用于细菌和病毒的分离鉴定；根据奶牛是否发生腹泻、是否感染微小隐孢子虫将其分为4种类别，从每种类别中选择数量相当的牛。采用Cain 和Breslow（1988）提供的方法评估比值比，在排除其他潜在病原体干扰的情况下，通过比值比揭示微小隐孢子虫感染和腹泻之间的相关性。

参考文献

Armstrong BG. Fixed factors that modify the effects of time-varying factors: applying the caseonly approach Epidemiology 2003; 14: 467-72.

Auvinen A, Salonen L, Pekkanen J, Pukkala E, Ilus T, Kurttio P. Radon and other natural radionuclides in drinking water and risk of stomach cancer: a case-cohort study in Finland Int J Cancer 2005; 114: 109-13.

Cai J, Zeng D. Power calculation for case-cohort studies with nonrare events Biometrics 2007; 63: 1288-95.

Cain KC, Breslow NE. Logistic regression analysis and efficient design for two-stage studies Am J Epidemiol 1988; 128: 1198-206.

Frangakis CE, Petridou E. Modelling risk factors for injuries from dog bites in Greece: a caseonly design and analysis Accident Analysis and Prev 2003; 35: 435-8.

Gillespie IA, O'Brien SJ, Frost JA, Adak GK, Horby P, Swan AV, Painter MJ, Neal KR, *Campylobacter* Sentinel Surveillance Scheme Collaborators. A case-case comparison of *Campylobacter coli* and *Campylobacter jejuni* infection: a tool for generating hypotheses

Emerg Inf Dis 2002; 8: 937-42.

Haegebaert S, Duche L, Desenclos JC. The use of the case-crossover design in a continuous common source food-borne outbreak Epidemiol and Inf 2003; 131: 809-13.

Hanley JA, Csizmadi I, Collet JP. Two-stage case-control studies: precision of parameter estimates and considerations in selecting sample size Am J Epidemiol 2005; 162: 1225-34.

Janes H, Sheppard L, Lumley T. Case-crossover analyses of air pollution exposure data: referent selection strategies and their implications for bias Epidemiology 2005; 16: 717-26.

Kaye KS, Harris AD, Samore M, Carmeli Y. The case-case-control study design: addressing the limitations of risk factor studies for antimicrobial resistance. Inf Control and Hosp Epidemiol 2005; 26: 346-51.

Kim MY, Xue X, Du Y. Approaches for calculating power for case-cohort studies Biometrics 2006; 62: 929-33.

Krumkamp R, Reintjes R, Dirksen-Fischer M. Case-case study of a Salmonella outbreak: an epidemiologic method to analyse surveillance data Int J Hyg and Env Health 2008; 211: 163-7.

Kulathinal S, Karvanen J, Saarela O, Kuulasmaa K, the MORGAM Project. Case-cohort design in practice - experiences from the MORGAM Project Epidemiol Perspect Innov 2007; 4: 15.

Lu Y, Symons JM, Geyh AS, Zeger SL. An approach to checking case-crossover analyses based on equivalence with time-series methods Epidemiology 2008; 19: 169-75.

Maclure M. 'Why me?' versus 'why now?'—differences between operational hypotheses in case-control versus case-crossover studies Pharmacoepidemiology and drug safety 2007; 16: 850-3.

McCarthy N, Giesecke J. Case-case comparisons to study causation of common infectious diseases Int J Epidemiol 1999; 28: 764-8.

McNamee R. Optimal designs of two-stage studies for estimation of sensitivity, specificity and positive predictive value Stat Med 2002; 21: 3609-25.

Medina-Ramon M, Zanobetti A, Cavanagh DP, Schwartz J. Extreme temperatures and mortality: assessing effect modification by personal characteristics and specific cause of death in a multi-city case-only analysis Environmental health perspectives 2006; 114: 1331- 6.

Mittleman MA. Optimal referent selection strategies in case-crossover studies: a settled issue Epidemiology 2005; 16: 715-6.

Moller J, Hessen-Soderman AC, Hallqvist J. Differential misclassification of exposure in casecrossover studies Epidemiology 2004; 15: 589-96.

Navidi W, Weinhandl E. Risk set sampling for case-crossover designs Epidemiology 2002; 13: 100-5.

Onland-Moret NC, van der ADL, van der Schouw YT, Buschers W, Elias SG, van Gils CH, Koerselman J, Roest M, Grobbee DE, Peeters PH. Analysis of case-cohort data: a comparison of different methods J Clin Epidemiol 2007; 60: 350-5.

Pfeiffer RM, Ryan L, Litonjua A, Pee D. A case-cohort design for assessing covariate effects in longitudinal studies Biometrics 2005; 61: 982-91.

Rosenbaum PR. The case-only odds ratio as a causal parameter Biometrics 2004; 60: 233-40.

Schwartz J. Who is sensitive to extremes of temperature?: A case-only analysis Epidemiology 2005; 16: 67-72.

Thomas KM, Charron DF, Waltner-Toews D, Schuster C, Maarouf AR, Holt JD. A role of high impact weather events in waterborne disease outbreaks in Canada, 1975-2001 Int J Env Health Res 2006; 16: 167-80.

Trotz-Williams LA, Martin SW, Leslie KE, Duffield T, Nydam DV, Peregrine AS. Calf-level risk factors for neonatal diarrhea and shedding of *Cryptosporidium parvum* in Ontario dairy calves. Prev Vet Med 2007; 82: 12-28.

Whitaker H. The self controlled case series method BMJ 2008; 337: a1069.

第11章

对照研究（临床试验）

焦新安 译　刘秀梵 校

目的

阅读本章后，你应该能够：

1. 设计对照研究，以获得某一干预的有效评价，特别要关注：
   a. 试验目的的陈述；
   b. 研究对象的定义；
   c. 干预试验的实验对象分配；
   d. 适当的结局变量的识别和定义；
   e. 试验设计和实施过程中的相关伦理考虑。

2. 高效地实施对照试验，同时重点关注：
   a. 盲法实施试验程序以减少偏倚；
   b. 充分且等同地关注所有干预试验组；
   c. 建立和使用适宜的数据收集方法及仪器；
   d. 恰当地评估测定的结局变量；
   e. 结果的正确分析和解释；
   f. 清晰的报告方式和结果。

3. 制订并实施针对某一传染性病原体的疫苗或预防措施的有效对照试验。

11.1   引言

对照试验是一种在实验对象所处的通常环境中实施的有计划的研究。在这类研究的设计和实施过程中，要特别小心，因为常涉及客户所有的动物，而它们的群体大小和所处地域使重复验证结果很困难。

对照试验特别适用于评价易于操作的干预措施，如治疗性或预防性产品、诊断程序和动物保健计划。绝大多数控制试验一次只评价某个特定的干预措施，事实上，这正是其优势所在。控制试验的结果可以是某特定的健康指标（如临床疾病），或某个措施的生产率、效能或有效期。依据随机分配的干预措施设置研究组别，每组可由动物个体、整群或其他形式组成。Lavori和Kelsey（2002）全面论述了临床试验，包括试验的设计、分析和结果解释。"Statistics in Medicine"特刊（Vol 21，Issue 19，2002）专门讨论了试验周期长的临床试验。

临床试验常用作"对照试验"的同义词。然而，一些研究者限定其用途，仅指治疗性产品试验和/或在临床条件下实施的试验。本书中"对照试验"是指在实验室之外的实验对象开展产品或程序试验，可用于广泛的产品或计划研究。因此，干预是指将被研究的因素（如治疗），结局是指研究的预期效果。试验中所用的动物个体或动物组群称为实验对象（不论是个体动物、整群动物或是其他组合的动物）。动物所有者则称作参与者。

对照试验显然是评价动物保健干预措施的最好办法，这是由于对照试验能够很好地控制可能的混杂因素，而观察性研究则受许多混杂因素的影响。同时，对照试验还减少了选择和错误信息的偏倚。目前，随机性对照试验无疑是提供最高标准证据的来源，用于指导临床决策（Lavori和Kelsey，2002）。如果缺乏动物保健产品和程序的对照研究效力和安全性证据，临床兽医师将难以依据人为（实验室）条件下获得的研究数据或者凭借自身有限的经验作出临床推断。尽管如此，仍有许多对照试验的结果因与问题的答案关联有限，即某干预措施在生产实际情况下是否有效，而受到疑问（Zwarenstein等，2006）。这一问题引导其他研究者描述了如何设计针对实际问题的控制试验（Treweek等，2006），并提供了特定工具有助于研究人员设计高质量的临床试验研究方案。

11.1.1   临床研究的阶段

尽管对照试验可用于评价影响动物健康和生产性能的诸多因素，其中最常用于评价（治疗性和预防性）药品。因此，必须保证研发和评价此类产品时的几个研究阶段。

临床药物研究可分为四个阶段：

* Ⅰ期临床试验（有时又称剂型试验）指用健康动物开展的试验，主要评价药物的安全性（如确定安全剂量范围，或鉴定副反应等）。

* Ⅱ期临床试验 指用来自于目标群体（如患病动物）的小量动物进行最初药物评价。Ⅱ期临床试验用于证明药物的活性。这些试验涉及前后比较，常常不设特定的对照组。

* Ⅲ期临床试验 指大规模动物试验，以期确定某种药物在典型临床群体中的效力，监测副作用，并与现有其他措施比较。这些研究应基于随机性对照试验。尽管人用药物总体上需要在注册前完成Ⅲ期临床试验，但在各国动物保健产品注册的要求则不同。Ⅲ期临床试验需要依据良好临床规范（GCP）的标准进行。GCP是指临床试验设计、实施、监控、记录、审核、分析和报告的标准，可参考兽药注册技术要求即国际兽药注册协调会（VICH）制定的标准（www.vichsec.org）。

* Ⅳ期临床试验 是注册后的试验，用来评价使用某种药物的最有效途径。尽管与药物注册过程

中的试验相比，Ⅳ期临床试验需要较少的文件制作及提供，但仍应该按随机控制试验进行。在药物注册前若缺少随机性控制试验，Ⅳ期临床试验可提供在日常实际生产情况下某种药物效力的大多数可靠信息。

11.1.2 关键的设计要素

设计对照试验的重要特点是制定详细的研究程序，应该包括研究设计和实施的所有要素。路线图包括：陈述研究目的、确定研究组群、研究动物的分配、确定具体的干预、盲法、跟踪和遵从、具体说明和度量结果、分析试验结果和伦理考虑。试验设计的上述方面应与报告试验结果的要素相关（见11.12），本章将逐一介绍，同时，全章还贯穿引用了一些特定的研究文章作为实例。

11.2 目的

临床试验目的的描述必须简洁明了，不仅应明确陈述研究的干预和度量的主要结果，还应简要涉及研究单元的考虑。一般而言，每个临床试验只应设定有限的目的（见例11.1的直接试验），产生一个或二个预期的主要结果，一些试验也可获得小量次要结果（见例11.9）。研究目的的增多，则会使实验程序不必要地复杂化，还会损害试验的遵从度（compliance）及其他方面。一个设计很简单的试验才有可能在既定的预算下包括尽可能多的样品大小，从而提升临床试验研究的能力。

> **例11.1 狩猎马/跳跃马和盛装舞步马吸吮疥虫的依立诺克丁治疗：**
> **一种前瞻、随机、双盲、安慰剂对照的临床试验**
>
> 此实验的目的是研究局部使用依立诺克丁（Eprinomectin，又称依普菌素或乙酰氨基阿维菌素）治疗马痒螨病的效果（Ural等，2008）。试验选用24匹私人所有的患病狩猎马/跳跃马和盛装舞步马，这些马经临床诊断和寄生虫皮肤刮擦检验结果确诊痒螨病。随机将每匹马分配到局部依立诺克丁泼剂（每千克体重500 μg，每周用药4次）治疗组或安慰剂组（蒸馏水；应关心马匹所有者和兽医是否能够辨别水和依立诺克丁溶液从而达不到盲试效果）。在治疗开始时、治疗过程中和治疗结束时由同一兽医研究人员进行临床评价和皮肤刮擦检查。马匹所有者和兽医研究人员均不知道分组情况（盲试）。受试马匹在第7、14、21、28和40天跟踪检查吸吮螨虫（并记录为有或无）。采用Fisher法分析检验在上述每一评价日依立诺克丁治疗组和安慰剂组携带螨虫马匹数的差异性。

尽管控制试验的原则可用于两个以上组群的研究，本章主要聚焦在两组比较的临床试验（有时又称为双臂研究）（如例11.1）。针对两个以上组群的情况，虽然通过采用因子设计（11.4.2）可提高研究能力，但仍需要更复杂的设计和大量的样品。两组比较可以是干预与安慰剂、未处理或常规处理比较；或是同一药物不同剂量组比较。实验的对照组可以是现行的（伴随共存组）或过去的（D'Agostino等，2006）。如果没有备选干预，使用安慰剂对照是理想的办法，可能的话，使用安慰剂对照要优先于空白对照。然而，如果实验导致受试动物过度痛苦，若此时仍设立安慰剂组或未处理组则不符合职业道德规范。其实，适宜的管理可以避免实验动物遭受痛苦（如某些现有药物或程度可以减少或预防这种痛苦）。此外，是否设立阳性对照（现有的治疗）或阴性对照（安慰剂）完全受制于试验可用的实验对象数，以及实验结果。例如，农场主若知道50%入选动物不被作有益的处理，则仅会愿意送来准备淘汰的动物。因为对照处理水平通常是现行标准的处理，所以经常使用的试验设计是非劣势试验，即在对照试验中评价新干预措施的效果至少不逊色于现有最佳干预措施的效果。设计这类试验的导论近期已出版（D'Agostino等，2006）。

11.3　研究组群

当设计临床试验时，必须具体指明目标群体和源群体（又称来源群体，研究群体）。目标群体是指将会应用试验结果的群体（见第2章），目标群体始终重要的一个特征是在Ⅲ期临床试验时地理位置会影响在药物注册过程中对该试验的可接受性。源群体对目标群体应有代表性，并具有符合临床试验条件的实验对象。研究组群是试验实施的对象动物的集合体。假如研究组群不能以随机方式从源群体获得，那研究组群特征亦应能代表源群体。通常通过征求畜主志愿参与者获得研究组群，征求方法包括直接联系［如私人关系（见例11.1），通信或媒体］，或请兽医指定符合试验要求的对象动物的畜主。假使不可避免要使用志愿参与者征询方式，那么研究结果外推时必须考虑该研究组群对源群体和目标群体的代表性（见2.1.3）。

11.3.1　单元

在确定源群体时，首先需具体说明实施干预的动物组织的水平（如例11.1的个体，或例11.2的鱼笼）。如果干预仅在组群水平实施（如一窝、一圈或一群），试验单元则由组群构成（如例11.2和例11.3，伏虫隆试验研究鱼场的所有登记的鱼笼）。在此类试验中实验结果可以组群水平度量（组群水平研究）或以个体水平度量（组群、随机研究——见11.4.2的讨论）。如果实验设计是在个体水平实施干预，那么在一个组群中的所有个体应接受到同一干预的相同实施。

11.3.2　资格标准

决定某些动物个体或组群是否征召用于临床试验时，其资格条件须考虑以下全部或部分的因素：

（1）必须具备动物操作设施和相应人员，以便在试验过程中进行必要的抽样。

（2）必须具备合适实验对象的既往记录，并提供结果度量方法（假如相关的话）。

（3）对于治疗性制剂的临床试验，必须确定明晰的待治疗疾病病例的概念，从而确定符合条件的病例。

（4）对于预防性制剂的临床试验，需要健康的试验对象，同时必须具备试验开始时这些动物健康状态文件提供的程序。

（5）临床试验中的受试对象需从干预中获益，应尽可能地避免"天花板效应"（上限效应）。例如，伏虫隆（teflubenzuron）试验开始（例11.2）时延迟了一个月，这是由于在夏季Fundy海湾海虱的总体水平构建速度减缓。在海虱数量很少的情况，没有特定点的干预评估。若严格关注试验受试对象从干预尽可能地获益，可以提高试验的能力，但亦会限制结果的普遍性。

（6）避免受试对象暴露于副效应的高风险性。

资格标准必须陈述清晰，并应用于试验对象，后者可以是私人所有的动物个体（例11.4），或畜群中的动物（例11.5），乃至动物组群（如鱼场的鱼笼，例11.2）。有时，参与者在招募时还达不到

例11.2　随机临床试验研究伏虫隆治疗大西洋鲑海虱的效率

采用双盲、随机对照试验分析伏虫隆对养殖场大西洋鲑海虱（*Lepeoptheirus salmonis*，鲑疮痂鱼虱）的控制效果（Campbell等，2006b）。以海笼作为研究单元，来自加拿大的3个商品场40个海笼用于此试验，以位置、大小和治疗前平均海虱数进行配对处理，然后随机分配至药物治疗组或不治疗对照组。伏虫隆以拌料方式给药，每千克生物量10mg/d，连续用7d。在疗程结束后的第一、第二周计算海虱数并观测其发育阶段。应用线性回归分析，将每条鲑的海虱数转换成对数值，以鱼笼作为随机效应进行统计分析。

例11.3　既往对照的临床试验评价伏虫隆对大西洋鲑海虱的治疗效果

　　采用既往对照的临床试验评价伏虫隆控制养殖场大西洋鲑的鲑疮痂鱼虱的效果（Campbell等，2006a），实验场所包括9个海笼，所有鲑均接受治疗。伏虫隆以拌料方式给药，每千克体重生物量10mg/d，7d为一个疗程。以每周间隔，通过比较治疗前后海虱数量的变化评价干预效果。应用线性回归分析，将试验起始时和其后采样时的每条鱼海虱数转换为对数值，以鱼笼作为随机效应进行统计分析。

选择标准（如没有合适的记录），但他们若同意在试验期间满足此要求，则仍可选作试验对象。严格的资格标准可以获得对干预更同质的应答，从而提高试验研究的统计学强度，不过会降低结果的普遍性。而较宽松的资格标准可获得大量的可能参与者，但相应的试验对象背景会变化大（这一点有利于测定不同亚群对象对干预应答的差异），但会对试验的强度产生负影响。这两类情况必须具体问题具体分析，但要依据临床试验的目的。总之资格标准应能反映未来接受干涉的试验对象的广泛性，如果这种干预是有效的话（Zwarenstein等，2006）。

例11.4　分层、盲法和安慰剂对犬髋关节发育不全的随机、双盲、安慰剂控制的金珠植入术临床试验的影响

　　80只犬髋关节发育不全症（CHD）患犬用于随机、安慰剂控制和双盲的临床试验，采用分层平行组别设计（Jaeger等，2005）。体重（3个组）和CHD严重程度（2个组）作为分层因素。试验中排除使用患有与神经系统、肌肉或骨骼系统相关疾病的犬。38只用于金株植入术，另外42只给予安慰剂。6个月后，在开放试验中，从42只安慰剂治疗的病犬中，选用33只接受金珠植入术，并再持续18个月。由犬的主人评估试验主要结果即CHD疼痛的改变。试验期间减少的犬应详细记录。除了治疗方法不同外，试验主要结果未见显著差异。

　　请畜主猜测他们的犬接受的治疗方法，60%的畜主猜测正确，这与预期的50%没有统计显著性差异。然而，在猜测他们的犬接受了金珠植入术的，判断病情缓解的高于组群畜主认为（或不确定）他们的犬接受了安慰剂。作者总结认为在评估治疗效果方面安慰剂存在明显影响。

例11.5　评价预防性和治疗性使用抗生素对断奶前犊牛健康和生长性能影响的临床试验

　　该临床试验的目的是评价预防性和治疗性使用抗生素对奶牛养殖场中不同来源的断奶前犊牛健康和生长性能的影响（Berge等，2005）。120只1日龄犊牛，在2d内分配至3种管理系统中的一个，以进行抗生素不同用药处理。试验的结果是4周内的发病率和患病天数。以发病率减少1.5d（SD=2d）用作确定样本大小，并额外增加15%作为试验可能的损耗。当犊牛从运输车卸下后即经一个系统程序分配至试验组，其中60只犊牛不使用抗生素；30只用作个体疾病的抗生素治疗但在牛奶替代品中不含预防性抗生素；其余的30只使用添加了新霉素和四环素盐酸溶液的牛奶替代品，并且还进行治疗性抗生素的处理。每天观察和记录健康状况和治疗情况。管理者不知道研究组群的情况。三个主要的试验结果是增重、发病率和死亡率。

11.3.3　样本大小

　　此处讨论的样本大小基于设计的临床试验是固定的，这是临床试验最常用的途径。研究的规模合适的样本大小由计算来确定（见第2章），要关注干预的估计效应和I型、II型错误。待测（或估计）的效应强度应在临床上（有些情况下，还要在经济上）有意义。当计算处理研究的置信水平（I—II型错误）时，通常设置为90%水平。注意，如要在源群体的亚群中获得有意义的干预效应，则需增大样本容量。

　　众所周知，定性结果（如二分式的）所需的样本容量通常大于连续度量结果所需的样本大小。显然，结果形式的选择及其度量应反映研究目的。随机化单元是实验对象个体、且试验结果又是二元的或连续的临床试验，它们样本大小的计算基本公式见第2章。此处再强调影响样本大小的几个重要因素。Auleley等（2004）讨论样本大小确定及其如何受结果度量的选择、结果的大小（如连续的、二元的或出现事件的时间）或缺失值出现的影响。Barthel等（2006）亦讨论了结果是出现事件的时间（如存活）时临床试验的样本大小，并在Stata软件（数据管理统计绘图软件）提供了一种非常灵活的程序，即所谓试验资源分析（ART, analysis of resources for trials）用于复杂试验设计的样本大小确定，并考虑到调整丢失的数据、非均衡性危害和终检（见第19章）。如果临床试验有大致价值相同的多个结果，为此Borm等（2007a）报道了基于概率的普遍化方法观察所有结果的重要改变。Korn和Freidlin（2006）更新了纠错方法用于既往对照的临床试验时决定样本大小。

试验对象整群分配的样本大小

整群随机性临床试验是指在一个组内的所有试验对象（如一群奶牛）分配至同一干预（11.4.2）。计划此类试验时，需要计算整群间的相关（p）和组群大小（m）。正如2.11.6所述，$[1+p(m-1)]$因子可促使样本容量增大，如果整群容量大，即使p值小，整个样本大小亦能变得很大。至于整群大小，当其超过$1/\rho$时试验能力也不会显著提高（Campbell等，2006b）。

在决定单元（如个体或组群）随机化时，整群间相关系数越高，随机分配个体越高效，尤其在整群容量大的情况更是如此。然而，如果将干预分配到各整群，而可用的整群数又少，就需要采用配对设计（如配对强的整群水平的混杂因素）。如可行的话，此时采用整群交叉设计可提高效率（Turner等，2007）。

贯序设计和自适应设计的样本大小

贯序设计的临床试验可使假设试验在多个场合实施，随着试验的进程数据则不断积累（Todd，2007）。贯序设计试验前样本大小不固定，而且有着具体指定的停止规则。一般贯序试验的设计要比固定样本大小试验的设计复杂，由于存在可能的偏倚，研究人员则在了解阶段分析结果后，调整试验的实施方案。Zou等（2005）阐述了整群随机化的贯序设计方法。

适应性设计的临床试验是指在研究过程中其设计会改变，因而，自适应设计试验比贯序设计试验更加灵活（Golud，2006）。最常见的"自适应"是在第一阶段试验出结果后根据预测的研究效率调整第二阶段试验的样本大小。然而，适应性设计亦包括丢失或添加处理臂，改变初始的终结点，甚至改变目的（如非劣效性转变为优势性）（Todd，2007）。这样努力保持绝大多数试验对象获得治疗的最终益处。试验对象的分配受到试验中先前对象经历的影响。其中一种情形是"胜者优先原则"分配，其对象继续分配至某一干预水平，只要这种处理能产生有益的结果。一旦这种方式失败，此分配则转换至其他处理。不过，只有在处理后很短时间内就可明确鉴定出干预的结果，那么上述程序才适用。故而这些设计不常用于动物卫生的研究。

影响样本大小的其他问题

在计划临床试验的样本大小时另一需要考虑的问题是录入试验对象的时间（例11.5是2d；例11.6是5个月）。录入所需数量的试验对象的时间，对于相对稀有情况下的治疗性研究是个严重问题。有关录入时间还需考虑另两个重要因素。首先，如果在某农场录入时间超过一个生产周期（如奶牛场的产犊间隔），这样与生产周期相关的某个干预可能会再次施于已处理过的奶牛。这可被接受（依据干预的特性），但最低限度是在数据分析时需要作特别考虑。其次，如季节可能影响试验结局，那么录入时间就应覆盖至少一个完整的年度。

试验对象的丢失可能会产生偏倚，有多种原因可造成试验对象丢失。一些试验对象丢失由于不能再跟踪（如畜主迁移或标识脱落），而其他的丢失因为畜主不再配合（如参与者不遵从实验程序）。最后，一些试验对象的丢失是由于竞争性风险（如在试验中死于其他疾病）。因此，每当一个样本大小估测后，依据研究中动物丢失的可能预测计算试验研究的功效，据此适当调节样本的大小。

例11.6 在大型商品代肉牛养殖场大肠杆菌O157：H7 III型分型蛋白疫苗二次免疫减少环境传播的临床试验

出血性大肠杆菌O157：H7 III型分泌蛋白疫苗的临床试验设计在商品肉牛养殖场接种二次，通过环境采样装置中O157：H7检出概率评价该疫苗效果（Smith等，2008）。19家商品肉牛养殖场，经重复处理程序和抽样时间匹配成70对牛栏肉牛组群[免疫接种或不接种通常（作者建议"总是"）随机分组]。试验对象录入耗时5个月。在试验的牛栏中所有肉牛在到达过程接种疫苗，第二次接种则在再次转移过程中进行。在第二次免疫接种后1周开始采集牛栏样品，其后每3周采一次，共采样四次。配对的牛栏要同时采样。每牛栏用7个套索经由饲槽的颈部扶手处悬挂过夜采样。每个牛栏至少有一个套索样品分离出大肠杆菌O157：H7，则判为阳性。应用多级逻辑回归分析牛栏分离阳性的概率。

11.4 研究动物的分配

对照试验是基于畜主志愿的受试动物，畜主同意受试动物被确定的任何一个干预处理，一旦受试动物注册后，随即应在接近试验计划的时间点实施分组。

很显然，标准的随机化过程是受试动物组群分配的最佳方法，事实上，不使用正规的随机化分配程序，偏倚很可能会影响试验的结果（Gluud，2006）。在选择干预时采用临床判断会构成非随机临床试验的偏倚，临床判断用在治疗选择可能会使混杂因素在组群间分布不均衡，从而造成试验偏倚，而在分析时，这种偏倚很难控制。倾向评分的使用（见13.5节）是处理新问题的一种可能途径，但倾向评分通常用在干预的观察性研究，而且这种观察性研究不能进行随机性控制。为此，在讨论规范的随机化程序之前，先介绍一些替代方法。

11.4.1 随机分组的替代方法

既往对照试验（自身对照试验）是指干预之后的结果与实施干预之前的水平相比（前后比较）。例如新生犊牛腹泻疫苗接种，则比较免疫接种后腹泻发生率与此前一年的水平相比。但由于许多因素造成其结果的偏倚，因而，一般不采用既往对照试验。若使既往对照试验有效，必须满足4个条件：

（1）度量的结果必须可预测；

（2）必须具有疾病的完整、准确的资料库；

（3）试验结果必须有稳定、特异的诊断标准；

（4）研究中受试动物的环境或管理必须没有发生改变。

虽然有一个改变疫苗诱发的肉瘤进程干预研究也许符合此例（Rassnick等，2006），但是很少有所有这些标准能够满足于动物保健问题。既往对照试验的另一限制性问题是无法使用盲法技术。如例11.3，试验持续时间很短，且研究人员能控制治疗前、后的数据，这时既往对照试验可以接受。

系统分配是将动物个体按类分至各处理组群（如交替分配），在田间条件下它可作为规范随机分组的合理替代。系统分配可以使用已存在的动物识别数字，以奇数和偶数进行组群分配，或基于受试动物的顺序（如例11.5，动物通过溜槽的顺序）。系统分配难以保持参与者和研究人员对干预处理处于盲试状态，除此之外，该法通常与随机分配等效（盲法评估提供的结果）。如果有一半的受试动物将接受处理，那么在起初受试动物分配时应采用随机方法，其后，每逢第二个受试动物都接受分派的干预。不能简单地将干预用在第一个（或之前）一半的受试动物，也不能将对照处理用在剩余部分的动物。

11.4.2 随机分配

标准的随机分组是受试动物分配的首选方法，但必须注意随机分配并不是随意分配，必须使用正规的程序进行随机干预分配（如基于计算机的随机数字发生器，甚或掷币如实例11.8）。随机分配尽可能接近实验开始的时间进行，以减少分组后受试动物的撤回。

简单随机分组涉及每个受试动物经简单随机过程被分配至某一干预（如接种疫苗或不接种，治疗或不治疗），但并不进一步考虑其他因素。分层随机分组（如年龄分类随机分组）可协助保证某个可能的混杂因素（如年龄）在研究组群间同等分布。分层随机分组的一个特殊形式是按区块随机分配动物（如每X个动物）以保证干预分配的暂时平衡。（例11.4，犬被分配至4个区块）。这样可保证所有现时或区块影响结果的因素在各研究组群间均衡。Hofmeijer等（2008）建议了一种区块分配的方法以增加小规模试验的功效。它可以依据在那时存在的处理配置不平衡调整下一个受试动物的分配。

交叉研究

在交叉研究中，每个受试动物按顺序会接受两个干预处理。不过，在施予第一个干预时仍是随机分配。这种程序仅适用于治疗评价研究。同时，受试动物条件稳定而干扰效果持续时间相对短暂。在两次干预之间需要一个"洗脱期"。交叉研究的优点是提高了实验功效，因为同一受试动物接受了两个水平的干预。Hendrick等（2006）报道了应用交叉试验研究离子载体治疗（评价莫能菌素效果）对禽分支杆菌副结核亚种（Map）粪便排菌的效果。慢性感染奶牛先进行离子载体或安慰剂治疗3个月，其后经过一个月的"洗脱期"，这些奶牛再换用其他治疗药物。

析因设计

析因设计特别适合于试验研究2个或更多的干预，尤其是在多个干预间产生协同或颉颃作用时更适用。析因设计将所有可能的处理组合（如不处理、仅处理1、仅处理2、同时处理）都分配至研究受试动物。析因设计通常是均衡的，处理效应未被混杂（如它们与干预不相关，或垂直相交），且数据分析是直接的。通常一次研究不应试图去评估2~3或更多个干预，因为它们之间可能的相互作用会增加结果解释的难度。Silva等（2005）报告了一例析因设计，研究土霉素全身用药联合或不联合次氯酸钠治疗牛指状皮炎的效果。

整群随机分组

有许多原因需要以整群动物（如一个畜群）形式分配至一个干预组别，不是以个体动物形式分配。在一些情况下，这可能是仅有的可行方法。例如，干预总是以组群水平给予（如饮水给药），这时别无它选。甚至干预以个体水平给予，但却不能保持跟踪组群的个体，或对一些受试动物的干预会影响与其同群的其他未被干预的受试动物（如活疫苗的传播）（见11.10），因而将一个整群分配给某一干预会更合适。此外，如果物理方式能将处理传递至对照组（如大环内酯类endectocides泼剂用于某群动物中的一半），或干预的效果可能影响未受干预动物组群的畜群群体免疫力（例11.6），此时，整群随机分组也是合适的。兽医领域最大之一的整群随机分组试验参见例11.7。Campbell等（2007）综述了整群随机分组试验设计和分析的新进展。

在统计学上整群随机分组试验与动物个体随机分组试验相比效率更低，组群中受试动物个体的聚群需要加以分析（见第20~23章）。在整群随机分组试验中，跟踪的最佳方案是在研究期间监测所

例11.7　英国基于扑杀獾控制牛群结核病的大规模整群随机分组试验

随机分组獾控制试验（RBCT）开始于1998年，以评价扑杀獾作为控制英国牛结核病（TB）防控策略的效果。RBCT需比较三种试验处理后牛TB的发病率，这三种试验处理包括重复且广泛的獾扑杀（主动性的）、局部的獾扑杀（反应性的）和獾不扑杀（仅作监测），在100km²的大范围试验区招募配对成三个处理组群，每组重复试验10次（Donnelly等，2003）。三个处理组群分布于牛TB高发区域，所有参试区域以随机方法分配至三个处理（除了一个处理组群试验区鉴于安全因素而采取了特别的分配方式）。在英国牛TB控制计划指导下采用常规方法检测牛TB。

有动物个体。如果不可能跟踪所有个体，跟踪一个随机选择的队列在统计学上是有效的途径。如果不能跟踪个体，研究人员则需要在整个跟踪期间反复实施横截面的抽样调查（Campbell等，2007）。Donner和Klar（2004）综述了整群随机分组的优缺点，Donner等（2007）还评述了"打破匹配"以求在整群配对随机试验分析时获得统计学上的效率。

裂区设计

本节最后介绍的分配方法是裂区设计（split-plot designs）。裂区设计用作2个及以上干预的研究，其中一个干预在组群水平，而其余的则用在个体水平。统计分析必须考虑不同自由度以评估干预在不同实施水平（如组群与个体）的效果。Ritter等（2009）联合应用裂区设计和因子设计，研究应激因素对上市销售猪的影响。运输过程的动物密度是普遍因素，同时，运输路程和装载密度是猪个体的因素（如裂区因素）。

临床试验多机构合作

如在单一试验地点不能满足所需受试动物数，则要计划多机构合作临床试验（Fedorov和Jones，2005）。关键是要对中心内和中心间的变异做出解释。虽然多中心试验使试验程序和实施变得复杂，但它能增强试验结果的普遍意义（因为试验通常覆盖了大范围的地理区域），也能提高鉴定相互作用效果的概率（如中心的不同应答）。在多机构合作试验中统计分析的关键之一是保持各处受试动物数大致相同（Dragalin和Fedorov，2006）。例11.8描述了奶牛驱虫剂的一个多中心临床试验。

例11.8　在临近产犊时依立诺克丁浇泼剂治疗对成年奶牛繁殖参数的影响

该研究的目的是研究临近产犊时依立诺克丁浇泼剂治疗对奶牛的可能有益效果，包括在全封闭或半封闭的奶牛群观察产犊到第一次人工授精间隔、产犊到怀孕间隔、每次怀孕的配种次数（Sithole等，2006）。此次大规模临床研究在2002年2月至2003年2月间实施，有35个奶牛群（2381头奶牛）参与，位于加拿大魁北克省、安大略省和美国明尼苏达州。所有奶牛群都有繁殖的电子档案。受试奶牛随机分配接受依立诺克丁、安慰剂（与依立诺克丁匹配的瓶装矿物油）处理，治疗在产犊当日，或临近产犊日进行，从每个奶牛场每月采集一次混合乳样，以奥斯特线虫（*Ostertagia ostertagi*）精制抗原的间接ELISA检测，在研究年间计算平均值。其后OD值（ODR）以0.50判定标准二分为高和低。以Cox比例风险生存模型分析上述治疗对母牛产犊至怀孕间隔和产犊至第一次配种间隔的影响，以随机效应正态回归模型构建每次怀孕的配种次数模型。

11.5　确定具体干预

干预的性质必须明确定义。某个固定的干预（没有灵活性的干预）适合于评价新产品（特别是在III期临床试验）。对于已使用一些时间的产品和已有大量临床使用资料的产品，则应使用更加灵活的程序。例如，饲养场牛分别分配至治疗呼吸道疾病的两种抗生素组，但决定更换抗生素（如某种治疗失败）或停止治疗（如某种治疗成功）的时间选择取决于负责受试动物的人员，假若时间安排更适合于一个范围，应在干预程序中明确规定（如3～5d）。如果可能的话，起始治疗的安排应采用盲法，以使得临床判断不受组群分配信息的影响。必须清楚说明如何给予或实施干预，特别是在参与者负责实施一些或全部干预时更要明确。此外，保证正确的治疗用在合适动物的体系越简单越好，干预实施程序的监控方法应该落实到位。

11.6　盲法

在控制性试验中预防偏倚的关键措施之一是使用盲法。遗憾的是，单盲、双盲和三盲术语的使用并不一致。我们认为，单盲试验是指参与者不知道用于受试动物个体的干预特性，这样有助于保证在不同干预水平的受试动物得到相同的跟踪和管理。双盲试验是指参与者和研究小组中选定的成员（如实施干预和评价结果的研究人员）不知道干预的分配，这样有助于保证在不同干预水平的受试动物同等客观的评估。在三盲试验中，不仅参与者和执行试验者，数据分析者亦应不知道每个组接受了何种处理，这样的设计可保证以无偏见的方式进行数据分析。

建议对盲试的成功加以评估，而不是想当然地作主观估计（Boutron等，2005）。Hrobjartsson等（2007）讨论了此方面的一些做法。

在许多情况下，必须使用安慰剂以保证相关个体处于盲试状态。所谓安慰剂是指用于接受对照处理组动物的产品，它与被评估产品不易区别。在许多药物试验中，安慰剂就仅仅是药物的载体，但没有任何活性成分（见例11.9）。在使用安慰剂时，需要考虑的一个问题是，尽管安慰剂不含任何受试产品的活性成分，但它仍会对研究动物产生阳性或阴性影响。例如，安慰剂疫苗不含有目的抗原，但仍因安慰剂中的佐剂可诱导产生一些免疫力。这些情况应在试验实施前讨论，并加以解决。

在一些情况下，使用安慰剂仍不能保证盲法。例如，在奶牛场牛生长激素试验中，安慰剂是不相关的产品遭到质疑，由于试验药品产生了显著的奶产量改变，任何人经常接触奶牛则可以知道哪些奶牛接受了处理。尽管如此，应该尽量使用干预的盲法试验。

例11.9　商品化肠道沙门氏菌纽波特血清型疫苗的效果

为了研究肠道沙门氏菌纽波特血清型（*Salmonella enterica* serotype Newport，简称纽波特沙门氏菌）疫苗对奶产量、奶中体细胞数量和排泄沙门氏菌的效果，在一家1200头规模的奶牛场选择了180头未妊娠奶牛的粪便样本（Hermesch等，2008）。将受试奶牛配对（依据它们通过溜槽系统的顺序），应用掷币法随机确定配对奶牛中的一头接受纽波特沙门菌SRP疫苗或对照溶液（没有抗原的载体），另一头奶牛则接受交替的处理。在分娩前45~60d注射疫苗或对照溶液，其后在分娩前14~21d进行第二次免疫。结果观察包括90d的泌乳期奶产量和奶牛中体细胞数、沙门氏菌分离和纽波特沙门氏菌抗体水平。分别在第一次免疫注射日和泌乳后7~14d、28~35d，收集粪便样品用作沙门氏菌分离，采取血液样品用作抗体检测。

11.7　跟踪/遵从

Knatterud（2002）很好地描述了管理和实施控制性临床试验的实际议题。一个重要的项目是保证所有组群严格而等同地跟踪随访（例11.5）。如果跟踪干预的观察期短，这就是个简单过程，但这一观察期必须足够长至确保观察并记录到所有预期的结果。不论花费在跟踪上的精力有多大，仍不可避免会丢失一些受试个体，因为中途退出或缺乏遵从。因而对于跟踪期长的研究，受试动物的状态自始至终应定期确认（Sithole等，2006）。

最大程度减小受试动物丢失的主要措施是要定期与所有参与者沟通交流。对继续留在试验中的参与者亦可给予奖励措施，包括资金奖励、提供其他中途退出者不享有的信息（如在停乳期奶牛新抗生素产品的控制性试验中，向参与者提供奶牛群详细的乳房保健评价）、或公众对参与者努力的认可度（提供已解决的机密性问题）。对于中途退出的参与者，如果他们愿意提供访问方便，仍可通过日常数据库（如奶产量记录）得到研究动物的资料。这可用作提供一些跟踪的资料或比较退出动物与继续留在试验中的研究动物的总体特征。尽管如此，参与者仍有可能从临床试验中撤出受试动物，因此要有评价这种撤出的程序。这种评价应包括记载撤出原因的方法，可能的话，还应包括在其撤离前采集所有退出的受试动物样品的程序。不管怎样，在整个试验中应该记录在特定时点的任一丢失动物。

除了最大程度保留临床试验的受试动物，还需要在判定研究对象是否遵守程序上多花力气。可通过定期走访面谈或收集样品测试被研究药品的水平加以评价，还可以通过间接方法进行评价，如收集试验中使用的所有空的产品包装箱。产品（或安慰剂）使用数量应该与试验中受试动物数相对应。

11.8 度量结局

一个对照试验应该限定产生1～2个主要结局（如预防制剂试验中疾病的发生）和少量（1～3个）次要结果（如生产率、寿命）。若产生许多结果，则会导致分析时需"多重比较"的问题（见11.9.1）。此外，如要度量多重结果，那么干预对每个结果的效应会不同。是否将多重结果事件联合进单一复合度量（如联合几种疾病的分值或发生率的健康综合度量）始终是有争议的问题（Ferreira-Gonzalez等，2007），但笔者更喜欢以有限数量的主要和次要结果假设来设计试验。当选择度量的结果时，应优先选用能客观度量的结果，而不是主观度量的结果，尽管后者不是总能避免（如临床疾病的发生）。如果不采用接近金标准的程序估测临床试验结果，那么会导致干预产生的真实结果与估测结果不同（Kassai等，2005）。Gilbody等（2007）指出包含并进行经济分析的临床试验，通常会对干预效果产生高估偏倚，因而，若临床试验包括经济分析，需要指定先验的推估。

一般来说，试验结果应与临床相关。中间结果（如疫苗试验中的抗体滴度）可用于判定某干预不产生预期结果的原因，但不应替代临床相关主要结果，后者与研究目的有关（如临床疾病的发生）。临床相关的结果包括：

（1）特定疾病的诊断——需要明确的病例定义；

（2）死亡率——客观的但仍需要死亡原因（如果相关）和死亡时间的判定标准；

（3）评估疾病严重程度的临床症状分值——建立可靠的尺度有难度；

（4）临床疾病的客观度量——如评估牛场呼吸道疾病严重程度的直肠温度，用于估测脱水程度的血液样品等；

（5）亚临床疾病的度量——如体细胞计数作为亚临床乳腺炎的指标；

（6）生产率/生产性能的客观度量——如奶产量、生殖性能度量、增重。

结果可以连续尺度度量，或分类数据（通常是二元的）度量，或是事件发生时间度量（如疾病发生的时间）。基于事件发生时间数据的研究要比基于简单发生的研究或不是在一个特定时段的事件研究强大得多。结果度量还可以是某个时间点、或在多个时间点对每个受试动物进行评估（纵向数据）。

11.9 分析

分析可按治疗意向标准或按符合方案集标准进行。在治疗意向数据分析时，包含的数据是分配至某特定干预的所有受试动物，不论它们是否完成了研究，或是否遵从了协定。这种数据分析可提供干预效果的保守估计，当被推荐使用时，它可以反映出该干预用在与源群体特性相近的另一群体时获得预期的应答。在符合方案集数据分析中，仅包含遵从并完成了研究的那些受试动物数据。只要是按预期使用干预，这种数据分析可提供应答的良好度量，但可能会在未来应用时产生干预效果的偏倚估计。有两种原因会造成这种偏倚：第一，遵从可能是随机事件，不遵从者或许不能代表分配至某干预的所有参与者，从而导致干预效果估计的偏倚（见12.2）；第二，在未来应用某干预时总是会有一些未遵从的现象，因而估计假定100%遵从条件下的效果是不明智。

作为随机化分组程序的适合度检查，数据分析通常始于组群特性的基线比较。这种比较不应是基于组群中差异的统计学显著性评估，更应是它们的可比性评估。不同组群中的差异，即使没有统计学显著性，也应该被关注并在分析时予以考虑。

本章不包括分析控制的临床试验数据的特定程序，在本书的其他章节中详细讨论了这些方法。此处仅提及几个特别的问题。

虽然随机分组的目的是使可能的混杂因素等同地分布于各干预组群，但这并不能排除所有的混杂，特别是小样本容量时更是如此（前述已介绍了检查此问题的基本原理）。若试验结果是二元的，建议要校正其变量。最佳途径是鉴定强有力的先天预测指标，其次的选择是控制试验数据中的共变量，可用于对结果的预测（Hernandez等，2004）。如果校正程序已排除了任何残留的混杂（特别是小规模试验），那么校正的结果应该有更小的偏倚。对非混杂因素的校正损失小，前提是这些因素不干扰变量（见第13章）。若结果是连续变量，则可降低不可解释的变异数对其他因素的控制，以提高干预效果估计值的精确度。

如果测量值是在给予干预前后分别获得，那么在评估对干预的应答时应以每个受试动物的基线水平（干预前）进行校准。可通过从每个干预后测量值中扣除干预前的数值（如分析结果的变化）或在分析干预后数值时以基线水平作为协变量。这两种途径均可获得研究效能增长，特别是在基线水平和干预后测量值相关系数>0.5时（Borm等，2007b）。

许多控制的临床试验在整个研究过程涉及重复评估受试动物（纵向数据）。纵向数据的分析存在一些特有的挑战。在研究起始点，研究者需要决定他们是对干预后平均效果，还是随后的变化或整体效果最感兴趣。处理重复变量数据的方法请见第23章。Twisk和de Vente（2008）综述了RCT中重复测量值分析的方法，他们建议如果采用GEE（第20章和第23章）或类似方法进行数据分析，并且结果是以连续尺度测定，仅需对第一次跟踪值进行基线水平（干预前）校准。应用上述方法可以开展下述分析。

- 首先，进行首次跟踪测量值与基线水平值线性回归分析。
- 其次，计算首次跟踪度量观测值与回归分析预测值间的差异，这种差异称作"剩余变化"。
- 第三，在随后的GEE分析中，应用此"剩余变化"替代首次实际结果数值。

对于一些观察，纵向数据通常有缺失值（漏测值）。缺失值问题已在15.5节中概述，更详细的讨论见Peduzzi等（2002）和Auleley等（2004）的论著。如果相当多的观察值缺失，其数据分析和解释必须考虑上述因素。

最后，如果研究对象成组维持（聚类数据），那么重点就是解释组群效果，这对聚类随机临床试验更为重要，而对组内随机试验亦比较重要。对聚类数据的分析程序参考第20～22章。

控制的临床试验通常会导致多重比较的数据分析。在RCT的分析中有三种多重比较的方式：检验多种结果、检验数据的多个子集和试验过程中实施定期的阶段分析。多重比较的问题是实验误差率（experimental-wise error rate）通常比用于单一分析的误差率要大的多（通常5%；见15.8.2节）。这会导致将伪效果认定为有显著性意义。

许多程序可用于校正解释这些多重比较的分析（Korn和Freidlin，2008）。最简单的方法之一是Bonferroni校准。该法要求以α/k I型误差率逐一实施分析，其中α是正常误差率（通常是0.05），α/k是比较所得的数据。然而，该法仅产生每个评估的统计学显著性的最保守估计。其他不太保守的分析程序可参见标准的统计学教材。

次级群分析的问题应给予特别关注（Brookers等，2004）。尽管该法可广泛用于评价临床试验中大范围的各个小群，以确定某个干预对它们是否有效，但仅限先验推理计划的分析应予实施。否则，会有严重风险导致伪联系。许多研究者建议从计划外的次级群分析获得的结果可报告为探究。因而，确定次级群是否造成干预效果的差异的推荐方法是进行整体测试干预与小群鉴定员的相互作用。必须记牢研究的样本大小通常是基于单一的整体显著性测试，而不是基于每个次级群为基础，在许多情况下次级群分析没有足够的能力检测有意义的效应。Brookers等（2004）也描述了一种方法，以确定研究此类相互作用可靠性的合适样本大小。作为指南，至少两倍于假定整体效应程度的效应值（effect sizes）具有相似的能力，以检测整体干预效应的效应值。

贯序设计研究（又称监控研究）是指在整个试验过程中自始至终实施有计划的周期性数据分析。在实施这些数据分析时，若出现以下情况，试验则可停止：有明显证据（且统计学有显著性）表明某种干预优于其他措施；有令人信服的证据表明某种干预可引发损害（不论这种损害是否统计学显著）；很小的可能性预示试验将会产生有效果的证据，即使试验实施完成（这里不包括试验目标是证实一种新产品/新程序与现有的标准治疗方法具有相同的效力）。

由于贯序设计像一个逻辑途径，趋于缺乏处理基于单一研究个体数据的能力，因此，贯序设计的使用应该限于那些效益清晰的情况。

一般不应实施期中分析，除非试验研究设计需作调整。期中分析的方法以及为调整实验程序而调节样品大小的方法已超出本文范围，但可参考Todd（2007）的综述。基于期中分析而中止试验的例子是英格兰獾控制试验。期中分析（研究并不是特别设计作此分析）显示在采用反应性扑杀獾的地区牛群中牛结核病水平升高，为此停止了獾控制试验（Donnelly等，2003）。Bassler等（2008）指出实施不久后就停止该试验计划，是因为这项干预看似非常有效，但通常会导致过高的期望（如相关系数高估真实效果）。

11.10 传染性病原预防的临床试验设计

当干预是针对传染性病原的预防制剂（如一种疫苗或一种驱虫剂），那么本章讨论的标准设计则需要做很多的修改完善。本节将说明为什么需要这些修改，并给出此类试验设计的一些建议。有关传染病流行病学方面的相关讨论参考第27章。

当估测针对传染性病原预防制剂的保护能力时，需要考虑是测定个体水平保护还是群体水平保护；进而，还要认识到试验观察的保护作用会受到下列因素的严重影响：目标群体中病原体传播的背景水平；疫苗的效果（当然这正是要估测的）；在进行免疫接种策略的评估时，免疫接种的动物数占群体总数的比例。

在动物群体，疾病在个体间的传播，可以是直接传播或是经病原体污染的载体传播。传播速度取决于一个感染个体或受污染的载体每个时间周期（如每天）与易感个体产生有效接触的次数（参考27.3，传染病传播的讨论）。通过合理限定每个易感个体每天的有效接触次数，如其中的一些接触是与免疫接种个体发生，且这些免疫接种个体获得抵抗该病的完全或部分保护，那么，群体中该病的传播速度就会降低。总体而言，个体水平的有效接种次数和传播的背景水平取决于研究组群的特征。因此，在传播水平不同的地点进行两种不同的随机、双盲、安慰剂控制的试验研究会导致疫苗效力估测值差异，即使是在这两种研究中针对特定攻毒疫苗提供的保护水平相同（Struchiner和Halloran，2007）。此外，弄清某病原在亚群内（如畜群/禽群）传播是密度依赖还是频度依赖（参考27.3节）有助于揭示疾病传播规律。若是密度依赖的传播，只要起始感染个体比例相同，即使群体大小一样，其疾病传播仍相同。若是频度依赖的传播，则疾病的传播随着起始感染个体数目的增加而增长（也就是说，即使起始感染个体比例相同，大群体可能会发生大规模传播）。畜群的大小通常与传染病的频率有关，但通常不清楚疫苗效果是密度依赖还是频度依赖。

疾病预防能产生多种效益。首先，能预防既定暴露引发的感染。其次，能预防临床疾病或减小在感染群体中的感染严重程度，并进而降低病原体传播。选定感染还是疾病作为试验的终点，通常决定于疾病的背景和潜伏期。如果潜伏期短，通常以疾病作为终点；如果潜伏期长，常常以感染作为终点。预防措施若能降低受试动物的疾病严重程度或持续时间，那么它对群体中传播概率的影响要大于对个体提供抵抗感染的保护能力。关键是预防措施的保护效果会因评价的终点不同而会有变化。

例如，疫苗效力（VE，为了简便，以下不再区分感染或疾病作为结果）指标通常都在个体水平测定，即：

$$VE_d = \frac{I_{nv} - I_v}{I_v}$$ 　　　**等式11.1**

式中I_{nv}和I_v分别表示未免疫接种动物和免疫接种动物中的发病率（Halloran等，2007）。下标"d"表示疫苗的直接效力。当然，为了确证真实的VE_d，研究者喜欢比较反设事实（见1.7），也就是，将疫苗接种动物某病的发病率与假设不接种疫苗时这些动物某病发生率相比较。由于不可能观察到上述事件，我们则做VE的估测，随机将一半受试动物（或其他比例）接受疫苗接种，另一半则接受安慰剂。接种和未接种动物在群体中自由地混合存在，但遗憾的是，如此设计我们获得的VE度量值可能受到群体中接种动物比例的混杂影响。其后会解释这一陈述的基本理由。

因为直接的VE度量通常有偏倚，可能仅是疫苗总效力的一小部分，为此流行病学家对基于群体的疫苗效率度量非常感兴趣（Carpenter，2001b）。预防措施的总效应是一种群体度量，它由两个部分组成：即上述的直接或个体水平的疫苗效力（VE_d）和间接疫苗效力（VE_{ind}）。间接疫苗效力是一种基于群体的度量，通过比较随机研究区域中与疫苗接种动物混合的未接种动物（称为A群体）的疾病频率与来自于类似动物群体的未接种动物（称为B群体）的该病频率水平，可获得VE_{ind}：

$$VE_{ind} = \frac{I_{nvB} - I_{nvA}}{I_{nvB}}$$ 　　　**等式11.2**

式中I_{nvA}和I_{nvB}分别表示A群体和B群体的发病率（或风险）。这种间接效力通常被称作群体免疫力（herd immunity）的主要部分。通过干扰病原体传播，群体免疫力向未免疫易感动物个体提供了保护作用，这种保护作用超出了免疫接种个体获得的直接保护效应。例如第27.4.3节中，假如一个感染动物可典型接触5个易感个体，那么某疫苗效果达80%时，则可期望终止病原体的所有传播（作为群体免疫力的结果）。由于获得100%接种率非常困难，另一方面已知即使免疫接种率达不到100%也能有效清除病原体，因此某种特定病原（如狂犬病病毒）清除所需的免疫接种临界水平的确定是群体疾病控制研究的关键之一（Longini等，1998）。

免疫预防措施的总体效应（VE_{tot}）是VE_d和VE_{ind}的加权组合，可用下式估算：

$$VE_{tot} = \frac{I_B - I_A}{I_B}$$ 　　　**等式11.3**

就疾病控制而言，疫苗的总体效应比通常的疫苗效力直接度量提供了更多的有用信息。

有多种不同的试验设计可用于疫苗效力评估研究。例如，采用聚类随机试验设计，比较完全免疫接种动物与非免疫动物的疾病频率（如例11.6中，在饲养场完全接种一定牛栏数量的牛，比较其与未接种牛栏中牛的发病率）。这还可以延伸至奶牛群或猪群，比较免疫接种群与未免疫群。Riggs和Koopman（2004）应用随机组群建立了一种传播模型，在1995年，他们提出如果使用聚类随机法，只要大多数传播来自群集内部，则可增强研究的效果，而当绝大多数传播来自群集之外，则会降低研究的效果。他们还注意到，采用聚类随机试验，有利于获取研究动物样本及其免疫的自然水平确定（如免疫接种前）。这样可在评价疫苗诱导的免疫之前调整自然免疫力。尽管这大概是获得VE有效估计值的最佳途径，但这类研究非常昂贵，且不宜延伸至不易获得自然稳定的研究个体组群（如用犬做流感疫苗试验、用狐狸做狂犬病疫苗试验或用獾做牛结核病疫苗试验）。特别是疫苗覆盖率达不到100%的情况，这种途径也不能反映群体中会发生什么。由于疫苗的间接效应，会存在一个免疫接种（覆盖率）的临界水平，通常比100%低得多，但可提供群体保护并可能消除病原体。为了估测这一临界水平，需要设置不同免疫接种覆盖率水平（如25%、50%和75%）组群，但不超出免疫接种的关键比例，即达此水平可清除相应未接种动物中的疾病。

如前所述，对于疾病控制，群体中疫苗的总体效应比VE_d更有意义。建议采用一种试验设计可以估测疫苗的直接效力、间接效力和总体效力。为此，至少需要2个有可比性的研究动物群体（多于2个群体可提供更准确的疫苗效力估测值，但由于费用过于昂贵而较少使用）。在A群体中随机分配一部分动物个体接受疫苗接种，剩余个体接受安慰剂。在另一个有可比性的B群体中，所有动物个体都不接受疫苗接种（Halloran，2006）。确保可交换性（如两个群体在所有重要特性方面相似，因为这些特性影响结果）是件困难的任务。两个群体应共享的最重要的特性大概是相同的传播水平，后者会很大程度上影响疫苗间接效力。此外，两个群体完全的相互隔离亦很重要，以使相互间没有动物个体的混合。有鉴于疫苗总体效应是一种群体水平的度量，需要数个群体进行统计学评价。尽管如此，这种设计在选择的情况下仍可行，这一概念是疫苗群体效应解释的基础（Glezen，2006）。Glezen指出虽然疫苗直接效应可能不大，但其对疾病群体水平会有显著影响。如果认为某病频率是稳定的，那么未免疫接种动物群体的疾病水平信息在疫苗试验前即可以疾病水平的数据（A群体）补充。在以两个群体的任一群体所在的建筑物计算时，则使用结果频数分析，其中一个群体包含接种和未接种个体，而另一群体仅是未接种个体。例11.10显示在此种情况下计算某一免疫接种的直接、间接和总体效应。

另一种替代的试验设计可用于难以获得两个相似群体的情况下，但在关注的群体中存在动物个体的自然聚集（如洞穴中的一窝獾），则可在一个地理区域随机分配其中一半的动物个体进行免疫接种（如獾），其后研究聚集中（如洞穴）感染/疾病的传播，对应于免疫接种聚集中个体比例（Longini等，1998）。然而，此类设计需要保证在整个预防试验过程中群体的构成亚群相对稳定。

Carpenter（2001a）讨论了免疫预防试验的样本大小估算。主要考虑的是，如果间接效应大，则群体整体疾病发生率下降、且未免疫接种动物的疾病发生率接近于免疫动物的发生率，此时可以认为基于个体水平的疫苗效力评估，该疫苗无效（这些研究因群体免疫力而缺乏效果）。有关效能的详细考虑参考Riggs和Koopman（2005）的文章。

11.11　伦理考虑

动物保健用品和方法的控制性试验研究有两个主要的伦理方面的考虑，其一是对试验参与者人道对待，由专门委员会作伦理审查；其二是对动物个体的福利，由动物福利委员会作评估。特定的法规和指南因国家而异，但总体上必须考虑下面几点：

（1）研究是否无可非议（如研究是否可能产生有意义的结果，而这些结果最终对动物保健有益）？

（2）研究设计是否有合理的计划，以确保将获得有效的结果？

（3）样本大小是否恰当？在这种情况下，需要一个合理的样本大小确保试验研究的足够试验对象，但又必须对所需的最小样本大小加以权衡，目的是为了减少可能接受不太需要的干预的动物个体数量。

（4）试验程序是否适当，以对研究中的参与者和动物个体产生最小的风险和最大的益处？此点

例11.10　肉牛大肠杆菌O157：H₇疫苗的剂量效应和畜群免疫力观察研究

临床试验目的是测试含有大肠杆菌O157：H7Ⅲ型分泌蛋白疫苗效应，以是否减少肉牛粪便中排泄大肠杆菌O157：H₇的概率为效应指标（Peterson等，2007）。480头肉牛（A群体）随机分配至60个栏（每栏8头肉牛），并接受四种免疫接种处理中的一种（每种处理120头，每栏牛中每2头接受一种处理）。四种免疫接种处理分别是：（1）不接种；（2）一次免疫（42d接种）；（3）二次免疫（0d和42d接种）；（4）三次免疫（0d、21d、42d接种）。安慰剂是佐剂和载体。在同一养殖场另有128头肉牛（B群体）随机分配至12个栏，作为未接种外部对照。排泄大肠杆菌O157：H7牛的相关比例（发生率风险）是：

- RnvA=12%（A群体未免疫接种牛风险）
- RVA=9%（A群体免疫接种牛风险）
- RB=29%（B群体风险——所有均未免疫接种）
- RA=10.5%（A群体总体风险）

免疫接种的直接效应通过比较A群体内接种和未接种个体的结果频率来计算：

$$VE_d = \frac{R_{nvA} - R_{vA}}{R_{nvA}} = \frac{12 - 9}{12} = 0.33$$

在此情况下，免疫接种的直接效应是在免疫接种动物中减少了约33%的感染。

免疫接种的间接效应通过比较两个群体中未接种个体的结果频率来计算：

$$VE_{ind} = \frac{R_{nvB} - R_{nvA}}{R_B} = \frac{29 - 12}{29} = 0.59$$

在此情况下，免疫接种的间接效应几乎达60%。

免疫接种的总体效应通过比较两个群体结果频率的粗率来计算：

$$VE_t = \frac{R_B - R_A}{R_B} = \frac{29 - 12}{29} = 0.64$$

总体上，免疫接种程序减少了约64%的感染水平，其中绝大部分归于免疫接种的间接效应。如果仅关注直接效应的话，那么结论则会认为该疫苗不是很有效。

考虑和之前的内容，需要对结果作期中分析。

（5）试验招募的所有参与者是否基于知情同意？规定知情同意意味着他们不仅知道所提供的试验详细情况，而且以适当的方式确保他们理解参与试验的风险和益处。

（6）参与者必须有选择退出试验的权利，如果他们如此选择的话。

（7）是否规定了保护所有数据的措施以保障其保密性，以及确保数据的完整性和准确性。

11.12　报告临床试验

虽然"CONSORT"陈述发表后，标准的报告得到改善（Kane等，2007；Moher等，2005），但低质量的临床试验报告仍然是个问题（Berwanger等，2008；Burns和O'Conner，2008）。近来，"CONSORT"陈述已进一步改进以利于更好地服务于家畜研究者的需要，参考表11.1。这些报告标准作为一种指南，有助于确保在研究设计、实施甚至报告中的关键问题在研究计划设计的过程中被涉及。为了最大程度减少偏倚，每个研究者都应该知道常见偏倚对临床试验设计和报告的影响（Gluud，2006）。

表11.1　REFLECT-LFS陈述的项目清单：家畜和食品安全随机化控制性试验研究的报告指南（在本书出版之时，REFLECT-LFS陈述已在多家期刊评审，其最终版见www.reflect-statement.org）

文件组成和标题	项目	以生产、健康和食品安全为结局变量的家畜试验研究的修订
题目和摘要	1	如何分配各种干预措施至研究单元（如任意分配、随机化或随机分配）。清楚地描述结局变量（结果）是自然暴露的结果或选择的病原体攻毒的结果。
引言		
背景	2	科学背景，并解释其合理性。

（续表）

方法		
参与者	3	所有者/管理者的条件标准，在各个组织结构水平的研究单元，以及数据收集的设置和场所。
干预	4a	每组计划施予干预的准确而详细的资料，配置的干预水平，真实地实施干预的方式和时间。
	4b	如果采用攻毒研究设计，病原体及攻毒模型准确的详细资料。
目标	5	特定的目标和假设。清楚地描述主要目标和次要目标（如可行的话）。
结局变量	6	清楚地描述主要结局和次要结局的度量及其度量水平，如果可能的话，描述任何用于提高度量值质量的方法（如重复观察，评估员培训）。
样本大小	7	如何确定样本大小，如果可能的话，解释任何中期分析和停止试验的规则。样本大小考虑应包括在各个组织结构水平的样本大小确定和用于组间或组内个体间非依赖的假设。
随机化—序数产生	8	用于在相应组织结构水平产生随机分配顺序的方法，包括任何限制的详细资料（如区、层级）。
随机化—分配的隐蔽性	9	用于在相应组织结构水平实施随机分配顺序的方法（如编号的容器），并确认直至分配干预措施后顺序仍是隐蔽的。
随机化—实施	10	谁准备分配顺序，谁登记研究单元，谁将研究单元在相应组织结构水平分配到他们的组群。
盲法	11	干预措施实施者、照顾者和结果评估人员是否对分组情况处于盲法的状态。如果是，如何评估盲法的成功。如果不采用盲法，应提供相应理由。
统计方法	12	比较组群所有结果的统计方法。如果可能的话，清楚地描述统计分析的水平和解释组织结构的方法，以及其他分析的方法，如亚组分析和校正分析。

结果		
研究单元流程	13	贯穿研究全过程的各阶段不同组织结构水平的研究单位流程（强烈推荐用流程图）。特别是对每个试验组要报告随机分配的研究单元数、接受预期处理、完成研究程序、分析主要结果。描述与预计研究的程序偏差，包括其原因。
招募	14	确定招募的日期和跟踪周期。
基线数据	15	每个组群的基线群体特征和临床特性，明确提供每个相应组织结构水平信息。报告的数据应使二级分析成为可能，如风险性评估。
分析的数字	16	每个组群的研究单元数（分母）包括每个分析，以及分析是否意向处理。如果可能，用绝对数字表述结果（如10/20，而不是50%）。
结果和估测值	17	对每个主要结果和次要结果，小结各组群结果，说明层级、估测效应率及其精确度（如95% CI）。
辅助分析	18	指出其他分析的多重性，包括亚组分析和校正分析，指出哪些是预先指定的和哪些是探究的。
相反事件	19	每个干预组群的重要毒、副作用。

讨论		
解释	20	结果的解释，考虑研究假设，可能偏倚的或不精确的来源，与分析和结果多重性相关的危险。如果相关，畜群群体免疫力的讨论应包含其中。如果可行，应包含相关疾病的攻毒讨论。
普遍性	21	试验研究发现的普遍性（外部有效性）。
整体证据	22	在现有证据前提下对结果的综合解释。

参考文献

Auleley GR, Giraudeau B, Baron G, Maillefert JF, Dougados M, Ravaud P. The methods for handling missing data in clinical trials influence sample size requirements J Clin Epidemiol 2004; 57: 447-53.

Barthel FM, Babiker A, Royston P, Parmar MK. Evaluation of sample size and power for multi-arm survival trials allowing for non-uniform accrual, non-proportional hazards, loss to follow-up and cross-over Stat Med 2006; 25: 2521-42.

Bassler D, Montori VM, Briel M, Glasziou P, Guyatt G. Early stopping of randomized clinical trials for overt efficacy is problematic J Clin Epidemiol 2008; 61: 241-6.

Berge AC, Lindeque P, Moore DA, Sischo WM. A clinical trial evaluating prophylactic and therapeutic antibiotic use on health and performance of preweaned calves J Dairy Sci 2005; 88: 2166-77.

Berwanger O, Ribeiro RA, Finkelsztejn A, Watanabe M, Suzumura EA, Duncan BB, Devereaux PJ, Cook D. The quality of reporting of trial abstracts is suboptimal: Survey of major general medical journals J Clin Epidemiol 2009; 62: 387-92.

Borm GF, Fransen J, Lemmens WA. A simple sample size formula for analysis of covariance in randomized clinical trials J Clin Epidemiol 2007a; 60: 1234-8.

Borm GF, van der Wilt GJ, Kremer JA, Zielhuis GA. A generalized concept of power helped to choose optimal endpoints in clinical trials J Clin Epidemiol 2007b; 60: 375-81.

Boutron I, Estellat C, Ravaud P. A review of blinding in randomized controlled trials found results inconsistent and questionable J Clin Epidemiol 2005; 58: 1220-6.

Brookes ST, Whitely E, Egger M, Smith GD, Mulheran PA, Peters TJ. Subgroup analyses in randomized trials: risks of subgroup-specific analyses; power and sample size for the interaction test J Clin Epidemiol 2004; 57: 229-36.

Burns MJ, O'Connor AM. Assessment of methodological quality and sources of variation in the magnitude of vaccine efficacy: a systematic review of studies from 1960 to 2005 reporting immunization with Moraxella bovis vaccines in young cattle Vaccine. 2008; 26: 144-52.

Campbell MJ, Donner A, Klar N. Developments in cluster randomized trials. Stat Med 2007; 26: 2-19.

Campbell PJ, Hammell KL, Dohoo IR, Ritchie G. Historical control clinical trial to assess the effectiveness of teflubenzuron for treating sea lice on Atlantic salmon Dis Aquat Organ 2006a; 70: 109-14.

Campbell PJ, Hammell KL, Dohoo IR, Ritchie G. Randomized clinical trial to investigate the effectiveness of teflubenzuron for treating sea lice on Atlantic salmon Dis Aquat Organ 2006b; 70: 101-8.

Carpenter TE. Use of sample size for estimating efficacy of a vaccine against an infectious disease Am J Vet Res 2001a; 62: 1582-4.

Carpenter TE. Evaluation of effectiveness of a vaccination program against an infectious disease at the population level Am J Vet Res 2001b; 62: 202-5.

Donnelly CA, Woodroffe R, Cox DR, Bourne J, Gettinby G, Le Fevre AM, McInerney JP, Morrison WI. Impact of localized badger culling on tuberculosis incidence in British cattle Nature. 2003; 426: 834-7.

Donner A, Klar N. Pitfalls of and controversies in cluster randomization trials Am J Public Health 2004; 94: 416-22.

Donner A, Taljaard M, Klar N. The merits of breaking the matches: a cautionary tale Stat Med 2007; 26: 2036-51.

Dragalin V, Fedorov V. Design of multi-centre trials with binary response Stat Med 2006; 25: 2701-19.

Fedorov V, Jones B. The design of multicentre trials Stat Methods Med Res 2005; 14: 205-48.

Ferreira-Gonzalez I, Permanyer-Miralda G, Busse JW, Bryant DM, Montori VM, Alonso- Coello P, Walter SD, Guyatt GH. Methodologic discussions for using and interpreting composite endpoints are limited, but still identify major concerns J Clin Epidemiol 2007; 60: 651-7; discussion 658-62.

Gluud LL. Bias in clinical intervention research Am J Epidemiol 2006; 163: 493-501.

Glezen WP. Herd protection against influenza.J Clin Virol 2006; 37: 237-43.

Golub HL. The need for more efficient trial designs Stat Med 2006; 25: 3231-5; discussion 3313-4, 3326-47.

Halloran ME. Overview of vaccine field studies: types of effects and designs J Biopharm Stat. 2006; 16: 415-27.

Halloran ME, Hayden FG, Yang Y, Longini,I M,Jr, Monto AS. Antiviral effects on influenza viral transmission and pathogenicity: observations from household-based trials Am J Epidemiol 2007; 165: 212-21.

Hendrick SH, Kelton DF, Leslie KE, Lissemore KD, Archambault M, Bagg R, Dick P, Duffield TF. Efficacy of monensin sodium for the reduction of fecal shedding of Mycobacterium avium subsp. paratuberculosis in infected dairy cattle Prev Vet Med 2006; 75: 206-20.

Hermesch DR, Thomson DU, Loneragan GH, Renter DR, White BJ. Effects of a commercially available vaccine against Salmonella enterica serotype Newport on milk production, somatic cell count, and shedding of Salmonella organisms in female dairy cattle with no clinical signs of salmonellosis Am J Vet Res 2008; 69: 1229-34.

Hernandez AV, Steyerberg EW, Habbema JD. Covariate adjustment in randomized controlled trials with dichotomous outcomes increases statistical power and reduces sample size requirements J Clin Epidemiol 2004; 57: 454-60.

Hofmeijer J, Anema PC, van der Tweel I. New algorithm for treatment allocation reduced selection bias and loss of power in small trials J Clin Epidemiol 2008; 61: 119-24.

Hrobjartsson A, Forfang E, Haahr MT, Als-Nielsen B, Brorson S. Blinded trials taken to the test: an analysis of randomized clinical trials that report tests for the success of blinding Int J Epidemiol 2007; 36: 654-63.

Jaeger GT, Larsen S, Moe L. Stratification, blinding and placebo effect in a randomized, double blind placebo-controlled clinical trial of gold bead implantation in dogs with hip dysplasia Acta Vet Scand. 2005; 46: 57-68.

Kane RL, Wang J, Garrard J. Reporting in randomized clinical trials improved after adoption of the CONSORT statement J Clin Epidemiol 2007; 60: 241-9.

Kassai B, Shah NR, Leizorovicza A, Cucherat M, Gueyffier F, Boissel JP. The true treatment benefit is unpredictable in clinical trials using surrogate outcome measured with diagnostic tests J Clin Epidemiol 2005; 58: 1042-51.

Knatterud GL. Management and conduct of randomized controlled trials Epidemiol Rev. 2002; 24: 12-25.

Korn EL, Freidlin B. Conditional power calculations for clinical trials with historical controls Stat Med 2006; 25: 2922-31.

Korn EL, Freidlin B. A note on controlling the number of false positives Biometrics. 2008; 64: 227-31.

Lavori P, Kelsey J. Clinical Trials Epidemiol Rev. 2002; 24: 1-90.

Longini,I M,Jr, Sagatelian K, Rida WN, Halloran ME. Optimal vaccine trial design when estimating vaccine efficacy for susceptibility and infectiousness from multiple populations Stat Med 1998; 17: 1121-36.

Moher D, Schulz KF, Altman D, CONSORT Group. The CONSORT Statement: revised recommendations for improving the quality of reports of parallel-group randomized trials Explore 2005; 1: 40-5.

Peduzzi P, Henderson W, Hartigan P, Lavori P. Analysis of randomized controlled trials Epidemiol Rev. 2002; 24: 26-38.

Peterson RE, Klopfenstein TJ, Moxley RA, Erickson GE, Hinkley S, Rogan D, Smith DR. Efficacy of dose regimen and observation of herd immunity from a vaccine against Escherichia coli O157:H7 for feedlot cattle J Food Prot. 2007; 70: 2561-7.

Rassnick KM, Rodriguez CO, Khanna C, Rosenberg MP, Kristal O, Chaffin K, Page RL. Results of a phase II clinical trial on the use of ifosfamide for treatment of cats with vaccine-associated sarcomas Am J Vet Res 2006; 67: 517-23.

Riggs T, Koopman JS. Maximizing statistical power in group-randomized vaccine trials Epidemiol Infect 2005; 133: 993-1008.

Riggs TW, Koopman JS. A stochastic model of vaccine trials for endemic infections using group randomization Epidemiol Infect 2004; 132: 927-38.

Ritter MJ, Ellis M, Anderson DB, Curtis SE, Keffaber KK, Killefer J, McKeith FK, Murphy CM, Peterson BA. Effects of multiple concurrent stressors on rectal temperature, blood acid-base status, and longissimus muscle glycolytic potential in market-weight pigs J Anim Sci 2009; 87: 351-62.

Sithole F, Dohoo I, Leslie K, DesCoteaux L, Godden S, Campbell J, Keefe G, Sanchez J. Effect of eprinomectin pour-on treatment around calving on reproduction parameters in adult dairy cows with limited outdoor exposure Prev Vet Med 2006; 75: 267-79.

Smith DR, Moxley RA, Peterson RE, Klopfenstein TJ, Erickson GE, Clowser SL. A two-dose regimen of a vaccine against Escherichia coli O157:H7 type III secreted proteins reduced environmental transmission of the agent in a large-scale commercial beef feedlot clinical trial Foodborne Pathog Dis 2008; 5: 589-98.

Struchiner CJ, Halloran ME. Randomization and baseline transmission in vaccine field trials Epidemiol Infect. 2007; 135: 181-94.

Todd S. A 25-year review of sequential methodology in clinical studies Stat Med 2007; 26: 237-52.

Treweek S, McCormack K, Abalos E, Campbell M, Ramsay C, Zwarenstein M, PRACTIHC Collaboration. The Trial Protocol Tool: The PRACTIHC software tool that supported the writing of protocols for pragmatic randomized controlled trials J Clin Epidemiol 2006; 59: 1127-33.

Turner RM, White IR, Croudace T, PIP Study Group. Analysis of cluster randomized crossover trial data: a comparison of methods Stat Med 2007; 26: 274-89.

Twisk JW, de Vente W. The analysis of randomised controlled trial data with more than one follow-up measurement. A comparison between different approaches Eur J Epidemiol 2008; 23: 655-60.

Ural K, Ulutas B, Kar S. Eprinomectin treatment of psoroptic mange in hunter/jumper and dressage horses: a prospective, randomized, double-blinded, placebo-controlled clinical trial Vet Parasitol. 2008; 156: 353-7.

Zwarenstein M, Oxman A, Pragmatic Trials in Health Care Systems (PRACTIHC). Why are so few randomized trials useful, and what can we do about it? J Clin Epidemiol 2006; 59: 1125-6.

第12章

观察性研究的真实性

焦新安 译　刘秀梵 校

目的

阅读本章后，你应该能够：

1. 鉴定不同类型的选择偏倚，评价某个特定研究是否可能会受到额外的选择偏倚影响；

2. 通过应用抽样分数或抽样比值的估计值确定选择偏倚的可能方向和程度；

3. 在研究设计中应用预防偏倚的原则，例如，如何在二级研究中避免检测的偏倚；

4. 解释非差异性错误分类偏倚与差异性错误分类偏倚在敏感性和特异性方面的差别；

5. 评估2×2列表中暴露、疾病或两者的错误分类；

6. 解释为什么不能用群体敏感性和特异性估计值去纠正病例–对照研究中疾病状态的错误分类；

7. 应用敏感性分析评估错误分类对观察性联系的可能影响；

8. 熟悉如何使用有效性检验研究（效度研究）和诸如回归校准等技术调整观察数据；

9. 修正样本大小估计值以解释错误分类。

12.1　引言

研究设计的实施和分析的关键特征应有助于确保经过努力的研究获得有效的结果。因此，真实性（有效性）与结果中缺乏系统性偏倚有关，也就是说，在研究组群中联系的有效度量与来源群体的真实度量数值相同（除了因抽样错误引起的变化外）。当研究组群的度量和研究群体的度量产生系统性差异时，则结果出现偏倚。偏倚有三种主要类型：

（1）选择偏倚：由影响选择研究对象的因素引起，或由某一研究项目中与潜在研究对象自愿参与有关的其他因素引起。

（2）信息偏倚：由获取暴露、结局和研究的协变量准确信息的有关因素引起。

（3）混杂偏倚：由目的暴露之外的其他因素对联系观察值的效应引起。

本章讨论选择偏倚和信息偏倚的特性、影响和预防，混杂偏倚将在第13章讨论。

大多数分析研究是在非随机性抽样的研究对象中实施，因而总是存在不确定性，即研究组群中的特性和联系能否很好地反映更大研究组群的来源群体的特性和联系。此外，如果要作出暴露–结果联系的有效结论，一旦研究组群选定，就必须能够精确度量暴露、外部因素和目的输出变量（结果）以及控制混杂。就此而言，内部有效研究是指基于研究组群数据可以没有偏倚地推断来源群体的目的联系。外部有效性是指为来源群体之外的群体（其中首先是目标群体）做出正确推断的能力。鉴于此，理想的情况是研究群体和来源群体能代表更大规模的目标群体，但不应该为了获得外部有效性而牺牲内部有效性（Alonso等，2007）。在极端情况下，试图推断不正确结果是没有价值的。普遍性是超出外部有效性的推断步骤，涉及建立和延伸有效科学理论至更广泛特定群体（如跨群体间/或品种间的有效联系）的能力。

12.2　选择偏倚

选择偏倚源自研究组群的组成与来源群体的组成不同，它导致暴露和目的结果间联系观察值产生偏倚，这种偏倚对研究结果影响很大。因而，重点是要描述用作选择研究对象和在研究中维持它们的判断标准（Grimes和Schulz，2002；Sandler，2002；Beck，2009；和第7–10章的相关部分）。从抽样角度讲，每个研究应有一个与目标群体相关的研究目的 [如在加拿大特定地区（如一个省内）奶牛疾病的影响]。从实践目的来说，通常需要从目标群体的一个亚群中获取研究对象（如该省具有电脑记录档案的所有奶牛群），这一亚群构成了来源群体。研究对象的实际组群（即参与的畜群），并对其实施研究的称为研究组群（见2.1.3节）。在理想情况下，来源群体完全反映目标群体，研究组群完全代表来源群体。

正如第7~10章强调的，通过比较2个或2个以上动物组群的结果以确定联系。正如第1章所述，对于因果推断，理想的对比组群是反设组群。例如，在队列研究中，暴露的研究组群的理想反设组群应该是完全相同的但未暴露的动物，但这种理想的组群并不存在，故而尽可能选取非暴露组群，以保证两个组群总体可比，特别是对联系度量会产生偏倚的所有因素应可比。研究的目的是希望所研究的联系在研究组群与来源群体的相同。从选择偏倚的角度看，在研究起始时两个研究组群应该具有可比性，在整个研究过程中任何的可比性降低不应是研究过程的结果。必须注意的是，临床研究试验（第11章）也不能避免选择偏倚。尽管随机化有助于保证各组群接受的处理有可比性（如可交换性），但由于研究动物个体通常是经志愿招募程序加入的，它们在某种意义上与来源群体不同，从而导致产生偏倚的结果（例如处理与研究组群的特性有相互作用，而研究组群与来源群体又有差异）（Beck，

2009）。

　　如果发生选择偏倚，它既可发生在研究开始之前，也可发生在研究实施过程中，选择偏倚主要来自用于获取研究对象的程序、影响参与的因素和参与者行为（如他们的畜群管理）。这些因素影响研究中的参与度，从而使得研究组群的组成与来源群体不同，最终造成联系观察值的偏倚。选择偏倚的基本条件可用有向非循环图技术和统计学条件性依赖的概念以图的方式呈现（Hernan等，2004；Sjolander等，2008）。在图12.1的左边显示，暴露（E）和输出变量即疾病（D）直接影响研究对象的选择（S）。这就是说，E和D在来源群体是相互独立的（即没有联系），然而，若仅用应答者（即取决于选择S）实施研究，并假定存在一些不应答者，E和D则变成有联系。另一种情况是，在来源群体E和D有联系，但在研究组群观察的联系与来源群体的不同，也就是说，发生了选择偏倚。在图12.1的右边，在来源群体疾病直接影响选择，暴露没有直接影响选择，但除非偏倚变量（如行为或态度）直接与暴露有关（或相关），且选择受控或调整，暴露则会在统计学上与选择有关，从而导致研究组群中产生暴露与疾病偏倚的联系。第三种情况（未图示），偏倚变量与疾病有关，而不是与暴露有关，那么暴露直接与选择有关。总之，如Hernan等（2004）报道，应用有向非循环图（$\alpha\kappa\alpha$因果通径图），选择偏倚是一定条件下对暴露和疾病的共同影响的结果，或是与暴露和疾病有关的变量的影响结果。Shahar（2009）详细阐述了它在信息偏倚中的应用。

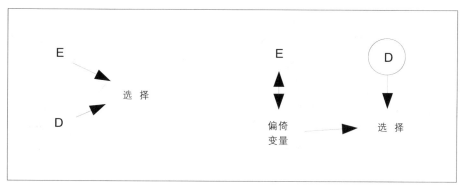

图12.1　选择偏倚的基本条件图解

注：$OR_{ED}=1$，但$OR_{ED|S}\neq1$

　　应用抽样分数亦能获得一些对选择偏倚的理解。假设来源群体和研究组群的结果如表12.1所示（大写字母代表来源群体中研究对象数，小写字母则代表研究组群的研究对象数）。

表12.1　来源群体和研究组群的结构

	来源群体结构				研究组群结构		
	$E+$	$E-$			$E+$	$E-$	
$D+$	A_1	A_0	M_1	$D+$	a_1	a_0	m_1
$D-$	B_1	B_0	M_0	$D-$	b_1	b_0	m_0
	N_1	N_0	N		n_1	n_0	n

抽样分数和抽样比值

　　应以一种避免选择偏倚的方式选择研究组群。严格讲，研究组群是来源群体的一个样本。可以计算出在暴露和疾病的4个类别中各自的抽样分数（sf）：

$$sf_{11} = a_1/A_1$$
$$sf_{12} = a_0/A_0$$
$$sf_{21} = b_1/B_1$$
$$sf_{22} = b_0/B_0$$

等式12.1

式中下标表示表12.1的2×2列表结构中行-单元的组合（列1、行1是大写的左边单元：暴露组和疾病组，等）。如果研究对象以随机选择获得，即从N中选择出n，那么除了随机变化外，四个抽样分数将会相等。在这种选择方法下，假定所有4个抽样分数相同是合理和正确的，则不存在选择偏倚（Morabia，1997）。此外，如果抽样分值相同，抽样分数的比值比（OR_{sf}）就等于1。值得注意的是，即使四个抽样分数不同，假如OR_{sf}等于1，对OR观察值亦不会产生偏倚。在后一种情况下，如果疾病是稀有的，则风险率（risk ratio，RR）亦不会有偏倚。事实上，很难知道sf值，从而限制了该方法的实际使用。然而，弄清抽样分数的作用，为理解在什么条件下将发生或不发生偏倚提供理论基础。例12.1即应用抽样分数比值比研究因无应答产生的选择偏倚。

实际上，与个体抽样分数相比，抽样比值易于概念化。例如，在基于风险的队列研究或纵向研究中，可以表述为暴露的研究对象疾病的抽样比值（$SO_{D+|E}$）与非暴露的研究对象疾病的抽样比值相比：

$$so_{D+|E+} = sf_{11}/sf_{21}$$
$$so_{D+|E-} = sf_{12}/sf_{22}$$

等式12.2

如果这些选择比值相同，则不存在偏倚，并成为观察性研究中研究对象选择策略的目标。如果抽样比值大于1，那么偏倚将远离无效假设方向；如果抽样比值小于1，则偏倚趋向于无效假设。因而，从实际角度看，在队列研究设计时，除了考虑暴露队列中暴露和疾病联系外，还要考虑从暴露队列中选择病例比从非暴露队列中选择病例的可能性大小？正如例12.1所述，由于没有应答，在暴露队列中疾病的抽样比值为5.89（即0.053/0.009），而在非暴露队列中，疾病的抽样比值为7.5（即0.075/0.10），产生抽样比值为0.8。按相对价值计算，我们已在非暴露队列中对疾病过度抽样，从而使观察的联系偏倚趋向于无效假设。类似地，在设计病列-对照研究时，希望避免对暴露的差异性选择，这比来源群体中病例组群和对照组群的暴露与疾病的任何联系重要。

12.3 选择偏倚举例

12.3.1 对比组群的选择

总的原则是各研究组群应从同源群体中选择。在队列研究中，重要的是非暴露组的研究对象与暴露组的要有可比性，特别是与暴露因素有关的并且又是结果的其他风险因素，在两组动物要有可比性。更多的时候是，2个组（即暴露和非暴露）队列设计，而不是单一队列研究设计。类似地，在病例-对照研究中，重要的是对照组要反映群体中非病例成员的暴露率，该群体亦是病例出现的群体（基于风险的研究），或者反映暴露动物-时间比例对来源群体中非病例组的风险（基于率的研究）。由于研究组群的个体很少以随机抽样获得，因而决定如何选择研究对象时必须考虑正在研究的问题背景和生物学知识，以及源群体的结构和动态变化。

例如，监测系统设计如何经品种因素对疾病风险产生偏倚（Ducrot等，2003）。在法国，牛海绵状脑病（BSE）病例经由基于临床病例的法定报告系统（MRS）来鉴定，另一途径是采用诊断试验，经由定向监测（TS），检测农场中的死亡牛，包括安乐死的牛或紧急屠宰的牛。MRS检测到34例BSE

例12.1　无应答造成的选择偏倚

为了证实无应答能造成联系度量的偏倚，首先假设无应答仅与暴露有关，而与结局无关。在这种情况下，并不期望无应答引发联系度量的偏倚。针对这一样本，起始假设下列情况：

- 来源群体中10%研究对象动物被暴露；
- 来源群体中暴露的研究对象动物有30%是无应答者（nr），在无应答者中的结果风险与有应答者（r）的相同，均为25%；
- 来源群体中非暴露的研究对象动物有10%是无应答者，它们的结果风险与有应答者的亦相同，均为12%。

基于这些假设，来源群体结构为：

	Exposed$_r$	Exposed$_{nr}$	Non-exposed$_r$	Non-exposed$_{nr}$
D+	175	75	972	108
D-	525	225	7128	792
	700	300	8100	900
风险	0.25	0.25	0.12	0.12

注：Exposed$_r$：暴露应答；Exposed$_{nr}$：暴露无应答；Non-exposed$_r$：非暴露应答；Non-exposed$_{nr}$：非暴露无应答。

如果起初在来源群体联系100个暴露个体和100个非暴露个体，总体应答率是18%，那么研究组群的结构为：

	Exposed$_r$	Non-exposed$_r$
D+	18	11
D-	52	79
	70	90

除化整误差外，研究组群的风险率（$RR=2.04$）与来源群体的相匹配（$RR=2.08$），同样OR亦相适（2.49VS2.44）。两者间不存在偏倚。

现在，若确切已知相同应答的风险，则可假设无应答与暴露和结局两者均有关，那么暴露组群和非暴露组群中无应答者结果风险两倍于应答者。

在这种情形下（并忽略化整误差），群体结构将会是：

	Exposed$_r$	Exposed$_{nr}$	Non-exposed$_r$	Non-exposed$_{nr}$
D+	133	114	891	198
D-	567	186	7209	702
	700	300	8100	900
风险	0.19	0.38	0.11	0.22

来源群体的风险率为0.247/0.121=2.04，比数比为2.38。

如前所述，如果起初联系100个暴露个体和100个非暴露个体，研究组群将会有下列结构（除抽样误差外）：

	Exposed$_r$	Non-exposed$_r$
D+	13	10
D-	57	80
	70	90

现在，研究组群RR为0.19/0.11=1.73，OR为1.90；两者均是真实联系偏倚的估测值。

注意，这种情形下sfs为：

$$sf_{11}=13/247=0.053$$
$$sf_{11}=57/753=0.075$$
$$sf_{12}=10/1089=0.009$$
$$sf_{22}=80/7911=0.010$$

同时，sfs的比数比为：

$$OR_{sf}=\frac{0.052\times0.01}{0.075\times0.009}=0.8$$

因而，基于sfs的OR，偏倚期望接近于无效假设，而OR观察值是OR实际值与以抽样分数比数比的乘积（即2.38×0.8=1.90）。

如果在暴露组群和非暴露组群中无应答者风险加倍，其抽样分数比数将为0.66，可以想象，由于这种选择偏倚将产生明显的结果偏倚。

病例，全部来自奶牛群，与之不同，TS计划发现了49例BSE，其中仅36例（73.5%）来自奶牛群。其后研究证实MRS系统偏向检测奶牛群病例（大约是由于在英格兰奶牛中报道了非常多的BSE，该系统主要依据识别和报告临床症状，而使亚临床或非典型病例丢失）。TS采样并没有因生产系统而产生偏倚，但它排除了明显的临床病例。因此，综合两个系统的数据，则可对品种和BSE风险的联系实现无偏倚的度量。

Tongue等（2006）在痒病研究中描述了另一个例子，其研究对象的选择可使朊病毒蛋白基因型发生偏倚。他们假设不同的基因型与痒病发生的不同年龄有关——早期淘汰病例及其亲系将会改变其后续羊群中或目的群体中基因型的分布。同样，如果基因型与痒病风险的关联已知，那么畜主接受检测羊群的自愿程度则会因基因型不同而异。在这些情况下，不同来源的数据库有助于解析这些联系（正如上例BSE所证实的）。

12.3.2　无应答偏倚

无应答偏倚是描述性研究和分析性研究的一个主要问题，无应答偏倚水平及其影响通常被低估（Stang，2003；Morton等，2006；Mezei和Kheifets，2006）。如果暴露和结果的联系在应答者和无应答者间有差异，则无应答导致偏倚，因此使得研究组群的联系（仅在应答者）与来源群体的不同。虽然无应答通过类似于混杂变量的作用产生影响，但其并未被以控制混杂的相同办法得到直接控制。暴露和疾病间的联系越强，无应答者的比例越大，则潜在偏倚越大。在兽医研究中，畜主的无应答可能是不同的管理、畜舍或饲养的替代指示，这些与结果和暴露均有关。在涉及人作为单元的研究，志愿登记可能与暴露和结果亦均有关，因而研究组群产生偏倚应答。在调查和观察性研究中影响参与的其中一个因素可能是参与者的社会经济状况（SES），来源于高SES的对象比低SES的更可能愿意参与。在兽医研究中，如果SES与动物的或畜群的暴露和目的疾病都有联系，则会产生偏倚。

评估应答偏倚影响的方法是查明各组群（如暴露队列，或病例和对照组群）内无应答程度是否几乎相同。如果相同或几乎相同，则几乎没有选择偏倚。低水平的整体应答率不一定导致选择偏倚，高水平的应答率亦不能保证没有偏倚（Nohr等，2006；Bjertnaes等，2008）。在设计和实施观察性研究时，主要的考虑是基于暴露或结果在组群中应取得相同的应答。第二个评估可能偏倚的方法是应用所拥有的任何有关暴露、疾病或其他特征的信息比较应答者和无应答者，但要知道由于所有者/参与者可能会不应答（或不合作），导致这些数据可能有限。例如，研究中如果潜在的奶牛蹄部疾患风险因素参与者的一些信息可供使用（如奶牛群奶产量），则可据此比较应答者和无应答者是否不同。如果差异可以忽略，或组群的变量差异与目的结果无关，那么选择偏倚对研究结果仅有微弱的影响。例12.1阐述了无应答如何导致偏倚。

12.3.3　选择性进入或幸存者偏倚

有时研究组群是严格选择的，只有那些具备特定所需特性的研究对象才被选中登记。在涉及人的研究中可比拟问题称为"健康工作者"效应，特别是在职业保健研究中是主要问题。在兽医研究中，成熟的食用动物（猪、牛等）是严格选择后才登记进入相应群体（例如它们需要符合特定的生长速度和繁殖指标），同时，一旦登记进入相应群体，这些动物必须维持特定的生产标准（如每年的产仔猪数）才能保留在该群体。同样地，当前赛的赛马是所有开始加入赛马联合会马匹的一个偏倚亚群，它们可能会比至少参赛过一次的马匹健康得多。作为这种可能偏倚的例子，为了评估产后疾病对奶牛繁殖力的影响，以产犊至受孕间隔作为结果变量，就会产生疾病影响的观察偏倚。未妊娠牛则会被排除在结果度量之外。因此，由于这些牛未能达到登记进入标准：即妊娠，它们被排除在研究之外，可这一缺失却是评估奶牛群繁殖状态的一个关键部分。Braback等（2006）证实选择偏倚可能导致降低农民哮喘和过敏性角膜结膜炎的患病率。由于需要体力以及已知的其他呼吸道疾病（如慢性支气管炎）的风险，有这些疾病的农场小孩继续从事农牧业的可能性比没有这种状态的小孩要少。这方面的知识帮助他们解释早先研究的结果，即职业与呼吸道疾病的关联［早先已有的疾病对暴露（职业）有影响，同时也对其后的疾病状态亦有效应］。

关于选择幸存者，如果所研究的暴露和疾病均影响食用动物是否留在特定群体（或某匹马是否仍然参赛），其后研究组群仅能以现存的动物（如参赛马）获得，该研究就会产生暴露和疾病联系的偏倚度量。过早地从原始组群移除动物，而后者又与暴露因素和结果高度相关，从而使得研究组群成为来源群体的偏倚亚群。无论何时选择幸存者都可能是个问题，应该从一个特定的时期内，进入的群体所有动物中（或曾经参赛的所有马）抽取研究组群，而不是在研究开始时仅从群体中现存的动物中（或正参赛的马）获取。在许多这类例子中，实施起始于出生或畜群登记进入的纵向研究，在研究对象动物的整个生命周期，它们可提供特殊暴露影响的最好证据（Brabeck等，2006）。

幸存者偏倚还会产生于使用现患病例（如在病例–对照或横截面研究中）。如果因暴露状态造成发病后存活的时间不同，就会导致偏倚。就这一点而言，横截面研究是有问题的。部分地鉴于此原因，建议病例–对照研究通常应仅包括偶发病例。

非故意选择偏倚会对许多抗生素耐药谱研究造成影响（Miller和Tang，2004）。通常数据是基于分离自临床病例的菌株，或是预防使用抗生素动物的分离株。许多分离株在分离培养组织样品之前已暴露于抗生素。因此，细菌分离株的数量、类型及其抗生素耐药水平（或最小抑菌浓度），更像是抗生素使用及其达到和杀伤组织中敏感细菌效果的函数，而不是源群体致病菌现患率或其抗生素耐药水平的函数。如果研究目的是描述来源群体的抗生素耐药程度，应该从随机选择的研究对象（其中部分动物已使用过抗生素）中获取样品。暴露于抗生素对耐药水平的影响可用验证方式评估。

12.3.4　检测偏倚

当暴露状态造成鉴定疾病（或结果）的概率不同时，就会产生检测偏倚。在队列研究中，检测偏倚被最恰当地看成是错误分类。如果评估结果的研究者知道研究对象的暴露状态，而他们又改变对结果的评估，就会产生检测偏倚。

在病例–对照研究中，检测偏倚的中心问题是关于病例的选择，一些患病动物可能会被错误分类为没有患该病，这是由于它们可能很少（或没有）进行该病检查（见12.6节）。在筛检或诊断过程中，作为接受检查的结果，当大部分的病例被发现（并被鉴定为可能的研究对象）而受到暴露状态影响（即评估的行动受到暴露状态的直接或间接影响），这种潜在偏倚就成为问题。考虑到这种情况，如何选择最佳的对照就成为关键。通常建议是对照应该是接受相同筛检的非病例，但要考虑其暴露特性、疾病和诊断试验的背景（Harris等，2005）。此时问题是将未测试的动物个体错误分类为非病例，而事实上，这些动物恰恰是轻度患病且未检测到的病例。在许多情况下，疾病的严重程度是偏倚变量（图12.1），它影响是否决定进行疾病检测。

在妇女激素替代治疗的潜在影响研究中，子宫癌系列病例的合适对照组群的检测偏倚实质上被长期争论（Greenland和Neutra，1981）。接受雌激素治疗的妇女趋向于阴道出血，因而会比未做雌激素治疗的妇女更频繁地接受检查（可以检出子宫癌）。这样，检测偏倚的可能性被增加了。一些研究者强调对照应该限定于因阴道出血接受检查并发现为子宫癌阴性的妇女。然而，鉴于所有子宫癌病例已被检测，最终（除了筛检）没有必要强制对照接受与病例相同的测试要求。另一种评估检测偏倚的方法见12.4.1节。

另一个例子是，潜在检测偏倚与结果错误分类有关（Singer 等，2001）。这些研究者在家禽屠宰场选择患有禽蜂窝织炎的鸡，以具有特定大体病变作为鸡患有该病的指标，其后从这些选出的病鸡中分离特定的大肠杆菌菌株。问题是，如果特定的大肠杆菌菌株仅能引起肉眼无法观察的损伤时，这些病鸡将不能被选出。这样，仅是大肠杆菌损伤中的一个偏倚了的亚群被检测。研究者将他们的检测结果与美国农业部（USDA）检查专员使用独立标准的检测结果相比较，并以此建立了评价可能的选择偏倚的方法。总之，在选择研究对象时，需要有一套敏感而特异的入选标准。

12.3.5　准入风险偏倚

准入风险偏倚已激起许多关于二级病例–对照研究真实性的争论，即Berkson谬论的基础（Schwartzbaum等，2003；Sadetski等，2003）。在这种情况下，准许登记或入院的概率（即二级研究基础）与疾病和暴露均有关。目的暴露有独立的准许入院或登记的风险[即$p（H|E+）>0$]，它是偏倚发生的先决条件。实际上，这一效应是产生暴露相关的疾病但不是目的疾病病例。病例的准入风险[$p（H|D+）$]与对照病例的平均准入风险[$p（H|D-）$]间的差异也会导致偏倚，这在病例–对照研究中很常见。因而，从住院群体获取的对照不能代表病例源群体的真实暴露状态。

在偏倚方向方面，只要暴露导致"在登记簿中"，如果住院的（即在登记簿中）对目的疾病的风险大于潜在对照的平均风险，那么样本（即研究组群）OR将小于来源群体OR。因此，只要研究数据获得统计学显著性OR，那么来源群体的真实联系会更强。相反，如果住院的（即在登记簿中）疾病风险低于潜在对照的平均风险，样本比数比就会是源群体OR。

一个经常引用的例子，即以基于医院的病例–对照研究探究吸烟和肺癌的联系。吸烟因能引发许多疾病而导致患者住院，因此怀疑吸烟者的患病率高于许多疾病类型患者，而后者是选择获得对照的来源（Sadetzki等，2003）。类似的情况是，随着年龄的增长，许多动物疾病的频率亦增长，因而兽医院的动物平均年龄会大于总群体的年龄，这样从兽医院选取无病的研究对象动物时，则使年龄和特定疾病间的联系产生偏倚。为此，重要的是要获得潜在的不同对照组群产生偏倚程度的定量估测值（见例12.1）。由于几乎不可能评估任何给定的二级研究的选择偏倚程度，这会限制推断，而推断应来自单个二级研究。在第7章和第12.4节，制定了选择病例和对照的指南，以此预防或最大可能减少偏倚程度。

由于在二级病例–对照研究中很难选择合适的对照，一些研究者直接从假设的来源群体中获得对照。Tam等（2003）报道了疾病严重程度和社会因素影响传染性肠道疾病研究对象登记进入的组成。他们建议，在使用群体对照时，要特别小心，因为它们可能不能代表产生病例的实际群体。他们亦支持应用病例–病例研究以避免这种潜在偏倚（见10.3节）。

12.3.6　跟踪丢失和跟踪偏倚

与无应答偏倚类似，如果差异性跟踪丢失与暴露状态和结果有关，则会产生联系度量的偏倚。因此，在设计和实施研究计划时，应尽可能完整地跟踪研究对象，最大程度地减少丢失。否则，就需努力以相同要求跟踪两个组群（这一措施趋同于等同化，但不能减少丢失）。遗憾的是，丢失越多，越难保证组群间丢失的等同性。Robinson等（2007）综述了减少跟踪丢失的文献，概括出12个最常用的对策，其中常用的包括：获得社区参与；确定研究身份（如研究名称和始终如一的信纸信头）；招募有很强沟通能力的研究人员；清楚地说明研究的益处；有计划地定期与参与者保持联系；定期提醒（函）；最大程度减少参与者的负担；给参与者提供特定的利益（也许是免费咨询或特定的信息包）。

偏倚也可能来自研究中对暴露动物和非暴露动物差异性的管理。更常见的是，作为研究过程中的结果使研究对象行为改变，称为Hawthorne效应。在观察性研究中，研究者的作用是观察，而不是改变研究对象或他/她的动物经历的正常（即通常）事件。然而，经常很难隐瞒研究的理由，研究者询问特定的生活习惯/管理/畜舍因素的活动会引起参与者改变他/她的管理程序，但研究者无法察觉出这种并不明显的改变，而这会导致暴露状态的差异管理，或至少会导致研究过程中暴露状态的改变。Ducrot等（1998）描述了观察者（即研究者）和被观察者（即参与者）在农场内试验环境下的相互关系。除了了解上述影响，精心设计以最大程度地减少研究的任何偏倚，完全且等同地跟踪所有组群，可很好地预防偏倚。

12.3.7　数据缺失产生的偏倚

如果数据缺失是随机分布的，它们会减少研究的精确性和效果，但不会导致联系的偏倚。然而，与无应答相似，数据缺失会产生偏倚，这是由于研究者必须校准分析（如归咎于缺失值）（Cole等，2006；Fraser和Yan，2007；Fraser和Yan，2009），丢弃与缺失值相关的变量（并可能留下混杂偏倚），或丢弃观察（因而产生明显的无应答）。为此，在研究设计时要强调：最大限度减少缺失数据，评估缺失数据水平在比较的组群间（如病例组和对照组）是否相同。在15.5节还将进一步讨论缺失值问题。

12.4　减少选择偏倚

大多数预防选择偏倚的建议已在12.3节或研究设计章节（第7～10章）中阐述，这里不再重复。不论怎样，预防偏倚的第一步是要明了研究对象选择潜在的困难，并使之概念化以用于从推荐的源群体选择研究对象，这是预防偏倚的第一步。在队列研究中，明确的暴露和非暴露组群选定后，必须注意选择对比组群，适当考虑最大限度地减少无应答偏倚、数据缺失、确保等同的队列跟踪以及预防检测偏倚（第8章）。病例–对照研究（第9章）对选择偏倚特别敏感，这是由于基于疾病状态（通常）内置的组成差异性风险所造成。因此在病例和潜在对照组间最大限度地减少对研究对象参与的差异应答应该是选择程序主要考虑的问题。关于选择研究对象，病例–对照研究的对照组除了目的疾病外，不需要与病例组可比，但仍需包括那些与研究结果相关的因素。对照选择的一个关键原则是对照应该能代表源群体无病个体中的暴露比例或暴露时间，这是二级研究的首要问题，为了避免此问题出现，即可从与暴露没有联系的非病例选择分类中选择对照。此外，如果可能，病例–对照研究应仅基于偶发病例，而对照例应来自于病例的相同群体（第9章）。虽然有这些预防措施，但对以二级数据库的单一病例–对照研究结果进行广泛推断时仍应谨慎。

为了真实有效地控制选择偏倚，需要满足以下两个条件中的一条：与选择相联系的因素必须同时先于暴露和疾病；暴露和疾病在源群体中的分布必须已知。在第一种情况下，可用混杂控制的类似方法控制选择偏倚，例如，在二级病例–对照研究中，如果所有者的收入会引起选择偏倚，则可在分析过程中度量和控制。Geneletti等（2009）和Alonso等（2006）描述了测试和校准病例–对照研究选择偏倚的方法，其基于使用研究的内部数据，或有些情况下使用研究组群以外的数据。与选择密切相关的度量或研究的参与情况和产生偏倚[Geneletti等（2009）称为"偏倚打破者"]需要鉴定，以期获得其群体分布的无偏倚估测值（这些纠正的估测值与选择无联系）。建议参考Geneletti（2009）报道的选择有效校准因素实施计算和约束条件。

　　然而，在研究吸烟影响的病例–对照研究中，目的是为了鉴定和校准偏倚变量。如果来源群体（从该群体可获得病例）的吸烟率已知（即可以替代研究组群对象中的吸烟者观察比例），观察的联系可因选择偏倚进行校准。总体上，如果非肺癌患者的住院率已知，那么Berkson谬误能够避免。虽然很难实施，差异性准许风险的潜在影响仍可通过敏感性分析加以研究。相似的是，校准SES对参与的可能影响可使用病例和对照中的SES各组水平的信息开展研究（该方法是使用病例–对照的内部数据调整偏倚的变量SES）。来源群体中新近普查的SES外部数据亦可使用。在使用雌激素与子宫癌研究的检测偏倚中，选择偏倚可用来源群体中患子宫癌妇女阴道出血率加以校准[偏倚中变量（阴道出血）的分布校准]。Alonso等（2006和2007）介绍了在队列研究中应用反选概率加权校准因退出产生的选择偏倚。Berger（2005）描述了如何使用反向倾向指数检测和校准选择偏倚。

　　在兽医研究中，很少有可靠的偏倚变量分布sfs估测值。然而，可用抽样分数单个估测值评估潜在的偏倚，或以随机方式评估抽样分数分布造成的偏倚。在例12.2中，应用Orsini等（2008）研发的软件，在病例–对照研究中基于估测抽样分数以阐述确定性和随机性校准潜在的选择偏倚。上述偏倚–变量的例子，将有助于鉴定研究中影响选择的关键变量，并评估这些变量对研究结果的潜在影响。敏感性分析（使用一组参数估测值）对此目的有应用价值（Sjolander等，2008）。

12.5　信息偏倚

　　下面开始讨论不正确的分类或度量的影响，包括对研究对象的暴露、外部因素和/或结果状态的

例12.2　基于抽样分数估计值评价潜在的偏倚选择

下表显示在瑞典以非家庭自制熟食和家庭自制熟食饲喂哺乳母犬，患和不患过敏性皮炎的频率（数据引自Nødtvedt等，2007）。

	非家庭自制熟食	家庭自制熟食
病例	31	16
对照	25	30

作者指出在高危犬品种中过敏性皮炎的风险增加（OR 2.33；95% CI为1.04～5.19），并与饲喂"商品化食物"（即非家庭自制熟食）有联系。

本例的余下部分仅用作教学目的，作者并不暗示此处确实存在选择偏倚。假设这种选择偏倚可能存在，则存在有关选择概率的好主意。可以通过确定性的OR校准，用下列抽样分数（sf）评价对选择偏倚的可能影响。

	确定性	随机性
暴露病例的sf（E+D+）	0.5	三角（0.4，0.5，0.6）
非暴露病例的sf（E-D+）	0.6	三角（0.5，0.6，0.7）
暴露对照的sf（E+D-）	0.05	三角（0.01，0.05，0.1）
非暴露对照的sf（E-D-）	0.1	三角（0.05，0.1，0.2）

选择确定的sfs显示那些准备自制熟食（即未暴露）的畜主，比使用商品化熟食的畜主更可能愿意参与本研究；病例较对照病例的畜主参与水平高。当OR观察值为2.33时，校准后的OR（根据sfs）为1.40（95% CI是1.04，5.19），此时联系的强度显著减弱（67%）。

为了证实随机敏感性分析，假设已知选择偏倚的可能方向但没有实际sfs的精确数值，则详细说明了上述sfs的三角分布（如假定暴露病例的sf最小值为0.4，最大值为0.6，最可能的数值为0.5）。这样虽可保持与之前相同的偏倚方向，但不能确定实际抽样概率。sfs的影响会减小OR至1.28左右，则估测值95%会在0.43～3.13。再次说明与期望值相比OR向下的变化是否没有选择偏倚。很显然，如果存在选择偏倚，其强度与设定的相近，那么真实的联系要显著弱于观察联系。

分类错误或度量错误。当描述分类变量的错误分类时，其结果偏倚称为错分偏倚（又称错误分类偏倚）；如果目的变量是连续变量，则称这种错误结果为度量错误（又称测量错误）或偏倚。信息偏倚是个集合术语，包含了上述两种偏倚。信息偏倚能改变联系估测值的强度和方向，但这种影响可能不易觉察到。并且，分类的错误或度量的错误会不同程度地影响联系的各种度量（即风险比与风险差异）。为此，作者主要关注信息偏倚对联系相对度量的影响（RRs和ORs）。在下面的讨论中，研究对象可能是指个体动物或参与者，或个体的组群如一个畜群，先从概述错误分类（信息偏倚中研究的最多）的基本概念开始。

12.6　分类错误偏倚

错分偏倚来源于将研究对象个体分配至错误的类别，后者是由于在暴露分类、结果分类或二者分类时出现错误。在临床试验研究中不遵从指派的处理也会产生错分偏倚，因为研究对象没有真正接受特定的处理。对于暴露、结果或其他协变量的分类度量，特别是二元度量（即暴露与否、患病与否），分类的错误可以描述为第5章中讲述的敏感性和特异性。某个既定事件（如暴露）的敏感性（Se）是具有该事件的个体被正确地分类为具有该事件的概率；其特异性（Sp）是没有该事件（如没有暴露）的个体被正确地分类为没有该事件的概率。

12.6.1　暴露的非差异性错误分类

列表数据的排列与表12.1相同。研究组群真实部分的数值以a_1、b_1、a_0和b_0表示，其中有病的研究对象为m_1和无病的为m_0，暴露的研究对象为n_1和无暴露的为n_0。观察部分的数值以带"'"的a_1'、b_1'、a_0'和b_0'表示。

如果暴露和结果的错误分类是独立的（即在患病动物和非患病动物中暴露的分类错误相同，反之亦然，在暴露动物和未暴露动物中疾病结果的分类错误相同），那么此错误分类被认为是非差异性的。伴随暴露的非差异性错误分类，则有：

$$Se_{E|D+} = Se_{E|D-} = Se_E \qquad 和/或 \qquad Sp_{E|D+} = Sp_{E|D-} = Sp_E$$

式中Se_E是暴露分类的敏感性，Sp_E是暴露分类的特异性。

这些错误如何与观察数值有关？开始时，假设对暴露的错分频率表示为Se_E和Sp_E，并假设$Se_{D+} = Sp_{D-} = 100\%$。真实部分的频率见表12.2的左边，观察的频率在右边。很明显，观察部分的数值是研究对象正确分类和错误分类的混合体。本例中由于仅讨论暴露的错误分类，患病和非患病的研究对象数代表了各自健康类别的研究对象真实数目。对二元的暴露和结果，非差异性错误将使联系度量向无效假设偏倚（产生$Se_E + Sp_E > 1$）（Jaffar等，2003）。尽管如此，Jurek等（2008）指出除非分类错误是独立的且确实等同，否则会发生偏离无效假设的偏倚；假设这些错误是非差异性的就不可预测偏倚趋向无效假设。因此，只有在逻辑上符合条件时才能采用非差异性误差假设。

表12.2　暴露状态正确和正确分类数间的关系

真实数目	不正确分类数目
a_1	$a_1' = Se_E \cdot a_1 + (1 - Sp_E) \cdot a_0$
a_0	$a_0' = (1 - Se_E) \cdot a_1 + Sp_E \cdot a_0$
b_1	$b_1' = Se_E \cdot b_1 + (1 - Sp_E) \cdot b_0$
b_0	$b_0' = (1 - Se_E) \cdot b_1 + Sp_E \cdot b_0$

　　分类误差的影响依赖于它们的强度和被分类事项（即暴露或疾病）的实际流行率。相对小的误差（10%～20%）对相关风险能产生相当大的影响。尽管如此，Blair等（2007）评论一些"在所有研究中暴露的错误分类一般都会发生"。因而，在判断错误分类的效应时应考虑错误分类发生的实际可能性及其强度大小。非差异性错误分类影响的数值见例12.3。

　　在队列研究和横截面研究中，暴露分类的任何误差是非差异性的假定是合逻辑且有效；在病例-对照研究中，非差异性误差的假定常被质疑（见下文）。

12.6.2　非差异性暴露错误分类的评估

　　研究暴露分类估测敏感性和特异性的小变化（基于表12.2）将令你信服它们能对观察的联系产生很大的变化。的确，源自这些小变化的数据变异性预期的抽样变化造成的变异更加剧烈。Jurek等（2006）强调定量方法可用于估测这些误差的影响或纠正这些错误。考虑到经常缺乏真实的Se_E和Sp_E数值，观察此过程与纠正相比更像评估。然而，量化的可能效应提供了帮助解释研究结果的有价值信息。

例12.3　暴露的非差异性错误分类的影响

在此虚构的例子中，首先假定没有错误分类，那么，该例真实的研究组群结构是：

	暴露的	未暴露的	小计
有病	90	70	160
无病	210	630	840
小计	300	700	1000

真实的OR是3.86。假设暴露的敏感性为80%、暴露的特异性为90%，则期望获得以下观察数值（显示运算）：

	暴露的	未暴露的	小计
有病	90×0.8+0.1×70=79	70×0.9+90×0.2=81	160
无病	210×0.8+630×0.1=231	630×0.9+210×0.2=609	840
小计	300×0.8+700×0.1=310	700×0.9+300×0.2=690	1000

注：暴露错误分类不影响疾病状态总数，仅影响暴露分类总数。如预测的那样，伴随非差异性误差OR已从3.86降低至2.57。

　　作为这一过程的引言（见Fox等，2005），如果Se_E和Sp_E最可能数值是已知的，就能纠正观察的分类误差。正如在其他章节强调的，因为很少已知Se_E和Sp_E的真实数值，可用此方法评价可能产生的一定范围内的偏倚，合理估测值的可能方向和偏倚大小，而不必要去纠正分类误差。尽管如此，知道这些方法背后的代数学应该有助于我们理解此过程。假设是非差异性误差，就可用以下的方法重新分类研究组群。由于$b_1'+b_0'=b_1+b_0=m_0$，可求解暴露的对照数b_1为：

$$b_1 = \frac{b_1' - (1 - Sp_E) \cdot m_0}{(Se_E + Sp_E - 1)} \qquad 等式12.3$$

类似地，可求解暴露的病例数a_1为：

$$a_1 = \frac{a_1' - (1 - Sp_E) \cdot m_1}{(Se_E + Sp_E - 1)} \qquad 等式12.4$$

　　因b_0和a_0分别决定于$b_0 = m_0 - b_1$和$a_0 = m_1 - a_1$。此时可完成校正的2×2表数值，并计算真实OR的估测值。这种方法还可用于评估暴露状态的非差异性误差影响，应用Se_E和Sp_E的合适估测值，通过在病例和对照各组分别重复此过程以实现评估。

　　Fox等（2005）和Orsini等（2008）应用上述方法以合适的软件代码评价并纠正了病例－对照研究中错误分类的误差。因此，可插入合理的Se_E和Sp_E的估测值以确定分类误差的确定性影响。应用例12.2的数据，例12.4显示评价暴露的错误分类的影响。

　　在此过程中，如果获得不可能的结果，意味着插入的数值与数据不一致，因此真实误差风险必须与用于纠正的数值不同。在试图从自身验证或外部数据集获得真实Se和Sp的较好估测值时，Lyles等（2007）提供一种可转移性试验以确定在不同数据集的误差估测值是否类似。他们还提供了一种似然率试验以确定误差是否应被认为是差异性的。

　　通常，当暴露率低时，缺乏特异性比缺乏敏感性产生更多的误差。Walter（2007）指出当敏感性完美时，归因分数未被偏倚；然而，要获得完美的敏感性是以相当大程度上减少特异性为代价，且会

例12.4　暴露错误分类的评估

原始数据（Nødtvedt等，2007）参考例12.2。作为评估可能的错分偏倚的实例，选择了下表的3种不同情景（误差范围和评估方法），其中亦包括这些误差对OR观察值的影响。

	情景1 非差异性误差的 确定性值	情景2 差异性误差的 确定性值	情景3 差异性误差的 随机性值
病例Se	0.8	0.9	均匀（0.85-0.95）
病例Sp	0.95	0.85	均匀（0.82-0.88）
对照Se	0.8	0.8	均匀（0.7-0.9）
对照Sp	0.95	0.95	均匀（0.92-0.98）
OR观察值	2.33	2.33	2.33
OR校准值	3.71	1.81	1.94（中位数）

　　情景1　假设Se_E和Sp_E不存在差异（即在病例组和对照组等同），且假定是单个的一组数值。要注意的是，OR校准值（假定接近真实值）比OR观察值大。和预期的一样，错分偏倚减小了OR。

　　情景2　假设Se_E和Sp_E有差异（Se_E在病例中高，Sp_E却在对照中高），且假定是单个的一组数值。要注意的是，此时OR校准值比观察值更接近于无效假设值。错分偏倚导致了偏离无效假设的偏倚。

　　情景3　假设Se_E和Sp_E有差异（Se_E在病例中高，Sp_E却在对照中高），但是从均匀分布中随机选择（均匀分布是指在特定范围内任一数值具有等同的可能性）。经2000次模拟的OR校准值中位数为1.94（与假设的单个的一组数值相近）。要注意的是，此时OR校准值比观察更近于无效假设值。错分偏倚导致了偏离无效假设的偏倚，95%的校准值位于1.72～2.16范围内。OR估测值的分布情况见图12.2。

　　正如这些情景所证实的，错误分类会产生显著的偏倚。然而，为了评估由误差导致的偏倚的方向和程度，需要有误差率的合理估测值。

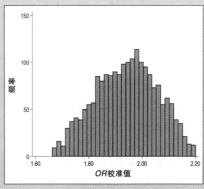

图12.2　在随机分析中OR校准值分布

降低归因分数估测值的精确度。Frost 和White（2005）描述了在纵向研究中纠正时变的风险因素的误差，并证实一些经常使用的方法在此情况下不能充分地发挥作用。

12.6.3　疾病−队列研究的非差异性错误分类

除了聚焦于队列研究中的健康状态分类的误差外，此节中由暴露错误分类引起的分类误差的概念相同。随着疾病的非差异性错误分类，则有：

$$Se_{D|E+} = Se_{D|E-} = Se_D \quad 和/或 \quad Sp_{D|E+} = Sp_{D|E-} = Sp_D$$

式中Se_D是疾病分类的敏感性，Sp_D是疾病分类的特异性。在队列研究中疾病分类有2个组分，它们对联系度量有不同的影响。首先，为了排除现患的病例，需要在起始跟踪时确定所有研究对象的健康状态。其次，在研究期间需要鉴定发生的新病例。

关于确定起初的健康状态，Pekkanen等（2006）证实在队列研究开始时疾病状态的不完善评估会导致随后的联系度量偏倚。敏感性不高则在研究开始时不能有效地排除有结局（如疾病）的研究对象，而特异性不高对此影响较小。估测这种偏倚影响的等式非常复杂，并没有简单的数学解决方案。然而，Pekkanen等（2006）报道背景水平的疾病非差异性错误分类会导致真实发病风险率的高估或低估，因为发病风险率观察值反映了背景水平和队列跟踪的联系。这就要求在研究起始阶段使用敏感的试验检测病例，便于仔细地从研究对象中排除所有现患的病例。

跟踪阶段结局诊断误差的影响与暴露误差的影响相似。对于二元结局的非差异性误差使联系度量偏倚趋向无效假设；而结局分类的差异性误差影响则很难预测。校准这些误差的过程与12.6.2节中校准暴露相关相近。Luan等（2005）指出校准二元结局的错误分类并不总是有益，因为加大OR变化会抵消了对偏倚的纠正。

12.6.4　病例−对照研究疾病的非差异性错误分类

由于在病例−对照研究中通常sfs未知，因此在队列研究中采用的纠正诊断错误的方法就不能用于病例−对照研究，除非Sp_D=1.00。在这样的情况下，不完善的疾病敏感性不会造成RR或IR偏倚，但如果疾病频率常见，仅会使OR偏倚。此处的关键是需要证实病例诊断，以保证无假阳性病例，即使诊断Se_D低于100%，联系度量亦不会偏倚。

当$Sp_D<1$，非患病病例亦将包含于病例系列中。因而，在病例−对照研究中，如果我们抽取所有的明显病例用于研究，将会包括$SeD \cdot M_1$的真实病例和（$1-Sp_D$）$\cdot M_0$假阳性病例。通常，仅会抽取明显非病例（sf）作为对照，这毫无疑问会包括少量的假阴性病例$[sf \cdot (1-Sp_D) \cdot M_1]$和绝大部分真实的非病例（$sf \cdot Sp_D \cdot M_0$）。为此，在研究组群中，病例−对照敏感性是：

$$Se_{cc} = Se_D / [Se_D + sf \cdot (1 - Sp_D)] \qquad 等式12.5$$

病例−对照特异性为：

$$Sp_{cc} = sf \cdot Sp_D / [[(1 - Sp_D) + sf] \cdot Sp_D] \qquad 等式12.6$$

上述Se_{cc}和Sp_{cc}与敏感性和特异性的真实的群体数值相距较远。因而，外部的Se_D和Sp_D估测值不能用于纠正病例−对照研究的错误分类。同样从病例−对照研究受试对象获得的诊断Se_D和Sp_D估测值不能用于估计群体的Se_D和Sp_D数值。

12.6.5　暴露和疾病均分类错误

如前所述，如果以实际的误差率分析了许多实例，就可清楚地看到，错误分类偏倚会产生比抽样变化更多的联系度量不确定性。因而，不论何种可能，都需密切关注减少这些误差。虽然可模拟校准暴露和结果的误差，但在队列或横截面数据中，大多数研究者宁愿评价更重要的误差或每次校准一组误差。

12.6.6　暴露或结果的差异性错误分类

如果暴露分类的差错与研究的结果状态有关，这种误差被称为差异性误差。因疾病状态而使Se_E和Sp_E不同：

$$Se_{E|D} \neq Se_{E|D-} \quad \text{和/或} \quad Sp_{E|D+} \neq Sp_{E|D-}$$

在相似情况下，对于有差异性误差的结果分类，其疾病状态的Se_D和/或Sp_D的差异超过暴露水平的影响：

$$Se_{D|E+} \neq Se_{D|E-} \quad \text{和/或} \quad Sp_{D|E+} \neq Sp_{D|E-}$$

联系度量的结果偏倚可在任一方向发生（如某种联系既可能被夸大或被低估）。花几分钟进行"假设分析"试算表测试将会令你相信。

在病例–对照研究中，回忆偏倚是个例证，表明（可能的）差异性误差在于受影响研究对象（即病例）可能被期望有增高的敏感性，而在回忆先前暴露时，病例特异性可能低于未患病研究对象。有关这种偏倚的例子见例12.3。Chyou（2007）研究了在病例和对照中暴露差异性错分的影响，证实差异性误差使得偏倚难以预测。

12.6.7　降低错分误差

用于降低错分误差的特定方法具有高度背景特异性。尽管如此，一般而言，降低误差频率可使用清晰明了的指南、训练有素且始终如一的研究人员和双重检查暴露和疾病状态等措施。只要可能通过实验室结果，或者暴露或疾病的其他证实的记录寻求确认信息。与事后试图纠正错分误差相比，在广泛使用之前对试验进行验证或调查仪器必然是更可取的（见第3章的一些建议）。作为最大可能减少误差的方法实例，收集暴露的特定数据比常规数据重要，因为后者通常会减弱暴露和结局间的真实联系（Friesen等，2007）。当要获得特定的暴露信息（如杀虫剂或抗生素使用）时，可以询问详细的问题、或寻找瓶签、或让参与者用图示来鉴定暴露事项（Acquavella等，2006）。需意识到自我报告的暴露可能与暴露的客观度量不十分关联（Radon等，2007），同时不能据此做出暴露假设。例如，Jones等（2006）证实用户供水系统不能作为私人水系统供应对象饮水来源的指标。

除了降低误差外，因为非差异性错误分类结果一般可以预测，所以建议对调查人员采用盲试技术，这样有助于确保误差的等同性。这是一个好的常用策略，可以用于病例档案的研读、面谈信息等。

12.6.8　外部变量的错误分类

假如某个混杂因素的度量有差错，那就不可能完全控制其混杂效应。如果暴露的实际效应弱，而混杂因素又与暴露和结局有很强的关系，则偏倚就会加大。当面对混杂因素的错误分类，很难判断是否应该控制此混杂因素（见第13章）。总的建议是，只有当混杂因素的错误分类很少或直至误差校准后，才能开展控制外部变量影响的研究。Berry等（2005）证实使用严重错分的混杂因素去控制偏倚会导致错误结论。类似地，Mured和Freedman（2007）在检查相互作用之前，就使用纠正的错分变量的估测值。显然，如果需要做有效检验和推断，必须集中降低所有变量的度量误差，而不仅是暴露和结果这两个变量。

12.6.9 多项式暴露或疾病类别的错误分类

如果暴露有几个水平，其分类差错的影响与二元变量相比要难预测得多。Fosgate（2006）证实若将连续结果变量分至不同类别时，则似然率会偏离无效假设。一个始终如一的发现是，在每个水平度量都有差错，非差异性误差减低了评估工具的价值（如敏感性或特异性）。非差异性错误分类会使中间水平暴露的联系度量偏离无效假设，甚至颠倒这些水平的OR方向。假定预测变量度量没有误差，虽然回归模型考虑到结果变量的度量误差，但在使用回归模型时，这就成为重要问题。高水平暴露的非差异性低估会导致暴露的阈值效应，表现为剂量-应答关系。同样地，当非差异性E和D状态的错误分类不是独立的，则会产生偏离无效假设的偏倚，特别是在暴露和疾病两者流行率都低时更是如此。Leeflang等（2008）注意到分割点数据驱动的选择通常过度乐观评估误差水平，但随着样本的增加，偏倚则趋于降低。

12.7 纠正错误分类的验证研究

Thurigen等（2000）完整综述了应用验证研究纠正错误分类，特别是与病例-对照研究有关的错误分类（详见该文）。文中概述的四个主要方法分别是回归校准、最大似然率、半参数法和Bayesian法（贝叶斯法）。一个总结发现是，研究者需要知道采用简单方法纠正错误分类的限制性，但遗憾的是，更先进的方法通常不容易使用。在第11章提及的二级样品对验证目的有益，该法在第12.8节中详细被描述。为了验证，可选择研究对象的子样本，并证实它们的暴露和/或疾病的状态。为了直接估测敏感性和特异性，假定已知个体的真实状态（D），可以确定观察状态的概率（D'）。即：

$$p(D'=1|D=1)$$

鉴于在纠正错误分类时，假定已知观察状态，以试图确定真实状态的概率：

$$p(D=1|D'=1)$$

正如前面所强调的，错误分类的因果关系校准的主要问题在于，它们对纠正过程中使用的误差率估测值的变化太敏感。因而，除非有非常完全的验证程序，否则误差估测值变化很大，以至于在纠正因素合理选择的范围内仍产生非常不同的纠正结果。花几分钟时间尝试"假设分析"校准可以令人信服。Lyles等（2007）讨论了使用内部数据（正如在二个阶段验证研究中）和外部数据纠正错误分类。他们强调，在试图校准误差之前，保持错误分类的敏感性和特异性在二个数据集相同非常必要。

12.8 度量误差

测量定量因素的误差会导致偏倚的联系度量，这一事实似乎常常被忽视（Jurek等，2006）。偏倚的产生既可能因为度量测量不准确（即系统偏倚），或者由于缺乏精密度（见第5.2.2节）。依次地，缺乏精密度可因试验本身的变异性引起，或是由于被测量的物质在个体间的差异（如生理原因）造成，因此，需要进行重复测定以提供个体状态的有效的整体指标（如2个或更多样本的平均值）。

近年来，已出版了度量误差和纠正度量偏倚的不少研究专论（Freedman等，2008；Guolo，2007）。为了引入纠正这些误差的概念，假设有2个定量暴露因素，计划估测它们与二元结局或连续结局的联系。若允许Y变量能代表二元结局的逻辑转换，或在线性模型中的连续结果变量，那么纠正的初始模型可以表示为：

$$Y = \beta_{0u} + \beta_{1u} X_1' + \beta_{2u} X_2'$$ 　　　　　等式12.7

此处，下标"u"表示偏倚的系数，它因预测变量（X'）的度量误差引起。有许多方法可纠正误差，其中一种强有力的且相对简单的方法称为回归校准评估（regression calibration estimate，RCE）。为了获得RCE，抽取研究对象的一个随机子集，验证研究可以获得X_1和X_2的真实数值。假设是非差异性度量误差，将每个真实的X变量回归至一组观察的预测度量。即：

$$X_1 = \beta_0 + \lambda_{11} X_1' + \lambda_{12} X_2'$$ 　　　　　等式12.8

$$X_2 = \beta_0 + \lambda_{21} X_1' + \lambda_{22} X_2'$$ 　　　　　等式12.9

然后，使用这些等式的系数，计算出所有研究对象的估测（即预测）值，此处称为X_{1rc}和X_{2rc}。再将Y回归到这些估测数值。

$$Y = \beta_{0rc} + \beta_{1rc} X_{1rc} + \beta_{2rc} X_{2rc}$$ 　　　　　等式12.10

系数β_{1rc}应该提供比初始估测值更小偏倚的真实X-Y联系的估测值。为了校准程序，标准误差需要调整，Freedman等（2008）作了说明，Hardin等（2003）进行了实施。上述方法有一个关键的假设：也就是非差异性度量误差。如果怀疑存在差异性误差，那么该方法需要完善（Freedman等，2008）。选作X变量的回归模型取决于X变量（即连续的或二元的）的假设分布，纠正度量误差方法的真实性，同时部分地取决于上述模型的适合度。Murad和Freedman（2007）在检查线性模型中的相互作用之前，使用回归校准以纠正度量误差。Wang等（2008）阐述了在纵向研究中调整缺失数据、度量误差和错误分类的方法。

12.9　暴露代用度量的误差

通常，流行病学家关注于复杂暴露因素影响的研究。例如，在研究石油和天然气加工造成的空气污染对牛或野生动物健康的影响中，什么是空气污染的合适度量？在本例和其他例子中，暴露可能是复杂的混合起因（或因素），以及复杂的暴露剂量和持续时间，值得考虑测定暴露因素的什么成分和什么会被忽略（Waldner，2008）。例如，在空气污染的几百种化合物中应测定哪种？含量最丰富的？监测花费最少的？还是毒性最大的？如果测量了许多因子，对它们又怎样建模呢？这些问题的答案（是的，毫无疑问会有不止一个正确的答案）将主要涉及掌握情境特异的生物学背景信息。

其后，代用度量的决定必须转为度量什么和怎样分析不同的暴露轴，以达到研究目的。例如，暴露将以连续尺度（优先的选项）度量和分析？或暴露被分为二元或顺序的暴露变量？如果特定因素水平高度相关，那么应分析哪种因素？或应创建一个复合变量？虽然对连续数据进行分类不是优先选项，但它比更加精细的度量较好地反映暴露度量的真实性。例如，如果大多数暴露水平处于或接近试验的实验室敏感性，最好是将它们二分为非暴露（大多数数据）和暴露，后者是指有限数量的度量明显地高于暴露的接受水平之上。当然，代用度量的因素仍会出现不能反映真实暴露的情形。因而，事实上，即使度量没有误差，研究者需要认识到，由于变量是代替的，对于真实的暴露仍会留下度量误差。

有一种解决方案可以改变询问的问题。与其询问空气污染的影响，不如询问可测量成分的影响（如二氧化硫，因素应为外部变量，如H_2S或微粒）。更加聚焦的问题仍要度量和控制其他因素，这些因素会混杂暴露或与暴露相互作用，但更加有针对性的回答可获得更好的进展，以期解决问题。

12.10　信息偏倚对样本大小的影响

显然，分类误差和度量误差对联系的度量值会产生严重的影响。对于分类变量的非差异性错误分类，度量值偏向无效假设。在常规度量误差模型下，同样地对连续的变量亦适用。据此得到的结论是，在设计研究计划时，应该考虑由于这些误差而缺失预计的效能，同时，样本大小相应地增加（Devine，2003）。在第2章用于样本大小估计的公式，是基于假设p_1和p_2是真实群体水平。然而，由于结果变量可能是用不完善的试验、调查问题或诊断程序来测量，因此疾病频率的观察值则为：

$$p_1' = Se\,p_1 + (1-Sp)(1-p_1) \quad \text{和} \quad p_2' = Se\,p_2 + (1-Sp)(1-p_2)$$

$p_1'-p_2'$的差值通常小于p_1-p_2的差值，这是校准的估测值（和它们的差异），应该用于估计样本大小，对错误分类做出解释。然而，需要注意，因为如若使用前期研究的结果水平的观察值，尽管此观察值测量存在误差，它们已经代表p_1'和p_2'，从而不需要进一步校准。Obuchowski（2008）针对强调评估筛检计划的临床试验研究，概括了解决其错误分类、应答偏倚和其他因素的样本大小估测值。Huzurbazar等（2004）在牛群中筛检牛病毒性腹泻时，对错分误差的代价进行了校准。

参考文献

Acquavella JF, Alexander BH, Mandel JS, Burns CJ, Gustin C. Exposure misclassification in studies of agricultural pesticides: Insights from biomonitoring. Epidemiology 2006;17:69-74.

Alonso A, de Irala J, Martinez-Gonzalez MA. Representativeness, losses to follow-up and validity in cohort studies. Eur J Epidemiol 2007;22:481-482.

Alonso A, Segui-Gomez M, de Irala J, Sanchez-Villegas A, Beunza JJ, Martinez-Gonzalez MA. Predictors of follow-up and assessment of selection bias from dropouts using inverse probability weighting in a cohort of university graduates. Eur J Epidemiol 2006;21:351-358.

Beck CA. Selection bias in observational studies: Out of control? Neurology 2009;72:108-109.

Berger VW. The reverse propensity score to detect selection bias and correct for baseline imbalances. Stat Med 2005;24:2777-2787.

Berry RJ, Kihlberg R, Devine O. Impact of misclassification of in vitro fertilisation in studies of folic acid and twinning: Modelling using population based Swedish vital records. Br Med J 2005;330:815.

Bjertnaes OA, Garratt A, Botten G. Nonresponse bias and cost-effectiveness in a Norwegian survey of family physicians. Eval Health Prof 2008;31:65-80.

Blair A, Stewart P, Lubin JH, Forastiere F. Methodological issues regarding confounding and exposure misclassification in epidemiological studies of occupational exposures. Am J Ind Med 2007;50:199-207.

Braback L, Hjern A, Rasmussen F. Trends in asthma, allergic rhinitis and eczema among Swedish conscripts from farming and non-farming environments. A nationwide study over three decades. Clin Exp Allergy 2004;34:38-43.

Chyou PH. Patterns of bias due to differential misclassification by case-control status in a casecontrol study. Eur J Epidemiol 2007;22:7-17.

Cole SR, Chu H, Greenland S. Multiple-imputation for measurement-error correction. Int J Epidemiol 2006;35:1074-1081.

Devine O. The impact of ignoring measurement error when estimating sample size for epidemiologic studies. Eval Health Prof. 2003;26:315-339.

Ducrot C, Calavas D, Sabatier P, Faye B. Qualitative interaction between the observer and the observed in veterinary epidemiology. Prev Vet Med 1998;34:107-113.

Ducrot C, Roy P, Morignat E, Baron T, Calavas D. How the surveillance system may bias the results of analytical epidemiological studies on BSE: Prevalence among dairy versus beef suckler cattle breeds in France. Vet Res 2003;34:185-192.

Elwood M. Forward projection—using critical appraisal in the design of studies. Int J Epidemiol 2002;31:1071-1073.

Fosgate GT. Non-differential measurement error does not always bias diagnostic likelihood ratios towards the null. Emerg Themes Epidemiol 2006;3:7.

Fox MP, Lash TL, Greenland S. A method to automate probabilistic sensitivity analyses of misclassified binary variables. Int J Epidemiol 2005;34:1370-1376.

Fraser G, Yan R. Guided multiple imputation of missing data: Using a subsample to strengthen the missing-at-random assumption. Epidemiology 2007;18:246-252.

Fraser GE, Yan R, Butler TL, Jaceldo-Siegl K, Beeson WL, Chan J. Missing data in a long food frequency questionnaire: Are imputed zeroes correct? Epidemiology 2009;20:289-294.

Freedman LS, Midthune D, Carroll RJ, Kipnis V. A comparison of regression calibration, moment reconstruction and imputation for adjusting for covariate measurement error in regression. Stat Med 2008;27:5195-5216.

Friesen MC, Davies HW, Teschke K, Ostry AS, Hertzman C, Demers PA. Impact of the specificity of the exposure metric on exposure-response relationships. Epidemiology 2007;18:88-94.

Frost C, White IR. The effect of measurement error in risk factors that change over time in cohort studies: Do simple methods overcorrect for 'regression dilution'? Int J Epidemiol 2005;34:1359-1368.

Geneletti S, Richardson S, Best N. Adjusting for selection bias in retrospective, case-control studies. Biostatistics 2008.

Greenland S, Neutra R. An analysis of detection bias and proposed corrections in the study of estrogens and endometrial cancer. J Chronic Dis 1981;34:433-438.

Grimes DA, Schulz KF. Bias and causal associations in observational research. Lancet. 2002;359:248-252.

Guolo A. Robust techniques for measurement error correction: A review. Stat Methods Med Res 2008;17:555-580.

Hardin JW, Schmiediche H, Carroll RJ. The regression-calibration method for fitting generalized linear models with additive measurement error. Stata J 2003;4:361-372.

Harris AD, Carmeli Y, Samore MH, Kaye KS, Perencevich E. Impact of severity of illness bias and control group misclassification bias in case-control studies of antimicrobial-resistant organisms. Infect Control Hosp Epidemiol. 2005;26:342-345.

Hernan MA, Hernandez-Diaz S, Robins JM. A structural approach to selection bias. Epidemiology 2004;15:615-625.

Huzurbazar S, Van Campen H, McLean MB. Sample size calculations for Bayesian prediction of bovine viral-diarrhoea-virus infection in beef herds. Prev Vet Med 2004;62:217-232.

Jaffar S, Leach A, Smith PG, Cutts F, Greenwood B. Effects of misclassification of causes of death on the power of a trial to assess the efficacy of a pneumococcal conjugate vaccine in the gambia. Int J Epidemiol 2003;32:430-436.

Jones AQ, Dewey CE, Dore K, Majowicz SE, McEwen SA, Waltner-Toews D. Exposure assessment in investigations of waterborne illness: A quantitative estimate of measurement error. Epidemiol Perspect Innov. 2006;3:6.

Jurek AM, Greenland S, Maldonado G. How far from non-differential does exposure or disease misclassification have to be to bias measures of association away from the null? Int J Epidemiol 2008;37:382-385.

Jurek AM, Maldonado G, Greenland S, Church TR. Exposure-measurement error is frequently ignored when interpreting epidemiologic study results. Eur J Epidemiol 2006;21:871-876.

Leeflang MM, Moons KG, Reitsma JB, Zwinderman AH. Bias in sensitivity and specificity caused by data-driven selection of optimal cutoff values: Mechanisms, magnitude, and solutions. Clin Chem. 2008;54:729-737.

Luan X, Pan W, Gerberich SG, Carlin BP. Does it always help to adjust for misclassification of a binary outcome in logistic regression? Stat Med 2005;24:2221-2234.

Lyles RH, Zhang F, Drews-Botsch C. Combining internal and external validation data to correct for exposure misclassification: A case study. Epidemiology 2007;18:321-328.

Mezei G, Kheifets L. Selection bias and its implications for case-control studies: A case study of magnetic field exposure and childhood leukaemia. Int J Epidemiol 2006;35:397-406.

Miller LG, Tang AW. Treatment of uncomplicated urinary tract infections in an era of increasing antimicrobial resistance.

Mayo Clin Proc. 2004;79:1048-1053; quiz 1053-4.

Morabia A. Case-control studies in clinical research: Mechanism and prevention of selection bias. Prev Med. 1997;26:674-677.

Morton LM, Cahill J, Hartge P. Reporting participation in epidemiologic studies: A survey of practice. Am J Epidemiol. 2006;163:197-203.

Murad H, Freedman LS. Estimating and testing interactions in linear regression models when explanatory variables are subject to classical measurement error. Stat Med 2007;26:4293- 4310.

Nɵtvedt A, Bergvall K, Sallander M, Egenvall A, Emanuelson U, Hedhammar A. A casecontrol study of risk factors for canine atopic dermatitis among boxer, bullterrier and west highland white terrier dogs in Sweden. Vet Dermatol. 2007;18:309-315.

Nohr EA, Frydenberg M, Henriksen TB, Olsen J. Does low participation in cohort studies induce bias? Epidemiology 2006;17:413-418.

Obuchowski NA. Estimating sample size for a randomized clinical trial of lung cancer screening. Contemp Clin Trials. 2008;29:466-477.

Orsini N, Belleco R, Bottai M, Wolk A, Greenland S. A tool for deterministic and probabilistic sensitivity analysis of epidemiologic studies. Stata J 2008;8:29-48.

Pekkanen J, Sunyer J, Chinn S. Nondifferential disease misclassification may bias incidence risk ratios away from the null. J Clin Epidemiol. 2006;59:281-289.

Radon K, Schulze A, Ehrenstein V, van Strien RT, Praml G, Nowak D. Environmental exposure to confined animal feeding operations and respiratory health of neighboring residents. Epidemiology 2007;18:300-308.

Robinson KA, Dennison CR, Wayman DM, Pronovost PJ, Needham DM. Systematic review identifies number of strategies important for retaining study participants. J Clin Epidemiol. 2007;60:757-765.

Sadetzki S, Bensal D, Novikov I, Modan B. The limitations of using hospital controls in cancer etiology-one more example for Berkson's bias. Eur J Epidemiol 2003;18:1127-1131.

Sandler DP. On revealing what we'd rather hide: The problem of describing study participation. Epidemiology 2002;13:117.

Schwartzbaum J, Ahlbom A, Feychting M. Berkson's bias reviewed. Eur J Epidemiol 2003;18:1109-1112.

Shahar E. Causal diagrams for encoding and evaluation of information bias. J Eval Clin Pract 2009;15:436-440.

Singer RS, Atwill ER, Carpenter TE, Jeffrey JS, Johnson WO, Hirsh DC. Selection bias in epidemiological studies of infectious disease using escherichia coli and avian cellulitis as an example. Epidemiol Infect 2001;126:139-145.

Sjolander A, Humphreys K, Palmgren J. On informative detection bias in screening studies. Stat Med 2008;27:2635-2650.

Stang A. Nonresponse research—an underdeveloped field in Epidemiology Eur J Epidemiol 2003;18:929-931.

Tam CC, Rodrigues LC, O'Brien SJ. The study of infectious intestinal disease in England: What risk factors for presentation to general practice tell us about potential for selection bias in case-control studies of reported cases of diarrhoea. Int J Epidemiol 2003;32:99-105.

Thurigen D, Spiegelman D, Blettner M, Heuer C, Brenner H. Measurement error correction using validation data: A review of methods and their applicability in case-control studies. Stat Methods Med Res 2000;9:447-474.

Tongue SC, Pfeiffer DU, Warner R, Elliott H, Del Rio Vilas V. Estimation of the relative risk of developing clinical scrapie: The role of prion protein (PrP) genotype and selection bias. Vet Rec 2006;158:43-50.

Waldner CL. Western Canada study of animal health effects associated with exposure to emissions from oil and natural gas field facilities. study design and data collection III. methods of assessing animal exposure to contaminants from the oil and gas industry. Arch Environ Occup Health 2008;63:201-219.

Walter SD, Hsieh CC, Liu Q. Effect of exposure misclassification on the mean squared error of population attributable risk and prevented fraction estimates. Stat Med 2007;26:4833-4842.

Wang CY, Huang Y, Chao EC, Jeffcoat MK. Expected estimating equations for missing data, measurement error, and misclassification, with application to longitudinal nonignorable missing data. Biometrics 2008;64:85-95.

第13章

混杂：检测和控制

李湘鸣　吴艳涛　译校

目的

阅读本章后，你应该能够：

1. 在观察性研究中，应用一系列标准来鉴别潜在的混杂因素；

2. 应用限制性抽样防止混杂；

3. 在队列研究中，应用匹配法确定控制混杂的适当变量；

4. 在病例–对照研究中，应用匹配法确定控制混杂的适当变量；

5. 在队列研究中，根据倾向计分匹配；

6. 应用分析方法，实施控制混杂的有效方案；

7. 使用因果关系图鉴别需要控制的因素（混杂因素）；

8. 在估计因果效应时，对一系列分类变量进行分层分析，评价交互作用的存在以及混杂的范围；

9. 根据倾向计分，进行分层分析；

10. 理解处理权重逆概率（IPTW）和标准化风险比（SRRs）间的联系，以及它们评估因果效应的方式；

11. 使用敏感性分析来评价造成结果度量产生偏倚的非度量混杂因素；

12. 解释"控制"外扰因素的可能效应，而这些外扰因素和暴露及结果具有特定的联系。

13.1 引言

在实际工作中，流行病学研究的中心任务是发现与疾病、生产性能差或者动物福利低有关的因素（原因）。在第1章中，普遍认同的随机对照试验（RCT）是评价这些因素的最好方法（这些"因素"在田间试验时被称为处理因素，而在观察性研究时被称为暴露因素）。在试验中，随机方法的使用可以平衡暴露组与非暴露组之间的各种已知和未知因素，这样可以防止混杂，使得组间具有"可交换性"，其意义就是任何组均可接受处理因素。这样，一个理想的试验，应该是以一种无偏倚的方式使得暴露组（R_1）与非暴露组（R_0）研究结果的频数具有可比性。虽然对于随机分配研究对象接受或不接受暴露因素，经常是不可行的或违反伦理的，但观察资料经常可以用来支持暴露和非暴露研究对象的结果比较。然而，困难的是从这些资料得出因果关系的推断，这是因为就暴露因素而言，暴露的研究对象很可能不同于非暴露的研究对象。这些因素使得观察的联系产生偏倚（混杂）。由于某些原因不是有关的暴露因素，所比较的研究组在结果发生频率上可能会不同。我们所面临的挑战是发现导致这些不同"原因"的因素，防止它们产生偏倚结果。本章通过使用观察性研究，帮助研究者防止混杂，从而获得对因果效应的有效评估。如同前面章节关于研究设计所强调的一样，当报道我们的发现时，需要对控制混杂的方法作进一步描述，这样可使他人从中得到启迪（Groenwold等，2008；Klein-Geltink等，2007）。

混杂可以描述为2种以上因素共同的混合效应。这样，当混杂存在时，应该考虑到度量暴露因素和结果间的联系，但所观察到的联系程度中包括有一种或更多外扰因素的效应。因此，联系的度量存在偏倚或混杂。为了解释混杂，我们通常根据研究策略和研究设计，假设已经发现的某个因素为有关的主暴露因素。而在研究中含有其他一种或更多的因素，可以解释结果的频率或水平，这些因素为外扰因素。一些外扰因素与暴露和结果有联系，对这些关系"控制"或"调整"的失效，就会使有关暴露因素和结果间的联系产生偏倚。这些产生偏倚的外扰因素被称为混杂因素。在例13.1中说明其对联系的混杂。

哪些外扰因素为混杂因素？

混杂因素是根据它们在观察组间的分布不同而定义的。这是混杂因素必需但不充分的标准。而且该标准执行起来有困难，因为我们很少能知道真实的状态，再者研究组的资料很可能被混杂。虽然如此，根据一套工作标准，如果某因素具有以下条件，我们可认为该因素为混杂因素：

（1）它是疾病的病因，或者原因的替代者；

（2）它具有前置性，并与原来群体中的暴露有关联。在队列研究中所指的混杂因素，应在研究开始时就必须与暴露有联系；在病例-对照研究中，所指的混杂因素必须与病例来源群体的暴露有联系（即在对照组必须与暴露状态有联系）；

（3）它在暴露水平上的分布不取决于暴露（即不是某种中介因素）或者疾病（即不是疾病的结果）。我们所强调的中介因素（又称为间接因素），无论其是否完全由暴露决定，均不应作为混杂因素处理，因为这样会改变（偏倚）疾病与暴露之间的联系，造成真实的因果关系不能发现。同样，如果疾病产生一个结果，如其他疾病或者生产性能改变，那么该结果就不应认为是混杂因素。

区别总体混杂因素和样本（即研究组）混杂因素是很有用的。如果已知（或已经正式报道）目标总体中某因素为混杂因素，不论该因素是否在样本中表现为混杂，均应在样本中作为混杂因素处理（受控制）。相反，如果已知某因素不是总体的混杂因素，即使它在研究对象中表现为混杂因素，也

例13.1 混杂说明

用虚构例子加以说明，其中溶血性曼氏杆菌（*Mannheimia hemolytica*，Mh）为暴露因素，需要控制的外扰因素为牛呼吸道合胞病毒（BRSV）。本例的结果是牛呼吸道疾病（BRD），文中指养殖场的呼吸道疾病。假设在群体中BRSV为我们计划要控制的混杂因素。在本例中，BRSV符合混杂因素的准则，因为它与暴露和结果有联系，在因果关系的路径上，它不位于Mh和BRD之间，也不是BRD的效应。关于所虚构的群体结构见下表，其忽视了BRSV存在的情形。

	Mh+	Mh−	合计	OR
BRD+	240	40	280	3.3
BRD−	6260	3460	9720	
合计	6500	3500	10000	
风险患病率（%）	3.7	1.1		

在Mh存在及忽略样本变异的条件下，通过观察BRD的风险，发现感染Mh（Mh+）个体感染BRD的比数高于Mh−个体3.3倍（假设有1.1% Mh+个体在无Mh的条件下也可发展为BRD）。但是，RBSV的作用如何？如果BRSV是混杂因素，那么归因于Mh的一些粗联系是由BRSV所致。

常用控制混杂的方法是根据混杂变量的水平，或者它们的组合数来满足资料。假设无其他混杂变量，当资料在BRSV情况下分层时，Mh和BRD间的"真"联系在层内变得凸显出来。在此例中，Mh暴露因素使得牛犊发生BRD的风险加倍。

群体结构		Mh			分层ORs	粗OR
BRSV	BRD	1	0			
1	1	220	10	230	2	
1	0	5280	490	5770		
		5500	500	6000		
患病风险		0.04	0.02			3.3
0	1	20	30	50		
0	0	980	2970	3950	2	
		1000	3000	4000		
患病风险		0.02	0.01			

注：忽略*OR*s的非可压缩性（见13.5.2），粗*OR*不同于分层*OR*（粗*OR*高于分层*OR* 30%以上），说明混杂存在，所以需要用分层*OR*估计Mh与BRD的因果联系。

不应在样本中予以控制。通常我们并不知道自然的真实状态，必须通过研究组的资料，或可能的因果关系结构知识，推断某因素是否为混杂因素（见13.5.1）。

定义混杂变量的统计学方法，是根据混杂因素在研究组间的分布差别。更加确切地说，假如有暴露因素*E*、结果*Y*和外扰因素*Z*（不是中介变量，也不是结果的效应），在队列研究中如满足下述条件，*Z*因素方为混杂因素：*Z*和*E*非条件联系；且*Z*和*E*在未暴露的动物中有联系。

在病例–对照研究中，如果符合下列条件，*Z*因素为混杂因素：*Z*和*E*在对照组有联系（不仅是非条件联系）；且*Z*和*Y*在未暴露的动物中有联系。

虽然这些统计学标准，可帮助我们理解混杂的基本条件，但是在缺乏其他混杂因素的情况下，这些标准用于发现混杂是不充分的。因此，不能用统计标准确定某因素是否为混杂因素。当发现联系的度量不同于真值时，宁可认为有混杂的存在。由于真值通常是不知道的，经过将所有可以确认的潜在混杂因素控制后，所得到联系度量是对真因果联系的最好估计。当原联系度量与校正后（混杂因素被控制后）的联系度量间存在明显差别时，通常认为有混杂存在，如果仅有小的差别，原联系度量即满足要求。这是因为在观察研究中，不可能完美地确认和控制混杂因素，一些混杂总会存在，重要的问题是混杂效应的大小，而不是混杂是否存在。我们将在后面详细论述关于混杂判断的议题（见

13.5.2）。

13.2　数据分析前混杂的控制

正如本章关于观察性研究设计所描述那样，防止或控制可鉴别或可度量的外扰因素的混杂，一般有3个过程：排除（限制性抽样）（见13.2.1）、匹配（见13.3和13.4）或者分析性控制（见13.6）（Mamdani等，2005；Normand 等，2005），可选其中1种或1种以上的方法。这些控制混杂方法的使用，可直接或间接追溯到根据反事实结果定义的因果效应的概念。为了获得对因果效应的有效估计，就可使暴露与结果间的可观察到联系产生偏倚的所有因素而言，必须对所比较的研究组进行"平衡"。这样，在资料分析之前，可使用排除和匹配去实现"平衡"。第三种方法包括多种统计学（即分析地）平衡研究组的方法，目的是为了展现联系的度量，该度量根据混杂因素分布的差别进行了调整。假定混杂因素可鉴别、可度量，我们所强调的所有方法依赖于没有残差混杂因素，使得混杂因素可鉴别、可度量的假设。这一假设不能用观察到资料进行确认，而必须依赖已有的生物学知识以及所研究的问题进行确认。

13.2.1　排除（限制性抽样）

因为混杂是由于外扰因素在所比较的两组（或多组）分布不同所致，一种防止混杂的简单方法是排除某些研究对象，只保留所研究的外扰因素仅有一种可确定水平的研究对象。故这种方法称为排除或限制性抽样，原因是每一个研究对象具有的潜在混杂因素水平相同，没有偏倚存在。当选择研究对象时，排除是使用率较高的技术。某些限制性抽样是自然的，例如，在研究乳房炎时，只选择雌性动物而不会选雄性动物。我们可能故意限制研究群体为单一品种动物或使用了特别生产记录方案的农场（Olde Riekerink等，2008）。前者需要防止品种的混杂，后者需要防止动物群体差异的混杂又要确保能得到所需资料。同样，可限制研究群体为生产性能在一定范围内、疾病状况相似或者特别年龄组等类型的动物。限制性抽样通过控制混杂，具有提高研究质量的一些优点，在某些情况下可加强资料的质量，其有关例子如下：Manske等（2002）在进行蹄修理对奶牛趾蹄健康效应的现场试验前，限制研究组群为选定牛群大小、品种组成以及在官方奶产量记录系统中的成员；Cramer等（2008）在研究奶牛趾蹄病时，限制研究组群为5个职业修蹄工人选择的牛群，以减少修蹄工人的混杂。

当考虑使用基于二分类外扰变量的限制性抽样时，通常倾向于选择低风险组到研究中。即使在缺乏混杂的情况下，如果暴露与潜在混杂因素间存在交互作用，从高风险组选择研究对象会使资料的解释更加困难。因而，在研究蹄损伤对奶产量影响时，更倾向于选择未患乳房炎的奶牛［排除患乳房炎的奶牛，以防止两者（乳房炎和蹄损伤）产生生物协同作用和交互作用（见13.6.2）］。

13.3　混杂因素匹配

匹配是使外扰因素在所比较的组间分布相同的过程。通过匹配，这些因素在两组间分布相同，可以防止混杂，在某些情况下可增加研究的效能。有两种广泛使用的匹配方法，第一种方法是在研究对象选择时，集中在直接的、个体共同的变量匹配。第二种方法是在结果资料分析前，有关混杂因素概括的多变量匹配，也称为倾向性评分。我们首先关注混杂因素的直接选择和匹配。

在随机试验时，在处理因果随机化之前是对选择变量的匹配（也称为分区段），主要用于减少残差的方差，这样会使每个研究对象的研究效应大大增强。当样本容量有限时，虽然试验所用研究对象较少，匹配可能有助于防止偏倚，这是因为当样本容量较小时，随机化不可能平衡所有的外扰变量。但是，通常情况下，不是为了防止偏倚而使用匹配。例如，在进行蹄修理对奶牛趾蹄健康效应的现场试验中，Manske等（2002）在随机分配处理因素（蹄修理）于每头奶牛前，根据品种、胎次和泌乳期进行"分区段"。

在队列研究和横断面研究中，一个或一个以上的混杂变量的匹配，能够防止混杂偏倚，结果可增加研究的精确性和效能。年龄、饲养条件和性别等宿主特点常用于匹配，因为这些变量经常是强混杂因素。例如，Glickman等（2009）在研究犬牙周病的发展时，用年龄作为匹配变量；Bicalbo等（2008）在研究跛足对奶产量影响时，用胎次、产犊日期和泌乳状态作为匹配变量。在队列研究中，匹配效应的具体例子见例13.2。在观察性研究中，虽然匹配可增加研究效能，但是统计效率的提高是需要巨额成本的。因此，最重要的是：

（1）在病例–对照研究中，要估计匹配因素对结果的效应是不可能的，因为在结果组中匹配因素的分布被强制趋于一致。然而，我们可研究匹配因素对效应是否有修饰作用（即与有关暴露因素是否产生交互作用）；

（2）通过某些全局（即很常见的）替代因素（如农场）的匹配，在产生假设的研究中可能会"匹配出"其他潜在的重要暴露因素；

（3）如果选用几个因素进行匹配，很难找到具有相同匹配因素分布的对照。

匹配在病例–对照研究中经常使用，目的是为了提高研究的有效性和效率。例如，在研究家禽细菌对阿维菌素抵抗力时，Chauvin等（2005）用屠宰场、抽样时间和生产类型对病例和对照的肉鸡进行匹配；McCarthy等（2004）在研究马青草病时，使用季节来暂时性匹配，以防止混杂；Pinchbeck等

例13.2 队列研究中的匹配

在"假想的"队列研究中，抽取500头暴露（Mh+）个体和500头未暴露（Mh−）个体，Mh−组与暴露研究组在混杂因素（BRSV）的分布上采用频数匹配。根据例13.1的总体结构，在500个Mh+研究对象中，Mh+组中有85%（即5500/6500）应为BRSV+，它们的患病风险率应为4%。所以，如果忽略抽样变异，425头Mh+并且BRSV+的动物中，有17头将发展为BRD，75头Mh+而未感染BRSV的动物中有2%或2头将发展成为BRD（期望数取近似的整数）。

我们需要选择Mh−研究对象来与Mh+组的BRSV分布相匹配。正常情况下，500头Mh−动物中应有14%（500/3500）为BRSV+，但是，研究需要有85%（425头）的动物为BRSV+。所以，对Mh−牛的BRSV状况检测后，对它们进行选择以达到BRSV+牛所要求的水平。在425头BRSV+且Mh−的牛犊中，有2%发展为BRD；在75头Mh−且BRSV−牛犊中，有1%或1头发展为该病。Mh−动物匹配数见下表。

注：观察到的层特异性比数比等于2（去除了舍入误差），与源群体（例13.1）的总比数比相同。在分析中没有必要控制匹配混杂因素，且在总表中不存在偏倚。然而，应当使用分层方法对匹配队列资料进行分析，以确保校正比数比的方差估计是正确的。

BRSD作为匹配因素的队列研究中Mh和BRD的关系

BRSV	BRD	Mh 1	Mh 0		分层OR	粗OR
1	1	17	9	26	2	
1	0	408	416	824		
		425	425	850		2
0	1	2	1	3	2	
0	0	73	74	147		
		75	75	150		

为了与这些结果进行比较，在下面假想的病例–对照研究例子中，将对所有280个病例和280个对照根据混杂因素BRSV进行频数匹配（见例13.3）。

（2004）在研究马跌倒的风险因素时，将品种类型和跳跃次数进行匹配。然而，在病例对照研究中，匹配具有某些潜在缺点。例如，匹配会将选择性偏倚引入资料。在源群体中，暴露与混杂因素的联系越强，被引入偏倚就越多（大）。不管暴露与混杂联系的方向如何，这些偏倚通常位于无效应方向，必须用适当的匹配资料分析并予以控制（见13.3.4中的分层匹配分析）。

病例–对照研究与队列研究相比，为什么匹配会具有不同的效应？在队列研究中，匹配使得暴露独立于匹配的外扰变量，所以不会产生混杂。匹配变量对结果有影响，使其在2个暴露组间影响相同。此外，在匹配时结果（如疾病）还没有发生，所以匹配过程与结果是独立的。相反，在病例–对照研究中，匹配时疾病已经发生。因此，如果暴露与匹配变量（如同外扰变量作为混杂因素一样）有关，并且如果我们使匹配的变量在病例和对照分布相同，就会改变对照的暴露分布，这样会使对照的暴露水平与病例相似，而与源群体不相似。关于病例–对照研究中的选择性偏倚可见例13.3，此例同时展示了根据匹配变量分层，来防止选择性偏倚。

13.3.1　匹配的一般原则

当使用匹配时，应当考虑以下原则（Rothman等，2008）。首先，如果不能确定某变量为混杂因素，不要使用匹配。在病例–对照研究中这是非常重要的，特别是外扰变量与暴露具有很强联系的情况下更是如此。在这种情况下，会导致过度匹配，因为与源群体相比较，这会造成病例与对照的暴露分布非常相似。即使在源群体中外扰变量仅与暴露有关，且不是混杂因素的情况下，过度匹配也会发生。此外，配对匹配（见13.3.4）会造成信息的丢失，这是因为具有相同暴露变量值的病例与对照不会对分析提供有用的资料，从而明显使样本容量减少、精确性下降。

然而，在某些情况下，匹配会增加分析的效率。例如：

（1）当匹配因素罕见、或者具有许多归类（如农场、年龄等）的名义变量时，匹配可以确保数据集的每个病例有一个对照。在这种情况下，随机抽样可能会导致边际零效应，使得对这些表格中的数据分析无意义。

（2）如果获得暴露信息的花费较大，匹配可优化每个研究对象的信息量。

（3）在使用次级资料的病例–对照研究中，匹配可能是发现对照最方便的方法（如对确认时间

例13.3　病例–对照研究中的匹配

在病例–对照研究中，有280头病例作为研究对象，全部来自例13.1的源群体，此组例13.1所述的暴露和混杂分布。经过检测非病例的BRSV状况后，需选择对照与病例组中的BRSV相匹配。就这一点而言，病例中应有82%（即230/280）为BRSV+，所以需要选择230头BRSV+为对照。在这230头动物中，有91.5%（5280/5770）为Mh+（$n=210$）；在50头BRSV–的对照中，有24.86%（980/3950）应为Mh+（$n=12$）。匹配的对照数见下表。

匹配BRSV后的病例–对照研究中观察到的Mh和BRSV之间的联系

病例–对照结构		Mh		层特异性ORs	粗OR
BRSV	BRD	1	0		
1	1	220	10	230	2.1	
1	0	210	*20*	230		1.6
0	1	20	30	50	2.1	
0	0	12	38	50		

注：层特异性ORs等于2（去除了舍入误差），但是粗OR为1.6。这是一种选择性偏倚，由病例–对照研究中匹配所致。例如，群体中p（Mh+|BRSV+）=86%（240/280），p（Mh+|BRD–）=64%（6260/9720）。在研究群体中，p（Mh+|BRSV+）=86%，但是p（Mh+| BRD–）=79%。对照不再能代表源群体的暴露水平。很明显，匹配的混杂因素的分析（例如分层分析）是必需的，以防止联系的总度量出现这种选择性偏倚。

的匹配可选择下一个非病例的确认或挂号时间）。这是最常用的匹配之一。如果使用匹配仅是为了方便，以及暴露在整个研究期间的频率不变，可不采取匹配，对资料进行非匹配分析。

如果因为这些理由之一不需要匹配，只有预见在源群体中结果与混杂因素有强联系，而暴露与混杂因素有相对较弱的联系时，才考虑在病例–对照研究进行匹配。在病例–对照研究中，匹配获得的效果可能以适中为最好。

13.3.2　频数匹配和配对匹配

频数匹配应用于分类变量，使在两种结果（病例和对照）或两种暴露组（列队）中潜在混杂因素的总频数相同。在配对匹配或个体匹配中，就混杂因素而言，每一个病例与多个对照进行单独的匹配。相对于频数匹配，配对匹配需较复杂的分析，一般统计效率较差，评价暴露与混杂因素间的交互作用有困难。然而，当归类非常精细，配对匹配是唯一选择。例如，在研究马跛行的病例–对照研究中，用年龄、性别和品种进行匹配，必须选用同年龄、性别和品种的非跛性的病马作为对照。一般情况下，每个病例选1~4个对照，如果对照与病例之比超过4∶1，获得的统计效率很低。虽然不是必需的，但是使用固定的对照/病例比最简便。

13.3.3　测径匹配法

如果需要匹配的混杂变量是连续性的，必须考虑在连续性尺度上研究对象相距多少进行匹配，这种匹配方法称为测径匹配。测径匹配经常会产生分析问题，因为，如果匹配的个体必须在某范围内，比方说年龄在2年内，那么2个相同年龄的病例（暴露）研究对象，与对照（非暴露）进行匹配，其年龄几乎可相差4年。在这样例子中，必须能够接受"宽"匹配和残差混杂的风险；或者使用分层分析，使得分层没有"匹配"的标准宽，甚至可将原来"匹配"研究对象分到不同的层。

13.3.4　匹配资料分析

频数匹配资料

一般情况下，频数匹配资料应当使用分层方法进行分析和解释匹配（见例13.1~13.3）。如果混杂因素很少归类，并且在每一归类中有许多对子数时使用配对匹配，可通过为匹配的研究对象集创建组标志来进行资料分析，并且以组标志分层后采用频数匹配数据集的资料分析。经匹配过程形成的分层必须先保存起来，然后度量总的联系强度。值得注意是，不能评价匹配变量的主效应，但是通常应该评价混杂因素与暴露间的交互作用。当存在其他混杂因素时，可以使用条件Logistic回归进行多变量分析（见16.15）。

配对匹配资料

如果使用配对匹配，且混杂因素有许多归类及各归类中的对子数很少，资料必须使用配对匹配分析。对于这些分析，使用4种暴露和结果模式的频数匹配集来估计比数比。在每个病例有一个匹配对照的病例–对照研究中，将会有4种可能的暴露模式：病例和对照均暴露；病例和对照均不暴露；病例暴露对照不暴露；病例不暴露对照暴露。其资料如表13.1所示。

粗OR为

$$OR_{crude} = \frac{a_1 b_0}{a_0 b_1}$$　　　　　　　　　　**等式13.1**

表13.1 匹配的病例–对照分析资料模式

		对照对子		病例总数
		暴露	非暴露	
病例对子	暴露	t	u	$t+u=a_1$
	非暴露	v	w	$v+w=a_0$
	对照总数	$t+v=b_1$	$u+w=b_0$	

只使用不一致单元格的数据，Mantel–Haenszel匹配的OR为

$$OR_{匹配} = \frac{u}{v}$$ 等式13.2

Mantel–Haenszel χ^2检验（在1∶1匹配的情况下，与McNemar's检验相等）用于df为1的假设检验。等式为：

$$\text{McNemar's } \chi^2 = \frac{(u-v)^2}{u+v}$$ 等式13.3

注：只有单元格不一致的值用于估计OR和McNemar's检验。相一致的对子不能对分析提供有用的信息。与频数匹配资料相同，如果需要多变量建模，可采用条件Logistic回归分析（见16.15）。

13.4 倾向记分匹配

当不能进行随机的、受控制的田间试验时，在队列研究中最常使用倾向计分来评价处理（或其他暴露因素）效应。在这种情况下，处理（在观察性研究中指"暴露"）个体可能会与未处理个体明显不同，对这种不同需要进行解释。倾向记分可用于病例–对照研究中，但存在某些限制（详见Månsson等，2007）。

倾向记分首先（1983）由Rosenbaum和Rubin提出。倾向记分（PS）是被处理/暴露的条件概率（即具有一定特征的个体将被处理或暴露的概率），表示为p（$E+|C$）（见表13.4）。倾向记分一旦算出即可用于匹配，其可作为分层分析和加权分析的基础，或者作为协变量被包含在建模过程中。可参考有关文献，找到一种精确性高而偏倚少的方法（Austin，2007；Austin，2008b；Austin，2009；Austin等，2007）。

13.4.1 倾向记分计算

如仅有一种或两种分类混杂因素，可使用观察的在混杂因素C水平内的E+分布，手工计算倾向记分。如果有较多的混杂因素和（或）连续性混杂因素，可用作为结果处理（观察到的暴露）分配的Logit或Probit模型产生倾向记分（见第16章）。在模型中应含有何种预测变量，已成为近来研究中值得考虑的主题。一般情况下，包含潜在的混杂因素（即已知或怀疑与暴露和结果有关的变量）和它们所需的交互作用。Senn等（2007）认为包含许多非混杂外扰变量可导致过度拟合的问题，但是Austin等（2007）却认为可不关注此问题。

13.4.2 均衡暴露组

使用倾向计分可以确保混杂因素分布均衡，通过各层（也称为"水平"或"区间"）PS来"均衡"暴露和非暴露个体特征（Austin，2008c，2008d）。如果遇到下述两种情况，应考虑研究的均衡性。第一，在每一PS层，暴露与非暴露个体的PS均数相同。如果不是这样，应当重新划分层，直至达

到相等的PS分值。第二，在每一层的暴露组与非暴露组中，由PS构成的所有协变量均数应相等，作为均衡由PS构成的所有过程的一部分，在PS匹配中，建议检查每个原有混杂因素的分布。

如前所述，均衡不需要某层中个体均匀一致。例如，用抗生素治疗患乳房炎的奶牛可能是泌乳早期奶牛（治疗是为了减少对奶产量的影响）和泌乳晚期奶牛（治疗是为了减少干奶期前的感染）的混合。因此，具有高PS的奶牛将是泌乳早期奶牛与泌乳晚期奶牛混合而成。如果在PS层（如具有高PS值的奶牛）应考虑均衡研究，治疗奶牛和非治疗奶牛具有相同的平均PS和相同的平均泌乳天数（DIM）。

PS的计算与评价通常限于观察暴露和非暴露个体的PS的范围（该范围又称为共同支持区）。对于具有PS值的非暴露个体，应忽略其值低于暴露个体观察到的最低值者，就如同PS值比任何非暴露对象均高的暴露个体一样。对这些个体不作解释说明是不经济的或会有潜在偏倚，但在试图评价暴露的因果影响的情况下，研究组中的这些个体明显与其他不同，以至于不管暴露与疾病经历如何，实际上不可能有效支持暴露作为结果的原因。然而，重要的是可以指出这些研究对象的特点，因为它们可以提供潜在原因的线索。

13.4.3　根据倾向记分匹配

通常情况下，匹配与取得潜在研究性个体的PS值是共同开始的。由于暴露个体通常不如非暴露个体常见，所以开始匹配时要发现暴露个体，取得他（它）们的PS值，然后从现有的潜在性研究组中选择一个或多个相同PS值的非暴露个体。选择匹配个体的方法有几种，通常是用替代法（所以，非暴露个体可不止一次地作为对照）。最近相邻匹配（nearest neighbour matching）是选择一个或多个个体的PS值与暴露对象最近者进行匹配（即1∶1或1∶m匹配）。然而，无法确保匹配个体的PS值非常接近于暴露对象。半径匹配（radius matching）是选择PS值在暴露个体PS值一定范围（如±0.05 PS单位）内的非暴露个体进行匹配。在核心匹配（kernal matching）中，所有非暴露个体作为每一个暴露个体的对照进行匹配，但是它们应根据其PS值接近程度进行加权。

13.4.4　倾向记分匹配资料的分析

一旦最终的组群被选定后，通常推荐使用匹配资料的分析方法。该方法考虑到匹配，但是有人对必须匹配的做法提出过疑问（Stuart，2008）。现在已有计算机软件可实现此匹配过程，确保层间可度量的混杂因素均衡，以及对队列和横断面资料进行分析（Becker和Ichino，2002）。

关于队列或横断面资料，最常见的效应度量是被处理个体的平均处理效应（att，average treatment effect in treated individuals），为处理（暴露）和非处理（非暴露）个体间结果度量的差。结果的度量可能是二分类变量［如att可以是处理组（暴露组）结果发生比例与非处理组（非暴露组）结果发生比例的差值，或者是数量（如处理组体细胞平均数减去非处理组体细胞平均数］。如果使用最近相邻匹配或半径匹配或分层，分析中可能有att的标准误。如果使用核心匹配，需要使用辅助方法（bootstrap methods）估计标准误。

例13.4显示PS计算，用于评价Mh对BRD风险的效应。这些PS用来进行最相邻和半径匹配分析。这些资料使用PS有许多特点，即暴露（Mh）不是一种"被指定"的处理或暴露。然而，在本章中，为了与其他例子一致，已经使用这些资料。

我们在下一章节介绍检测混杂的几种主要方法。第一种是使用因果关系图，第二种是"度量改变"方法，第三种（不推荐使用）是使用统计判断标准。

13.5　检测混杂

在资料分析过程中，需要鉴别潜在的混杂因素和实施有效控制混杂的方法（虽然两者有密切的联系）。潜在混杂因素的鉴别，首先要具有本文所述的知识，以及通过阅读文献所取得的生物学信息。通过排除、匹配或分析，用因果关系图作为指导，进一步考虑某指定变量是否可作为混杂因素处理。在分析中检测和控制混杂因素，需要有早期研究阶段收集的关于潜在混杂因素的资料（如因果关系图，以及对文献的彻底阅读）。在下一节将重点阐述潜在混杂因素的鉴别和评价它们是否确实为混杂因素。

例13.4　使用倾向记分匹配

data=feedlot

要评价曼氏杆菌（*Mannheimia*）细胞毒素（–mrcysc）血清阳转对牛呼吸道疾病（–brd–）的效应，需要控制牛呼吸道合胞病毒感染（–brsvsc–）、睡眠嗜血杆菌感染（–hssc–）、起源省（–prov–）以及进入饲养场时牛体重（–wto–）的潜在混杂效应，所有的资料收集自饲养场（Martin等，1999）。无条件地，在–mhcysc–阳性及阴性的牛群中，–brd–的风险性分别是0.358和0.244，其*RR*为1.47，*RD*为0.115。

倾向计分（PSs）使用–mhcysc–的Logistic回归计算，涉及有关变量有–brsvsc–、–hssc–、–prov–和–wto–，分析限制于共同支持区。在587例具有完整资料的个体中，有585例位于共同支持区，有2头PS值非常低的动物被排除。所选择的层（区组）间有0.1的宽度，所有的PSs值位于0.614和0.924之间。PS分层满足均衡性的要求。

最相邻匹配被使用，121头非暴露动物中的109头被多次作为466头暴露动物的对照。在暴露牛和匹配的非暴露牛中，–brd–的风险性分别是0.358和0.286，其att值为0.072（*SE*=0.061，*P*=0.24）。最相邻匹配明显地在暴露动物中增加–brd–的风险，明显地减少–mhcysc–的效应。

半径匹配（半径为0.01）为456头暴露动物与118头非暴露动物相匹配。在暴露和匹配非暴露动物中，–brd–风险性是0.364和0.221，其att为0.143（*SE*=0.052，*P*=0.006）。与粗RD相比，att表示可明显增加–mhcysc–的效应。随后我们可以看到，对–mhcysc–效应的评价半径匹配好于最相邻匹配。

13.5.1　使用因果关系图鉴别潜在混杂变量

鉴别需要控制的潜在混杂因素能够在研究方案的计划阶段实现，或者获得最终的变量列表后不久实现。在第一章中已经介绍过因果关系图的使用，在这里将其扩展为确定某变量是否应当被控制的方法。当然，首先需要画因果关系图［又称为有向非循环图（directed acyclic graph，DAG）］（Greenland 等，1999；Hernan等，2002），画图的原则在第1章有解释。Wander Weele等（2008）描述了使用DAGs作为因果模型的必需条件。Weinberg（2007）提出如何将交互效应与因果关系图一体化。

在此图中，鉴别暴露因素和有关结果是研究的主要目标。任何先于暴露因素并与暴露和结果间有路径连接的因素，很可能是候选的需要控制的混杂因素。有因果原因（或暂时地）位于暴露变量之后的因素不应该被控制，也不应该控制位于结果变量后的因素。正式过程如下：

（1）根据第1章概述的原则绘图，见例13.5；

（2）在图上去除所有从有关暴露因素发出（即引出）的箭头；

（3）如果有任何仍然连接暴露与结果的路径，那么在此路径上原因之前因素及其他非干扰变量应该被控制，否则这些因素可使联系度量产生偏倚。从因果关系术语上讲，这些因素可以产生虚假因果效应；

（4）假设有两个或以上的因素是第三因素的原因，第三因素位于暴露因素之前，开始的假设是这两个因素相互无因果关系（即这些因素在统计学上被称为边缘独立因素）。从例13.5可见，年龄和品种是胎衣不下的原因，但两者相互独立。然而，当对可成为原因的某因素控制时，这样就会使这些因素间有条件地发生联系，就需要至少控制其中的一个因素防止偏倚（这种条件联系在图中以虚线表示）。为了确保如此，需要双箭头或虚线连接所有的边缘独立因素。在描绘暴露与结果间的路径中，可沿此线走任意一路。在模拟的过程中，为了"接近"这一线路，需要控制一种或以上的这类因素。这样，在选择控制因素的过程中，当某控制因素可能是其他因素中必须要控制的因素时，可能的因果关系知识是非常重要的。

例13.5　使用因果关系图鉴别混杂因素

　　用第1章的因果关系图来显示鉴别混杂因素标准的应用。回想一下有关疾病对奶牛不育症影响的研究例子。我们将添加另外一个变量（BREED，品种）于图中，假设品种的效应是通过胎衣不下（RETPLA）和子宫炎（METRITIS）而发挥作用，其因果关系图为：

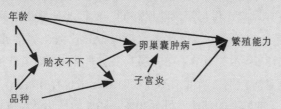

　　此处，OVAR为卵巢囊肿病。

　　如果重点评估子宫炎和繁殖能力（FERTILITY）间的因果联系，那么：

　　· 省略从子宫炎指向卵巢囊肿病和繁殖能力的箭头。

　　· 保留从卵巢囊肿病和年龄（AGE）到繁殖能力的因果路径。

　　· 从子宫炎经由卵巢囊肿病返回到胎衣不下这一虚假因果路径，意味着需要控制胎衣不下。

　　· 因为具有从胎盘滞留返回年龄的路径，然后直接或经由卵巢囊肿病到达繁殖能力，年龄作为因果关系上的前变量同样需要被控制。

　　· 一旦控制了胎衣不下，我们需要表明年龄和品种间的条件联系（通过添加虚线表示）。虽然最初的图表示两者是相互独立的，但是控制胎衣不下可使两者发生有条件的联系。在这一点上，只有从子宫炎到繁殖能力的联系路径是通过品种和年龄的（因为胎衣不下已经被控制了）。这意味着需要控制年龄或品种来打断路径。对两者都控制是不正确的，也是没有必要的。

　　· 注意卵巢囊肿病是中介变量，在分析中不需要控制。

　　当然，还有更为复杂的因果关系图（Hernan等，2002），但是此例能表达它们的基本应用。

13.5.2　联系度量的变化作为混杂的指示

　　一旦鉴别出潜在混杂因素，就应该进一步发现它们的效应大小。由于从观察研究得到的资料几乎总是存在一些混杂，因此，重要问题是何时需要鉴别混杂。假设开始分析暴露与结果变量间非条件（粗）联系的研究资料，观察到的粗比数比为OR_c。然后根据某种潜在混杂因素或一系列混杂因素对资料分层。在确保层间特异比数比互相接近"相等"后，就取得了校正比数比（adjusted odds ratio，OR_a）。在多数情况下，OR_a与OR_c略有不同，但是，如果我们确定相对于非校正的度量值此差别是"大的"（从某种实际意义讲），就可以说某些或所有分层的（或控制的）因素是混杂因素。这样，当使用粗比数比（基线）和校正比数比值间的变化确定是否有混杂存在时，在假定的研究背景下给定一个差值（如比数比变化＞20%～30%）是非常重要的。注：当计算校正与非校正的比数比间百分变化时，需要考虑三点：第一，建议经常使用非校正值作为基线。第二，比的度量（如OR）的百分变化应当以对数尺度计算（lnOR的百分变化）。这具有对风险因素和保护性因素作用一致的优点（OR分别 > 1 和 < 1）。但是此规则一般直接应用于OR，为简单起见，本章全部使用此规则。第三，百分变化判断标准应当仅应用于有统计学意义的变量。无显著性变量，其ln$OR \approx 0$，能够有非常大的百分变化，但绝对变化非常小。如果超过此差值，我们可以说存在混杂，需要校正度量。相反，如果粗比数比和校正比数比在实际上无差别，我们可以说混杂不存在，粗度量即可满足需要。

在某种程度上，对于鉴别混杂因素的推断和变化估计（change-in-estimate）方法，是建立在无混杂的基础上的。如果分层特异性度量等于X，那么当数据在混杂因素之上崩散时，粗度量将等同于X。如果数据满足此标准，则称为可崩散的（Kass和Greenland，1991）。

比数比的非崩散性

所使用的联系度量可以影响混杂的解释，特别是最常使用的比数比度量，经常遭遇到非崩散的问题。如果使用的是风险差或风险比联系度量，原度量经常是分层特异度量的加权均数；它们是可崩散的。由于这个原因，如果没有混杂存在，在缺乏交互作用的情况下，数据可以是崩散的（即在混杂因素水平上的求和），且层特异风险比将与粗风险比相同。然而当比数比是联系度量时，却不是这样。在此情况下，即使在缺乏混杂的条件下，原比数比较层特异比数比更接近于零，这就称为非崩散性（non-collapsibility）。如例13.6所示，当结果在一层或多层非常相同时，非崩散性问题常会显示出来。因此，由于粗度量与校正度量有差别，当混杂不存在时看起来也存在混杂。应该注意到这一情况。虽然有非崩散性问题，比数比（或联系的其他度量）20% ~ 30%的变化已经成为鉴别混杂的标准。

13.5.3 混杂因素统计鉴别

根据变量在回归模型中的统计学意义，使用统计学运算去选择变量（如用逐步或非逐步的方法来前进选择或后退排除，见15.8.2节）。这种方法在建模时选择变量已经变得非常方便，尤其是随着高效的统计学常规方法的发展。但是，在控制混杂和评估因果效应方面，这种方法近年来已经不再受欢迎。这种方法基本的前提是被选择的大多数混杂因素具有"统计学上的显著性"，以此来防止混杂。使用这种方法的主要的问题是不能（或无法）区别中介变量和其他类型外扰变量，而且，这个过程违背了混杂偏倚范围的定义，即该偏倚范围是判断的内容而不是统计学意义的内容。因此，建议该方法仅使用于特别问题的初步研究或复杂数据集的初步分析，而在其他分析中不推荐使用。

为了解释不推荐使用该方法的理由，需要明白在同时使用统计算法寻找多个风险因素的时候，可能打破许多关于什么变量是作为混杂因素应当控制的"规则"。对于研究的多个因素，因果关系上的前一因素也许需要控制，以得到一个暴露因素效应的有效估计，而该暴露因素可能是另一暴露因素的中介变量。因此，从多变量模型取得的"校正"联系度量仅仅是直接效应，而不是总的因果效应。后者（直接和所有间接因果效应路径之和）被认为是真实因果效应的最好估计。

例如图13.1所示，X_1对Y有直接的因果效应，并且X_1通过X_2对Y有间接的因果效应。X_2对Y有直接效应，并且X_2经过$X_1 - Y$路径呈现虚假的效应。

假设样本大小合理，统计运算可能建立下列模型：

$$Y = \beta_0 + \beta_1 X_1 + \beta_2 X_2$$

通过此模型，可使用β_1系数估计X_1的直接效应。就X_2而言，它对Y的直接（和总的）因果效应同样可通过该回归模型用β_2系数进行估计。然而，为了正确地估计总效应（直接+间接），应该从下列回归模型（不包括X_2）中使用β_1系数：

$$Y = \beta_0 + \beta_1 X_1$$

例13.6　比数比的非崩散性与疾病频数

在存在非混杂外扰变量（Z）[a]的情况下，此例显示暴露（E）和疾病（D）间的ORs非崩散性。总的平均疾病风险 = 0.55。

	Z+		Z−		合计	
	E+	E−	E+	E−	E+	E−
D+	870	690	430	200	1300	890
D −	130	310	570	800	700	1110
合计	1000	1000	1000	1000	2000	2000
风险	0.87	0.69	0.43	0.20	0.65	0.45
风险比		1.26		2.15		1.44
风险差		0.18		0.23		0.20
比数比		3		3		2.3

注：变量Z不是混杂因素，因为它与暴露无关联（在Z的两个水平内，有50%的暴露个体），然而它与结果D有关联。由于层特异性比数比彼此相等，因此等于OR_{MH}，但是与粗比数比不同，所以我们可能得出存在混杂因素的结论。然而，这些比数比的差异与使用"比数"作为结果频率的度量有关，本例中实际上不存在混杂因素。

当结果频率较高（本例为55%）时，非崩散性是需要解释的较大问题。在下表中，平均风险低达8.3%，数据"实际上"是可崩散的。

存在非混杂外扰变量（Z）[a]的情况下，此例为暴露（E）和疾病（D）间比数比的近似崩散性。总疾病风险 = 0.083。

	Z+		Z−		合计	
	E+	E−	E+	E−	E+	E−
D+	211	82	29	10	240	92
D−	789	918	971	990	1760	1908
合计	1000	1000	1000	1000	2000	2000
风险	0.21	0.08	0.03	0.01	0.12	0.05
比数比		3		3		2.8

[a] 例子来自Greenland和Morgenstern（2001）。

正如该例如示，当结果频率较高时混杂和非崩散性的困扰实际上是唯一问题。

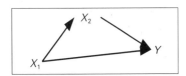

图13.1　两个预测变量对Y结果的因果效应

这样，使用第一个模型估计X_1与Y之间的因果联系（可能来自使用统计标准控制混杂得到的因果联系）时，我们将会"过度控制"中介变量（和其他因素的可能效应）。

我们也应当注意到，下列回归等式中的β_1系数对X_2因果效应的估计存在偏倚，因为该系数含有X_1的一些混杂效应。

$$Y = \beta_0 + \beta_1 X_2$$

当使用统计标准去选择变量时，随着模型复杂程度增加，系数的实际估计情况不明。

处理数据集中一种以上暴露变量的一种保守方法是获得一组"显著性"变量，然后将每个因素作为有关暴露进行单独分析（如上所示），并且以这种联系的度量作为因果联系的最好估计。

既然我们有了鉴别需要控制因素的工具，那么接下来描述实施分析控制的过程。在这一方面，关于多变量模型的详细描述可见第14~23章。假设因果结构和观察疾病风险之间的关系将在随后章节中详细描述（从13.11起）。

13.6　混杂的分析控制

多种分析过程可用于控制混杂。在13.6.1～13.6.3节中，我们将描述用于分层资料（根据混杂变量水平分层）的方法，包括Mantel-Haenszel法（分层资料最常使用的方法；见13.6.1节和13.6.2节）和PS分层分（见13.6.3节）。这些方法假设层间的联系度量（如比数比）具有同质性，以便有效地概括暴露-结果资料。在13.7，我们介绍标准化法（13.7.1节）和边际结构模型（13.7.2节）。不管是否存在交互作用，这些方法可以产生对特定群体联系的总度量。随后，我们在13.8节描述在多变量模型中混杂的分析控制。在13.9节讨论工具变量。在13.10节讨论未度量混杂因素的外部调整和敏感性分析。

分析分层资料的方法有多种，在所有的这些方法中，我们在混杂因素的每一水平（或混杂因素组合）上创建2×2表，对资料进行物理分层。各层的表示方法见表13.2。

13.6.1　控制混杂的分层分析：Mantel-Haenszel法

该方法首先由Mantel和Haenszel于1959年进行了描述，它彻底改变了流行病学研究者的工作。对于暴露因素的二分分类资料，Mantel-Haenszel（MH）法（或估计）已成为最广泛使用的分层分析方法。该方法直观、易行，可使研究者获知资料的详细情况，否则可能会丢失信息。我们建议研究者在最初分析时使用该方法，即使你计划进行如Logistic回归这样更加复杂的分析。

该方法依赖于根据混杂变量组合水平对资料的物理分层（见表13.2），依赖于检查联系的层特异性度量（此处为比数比），以及在这些度量相等（除了抽样变异）的情况下，依赖于创建集合"权重"或"校正"的联系估计。分层特异度量的相等性可以眼观评价，或者使用统计学的同质检验。证明该相等性是计算有效总联系度量的先决条件。

为了描述Mantel-Haenszel法，我们假设有二分类暴露变量和结果变量，以及一个或以上二分类混杂因素。如果有单一的二分类混杂因素存在，将会有2张表（即分层），一张表具有混杂因素，另一张没有混杂因素；假设这里有"J"层。根据研究设计，表13.2中的n_j或m_j可能不是群体的解释（例如，n_j不是病例-对照研究中群体分母的估计值）。虽然如此，单元格中的值仍然被用来计算联系的度量和它的方差。

表13.2　分层分析资料设计

	暴露	非暴露	合计
病例	a_{1j}	a_{0j}	m_{1j}
非病例	b_{1j}	b_{0j}	m_{0j}
合计	n_{1j}	n_{0j}	n_j

注：j为层的标志。

等式13.4～13.9是根据OR作为联系的度量来分析二分类资料（即风险资料，而非率资料）所必需的等式。注：MH法同样可用于根据RR、RD和IR作为联系的度量。

我们从表13.2数据的分层开始，计算层特异性ORs。第j层的OR为：

$$OR_j = a_{1j} \cdot b_{0j} / a_{0j} \cdot b_{1j}$$ **等式13.4**

我们同样需要暴露-疾病单元格的期望值和方差。在无效假设情况下（与13.7.1节的反事实基础相反），第j层的暴露组病例期望数为：

$$E_j = m_{1j} \cdot n_{1j}/n_j \qquad \text{等式13.5}$$

E_j的方差为：

$$\text{var}(E_j) = V_j = m_{1j}\ m_{0j} \cdot n_{1j} \cdot n_{0j}/n_j^2 \cdot (n_j - 1) \qquad \text{等式13.6}$$

例13.7　分层分析呼吸道病原体与牛呼吸道疾病：无混杂

data=feedlot

在此数据集中，有可能的各种牛的呼吸道病原体的效价资料，以及牛呼吸道疾病（BRD）发生的资料。试验证明，牛鼻传染性气管炎（IBR）病毒和溶血性曼氏杆菌（Mh）间具有交互作用。根据这些资料，我们能总结这些病原各自和一起与BRD发生的关系。Mh是感兴趣的暴露因素，我们提出以下因果模型：

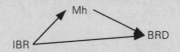

该模型具有从IBR指向BRD的直接因果箭头，因为我们认为IBR可以加强除Mh外其他未度量病原的致病性，导致BRD。这样，为了确定Mh与BRD的因果联系，需要对IBR进行控制。Mh与BRD之间无条件联系的OR为1.69，χ^2检验为5.19，P值为0.023。因此，当忽略IBR的效应时，Mh的血清阳转使BRD的风险增加大约1.7倍。

为了获得校正的OR，我们使用变量–Mh–和–IBR–分布的组合创建分层如下：

Mantel–Haenszel分析前通过Mh和IBR对 BRD的分层

IBR	BRD	Mh+	Mh–	合计
1	1	83	18	101
1	0	85	48	133
合计		168	66	
0	1	84	12	96
0	0	215	43	258
合计		299	55	

Mantel–Haenszel法的主要计算布局为：

层	OR	lnOR	var(lnOR)	a_j	E_j	var(E_j)	$a_{1j} \cdot b_{0j}/n_j$	$a_{0j} \cdot b_{1j}/n_j$
1	2.6	0.96	0.10	83	72.51	11.67	17.03	6.54
2	1.4	0.34	0.12	84	81.08	9.21	10.20	7.29
合计				167	153.60	20.88	27.23	18.83

"校正"或Mantel–Haenszel比数比为

$$OR_{MH} = \frac{27.23}{13.83} = 1.97$$

根据这些计算，可发现在IBR病毒存在的情况下联系强度稍有增加，但还不能说与IBR病毒不存在时的效应有明显不同。然而，我们将对层特异ORs的相等性（或同质性）进行正式的检验。

同质性Wald检验：

$$\chi^2_{\text{homo}} = \frac{(0.96 - 0.678)^2}{0.10} + \frac{(0.34 - 0.678)^2}{0.120} = 0.795 + 0.952 = 1.747$$

其中，0.678为ln（1.97）的值。虽然，层特异OR显示不同（2.6对1.4），但是，检验结果无显著性（P=0.189），所以可以得出结论：它们无统计学上的差异。无效假设$OR_{MH}=1$的总统计检验是：

$$\chi^2_{MH} = \frac{(167 - 153.6)^2}{20.88} = 8.6$$

自由度为1，P=0.003，接受$OR_{MH}>1$。

根据该检验，由于P=0.003，我们拒绝无效假设，有证据表明：在控制了IBR的效应后，Mh的血清阳转可增加BRD的风险。

与粗OR=1.69相比较，OR_{MH}的大小只增加约17%，所以根据变化超过30%的原则，可以说严重的混杂不存在，我们可选用粗OR来描述因果联系。

层间"校正"或Mantel-Haenszel比数比是加权均数：

$$OR_{MH} = \frac{\sum (a_{1j} \cdot b_{0j}/n_j)}{\sum (a_{0j} \cdot b_{1j}/n_j)}$$

等式13.7

由此等式可以获得$\ln OR_{MH}$，用于同质性检验（等式13.6）。

如前所述，从实用的观点讲，如果校正的（集合的）联系度量与粗度量有差别（相差的数量有重要性），那么可以认为存在混杂。如果确信混杂存在，那么校正的联系度量比粗度量更有用。

在解释校正的比数比作为有效的联系总度量之前，我们需要检查层特异性比数比，并且看它们是否"近似"相等。否则，校正的比数比过分简单了联系。层特异性的不相等性是可能存在交互作用的一个指标——因未知因素的混杂产生与交互作用相似的效应。Wald-type χ^2可检验交互作用；但是一般情况下，其把握度较低，所以我们可以将P值的显著水平放宽到10%～15%水平。自由度为（$j-1$）的同质性Wald χ^2检验为：

$$\chi^2_{homo} = \sum \left(\frac{[\ln OR_j - \ln OR_{MH}]^2}{var[\ln OR_j]} \right)$$

等式13.8

其中，$var[\ln OR_j] = \frac{1}{a_{1j}} + \frac{1}{b_{1j}} + \frac{1}{a_{0j}} + \frac{1}{b_{0j}}$.

交互作用是否存在部分取决于联系度量的程度。我们在这里仅使用了比数比，但是也可以使用风险差、相对危险性或频率比作为度量。发现一定程度的交互作用没有必要解释为存在另一种交互作用（见13.6.2）。

自由度为1，总比数比显著性的统计检验为：

$$\chi^2_{MH} = \frac{(\sum a_{1j} - \sum E_j)^2}{\sum V_j}$$

等式13.9

例13.7和例13.8为使用这种方法的例子。来自队列研究的风险和频率资料的分层分析等式还可见Rothman等（2008）。

13.6.2　交互作用存在时的Mantel-Haenszel法

在第1章，我们证明了作为相同充分原因的两种或更多的因素是如何呈现生物学协同作用的；根据是否存在其他病因成分，这种协同作用转而导致风险的不同。在上一节，我们指出，感兴趣的暴露因素必须在混杂因素（或PS）所有水平上有相同的联系，以便支持使用单一的联系总度量。检验层特异性联系度量的相等性可用于评价这种特征。如果发现层特异性度量不同，这是存在交互作用的指标；层特异性度量不是OR_{MH}等单一的联系总度量的平均。

交互作用是有点让人疑惑的术语。它的存在可以提供生物学机制或作用路径的线索，但是它是否存在主要取决于统计模型和度量的尺度。然而，不管联系的度量尺度如何，在该尺度上当两个度量的联合效应不同于单独效应之和时，可以认为存在交互作用。目前看来，两种（或更多）暴露因素可产生三种类型的联合效应：相加、协同（如果联合效应大于单独效应之和）和颉颃（如果联合效应小于单独效应之和）。WanderWeele和Robins（2007）描述了鉴别充分原因组分（sufficient-component-cause）框架中的协同作用。为了解释交互作用，回顾一些单一和联合暴露风险因素的基本度量将是很有帮助的。为了讨论这一问题，我们假设用疾病的风险作为结果。风险将表示为：

例13.8 混杂存在时的分层分析

data=feedlot

这里使用相同的数据集，但是控制变量"省"（prov）（代表饲养场的所在地，部分代表牛犊的来源和到达时的体重）的混杂。因果关系图为：

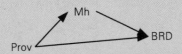

资料总结如下：

Mantel–Haenszel分析前根据Mh和省的BRD分层

省	BRD	Mh+	Mh–	OR
1	1	84	21	2.75
1	0	8	55	
2	1	83	9	1.51
2	0	220	36	

层ORs同质性检验的χ^2（自由度为1）=1.47（P=0.23），所以可以合理计算和解释OR的加权平均值作为联系的总度量。粗OR为1.69，OR_{MH}为2.19。系数上有30%的变化，明确表示由"省"引起的中等程度混杂的存在。OR_{MH}=1检验的χ^2（自由度为1）=11.20，其P值<0.001，所以可以得出结论：在控制"省"的混杂后，Mh和BRD是相关的（或$OR_{MH}>1$）。

这样，根据粗OR，我们可认为Mh的血清阳转与BRD的风险增加有关联。在控制了饲养场所在的"省"后，联系变得更强；所以，由"省"引起的混杂是存在的，较大的OR_{MH}（2.2）是真正因果联系的更好指标。

- R_{11}——当研究对象具有暴露因素1和2时；
- R_{10}——当研究对象仅有暴露因素1时；
- R_{01}——当研究对象仅有暴露因素2时；
- R_{00}——当研究对象无暴露因素时。

每个变量效应的度量可通过差异度量，如风险差异（即$RD_{10}=R_{10}-R_{00}$）；也可通过相对度量，如风险比（即$RR_{10}=R_{10}/R_{00}$）。用这些作为基础，我们可以检查两个变量的联合效应。存在交互作用的情况下，当用分层来控制混杂时，例13.9给出了一些可能的联合暴露（joint-exposure）的结果。

联系的加法尺度

在用风险差异度量联系时，相加交互作用将存在，如果：

$$RD_{10}+RD_{01} \neq RD_{11}$$ 等式13.10

通常情况下，如果效应用RD度量，且效应是相加的（例13.9中的情况b），这表明两种因素是通过不同的生物学路径或机制发挥作用（即它们不是同一充分原因的成分）。风险差异用于描述的是暴露引起的额外病例数。

联系的乘法尺度

在用比数度量联系时，相乘交互作用将存在，如果：

$$RR_{10} \cdot RR_{01} \neq RR_{11}$$ 等式 13.11

因为涉及相对度量的相乘，所以被称为乘法模型或乘法尺度。根据前面关于交互作用的定义，如果我们取等式13.9的对数，则$\ln RR_{10}+\ln RR_{01}=\ln RR_{11}$表明在对数尺度上的相加效应等于原来尺度上的相

例13.9　用不同的度量尺度鉴别BRD暴露因素间的交互作用

	Mh	BRSV	BRD (病例数/1000)	风险	RD	加法尺度 交互作用	RR	乘法尺度 交互作用
单因素效应								
	+	−	10	0.01	0.009		10	
	−	+	20	0.02	0.019		20	
	−	−	1	0.001				
4种可能情况（即组合风险的水平）的联合效应								
a	+	+	100	0.100	0.099	协同	100	拮抗
b	+	+	29	0.029	0.028	无	29	拮抗
c	+	+	200	0.200	0.199	协同	200	无
d	+	+	300	0.300	0.299	协同	300	协同

注：在加法尺度上，任何高于29/1000的联合效应被认为是协同作用（a和c）；而在乘法尺度（即对数）上，联合风险为200/1000，显示无交互作用（c）。

乘效应（即交互作用）。正如例13.9所指出的一样，联合暴露的动物个体的疾病风险，在符合相加算术尺度（情况b）的模型明显不同于符合乘法尺度的模型（情景c）。

根据资料分析的分层方法，当采用乘法尺度模型时，感兴趣的主要暴露因素的RR在外扰变量的所有各层均相同。这样，层特异性RRs的相等性为以乘法尺度检验交互作用提供了方便。这同样是Mantel-Haenszel法中ORs同质性检验的基础（等式13.6）——我们在例13.9中用RRs代替ORs，目的是为了简化算法。显著性检验结果显示层特异性比数不相等，或者说两个因素的联合效应并不是根据两个变量单独效应的预测的结果（即一个暴露因素的效应取决于其他暴露的水平）。这种现象在乘法尺度上被称为交互作用或效应修饰（Susser，1973）。

乘法模型广泛用于评价二分类结果和暴露之间的联系。在多种情况和研究设计中，乘法模型都较好地"适合"观察资料。如例13.9，当层特异性ORs相等时，RR和RD度量则不相等；相反，如果RD度量相等，则RR和OR不会相等。这样，在大样本研究中，如果数据与某种尺度的加法模型相一致，则这些数据在另一种尺度上将与交互作用相一致。

在第1章中，我们给出充分原因模型引出的交互作用的明确证据。充分原因模型指示的协同作用在统计学上可表现为交互作用，但是由于存在未知的或未度量外扰变量，交互作用不是经常可检测到的（即使出现协同作用是因果模型的基础）。我们知道，混杂可使数据看起来好像存在交互作用，或者反之隐藏交互作用。因此，当试图鉴别两个感兴趣的因素间是否存在交互作用时，控制其他因素的混杂是很重要的。例13.10显示了在试图校正混杂因素效应时对交互作用的检测。

一个已知的具有协同作用的生物学例子是牛犊呼吸道的病毒暴露和4~6d前暴露于Mh的联合效应。在实验中，用气溶胶攻击来复制疾病的有用"模型"。尽管如此，当在饲养场观察到疾病时，即使在模型中度量包括多种微生物，也不可能检测交互作用（例13.7和例13.8）。

13.6.3　用倾向记分分层来获取平均处理（暴露）效应

这种分层是将观察资料分配到各层（区段）中，用于评价PS方法的"平衡性"。然后进行分层分析，获得att的总估计（见13.4.4节）。例13.11是根据PS分层分析的例子。

例13.10　控制一种混杂因素时检测因素间的相互作用

data = Nocardia

本例的数据来源于奶牛场是否存在诺卡氏菌乳房炎的病例－对照研究（这些数据在第16章有进一步的应用）。本例感兴趣的暴露因素是含有新霉素的干奶母牛处理方法。然而，检查干奶母牛的其他处理方法也很重要，它们可作为可能的风险因素和潜在的混杂因素。因果模型如下：

我们用没有箭头的线来表示两种干奶母牛处理方法之间的非因果联系，这种联系可能是由于第三种常见因素引起，例如管理方式。即使这种联系不是因果性的，根据13.5.3节因果关系图设置的规则，我们也需要控制邻氯青霉素的影响，以确定含有新霉素的处理方法的因果效应。

根据新霉素和邻氯青霉素对病例牛群和对照牛群分层

邻氯青霉素	诺卡氏菌乳房炎	新霉素+	新霉素－	层－特异性ORs
1	1	5	3	1.5
1	0	10	9	
0	1	44	2	29.3
0	0	15	20	

在没有使用邻氯青霉素的牛群中，使用新霉素和病例状态之间的 OR 值为29.3；而在那些使用邻氯青霉素的牛群中，其 OR 为1.5。同质性检验 $\chi^2=6.44$（自由度为1），p 值为0.011。这是 OR 值存在差异的一个重要证据，与存在因素间相互作用一致。因此，控制混杂是无实际意义的；我们不能够计算调整过的 OR 值，这是因为使用新霉素和病例－对照状态（诺卡氏菌乳房炎）之间的联系取决于农场是否使用邻氯青霉素。因此，当存在因素间相互作用时，就不能解释对暴露因素的总度量，因为它随着其他外扰变量水平的变化而变化。

例13.11　使用倾向计分分层

data = feedlot

例13.4中计算倾向记分是分层分析－mhcysc－对－brd－效应的基础。在分析中应用了倾向记分的四个区间数据（0.6-0.7，...，0.9-1.0）和在这些区间的585个观察值。*att* 的概括估计为0.144（SE=0.049，P=0.003）。这个结果与半径匹配（例13.4）得到的结果相似。

13.7　控制混杂和估计因果效应的其他方法

下面两种方法是相关的，其中一种采用标准化法来估计病例（或风险）的期望数，另一种方法采用"权重"来产生没有混杂的假定群体。通过这种假定群体，我们用粗（即边际）联系度量来估计感兴趣的因果效应，例如用风险比（也可用风险差异或比数比）。不管是否存在因素间相互作用，这些方法提供了对特定群体中暴露因素效应的有效评价；分层特异度量联系的方法也不需要总体是同质的。感兴趣的群体是特定的、并且存在因素间相互作用时能有效地总度量——这两个特点是选择何种方法估计因果效应的关键，虽然对此仍有争论（Shah等，2005b）。

13.7.1　用标准化风险/率估计因果系数

第6章已经介绍了用直接和间接标准化作为描述性方法来评价数据和调整混杂因素。然而，这一方法也能用来估计因果效应系数（Sato和Matsuyama，2003）。本质上，无论何时，一种风险因素（例如年龄）在不同水平上的结果可能不同，所在组（或群体）的总病例数为层特异风险乘以该层动物的数量，表示如下：

$$观察的病例数 = \sum n_j \cdot r_j$$

我们将用表1.3的数据来验证这种方法，其中讨论了用反事实法调查因果效应。总结的数据显示在表13.3中。

表13.3　研究群体中暴露因素、疾病（病例）和混杂因素的分布

第1层；混杂因素=0（动物感染风险低；p（D+）=2/8=0.25）

	暴露组 （接种疫苗）	非暴露组 （未接种疫苗）	总计	风险比
病例数	1	1	2	
非病例数	3	3	6	1
总计	4	4	8	

第2层；混杂因素=1（动物感染风险高；p（D+）=8/12=0.67）

	暴露组 （接种疫苗）	非暴露组 （未接种疫苗）	总计	风险比
病例数	6	2	8	
非病例数	3	1	4	1
总计	9	3	12	

根据混杂因素的水平分层，应用上面的等式，将共有8×0.25+12×0.67=10个病例。

假设有2个暴露组（如表13.3中的接种疫苗组和未接种疫苗组）。即使它们的层特异危险性是相同的，总的风险性也可能不同。合理比较各组风险性（或病例数）的方法之一是用总的风险（或率）对各层进行间接标准化，分配到每层的研究对象，表示如下：

$$期望病例数 = \sum n_j \cdot std\, r_j$$

将观察的病例数和预期的病例数进行对比，然后估计标准化风险比（SRR）。

$$SRR = 观察的病例数 / 预期的病例数$$

我们也可以用这种方式来标准化分层的反事实风险，需要决定的是选择什么样的群体作为"标准"。这将使我们能够计算SRR，用一种非参数方式估计因果参数。因为这种方式依赖于根据度量的混杂因素水平的物理分层，所以可能遇到数据不足导致不稳定估计的问题。Little和Rubin（2000）发表了关于使用因果模型可能结果的评论，Hernan 和 Robins（2006b），Newman（2006），Sato 和 Matsuyama（2003）描述了标准化的过程。

使用表13.3的数据，我们能对比疫苗接种组（n=13）中观察到的病例数（n=7）与没有发生暴露（本例中为接种疫苗）的预期病例数。如果疫苗接种组的每一个体都没有接种疫苗，那么用未接种疫苗组的风险a_{0j}/n_{0j}就能得到反事实病例数（注：如果接种疫苗和疾病之间相互独立，这就不是使用m_{1j}/n_j估计的预期病例数）。进行标准化时，我们注意到感染风险低的未接种疫苗动物感染疾病的风险为0.25，感染风险高的未接种疫苗动物感染疾病的风险为0.67，这些将成为设置的标准风险（见 data=ind_vacc_summ）。因此，在病例数量方面，在感染风险低的组群中4个接种疫苗个体中期望发现1个病例（$4 \times 0.25=1$）；在感染风险高的组群中9个接种疫苗个体中期望发现6个病例（$9 \times 0.67=6$）。接种疫苗组的标准化风险比（SRR_{E+}）为：观察的病例数/预期的病例数=7/7=1.0。一般来说，SRR_{E+}随着暴露的风险增加而成比例地增加（本例中没有这种情况）。当进行因果推断时这是最常见的需要标准化的群体，它使我们能估计平均的因果效应。

我们可以使用类似的方法对未暴露组（未接种疫苗）中观察的病例数进行标准化，因为疫苗接种的期望病例数是用上述同样的方法得到的。这表示假如未接种疫苗组接种了疫苗，风险也将成比例地改变。结合上面的发现，我们也可以标准化整个群体中观察的病例数，分别表示为完全接种疫苗和完全没有接种疫苗的预期病例数。与没有个体暴露的群体相比，SRR_{tot}描述整个群体中由于暴露（假设每一个体都暴露）而风险成比例地增加［见Sato和Matsuyama（2003）的实例］。

13.7.2 边际结构模型

在边际结构模型（Robins等，2000；Suarez等，2008）中，反事实风险的边际分布可表示为：

$$\log p(D+)=\alpha_0+\alpha_1 X$$

式中X表示二分类反事实暴露因素变量，α_1的指数函数表示因果风险比。

观察的数据的相应模型为：

$$\log p(D+)=\beta_0+\beta_1 X$$

式中X表示二分类暴露因素；β_1的指数函数表示粗风险比。然而，$\alpha_1 \neq \beta_1$除非暴露因素是不混杂的。Robins 等（2000）建议使用加权分析对因果参数α_1进行无偏估计。应注意，在"边际"模型中不需要考虑可能的混杂因素，它们的影响已经通过构建假定总体而被消除了。因此，我们可以用2×2表进行分析。首先进行加权，然后解释构建的假定群体是如何防止混杂因素的。

这种方法的构想是描述和说明"暴露因素"（例子中是接种疫苗）的分布。例如，表13.3的数据有可能不是在"接种疫苗"完全随机分布的情况下产生的。如果对这些数据的分析考虑到随机性，我们将得出有关接种疫苗效应的错误结论。然而，如果意识到研究者已将研究群体根据高感染风险和低感染风险分层，并且随机分配高风险组的75%和低风险组的50%来接种疫苗，那么使用合适的分析方法将会得到关于疫苗效应的正确结论。如果这是一项观察性研究，将有足够的把握来识别混杂因素（表13.4中第1列的感染风险），利用这个事实来"解释"接种疫苗在这两组中的分布。一旦确认混杂因素，就可以"控制"混杂因素并且获得有关接种疫苗的正确因果效应。一种"控制"混杂因素的方法就是通过"加权"构建一个假定群体。

加权的第一个要素是接受暴露因素（$E+$或$E-$）的每个试验对象真正遭受暴露的概率。混杂因素符合的条件是$p_E=p(E=e|C_j)$，根据研究对象暴露（1）或未暴露（0），"e"取值1或0；"j"表示根据混杂因素（或混杂因素的集合）不同水平的分层（见表13.4）。分配到每个研究对象的权重W_i等于这一概率的倒数，即$1/p_E$。最终的估计值称作处理权重逆概率（IPTW）（Cole和Hernan，2008；Hogan和Lancaster，2004）。在第2章我们介绍了抽样权重，它们表示每个研究对象代表的对象数。那么，同样的方法在这里适用，我们使用加权来构建假定群体。假定群体的大小是观察群体的两倍，因为假定群体包含了反事实结果（每个研究对象为1）和观察结果的信息。IPTW测量的是所有个体都暴露的结果频率与所有个体都未暴露的结果频率之比的倒数，等同于SRR_{tot}［见 Hernan和Robins（2006b）的实例］。如果研究对象是暴露者，则$W_{E+}=1$；如果研究对象是非暴露者，则$W_{E-}=$不同水平

混杂因素的暴露概率；我们可以获得SRR_{E+}估计值，表示如下：

$$W_{E-}=\frac{n(E=1|C_j)}{n(E=0|C_j)}=\frac{b_{1j}}{b_{0j}}$$

使用这些权重来建立假定群体时，我们假设度量的混杂因素水平中没有混杂，这样就具有可交换性并且可以估计因果效应。然而，这种假设不能从可用的数据中得到证实，而且必须由试验者用其他独立的证据支撑。在浏览结果数据之前，回忆一下第7章关于决定希望比较组群实际组成的讨论。由于无法确定可交换性，在浏览有可能产生偏倚的结果数据之前，尤其重要的是我们至少要在"比较的组群"组成上具有一致性。

表13.4　暴露的条件概率，p（E=e|C），整个暴露权重（W_T）和假设群体（pop_T）的逆概率，暴露群体的权重（W_E）和假设群体（pop_T）的组成与表13.3中资料的倾向性评分

data = vacc_factual

C	E	D	Obs no. n_j	p_E =p（E=e|C）	W_T =1/p_E	Pseudo pop_T no. =$W_T \cdot n_j$	W_E	Pseudo pop_E no. =$W_E \cdot n_j$	倾向性记分
1	1	1	6	0.75	1.33	7.98	1	6	0.75
1	1	0	3	0.75	1.33	3.99	1	3	0.75
1	0	1	2	0.25	4	8	3	6	0.75
1	0	0	1	0.25	4	4	3	3	0.75
0	1	1	1	0.5	2	2	1	1	0.5
0	1	0	3	0.5	2	6	1	3	0.5
0	0	1	1	0.5	2	2	1	1	0.5
0	0	0	3	0.5	2	6	1	3	0.5

如果不根据混杂因素建立假定群体，我们获得的是整个假定群体的"粗"数据（表13.5）。如同我们之前所见，用边际（或粗）风险比估计因果风险比为1（除去舍入误差）。这里IPTW估计等同于SRR_{tot}估计。

表13.5　粗假定群体组成和风险比

	暴露	非暴露	风险比
病例	9.98	10	1
非病例	9.99	10	

如果把暴露（即接种疫苗）群体作为标准（"通常的标准"），使用权重W_E产生的假定暴露群体见表13.6。用边际标准化风险比估计暴露假定群体的因果风险比，再次如同我们之前所见的1。

表13.6　粗假定暴露群体组成和风险比

	暴露	非暴露	风险比
病例	7	7	1
非病例	6	6	

就像应用该方法的其他例子，如果在例13.8的数据中用边际结构模型处理感兴趣群体的暴露，那么暴露$W_{E+}=1$，未暴露$W_{E-}=0.76$（第一层）、$W_{E-}=0.36$（第二层）。应用这些权重来构建一个假定群体（观察的对象数目乘以权重），我们可以绘制一个边际表。该表中的比数比是2.19，与使用Mantel–

Haenszel方法得到的值一样；这表明相对于没有暴露的情况，BDR风险在暴露对象中增加了2.2倍。

同样地，如果在例13.10的数据中用边际结构模型处理感兴趣群体的暴露因素，那么暴露$W_{E+}=1$，未暴露$W_{E-}=0.42$（第一层）、$W_{E-}=1.31$（第二层）。应用这些权重来构建一个假定群体（观察的对象数目乘以权重），我们可以绘制一个边际表。该表中的比数比是12.3。这意味着相对没有使用新霉素的群体，使用新霉素的群体患诺卡氏菌乳房炎的风险平均增加了12.3倍（注：这是一个关于新霉素对群体效应的估计，并不能对新霉素和邻氯青霉素间的相互作用有任何深入了解）。

Newman（2006）展示了如何应用边际结构方法来分析病例–对照研究，并且阐明了标准化比数比（层特异比数比为b_{0j}）和Mantel-Haenszel法比数比（层特异比数比为n_j）的关系。Kurth等（2006）比较了在分析大型数据库时，应用IPWT标准化和倾向性记分的结果；有些方法间有很大的差异，他们研究了产生这些差异的原因，并且给出了选择分析方法的建议。

13.8　控制混杂的多变量建模

控制混杂因素最常用的分析方法是将混杂因素包括在多变量模型中，例如Logistic模型（第14章）或者其他类型的多变量模型（第16～24章）。在所有这些模型中，感兴趣的是估计暴露因素的效应，而其他因素保持恒定（或受控制）。例如，在检测–mh–变量作为BRD的风险因素的Logistic模型中IBR同时也是一个预测变量，当比较动物的IBR状态（有效控制IBR的混杂）时–mh–的效应就是其本身效应的估计。这种控制混杂因素的方法在第15章中有更具体的讨论。然而，我们将在接下来的两节中讨论倾向记分和工具变量在多变量建模中的应用。

应用倾向记分进行多变量建模

正如13.4节中所提到的，在多变量模型中倾向记分可作为一种选择，用来包括多个协变量以控制混杂。这就产生了这样的问题："为了控制混杂，多变量模型中使用倾向记分是否比直接在模型中包括所有可能的混杂因素更好？"（Austin，2008a；Seeger等，2007）。Martens等（2006）总结了最近的两篇文献，这两篇文章采用两种方法分析数据，几乎没有发现两种方法存在差异的证据。进一步分析表明，总体上讲研究中使用倾向记分来控制混杂因素产生的估计值接近0，尤其是当比数比大于2或小于0.5时。随着结果的发生比例和预后因素数目的增加，这种差异激增（Austin，2007）。比数比的非崩散性（见13.6.2）似乎是大多数差异产生的原因，而且，Logistic回归模型的一项模拟研究表明，如果每个混杂因素有少于7个结果事件，使用倾向记分（在模型里包括以五分倾向记分为基础的分类变量）控制混杂因素是可行的。如果每个混杂因素有8个或以上的结果事件，原始混杂因素的Logistic模型是技术上的选择（Cepeda等，2003）。在任何情况下，我们尝试匹配的因素越多，倾向记分法就越有价值。如果存在相互作用（即处理的效应随着倾向记分的水平而变化），那么倾向记分使用的方式对整体效应的估计将可能产生很大影响（Kurth等，2006）。当然，如果交互作用存在，对效应进行总度量的价值是存在疑问的。

因此，考虑选择使用倾向记分的方法而不是传统的多变量回归方法显得更有价值，至少在上述选定的实例中是有优势的。正如Mansson等人所述，如果每个协变量都得到足够调整，那么就足以使用倾向记分调整。也许这种方法的最大优点是改变了分析的策略。在传统方法中，在研究的早期阶段就侧重于预测变量和结果变量之间的关系，并且在"得到正确的关联"（即线性等）上付出很多的精力。然而，有了倾向记分方法，就应该把重点放在群组的"可比性"上，从而使得我们对各组的结果频率能进行有效的比较。重视可比性就不会因为预测变量–结果变量的关系而产生偏倚。然而，正如Stuart（2008）所指出的"讲究实用的研究者希望知道实际工作中使用倾向记分方法的'最佳时机'，不幸的是尚不存在明确的建议"。因此，我们建议读者"继续关注"这一主题未来的出版物。例13.12显示了倾向记分方法在多变量模型中的应用。

13.9 控制混杂的工具变量

假定在一项随机的受控制的试验中，希望估计暴露因素（或处理）的真正因果效应。在一项完美的试验［随机选择研究对象，随机处理（即随机暴露；Z），研究对象的随访有完全依从性，结果状态的度量没有错误］中，实际暴露因素（E）的因果效应可以估计为结果（D）平均值的差异（或比），这种差异分布于暴露（处理）组和非暴露（未处理或安慰剂）组。然而，一个田间试验（随机的、受控制的试验）不是那么完美的原因之一是缺乏依从性——即并非随机处理（$Z+$）的所有对象受到完全处理、有些随机接受安慰剂（$Z-$）的对象实际上受到处理（见第11章关于依从性的讨论）。因此，处理组和安慰剂组之间的结果差异（或比）不能估计暴露因素的真正因果效应。如果从依从性考虑有数据可以利用，我们希望可以用这些数据来估计处理的真实因果效应；然而，我们也应该关注混杂变量（C；度量或未度量）的效应，这可能是处理没有依从性的原因，也影响到结果性风险，造成联系度量的偏倚。这种情况的因果关系如图13.2所示。

它表明我们可以通过使用作为工具变量（IV）的变量Z来估计真实因果效应。一个有效的IV（Z）必须满足三个要求：对暴露因素（或实际处理；E）有直接因果效应；除了与暴露因素关联外与结果（D）不相关；与结果没有共同的原因。这里的工具变量是随机的或有意的暴露因素（Z）；除了凭借所观察的暴露因素外，显然它与所观察的暴露因素有关，而与结果无关。同时，Z与Y没有共同的

例13.12　在多变量模型中使用倾向记分

data = feedlot

例13.4中倾向记分被使用在Logistic模型，以估计变量–mhcysc–对变量 –brd–的影响。以下是四种适合的模型：

- 非条件模型；
- 包括倾向记分作为连续变量的模型；
- 包括倾向记分作为分类变量（基于评估PS平衡性时产生的区段）的模型；
- 用来计算倾向记分的协变量被直接包括其中的模型。

OR和CI的结果如下：

模型	OR	95%CI	
非条件	1.733	1.095	2.744
PS–连续变量	2.236	1.380	3.622
PS–分类变量	2.389	1.464	3.898
原始协变量	2.250	1.387	3.652

所有模型都表示–mhcysc–增加了–brd–的风险。在所有情况下，控制协变量使得这种联系的强度增加，PS作为连续变量的模型与原始协变量的模型之间只有很小的差异。

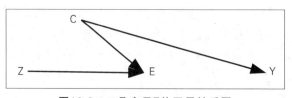

图13.2　工具变量Z的因果关系图

原因，因此它与可度量或未度量混杂因素（C）没有关联。在分析没有依从性的随机的受控制的试验时，随机处理的分配作为实际暴露的IV要依据于研究对象是否依从随机化程序。根据IV的效应估计暴露因素的真实因果效应（TCE）（这里显示的是差异程度），这种方法绕开了对混杂因素的调整，表示如下：

$$TCE = \frac{\mathrm{p}(D+|Z=1)-\mathrm{p}(D+|Z=0)}{\mathrm{p}(E+|Z=1)-\mathrm{p}(E+|Z=0)}$$

注：这里D作为二分类事实Y。分子估计的是随机暴露因素的效应（即Z；这也有可能是暴露因素的因果效应，且具有很好的依从性）。分母反映了随机暴露因素（Z）和实际暴露因素（E）之间的联系。如果具有很好的依从性，则分母为1，且E对D的TCE与Z对D的效应相同（即这个比估计了暴露因素的因果效应，与没有暴露者相比暴露者确实被暴露）。随着非依从性的增加，分母变得更小，而商更大，所以这个比始终能估计TCE。更重要的是我们不必校正任何像变量C这样的可能混杂因素。

如果在观察性研究中关注未度量混杂因素，就会发现IV具有很明显的优势。然而，找到一个满足有效标准的IV是相当困难的。研究者试图根据相关知识去发现合适的IV，但证实有效IV依然很难。此外，如果暴露因素随着时间而变化，且如果E和D间存在相互作用，则需要特殊的IV方法（Bond等，2007）。由于使用不完善IV造成偏倚的方向不明朗，可使得情况更加复杂（Bang和Davis，2007；Hernan和Robins，2006a；Johnston K等，2008；Martens等，2006；Rassen等，2009a；Rassen等，2009b）。Teraz等告诫研究者，在线性模型中应用IV是适当的，但是不能将它用在Logistic回归等非线性模型中。至今，我们还没看到IV方法在兽医流行病学中应用。

13.10　未度量混杂因素的外部调整和敏感性分析

有时我们进行未度量及控制一个或多个可能的重要外扰变量的研究。我们也许已经计算出暴露（E）和疾病（D）之间的粗比数比，但是不了解我们度量和控制特定混杂因素（C）的价值。我们能否深入了解这个未度量混杂因素可能产生怎样的偏倚？答案是肯定的，但是我们需要知道三件事情，其中只有一件可以从数据中间接获得。这三件事情包括：

（1）暴露因素变量的流行率，E（在病例–对照研究中可以从对照组估计）；

（2）混杂变量（C）和疾病之间的联系强度已经根据暴露因素调整过（$OR_{CD|E}$；有时我们可以从其他研究中得到该值）；

（3）混杂变量在暴露组中的流行率（P_{c1}）和在非暴露组中的流行率（P_{c0}）。我们知道这些流行率间相互有差别，另外这个因素也许并不是一个混杂因素。我们可以从其他研究中获得这些流行率的估计，或者能够对它们的价值作出有根据的推测。

调整方法如下：首先，我们假定混杂变量是二分类的，如果我们对它分层，将产生两种表格。这些表格具有通常的2×2表结构，第一种表格代表不存在混杂因素的数据，第二种表格代表存在混杂因素的数据。现在假如混杂变量在暴露组中的流行率是P_{c1}和在非暴露组中的流行率是P_{c0}，则预期在暴露组内具有混杂因素（$C+$）的非病例数是$b_{11}'=P_{c1}b_1$，预期在非暴露组内$C+$的非病例数是$b_{01}'=P_{c0}b_0$（见例13.13）。

假如能够合理推断一种常见疾病混杂变量的比数比（OR_{DC}），我们能够用估计的非病例数作为a_{11}和a_{01}（即具有混杂因素的暴露组病例数和未暴露组病例数）。等式（Rothman K等，2008）为：

$$a_{11} = \frac{OR_{DC}a_1b_{11}'}{(OR_{DC}b_{11}'+b_1-b_{11}')} \quad \text{和} \quad a_{01} = \frac{OR_{DC}a_0b_{01}'}{(OR_{DC}b_{01}'+b_0-b_{01}')} \qquad \text{等式13.12}$$

例13.13   未度量混杂因素的效应

假定我们观察到小牛中牛呼吸道疾病（BRD）和溶血性曼氏杆菌（Mh）有以下数据。我们感兴趣的是确定感染Mh的小牛发生BRD的风险是否增加；然而，没有控制诸如BRSV的重要混杂因素。概括的2×2表数据如下：

	Mh+	Mh−	共计
BRD+	78 (a_1)	11 (a_0)	89
BRD−	86 (b_1)	74 (b_0)	160
	164	85	249

比数比是6.11，χ^2统计值为29.2（P<0.001）；似乎Mh+小牛的BRD风险增加。但是，也许这种关系可用BRSV感染充分说明。假如我们度量过BRSV感染，那么这将会对我们观察的联系产生什么影响呢？假设有BRSV（$Z+$）使BRD的风险加倍（即$OR_{EZ}=2$）的证据，再假定60%的Mh+小牛和40%的Mh−小牛都感染BRSV。

据此，预期Mh+小牛同时也感染BRSV的非病例数是$b_{11}=0.6×86=51.6$，预期无Mh但感染BRSV的非病例数是$b_{10}=0.4×74=29.6$。因此，Mh+小牛同时具有BRD和BRSV的预期数可通过下式解决：

$$a_{11}'=\frac{2×78×51.6}{(2×51.6+86-51.6)}=58.5$$

Mh−但具有BRSV感染的病例数为：

$$a_{10}'=\frac{2×11×29.6}{(2×29.6+74-29.6)}=6.3$$

我们现在能够完成关于感染BRSV对象的第一个表格（即$C+$组）。

BRSV+	Mh+	Mh−	共计
BRD+	58.5	6.3	64.8
BRD−	51.6	29.6	81.2

Mh和肺炎之间的OR在这里是5.3。现在，可以完成没有混杂因素BRSV的第二个表格（即$C−$组），表中数据是通过减去原始观测值获得的（例如$a_{10}=a_1-a_{11}$）。

BRSV−	Mh+	Mh−	共计
BRD+	19.5	4.7	24.1
BRD−	34.4	44.4	78.8

Mh和肺炎之间的OR在这里是5.4。总的OR接近5.3。因此，经过一系列的估计，在这些小牛中出现BRSV感染至少不能够充分说明观察到的Mh和BRD之间的粗略联系（如调整后的OR仅比初始的OR稍微小一些）。

通过这些表格，我们获得了具有混杂因素的研究对象2×2表的完整信息。表格中不具有混杂因素的研究对象的值可以这样获得，即从原始观察值减去具有混杂因素的研究对象的值。考虑到我们很少知道参数的真正值，此过程应该更多地被认为是"假设性"调查研究，而不是对联系度量的真正"校正"。然而，通过替代流行率合理范围和混杂疾病的比数比，我们能够调查这种未度量混杂变量对暴露因素–疾病关系的可能影响。例13.14为"假设性"调查研究的示例。

类似的方法已经被结合到软件包中（Orsini N等，2008），能对混杂效应做敏感性分析（见例13.14）。Chiba等（2007）和 MacLehose等（2005）已经研究了混杂效应的"界限"。McCandless等（2008）用贝叶斯敏感性分析了未度量混杂因素的效应。Yin等（2006）讨论了利用二次样本信息来控制混杂。

13.11 理解因果关系

本节主要关注外扰变量和外扰变量可产生的基本因果结构。希望这有助于理解因果结构和研究数据之间的关系。根据分析来预测因果结构时，确实需要小心谨慎。尽管不少研究者试图找到通用的成功方法，遗憾的是大多数情况下从观察数据推断因果结构的能力有限，这主要由于研究模式中可能忽略一个或更多的外扰因素（Thompson，1991）。

例13.14　未度量混杂因素效应的敏感性分析

在第12章中，我们使用了来自Nodtvedt等的数据（2007），他报道了饲喂商品日粮所生的犬发生过敏性皮炎的风险是饲喂家庭烹制日粮所生犬的2.3倍。举这一例子（我们没有声称该例子是真实的）的目的在于，我们能假定研究结果的偏倚可能因为犬主人的"社会－经济阶层（SEC）"这样的未度量混杂因素。我们尤其可以假定，与低SEC家庭的犬相比，高SEC家庭（HiSEC）的犬（RR=2）更可能就诊和被诊断为过敏性皮炎。我们还可以假定，50%饲喂家庭烹制日粮的犬来自HiSEC，而只有20%商品日粮的犬来自HiSEC。如果我们度量和控制HiSEC，将会对我们已有的发现产生什么影响呢？我们使用Stata程序-episens-（Orsini等，2008）来研究这一问题。

观察到的OR和95%置信区间分别是2.33和[1.04，5.19]，外部"调整"的OR是1.86，产生了25%的偏倚。

结果表明，如果设想的混杂因素是存在的，数据也显示饲喂商品日粮的犬患过敏性皮炎的风险在增强。然而，如果就诊的HiSEC犬的检测偏倚更大（RR=5），则很可能得出哺乳期食物与患过敏性皮炎的风险之间没有联系的结论，因为调整过的OR仅为1.4。

虽然难以知道这些"假设因素"的作用，但至少能够推测这些作用的合理范围以及检查它们对结果可能产生的影响，然后相应地解释结果。

在下面的讨论中，我们着重于因果结构及其对所观察的疾病频率的影响。实际上，因素可以通过多种途径相结合而产生疾病，我们很难鉴别出特定充分原因的所有因素成分。因此，如果度量两个可能的因果暴露因素，它们就有可能是同一或不同充分原因的成分，或者它们根本就不是原因。有时，由于一些潜在因素的分布，我们可能发现的是虚假联系（即有统计学联系，但不存在因果联系）。在这里列举一些发现和理解这些联系的方式。我们并非证明所有的联系都和混杂因素有关，然而，可以试图证明不同类型的外扰因素可以影响到暴露因素和结果之间的联系。由于因果关系的核心价值体现在流行病学分析之前和过程之中，我们继续讨论从第1章开始的和13.5.1节详细说明的因果关系图。

13.11.1　帮助理解多变量系统的图表

作为一个简单的生物学例子，我们将继续关注鉴别可能是牛呼吸道疾病（BRD）重要原因的因素。假定主要目的是调查感染溶血性曼氏杆菌（根据血清阳转）与发生BRD之间的联系，度量的另一因素是感染牛呼吸道合胞体病毒（BRSV；根据血清阳转）。BRSV是唯一的外扰因素，但是在我们可以认为有些情况下存在很多因素，每个因素都与暴露因素和/或结果有基本的关系。在大多数场合下我们模拟的是有外扰变量（Z）时结果（D）与感兴趣的暴露因素（E）的关系，外扰变量可能或不可能是混杂因素或效应修饰者。

几对变量之间的假定因果关系将用因果关系图表示。在此情况下，预测（或暴露因素）变量是BRSV和Mh。有许多可能的因果模型涉及我们随后描述的预测变量。当用线形图描述变量之间的因果（结构）关系时，箭头（定向的）指示有因果关系的联系，双箭头指示未分辨的因果关联，无头箭线（即直线）指示无因果关系的关联（很可能因为另一个未度量因素），没有箭头意味着没有因果关系。总之，除后一种情况外，我们期望所有的联系都有显著的统计学关联（在后面注明异常情况）。

根据线形图中的因果结构，将会以形象的维恩图和描述性文字两种方法来描述期望的统计结果。在维恩图中，每个圆圈代表一种因素或结果，圆圈中重叠的大小为它们联系的程度（强度），联系的度量根据差异或相对程度。假如圆圈没有重叠，这表示因素间在统计学上没有关联；但并不意味着它们是相互排斥的（即不同时出现）。每个圆圈的位置（从左到右）代表变量的相对时间（可能因果关系上）顺序。

在描述这些模型时，假定所有的变量是二分类的，与第1章的例1.1中使用的因素相似，在这个例子中使用联系的相对度量（风险比）。除了用OR来度量联系（见第6章）外，还将继续使用该方法。在检查Mh–BRD的联系时，多变量系统中任何不是主要作用的暴露因素都是外部变量。Susser（1973）根据暴露因素和结果的因果关系命名了各种类型的外部变量，我们对他的分类方法做了一些修改。如同前面所指出的，对外扰变量的控制可以采用匹配、分层或多变量回归等方法，后一种方法将在本书后面的章节（第14～23章）中做详细讨论。

因此，OR是Mh和BRD之间的非条件（粗）OR。当忽略所有其他的因素时，可以从2×2表（或通过一个类似的简单Logistics回归模型）获得这种度量。当"调整"或"控制"其他因素时，粗联系的度量可能改变。所以，当控制了与外扰变量BRSV的关系后，OR|BRSV是条件性的或被调整的Mh和BRD间的OR（即OR_{Mh}）。可以用包含BRSV的多变量回归模型来进行这种估计。

在下面的各小节中我们将：

（1）描述暴露因素、外扰变量、感兴趣的结果之间的因果关系；

（2）描绘两个预测变量和结果间的因果关系，展现基本的因果结构；

（3）指出我们预期观察到的Mh和BRD之间的粗统计学联系，并给出因果模型；

（4）在外扰变量被"控制"后检查暴露因素和结果之间的联系（不存在抽样误差）（即通过在回归模型增加外扰变量的分层分析方法）。

Mehio-Sibai等（2005）用Susser建立的简单方法来检测混杂的方向。VanderWeele和Robins（2007）描述了如何将足够的因素结合到因果关系图中，以及如何有助于决定一个因素应该被控制。使用因果关系图的限制条件之一是如何将相互作用的效应结合到其中，我们在13.11.9节中给出一些最新的建议（Weinberg，2007）。VanderWeele等（2008）详细阐述了因果关系图的使用，以及推断来自未测量混杂因素的偏倚方向的必要条件。Streiner（2005）把因果关系图扩展为一个更正式的路径分析，并且给予路径分析不能证明因果关系的重要告诫。请记住从观察的危险性推断因果结构的局限性，现在我们将呈现一系列假设的因果结构和研究者观察到的最可能的结果性统计学关系。

13.11.2　独立于暴露因素的变量

见例13.15中的因果关系模型。基本的因果结构是Mh和BRSV两者引起了BRD，但是它们彼此没有因果联系；因此，BRSV称为独立于暴露因素的变量。由于它们和暴露因素缺乏因果联系，除非它们因为其他因素的作用而相互关联，可以预期独立于暴露因素的变量和暴露因素没有关联。在观察性研究中，独立于暴露因素的变量可能自然出现。在其他情况下，外扰变量是结果的原因，但又与感兴趣的暴露因素相关，它就可以被当作混杂变量。然而，当在列队研究中利用匹配来控制这些外扰变量时，被匹配的变量转变为独立于暴露因素的变量。因此，它们没有对联系的度量造成偏倚，也不需要对此进行"控制"。在被控制的研究（第11章）中，我们依靠随机化将一些因果性外在协同因素转变为独立于处理的变量，所以它们将不会对效应的度量造成偏倚。

独立于暴露因素的变量不扭曲粗略度量的联系。例13.15展现由BRSV解释的结果部分与由Mh解释的结果部分不重叠。所以，不管BRSV是否包含在模型中，OR不会出现差异。然而，独立于暴露因素的变量解释了一些在BRD中未解释的差异，通常称为残差变异。因此，分析中的这些解释增加了估计联系的精确性，减少了结果中未解释的差异性。从本书角度看，可以对独立于暴露因素的变量进行处理以防止疾病发生，独立于暴露因素的变量也许和我们感兴趣的暴露因素同样或更加重要。

13.11.3　单纯先行变量

见例13.16。基本的因果结构是BRSV（单纯先行变量）增加了对–mh–的易感性，直接引起了

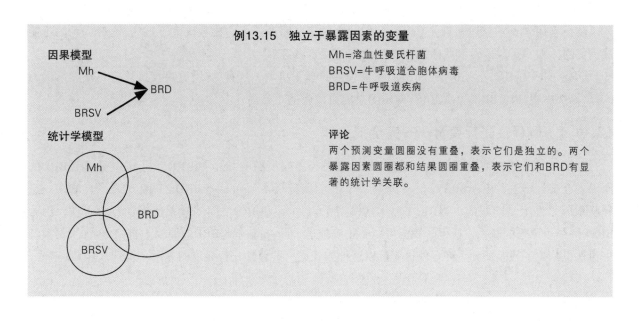

例13.15 独立于暴露因素的变量

因果模型

Mh=溶血性曼氏杆菌
BRSV=牛呼吸道合胞体病毒
BRD=牛呼吸道疾病

统计学模型

评论

两个预测变量圆圈没有重叠，表示它们是独立的。两个暴露因素圆圈都和结果圆圈重叠，表示它们和BRD有显著的统计学关联。

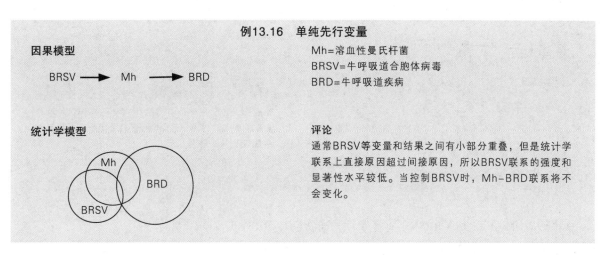

例13.16 单纯先行变量

因果模型

Mh=溶血性曼氏杆菌
BRSV=牛呼吸道合胞体病毒
BRD=牛呼吸道疾病

统计学模型

评论

通常BRSV等变量和结果之间有小部分重叠，但是统计学联系上直接原因超过间接原因，所以BRSV联系的强度和显著性水平较低。当控制BRSV时，Mh-BRD联系将不会变化。

BRD。单纯先行变量是刚好出现在暴露因素变量之前的变量，只通过感兴趣的暴露因素变量与结果发生因果关联。在我们的例子中，如果BRSV是单纯先行变量，就可以仅仅依据因果关系的时间顺序将它加入到模型中（单纯先行变量对理解因果关系网和控制疾病具有重要性，所以不能由于"不重要"而被忽略）。

假设没有抽样误差，当BRSV加入到模型中（即它的效应被控制）时，BRSV不会改变Mh-BRD的联系。BRSV本身可能（或不可能）与BRD之间有统计学联系；这取决于Mh的易感性多大程度上是由BRSV引起的和BRD多大程度上可归因于Mh。然而，当BRSV加入到包含Mh的模型中时，BRSV没有统计学的显著性；BRSV和结果的关联已经包含在由暴露因素解释的关系里。因此，在前向建模方法中，当模型中含有-mh-，BRSV可能加入，BRSV的影响可能在因果关系上就不重要了。然而，从技术上来讲，它只表示BRSV对结果无直接影响。统计式样是：

- 粗OR（Mh）有显著性；
- 粗OR（BRSV）有显著性或无显著性，但是OR（Mh）>OR（BRSV）；
- 条件性OR（Mh|BRSV）=OR（Mh）。

注：当用"＞"描述相对关系时，我们认为的正联系所产生的比数比大于1。若两者联系的可能性是负的，则"＞"号表示"远大于1"，而不仅是"大于1"。

OR（BRSV|Mh）不是BRSV和BRD因果联系的真正指示，这种OR仅反映直接效应（在此情况为0）。本例中粗OR（BRSV）是BRSV对BRD总因果效应的正确估计。

13.11.4 解释性先行变量——完全混杂

见例13.17。基本的因果结构是BRSV先于和引起（或预测）–mh–和BRD，但–mh–并不是BRD的原因。在统计学上，由于BRSV这一共同因素，我们期望观察到–mh–和BRD之间粗的显著性联系。这种联系因果性上是虚假的。当BRSV加入到模型中，–mh–和BRD之间的联系变得没有显著性，因为BRSV解释了原来的联系。所以，我们可以（正确地）推断–mh–不是BRD的原因。将BRSV加入到模型中通常也减少了残差变异。许多外扰变量以这种方式起着解释性先行变量的作用。统计式样是：

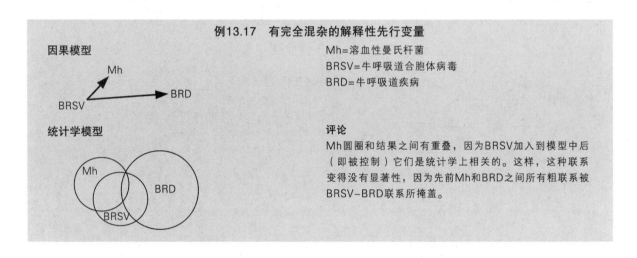

例13.17 有完全混杂的解释性先行变量

因果模型

Mh

BRSV → BRD

Mh=溶血性曼氏杆菌
BRSV=牛呼吸道合胞体病毒
BRD=牛呼吸道疾病

统计学模型

Mh   BRSV   BRD

评论

Mh圆圈和结果之间有重叠，因为BRSV加入到模型中后（即被控制）它们是统计学上相关的。这样，这种联系变得没有显著性，因为先前Mh和BRD之间所有粗联系被BRSV–BRD联系所掩盖。

- 粗OR（Mh）和OR（BRSV）有显著性，通常OR（BRSV）＞OR（Mh）；
- 条件性OR（Mh|BRSV）=1，（如果忽视BRSV会造成–mh–OR的偏倚），OR（BRSV|Mh）＞1。

注：包含BRSV和–mh–模型的结果作为估计BRSV总体因果效应的指示并不理想。一旦我们去除所有从BRSV发出的箭头（13.6.3节中的第2条），就没有通过–mh–从BRSV到BRD的路径，因此BRSV的模型只适合估计这种因果效应。控制–mh–不会很大程度地改变BRSV的协同作用，但是最好不要控制非必需变量，因为一旦控制它们就不得不控制更多的变量。

13.11.5 解释性先行变量——不完全混杂

例13.18是一个很常见的因果结构。基本的因果结构是BRSV引起（或预测）–mh–和BRD，但是–mh–也是BRD的原因之一。统计式样是：

- 粗OR（Mh）和OR（BRSV）有显著性；
- 条件性OR（Mh|BRSV）＜OR（Mh），但OR（Mh|BRSV）$\neq$1。

包括两个预测变量的模型适合于估计Mh的整个因果效应。统计学上，由于控制混杂因素BRSV后Mh与BRD仍具有联系，这就能最好地估计Mh与BRD的因果联系。因此，我们可以推断Mh是引起BRD的一个因素，因为除去了虚假原因成分（来自BRSV），这种"减少的联系强度"就是对因果效应大小的最好估计。再次强调，将BRSV加入到模型中通常能减少模型的残差变异。

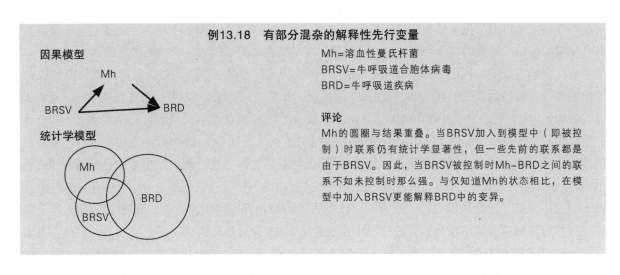

例13.18 有部分混杂的解释性先行变量

因果模型

Mh=溶血性曼氏杆菌
BRSV=牛呼吸道合胞体病毒
BRD=牛呼吸道疾病

统计学模型

评论

Mh的圆圈与结果重叠。当BRSV加入到模型中（即被控制）时联系仍有统计学显著性，但一些先前的联系都是由于BRSV。因此，当BRSV被控制时Mh-BRD之间的联系不如未控制时那么强。与仅知道Mh的状态相比，在模型中加入BRSV更能解释BRD中的变异。

注：包含BRSV和-mh-模型的结果作为估计BRSV总体因果效应的指示是不恰当的，直接效应反映在*OR*或回归系数中。在估计BRSV和BRD的因果联系时，Mh起到部分干预变量的作用，并不需要控制。再次说明，含有BRSV的模型有利于该目的。

13.11.6 中介变量

见例13.19。中介变量是指以因果或暂时途径介入暴露因素和疾病之间的变量。尽管从生物学的角度是不可能的，但基本的因果结构是Mh引起（或预示）BRSV，而BRSV引起BRD。统计式样是：

- 粗*OR*（Mh）和粗*OR*（BRSV）可能都有显著性；
- 条件性*OR*（Mh|BRSV）=1。

尽管在本书中确定Mh和BRD间的因果联系用这种条件性模型是不恰当的，然而同时包含Mh和BRSV的模型将会提供对于BRSV和BRD之间因果关系的合理估计。尽管如此，仅含有BRSV的模型将会更加适合于估计BRSV的因果效应。

从生物学角度我们认为这是个不合理的例子，因为并没有证据可以表明在饲养场呼吸道疾病中Mh增加对BRSV的易感性。而且，这种情况并不明显。因此，鉴定中介变量并且不"控制"它们（即不把它们加入到模型中）是非常重要的。中介变量可能全部或部分由暴露因素所致，但是却不能被"控制"。它们不是混杂因素，但是在度量与解释变量的联系时引起相似的改变，因此，我们必须知

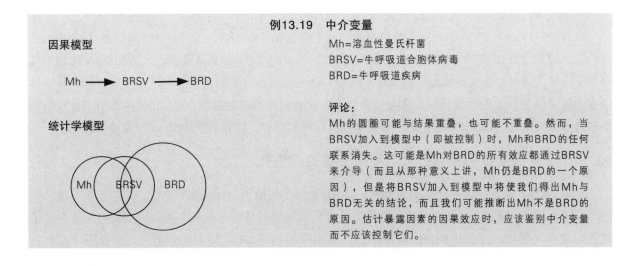

例13.19 中介变量

因果模型

Mh → BRSV → BRD

Mh=溶血性曼氏杆菌
BRSV=牛呼吸道合胞体病毒
BRD=牛呼吸道疾病

统计学模型

评论：

Mh的圆圈可能与结果重叠，也可能不重叠。然而，当BRSV加入到模型中（即被控制）时，Mh和BRD的任何联系消失。这可能是Mh对BRD的所有效应都通过BRSV来介导（而且从那种意义上讲，Mh仍是BRD的一个原因），但是将BRSV加入到模型中将使我们得出Mh与BRD无关的结论，而且我们可能推断出Mh不是BRD的原因。估计暴露因素的因果效应时，应该鉴别中介变量而不应该控制它们。

道这些变量之间可能的因果结构和时间顺序，以从中介变量中区分出解释变量。不能通过分析来区分解释变量。这是我们强调在开始分析前绘制和使用明确的因果关系图的一个主要的原因。

在此我们希望能对Petersen等（2006）关于直接效应的讨论做一注解。假设我们的因果模型从Mh到BRD有一个直接的箭头，同时有经过BRSV的路径。如果我们确实希望估计Mh的直接效应，可以通过控制BRSV来实现，只要Mh和BRSV在对BRD的效应上没有相互作用。如果它们存在相互作用，我们就需要建立Mh·BRSV项，以确定不存在BRSV时的直接效应和存在BRSV时的直接效应。注意在任何情况下（存在或不存在相互作用），控制BRSV也会阻断其他变量的效应，这些变量的效应也许通过BRSV来介导。这就是Petersen描述的"控制的直接效应"方法。当暴露因素对中介变量的效应被阻断，但是中介变量的效应没有被"控制"，该方法可用来估算暴露因素（例如Mh）的直接效应，这称为自然直接效应。为了获得这种效应，中介变量（BRSV）对暴露因素和混杂因素的二次回归是必需的，以获得在暴露因素参考水平上中介变量可能的水平。然后，衡量从被控制的直接估计中得到的效应，获得自然直接效应。该方法如果有效，必须满足关于混杂的假定［主要是没有暴露因素-中介变量联系（即Mh-BRSV）的未度量混杂，而且没有中介变量-结果联系（即BRSV-BRD）的混杂］。

13.11.7 曲解变量

曲解变量和解释性变量有相同的因果模型设置，除了至少有一种因果效应的标志与另外两种有不同之外（即因果箭头之一表示阻止，不是因果关系）。在我们的例子中，假设Mh是BRD的一个原因有两个可能的基本因果结构。在左边的模型，Mh是BRD的原因，而BRSV阻止BRD，但是BRSV与Mh在因果上相关和统计学上正相关。在右边的模型，Mh是BRD的原因，BRSV也是BRD的原因，但是BRSV与Mh在因果上相关和统计学上负相关。因此，因果结构可以是两者之一：

两种模型的统计式样是：
- 粗*OR*（Mh）和粗*OR*（BRSV）可能<1，=1或者>1；
- 条件性*OR*（Mh | BRSV）>1；

条件性*OR*（BRSV | Mh）<1（左边模型），条件性*OR*（BRSV | Mh）>1（右边模型）。

在两种估计Mh和BRSV因果联系的模型中，我们都需要控制BRSV。控制BRSV将增加Mh和BRD之间的联系强度［例如当BRSV被控制时，非显著性*OR*（Mh）可能会变得显著］。增加*OR*在建模中具有重要意义。如果发生这种情况，标志基本因果关系与这里所描述的相似。当然，显著性的正联系可以变为显著性的负联系，而且只有曲解变量会导致这种联系方向的逆转。估计BRSV和BRD总因果联系的合适模型是只包括BRSV的模型。当Mh也包括在模型中时，将只能获得BRSV的直接效应。

13.11.8 抑制变量和暴露因素与结果变量的精确化

见例13.20。这里的基本因果结构是Mh为BRD的一个的原因，而BRSV却不是。本例和其他例子的区别是，Mh和抑制变量BRSV都被研究者定义为同一个全局变量的成分。例如，我们可能度量"牛之间的接触"替代暴露于传染性因素。然而，由于我们假定BRSV并不是BRD的一个原因（在本例

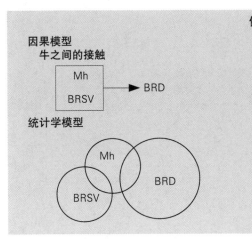

例13.20 抑制变量

因果模型

牛之间的接触

Mh=溶血性曼氏杆菌
BRSV=牛呼吸道合胞体病毒
BRD=牛呼吸道疾病

统计学模型

评论：

在控制BRSV之前，变量"牛之间的接触"和BRD没有联系或联系很弱。一旦通过精确化或分析来控制BRSV，Mh圆圈和结果的重叠表示"牛之间的接触"和BRD存在联系。通过控制全局变量中的非原因成分，增加了其余因素和结果的联系强度。

中），一旦BRSV被控制，这将会揭示或者加强Mh和BRD之间被抑制的联系。BRSV是全局变量"牛之间的接触"的不相关成分（或成分之一）。没有包括BRSV的精确变量将与BRD有更强的联系。在这些情况下，控制混杂通常是对预测变量进行精确化，也能用分析方法来完成。

抑制作用经常出现在像衣架样结构的（全局上）预测变量（这些变量是没有被精确化或者是含有很多成分的复杂变量）上。通过精确化（剥离无用的部分），原始变量的重要成分可以被鉴别。例如，"日粮"也许需要精确化，以确定日粮中的那些原因成分（粗饲料的类型、长度和数量等）和奶牛胃变位有关。当我们结合暴露因素的时间长短和剂量产生一个复合变量（在队列研究和病例–对照研究中，见第8章和第9章）时，要想到可能产生的抑制作用。因此，我们认为在评估复合变量之前最好分别检查各成分之间的关系。

因变量也可能出现抑制。比如说，可能只有纤维素性肺炎和Mh是相关的，而其他类型的呼吸道疾病和Mh是不相关的。这样，如果粗发病率是结果变量，那么Mh和BRSV之间的联系就是微弱的。如果将原因特异的BRD当做结果，那么就能发现Mh和纤维素性肺炎之间的强联系。因此，不管怎样的可能性，暴露因素和结果变量的精确化可以使抑制作用变得不可能。精确化的使用范围要依据研究目的和实际限制条件而定。

13.11.9 调节变量

见例13.21。调节变量产生统计学相互作用。基本因果结构是Mh引起BRD，前提是存在BRSV。因此，Mh与BRD之间统计学联系的强度取决于是否存在BRSV。在第一个模型中，我们用不同强度的箭头来表示这种情况；在第二个模型中，我们用Weinberg的方法（2007）来表示BRSV影响Mh–BRD联系的强度。回顾第1章，这种相互作用是两种或更多因素对一个结果参数的联合因果效应的统计学结果。相互作用能够（但不必然）反映变量联合效应的生物学特性（即协同作用或颉颃作用）。调节变量可能是混杂因素，但是既然联系的总度量被误导，我们不能在分层的基础上进行概括。假定各层之间没有残差或未度量的混杂，则不用再考虑混杂。统计式样是：

- 粗OR（Mh）和粗OR（BRSV）通常$\neq 1$，但可能$=1$；

- 条件性OR（Mh|BRSV）可能没有意义，因为OR（Mh|BRSV+）$\neq OR$（Mh|BRSV−），χ^2_{homo}有显著性（等式13.8）。

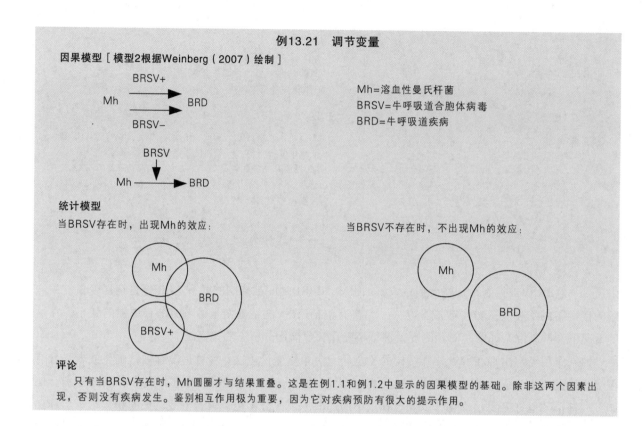

例13.21 调节变量

因果模型［模型2根据Weinberg（2007）绘制］

Mh=溶血性曼氏杆菌
BRSV=牛呼吸道合胞体病毒
BRD=牛呼吸道疾病

统计模型

当BRSV存在时，出现Mh的效应：

当BRSV不存在时，不出现Mh的效应：

评论

只有当BRSV存在时，Mh圆圈才与结果重叠。这是在例1.1和例1.2中显示的因果模型的基础。除非这两个因素出现，否则没有疾病发生。鉴别相互作用极为重要，因为它对疾病预防有很大的提示作用。

13.12 外来变量的总效应

我们将前面的讨论概括为表13.7。我们指出了增加每一类型的外扰变量（即BRSV）对分析Mh-BRD联系程度（或方向）的影响。联系的度量采用回归系数（β_{Mh}）表示，联系的程度，联系方向的确定采用线性回归模型（第14章）、Logistic回归模型（第16章）、顺序回归模型（第17章）、Poisson回归模型（第18章）和生存模型（第19章）。

表13.7 用回归模型度量控制BRSV对Mh-BRD联系的效应

BRSV是一种…变量	对β_{Mh}的效应	评论（包括对回归模型的影响）
独立于暴露因素	无变化	BRSV解释一些BRD的发生，所以残差σ^2较小，β_{Mh}的显著性增加
单纯先行	无变化	分析显示BRSV没有效应，如果BRSV比Mh更容易改变，从预防角度看可能有重要性
解释性先行（完全混杂）	⇩ 变为0	控制BRSV将除去Mh与BRD的任何联系。模型的R^2将增加，而残差变异减少
解释性先行（不完全混杂）	⇩	根据BRSV对Mh和BRD效应的强度，控制BRSV将影响β_{Mh}的显著性。模型的R^2将增加
中介	⇩	因为BRSV与BRD联系更紧密，可能存在强联系和解释更多的变异性。β_{Mh}的值和显著性减少。如果所有效应都通过中介变量，将会消除Mh对BRD的所有效应
曲解	⇩ ⇧	本质上与解释性先行变量有相同影响，除了Mh效应增加或使粗联系的方向相反
抑制	⇧	随着含有Mh的全局变量被精确化，它将与BRD有强联系，它将更多地解释结果中的变异
调节	不适用	存在相互作用时，一个变量的效应取决于另一变量的水平，因此需要分步估计它们的效应

参考文献

Austin PC. Some methods of propensity-score matching had superior performance to others: Results of an empirical investigation and Monte Carlo simulations. Biom J. 2009; 51: 171- 184.

Austin PC. Goodness-of-fit diagnostics for the propensity score model when estimating treatment effects using covariate adjustment with the propensity score. Pharmacoepidemiol Drug Saf. 2008D; 17: 1202-1217.

Austin PC. Assessing balance in measured baseline covariates when using many-to-one matching on the propensity-score. Pharmacoepidemiol Drug Saf. 2008C; 17: 1218-1225.

Austin PC. The performance of different propensity-score methods for estimating relative risks. J Clin Epidemiol. 2008B; 61: 537-545.

Austin PC. A critical appraisal of propensity-score matching in the medical literature between 1996 and 2003. Stat Med. 2008A; 27: 2037-2049.

Austin PC. The performance of different propensity score methods for estimating marginal odds ratios. Stat Med. 2007; 26: 3078-3094.

Austin PC, Grootendorst P, Anderson GM. A comparison of the ability of different propensity score models to balance measured variables between treated and untreated subjects: A Monte Carlo study. Stat Med. 2007; 26: 734-753.

Bang H, Davis CE. On estimating treatment effects under non-compliance in randomized clinical trials: are intent-to-treat or instrumental variables analyses perfect solutions? Stat Med. 2007; 26: 954-64.

Becker SO, Ichino A. Estimation of average treatment effects based on propensity scores Stata J 2002; 2: 358-77.

Bicalho RC, Warnick LD, Guard CL. Strategies to analyze milk losses caused by diseases with potential incidence throughout the lactation: a lameness example J Dairy Sci 2008; 91: 2653-61.

Bond SJ, White IR, Sarah Walker A. Instrumental variables and interactions in the causal analysis of a complex clinical trial Stat Med. 2007; 26: 1473-96.

Cepeda MS, Boston R, Farrar JT, Strom BL. Comparison of logistic regression versus propensity score when the number of events is low and there are multiple confounders Am J Epidemiol. 2003; 158: 280-7.

Chauvin C, Gicquel-Bruneau M, Perrin-Guyomard A, Humbert F, Salvat G, Guillemot D, Sanders P. Use of avilamycin for growth promotion and avilamycin-resistance among Enterococcus faecium from broilers in a matched case-control study in France Prev Vet Med 2005; 70: 155-63.

Chiba Y, Sato T, Greenland S. Bounds on potential risks and causal risk differences under assumptions about confounding parameters Stat Med. 2007; 26: 5125-35.

Cole SR, Hernan MA. Constructing inverse probability weights for marginal structural models Am J Epidemiol. 2008; 168: 656-64.

Cramer G, Lissemore KD, Guard CL, Leslie KE, Kelton DF. Herd- and cow-level prevalence of foot lesions in Ontario dairy cattle J Dairy Sci 2008; 91: 3888-95.

Glickman LT, Glickman NW, Moore GE, Goldstein GS, Lewis HB. Evaluation of the risk of endocarditis and other cardiovascular events on the basis of the severity of periodontal disease in dogs J Am Vet Med Assoc 2009; 234: 486-94.

Greenland S, Pearl J, Robins JM. Causal diagrams for epidemiologic research Epidemiology. 1999; 10: 37-48.

Groenwold RH, Van Deursen AM, Hoes AW, Hak E. Poor quality of reporting confounding bias in observational intervention studies: a systematic review Ann Epidemiol. 2008; 18: 746-51.

Hernan MA, Hernandez-Diaz S, Werler MM, Mitchell AA. Causal knowledge as a prerequisite for confounding evaluation: an application to birth defects epidemiology Am J Epidemiol. 2002; 155: 176-84.

Hernan MA, Robins JM. Instruments for causal inference: an epidemiologist's dream? Epidemiology. 2006a; 17: 360-72.

Hernan MA, Robins JM. Estimating causal effects from epidemiological data J Epidemiol Community Health. 2006b; 60: 578-86.

Hogan JW, Lancaster T. Instrumental variables and inverse probability weighting for causal inference from longitudinal observational studies Stat Methods Med Res. 2004; 13: 17-48.

Johnston KM, Gustafson P, Levy AR, Grootendorst P. Use of instrumental variables in the analysis of generalized linear models in the presence of unmeasured confounding with applications to epidemiological research Stat Med. 2008; 27: 1539-56.

Kass PH, Greenland S. Conflicting definitions of confounding and their ramifications for veterinary epidemiologic research: collapsibility vs comparability J Am Vet Med Assoc. 1991; 199: 1569-73.

Klein-Geltink JE, Rochon PA, Dyer S, Laxer M, Anderson GM. Readers should systematically assess methods used to identify, measure and analyze confounding in observational cohort studies J Clin Epidemiol. 2007; 60: 766-72.

Kurth T, Walker AM, Glynn RJ, Chan KA, Gaziano JM, Berger K, Robins JM. Results of multivariable logistic regression, propensity matching, propensity adjustment, and propensity-based weighting under conditions of nonuniform effect Am J Epidemiol. 2006; 163: 262-70.

Little RJ, Rubin DB. Causal effects in clinical and epidemiological studies via potential outcomes: concepts and analytical approaches Annu Rev Public Health. 2000; 21: 121-45.

MacLehose RF, Kaufman S, Kaufman JS, Poole C. Bounding causal effects under uncontrolled confounding using counterfactuals. Epidemiology. 2005; 16: 548-55.

Mamdani M, Sykora K, Li P, Normand SL, Streiner DL, Austin PC, Rochon PA, Anderson GM. Reader's guide to critical appraisal of cohort studies: 2. Assessing potential for confounding BMJ. 2005; 330: 960-2.

Manske T, Hultgren J, Bergsten C. The effect of claw trimming on the hoof health of Swedish dairy cattle Prev Vet Med. 2002; 54: 113-29.

Månsson R, Joffe MM, Sun W, Hennessy S. On the estimation and use of propensity scores in case-control and case-cohort studies Am J Epidemiol. 2007; 166: 332-9.

Mantel N, Haenszel W. Statistical aspects of the analysis of data from retrospective studies of disease J Natl Cancer Inst. 1959; 22: 719-48.

Martens EP, Pestman WR, de Boer A, Belitser SV, Klungel OH. Instrumental variables: application and limitations Epidemiology. 2006; 17: 260-7.

Martin SW, Nagy E, Armstrong D, Rosendal S. The associations of viral and mycoplasmal antibody titers with respiratory disease and weight gain in feedlot calves Can Vet J. 1999; 40: 560-7, 570.

McCandless LC, Gustafson P, Levy AR. A sensitivity analysis using information about measured confounders yielded improved uncertainty assessments for unmeasured confounding J Clin Epidemiol. 2008; 61: 247-55.

McCarthy HE, French NP, Edwards GB, Miller K, Proudman CJ. Why are certain premises at increased risk of equine grass sickness? A matched case-control study Equine Vet J. 2004; 36: 130-4.

Mehio-Sibai A, Feinleib M, Sibai TA, Armenian HK. A positive or a negative confounding variable? A simple teaching aid for clinicians and students Ann Epidemiol. 2005; 15: 421-3.

Newman SC. Causal analysis of case-control data Epidemiol Perspect Innov. 2006; 3: 2.

Nødtvedt A, Bergvall K, Sallander M, Egenvall A, Emanuelson U, Hedhammar A. A casecontrol study of risk factors for canine atopic dermatitis among boxer, bullterrier and West Highland white terrier dogs in Sweden Vet Dermatol. 2007; 18: 309-15.

Normand SL, Sykora K, Li P, Mamdani M, Rochon PA, Anderson GM. Readers guide to critical appraisal of cohort studies: 3. Analytical strategies to reduce confounding BMJ. 2005; 330: 1021-3.

Olde Riekerink RG, Barkema HW, Kelton DF, Scholl DT. Incidence rate of clinical mastitis on Canadian dairy farms J Dairy Sci. 2008; 91: 1366-77.

Orsini N, Bellocco R, Bottai M, Wolk A, Greenland S. A tool for the deterministic and probabilistic sensitivity analysis of epidemiologic studies Stata J 2008; 8: 29-48.

Petersen ML, Sinisi SE, van der Laan MJ. Estimation of direct causal effects Epidemiology. 2006; 17: 276-84.

Pinchbeck GL, Clegg PD, Proudman CJ, Morgan KL, French NR. Whip use and race progress are associated with horse falls in hurdle and steeplechase racing in the UK Equine Vet J. 2004; 36: 384-9.

Rassen JA, Brookhart MA, Glynn RJ, Mittleman MA, Schneeweiss S. Instrumental variables I: instrumental variables exploit natural variation in nonexperimental data to estimate causal relationships J Clin Epidemiol. 2009a; in press.

Rassen JA, Schneeweiss S, Glynn RJ, Mittleman MA, Brookhart MA. Instrumental variable analysis for estimation of treatment effects with dichotomous outcomes Am J Epidemiol. 2009b; 169: 273-84.

Robins JM, Hernan MA, Brumback B. Marginal structural models and causal inference in epidemiology Epidemiology. 2000; 11: 550-60.

Rosenbaum P, Rubin D. The central role of the propensity score in observational studies for causal effects Biometrika. 1983; 70: 41-55.

Rothman K, Greenland S, Lash T. Modern Epidemiology, 3rd Ed. Philadelphia: Lippincott Williams & Wilkins; 2008.

Rubin DB. The design versus the analysis of observational studies for causal effects: parallels with the design of randomized trials Stat Med. 2007; 26: 20-36.

Sato T, Matsuyama Y. Marginal structural models as a tool for standardization Epidemiology. 2003; 14: 680-6.

Seeger JD, Kurth T, Walker AM. Use of propensity score technique to account for exposurerelated covariates: an example and lesson. Med Care. 2007; 45: S143-8.

Senn S, Graf E, Caputo A. Stratification for the propensity score compared with linear regression techniques to assess the effect of treatment or exposure Stat Med. 2007; 26: 5529-44.

Shah BR, Laupacis A, Hux JE, Austin PC. Propensity score methods gave similar results to traditional regression modeling in observational studies: a systematic review J Clin Epidemiol. 2005; 58: 550-9.

Streiner DL. Finding our way: an introduction to path analysis Can J Psychiatry. 2005; 50: 115- 22.

Stuart EA. Developing practical recommendations for the use of propensity scores: Discussion of 'A critical appraisal of propensity score matching in the medical literature between 1996 and 2003' by Peter Austin, Statistics in Medicine. Stat Med. 2008; 27:2062-65 .

Stürmer T, Joshi M, Glynn RJ, Avorn J, Rothman KJ, Schneeweiss S. A review of the application of propensity score methods yielded increasing use, advantages in specific settings, but not substantially different estimates compared with conventional multivariable methods J Clin Epidemiol. 2006; 59: 437-47.

Suarez D, Haro JM, Novick D, Ochoa S. Marginal structural models might overcome confounding when analyzing multiple treatment effects in observational studies J Clin Epidemiol. 2008; 61: 525-30.

Susser M. Causal thinking in the health sciences: concepts and strategies of epidemiology. : Oxford University Press, Toronto (Out of print); 1973.

Terza JV, Bradford WD, Dismuke CE. The use of linear instrumental variables methods in health services research and health economics: a cautionary note Health Serv Res. 2008; 43: 1102-1-20.

Thompson WD. Effect modification and the limits of biological inference from epidemiologic data J Clin Epidemiol. 1991; 44: 221-32.

VanderWeele TJ, Hernan MA, Robins JM. Causal directed acyclic graphs and the direction of unmeasured confounding bias Epidemiology. 2008; 19: 720-8.

VanderWeele TJ, Robins JM. The identification of synergism in the sufficient-componentcause framework Epidemiology. 2007; 18: 329-39.

Weinberg CR. Can DAGs clarify effect modification? Epidemiology. 2007; 18: 569-72.

Yin L, Sundberg R, Wang X, Rubin DB. Control of confounding through secondary samples Stat Med. 2006; 25: 3814-25.

第14章

线性回归

戴国俊 译　李湘鸣 校

▶ 目的

阅读本章后，你应该能够：

1. 对于给定的资料，确定最小二乘回归是否为满足分析目的的合适统计分析方法；

2. 建立一个满足分析目的要求的线性模型，模型中包含混杂的控制和交互作用的鉴别；

3. 从技术和因果关系两个方面解释回归系数；

4. 将名义、等级和连续性预测变量转换为正规或等级指示变量，并对计算得到的回归系数进行正确解释；

5. 对连续性预测变量和后果变量间所建模型的线性、残差方差同质性和残差分布的正态性进行评价，同时也须掌握确保模型满足假定要求时，结果或预测变量数据转换的合适方法；

6. 检测和评价可能是异常的、起杠杆作用的和（或）具有影响力的个体观察值；

7. 确定需要用时间序列的方法进行分析的研究设计。

14.1 引言

在此之前，绝大多数结果和暴露有关的例子所涉及的是定性测定的变量，也就是分类或二分类资料。这里所描述的线性回归适合于结果是连续或接近连续型的变量。这些变量包括增重、产奶量、牛奶中的体细胞数等，在有些情况下也包括畜禽群体水平的发病频数。Cheung（2007）在其著作中介绍了线性回归模型用于影响风险差异的分析。其中的一个例子是Abu Zidan和Rao用多元回归分析了骑马人从马背上跌下与受伤严重性有关的因子。有关线性回归的内容可参阅Marill 2004年出版的两本书。

在回归分析时，结果变量和预测变量间的关系是不对称的，结果变量的值由另一个预测变量的值来预测（注：结果变量和预测变量有时也分别被称为应变量和自变量）。最感兴趣的预测变量叫暴露变量，其他叫无关变量。预测变量可以是连续型、分类型或二分类型变量。

14.2 回归分析

当只有一个预测变量时，回归模型被称为简单回归模型，"模型"一词表示的是一种正式的统计公式或等式，用于描述预测变量和结果变量间存在的关系。例如：

$$Y = \beta_0 + \beta_1 X_1 + \varepsilon$$

等式 14.1

该模型描述了预测变量X_1的值是如何改变结果变量Y值的一种统计学方法。更准确地说，当X_1的值为0时，结果变量的平均值由起始值β_0决定，当X_1每增加1个单位，结果变量改变β_1个单位，β_0被称为常数项或回归截距，而β_1被称为回归系数。ε被称为误差，表示X_1和Y关系不能确定的部分，假定误差服从独立的正态分布$[\varepsilon \sim N(0, \sigma^2)]$。用残差估计误差，残差是在给定的$X_1$条件下，通过模型计算的预测值与实际测定值之差。

β_s表示的是基于观察数据和所选模型估计的总体参数，X_s用于表示预测变量，通常用n表示观察值的个数，因此，预测值是：

$$\hat{Y}_i = \beta_0 + \beta_1 X_{1i}, \quad i = 1, \ldots, n$$

等式 14.2

式中$\hat{Y}_i$表示的是当预测变量的值是X_1时第i个结果的预测值（注："∧"表示预测值$\hat{Y}$或估计的回归系数$\hat{\beta}$，通常"∧"可以省略，因为分析数据是实际测定值还是预测值，是总体参数还是总体参数的估计值，很显然可以通过上下文得知。同样，在等式14.2中，特定的观察值用下标i表示，在大多数情况下，为简单起见也可以省略）。

在回归模型中，用X变量预测Y值，无需基于因果关系的假设，而是估计这种预测的关系。然而在解释模型的结果时，会经常用到例如"X影响Y"或"X对Y的影响是…"，说得清楚一点就是总是以因果关系的假设来表示。

在流行病学研究中无例外地要用到包含有多个预测变量的回归模型，这就是多元回归 模型，或多变量回归模型（多变量表示的是2个或更多的结果变量，多元变量表示预测变量不止1个）。具有2个预测变量的回归模型可以表示为：

$$Y = \beta_0 + \beta_1 X_1 + \beta_2 X_2 + \varepsilon$$

当起始值（回归截距或常数项）β_0以及两个预测变量的值（也即X_s）已知时，可以利用上述模型预测结果变量$\hat{Y}$的值。参数β_1和β_2表示X_1和X_2对Y数量关系的作用方向和大小。一般地说，X变量个数可以根据需要确定（预测变量的个数通常用k表示）。上述多元回归模型和简单回归模型的主要区别在于β_1是在控制了X_2的作用后X_1对Y作用大小的估计，β_2是在控制了X_1的作用后X_2对Y作用大小的估计。换句话说β_1是在所有个体X_2取相同值时X_1对Y作用大小的估计。和简单回归模型一样，考虑到随机误差的存在，所以多元回归模型无法准确预测Y，因此预测等式是：

$$Y = \beta_0 + \beta_1 X_1 + \beta_2 X_2$$

这里Y是X_1和X_2 2个预测变量的特定值所对应的结果变量的预测值。在等式中β_1是在X_2固定的情况下，X_1改变1个单位Y改变的单位数，同理，β_2是在X_1固定的情况下，X_2改变1个单位Y改变的单位数。

在观察研究中，包含多个预测变量的回归模型可以让我们更全面地理解结果变量是怎样变化的，同时，可降低混杂（无关联）变量对感兴趣的暴露因子回归系数影响的可能性。在制定的模型中如果不包含干扰变量（见第13章）或结果变量的影响，那么等式中任何变量的β_s是没有偏差（混杂）的。但是如果混杂变量从回归等式中省略了，那么β_s就有偏差。从因果关系的角度来看，如果存在干扰变量，回归系数就不是因果效应的估计（见14.7节）。不幸的是人们从来不会确切地知道还会有回归模型中省略掉的影响Y变量的其他变量以及与1个或多个X_s有关的其他变量。这些X变量可能是未知的、被认为是不重要的（至少在开始时），甚至是不便或不可能测定的变量。在另一些情况下，可能会存在很多潜在的混杂变量，需要决定从中选出重要的混杂变量来建立模型。如第15章提到的，在模型建立时，一种权衡折中的方法是避免省略那些能混杂由β_s描述关系的必需变量，去除等式中那些不很重要的变量，因为那些不重要的变量将增加β_s估计的数量，导致以后该等式应用效果降低，同时增加不必要变量的测定和研究工作成本。

为了帮助理解多元回归的原理，现举例说明，数据来自澳大利亚奶牛繁殖性能方面有关疾病影响因子的资料。首先，结果变量是泌乳期前120d的产奶量（–milk120–），胎次（–parity–）和产奶量的回归是用来弄清胎次的改变是否与产奶量的变化有关。其次，重点研究在母牛开始生育到怀孕这段间隔时间内繁殖事件和疾病的影响，这些数据是澳大利亚4个州纵向研究原始数据中的一部分，本章分析数据仅取自7个具有高繁殖疾病发生率的群体。本章所用变量名称以及它们的含义见表14.1。详细信息可查阅第31章。疾病按照它们出现的平均时间顺序排列（例如难产出现在胎衣不下前，胎衣不下出现在白带前）。

表14.1　从数据库中选择的变量表

变量	测定数据的分类	描述
herd	名义变量	牛群编号
cow	名义变量	奶牛编号（唯一的）
herd_size	连续性变量	牛群规模
calv_dt	日期性变量	产犊日期
mwp	连续性变量	牛群最短等待间隔
parity	连续性变量	胎次
milk120	连续性变量	泌乳期前120天的产奶量
wpc	连续性变量	从配种到怀孕的时间间隔
twin	二分类变量	产双犊
dyst	二分类变量	难产
rp	二分类变量	胎盘不下
vag_disch	二分类变量	白带出现

14.3 假设检验和效应估计

14.3.1 方差分析表

回归分析的应用是基于X变量的信息能用于预测Y变量的值。现在假定资料已收集，Y变量的值已知，此时就可以用平均数、方差和其他的统计量来描述Y变量的分布。泌乳期前120d的产奶量其平均数和中位数都是3215L，标准差为698L，所有数据在1110～5630L范围内。

在没有其他信息的情况下，Y变量的最佳估计值是用集中趋势值来估计，如中位数、平均数的值（本例由于中位数和平均数相等，所以泌乳期前120d的产奶量是对称型分布）。然而，如果各X变量包含Y变量的信息，而Y变量的信息又不知道时，最好的办法是用奶牛的个体值预测Y变量的值。要达到这一目的，正式的方法是要知道在Y变量的平方和（Y变量方差的分子）中有多少可以通过已知的各X变量来解释和预测。

表14.2 k个预测变量回归模型平方和的分解方差分析表

变异来源	平方和	自由度	均方	F测验
模型（回归）	$SSM=\sum_{i=1}^{n}(\hat{Y}-\bar{Y})^2$	dfM=k	MSM=SSM/dfM	MSM/MSE
误差（剩余）	$SSE=\sum_{i=1}^{n}(Y_i-\hat{Y}_i)^2$	dfE=n−（k+1）	MSE=SSE/dfE	
总的	$SST=\sum_{i=1}^{n}(Y_i-\bar{Y}_i)^2$	dfT=n−1	MST=SST/dfT	

在上表的公式中，$\bar{Y}$是Ys的平均数，k是模型中预测变量的个数（模型中没有计算截距）。SS除以各自的自由度（df）就是均方，这里用MSM（模型），MSE（误差）和MST（总的）表示，在其他场合叫方差，但在回归分析中叫均方。表14.2第二列表示的是总平方和的分解（也即：SST=SSM+SSE，同样，dfT = dfM + dfE）。本例胎次是X变量。MSE是误差方差的估计，因此用σ^2表示，σ（σ^2的平方根）被叫做MSE的根或预测的标准误（见例14.1）。

通过使误差的平方和（或均方）最小来确定回归系数β_s，因此把该方法叫最小二乘回归。通常最小二乘回归求回归系数可以用解包含有矩阵的简明代数式来完成。但对于简单线性回归模型，其回归系数可以用以下的公式计算：

$$\beta_0=\bar{Y}-\beta_1\bar{X}_1 \quad \text{和} \quad \beta_1=\sum(X_{1i}-\bar{X}_1)(Y_i-\bar{Y})/SSX_1 \quad （其中SSX_1=\sum(X_{1i}-\bar{X}_1)^2） \qquad \textbf{等式 14.3}$$

对于小样本数据，上述数据的计算可以用计算器计算，但在应用上，通常用统计软件计算。

14.3.2 线性回归模型的显著性评价

评价模型中的预测变量是否和结果变量有显著的关系，通常用方差分析表中的F检验。无效假设H_0是：$\beta_1=\beta_2=...\beta_k=0$（也就是除了回归截距外，所有的回归系数等于0），备择假设是H_0不正确，也就是β_s中至少有一个（并不是全部）不为0，检验的F统计量服从分子的自由度为dfM，分母的自由度为dfE的F分布（如表14.2中给出）。在例14.1中，F值为262.3，F检验极显著（p<0.001），表明模型中X变量（胎次）解释了泌乳期前120d的产奶量的部分变异。方差分析表中始终要关注的一个特点是模型中观察值的数量，有缺失值资料的多元回归模型，观察值的数量会下降相当多。

有时在解释模型测验的F统计量时需要引起注意，因为它的含义会随着模型建立方法不同而发生

例14.1 胎次和泌乳期前120d的产奶量简单回归模型

Data=dairy2

以泌乳期前120d的产奶量为结果变量，胎次作为唯一的预测变量对7个牛群的dairy2数据进行线性回归拟合。下表最上面左边显示的是平方和的分解，右边是回归模型分析的详细结果。

来源	平方和	自由度	均方	观察值个数=1536
				$F_{(1, 1534)}=262.27$
				概率>F=0.0000
模型	109234227	1	109234227	$R^2=0.1460$
误差	638905966	1534	416496.7	校正的$R^2=0.1455$
总的	748140192	1535	487387.7	MSE的平方根=645.37

注：泌乳期前120d产奶量的均方（MS）是487387.7比误差的均方稍大，说明胎次能确实解释泌乳期前120d产奶量的部分变异。误差均方的平方根值和泌乳期前120d产奶量的标准差相当，因为胎次和泌乳期前120d产奶量有关，所以误差均方的平方根值比泌乳期前120d产奶量的标准差（698.1）小。

模型的回归系数如下表：

泌乳期前120d产奶量	系数	标准误	t值	概率>t	95%的置信区间	
胎次	178.347	11.013	16.190	0.000	156.746	199.948
常数项	2727.080	34.340	79.440	0.000	2659.722	2794.438

胎次的回归系数表明胎次每增加一个单位，奶产量增加178.3个单位。回归系数的标准误是11.0，t检验值是16.2，回归系数在0.05水平上显著存在，说明胎次和产奶量有关或胎次对产奶量有影响。这一结果和回归系数95%置信区间内不包含0（两变量间无影响）是一致的。回归系数95%置信区间表明胎次改变一个单位，产奶量变化的合理范围在158~200L。

通常对回归截距不进行测验，但当模型中所有X变量的值对Y变量有意义时，为了模型的解释有必要测验。本例因为模型表明了产奶量的重要性，所以进行了测验。当然，胎次等于0的牛并没有前面提到的真实的泌乳期前120d的产奶量。因此，接下来，我们将描述怎样衡量预测变量，以便对回归截距有一个合理的解释（见14.4.1）。

改变（Livingstone和Salt，2005）。在控制试验中，当X变量是控制的处理以及所有的比较是经事先相应安排好的，F检验也许只有一种明确的含义。在观察研究中，F统计量受到可入选模型的变量个数、变量间的相关性、正式选入模型的变量个数以及抽样单位数量的影响。大多数变量选择的方法（见第15章）有使F值趋于最大化趋势，因此，由观察值计算到的F值超过了模型真实的显著性。另一方面，如果为了控制混杂，将无用的变量选入模型，F统计量的值会偏小。当模型中有高度相关的变量时，F检验可能是显著的，但各回归系数的检验表明没有一个回归系数和0比较有显著差异（见14.5）。

14.3.3 回归系数的显著性检验

任何一个回归系数（例如第j个系数）的显著性都可以用自由度dfE=$n-(k+1)$的t检验，通常无效假设H_0是：$\beta_j=0$，但任何一个不等于0的β^*也可以用于H_0：$\beta_j=\beta^*$，这要根据情况来选定。t检验的公式是：

$$t=\frac{\beta_j-\beta^*}{SE(\beta_j)}$$ 等式14.4

这里SE（β_j）是估计的回归系数的标准误，SE的计算是MSE的平方根乘以一个常数，这个常数要根据模型中X变量的值和回归系数估计的公式来确定，除了最简单的情况，一般不太容易计算。但通常可以由模型估计的计算机软件算出。对仅有一个预测变量（X_1）的模型，回归系数标准误的计算公式如下：

$$SE(\beta_1)=\sqrt{MSE/SSX_1}$$ 等式14.5

由公式可见，X_1的方差和MSE均会影响到这个标准误。例14.1 t检验的t值为16.2，其P值小于0.001，因此，否定无效假设H_0，表明真实的β_1不等于0，胎次和产奶量有显著的关系。由图14.1可见，随着胎次的增加，奶产量具有逐渐提高的趋势。

和F统计量一样，在非试验研究时，用计算的t值对应的P值作出的推断通常很难评价。在试验研究时，X_s变量是人为控制的处理或区组因子，t值可以通过查（t分布）表得到相应的（观察显著水平）P值，同样在观察研究中如果检验的变量是先前感兴趣的（例如所做的观察研究是在其他变量均在控制的情况下确定特定的一个X变量对Y变量的作用），那么这种t检验推断也许是正确的。但是如果变量选择的过程用于分类整理一列变量，在事先没有特定假设的情况下选择那些 值大的变量，那么真实的显著水平要比指定的变量选入或保留在多元回归等式中的显著水平（通常叫α）要高。尽管如此，用P值来确定潜在有用的、影响结果变量的预测变量是一种方便和可接受的方法。

14.3.4　预测值的估计和预测值的区间

用回归等式由X变量的值计算预测值Y，进行Y变量的点估计简单易行。复杂的是确定与估计有关的合适方差，因为有两种类型的变异在起作用，一种是由回归等式的参数估计造成的变异（也就是通常所说的SE），另一种是与新的X变量观察值有关的变异（也就是回归等式平均数的变异）。对一个新观察值的区间预测（置信区间）包括用这两种来源的变异进行计算。

就简单的回归模型而言，$X_1 = x^*$个体的总体估计值的SE（用SE_{mean}表示，有时叫做估计误差）为：

$$\mathrm{SE}_{mean}(Y|x^*) = \sigma\sqrt{\frac{1}{n} + \frac{(x^* - \bar{X}_1)^2}{\mathrm{SSX}_1}}$$ 　　　　等式 14.6

对于用给定的x^*值估计Y时，SE_{mean}可以解释成与Y变量的期望值（平均数）有关的变异。例14.1是5头平均胎次为2.73的奶牛资料，产奶量的估计值3618.81L的估计标准误差为29.9L。

当预测变量取x^*时，单个Y变量预测值的标准误（用SE_{obs}表示，有时叫做预测误差）增加了，这是由于个体预测值不可能等于其期望值（也就是不太可能正好等于所有个体的$X = x^*$时的平均数），所以必须考虑增加随机误差造成的变异σ^2，SE_{obs}的计算公式为：

$$\mathrm{SE}_{obs}(Y|x^*) = \sigma\sqrt{1 + \frac{1}{n} + \frac{(x^* - \bar{X}_1)^2}{\mathrm{SSX}_1}}$$ 　　　　等式 14.7

同样，例14.1中5头奶牛资料，产奶量的估计值3618.81L的预测标准误差为646.1L。由此可以作出两点结论，首先，与估计结果变量平均数有关的变异要比预测Y值的变异小得多，所以估计值的置信区间要比同样情况下预测值的置信区间窄得多。其次，x*值越远离X_1的平均数，估计或预测时变异性就越大。估计或预测值95%的置信区间可用下式计算：

$$95\%\ \ \mathrm{CI} = Y \pm t_{.05}(SE)$$ 　　　　等式 14.8

式中t值的自由度为dfE，SE是上面提到的SE_{mean}或SE_{obs}。

由回归等式确定的奶牛胎次和泌乳期前120d产奶量关系，其估计平均数的置信区间和预测新变量的置信区间见图14.1。

14.3.5　R^2和矫正的R^2

R^2描述的是结果变量的总方差中由预测变量所能解释的或所占有的部分，通常叫决定系数。例14.1中R^2等于14.6%，这说明在120d产奶量变异中有大于85%的变异是不能由回归造成的变异来解释。

也说明了在只知道奶牛胎次的情况下，回归等式不能精确地估计产奶量。也许可通过增加其他变量，建立多元模型来解释。一种R^2计算的公式是R^2=SSM/SST=1−（SSE/SST），它也是X和Y变量相关系数的平方。在最终模型中，特定变量对R^2的贡献也是衡量这个变量相对重要性的一种方法。根据这一思路，可计算几个评价这种相对重要性的指标R^2（Chao等，2008）。

R^2的缺点是它总是随着被选入回归模型变量个数的增加而增加，所以R^2不利于回归模型预测变量的选择。但是，就等式中变量的个数而言，可以对R^2进行校正，如果选入的变量对结果变量影响很小，校正的R^2会变小。R^2校正的公式是：R^2=1−（MSE/MST）。

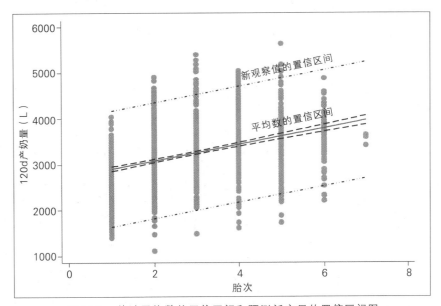

图14.1　估计平均数的置信区间和预测新变量的置信区间图

在多元回归模型中，校正的R^2略小于R^2的值，这对比较包含不同预测变量个数模型的相对预测能力很有用。例如对于分别包含7个和3个变量的模型，包含7个变量模型的R^2要大于3个变量的模型（变量个数多的模型包含变量个数少的模型），但校正的R^2比R^2值小。有时矫正的R^2可用做最优模型选择的依据。但这种方法并不是没有缺点（见15.8.1）。

非随机抽样会影响R^2值的大小，例如在队列研究中，如果X变量中包含极端值，那么R^2的值就人为地增加了。有时可以用回归模型估计X变量对Y变量的影响，但R^2本身可能很小。同样，如果X变量值的变化范围很小，那么R^2的值会很小。必须指出的是如果只根据Y变量的值进行抽样，那么就不能用线性回归来评价所选X变量对Y变量影响。

在讨论多元回归模型前，先介绍例14.2，该例的回归模型中包含一个二分类变量，也就是暴露因子变量——难产。

14.3.6　成组预测变量的显著性检验

与一个变量的资料截然相反，有时需要同时对一组X变量进行显著性检验，例如要在名义变量中产生成组预测变量（见14.4.2），或在模型中一次添加或剔除多个变量（例如一组与舍饲或饲养方式有关的变量）。

为了研究成组变量所产生的影响，要关注这组变量选入模型或从模型中剔除前后误差（残差）

平方和（SSE）的变化（也可以看如下所述的模型平方和的变化），如果包含所有感兴趣变量的模型（叫全模型）误差平方和记为SSE_{full}，那么剔除一组变量（如X_j和X_k）后（叫简化模型）的记为SSE_{red}，如果X_j和X_k是重要的变量则SSE_{full}要明显小于SSE_{red}（SSM_{full}要明显大于SSM_{red}）。

模型中剔除了一组变量造成的SSE增加的部分除以剔除变量的个数（等于$dfE_{red}-dfE_{full}$）所得MS再用MSE_{full}除得到检验X_j和X_k显著性的F检验值，测验成组变量的公式如下：

$$F_{group}=\frac{\left(\dfrac{SSE_{red}-SSE_{full}}{df\,E_{red}-df\,E_{full}}\right)}{MSE_{full}}\sim F(df\,E_{red},df\,E_{full})\,under\,H_0$$

等式 14.9

F检验的H_0是简化的模型，能很好地描述数据资料，F检验的值越大越容易否定H_0。上述公式的分子也可以换成不是误差的平方和和自由度，因为$SSM_{red}-SSM_{full}=SSE_{red}-SSE_{full}$，所以计算结果一样。大部分统计软件包含有自动进行这一过程计算的程序。例14.3表示的是例14.1简单线性模型中增加了4个繁殖性状后F检验的过程。

例14.2　预测变量是二分类变量的简单回归分析

data=daisy2
泌乳期前120d产奶量（–milk120–）和一个预测变量难产（–dyst–）的简单回归模型拟合

来源	平方和	自由度	均方	
				观察值的数量=1538
				F（1, 1534）=4.58
				概率>F=0.0325
模型	2227805.7	1	2227805.7	R²=0.0030
误差	745912387	1534	486253.2	校正的R²=0.0023
总的	748140192	1535	487387.7	MSE的平方根=697.32

注：120d产奶量（–milk120–）和一个预测变量难产（–dyst–）的回归显著存在（$P=0.033$），但难产造成的变异在120d产奶量的变异中只占0.3%。

120d产奶量	系数	标准误	t值	P>t	95%的置信区间	
难产	–160.493	74.981	2.140	0.032	–307.569	–13.418
回归截距	3224.700	18.350	175.130	0.000	3188.714	3260.703

难产的回归系数为–160.5，表明难产增加一个单位奶产量降低160.5个单位（前面提到，如果难产不出现，则–dsyt–的编码为0，如果难产出现，则为1，因此，增加1个单位是两头奶牛结果变量之差，一头是出现难产，另一头是没有出现难产）。P值表示表面效应160.5和0比较是显著存在的，所以难产与产奶量的关系不可能是偶然性造成。但是，由于R²值较小，所以在找到难产和其他变量组合的效应之前，这种解释是不太可靠的。

14.4　*X*变量的性质

*X*变量可以是连续型或分类变量，分类变量要么是名义变量要么是等级变量，名义变量的值是无数字意义的连续的"水平"或类别，如不同的农场、牛初乳饲喂的不同方法、不同品种的犬等。等级变量的值是变量的水平可按好坏、大小等排序，如高、中、低。不止2个水平的名义变量和等级变量不应作为数值形式的预测变量，而应该转换成指示变量（转换方法见14.4.2），这是因为对应的β_s没有意义（例如畜群4并不是畜群2的两倍，品种5不是在品种2基础上再加3个单位等等），也无法获得所需的效应（如当检验牛的疾病与奶产量间的关系或注解不同品种犬的体重时，要消除不同群体间的变异效应）。

但是，当名义变量只有两个水平（二分类变量）特别是可用1或0表示的时候，如表14.1中的胎盘不下和难产两个变量，可以直接应用。这样的变量通常是回答这样的问题，即有或没有、生存或死亡、生病或没有生病等。回归系数表示的是两个疾病状态水平（即1水平除去0水平）间结果的差异。

对于具有多个水平的分类（名义或等级）变量，可以用指示变量（也称虚拟变量）将多个水平信息编码到一组二分类变量中。14.4.2讨论了如何将名义和等级变量转换为正规指示变量，14.4.3讨论了仅用于等级或连续变量的等级指示变量。但是，首先要考查如何改进回归参数的解释。

例14.3   多变量的显著性检验

data=daisy2

本例模型中增加了4个与繁殖现象或疾病有关的预测变量，分别是产双羔、难产、胎衣不下和白带出现（−twin−、−dyst−、−rp−、−vag_disch−），模型中包含的胎次变量（−parity−）用于评价繁殖现象［泌乳期前120d产奶量（−milk120−）］的效应。在全模型中，只有白带出现（−vag_disch−）是显著的（资料中没有表示），但我们要检验的是全部繁殖现象的显著性。全模型方差分析结果见下表。

来源	平方和	自由度	均方	观察值的数量=1538
				F（5，1534）=54.4
				概率＞F=0.0000
模型	112932560	5	22586512	R^2=0.1510
误差	635207633	1530	415168.4	校正的R^2=0.1482
总计	748140192	1535	487387.7	MSE的平方根=644.34

在只有胎次变量（−parity−）为预测变量的简单模型中，SSE_{red}=638905966，其自由度（df）为1534，因此F检验是：

$$F = \frac{(638905966 - 635207633)/(1534 - 1530)}{415168.4} = 2.23$$

当自由度分别为4和1530时F=2.23的概率值为0.064，所以总体来说不能确定繁殖参数是否对产奶量有显著效应。

14.4.1   调整变量的值更好地解释回归参数

预测变量的值通常有一个限定的可能范围，或明显的值。从理性的角度来说，其值为0多数情况下很难作出解释，也就是说如果年龄、胎次或动物饲养的天数作为预测变量，当其值为0时，用回归等式来解释产奶量等结果变量毫无意义。然而回归截距反映的是当预测变量的值是0时结果变量的值，因此，在变量选入模型前，通常通过在观察值中扣除最小的敏感值来调整变量。那么回归截距β_0是X变量这个最小可能值而不是0的结果变量的值。前面的例中，只有1胎或1胎以上的母牛才有前120d的产奶量，所以可以减掉1来调整胎次变量的值，也就是调整胎次的值为0事实是胎次为1的母牛。奶牛的最小产犊年龄为2岁，所以可以扣除2来调整年龄变量。由例14.1和14.4可见，调整预测变量不会对回归系数或其标准误产生影响，但可以改变回归截距（模型中的常数项）。同理，这也可以通过扣除其他值而不是最小可能值来调整，如X变量分布的中心值（平均数或中位数）。

14.4.2   正规指示变量的编码

指示变量（也称虚拟变量）是其值和描述的特征没有直接关系的生成变量。例如假定有一个变量叫畜群编号，它是识别研究的动物来自哪个畜群的变量。进一步，假定有3个编号分别为1、2和3（或A、B、C）的畜群，希望在检测犊牛疾病对犊牛生长率的影响时控制牛群的效应，生成2个正规指示变量（有时说间隔变量）X_1和X_2，对于X_1来讲，如果犊牛来自畜群1则X_1等于1，其余X_1等于0，对于X_2

例14.4 预测变量的调整

data=daisy2

本例通过实际胎次减掉1来调整胎次变量生成的新预测变量party1等于party−1。

泌乳期前120d产奶量	系数	标准误	t值	概率>t	95%的置信区间	
party1	178.347	11.013	16.190	0.000	156.746	199.948
常数项	2905.427	25.235	115.140	0.000	2855.928	2954.925

调整后的胎次变量每增加1的效应和没有调整时一样,为178.347L(见例14.1)。最初没有调整时,0胎次母牛的泌乳期前120d产奶量的预测值是2727.1L,这里对于变量party1等于0其真实胎次为1的母牛其值为2905.4L。通常用最小敏感值调整的预测变量其回归截距系数很容易得到说明和解释。

来讲也一样,如果犊牛来自畜群2则X_2等于1,其余X_2等于0。这两个指示变量在不同畜群的取值见表14.3。

表14.3 指示变量在不同畜群的取值

畜群编号	X_1	X_2
1	1	0
2	0	1
3	0	0

因此,畜群3是两个指示变量都等于0,它是评价畜群1和畜群2对结果变量效应的参照群体。通常,为了编码有j个水平的名义变量,需要有$j−1$个指示变量,第j个畜群的所有指示变量均为0(见例14.5)。当所有的指示变量均包含在等式中,畜群3为参照群体时,X_1变量的系数β_1估计的是畜群1和3结果变量的差异,而β_2估计的是畜群2和3结果变量的差异。

名义变量多个水平中的一个为参照水平,这时需要考虑是哪个水平。就模型而言这似乎不重要,但对回归系数说明的问题而言必须仔细考虑。在选择参照水平时,应该重点考虑名义变量各水平的生物学意义和估计的精确性。例如体温有低于正常、正常和高于正常三个水平时,选择正常体温作为参考水平具有意义。另外,就精确性而言,应该选择具有较大样本规模的水平作为参照水平。有时需要选择结果变量处于平均数(接近结果变量的平均数)的名义变量的水平。但是这可能导致设计变量不显著的现象,因为极端类别间相互比较有差异,而与结果变量处于平均数的参照水平比较没有差异〔注意:一组指示变量(见14.3.6)的显著性不受参照类别选择的影响〕。其他情况下,参照变量的水平可以随意确定,但这时需严格控制混杂。例如当畜群的效应并不需要特别考虑时的畜群预测变量。例14.5表示的是牛初乳饲喂不同方式产生的一组指示变量。

大多数统计软件具有自动产生指示变量的程序,编码比这里所叙述的更具灵活性。在默认状态下,有时选择名义变量的第一个类别,有时是最后一个类别作为参照水平。允许使用者根据需要指定参照水平。例14.6是预测胎次和产奶量关系时,用正规虚拟变量编码畜群时的一个例子。

用14.3.6节所述的F检验方法,通常将每个名义变量产生的所有指示变量作为一个组同时选入或从模型中剔除。一旦指示变量组被认为有统计意义或混杂控制上的重要性,就要将那些统计显著的重要指示变量保留在模型内。剔除不必要的指示变量有助于建立更加简洁的模型,但必须谨慎。变量剔除可以借助指示变量回归系数的显著性测验的方法进行(注意:应用多重比较差异显著性概率P值较小的统计学方法选择指示变量,具体见11.9.1节)。要注意,剔除部分变量改变了留在模型内的那些指示变量回归系数的含义。如前所述的例子,用指示变量表示畜群,如果仅X_1留在模型中,变量X_1的参照水平是畜群2和畜群3结果变量的加权平均数，X_1的回归系数表示的是畜群1和参照水平加权平均数的差。其他所有不在模型中的指示变量的效应均体现在回归截距中。

例14.5 指示变量（虚拟指示变量）的编码

下面展示的是从名义变量转为指示变量的方法。例如实施只有一个预测变量的试验，变量是饲喂初乳的方法（–colfeed–），将这个变量编码为：1=吮乳；2=乳头式奶桶饲喂；3=敞开式奶桶饲喂；4=导管式奶桶饲喂。假设乳头式奶桶饲喂是一种具有敏感性的参照变量并具有足够的样本容量，3个非连续变量的编码可通过下面的逻辑方法完成：

如果colfeed=1，那么吮乳=1，其余吮乳=0；

如果colfeed=3，那么敞开式奶桶饲喂=1，其余敞开式奶桶饲喂=0；

如果colfeed=4，那么导管式饲喂=1，其余导管式饲喂=0。

每一个新变量（–suckle–，–openpail– 和 –tube–）的效应和显著性与奶桶饲喂方法有关，原始变量加入模型是否显著，应采用例14.3的方法进行F检验。

例14.6 线性回归正规指示变量的应用与解释

data=daisy2

奶产量和胎次的模型拟合，畜群预测变量有6个指示变量。

奶产量	系数	标准误	t值	P>t	95%置信区间	
胎次1	201.607	9.291	21.72	0.000	183.583	220.031
畜群=2	−117.701	49.079	−2.40	0.017	−213.969	−21.433
畜群=3	−676.784	45.371	−14.96	0.000	−767.780	−589.789
畜群=4	−380.858	50.494	−7.54	0.000	−479.904	−281.813
畜群=5	−563.714	59.074	−9.64	0.000	−679.589	−447.839
畜群=106	357.972	47.621	7.52	0.000	264.563	451.381
畜群=119	62.074	53.391	1.16	0.245	−42.653	166.800
常数项	3047.921	35.931	84.83	0.000	−42.653	166.800

本例参照水平是畜群1，畜群1、胎次1（胎次1等于0）母牛泌乳期前120d产奶量等于3.0479（截距），每个畜群的回归系数反映了该畜群产奶量与畜群1之间的差异。对总体来说，这些变量解释了120d产奶量变异的相当大的比例。就单个群体而言，除了畜群119的P=0.25外，其余多和畜群1间存在极显著的差异。

14.4.3 等级指示变量的编码

如果指示变量是有序等级类型，反映的是潜在特征的相对变化，如产乳热的严重程度，有时很难把严重性水平与有意义的连续型预测变量的特定数值联系在一起。也就是当编码一个表示严重程度的变量时（如用1、2或3表示产乳热的三个不同阶段），也许应该考虑用这些编码来表示连续性的预测变量的可行性（如产乳热的阶段1和阶段2间差异的生物学效应是否等于阶段2和阶段3间差异的生物学效应呢）。通常用正规指示变量来表示严重程度是合适的，但正规指示变量并不表示水平的次序。因此，通常首选的方法是用等级（或增量）指示变量，这种方法也可用于记录使用恰当切点来分割的连续型变量。

等级指示变量和前面所提到的正规指示变量的水平（假定所有的等级指示变量均在模型中），与原始变量是分类变量时的结果形成对比。就正规指示变量而言，模型中有可能只包含部分这样的变量。如果感兴趣的是确定有序变量或连续型变量与结果变量改变有关的分割点，这种现象就会发生。在这种情况下，选择最显著的等级指示变量进入模型。等级指示变量对应的系数是X分类变量的每一水平的结果和比该水平低一个等级的水平对应结果的差（Walter等，1987）。当然还有其他的编码方法（见www.ats.ucla.edu/stat/stata/webbooks/reg/chapter5/statareg5.htm），但已超出了本书的范围。

例14.7对胎次分别用非连续的正规指示变量和等级指示变量进行了编码，非连续的正规指示变量的回归系数表示的是不同胎次母牛产奶量与参照水平母牛产奶量之差。这里设置最低水平的胎次1为参照水平。对等级指示变量而言，如胎次为5，其回归系数表示的是胎次5和胎次4的母牛的产奶量之差。由于某些原因，这里胎次5产奶量降低的原因是母牛处在另一个泌乳期（一般的趋势是随着年龄的增加产奶量也随之增加）。

14.4.4　X变量的误差

在回归模型中，X变量的取值是固定的（也就是它的取值是常数），并假定没有测量误差。说它是固定的是因为它的水平在试验时由试验者来设定（如处理或剂量）或它们的取值为常数（如地点或年份）。然而，在观察试验中X变量是测定的数据，这些测定值可能包含误差，不是存在与测定有关的自然变异导致的误差，就是存在记录错误意义上的误差。这些误差造成的结果是使观察的X值和真实的X值与由回归模型计算的结果不同。回归模型估计的是观测的X值和结果之间的关系。然而，当试图说明X值和结果的因果关系时，需要X变量的取值是没有误差的真实值。

特定的模型要考虑X变量的误差，这就是所谓的测量误差模型，但这超出了本书的范围（Fuller，2006）。尽管如此，绝大多数软件程序支持回归的校正（参见12.8节内容），这种方法对校正测量误差非常有用。Murad和Freedman（2007）将上述方法拓展到两个协变量间有相互作用，对每一个测定误差进行测评的情况。Austin和Hoch（2004）描述了检查一个或多个X变量时回归的校正方法。但是如12章所述，如果模型中很大的测定误差和X的取值范围关系不大，就没有必要过分担心运用普通回归模型。忽视测定误差往往导致参数偏向无效（即参数的效应值比没有误差的真实测定值小）。另一方面，如果测定误差和X的取值范围关系密切，则必须认真考虑准确的试验研究（见第10章）。

14.5　高度相关（共线性）变量的检测

尽管多元回归事实上是用于模型中预测变量间相关的调整，如果变量间高度相关，那么就会产生很多问题，在讨论这一问题前，先回顾多元回归模型，每一变量的效应估计通常和模型中的其他变量有关。一方面这是多元回归的优势，研究某个变量的效应也就是考虑这个变量和模型内其他变量的相关性以及它们对Y变量的效应，从而避免效应的重复。另一方面，这也意味着当模型中加入或剔除其他一些变量时，任何一个模型中变量的效应会发生改变。对一个特定变量而言，这种改变可能会很大（包括发生效应值的符号发生改变），从而造成解释困难。只有在所有的X变量互相独立这一特殊情况下，不同变量的效应估计值才彼此完全独立。因此产生的一个严重问题是如果预测变量间高度相关（共线性），预测变量的估计效应（回归系数）会严重依赖存在于模型中的其他预测变量。造成的后果是在大量预测变量中很难选到统计意义上"重要"变量。当分析的目的是预测而不是解释因果效应时，这两种担心的程度就会减少。从技术角度讲，相关程度高的模型其回归系数的标准误大（见14.5.1），回归关系（β的值）的确信度低。

在一个多元回归模型中，一个X变量不可能是另一个X变量的完美映射，或一个X变量不可能是其他X变量组合的完美预测。然而，作为一般规则，如果2个（或更多）变量具有高度相关性（$|\rho| > 0.8\sim0.9$），很难在它们中选择包含在回归等式中的变量，当2个变量具有高度正相关，其回归系数（β_s）就是高度相关的负数。极端的情况是高度相关变量的回归系数全部与0比较差异不显著，尽管模型F测验表明总体来说各变量对模型的贡献是显著的。

例14.7　正规指示变量和等级指示变量两种不同编码方式的对比分析

data=daisy2

在线性回归模型中，用非连续的正规指示变量和等级指示变量评估不同胎次对产奶量–milk120–的作用效果

变量	正规指示变量编码	等级指示变量编码
胎次=2	708.213	708.213
胎次=3	789.843	81.630
胎次=4	848.514	58.670
胎次=5	787.609	−60.905
胎次=6	878.161	90.552
胎次=7	925.955	47.794
常数项	2639.645	3345.116

比值比的极端值（例如8~10以上）可以用于检测二分类变量间的共线性，对连续性变量而言，极端的相关系数（大于0.7~0.8）也可以检测共线性。在线性模型中，检测共线性或多元共线性的简便方法是用方差膨胀因子（见14.5.1节）。Pitard和Viel（1977）介绍了用回归分析模型检测共线性的更多方法。

解决共线性问题的方法之一是考虑通过剔除一个共线性变量，或通过这些变量生成的新变量。在极端情况下指定回归的方法也许是必要的，如用岭回归的方法。

绝大多数软件提供了用方差膨胀因子或与它相反的容许度指出可能的共线性（14.5.1节）。遗憾的是这些模型中包含互作成分（14.6节）和二次项（14.9.3节）的方法有时导致变量间高度共线性。因此，围绕后者变量间高度共线性构建新的变量，介绍一种普遍的中心化方法。在这之前，根据方差膨胀因子，讨论共线性的问题。

14.5.1　方差膨胀因子

在模型中选入新变量的作用，就模型中变量的回归系数的方差而言，可用一个叫方差膨胀因子的统计量来评价。其公式是：

$$VIF = \frac{1}{1 - R_X^2}$$

等式14.10

这里R_X^2是X变量选入模型对模型中其他变量回归的决定系数，这个系数变大（如果共线性），VIF也变大。下面用一个简单的线性回归模型来解释VIF的重要性，变量X_1的回归系数β_1的方差用公式14.5计算。

$$\text{var}^{(1)}(\beta_1) = \frac{\text{MSE}^{(1)}}{\text{SSX}_1}$$

等式14.11

这里上标（1）指的是简单线性回归模型，当在模型中增加X_2，如果它与X_1相关，就会出现下面3种结果：

（1）因为考虑到变量X_1和X_2的相关性，回归系数β_1将发生变化。

（2）由于X_1、X_2一起预测Y比单独的X_1更好，所以剩余的平方和（大多数情况下用$\text{MSE}^{(2)}$表示）变小。

（3）回归系数β_1的标准误增加的量大约等于$\sqrt{VIF}$，具体来讲，在有X_1、X_2两个变量的模型中，β_1的方差是：

$$var^{(2)}(\beta_1) = \frac{MSE^{(2)}}{SSX_1} \times \frac{1}{(1-R_2^2)}$$

等式 14.12

这里R_2^2是X_2对X_1回归的决定系数，因此，除非增加X_2变量后剩余的平方和从$MSE^{(1)}$到$MSE^{(2)}$减少的部分比由于方差膨胀因子增加补偿的部分要大，其余情况都是β_1的标准误增加。在X_2是结果变量的好的预测变量，并且X_1、X_2几乎（或完全）相互独立的情况下，模型中增加X_2能使β_1的方差变小，这时$\sqrt{VIF}$的值接近1。

可以看出，除非增加X_2变量后剩余的平方和从$MSE^{(1)}$到$MSE^{(2)}$减少的部分比由于方差膨胀因子增加补偿的部分要大，其余情况都是方差增加。在X_2是结果变量的好的预测变量，并且X_1、X_2几乎（或完全）相互独立的情况下，模型中增加X_2能使β_1的方差变小。

在多元回归模型中，VIF的作用和简单回归模型相同。解释VIF_s的一种经验方法是其值在10以上，表明预测变量间存在严重的共线性。正如前面所述，这并不意味建立的模型无用或一定要从模型中剔除1个或多个X变量，但在解释回归系数和回归系数的标准误增加时，可以把它看成是一种提醒。

14.5.2   降低共线性的变量中心化处理

连续性变量的中心化是通过每个X值减去平均数（或其他中心值）来进行，这和14.4.1节讨论的变量的调整相类似。先于产生二次项（或2个连续性变量间互作成分）所进行的变量中心化处理可以降低变量间的相关性至一个较低的水平（假定变量以平均数为中心对称分布）。如果分布非对称，就要减去比平均数大或小的值。必须强调的是中心化只对每个变量构造的变量间的相关性以及回归系数的值和对其的解释产生影响，并不改变预测变量或模型的拟合性。例14.8讨论了方差膨胀因子和变量的中心化。

14.6   交互作用的检测和建模

对于给定的因果成分模型，在第一章就形成这样的观点，具有协同或颉颃作用的2个因子希望分析的是它们间的交互作用。在确定的范围内，这种关系可能是真实的，然而，交互作用项的显著性并不必表示有关因果模型的任何其他关系，仅仅说明了建模变量相关的性质。前面章节提到的模型仅包含X_s变量的主效应，因此，模型假设在X_2各水平上，X_1对Y的变量关系相同，同样也假设在X_1各水平上，X_2对Y的变量关系也相同。这一假设（无论一个变量的效应是否受到其他变量的影响）的测验就是测验是否一个互作项的加入影响到回归模型。

在X变量不是预测变量的情况下，可以用下面的模型来检验β_3是否等于0，从而分析用X_1、X_2的乘积表示的交互作用：

$$Y = \beta_0 + \beta_1 X_1 + \beta_2 X_2 + \beta_3 X_1 X_2 + \varepsilon$$

如果没有交互作用（可以认为β_3和0没有显著差异），可以认为主效（或加性）模型足以描述各变量的效应。由于β_3及其标准误不受中心化处理的影响，所以不必对X_1和X_2进行中心化处理去分析是否需要有交互作用。然而，如果交互作用是必需的，当取消交互作用时，中心化可用于解释β_1和β_2的线性作用，如β_1用于（中心化的）X_2是0时X_1的效应大小。高级交互作用用3个或3个以上变量间的乘积表示（见第15章），可通过延伸上面的过程来进行研究。

分类变量（水平数不止两个）的交互作用效应是通过包含在主效应模型中所有预测变量间的乘积来建模的。例如，一个3水平和一个4水平分类变量间的交互作用需要（3-1）×（4-1）=6个乘积变量。这6个变量应该被认为是一个整体，从而进行测验和研究（见14.3.6）。在许多多变量分析中，交互作用的数量很多，没有一种单一正确的方法来评价是否存在交互作用。15.7节讨论了建立多元模型时，判断哪种交互作用应包含在模型中的一些选择方法。然而，除非潜在的交互作用数量较少，一般建议交互作用应限制在具有生物学相关性的变量间，当交互作用有用、有生物学意义、有理由认为应该分析时，也只研究3级或4级交互作用。例14.9表示的是两个二分类变量间的交互作用，例14.10是二分类变量和连续性变量间的交互作用。例14.11是–daisy2–资料仅用于表示两个连续性变量间没有显著交互作用的情况。

14.7 多变量线性模型的因果解释

前面章节着重介绍的是从技术角度解释回归系数的问题。例14.12着重表示的是专门为评价3种不同奶牛繁殖疾病（难产–dyst–、胎衣不下–rp–、白带出现–vag_disch–）对配种到怀孕的时间间隔的效应而设计的多元线性模型的建立过程和因果关系的解释。在作出因果推论时，必须小心地确认统计分析模型（见13.3节）中仅包含合适的变量。就这一点而言，用因果关系图来进行解释十分有用（见图14.4）。

注：假设左边的各变量间相关并对右边的各变量有潜在的效应（为了更清楚省略了因果关系箭头）。

根据因果关系图和要达到弄清奶牛3种疾病对配种到怀孕的时间间隔影响目的的，泌乳期前120d产奶量在疾病和配种到怀孕的时间间隔两者间是干扰变量，在建立的模型中应不包括这个变量。

在建立模型前，给出一些注释或许是恰当的。牛群体的效应是一种强力的混杂因子，必须对其进

例14.8 用中心化处理避免共线性的问题

data=daisy2

本例结果变量是配种到怀孕的时间间隔（用–wpc–表示，其中位数为53，平均数为68.8，标准差为51.6，范围是1~298d）。疾病和泌乳期前120d产奶量对配种到怀孕的间隔时间影响效应的一个潜在的混杂因子是牛群规模。为了防止牛群规模不同造成的偏差，必须将其纳入模型中。然而，牛群规模和从配种到怀孕的时间间隔之间的关系呈非线性的关系（见第15章对方法的评价），所以建立了–hs100–（牛群规模除以100的简化数据）和–hs100_sq–（牛群规模简化数据的平方）的二次式模型。

wpc	系数	标准误	t	P>t	95%的置信区间	
hs100	29.516	15.044	−1.960	0.050	−59.024	−0.008
hs100_sq	9.744	3.105	3.140	0.002	3.654	15.835
常数项	77.748	17.475	4.450	0.000	43.472	112.024

–hs100–和–hs100_sq–回归系数均统计显著，但是，两者间的相关系数为0.99，其膨胀因子VIF是54。当模型中加入二次项后，通过牛群规模回归系数的标准误SE增加7倍多［从2.1（简单线性模型中没有显示）到15］可以发现共线性所产生的影响。

为了处理共线性的问题，通过对牛群规模变量减掉其平均数（对–hs100–而言其平均数等于2.5）中心化处理的方法生成新的变量记为–hs100_ct–，其平方变量记为–hs100_ctsq–，建立的二次式模型总结如下表。

wpc	系数	标准误	t	P>t	95%的置信区间	
hs100_ct	19.400	2.158	8.990	0.000	15.167	23.633
hs100_ctsq	9.744	3.105	3.140	0.002	3.654	15.836
常数项	65.052	1.742	37.340	0.000	61.635	68.470

首先可发现二次项的系数和标准误SEs在上、下两个模型中完全相同，但线性项的系数已发生了改变。2个模型的R^2（0.049）和误差的均方MSE（2535.3）完全相同。其次，可发现–hs100_ct–线性组分的标准误SE变小到模型中只有线性项–hs100–时的水平。中心化处理降低了–hs100_ct–和–hs100_ctsq–相关性，相关系数为−0.32，膨胀因子VIF降低到了1.11，由于牛群规模进行了调整，回归模型的常数项表示的是250头母牛的群体–wpc–的预测值（–hs100_ct–=0）。

例14.9　两个二分类变量间的交互作用

data=daisy2

建立一个包含胎衣不下（-rp-）和白带出现（-vag_disch-）为预测变量对配种到怀孕时间间隔（-wpc-）的回归模型。

wpc	系数	标准误	t	p>t	95%的置信区间	
rp	10.240	4.541	2.260	0.024	1.333	19.146
vag_disch	9.067	5.982	1.520	0.130	−2.666	20.800
常数项	67.358	1.381	48.770	0.000	64.649	70.067

在这个模型中，胎衣不下（-rp-）和配种到怀孕的时间间隔（-wpc-）间的回归显著，而白带出现（-vag_disch-）和配种到怀孕的时间间隔（-wpc-）间的回归不显著。为了评价是否一个变量的效应和另一个变量的水平有关，在模型中增加了一个交互作用项（也就是两个变量的乘积项）。

wpc	系数	标准误	t	P>t	95%的置信区间	
rp	6.340	4.914	1.290	0.197	−3.300	15.979
vag_disch	0.543	7.265	0.070	0.940	−13.708	14.794
Rp · vag_disch	25.349	12.774	2.060	0.039	1.293	51.404
常数项	67.669	1.388	48.760	0.000	64.946	70.391

注：因为胎衣不下（-rp-）和白带出现（-vag_disch-）两者均为二分类变量，编码0表示没有该现象出现，编码1表示有该现象出现，所以只有当两种疾病同时出现时交互作用项的值才为1，从这个意义上讲，如果交互作用项显著，也就是说当两种疾病同时出现时必须用 β_3 来校正预测的结果，以便更好地反映真实的情况，否则，这2个变量的联合效应正好是它们单独效应之和。

以上daisy2资料分析结果表明，胎衣不下和白带出现间的系数显著，很显然，胎衣不下和白带的出现与否有交互作用关系。同时注意虽然胎衣不下和白带出现的主效是不显著的，但是为了方便解释，必须将其保留在模型中。

- 当两个疾病均不出现时，结果变量的预测值是67.67d；
- 当只出现胎衣不下时，结果变量的预测值是67.67+6.34=74.0d；
- 当只出现白带时，结果变量的预测值是67.67+0.54=68.21d；
- 当两个疾病同时出现时，结果变量的预测值是67.67+6.34+0.54+26.35=100.9d；
- 从增加互作项，膨胀因子VIF较小（1.8）来看，变量没有必要进行中心化处理。

本例模型表明两种疾病都不出现对预测结果的影响很大，但两种疾病不出现相对比两种疾病都出现，配种到怀孕的时间间隔延长了33.2d。

行控制，也就是建立一个包含6个变量在内的模型。然而，由于牛群指示变量间的高度相关，会导致最终模型中没有任何一个不同牛群水平的预测变量。牛群效应的一个方面是牛群规模，当分析牛群规模和配种到怀孕的时间间隔关系时，应注意它们间是非线性的关系，所以在中心化处理牛群规模后，在模型中要增加二次式。由于只有7个牛群，同时为了教学目的本例还要包含连续性变量，所以这里选择牛群规模而不是牛群（注：因为牛群规模是牛群水平上的预测变量，同时不考虑牛群内的聚类群体，所以预测牛群规模效应的标准误会被低估，聚类数据的处理方法见第20~24章）。产犊月龄也对配种到怀孕的时间间隔有影响，在2~7月产犊的母牛其怀孕间隔期比较短，因此，用-aut_calv-（也即夏季产犊）表示这样的母牛。最后，虽然胎次变量总是不显著，但根据前面例子的实际情况，还是将其放到这个因果模型中。前面例子的实际情况是高胎次的母牛并不和低胎次的母牛一样有高的繁殖性能，并且母牛的胎次和分析的3种疾病有关（所以胎次是一个干扰因子）。建模时另外一些要说明的内容见第15章，但这里模型中包含了各种潜在的干扰混杂因子，再加上疾病变量（这些是关键的暴露因子变量）。疾病和其他变量（除了群体规模以外的变量，假定它和疾病没有互作）间的互作项选择的依据是先前的生物学知识。如果用统计学的显著性作为检测互作的方法，那么就会发现难产和白带出现间的互作就难以解释。同时注意到，如果在大量的变量中选择其中的一部分，那么就应该调整F统计量的显著性临界值（Livingstone和Salt，2005）。

例14.10 一个二分类变量和一个连续性变量间的交互作用

data=daisy2

在开始分析前，将泌乳期前120d产奶量调整为各奶量除以1000（记为−milk120k−），否则泌乳期前120d产奶量改变1kg的效应太小，然后建立配种到怀孕时间间隔（−wpc−）对难产（−dyst−）、泌乳期前120d产奶量（−milk120k−）的回归，模型中包含他们的交互作用（记为：−dyst_milk−），用于分析是否泌乳期前120d产奶量对配种到怀孕时间间隔的影响取决于母牛的难产[相反，是否难产的效应取决于奶产量的不同水平（注：当模型中不含交互作用项时，难产和产奶量两者对wpc的影响均不显著）]。

wpc	系数	标准误	t	P>t	95%的置信区间	
dyst	−85.488	29.601	−2.890	0.004	−143.551	−27.426
milk120k	−3.447	1.929	−1.790	0.074	−7.229	0.336
dyst_milk	29.142	9.468	3.080	0.002	10.571	47.714
常数项	79.838	6.365	12.540	0.000	67.352	92.323

由上表可见交互作用极显著地存在，一个比较惊喜的结果是难产可以缩短配种到怀孕时间间隔，难产的系数表示的是泌乳期前120d产奶量等于0（这是不可能的）的效应。在没有难产的情况下，奶牛产奶量增加表现出较小的负效应（每增加1000kg奶产量可缩短配种到怀孕时间间隔3.4d（$p=0.074$）），但难产潜在的是大的正效应。在这种情况下，图示更有可能使交互作用效应显而易见。在有难产和没有难产时连续性预测变量（−milk120k−）的变化趋势相反（图14.2）。

由图14.2可见，难产（图中实斜线）和顺产（图中几乎是水平的虚线）之间泌乳期前120d产奶量的差异显而易见。难产时，奶产量的提高不利于（延长了配种到怀孕的时间间隔）奶牛开始泌乳乳汁，但顺产时相反。如果没有交互作用，难产和顺产对产奶量的回归直线相互平行。

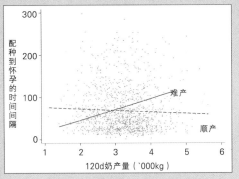

图14.2 难产（−dyst−）和泌乳期前120天产奶量（−milk120k−）间的交互作用

14.8 最小二乘模型的评价

正确的回归分析以一系列假设为基础，一旦初始模型建立后，就必须评价该模型是否满足这些假设。这里用例14.12模型来说明这种检查评价的方法。

最小二乘模型建立的主要假设：

- 独立性——结果变量（也就是依变量）的值从统计学意义上讲相互独立（也就是某头奶牛的−wpc−值和其他母牛的−wpc−值相互独立），除非这种前后关系的假设有可能被打破，通常独立性不用担心，例如，当对单个动物进行多次测定，或一个群体内的多个动物（如本例的群体−daisy2−中的动物）其数据结构具有缺少独立性的迹象。有关集群数据的处理方法在第20~23章中介绍。在某一时间段内（如夏天），当评价日平均气温是否影响牛的日产奶量时，这就出现了一种特殊类型的集群数据（数据系列相关）。在延伸的一段时间内，相同时间测定区内得到的数据是重复测定数据，这样的数据又叫时间序列数据，因为某一天测定的结果值和前面某天测定的值间有可能具有高度的相关性，因此误差是相关的并且不独立，所以需用特殊的方法进行校正（参见14.11节）。

- 方差的同质性——预测变量的各个不同水平以及在预测变量值的所有组合内其结果变量的方差相同（如胎次为3时奶牛−wpc−的方差和胎次是5等不同胎次时奶牛−wpc−变量的方差相同）。如果这一假设正确，那么MSE的值是常数项。这一假设非常重要，方差的同质性越好，残差的分布就越服从正态分布。

- 分布的正态性——预测变量的各个不同水平或模型中预测变量的各种组合（如有胎衣不下和没

例14.11　两个连续性变量间的交互作用

data=daisy2

　　这里建立了配种到怀孕时间间隔（-wpc-）对胎次（-parity-）、泌乳期前120d产奶量（-milk120k-）的回归，模型中包含他们的交互作用（记为：-p_m-），用于分析泌乳期前120d产奶量对配种到怀孕时间间隔的影响是否取决于奶牛的胎次（相反，是否胎次的效应取决于奶产量的不同水平）。

wpc	系数	标准误	t	P>t	95%的置信区间	
parity	4.890	4.438	1.100	0.271	−3.815	13.595
milk120k	−1.666	4.213	−0.400	0.692	−9.929	6.597
p_m	−0.876	1.364	−0.640	0.520	−3.551	1.798
常数项	69.022	12.777	5.400	0.000	43.961	94.083

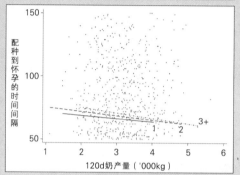

　　结果是统计学意义上交互作用项不显著，但图14.3直线反映的是，随着泌乳期前120d产奶量增加，配种到怀孕的时间间隔缩短。因为交互作用项不显著，实际上这些回归线（表示的是不同胎次的回归直线）是相互平行的。

图14.3　胎次（- parity -）和泌乳期前120d产奶量（-milk120k-）间的交互作用

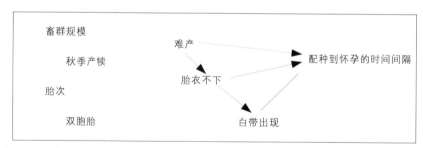

图14.4　奶牛3种疾病、4种混杂因子对配种到怀孕的时间间隔影响的因果关系图

有胎衣不下时，其残差值均应服从正态分布）的残差服从正态分布。通常在回归分析前，用一种快速测验的方法来测验其结果变量的残差分布。除非模型的R^2特别大，否则来自严重非正态分布结果的残差误差不可能预测变量的回归呈正态分布。另外一方面，如果二分类变量对结果的影响特别大，则结果变量的原始分布表现出双峰而不是正态分布，但模型的残差分布还有可能是正态分布。

　　● 线性——由于结果变量和连续的或等级预测变量间的关系用单个回归系数来表示，通常假设这种关系是直线关系（也就是胎次从2到3增加一个单位对-wpc-的影响和胎次从5到6增加一个单位对-wpc-的影响是相同的）。因为2点总可以连成一条直线，所以对二分类变量而言不包含这一假设。

　　现在对最后3个假设进行更为详细的讨论。通过残差的检查可以对这3个假设得到更深的理解。虽然可以用正规的测验方法来测验资料是否满足这3个假设，但通常用作图检测残差更方便（注：观察值是否独立一般可以通过数据的结构来判断，这一问题放到第20~23章中讨论）。基于上面的说明，确保所建的回归模型满足方差的同质性、分布的正态性和线性这3个重要假设是非常重要的，并且通

例14.12 繁殖疾病对配种到怀孕时间间隔影响的初始因果模型

data=daisy2
根据14.4因果关系图建立模型。

变异来源	平方和（SS）	自由度（df）	均方（MS）	观察值的数量=1574
				$F_{(9, 1564)} = 13.22$
				概率>F=0.0000
模型	296062.7	9	32895.9	$R^2 = 0.0707$
剩余值	3892027.9	1564	2488.5	校正的$R^2 = 0.0653$
总变异	4188090.6	1573	2662.5	MSE的平方根=49.885

wpc	系数	标准误	t	P>t	95%的置信区间	
aut_calv	−8.264	2.538	−3.26	0.001	−13.242	−3.286
hs100_ct	19.857	2.163	9.18	0.000	15.614	24.101
hs100_ctsq	11.138	3.111	3.58	0.000	5.036	17.241
parity_sc	1.137	0.858	1.32	0.185	−0.546	2.821
Twin	20.683	9.845	2.10	0.036	1.372	39.994
Dyst	11.700	5.463	2.14	0.032	0.986	22.415
Rp	5.987	4.812	1.24	0.214	−3.452	15.425
vag_disch	1.228	7.161	0.17	0.864	−12.819	15.275
rp*vag_disch	22.852	12.516	1.83	0.068	−1.698	47.402
常数项	64.330	2.634	24.42	0.000	59.164	69.497

该模型满足线性回归的主要假设（见14.9节），逐个进行残差分析（14.10节）。模型解释如下：

虽然模型变异仅占−wpc−（配种到怀孕时间间隔）变量总变异的7%，但模型极显著地存在（$F=13.22$，p<0.001），回归估计的标准误（49.9d）仅比实测的标准差SD（51d）小一点。

夏季产犊和其他季节产犊相比配种到怀孕时间间隔缩短了8d，群体规模效应延长了配种到怀孕的时间间隔，当群体规模增加时其效应以非线性方式大大增加。考虑到未知胎次（−parity_sc−）是重要的干扰因子而被保留在模型中。双胞胎母牛怀孕的时间要比单胎的延长21d。通过对这些变量效应的控制，并假设没有其他额外的无法控制的干扰因素，可以作出3种疾病效应的因果推断。

· 母牛难产显著延长了配种到怀孕的间隔时间（延长了11.7d）；
· 有胎衣不下但不出现白带没有显著延长配种到怀孕的时间间隔；
· 有白带出现但没有胎衣不下同样也没有显著延长配种到怀孕的间隔时间；
· 同时具有胎衣不下和白带出现的母牛显著延长配种到怀孕的间隔时间，大约为30天（与例14.9中的估计有微小的不同是因为前面模型包含的变量的个数要比这里的少）。

过改变变量使其满足其中的一个假设会对其他2个假设的有效性产生影响。为了加速建模，建议在模型建立的前期，用一种比较粗略的方法来检查主要的假设。如果显然存在违背其中任何一个假设的情况，建议在正式建模前，通过必要的改变从而满足资料对假定。另一个重要原则是要使模型简单，解释的是线性回归的基本特点。一旦满足了这3个假设，要对特殊的观察值继续进行细致的研究，看它们是不是异常值、杠杆点和（或）有影响力的点。由于在这3个假设中残差值的重要性，首先介绍不同类型的残差。

残差

原始残差（或观察残差）用r_i表示，它是第i个观察值和预测值的差，其单位和结果变量相同。

$$r_i = Y_i - \hat{Y}_i \qquad \text{等式 14.13}$$

式中下标i表示的是n个研究个体中第i个个体的特定观察值，原始残差r_i是第i个观察值误差的估计值，误差的估计值通过观察值减去预测的平均数计算。

残差的平均数为0，每个残差的方差是：

$$\mathrm{var}(r_i) = \sigma^2(1-h_i) \qquad \text{等式 14.14}$$

这里h_i是在决定r_i时第i个观察值的权数，h_i被叫做第i个观察值的杠杆值，表示该观察值对模型影响的可能性大小。在简单回归模型中，h_i用下面的公式计算：

$$h_i = \frac{1}{n} + \frac{(X_{1i} - \overline{X}_1)^2}{\mathrm{SSX}_1} \qquad \text{等式 14.15}$$

由上式可见，当预测变量的值越远离其平均数，该观察值的杠杆值就越大，注意这里所说的"影响的可能性大小"仅取决于预测变量而不是结果变量。当预测变量是连续性的测定值时，杠杆值具有更为重要的含义。

原始残差可以调整为除以其标准误（SE）。如果所有的观察值（包括第i个观察值在内）用于估计σ^2，这时可计算标准化（std）残差（也叫做内学生氏残差）：

$$r_{si} = \frac{r_i}{\sigma\sqrt{1-h_i}} \qquad \text{等式 14.16}$$

标准化残差的分布服从自由度为dfE的t分布，当样本容量n大于30时，根据高斯分布，在区间（-2，2）以外的值只有5%。相对于原始残差而言，标准化残差的主要优点是用这个绝对标准来判断残差的构成。

原始残差和标准化残差是通过根据所有观察值确定的回归等式来计算第i个观察值的预测值计算得到。也就是每个观察值本身对预测值有影响，由于观察值对预测值的影响，导致一个有影响的观察值可能不表现大的残差。为了真正检查是否第i个观察值符合模型，必须把它和用其余$n-1$个观察值建立的回归模型的预测值进行比较。这个标准化的残差叫学生氏（stu）残差或外学生氏残差（其他的叫做学生氏剔除残差或刀切法残差）：

$$r_{ti} = \frac{r_{-i}}{\sigma_{-i}\sqrt{1-h_i}} \qquad \text{等式 14.17}$$

式中 $-i$表示第i个观察值不包含在预测值中或不包含在模型方差中。假定模型是正确的话，这些残差服从dfE-1的t分布（表14.2）。

综上所述，可能导致大的标准化残差值的情况为：在响应变量（Y）中观察值是异常值（也就是r_i值大），或在预测变量中观察值是异常值（也就是h_i值大）。

不管是以上两种情况的哪一种或者如果观察变量严重影响模型的拟合时（即当剔除一个观察值，模型改变相当大时），学生氏残差就大。

除了线性以外（变量不用修正或转换），虽然把方差的同质性和分布的正态性割裂开来研究，但通常要两者一起研究。现在继续用残差数据来评价整个模型的拟合度好坏。

14.9 主要假设的评价

虽然有很多统计学检验的方法可用来评价不同的假设，但通常评价模型假设着重根据图解方法，然而，这里推荐的检验方法仅用作图解方法的一种补充。当检验和图解方法导致不同的结果时要注意谨慎应用。

14.9.1 方差的同质性

线性回归分析，重要的假设是残差方差为固定的常数。没有方差的相等性（叫做同质性），显著性测验最多是大致的结果，这是因为对某些残差来讲其标准误很小，对另外一些则很大。可以通过标准化残差和预测值作图的方法测验方差同质性。如果在整个预测的Y值范围内方差是固定的，那么，散点就向水平方向聚集。如果方差是非固定的，则可形成如扇形（方差随着预测值的变大而增大）或锥形（方差随着预测值的变大而变小）。这些图形表明因变量需要进行数据转换（或加权回归）。同样用标准化残差对个体预测值（连续性变量）进行作图、寻找相似的图形以及比较分类变量不同水平形成的组残差方差也非常有用。

有许多方差同质性检验的统计学方法，最普遍使用的一种方法是Breusch–Pagan检验（也被叫做Cook–Weisberg检验）（Cook和Weisberg，1983）。其无效假设是方差同质，检验显著（P<0.05）表示方差非同质（异方差）。例14.13表示的是方差非同质性的评估。

14.9.2 残差的正态性

要做残差正态性检验，可以对残差做直方图（例14.14）。一种更加灵敏的替代方法是作残差的正态概率图［有时叫做Q–Q（分位数–分位数）图］。如果残差服从正态分布，则图形几乎是一条与水平线成45°的直线（见例14.14右边的图）。如果残差分布右偏斜，Q–Q图向45°线下方弯曲（曲线为凸形），相反，如果残差分布左偏斜，Q–Q图向45°线上方弯曲（曲线为凹形）。如果残差分布有很多峰（平阔峰），Q–Q图则是S型曲线。所以这些分布是否背离正态分布可以很直观地由图可见，是使用正态概率图还是用直方图这很大程度上是个人爱好问题。同样，可以用计算的标准化残差分布的偏度和峰度系数来解释其分布情况。

有许多正态性检验的统计学方法，其中一种常用的方法是Shapiro–Wilk检验。无效假设是正态分布，检验显著（P<0.05）表示残差分布不服从分布正态。然而，根据经验，当分布明显只是轻微地偏离正态分布时，在样本容量很大的情况下，这种检验往往产生检验显著的结果。因此，通常最常用的方法是直观的评价方法（特别是Q–Q图）。

14.9.3 矫正误差分布的问题：结果变量的转换

结果变量转换的方法有很多种，很多统计软件也提供了多种多样容易实现的数据转换方法，所以通过软件可以很容易地尝试各种不同的方法。但这里只介绍其中一些经常用到的方法。尽管合适的数据转换常规评价方法仍然有用，但和过去类似情况有关的知识有助于正确选择数据转换的方法（Afifi等，2007）。通用的原则是：

（1）如果残差方差随着结果变量的变化温和增加（也即残差方差和平均数成比例关系），对Y变量进行平方根转换是有用的。

（2）如果残差分布呈现严重的扇形分布（残差和平均数的平方成比例关系），经常对Y变量进行对数转换。

（3）如果扇形随着结果变量变小，并且X和Y的相关接近线性，那么对Y变量采用倒数转换证明是有效的。

（4）如果Y变量是比率（p）（一般，结果变量在一个有界的区间内但没有二项式的共同特征），对比率数据方差稳定性转换的方法是p值开根后取反正弦。

　　有时需要一种更加正式的方法来确定最佳的转换。如果关注的是残差分布不服从正态性，该方法被称作Box-Cox转换，通过该方法的一系列转换，目的是使误差的分布尽可能接近独立高斯抽样分布，从而确定Y转换的幂λ（除了$\lambda=0$，参见下面文中说明）。许多统计软件提供了用极大似然迭代过程使误差分布最大程度正态化的Box-Cox转换分析计算λ值的方法。这些转换只能用于正值（也就是大于0的值），但其可以用于结果变量、预测变量或者两者同时使用。下面是Box-Cox转换的一些例子（这里$Y*$表示的是转换以后的Y值）。

- 如果$\lambda=1$，则用$Y*=Y$；
- 如果$\lambda=1/2$，则用$Y*=\sqrt{Y}$；
- 如果$\lambda=0$，则用$Y*=\ln Y$；
- 如果$\lambda=-1$，则用$Y*=-1/Y$。

例14.13　配种到怀孕时间间隔（–wpc–）为结果变量时的方差同质性（方差相等）评价

data=daisy2

　　根据例14.12模型生成的标准化残差对预测值的散点图。

　　一条几乎等宽的点带表明模型满足了方差同质性的要求。从直观角度讲，检测残差的分布属哪种形式是很困难的。然而，Cook-Weisberg方差同质性检验自由度等于1的χ^2值等于20.58，极显著的异方差（P<0.001）表明各预测值的残差方差是非固定的方差。计算在整个预测值范围内的分割点分别为40、60、80、100时的残差的标准差表明，在预测值较小或较大时其方差小于中间2个类别的方差（没有提供资料）。

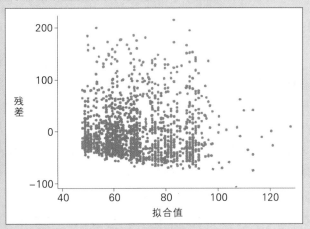

图14.5　标准化残差和拟合值的散点图

　　通常，估计的λ值接近1/4个单位时，必须取最接近λ取的值（如$\lambda=0.45$此时取$\lambda=1/2$），或者取λ值置信区间内的最佳值。在例14.12中，其λ值等于0.11接近于0，所以用对数转换最佳。后面所述的数据转换方法都是用上面提到的方法。还有一点要注意，如果转换的数据是0，所有的数据必须加上一个常数，然后再进行对数转换，这个常数通常是Y变量最小的值（Afifi等，2007）。

　　必须认识到方差同质性和分布正态性分析都是针对线性模型的残差而言的，并不是对结果变量本身的分布而言。同时还要注意Box-Cox转换仅指通常所用到的一种数据转换的方法，并不保证所选的最佳λ值转化是最好（仅指在所有转换的幂λ中按上述方法选择是最好），还有许多其他转换方法，例如，如果残差分布的问题主要是偏斜，取而代之的转换形式是$Y*=\ln(Y-c)$，这里c是所选的纠正偏斜的一个数值。这种转换的优点是它并不一定仅对Y值是正数的转换，当然$Y-c$必须是正的。

14.9.4　预测和结果变量间的线性关系

　　在回归模型中，假定连续的预测变量和结果变量间是线性关系。大部分回归软件包可以通过作图来评价线性关系，有些只有一元模型，有些是多元模型。在有多个连续变量的模型中，一种检测非线性的方法是用残差对每个连续性的预测变量进行作图（见例14.15）。通过运用光滑核函数有助于发现预测和结果变量间可能存在的任何形式的关系，还可以提高这一过程的敏感性，但要注意当数据较

例14.14 配种到怀孕时间间隔（–wpc–）为结果变量时的残差正态性评价

data=daisy2

左边的直方图和右边的Q–Q图（展示的是残差分位数相对于正态概率分布分位数）表现出残差分布的轻度非正态性，这里凹形Q–Q图和残差分布是右偏态分布一致。

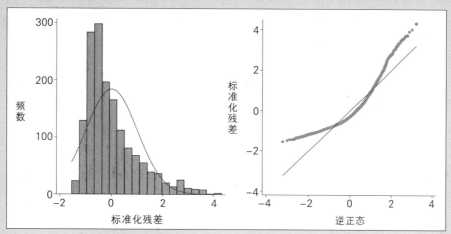

图14.6 标准化残差的直方图和Q–Q图

进一步可以通过正态分布检验来得到该分布是非正态分布的证据，Shapiro–Wilk检验的统计量W=0.88（就正态分布而言，关键是W值要小），相应的概率值$p<0.001$，表明分布非正态。显然残差非正态分布，所以必须考虑在这个方面改进模型。随后的几个例题对这个问题进行讨论，简要说明见14.9.3节。紧接着用–wpc_sqrt–转换，转换后图形表面上趋于变得更好。但是，W=0.96，所以Shapiro–Wilk检验仍然是残差分布极显著呈现非正态分布。

少时所发现的这种关系形式。本书15.6节详细全面地讨论了评价线性和处理非线性的方法。这里只介绍3种解决非线性问题的可能方法。第一种方法是加X的幂次项（也就是二次项），第二种是对Y变量进行转换（下面将讨论），第三种方法是将连续性预测变量转化为分类变量，包括在模型中用正规指示变量或分类指示变量来替代连续性预测变量。例14.15表示的是用光滑的轻度弯曲曲线评价群体规模和从配种到怀孕间隔时间两者间的线性关系的方法。

通过数据转换纠正两个变量缺乏线性关系的一些建议：

为了纠正缺少线性的关系，可以对结果变量或预测变量或这两个变量同时进行数据转换。很显然，通常必须用数据转换的方法来对方差同质性以及缺乏正态性的变量进行转换，有时数据转换针对的是上述一个问题，其他问题也相应地得到了解决。但从另一个方面来看，有时一个问题的解决可能产生另一个新问题。如果通过对结果变量的转换来改进线性关系，这肯定对残差的方差同质性和分布的正态性产生影响，所以结果变量转换后必须进行检查，也许要重建模型。如果转换的是预测变量，那么残差的方差同质性和分布的正态性有可能相对比较稳定。因此，通常对于改进线性关系选择的方法是测验预测变量的二次项，或其他预测变量转换的幂在±2范围内的转换，用于评价其显著性。下面是预测变量转换的基本方法：

- 如果随着X的减少，结果变量增加，那么用$\ln X$或$X^{1/2}$转换
- 如果随着X的增加，结果变量增加，那么用X^2或e^x转换
- 如果随着X的减少，结果变量减少，那么用X^{-2}或e^{-x}转换

如果预测变量和结果变量的关系相当复杂，就有必要用更为复杂的多项式模型或分类指示变量而不是连续尺度变量（见15.6节）。对等级指示变量而言是通过识别哪一种关键切割点具有统计学显著

性来选择的（见14.4.2节）。

14.9.5　用稳健标准误来纠正分布的问题

可以用稳健的标准误来纠正许多分布的问题。因为稳健的标准误在处理聚群的数据时有重要作用，所以在20.5.4节有更为详细的讨论。通常稳健的标准误要比一般的标准误大，因此系数的置信区间也宽。如果用稳健的误差进行分析，要注意由于F检验不再正确，所以不能用F检验来检验模型。同样由于没有单一的参数值，MSE不再是σ^2的估计值。根据具体情况处理的原则检查残差后，重新对例14.16进行了模型拟合，通过稳健的标准误来帮助评价疾病变量和它们间互作的重要性。变量-dyst-变为不显著，但其回归系数和剩余的P值和非稳健误差模型的结果相似。

14.9.6　数据转换模型的解释

例14.12的模型违背了方差的同质性和分布的正态性的假设，随后Box-Cox分析表明对数转换比较适合该例（例中没有详细说明），对数转换证明了残差的正态性，但方差的同质性却存在问题，因此对从配种到怀孕间隔时间（-wpc-）采用平方根转换（-wpc_sqrt-），并且Bresusch-Pagan /Cook-Weisberg同质性检验结果是P=0.52表明方差同质。这种平方根转换解决了方差的同质性但分布的正态性又出了问题（表面上看分布服从正态性假设的要求，但正规检验仍然显著），当检查完残差、尝试解决分布的问题、着重考虑方差同质性的问题后，决定最终模型中对结果变量（-wpc-）用平方根转换。例14.16表示的就是这一模型，这个模型也用于评价个体观察值。由于模型残差仍然不符合分布的正态性，所以如Pires和Rodrigues（2007）提出的，当评价每个预测变量的显著性时用稳健的标准误（注：这就是表示无法解释模型的F统计量）。

数据转换的一个问题是转换改变了模型的结构，对模型的解释变得较为困难。在结果变量的转换中，只有对数转换允许对回归系数进行反转换。通常建议广泛采用作图技术、计算预测值以及作出反转换的结果变量的方法，而不是在数学意义上来解释模型。关键是获得数据转换后预测的结果变量（以及置信限），然后用反转换的方法确定原尺度上的结果变量，上述方法解释模型的前提是在原始尺度上效应更容易解释清楚。有时在模型中保留转换的形式有优势，例如，模型中对影响细胞数量（或乳房炎）危险因子的体细胞数用对数转换已成为一种标准的实用方法。

例14.15　畜群规模和平方根转换后的从配种到怀孕间隔时间线性关系的评价

data=daisy2

　　标准残差和群体规模（-hs100_ct-）的散点图可以用一条光滑的轻度弯曲的曲线来拟合（来自群体规模（-hs100_ct-）作为唯一的线性项被选入的模型）。

　　由图可见，上述两个变量间存在曲线特征，所以在模型中加上群体规模（-hs100_ct-）的二次项是有必要的。

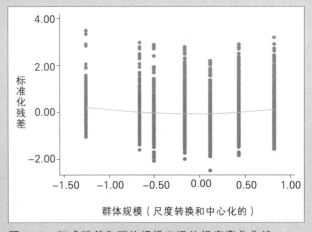

图14.7　标准残差和群体规模光滑的轻度弯曲曲线

由于感兴趣的主要是奶牛疾病和从配种到怀孕间隔时间的关系，在计算–wpc_sqrt–预测值时仅针对第1胎，在平均的群体规模基础上出现的那些疾病，不包含夏季生产犊牛和产双胞胎的情况（所有这些变量的取值为0，所以运算简单）。

表14.4 不同疾病状态下配种到怀孕间隔天数的预测

	难产（无）dyst –		难产（有）dyst +	
	白带出现（无）vag_disch –	白带出现（有）vag_disch +	白带出现（无）vag_disch –	白带出现（有）vag_disch +
胎衣不下（无）rp –	59.5	56.7	60.9	63.7
胎衣不下（有）rp +	66.1	95.6	67.2	101.8

注：估计天数根据的–wpc_sqrt–为结果变量建立的模型，在模型中其他预测变量的取值是平均值。

为了简化过程，在下面的说明中忽略了表14.4中预测值的标准误。如果白带出现为无，则胎衣不下出现将推迟怀孕时间大约6d。如果胎衣不下为无，则白带出现与否的效应值就非常小（在 ± 3d以内）。如果白带出现和胎衣不下均出现，根据难产是否出现，则怀孕时间推迟约35~41d。虽然难产和白带出现、胎衣不下两个变量间无互作，但难产对怀孕时间的效应无论是胎衣不下存在与否还是白带出现与否，有一定程度的变化（变化范围在1~7d），本例是在数据转化后模型分析的结果。更多有关反转换的讨论请查阅Afifi等（2007）

当数据转换应用于多元回归模型，且进行预测时必须谨慎，因为在一种尺度下模型是线性、可加

例14.16 奶牛疾病对从配种到怀孕间隔时间（–wpc_sqrt–）的平方根转换后的回归模型

data=daisy2

从配种到怀孕间隔时间（–wpc_sqrt–）的平方根转换后作为结果变量以及用稳健的标准误建立的回归模型

变异来源	平方和（SS）	自由度（df）	均方（MS）	观察值的数量=1574 $F_{(9, 1564)}=16.19$ 概率>F=0.0000
模型	1133.93219	9	125.992465	R^2=0.0852
剩余值	12172.3347	1564	7.78282267	校正的R^2=0.0800
总变异	13306.2668	1573	8.45916519	MSE的平方根=2.7898

wpc_sqrt	系数	标准误	t	p>t	95%的置信区间	
aut_calv	−0.514	0.142	−3.62	0.000	−0.792	−0.235
hs100_ct	1.230	0.121	10.17	0.000	0.993	1.467
hs100_ctsq	0.709	0.174	4.07	0.000	0.367	1.050
Parity1	0.058	0.048	1.21	0.225	0.036	0.152
twin	1.385	0.551	2.52	0.012	0.305	2.465
dyst	0.542	0.305	1.78	0.076	−0.057	1.141
rp	0.389	0.269	1.45	0.148	−0.138	0.917
vag_disch	−0.019	0.400	−0.03	0.974	−0.799	0.772
rp*vag_disch	1.491	0.700	2.13	0.033	0.118	2.864
常数项	7.517	0.147	51.03	0.000	7.228	7.806

模型结果的解释见14.9.6节正文。

的，但在另一种尺度下其表现是（可能是很强的）非线性和非可加。因此，结果变量取决于模型中所有的变量，即使变量间没有真实的相互作用。在计算预测值时，这里建议用不是直接感兴趣的变量平均数和主要感兴趣的其他变量的范围值，此外，必须将所有的置信区间等估计值先在转换尺度下计算，然后反转换成原始尺度下的区间等。

14.9.7 特别偏倚

如果模型正确，残差和预测的结果（$\hat{Y}$）没有关系。但是，如果重要的变量不包含在模型中，模型受特别偏倚的影响。这可以在标准化残差和Y变量的预测值间的线性模式得到反映。例如，小（负）残差可能和较低的$\hat{Y}$值、大（正）残差和较大的$\hat{Y}$值有关时，表明有一个或多个重要预测变量没有包含在模型中。特别是具有正残差的抽样单位通常其Y变量的观察值就大，这一特征可能有助于鉴别模型中缺失的变量。遗憾的是，由于r_i相对变异程度大，所以关系较弱的模型（模型的R^2值较小）要辨别这些模式是很困难的。特别偏倚有相应的测验方法，但这一内容超出了本书的范围。

14.10 个体观察值的评价

前面着重讨论的是针对线性回归模型成立的主要假设的评价，这里在观察值水平上来评价模型的拟合问题。特别是去发现：

（1）那些模型拟合较差的，因此观察值残差较大；有些被认为是离群值（异常值），从技术的角度来讲是指很有可能是由偶然性导致的标准化残差大的离群值。

（2）那些不一般的X值，也被叫做杠杆观察值。

（3）那些对模型有极大影响的观察值，也叫有影响的观察值。

逐个观察值分析所要说明的是对大多数研究的变量而言模型是否正确，如果能鉴别出特定的观察值不符合所建模型或对模型有很大的影响，这将有助于我们分析出影响的原因。另外，这种分析通常能使研究者深刻理解数据的特征，这些特征在弄清模型的结果或在计划研究方面非常有用。

通常有2种方法来评价个体观察值，一种是根据测验的统计量，用作图技术来检测特殊的观察值；另一种是根据观察值是否超过特定的临界值来区分，两种方法各有其优点。关键是尝试用各种不同的方法去选择一种合适的方法。但对于给定的数据资料没有必要用尽各种方法。尽管作图技术最为常用，这里提供的是制表结果。如果某个预测变量是用区间删减（用作连续性变量，但其取值是有选择的。例如前面例题中的– hs100–变量）的特殊方法（超出了本书的范围）获得的资料，可用残差来评价（Topp和Gomez，2004）。

14.10.1 离群值

通常，离群值是指其值远离数据资料中其他数据的观察值。在多变量资料中，需要准确地弄清"其值远离其他数据"的含义，观察值成为离群值是因为它仅在少数几个变量组合中出现（例如双胞胎只在其他几个感兴趣的奶牛疾病中出现）。在回归分析时，有结果变量中的离群值和预测变量中的离群值之分。

结果变量中的某个观察值是不是离群值由残差值的大小来检测，这里的"大"残差是指在同样规模下，同一个数据资料中相对其他观察值而言超过了预期的标准。

虽然异常值鉴别很重要，试图理解和弄清为什么它们模型拟合不好，但要注意不能没有理由地将其在数据资料中删掉。异常值增大了估计的标准差，从而降低了统计测验的效率。结果或预测变量的非正常值可能反映了数据的自然状态，可能是由于抄写错误或漏掉了能用于解释模型拟合效果差的协变量。在大多数情况下，不必过多关注这样的数据，除非这些数据的标准值大于3。虽然在2和3之间的数值可能对模型拟合有影响，但正态分布时，理论上只有很少比例（1%）的标准化残差位于±3以外。

如果怀疑某个观察值是离群值，根据学生氏残差可以对其进行是否为离群值的2尾t测验，但测验的概率取决于先前是否将该观察值怀疑为离群值。如果先前怀疑某观察值，则P值可以通过比较学生氏残差和自由度为dfE−1的t分布的值来计算。然而，如果测验的是特定数据值随后计算得到的残差，那么将上述计算得到的概率值乘以观察值的个数（n）计算概率值，这相当于应用了Bonferroni矫正的方法（等式14.18）。如果学生氏残差大于该值则可以认为统计上该观察值被确认是离群值。本数据资料某个学生氏残差大于4.17可以认为对应的观察值是离群值。

$$P = 2 \cdot n \cdot t(\text{dfE}, r_{ti})$$ **等式14.18**

处理异常观察值的原则包括：

（1）用大的学生氏残差识别观察值；

（2）尝试寻找异常值产生的原因，例如记录错误或不正确的测定结果（如测定仪器不准或操作错误）；

（3）如果没有记录错误，通常情况下考虑是什么原因能解释；

（4）尝试去掉离群值后重新拟合后检查模型的拟合效果；

（5）如果删除观察值，一定要在文章中有记录，使阅读研究报告的读者清楚（因为删除观察值很难说明其理由）。

虽然剔除异常值可以提高样本资料模型的拟合度，但是会降低模型应用时的正确性。例14.17表示的是关键预测变量的5个最大正、负的残差模型分析结果，这有助于弄清违背常规的原因。

14.10.2 "非正常"观察值的检测——杠杆值

"非正常"观察值的检测着重于检测X变量中的非正常值以及运用于模型中有多个连续性变量的情况。为了达到这一目的，可以用公式14.15计算杠杆值，杠杆值表示的是第i个观察值对模型潜在的主要影响。

通常，预测变量中至少存在一个远离其平均数的观察值，其杠杆值也大，当然杠杆值位于$1/n < h_i < 1$范围内。具有大杠杆值的观察值，对回归模型的影响也大，不管它是否取决于观察到的Y值。一般的原则是检查杠杆值大于$2(k+1)/n$的观察值，这里k表示的是模型中预测变量的个数，或者回归模型中除了常数项以外的参数的个数。这一临界值有相当大的任意性〔另外一个常用的值是$3(k+1)/n$〕，因此，在检测开始阶段寻找的是相对极端的杠杆值的观察值而不管这个临界值。用后者的思路分析前面的例子，结果表明，任何一个观察值的杠杆值在0.017以上就可以认为在该预测变量中是极端的。例14.18表示的是有5个大杠杆值的观察值的情况。一旦发现有潜在影响大的观察值，就要进行它们对模型真实影响的评价。

14.10.3 有影响观察值的检测——Cook's统计量和DFITS

一种直观的测验某个观察值的总的影响方法是将其在模型中删除，重新计算模型并注意在预测时结果改变的数量。如果该观察值是有影响的观察值，这种改变就会大，相反就小（见例14.19）。

Cook's统计量D_i就是基于此而形成的一种检测值。这里D_i是包含和不包含第i个观察值模型拟合差值的平方和。可以根据下面的公式对Cook's统计量进行更直接的说明。

$$D_i = \frac{r_{si}^2}{(k+1)} \cdot \frac{h_i}{(1-h_i)}$$

等式14.19

Cook's统计量受标准化残差、杠杆值或两者的影响，标准化残差、杠杆值或这两个值大时，这个观察值的影响就过度。

通常建议将Cook's统计量与自由度分别为（$k+1$）、（$n-k-1$）的F分布概率值为0.5（不是0.05）时的F值临界值比较，如D_i超过这个临界值的F值，要对该观测值进一步分析。然而根据实际经验，D_i的值很少能超过这个值，因此建议寻找的数据资料中与其他观察值有极端相关的值来替代。在前面的例子中如果用$4/n$作为临界值，大的Cook's距离D_i等于或超过0.0025的牛有91头。

相似的一种方法是用被称作DFITS（或DFFITS）的统计量（例14.19）。DFITS是模型中包含与不包含某一观察值拟合值间的差"difference in fit"首字母的缩写。DFITS表示的是删除某观察值，模型标准误改变的数量。下面DFITS计算公式表明它与Cook's统计量非常相似。

$$DFITS_i = r_{ti}\sqrt{\frac{h_i}{(1-h_i)}}$$

等式14.20

由公式残差的下标可见，DFITS是包含学生氏残差的统计量。此外，如果DFITS的值在$n<120$时超过1，或在数据个数很多时超过$2\sqrt{(k+1)/n}$，就表示如果删除该观察值，模型将会改变很大（k的含义同上）。如果该观察值是异常值，就应该毫不犹豫地删除。通常除非知道该值不正确或其影响能被清

例14.17　–wpc_sqrt–为结果变量建立的模型其观察值标准化残差和学生氏残差的检测

data=daisy2

标准化和学生氏残差根据例14.16用一般标准误建立的模型计算，假定数据个数相对较多，两种残差间的差异很小。5个最小的标准化残差如下表：

奶牛编号 cow	群体规模 herd size	胎次 parity	双胞胎 twin	难产 dyst	胎衣不下 rp	白带出现 vag_disch	间隔时间的平方根 wpc_sqrt	预测值 pred.value	标准残差 std.resid.
2272	263	2	no	no	no	no	1.00	7.73	−2.42
1032	201	2	no	no	no	no	1.00	6.62	−2.02
403	235	4	no	no	no	no	1.73	7.00	−1.89
983	201	4	no	no	no	no	2.00	7.25	−1.89
1130	201	5	no	no	no	no	2.24	7.31	−1.82

通常预测的这些牛从配种到怀孕的间隔时间比平均的要长，但实际情况正好相反。

5个最大的标准化残差是：

奶牛编号 cow	群体规模 herd size	胎次 parity	双胞胎 twin	难产 dyst	胎衣不下 rp	白带出现 vag_disch	间隔时间的平方根 wpc_sqrt	预测值 pred.value	标准残差 std.resid.
199	294	2	no	no	no	no	15.91	7.72	2.94
4939	185	4	no	yes	no	no	15.49	7.22	2.99
805	333	4	no	no	no	no	17.26	8.66	3.09
1226	125	2	no	no	no	no	15.30	6.64	3.12
1257	125	5	no	no	no	no	15.91	6.81	3.27

这些牛从配种到怀孕的实际间隔时间大大超过了预测值（3头标准化残差最大的奶牛中没有一头出现所关注的3种疾病，但他们从配种到怀孕的实际间隔时间长）。本例观察值总个数是1574，所以自由度为1564，学生氏残差在±4.17范围外其对应的观察值是非正常值的概率小于0.05，由于本例没有一条牛的学生氏残差出现这样的极端值，所以结论为本例没有严重的异常值。

楚地解释，否则不应将其剔除。如果剔除了某些观察值一定要在文中写明理由，以引起读者对研究结果的注意。

　　本例模型DFITS的值是0.16，有68条数据的DFITS值超过了0.16，几乎所有的数据包含了模型建立感兴趣的3种奶牛疾病中的一种或多种。虽然疾病延长了怀孕的时间，但由例14.19可见，数据模型拟合相当合理并且没有足够的理由将它们从分析数据中删除掉。

14.10.4　特异预测变量有影响值的检测

　　假定有一个感兴趣的暴露因子变量，可以通过删除一个特定的观察值来评价其对该暴露因子变量回归系数的影响，所用的统计量被称作delta-beta（DB），其反映的是删除一个观察值后回归系数改变的标准误的大小。因此它有助于鉴别是否该变量的某个特定的观察值对回归系数β有大的影响。$n<120$时其临界值是1，当数据的个数很多时，其临界值是$2/\sqrt{n}$。DB值很敏感，所以开始时只关注极端DB值所对应的观察值。

　　本例胎衣不下（-rp-）变量的DB临界值为±0.05，所有具有胎衣不下情况的牛是有影响的观察值。这一点也不奇怪，因为具有胎衣不下情况的牛确实属于少数。白带出现与难产变量的DB值分析结果和胎衣不下相同。具有胎衣不下和白带出现的牛有30头，同样具有较大的DB值，本例不必将它们从数据中剔除。通常用DB统计量检测特定变量有影响的观察值连续性的变量比二分类变量更有用。

例14.18　以从配种到怀孕的间隔时间的平方根（-wpc_sqrt-）为结果变量建立模型，用观察值对应的杠杆值检测非正常值

data=daisy2

杠杆值根据例14.16用一般标准误建立的模型计算。5个最大的杠杆值是：

奶牛编号 cow	群体规模 herd size	胎次 parity	双胞胎 twin	难产 dyst	胎衣不下 rp	白带出现 vag_disch	标准化残差 std.resid.	杠杆值. Leverage
2389	263	5	yes	no	no	yes	−0.57	0.059
2433	263	3	yes	no	yes	yes	−0.52	0.063
163	294	2	yes	no	yes	yes	0.06	0.064
1122	201	4	yes	no	yes	yes	−1.24	0.064
4916	185	4	yes	no	yes	yes	−0.66	0.064

有双胞胎的母牛（但没有难产）同时具有胎衣不下或白带出现中的一种或两种，其杠杆值就大。因为产双胞胎而又不出现难产是不正常和罕见的现象，这些记录数据必定不正常，并且由杠杆值的大小所反映。

14.10.5　模型缺陷的评价

　　前面通过举例的形式，介绍了评价线性回归模型的基本步骤，例中包含了一些有问题或对模型拟合不好的数据，但这些数据的影响都不大。但严重的问题是正残差超过了负残差导致分布缺乏正态性。真实的情况是如果纠正分布缺乏正态性的问题，就会出现方差的非同质性问题。总体来讲，平方根转换可解决方差同质性问题，所以用该转换后建立的模型，但正态性仍有问题，因此采用了稳健的方差对模型回归系数进行显著性测验（本例不能用F统计量测验）。如例14.16所示，结果变量是从配种到怀孕的间隔时间的平方根（-wpc_sqrt-），当用稳健的标准误分析时，模型变量的选择变化不是很大。尽管残差非正态并且R^2较小，但转换后分析的结果支持了先前所建模型有可能是正确的结论。

14.11 时间序列数据

时间序列数据是指在一段较长的时间内，等时间间距测定所获得的数据资料。如1~5年内每天医院的住院情况、1年或1年以上每天牛群的产奶量。这时某段时间（例如天）内测定的结果很可能和其相邻时间段内测定的结果有关联，这种测定结果间的相关经常会导致残差的相关，并且打破线性回归其中的一个主要假设（普通最小二乘，OLS）。通常，对于给定的样本对象的数据结构（如在同一个畜群中选择动物，测定相同的结果；或在一定的时间范围内相同个体重复测定结果），可以预测其数据是相关的。Pires和Rodrigues（2007）描述了一种其中只有一些误差是相关的方法，例如这种情况出现在假如数据资料来自部分奶牛多个泌乳期，而大多数数据是来自只有一个泌乳期的奶牛。第23章描述了控制一组研究现象重复测定值间相关的分析方法。

在时间序列资料中，通常由于研究对象各变量是重复测定值，从而产生等间距相邻时间段（如天）间残差的相关。这可以用某头奶牛或某个牛群每天产奶量的测定值为例来说明，预测变量组可以是疾病和/或牛奶中的体细胞数。如果分析这样的数据，估计体细胞数对奶产量的影响，回归系数所反映的预测变量的效应是无偏的，但标准误很可能不正确。残差间的相关不是导致标准误的增加就

例14.19 以从配种到怀孕的间隔时间的平方根（–wpc_sqrt–）为结果变量建立的模型其有影响的观察值的检测结果

data=daisy2
5个最小的负DFIT记录是:

奶牛编号 cow	群体规模 herd size	双胞胎 twin	难产 dyst	胎衣不下 rp	白带出现 vag_disch	标准化残差 std.resid.	Cook's 距离 D_i	dfit
713	333	yes	no	no	no	−1.63	0.012	−0.346
444	235	yes	no	no	no	−1.68	0.011	−0.339
1122	201	yes	no	yes	yes	−1.24	0.010	−0.323
2480	263	no	no	yes	yes	−1.68	0.010	−0.320
5029	185	yes	yes	no	no	−1.34	0.009	−0.305

产双胞胎或有一种疾病的奶牛其预测的从怀孕到配种间隔时间较长，但间隔时间短的奶牛个体对模型影响就大。5个最大的正DFIT记录是:

奶牛编号 cow	群体规模 herd size	双胞胎 twin	难产 dyst	胎衣不下 rp	白带出现 vag_disch	标准化残差 std.resid.	Cook's 距离 D_i	dfit
4939	185	no	yes	no	no	2.99	0.012	0.349
1124	201	no	yes	no	no	2.85	0.012	0.351
238	294	no	no	no	yes	2.69	0.016	0.398
4999	185	no	no	yes	yes	2.09	0.016	0.405
1238	125	no	no	no	yes	2.63	0.020	0.447

不产双胞胎但有一种或一种以上疾病的奶牛的数据是最有影响的观察值。在任何情况下，如果所有"影响的"奶牛拥有我们不感兴趣的共变异值，就可以将其从模型中剔除，并且评价其作为一个整体从模型中剔除的影响。本例因为我们对疾病的效应感兴趣，所以不剔除任何观察值。在10个最有影响力的观察值中，那些有高杠杆值的个体其残差比低杠杆值的个体要小。其他一些导致有影响力数据的因素包括群体，在10个最有影响力的数据中占了40%，产双胞胎奶牛（产犊数的1.7%）在5个最小的负DFIT中占了4头。

由于双胞胎奶牛的影响，建立一个不包含双胞胎奶牛的模型，没有一个回归系数的变化超过20%，但难产的回归系数测验不显著，其P=0.076。

是导致减少。如果怀疑重复系列测定值间的相关，可以用Durbin-Watson方法进行检验。通常Durbin-Watson的检验值接近2表明没有相关，当检验值变小表示相邻残差间的相关增加。还有更多如Ljung-Box Q-test（Ljung 和 Box，1978）的高级系列相关的检验方法，提供的P值比Durbin-Watson法更容易对相关解释。

有关时间序列分析的例子包括人和家禽的空肠弯曲杆菌当前的模式分析（Hartnack等，2009）；人的肠道感染和环境温度间的相关分析（Fleury等，2006）以及安大略省狐狸狂犬病的当前模型分析（Tinline等，2004）。Poirier 等（2008）介绍了每月禽原性沙门氏菌分离数量和家禽生产性能产生影响的作用间相关模型的例子。时间序列分析写的较有用的是Diggle（1990）的著作。

时间序列资料分析开始的一个步骤是对结果数据进行作图，就这一点而言，光滑的曲线是一种形象化地描述数据资料变化趋势以及变化模式（如结果中季节改变模式）的好方法。如果时点数是"t"（例如每日测定时t=天数），可以使用步长为$2m+1$（$m \geqslant t$）的各种平滑函数。m越大曲线越平滑（所有持续波动数小于m）。例如，如果有一个以天为单位的时间序列并且$m=1$，那么3d的移动平均可以消除测定结果中3d或小于3d的时间间隔内测定值的波动。在进行详细分析前，数据的稳定性很重要，也就是要消除任何趋势和季节变动。

一旦这些分析完成，就应检查特定的最后几个滞后间隔残差间的相关（例如滞后7d（$m=7$）残差的相关是指最后1~7d范围内观察值间的相关）。特别是当时间点靠得越近，这种相关就越大（也就是同一对象测定时间靠得越近的观察值相互间的相关越强）。例如奶牛奶产量的残差在相互毗邻的每天间有较强的相关，当时间点间隔天数增加为几天时，奶产量间的相关就减少（间隔天数增加到4d时，这种相关就不存在了）。自相关函数可以用于确定时间段内间隔单位增加到m时相关的结构。时间间隔单位为m的2个结果间的部分自相关函数考虑了时间单位从1到m时时间单位间的相关。这种方法对弄清相关结构中出现相关性突然变化非常有用。大多数统计软件有非常方便的方法可以进行各种不同滞后间隔间相关的检查。

序列相关的调整

一种残差间相关修正的方法是用加权的最小二乘估计，有2种这样的估计，分别是柯克兰-欧克特（Cochrane-Orcutt）估计和沛市-温士顿（Prais-Winsten）估计。这些方法并不需要考虑时间序列的动态性（如变化趋势、周或季节的变化模式），但在假设有1个时间单位的滞后时，必须对标准误进行修正。此外，很多软件可以运行这种回归。通常做法是在建立这些模型后要重新对残差的相关进行检验，确保残差已经剔除。

一种更为高级的方法牵涉到一种叫自回归模型的应用（Zeger等，2006），这种方法的细节已超出了本书的范围，这里不再叙述。然而，这里介绍的仅是其主要内容，从本质上来讲是建立一个结果（Y_t）与给定的时间天作为预测变量的模型（也就是Xs）。Xs是指那些有理由认为可以用作时间序列资料真实模式解释的预测变量，如季节性变化和（或）周期性变化趋势模式；也可以指那些随时间而变化，而且需要估计其效应的变量（X_ts）。预测变量的选取还需根据时间序列数据表现的影响变化模式的因素。一旦那些固定效应变量选定后，通常是去寻找那些已经由原始值转换后的滞后时间间隔间相关的性质和强度。下面的等式就是自相关（AR）模型，由于包含了结果数据中最先前的2d数据作为预测变量，所以模型可以叫AR-2模型，其表达式如下：

$$Y_t = \beta_0 + \beta_1 X_{1t} + \beta_2 X_{2t} + \alpha_1 Y_{t-1} + \alpha_2 Y_{t-2} + \varepsilon_t \qquad \text{等式 14.21}$$

模型同样也蕴涵有预测变量是与时间（和结果变量Y一样是有相同的时间尺度的测定值）有关的变量。例如Y_t是第t天的产奶量，X_{1t}是第t天的体细胞数，X_{2t}是第t天测定的气温，如Fleury等（2006）文中所示，Y_t可以是每天的肠道疾病，X_ts可能是气候变量。

如果用3个滞后期，当滞后期由1个变为3个时，自回归的相关假设呈指数的方式减少，当滞后期变成4个或4个以上时，自回归的相关就等于0。证明这一点非常有用，可以通过形象化的相关图来证明，目的是为了确保时间序列资料特定滞后期相关性保持不变。如果相关的结构突然发生改变，或Y_t和Y_{t-1}间的相关突然快速下降，那么用移动平均数模型的方法解释这种改变非常有用。移动平均数（MA）组分用特定滞后期时间间隔的残差来解释相关结构，如其名字所示，ARMA模型应用了自回归和移动平均数两种过程。如果AR-1模型包含测定误差，那么由AR-1和MA-1组成的ARMA-1模型非常有用。如上所述，为了模型的正确性，ARMA模型必须证实是固定的（这是指平均数、方差和自相关结构随着时间的推移保持相同）。固定性并不是指不能对随时间而改变的事件建模，但必须通过消除变化趋势、季节波动等来修正自相关。

参考文献

Abu-Zidan FM, Rao S. Factors affecting the severity of horse-related injuries Injury. 2003; 34: 897-900.

Austin PC, Hoch JS. Estimating linear regression models in the presence of a censored independent variable Stat Med. 2004; 23: 411-29.

Chao YC, Zhao Y, Kupper LL, Nylander-French LA. Quantifying the relative importance of predictors in multiple linear regression analyses for public health studies J Occup Environ Hyg. 2008; 5: 519-29.

Cheung YB. A modified least-squares regression approach to the estimation of risk difference Am J Epidemiol. 2007; 166: 1337-44.

Cook R, Weisberg S. Diagnostic for heteroscedasticity in regression Biometrika. 1983; 70: 1-10 Fuller W. Measurement Error Models. New York: Wiley; 2006.

Hartnack S, Doherr MG, Alter T, Toutounian-Mashad K, Greiner M. Campylobacter monitoring in german broiler flocks: an explorative time series analysis Zoonoses Public Health. 2009; 56: 117-28.

Livingstone DJ, Salt DW. Judging the significance of multiple linear regression models J Med Chem. 2005; 48: 661-3.

Ljung G, Box G. On a measure of lack of fit in time series models Biometrika. 1978; 65: 297-303.

Marill KA. Advanced statistics: linear regression, part I: simple linear regression Acad Emerg Med. 2004a; 11: 87-93.

Marill KA. Advanced statistics: linear regression, part II: multiple linear regression Acad Emerg Med. 2004b; 11: 94-102.

Murad H, Freedman LS. Estimating and testing interactions in linear regression models when explanatory variables are subject to classical measurement error Stat Med. 2007; 26: 4293-310.

Pires AM, Rodrigues IM. Multiple linear regression with some correlated errors: classical and robust methods Stat Med. 2007; 26: 2901-18.

Poirier E, Watier L, Espie E, Weill FX, De Valk H, Desenclos JC. Evaluation of the impact on human salmonellosis of control measures targeted to Salmonella Enteritidis and Typhimurium in poultry breeding using time-series analysis and intervention models in France Epidemiol Infect. 2008; 136: 1217-24.

Walter SD, Feinstein AR, Wells CK. Coding ordinal independent variables in multiple regression analyses Am J Epidemiol. 1987; 125: 319-23

第15章

建模策略

严钧 译 李湘鸣 校

■ 目的

读完本章后，应当理解如下内容：

1. 建立一个所研究体系具有生物学意义的"完整"（最大的）模型；

2. 对于可以处理的子集，使用有关程序减少大量的预测变量；

3. 着重强调关于预测变量的关键问题（例如，连续预测变量与相关结果关系的函数形式，处理缺失值）；

4. 基于统计和非统计准则建立回归模型；

5. 评价回归模型的可靠性；

6. 根据分析以易于理解的方式提交结果。

15.1　引言

基于分析目的，在建立回归模型过程中，认识到需要考虑统计学及相关学科知识，平衡获得"最优拟合"数据的模型和获得简洁模型的愿望。显然，这里"最优拟合"依赖于分析目标。在本章（如果没有特别指出），所讨论的与各种形式回归模型相关的原理皆以线性模型为背景。

分析的目标

回归模型的建立通常是为了满足2个广泛目标之一。目标之一是为了提出能预测未来观测值的最佳模型。在这种情况下，模型的细节（例如，具体预测变量的作用）就无关紧要了，但是我们希望剔除模型中与应变量之间关系有质疑的变量。如果这些变量被包含进来，未来的观测值就可能是这些变量的极端值，那么预报可能就不准确。

在流行病学中，目标常常用于解释一个或多个的预测变量与相关结果之间的关系（潜在的因果关系）。在这种情况下，希望得到相关变量系数的最精确估计，需要特别注意交互作用与混杂效应。

学科知识的作用

学科知识可以指导建模。如果目标是简单地建立一个预测模型，那么学科知识的作用就是防止包含不可能与结果相关的变量（需要指出的是，包含这些变量可能会导致未来的预测不准确）。

如果目标是理解变量之间生物学意义的关系，则可能的混杂因子应该被保留在模型中，不用去关心其统计意义，这一点很重要。另一方面，几乎确定不是混杂的因子（见第13章判断混杂因子准则）可能会导致偏倚的结果。这种情况最可能在中介变量（干扰变量）被包含在分析中时发生。建立因果关系图是建模的第一步，也是最重要的一步，目的是为了解释预测变量与结果之间的关系（见15.3节）。

学科知识还可以帮助我们选择变量。例如，如果考虑度量每个预测变量与所谓的稳健性的难度，那么应当在共线性变量中选择。

简洁与拟合

一般，建立简洁（用较少的预测变量来得到一个好的拟合）模型是建模的目标，但是不要排除那些应该在模型里的变量。大多数统计分析的目的是从一些复杂的数据里提炼出有用的结果。如果最终的结果和原始数据一样复杂，那么什么也没有得到（如果回归系数的数量和数据集中观测值的数目一样多的话，可以得到一个完美的拟合模型，但是事实上什么信息也没有得到）。简单的模型更加稳健，不太可能受数据具体特性的影响，并且能更好地适用于新的数据。

15.2　建模步骤

建立一个回归模型的步骤包含：

（1）确定所考虑的最大模型（确定结果和所考虑的预测变量的全集）；

（2）指定选择模型中所包含变量的准则；

（3）确定运用准则的策略；

（4）实施分析；

（5）评价所选模型的可靠性；

（6）提交结果。

确定最大模型

确定最大模型的第一步就是确定结果变量是否需要进行变量代换（如自然对数变换）或者其他形式的操作（例如对分类的结果变量进行重新分类）。与结果变量相关问题的讨论将在本章呈现，并涉及具体的建模技巧（见第14章线性模型，第16章Logistic模型）。

最大模型包含所有可能的预测变量，使得模型最大有许多争议。一方面，它可以阻止忽略一些可能比较重要的预测变量。另一方面，增加许多预测变量会增加以下可能性：

• 预测变量的共线性（如果2个或多个独立的变量高度相关，那么用回归模型来估计这些系数，系数是不稳定的）；

• 包含那些实际问题中不太重要，但是在数据集比较重要的变量（解释这些结果可能是比较困难的，并且识别错误关系的风险是非常高的）。

当确定最大模型时，需要确定哪些变量应该被包含在建模过程中，多少个变量应该被包含，以及交互作用是否应该考虑。值得注意的是建立最大模型就像一项科学任务或者一项临床诊断任务。确定最大模型的步骤包括：

• 绘制因果关系图；

• 尽可能地减少所考虑的预测变量数目；

• 考虑缺失值的影响；

• 评价连续预测变量的作用；

• 确定什么样的交互作用；

以上的每一条将在下面进行讨论。

15.3 建立因果模型

在开始建模之前必须有一个因果模型，该模型通常可以表示为因果关系图。这些已经在第13章介绍过，对于因果关系图更加全面的讨论可参见有关文章（Rothman，2008，第12章）。因果关系图将会确定预测变量和相关结果的可能因果关系。例如，欲评价奶牛的胎盘滞留对繁殖能力（用产犊到受孕的间隔时间度量）的影响，并且有如下的记录数据：胎次、双胞胎、难产、阴道分泌物（慢性子宫炎的指标），产犊到受孕的间隔和初次配种受孕。那么，可能的因果关系如图15.1所示。注意在因果关系图中，假设双胞胎和难产仅仅通过胎盘滞留和/或阴道分泌物的作用来影响繁殖性能（当然，可

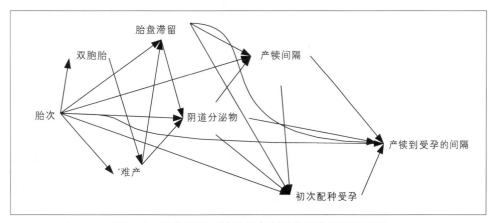

图15.1 胎盘滞留对繁殖能力影响的假定因果关系图

能有其他的因果关系）。

如果研究的目的是量化胎盘滞留对产犊到受孕时间间隔的影响，那么在回归模型中不要包含任何中介变量（阴道分泌物、产犊到受孕的间隔，初次配种受孕）。排除这些干扰变量可以除去来自胎盘滞留的影响。另外，如果怀疑胎次是一个重要的混杂因素，那么就应该将其保留在模型中，不管它在统计上是否有意义。

即使研究中有大量的预测变量，始于因果结构也是非常重要的，并且往往由各分组变量归入到逻辑集群（例如，所有的农场管理变量，所有疾病水平的度量）。

15.4 减少预测变量的数目

在建模过程中，有时需要减少所要考虑的预测变量的个数。然而，在进行减少大量预测变量方法的概述之前，必须指出，在许多情况下，最合适的步骤就是设计一个更加看重更少预测变量和收集关于更少预测变量的高质量数据的研究方案，这将大大减少因果推断的不确定风险。

有减少预测变量个数的多种方法。回归模型需要考虑以下因素：

- 基于描述统计的预测变量筛选；
- 独立变量的关系分析；
- 指标的创建；
- 基于无条件关系的变量筛选；
- 主成分分析/因子分析；
- 相关分析。

下面将对以上每一项进行简单的描述，更详细的信息可以参见有关文献（Dohoo 等，1997）。然而，在减少自变量个数之前，确定首要变量以及可能的混杂因子或交互作用变量是非常重要的，应该考虑将他们永久保留在模型中。

15.4.1 基于描述统计的预测变量筛选

在建模之前，熟悉数据将是非常重要的（Chatfield，2002）。描述统计量（连续变量的均值、方差、分位数等以及分类变量的频数表）对于鉴别那些可能对于模型没有用的变量将会是有帮助的。在通常情况下，总是想保留那些具有准确性和精确性的变量，以及那些相对完整的变量。现提出一些特别的指导原则：

- 避免大量缺失观测值的变量（见15.5节缺失变量的处理）；
- 仅选择变异性稳定的变量（例如，如果几乎所有的被研究动物都是雄性的，那么不应把性别作为一个预测变量）；
- 如果分类变量的类别比较多，并且每一个类别的观测值比较少的话（如果合并类别有生物学意义的话），可以考虑合并类别或者删除变量。

15.4.2 相关分析

考察预测变量之间的相互关系可以从本质上确定具有相同信息的各对变量。包含高度相关的变量会导致模型的复共线性，可能产生不稳定的系数估计以及不正确的标准差。复共线性经常是因为相关系数超过0.9，但是它们发生的水平较低。如果发现高度相关的变量，应该基于以下原则选择它们保留在模型中：生物学的合理性，较少的缺失观测值，测量的方便性和（或者）可靠性。

注：以成对的方式检查变量的相关性不能阻止复共线性，因为复共线性问题也有可能是由预测变量线性组合的相关性引起的。然而，基于成对相关的筛选将会除去这一问题的潜在根源。

注：相关性只对连续观测值有效，但在实践过程中，检查二值预测变量的相关性是确定高度共线性预测变量的一种方便方法，这些关系可以进一步通过交叉表进行评价。

15.4.3　指标的创建

可以将一些相关的预测变量合并成一个指标，用这个指标来表示一个因子的综合水平。例如：奶牛畜栏中的卫生水平指标可能是以下因子得分的线性组合：垫草的数量、垫草的湿度、排泄物的数量、奶牛乳房和躯体上粪土的数量。每个因子的权重可能是按照主观来分配的，如果可能的话，应当基于之前的研究。如果这样的步骤存在的话，可用某种目标的方式，对大量因子的数据进行合并。例如，风扇的通风量、进气口的大小和形状以及牲口棚的大小，可以用来计算猪圈中每小时空气变化的数量，这可以表示水平所占通风量比。这种创建指标的一个缺点是它会阻碍对单个因子（用来创建指标）作用的评估（见13.12.8节对干扰变量的讨论）。

如果基于大量相关预测变量的数据已经记录下来，并且可以合理地假设每个预测变量具有一些潜在不能测量的特征（也称为潜在变量），这些变量可以合并成一个指标（或者量值）。克隆巴赫系数（Cronbach's alpha）量表信度值，可以用来评价等级内部的一致性（也就是评价每个预测变量与量值的相关情况）。这个量值是个体预测变量（又称项目）值的总和或者平均值，所以如果它们不是在同一个尺度上度量的值，必须把它们标准化。克隆巴赫系数（又称为可靠性系数）量表信度值分析，是量值和有关特征的相关系数的平方。克隆巴赫系数的建议指导值为：<0.60 时不接受，0.60～0.65时不合要求，0.66～0.70时最低限度地接受，0.71～0.80时过得去，0.81～0.90时非常好，如果>0.90时考虑通过减少项目的数量来缩小量值（Dukes，2007）。

应用克隆巴赫系数分析，评价每个项目与尺度以及其他项目与尺度之间的相关性是很有效的，这样可以识别出量值中不太吻合的项目。例15.1给出了用克隆巴赫系数分析来评价一个表示猪圈中猪密度的量值。克隆巴赫系数分析也可以用来证明奶牛卫生措施量值内部的一致性。

15.4.4　基于无条件关系的变量筛选

减少预测变量数量的一个通常的方法是选择那些与结果变量无条件相关的预测变量，该结果变量在某个非常自由的P值（例如0.15或者0.2）处很显著。用来评价这些关系的检验类型将依赖于结果和预测变量的相关形式。对于这样的研究，简单形式的回归模型总是合适的（如带有一个预测变量的线性或Logistic模型）。

这种方法的缺点之一是重要的预测变量可能被排除在外，如果一预测变量作用被另一个变量所掩盖，即一个预测变量的作用仅仅当一个混杂因子被控制后才变得清楚（见13.12.7节的失真变量）。使用自由P值有助于阻止这类问题的出现。另外一种方法就是建立包含统计上显著变量的模型，然后加进所有删除的变量，依次返回到最后的模型。如果混杂因子被包含在最后的模型中，那么删除的预测变量可能具有统计上显著的关系并被添加回模型中。

预测变量筛选的过程可以拓展到包含建立多变量模型（用相互排斥的预测变量逻辑子集来识别每个子集中的关键预测变量），这些关键预测变量将被保留在最终的多变量模型中。例如，在广泛的范围内，评价腹泻小牛败血症可能预测变量的时候，Lodstedt等（1999）用奶牛统计和体检数据、临床生化数据以及血液学数据建立了三个独立的模型，来自这三个模型的重要预测变量将会在总的模型中

例15.1 克隆巴赫系数分析

data=pig_farm

与猪圈中猪密度相关的三个变量将被考虑包含在反映牲口密度的尺度中。

strdnst—每头仔猪的猪舍地面面积（m²）；

grwdnst—每头生长猪的猪舍地面面积（m²）；

fnrdnst—每头育肥猪的猪舍地面面积（m²）；

shipm2—猪圈中每平方米容纳猪的数量。

因为衡量项目的尺度不一，所以克隆巴赫系数分析用来作为每一个预报因子标准值的均值。

项目 item	观察值 obs	符号 sign	item-rest correlation[a]	item-rest correlation[b]	average inter-item correlaation[c]	Cronbach's alpha[d]
strdnst	69	+	0.7161	0.4962	0.5710	0.7997
grwdnst	69	+	0.8666	0.7403	0.4128	0.6783
fndnst	69	+	0.8389	0.6919	0.4420	0.7038
shipm2	69	−	0，7315	0.5193	0.5548	0.7889
Test scale					0.4951	0.7969

a 项目与尺度之间的相关性（所有项目的平均）；

b 项目与基于其他项目的尺度的相关性；

c 所用其他项目的平均相关性；

d 基于其他项目尺度的克隆巴赫系数分析。

可靠性系数是0.797表明很大的可靠性（尺度和有关特征被估计的相关系数是 $\sqrt{0.797}=0.89$ ）。同时各个项目和尺度的相关性也是合理的（0.63~0.73），仅仅有4个项目在范围内，每个项目都给尺度以很大的贡献。一个更好的评价项目的方法就是通过观察项目之间的相关性并将重要项目排除在外（与其他项目相关性）。结果表明变量strdnst与其他项目有最低相关性。如果忽略变量strdnst（0.571），其他项目的平均相关性也是最高的。

被评估。

15.4.5 主成分分析、因子分析和相关分析

主成分分析和因子分析具有相似的技巧，它们可以将包含在一组预报变量的信息转化为一组新的不相关（正交）预报变量。关于这些技术的详细讨论超出了本书的范围，但是我们会给出一个简介。这两种技术都是用来处理连续的变量，但是这两个技术都允许包含分类预测变量。

主成分分析将一组k个预测变量转变为一组k个正交的主成分，其中每一个相连的成分包含原预测变量中的递减比例的总变异。因为大部分的变异通常包含在第一个较少的主成分中，所以通常选择一个小子集用作回归模型的预测变量。主成分的构成并不随选择保留成分数量的变化而变化。一旦用主成分子集的回归模型建立起来，那么结果系数可以进行反变换，以获得原始预测变量全集的系数。这个系数的结果集将会比那些来源于原始预测变量建立的模型的结果更加稳定，因为多重共线性问题已经被排除了。然而，对每个预测变量的统计显著性评价就没有了，因此，没有办法识别哪个变量是最重要的。

因子分析是一个很相关的技术，但是它是基于：一组具有内在意义的因子由原始变量来创建。例如，Berghaus 等（2005）使用因子分析评价收集变量之间的关系，以此作为对牛副结核病（Johne's disease）风险评估的一部分。与主成分分析法不同，因子的组成随着选作创建因子数量的变化而变化。因子分析的优点在于因子真实地度量基本的潜在结构（例如，奶牛与断奶牛犊具有共同生活环境）。如果这样的假设是有效的，那么知道与结果（如牛副结核病）有关系的基本结构也许与单个预测变量的信息一样重要。决定哪个原始预测变量是重要结果的决定因子是一个主观的过程，这一过程

是基于决定哪些预测变量是与作为结果的关键预测变量高度相关的预报值。与主成分分析一样，单个预测变量没有统计检验。

相关分析是一种探索性的数据分析，用来分析类别变量之间的关系。相关分析的主要目的之一就是对复杂关系产生形象总结（通常是2维的），该复杂关系存在于一系列类别变量（预测和结果变量）之间。两轴式是表示最"保守"（异变）的原始预报变量的因子轴。结果是一个散点图，从中可以识别出与远离具有较强关系的轴交集丛近相关的预测变量丛。在考虑预测变量的关系之后，结果变量的值也可以被投影到同样的轴上来决定哪些预测变量丛与有关结果相关。例15.2给出了大罐牛奶中高细菌数的风险因子子集的相关分析。

因为主成分分析、因子分析和对应分析可以用来处理大量独立变量的问题，所以也许可以被更好地看成是建模过程的补充技术，让我们可以洞悉预报变量是如何相互关联的，进而洞悉预测变量组是如何与相关结果关联的。

例15.2 罐装原奶中总需氧细菌数升高的风险因素相应分析

data=tac_mca

在鉴别罐装原奶中总需氧细菌数（TAC）升高的风险因素的研究中，与奶牛卫生和牛奶储运有关的大量因素需要评价（Elmoslemany等，2009a；Elmoslemany等，2009b）。所有的因子都要被分成二值变量并编码，以使得出现的因子是一个被编码的风险因子（例如X1（奶牛卫生），干净的奶牛被编码成0，而脏的奶牛被编码成1）。与TAC升高无条件显著相关的因素如下：

因素	描述
X1	乳头的预浸渍（风险因子=没有预浸渍）
X2	清理乳房被毛（风险因子=没有清理）
X3	水洗vs干擦乳房（风险因子=水洗）
X4	乳头清洁程度（风险因子=脏）
X5	奶牛（乳房侧面和腿）卫生（风险因子=脏）
X6	清洗管道用水的碱度（风险因子=高碱度）

相关分析可以用来直观的评价图15.2中结果和变量之间的关系。

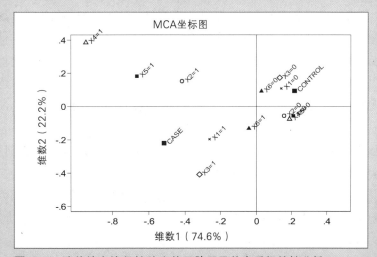

图15.2 猪的地方流行性肺炎的风险因子的多重相关性分析

风险因子的缺失趋于集中并且与控制的牲口群（即控制的牲口群没有任何可以评级的风险因子）有很强的关联。另一方面，风险因子的存在更加复杂，并且不是紧紧地围绕在这样的牲口群周围，这样的牲口群并不是必须具有所有的风险因子。

15.5 缺失值问题

数据缺失是观察研究的常见问题。建立回归模型的统计方案是基于完整的数据集进行分析，也就是仅仅使用没有缺失值的结果变量与没有缺失值预测变量作为观测值。如果那些缺失值延伸到整个观察值，那么即使是比例相对比较低的缺失值也可能会导致可用的样本大大减少，完全观察值分析可能因此严重无效（即把握度减少）。但是如果完全观察值况不能代表完全样本，它可能诱导偏倚。为了进一步讨论这个问题，应区别三个可能的机制缺失值，以及区别缺失数据是否在结果变量（Y）或预测变量（X）中发生。数据缺失机制包含这些值会缺失的原因，特别是这些原因是如何与数据集中的值相关联的。

如果整个数据集的缺失值是完全随机分布的（即由于样品散落致使实验的结果完全丢失），那么数据可能是完全随机缺失（MCAR）。可以说一个数据值的丢失的概率就像抛硬币一样。然而，MCAR并不意味着缺失的概率就是0.5，甚至贯穿整个数据集也未必是一个常数。当考虑结果的缺失值时，缺失概率依赖于已经观察到的预测变量，因为回归模型中的推断是以预测变量为前提的。因此，为了保证MCAR假设成立，包含与缺失有关的变量很重要（例如，重复测量的次数）（Fitzmaurice等，2004）。类似地，预测变量的缺失值可以取决于无缺失值的结果变量，或者取决于没有缺失值的预测变量。在无MCAR的条件下，完全观察值分析估计将不会有偏倚（Little和Rubin，2002），但是如果仅是预测变量的缺失，在更少的限制条件下，这也成立（Little，1992；Vach和Blettner，2007）。

如果已经观察到的数据没有构成全部数据的随机样本，那么缺失就不再是MCAR。如果缺失的概率能被数据的非缺失值解释的话，或者对于主体本身（如果每个主体有多个结果），或者对于其他主体，那么缺失的数据被称为随机缺失（MAR，即基于已经观测到的值，它们是随机缺失的）。有必要将MAR和其相反的情形——非随机缺失（MNAR，或者NMAR）进行比较。这里的缺失是依赖于未被观测到的数据，即缺失还没有发生时获得的数据。如果没有获取观测值这一事实与其可能的值有关的话，那么这样的信息是研究中获得的仅是片面证据，而且必须被包含在分析中以避免偏倚。对于结果的MAR和MNAR情形，完全观察值分析一般会产生偏倚估计，这种偏倚依赖于缺失值的比例和它们与观测到或者没有观测到的结果之间的联系程度。

对于完全观察值分析主要有两个可选择的方法是（i）归因；（ii）通过处理可忽略的缺失数据的方法来分析不完全数据，这种方法对于假设形式（Little，2007）的缺失数据是稳健的。归因包含通过来源于那次观察的可行数据的预测值来代替缺失的数据点。对于预测变量的缺失值，这种预报可能仅仅依赖于其他的预测变量，或者可以包含那个变量观测到的结果值（Moons等，2006）。简单归因涉及得到每一个缺失值的简单估计。然而，基于单归因数据的分析不考虑与估计值的不确定关系。多重归因涉及产生多重归因数据集，合并这些数据集的分析得到结果。一般认为，多重归因要优于简单归因。归因可以除去（MAR）或者降低（MNAR）来自缺失值的结果偏倚。归因的方法是一个活跃的研究领域，对于这方面的讨论超出了本书讨论的范围［最近两个讨论这方面进展，请参考Donders等（2006）和Harel和Zhou（2007）及Rudin（2004）的著作］。

极大似然（ML）估计和贝叶斯估计（见第24章，在本书的上下文中与多归因分析紧密发生衔接）是MAR缺失值被忽略主要方法。原则上，极大似然估计要求缺失值的具体分布，但是对于结果缺失值，在MAR假设下这一要求是不需要的（Fitzmaurice等，2004；Little，2007）。在Logistic回归分析中，对缺失协变量的极大似然算法过程进行描述（见Vach，1994；Vach和Blettner，2007）。除了归因和使用稳健算法，在不同的背景下，对基于MNAR假设缺失值的处理有许多模型和算法，是一个热门的研究领域，尤其是在药物统计一直不断有新的进展。对于缺失值的讨论，可参考Little和Rubin（2002）编写的统计教材。

15.6　连续预测变量的效应

评价连续预测变量和结果（它可能是线性回归中的数量关系，也许是疾病对数比的Logistic模型）之间的关系结构是很重要的。在用模型进行诊断的时候（如残差评价），基本的线性假设可以被评价，并且有如下的优点：在模型中其他预测变量调整后，可评价连续预测变量的作用。然而，基于实际的目的，在建模前探索其之间关系是非常有用的。评价这种关系的一些方法包含：

- 散点图和平滑线图；
- 将预测变量转化成等级变量（归类）；
- 探索多项式模型；
- 使用线性或三次样条函数。

15.6.1　散点图/平滑线图

散点图是结果Y和连续预测变量的2维图（如图15.3所示，在哺乳期的最初120天的牛奶产量和分娩后到初次配种的时间间隔，见数据集daisy2）。它们只对连续结果的模型有用（一个二值变量结果的散点图可以表示成点$Y=0$和$Y=1$处的两条直线），很难清楚地表示预测变量和结果变量之间函数关系的性质（可见仅通过图15.3中的点来识别曲线关系是很困难的）。

平滑化曲线

散点图可以通过在数据的中心加入平滑线来改进，并且创建平滑线有多种途径。所有的平滑线具有局部影响性质：x_i的值受到其附近点的影响，但是不会受到离得较远点的影响。平滑线图的构成如下：

- 对于每一个预测变量x_i，选择x_i两边的点（通常是对称地选择），这些点的集合就是"邻域"；
- 计算x_i处结果的期望值，可计算如下：
- 邻域中观测值的y值简单平均数（进行均值平滑）；
- 来源于邻域中观测值的简单线性回归的预测变量（进行线性平滑）；
- 来源于邻域中观测值的加权线性回归的预测变量（修匀平滑），与x_i相近的点有较大的权重，

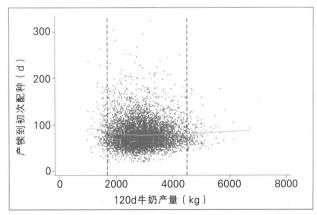

图15.3　120d的牛产奶量与空怀期的散点图

最常用的加权形式是Cleveland权重（Cleveland，1979）；

• 来源于邻域中观测值的加权多项式回归的预测变量（局部多项式平滑），权重可能是基于各种分布（例如正态分布，Epanechnikov分布等）（超出了本书讨论的范围）；

• 对数据集中的所有x值重复以上的过程。

可以通过设定带宽来控制邻域的大小。带宽0.8意味着所有数据的80%的数据进入用于估计每个点的邻域。每个点的邻域越大，曲线将越平滑，但是丢失关系的重要特征的风险也越大。图15.3给出了叠加空怀期对120d奶牛产奶量的散点图上的修匀平滑线（带宽=0.8）。图15.4给出了同样数据的均值平滑、曲线平滑和修匀平滑。

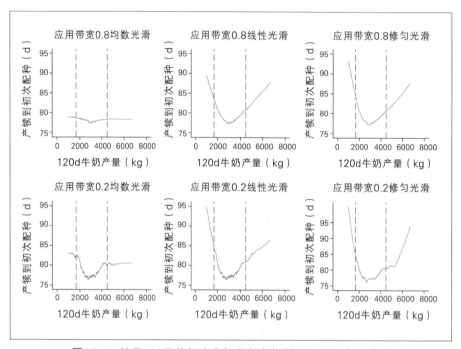

图15.4　关于120天的奶牛产奶量与空怀期的平滑化曲线估计

注： 所有的平滑线函数在描述分布的极值时会有问题，因为x_i的邻域不是对称的，事实上，它可能仅仅含有相对较少的数据点。基于这个原因，不要对曲线的终点给予过多的关注，这一点很重要。这个可以通过向划出大多数数据失效的区域的图像增加元素的方式来简化（在这种情况下，虚纵向线）。向平滑线增加95%的置信区间，也显示在预测变量极值点处的变量关系本质问题（图15.5）。

Logit尺度上的平滑线

虽然二值结果变量的散点图提供极少信息，平滑线可以在Logit尺度上进行计算。可以通过计算邻域内所有数据点的平滑值（概率），然后将这个值转变到Logit尺度上来实现这一点（关于Logit和Logistic回归，见第16章）。图15.6给出了120d奶牛产奶量和母牛初次配种受孕次数的对数之间关系的修匀平滑曲线（关系表现为近似线性）。

15.6.2　分类连续预测变量

线性假设可以通过将连续预测变量分成两个或更多的类来避免。虽然这样可以洞悉相关关系的本质，但是基于三点原因不推荐使用。第一，归类包含信息损失。第二，生物过程不太可能具有阶梯函

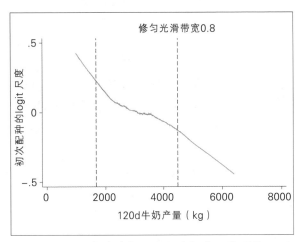

图15.5 120d奶牛产奶量和母牛初次配种受孕Logit尺度上下平滑曲线估计

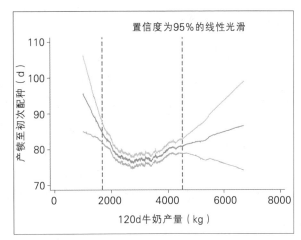

图15.6 120d奶牛产奶量和空怀期的关系平滑化曲线估计，置信区间为95%

数（在某特定的预测变量处，结果发生突变）。最后，界值的选择是任意的，如果点的选择是基于已经观察到的数据，那么可能会导致偏倚的结果（Royston等，2006）。然而，如果一个连续变量的分类已经完成，一般建议，5个类别就足够控制那个变量的混杂效应（Cochran，1968）。含有已分类变量的模型可以和含有连续变量的模型进行比较，通过比较它们的AIC和BIC值来实现（见15.8.1节）。

15.6.3 多项式模型

当指数项（如x^2，x^3）加到线性模型中，使得回归曲线是曲线而不是直线的时候，多项式就产生了。曲线的复杂性（弯曲的数目）依赖于多项式中指数项的数目。最常使用的是二次多项式，但是分数多项式也应该可以考虑。多项式模型具有全局影响性质，即曲线的形状受整个集合中所有数据的影响，而不仅仅受邻域内观测值的影响。全局影响的一个先天优点是它对于未来的数据表现更好，它的缺点是对局部数据的扰动不太敏感，因此局部的影响可能会被忽略。解释从多项式模型得到的结果时我们必须谨慎，因为它们可能受预测变量值域终点处值的严重影响，另外，对观察值范围外的预测是危险的。

二次模型

通常数据拟合曲线（而不是直线）的方法是增加二次项（预测变量的平方，x^2）。这样可以拟合只有一个方向弯曲的简单曲线。二次项的重要性在于它可以用来检验线性假设是否成立（假设数据不会服从比二次模型简单曲线所表明的更复杂的形式）。应当记住的是，原始值可能与它的平方项明显相关，并且共线性是模型的一个问题，避免这个问题的通常做法是在平方之前先将原始变量中心化。例15.3显示120d奶牛产奶量的二次项是显著的，说明线性模型是不合适的。如果需要更复杂的模型来拟合数据，可以加入3次方项。

一种确保替代原始变量的新变量不相关的方法是创建正交多项式。这些变量创建于原始数据，但是每个变量的均值为0，标准差（SD）为1，任何两个变量的相关系数为0。这些新的变量可以用来替代回归模型中的原始变量。除去共线性使得它可以解释低阶项，但是它们不是基于原始数据尺度这一原因使得对低阶项的解释很困难（资料省略）。

15.6.4　分数多项式

虽然任意的变量集均可以正交化，但是正交多项式通常局限于具有正整数值的指数项（如x^2和x^3）。一种更好的函数形式就是使用分数多项式（FP）。分数多项式的指数项可以取正整数、负整数以及分数值。通常考虑值的集合是-3，-2，-1，-0.5，0，0.5，1，2和3（其中指数0表示自然对数变换）。可以确定最佳拟合数据（即最小对数似然模型）的分数多项式的组合。指数为2的分数多项式可以拟合广泛的形式，并且通常采用两项或者更少。

分数多项式模型的主要优点是二次分数多项式可以拟合许多非线性函数，也可能是对数据较好拟合的最简洁方式。然而，使用分数多项式应注意如下事项：

例15.3　二次模型

基于120d奶牛产奶量与空怀期的二次模型回归是在奶牛产奶量变量通过扣除这一时期平均牛奶产量（3000kg）后的中心化而得到拟合的。通过二次项的显著性水平表明二次模型对数据的拟合明显好于简单线性模型（与平滑性图一致）。

来源	残差平方和	自由度	均方值	
				观察总数=7720
				$F_{(2, 7717)}=17.93$
				观察总数 Prob>F=0.0000
模型	28681.5181	2	14340.7591	$R^2=0.0046$
残差	6171667.01	7717	14340.7591	修正$R^2=0.0044$
合计	6200348.53	7719	803.258003	MSE算术平方根=28.28

cf	系数	标准误	t	p>|t|	置信区间	
m120_ct	−0.0009293	0.000461	−2, 02	0.044	−0.0018329	−0.0000257
m120_sq	0.0253519	0.0042909	5.91	0.000	0.0169405	0.0337633
_cons	76.06643	0.3910863	196.80	0.000	76.1998	77.73307

- 分数多项式要求x的值为正的，所以对x进行初始变换是必要的；
- 分数多项式模型比普通的多项式模型使用更多的分布函数，例如，在比较二次模型和线性模型的时候，它们的差就是一个分布函数。然而，与1次分数多项式相比，二次分数多项式模型需要使用两个额外的分布函数，因为这一过程包含估计第二项β以及对应的指数值。
- 需要尺度化变量x的值，使得分数多项式的估计算法稳健（为了防止估计算法的上溢或者下溢），此过程可由软件程序自动执行，也有可能不行。
- 非常小的x值可能会导致分数多项式模型产生缺陷。

分数多项式的系数不可能以有意义的方式进行解释。唯一有意义的做法就是显示函数的图像（当模型中含有非线性函数时，这是一个很好的作法）。然而，如果想控制回归模型中一个因素（例如潜在的混杂因子）的影响，拟合分数多项式可能是一个好的解决方案。关于回归模型分数多项式的更多讨论请参考Royston和Sauerbrei的文章。（2008）

例15.4给出了前面例子中牛奶数据的分数多项式拟合。最佳拟合模型是基于指数项-0.5和ln（x）。图15.7给出了三次、二次、线性的分数多项式的形状。

15.6.5　样条插值

拟合多项式模型的一个替代方法是拟合一个分段直线函数。关系的斜率用来观察变点（这些点称

例15.4 分数多项式模型

data_daisy2

分数多项式（到2阶）适用来探索120d牛奶产量和分娩后到初次配种的时间间隔的关系性质。

观察总数=7720

来源	残差平方和	自由度	均方值	
				F（2，7717）=22.90
				P值=0.0000
模型	36587.3328	2	18293.6664	R^2=0.0059
残差	6163761.19	7717	798.724048	修正R^2=0.0056
合计	6200348.53	7719	803.258003	MSE算术平方根=28.262

cf	系数	标准误	t	p>|t|	置信区间	
imilk_1	295.8967	46.01638	6.43	0.000	205.6922	386.1013
imilk_2	87.36896	14.07522	6，21	0.000	59.77771	114.9602
_cons	76.95351	.378534	203.29	0.000	76.21148	77.69554

离差偏常：73498.30。 44个模型120d牛奶的最佳指数是-0.50.

分数多项式模型比较：

milk120	自由度	偏差	标准化残差	离差偏常	P值*	次数
not in model	0	73543.989	28.3418	45.690	0.000	
linear	1	73543.037	28.3419	44.738	0.000	1
m=1	2	73525.418	28.3096	27.118	0.000	-2
m=2	4	73498.300	28.2617	–	–	-.5

（*）与m=2的模型源于离差偏常的P值的比较

最佳拟合模型基于指数-0.5和ln（x）两项，这样的模型对数据的拟合效果好于仅有一项（指数为-2）的模型。正如我们所希望的那样，这样的模型的拟合程度也好于线性模型和空模型。结果函数的形状见图15.7，该图还包含了立方、二次和线性模型的情形。

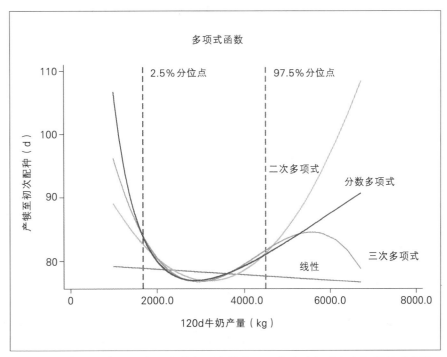

图15.7 线性、平方、立方、分数多项式描述120d奶牛产奶量和空怀期关系曲线

为节点）是合适的，这些点之间被假设成直线。在缺少证据选择点的时候，我们可以用预测变量的百分比来选择。图15.8给出了分段直线函数，节点处在120d奶牛产奶量第25、50和75百分位数处。

分段直线函数的一个不足之处是在节点处关系特性的突变没有办法给出生物学上的解释。分段线性函数也通常称为线性样条插值。一般，样条插值函数是通过节点之间的多项式连接起来。3次样条插值允许更多的形状，并且在节点处比线性样条插值更平滑。3次样条插值的详情超出了本书研究的范围，图15.8给出了一个3次样条插值拟合的实例（与线性样条插值使用同样的节点）。

关于预测变量函数形式选择的讨论，是按次序的。记住建模应该整合学科知识和统计考虑，如果总是基于统计显著性选择的最佳拟合函数将是不合适的。在有些情况下，可能没有足够的理由证明非线性形式一定优于线性模型。然而，如果有足够的生物学原因相信关系不可能是线性的，那么选择一个多项式函数将是合适的。为了除去可能的混杂影响，包含预测变量的多项式函数可能会更好。

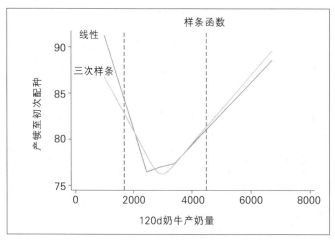

图15.8 点态线性与三次样条函数描述120d奶牛产奶量和空怀期关系曲线，置信区间（CI）95%

15.7 确定有关的交互项

在具体化最大模型的时候，考虑加入交互项是非常重要的。对于创建和评价双向交叉，通常有五条策略。

（1）创建和评价所有可能的双向交互项。只有当预测变量的数量比较小（小于等于8）的时候，这是可行的。

（2）在所有最终主要影响模型中是显著的预测变量，创建双向交互（完成初始建模后，见15.8节）。

（3）创建所有与结果有显著无条件关联的预测变量的双向交互。

（4）在仅仅怀疑（基于文献）可能交互的变量对中，建立双向交互，将包含重要兴趣预测变量和重要混杂因子。

（5）仅仅建立包含感兴趣显式变量的双向交互。

不管交互作用项的集合是如何建立的，应该将它们分到同一个筛选过程类中，其中筛选过程就是之前建模过程描述的用来减少数目的过程。如果有一个交互包含在模型中，那么组成那个交互作用项的主要作用也必须包含在模型中。评价大量的双向交互作用，能够识别假的关系，因为我们要评价大量的关系。在这种情况下，应当考虑某种形式的多重因素的调整（如Bonferroni校正）。双连续预测变量的双向交互作用是难以解释的，应该通过拟合一些可能的值通过图表来进行评价，见例14.11。

可以考虑三向交互作用，但是它们通常难以解释。只有（事先）有很好的理由怀疑这一作用存在的时候，或者如果它们由显著的双向交互作用的变量组成的时候，才考虑将他们包含进来。三向交互作用也不一定将模型复杂化，因为所有主要影响的变量和在组成三向交互作用的预测变量中的双向交互作用已经包含在模型中。

15.8 建立模型

15.8.1 具体化选择标准

一旦最大模型被具体化，需要决定模型中应包含哪些预测变量。保留的标准可以基于非统计的考虑，或者预测变量的统计显著性。两者都考虑很重要，我们首先讨论非统计考虑。

非统计考虑

模型中应保留如下变量：

• 感兴趣的主要预测变量；

• 有关的关键预测变量的混杂因子；

• 是数据中的明显混杂因子，因为去除会导致其中一个有关的重要预测变量，系数发生重大变化，注意，在开始建模之前，建立一个合适的因果关系模型将有助于确保变量不是干扰变量（见13.12.6节）；

• 它们是包含在模型中的交互作用项的组成部分。

统计考虑——嵌套模型

嵌套模型与其他模型相比基于相同观察值的集合，在嵌套模型中，一个模型中的预测变量是另外一个模型的预测变量的子集。到目前为止，最常用的评价单个预测变量统计显著性的方法就是使用基于嵌套模型的检验。对于一个线性回归模型，包含执行预测变量的偏F检验，同时在另外类型的回归模型（如Logistic，Poisson）执行Wald检验、Score检验或者似然比检验（LRT，见16.4节）。虽然这些检验会产生相似的结果，但是，似然比检验具有最好的统计性质（Royston和Sauerbrei，2008）。Wald检验比较简便，如果不存在预测变量的统计显著性问题（例如P值接近0.5），或者估计的标准误（SE）值得怀疑（当估计比较困难的时候这种情况会出现），Wald检验是可靠的。当评价类别变量（作为一组指示变量包含在模型中）具有显著性的时候，应该使用所有模型中指示变量的总显著性，而不是每个指示变量的统计显著性。

统计考虑——非嵌套模型

许多信息准则用于比较非嵌套模型。这些准则的一般形式是：

$$IC = -2 \ln L + a \cdot s \qquad \text{等式15.1}$$

其中a是惩罚常数，s是线性回归模型中参数的个数，$\ln L$是对数似然（见16.4节）。

最常使用的信息准则是Akaike信息准则（AIC）（其中$a=2$）和贝叶斯信息准则（BIC），贝叶斯信息准则通常也称为许瓦兹贝叶斯准则，其中$a=\log n$。它们是基于模型的总体评价，并且可以用来比较不同的模型，而不管是否是嵌套模型，同时可以用它们来比较线性回归模型和离散数据模型（如

Logistic，Poisson）。然而，有一些情况应当注意，并将其按顺序列举如下。首先，这些统计量不应该用来比较嵌套模型——这种模型使用比较检验（如偏F检验或似然比检验）较好。其次，这些统计量不应该用来比较通过不同观察值集建立起来的模型。最后，这些准则不应该用来比较以不同的方式计算似然值的模型（例如，比较Cox半参数生存模型和Weibull参数模型是不合适的，见第19章）。

IC值越小，模型越好。如果2个模型具有可以比较的对数似然，那么越简洁的模型（较少的参数）将会具有较小的IC。BIC：具有评价一个模型优于另一个模型的优点的指导原则（见表15.1）（Raftery，1996）（基于贝叶斯统计方法的指导原则，见第24章）。然而，BIC更多的偏向于参数较少的模型，同样，还要受n值（观察值的数目）不利因素的影响，而且往往不是很清楚，如果数据是聚集的情形，n应该取什么值并不总是清楚的（即没有n个独立的单元）。注意：在各种统计程序中，BIC的公式变异是存在的。然而，不管使用什么公式，2个模型的BIC差值应该是一样的。

表15.1　解释源于非嵌套模型BIC值的指导原则

BIC绝对差异	选优模型依据
0 ~ <2	弱
2 ~ <6	不弱
6 ~ <10	强
≥10	很强

适用于线性回归模型的两个其他方法是基于修正的R^2或者称为Mallow Cp的统计量。最大化修正的R^2（见14.3.5节）值的模型可以解释为最大化方差值。同时阻止包含这样的预测变量，它们仅仅解释很少量的方差值。这种方法等价于寻找最小均方误差（MSE）的模型。注意：向模型中添加不重要的项事实上会增加MSE，因为它们所基于的自由度将变小。

Mallow Cp计算如下（Mallows，1973）。如果从一个含有p个预测变量的完全集中选择k个预测变量，那么模型的Mallow Cp是：

$$Cp = \sum \frac{(Y - \hat{Y})^2}{\sigma^2} - n + 2k \qquad \text{等式15.2}$$

其中Y和$\hat{Y}$是模型中k个预测变量相应的观察值和预测值；σ^2是基于p个预测变量模型所得的误差的均方，n是样本含量，Mallow Cp是AIC的特殊情形。具有最小Cp值的模型一般认为是最佳的。

15.8.2　具体化选择策略

一旦选择过程的准则具体化，那么可以有很多种方式来执行这种选择。

所有可能/最佳子集回归

如果最大模型预测变量的个数比较小，那么估计预测变量的所有可能组合是可行的。一旦所有的模型已经被拟合，为了识别一些较好的模型而使用以上所提及的非统计和统计准则相对容易。这种方法的最佳应用背景是研究者在寻找许多好的模型时，就像前面对某个论题的调查研究。

这一过程被最佳子集回归稍微修改了一下。在这个程序中，软件可以根据给定的一些预测变量来确定最佳模型（根据上面所说的原则之一）。例如，可以确定具有最大R^2的模型，具有最大R^2的二项模型，以及具有最大R^2的三项模型等。研究者可以确定增加模型中预测变量的数量，减少改善模型预报能力没有价值的点。不管是嵌套还是非嵌套模型，都可以使用所有可能或最佳子集选择程序来比较。

向前选择/向后删减/逐步回归

在使用向前选择过程的时候，计算机首先拟合模型的截距，然后选择增加满足一定准则的项。最常用的准则是具有最大Wald检验统计量，如果该统计量超过需要的值而产生一个低于固定的P值（如0.05），那么具有最大Wald检验统计量的项首先被添加进来，然后重复这样的过程，直到没有项满足准则进入模型。

对于向后删除，过程则是颠倒的。首先是拟合最大模型，然后一些项被按次序删除，直到模型中没有项具有满足特定Wald准则检验统计量。向后删除的优点是，每项的统计显著性评估是在对模型中其他变量的可能混杂作用调整之后。相对于向前选择，这个发生受较大程度的限制（仅在混杂因素被选择并且包含在模型中之后）。

逐步回归是向前选择和向后删减的简单组合。向前逐步从向前选择开始，但是在增加每一个变量之后，向后删除准则使用模型中的每一个变量，以此来决定哪些应该留下。向后逐步开始于一个完整的模型，在去除每一个变量后依次删除预测变量，我们应该检查所有被删除的变量，看它们是否适合向前选择准则。

一般，向后逐步回归偏好于向前逐步回归（Mantel，1970）。然而，向前逐步只有存在大量的预测变量或者大量需要考虑的交互作用项的时候才使用。删除变量具有P值为0.157的向后逐步可以使用Mallow Cp的全子集程序或者用AIC准则作为一个合理替代。

一般，不同的选择程序通常会导致相同的最终模型。然而，小数据集以及那些具有大量预测变量的情况则不然，这与例15.5情况不同。

谨慎使用任何自动选择程序

尽管以上所描述的自动选择程序方便并易于使用，并且可以很快将一个大的复杂数据集变成一个简单的回归模型，在此必须谨慎使用，并且它们应该作为数据探索的方法，而不是建模的定义方式。一些科学期刊不再接受仅仅使用自动选择程序建立的回归模型的文章。

自动建模程序带来如下的问题：

• 它们会产生太高的R^2值（详见15.6节的有效性）；

• 它们是基于设计检验具体假设的方法（例如偏F检验），所以它们会产生太小的P值和太窄的置信区间；

• 在遇到共线性时它们会产生严重的问题；

• 它们不能包含任何非统计的考虑；

• 它们使得预测能力看上去要比实际的好；

• 它们不区别显式变量、混杂变量以及干扰变量；

• 它们浪费许多纸张。

然而，自动建模程序在使用过程中最严重的缺点是研究者不用考虑它们的数据，同时不用质疑上述问题。通过将建模转换成自动过程，研究者放弃分析结果的责任。最严重的是，评价预测变量（它们可能统计不显著）混杂作用的能力丧失了。避免这些问题可综合预测变量统计显著性的评估和一些估计准则变化形式（但混杂因素被删除或增加的时候，通过改变特定的量来估计其他预测变量）（Rothman等，2008）（见第13章）。

然而，当遇到大量预测变量的时候，在识别所有的可能与结果变量有统计上显著关联因子的过程中，可使用一些自动选择程序。

在使用自动程序的时候必须记住三点。第一，被分成一类的指示变量组必须同时增加同时删除。

例15.5 猪肺炎风险因素的自动模型选择

data=pig_farm

这些数据都来源于一项研究，这项研究旨在评价各种管理因素对猪呼吸道疾病的作用（Hurnik等，1994a；Hurnik等，1994b）。从数据集中43个预测变量的全集开始，使用流行性肺炎流行率（在屠宰时猪的典型性肺损伤的比例）的自然对数作为结果（n=66 观察值），同时使用向前和向后选择程序，这过程中的选择阈值是p=0.05。每种方法（以及它们的系数）选择的预报因子是：

预测变量描述	变量名	向前选择	向后删除
通风口大小	inlet	−0.04	
保留生长缓慢的猪	hldbck	0.50	0.67
群体大小（'000）	size	0.43	0.67
排气扇大小	exhaust	−0.37	−0.46
生产商的经验年限	exprnce	0.03	0.02
栅格地面（对平实地面）	floor		−0.51
仅圈养的猪	hmrsd	−0.49	
	constant	−2.09	−2.62
模型参数			
	SS_{tot}	62.9	62.9
	SSE	28.2	31.6
	$\sqrt{MSE}$	0.69	0.73
	−2lnL	131.1	138.7
	adjusted R^2	0.51	0.46
	AIC	145.1	150.7
	BIC	160.4	163.8
	Cp	−11.1	−8.1

这些数据在例15.3和例15.4中已经介绍过了，数据集的完整描述见第31章。两个程序得到了不同的最终模型，如果假定大量的变量与这个数据集中观测值的数目相关的话，得到不同的最终模型就不足为奇了。向前选择程序产生了一个较好的模型，解释了对数肺炎流行率的许多变异，并且具有较低的AIC和BIC值以及较低的Mallow Cp值。最佳子集方法用于鉴别诸如这样的许多好模型。然而，虽然在系数上有重大差异，但是两个程序中选择变量的方向一致。具有最低Mallow Cp（−11.7）的模型与向前选择模型比较，除了一个附加项（地面）外，其余完全一样。那个修正的R^2（在值0.59处）的模型包含19个预测因子，它是完全不合适的（结果没有呈现）。

注：这个例子仅适用于教学目的，不能作为建模的推荐方法。

第二，如果任何一个交互作用项被包含进来，组成交互作用项的两个变量的主要作用必须被包含在模型中。第三，分析仅仅是基于这样的观察值，即它们的所有变量都没有缺失。如果在数据集中有许多缺失观察值，用来估计模型的数据可能是全部集合于一个小子集。

P值和自动选择程序

值得注意是，如果用自动选择程序来筛选所有的预测变量和选择一组显著的预测变量，那么所选择的预测变量的实际显著性水平要低于所设定的水平（如0.05）。例如从一组不相关的10个变量中选择显著的预测变量（α=0.05），那么至少发现一个显著预测变量的概率为

$$\alpha^* = 1 - (1 - 0.05)^{10} = 0.40 \qquad \text{等式 15.3}$$

至少有一个预测变量是显著的可能性是40%，即使它们与结果变量没有任何关联。此值（40%）称为试验错误率。

比较来自竞争模型的预测变量

如果具有不同预测变量的两个模型有可以比较预测能力，那么比较两个模型的实际预测变量是有

用的。一种方法就是使用5.2.5节所描述的Bland和Altman允许限制方法（将两个模型的预测值看成是诊断检验结果）（Royston和Sauerbrei，2008）。

15.8.3　作出分析

一旦上述章节所描述的问题得以解决，那么分析应该是相对很容易的事。然而，不可避免的，使用一个迭代的过程。随着模型的建立和评价，研究者发现存在于数据集中变量之间的复杂关系以及生物学上合理的模型。在这个过程中，研究者必须具备所研究体系的生物学知识以及分析统计结果的能力。

15.9　模型的可靠性评价

评价任何回归模型要分为两步。第一步是使用回归诊断来仔细评价模型（例如，评价线性模型残差的正态性）。评价模型的有效性，具体处理程序已经在每一章描述过了。第二步是评价模型的可靠性。也就是带着问题"模型在以后的样本中，对观察值的预测效果如何？"注意：不同的作者对可靠性有不同的理解，这里的解释是回归模型的结论，用来评价未来预报的效果（Kleinbaum等，2007）。简单地报告线性模型的R^2或者计算Logistic模型的分类百分比，不能评价可靠性，因为这些估计总是过分强调模型的真实可靠性。

两个最常使用的估计可靠性的方法是分割样本法分析和留一出法分析。分割样本法分析是将数据随机分成两组，其中一组建立回归模型，然后用此模型对第二组的观察值进行预测，获得相应的预测值。对于线性回归模型，第二组中预测值和观测值的相关分析称为交叉验证相关分析。第一组数据的R^2值和交叉验证系数的平方的差值称为收缩交叉验证值。如果它比较小（这是个主观的决定，0.1通常被认为比较小），模型被认为是可靠的。对于非线性回归模型（如Logistic模型），可以使用同样的方法，但是需要使用其他衡量预报能力的方法（如用正确分类%取代R^2），来比较两个结果集。

如果只有一个小的数据集可以使用，那么应该将大于50%的观测值放在第一组中（用来建立预测模型）。如果数据被分成10个子集，其中9个用来估计模型和用来产生第10个子集预测变量的模型的时候，可以使用10重交叉验证。通过将每个子集剔除出模型估计过程来重复这一过程。基于daisy2数据模型的分割样本法验证，见例15.6。

留一出验证方法是基于拟合模型许多次，每次不考虑一个观测值（直到所有的都被忽略）。将被忽略的观察值残差累加起来用于估计预测变量的误差，这一误差可以用来和基于所有观测值的模型误差作比较。如果两个值相近，说明模型对观察值有很好的预测作用。

一种替代分割样本验证的方法是建立单独的对分数据集的回归模型，并且主观地比较回归系数。注意：这种方法适用于任何回归模型。如果2个模型的系数明显不同，那么模型是不可靠的。

15.10　结果表述

表述回归模型结果的标准方式是给出系数（包括截距）、系数的标准差以及它们的置信区间。假设观测到的影响具有因果关系，系数表示预测变量变化一个单位而引起的结果改变。对于二值预测变量（或者分类变量被转变成一组二值预测变量），系数表示一个因素存在时的影响和不存在时的影响的比较。然而，对于连续变量，估计它们的影响更加困难，因为它们的计量单位不同（因此，单位改变既可以表示预测变量小的变化，又可以表示预测变量大的变化），结果，每一个预测变量对结果影响的重要性很难决定。为了获得对预测变量作用更好的理解，对任何连续预测变量，应当了解构成预

例15.6   交叉验证相关性

data=daisy2

第14章评价生殖疾病对怀孕时间影响的最终模型可以用作这种评价的基础（在分析之前对结果进行平方根变换）。使用一半的数据建立模型，另一半数据通过检测模型预测能力，来评估模型的可靠性。回归模型验证见下表：

来源	残差平方和	自由度	均方值	观察数=775
				$F_{(9, 765)} = 7.10$
				P值=0.0000
模型	447.42999	9	53.0477766	$R^2 = 0.0771$
残差	5717.36006	765	7.47367329	修正的$R^2 = 0.0662$
合计	6194.79005	774	8.00360472	MSE的算术平方根=2.7338

wpc_sqrt	系数	标准误	t	P值	95%CI（置信区间）	
hs_ct	0.9891427	0.1704134	5.80	0.000	0.6546093	1.323676
hs_sq	0.560026	0.2461032	2.28	0.023	0.0769083	1.043144
parity1	0.1413507	0.0678251	2.08	0.037	0.0082053	0.274496
calv_spr	−0.7031682	0.1992144	−3.53	0.000	−1.09424	−0.3120964
twin	1.974691	0.7838149	2.52	0.012	0.4360079	3.513375
_ldyst_1	1.512377	0.441814	3.42	0.001	0.6450658	2.379689
vag_disch	0.722121	0.463742	1.56	0.120	−0.188237	1.632479
ldysXvaq~1	−2.444457	1.151216	−2.12	0.034	−4.704374	−0.1845398
rp	−0.030485	0.3486269	−0.09	0.930	0.7148639	0.6538939
_cons	7.503017	0.2055855	36.50	0.000	7.099439	7.906596

在另一半数据中，决定系数（R^2）从0.077减少到0.071，这表明了最小的缩减，说明应用于新的数据时，该模型是相对可靠的。

测变量的合理变化。为了使得不同预测变量的相对影响可以比较，两种呈现结果的方式是：

- 使用标准化系数；
- 当连续预测变量变化超过四分位数范围时，计算预测作用。

对于以上两点将作一简单介绍。然而，在进行之前，应该注意非数值研究成果的呈现效果更好，这取决于目标读者群（见Akl等，2007），但是对于这种呈现方式，不是本文应当考虑的。

15.10.1   标准化系数

在线性模型中，标准化系数表示预测变量1SD变化所引起的（标准化的）结果变化。标准化系数可以通过原系数乘以预测变量的SD和结果的SD的比值来计算[$\beta^* = \beta(\sigma_x/\sigma_y)$]。过去，它们不仅用来评价模型中各个预测变量的相对重要性，而且用来比较研究结果。然而，这种方法有两个问题。首先，SD并不是连续预测变量变化的一个好的度量。如果分布是偏右的，由于一些大值可能产生对SD过大的估计。更重要的是，预测变量或者结果的SD可能会因总体的不同而变化。如果标准化系用来比较研究结果，两个研究的同一个结果可能因为不同的预测变量的计量单位而不同，呈现不同的结果。所以，对于一般情况，不推荐使用标准化系数。

15.10.2   四分位数间距

一个预测变量的作用可以通过计算横跨四分位数间距（IQR）的预测变量的变化引起的结果变化来表示，这样可以避免偏远的观察值对标准差具有大的影响这一问题。虽然IQR可能横跨总体的变化

（如同SD那样），但是研究中的兼容性问题可以用基于IQR的效应估计补充普通系数来避免，而不是用标准系数替代普通系数。例15.7显示了例15.5中的5个预测变量对猪群肺炎流行率对数变换的影响。

15.10.3 从模型中删除预测变量

在呈现多变量模型结果的时候，自然会想要讨论没有被包含在模型中的预测变量的可能影响。除非P值非常大，就不应假设它们的作用为0。一些研究者讨论了没有被包含在模型中的预测变量和结果之间的无条件关联。在建模过程中，如果已经使用向后删除程序，那么一个替代方法就是使用最后一步预测变量的系数（在它被删除之前）。第三种方法是使预测变量返回到最后的模型中，并且使用该预测变量模型系数作为它作用（调整模型中其他预测变量）的估计。

15.10.4 结果的尺度

在线性回归分析模型中，结果的变换通常是必需的，以确保隐含在模型中的假设能够满足。然而，这会使得对模型的解释变得比较困难，所以，与分析不同，通常希望以不同计量单位来呈现结果。关于线性模型的逆变换在14.9.6节讨论；在Logistic回归分析后，关于将Logit尺度转换为概率尺度的问题，在16.8.5节予以讨论。

在例15.7中，假设每个预测变量的作用在对数尺度下是线性的，这也等价于在原始尺度上有相乘作用。例如，保留生长缓慢猪（$\beta=0.666$）增加肺炎的流行率1.95（$e^{0.666}=1.95$）倍。因此，保留生长缓慢的猪的作用还取决于模型中其他因子值影响，因为它们将决定肺炎的流行率（乘上1.95）。计算模型中其他因素各个水平的原始比例对关键预测变量的影响是非常有用的。

例15.7 预报因子的作用

data=pig_farm

基于使用向后删除选择的模型（例15.5），各种预测变量的作用是通过计算每个预测变量的变化可用流行性肺炎数据的对数的期望变化来评价。

变量	系数	基础	估计效应变化	效应
hldbck	0.666	二值变量	0~1	0.666
size（'000）	0.669	IQR	0.550~1.600	0.702
exhaust	−0.458	IQR	0.120~1.407	−0.589
exprnce	0.023	IQR	8.5~26.0	0.401
floor	−0.509	二值变量	0~1	−0.509

由此可见，在这个研究的总体中，畜群的规模是呼吸道疾病流行的最大决定因素，虽然其他因素也具有类似的作用。

参考文献

Akl EA, Maroun N, Guyatt G, Oxman AD, Alonso-Coello P, Vist GE, Devereaux PJ, Montori VM, Schünemann HJ. Symbols were superior to numbers for presenting strength of recommendations to health care consumers: a randomized trial J Clin Epidemiol. 2007; 60: 1298-305.

Berghaus RD, Lombard JE, Gardner IA, Farver TB. Factor analysis of a Johne's disease risk assessment questionnaire with evaluation of factor scores and a subset of original questions as predictors of observed clinical paratuberculosis Prev Vet Med. 2005; 72: 291-309.

Chatfield C. Confessions of a pragmatic statistician The Statistician. 2002; 51: 1-20.

Cleveland W. Robust locally weighted regression and smoothing scatterplots Journal of the J Am Stat Assoc. 1979; 74: 829-36.

Cochran WG. The effectiveness of adjustment by subclassification in removing bias in observational studies Biometrics. 1968; 24: 295-313.

Dohoo IR, Ducrot C, Fourichon C, Donald A, Hurnik D. An overview of techniques for dealing with large numbers of independent variables in epidemiologic studies Prev Vet Med. 1997; 29: 221-39.

Donders ART, van der Heijden GJMG, Stijnen T, Moons KGM. Review: a gentle introduction to imputation of missing values J Clin Epidemiol. 2006; 59: 1087-91.

Dukes K. Cronbach's alpha. In: Encyclopedia of Biostatistics, 2nd Ed. J Wiley & Sons: New York; 2007.

Elmoslemany AM, Keefe GP, Dohoo IR, Jayarao BM. Risk factors for bacteriological quality of bulk tank milk in Prince Edward Island dairy herds. Part 2: bacteria count-specific risk factors J Dairy Sci. 2009a; 92: 2644-52.

Elmoslemany AM, Keefe GP, Dohoo IR, Jayarao BM. Risk factors for bacteriological quality of bulk tank milk in Prince Edward Island dairy herds. Part 1: overall risk factors J Dairy Sci. 2009b; 92: 2634-43.Fitzmaurice G, Laird N, J. Applied Longitudinal Analysis. Wiley: New York; 2004.

Harel O, Zhou X. Multiple imputation: review of theory, implementation and software Stat Med. 2007; 26: 3057-77.

Hurnik D, Dohoo I, Bate L. Types of farm management as risk factors for swine respiratory disease Prev Vet Med. 1994a; 20: 147-57.

Hurnik D, Dohoo I, Donald A, Robinson N. Factor analysis of swine farm management practices on Prince Edward Island . Prev Vet Med. 1994b; 20: 135-46.

Kleinbaum D, Kupper L, Mullen K. Applied regression analysis and other multivariable models. 4th Ed. Duxbury Press: Pacific Grove; 2007.

Little R. Regression with missing Xs: A review J Am Stat Assoc. 1992; 87: 1227-37.

Little R. Missing data. In: Encyclopedia of Biostatistics, 2nd Ed. J Wiley & Sons: New York; 2007.

Little R, Rubin D. Statistical Analysis with Missing Data. Wiley: New York; 2002.

Lofstedt J, Dohoo IR, Duizer G. Model to predict septicemia in diarrheic calves J Vet Intern Med. 1999; 13: 81-8.

Mallows C. Some comments on Cp. Technometrics. 1973; 15: 661-75.

Mantel N. Why stepdown procedures in variable selection? Technometrics. 1970; 12: 621-5.

Moons KGM, Donders RART, Stijnen T, Harrell FEJ. Using the outcome for imputation of missing predictor values was preferred J Clin Epidemiol. 2006; 59: 1092-101.

Mounchili A, Wichtel JJ, Dohoo IR, Keefe GP, Halliday LJ. Risk factors for milk off-flavours in dairy herds from Prince Edward Island, Canada. Prev Vet Med. 2004; 64: 133-45.

Raftery A. Bayesian model selection in social research. In: Sociological Methodology. Basil Blackwell: Oxford; 1996.

Rothman K, Greenland S, Lash T. Modern Epidemiology, 3rd Ed. Lippincott Williams & Wilkins: Philadelphia; 2008.

Royston P, Altman DG, Sauerbrei W. Dichotomizing continuous predictors in multiple regression: a bad idea Stat Med. 2006; 25: 127-41.

Royston P, Sauerbrei W. Multivariable model-building. A pragmatic approach to regression analysis based on fractional polynomials for modelling continuous variables. John Wiley & Sons, Ltd: Chichester; 2008.

Rubin D. Multiple Imputation for Nonresponse in Surveys. Wiley: New York; 2004. Sauerbrei W, Royston P. Building multivariable prognostic and diagnostic models: transformation of the predictors by using fractional polynomials J Royal Stat Soc. Series A. 1999; 162: 71-94.

Vach W. Multiple Imputation for Nonresponse in Surveys. Springer: New York; 1994.

Vach W, Blettner M. Missing data in epidemiological studies. In: Encyclopedia of Biostatistics, 2nd Ed. J Wiley & Sons: New York; 2007.

第16章

Logistic回归

李湘鸣 译　宗序平 校

▲ 目的

阅读完本章节，读者应该能够：

1. 掌握Logistic回归，理解对数比值是评价疾病的一个指标，以及其与预测变量线性结合的关系。

2. 建立和解释Logistic回归模型：

    a. 计算和解释来自Logistic回归模型中的比数比；

    b. 以概率尺度评价预测变量对有关结果的作用；

    c. 使用Wald检验和似然比检验，对Logistic回归模型进行统计比较。

3. 掌握广义线性模型（GLMs）条件下的Logistic回归拟合。

4. 评价Logistic回归模型：

    a. 掌握协变量模式及其对Logistic回归模型的残差计算的影响；

    b. 掌握过度离散及其拟合优度检验的关系；

    c. 根据每个协变量模式和每个观察值，计算残差；

    d. 选择和使用适合的检验评价Logistic回归模型的拟合优度；

    e. 确定变化阈值（界值）对模型敏感性和特异性的作用；

    f. 生成ROC曲线以作为评价拟合度的一种方法；

    g. 识别和确定有影响观察值对Logistic模型的影响。

5. 使用精确Logistic回归建立小样本数据集的拟合模型。

6. 对于匹配资料用条件Logistic回归模型拟合。

16.1 引言

在兽医流行病学中，研究结果经常是二值变量（$Y=0$或1）。该变量表示疾病发生或未发生，死亡或未死亡。我们不可用线性回归的方法，即通过X的函数来分析这些资料，其原因是：

（a）误差ε不是正态分布，实际上只考虑了2个值。

$$如果Y=1，则\varepsilon=1-(\beta_0+\sum \beta_j X_j)$$

$$如果Y=0，则\varepsilon=-(\beta_0+\sum \beta_j X_j)$$ 等式 16.1

（b）相关结果发生的概率［即$p（Y=1）$］取决于预测变量（即X）的值。由于二项分布方差为概率（p）的函数，误差方差也随着X水平而变化，所以，方差齐性假设不成立。

（c）平均期望响应的约束条件为：

$$0\leq E（Y）=p\leq 1$$

但对于线性回归模型，预测值有可能会落在该约束条件之外。

本章将探讨使用Logistic回归分析法以避免上述问题。本章节使用的数据资料来自诺卡氏菌乳房炎的病例对照研究，该病曾在加拿大Nova Scotia奶牛场爆发流行。资料分别由54个病例及对照组成，有关的预测指标主要与干奶期奶牛的管理有关，特别是在干奶期乳房炎的治疗类型，所用变量请参考表16.1，详细资料请参考第31章节。

表 16.1　诺卡氏菌病所用变量

变量	描述
casecont	病例或对照（结果）
dcpct	干奶期奶牛治疗的百分率
dneo	去年干奶期产品是否用新霉素（有或无）
dclox	去年干奶期产品是否用邻氯青霉素（有或无）
dbarn	归类变量（1＝开放式牛舍；2＝拴系牛舍；3＝其他）

16.2 Logistic模型

处理16.1节所述问题的方法，是对相关结果的概率进行logit转换，使模型与一系列预测变量呈线性函数关系。

$$\ln\left[\frac{p}{1-p}\right]=\beta_0+\sum \beta_j X_j$$ 等式 16.2

其中$\ln（p/（1-p））$为logit 转换，此值为结果比数的自然对数 [因为比数=$p/（1-p）$]，所以Logistic回归模型有时可以称为自然对数比数模型。

由图16.1可见，p的logit值可以趋于$+\infty$或$-\infty$，但是p值的变化在0~1范围之内。实际上logit值倾向于位于-7~$+7$的范围之内，这与非常小的概率值（<0.001）和非常大的概率值（>0.999）有关。

上述变换导出Logistic模型，结果发生的概率可表示为下列两种方法之一（它们是等价的）：

$$p=\frac{1}{1+e^{-(\beta_0+\sum \beta_j X_j)}}=\frac{e^{(\beta_0+\sum \beta_j X_j)}}{1+e^{(\beta_0+\sum \beta_j X_j)}}$$ 等式 16.3

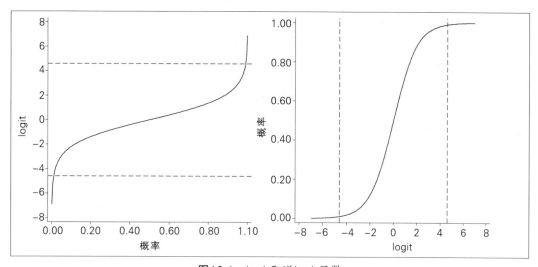

图16.1 logit和逆logit函数
注：±虚线 4.595处分别为logit值的1%和99%。

16.3 比数和比数比

用一简单情况进行说明：疾病发生的事件取值为$y=0$或1，预测变量X（即$X=0$或1）仍为二值变量，此Logistic模型为：

$$\ln\left[\frac{p}{1-p}\right] = \beta_0 + \beta_1 X_1 \qquad \text{等式 16.4}$$

所以疾病的比数为：

$$\text{odds} = \frac{p}{1-p} = e^{\beta_0 + \beta_1 X} \qquad \text{等式 16.5}$$

不难求出与X暴露因子有关的疾病的比数比（OR）：

如果$X=1$ 暴露 $\text{odds} = e^{\beta_0 + \beta_1}$

如果$X=0$ 未暴露 $\text{odds} = e^{\beta_0}$

那么比数比：

$$OR = \frac{e^{\beta_0 + \beta_1}}{e^{\beta_0}} = \frac{e^{\beta_0} e^{\beta_1}}{e^{\beta_0}} = e^{\beta_1} \qquad \text{等式 16.6}$$

由此可以扩展到多个预测变量值情形，则第K个变量的OR应该为e^{β_k}。

16.4 拟合Logistic回归模型

在线性回归分析中，用最小二乘技术估计回归系数，这是因为误差服从高斯分布，用此方法可以产生回归系数的最大似然估计值。在Logistic回归模型中，可用不同的最大似然估计方法估计回归系数。

这种最大似然估计的关键特征是参数值（β_s）的估计，这些参数值产生了观察资料，其不同于从观察值作为起点而后计算参数估计值（这被称为最小二乘法），而是针对不同参数值的组合，得到观察资料的似然值（概率）。通过一系列参数值便可最大可能地产生观察值资料，这便是最大似然（ML）估计。

用以下非常简单例子说明最大似然估计过程。例如目的是想估计该病的流行参数。从奶牛场抽取10头奶牛，获得一组血清学数据结果，发现10只奶牛中有3只为阳性结果（这便是观察资料）。

如果实际的流行率（总体率）为P，那么10只奶牛中3只为阳性的似然值（L）为：

$$L(P) = \binom{10}{3} P^3 (1-P)^7$$

对数似然值（lnL）为：

$$\ln L(P) = \ln\left\{\binom{10}{3}\right\} + 3\ln(P) + 7\ln(1-P)$$

在这种情况下，lnL的最大值可以直接得到，但是在许多情况下，是通过迭代方法得到。如果按照这样一个程序，那么步骤应当是：

（1）任意设定一流行概率（如首先选用0.2）。如果实际流行概率（P）为0.2，那么10只奶牛有3只为阳性的概率为：

$$L(0.2) = \binom{n}{x} P^x (1-P)^{n-x} = \binom{10}{3} \times 0.2^3 \times (1-0.2)^{10-3} = 0.20 \qquad \textbf{等式 16.7}$$

则lnL为−1.60。

（2）再选取另一流行概率（如0.35），再计算似然数，结果为0.252（lnL=−1.38）。

（3）重复此过程，直到获得最大似然值的参数估计值。

图16.2说明lnL和流行率之间的关系，可见最大似然值在P=0.3处。

当然，计算机无法随机选取参数值，原因是存在多种估计该参数的方法，需要使观察值更加准确。由于可能将参数估计值精确到小数点后多位，因此必须设定收敛性判别标准。一旦估计值变化低于此收敛标准，即停止进行估计值的精确过程（即收敛已经得到）。

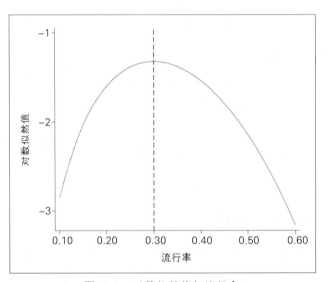

图16.2 对数似然值与流行率

16.5　Logistic回归假设

同线性回归分析一样，在拟合Logistic模型中，存在许多固有假设检验。在Logistic模型中，结果Y为二值变量：

$$Y_i \begin{cases} 1 \\ 0 \end{cases} \qquad p(Y_i=1)=p_i=1-p(Y_i=0) \qquad \textbf{等式 16.8}$$

因此有两个重要假设：独立性假设和线性假设。

独立性假设： 同线性回归分析一样，独立性假设为观察值间相互独立。如果动物被保持在同一组内，或者从同一个体获得许多重复的测量值，将不适宜用这种假设。例如，不同群的动物，在所研究动物总体中，变异由一般动物之间的变异和不同群动物间的变异共同组成，这样经常会导致资料"过度离散"或"超常二项变异"。检查这种假设方法请参考16.12.4节，以及处理这些问题的方法在第20～23章讨论。

线性假设： 同线性回归分析相同，任意连续性预测变量所测值，其假设应与结果呈线性关系。评价此假设的技术请参考15.6.1节。

注： 由于Logistic模型模拟疾病期望概率是建立在Logit对数尺度上的，而原始资料是呈二项分布（0/1或无/有），故Logistic模型没有误差项，不存在关于误差分布的假设。同样意味着Logistic回归模型中的系数代表着预测变量对结果Logit变换的作用。有关原始概率尺度作用的讨论参考16.8.5节。

16.6 似然比统计量

虽然最大似然值估计过程产生最大的可能似然值，但是这些值通常非常小，因为，假定选定参数估计的条件下，它们描述的是这组精确观察值的概率。正因为如此（事实上估计过程是较简单的），计算机程序通常以对数似然进行操作，这样会产生一定量的负数。对有关资料进行拟合后，多数计算机程序可以打印出对数似然值模型。所以关键的因素在于对Logistic回归模型进行检验。

16.6.1 全模型的显著性

用于对整个Logistic模型的显著性检验，称为似然比检验（LRT），因为其将"全"模型的似然值（即将所有的预测变量值包括在内）与"无效"模型（即模型仅有截距）进行比较，其结果与线性回归分析中F检验模型相同。作为似然比检验统计量G_0^2等式为：

$$G_0^2 = 2\ln\frac{L}{L_0} = 2(\ln L - \ln L_0) \qquad \textbf{等式 16.9}$$

此处L为全模型似然值，L_0为无效模型似然值，统计量G_0^2近似服从自由度（df）为k的χ^2分布（k为全模型预测变量的个数）。如果具有显著性，则表明预测变量值对结果的预测值贡献具有统计学意义。

注： 当计算LRT统计量时，必须满足2个条件：

（1）两个模型必须精确用同一批观察值拟合。如果在全模型资料中含有某些预测变量值的缺失值，这些缺失值在全模型计算时被忽略，但是在无效模型计算时却包括了缺失值，这种现象必须避免。

（2）模型必须是嵌套的，即简单模型的预测变量必须是全模型预测变量的一部分。当比较小的模型是无效模型时，这将不会成为问题，但在其他情况下可能会成为问题。

在例16.1中，对用诺卡氏菌乳房炎的病例对照研究所建立的Logistic回归模型，用3个变量（-dneo-，-dolox-，-dcpct-）进行拟合，似然比检验对3个预测变量作为一组进行评价，发现具有高度的统计学意义（$G_0^2=41.72$，df=3，$P<0.001$）。

16.6.2 比较全模型和减约模型

在前述节中，*LRT*可用于比较全模型和无效模型，但是用同样的方法，*LRT*亦可用于检验参数中任何子集的分布，这非常类似线性回归中的多重偏*F*检验，其等式为：

$$G_0^2 = 2\ln\frac{L_{full}}{L_{red}} = 2(1nL_{full} - 1nL_{red})\qquad\text{等式 16.10}$$

其中L_{full}和L_{red}代表全模型和减约变量模型各自的似然值。如例16.1，2个抗生素特别预测变量（–dneo–，–dclox–），在病例对照研究中，发现有较大的显著性，这种检验有时被称为"改进χ^2检验"。

16.6.3 比较全模型和饱和模型（剩余差）

在研究全饱和模型的情况下，似然比检验是比较该模型的似然值（每个数据点均有一拟合参数）。由于全饱和模型能完整地对资料进行预测，假定为此模型，所观察资料的似然值应该为1（或 $1nL_{sat}=0$）。这种比较产生的统计量被称为剩余差，类似于线性回归分析中误差的离均差平方和（SSE），它是衡量资料不可解释的变异：

$$D = 2\ 1n\frac{L_{sat}}{L_{full}} = 2(1n\ L_{sat} - 1n\ L_{full}) = -2(1nL_{full})\qquad\text{等式 16.11}$$

注：用这种方式计算的剩余差不服从χ^2分布（请参考16.12.2节关于剩余差的讨论）。

16.7 Wald检验

Wald检验能评价单一系数的显著性，其检验与该系数和它的标准误（*SE*）有关，它是系数与标准误之比，其比值应该服从标准正态（*Z*）分布。该检验实际上是检验系数与0是否有显著性不同，可以通过许多计算机程序计算获得，并且是最常使用的系数显著性检验。然而，如果样本含量较小，由于系数和标准误仅仅是估计值，结果是其近似正态分布可能不特别可靠，所以当评价变量的*P*值接近拒绝区域时，最好选用似然比检验。

与线性回归分析的多重偏*F*检验类似，在Logistic模型中，可以用多重Wald检验，对多重参数进行检验。例如，在例16.1中，比较全模型和选变量模型，检验的无效假设为：

$$H_0: \beta_2 = \beta_3 = 0$$

在这种情况中，检验统计量与χ^2分布进行比较，其自由度（df）为所检验预测变量值的个数。在例16.1比较全模型和减约模型的Wald χ^2值为21.4，df为2，与似然比检验（$\chi^2=30.16$）相比，这是非常保守的检验统计量（虽然不是常见的情况），但仍具有极大的显著性。

16.8 系数的解释

Logistic回归模型中的回归系数表示，随着预测变量增加一个单位，其结果概率变化的logit数量，由于此系数较难解释，故将其转化为比值比，根据例16.2资料，模型可表示为：

$$1n\left[\frac{p}{1-p}\right] = \beta_0 + \beta_1(dcpct) + \beta_2(dneo) + \beta_3(dclox) + \beta_4(dbarn-2) + \beta_5(dbarn-3)$$

16.8.1 二值预测变量

当影响因子存在时，二值预测变量系数代表疾病危险性增加或减少对数比数量。这些很容易通过

例16.1　比较Logistic回归模型

data=Nocardia

4种不同模型的对数似然值

模型	预测变量值	预测变量数	对数似然值
无效假设	截距 β_0	1	−74.86
全	截距dcpct, dneo, dclox β_0，β_1，β_2，β_3	4	−54.0
减约	截距, dcpct β_0，β_1	2	−69.07
饱和	108个"假设"预测变量 β_0，β_1……β_{n-1}	108	0

全模型似然比检验

$G_0^2 = 2[-54 - (-74.86)] = 41.73\,(\,df=3,\ p<0.001\,)$

综合分析，3个预测变量在本病例对照研究中有高度显著性。

全模型与选模型比较似然比检验

$G_0^2 = 2[-54.00 - (-69.07)] = 30.16\,(\,df=2,\ p<0.001\,)$

此2个抗生素变量（−dneo−和−dclox−）预测值有高度显著性。

饱和模型的全模型似然比检验

$G_0^2 = 2[0-(-54.00)] = 108.00\,(\,df=104\,)$

注：此项不服从χ^2分布

系数指数的形式，将其转换为OR。例如，在例16.2中，变量−dneo−的OR值为

$$OR = e^{\beta_2} = e^{2.685} = 14.7$$

如果有关的结果相对罕见，则OR是作为相对风险度（RR）很好的估计值。如果病例对照研究的抽样发病率密度已知，则OR是原总体发病比值（IR）最好估计值（见第6章）。

16.8.2　连续性预测变量

作为连续性预测变量，变量系数（β_1）表示预测变量变化1个单位，疾病对数比数的变化。同样，由此计算的OR也表示每一个预测变量变化1个单位，疾病比数增加或减少。然而，在暴露变量中经常感兴趣是多个变量单位的变化，如从x_1变化到x_2。例如，在干奶期奶牛的治疗率变化区间为50%到75%，则疾病的对数比数变化为：

$$\log odds\,(x_{1,}\,x_2)=(x_2-x_1)\cdot\beta_1=(75-50)\times0.022=0.55 \qquad \textbf{等式16.12}$$

−dcpct−变量变化25%，则疾病比值改变为：

$$e^{0.55}=1.73,\ \text{或}\ OR(x_{1,}\,x_2)=OR^{(x_2-x_1)}=1.022^{(75-50)}=1.72 \qquad \textbf{等式16.13}$$

16.8.3　归类预测变量

如同线性回归分析，多元回归预测变量（如"j"个归类数）必须被转换为一系列$j-1$的数字变量（同样被称为"哑"变量），将这些变量带入模型，每一数字变量系数表示与归类比较的作用水平，该归类标准（基线）不包含在模型中，这些系数的意义与其他任何二值预测变量类似。

注：还存在其他的方法编码归类变量，如分层数字变量，这些方法请参考第14章。

　　当创建指示变量时，基线的选择是重要的。在通常情况下，选择有生物学意义（即使某些生物意义作为参考水平）及许多合理的观察值作为基线，所以不能将所有变量与归类进行比较，这是因为估计的归类效应非常不精确。当评价归类变量系数的统计学意义时，不必过分强调个体系数的P值，因为该P值指的是所选择水平是否与基线水平有统计学差异。然而，因为基线的选择是人为的，任何归类均可计算出一个可能的P值范围，所以，评价所有归类变量的统计学意义时，应结合多重Wald检验或似然比检验的结果综合分析。

　　在例16.2中，变量-dbarn-被转换为3个哑变量，其中2个为-dbarn_2-和-dbarn-3-，包含在模型中，它们分别代表拴系式和"其他"牛舍类型，因此，与开放式牛舍比较（归类省略），这些系数分别代表这些牛舍类型对患诺卡氏菌乳房炎的风险效应。

例16.2　Logistic回归系数的意义

data=Nocardia

　　下表是变量-casecont-关于变量-dcpct-，-dneo-，dclox和-dbarn-2个水平的Logistic回归分析的结果。第一张表表示预测变量对病例对照研究结果logit值产生的效应，而第二张是将同样的结果以比数比表示。

观察值数108
LR chi2 (5) =47.40
Prob>chi2=0.000
Log likelihood=−51.158

预测变量	系数	SE	Z	P	95%置信区间	
dcpct	0.022	0.008	2.82	0.005	0.006	0.037
dneo	2.685	0.677	3.96	0.000	1.358	4.013
dclox	−1.235	0.581	−2.13	0.033	−2.347	−0.096
dbarn-2	−1.334	0.632	−2.11	0.035	−2.572	−0.095
dbarn-3	−0.218	1.154	−0.19	0.850	−2.481	2.044
常数项	−2.446	0.854	−2.86	0.004	−4.120	−0.771

预测变量	OR	SE	95%置信区间	
dcpct	1.022	0.008	1.007	1.037
dneo	14.662	9.931	3.888	55.296
dclox	0.291	0.169	0.093	0.908
dbarn-2	0.263	0.166	0.076	0.909
dbarn-3	0.804	0.928	0.084	7.722

　　变量-dneo-的效应：在牛群中使用新霉素类抗生素产品可增加诺卡氏菌乳房炎对数比数比2.685单位，也可以这样说，使用新霉素类抗生素产品增加该病的比数14.7倍。因为诺卡氏菌乳房炎较为罕见，所以比数比可以解释为一种风险比，即使用新霉素类产品可增加患诺卡氏菌乳房炎危险性接近15倍。

　　变量-dcpct-的效应：干奶期奶牛治疗率变化从50%上升至75%，则疾病增加的对数比数为：（75−50）×0.022=0.55单位，也可以说病增加的比数为（1.022）$^{(75-50)}$=1.72。干奶期奶牛治疗率增加25%，增加该病的危险性约为72%（即1.72倍）。

　　变量-dbarn的效应：拴系式牛舍（-dbarn-2）和其他有护栏牛舍，较开放式牛舍有较低的患诺卡氏菌乳房炎的风险性（即OR<1）。然而，多重Wald检验和似然比检验，发现这2个归类变量的P值分别为0.08和0.06，所以牛舍类型可以认为具有接近显著性水平的统计学意义（0.1>p>0.05）。

16.8.4　截距的意义

　　回归模型中截距（常数项）取决于资料是如何收集的。截距表示如果所有的危险因子都不存在（即等于0）时的疾病概率的logit值，可表示为：

$$\ln\left(\frac{p_0}{1-p_0}\right) = \beta_0 \qquad\qquad \textbf{等式16.14}$$

此处p_0为"非暴露组"疾病的概率，在横断面或队列研究中，p_0具有实际意义，因为它代表疾病在非暴露组的发生频率。然而，在病例对照研究中，p_0因病例和对照的选择例数而改变，在实际情况下，由于不是从非暴露组抽取的样本，因此，非暴露组疾病的发生概率是不知道的，所以截距值的意义不好阐明。

16.8.5 有关因素对概率的效应

如上所述，Logistic回归模型系数表示疾病的对数比数改变，该比数的变化与有关影响因素的单位变化有关。这些系数可以较容易地被转换为比数比（通过系数的幂），但是，对于其参数的使用具有一定的限制。

在通常情况下，考虑的是疾病的概率而不是比，疾病的概率与有关影响因素不是线性相关。所以，影响因素增加1个单位，并不会使疾病的概率增加固定的单位。某影响因素对疾病概率的影响，取决于模型中该影响因素的水平以及其他影响因素的水平。

在例16.3中，干奶期奶牛治疗率增加10%的作用，主要依赖于某群奶牛是否使用新霉素或邻氯青霉素，同样依赖于这两种抗生素使用率10%～20%或80%～90%的变化。可见，在此模型中，建立一些概率预测曲线，从而全面理解这些关键变量的效应，这是非常有用的。

例16.3 影响因素对概率的效应

data=Nocardia

在此例中，模型对变量-dcpct-、-dneo-和dclox-进行拟合，由变量-dcpct-计算的诺卡氏菌乳房炎预测概率是0到100%。使用新霉素抗生素和邻氯青霉素的奶牛群，其乳房炎预测概率被分别计算。

预期变量	系数	SE	Z	P	95%置信区间	
dcpct	0.023	0.007	3.15	0.002	0.008	0.037
dneo	2.212	0.578	3.83	0.000	1.080	3.345
dclox	−1.412	0.557	−2.53	0.011	−2.505	−0.320
常数项	−2.984	0.772	−3.86	0.000	−4.498	−1.471

变量-dcpct-增加10%的效应，取决于奶牛群是否使用新霉素（即使用新霉素效应较强）。同样可以发现，曲线的增加与-dcpct-尺度变化处有关（在不使用新霉素抗生素的奶牛群，变量-dcpct-从10%增加到20%，其作用小于从80%～90%）。

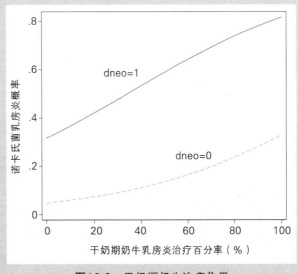

图16.3 干奶期奶牛治疗作用

由此可见，-dcpct-变量水平10%的增加，对使用新霉素抗生素的奶牛群的诺卡氏菌乳房炎的概率，具有较大的影响，而且，在邻氯青霉素使用的奶牛群，其乳房炎预测概率有一个较大的增加，预测概率从0～10%增加到80%～90%。

16.9 交互作用和混杂的评价

用Logistic回归分析模型评价变量的交互作用和混杂作用，与用线性回归分析过程相同。混杂评价是通过将具有潜在影响的混杂作用变量添加于模型中，对有关变量的系数是否已发生"相当大的"改变作出主观判断。在例16.4中，可以看出变量-dcpct-和-dclox-间存在一定程度的混杂作用。

交互作用的评价是将交叉相互作用项数（$X_1 \cdot X_2$）添加入Logistic回归模型，分析是否此交互项数系数具有统计学意义。当存在交互作用时，OR的估计应当值得注意。如果交互作用存在，应该对交互变量预选确定一个水平，然后计算其有关变量的OR，这是因为OR值随交互变量的水平而变化。

如果在2个二值预测变量之间存在交互作用，主效应和交互项系数是较容易解释的。主效应系数表示在其他变量缺失的情况下，该变量在观察值中的作用。在例16.5中，变量-dneo-的系数（3.184）是说明牛群使用新霉素而不使用邻氯青霉素时的效应。交互项表示2个影响因素的累加效应作用，超过各自单独作用之和，其结果如表16.2所示。

表16.2　新霉素和邻氯青霉素使用及两者都不使用对诺卡氏菌乳房炎对数比的效应的比较（例16.5）

新霉素	邻氯青霉素	
	0	1
0	0	0.446
1	3.184	1.078

注：1.078=3.184+0.446-2.552

较高层的交互作用（即3种途径的交互作用）同样可以评价（见15.7节）。注意：Logistic回归分析交互作用是根据乘法比例进行评价（即在缺乏交互作用的情况下，一个因子的作用乘以疾病对数比得到一常数，而不管第二个因子水平如何），评价相加交互作用的方法，已有发表（Knol等，2007）（见13.6.2节，相加与相乘交互作用的讨论）。

例16.4　混杂作用的评价

data=Nocardia

首先使用"全"模型对变量进行拟合，模型中含有变量-dcpct-，-dneo-和-dclox-，然后从模型中去除变量-dcpct-。

预测变量	全模型		减约模型	
	系数	SE	系数	SE
dcpct	0.023	0.007		
dneo	2.213	0.578	2.377	0.550
dclox	−1.413	0.557	−1.010	0.532
常数项	−2984	0.772	−1.480	0.501

当变量-dcpct-从模型中去除后，变量-dneo-的系数变化非常小（−7%），而变量-dclox-的系数变化非常大，几乎达30%，可以认为-dcpct-和-dclox-可能有关系（相互间为混杂因子）。

例16.5 交互作用的评价

data=Nocardia

通过添加交互项评价变量−dneo−和−dclox间的交互作用

预测变量	系数	SE	Z	P值	95%置信区间	
dcpct	0.023	0.008	2.93	0.003	0.007	0.038
dneo	3.184	0.837	3.80	0.000	1.543	4.825
dclox	0.446	1.026	0.43	0.664	−1.565	2.457
neocdox	−2.552	1.205	−2.12	0.034	−4.914	−0.190
常数项	−3.777	0.993	−3.80	0.000	−5.724	1.830

新霉素与邻氯青霉素的使用效应总结如下：

只用新霉素：对数比数升高3.18u

只用邻氯青霉素：对数比数升高0.45u

两者均使用：对数比数升高为3.18+0.45−2.55=1.08u

结果表明，只使用新霉素类抗生素的奶牛群，患诺卡氏菌乳房类的风险性较大（其对数比增加3.18单位）。如果同时使用邻氯青霉素和新霉素的作用仅增加0.63u（1.08−0.45）。也可以认为，在不使用新霉素的奶牛群，仅使用邻氯青霉素时，似乎具有较小（不显著）的不利效应（增加0.45u），而在使用新霉素奶牛群，同时使用邻氯青霉素，具有较好的有益作用［减少对数比2.1u（3.18−1.08）］。

16.10　建模

一般情况下，Logistic回归模型的建立过程，与线性回归模型相似（详见第15章），常采用下列步骤：

（1）绘制试验性因果图以帮助研究者思考；

（2）使用不限定P值，对预测变量与有关结果的关系进行非条件分析（见非条件Logistic回归分析模型）；

（3）评价连续预测变量的线性效应；

（4）评价预测变量间的关系（相关性）；

（5）自动建立模型过程（使用时要小心）：

　　①前进选择法；

　　②后退剔除法；

　　③逐步选择法；

　　④最佳子集回归法。

（6）根据因果图（首选的方法），手工建立模型，步骤包括：

　　①评价混杂作用；

　　②评价交互作用。

使用Logistic回归模型对资料进行拟合时，必须记住其资料是两点分布资料（0/1）［也称作伯努利（Bernoulli）资料］，即每个研究单位代表一个观察值，或是二项分布资料（也称为分组资料），即每一个观察值包含的阳性反应数和具有某种特点的研究单位的试验数。协变量模式是预测变量值的唯一组合。例如，如果模型中仅含有2个二值预测变量，将会出现4个协变量模式：（1，1）（1，0）（0，1）（0，0），这种原始的两点分布资料（n=研究单位数），可以被转换为二项式资料（n=4），即4个观察值每个具有4个变量：用2个与阳性结果变量数共同定义协变量模式，用2个定义协变量模式中的研究单位数。另一方面，如果模型中含有许多连续性变量，则协变量模式如同资料的点数一样多（即每一个协变量模式含有一个观察值），这些资料被看成两点分布资料。当计算其残差及评价其Logistic回归分析模型拟合时，这种区别变得非常关键（见16.12.1节）。

第二个基本差别是与评价连续性预测变量和有关结果的关系趋势有关。假设连续性预测变量与结果的对数比数（而不是结果本身）是线性的，在第15章和15.6.1节，分别进行了评价线性关系的方法和讨论有关二项分布资料的问题。

最后，Logistic回归模型，能用最大似然过程进行直接拟合，该过程是Logistic回归分析模型所特有的，或者在广义线性模型框架内进行拟合，有关描述见下节。

16.11　广义线性模型

广义线性模型（GLMs）从20世纪70年代发展而来（Nelder和Wedderburn，1972），该模型提供了一个范围广泛的统计模型框架，包括连续性和不连续性分布，其模型的建立与分析同基于正态分布的线性模型（McCullagu和Nelder，1989）相似。这有2个关键要素特别适合于广义线性模型：关联函数和观察值的分布。

关联函数：GLMs的基石是关联函数：基本思想是预测变量的线性建模应当发生在观察值的不同尺度上，即关联函数将观察值的均数与线性建模进行了转换，此概念来自观察值均数线性建模的有界分布问题，如16.1节所示，同预测变量线性函数一样，模拟疾病的概率可能会导致预测值超出允许预测范围之外（即0与1之间），结果是，在Logistic回归分析中，Logit（p）=ln [p/（1−p）] 作为预测变量的线性函数模型。在GLM专业术语中，Logit函数是关联函数。logit函数图形见16.1所示，其左图是0到1的概率间距与$-\infty$到$+\infty$的全轴相对应，直观上给人以将概率范围扩大的感觉。右图为它的逆函数，$logit^{-1}$（s）$=e^{s}/$（$1+e^{s}$）。

分布：有分布范围广的资料，可用于GLM模型，但是，最常使用的分布资料是：二项分布（包括两点分布）、Poisson分布、负二项分布、高斯（正态）分布、逆高斯分布和Gamma分布。

从理论上讲，用于任何具体分布的关联函数是人为的，但是，在实际应用过程中，每种Y的分布，它具有几种常用的选择。每一分布均有"自然"的关联函数与其有关，称为"典则关联"。对于高斯（正态）分布资料，典则关联是恒等连接，因为结果（Y）直接与预测变量关联。对于两点或二项分布，典则关联是Logit连接，而2个偶然使用的非典则关联是probit函数（标准正态逆累加概率）和互补的对数函数。使用Logit和probit进行连续的统计推断经常是类似的，但是，参数估计可用$\pi/\sqrt{3}$大致衡量（即Logistic回归估计值大于probit回归分析）。表16.3为几种分布的典则关联和非典则关联。同样，对等级资料（及多项式分布），logit是最常使用的关联函数。

表16.3 GLM拟合模型中所选结果的分布与关联

Y的分布	典则关联	选择性非典则关联
高斯（正态）	恒等	对数
两点或二项	logit	probit，互补对数
Poisson	对数	恒等
负二项	负二项	对数，恒等

Poison分布和负二项分布将在第18章详细讨论。logit（或probit）函数关联同样用于模拟等级和多项式资料（见第17章）。在关联函数中选择时，通常根据资料的性质，选择最常用的关联函数，但是如果发现模型不合适，再对其他模型进行试验，直到选出对资料拟合最好的模型。为了方便，对广义

线性模型的所有要素总结讨论如下：

（a）关联函数；

（b）结果Y的分布；

（c）一系列可解释的变量（列在设计矩阵X中），与第i个观察值的均数连接，μ_i=E（Y_i），等式为：

$$\text{link}(\mu_i) = \beta_0 + \beta_1 X_{1i} + \ldots + \beta_k X_{ki}$$

等式 16.15

（d）假设结果相互独立。

所有非恒等连接的GLMs有一重要特点，即获得的所有参数经过尺度变换，目的是得到有意义的解释。因而，这需要做两件事：第一，使用逆关联函数，将预测值反转化为原来尺度；第二，系数需要转换为更有意义的数值。这是模型的共同特点，作为Logistic模型，对系数取幂产生比数比。

16.11.1 GLMs估计方法

标准的GLMs估计过程是最大似然比（ML）估计，由于在不同的GLMs之间的估计过程具有相似性，所以对于ML的常用算法适用于不同的GLMs范围的估计，该算法早就开发出来了［即Newton-Rapllson估计的Score方法（McCuallagh和Nelder，1989）］。这些演算法只取决于用此关联函数所关联的均数和方差分布的假设，这就使GLMs扩大到涉及均数与方差的部分样本特异的模型，但不包括所有的分布及似然函数。当真实似然函数不再存在时，应根据拟似然函数（McCulloch等，2008）进行估计。第18章的负二项模型和第20章的过度离散模型中，将讨论不同方差特点的GLMs例子，与来自表16.3分布的例子进行比较。

16.11.2 GLM模型评价

对于GLM模型的拟合评价，具有广泛的统计学技术使用范围，这是GLM框架模型一大优点，包括GLM拟合优度统计量（Pearson和剩余差χ^2）的GLM定义残差值（包括Pearson，剩余差，Anscombe，偏和Score残差）以及其他的诊断参数（例如Cook距离），其中部分内容见下节中。

16.12 评价Logistic回归模型

对模型拟合的评价，有两个步骤：第一步，通常情况下，对拟合优度值进行综合评价，或通过评价模型的预测能力，以决定此模型是否适合；第二步，检测一下是否存在任何特别的观察值（或观察值组）不适合此模型，或者对此模型具有一个不恰当的影响因素。然而，在处理上述两种情况之前，要区别根据"协变量"模式所计算的残差（见16.10）和根据"观察值"计算的残差。

16.12.1 残差和协变量模式

第16.10节对协变量模式的概念进行了介绍。Logistic回归模型的残差可根据每个观察值的残差或每个协变量模式的残差计算得到。为了说明两者之间的差别，可假定协变量模式"A"有两个观察值，一个病用"+"表示，另一个用"−"表示，进而假设此协变量模式在动物中对疾病的预测概率值为0.5（表16.4）。

表16.4　每个观察值与协变量的模式计算的残差

观察值	协变量模式	疾病	预测值	残差	
				每个观察值一个残差	每个变量模式一个残差
1	A	1	0.5	阳性	0
2	A	0	0.5	阴性	

就每个观察值具有一个残差而言，总的应具有2个残差，其中一个为阳性，另一个为阴性。由于根据协变量模式计算的残差，预测值（0.5）精确等于观察值（0.5），所以残差等于0。对于Logistic模型，如果在每一个协变量模式中，观察值的数量合理，在正常情况下，残差是根据每一个协变量模式计算得到的，并且可以应用某些符合期望属性的残差。

在如下讨论中，j表示协变量模式数，m_j表示在第j协变量模式中数据点数，k表示模式中预测变量的个数（不包括常数项），n为数据集中所有数据点数。

本节所有例子均是根据例16.5（-dcpct-，-dneo-，dclox和-dneo*dclox交互作为预测变量）建立的模型。在此模型中，预测变量值产生30个不同的协变量模式。

16.12.2　Pearson和剩余差残差

Logistic模型计算残差不如线性回归模型（即观察值的期望值）那样简单易行。Logistic模型已经提出了各种不同的残差，但最常使用是Pearson残差和剩余差残差。

Pearson残差与线性回归分析中的标准化残差大致类似，不同之处是在所给定协变量模式中，观察值与期望值之间有差别，但是调整是根据对观察值的精确估计（即具有观察值数较多的协变量模式，比观察值数较少的协变量模式，有较好的精确估计值）。Pearson残差等式如下：

$$r_j = \frac{y_j - m_j p_j}{\sqrt{m_j p_j (1-p_j)}}$$

其中y_i = 第j个协变量模式中阳性结果数，p_j = 第j个协变量模式中的预测概率。根据每个协变量模式及每个观察值所计算的Pearson残差，请参见例16.6。

剩余差残差表示每个观察值对于总的剩余差残差的贡献率。根据个体观察值（而不是协变量模式）所计算的剩余差残差的和，是剩余差（-2×log似然），这可在比较全模型和饱和模型时观察到（见16.6.3节）。

Pearson残差和剩余差残差均可标准化为均数为0，方差为1。标准化残差常用于图示法检查残差的结构模式，尤其是在标准化剩余差残差常服从正态分布的情况（Hilbe，2009）。其他残差（Anscombe，Score和偏残差）可通过GLM模型得到，但这不在本书讨论的范围内。

16.12.3　拟合优度检验

有多种检验方法全面评价模型对观察资料的拟合优劣，所有这些检验是建立在资料精确基础上的，这些资料可被分成一些集，在每一个子集，计算事件结果预期数，然后将其与事件结果的观察数进行比较。有两个检验方法（Pearson χ^2和剩余差χ^2检验）均是建立在分割数据进入自然的协变量模式基础上的，第三种检验（Hosmer-Lemeshow）是建立在人为分割资料基础上的，另外还同样存在其他评价拟合的方法。

例16.6　残差与协变量模式

data=Nocardia

对照变量（−casecon−）的Logistic回归模型对变量−dcpt−、−dneo−、−dclox−和−dneo×dclox交互项的拟合（见例16.5）。在此模型中，可产生30个不同的协变量模式。9号协变量模式见下表，该模式下奶牛群干奶期治疗率为20%，主要使用新霉素类抗生素，但未用邻氯青霉素类抗生素。

协变量模式	id	病例对照	dcpt	dneo	dclox	预期值	Pearson 残差（协变量）	Pearson 残差（观察值）
9	22	no	20	no	no	0.465	0.099	−0.932
9	86	yes	20	no	no	0.465	0.099	1.073

9号协变量模式有2个观察值，实际观察阳性概率为0.5（2个奶牛群中有一个为阳性）。预测概率为0.465，根据每个协变量模式1个残差计算的Pearson残差的正值较小（0.099）。然而，用各自观察值计算时，有一个中等大的正残差值（病例牛群组为1.073），而对照组牛群有同样数量级负残差值（−0.932）。

Pearson和剩余值 χ^2 检验

Pearson残差的平方和是Pearson χ^2 统计量，当根据每个协变量模式计算时，该统计量服从自由度（$j-k-1$）的 χ^2 分布，其条件是 j 应非常小于 n（即从平均水平上，该 m_j 应较大）。由于 j 非常小于 n，确保了每个协变量模式结果的实际观察概率建立在一个合理的样本大小水平上。如果 $j=n$（即两点分布资料）或者多数情况下是这样时，统计量就不服从 χ^2 分布，这样就不能使用拟合优度统计量。

Pearson χ^2 指出是否有充分的证据说明观察资料不适用此模型（即 H_0 假设是模型可以对资料进行拟合）。如果无显著性，就没有理由认为此模型不正确（即从广义上接受模型对资料的拟合）。注：一般情况下，拟合优度检验没有较强的把握性检测出此模型的不适合性。

根据每个协变量模式中1个剩余差残差（即仅适用于二项分布资料）计算的剩余差残差平方和被称为剩余差 χ^2。注：剩余差 χ^2 此术语使用时不同于用每个观察值中的1个剩余差所计算的剩余差（见16.6.3节中的讨论），同Pearson χ^2 一样，剩余差 χ^2 亦呈自由度为 $j-k-1$ 的 χ^2 分布。如果Pearson χ^2 或剩余差 χ^2 任意一个有显著性，应当怀疑模型不能对资料进行拟合。关于该模型的Pearson χ^2 和剩余差 χ^2 将在例16.5和例16.7中进行阐述。

Hosmer−Lemeshow拟合优度检验

对于两点分布资料（或在任何情况下，j 非常小于 n，进行有效拟合优度检验，协变量模式不能将资料分成足够大的子集。解决此问题的方法是使用一些方法对资料进行分组，而不是用协变量模式，然后比较各组疾病的观察概率和预测概率，这就是Hosmer−Lemeshow检验（Hosmer和Lemeshow，2000）的基础。

有两种方法对资料进行分组：第一种方法是根据估计概率的百分位数，第二种方法是根据估计概率的固定值。例如，要分10组资料，用一种方法取10%的分位数，作为疾病预测概率最低值，作为第一组，取下一个 10%分位数作为第二组，以此类推；第二种方法是将所有小于0.1疾病预测概率资料数值归于一组（不管有多少资料进入该组）。在一般情况下，第一种方法首选，因为它可以避免某些组样本含量非常小的问题。

一旦资料被分组，$2 \times g$ 表即被建立（g 是组数，不应小于6组），在每一单元格应包括观察值数和期望观察数。在 $g=1$ 表中，该组中所有受试对象估计概率的简单相加，即是期望数值。实际观察例数仅是 $y=1$ 的观察值数。观察值与期望值的比较使用 χ^2 统计量，自由度（df）为 $g-2$，通过观察值与期望值的比较会发现模型拟合不好的数值。例16.7是观察值与期望值的Hosmer−Lemeshow χ^2 检验。

例16.7 拟合优度检验

data=Nocardia

根据例16.5的模型进行拟合优度检验。由于是小样本资料，Hosmer-Lemeshow检验根据7组资料进行计算。

检验	χ^2	自由度（df）	P
Pearson χ^2	53.49	25	0.001
剩余差 χ^2	29.41	25	0.247
Hosmer-Lemeshow	3.85	5	0.572

由P值可见，存在一个较大的估计范围。由于拟合优度检验具有较低的检验把握度发现模型对资料不具备充分拟合能力，所以通常的原则是，如果拟合优度检验具有统计学意义，可以假定模型存在一个问题，然后试图对其校正。值得注意的是具有108个观察值和30个协变量模式，每个协变量模式平均观察值数是非常低的，所以Hosmer-Lemeshow检验可提供非常可靠的评价。

由Hosmer-Lemeshow检验得到的观察值和期望值的深入分析，可以发现对模型拟合不好的资料，见下表。

组	p（D+）	观察例数	期望值例数	牛群号
1	0.04	1	0.3	11
2	0.18	2	2.2	14
3	0.26	3	3.0	12
4	0.38	1	2.5	7
5	0.41	4	3.9	10
6	0.75	8	8.5	14
7	0.84	35	33.6	40

由上表可见，在第一组（最低的预期概率）观察值例数与期望值例数存在很大的不同，可能解释是某些病例可能是模型外的原因引起的。

16.12.4 过度离散和拟合优度检验

根据二项分布函数方差，一组二项分布资料超过了预期的变异，就会出现过度离散。过度离散最常见的原因之一是聚类资料，有关详细内容在20和22章讨论。举一简单例子加以说明，假设有10个牛群，每群有20头，每头牛有40%的概率患病（不管属于何种牛群），牛群的疾病流行率见表16.5第一行（标注为"非聚类"），其平均值为0.4，标准差为0.098。然而，如果有高的传染力，影响了4个牛群中的所有奶牛，但是其他6个群未受影响，疾病的流行率平均值仍然是0.4，但是其分布见第二行所示（标注为"聚类"），其标准差值为0.516，可见由于聚类的结果，该牛群中疾病流行率变异非常大。

上述例子是根据二项分布资料（牛群的分布）说明过度离散现象的。的确，过度离散的概念只能应用于分组资料（二项分布资料）。个体水平（两点分布）资料不是过度离散的。如果上述资料SD根据个体奶牛的观察值计算，两组资料的SD均为0.49。不过聚类两点分布资料具有过度离散的"暗示"，因为使资料成为分组资料，可显而易见地形成过度离散（Hilbe，2009）。

各种不同的途径均可引起过度离散，可分为表观过度离散和真实过度离散。表观过度离散是由Logistic模型中的任意误差所致，这包括忽略某些重要的和可被解释的预测变量、观察值中的某些极端值（资料潜在的误差？）、未对模型中的重要的交互作用进行解释、或者没有满足连续性预测变量线性假设的条件。对表观过度离散的解决方法是采用固定模型。

当观察值分布资料的真方差大于二项分布资料所期望（理论）的方差时，真实过度离散就会发生。如前所述，聚类是造成真实过度离散的常见原因。过度离散可通过评价Pearson χ^2的离散参数（和附属于Pearson χ^2统计量）进行检测，或者通过Hosmer-Lemeshow拟合优度检验检测。然而，在处理两点分布（未分组二项）资料时，两者有一定的使用限制，如例16.8所示（注意：某些参考文献建议剩余差x^2同样可被用于评价过度离散，但是最近（Hilbe，2009）的研究建议应首选Pearson x^2）。处理由于聚类引起的过度离散的方法，请见第20章和第22章。

表16.5　因聚类引起的过度离散

牛群	1	2	3	4	5	6	7	8	9	10	均数	标准差（SD）
非聚类	0.5	0.3	0.4	0.6	0.45	0.3	0.35	0.40	0.35	0.30	0.395	0.098
聚类	1	1	1	1	0	0	0	0	0	0	0.40	0.516

R^2（拟R^2）

可通过许多拟R^2类型值进行评价Logistic回归分析可解释的变异，该方法已经有研究者（Long和Freese，2006；Mittlbök和Schemper，1996；Mittbök和Schemper，1999）提出，并进行了综述。还有多种不同的方法，但超出了本文所讨论的范围，而且各种不同的方法结果变化较大，所以，某个值的意义需要特别的知识去计算，及理解其所表示的含义（Hoetker，2007）。例如，对于诺卡氏菌乳房炎模型，拟估计值R^2的变化范围从24%到80%（资料省略）。一般情况下，对于模型中所有参数，Hosmer和Lemeshow（2000）反对拟R^2值相当于似然比拟合检验的观点（即将全模型似然值与仅有截距的模型似然值相比），认为拟R^2不能将模型拟合性与观察值相比较，因此，拟R^2较适合比较模型而不适合评价选择性模型的拟合优度的分析。

例16.8　检测过度离散

data = hypothetical
假设有10个组，每组有100个观察值（奶牛），其中5个组有高的阳性发病比例，另5个组有低的阳性结果发病比例。某一组水平的预测变量（X）可使结果（Y）的logit值增加1个单位，然后将该水平的变量合并共同产生数据。

如果这些资料作为两点资料分析，Pearson X^2为0.0（P=0），过度离散参数为1.002，两者说明过度离散无问题。然而，如果资料退变为二项分布资料，如此分析，离散参数为49.5，说明过度离散有严重的问题，这是强调当两点分布资料用于建立模型时，拟合优度统计量发现聚类的问题是有限的。

16.12.5　模型的预测能力

第二个评价对整个模型的使用方法是评价它的预测能力（即它的预测效果如何）。在不同的概率阈值及/或生成接受者操作特征（ROC）曲线下，涉及模型的敏感性和特异性。

敏感性和特异性

通过对模型进行拟合，计算出分类统计量，模型具有正确区分个体（在此例中为牛群）的能力。在默认情况下，以预测概率≥0.5作为阳性，以<0.5作为阴性，然而这个界值可以被降低，以增加模型的敏感性，或者被升高，以增加模型的特异性，这与界值检验类似（见5.6.3节）。关于敏感性与特异性及其中相应界值的图（2条ROC曲线，见5.5.1节）对选择合适的界值是有帮助的（见例16.9）。

接受者操作特征曲线

模型的ROC曲线，可以用于评价所有可能的界值点下的模型的作用，离图左上角越近的曲线，模型的预测能力越好。如果ROC接近对角线，表示模型的预测能力不好。ROC曲线下最大面积是1（即敏感性为100%和特异性为100%），而如果曲线在对角线处，其面积为0.5，即无预测能力（见5.5.2节）。关于诺卡氏菌乳房炎模型的预测能力在例16.10中表明。

16.12.6　鉴别重要的观察值

在评价Logistic回归模型时，特别是如果拟合优度检验发现模型有问题时，找出哪个观察值对模型的拟合不是很好，或含有对模型不恰当的影响因素，是非常重要的。

离群值（outlier）：

Pearson残差和剩余差残差分别表示协变量模式对Pearson剩余差χ^2统计量的平方根，如与线性回归标准残差一样，大的正或负标准化残差可发现对模型拟合不好的某些观察值点。如果发现了离群值，要进一步证实：

（a）为什么它们是离群值（观察值的什么特点使它们成为了离群值）；

（b）如果发现资料有错误，应该对其加以校正，减弱其影响或删除该资料；

（c）如果资料是正确的，要检验是否存在对模型有不恰当的影响。

上述最后一点可以通过观察其他的诊断参数（回归诊断中起"杠杆"的作用量，delta-betas等）进行评价，或忽略离群值对模型重新拟合（离群值必须重新放回数据集，删除它们的目的仅仅是评价其对模型的影响）。在通常情况下，离群值可以弥补模型的不足，但并非经常对模型有不恰当的影

例16.9　模型的预测能力——2条ROC曲线

data=Nocardia

模型以例16.5为例，分类统计量为：

实际状态	分类（预测的）状态		合计
	T+ P（D+）≥0.5	T− P（D+）<0.5	
D+	41	13	54
D−	9	45	54
合计	50	58	108
敏感性	Pr（T+|D+）		75.93%
特异性	Pr（T−|D−）		83.33%
阳性预测值	Pr（D+|T+）		82.00%
阴性预测值	Pr（D−|T−）		77.59%

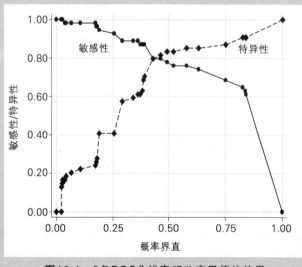

在界值0.5处，模型的敏感性和特异性大致平衡，由图可见，改变界值会使评价效果发生明显的变化。在此情况下，界值下降将会大大降低特异性，而界值升高超过0.75，将明显影响敏感性。

图16.4　2条ROC曲线表明改变界值的效果

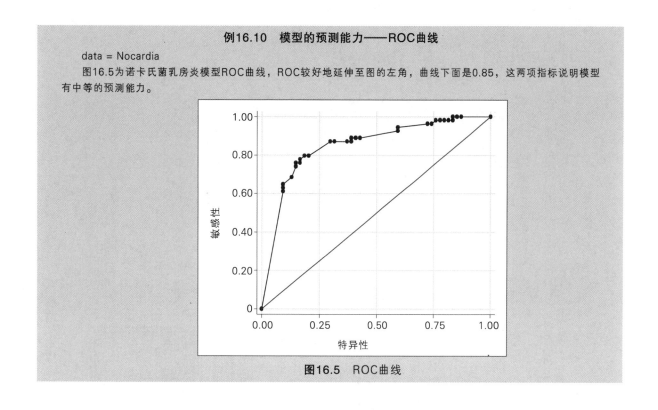

例16.10　模型的预测能力——ROC曲线

data = Nocardia

图16.5为诺卡氏菌乳房炎模型ROC曲线，ROC较好地延伸至图的左角，曲线下面是0.85，这两项指标说明模型有中等的预测能力。

图16.5　ROC曲线

响。标准化Pearson残差（每个协变量模式1残差）的标识图，如例16.11所示，在此例中连续性展示了去除较大标准残差的一个简单观察值的作用。

帽子矩阵与回归诊断中起"杠杆"的作用量（杠杆值）

另外一个Logistic回归诊断的讨论中心是帽子矩阵，它用于计算回归诊断中起"杠杆"作用的量及其他参数。帽子矩阵是维（$j \times j$）或（$n \times n$）矩阵的平方（j=协变量模式数，或n=资料的点数），取决于资料是否为二项或两点分布资料，帽子矩阵对角线为Logistic回归中杠杆值（h_j）（Hosmer和Lemeshow，2000）。

如同线性回归一样，杠杆值能说明观察值（或协变量模式）对模型的影响。假如它们对模型有潜在的影响，则必须对较高杠杆值的观察点进行评价。

与线性回归模型不同的是，在Logistic模型中，某些资料点的杠杆值不是预测变量的唯一函数。预测变量具有极端值的资料观察点，如果预测值非常大或非常小，其在线性回归中具有高的杠杆值，但事实上，在Logistic回归中，可能具有低的杠杆值。预测变量具有极端值的观察值，杠杆值将具有以下特点：如果预测概率位于0.1~0.3或0.7~0.9，杠杆值最高；如预测概率在0.3~0.7之间，杠杆值适中；如预测概率<0.7或>0.9，杠杆值最低。具有高杠杆值的协变量模式见例16.12。

Delta-betas

delta-beta值可估计第j个协变量模式对Logistic回归系数的作用，这些值类似于线性回归模型中的Cook's距离。一组delta-betas值可以被计算得到，每一个协变量模式应有一个delta-betas值，这组delta-betas值表示协变量模式对回归模型总的影响。当建立模型时，如果有关协变量模式中的某些观察值被忽略，就会造成某观察值组的回归系数不同，delta-beta是衡量原回归系数与忽略观察值后改变的回归系数间的距离，也可以说，在模型中，预测变量有各自的delta-betas数据集，可用于衡量协变量模式对每一个系数的作用。

例16.11　重要观察值的鉴别

data = Nocardia

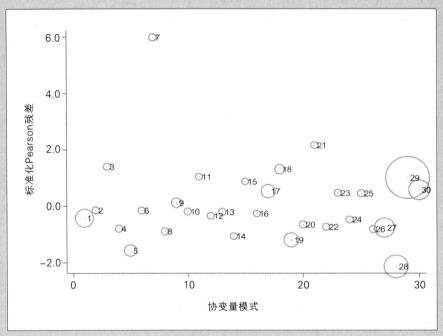

图16.6　标准化残差

　　此图来自例16.3的模型拟合，以标准化残差和协变量模式数作为标识，圆圈的大小与协变量模式中观察值数量成比例，说明正残差的大小。特别应当指出的是，不存在大的负残差协变量模式。

　　协变量模式7由单一病例牛群组成，有非常低的病例牛群预测概率（2.8%），这说明虽然有错误分类偏倚（即假阳性）不能被排除，诺卡氏菌乳房炎可能是本牛群中某些原因引起的，而不是模型中的预测变量所包含的原因所致。

　　如果模型剔除协变量模式7后，再将其重新拟合，其结果如下：

预测变量	全数据集（n=108）		协变量模式7剔除（n=107）	
	β	SE	β	SEs
dcpct	0.023	0.008	0.027	0.008
dneo	3.184	0.837	4.035	1.111
dclox	0.446	1.026	1.155	1.244
dneo × dclox	−2.552	1.205	−3.369	1.408
常数项	−3.777	0.993	−4.964	1.289

　　由表可见，去除此离群值后，4个变量的系数的绝对值均增大，这说明全变量模型对预测变量的影响有保守估计的作用，但也应该引起注意，删除此观察值，同时可使标准误（SEs）增加。然而，由于缺乏剔除观察值的判断标准，所以全变量模型应当被使用。

　　delta-betas值取决于协变量模式的杠杆值、预测值及模型对资料的拟合程度（即是否具有离群值），同样取决于协变量模式中的观察值数量，具有观察值数多的协变量模式，自然趋向于对模型有大的影响，因此，在想证实协变量模式具有较大的影响时，除了m_j较小，还需要进一步调查。

　　如果有一个大的delta-beta值的特别模式，重要的是发现其原因，如例16.12所示，当较大时，此协变量模式对模型有一个较大的影响，这是自然的。然而，如果协变量模式具有相对少的观察值，那么，需要证实资料的正确性及存在的影响是否能够得到一个合理的解释。

例16.12 鉴定强影响点的观察值

data = Nocardia

根据对例16.5的拟合模型,具有最大杠杆值的协变量模式为:

协变量模式	牛群号	p(D+)	dcpct	dneo	dclox	预测值	delta-beta
30	9	0.444	100	yes	yes	0.392	0.682
27	8	0.125	100	no	no	0.180	0.721
29	38	0.868	100	yes	no	0.841	0.796
28	11	0.182	100	no	yes	0.256	0.932

没有一个协变量模式有特别大的杠杆值,而且离群观察值(协变量模式7)的杠杆值也不高。具有最大delta-betas的协变量模式计算如下:

协变量模式	牛群号	p(D+)	dcpct	dneo	dclox	预测值	delta-beta
27	8	0.125	100	no	no	0.180	1.525
29	38	0.868	100	yes	no	0.841	3.953
28	11	0.182	100	no	yes	0.256	62.935

具有最大delta-beta值的协变量模式是28号,此模式对变量-dclox-的系数影响较大,为交互影响。事实上,如果忽略这些11号牛群的作用,就不会对这些项有较好估计(资料被省略)。由于29号协变量模式含有38个观察值(占资料的近1/3),其同样应具有一个大的delta-beta值。对于这个模型,均未发现特别有意义的杠杆值和delta-betas值。

7号协变量模式已被证实为一个离群值,同样具有大的delta卡方值和delta剩余值(资料省略)。

其他参数

有两个参数能说明某个协变量模式对模型总的影响,它们是delta-χ^2和delta剩余值。delta-χ^2可估计第j个协变量对Pearson χ^2统计量的作用,delta剩余值可估计第j个协变量对剩余值χ^2的作用,这两个数值可总地评价模型的拟合程度,所以离群值将具有大的delta-χ^2和delta剩余差。然而,如前所述,当确信资料有错误时,这些观察值只有被删除。

16.13 样本大小

在Logistic回归分析中,有2个重要的问题是关于样本含量的大小。第一是有关作用研究的把握度,对于具有二值预测变量的简单Logistic回归模型,2个率比较的等式2.6提供了合理估计样本大小的方法,对于多元变量模型,样本大小估计可使用等式2.10或2.11。在2.11.8节,关于样本大小的问题,提供了许多可操作的方法,并进行了模拟探讨。

第二是关于获得一个恰当的样本去支持对于Logistic回归模型的拟合,这是因为除了考虑总的样本含量外,观察资料的阳性结果和阴性结果数也会对模型系数估计的精确性有影响,如果阳性结果罕见,方差估计过大或过小,这样参数估计和检验统计量就会受到影响。为了对模型进行较好的拟合,有学者(Hosmer和Lemeshow,2000)建议,数据资料中应至少含有10(k+1)个阳性结果,此处k为模型中的预测变量数(截距不记在内)。同样,如果阴性结果数罕见,其资料数据也至少有10(k+1)个阴性结果数。最近,有学者(Vittinghoff和McMulloch,2007)指出,在某些情况下,"10个规则"是保守的,但是,目前仍然作为一般的原则被采用。

16.14 精确Logistic回归

当资料数据非常小或严重失衡的情况下,对ML(或IRLS)的系数估计(及它们的P值估计)可能会产生偏倚,这是因为估计过程依赖渐进性质,在这种情况下,可使用精确Logistic回归进行研究。精确Logistic回归是构建一个可完全被确定的统计分布，可以对独立变量的P值和系数进行估计，而有条件输出模型中的其他预测变量，因此，估计是对条件最大似然值（CML）的估计，这个过程计算非常精确，在实际中只是可被用于相对简单模型的小样本数据资料。除了不感兴趣的系数（如想要控制的混杂因子）外，通过条件化某些预测变量，对估计程序简单化。关于详细的精确Logistic回归超出本文研究的范围，更多内容请参考有关文献（Mehta和Patel，1995）。Hilbe（2009）建议，对于小样本数据，由精确Logistic回归获得的p值，可通过使用常规Logistic回归获得，两者有可比性，而后者具有稳健的标准误（SE）（请参考第14.9.5和20.5.4节）。利用诺卡氏菌数据资料，说明精确使用的方法请见例16.13.

在小数据集资料，经常发生的情况是，预测变量可能对结果的预测较完全（如某年龄组所有的动物为阳性）。在这样的情况下，ML和CML无法估计，因为其没有界限。对于这些情况，某些精确logistic回归的软件，可自动计算系数的估计值，其过程被称为中位非偏估计法，这样至少对有关参数给出了一个合理的估计。

16.15   配对研究的条件Logistic回归

在控制混杂作用的过程中，通常使用匹配技术，最常用于病例对照匹配研究，病例往往与一个或多个对照匹配，主要根据某些因子，如年龄、喂养条件、牛群来源等进行匹配（对）。因为一个病例往往与多个对照匹配，被称为1—M匹配研究，其中1—1配对是一种特殊例子。

在使用常规Logistic回归对资料进行分析的过程中，简单的选用哑变量表示j层，此处病例和它的对照组成了一个层。不幸的是，如果样本含量相对于所估计的参数数量较大，只有保持Logistic回归模型的最大似然值估计的一般属性，但是，在与$j-1$的哑变量的配比研究中，指出包含有关预测变量层，这是不现实的。对于配对资料（即1个病例对1个对照），含有$j-1$的哑变量的非条件Logistic回归模型产生有关比数比的估计值，其是它们真值的平方（例如3的平方是9）（Hosmer和Lemeshow，2009），这显然不是希望得到的结果。

如同不关心j层变量系数一样，我们所使用的技术称为条件Logistic回归（有时也称为条件固定作

例16.13   精确logistic回归

data=Nocardia

用精确Logistic回归模型对诺卡氏菌资料进行拟合，预测变量–dcpct–包含在模型中，但有条件输出，所以控制–dcpct–对反映青霉素和邻氯新霉素的使用以及它们的交互作用变量的效应，而不估计–dcpct–变量的系数。从比较的目的出发，具有dcpct–变量的模型用常规Logistic回归模型进行拟合，后者有稳健的标准误（SE）。

观察值数=108

预测变量	系数	精确logistic回归			稳健SE	
		P值	95%置信区间		系数	P值
dcpct	没有估计				0.023	0.006
deno	3.079	0.000	1.412	5.425	3.184	0.000
dclox	0.428	1.000	−1.969	3.114	0.446	0.671
dneo × dclox	−2.424	0.102	−5.470	0.365	−2.552	0.042
常数项	−3.580	0.000	−6.233	−1.662	−3.777	0.001

交互作用项不再有统计显著性，这与常规Logistic回归模型产生矛盾，用后者拟合时，交互项有统计显著性，$p=0.042$，具有稳健的标准误（SE）[此估计值与常规标准误（SEs）没有多大区别，$p=0.034$]。然而，精确模型的P值很可能是对交互项意义的最好估计，如果模型没有交互项，用精确Logistic回归模型再拟合，–dneo–和–dclox– 变量系数（及p值）分别为2.13（P=0.0001）和−1.37（P=0.020）。

用Logistic回归，或McFadden's选择模型），去分析匹配资料（第j个层的条件似然值简单地说是观察资料的概率，观察资料是指该层的观察值数量和该研究中的所有病例数）。不同于资料中的每一个匹配（层）的参数估计（如同与用指标变量作为层次的非条件固定模型一样），条件模型有条件地给出估计值的固定作用。条件Logistic模型具有下列结构：

$$logit(p_i) = \beta_1 \chi_{1i} + ... + \beta_k \chi_{ki}$$ 等式16.16

根据要估计什么及资料对估计的贡献情况，使用条件Logistic模型有3个限制。第一，在所有的配比中，不能对预测变量为常数的系数进行估计，即使它们在每一个匹配集中不同。因此，在匹配集中，匹配是常数的因子不能分析，然而，可能包括匹配变量和匹配子集变化的预测变量间的交互作用项。第二，条件Logistic模型不能估计截距（它是有条件输出的）。最后，在匹配子集中，只有预测变量变化的子集给该变量的系数的估计贡献信息。例16.14为沙门氏菌感染爆发后病例对照匹配研究，并以此例加以说明。

例16.14 缺乏来自无组内变异组的信息资料

data=sal_outbreak

1996年丹麦Funen县爆发了沙门氏菌感染（见第31章数据的描述），并进行病例对照调查，资料由39个病例和73个对照组成，病例感染鼠伤寒沙门氏菌（*Salmonella typhimurium*，噬菌体12型），匹配条件是年龄、性别和居住地，多种食物暴露资料被记录，这些资料在沙门氏菌病爆发的事件数据集-sal_outbrk-中构成一个子集。

下列行×列表是说明病例对照与4个预变量的关系：近期吃过猪肉（-eatpork-）、近期吃过牛肉（-eatbeef-）、从屠宰厂A购过肉（-slt-a）和经商人A购得肉（-dlr-a-），并对它们进行了简单的匹配。

集		eatpork		eatbeef		sal-a		dlr-a	
		+	−	+	−	+	−	+	−
23	病例	1	0	0	1	1	0	0	1
23	对照	2	0	1	1	1	1	0	2
	OR	无信息		0		∞		无信息	

可见，在子集中，1个病例和2个对照近期均吃过猪肉，但其产品并不来自商场，所以，就这些变量而言，此匹配子集没有有效的信息，而- eatbeef -和 sal-a -变量的OR为极端值，分别是0和∞，这就分别提供了与病例有关的阴性与阳性证据。

这就会出现一种结果，如果某子集中所有的病例或对照存在观察值的缺失，整个数据集不应进行分析，这主要是由于没有集内变异的原因。在许多数据集有缺失观察值或无集内变异的情况下，可使用GEE方法（见23章）去取代条件Logistic回归（Lin等，2007）。

条件Logistic回归假设检验可使用Wald检验或LRTs，其与常规Logistic回归模型有许多相同之处。例16.15为沙门氏资料的简单Logistic和多重Logistic回归模型与简单常规Logistic模型的比较。

如果资料为匹配研究资料，用非条件Logistic回归模型分析，在2个效应中会有1个发生；如果变量为混杂因子，用其作为匹配是为了防止偏倚，那么用非条件Logistic回归分析，其估计值偏向于零（即保守估计）；如果不需要通过匹配去避免偏倚，那么经非条件Logistic回归分析产生的系数亦将不会发生偏倚，但效能不好（即置信区间较宽）。因此，如果研究设计时采用了匹配，在分析中应对匹配进行解释（Breslow和Day，1980）；如果对沙门氏菌病资料，仅选用-slt_a-作为唯一预测变量，用常规Logistic模型进行拟合，结果是OR为3.21，说明期望的偏倚趋向于零。

这些模型（回归诊断模型）的评价不像常规Logistic模型那样简单（例如不适合Hosmer-Lemeshow

的拟合优度检验），然而，一些诊断参数是有用的，杠杆值能够经帽子矩阵计算，delta χ^2和delta β统计量可以个体为基础（反映个体影响）或以匹配组为基础（反映匹配的影响）进行计算。例16.6说明的是对沙门氏菌病爆发资料的诊断。

例16.15　简单和多重条件Logistic回归

data=sal_outbreak

简单变量（−sal_a−为唯一预测变量）和多元变量（−sal_a−和它与−gender−变量的交互作用），用条件logistic回归拟合，结果如下：

条件（固定作用）Logistic回归

Number of obs=112
LR chi2（1）=10.00
Prob>chi2=0.0016
Log likelihood=−35.820042
Pseudo R^2=0.1225

病例对照	OR	SE	Z	P>Z	95%置信区间	
slt_a	4.416	2.288	2.870	0.004	1.600	12.191

变量−sal_a−的比数比是4.42，其与Mantel−Haenszel层（经匹配集）分析的估计值（OR=3.87）相近。

条件（固定作用）Logistic回归

Number of obs=112
LR chi2（1）=11.24
Prob>chi2=0.0036
Log likelihood=−35.197693
Pseudo R^2=0.1377

病例对照	OR	SE	Z	P>Z	95%置信区间	
slt_a	2.895	1.784	1.730	0.084	0.866	9.683
slt_a×gender	3.609	4.456	1.040	0.299	0.321	40.587

可见，性别（gender）的主要作用，应该从模型中去除，因为性别是个匹配变量，无组内变异，Wald检验发现交互作用P值为0.299，与LRT的P值（0.265）具有可比性（结果省略）。

例16.16　条件Logistic回归诊断

data=sal_outbreak

杠杆值，$\Delta \chi^2$和β统计量是用−slt_a作为唯一预测变量的模型计算所得，有3个子集具有最大$\Delta \beta$值，结果见下表。

匹配组	病例对照	salt_a	杠杆值	$\Delta \chi^2$	$\Delta \beta$	组$\Delta \chi^2$	组$\Delta \beta$
55	对照	有	0.007	0.821	0.006	4.545	0.133
55	病例	无	0.033	3.723	0.127	4.545	0.133
2	对照	有	0.001	0.450	0.001	9.012	0.184
2	对照	有	0.001	0.450	0.001	9.012	0.184
2	病例	无	0.022	8.112	0.183	9.012	0.184
9	对照	有	0.001	0.450	0.001	9.012	0.184
9	对照	有	0.001	0.450	0.001	9.012	0.184
9	病例	无	0.022	8.112	1.183	9.012	0.184

2个子集（2和9）有大的$\Delta \beta$。在有些子集中，病例没有消费从屠宰厂A购买的产品，但是对照却相反。如果这2个子集在分析时忽略，变量−slt_a−的OR可以上升到8.01。

参考文献

Breslow N, Day N. Statistical methods in cancer research. Vol 1: the analysis of case-control studies.. Lyon: Intl. Agency for Research on Cancer; 1980.

Hilbe J. Logistic Regression Models. CRC Press: Boca Raton; 2009.

Hoetker G. The use of logit and probit models in strategic management research: critical issues Strategic Management Journal. 2007; 28: 331-43.

Hosmer D, Lemeshow S. Applied Logistic Regression. 2nd Ed. John Wiley and Sons: New York; 2000.

Knol MJ, van der Tweel I, Grobbee DE, Numans ME, Geerlings MI. Estimating interaction on an additive scale between continuous determinants in a logistic regression model Int J Epidemiol. 2007; 36: 1111-8.

Lin I, Lai M, Chuang P. Analysis of matched case-control data with incomplete strata: applying longitudinal approaches Epidemiology. 2007; 18: 446-52.

Long J, Freese J. Regression Models for Categorical Dependent Variables Using Stata. Stata Press: College Station; 2006.

McCullagh P, Nelder J. Generalized Linear Models. 2nd Ed. Chapman & Hall: London; 1989.

McCulloch C, Searle S, Neuhaus J. Generalized, Linear and Mixed Models. Wiley-Blackwell: New York; 2008.

Mehta CR, Patel NR. Exact logistic regression: theory and examples Stat Med. 1995; 14: 2143-60.

Mittlböck M, Schemper M. Explained variation for logistic regression Stat Med. 1996; 15: 1987-97.

Mittlböck M, Schemper M. Computing measures of explained variation for logistic regression models Comput Methods Programs Biomed. 1999; 58: 17-24.

Nelder J, Wedderburn R. Generalized linear models J Royal Stat Soc, Series A. 1972; 135: 370-84.

Vittinghoff E, McCulloch CE. Relaxing the rule of ten events per variable in logistic and Cox regression Am J Epidemiol. 2007; 165: 710-8.

第17章

等级数据和多项数据建模

严钧 译　李湘鸣 校

目的

阅读本章后，您应该能够:

1. 根据研究的目的和数据的性质，从以下模型中选择合适的模型:
   - 多项Logistic模型;
   - 比数比模型;
   - 相邻–归类模型;
   - 连续–比模型。

2. 拟合以上模型。

3. 评价这些模型所基于的假设和运用一个或者多个检验来比较不同的模型;

4. 对每一个模型解释OR估计;

5. 对每一个模型来计算预测概率。

17.1　引言

在某些研究中，相关的研究结果都是归类数据，但往往多于2个类别（即多项），其数据的记录可能是名义型或者等级型。如果结果分类没有具体的顺序（例如，淘汰的原因可以分为生产性能低、繁殖性能低、乳腺炎或者其他），则属于名义型数据。如果结果分类有确定的顺序（例如，疾病的严重程度可以分为没有、轻、中等、严重），则为等级型数据。临床数据结果应该作为等级数据来分析，而不作为二分类变量来分析（Norris等，2006；Valenta等，2006）。

名义型数据可以用对数线性模型或多项Logistic回归模型来分析。对数线性模型可以同时评价基于多个结果的多元预测变量，但是仅仅限于评价归类变量（预测变量和结果变量）。在兽医流行病学领域，对数线性模型较回归型模型用得少，所以对其不作进一步讨论。

适用于名义型数据和等级型数据的各种回归模型的概述可见17.2节，其中所介绍的4个模型在17.3节到17.7节有更详细的描述。本章中用到的所有例子的数据都是来源于这样的研究，即对开始育肥期的肉牛用超声波评估屠宰后肉牛肉的品质，可分级为1=AAA（最高级）、2=AA和3=A（最低级）。这种分类是根据屠宰后胴体上"大理石样条纹肉"（腰间的瘦肉和肥肉）的数量来分级，级别AAA可以卖出最高的价钱。在第31章将会对数据集（（beef_ultra）有更加全面的描述，而且本章用到的主要变量可参阅表17.1。

表17.1　牛肉超声检查数据集（beef_ultra）中的变量

farm	农场编号
id	动物编号
grade	胴体等级1=AAA，2=AA，3=A（AAA为最高等级）
bckgrnd	背景（断奶后饲喂过程中是否放牧）（0=没有，1=有）
sex	0=母牛，1=公牛（阉割）
backfat	脊背脂肪厚度（mm）
ribeye	牛脊肉面积（mm^2）
imfat	肌肉内脂肪含量评分（%）
carc_wt	胴体重量（kg）

17.2　模型概述

本章将对4个要讨论的模型进行概述。假设的每种情况结果有J个类别，并且用J表示1到J的分类（即$j=1，\cdots，J$）。为了简洁起见，将假设模型中存在单二值预测变量，但是这些模型可以很容易地扩展到多元预测变量。根据表17.2中的数据，用一个简单的例子来说明大多数的模型。本章所讨论的所有模型是Logistic模型，可以用其他的二项模型（例如概率单位、双对数模型）来拟合，但这方面已经超出本文所研究的内容。关于这些模型的详细介绍请见有关文献（Hilbe，2009；Long，1997；Long和Freese，2006）。

表17.2　beef_ultra数据中等级和背景

类别	等级	背景	无背景	合计
1	AAA	149	15	164
2	AA	198	79	277
3	A	20	26	46
		367	120	487

17.2.1 多项Logistic模型

名义变量数据可以用多项logistic模型来分析，该模型将类别j的概率和基准类别（基准类别指的是类别1）的概率联系在一起。模型可以写成如下的形式：

$$\ln\frac{\mathrm{p}(Y=j)}{\mathrm{p}(Y=1)}=\beta_0^{(j)}+\beta_1^{(j)}X \qquad \text{等式17.1}$$

通过与基准系数相比，可以估计每一个 J–1 水平的系数从而获得一套完整的系数（β_0和β_1）（他们被描述成$\beta^{(j)}$）。预测变量的作用见图17.1。

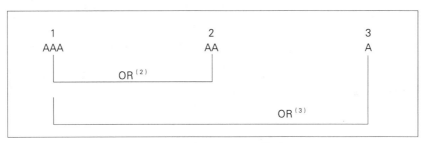

图17.1 多项Logistic模型

基于表17.2中的数据，类别2（AA）（与类别1相比）中的背景动物的比数比（OR）为：

$$OR^{(2)}=\frac{15\times198}{149\times79}=0.25$$

类似地，与类别1（AAA）相比，类别3（A）的比数比为：

$$OR^{(3)}=\frac{15\times20}{26\times149}=0.08$$

17.2.2 比数比模型

多项数据模型不需要对类别的顺序作任何假设。分析等级数据的方法就是利用比数比模型，比数比模型与所在或所有更高类别的概率以及所有较低的类别的概率有关。模型假设在每一个类别中这种关系是一样的。模型可以写成如下的形式。

$$\ln\frac{\mathrm{p}(Y\ge j)}{\mathrm{p}(Y<j)}=\beta_0^{(j)}+\beta_1X \qquad \text{等式17.2}$$

拟合这个模型除了需要估计单一的β_0和β_1，还需要估计 J–1 截距（$\beta^{(j)}$）。预测变量的作用可以见图17.2。

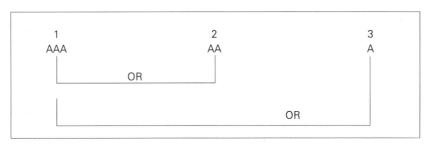

图17.2 比数比模型

基于表17.2 的数据，与背景有关的类别2或类别3（与类别1相比）的比数比为：

$$OR^{(2)} = \frac{(198+20) \times 15}{(79+26) \times 149} = 0.21$$

而与背景有关的类别3（与小于3的类别相比）（即A比上AA或者AAA）的比数比为：

$$OR^{(3)} = \frac{(15+79) \times 20}{(149+198) \times 26} = 0.21$$

因为2个比数比是一样的，所以比数比的假设看上去是成立的。然而，并不是所有的有关的预测变量都是正确的。

17.2.3 相邻类别模型

如果类别是等级型，并且在某种意义下是"等距的"，那么约束多项模型或者称为相邻类别模型可以用来拟合数据。这个模型是基于以下假设：随着类别的增加，预测变量增加（或减少）由固定数量引起的类别的对数比率相应的模型可以写成如下的形式：

$$\ln \frac{\mathrm{p}(Y=j)}{\mathrm{p}(Y=j-1)} = \beta_0^{(j)} + (J-1)\beta_1 X \qquad \text{等式17.3}$$

拟合这个模型需要估计 $J-1$ 的截距（β_0）。预测变量的作用见图17.3。

β_1 的估计不能简单地来源于表17.2中的数据，但是AA比AAA的比数比是0.276，而A比AAA的比数比是（0.276）^{2}=0.076

图17.3 相邻类别模型

17.2.4 连续比例模型

分析等级数据的替代选择就是使用连续比例模型，这个模型与所在类别的概率以及所有较低类别的概率有关。模型可以写成如下的形式：

$$\ln \frac{\mathrm{p}(Y=j)}{\mathrm{p}(Y<j)} = \beta_0^{(j)} + \beta_1^{(j)} X \qquad \text{等式17.4}$$

对于每一个高于基准类别的 $J-1$ 水平可以估计一整套完整的系数（β_2 和 β_1）。预测变量的作用见图17.4。

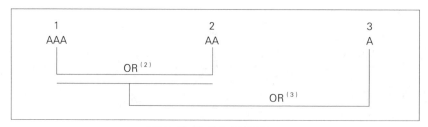

图17.4 连续比例模型

基于表17.2中的数据，类别2（AA）（与类别1相比）中背景动物的比数比（*OR*）为：

$$OR^{(2)} = \frac{15 \times 198}{149 \times 79} = 0.25$$

而与背景相关的类别3（与小于3的类别相比）（即A比AA或者AAA）的比数比为：

$$OR^{(3)} = \frac{(15+79) \times 20}{(149+198) \times 26} = 0.21$$

17.3　多项Logistic回归

在有*J*个类别结果的多重Logistic回归中，每个结果类别的概率是通过同时拟合*J*–1单独的Logistic模型（其中一个类别被看成是基准或者参考类别）来计算的。相应的，对于4个水平的应变量（第一个水平作为基准类别），估计与剩下的结果对应的系数（$\beta^{(2)}$，$\beta^{(3)}$，$\beta^{(4)}$）的3个集合。因为$\beta^{(1)}$=0，观察值在类别1中的预测概率等式为：

$$p(Y=1) = \frac{1}{1 + \exp(X\beta^{(2)}) + \exp(X\beta^{(3)}) + \exp(X\beta^{(4)})}$$

等式17.5

而在类别2中的概率等式为：

$$p(Y=2) = \frac{\exp(X\beta^{(2)})}{1 + \exp(X\beta^{(2)}) + \exp(X\beta^{(3)}) + \exp(X\beta^{(4)})}$$

等式17.6

类别3和4可以依此类推。

17.3.1　比数比

对于给定的预测变量（如 backgrnd 变量），在每一个结果（与基准水平相关）上，存在单独的预测变量效应估计。来源于多项回归模型系数的幂次可以产生比数比用作对效应的度量。严格地讲，这些效应的度量不是比数比，事实上是2个相对危险度（或危险比）的比。相对危险度是描述相关分类的结果相对于基准分类的概率。因此，将它们看成相对危险比更加合适，而且某些计算机程序可以得出。然而，比数比应用广泛，本章就用比数比作为效应的度量。

例17.1给出了以–bckgrnd–为单一预测变量针对胴体分级的一个非常简单的模型。比数比与17.2节完全一样，指出具有变量–bckgrnd–背景属性动物为AA（与AAA相比）级的可能性，是没有该变量属性动物的0.25倍。同样的，具有变量–bckgrnd–属性动物成为A级的可能性，是没有该属性动物的0.08倍。

例17.1中的两个*OR*表明具有变量–bckgrnd–背景属性，可降低成为低等级胴体的危险性，并且这种作用在统计上是显著的（详见17.3.3）。

与普通Logistic模型一样，多项Logistic回归可以被扩展成模拟多项预测变量的作用，该预测变量的性质可能是分类的变量，也可能是连续性的变量。例17.2给出了一个包含预测变量（其结果表现为系数）的胴体等级的模型。

17.3.2　系数的解释

多项Logistic回归模型的估计（系数或*OR*），其解释与通常的Logistic回归是相似的。在例17.2中，预测变量–imfat–的比数比表明，随着超声检查中肌肉脂肪含量的单位增加，比数比从AAA降到AA，比率下降$e^{-0.444}=0.64$（减少36%），而A级比率下降$e^{-1.041}=0.35$（减少65%）。在例17.2中，与AA

例17.1 简单的多项Logistic回归

data=beef_ultra

以-bckgrnd-作为唯一预测变量，给出了胴体等级（3个水平）的一个简单的多项Logistic回归。胴体的等级AAA作为基准（参考）水平。

第一个表格表示的是Logistic模型系数的结果。

Number of obs = 487
LR chi2（2）= 49.33
Prob > chi2 = <0.001
Log likelihood = −418.670

	Coef	SE	Z	P	95% 置信区间	
AA						
背景变量	−1.377	0.302	−4.560	0.000	−1.969	−0.786
常数项	1.661	0.282	5.900	0.000	1.109	2.213
A						
背景变量	−2.558	0.402	−6.360	0.000	−3.347	−1.770
常数项	0.550	0.324	1.700	0.090	−0.085	1.186

由于背景变量的原因，使得等级AA或A概率的logit值分别减少1.38和2.56个单位。

第二个表格表示的是比数比的结果。

	OR	SE	95% 置信区间	
AA				
背景变量	0.252	0.076	0.140	0.456
A				
背景变量	0.077	0.031	0.035	0.170

有背景变量的动物是无该变量动物的0.25和0.08倍，如同与无背景变量的动物相比，其胴体级别被降到AA或A级一样。

和AAA的比值相比，所有的预测变量对A与AAA的比值有更加显著的影响，考虑到数据的次序性质，这种结果是期望，但模型并没有保证这一点。如果无序名义型数据被分析，不会有这种期望结果。

17.3.3 预测变量的显著性检验

预测变量的显著性可以通过Wald检验或者似然比检验（LRT）来评价。显著性的全面检验以及单个模型的系数检验都可以进行（对所有的Logistic模型都适合）。然而，应当注意到，如果基准类别发生变化的话，给定的Logistic模型中预测变量（如等级=A）的显著性检验将会发生变化。相应的，显著性全面检验提供了一个对预测变量的显著性检验的更好估计。性别变量-sex-不是一个显著性预测变量（Wald检验P=0.46——资料省略）。然而，在基于例17.2中的模型中，性别变量-sex-的Wald检验和似然比检验，给出两个稍微不同的值［χ^2分别为15.0和15.5，自由度（df）为2］，二者是非常显著的（P<0.001）。控制其他因素（干涉变量），使得性别成为胴体等级的重要预测变量。

17.3.4 获取预报概率

每个结果类别发生的预测概率可以通过多项Logistic回归来计算（见等式17.5和17.6）。当然，这些预测概率将会随着动物预测变量的变化而变化。表17.3显示了例17.2中模型牛群小子集的那些预测概率值。

每个动物的概率和为1。

例17.2 多元多项Logistic回归

data=beef_ultra

根据动物的背景状态、性别和体重以及在开始喂养时的三个超声波测量数据，对胴体等级进行预测。

Number of obs = 487

LR chi2（10）= 146.08

Prob > chi2 < 0.001

Log likelihood = −370.298

		Coef	SE	Z	P	95%置信区间	
AA							
	背景	−1.282	0.337	−3.800	0.000	−1.944	−0.621
	性别	0.906	0.266	3.400	0.001	0.384	1.429
	脊背脂肪厚度	−0.249	0.116	−2.140	0.032	−0.477	−0.021
	牛脊肉面积	0.373	0.081	4.620	0.000	0.215	0.532
	肌肉脂肪含量	−0.444	0.123	−3.610	0.000	−0.684	−0.203
	胴体重量	−0.019	0.004	−5.490	0.000	−0.026	−0.012
	常数项	6.806	1.276	5.330	0.000	4.304	9.307
A							
	背景	−1.830	0.483	−3.790	0.000	−2.777	−0.884
	性别	1.486	0.458	3.250	0.001	0.589	2.384
	脊背脂肪厚度	−0.667	0.258	−2.580	0.010	−1.173	−0.161
	牛脊肉面积	0.493	0.152	3.240	0.001	0.195	0.791
	肌肉脂肪含量	−1.041	0.236	−4.400	0.000	−1.504	−0.578
	胴体重量	−0.040	0.007	−6.160	0.000	−0.053	−0.027
	常数项	13.976	2.221	6.290	0.000	9.624	18.329

胴体的等级=AAA是基准（参考）水平。

再一次表明背景变量−bckgrnd−极大地降低了低等级（AA和A）的危险。变量−carc_wt−，−backfat−，−ribeye−和−imfat− 是−bckgrnd−和−grade−之间的干涉变量，所以−bckgrnd−变量的效应估计是直接效应，有关干涉变量的讨论见第13章。

17.3.5 独立不相关的替代假设

多项回归模型是基于以下假设：观测结果的一个水平的比数独立于其他的替代水平是可行的。对于已经讨论的胴体数据，这就意味着如果AA的比数是两倍于A的比数，它们将会一直是两倍，不管它们是否有替代，或者替代仅仅包含AAA或被包含于其他水平（B，C等等）。

表17.3 来源于多项Logistic回归模型的预测概率

编号	等级	背景	性别	脊背脂肪厚度	脊肉面积	肌肉脂肪含量	胴体重量	等级概率		
								AAA	AA	A
1	AA	有	阉公牛	2.5	8.9	4.5	357.7	0.03	0.55	0.42
2	AA	有	阉公牛	5.9	11.8	5.2	323.2	0.02	0.68	0.30
3	AAA	有	阉公牛	3.1	9.7	3.5	360.0	0.05	0.65	0.30
4	AA	有	母牛	2.5	7.5	5.2	307.3	0.02	0.37	0.62
5	AAA	有	阉公牛	1.9	8.0	4.9	354.5	0.03	0.48	0.49

这一假设的两个最常用的检验方法是Hausman和McFadden（1984）和Small−Hsiao（1985）提出的

IAA检验。两个检验都是基于拟合一个完全模型的原则和比较从这个模型到另一个具有一个或更多的替代被删除的模型（偏模型）的系数。无效假设是来自于全模型的系数与来自于不完全模型的系数一样。如果检验的P值大于0.05，那么没有足够的理由去拒绝无效假设（即满足假设）。对于Hausman检验，统计量可能是负的，这种情况也被认为是支持无效假设的。

不幸的是，这两种检验通常会得到相互矛盾的结果，并且最近的模拟研究（见文献Long和Freese，2006）表明，它们可能仅局限于决定假设是不是被满足。面对矛盾的结果，最好的建议可能是先前来自McFadden引自Long和Freese（2006）的论述：多项模型仅仅适用于当在决定者看来替代被假设成是明确的并且是独立衡量的。就牛肉胴体的数据而言，检验员因素对选择等级的作用，应当独立于可选范围之外，这似乎是不可能的。例17.3中的牛肉数据包含了这两种测试的结果。

同样还可以用统计的方法来评价（用Wald检验或者似然比检验）是否任何一个结果水平与其他的水平比较无显著差异。如果某些结果水平与其他的水平比较无显著性不同，可以考虑合并这些水平（请参见例17.3）。

例17.3　独立不相关的替代（IIA）假设的评价

data−beef_carcass

　　如果水平AA或A被忽略，那么IIA的Hausman检验的P值分别是0.768和0.993。这两个值都充分表明IIA假设是满足的。IIA的Small−Hsiao检验在每次使用时会产生不同的估计（由于在计算过程中某种随机因素），并且结果不稳定。对所有配对水平组合而言，如果似然比检验（不管所有水平是否可以合并）产生的P值<0.001，将表明没有配对的结果水平对所有配对水平的组合而言可以被合并。

17.3.6　回归诊断

多项Logistic回归的专业诊断并不像普通的Logistic回归那样容易运用。一种方法就是对各对比较（如A比AAA 和AA比AAA的值）用普通Logistic模型拟合和对这些模型进行回归诊断评价。最近已经建立了（Fagerland等，2008）全面拟合优度检验，但目前还没有标准软件包进行拟合优度检验。

17.3.7 替代特定数据的结果模型

在牛胴体数据的例子中，所有的预测变量都没有随着结果替代而发生变化（即不管是等级结果是A，AA还是AAA，动物胴体重量是个常数），但情况并不总是这样。考虑这样一种情形：犬的主人面对犬的癌症治疗有3种选择，这些选择可能包括：在当地的小诊所里进行治疗、在一个私人推荐的医院进行治疗或在一所基于教学的大学医院进行治疗。影响他决定的因素可能包括：犬的年龄、他们的收入水平以及他们到各个诊所的距离。其中前两个因素（年龄和收入）独立于犬主人的选择，最后一个因素（距离）的选择随着考虑的不同而发生变化（例如，当地的医院比其他两个要近）。有多种处理这种情形的方法（其中之一就是16.15节的条件Logistic回归），读者可以参考相关文献（Hilbe，2009；Long和Freese，2006）。来解释如何建立数据，并提出在这种的情形下，如何拟合一个合适的模型。

17.4　等级数据建模

许多种方法可以产生等级数据。例如，一个观察的连续变量可以被分解为多个类别；或者，等级变量的水平可以表示成未被观察的（是假设的）连续变量（例如，意见由强烈同意到强烈不同意的变化或疾病严重程度从无到严重的变化）的类别。最后，类别可以表示一系列评分变量（例如，畜舍的卫生得分，其是用各种问题的得分的和来表示）组成的组合变量的总评估值。

然而，上面所描述的多项模型也可用来分析等级数据，但他们忽略了这样了一个事实，即类别是有逻辑、有等级的序列。有许多不同的方法来拟合等级模型，我们将要考虑其中的三个：比数比模型（17.5节）、相邻类别模型（17.6节）、连续比模型（17.7节）。

17.5 比数比模型（累计约束Logit模型）

这是最常遇到的等级Logistic模型。在比数比模型中，与不高于特定水平的对数比数相比，系数用来衡量对基于特定水平之上的对数比数预测变量的作用。它是基于这样的假设：系数不依赖于结果水平，所以每一个预测变量仅有一个系数被估计。模型的图和结果表示见图17.2。

比数比模型假设等级结果变量表示的类别是一个相关的连续隐含（未观察到的）变量。假设隐含变量（或者'分数'）的值（S_i）是预测变量的线性组合：

$$S_i = \beta_1 X_{1i} + \beta_2 X_{2i} + \cdots + \beta_k X_{ki} + \varepsilon_i \qquad \text{等式17.7}$$

其中ε_i是服从连续分布的随机误差项。

隐含变量（S）被分割点（τ_j）分开，使得如果$S_i \leq \tau_j$，第i个个体被分类成1（AAA）级，如果$\tau_1 < S_i < \tau_2$，则被分类成2（AA）级，依此类推。

在第i个个体中，观察结果j的概率为

$$p(\text{outcome}_i = j) = p(\tau_{j-1} < S_i < \tau_j) \qquad \text{等式 17.8}$$

如果随机项（ε_i）服从Logistic分布（均值为0方差为$\frac{\pi^2}{3}$），那么

$$p(S_i < \tau_j) = \frac{1}{1 + e^{S_i - \tau_j}} \qquad \text{等式17.9}$$

注: 假设隐含变量服从正态分布，并成等级Probit模型，但这些内容不在本章的讨论范围内。

通过隐含变量服从Logistic分布的拟合模型，可以写成如下的形式（为了简单起见，假设只有单一预测变量X）：

$$Logit(p(Y \leq j)) = \beta_{0j} + \beta X$$

其中β_{0j}是截距，β表示预测变量的作用（斜率）。因此，模型就是结果的对数比可以看成是被一系列不同截距的平行线所表示。

例17.4表示胴体等级数据的比数比模型。

17.5.1 预测概率

数据集中的第一个观察值是一头具有背景变量的公牛（sex=1），其中backfat（背膘）=2.51，ribeye（牛脊肉）=8.94，imfat（肌肉含脂肪量）=4.46，carc_wt（胴体重量）=357.7。对于这个动物，隐含变量（S_i）是$S_i = -8.329$。

因此，这个动物是1（AAA）级（从方程17.9）的概率为

$$p(Y=1) = \frac{1}{1+e^{-8.329-(-8.635)}} = 0.42$$

类似的，这个动物成为AA级的概率为0.54，成为A级的概率为0.03.

资料组中头5个动物等级结果的概率（以及这些动物的预测变量值）可见表17.4。

例17.4   比例优势模型

data=beef_ultra

例17.2和17.3中具有相同预测变量的胴体等级数据，在此用来拟合比数比模型。

Number of obs = 487

LR chi2（6）= 138.53

Prob > chi2 < 0.001

Log likelihood = −374.070

	Coef	SE	Z	P	95% 置信区间	
背景	−1.214	0.263	−4.620	0.000	−1.729	−0.699
性别	0.862	0.231	3.730	0.000	0.410	1.315
脊背脂肪厚度	−0.287	0.106	−2.690	0.007	−0.495	−0.078
牛脊肉面积	0.335	0.070	4.790	0.000	0.198	0.472
肌肉脂肪含量	−0.520	0.109	−4.760	0.000	−0.734	−0.306
胴体重量	−0.022	0.003	−7.140	0.000	−0.028	−0.016
常数项 1	−8.635	1.105			−10.801	−6.470
常数项 2	−4.928	1.038			−6.962	−2.894

与母牛相比，与阉割公牛关联的比数比为：

$$e^{0.862} = 2.37$$

这表明，与所给定的胴体等级相比，雄性性别因素可使等于或高于所给定的胴体等级增加2.37倍（记住，数据已经被编码，A级为3，表示最大经济损失）。这样它可衡量与阉割公牛有关的差（更高的）的胴体等级的所有增加的机会。

表17.4   预测变量的值，隐含变量（S_i）以及比数比模型的每一个胴体等级的预测概率

编号	等级	背景	性别	脊背脂肪厚度	脊肉面积	肌肉脂肪含量	胴体重量	S	等级概率 AAA	AA	A
1	AA	有	阉公牛	2.5	8.9	4.5	357.7	−8.33	0.42	0.54	0.03
2	AA	有	阉公牛	5.9	11.8	5.2	323.2	−7.99	0.34	0.61	0.05
3	AAA	有	阉公牛	3.1	9.7	3.5	360.0	−7.82	0.31	0.64	0.05
4	AA	有	母牛	2.5	7.5	5.2	307.3	−8.93	0.57	0.41	0.02
5	AAA	有	阉公牛	1.9	8.0	4.9	354.5	−8.60	0.49	0.48	0.03

就预测热概率而言，单一预测变量（−imfat−）的作用，可以由关于−imfat−与每个等级概率生成的光滑曲线更好地看出。图17.5给出了关于肌肉脂肪水平（范围在3.0～6.0之间，多数−imfat−变量在此范围内）的每个等级的不太光滑的概率曲线（用50%的带宽来平滑）。因为每个结果的概率依赖于模型中所有预测变量的数值，所以图17.5中光滑曲线表示随着−imfat−变化时等级的平均概率。

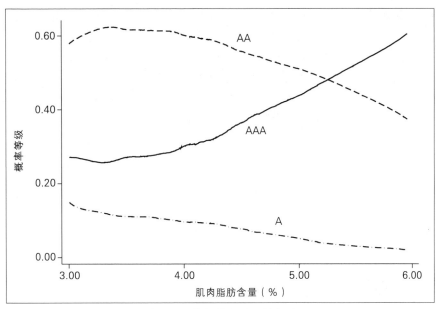

图17.5　等级的光滑平均概率

如图所示，酮体成为AA级或者A级的概率随着开始喂养时的肌肉脂肪的上升而下降。另一方面，等级AAA的概率总体上是上升的。

17.5.2　评估比数比假设

通过使用似然比检验，将等级Logit模型（L_1）的对数似然值与多项Logit模型（L_0）的值相比较，可以得到比数比假设的粗略评估。如果存在k个预测变量（不包括截距）和J个结果类别，多项模型将要拟合（$k+1$）（$J-1$）个参数，而比数比模型将要拟合$k+$（$J-1$）个，所以它们的自由度差值为$k+$（$J-2$）。相应的，-2（L_1-L_0）渐近服从自由度为k（$J-2$）的χ^2分布。因为比例优势模型不能嵌套在多项模型中，所以这仅仅是一个渐近检验。然而，它给出了比数比模型假设的一个粗略评价。

在我们的例子中，多项模型和比数比模型的对数似然值分别是-370.30和-374.07，所以LRT为：

$$LRT = -2(-370.30 - [-374.07]) = 7.54$$

χ^2统计量的df为k（$J-2$）$=6$，其P值为0.27。因此，没有证据说明比数假设不成立。作为将多项模型与等级Logistic模型比较的替代，广义等级Logistic模型可以进行这种比较（见下17.5.3节），所得χ^2为6.5（P $= 0.37$）。

根据拟合$J-1$独立二元变量模型，建立了近似的、可替代的LRT（Wolfe和Gould，1998）。模型的拟合，首先假设所有模型参数β_s是常数（比数比模型假设），并且所产生的对数似然值的和，被用来与不假设β_s是常数的对数似然值的和作比较。对于牛肉超声检查模型，这种检验产生的χ^2值为6.42（P=0.38）

上面所描述的对数似然比检验是综合检验，这个检验对所有的预测变量的比数比假设进行了评价。Wald检验提供整体评价和对每个预测变量假设的评价（Brant，1990）。对例17.4拟合模型的这种检验结果见表17.5。

Wald检验的P值与上述所描述的最后两个近似似然比检验的结果相类似。每个单独的预测变量都不显著的检验结果表明，比数比假设是有效的。比数比假设的其他检验也是可行的，但是没有明确的选择指导说明哪种检验较好。一般来说，如果以上讨论的检验得到一个显著的结果，应该进一步检查假设。

表17.5　比数比假设的Brant（Wald）检验

变量	x^2	P	df
all	6.66	0.35	5
bckgrnd	1.42	0.23	1
sex	0.18	0.67	1
backfat	0.59	0.44	1
ribeye	1.47	0.23	1
imfat	0.80	0.37	1
carc_wt	0.43	0.51	1

17.5.3　非比数比的处理

在一个或者多个预测变量表现为违反比数比的假设的情况下，有许多可能的方法来处理这个问题。广义等级Logistic回归模型就是其中之一，在这个模型中，对于等级模型（例如，A 对 AA/AAA 和 A/AA 对 AAA）中每一个分割点系数的完全集都可以被估计。因此，多项模型是最简洁的模型了，但是它没有考虑等级的次序。如果假设是有效的话，这个模型的对数似然值可以与比数比模型的对数似然值比较。

如果对某些预测变量比数比的假设成立，但不是对所有的预测变量都成立，那么可用偏比数比模型拟合，在这个模型中，对选定的预测变量，比数比假设可以去掉。对于我们的例子，没有预测变量表现出明显违反比例优势假设（表17.5），但是，有2个最小P值，其变量分别是-bckgrnd-和 -ribeye-。如果这两个预测变量的系数允许根据分割点而变化，但是剩余的被限定为常数（比数比），假定这2个预测变量过2个分割点的作用不同，那么模型的对数似然值为-371.70，它的x^2检验的似然比值为4.73（P=0.09）。

其他两个处理非比数比的方法是Logistc模型和混合选择Logistic模型。这些都超出了我们所讨论的范围，读者可以参考有关文献（Hilbe，2009；Long和Freese，2006）。

17.5.4　回归诊断

对于多元模型，等级数据的回归诊断方法未得到有效的建立。Hosmer和Lemeshow（2006）建议对于等级数据（例如，一个模型是比较A与AA/AAA，一个模型是比较A/AA与AAA）可采用基于分割点普通Logistc模型。这些模型的残差可采用第16章的方法。

17.6　相邻类别模型

在相邻类别Logistic回归模型中，与某个更低水平概率的Logit值相比较，每个系数用来衡量某因子在这个特定水平的概率Logit值的作用。对于任意给定的预测变量，其导致单一作用的估计，从这个作用可以看出预测值是如何影响结果的对数比值移动到另一个（邻近的）类别的。这个模型也可以看成是约束多项模型，因为它是作为一个受约束的多项模型来被估计的，约束条件为类别n水平的系数是邻近类别系数的n倍（或者，类别n水平的OR值将提高到相邻水平OR的n次幂）。该模型是基于这样的假设，当从一个水平到另一个水平时，*OR*是个常数。如图17.3所示。

例17.5给出了基于例17.2中的多项模型拟合的一个相邻类别模型。似然比检验可以将这个"约束多项模型"与通常的多项模型相比较。如果检验是显著的，那么表明多项模型是优良的。例17.5中模型*LRT*的χ^2为7.14，df为6（因为估计的系数为6个），P值为0.31，表明没有证据说明约束模型比相邻类别模型对数据有更好的拟合效果。在这种情况下，为了方便起见，首选相邻类别模型。

例17.5 相邻类别模型

使用例17.2中的相同预测变量来拟合相邻类别模型。除去两个水平的类别系数是比例类别系数的两倍这一限制减少了待估参数的数量。

Number of obs = 487
LR chi2（6）= 138.94
Prob > chi2 < 0.001
Log likelihood = −373.87

	系数	标准误	Z	P	95% 置信区间	
AA						
背景	−1.040	0.235	−4.420	0.000	−1.501	−0.579
性别	0.784	0.210	3.730	0.000	0.372	1.196
脊背脂肪厚度	−0.276	0.097	−2.850	0.004	−0.465	−0.086
牛脊肉面积	0.296	0.063	4.670	0.000	0.172	0.420
肌肉脂肪含量	−0.477	0.101	−4.740	0.000	−0.675	−0.280
胴体重量	−0.020	0.003	−6.970	0.000	−0.026	−0.014
常数项	7.844	1.036	7.570	0.000	5.813	9.876
A						
背景	−2.080	0.471	−4.420	0.000	−3.002	−1.157
性别	1.568	0.420	3.730	0.000	0.744	2.391
脊背脂肪厚度	−0.552	0.194	−2.850	0.004	−0.931	−0.172
牛脊肉面积	0.592	0.127	4.670	0.000	0.343	0.840
肌肉脂肪含量	−0.955	0.202	−4.740	0.000	−1.350	−0.560
胴体重量	−0.040	0.006	−6.970	0.000	−0.051	−0.029
常数项	12.462	1.967	6.340	0.000	8.607	16.317

结果等级=AAA是比较组。

注：等级A的每一个预测变量的系数是等级AA的2倍，这是因为等级A与等级AAA差两个类别。例如，阉割公牛增加成为等级A的对数比1.57个单位，但是等级AA仅仅增加0.78个单位。

17.7 连续比模型

在连续比模型中，*OR*的对数用来衡量在特定水平的比数与更低水平的比数相比的因子的作用。当应变量表示需要得到结果的尝试的数量（如饲养奶牛时期望妊娠的数）时，这种类型的模型是有用的。每个个体必须通过所有的低水平来达到现有的水平，因此，命名为"连续比"，图示见图17.4.

这个模型可以看作一列简单Logistic模型拟合，在此简单的Logistic模型中，对关注的水平，应变量（*Y*）被记成1；对于较低的水平，*Y*被记成0；对于更高的水平，*Y*值记成缺失值。例如，连续比模型评价预测变量对4只喂养动物受孕概率的作用，需要3个单独的Logistic回归。有关数据记录见表17.6所示。

表17.6 预测值变量对奶牛怀孕所需配种次数效应的连续比模型编码

	配种			
	1	2	3	4
Y1	0	1	缺失	缺失
Y2	0	0	1	缺失
Y3	0	0	0	1

在这个例子中，某预测变量的系数表示该因素对第 j 次配种奶牛受孕对数比的作用，在此以前几次配种中该奶牛均未受过孕。

这个模型与17.3节的多项模型有同样多的参数。因此，模型不再"简洁"，但其 OR 估计异于多元 logistic回归模型。约束连续比模型可以通过每一个预测变量的 OR 来拟合，这些预测变量被限制与结果中的每一个增量相等。相比于约束连续比模型和无约束模型，似然比检验可以用来评价等价 OR 的假设。

对于牛肉超声检查数据，这里未给出来自各自的Logistic模型的 OR 值，这是由于用连续比模型来拟合该数据无生物学意义（即等级之间变化不是连续的）。

参考文献

Brant R. Assessing proportionality in the proportional odds model for ordinal logistic regression Biometrics. 1990; 46: 1171-8.

Fagerland MW, Hosmer DW, Bofin AM. Multinomial goodness-of-fit tests for logistic regression models Stat Med. 2008; 27: 4238-53.

Hausman J, McFadden D. Specification tests for the multinomial logit model Econometrica. 1984; 52: 1219-40.

Hilbe J. Logistic Regression Models. CRC Press; Boca Raton FL. 2009.

Hosmer D, Lemeshow S. Applied Logistic Regression. 2nd Ed. John Wiley and Sons; New York. 2000.

Keefe G, Dohoo I, Valcour J, Milton R. Ultrasonic imaging of marbling at feedlot entry as a predictor of carcass quality grade Canadian J Anim Sci. 2004; 84: 165-70.

Long J. Regression Models for Categorical and Limited Dependent Variables. Sage Publications; Thousand Oaks CA. 1997.

Long J, Freese J. Regression Models for Categorical Dependent Variables Using Stata. 2nd Ed. Stata Press; College Station, TX. 2006.

Norris CM, Ghali WA, Saunders LD, Brant R, Galbraith D, Faris P, Knudtson ML. Ordinal regression model and the linear regression model were superior to the logistic regression models J Clin Epidemiol. 2006; 59: 448-56.

Small K, Hsiao C. Multinomial logit specification tests International Economic Review. 1985; 26: 619-27.

Valenta Z, Pitha J, Poledne R. Proportional odds logistic regression - effective means of dealing with limited uncertainty in dichotomizing clinical outcomes Stat Med. 2006; 25: 4227-34.

Wolfe R, Gould W. An approximate likelihood-ratio test for ordinal response models. Stata Tech Bull. 1998; 42: 24-7.

第18章

计数数据和率数据的建模

宗序平 译　李湘鸣 校

目的

读完本章后，你应该能够：

1. 理解疾病事件计数与发病率之间的关系；

2. 拟合、评价、解释Poisson回归模型；

3. 能够确定负二项模型优于Poisson模型的条件，并且能够量化与正确评价统计过大离差（overdi-spersion）的情况；

4. 拟合、评价、解释负二项回归模型；

5. 发现何种情况下零适应（跳跃、零膨胀、零截断）模型优于负二项或Poisson回归模型；

6. 拟合零适应模型并解释所得的结果。

18.1　引言

前面的章节已经研究了连续性测量数据分析方法（第14章）和两种离散数据类型：二项/二元数据分布（第16章）和多项分布数据（第17章）的分析方法。下面主要介绍个体或种群中事件发生总数的处理方法。

a. 有些事件数的计算很简单，如使奶牛怀孕所需的配种次数。Poisson回归模型可用来评价围产期驱虫剂对奶牛每胎配种次数的影响（Scanchez等，2002）。

b. 应考虑到在某一段时间内动物病例数与易感动物数（例如一栏奶牛在一年中门诊乳腺炎的发病数，与哺乳期奶牛总数），这就是疾病发病率（I）的度量。本章重点放在利用这种数据类型的例子上，来描述一个"预浸渍"奶牛群临床乳腺炎发病率以及在奶牛群和鹿群中新的牛分支杆菌感染后的发病率。

c. 在统计病例数时，同时应考虑处于风险中群体总数的大小（例如屠宰牛中各种淋巴肉瘤发病数，与屠宰的患淋巴肉瘤风险奶牛总体数有关），这是估计牛群中淋巴肉瘤事件发病风险的基础。

d. 应当考虑某一地理区域内相关结果的数据特征，例如利用Poisson模型研究单位区域内事件发生数量的影响因素。Hammon（2001）研究了爱尔兰500m²单元格区域中动物獾的数量是否与土地使用相关，将研究区域中每500m²格子区域中捕捉獾的数目进行记录，在每个单元格中土地使用用一系列分类变量进行描述，单元格中獾个数的均值为0.6，方差为1.5。研究表明：牧草的质量越好，相应单元格中獾的数量越多。

18.1.1　分析方法

要评估"预浸渍"（奶头挤奶前消毒）对临床乳腺炎发病率的影响。假设将试验3群奶牛分别分成预浸渍组和无任何处理组，相关结果是每头奶牛在一个完整的哺乳期内乳腺炎总的临床病例数。其他因素包括该牛的年龄（一般随牛的年龄增长患乳腺炎的可能性上升）和奶牛所在牛群（因为每栏奶牛发病率不同）。为了平衡治疗组奶牛的年龄和所处牛群对研究组的影响，对奶牛进行随机分组。对于给定的临床试验设计，可以假设总体是封闭的，但患病危险时刻各不相同。注：在这个例子中，所关心的是患乳腺炎的总病例数。如果所关心的仅是最早的几个病例，可以对每头奶牛创造一个二元变量，然后拟合Logistic模型。

有许多方法分析处理该研究数据：

a. 可计算各研究组的临床乳腺炎发病率，并可利用第6章讨论的无条件Z检验对两个试验组进行差异检验。此方法不要求考虑其他潜在混杂变量（比如年龄、不同栏），所以要用随机设计来控制这些因素的影响。

b. 另一方面，用线性回归模型，可计算出乳腺炎临床发病率（I）与奶牛之间的关系，每头奶牛预浸渍作为主要暴露（预测变量），而年龄、栏作为无关变量处理。然而，对于大多数奶牛有I=0，其误差项不服从正态分布，所以违反了线性回归模型的基本假设。由于某些预测变量值I可能出现负值，所以，这种方法不及前一种方法好。

c. 比较好的方法是利用Poisson回归模型或负二项回归模型，通过调整每头奶牛处于发病风险时间，对新发生的病例进行模拟研究。

有不少著作讨论了计数资料这方面的分析研究工作，如Cameron和Trivedi（1998）；Hilbe（2007）；Long（1997）；Long和Freese（2006）。

18.2 Poisson分布

Poisson分布常用于模拟"小概率"事件发生的个数：

$$p(Y=y)=\frac{\mu^{y}e^{-\mu}}{y!}$$

等式18.1

其中y是观测事件数，μ是平均数，Poisson分布的特点是均值和方差相等且等于μ。

对Poisson分布有两种认识：

a. 如果事件发生时间间隔（以乳腺炎发病数为例）相互独立并服从均值为t的指数分布，那么在一定时间T内，乳腺炎发病数Y服从u=T/t的Poisson分布。例如，相邻两次乳腺炎平均发病间隔为150d，那么在300d的泌乳期内，发病的期望数为300/150=2。两次事件之间的时间间隔，常被称为"等待时间"。用这个公式很自然地联想到事件发生数的分析（Poisson回归）和某事件发生时间的分析（生存分析第19章）。

b. 如果群体总数n很大，事件发生相互独立，二项分布概率p很小（即事件是"小概率文件"），那么二项分布可用Poisson分布来逼近。在这种情况下，$\mu=np$。例如，如果乳腺炎的每天发病率为1/150=0.0067，那么在300d内的发病数的期望值为300×0.0067=2。

如果结果服从均值已知的Poisson分布，就可以计算出事件发生个数的概率。例如，在奶牛中产乳热发生例数平均为每年5例，那么在1年内发生10例的概率为：

$$p(Y=10)=\frac{5^{10}e^{-5}}{10!}=0.018$$

这表明在1年内发生10例产乳热的概率约为2%（条件是在此期间总体的均数不发生变化）。

均值分别为0.5，1.0，2.0，5.0的Poisson分布如图18.1所示，随着均值的增大，Poisson分布接近于正态分布。

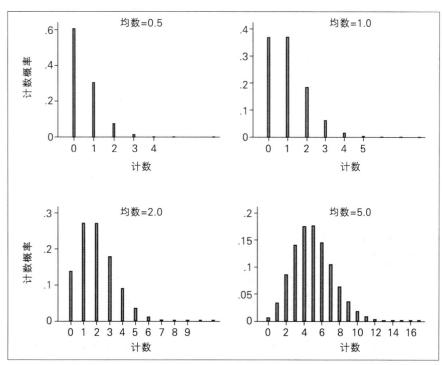

图18.1 Poisson分布

18.3　Poisson回归模型

Poisson回归模型的常用表达式为：

$$E(Y)=\mu=n\lambda \qquad \text{等式18.2}$$

其中E（Y）表示发病数的数学期望值，n为暴露（例如处于危险中动物时间单位），λ为发病率函数。

暴露n要根据各种不同的研究对象（动物或群体动物），处于危险中不同阶段（或处于危险中总体规模大小）进行调整。注意：n常常表示群体中动物数量，在本文中常表示动物处于危险期的数量。如果n为研究对象的总数，n可以忽略，但是必须记住期望值是在n个动物所处风险时间单位内期望病例数。例如，在獾的研究中，每次计数与同样的500m²单元格大小有关，所以不需要补偿和暴露，预测数是每500m²内的数量。

λ与预测变量关系的表达形式为：

$$\lambda=e^{\beta_0+\beta_1 X} \quad \text{或} \quad \ln(\lambda)=\beta_0+\beta_1 X \qquad \text{等式18.3}$$

因此，Poisson回归模型为：

$$E(Y)=ne^{\beta_0+\beta_1 X} \quad \text{或} \quad \ln E(Y)=\ln(n)+\beta_0+\beta_1 X$$

$$\text{或} \quad \ln E(I)=\ln\left(\frac{E(Y)}{n}\right)=\beta_0+\beta_1 X \qquad \text{等式18.4}$$

这里$\ln E(I)$表示发病率期望值的对数，并且它是预测变量的线性组合。注：这个例子假设有一个的预测变量（X），但是它可以推广到多元预测变量模型。

暴露（n）可以记录，并用于原始数据（动物所处危险期的数量），另外也可以转换到对数尺度上，这样使用也可说是一种抵消。就统计术语来说，在一个模型中抵消是回归系数被限制为1的项。

与Logistic回归一样，Poisson回归模型拟合过程中常常采用迭代的极大似然估计，对于个体或群体预测变量的统计显著性检验，可以用Wald检验和似然比检验。例18.1利用牛鹿肺结核数据进行Poisson回归分析。

18.4　系数解释

Poisson回归模型中的系数表示I对数[$\ln(I)$]的期望值，相对于预测变量单位变化的变化量。假设有两个暴露群体（$X=0$或$X=1$），$X=1$对应于 的发病率比（IR）：

$$IR=\frac{\lambda_1}{\lambda_0}=\frac{e^{\beta_0+\beta_1}}{e^{\beta_0}}=e^{\beta_1} \qquad \text{等式18.5}$$

所以Poisson回归系数很容易地转换为IR的估计。一般来说，IR表示预测变量的单位变化量，相应的I增加的比例。例如，在某项临床乳腺炎研究中，哺乳数的$IR=1.5$，意味着奶牛的哺乳期增加1个单位，临床乳腺炎发病率增加50%（即乳房炎发病率为前一哺乳期的1.5倍）。注：一般情况下，e^β表示两个组间的平均计数值的比。由于在流行病学研究中，Poisson回归模型在研究发病率方面有着广泛的应用，因此在本章中重点介绍。

在此模型中，某预测变量对疾病（或其他相关结果的事件）绝对数量的作用，依赖于其他预测变量值的作用。例如，在例18.1中，鹿的IR（type=cervid）为$e^{1.066}=2.9$（与奶牛相比）。奶牛群中青年奶牛（0～12个月）I的预测值为$e^{-11.690}$=0.84，即10000动物风险天数中有0.84只动物发病。而对鹿群而言，该预测率为0.84×2.9=2.43例/10000动物风险天数，或每10000动物风险天额外增加了1.59例。对年龄为12～24个月的动物群体中，性别为雌性该预测率为$e^{-9.017}$=12.1例/10000动物风险天数。对同样年龄的鹿群，该预测率为12.1×2.9=35.3例/10000动物风险天数，或每10000动物风险天数中额外增加23.2例。

例18.1 Poisson回归模型

data = tb_real

研究在1985—1994年间加拿大爆发的9次新型肺结核（TB）在牛群，鹿群和野牛群的发病率（Munroe等，1999，2000）。将这些发病率作为多个动物特征量（物种，性别，年龄）的函数来建立模型。关键的预测变量为：

  物种：1—奶牛，2—肉牛，3鹿群，4—其他

  性别：0—雄性，1—雌性

  年龄：0为0～12个月，1为12～24个月，2为24个月以上

关于数据集的完整描述详见第31章。

该Poisson模型包含3个预测变量和风险时刻，它们分别作为暴露变量，结果如下表所示：

观察数 = 134

对数似然值 = −238.7

变量	系数	标准误	P值	IR	IR的95%的置信区间（CI）下界	上界
type=beef	0.442	0.236	0.061	1.56	0.98	2.47
type=cervid	1.066	0.233	<0.001	2.90	1.84	4.59
type=other	0.438	0.615	0.476	1.55	0.46	5.17
sex=male	−0.362	0.195	0.064	0.70	0.47	1.02
age=12–24 mo	2.673	0.722	<0.001	14.49	3.52	59.62
age=24+ mo	2.601	0.714	<0.001	13.48	3.33	54.59
constant	−11.690	0.740	<0.001	NA	NA	NA

变量beef的系数是唯一接近显著性界限的变量，物种是一个显著的预测变量（P<0.001），其在肉牛群和鹿群中的发病率明显高于奶牛群，雄性表现出较低的发病率（接近显著性水平），而大于11个月的动物有较高的发病率。

偏差和Pearson最优拟合统计检验为：

	自由度	X^2	P值	离差
偏差	127	348.4	<0.001	2.74
Pearson	127	1105.7	<0.001	8.71

这表示该模型有严重的缺陷。

Poisson回归和风险比

Logistic回归（第16章）是广泛应用二元数据（0/1）的多元变量模型，估计的发病效应可用比数比（OR）表示。风险比（RR）在很多情形下要比OR更容易理解。获得RR多元的方法可用二项分布和对数联结函数拟合广义线性模型（见16.11节）。然而，有研究显示这些模型无法达到共同的结果（Barros和Hirakata，2003；Zou，2004）。故即使是二元数据也可用Poisson回归直接估计得到RR（Barros和Hirakata，2003；McNutt等，2003），这种方法得到的估计具有非常低的偏倚，较为保守（即CI范围很宽）。可用稳健的SEs（见14.9.5节）减小对系数的SEs估计，从而使CI处于正确的范围（Greenland，2004；Zou，2004）。

18.5　评价Poisson回归模型

18.5.1　残差

每个观察值原始残差可以通过实际观察例数（obs）减去模型的预期观察例数（exp）计算。残差是基于每个观测值基础上的计算。

Pearson残差计算如下：

$$res=\frac{\text{obs - exp}}{\sqrt{\text{var}}}$$ ，对第i个观察值的残差为： $$res_i=\frac{y_i-\mu_i}{\sqrt{\mu_i}}$$ **等式18.6**

这里"var"为观测值的方差估计值，对Poisson模型而言，方差估计值与期望病例数（μ）相等。

偏差（Deviance）残差是基于对整个模型的拟合（公式省略）。偏差残差的平方和即为模型的偏差，其定义为模型的对数似然值与最大似然值之差的两倍。Pearson残差和偏差残差都能通过方差标准化。

Anscombe残差类似标准化偏差残差（Hilbe，2007），但更适用于从数据中识别出异质性和离群值。当评价Poisson模型时，最好是作出标准化残差和Ansecombe残差与预测值的图形（Hilbe，2007）。

上述几种残差都可以进一步标准化，这是一个使得残差的方差更稳定的过程。

18.5.2　评估整体拟合程度

正如Logistic回归一样，χ^2拟合优化检验可以用偏差残差的平方和或者Pearson残差的平方和来计算。如果在模型中，其预测变量定义的协变量模式下，有多元观察值，那么检验统计量的结果近似服从χ^2分布（Cameron和Trivedi，1998）。但对于上述2个统计检验值可能不一样，如果其中任意一个表示模型不成立，则应当对模型进行彻底研究。与所有整体拟合优度检验统计量一样，一个显著的结果（表示缺乏拟合程度）没有提供不能拟合原因。与Poisson模型相同，一个常见原因是过大离差（overdispersion即计数方差比平均值大得多）。结核病数据的Pearson和偏差拟合优度检验的结果见例18.1（两者都显著地表明拟合程度不好）。

该模型的预测能力，可通过比较观测值和预测值的分布来评估。图18.2显示例18.1的观测值和预测值的分布。它们具有类似的结果，均不能反映模型拟合程度不好这一严重的问题。

18.5.3　过大离差

Poisson模型假设均数和方差相等（基于模型中的预测变量已知条件下），即具有任何特定协变量模式的个体（即预测变量集）（同样假设具有相同的暴露量），其事件数的均值和方差是相等的。在原数据中，总会有总体方差大于总体均值的情况，但是，如果具有任何预测变量集合的个体的方差等于种群的均值，仍然符合等离差的假设。因此，一个简单的规则就是：如果总体方差大于总体均值的两倍，过大离差就一定存在。

方差远大于均值是计数数据的一个常见问题。这个称为超Poisson方差（extra-Poisson variation）或者过大离差。许多方法都可能会产生过大离散。（Hardin和Hilbe 2007；Hilbe，2007）。

明显过大离差

模型中的任何误差可导致明显过大离散，这包括模型中重要可解释预测变量的冗长、极端的观察值（数据潜在误差？）和未含有重要的交互作用，或无法满足连续性变量的线性假设。

对明显过大离差的解决方法是修复模型。

真正过大离差

在计数数据中，当方差远远大于均值时就会出现真正过大离差，主要由各种不同的方式引起。出现的可能是计数的方差远大于均值，并且我们需要这种较大方差的模型。实际真正过大离差的常见原因是数据聚类（见第20章），此问题解决将在下面讨论。原因之一是零计数远高于期望值或远低于期望值（或者完全没有），解决这个问题经常使用障碍、零膨胀或零截断模型（将在18.7节讨论）。

在例18.1的结核病资料中，其数据集都是由每个动物群的多项观察值组成（大多动物群都只有一种，但它们由不同的年龄段、雄性和雌性组成）。在同种群的同一组动物中，结核病的发病率是非常相似的，而不同种群间却不同，其原因是动物组间的部分变异，该变异是由于动物聚集的原因，此因素没有被认真考虑，从而使模型不能很好地对数据进行拟合。

18.5.4　过大离差估计

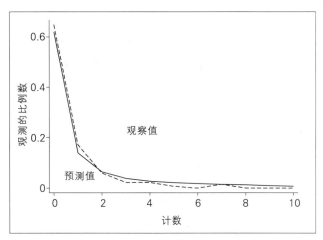

图18.2　TB实际观察值和期望值的比较

过大离差的数值可以通过Pearson或偏差χ^2除以它的自由度得到（Pearson χ^2优先考虑）。离差参数>1，则说明是过大离差，而在较大样本时，如果离差参数>1.05或在超大样本时离差参数>1.25，应当引起注意。在结核病数据中Pearson残差和离差参数分别为8.71和2.74（详见例18.1），反映出了在这些数据中有过大离差的严重问题。

过大离差的显著性，可使用拟合优度检验来评估，其描述详见18.5.2节，另外，有两种可替代的检验，分别是Score检验和拉格朗日（Lagrange）乘数检验，详情读者可以参阅文献（Hilbe，2007）。

18.5.5　过大离差的处理

对过大离差的处理有多种途径，部分内容在本章中予以讨论，其他的在别的章节中也将涉及。

参数SE的估计可通过尺度化SE计算获得，其为偏差或Pearson离差因子的平方根（模拟研究表明最好选用Pearson离差（Hilbe，2007））。以例18.1的模型为例，该系数的SE增加为$\sqrt{8.71}$=2.95，鹿的SE增加为2.95×0.233=0.689，所得的Z统计量为1.55，P值为0.12。另一种方法是调整SE，使用稳健的

SE（见14.9.5节）、自助法（bootstrap）或刀切法（Jacknife）的*SE*（本文未作描述）。

一个常用的方法是使用负二项回归去拟合模型，以适应模型中的方差大于均值的情形，有关内容将在18.6节中详细描述。

如果过大离差是数据中的聚类结果，那么此聚类（见22.4.3节）可以通过向模型加入聚类的固定效应（见22.4.3节），或加入随机效应，或通过使用广义估计方程（见23.5节）得以解释。如果过大离差是由聚类所致，处理聚类的最好方法是使用尺度化*SE*或负二项回归。

18.5.6　强影响点和离群值

离群值可能导致过大离差，即使在无过大离差的情况下，评估离群观察值也很重要。离群值可以通过寻找大的Pearson偏差或Anscombe残差值来鉴别，而强影响点可以通过寻找大的Cook统计量来鉴别（见第14章关于Cook统计量的介绍）。这些内容都在例18.2中阐述。与其他形式的回归模型一样，不正确拟合点必须彻底检查，如果数据不正确，那就必须进行修正或删除。如果数据正确，通过对不好拟合点的评估可以洞察到模型拟合不好的原因。

18.6　负二项回归

在负二项回归模型中，不要求计数数据的方差等于均值。这类模型可有2种产生方式：双参数负二项分布或Poisson–Gamma混合分布，这两种分布方式会在下文中讨论。

18.6.1　负二项分布

负二项分布就是在一列Bernoulli试验中，在第*r*次成功前失败*y*次的概率，其等式为：

$$f(y:r,p)=\binom{y+r-1}{r-1}p^r(1-p)^y \qquad \text{等式18.7}$$

其中*y*是失败的数目，*r*是成功的次数，*p*是每次试验成功的概率。当*r*=+∞（同时*p*=1），负二项分布中失败的次数接近Poisson分布。该分布可以用参数*μ*和*α*表示，其中平均值*μ*=*r*（1–*p*）/*p*，离散参数*α*=1/*r*。两种特殊情况是*α*=0（Poisson分布）和*α*=1（几何分布，首次事件出现前等待时间的分布）。图18.4给出了4种不同组合参数的负二项分布。比较这些分布与均值为2和5的Poisson分布，会发现负二项分布在右端更加突起。

18.6.2　Poisson–Gamma混合分布

如果具有类似特点的个体观察值的期望服从Poisson分布，但个体表现出由某些不可测量的特点所导致的异质，那么，实际观察值将较Poisson分布的期望值更为分散，这种情况下可通过个体平均值的一种特别（"混合"）分布直接建模。标准选择是伽玛分布（Gamma分布是一种灵活的2参数分布，具有多种分布形状），这导致了实际观察数的Poisson–Gamma混合分布。在18.6.1节中的负二项分布即来自这种方式（可选择Gamma分布）。这些分布焦点是方差依赖均值，例如，如果方差是均值的常数倍数，因而产生NB–1模型：

$$\text{NB-1} \qquad var=(1+\alpha)\mu=\mu+\alpha\mu \qquad \text{等式18.8}$$

其中*α*是一个离差参数。

在常用的负二项分布形式中，作为NB–2型，方差通过一因子超过均值，且该因子依赖于均值，

例18.2 Poisson回归诊断

data=tb_real

基于例18.1的拟合模型，具有3个最大负的和正的Anscombe残差观察值是

观察	类型	性别	年龄（月）	风险群体	反应阳性 观察值	反应阳性 预测值	偏差	标准化残差 Pearson	标准化残差 Anscombe	Cook距离
89	cervid	male	>24	27410	0	6.26	−3.99	−2.82	−3.75	0.31
54	cervid	female	>24	26182	1	8.59	−3.55	−2.79	−3.35	0.17
53	cervid	female	12−24	12420	0	4.38	−3.16	−2.23	−3.14	0.10
25	dairy	female	0−12	389	1	0.00	3.08	17.48	3.81	0.08
45	cervid	female	>24	21848	29	7.17	6.50	8.66	6.18	1.37
133	beef	female	>24	6418	20	1.13	8.87	17.94	9.24	0.87

大的负残差与动物组有关联，该组动物多为期望例数，很少为实际观察数。大的正残差在成组动物中，该组动物多为实际观察数而不是期望数。尽管它们仅占数据集中观察值的39%，但是，对鹿群而言，在6个极端残差中就占了4个，说明模型对鹿群数据的拟合性不如牛群数据。

下列4个有大的Cook统计量的观察值：

观察	类型	性别	年龄（月）	风险群体	反应阳性 观察值	反应阳性 预测值	偏差	标准化残差 Pearson	标准化残差 Anscombe	Cook距离
118	cervid	female	12−24	21660	17	7.64	3.28	3.81	2.92	0.55
92	other	female	>24	9360	0	1.64	−2.71	−1.92	−1.92	0.66
133	beef	female	>24	6418	20	1.13	8.87	17.94	9.24	0.87
45	cervid	female	>24	21848	29	7.17	6.50	8.66	6.18	1.37

Cook距离大的且具有大或中等残差观察点，对多数时间处于风险状态的观察值有很大的影响，所处风险时间较少的观察值，对模型的影响较小（具有小的Cook距离）（例如表中25号观察值有大的残差）。

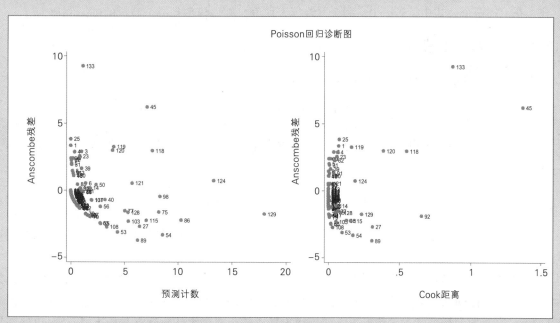

图18.3 Poisson回归模型诊断曲线

Anscombe残差与预测数图形表明大的正残差比负的大残差更普遍；从残差与Cook距离明显可以看出2个非常重要的强影响点（133号和45号）。

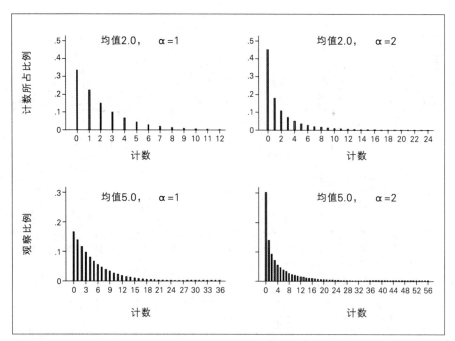

图18.4 负二项分布

使得具有较高计数的个体能够有相对大的方差：

$$\text{NB-2} \qquad \text{var} = (1+\alpha\mu)\mu = \mu + \alpha\mu^2$$

等式18.9

注：在上述两个公式中，若$\alpha = 0$，那么方差等于均值，则该模型是一个简单的Poisson模型。

18.6.3 负二项回归模型

相比Poisson分布，负二项回归模型一般形式是：

$$E(Y) = n\lambda \quad \text{或} \quad \frac{E(Y)}{n} = \lambda$$

其中n是暴露测量值（可能是常数），λ是预测变量的函数，对数尺度上λ的通常形式是线性方程，如

$$\lambda = e^{\beta_0 + \beta_1 X} \quad \text{或} \quad \ln(\lambda) = \beta_0 + \beta_1 X$$

等式18.10

因此，负二项模型（在此模型中，暴露是风险时间的度量）的指数回归系数可以解释为发病率比数。

对于具有容易写出似然函数形式的分布来说，回归系数和负二项离差参数的极大似然估计是可以容易得到，特别是NB－1和NB－2。例18.3给出了用极大似然估计拟合TB数据的负二项模型（NB-2）。在离差参数非常大的情形下，如果样本量比较小或者零计数没有充分表现，则α可能会被低估（Lloyd–Smith，2007）。

广义线性模型（GLM）结构提供了一种替代的估计方法（见第16.11节关于GLM介绍）。具有离差参数（见18.6.4节的表18.1）的Poisson模型的GLM估计会得到尺度化的SE估计（见18.5.5节），这与NB-1模型的完全极大似然估计刚好相反。NB-2分布可以作为单一参数具有对数联结函数的GLM模型建立起来，但是离差参数α必须被作为已知参数来对待。解决这个限制的方法可用完全极大似然估计

来获得α的一个估计，然后在运行GLM程序的时候将α设定为这个估计值。例18.4比较了NB-2模型完全极大似然估计与GLM框架下的估计。从似然估计程序得到的离差参数α的值将会提供给GLM估计程序〔注意：对数联结函数用以拟合NB-2模型，并非是典则联结的负二项分布关系（见第16.11节），它是最常用的联结函数〕。

对广义线性模型结构的优点是可以利用GLM中的拟合优度统计量、大量的广义线性模型定义的残差和其他诊断参数。一般来说，对GLM模型的估计经常使用迭代加权最小二乘法，但现在极大似然估计程序更常使用（当可行的时候）。

例18.3　负二项回归模型

data=tb_real

用最大似然估计将例18.1的Poisson模型重新拟合为一个负二项模型：

Number cf obs = 134

LR chi2（6）= 10.77

Prob > chi2 = 0.0956

对数似然值 = −157.73596　　　　　　　　　　　　　　　　　　　　　　Pseudo R^2 = 0.0330

变量	系数	标准误	Z	P	95% 置信区间	
type=beef	0.605	0.675	0.900	0.370	−0.718	1.927
type=cervid	0.666	0.684	0.970	0.330	−0.675	2.006
type=other	0.800	1.119	0.710	0.475	−1.393	2.993
sex=male	−0.057	0.405	−0.140	0.887	−0.851	0.736
age=12–24 mo	2.253	0.903	2.490	0.013	0.483	4.023
age=24+ mo	2.481	0.882	2.810	0.005	0.753	4.209
constant	−11.181	1.061	−10.540	0.000	−13.260	−9.103
par（exposure）						
/ln_alpha	0.554	0.253			0.057	1.051
alpha	1.740	0.441			1.059	2.860

Likelihood–ratio test of alpha=0: chibar2（01）= 161.85 Prob>=chibar2 = 0.000

与Poisson模型不同，物种和性别不再是显著的预测量。而年龄超过12个月的动物确实发病率较高。

例18.4　负二项模型的极大似然估计和GLM估计的比较

data=tb_real

用GLM结构重新拟合例18.3的负二项模型，并比较结果。下表给出了估计系数和SE的比较：

变量	系数		标准误	
	极大似然估计	GLM	ML	GLM
type=beef	0.605	0.605	0.675	0.674
type=cervid	0.666	0.666	0.684	0.682
type=other	0.800	0.800	1.119	1.118
sex=male	−0.057	−0.057	0.405	0.404
age=12–24 mo	2.253	2.253	0.903	0.898
age=24+ mo	2.481	2.481	0.882	0.878
constant	−11.181	−11.181	1.061	1.053

比较显示：两种估计的系数相同，而SE的值稍有差别。

18.6.4　方差替代函数

除了上述的NB-1和NB-2模型外，Poisson方差可以在乘积意义上进行推广，并总结于表18.1.

NB-1模型和具有离差参数的Poisson模型（见20.5.5节）具有相同的方差函数（$\theta=1+\alpha$），但是，两者确实是不同的模型并且估计方法也不同（见18.6.3节）。在上述所有模型中，若$\alpha=0$，那么方差再次等于μ，模型是一个简单的Poisson模型。NB-P型是其他NB型的推广，具有μ和μ的p次方（Hilbe，2007）。NB-H型（非均质模型或广义NB模型）允许离差参数作为一个预测变量的函数被模拟，NB-H型模型的例子见18.7.3节。

表18.1　Poisson方差

模型	方差	模型	方差
Poisson	$var = \mu$	NB-1	$var = \mu(1+\alpha) = \mu + \alpha\mu$
带离差的参数	$var = \mu(\theta)$	NB-2	$var = \mu(1+\alpha\mu) = \mu + \alpha\mu^2$
Poisson分布			
几何分布	$var = \mu(1+\mu) = \mu + \mu^2$	NB-P	$var = \mu + \alpha\mu^p$
		NB-H	$var = \mu(1+\alpha\mu)$
			$\alpha = exp(\beta_0 + \beta_1 X_1)$

18.6.5　过大离差估计

比较通常的Poisson模型和负二项模型的似然比检验相当于检验$\alpha=0$，这就在模型中提出了关于过度离差存在的一个正式检验。由于α非负，所以这是一个单侧检验。由例18.3可见，检验结果具有显著性意义（P<0.001），说明有过大离差的问题。

当附加的方差是α和μ函数 [$var=(1+\alpha\mu)\mu$] 时，过大离差值是两个值（α和μ）的函数。如果$\alpha\mu>0$，则$1+\alpha\mu>2$，这表示出现过大离差。例如，很多计数值为0，1或者2，其均值为1.0，并且$\alpha=0.5$，那么（$1+\alpha\mu$）=1.5，这是具有中等过大离差。然而，如果计数值都在0到15之间，其均值为5.0，那么，这就表示出现严重的过大离差。例18.5给出了负二项分布模型以及过大离差的评价。

18.6.6　负二项回归诊断

负二项式模型诊断（例18.5）类似于Poisson模型，通过标准化偏差残差或Anscombe残差与期望值的作图，可以发现对观察值拟合程度很差。

18.6.7　广义负二项式模型

在18.6.4节中，知道负二项分布模型的方差可以调整，使得它是一个或者多个预测变量的函数。例18.6给出了拟合结核病数据中"年龄"作为方差函数的模型。

18.7　零计数问题

数据集中具有零观察值的存在，且个数大于或小于其Poisson（或二项分布）的期望值。如果有过多零计数，那么就可以拟合零膨胀模型或零障碍模型。如果零计数不存在（如奶牛需要受孕的配种数），那么可用零截断模型对数据进行拟合。

例18.5 负二项回归诊断

data=tb_real

例18.3的负二项式模型为本例的基础。$\alpha=0$的似然比检验是非常显著的（$P<0.001$），这表明数据中的方差高于Poisson回归模型预期的方差。由于在这些数据中反应者（reactors）的整体均值为1.46，则（$1+\alpha u$）= $1+(1.74\times1.46)$= 3.54（即有过大离差）。

两种拟合优度检验给出了明显不同的结果。拟合优度检验的偏差χ^2是不显著（χ^2=99.4，df=127，p=0.97），没有证据表明模型不能拟合，而另一方面，Pearson χ^2检验具有极显著性（χ^2=374.9，df=127，p≤0.001），并具有一个为2.95的离差参数。但是，4个最大的Cook统计量观察显示，非常大的Pearson χ^2是由3个观察值引起的，它们具非常大的Pearson残差，这些均有唯一的反应者（1号和25号观测值），反应者数量超过预期数（133号观察值）。该模型受最后一组的严重影响.正如在第15章的建议那样，最好忽略这组动物，对模型重新拟合。但是，这项工作应只在进一步评估该观察值对模型影响的情况下进行。

观察点	类型	性别	年龄（mo）	流行病例数	反应者 obs.	反应者 pred.	标准化残差 dev.	标准化残差 Pear.	residuals Ansc.	Cook 距离
62	other	male	>24	344	1	0.12	1.33	2.38	1.40	0.06
1	beef	female	0–12	525	1	0.01	2.36	8.46	2.61	0.08
25	dairy	female	0–12	389	1	0.01	2.71	13.48	3.12	0.12
133	beef	female	>24	6418	20	1.96	2.65	6.27	5.87	0.23

Anscombe残差与预测变量图显示了几个大的负残差，但有些动物群体中，很小的预测变量值对应了非常大的正残差值。Anscombe残差与Cook距离均表示133号观测值为强影响点。

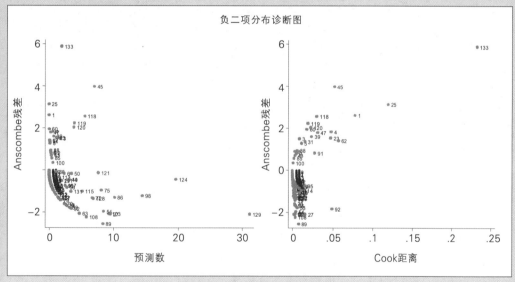

图18.5 负二项诊断图

18.7.1 零膨胀模型

除了数据中出现过多的零计数，偶尔会遇到结果分布服从Poisson（或者负二项）分布的情况。这可能是因为有零计数导致2个过程。例如，假设有关结果是屠宰时有地方流行性肺炎（猪肺炎支原体）引起病变猪的数量，其样本来自不同的猪群。在猪肺炎支原体呈地方流行的猪群中，有病变的动物数可能服从Poisson分布，某些猪群中仍有一些零计数（即屠宰时没有病变动物）。可是，其他猪群由于不存在猪肺炎支原体，该病也将是零计数。因此，两种情况中的任何一种，均可引起零计数。

用零膨胀模型处理过多零计数，是通过同时计数拟合二元模型（通常是Logistc模型，但是也是概

例18.6　广义负二项回归

data=tb_real

对例18.1的Poisson模型用广义负二项式模型进行重新拟合，分析将–type–，–sex–，–age–作为预测变量，并将–age–作为唯一影响方差的因素。

Number of obs=134
LR chi2（6）=3.09
Prob > chi2=0.7973
Pseudo R^2=0.0099

变量	系数	标准误	Z	P	95% 置信区间 for Coef	
					下界	上界
type=beef	0.827	0.646	1.280	0.201	−0.440	2.094
type=cervid	1.030	0.672	1.530	0.126	−0.288	2.347
type=other	1.130	1.107	1.020	0.307	−1.039	3.299
sex=male	0.023	0.400	0.060	0.953	−0.761	0.808
age=12−24 mos	0.252	1.425	0.180	0.860	−2.542	3.045
age=24+ mos	0.568	1.396	0.410	0.684	−2.168	3.304
constant	−9.524	1.378	−6.910	0.000	−12.226	−6.823
lnalpha						
age=12−24 mos	−3.533	1.136	−3.110	0.002	−5.761	−1.306
age=24+ mos	−2.920	1.020	−2.860	0.004	−4.918	−0.921
constant	3.599	0.984	3.660	0.000	1.669	5.528

结果表明，年龄对方差影响大于均值的影响，事实上，在处理平均反应的部分模型中，没有显著模型的预测变量。这两个模型使用信息准则（AIC和BIC）进行了比较。

模型	观测值	ll（null）	ll（model）	自由度（df）	AIC	BIC
NB−2	134	−163.12	−157.74	8	331.47	354.65
NB−H	134	−156.70	−155.15	10	330.31	359.29

AIC适用于NB−H模型，而BIC（适用于简洁的模型）适用性优性NB − 2模型。在这种情况下，简单模型（NB−2）。由于其简洁性成为首选，通常期望预测变量影响均值而不是方差。在NB− 2模型中，年龄（age）强影响到均值计数，而NB−H模型中，它影响到方差，对均值没有显著影响。

率单位或对数模型）和Poisson模型（或负二项模型）。这2个模型的预测变量数据集也可能相同，也可能不同。二元模型所模拟的参数是零计数概率，所以系数呈现与普通Logistc回归模型相反的符号（如果用Poisson模型相同的变量，则两种模型出现符号相反的情况）。

无论零膨胀模型对数据的拟合是否好于普通Poisson或负二项式模型，其采用Vuong检验（V）进行评价。该检验比较的是2个非嵌套式模型，并呈渐近的正态分布，如果V<−1.96，可选Poisson或负二项式模型；如果 V> 1.96，第二个模型（零膨胀模型）较合适；如果 V的值介于−1.96和1.96之间，则两种模型都不适合。

零膨胀负二项式模型用来模拟成年奶牛粪便虫卵计数的影响因素（Nødtvedt等， 2002）。在成年牛群中粪便虫卵计数一般都是低的，其可能原因是动物未受感染或感染后排卵数太低以至于无法检测到。例18.7显示了一个零膨胀负二项式模型在这些数据中的应用情况。

18.7.2　跳跃模型

类似于零膨胀模型，障碍模型有2个组件，但它的前提是零计数出现只有一个进程，非零数是由不同的进程决定。如果认为，在猪肺炎支原体呈地方流行的猪舍中零计数（无肺炎）是不可能的，在零膨胀模型中描述地方流行性肺炎病的例子，可适用于障碍模型。

例18.7 零膨胀负二项模型

data= fec

　　粪便虫卵计数（n=2250）资料来自38个奶牛场的313头奶牛，位于加拿大4的地区，这些奶牛属加拿大奶牛，经乙酰胺基阿维菌素临床试验治疗消化道线虫病1年。关于该数据集的更详细描述见第27章。虽然平均粪便虫卵计数为8.6卵/g，有一半的观测值为零计数。

　　计数数据来自对照和治疗奶牛，该数据采用零膨胀负二项式模型进行分析。只有来自原始预测变量子集的研究，使用在此例子中。泌乳（2组）和几个畜群管理变量包括在模型的两个组成部分中。奶牛中观察值的集聚，可通过使用稳健标准误差（见20.5.4节）估计来解释。由此产生的模型如下。

```
Number of obs=1840
Nonzero obs=983
Zero obs=857
Wald chi2(4)=67.91
Prob > chi2=0.0000
```

变量	系数	稳健标准误	Z	P	95% 置信区间	
负二项解释变量项						
multiparous	−0.978	0.229	−4.270	0.000	−1.426	−0.529
past_lact	0.602	0.343	1.750	0.079	−0.071	1.274
man_heif	−1.059	0.265	−3.990	0.000	−1.578	−0.539
man_lact	1.018	0.333	3.060	0.002	0.366	1.670
_cons	2.367	0.290	8.150	0.000	1.798	2.936
Logistic解释变量						
multiparous	0.716	0.485	1.480	0.140	−0.234	1.666
past_lact	−1.800	0.713	−2.520	0.012	−3.198	−0.402
man_heif	−1.377	1.072	−1.280	0.199	−3.478	0.724
man_lact	−19.983	0.788	−25.370	0.000	−21.527	−18.439
_cons	−0.712	0.426	−1.670	0.094	−1.546	0.122
/lnalpha	1.281	0.067	19.180	0.000	1.150	1.412
alpha	3.601	0.241			3.159	4.105

　　Vuong统计量是5.00，零膨胀模型明显优于常规负二项式模型。α 值（3.60，95%CI为3.16~4.10）表明，负二项式模型好于普通的Poisson模型。变量胎次（multiparous）的系数在负二项和Logistic模型中分别是−0.98和0.72，表示多产奶牛普遍有较高粪便虫卵计数，并且更有可能出现粪虫卵计数为零，尽管后者的影响不显着（P = 0.14）。牧场放牧的泌乳奶牛（–past_lact–）减少了零计数的概率（β =−1.80），如果它是非零（β =0.60），则预计总数会增加。

　　障碍模型使用某些形式的二项模型（Logit、概率单位或互补的双对数）去模拟非零计数的比，使用某些零截断模型（Poisson、负二项或几何）去模拟非零计数的分布。零截断模型描述详见第18.7.3节。所以，该模型有9种可能的组合模式（logit-Poisson、Probot-负二项等）。

　　例18.8显示了用logit–二项式跳跃模型来处理例18.7中的粪便虫卵计数资料。与零膨胀模型的logit部分相比，障碍型的logit模型系数反映非零计数对数比如何受预测变量影响的。所以，它们在该模型计数部分，往往系数的符号相同。

　　至于是否需要使用普通的负二项式模型、零膨胀模型或障碍模型，其选择应该基于对这些拟合模型的组合以及模拟的生物学过程。模拟生物学过程时，应当考虑由障碍模型产生的零计数是否合理？如果合理的话，这些零计数是同时由两个模型产生，或仅仅由第二个模型（障碍模型）产生。

18.7.3 零截断模型

　　在某些情况下，零计数是不可能的。例如，当记录产犊后使母牛怀孕需要的配种次数时，零计数是不可能的。同样，犬在兽医院的时间长度不可能为零。处理这个问题的方法是对所有的结果减去

例18.8　对数负二项跳跃模型

data=fec

Logit-负二项跳跃模型用于拟合例18.7中的数据，所用数据及预测变量相同。

Number of obs=1840

Wald chi2（4）=66.75

对数拟似然值 = −4546.5055

Prob>chi2=0.0000

（311个奶牛整群调整标准误）

变量	系数	稳健标准误	Z	P	95%置信区间	
模型中 Logit 解释变量项						
Multiparous	−0.671	0.169	−3.970	0.000	−1.002	−0.339
past_lact	0.862	0.204	4.240	0.000	0.463	1.261
man_heif	−0.311	0.248	−1.250	0.211	−0.798	0.176
man_lact	0.942	0.267	3.530	0.000	0.419	1.466
_cons	−0.175	0.177	−0.990	0.324	−0.522	0.173
模型中负二项（计数）解释变量项						
Multiparous	−0.992	0.253	−3.920	0.000	−1.489	−0.496
past_lact	0.670	0.373	1.800	0.072	−0.061	1.401
man_heif	−1.032	0.297	−3.470	0.001	−1.614	−0.450
man_lact	0.909	0.357	2.540	0.011	0.209	1.610
_cons	1.135	0.894	1.270	0.204	−0.618	2.887
/lnalpha	2.928	0.929	3.150	0.002	1.107	4.749

多产变量系数说明经多奶牛减少非零计数的对数比（β =−0.67），如果它是非零计数（β =−0.99），则其具有较低的计数。小母牛在牧场散布粪便对粪卵计数（如果它是非零计数）（P=0.01）比它是非零（P=0.21）的概率产生更显著的影响。

计算出对数似然值并与零膨胀和零跳跃模型比较，结果显示障碍模型拟合较好。

注：因为模型具有相同的自由度，所以AIC和BIC的值是不需要的。

模型	观察值	ll（null）	ll（模型）	df	AIC	BIC
zinfl	1840	−4660.742	−4573.221	11	9168.442	9229.135
hrdl	1840		−4546.506	11	9115.011	9175.704

1，模拟修改结果（将含有零）。另一种方法是使用零截断模式，允许使用于所定义的计数分布，但是，模型似然函数中不应有零概率。零概率的计算可来自Poisson分布，也可来自负二项分布，将计算概率减去1，然后对减后得到的概率，根据该差值进行重新调整，它们的总和应为1。

例18.9是零截断负二项式模型适合于奶牛数据分析的实例。

参考文献

Barros AJD, Hirakata VN. Alternatives for logistic regression in cross-sectional studies: an empirical comparison of models that directly estimate the prevalence ratio BMC Med Res Methodol. 2003; 3: 21.

Cameron A, Trivedi P. Regression Analysis of Count Data. Cambridge University Press: Cambridge; 1998.

Greenland S. Model-based estimation of relative risks and other epidemiologic measures in studies of common outcomes and in case-control studies Am J Epidemiol. 2004; 160: 301-5.

Hammond RF, McGrath G, Martin SW. Irish soil and land-use classifications as predictors of numbers of badgers and badger setts Prev Vet Med. 2001; 51: 137-48.

例18.9 零-截断负二项模型

data=daisy2

奶牛的"单次怀孕配种数"数据资料,用零截断负二项式模型进行拟合。3个预测变量:胎次、产后到之前第一次配种的天数(两者模拟呈线性作用)以及产后存在或缺乏阴道分泌物,这3个变量包含在模型中。畜群内数据聚集效应,可通过对畜群聚集整理,使用稳健SE进行解释。

Number of obs=1744
Wald chi2(3)=219.30
Prob > chi2=0.0000
Log likelihood=−2683.2176

变量	系数	稳健校准误	Z	P	95% 置信区间	
parity	0.059	0.018	3.230	0.001	0.023	0.095
days_fs	−0.008	0.001	−11.730	0.000	−0.009	−0.006
vag_disch	0.293	0.101	2.890	0.004	0.094	0.492
_cons	0.367	0.182	2.020	0.043	0.011	0.723
/lnalpha	0.490	0.222			0.055	0.924
alpha	1.632	0.362			1.057	2.520

随着奶牛年龄的增加,奶牛怀孕所需的配种次数也会增加,但是,第一次配种时间越推后,最后所需的配种次数越少。结果表明,产后有阴道分泌物的奶牛,配种次数较无阴道分泌物的奶牛平均高出34%($e^{0.293}=1.34$),值明显大于0(95% CI=1.06~2.52),表明一个零截断负二项模型好于Poisson分布模型。

变量-spc-值减去1可获得比较结果,并且可用普通负二项分布模型,模拟出新结果(含有零)(数据省略)。

Hardin J, Hilbe J. Generalized Linear Models and Extensions, 2nd Ed. Stata Press: College Station; 2007.

Hilbe J. Negative Binomial Regression. Cambridge University Press: Cambridge; 2007.

Lloyd-Smith JO. Maximum likelihood estimation of the negative binomial dispersion parameter for highly overdispersed data, with applications to infectious diseases PLoS ONE. 2007; 2:e180.

Long J. Regression Models for Categorical and Limited Dependent Variables. Sage Publications: Thousand Oaks; 1997.

Long J, Freese J. Regression Models for Categorical Dependent Variables Using Stata, 2nd Ed. Stata Press: College Station; 2006.

McNutt L, Wu C, Xue X, Hafner JP. Estimating the relative risk in cohort studies and clinical trials of common outcomes Am J Epidemiol. 2003; 157: 940-3.

Munroe FA, Dohoo IR, McNab WB. Estimates of within-herd incidence rates of *Mycobacterium bovis* in Canadian cattle and cervids between 1985 and 1994 Prev Vet Med. 2000; 45: 247-56.

Munroe FA, Dohoo IR, McNab WB, Spangler L. Risk factors for the between-herd spread of *Mycobacterium bovis* in Canadian cattle and cervids between 1985 and 1994 Prev Vet Med. 1999; 41: 119-33.

Nødtvedt A, Dohoo I, Sanchez J, Conboy G, DesCôteaux L, Keefe G, Leslie K, Campbell J. The use of negative binomial modelling in a longitudinal study of gastrointestinal parasite burdens in Canadian dairy cows Can J Vet Res. 2002; 66: 249-57.

Sanchez J, Nødtvedt A, Dohoo I, DesCôteaux L. The effect of eprinomectin treatment at calving on reproduction parameters in adult dairy cows in Canada Prev Vet Med. 2002; 56:165-77.

Zou G. A modified Poisson regression approach to prospective studies with binary data Am J Epidemiol. 2004; 159: 702-6.

第19章

生存数据建模

宗序平 译 戴国俊 校

学习目的

通过本章的学习，你应该能够：

1. 正确区分生存数据非参数、半参数和参数分析方法。

2. 对精算或Kaplan−Meier寿命表进行非参数分析，并能用各种统计检验方法比较不同动物群体的生存时间。

3. 生成生存函数和累积危害函数图，直观表述生存数据。

4. 正确理解生存函数$S(t)$，寿终（失效）函数$F(t)$，概率密度函数$f(t)$，危害函数$h(t)$，累积危害函数$H(t)$及其关系。

5. 利用Cox比例危险模型对生存数据进行半参数统计分析，包括以下两个方面：

（1）模型的评价：

①比例危险模型假设的有效性来评估；

②独立设限假设的有效性来评价；

③模型的其他方面和评价，如模型的全适性、模型中影响因子的函数形式以及判断模型的异常点与强影响点。

（2）将时变效应加入到模型中，评价或说明非比例危险模型。

6. 假设生存数据服从指数分布、Weibull分布或对数正态分布，对生存时间进行参数统计分析。

7. 在模型中加入脆弱效应因子，在个体或群体上解释未测量的协变量。

8. 分析多重寿终（失效或复发结局）型数据。

9. 拟合离散时间生存数据模型。

19.1　引言

前面几章分别介绍了利用线性回归模型来评价结果发生的可能性；利用Logistic回归模型评价事件是否会发生；利用多项式模型来评价事件发生的种类；利用Poisson回归模型来判断事件发生的数量（或事件发生的速率）。但是人们常常对事件（与时间相关的事件）发生的时长感兴趣。因为受关注的结局是寿终（死亡）时间（如受隐球菌感染的犬与猫的死亡时间，Duncan等，2006），因此这些数据被称为生存数据。本章所讨论的分析方法主要是针对与时间相关事件资料［如Meadows等（2006），Meadows 等（2007），讨论了每头奶牛从分娩到怀孕的时间间隔，以及彻底消毒后猪舍中支原体感染的再发时间］。以上这些例子表明：分析的单元可以是一个动物，也可以是一群（窝、栏、组）动物，本章所讨论的通常是指一群动物。受关注的结果即使在某些情况下这种结果的出现是令人满意的（如奶牛从分娩到怀孕的时间研究，怀孕事件的出现）。但常常被称为"寿终（死亡）"或"失效（药物治疗失效而死亡）事件"，由Cleves等（2008）、Collett（2003）、Hoswer和Lemeshow（2008）、Therneau和Grambsch（2000）所编写的是一些相对近期出版的有关生存数据分析的教材。

在讨论一些特殊的，影响到如何量化和表达事件出现的时间以及如何评价因子（预测因子）的时间效应的问题前，先看下面一个假设的实例（例19.1）。

19.1.1　生存数据的特征

本章下面很多例子中讨论的数据，来自用前列腺素治疗奶牛的临床试验，数据中关注的结果为"到怀孕的天数"，也就是农场主开始配种处于发情中的奶牛的那一刻到怀孕的时间。时间间隔分布见图19.1。

生存数据具有下列三个基本特征：

（1）所有数据均是严格左截断数据，也就是没有小于零的数据。

（2）生存数据的分布均是右偏态分布，大部分个体"失效事件"（怀孕）出现的时间较早，少部分"失效事件"（怀孕）出现的时间较长。

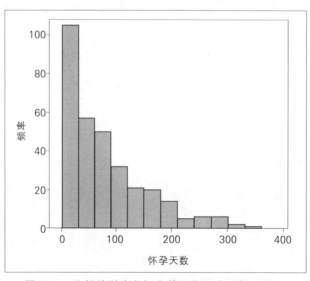

图19.1　注射前列腺素奶牛数据集生存时间的分布

例19.1 假设的生存数据

data=lympho_hyp

图19.2显示了12只犬初始诊断为淋巴肉瘤并开始进行治疗到癌症发生的时间,试验进行5.5年（5年半）,观察时期内并不是所有的犬都能跟踪调查到,因为一些犬由于其他病因死亡或犬的主人离开了调查的区域。为方便起见,假设所有犬的初始诊断和治疗是同一年,癌症复发死亡或无法跟踪研究的时间确定为该事件出现那一年的中点。事实上实际情况并非如此。

X=出现淋巴瘤
○=死亡（由于其他疾病）或失去跟踪

图19.2 初始诊断时间至癌症复发时间

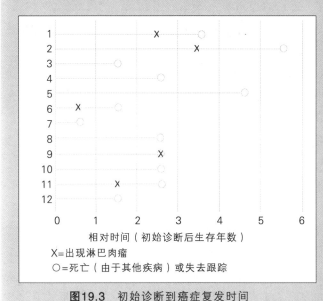

这12只犬生存数据的一种简化的图形表示方法见图19.3,将所有的时间表示成相对于首次诊断的时间来表示。

X=出现淋巴肉瘤
○=死亡（由于其他疾病）或失去跟踪

图19.3 初始诊断到癌症复发时间

（3）生存数据常常是删失数据（即动物在其观察的事件出现前失去跟踪,见例19.1）。

19.1.2 生存时间的量化

怎样量化和表示例19.1节中所提出的犬淋巴肉瘤经治疗到复发死亡的时间（从初始诊断为淋巴肉瘤后到死亡的时间）。对于大多数犬来说,并不知道它们确切的生存时间,所知道的是在随后的时间内犬淋巴肉瘤没有导致犬出现死亡,这些"非失效"型数据被称为删失观察数据,"非失效"也是时间事件数据资料的独特特征。

根据例19.1数据可从以下几个方面量化和表示生存时间:

发作（生存）时间的均值: 发作（生存）时间的均值只能从观察到癌症发作死亡的犬中计算,本例只有5只发生癌症死亡的犬（生存均值为2.1年），估计值明显偏低，那是由于一些犬癌症发作时间要等待很长时间才观察到。另一方面，如果跟踪调查时间足够长，均值受到少数几个癌症发作时间长的动物个体的影响很大，时间相关事件数据常常是非对称的右长尾（右斜）分布。

发作（生存）时间的中位数：如果至少有50%的动物能够观察到寿终（癌症发作死亡），并且在第50个百分位点个体前没有一个删失数据（也就是如果观测到寿终，寿终时间至少和中位数一样大）时才可直接计算。据此例19.1不能计算中位数。而且，如果能计算的话，中位数不受少数很长时间才发作的动物的影响，这一点与均值一样。

发作的概率：可以计算癌症发作死亡犬的比例，但不可能知道未发作的犬癌症发作死亡的构成，所以应该确定最短的跟踪调查年限以确定癌症发作死亡比例合适的分母。

n年生存危险：这一指标是指至第n年以前没有癌症发作犬的数量，每年（例如第1、第2年）的生存危险可以根据这些年内所观察的犬的数量计算。该方法通常也用于人类流行病学中确定被诊断为各种类型癌症病人的存活数（如乳腺癌病人5年的存活数）。例19.1中2年存活犬的比例为0.78（2年跟踪调查，9只犬中有2只发生癌症死亡，1只犬癌症发作死亡时间小于2年）。

发病率：癌症发作死亡犬的数量与所有处于癌症发作危险中犬的比例。在一些情况下，平均发作时间可以由发病率来估计（见4.5节），但这种方法假设跟踪调查期内癌症发作的发病率为常数，但时间事件数据资料往往并非如此。例19.1每年发病率为0.19例（跟踪调查期累计26年有5例发生癌症——犬一旦发生癌症就不再累计年份）。

上述表示的生存时间方法说明了在分析与时间相关的事件数据时必须考虑两个关键问题，一是绝大多数观测是删失数据的问题，即个体在足够长的持续时间内未观察到关注的事件或现象出现。二是生存数据分布是不对称的，甚至可能不是单峰的问题，例如肿瘤通常在初诊后第一年发作死亡，然后在再次变得频繁发作死亡前很多年不发作，几乎与正常的犬一样。这种情况在评价与时间相关预测因子的效应时非常重要。

19.1.3 数据的删失

删失可定义为当动物处于非观察情况下失效事件出现（或可能出现）的情况，有很多情况会导致数据删失，图19.4中总结了各种删失情况。

右删失：动物观察的结果（如死亡）未发生就失去跟踪，这是由于试验结束时观察的结果未发生或失去联系（动物和主人移居其他城市）造成的删失。右删失是生存分析中最常见的删失形式，也是生存分析中需要进行处理的数据。

区间删失：在整个研究期内，仅对动物进行周期性的观察时会造成区间删失。如大约每6个月进行一次检查，可以确定t_4次检查（如图19.4中t_4）终点（如死亡）事件发生在t_4次检查前的6个月中，也即本例发生在t_3，t_4之间，但事件出现的准确时间未知，这叫区间删失。

左删失：类似于区间删失，只是区间出现在试验开始时（即终点事件发生在试验动物被观察之前）。所以这类动物没有列入研究，左删失产生的原因是由于终点事件发生在初始观测前。例如奶牛从产犊到怀孕间隔研究，开始于产后45d，一头奶牛在42d怀孕可视为左删失数据（注：如是多重寿终型数据，则左删失数据可以成为左截断数据）。

与删失数据相关的另一个概念为截断数据。删失数据可能与事件在动物被观测的时期内没有发生有关，截断是指在某时间段内动物所观察的终点事件是否发生或预测变量是什么一无所知，这些时间段可称为间隙期。在有多种事件发生的情况下（如乳腺炎），间隙期内有多少情况会发生无法知道。

对于只能发生一次（如死亡）的突发事件，我们所知道的仅是这段间隙期内事件没有发生（或动物未重新加入研究组）。

截断可以出现在整个研究过程中（**区间截断**）或出现在研究的起始（**左截断**——也被称作延缓进入）。右截断等同于右删失。

综上所述，右删失是最常见的问题，本章实例仅采用右删失数据或右截断数据。更全面的关于删失的讨论可参考Cleves等（2008）所编著作的第四章。

19.1.4 生存时间影响因子的评价

由于时间相关事件数据是连续的，试图用线性回归模型来评价影响事件发生时间的因子效应，在一些情况下是合适的。然而如前所述，时间相关事件的分布可能是非对称的甚至不是单峰分布，在这种情况下，线性回归模型中假设分布服从正态分布的假设不成立，在某些极端情况下，线性模型有可能得到预测的生存数据是负数，这显然是不合适的。但线性模型也可以成功地应用于分析时间相关数据。Dohoo等（2001）利用这种方法分析了奶牛产犊到怀孕间隔的时间。通过对数据进行对数或Box-Cox变换来处理误差分布右斜的问题。

即使误差分布可能或经过变化可以近似服从正态分布，但删失数据的问题依然存在。对于从产犊到怀孕的间隔资料，由于大多数奶牛直到泌乳期结束后才被淘汰，对于大多数奶牛而言，追踪时间是

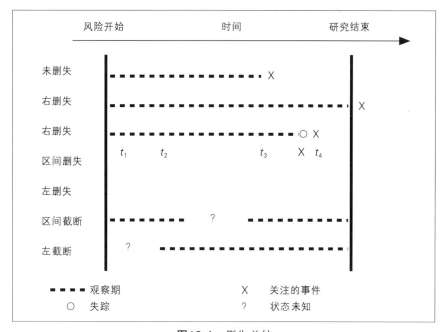

图19.4 删失总结

足够的。但许多奶牛多次配种不成功，因此让奶牛怀孕的尝试被终止，来自于这些奶牛的数据没有用于分析，因此导致减少怀孕机会的因子的效应可能被低估。

19.1.5 生存数据的常用分析方法

有三种常用生存数据分析方法：

（1）非参数分析；

（2）半参数分析；

（3）参数分析。

这三种方法将在后面进行详细讨论，这里先总结一下每种方法的基本特点：

非参数分析方法：假设生存数据的分布未知，并且生存时间与影响因子（预测因子）之间关系的函数形式也未知，因此非参数分析只适合于评价定性（分类）预测变量的效应。

半参数分析方法：假设生存数据分布未知，仅利用事件发生的时间对生存时间观察值进行排序，估计出事件在某个时间点发生的概率，概率为关注因子（预测变量）的函数，因为时间变量仅用于观察值的排序，这就使一个连续性事件发生时间间隔对概率无关。

参数分析方法：将误差服从正态分布的分布假设（线性模型的要求）用反映生存时间模式的更为合适的分布来替代。由于指定的分布为生存时间的分布，事件之间的间隔时间长度与分析有关。如果假设的分布正确，参数模型比半参数模型更有效（即有效地利用了数据）。

19.2　非参数分析

上面已经提到，生存数据的非参数分析针对的是生存时间分布未知、生存时间与相关因素的关系函数形式未知资料，所以，我们常常利用一群动物经历作比较，并不讨论关于生存数据的相关连续因子的效应。下面主要讨论三种非参数的统计方法：

（1）精算寿命表；

（2）关于生存函数的Kaplam-Meier估计；

（3）关于累积危害函数的Nelson-Aalen估计。

下面几节将介绍生存函数和危害函数的概念，更详细的介绍见19.7节。

19.3　精算寿命表

寿命表最初用于人类长期生存数据分析，将寿命分成若干个短间隔子区间，在每个子区间上每点死亡的概率为一个常数（整个寿命每个时刻死亡的概率当然并不是常数）。

产生精算寿命表的要求如下：

（1）划定危险时刻的起点（如出生，分娩，首次诊断，首次暴露等）。

（2）确定研究时刻的结果（死亡，血清转换，怀孕诊断，分娩）。

（3）每个个体动物仅讨论一个事件（并不是多元复发事件）。

（4）失去跟踪与研究结果独立（任何在研究中删失的个体与正在观察的个体有相同的未来经历）。

（5）结果发生的危险性在整个寿命的每个相等子时间区内为常数（危险性长期无变化），这并不意味着个体的风险在整个时期都相等。如癌症的存活率（由于有了好的医疗）长期有变化，这将影响存活研究的有效性。

（6）用于构造寿命表的每个区间中结果的风险必须为常数，区间的长度可以根据这一需要来计算设定，事实上区间长度不必是等距的。

19.3.1　产生精算寿命表步骤

表19.1是利用例19.1的数据产生的精算寿命表。

其中

j：表示时间间隔（时间间隔预先给出）的序号。

t_{j-1}，t_j：时间区间的时间跨度。

表19.1　精算寿命表

j	t_j-1，t_j	l_j	w_j	r_j	d_j	q_j	p_j	S_j
1	0 < 1	12	1	11.5	1	0.087	0.913	0.913
2	1 < 2	10	2	9.0	1	0.110	0.890	0.812
3	2 < 3	7	3	5.5	2	0.364	0.636	0.516
4	3 < 4	2	0	2.0	1	0.500	0.500	0.258
5	4 < 5	1	1	0.5	0	0.000	1.000	0.258

l_j：时间区间内开始就处于寿终风险的个体数$l_j = l_{j-1} - (w_{j-1} + d_{j-1})$。

w_j：时间区间内取消的个体数（删失观察），这些动物死于非研究的原因或在区间内失去跟踪。研究结束时将仍没有结果发生的动物作为取消个体计入最后的区间内。

r_j：时间区间内处于寿终风险的个体的平均数，$r_j = l_j - w_j/2$，这个计算公式是根据被取消的删失观察处于该时间区间中点的假设建立的。

d_j：时间区间内寿终的结果数，即在时间区间内经历的结果数（死亡、血清转化、旧病复发等）。

q_j：时间区间内事件的风险$q_j = d_j/r_j$，这是给定区间上研究的个体寿终的概率，公式的计算基数是到该区间起点时仍存活的动物数。

p_j：时间区间内存活的概率$p_j = 1 - q_j$，这是动物在起点存活条件下，在区间内存活的条件概率。

S_j：到当前区间末累积生存概率$S_j = p_1 p_2 p_3 \cdots p_j$，从跟踪调查起到寿命表当前区间末存活的概率。

动物在区间中经历关注事件的风险q_j除以区间长度即为危险。累积生存概率S_j即为生存函数，这两个数据是生存分析中两个关键性指标。

19.4　生存函数Kaplan–Meier估计

19.4.1　方法简介及其与精算寿命表的比较

Kaplam-Meier（K-M）（Kaplam和Meier，1958）生存函数估计法也被称为乘积极限估计，有两个方面不同于精算寿命表方法。

（1）K-M方法不依赖于由调查者制定的离散时间区间；表的每一行（也即每一时间区间）元素由后面的一个个体确定（或由后面两个个体确定）。

（2）删失观察（失去跟踪等）介于2个事件之间，计算风险时仅为两个事件发生前的时刻。

K-M方法优点在于避免假设区间上风险函数服从均匀分布（精算寿命表的假设）以及风险在任何选择的区间上为常数［仅保留有关取消（或删失）的假设，即任何在研究中删失的个体与正在观察的个体有相同的未来经历］。

19.4.2　K-M 寿命表的构建

将发生的事件按时间顺序排列，基于此，利用例19.1构造如下表19.2。

其中

j：时间节点。

t_j：事件出现的时间。

表19.2　K-M寿命表

j	t_j	r_j	d_j	w_j	q_j	p_j	S_j
1	0.5	12	1	1	0.083	0.917	0.917
2	1.5	10	1	2	0.100	0.900	0.825
3	2.5	7	2	3	0.286	0.714	0.589
4	3.5	2	1	0	0.500	0.500	0.295
5	4.5	1	0	1	0.000	1.000	0.295

r_j：t_j时刻处于风险的个体数。$r_j = r_{j-1} - (d_{j-1} + w_{j-1})$包括所有已知存活个体和在$t$时刻存活（未删失）加上$t$时刻经历风险的数量，如果删失时间和事件出现时间有联系时，通常假设事件发生在先。

d_j：t_j时刻事件发生的例数。

w_j：t_j时刻事件删失观察的个体数，在时间t_j和t_{j+1}间删失的观察假定正好发生在t_j时刻，所以在t_{j+1}时刻这样的动物就不被认为是处于风险的中个体。

q_j：t_j时刻事件的风险$q_j = d_j/r_j$，也被称为瞬间危险，是指在t_j时刻存活的条件下，t_j时刻个体事件发生的概率。

p_j：t_j时刻存活的概率$p_j = 1-q_j$。

S_j：到区间t_j时刻包括t_j时刻的累积生存概率$S_j = p_1 p_2 p_3 \cdots p_j$。

生存函数为关于时间的累积生存，其图形为阶梯函数。其从1开始关于时间单调减小（不增）。图19.5为基于乳牛肺炎已发表数据的［参考例19.2精算寿命表和K-M生存函数的估计Thysen（1988）］K-M生存函数（95％的置信区间）的图形。关于生存函数图描述的相关问题参考Pocock等（2002）编写的著作，其中包含了非常有用的寿终函数作图的建议（参见19.7节）。

19.4.3　K-M函数与估计

K-M估计在许多用于生存分析的过程中起重要的作用，本节将介绍估计及产生函数的技巧.

估计过程中用到的符号和假设如下：

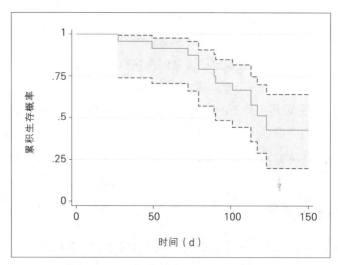

图19.5　K-M生存函数图（95％的置信区间）

例19.2 精算与K-M寿命表估计生存函数

（data=calf_pneu）

2种不同饲养方式下发生小牛肺炎的数据（Thysen，1988），小牛生存150d仍没有发生肺炎认为是删失数据，下表列出的是累积生存函数估计的精算寿命表。

精算生命表

区间	处于失效			累积生存			
	风险中个体数	死亡	失踪	概率	SE	95%置信区间	
15	30	24	1	0	0.958	0.041	0.739	0.994
45	60	23	1	0	0.917	0.056	0.706	0.979
60	75	22	1	0	0.875	0.068	0.661	0.958
75	90	21	3	0	0.750	0.088	0.526	0.879
90	105	18	2	1	0.664	0.097	0.439	0.816
105	120	15	3	6	0.498	0.110	0.273	0.688
120	135	6	1	0	0.415	0.119	0.189	0.629
150	165	5	0	5	0.415	0.119	0.189	0.629

注：只有当每个区间上至少有一例发生死亡或数据删失时才估计生存概率，所以30～45d区间的累积生存与15～30d的累积生存概率完全相等（0.958）。

Kaplan-Meier 生存函数

时间	处于失效			生存函数	SE	95%置信区间	
	风险中个体数	失效	失踪				
27	24	1	0	0.958	0.041	0.739	0.994
49	23	1	0	0.917	0.056	0.706	0.979
72	22	1	0	0.875	0.068	0.661	0.958
79	21	2	0	0.792	0.083	0.570	0.908
89	19	1	0	0.750	0.088	0.526	0.879
90	18	1	0	0.708	0.093	0.484	0.849
101	17	1	1	0.667	0.096	0.443	0.817
113	15	2	4	0.578	0.102	0.357	0.747
117	9	1	2	0.514	0.109	0.288	0.700
123	6	1	0	0.428	0.120	0.198	0.641
150	5	0	5	0.428	0.120	0.198	0.641

至150d时2种不同生存概率的估计值非常接近（41.5% 和42.8%）。

t_j：$j=1，2，\cdots，n$是寿终时间。

t^*：最后寿终时间=max（t_j）。

d_j：t_j时刻寿终个体数。

r_j：t_j时刻处于风险的个体数。

l_k：在时间区间（0，t^*）内分解的若干个小的子区间（I_k）。

p_k：I_k中个体存活的概率。

由于I_k很小，如果在此区间中无寿终，则$p_k=1$；如果在I_k区间内有t_j，则$p_k=（r_j-d_j）/r_j$。如果寿终与删失观察有联系，则寿终优先（即删失个体包含在处于危险的群体中）。

K-M估计公式定义为：

$$S(t)=\prod_{j:t_j\leqslant t}(r_j-d_j)/r_j \quad 式中 \ 0\leqslant t\leqslant t^*$$

等式 19.1

K–M估计为**分段常数**（每个子区间上为常数），**非增长**（平坦下降），于（0，t^*）**右连续**函数（也即一个事件发生后，估计值保持不变直到下一事件发生），只是在寿终（t_j）时改变函数值。

最常用的$S（t）$的标准差由Greenwood（Collett，2003）提出，由于生存概率为偏斜分布，不能用估计值 1.96（SE）进行置信区间的估计。所以置信区间可以利用自然对数log（ln）或ln（–ln）转换后估计$S（t）$与其标准差，然后反推到原来的时间尺度得到。值得注意的是：ln（–ln）是（0，1）到（$-\infty$，$+\infty$）上的映射。

19.5　累积危害函数Nelson–Aalen估计

上面两节讨论了**危害**（hazard）的概念，即为动物生存到某时间点的寿终概率。更正规的讨论在19.7节进行，这里同样可以计算累积危害（利用N–A估计）。**累积危害**是一个个体生存到某时间点的结果的数量（假设个体结果可以在多个时间节点发生）。例如小牛肺炎数据，60天的累积危害为所有个体到60天的危害之和。

累积危害取值范围为0 ~ $+\infty$（随着时间的增加，其数值无上界地上升）。累积危害函数图像与生存函数图像一样是整体描述群体寿终（生存）经历的方法，图19.6是小牛肺炎数据（95%CI）的累积危害函数图。

利用19.4.3节的符号，t时刻N–A累积危害估值计算公式为：

$$H(t)=\sum_{j:t_j\leq t} d_j/r_j，式中\ 0\leq t\leq t^*$$　　　　等式19.2

与K–N估计$S（t）$一样，SE的确定与置信区间可以用对数尺度反向推出。

19.6　非参数分析的统计推断

19.6.1　置信区间与时间节点的比较

尽管时间节点累积生存函数SE的具体计算公式未给出，但可由精算与K–M生存函数计算出来。这些标准差用于检验2个（或多个）群体任何时间点生存函数（常常在对数尺度上）差异，方法是用标准正态分布Z-检验。但是潜在的无穷多个点处的累积生存概率应当计算出来。这将导致"数据窥伺"

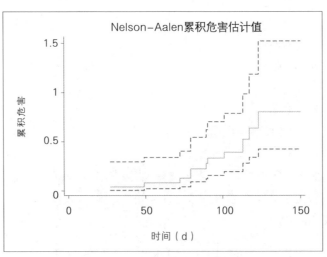

图19.6　N–A累积危害函数（95%的置信区间）

或多点比较的严重问题，所以只有当具体时间点的生存概率比较正确的时候才能保证时间节点比较的有效性。这些内容应当事先确定（在数据收集前），且多个时间点已经估计出，并对多元比较进行一些必要的调整。

19.6.2 生存曲线的检验

有许多检测2组（或更多）生存函数是否相等的方法。这些检验基于一系列的观察的列联表和每一组每一时间节点事件发生的期望（假设检验基于K-M生存函数）。观察事件在某时刻的发生数与期望数的比较用χ^2检验（在假设H_0两组无差异条件下，每组事件期望数为累积时间的函数）。所以生存分析的检验等价于分层数据的Mantel-Haenszel检验。

所有检验都假设2组关注事件的风险比值在各层次上为常数（等价于Mantel-Haenszel检验中无交互作用的假设）。这个假设就是比例危险的假设（后面还有详细描述）。如果生存函数之间有交互作用，显然假设不成立。这些检验之间差异依赖于各个时间节点估计的权重。

对数秩检验

对数秩检验是将等权重分配到各个节点的简单检验［权重$w(t_j=1)$］。所以等价于作标准的Mantel-Haenszel检验，等价性列在例19.3中。

Wilcoxon检验

该检验以样本含量作为时间区间的权重［$w(t_i)=n_i$］。所以样本量较大的早期时间段生存函数的差异检验较为敏感。有些学者提出应当同时应用Wilcoxon检验和对数秩检验来判断研究早期时间段或晚期时间段生存曲线的差异。结果表明Wilcoxon检验没有基于比例危险假设的对数秩检验敏感，但关于组内删失模式的变化，上述结论不可靠。

其他检验

其他非参数检验有Cox、 Tarone-Ware、Peto-peto-Prentice检验。第一种检验基于Cox回归模型（见19.8节），而Tarone-Ware检验具体每一区间的估计利用每个时间节点处于危险中的群体数的平方根作为权重。Peto-peto-Prentice检验具体每一区间的估计利用总体的生存经历［$S(t)$的估计用关注节点前的资料估计］作为权重，所以减少了组间删失模式不同的影响。

例19.3 对数秩检验与Mantel-Haenszel检验等价性

data=calf_pneu
生存函数等价性对数秩检验。产生的P值为0.084。

	事件 观察数	事件 期望数
批量	4.00	6.89
连续	8.00	5.11
合计	12.00	12.00

Mantel-Haenszel的层次分析的布局如下。Mantel-Haenszel的χ^2检验统计量用式13.7来计算。

	第27天 生存	失效	第49天 生存	失效	第79天 生存	失效
批量	12	0	12	0	etc	
连续	11	1	10	1		

Mantel-HaenszelOR=3.09, χ^2=2.99,   P=0.084

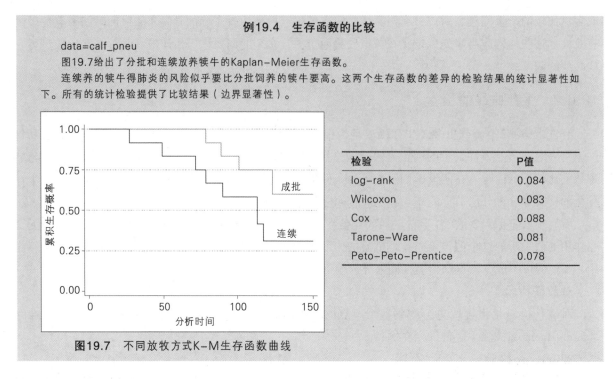

例19.4　生存函数的比较

data=calf_pneu

图19.7给出了分批和连续放养犊牛的Kaplan-Meier生存函数。

连续养的犊牛得肺炎的风险似乎要比分批饲养的犊牛要高。这两个生存函数的差异的检验结果的统计显著性如下。所有的统计检验提供了比较结果（边界显著性）。

检验	P值
log-rank	0.084
Wilcoxon	0.083
Cox	0.088
Tarone-Ware	0.081
Peto-Peto-Prentice	0.078

图19.7　不同放牧方式K-M生存函数曲线

例19.4显示的是分批与连续放养犊牛各自生存函数，以及生存函数整体等价性的几种检验方法的检验结果。

19.7　生存函数、寿终函数和危害函数

生存、寿终及危害函数的概念已经在非参数分析方法时提出。在进行半参数与参数分析前，需要更深入完整地理解这些概念以及与它们有关的函数。

19.7.1　生存函数

生存函数$S(t)$是个体生存时刻T（一般情况下是指时间相关事件出现的时间）超过某一具体时刻t的概率，可表示为：

$$S(t) = p(T \geq t) \qquad\qquad 等式 19.3$$

如前所述，生存函数是非增长函数，如果所有个体完全经历整个过程，生存函数值从1减少至0，注意，按规定，累积函数用大写字母而密度函数用小写字母表示，生存函数是累积函数，表示生存超过t时刻的累积概率。

19.7.2　寿终函数

寿终函数$F(t)$是不超过时间t的寿终概率，表示为

$$F(t) = 1 - S(t) \qquad\qquad 等式 19.4$$

19.7.3　概率密度函数

概率密度函数描述了生存时间的分布，它是寿终函数的斜率（导数），所以它表示研究群体在寿

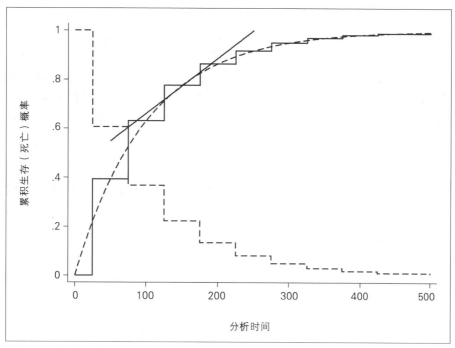

图19.8 生存函数（虚阶梯线），寿终函数（实阶梯线），光滑的寿终函数（虚曲线），光滑的寿终函数的切线（短实线）表示这点的斜率

终发生时刻的瞬时速度，其可以通过将寿终函数平滑化然后求导数估计出来（如图19.8）。

19.7.4 危害函数

危害函数$h(t)$是事件至时刻t未发生条件下在时刻t发生的概率。当时间分为离散区间段时（比如寿命表），它可以表示为：

$$h(t) = p(T=t|T \geq t) \qquad \text{等式19.5}$$

当时间为连续尺度时，危害函数表示事件至时刻t未发生条件下在时刻t发生的瞬时概率，此时危害函数为：

$$h(t) = \lim_{\Delta t \to 0} \frac{p(t \leq T < t + \Delta t|T \geq t)}{\Delta t} \qquad \text{等式19.6}$$

危害函数还可以由概率密度函数（表示某一时刻寿终速度）与生存函数（生存时刻T超过某一时刻的概率）的比计算出来。它还可以表示为：

$$h(t) = \frac{f(t)}{S(t)} = \left[\frac{-\dfrac{dS(t)}{dt}}{S(t)} \right] = -\left[\frac{d}{dt}(\ln S(t)) \right] \qquad \text{等式19.7}$$

生存函数总是非负的（大于等于0）且无上界（其值随着所用时间尺度变化）。

19.7.5 累积危害函数

累积危险$H(t)$又称**整体风险**，表示过去所有危险的累积。它可以由危害函数的积分表示，更方便可由下式表示：

$$H(t)=-\ln S(t)$$ 等式 19.8

注：累积危险表示个体关注事件发生的期望值（假设个体重复发生是可能的）。例如，研究猫感染传染性腹膜炎病毒后的生存风险，在第3年时发现此累积危害值等于4 [$H(t_3)=4$]，这表示感染后3年，可预测共有4只猫发生死亡，很明显，只有一个死亡是可能，但是可以得出，感染后3年的猫生存概率是很小的。

19.7.6　生存函数、寿终函数与危害函数之间的关系

前面几节已经说明了生存函数、寿终函数与危害函数之间的一些关系，因为这些函数都决定了生存时间分布，只要知道其中一个，其他的都可以被计算出来。

$$f(t)=\frac{dF(t)}{dt} \quad h(t)=\frac{dH(t)}{dt} \quad h(t)=\frac{f(t)}{S(t)}$$ 等式19.9

其中$f(t)$、$h(t)$为$F(t)$、$H(t)$的导数，$F(t)$与$H(t)$为阶梯函数，因此，在求导前应当将这些阶梯函数平滑化。

$$F(t)=1-S(t) \quad H(t)=-\ln S(t) \quad S(t)=e^{-H(t)}$$ 等式19.10

注意，当用Nelson—Aalen函数估计$H(t)$时。上面最后一个$S(t)$表达式给出了Flenming-Harrington生存函数估计，这个估计比Kaplan—Meire的$S(t)$估计更大，但是当寿终数据相对处于风险中个体数据较少时，两者比较接近。

虽然动物群体的生存经历通常用生存函数图来表示，但危害函数在半参数与参数分析中起重要的关键作用。

19.7.7　危害函数实例

前面已经研究了许多种危害函数λ，但是在生存分析中最常见的2个函数是常数与Weibull函数。其他危害函数有：对数正态，log-logistic，Gamma和Gompertz函数，这些函数名与相应的生存时间分布相关（参考19.9节）。

常数危害函数

常数危害函数不随时间改变，如果危害值是常数λ，生存函数以指数衰减，并且生存时间将服从

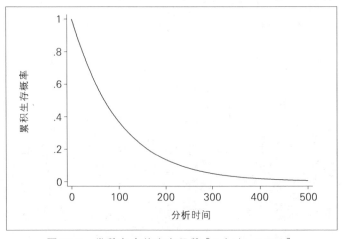

图19.9　常数危害的生存函数 [$h(t)=0.01$]

指数分布，危害$h(t)$，密度$f(t)$，生存$S(t)$函数分别为：

$$h(t)=\lambda \qquad f(t)=\lambda e^{-\lambda t} \qquad S(t)=e^{-\lambda t}$$

等式19.11

指数模型正确与否可以通过作出累积危害函数$[H(t)$或$-\ln S(t)]$与时间的图形来评价。如果指数模型是正确的，则曲线应该是直线，图19.9是$\lambda=0.01$的生存函数图。

Weibull危害函数

Weibull危害函数取决于两个非负参数：尺度参数λ与形状参数p。若$p=1$，则生存函数为指数分布；若$p<1$，危害函数单调递减，若$p>1$，危害函数单调递增。当p值在（1，2）之间，危害函数以衰减速度单调递增；当$p=2$时，产生危害函数线性递增；当$p>2$时，产生的危害函数加速单调增加。其危害函数与生存函数为：

$$h(t)=\lambda p t^{p-1} \qquad S(t)=\exp(-\lambda t^p)$$

等式19.12

图19.10是几个不同p值的Weibull危害函数图。如果分娩后母牛的受精力随时间而增加，则一个递增的Weibull危害函数（$1<p<2$）可能符合牛群怀孕数据，但危害函数是递减的。

一个递减的Weibull危害函数（$p<1$）可能符合手术后动物的生存，术后危险最高，随后逐渐减小。

Weibull分布或者Weibull危害函数合适与否可以通过作对数累积危险图来评价$[\ln H(t)$与$\ln(t)$相对]$。如果数据符合Weibull分布，其曲线图可能接近直线，其中截距与斜率分别是$\ln(\lambda)$和p，相反，以指数与Weibull危害函数为基础的参数化生存模型在19.9节阐述。

其他危害函数

Weibull危害函数局限性在于：这种危害只能是随时间递增或递减。Gamma，log-nomal和log-logistic危险函数可用来处理风险是开始递增然后递减或正好相反的情况，这种函数模型符合在疾病早期死亡危险较大，然后下降减到一个较低水平，然后又递增的情形。例如，奶牛葡萄球菌在新的乳腺内感染，如果乳腺炎发展严重，可能导致早期淘汰的高风险，接着风险迅速下降，然后

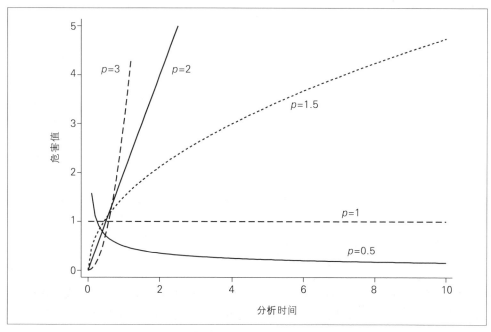

图19.10 形状参数不同（p）值的Weibull危害函数

随着慢性乳腺损害水平的增加导致风险逐渐上升。这些函数的详细描述可以参考生存分析相关教材（Cleves等，2008；Collett，2003；Hosmer和Lemeshow，2008；Therneau和Grambsch，2000）。

19.8　半参数分析

　　非参数生存时间分析方法局限于评价一个或少数几个定性变量的效应。但分析过程中常常要同时评价多个连续或分类解释变量的效应。这就需要应用多元生存数据模型技术，最常用的多元分析生存数据的方法是**比例危害模型**即**Cox回归模型**（Cox，1972）。它是不需要对危害函数形式作任何假设的半参数模型，仅仅假设危害比值为预测变量的线性函数。

19.8.1　Cox比例危害模型

　　比例危害模型假设个体的危险为一个基线危害h_0与一系列解释（预测）变量指数函数的积，即：

$$h(t) = h_0(t)e^{\beta X}$$

　　等式19.13

其中$\beta X = \beta_1 X_1 + \beta_2 X_2 + \cdots + \beta_k X_k$。其等价的表达形式为：

$$HR = \frac{h(t)}{h_0(t)} = e^{\beta X}$$

　　等式19.14

其中HR为危害比，上面第一个等式强调个体的危害，等于$e^{\beta x}$与基线危害函数的乘积（参见图

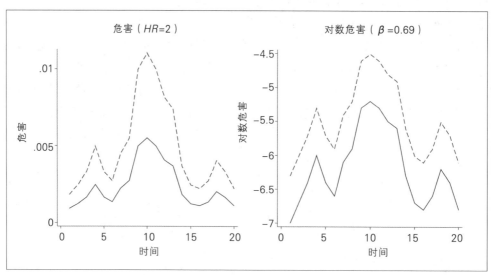

图19.11　假设因子在2个尺度上关于基线危害的效应。左图反映了危害尺度效应；右图反映了对数尺度效应

19.11左图），而第二个公式体现了危害比为不随时间变化的常数。

　　在对数尺度上，危害函数的对数为在基线危害的对数上加或减常数βX，如图19.11右图，等式如下：

$$\ln h(t) = \ln h_0(t) + \beta X$$

　　等式19.15

　　这个模型有2个重要特征，即不需要对危害函数h_0形状作任何假设以及模型没有截距。事实上截距（大多数回归模型中截距反映的是所有协变量为0时结果变量的值）归纳到基线危害中，即基线危害函数是协变量全为0时的危害函数。

19.8.2　危害比

由等式19.14得$\ln HR = \beta X$，因此，由比例危害模型系数的指数可得到危害比。危害比意义类似于比值比和风险比。这些比值反映预测变量改变一个单位对结果（危害）出现的频数的效应。

注：有时遇到危害比被认为是相对风险（或风险比），这是这个词汇的一种误用，应当避免。例如，因子X_1具有危害比值$HR=2$，则当X_1加倍时，相应结果的危害同样加倍。如果X_1是二分类变量，由于假设HR是常数（与时间无关），这表明在风险研究阶段的任何时间点，寿终在$X_1=1$时危险是$X_1=0$的双倍，这并不等价于在整个研究阶段的双倍危险比。

例19.5所列出的计算HR的一些例子的数据集来自奶牛使用前列腺素治疗的临床试验。3个奶牛群体总计319头奶牛随机分配接受治疗前列腺素（或不接受治疗），治疗的时间是由农场主指出配种期（即产犊后至奶牛发情开始配种的天数）的起始点，关注的结果是从配种期的开始到再次怀孕的天数。数据集（–pgtrial–）的详细介绍见第31章。表19.3列出了本章所举例中所用各变量。

表19.3　乳牛哺乳阶段数据变量

变量	描述
herd	奶牛群体（1，2，3）
tx	处理（1=前列腺素治疗，0=不用前列腺素治疗）
lact	年龄（第几个泌乳期—连续变量）
thin	前列腺治疗时身体状况得分（1=瘦，0=正常或偏肥）
dar	处于危险期的天数（从开始配种到再次怀孕或是删失数据的天数），这是关注的结果变量
preg	最终奶牛状态（1=怀孕，0=删失）

19.8.3　Cox比例危害模型的拟合

在Cox比例危险模型中，参数的估计可采用部分极大似然估计，为此可采用迭代程序（常采用Newton–Raphson迭代法）。和采用非参数Kapiar Meier估计步骤一样，Cox模型只有在结局发生时才可以估计。事实上，拟合一个无预测变量的Cox模型首先产生如K–M估计一样的生存曲线。两种方法重要的不是结局发生的真实时间，而是结局的排列顺序。

由部分似然（子集似然、条件似然）函数为基础的估计与全局似然函数估计（如例19.6）有不同的解释，但所用的统计推断的方法相同。

19.8.4　联系处理

由于结局事件出现的顺序对于数据分析起至关重要的作用，必须有处理同一时间内有2个或2个以上寿终记录的方法，处理的详细方法可以在生存分析教材中找到，归结为两种方法。一种称为边缘计算或连续时间计算，其基于假设事件出现的时间并不是紧紧相连的，简单地说是由于结局的时间并非记录成有足够的精度来区分不同的观察值间的联系。另一种方法称为部分计算，基于事件出现的时间是相互联结在一起的假定，把它看成是多项式问题来处理。

具有许多联结的大型数据集，则似然函数计算速度很慢。有两种近似的方法可用于边缘计算。如果联结点不太多，可采用Breslow方法。Efron方法提供了一种更为精确的近似计算方法，Cox模型是常用部分计算的近似方法，但对于小型数据集（如-pgtrial-数据集）而言精确计算方法（边缘与部分）是可行的。在这种情况下，精确的计算方法、Breslow方法、Efron方法可得到类似的结果。

例19.5 Cox比例危险模型

data=pgtrial

　　将畜群、处理、哺乳期数以及身体条件（瘦）作为预测因子用Cox比例危险模型来拟合前列腺素数据资料。第一个表格表示与模型相关的系数。

研究个体数 = 319

失效个数 = 264

风险时间 = 25018

对数似然值 = −1307.7329

Number of obs=319

LR chi2（5）=9.50

Prob>chi2=0.0908

预测变量	系数	SE	Z	P	95%置信区间	
herd=2	−0.284	0.170	−1.68	0.094	−0.617	0.048
herd=3	0.037	0.174	0.21	0.833	−0.305	0.378
tx	0.184	0.125	1.46	0.143	−0.062	0.429
lact	−0.043	0.041	−1.04	0.297	−0.123	0.038
thin	−0.146	0.138	−1.06	0.291	−0.416	0.125

　　虽然统计上不显著，但前列腺素治疗lnHR似乎增加了0.18个单位。因为很少考虑用lnHR，所以结果通常以HRs来表示。

预测变量	HR	SE	Z	P	95%置信区间	
herd=2	0.752	0.128	−1.68	0.094	0.539	1.050
herd=3	1.037	0.181	0.21	0.833	0.737	1.460
tx	1.202	0.151	1.46	0.143	0.940	1.536
lact	0.958	0.039	−1.04	0.297	0.884	1.038
thin	0.865	0.119	−1.06	0.291	0.660	1.133

　　数据表明前列腺素治疗将怀孕的危害增加1.2倍。如果这种作用是真实存在的（从表中变量−tx−的P值来看，真实性是有问题的），这将意味着在配种期起始点后的任何一个时间点，被治疗的牛怀孕的概率将比不治疗的牛高20%。相似的，对于经历过泌乳期的母牛而言，每一个额外的泌乳期，怀孕的概率减少大概4%（但泌乳期数变量检验的P值也比较大）。

　　图19.12是用和不用前列腺素的Kaplan−Meier生存函数图，该图提供了一些额外的深入分析前列腺素治疗效果的可能性。治疗过的母牛看上去怀孕要稍微快一些，虽然这个差别在配种期的初期是最明显的。

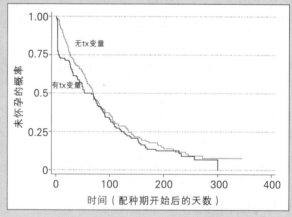

图19.12　K−M生存函数估计（前列腺素的数据）

19.8.5　基线危害

　　到目前为止，虽然尚未对基线危害h_0作任何假设，Cox模型也没有直接估计基线危害，但基线危害的估计可有条件地从估计模型的一组系数中导出。基线危害表示的是个体的预测变量均为0时的危害，即所有预测变量$X=0$时的值，这也就是基线危害的含义。如果利用−pgtrial−数据，使用例19.5所示的模型，基线危害就是在没有注射前列腺素、正常的身体条件下、牛群1、第0个泌乳期时的危害。为了避免这种无意义泌乳期，应修正泌乳期，使其值为0成为可能（如通过减去1来调整，因此一头奶牛处在第1泌乳期，调整后的泌乳期值为0）。

例19.6 Cox模型的部分似然

data=20只犬诊断淋巴肉瘤后的假设死亡时间

假设有以下的数据,并按死亡时间进行了排序。

犬	死亡时间(月)	诊断年龄(年)
1	3	9.6
2	8	8.1
…	…	…
20	63	5.7

对于第一只犬,极大似然过程可能会问这样一个问题"假定在诊断时犬的年龄是9.6岁,那么这条犬在3个月时死亡的概率是多少?"相对的,部分似然过程要问这样一个问题"假定犬在3个月时死亡,那么它是一号犬的可能性有多大?"这个似然可以写成如下的形式。

$$L_1 = \frac{h_1(3)}{h_1(3) + h_2(3) + \ldots + h_{20}(3)} = \frac{h_0(3)e^{\beta*9.6}}{h_0(3)e^{\beta*9.6} + \ldots + h_0(3)^{\beta*5.7}} = \frac{e^{\beta*9.6}}{e^{\beta*9.6} + \ldots + e^{\beta*5.7}}$$

成为1号犬第一个死亡的部分似然就是1号犬的似然比上所有似然的和。对于第二只犬,部分似然为:

$$L_1 = \frac{h_2(8)}{h_2(8) + h_3(8) + \ldots + h_{20}(8)} = \frac{e^{\beta*8.1}}{e^{\beta*8.1} + \ldots + e^{\beta*5.7}}$$

部分似然的和就是模型的似然。**注意**:这样的分析仅取决于事件序列(而不是实际的时间),并且基准危害没有作用,因为它对每只犬来说都是一样的。

基线危害只能根据寿终数据进行估计(删失数据无法估计),其估计值随着时间一天一天的推移呈现相当程度的跳跃性,特别是处于生存风险中的生存群体变得越来越小时。因此,有必要平滑基线危害估计曲线,如图19.13所示。在非治疗,体重正常、处于群体1的第1个泌乳期的奶牛每日怀孕危害从0.006(0.6%每天)上升到高峰时约0.011(1.1%每天),然后随时间(到300d跟踪期结束)逐渐下降。值得注意的是这条曲线反映了任何特定的时间点剩余的没有怀孕的奶牛群体中怀孕的可能性。它并不一定表明个体的危险在100d后下降。这一下降可能具有实际的用途,即剩下的没有怀孕的奶牛群体中,怀孕很困难的母牛构成比例越来越多。群体变化性质问题的进一步讨论见19.11节(脆弱模型)。

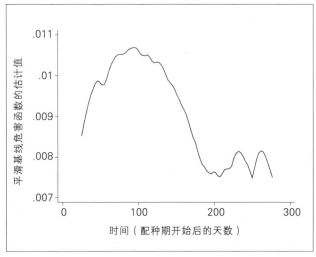

图19.13 平滑的基线危害函数估计

19.8.6　模型的构建

一般来说，Cox模型构建过程类似其他回归模型。Wald检验和似然比检验可用于评价个体或群体因子（预测变量）的显著性。混杂和互作效应评价可使用其他回归模型的方法。由于解释变量与危险比值的对数有关，因此，互作效应可以在倍性尺度上进行评估。然而，在生存模型中有2个因素必须考虑：一是分层分析，不同的动物群体，具有不同的基线危害函数，另一是包含有时变协变量的可能性。

19.8.7　分层分析

虽然没有对基线危害函数的形状作任何假设，但假设一个动物所有的X_j=0是合适的。考虑前列腺数据中"瘦"在怀孕危害函数上的影响。如果已计算得到"瘦"的HR值，且显著存在，假设基线危害函数h_0与HR相乘等于常数，表明这种影响是随着时间的推移不变。如果有理由相信正常体重的牛与瘦牛的危害函数形状不同，应当采用分层分析方法分析"瘦"的影响，并允许各组的基线危害函数单独估计。在分层Cox模型中，假设整个动物群体不同的组有不同的基线危险$[h_{0j}(t)]$，导出的第j组危害函数是

$$h_j(t) = h_{0j}(t)\,e^{\beta X} \qquad\qquad 等式19.16$$

该公式与不分层模型（等式19.14）的区别是基线危害，而回归项$e^{\beta x}$是不变的。因此预测因子相对于基线危害函数关于HR的效应假设所有阶层均相等。不同层级的预测因子不能在一个分层评估模型中讨论，因为它们的影响将被基线危害所吸收。但是，可以讨论协变量（如-tx-）与分层变量（如herd）的交互作用，例19.7利用分层（注：由不同畜群导致的）分析方法分析-pgtrial-数据处理与畜群间的交互作用［分层分析提供了一种处理集群数据（通过集群变量的分层）的方法，处理集群数据方法的进一步讨论见19.11节］。

19.8.8　时变协变量

到现在为止，重点讨论了暴露因子，其值不随着时间改变而变化，并假定一个因素的影响不随着

例19.7　分层Cox比例危险模型

data=pgtrial
包含有畜群与治疗交互项的分层（由不同畜群引起）模型拟合。
研究个体数=319
失效个数=264
风险时间=25018
对数似然=−1025.1181

Number of obs=319
LR chi2（7）=10.32
Prob>chi2=0.1710

预测变量	系数	SE	Z	P	95%置信区间	
tx	−0.022	0.255	−0.08	0.933	−0.522	0.479
herd_2*tx	−0.057	0.336	−0.17	0.866	−0.715	0.601
herd_3*tx	0.545	0.318	1.71	0.087	−0.079	1.169
lact	−0.046	0.041	−1.13	0.258	−0.126	0.034
thin	−0.136	0.138	−0.98	0.326	−0.407	0.135

-tx-（群1中的-tx-）的主效应完全不显著。交互项显著性的整体检验P值为0.072（表中没有显示），这表明在不同的畜群中，治疗效果是不同的。

时间的变化而变化（比例危险假设）。然而，生存分析这两个条件都可能改变。因时变协变量这个概念会产生混淆，所以应当清楚时变预测因子与时变效应的区别。

鉴于许多生存研究的长期性，可想而知，一些预测因子可能随着时间变化而变化。这些就是时变的预测因子。例如，前列腺素试验，如果对奶牛的身体条件定期评估，且不仅仅是一次评估，一些最初瘦的奶牛可能获得足够的重量变得体重正常，反之亦然。另一方面，一个预测因子可能是常数，但其效应可能随时间而改变，这就是时变效应。例如，奶牛注射前列腺素后的几天或几周内的即时效应比多个星期后的效应更大。如果这是事实的，比例危险假设就不成立。

时变预测因子

由于前列腺素试验数据中没有时变预测因子，下面以海洋水产养殖基地网箱养殖鲑鱼为例，评价鲑鱼传染性贫血病爆发（ISA）时几个风险因素的效应。这些数据（isa_risk）来自18个地点的182网箱，详细的描述见第31章。这个例子关注的是单一预测因子，也即在同一地点是否有（或已经有）另一次疫情爆发。如在一个地点没有疫情爆发，则研究期结束时的所有记录视为删失数据，且每个网箱只有一条记录。至于有疫情爆发的地点，每个网箱有2条记录。第一条记录描述的时间区间一直到最早爆发疫情的网箱，并且结束于除了首个爆发疫情的网箱，外其他网箱均成为删失数据。第二条记录是从首个网箱爆发疫情的日期到另一个不是爆发疫情就是出现删失跨越的时间。例19.8显示了如何进行数据修正以说明时变预测因子。

时变效应

时变效应表示预测因子与时间（预测因子的效应与调查的时间节点有关）之间的交互作用。交互作用可能在离散的时间节点上变化，或在整个研究期内不断地变化。不断变化的效应可能随时间（如时间每增加10d效应的下降），或时间的对数［如每个对数时间单位效应的下降（每个时间单位等价于原时间单位的2.72倍）］呈线性变化关系，或呈时间函数变化关系。效应是否随时间而变化，这对Cox比例危害模型的有效性评价非常重要，进一步讨论见19.8.10节。

评价预测因子效应怎样随时间变化的一种方法是将资料进行Alan线性危害模型拟合（Hosmer和Royston，2002）。该模型作出预测因子累积回归系数关于时间的图形。如果预测因子的影响保持常数，累计预测因子将随着时间直线增加或减少。尽管已观察到这条直线有些弯曲，甚至当危险成比例时也会出现，但一般而言，直线情况是事实。例19.9是前列腺数据Alan线性危害模型拟合分析结果。

19.8.9 模型的验证

下面6节内容覆盖了Cox比例危害模型验证的过程。其验证过程包括：

（1）比例危险假设的评价（19.8.10节）；

（2）独立删失假设的评估（19.8.11节）；

（3）模型拟合整体的评价（19.8.12节）；

（4）预测因子函数形式的评估（19.8.13节）；

（5）异常值检测（19.8.14节）；

（6）强影响点检测（19.8.15节）。

19.8.10 比例危害假设评估

通常有三种评价比例危害假设的方法：

例19.8 时变预测因子

data=isk_risk

数据的收集与海笼养殖地182个网箱中鲑鱼ISA爆发的一些风险因素有关。风险期开始于1997年4月1日（第0天），结束于1997年秋季捕捞期末。地点19的3个网箱的数据是：

地点	网箱	时间		结果
		开始	结束	
19	39	0	86	1=outbreak
19	46	0	211	0=censored
19	56	0	79	1=outbreak

网箱46没有爆发ISA，在第211天成为删除数据。网箱39和56分别在第86天和79天爆发ISA，网箱56是这一地点首个爆发的网箱。为了考虑用时变预测因子来指示在这一地点是否有另一个网箱爆发ISA，需要为每一个网箱创建多重记录（这种数据形式被称为计数过程类型资料）。结果数据如下：

地点	网箱	时间		结果	地点 真实性
		开始	结束		
19	39	0	79	0	0
19	39	79	86	1	1
19	46	0	79	0	0
19	46	79	211	0	1
19	56	0	79	1	0

网箱39在0～79d这一时期有一条纪录，对这个真实地点而言，协变量（预测因子）是0，并以删失结束。当地点真实时，79～86d是第二条纪录，并结束于疫情爆发。同样，网箱46有两条纪录，但是它们都在删失后结束，因为这个网箱没有爆发ISA。网箱56仍然只有一项纪录，因为它是首个爆发疫情的网箱。

单个预测因子–pos–（真实地点）数据Cox模型的拟合：

研究个体数 = 182

失效数 = 83

风险时间 = 28353

对数似然 = −392.91

观察数=312

LR chi2（1）=15.24

Prob>chi2= 0.0001

预测变量	HR	SE	Z	P	95%置信区间	
pos	2.610	0.676	3.70	0.000	1.571	4.335

虽然看上去有312个观测值，但是真实的个体数为182。一旦一个地点变成真实地点，这一地点的其他网箱的疫情爆发率比变成真实地点前高2.6倍。

data=pgtrial

用Aalen线性危险模型拟合根据前列腺数据，并且绘制前50d治疗的累积系数依时间的变化图。

开始时治疗有很强的正面作用（起始于第3天，一直到第6天），紧接着是有很强的负面作用，其一直持续到第23天。然后正的作用大概持续了9d，之后没有证据说明有任何作用，这与前列腺素的期望作用相一致：当前列腺素有很强的正作用时，奶牛同步进入发情，然后进入前列腺素很强的负面作用阶段，奶牛同步经历发情周期，在大约21d后奶牛恢复发情。

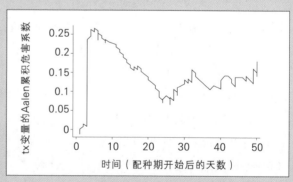

图19.14 前列腺数据Aalen线性情模型拟合图

（1）用图形评估；

（2）用时变效应评估；

（3）应用Schoenfeld残差进行统计评价。

图形评估

对于分类预测因子，可以通过作对数累积危害图［$\ln H(t)$对$\ln t$］来检验比例危害的假设，也就是通过检查两个（或多个）处理组的曲线是否为相互平行来完成。如果它们不平行，则假设不成立。图19.15是前列腺素治疗数据对数累积危害函数图。图形显示绘制的曲线随着累积危害上升，斜率下降（而不是上升）。显然，至少在$\ln(\text{time}) \approx 3.5$（33d）前，两曲线不平行，这表明比例危害的假设不成立。这似乎是合理的，因为前列腺素治疗后不久比治疗若干周后有更明显的影响。

另一种图形化的评估办法是比较Cox模型预测的生存时间曲线（在比例危害假设条件下）与Kaplan – Meier生存函数曲线（没有比例危害假设）图。如果2条曲线相互接近，表明比例危害的假设成立，图19.16画出了这样的图形。显然，前24d Cox模型预测值（中间的2条曲线，上一条对应于治疗、下一条对应于未治疗的Cox生存曲线）不接近于观察值。以图形的方式评估仅局限于评估无条件相关或评估多元预测因子中有最强影响的预测因子的情况。

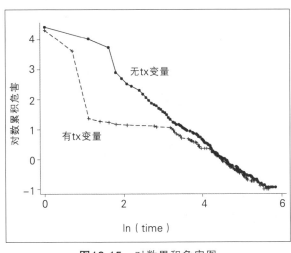

图19.15 对数累积危害图

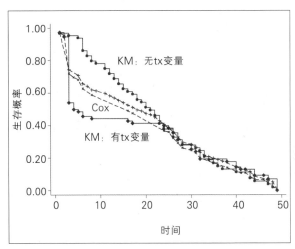

图19.16 K–M与Cox函数图

时变效应评估

治疗与时间（或生存时间的对数）交互作用可以被添加到模型中。治疗效果与时间（或时间的对数）呈线性关系（或其他时间的函数）。添加预测因子与时间的交互作用项的好处是，如果比例危害假设不成立，交互作用项可以解决这个问题（假定随时变效应可以加入到模型中）。

例19.10，用Cox模型拟合治疗处理效应可随时间$\ln(\text{time})$而变化。正的治疗效应在55天后消失，之后的效应变成负数（$HR<1$）。当超过55d治疗不是负面效应，因此承认处理的效应随$\ln(\text{time})$线性下降可能不合适。虽然没有显示细节，但如果将$\ln(\text{time})$和$\ln(\text{time})^2$相互作用项添加到模型，对数似然从-1307上升至-1300表明，包含互作项的模型实质上要好于原先的模型。Royston和Sauerbrei（2008）的文章讨论了将部分多项式的使用整合到时变效应模型拟合的问题。

Schoenfeld（舍恩菲尔德）残差评估

Schoenfel残差与尺度化Schoenfeld残差是根据一个观察值对对数偏似然函数的偏导数所起的作

例19.10 评价比例危害假设——时变协变量

data=pgtrial

本例拟合了具有1个预测因子（治疗处理）的Cox模型，并允许治疗的效应与自然对数尺度的时间有交互作用。选择这样做的原因是因为假设治疗效果在药物使用后快速下降，然后随着时间的推移而缓慢变化（效应的衰减不是线性的、也不是直线的）。

研究个体数 = 319

失效数 = 264

风险时间 = 25018

对数似然 = −1307.22

观察数=319

LR chi2（2）=0.51

Prob>chi2=0.005

预测变量	HR	SE	Z	P	95%置信区间	
main effect						
tx	3.085	1.102	3.15	0.002	1.532	6.211
ln（time）interaction effect						
tx	0.759	0.072	−2.92	0.003	0.631	0.913

治疗是达到怀孕时间的显著预测因子。治疗与对数尺度时间的交互作用项也显著存在，验证了治疗的效果会随着时间的变化而变化（也就是比例危害假设不成立）。如果出现交互项，治疗的效果可以通过计算若干时间点的HR来得到更好的理解。时间t处的HR为$3.08 \times 0.759^{ln(t)}$。

时间（d）	ln（time）	HR
1.0	0	3.08
2.7	1	2.34
7.4	2	1.77
20.1	3	1.35
54.6	4	1.02
148.4	5	0.78

治疗的效果随时间下降，到55d后已经完全消失。

用来计算的，因此有时也称为"偏残差"。模型的每个回归系数有一组单独的残差，每组残差对应于关于参数的偏导数。这些残差仅可通过观察生存时间计算出来。尺度化Schoenfeld残差利用残差方差估计对残差进行调整，更能检测数据是否偏离假设的模型。

对于给定的预测因子，尺度化Schoenfeld残差关于时间（或ln（time））的图形能够用来评价比例危害假设。这对连续预测因子尤其有效，因为累积危害对数图对这些变量不起作用。图形可以加上一条平滑的曲线来表示整体的趋势。如果残差在0上下摆动，说明残差关于时间没有变化趋势；如果残差明显在0线上方或下方，说明预测因子与时间相关。图19.7（例19.11）画出了尺度化Schoenfeld残差关于ln（time）的图形，该例比例危害的假设显然成立。

Schoenfeld残差也是比例危害假设检验的基础。可以应用广义线性回归模型检验尺度化Schoenfeld残差关于时间（或时间的函数）的斜率是不是为0。例19.11列出了前列腺素数据检验结果，结果表明治疗与时间的互作效应有必要加入到模型中。

19.8.11 独立删失假设的评价

生存模型的基本假设之一是删失与关注的结果相互独立，这意味着删失的动物与非删失的动物有相同的生存期望（即删失的动物与非删失的动物生存时间分布相同）。尽管目前没有具体评价删失与关注事件结果的独立性检验，但删失与关注结果正相关或负相关的敏感性分析可以用来解决这个问题。

例19.11　评价比例危害假设——Schoenfeld残差

data=pgtrial

对前列腺素数据（没有任何时变协变量）以畜群、治疗、泌乳和身体条件作为预测因子，用Cox模型进行拟合。得到了Schoenfeld残差和尺度化Schoenfeld残差。图19.17给出了时间对数标尺的哺乳期散点的尺度化Schoenfeld残差的平滑图。

每一个预测因子的非零斜度的统计检验的结果如下：

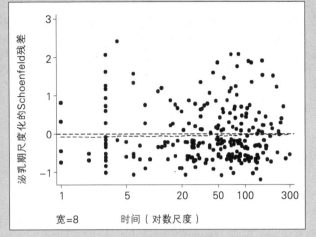

图 19.17　哺乳期的Schoenfeld残差

	x^2	df	prob> x^2
herd=2	0.34	1	0.559
herd=3	0.09	1	0.760
tx	7.65	1	0.006
lact	0.28	1	0.594
thin	1.81	1	0.179
globaltest	10.43	5	0.064

当整体检验是临界显著时，很显然，对于治疗，比例危害假设不成立。

完整的正相关关系，意味着每个删失动物具有未删失动物关注事件的经历。这可以通过对删失观察重新编号以至于具有关注事件出现而不是删失（在删失的时间节点）后，重新拟合模型来评价。

完整的负相关关系，意味着如果没有被删失，每个删失动物将被认为是一个长久自由存在的事件。在改变每个删失的动物的生命至更久的时间后，重新拟合模型来评价。

如果删失独立性假设被严重破坏，上述两个分析提供了被关注的预测因子的系数可能拥有的数值范围。如果删失独立性假设的违背程度不足以剧烈改变模型关注参数的估计，相信实际的参数估计偏差将会很小。

例19.12表示的是前列腺素资料专门用于评价这一假设的敏感性分析的结果。

19.8.12　模型整体拟合的估计

可用通过以下四种方法来评价模型的整体拟合情况和预测能力：

（1）通过Cox-Snell残差分布图来评价。

（2）通过应用类似于在Logistic回归中使用的Hosmer-Lemeshow检验方法的拟合优度检验方法来评价。

（3）通过一系列配对事件的观测和预测值间的一致性来评价。

（4）计算整体的 r^2 统计量来评价。

Cox-Snell残差是当个体在失效（或删失）时累积危险的估计。如果模型比较恰当，这些残差将来

例19.12　删失独立性假设的估计

data=pgtrail

用预测因子分别是畜群、治疗、哺乳期数、身体条件的Cox模型拟合前列腺素试验数据（考虑治疗作为对数时间尺度的时变效应）。这个模型在假定删失和怀孕之间完全正相关与完全负相关的情况下进行了重新拟合（见正文中的描述）。负相关性是基于将400头奶牛指定为删失。结果如下表。

变量	原估计	假设完全正相关	假设完全负相关
herd=2	−0.260	−0.199	−0.228
herd=3	0.023	−0.007	0.008
tx	1.089	0.983	0.927
lact	−0.043	−0.006	−0.061
thin	−0.145	−0.141	−0.050
tx*ln（time）	−0.259	−0.209	−0.215

两个敏感性分析的结果都导致治疗系数的小幅减少，但是变化不大，并且治疗作用保留了很高的显著性（没有显示P值）。

自单位指数分布（单位指数分布是指均值为1，方差为1的指数分布）的删失样本，因此，这些残差的取值范围是 $0 \sim +\infty$。Cox-Snell（CS）残差可通过图像评价方法来评估比例危险模型的整体拟合度，即这些残差与单位指数分布逼近程度，可按以下几点操作：

（1）计算CS残差；

（2）将CS残差用作时间变量（与原删失变量一起）拟合新的比例危险模型；

（3）从新模型中获得累积危害函数$H（t）$的估计；

（4）作$H（t）$对CS的残差图。

如果残差服从单位指数函数分布，那么累积危害函数将是直线，并且斜率为1，截距为0，实际上这些图形有极限值。图形化的线性评估是一个非常主观的过程，并且大量明显偏离45°线是由于一些观测对象生存时间长导致的（当大部分观测对象聚集在直线末端的左下区域）（见例19.13）。

例19.13　对模型整体拟合的评价

data=pgtrial

用Cox比例危害模型拟合畜群、治疗、哺乳期数和身体条件的效应为固定的数据。

Cox-Snell残差

根据文中描述的Cox-Snell残差计算和作图方法（图19.18）。看上去标绘的值和期望的曲线（45°）吻合得很好。

拟合优度检验

Gronnesby和Borgan拟合优度检验产生的p值为0.34（可以拟合），而Moreau，O'Quigley和Mesbah检验（特别设计用来检查非比例危害）的p值为0.004（不能拟合）。

一致性

Harell's C统计量为0.56，表明模型只能正确预测56%时间的2个观测到的失效的序列（也就是预报能力非常有限）。

r^2

比具有畜群、治疗、哺乳期和身体条件作为预测因子的Cox模型产生的r^2的估计值为0.022，其95%自举置信区间是（0.009，0.065）。很明显，要准确预测母牛何时怀孕，所有这些预测因子对提高预测的准确性作用很小。

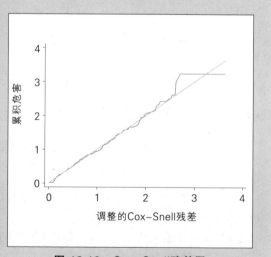

图19.18　Cox-Snell残差图

对于删失观察，累积危害的估计低于真实个体的累积危害（由于没有观察到它们的全过程直到结束）。所以Cox-Snell残差通过添加一个常数（1或ln2=0.693）来对删失观察进行修改。虽然这样的调整也许没有道理，但是如果删失观测的比例很大，那么这样的调整是重要的。

类似于Logistic回归模型的Hosma-Lemeshow检验（May和Hosmer，2004b），可以对几个拟合优度检验进行计算。所有这些拟合优度检验将数据分组，并且每组增加一个指示变量，将指示变量加入到模型中，然后评价指示变量的显著性。如果拟合优度显著，表明拟合程度差。Gronnesby和Borgan（1996）提出了一种综合性的检验方法以检验拟合程度差的各种原因。拟合模型风险的分位数决定的每组中寿终（失效）观察数与基于Martingale残差（见19.8.13节）的寿终（失效）期望数进行比较。但是，检验的有效性取决于合适的组数（May和Hosmer，2004a）。组数应大约等于资料中寿终（失效）事件的数量除以40，最小为2，最大为10。如果样本量大于200个，删失观察值又不超过总数的50%（样本小，检验的效率就低），使用这种策略进行检验，其检验的效率合理。但是这种检验方法不能解决前列腺素试验数据（例19.13）的非比例危险问题。Moreau等（1985）提出了另一个评估比例危害假设问题的方法。它需要计算时变变量，并成功解决了非比例危害问题（例19.13），这些检验方法不能用于有时变协变量模型的场合。

有关评价总体拟合程度的问题也是评价总体预测能力的问题，Harrell提出的C一致统计量计算了所有成对项目总体的比例，模型正确地预测到事件发生的顺序（即哪一个事件先发生），C一致统计量的取值范围从0到1，0.5表示没有预测能力（50%的正确率）。

对于线性回归模型，我们应该使用r^2作为衡量预测能力的指标。Royston（2006）最近提出了几种解释生存模型变化的度量指标，并且提出了用于比例危险模型的r^2统计量。与线性模型矫正的r^2相比，这里r^2同样需要根据生存模型中预测变量的个数进行调整。r^2用于比较拟合模型与原模型，并提供了由预测变量解释生存时间变异程度大小的估计。但因为原模型不同，所以不能用于比较具有不同危险结构的模型（如比较半参数Cox模型与Weibull参数模型，见19.9节参数模型的危险结构）。例19.13给出了前列腺素试验数据r^2的估计值以及自举95%的置信区间。

19.8.13 预测因子函数形式的评估

鞅残差是可以用于评估连续性预测因子和个体的生存期望间关系的函数形式，这些残差说明了个体最终时刻累积危害与该个体观察到的最终结果之间的差异（同样地，它们与典型的残差一样表示的是观察值与预测值的差异）。因为它们均基于估计的累积危害。除了其取值范围在$-\infty \sim 1$外，这些残差类似于Cox-Snell残差，这些鞅残差的值按如下公式计算：

（1）第i个非删失观测数据：$1-\hat{H}_i(t_i)$

（2）第i个删失观测数据：$0-\hat{H}_i(t_i)$

所以，当$H(t_i)>1$［等价于$S(t_i)<0.37$］时，所有非删失数据残差均是负数，对删失观测数据而言，残差也均是负数。

为了检测连续性预测因子的函数形式，鞅残差应当通过不包含关注的连续性预测因子的模型来计算。然后作这些残差与预测因子的散点图，光滑化（核光滑）函数图形可以更好说明两者的直观关系。如果是线性关系，那么光滑化鞅残差几乎是直线。图19.19（例19.14）给出了鞅残差关于泌乳期数的光滑化图形。

例 19.14　评价预测因子的作用形式

data=pgtrial

图 19.19 表示的是关于泌乳期数的鞅残差的最小平滑图。由图可见线性关系不合适。为了进一步评估这种可能性，用包含有泌乳期数的线性项和二次项的模型拟合。不管是线性项（$\beta=-0.124$）还是二次项（$\beta=0.046$）均显著存在，（P=0.03）。这进一步证实了泌乳期数对到达怀孕时间的作用不是线性关系。

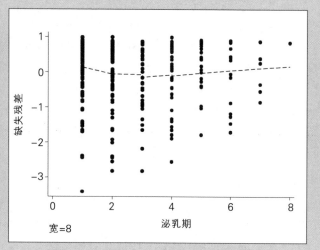

图 19.19　关于泌乳期数的鞅残差图形

19.8.14　异常值的检验

偏差（devianee）残差可以用来识别异常点（即不适合模型的点）。偏差残差是鞅残差进行尺度转化后的结果，所以它们关于0对称（如果模型是恰当的）。偏差残差的平方和是模型的偏差（D）。

如果对观测值与时间作散点图，可以用来观测异常点。图19.20是当−tx−作为时变因子不选入模型时的变差残差图。集聚在图左上方的大的正残差是来自在第1天和第2天怀孕（早于在第3天怀孕的大部分奶牛）的6头奶牛（1，2，3，78，79，80）的残差。累积危害在第1天、第2天比较小，因为相当少的奶牛在那些天怀孕（相对于大量奶牛怀孕的风险）。所以这时任何受孕的奶牛，鞅残差与变差残差都比较大。

19.8.15　强影响点的检测

记分残差和尺度化记分残差可以用来检测强影响点（强影响值），前者具有类似"杠杆值"性质，而后者度量模型中观察值对系数的影响大小。

记分残差是鞅残差的一种变化形式，可以通过模型中的预测因子（协变量）进行计算。对于那些有较大残差（正或负）的远离预测因子平均数的观测值，其有"杠杆值"的性质。将记分残差关于时间作散点图，通常呈现典型的"扇形"样式（扇形的中心在时间变量的均值位置处）。在"扇形"之外的观测值可以认为是潜在的强影响点。图19.21表示的是处理的记分残差，牛群1第1个泌乳期的76号牛在277d数据删失（他是牛群1唯一的一头远离群体的奶牛，因此是强影响值）

像模型中的系数参数一样，记分残差可以通过计算Δβ进行改进。将记分残差乘上系数估计的方差（根据系数的协方差矩阵），就变为所谓的**尺度化记分残差**。图19.22作出了治疗效应下尺度化的记分残差关于时间的散点图，由图再一次表明76号奶牛需作进一步的研究。这头奶牛的主效应降低了治疗效应估计值（由去除76号奶牛后模型重新拟合来判断，这里没有给出此过程）。

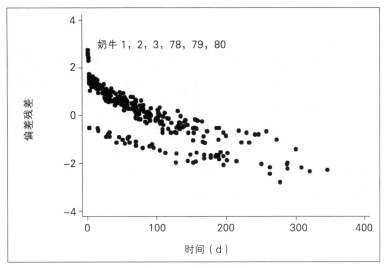

图19.20 偏差残差

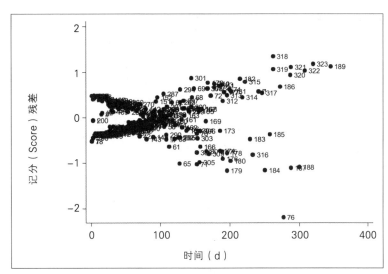

图19.21 记分（Score）残差

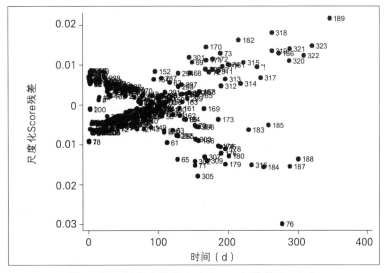

图19.22 尺度化的记分（Score）残差（Δβ）

19.9　参数模型

正如前面所述，Cox比例危险模型对基线危害函数的形状未作任何假设。如果对基线危害函数图形形状没有任何了解或其为不规则形式，这一假设有很大的好处。然而应用这样的假设也需付出很大的代价，因为他们仅利用在某一时刻一个或更多观测对象寿终的信息，并未对观测样本的所有信息加以有效利用。例如，因为Cox模型仅仅基于观测样本的次序，这就使两个连续的寿终是相隔一天还是一年没有区别。忽视了间隔时间的长度，就生存时间而言，这种间隔提供了一些有价值的信息，所以如果能正确地确定基线危害函数的形式，参数模型将更为有效（即利用了更多可利用的信息）。

满足比例危险假设的参数模型可以和半参数模型一样表示如下：

$$h(t)=h_0(t)\mathrm{e}^{\beta X}$$

其中$h_0(t)$假设具有确定的函数形式，主要的不同在于βX包含了一个截距项β_0。（另一种表述上述模型的方法见19.10节）。

并不是所有的参数模型都是比例危害模型（非比例危险模型见19.10节）。比例危害模型的三种参数模型分别是指数、Weibull、Gompertz模型，这些模型将在下面作简要讨论。当使用这些模型时，必须记住它们的基线危害函数的形式，并对比例危害假设进行评估。

19.9.1　指数模型

指数模型是最简单的参数模型，这是因为假设$h_0(t)$是关于时间的常数（也就是在基线群体中，寿终率为常数），所以

$$h(t)=\lambda=c\,\mathrm{e}^{\beta X} \qquad\qquad \text{等式 19.17}$$

其中c是常数基线危害，λ是$h(t)$对任意给定预估值的时间常量值。指数分布的密度函数和生存函数在等式19.11中给出。如前所述，生存时间是一个递减的指数分布。

例19.15　指数回归

data=pgtrial

为使第一个泌乳期的动物的值是0，对–lact–的值进行调整（通过减去1），然后用指数生存模型拟合前列腺素数据，结果如下：

研究个体数 = 319
失效个数 = 264
风险时间 = 25018
对数似然 = −528.4

Number of obs=319
LR chi2（5）=11.42
Prob >chi2=0.0437

预测变量	系数	SE	Z	P	95%置信区间	
herd=2	−0.315	0.169	−1.86	0.063	−0.647	0.017
herd=3	0.038	0.175	0.21	0.830	−0.306	0.381
tx	0.218	0.125	1.74	0.083	−0.028	0.464
lact	−0.042	0.041	−1.01	0.314	−0.123	0.039
thin	−0.157	0.138	−1.14	0.255	−0.428	0.114
constant	−4.405	0.161	−27.28	0.000	−4.721	−4.088

治疗的HR值为$\mathrm{e}^{0.218}=1.24$，这表明在任意给定的时间点，治疗过的奶牛怀孕的概率是没有治疗奶牛的1.24倍（如果这个模型是正确的）。

系数的解释

指数模型中预测因子的系数可以像Cox模型中的系数一样来解释。指数系数又叫危害比（19.8.2节）。此时截距是基线危害常数的对数估计值。在例19.15中，前列腺素数据适合指数模型。如果此模型是合适的，那么基线危害将估计为$e^{-4.41}=0.012$，即对任何一天，一头之前没有怀孕的母牛，当天怀孕的概率为1.2%。

常数危害假设的评价

基线危害函数为常数的假设可以用几种方法来评价。第一种方法是由Cox模型生成基线危害估计，并对基线危害估计作图，观察图形是否大约为一条水平的直线。图19.13作出的基线危害函数在前100d上升，然后随着时间推移渐渐下降。第二种方法是采用分段常数基线危害函数（Dohoo等，2003）拟合模型。在这种情况下，通过模型中各时间区间包含指示变量基线危害在各个区间上可以不等。假定基线危害在每个区间内为常数，但不同区间常数可变化。产生的结果和阶梯图形见例19.16。通常情况下，危害函数随时间下降，但其模式在泌乳前期（前50d）并不明朗。也许假设危害为关于时间下降的曲线形式的模型更为合理。评价常数危害假设的第三种方法是利用Weibull模型（见19.9.2节）的形状参数来评价。

例19.16　Weibull模型

data=pgtrial
用Weibull模型拟合前列腺素数据，结果见下表：

研究个体数 = 319
失效个数 = 264
风险时间 = 25018
对数似然 = −524.2

Number of obs 319
LR chi2（5）= 9.96
Prob > chi2 = 0.0764

预测变量	系数	SE	Z	P	95%置信区间	
herd=2	−0.289	0.169	−1.71	0.088	−0.621	0.043
herd=3	0.039	0.175	0.22	0.825	−0.304	0.381
tx	0.205	0.125	1.63	0.102	−0.041	0.450
lact=2+	−0.041	0.041	−1.01	0.315	−0.122	0.039
thin	−0.136	0.138	−0.99	0.324	−0.406	0.134
constant	−3.790	0.259	−14.64	0.000	−4.297	−3.282
/ln_p	−0.143	0.051	−2.80	0.005	−0.243	−0.043
p	0.867	0.044			0.784	0.958
1/p	1.154	0.059			1.044	1.275

治疗的效果与我们所见的指数、逐段指数和Cox模型相似，并且关于统计显著性也是相似的。Weibull分布的形状参数（p）表明危害随着时间而下降（也就是p<1）。

19.9.2　Weibull模型

在Weibull模型中，假设生存时间的Weibull分布可以由基线危害函数所具有的形状导出，19.7.7节讨论了Weibull危险函数，并将函数图形在图19.10作出。另外，等式19.13给出了危害和生存函数的公式。

如果协变量向量（预测因子）加入到Weibull模型中，那么危害函数将变为：

$$h(t)=\lambda\, p t^{p-1} e^{\beta X}$$

等式19.18

其中βX不包含截距项（β_0），例19.16中讨论了用Weibull分布拟合前列腺素数据，形状参数p的估计为0.867（95%的置信区间为：0.784，0.958），表明危害关于时间递减，但速度很慢（因为p接近于1）。

Weibull分布的评价

正如前面所述，生存时间服从Weibull分布的假设条件是否合适可以通过作对数累积危害函数图来评价。如果分布服从Weibull分布，图形应当是直线，简单的评价可以通过对所有的数据作$\ln H(t)$与$\ln(t)$的图形来获得。图19.15作出了前列腺素治疗数据2种处理情况下$-\ln H(t)$与$\ln(t)$的图形，基线危害函数包含在非治疗组内，所作图形几乎是直线，表明Weibull模型拟合是合适的。然而，阶梯的基线危害函数（例19.17中图19.23）表明Weibull模型（尽管指数模型更可取）不是理想的模型，这是由于基线危害函数在开始时下降，然后上升，到了120d又下降。形状参数为0.87的Weibull模型假设基线危害函数关于时间是单调下降的。

---

data=pgtrial

一种允许基线危害在不同的时间区间之间变化，但是在同一时间区间内是常数的模型称为逐段常数指数模型。这种模型分析的结果以及基线危害函数结果图如下。

研究个体数 = 319

失效个数 = 264   Number of obs = 1725

风险时间 = 25018   LR chi2（9）= 16.74

对数似然 = −525.7   Prob > chi2 = 0.0529

预测变量	系数	SE	Z	p	95%置信区间	
day21_40	−0.377	0.195	−1.940	0.053	−0.759	0.005
day41_80	−0.310	0.171	−1.820	0.069	−0.645	0.025
day81_120	−0.238	0.195	−1.220	0.223	−0.619	0.144
day121+	−0.416	0.192	−2.170	0.030	−0.792	−0.041
herd=2	−0.295	0.170	−1.730	0.083	−0.628	0.038
herd=3	0.040	0.175	0.230	0.820	−0.303	0.383
tx	0.211	0.125	1.680	0.092	−0.035	0.457
lact	−0.041	0.041	−1.000	0.318	−0.122	0.040
thin	−0.145	0.138	−1.050	0.294	−0.416	0.126
constant	−4.164	0.188	−22.180	0.000	−4.532	−3.796

预测因子从day21_40到day120+的系数表示的是相对于基线时间区间（1~20d）的值，对数危害函数是如何变化的。

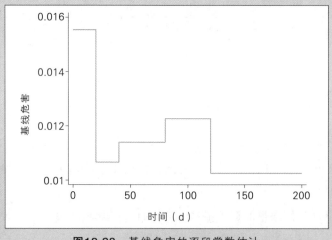

图19.23　基线危害的逐段常数估计

19.9.3　Gompertz模型

Gompertz模型与指数模型和Weibull模型相比，用的频率要少一些，主要用于死亡率数据建模。在Gompertz模型中，对数基线危害随着时间作线性变化，所以基线危害函数如下所示：

$$h_0(t) = \lambda e^{pt}$$ 　　　　等式**19.19**

如果$p>0$，基线危害指数增长；如果$p<0$，基线危害指数减少；如果$p=0$，基线危害函数是一个常数（指数模型）。利用Gompertz模型拟合前列腺素数据，计算得参数p的估计值为-0.002［95%置信区间为（-0.04，0）］，同时表明危害随着时间的变化而衰减，但比较缓慢。

19.10　加速寿终时间模型

如上所述，并不是所有的参数模型都是比例危害模型，但是可以归结到两种方式中的一种：比例危害模型或者加速寿终时间模型（AFT）。而下面讨论的参数模型只能写成AFT度量的形式。因为利用这些模型得到的预测因子并不需要通过一个常量乘以基线危害函数。

AFT模型的一般形式为：

$$\ln t = \beta X + \ln \tau \quad \text{或} \quad t = e^{\beta X}\tau$$ 　　　　等式**19.20**

其中$\ln t$是关于寿终事件时间的自然对数，βX是解释变量线性组合，$\ln\tau$是一个服从合适分布的误差项。注意：这里βs的值与比例危害函数表达式中的βs是不一样的。

由等式19.20可以看出，当$\beta X=0$（$e^{\beta X}=1$）时，τ是生存时间分布。一般假设τ服从特定的分布（如Weibull分布；对数正态分布）。如果τ是服从对数正态分布，生存时间的对数将服从正态分布，其等价于利用线性模型拟合对数生存时间（假设可忽略处理删失问题）。三类特定生存时间分布（log-logistic分布，对数正态分布，广义Gamma分布）将在19.10.2节中讨论。

等式19.20也可以写成如下形式：

$$\tau = e^{-\beta X}t \quad \text{或} \quad \ln(\tau) = -\beta X + \ln(t)$$ 　　　　等式**19.21**

模型中βX为预测因子的线性组合，βX所起的是对数时间上加法效应或时间上的乘法效应（即通过乘法因子加速或降低生存时间过程）。$e^{-\beta X}$称为加速参数，因为：

（1）$e^{-\beta X}>1$，则$t<\tau$，时间流逝相当快（即寿终时间不久到来）；

（2）$e^{-\beta X}=1$，则$t=\tau$，时间以一个正常的速率通过（预测因子没有效应）；

（3）$e^{-\beta X}<1$，则$t>\tau$，通过时间相当缓慢（即寿终时间延长）。

如上所说，指数模型和Weibull模型可以表示为比例危害或AFT模型。Weibull比例危害表达式中的系数（β_{ph}）与AFT模型中的系数（β_{aft}）关系为：

$$\beta_{aft} = \frac{-\beta_{ph}}{p}$$ 　　　　等式**19.22**

其中p为Weibull模型的形状参数.

19.10.1　AFT模型系数

AFT模型中的系数表示对数生存时间相对于预测因子变化一个单位时的期望改变量。例如，假定有一个二分类预测变量（X的系数为2）。如果在X缺失时，即$X=0$，个体寿终时间的期望值为$t=5d$

（即$\ln t=1.61$），X存在会增加对数生存时间，其值为1.61+2=3.61或者生存期望时间为37d。X存在，总体的存活期望为30d，导致期望的生存时间从30d增加到222d。正如你所见，在一个绝对的时间段内，预测因子对延长期望的生存时间有巨大的影响。

另一种解释是用系数的指数化来计算时间比（TR）。如x的系数为2，则时间比TR为e^2=7.4，这意味着x的存在将期望的生存时间增长到预测因子的近7倍。

19.10.2　具体的生存时间分布

Log-logistic模型

Log-logistic模型假设生存时间服从log-logistic分布，或者对数生存时间满足logistic分布（一个类似于正态分布的对称分布）。Log-logistic分布的危害函数为：

$$h(t)=\frac{e^{\theta}}{\gamma t\left(t^{-1/\gamma}+e^{\theta}\right)}$$ 　　　　等式19.23

其中$\gamma=0$为尺度参数。如果$\gamma>1$，$h(t)$为衰减函数，否则$h(t)$是单调递增，然后到达峰值后递减，峰值时刻为：

$$t=\left[\frac{(1/\gamma)-1}{e^{\theta}}\right]^{\gamma}=e^{-\theta\gamma}[(1/\gamma)-1]^{\gamma}$$ 　　　　等式19.24

在Log-logistic模型中，$-\theta\gamma$为预测函数（即$-\theta\gamma=\beta X$）。Log-logistic分布的第p个分位点和中位数分别为：

$$t_p=\left(\frac{p}{100-p}\right)^{\gamma}e^{-\theta\gamma} \qquad t_{50}=e^{-\theta\gamma}$$ 　　　　等式19.25

图19.24表示的是不同值γ（左图）的危害函数，以及当$\gamma=0.25$时，Log-logistic分布的生存时间直方图（根据2000个模拟观测值计算而得，生存时间中位数设定为20d）。

例19.18是Log-logistic生存模型也是AFT模型的一个实例。由于对数正态或Log-logistic模型的危害函数是先增后减，而不是先减后增。显而易见图19.23的两个形状都是不恰当的（先减后增）。这里的目的只是讲解方法。

例19.18　前列腺素数据的对数logistic模型

data=pgtrial

根据前列腺素数据拟合的Log-logistic模型如下：

预测变量	系数	SE	Z	P	95%置信区间	
herd=2	0.254	0.236	1.08	0.281	−0.208	0.715
herd=3	−0.102	0.244	−0.42	0.676	−0.579	0.376
tx	−0.387	0.177	−2.19	0.029	−0.733	−0.040
lact	0.061	0.055	1.11	0.266	−0.047	0.169
thin	0.040	0.189	0.21	0.833	−0.331	0.411
constant	4.016	0.225	17.87	0.000	3.575	4.456
/ln_gam	−0.126	0.052	−2.45	0.014	−0.227	−0.025
gamma	0.882	0.045			0.797	0.975

gamma等于0.882，这与基线组在9.4d [计算式为：$e^{4.016}(1/0.882-1)^{0.882}$] 达到峰值的分布相当，或者与治疗组的6.4d相当。

−tx−的时间比是$e^{-0.387}$= 0.68，这表明，平均而言，用前列腺素治疗过的奶牛的怀孕时间是没有治疗过的奶牛的68%。使用等式19.25，基线组生存时间的中位数为：$t_{50}=e^{constant}=e^{4.016}$=55.5d。

对数正态分布模型

在一个对数正态分布模型中，生存时间用对数尺度来转换，换句话说，对数生存时间满足正态分布，生存函数为：

$$S(t)=1-\Phi\left(\frac{\ln t-\mu}{\sigma}\right)$$ **等式19.26**

其中Φ是标准正态（高斯）分布的累积分布函数，μ和σ为期望和对数生存时间的均值与方差。[关于对数正态和广义Gamma分布的危害函数公式可通过$f(t)$和$S(t)$推导出。但比较复杂超出了本书的内容，可参考Cleves等（2008）；Collett（2003）编写的著作]。

广义Gamma模型

广义Gamma分布是具有3个参数（μ，κ，σ）的分布，其危害函数的形式能在更大范围内变化，包括Weibull分布、对数正态分布和Gamma分布。当然，它特别适用于评价危害函数的形状（见19.10.3节）。

19.10.3　参数模型的选取

选择一个合适的参数模型涉及生物学和统计学的内容，需要根据寿终产生与危害函数形式进行选取。

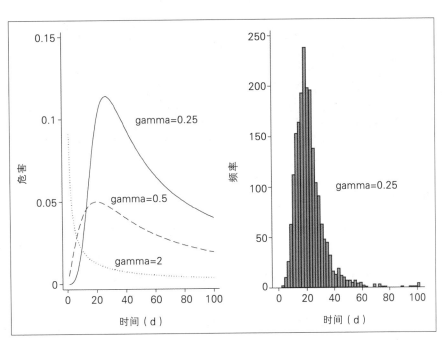

图19.24　危害函数（左边）和生存时间（右边）的Log-logistic分布

广义Gamma分布，根据κ的值可得到合适的分布。

- 如果$\kappa=1$，该分布为Weibull分布，$\sigma=1/p$为形状参数的倒数；
- 如果$\kappa=1$和$\sigma=1$，该分布为指数分布；
- 如果$\kappa=0$，该分布为对数正态分布。

对于前列腺素治疗数据，利用广义Gamma模型拟合，得到参数估计为$\kappa=1.12$和$\sigma=1.10$，95%置信区间分别为[0.61，1.64]和[0.90，1.36]，前一置信区间包括后一个，意味着利用一个指数模型就足够了。例19.19给出了5个参数模型的对数似然，并且给出了预测变量-tx-效应的点估计。

19.11　脆弱模型与聚集

前面曾经提出生存（半参数或参数）模型中预测因子对基线危害具有乘积效应（个体危险为基线危害与预测因子效应的乘积）。在脆弱模型中，一个附加潜在（未观测到）作用（也就是脆弱作用）在危害函数上也有乘积效应。脆弱作用不能直接观测，但假设有具体的分布，分布的方差可以从数据中估计出来。

有两个基本的脆弱模型：个体脆弱模型、共享脆弱模型（Gutieerez，2002）。个体脆弱模型附加的方差是唯一的，它反映了个体危险所潜在的变化，负二项分布比Poisson分布更能说明这种变化。共享脆弱模型是一种处理聚集数据的方法，其在19.11.3节讨论。

例19.19　参数模型的比较

data=pgtrial

利用前列腺素治疗数据拟合的五个参数模型比较如下：

| 模型 | Log L | #Parameters | | AIC | -tx-变量的时间比 |
		Distribution	Predictors		
指数	−528.4	1	5	1068.7	0.80
Weibull	−524.2	2	5	1062.3	0.79
Log-logistic	−535.7	2	5	1085.5	0.70
对数-正态	−533.5	2	5	1081.0	0.58
广义gamma	−524.1	3	5	1064.1	0.80

在广义gamma模型拟合最佳（Log L最大）时，AIC表明Weibull模型是一个合适的替代。Weibull模型的形状参数是0.87（近似地等于广义gamma模型相应的$1/\kappa$ =0.89），并且其95%的置信区间为[0.78，0.96]，这说明它不等于1。因为无法通过Gompertz模型计算时间比，所以本例没有给出Gompertz模型，但是其Log L为−526.8，AIC为1067.5，这说明它没有Weibull模型好。

19.11.1　个体脆弱模型

在一个用平均危害$h(t)$描述的群体内，有些个体寿终早些，有些寿终迟些。生存时间的变化可以归结为3个方面。部分可能是由于个体度量的协变量差异造成，这些差异可以通过将协变量加入到模型中而得到消除；部分可能是由于未测量的协变量造成，使得一些个体更倾向于寿终早些（也即脆弱个体）；最后一部分归因于随机变量和所选择的生存时间分布。脆弱因子（未测量的协变量）的效应可认为过度离散——生存时间的实际变化程度比根据选择的分布预期的更大。

个体脆弱因子的作用由图19.25可见，图19.25表示的是2000个体的群体经验危害函数。群体中所有个体常数危害设定为0.05（指数模型），假设个体脆弱因子各不相同（Gamma分布，$\mu=1$，$\sigma=1$），这使得一些个体相对于其他个体更容易寿终。图形表示的是由Weibull回归模型估计得到的危害（形状参数$p=0.75$）。尽管每个个体有常数危害，但总体的平均危害随脆弱个体的减少而下降，使剩余群体有更多强影响力的个体组成。

个体的脆弱模型可以表示如下：

$$h(t|\alpha)=\alpha h(t)$$

等式19.27

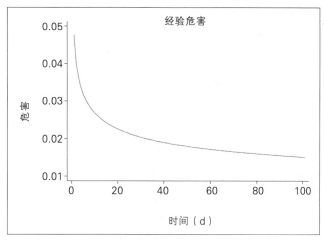

图 19.25　个体脆弱的作用（见文中的解释）

在脆弱因子存在的条件下，危害函数要乘以变量α，α假定服从平均数为1和方差为θ的分布，α的分布有两种，通常假定为服从Gamma分布和逆高斯分布。

脆弱因子的作用显著引起群体危害函数的变化。Weibull模型对数据进行拟合产生了图19.25，其形状参数为0.76，可以看出危害函数随着时间变化单调递减。但如果模型在增添服从Gamma分布的脆弱因子，形状参数变为1.3，重新拟合模型，表明拥有相同的脆弱因子的个体，其危害的确增加。由于不可能将个体脆弱因子与模型分布的假设分隔开来。所以在实际问题中，除非生存时间的分布是已知、确定的，否则不能使用脆弱因子。

例19.20讨论了将Gamma分布的脆弱因子增加到前列腺素治疗数据的Weibull模型（无时变预测因子）中的结果。

例19.20　个体脆弱模型——前列腺素治疗试验数据

data=pgtrial

下面是将gamma分布的脆弱个体加入Weibull模型后拟合前列腺素治疗试验数据的结果：

研究个体数 = 319

失效个数 = 264　　　　　　　　　　　　　　　　　　　　　　　　Number of obs=319

风险时间 = 25018　　　　　　　　　　　　　　　　　　　　　　　LR chi2（5）=9.96

对数似然 = −524.2　　　　　　　　　　　　　　　　　　　　　　Prob>chi2=0.0764

预测变量	系数	SE	Z	P	95%置信区间	
herd=2	−0.289	0.169	−1.710	0.088	−0.621	0.043
herd=3	0.039	0.175	0.220	0.825	−0.304	0.381
tx	0.205	0.125	1.630	0.102	−0.041	0.450
lact2	−0.041	0.041	−1.010	0.315	−0.122	0.039
thin	−0.136	0.138	−0.990	0.324	−0.406	0.134
_cons	−3.790	0.259	−14.640	0.000	−4.297	−3.282
ln p	−0.143	0.051	−2.800	0.005	−0.243	−0.043
ln theta	−14.870	756.631	−0.020	0.984	−1497.840	1468.099
p	0.867	0.044			0.784	0.958
1/p	1.154	0.059			1.044	1.275
theta	0.000	0.000			0.000	.

Gamma脆弱θ方差的估计值为0（也就是说根本没有脆弱作用），说明对于这些数据来说Weibull危害是合适的。

个体脆弱因子的概念不能应用于Cox（半参数）模型，因为脆弱因子表示生存时间的变异程度超出生存时间假设分布的预期。然而在Cox模型中，没有生存时间的假设分布，任何"过度离散"都可合并到没有特定形式的基线危害（h_0）中。

19.11.2　生存数据的集

一组或一群聚集的动物（如同一个群体中的奶牛）享有共同特点（如都是舍饲、饲养方式相同），导致一组中的动物相互缺乏独立性，因而有相似的生存时间（如同一群体中的母牛和其他群体相比寿命更长）。集群数据的常见问题将在第20～24章涉及。然而就生存模型而言，有几种方法可以用来处理集群数据。如果一组动物的数量有限，可以在模型中加入集群数据的固定效应。分层模型（见19.8.7节）中每层是一组，该模型可以用来分析集群数据，但类似于固定效应模型，他会阻碍了集群水平预测因子的评价，稳健标准误差（第20章）是常常用来处理缺乏独立性问题模型的方法，但有一定的局限性（Lin和Wei，1989）。共享脆弱模型是基于群体中同一层次的动物有共同的脆弱因子假设的模型，所以他们类似于随机效应模型（见第21章和第22章）。

19.11.3　共享脆弱模型——介绍

正如个体脆弱模型可以用于表示未测量的协变量的效应，共享脆弱因子代表同一个群体中动物所共有的未测量协变量的效应。其可以用分组变量（如牛群）的随机效应来表示（更多的随机效应的讨论见第20～24章）。当一个体上有多重寿终时间时，共享脆弱模型是处理观测个体缺乏独立性的有效方法（共享脆弱因子表示的是影响每个事件发生时间的个体所具有的共同特征）。

共享脆弱模型可写为

$$h_i(t|\alpha_i) = \alpha_i h(t) \qquad\qquad \text{等式19.28}$$

式中α_i代表第i个种群的脆弱效应［$h_i(t)$和$h(t)$合并为预测因子的效应］。在脆弱因子已知条件下，生存概率为

$$S_i(t|\alpha_i) = S(t)^{\alpha_i} \qquad\qquad \text{等式19.29}$$

脆弱因子可呈现多种分布，常用的是Gamma、逆高斯和正Stable分布。脆弱因子的显著性检验可采用似然比检验，由于方差不可能小于0，采用χ^2检验统计量是不正确的，如果采用，P值要减半。

前列腺素治疗数据仅有3个动物群体，拟合一个共享脆弱模型是不合适的。所以转而考虑用淘汰数据集（–culling–），该数据集共有721头奶牛的记录，采用酶联免疫吸附试验，检验Johne氏疾病（禽分支杆菌副结核亚种）是否对生存时间有影响，跟踪调查期为3.5年。该数据集中仅有13头奶牛是Johne疾病检测阳性，在跟踪期间，466头牛被淘汰。奶牛的胎次（3个类别，1st，2nd，3rd+）效应同样进行了计算（详细数据集见第31章）。例19.21是淘汰奶牛资料，奶牛群体为共享脆弱因子时，用Gamma分布的Weibull模型拟合的结果。

19.11.4　共享脆弱模型——Cox模型

带有一个附加脆弱因子的Cox模型表示为

$$h_i(t|\alpha_i) = h_0(t)e^{\beta X}\alpha_i \qquad\qquad \text{等式19.30}$$

例19.21 共享脆弱Weibull模型——淘汰数据

data=culling

奶牛淘汰资料的共享脆弱模型（脆弱效应对同一群体的所有奶牛个体是相同的）拟合结果如下：

研究个体数 = 721 　　　　　　　　　　　　　　　　　Obs per group min = 4
群体数 = 30 　　　　　　　　　　　　　　　　　　　　avg = 24.03333
失效个数 = 466 　　　　　　　　　　　　　　　　　　　max = 31
风险时间 = 606875 　　　　　　　　　　　　　LR chi2 (3) = 52.17
对数似然 = −963.8 　　　　　　　　　　　　　　Prob > chi2 = 0.0000

预测变量	系数	SE	Z	P	95%置信区间	
lact=2	0.252	0.145	1.74	0.081	−0.031	0.535
lact=3+	0.764	0.122	6.28	0.000	0.525	1.002
johnes	0.591	0.305	1.94	0.052	−0.006	1.188
_cons	−8.590	0.348	−24.65	0.000	−9.273	−7.907
/ln_p	0.144	0.041	3.51	0.000	0.064	0.224
/ln_the	−1.857	0.410	−4.53	0.000	−2.660	−1.053
p	1.155	0.047			1.066	1.252
1/p	0.866	0.036			0.799	0.938
theta	0.156	0.064			0.070	0.349

变量−johnes−的系数为0.59（HR=1.8），表明Johne阳性奶牛被淘汰的危害几乎是同一群体中阴性奶牛的两倍。Gamma脆弱分布估计的方差是0.16，并且极显著（$LRT\ \chi^2$=27.7，P<0.001），这表明有些奶牛群体淘汰的风险要高于其他群体。

其中α_i是在危害尺度上的脆弱因子（假设服从Gamma分布），或表示为：

$$h_i(t|\delta_i)=h_0(t)e^{\beta X+\delta_i}$$

等式19.31

其中δ_i（对第j组的共享脆弱因子）为对数危害尺度上的脆弱因子。

Cox模型不能直接评价共享脆弱因子，有4种可用的方法：利用惩罚的似然函数（见例19.22）；利用EM（期望最大）算法；拟合带有随机效应的Poisson模型；采用贝叶斯（Bayes）方法。除了Poisson模型方法外，其他方法在下面将不作进一步的讨论，需要说明的是惩罚似然函数法是计算简单

例19.22 共享脆弱Cox模型——奶牛淘汰数据

data=culling

用共享脆弱Cox模型（脆弱效应对同一群体的所有奶牛个体是相同的）拟合奶牛淘汰数据。

研究个体数 = 721 　　　　　　　　　　　　　　　　Obs per group min = 4
群体数 = 30 　　　　　　　　　　　　　　　　　　　avg = 24.03
失效个数 = 466 　　　　　　　　　　　　　　　　　　max = 31
风险时间 = 606875 　　　　　　　　　　　Wald chi2 (3) = 52.53
对数似然 = −2830.6 　　　　　　　　　　　　Prob > chi2 = 0.0000

预测变量	系数	SE	Z	P	95%置信区间	
lact=2	0.249	0.144	1.730	0.084	−0.034	0.532
lact=3+	0.769	0.122	6.320	0.000	0.531	1.008
johnes	0.578	0.304	1.900	0.058	−0.019	1.174
theta	0.155	0.063				

结果与Weibull模型（例 19.21）非常相似。

的和常用的方法。

共享脆弱Cox模型——Poisson回归

Poisson回归方法可以用作拟合一个标准的Cox比例危害模型，同样能够得到准确的结果。拟合一个标准的Cox模型虽并不必要（或实用），但对共享脆弱模型而言有一个优势，随机效应（相当于脆弱效应）可以加入到Poisson模型中，这就需考虑随机效应的水平不止一个的情况，这些效应可能服从Gamma分布或对数正态分布。

生存数据Poisson模型拟合的过程如下：

（1）根据数据集中寿终时间的整套数据，将每一个观察值分解成多条记录（即每一条记录代表两个连续寿终时间之间的间隔）（注意：这将生成一个非常长的数据集，并造成数字问题）；

（2）计算每一条记录的时间长度（即2个连续寿终间的间隔）并取其对数；

（3）用Poisson模型拟合数据。模型中包含每个时间段的固定效应和作为补偿而加入的区间长度的对数值。

为了避免拟合某一时间段内大量的固定效应，可以构造一系列时间正交多项式（见15.6.3节）去代替那些固定效应。

要拟合共享脆弱模型，模型中包括时间作为一系列多项式（如前所述），并且加上分组变量的随机效应（例如每个畜群群体）。例19.23比较了使用标准的Cox比例危害模型与Poisson回归模型拟合结果的区别。

19.11.5 脆弱模型——系数的解释

在脆弱模型中，预测因子对危害或生存的作用是在脆弱因子作用条件下产生的。

如上所述，预测因子的作用（即HR）是在脆弱因子作用条件下。比例危害模型（如Weibull）在脆弱因子已知条件下（设脆弱加比较），任何时刻t的HR，表示由于预测因子一个单位变化相应危害

例19.23 通过Poisson回归的Cox模型拟合

data=culling

我们用包含哺乳数（–lact_c3–）和Johne态（–johnes–）作为预测因子的挑选数据来拟合几个Cox比例危害模型。这些模型如下：

（1）标准Cox比例危险模型；

（2）通过Poisson回归拟合的Cox模型（时间区间作为固定作用）；

（3）通过时间作为第4次序多项式的Poisson回归拟合的Cox模型；

（4）具有共享脆弱（Gamma分布）和时间作为第4次序多项式的Cox模型；

（5）通过具有随机作用影响（Gamma分布）和时间作为第4次序多项式的Poisson回归拟合的Cox模型。

–johnes–的系数，它的Wald检验P值和Gamma分布的方差估计如下。

模型	系数	SE	P	方差
标准Cox模型	0.648	0.293	0.027	
Cox - Poisson（时间为固定效应民）	0.648	0.293	0.027	
Cox - Poisson（时间为多项式）	0.644	0.294	0.028	
Cox 共享脆弱因子（gamma分布）	0.578	0.304	0.058	0.155
Cox–Poisson模型（随机效应gamma分布，时间为多项式）	0.572	0.305	0.061	0.157

正如我们看到的，标准Cox模型和Poisson模型产生相同的结果。将时间表示成第4次序多项式而不是一组固定的作用会产生非常相近的结果。2种拟合共享脆弱模型的方法产生有细微差别但非常接近的结果。

的变化。对于一个二分预测因子，表明因子存在且有共同脆弱因子与个体没有预测因子时的效应相同。这类似于"特定主体"效应（见22.4.1节）。

在Gamma脆弱模型中，群体危害（类似于边缘效应，见22.4.1节）不是随着时间成比例变化，危害比只表示时间为0时预测因子的群体效应，通常预测因子对群体危害的作用将随着时间推移减少倾向于脆弱作用。简单而言，随着时间的推移个体脆弱（或小组）因子作用减少，群体强健个体稳健地增加，预测因子危害的影响越来越小。对于Gamma脆弱因子，HR当时间趋于无穷时趋向于1，而逆高斯脆弱因子，HR趋向于HR的平方根。如果模型为AFT（时间比保持不变），这里设有提供解释预测因子边缘作用存在的问题。

19.12　多结果事件数据

到目前为止本章所有内容均假设只有一种可能的结果发生（如犊牛开始发生肺炎，奶牛怀孕）。然而在某些场合下，可能会有多个结果事件发生，一般可以分为三大类。

（1）多元不同寿终事件——当用多个可能的结果事件来评价一个预测变量的效应时，就会出现这种情况。如需评价奶牛产犊后补充营养的作用，可以通过分娩后第一次配种时间，以及能量达到正平衡的时间和达到产奶峰值的时间进行评价。有时也把这种多元不同寿终事件数据称为竞争的风险数据。

（2）多元"同"终点（不排序）——同一个事件有多个可能的结果发生，但是没有必要对它们进行排序（如每牛4个乳区中的一个临床乳腺炎的开始时间）。处理这种情况的一种方式是改变观察单位到乳区，但是在多数情况下绝大多风险因素处在母牛水平上。

（3）多元"同"终点（排序）——也称作重现数据。结果事件可能发生在同一个动物的多个时间点（如配种，临床乳腺炎病例）。这些数据的主要特点是有序（即第二结果不可能在第一个结果之前发生）。这可归结为结果之间缺乏独立性的原因，本节着重关注此种类型数据。

重现数据模型

个体事件发生时间经常与2个原因相关。首先，有可能是个体之间的具有非均匀性，有些比其他个体更有可能经历相同的结果，导致个体聚集。结果，在个体之内的观察不是独立的。其次是某事件出现的可能性可能增加或减少随后事件发生的可能性（称为事件的相关性）。

一般有2种方法来处理非均匀性的问题。一种是调整方差估计方法，使用稳健标准误（见19.11.2节和20.5.4节）。另一种替代的方法是用共享脆弱模型拟合，脆弱因子表示个体内在易变性（Therneau和Grambsch 2000）。前一方法用于群体平均效应估计，后者用于"特定主体"效应估计（Cain和Cole，2006；Kelly和Lim，2000）。

事件相关性的问题，可以在模型中加入针对预先事件发生数量的协变量（参见Anderson-Gill模型），或根据事件的数量对资料进行分层分析（参见下面Prentice-William-Peterson模型）。前一方法假设所有事件有共同的基线危害函数。后者考虑到基线危害随着事件发生变化（即第一个事件与第二个事件有不同的基线危害等）。最近有学者对重复事件数据模型进行了评价，同时提出了考虑非均匀性和事件相关性问题的条件脆弱模型（Box-Stefensmeier和De Boef，2006）。

重现数据建模的三种方法已有学者进行了评价（Wei和Glidden，1997）。下面将对其中的两种方法进行一下总结，第三种方法（Wei等，1989）不再建议使用（Hosmer和Lemeshow，2008），这里不再描述。Cleves（1999）详细阐述了这些分析方法适宜的数据结构。例19.24针对临床乳腺炎数据，介绍了这两种方法。数据（–chin_mast–）包括105个畜群的4595头母牛，每头母牛在一个泌乳期内从分娩开始至少观察了100d，发生临床乳腺炎分为5种情况，没发病（0），1个乳区发病（1），2个乳区发病（2），3个乳区发病（3），4个乳区发病（4），数量分别为3987头，497头，90头，18头和3头。调查关注的因素是胎次与早先发生乳腺炎的数量（在该哺乳期内）。

Anderson–Gill模型

这个模型是广义比例危害模型，是分析重现数据最简单的方法。虽然独立性假设可以通过模型中加入早先发生事件数量的时变因子而得到缓解，但还是假设再现的风险与先前发生的事件独立。模型拟合假设每个个体处于风险的时间从结果被观察到后来又重新开始。如果某一动物在事件出现后的规定时间内认为不处于风险状态，则不处于风险的时间可以被剔除（区间删失或间隔删失）。例如，当规定两次临床乳腺炎发生的时间间隔为7~14d，第二次发生乳腺炎可以认为是新发生的事件。

Prentice–William–Peterson模型——有条件风险设置模型

这个模型是在前面事件发生条件下的比例危害模型。他等价于分层分析，层是由先前发生事件的数量来定义的。所有第一次发生的事件归于第一层，第二层包括再次发生的事件，但是只有经历了第一次事件发生的动物才能处于风险中。每个结果处于风险的时间可以从研究期开始或从早先事件发生时开始进行度量。度量方法的选择取决于是否有理由从事件发生的那刻计时。前一方法在例19.24中讨论。如上所述，这种方法允许考虑在每个风险层有不同的基线危害。

例19.24 多重失效（寿终）事件模型

data=clin_mast

Anderson–Gill和Prentice–William–Peterson模型的临床乳腺炎数据的结构如下。母牛5有两种乳腺炎病情，因此有3个记录。母牛7和母牛15没有病情。

农场号	母牛号	经产状况	先发生病例	删失与否	风险开始	Anderson-Gill 结束	结束风险开始	Prentice-Williams-Peterson 结束	风险集
125	5	4	0	1	0	14	0	14	1
125	5	4	1	1	14	108	0	94	2
125	5	4	2	0	108	359	0	265	3
125	7	4	0	0	0	336	0	336	1
125	15	3	0	0	0	357	0	357	1

根据数据拟合的各种模型的结果如下：

	经产 系数	SE	先发生病例 系数	SE
Anderson–Gill model				
Cox - robust SE	0.102	0.021	0.782	0.047
Weibull - robust SE	0.109	0.021	0.725	0.045
Weibull - gamma frailty	0.137	0.030	−0.452	0.170
Prentice–William–Peterson（PWP）model				
Cox - robust SE	0.075	0.024	na	na
Weibull - robust SE	0.089	0.024	na	na

对于校验作用，所有使用稳健SE处理不均匀性的模型会产生胎次效应的低估，因为它们产生群体平均效应估计而不是特定个体的估计。先前乳房炎发生数量的作用，稳健SE模型和脆弱模型有显著的差别。群体平均效应模型（稳健SE）显示，通常先前的发病病例额外增加了后面病情的风险。特定个体模型（脆弱模型）表明对于给定的个体，存在前一种病情降低危害后面另一种病情的情况。部分原因有可能是由于人为产生，在发生病情后有一段时间，在该时间段危害等于0，直到很长一段时间过后，把它归为另一种新病情，而不把它看成是原有病情的延续。

19.13 离散时间生存分析

到目前为止，假设寿终时间在一个连续基础上被记录，即准确知道每个寿终发生的时刻（至少以时间单位进行测量，前列腺素和精选数据集以天为测量单位）。然而，有时经常只知道寿终时刻发生在某一区间中，确切的时间不清楚，这些称为区间删失数据。如测量动物血清转化时间，如果每6个月只测试一次，这种情况就会出现。在有些时间点观察到有血清反应，但不知道血清转化是在前6个月中的什么时刻发生的。离散时间生存分析可以被用于分析这样的数据。有时，寿终时间也许在一个连续基础上记录，但是实际寿终时间不能确定，将这些数据分组到区间可改进数据质量。

离散时间模型同样可以用于连续的时间数据，如果数据集非常大，不适合用标准生存分析方法；或者有许多时变预测因子；或者时变效应很难表示为时间的某一函数。

在进行前列腺素数据分析时，最后一种情况表现得最为明显。在治疗后3～4d以及24～27d前列腺素有正面作用，在这两个时期之间前列腺素起的是负面作用，34d以后其作用就非常小了（见例19.9）。

离散时间——分析的基础

时间分成若干区间，记为I_j。在每个区间上，处于危险的个体的数量为n_j，并且寿终个体的数量是d_j。寿终在该区间上的可能性（或离散时间危害）是：

$$h_j = d_j / n_j$$ **等式 19.32**

区间的选取应当反映生物学意义或在方便的节点上，该节点能反映出区间长度与区间上寿终个数的平衡性（注意：每个区间内至少有5个寿终，重要的是避免根据观察数据选择区间）。区间内删失的数据可认为在区间的起点就已经删失了（即不在n_j中），如果数据删失在区间终点（也即包括在n_j中）或在时间区间内以1/2计数（像在精算寿命表）。表19.4显示前列腺素治疗数据根据治疗的生物效应的期望以15d为区间间隔。

表19.4 分区间的前列腺素数据

t_{j-1}	t_j	n_j	d_j	h_j
正常空间间隔（15d，30d或60d）				
0	15	319	63	0.198
15	30	251	34	0.136
30	45	213	24	0.113
…				
基于前列腺素期望效应的区间				
0	2	319	6	0.019
3	4	311	34	0.109
5	23	275	40	0.146
24	27	234	13	0.056
28	60	212	54	0.255
60	90	153	43	0.281
…				

如果数据确实是离散时间数据（仅在特定时间收集），区间是在搜集数据之前定义，因此不需

要重新建立区间。如果有许多间隔时间（区间），想用时间多项式函数替换每一时间区间的固定效应（如19.11.4节的泊松（Poisson）模型，用正交多项式模型的某种形式替换固定效应）。见Singer和Willett（1993）；Singer和Willett（2003）离散时间的方法回顾。

离散时间——Logistic回归

一旦如上所述构造了数据，就可以使用Logistic回归模型进行分析，模型如下：

$$\text{Logit}(h_j) = \beta_0 + \alpha_j + \beta X \qquad\qquad \text{等式 19.33}$$

其中Logit（h_j）是区间I_j上寿终（危险）的概率，并且β_0是Logit（h_j）在区间上的基线危害，α_j是第j个区间（与基线区间比较）的效应，βX代表模型的预测因子。这个模型假设在对数寿终尺度或危险比值比上有叠加性［注意此对应于对横跨所有间隔时间的多可能性的连续比率模型（见第17.2.4节）］。

利用多水平数据建模方法（见第22章），离散时间Logistic回归模型可以容易推广为包含一个或更多个随机效应（共享脆弱因子）模型。要求用专业软件拟合离散时间数据的个体脆弱模型（Jenkins，1995）。例19.25显示了这样一个模型的分析结果，时间区间如表19.4下半部分所示，分析结果包括了治疗与时间的相互作用。

例19.25 离散时间分析——Logistic回归

data=pgtrial

对前列腺素治疗数据使用Logistic回归的离散时间分析方法进行了分析。分析包含了治疗和时间区间的交互项。表中并没有显示模型中的所有系数。

Logistics回归   Number of obs = 1705

对数似然值 = −605.6   LR chi2（23）= 255.13

       Prob > chi2 = 0.0000

预测变量	系数	SE	Z	P	95%置信区间	
period 3~4	−0.687	1.230	−0.56	0.576	−3.098	1.723
period 5~23	3.093	0.737	4.19	0.000	1.648	4.538
period 24~27	...					
tx	0.814	0.874	0.93	0.352	−0.899	2.526
per 3~4*tx	3.077	1.345	2.29	0.022	0.441	5.713
per 5~23*tx	−2.355	0.989	−2.38	0.017	−4.292	−0.417
per 24~27*						
tx	...					
herd=2	−0.323	0.199	−1.63	0.103	−0.713	0.066
herd=3	0.044	0.204	0.21	0.830	−0.356	0.444
lact	−0.035	0.047	−0.75	0.451	−0.127	0.057
thin	−0.201	0.161	−1.25	0.212	−0.517	0.115
_cons	−4.143	0.735	−5.64	0.000	−5.583	−2.704

治疗的系数（β）表示第一时间段（0~2d）的治疗效果，但是他与0差异不显著。相应地，在3~4d（β=0.814+3.077=3.89）治疗具有很强的正效应，在5~23d有很强的负效应（β=0.814−2.355=−1.54）。

离散时间——补全重对数回归

如上所述，Logistic回归假设结果的对数比有叠加性，或危险比是成比例的。这就是说预测因子的*OR*在所有区间上为常数（虽然这个假定可以通过包括预测因子交互作用项而得到缓解）。另一个替代Logistic回归方法的是使用补全重对数回归模型，其假设基于比例危害（不是比例比），因而更符合如Cox比例危害模型的拟合。

补全重对数函数变换根据下列公式变换概率：

$$\text{cloglog}(p)=\ln[-\ln(1-p)]$$ **等式19.34**

图19.26显示概率与两个函数：补全重对数函数、logit函数之间的关系。在$p<0.2$时，2个函数非常接近，但是在p较大（可以导致与二项回归分析差异很大的结果）时完全不同。补全重对数模型的主要优点是它根据比例危害假设，所以指数系数可以被解释为危害比（与比值比相反）。

例19.26显示的是前列腺素数据拟合补全重对数模型的结果。

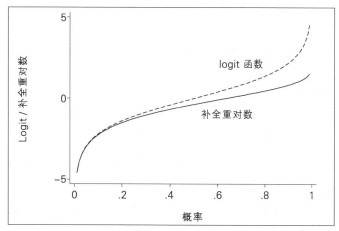

图19.26 补全重对数和Logit函数

例19.26 离散时间分析——补全重对数回归

Data=pgtrial
例19.25中使用的前列腺素资料的补全重对数模型分析结果如下：
补全重对数回归

零结果数 = 1442　　　　　　　　　　　　　Number of obs = 1705
非零结果数 = 263　　　　　　　　　　　　 LR chi2（23）= 255.33
对数似然 = −605.5　　　　　　　　　　　　Prob >chi2 = 0.0000

预测变量	系数	SE	Z	P	95%置信区间	
period 3 ~ 4	−0.683	1.225	−0.56	0.577	−3.084	1.717
period 5 ~ 23	2.972	0.728	4.08	0.000	1.546	4.398
period 24 ~ 27	...					
tx	0.806	0.866	0.93	0.352	−0.891	2.504
per3 ~ 4* tx	2.950	1.334	2.21	0.027	0.334	5.565
per5 ~ 23* tx	−2.248	0.973	−2.31	0.021	−4.155	−0.341
per24 ~ 27* tx	...					
herd=2	−0.290	0.172	−1.68	0.093	−0.628	0.048
herd=3	0.040	0.176	0.22	0.822	−0.306	0.386
lact	−0.027	0.041	−0.65	0.518	−0.108	0.054
thin	−0.176	0.140	−1.26	0.207	−0.450	0.098
_cons	−4.191	0.725	−5.78	0.000	−5.612	−2.770

结果与从Logistic回归分析得到的结果非常相近。和期望的一样，在所有的区间失效的危害一般小于0.2。

19.14　生存分析的样本容量

样本大小的计算对用生存时间作为结果的研究来说是一个复杂过程。对于主要焦点是比较2个（或更多的）小组的存活时间的研究，因为它经常是对比试验，计算样本大小的方法需要有一个基于非加权对数秩检验分析的期望检验能力。如果比例危害的假设无效，样本大小根据加权的检验（即Tarone-Ware或Harrington-Flemming检验）来确定也许更加恰当。

然而，有许多因素会影响必需的样本大小。下面的内容一部分是第2章已讨论过的样本大小估计的内容，一部分是生存时间研究所独有的。

1．分析过程中要求考虑多个预测因子，样本量需要增加，并且/或者对分层资料要进行调整（即观察数据的非独立性）（见第2章）。

2．如第11章，多重比较（经常出现在中间分析时）、失去跟踪或组内分组分析（对照试验的共同特点）时要求调整样本大小。

3．研究无法预知基线危险函数的形状，因此根据非参数检验（如对数秩检验）方法来估计样本大小（即对数秩）是恰当的。

4．需要考虑非比例危害的可能性。

5．在进行对照试验时，也许会发生交叉，即出现接受这种处理的动物移动到接受另一处理的组（例如未能依从治疗指示，应该治疗的没有治疗）。

6．研究期间动物补充可能需要进行很长的时间，补充动物会影响跟踪期的长短。

7．生存分析常用于随机化的对照试验。在非随机化的治疗干预研究中，经常会把接受新的

例19.27　随机对照试验样本规模的计算

Data=hypothetical

假设进行一个2种药物的随机对照试验，试验的目的是用来阻止犬某种癌症的复发，并且试验是在病情的初始治疗之后。过去的经验表明随着复发风险的下降，犬的病情缓和的时间变得更长。如果没有治疗，期望的每4个时间段的病情复发的累计概率如下：

（1）1年末　30%

（2）2年末　50%

（3）4年末　60%

（4）生命后期 65%

相对于没有治疗的对照，期望A药治疗的*HR*值为0.75，B药治疗的*HR*值为0.5。考虑以下5种情况：

（a）没有失去跟踪，没有交叉治疗的情况，3个组每个组的试验动物犬的个体数相等；

（b）除了在4个时间段累积失去跟踪率分别为5%、15%、30%、40%外，其余与（a）相同；

（c）除了在4个时间段累积失去跟踪率分别为10%、30%、60%、80%，其余与（a）相同；

（d）除了对照组的犬为20%，A药治疗的犬有10%接受B药治疗外，其余与（c）相同；

（e）除了在开始时以如下的比例分配犬：对照=1，A药物治疗=1，B药物治疗=2，其余与（d）相同。

对于以上每一种情形，如要确定有80%的把握检测出不同治疗组有差异所需的样本量。所需样本大小和期望的病情复发数列于下表：

	相关结果				
	（a）	（b）	（c）	（d）	（e）
合计样本数	742	837	965	1379	1347
期望数	353	353	353	502	500

正如我们所期望的，样本量随着损失的增加而增加。个体转换治疗（d）增加了所需样本量，同时改变个体的分配可能减少所需总的样本量。

治疗的个体与层内那些接受标准治疗的个体等同起来。与研究设计有关的样本大小问题的讨论见（Mazumdar等，2006）。

关于样本大小问题的全面讨论可以参阅Hosmer和Lemeshow（2008）的专著。有关以上提出的一些问题以及计算生存分析样本大小的软件程序的专著最近已出版发行（Barthel 等，2006；Royston和Babiker，2002）（见例19.27）。

参考文献

Barthel FM, Babiker A, Royston P, Parmar MKB. Evaluation of sample size and power for multi-arm survival trials allowing for non-uniform accrual, non-proportional hazards, loss to follow-up and cross-over Stat Med. 2006; 25: 2521-42.

Box-Steffensmeier JM, De Boef S. Repeated events survival models: the conditional frailty model Stat Med. 2006; 25: 3518-33.

Cain LE, Cole SR. Survival analysis for recurrent event data: an application to childhood infectious diseases Stat Med. 2006; 25: 1431-3; author reply 1433.

Cleves M. Analysis of multiple failure-time data with Stata Stata Tech Bull. 1999; 49: 30-9.

Cleves M, Gould W, Gutierrez R. An Introduction to Survival Analysis Using Stata. 2nd Ed. Stata Press; College Station (TX). 2008.

Collett D. Modelling Survival Data in Medical Research. 2nd Ed. Chapman and Hall; New York. 2003.

Cox D. Regression models and life-tables (with discussion) Journal of the Royal Statistical Society, B. 1972; 34: 187-220.

Dohoo I, Stryhn H, Sanchez J. Beyond Cox : 1. hazard functions and time varying effects in parametric survival models. In: Proceedings of the 10th Symposium of the International Society for Veterinary Epidemiology and Economics, Vina Del Mar, Chile. 2003. p. 200.

Dohoo I, Tillard E, Stryhn H, Faye B. The use of multilevel models to evaluate sources of variation in reproductive performance in dairy cattle in Reunion Island Preventive Veterinary Medicine. 2001; 50: 127-44.

Duncan C, Stephen C, Campbell J. Clinical characteristics and predictors of mortality for Cryptococcus gattii infection in dogs and cats of southwestern British Columbia Can Vet J. 2006; 47: 993-8.

Grønnesby JK, Borgan O. A method for checking regression models in survival analysis based on the risk score Lifetime Data Anal. 1996; 2: 315-28.

Gutierrez R. Parametric frailty and shared frailty survival models The Stata Journal. 2002; 2: 22-44.

Hosmer D, Lemeshow S. Applied Survival Analysis. Regression modelling of time to event data. 2nd Ed. John Wiley & Sons; New York. 2008.

Hosmer D, Royston P. Using Aalen's linear hazards model to investigate time-varying effects in the proportional hazards regression model The Stata Journal. 2002; 2: 331-50.

Jenkins S. Easy estimation methods for discrete-time duration models. Oxford Bulletin of Economics and Statistics. 1995; 57: 129-38.

Kaplan E, Meier P. Nonparametric estimation from incomplete observations Journal of the American Statistical Association. 1958; 53: 457-81.

Kelly PJ, Lim LL. Survival analysis for recurrent event data: an application to childhood infectious diseases Stat Med. 2000; 19: 13-33.

Lin D, Wei L. The robust inference for the Cox proportional hazards model Journal of the American Statistical Association. 1989; 84: 1074-8.

May S, Hosmer DW. A cautionary note on the use of the Grønnesby and Borgan goodness-offit test for the Cox proportional hazards model Lifetime Data Anal. 2004a; 10: 283-91.

May S, Hosmer DW. Hosmer and Lemeshow type Goodness-of-Fit statistics for the Cox proportional hazards model Handbook of Statistics. 2004b; 23: 383-94.

Mazumdar M, Tu D, Zhou XK. Some design issues of strata-matched non-randomized studies with survival outcomes Stat Med. 2006; 25: 3949-59.

Meadows C, Rajala-Schultz P, Frazer G, Meiring R, Hoblet KH. Evaluation of a contract breeding management program in selected Ohio dairy herds with event-time analysis I. Cox proportional hazards models Prev Vet Med. 2006; 77: 145-60.

Meadows C, Rajala-Schultz P, Frazer G, Phillips G, Meiring R, Hoblet K. Evaluation of a contract breeding management program in selected Ohio dairy herds with event-time analysis II. Parametric frailty models Prev Vet Med. 2007; 80: 89-102.

Moreau T, O'Quigley J, Mesbah M. A global goodness-of-fit statistic for the proportional hazards model Applied Statistics. 1985; 34: 212-8.

O'Quigley J, Stare J. Proportional hazards models with frailties and random effects Stat Med. 2002; 21: 3219-33.

Pocock SJ, Clayton TC, Altman DG. Survival plots of time-to-event outcomes in clinical trials: good practice and pitfalls Lancet. 2002; 359: 1686-9.

Royston P. Explained variation for survival models The Stata Journal. 2006; 6: 83-96.

Royston P, Babiker A. A menu driven facility for complex sample size calculation in randomized controlled trials with a survival or binary outcome The Stata Journal. 2002; 2: 151-63.

Royston P, Sauerbrei W. Multivariable model-building. A pragmatic approach to regression analysis based on fractional polynomials for modelling continuous variables. John Wiley & Sons, Ltd; Chichester, England. 2008.

Singer J, Willett J. It's about time: using discrete-time survival analysis to study duration and the timing of events J Educational Stat. 1993; 18: 155-95.

Singer J, Willett J. Applied Longitudinal Data Analysis: Modeling Change and Event Occurrence Oxford University Press; Oxford. 2003.

Therneau TM, Grambsch PM. Modelling survival data: extending the Cox model. Springer-Verlag; New York. 2000.

Thysen I. Application of event time analysis to replacement, health and reproduction data in dairy cattle research Preventive Veterinary Medicine. 1988; 5: 239-50.

Wei LJ, Glidden DV. An overview of statistical methods for multiple failure time data in clinical trials Stat Med. 1997; 16: 833-9; discussion 841-51.

Wei LJ, Lin DY, Weissfeld L. Regression analysis of multivariate incomplete failure time data by modelling marginal distributions J Am Stat Assoc. 1989; 84: 1065-73.

第20章

集群数据简介

宗序平 译　戴国俊 校

◤ 目的

阅读本章后，你应该能够：

1. 确定目前的数据中是否有集群数据；

2. 用作图的方法表示层次数据的结构，识别重复测量值、空间数据以及非层次数据的结构；

3. 弄清为何集群数据可能成为一个问题，特别是当其与回归系数估计的标准误和由集群效应产生的混杂有关时；

4. 弄懂集群数据会对连续或离散数据分析产生什么样的影响；

5. 理解以简单的方法去处理集群数据的用途、优点以及局限性，例如集群固定效应和分层建模、校正因子、稳健方差估计和调查估计过程。

20.1　引言

习惯上，一个集群（cluster）是指在一个小组中的一组研究对象（比如个体）（也可见2.7节的定义）。统计上，集群分析的目的是基于数据可能的相似性和物理距离将数据进行分类。集群数据的使用类似于聚类分析，但与聚类分析无关。可以把集群数据看做是具有一些共同特点的观察值（这些特点不通过模型中的解释变量来明确考虑）。这种集群类型的数据总是来源于具有一定结构的数据，其中最常见的例子是一个分层的数据结构。由于存在共同的特点，使结果比其他情况"更相似"，通常导致同一组（或者集群）观测数据反应量间具有相关性。因此，这些数据有时有两种可以互换的不同叫法（或名词），分别是**分层数据**和**相关数据**（虽然后者相关数据更一般，并且也可指其他结构数据）。

本章开始前，先回忆统计学中统计变量（例如Y_1，Y_2）相关性的概念，相关性可用协方差或相关系数（等于由协方差除以各自的标准差）来度量，相关系数的计算公式如下：

$$\rho = corr(Y_1, Y_2) = \frac{cov(Y_1, Y_2)}{SD(Y_1)\,SD(Y_2)}, \quad 这里 \ -1 \leqslant \rho \leqslant 1$$ 等式20.1

观测值之间相似性对应于ρ的绝对值，并且从零开始不断增大。

20.2　由数据结构引起的集群

本节讨论对于拥有同一个环境动物的集群，共同空间（地理相近）以及具有相同个体重复测量值的集群。

共同的环境

一群牛、一窝小犬都是集群环境的例子。我们通常假设所有观测结果之间的相似程度在这一集群中是平等的。聚类不一定局限于单一水平。例如猪可能是聚集在猪圈里，也可能聚集在同一个地区的同一个农场（见图20.1）。这些数据被称为多级分层数据。在层次结构中也可以这么说，猪'嵌套'在农场中，并且农场嵌套在区域中。图20.1表示的是具有5级层次结构的分层资料。在实践中，一般处理的数据往往具有2级（层）或3级（层）结构。

层次结构数据最典型的特性是在某个（低）水平上聚集在一起，并且在更高水平上必须聚集在一起的单位。如图20.1例，要求同一窝仔猪养在同一个猪圈或同一个农场里面。有时数据有两个（或更多）层次鲜明的等级，不能合并成一个单一层次。例如，水产养殖鲑鱼的研究，每个海水养殖笼（生产网箱）分层嵌套在海水养殖点和淡水养殖场或产鲑鱼卵的孵化场（Aunsmo等，2009）。在这个例

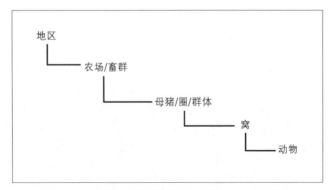

图20.1　一个典型的兽医流行病学分层数据结构

子中，如果一个海水养殖点所有养殖笼内的鲑鱼不是来源于相同的孵化场，每个孵化场的鲑鱼也不是仅提供给同一个养殖点，整个数据结构不再是分层等级数据，取而代之的叫交叉分类数据。严格的等级结构数据的小偏差可由合适的数据限制所处理。例如在鲑鱼养殖中，如果只有少数站点获得多个孵化场的鲑鱼，可以限制数据为一个孵化场对一个养殖站点。最常见的层次等级数据结构有两种，一种是与动物的物理位置有关的层次结构数据，另一种与动物的出生地或屠宰地有关的层次结构数据（例24.6是关于鸡的数据，包含了另一个更加复杂和不常见的数据结构称为多个成员）。交叉分类资料也被看成是分类预测变量中的因子结构资料，这里叫交叉分类资料是原则不是例外。例如，当每个性别中均有所研究的几个品种时的资料就是性别品种交叉分类数据，反之亦然。以水产养殖的鲑鱼为例，图20.2表示的是在很多文献中（Browne等，2001）使用的资料分类图，图中表示了鲑鱼养殖例子中分类分层和交叉分类数据结构的两种类型。

空间集群

图20.1层次结构图表明同一地区的农场是相似的。这种农场间的相似度有时似乎可由农场间的相关系数来替代或延伸，而农场间的相关系数直接与农场间的距离（成反比）有关。空间模型包含研究对象的实际位置（如本例，研究对象是农场，但也可以是奶牛在拴养式牛舍中的实际位置）。空间数据及其分析将在本书的第25～26章中阐述。如果准确的空间信息不可用或者详细的空间模型不如预期（如数据太少），空间集群可用分层等级来解体。

重复测量

重复测量是指在整个研究时间段内对同一动物（或者其他观察单位）同一变量（指标）多次测量。奶牛日产奶量间高度相关是因为奶牛某天产奶量非常接近于其前后天两天的产量。同一头奶牛不同泌乳期总产奶量多次测定值是重复数据，但这些重复数据不会高度相关。可以把重复测量看作是一种特殊类型的层次集群数据（如图20.1，可以在分层的最底层额外加一个动物的重复测量数据）。注意对严格分层的数据，在研究期间动物不可以在不同群体（圈舍等）间移动。然而，如同空间集群一样，一些特殊的想法适用于重复测量。测定时间靠得越近的观察值间的相关要比时间跨度较长的观察值间的相关高。同时，重复测量可能发生在层次结构的任何水平中，并不只是在最低水平。例如，如果猪生产研究涉及一个农场内的几个批次，那么不同批次测量值相当于在一个农场里的重复测量。重复测量数据的分析将在本书第23章中阐述。

强力建议用图20.1～图20.2（图20.4）的方法来确定和展示数据结构，但要记住空间和重复测定结构数据的缺陷。在某些情况下，可能会在分析中忽略一些分层等级，如同20.2.4节里讨论的一样。

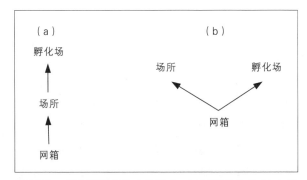

图20.2　水产养殖分层分类图（a）和交叉分类（b）数据结构图，层次结构需要每个站点接收来自同一个孵化场孵化的鱼

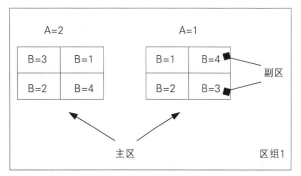

图20.3　裂区设计区组1的布局，具有a=2两个主区以及b=4四个副区

重要的是要认识到数据结构的问题不仅涉及结果变量，也涉及预测变量，因此弄清是否预测变量有变化或这种变化应用于特定的水平是非常有用的。本章节将在最简单的两个层次结构试验设计——裂区设计中详细阐述这一内容：20.2.3节简要讨论在一个层次结构数据的不同水平上，解释预测变量的效应是如何变化的。

20.2.1　裂区设计

裂区设计的概念和术语可以追溯到20世纪初，它是农业领域的范围内制定的试验统计方法。分别考虑涉及各有a个和b个水平的两个因子A和B。这个设计的特色是实际上因子B比因子A更适用于种植在小块土地（小区）的单元上。在田间试验的背景下，可以把因子A看做是一个可以用飞机喷洒农药的大规模管理因子，而因子B是一个小规模的如植物品种因子，因子A的实验单位被称为主（整）区单位。设计需要有重复，假设A因子的a个处理排在c个区组中，主（整）区的单位总数为ac。区组是具有代表性的分割的土地地块或试验地点。注：裂区设计也可以不设区组，但为简便起见，还是需描述具有区组的裂区设计。如图20.3所说明的是该设计按两个步骤来安排的过程。

1.随机分配A因子的a个水平到每个区组（有c个区组）的a个主区中；

2.将每个主区分为b个副区，并且随机分配B因子的b个水平到每个副区中。

以动物生产为例，A因子是畜群管理因子（如拴养牛舍与放养牛舍），B因子是适合于动物个体的处理因子（如每个个体接种4种疫苗中的一种）。因此，主区是牛群，副区是动物个体。区组可能是类似的牛群组成的组，比如，在同一区域或其大小大致相同的牛群组成的组。本例中，副区处理（注射疫苗）应被随机分配到各个动物，而主区处理对牛群来讲几乎不可能是随机的（农场主不可能同意改变牛舍的类型）。一个裂区设计对应于拥有两个水平层次结构数据，主区是最上面的层次结构、副区是最下面的层次结构。

裂区试验分析时，A和B两个因素无法如预期那样公平对待，因为它们是应用于不同层次的试验单位。特别是主区因素A比较的是主区的变化（对应于裂区设计的第一步），副区因素B比较的是副区间的变化。因此接下来有必要对数据中的总变异（尤其是方差）分解为主区内和主区间的变异。这些变异的估计相互独立且具有不同的精度（不同的自由度）。通常主区变异要比副区变异大得多，并且因素A的估计精度比因素B小。A和B之间的相互作用包含在副区变异中，因为A水平内B水平间的差异可以用主区内的变异来确定。当首先感兴趣的是分析B因子的主效以及它和A因子的互作时，裂区设计特别受到关注。上面的例子，如果疫苗的效果在拴养和不拴养的情况下不同，就可用裂区设计相应地估计和确定疫苗的效应。裂区设计在很多统计学教材的试验设计部分有讨论（Mead，1990）。

20.2.2　不同层次水平间的变异

拥有两个层次水平结构资料（奶牛群体中的奶牛个体）的裂区设计说明了在不同层次水平上关注的结果中的变异是如何产生的，以及预测变量如何在这些不同水平上解释变异。其中一个重要的隐含含义是：这种不同层次水平间无法解释的变异表明，可以通过不同层次水平单位的详细研究来获得解释。例如，如果能够理解为什么有些牛群比其他牛群更好，那么不同牛群之间大量无法解释的变异表明对于选定的测定指标而言还有很大的改善空间。通常，针对具有最大变异水平的干预似乎取得成功的机会也最大。当初次研究的数据是层次结构中的集群数据时，探索研究优先于干预研究（Dohoo

等，2001）。

20.2.3　预测变量的集群

当讨论的焦点集中到关注的结果中存在的变异时，同时注意到出现在各个不同层次的预测变量可能是集群的。当考虑数据的层次结构时，有大量可以用于检测的潜在关系。例如，奶牛的数据是个体水平的记录，但是在群体水平上有集群时，可以检测如下内容：

1. 奶牛个体层次上，影响奶牛产量（泌乳期总产奶量）的影响因素（比如哺乳期的数量）。

2. 奶牛个体层次上影响奶产量的牛群层次因素（如牛舍的类型）。

3. 牛群层次上影响奶产量（牛群每个泌乳期的总产奶量平均数）的奶牛层次因素（如牛舍类型）。

4. 牛群层次上影响奶产量（牛群每个泌乳期的总产奶量平均数）的奶牛个体层次因素（比如泌乳期数量），其中奶牛个体层次因素或者可以被单独记录或者汇集到牛群层次（比如牛群的平均泌乳期数）。

5. 可能改变奶牛个体水平关系的牛群层次因素（比如牛舍的类型，也就是泌乳期数的效应对奶产量的影响是否在拴养和非拴养牛之间不同），反之亦然。

正确地评价上述几种因子效应的潜在作用范围，需要正确识别数据中结果及预测因子的层次结构。图20.4说明了预测水平是如何被添加到分层图中的情况。

20.2.4　水平的合并

层次结构数据可能包含许多水平，如图20.1有5个水平。然而，有时可以在分析时去除某些水平，本节对两种常见的情况提出一些意见。为了在不同水平上估计变异和效应，在各个水平上一定最小数目的重复是必要的。显而易见，如果所有的批次中只包含一窝动物，那么就不要区分批次和窝的效应。另外一个潜在的分析问题是某个层次水平数据重复数很多的情况（如有些层次只包含一窝动物而其他层次高达10窝以上）。为了检测这些问题，计算每个层次重复数的范围和重复数的平均数很有必要。对于最少重复数是多少并没有明确的规则可依据，但是当重复数的平均数小于两个或超过单位数的一半叫非重复，可以预计存在问题。为了说明这种规则的重要性，用实例来说明，例20.1是留尼旺岛数据的分析结果，每头奶牛平均只有1.9个哺乳期，没有对分析造成实质性的阻碍（例21.3、例22.7～22.9、例22.11）。如果一些水平需要在层次结构中被去除，保留那些有主要预测因子存在的层次以及在一个空模型（无固定效应）或根据描述性统计展示变异很大的层次是非常有用的。

对于离散数据，特别是二项数据，一些针对分层数据的方法很难处理集群性强的数据，即使有足够的重复也一样。这种情况的一个可能解决的办法是将数据聚合到最低水平（例如当猪在批层次上可

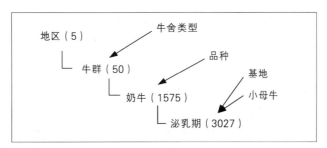

图20.4　留尼旺岛的奶牛繁殖性能reu_cfs数据的多层次结构

例20.1 留尼旺岛奶牛数据的分层结构

data= reu_cfs

对Reunion岛牛的繁殖测量值进行研究（Dohoo 等，2001），产犊到首次配种的时间间隔和首次配种是否成功受孕是两个需评估的结果。这项研究包括Reunion岛50个牛群的1575头奶牛的3027泌乳期。数据具有严格的等级，因为在整个研究期间所有的奶牛都处在同一个牛群中。下表给出了每个等级的单位数，并且在层次水平上给出了重复值的描述性统计量。

水平	单位数	上层等级的复制	
		均值	范围
地区	5	–	–
畜群	50	10	3 ~ 16
奶牛	1575	31.5	8 ~ 105
泌乳量	3027	1.9	1 ~ 5

严格地讲，每头奶牛不同的泌乳期在整个时间区间上是重复测量值。然而，每头奶牛重复测量数很小（平均只有1.9个观察值）不可能用任何复杂重复测量的模型来建模。数据包含两个部分：哺乳期水平的预测因子，−heifer−（初产对经产）以及−ai−（人工授精对自然繁殖），reu_cfs数据集中也未列出其他的预测因子，如品种和牛舍类型。每个预测因子的不同层次如图20.4所示。

以聚类时，可以将猪个体层次水平降到批层次水平）。这个问题的讨论将在22.5.7节中进行，例22.12表示的是将其中3水平的数据汇集到2水平。

20.3 集群数据的效应

除了对有关数据结构的问题感兴趣外，对集群数据感兴趣的另一个原因是必须考虑获得受关注效应的有效估计。这是因为到目前为止所提及的众多的统计模型中内在独立性的假设，对集群数据而言无效。

首先，考虑两个常见问题：①如果忽略集群会发生什么情况；②如果数据显示没有相关性，是否可以忽略集群。如果这些问题的推论是：如果集群没有影响，是否可以避开考虑集群的问题，这时必须提出警示。现代的标准统计软件为集群计算提供了多种选择，当有更好的方法可以用于分析时，很难科学地判断使用了一个有缺陷的方法。无相关性，意味着相关系数的显著性检验结果无显著性，值得注意的是数据显示不相关性的证据绝不是独立性的证据（通过统计检验的第1类型和2类型错误来区分），谨记，"缺乏证据并不能证明证据不存在"（Carl Sagan）。

通过忽略集群后对结果进行检查，这样可能对集群概念的理解更加全面，也许并不奇怪，对这个问题的回答在一定程度上取决于采用的统计模型。本节后面将详细地讨论线性和Logistic回归。但是，忽略集群的效应之一是参数估计的标准误的错误，而且往往太小。如果关注的因素是分组水平上的因素（如群体层次因素的谷仓类型因素）或者如果是在组内同样是高度集聚的个体层次的因素（如在一个群体内的品种可能有变化，但一个群体内的在大多数动物是同个单一品种），这时估计正确。

对一个2水平结构和一个组水平的预测因子，相对于未调整的集群分析，调整的集群分析可以计算一个方差调整因子（22.3.3节）。不过，简单的方差调整导致了一个普遍的但是不正确的判断，集群总是或只是引起方差膨胀。裂区设计的讨论解释了总变异可以分解为主区间和主区内的变异，同样每个水平的值及自由度也可分解。因此，如果数据显示这些变异分别有大有小，集群的调整（裂区设计）分析，实际上给予副区预测因子的标准误差小——主区预测因子的标准误差较大。接着，在一个只有少数牛群的数据集中（即使在牛群内只有少量集群），忽略层次结构将导致严重高估群体层次因素的评价效率，因为畜群的数量决定了自由度，而不是群体内动物的数量。然而，在分析时考虑数据结构可能使得个体水平因子的SEs变小。最后，忽视集群的不清晰效应来自不同集群的观察值的加权。如果不同群体奶牛的数量变化很大，一个未经调整的分析给予了大群体不合理的过高的权数。总之，忽视集群将导致方差膨胀以及其他的缺陷，这也回答了问题2。所以即使没有任何相关性，通常也要使用集群调整的方法去适当考虑数据结构。

20.3.1 连续型数据的集群

线性（回归）模型的最小二乘估计得到的是回归系数的无偏估计，不管集群存在与否（Liang和Zeger，1993）。直觉上这也许很奇怪，但事实上是限制了实际用途，因为相应的SEs会强力地受到忽略集群的影响。因此，如果没有可靠的标准误和测验的统计量去评估估计的精确度和显著性，统计分析就无法进行。此外，即使估计是无偏的，可能也是无效的。例20.2通过两个模拟数据集的分析来说明的是数据集群是如何影响标准误的。在这个例子中，使用了线性混合模型来说明集群的影响。其他方法在本章以及23章中介绍。

20.3.2 离散型数据的集群

离散型数据（比如Logistic和泊松回归模型）回归模型的估计是渐近无偏的，这意味着只有通过无限大的样本，才能产生正确的参数估计（Liang和Zeger，1993）。然而，样本大小有限时，估计值就会产生一些偏差。如果数据是集群的并且在分析中被忽略，估计的方差（或SEs）就会像连续数据中看到的那样被低估。参数估计中看似真实的方差越大，意味着参数估计得到值越远离真实值，但这不会显而易见，结果导致更大的估计偏差。例20.3表示的是用两个模拟数据集来解释忽略集群的实际意

例20.2　连续数据的集群

data= simcont_clustherd and simcont_clustcow

创建了两个模拟数据集，每个数值集由100个牛群组成。牛群大小介于20到311头之间（μ=116）。牛群日平均产奶量在牛群间随机改变（μ=30kg/d，σ_h=7kg/d），并且牛群越大产奶量越多。奶牛个体的日产奶量值围绕牛群平均值服从正态分布（σ=8kg/d），除非因子–X–存在，其产奶量高于5kg。每个数据集添加了一个预测变量–X–，在数据集之间变量–X–的变化具有群体特点。在第一个数据集里（simcont–clustherd），–X–是一个群体层次因素，所以当所有的奶牛在50个畜群里时，X=1或当所有的奶牛在另50个畜群里时X=0。在第二个数据集里（simcont–clustcow），X是奶牛个体层次因素，X=1和X=0分别代表每个畜群中有一半的奶牛。

每个数据集用2个或3个模型进行拟合。首先，用普通的忽略牛群效应的线性模型（一种简单的两样本比较）进行拟合。其次，用线性混合模型解释牛群内的集群。第三，计算奶产量的群体值并分析与–X–的关系（同样是两样本比较）。这种方法只对–X–是群体水平的变量数据集1合适。

两个数据集模拟分析的回归系数和SEs

数据集	参数	线性模型		线性混合模型		牛群平均线性模型	
		估计	SE	估计	SE	估计	SE
1：–X–处于	–X–	3.557	0.200	3.796	1.496	3.779	1.497
群体水平	常数	30.021	0.146	31.137	1.058	31.169	1.059
2：–X–处于	–X–	4.982	0.199	4.968	0.149		
个体水平	常数	29.257	0.141	30.646	0.728		

在数据集1中，所有的X的估计量远离真值（5kg），但这是由于数据生成过程中产生的随机变异。最重要的是，忽视集群产生的SEs将远远低于其应有的值。通过计算牛群产奶量的平均值来控制集群，通过分析那些值和–X–变量的有/无关系，产生了几乎和线性混合模型完全一样的参数估计值。

在数据集2中，两种方法对X的效应估计非常接近真值，这是因为估计奶牛个体水平的效应比估计群体水平的效应更精确。线性混合模型给出了–X–变量偏低的SE，因为SE是由群体内变异得到的，因此它比群体间变异的和总的变异小。对于常数项（是X=0所有奶牛群体的平均牛奶产量），正确的SE包含了群体间的变异，如果忽视数据的集群，同样SE非常小。

例20.3   集群二项数据

data= simbin_clustherd and simcont_clustcow

在例20，1100个奶牛群体中加入二分类结果变量 –dis–（疾病）。在两个数据集中，–X–效应的OR为2，或对数尺度的回归系数是ln（2）=0.693。非暴露牛的疾病水平设为$p=0.2$，相应的对数尺度值为ln（0.2/0.8）=–1.4。群体效应变化对数尺度标准差为1。与前面一样，数据集1（simbin_clustherd）X表示群体水平因子（X出现在50个群体中）；数据集2（simcont_clustcow）–X–表示奶牛个体水平因子（X出现在每个群体50%奶牛中）；

每个数据集用两个模型拟合：忽略群体集群的普通Logistic模型（本质上是2×2表分析）和考虑群体效应的Logistic混合模型。

回归系数、SE如下：

数据集	参数	Logistic 模型		Logistic混合模型	
		估计值	SE	估计值	SE
1:–X– 处于	–X–	0.529	0.042	0.620	0.204
群体水平	constant	–1.242	0.033	–1.305	0.146
2:–X– 处于	–X–	0.586	0.042	0.697	0.046
个体水平	constant	–1.250	0.032	–1.361	0.111

对两个数据集，除了奶牛个体水平预测变量两个分析方法最显著不同的是普通Logistic模型低估了所有参数的标准差。Logistic混合模型的参数估计接近于真值，但标准差大小正好相反。Logistic混合模型得到的SEs数据集2比数据集1小，这是由于群体内设计比群体间设计更有效。

义。本例子中，运用Logistic（广义线性）混合模型对集群作出解释（第22章），而其他的方法将在本章和第23章中介绍。

20.3.3   数据集群的结果——方差膨胀

数据集群对方差估计的效应在评价组（如牛群）水平因子时很容易被发现。但是结果变量（如奶产量）是在个体（如每头牛）水平上测量的。在这种情况下，牛群平均产奶量的方差对统计检验非常重要。数据集群对方差估计效应的大小取决于两个因素，即集群数据的群或类内相关（ICC）和集群数据的规模。假设集群内所有成对观察值的相关性是一样的，ICC是一个集群内两个观察值间的相关。它拥有相关系数的所有性质（如其值在–1～1之间，无相关时其值为0）。ICC的估算方法取决于结果变量和所用模型的类型，其将在随后的21～23章中讨论。如果假设在所有群体中相关性（ICC或ρ）都相同，那么一个群体规模为m的群体平均牛奶产量的方差［var（$\bar{Y}$）］为：

$$\mathrm{var}(\bar{Y})=\frac{\sigma^2}{m}[1+(m-1)\rho]$$
    等式20.2

这里σ^2是牛奶个体产奶量的方差。注意如果没有集群（$\rho=0$），那么这个公式是组平均的方差（σ^2/m）。根据文献，[1+（$m-1$）ρ]被称为方差膨胀因子或设计效应（Okoumunne 等，2002；Wears，2002）。为了避免和第14章中的多重共线性的方差膨胀因子相混淆，使用2.10.4节所述的设计效应（deff）。设计效应是集群结构数据相对于独立结构数据（平均）的方差比。2.11.6节描述了集群数据资料在计算样本容量时，如何用设计效应来矫正估计的样本大小。表20.1表示的是组内观察值数和ICC值两者的大小是怎样影响集群资料方差膨胀程度的。对一个畜群级别集群的传染性疾病例数进行了ICCs的计算，其取值范围从0.04（牛边缘边虫）到0.42（牛病毒性腹泻），但绝大多数数值都小于0.2（Otte和Gumm，1997）。

最后介绍设计效应应用时的几个注意事项。首先，它们适用于集群平均数并且更广泛地应用于两个集群间的效应，但不用于集群内的效应。其次，公式20.2仅取决于方差，ICC以及集群大小，所以它也适用于离散结果。然而，由于离散数据中平均数和方差的关系，如果集群内有额外的预测因子时，方差将不再是一个常数，同样，在集群间的预测变量有不同值时，集群间的设计效应也不再是一个常数。所以对于离散数据，单个设计效应值仅被看作方差膨胀的粗略近似。第三，如果每个组的大小不相等，可以使用公式20.2以及设计效应的公式计算方差和设计效应的最小值，平均值和最大值评价集群的影响。

表20.1 当处理集群数据（由等式20.2）时，群体大小（m）与ICC（p）对群体均值方差的效应

p	m	设计效应	评论
0	任何	1	无组内聚群=无方差膨胀
1	m	m	完全的组内有效集群使样本数等于组数
0.1	6	1.5	恰当的组大小和较小的ICC与小样本组和较大ICC有同样影响
0.5	2	1.5	
0.1	101	11	组的规模很大，即使很小的ICC，也会导致很大的方差膨胀

20.4　集群影响的模拟研究

例20.2～例20.3用单个（模拟）数据集来说明集群的效应。为了系统地探讨集群影响，进行了一系列模拟研究。除了包括一个连续（正态分布）结果部分模拟研究外（Dohoo和Stryhn，2006），这里介绍二分类结果分析的一些结果（20.4.1～20.4.2节）。通过忽略集群的分析，连续结果的一个独特发现是回归系数的估计没有偏差。集群对回归系数估计的SEs的影响从品质上来讲更类似于下述二分类结果的估计值，但数量上更加明显。

最近的模拟研究探讨了集群中只有少数重复、2水平设置、忽略集群的影响（Clarke，2008）。总结如下，在每个集群平均（至少）有5个观测值时，用混合模型对连续或二分类结果进行拟合，模型参数可以得到有效和可靠的估计。如果重复数稀少（每个集群只有2个观察值）得到的是有偏的估计，即使当每个集群内观察值的数量很少时，忽略集群的结果是使犯I型错误的风险增加。

20.4.1　二元结果集群影响的模拟研究

模拟研究提出了一个由奶牛组成的100个群体变量的二水平层次框架（平均群体大小为150，见Dohoo和Stryhn，2006）。每个群体内每头奶牛产生一个二元结果（Y）。群体患病的基线对数比由N（−1.4，1）生成，结果是基线流行率大约为25%。奶牛个体水平的预测因子X由标准正态分布生成，并设置成群内集群17个水平中有一个［$ICC（X）$］，其$ICC（X）$的范围从0（完全独立）到1（群体水平预测因子）。X的效应在Logit尺度上是线性的，回归系数为0.69，相当于OR值等于2。17个水平，每个水平模拟了1000次。在每个迭代中，创建如上所述数据集。随后，用X作为唯一的预测因子的一个简单的Logistic回归和Logistic混合模型对每个模拟数据集进行拟合。X的回归系数β和SE（β）的偏差通过Logistic混合模型的各自平均数除以简单Logistic模型得到的各自均值计算得到（图20.5的左侧）。集群对个体变异性效应的估计通过两个模型模拟中β的标准差（SD）来确定的（图20.5的右侧）。

图20.5的左侧表示的是简单Logistic估计和Logistic混合模型间的比值（偏差），X变量的所有ICC值偏的差在常数0.85上下分布。众所周知，Logistic混合模型（β）的估计值在数值上比简单Logistic回归估计的那些值要大［用第22章的术语来讲，分别是特定集群（SS）和群体均值（PA）］，它们的

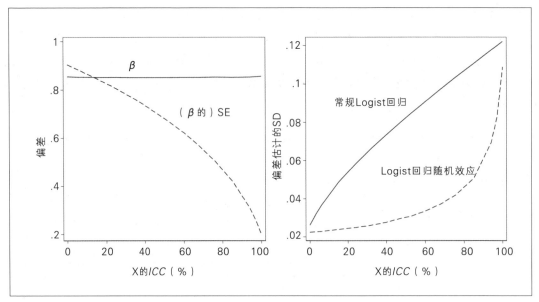

图20.5　评估二项数据中集群效应的拟合研究结果：左图为处理效应（β）和SE（β）估计的偏差；右图为个体β估计拟合之间标准差

比值（偏差）和由22.2.2节中的公式22.2（$1/\sqrt{1+0.346\times1}=0.86$）计算得到的值相当一致。当$X$是一个群体水平预测因子时［$ICC（X）=1$］，系数的SE总体被低估了，就如用公式20.2，当m很大，$\rho\approx0.23$（根据22.2.3节公式22.4）时所期望的。当X是一个奶牛个体水平预测因子群体内没有集群［$ICC（X）=0$］时，用Logistic混合模型对SE（β）的估计就偏高了一点（考虑模型尺度的不同）。在$ICC（X）$的处于中间值时，SE（β）的比率是随着$ICC（X）$的增加而平滑减少。注意两条曲线的实际交叉点取决于具体的设计和参数设置。

由右图可见，即使两个模型的估计间没有系统的偏差（超出了SS和PA估计值间的区别），简单Logistic回归的个体估计比Logistic混合模型估计得到的变异要大得多，尤其是中间的$ICC（X）$值。因此，由一般Logistic模型得到的个体估计跟真值有很大的不同，但无法预测偏差的方向和大小，因为估计的SE（β）偏小。使得产生估计的方向和幅度发生偏差。当$ICC（X）$处于极端值（0或1）时，普通回归估计的变异更接近于预期值。

20.4.2　集群和混杂

通常假设对集群的控制相当于对不可测的干扰因素也起到了控制作用，这可能与组中动物是集群的有关。为了探讨这一假设，上述的模拟数据扩展为包含一个服从标准正态分布混杂变量（Z），混杂变量会使结果的比值加倍，并且与预测变量相关（$\rho=0.5$）。当有X存在时，Z被设置成群内集群的17个水平的一个［$ICC（Z）$］，其范围从0（完全独立）到1（群体水平预测因子）。X和Z的β以及［SE（β）］的偏差是通过Logistic混合模型中包括Z时，β和［SE（β）］估计值的平均数除以不包含Z时各自估计的平均数来计算的。结果见图20.6。

如果混杂是一个真正的群体水平因子（也就是$ICC=1$），在Logistic混合模型中，对集群的调整将完全消除Z的混杂作用。另一方面，如果Z在组内个体之间有变异（也就是$ICC<1$），那么，模型中由于有Z和不包括Z相比残差混杂就会产生有偏估计。在这种情况下，β的估计上升到原来的1.4倍。实际混杂偏倚的大小和方向取决于Z与Y相关系数的方向和强度。虽然β的估计是有偏的（如果　），但不

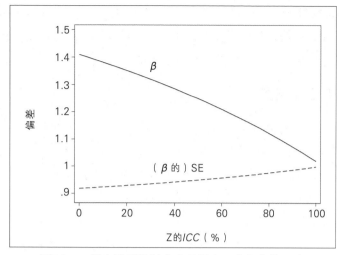

图20.6 混合模型控制未度量混杂因素能力的评价

管Z的ICC值有多大，〔SE（β）〕的估计无偏。因为这两种模型都有同一个正确的方差结构。这就证明了当在分析中考虑集群时为什么估计（并不是它们的SEs）经常改变。一个不可测的混杂因子的效应取决于ICC，在分析时，为了对混杂进行解释，一个不可测的混杂的混杂效应在有部分组内相关（0<ICC<1）或全部组内相关（ICC=1）时可以剔除不计。

20.5 处理集群的方法引论

在集群数据的分析方法中，本书主要关注的是混合或随机效应模型，在第21章和第22章分别回顾了针对连续和离散数据这两种模型的拟合。另外，生存数据的混合模型和脆弱性模型在19.11节已做介绍。混合模式也被用于重复测量和空间数据（见第23章和第26章）。另一种广泛用于集群数据的方法是广义估计方程（GEE），它将在重复测量数据（第23章）章节中介绍，虽然它最初是在重复测量数据分析中发展的，但是GEE法有更广泛的适用性（比如分层数据）。本节包含了一些对集群检测引导性的讨论以及比较简单的，用固定效应、分层作用、方差估计尺度和稳健方差估计来处理集群的传统方法，同样也讨论了生存数据分析有关的方法。

20.5.1 集群的检测

集群检测最初是由研究者的一些认识开始的。无论何时，当数据收集自个体，设法让它们成一组的时候，就应该考虑数据可能集群。更普遍的集群可理解为，无论何时，当动物共享潜在的影响特征，并且没有被可解释的变量所解释时。在开始时，任何分层结构或个体放在一起管理可提出集群，如图20.1和图20.4所示。同时，重复测定和空间数据结构应始终注意可能是集群并进行检查。

人们期望有一些通用的集群统计测验的标准方法（通用方法），但情况并非如此。这里给出两种解释。一是集群在离散和连续的数据以及不同的统计模型中的处理方法不同。通常的方法是通过扩大统计模型，在模型中加入一个额外的集群参数（或效应）。估计这个参数并测验它是否与零（无集聚）有显著差异。这种方法在第18章已有介绍。在泊松模型中额外增加一个方差参数生成一个负二项式模型。在例如Logistic和泊松回归的离散模型中，可用适合性检验的统计量对数据中的实际变异和期望变异进行比较，如果显著，表明过度离散，这就是集群的潜在结果（见16.12.4节、18.5.3节和20.5.3

节）。二是为何集群测验总是比人们预期的还要少，是否如20.3.3节解释的那样，群集数量少对方差估计产生影响就大。因此，即使是统计不显著，人们往往倾向于在统计模型保留集群效应，尤其是如果集群显示有些效应时，就强力认为是由数据结构引起的效果。

20.5.2　固定效应和分层模型

首先讨论一个简单的、以前常用的处理集群的方法，这种方法在本书前面的章节中偶尔也用过，即在回归模型中包含固定效应的组别。为方便讨论，在本节及以下数节，把组看成是牛群群体，把组内个体看成是奶牛。在固定效应模型中包含了代表组（牛群）的虚拟（指标）变量。固定效应分析有效地估计了每个牛群的单独参数。这种固定效应分析方法有效地从残差的变异中分离出牛群的变异，结果导致牛群内因素的显著性测验更加恰当。

这种方法有几个主要缺点。首先，在模型中不能包含所有的群体水平预测因子（如牛舍的类型），因为这种因子的效应会被牛群效应所吸收。第二个缺点是，该模型不包含同一牛群中奶牛个体间的任何相似性（也就是模型只包含牛群内的方差，而牛群间的方差作为固定效应被剔除了），因此，牛群间的均值方差变大了（例如小母牛在产犊到怀孕的间隔时间内注射疫苗）。另一种说法是，作出的任何推论都是针对特定的牛群而言的，但很多人总希望结论能适用于更多的一般牛群群体。第三个缺点是，如果牛群很多，就需要有大量的拟合参数（一个牛群一个参数），如果每个组拥有的观察值相对较少，模型中参数的估计值可能变得不稳定。因为通常对每个群体的实际效应不感兴趣，这些固定效应通常被认为是干扰参数。模型中存在大量干扰参数的结果可能离散模型比正态分布模型更严重，因为如果有大量的参数需估计（相对于观察值的数量而言），用于离散分布模型拟合的估计程序的渐进性就被打破了。另一方面，固定效应方法的明显优点是统计分析简单。因为固定效应可以在不改变结构和没有额外软件需求的情况下添加到模型（线性或Logistic）中。特别是有些软件，在没有足够的模型检测工具来检测分析混合模型时，可能将模型检测的部分建立在混合模型固定效应的基础上检测，严格来说这是不正确的。更实质性的是，当牛群被限定于特定研究并不代表一般的群体时，固定效应分析的方法是可取的。例20.4和例20.5所示的固定效应方法，所用数据是前面提到的模拟数据集，有一个奶牛个体水平的预测变量，分别有一个二分类结果变量和连续结果变量。

另一个处理集群的二项数据和奶牛群体内二分类因子的简单方法是用Mantel-Haenszel过程进行分层分析，具体见第13章中的描述，由集群变量定义层次。Mantel-Haensze型分层分析仅限于一个明确二项类型结果变量和单一分类组内预测变量。对于多因素问题，它们仅用于描述。例20.4包含了一个分层分析。

20.5.3　因子对集群的纠正

本节总结了两种纠正模型中未考虑集群的分析方法，包括群内相关系数（ICC）的估计（见20.3.3节）和过度离散的估计，用其中的一个来调整回归系数的标准误（SE）。注意，这两种方法的简单前提是集群影响的仅是SEs的估计（通常，当不考虑集群的效应，因子的数量相同时，对所有的回归系数而言，就会导致SEs太小）。先前的例子表明，情况并非总是如此。因此，并不是所有未纠正的分析都可能靠SE的增加来纠正，研究者必须特别注意这些纠正因子的要求，这样才能有意义。

用设计效应来调整

公式20.2表示的是就群体的平均方差而言，集群效应如何，根据设计效应（deff），取决于ICC和

例20.4　模拟的二项数据分析总结

data=simbin_clustherd and simcont_clustcow

数据来自例20.3中模拟的二项数据集，–X–作为群体水平或奶牛水平因子，利用本节处理集群数据的简单方法来进行分析，也就是用Logistic混合模型（见22章）、广义估计方程（GEE）方法（第23章，用可交换的相关结构）来进行分析。有些方法仅适用于其中之一的数据集；例如由集群造成的分层方法仅用于奶牛水平的预测变量。所有结果总结如下：

表20.2　模拟的具有牛群或奶牛水平预测变量的二项数据集拟合结果

数据集	–X–牛群水平				–X–奶牛水平				
参数	Constant		–X–		Constant		–X–		SS
统计量	Est	SE	Est	SE	Est	SE	Est	SE	PA
无条件Logistic模型	–1.242	0.033	0.529	0.042	–1.250	0.032	0.586	0.042	PA
固定效应	–	–	–	–	–2.130	0.632	0.704	0.046	SS
Mantel–Haenszel	–	–	–	–	–	–	0.698	0.046	SS
方差调整（过大离差）	–1.242	0.140	0.529	0.181	–	–	–	–	PA
方差调整（Williams）	–1.108	0.139	0.558	0.186	–	–	–	–	PA
稳健方差	–1.242	0.146	0.529	0.211	–1.250	0.114	0.586	0.044	PA
Logistic（混合模型）	–1.305	0.146	0.620	0.204	–1.361	0.111	0.697	0.046	SS
广义估计方程	–1.110	0.125	0.559	0.177	–1.112	0.095	0.587	0.042	PA

两个数据集的PA估计比SS估计更接近于0（符合预期，因为这些方法是在不同的尺度上估计的，所以有不同的解释，见第22～23章的进一步讨论）。

在以–X–为奶牛水平因子的数据集中，–X–的PA估计中固定效应估计都比较接近，SS估计也同样如此。SE也非常接近。在群体1中，固定效应模型中常数项的估计相当于正比例（在Logit尺度上），所以估计不同于其他模型从整体比例（所有群体）所得到的估计。群体2到群体100有99个群体的系数未列出。

在以–X–为群体水平因子的数据集中，常数项的估计有相当大的差异，由非条件模型得到的常数项和SE的估计变化相当大，且是全面低估。William与GEE方法关于X的PA估计高于无条件模型。过度离散参数的估计为18.38，其值是通过Pearson χ^2（1801.50）除以自由度（100–2＝98）得到。这相当于从二项分布计算得到的标准离差的4.29倍。从而SE应当乘以这个系数（与GEE法相当）。

参数估计相当大的差异表明方法的选择对结果影响较大，说明两种主要简单方法（固定效应、分层和方差调整方法）通常不能给出相同的结果，如Logistic混合模型、GEE方法。

例20.5　模拟的连续型数据分析总结

data= simcont_clustherd and simcont_clustcow

模拟的连续数据集来自例20.2，–X–作为群体水平或奶牛水平因子，利用本节处理集群数据简单方法来进行分析，也就是用线性混合模型（第21章）、广义估计方程（GEE）方法（第23章，用可交换的相关结构）来进行分析。固定效应模型仅用于奶牛水平预测变量。所有结果见下表。

表20.3　模拟的具有牛群或奶牛水平预测变量拟合连续数据的结果

数据集	–X–牛群水平				–X–奶牛水平			
参数	Constant		–X–		Constant		–X–	
统计量	Est	SE	Est	SE	Est	SE	Est	SE
无条件线性模型	30.021	0.146	3.557	0.200	29.257	0.141	4.982	0.199
固定效应	—	—	—	—	24.324	1.800	4.968	0.149
稳健方差	30.021	1.092	3.557	1.712	29.257	0.874	4.982	0.142
线性混合模型	31.137	1.058	3.796	1.496	30.646	0.728	4.968	0.149
广义估计方程	31.135	1.040	3.797	1.488	30.648	0.722	4.968	0.141

在以–X–为奶牛水平因子的数据集中，固定效应模型与线性混合模型关于–X–的系数估计结果相同，常数项对应于不同的参数（群体1在–X–不存在时的均值）。不同方法间SE和估计的一致性均优于例20.4二项数据。线性混合模型与GEE方法估计也几乎相同，主要的差别在于这些模型的估计与简单线性模型估计间的差异。除了以–X–为奶牛水平预测因子的系数外，稳健SEs大于未调整的SEs，这一表现和我们在例20.2～例20.3中讨论的情况非常吻合。线性混合模型通常是优选方法，这一模型和模型假设进一步的讨论见第21章。

群体的规模。如果*ICC*是已知的，并且*ICC*和设计效应在所有的畜群群体中是一样的，分析只涉及群体水平因子，但忽略群内集群，这时可以用设计效应平方根的回归系数的标准误的膨胀去纠正。实践上，牛群的大小很少相同，且*ICC*值未知，同样在畜群间也不是常数，特殊情况例外（虽然常数*ICC*$_s$经常被假设为正态分布数据）。即使没有这些条件，该方法作为一种近似计算的方法还是可以接受的，但该近似计算的正确性难以评估。总之，这种方法有点过时，但是仍然可以用于描述用途。

集群的结果——过度离散

过度离散的概念在第16章二项式分布模型和第18章泊松分布模型中已做了介绍。表16.5表示的是由于集群造成过度离散的一个假设例子。过度离散可能发生在分布的均值和方差有联系的所有模型（包括离散模型）中，这意味着数据的分散程度大于来自均值（和均值与方差间的关系）的预期（注：在正态分布的模型中不会出现过度离散）。同样也可能出现相反的情况，即数据的分散程度小于来自均值的预期，也被称为过小离散，实际上过小离散并不常见，更难以解释，一个公认的例子是由资源限制（如饲料）的竞争所造成的集群内观察值之间产生的负相关造成的过小离散。

过度离散因素用于调整

如果数据的自然分散和所用的分布（如二项分布、泊松分布）无法匹配，广义线性模型（见16.11节）允许考虑一个额外的离散参数（φ）。如前所述，对于一个仅有群体水平预测因子的2水平模型而言，它可被用来调整在畜群水平上的方差膨胀。实际上，这种调整在牛群大小不等时有效。由表16.5的数据观察过度离散参数二项式模型是如何起作用的。Y_i和n_i分别表示从第i个群体中抽出的实际结果和总的动物数。那么，模型的假设如下：

$$\mathrm{E}(Y_i)=n_i\,p_i \qquad 和 \qquad \mathrm{var}(Y_i)=\varphi\,n_i\,p_i(1-p_i) \qquad\qquad \text{等式20.3}$$

这里设φ与组内观察值数n_i独立，显然未必真实。它使我们认识到，使用过度离散参数假设组间方差膨胀的特定形式。对于泊松分布而言，有一些估计φ方法，皮尔森估计一般被认为比较好（Hilbe，2009；McCullaght和Nelder，1989）。注意，对二项数据而言，这种方法要求组内一定要有重复，也就是数据必须是没有组内预测变量的分组二项（也就是二项式）数据。在这种情况下，存在其他尺度关系的可能性而不是公式20.3所表示的关系，如威廉姆斯方法也影响到参数的估计。对于中等大小的不同群体，两种方法相差不大（在群体大小相等时完全相同）。威廉姆斯法（分组二项资料的β-二项模型将在22.4.5节讨论）假设如下：

$$\mathrm{var}(Y_i)=[1+(n_i-1)\rho]\,n_i\,p_i(1-p_i) \qquad\qquad \text{等式20.4}$$

这里ρ是*ICC*，因此过度离散系数，$\varphi=1+(n_i-1)\rho$，取决于组内个体数n_i。第22章的Logistic混合模型假设的是另一种关系，其膨胀也取决于概率ρ_i。我们用具有一个群体水平预测因子模拟的二项数据证明了这种方法（例20.4），这里由于所用数据资料没有群体内预测因子，所以可在群体水平上合并数据（分组二项资料），而且任何信息没有损失。

简单过度离散方法的优点是他的数值计算比较简单，假设相对不苛刻（仅涉及方差）。模型拟合后，也可以用普通回归模型来诊断。过度离散参数的大小提供了集群问题严重性程度的估计。缺点：φ估计一个潜在的问题（当只有少量重复时）是，当牛群体大小n_i有很大不同时，要假设过度离散是常数（或使用William形式），对二项数据而言，缺乏以似然比为基础的推断和对分组数据的（或没有群内预测因子）限制。如同20.3节中所介绍的，不建议普遍使用过度离散去弥补非模型化的层次集群资料，特别是因为几乎没有理由相信，集群的效应仅是增加标准误。

20.5.4 稳健方差估计

在一般的回归模型（如线性、Logistic）中，模型中各系数的SEs是假设模型在所有的方面都正确，并且误差独立，服从适当的分布（线性模型用高斯分布）或二项式分布（Logistic模型）。如果这些假设得到满足，并且假设样本无限大，那么估计的β正确，并且SE为0.

还有另一种计算β方差的方式，称为稳健方差或Huber–White方差估计（Huber，1967；White，1980）。有时也被冠以"三明治"方差估计，因为在矩阵记号中，βs方差估计的矩阵公式如同三明治一样［数学方式表示为：$A^{-1}BA^{-1}$，这里A^{-1}表示逆矩阵，而矩阵的真正形式取决于模型，矩阵A^{-1}是基于模型的方差矩阵，B是校正项（Hardin和Hilbe，2007）］。这些估计对先前所提到的基于模型的估计假设并不敏感（例如线性回归模型的方差同质性），但在解释上稍微不同。如果样本容量和数据集中相同的重复样本抽自原始总体，那么SEs简单地估计βs所期望的变异性，有点类似于靴襻法（bootstrap）SEs（Guan，2003）估计。同样，对存在违背模型建立假设的任何情况，这种标准误的估计比一般估计方法要更稳定，通常得到的SEs比一般情况下估计的要大（置信区间宽），但也有例外。虽然离散数据也可以计算稳健SEs，但稳健性不明显，因为模型不确定的设计不仅影响方差还影响SEs自身的估计。

稳健方差估计也可以出现在不相同的集群间，这对处理集群数据非常重要。因为在这个变化中，稳健方差估计放宽了独立性的假设，只需要集群间数据的独立性，而不是集群内数据的独立性（Froot，1989；Williams，2000）。有关替代方差估计程序（包括三明治式和其他方法）更多方法及讨论可以阅读Hardin和Hilbe（2007）的专著。例20.4和例20.5说明了集群调整稳健方差估计的方法，所用分析数据来自例20.2～例20.3的模拟数据集。

集群调整稳健方差估计方法的优点是它使用简单（如果用软件计算的话），不要求对有关集群的性质进行特别假设。对于线性模型，它提供的稳健SEs估计可以用于对模型假设（例如误差的分布和方差的同质性）有不同程度违背的情况。该方法的缺点是它没有提供有关集群的数量或来源。此外，它对参数的点估计不产生影响，而这对那些非正态分布数据来说被认为是特别关键的。SEs的解释也不同于通常的SEs。最后，对集群数据而言，集群调整稳健方差估计是广义估计方程（GEE）方法的一部分（见23.5节），广义估计方程方法在模型建立过程中提供了更好的控制，所以无需附加假设。

20.5.5 调查方法

在第2章中，介绍了调查设计是怎样被合并到由一个复杂抽样设计获得的数据集来估计平均数和比值的，并注意到调查分析的方法延伸到一些回归模型，包括第14～19章中涉及的内容。多级调查设计包括一个或几个水平的集群（见2.10.3节），因此很自然地会问到在调查时，调查方法如何解释集群，多水平分析框架如何相互联系。理论性比较超出了本书的范围，但可从第2章中的实例得到一些说明。最近有关多级调查数据的多水平（混合模型）分析方法指出，当设计包含样本权重时需要谨慎使用（Rabe-Hesketh和Skrondal，2006）。反过来，对于具有最高级别集群的2水平结构的数据，调查分析方差线性化方法与稳健方差估计相当（见20.5.4节）。一些调查过程允许资料包含额外的水平，但通常预期结果与在最高水平上集群的稳健方差估计相接近。

其他已有的调查分析方差估计的方法，没有直接类似的多水平建模方法。特别是根据重复数据进行的方差估计，数据被重复分开进入次级样本并计算各次级样本内的方差（在次级样本中考虑样本权重）。有多种形成次级样本的方式（随机分组、折叠式重复、平衡重复复制、自举方法）。这种方差

例 20.6　复杂调查数据的调查分析与多水平分析

data=dairy_dis

　　用Logistic回归模型评价犬新孢子虫测试阳性奶牛的可能性，模型中包含一个奶牛水平（泌乳期数）预测变量和一个群体水平（群体中白血病阳性牛比例）预测变量。变量系数与SE的估计说明了调查分析方法逐步合并了更多抽样设计的特征。

生存分析	位置参数		白血病流行率	
	估计	SE	估计	SE
（1）：牛群集群	−0.077	0.032	0.889	0.442
（2）：（1）+固定区域效应	−0.103	0.038	0.885	0.417
（3）：（2）+fixed province effects	−0.095	0.041	0.771	0.419
（4）：（2）+区域分层效应	−0.103	0.038	0.885	0.420
（5）：（4）+有限群体相关	−0.103	0.037	0.885	0.397

　　前3种分析结果也可以采用Logistic回归模型稳健方差估计得到。但检验的P值稍微有点不同，这是因为分层调查方法采用$F-$或$t-$分布，而Logistic回归模型采用χ^2或Z分布。忽略样本加权对奶牛水平（泌乳期数）预测变量的估计有很大影响。固定效应建模对群体水平预测变量的估计也有很大影响。有限总体校正方法使SE稍有降低。分析方法（5）最优，原因在于合并了所有抽样设计特征。

估计方法具有的优点是可以用于任何要估计的统计资料（不需要分析结果），但在计算上要加强。

　　2水平模拟数据集（用来举例说明处理集群数据其他方法）的调查分析方法给出了与稳健方差估计相同的结果（例20.4和例20.5）。例20.6说明了特定的调查设计效应的特征（抽样权重、分层和无限群体的调整，见第2章），根据Logistic回归模型分析结果以及牛新孢子虫检测阳性的危险来评价两个预测变量的效果（泌乳期数和白血病群体流行率）。显然，当观察值表示的是总体中抽样单位数量的不同时，合并抽样权重将改变估计值和标准误。忽略抽样权重产生的是研究样本而不是原始总体的估计。在估计过程中，一些（非调查）统计软件考虑了权重，但必须注意的是这些权重与抽样权重含义相同。分层本质上是另一种加权方式，分层给出的权重是相对于其在总体中所占的比例。通常给出的结果与分层和固定效应不一样。分层作为无限总体的矫正，专门针对调查分析，只影响标准误。

　　总的来说，调查分析过程为具体体现复杂抽样设计提供了独特的可能性。对于只涉及集群的设计而言，其结果与稳健方差估计相当，调查方法并不能提供实质性的额外优势。

20.5.6　处理集群数据方法总结

　　前面提出了各种处理集群数据的办法（混合模型在后面第21、22章介绍，GEE过程在第23章介绍），通过例20.4和20.5模拟数据集估计的比较表以及涵盖各种方法的总结表，说明各种方法之间的一些差异。本书第24章就贝叶斯方法进行了讨论。表20.4给出了一个非常简短的总结，有关详细信息，参阅各相关章节。

表20.4　聚类数据方法总结

聚类方法说明 （关于兽医流行病学）	性质/特性				方法应用或范围的说明
	校正SE	大于1个水平估计的校正			
		β	聚类	ρ	
固定效应 [20.5.2]	yes[a]	yes	no	no	无聚类变量水平
分层抽样 [20.5.2]	yes	yes	no	no	特定设计（二项分布）
过方差校正 [20.5.3]	yes	no	no	no	无群内聚类变量，不服从连续（正态分布）数据
稳健标准误（聚类）[20.5.4]	yes	no	（no）	no	可校正使用于其他模型（如连续型）

（续表）

聚类方法说明 （关于兽医流行病学）	校正 SE	性质/特性			方法应用或范围的说明
		大于1个水平估计的校正			
		β	聚类	ρ	
调查方法 [20.5.5]	yes	（no）	yes	no	附加特性（样本加权，分层考虑）
线性混合模型 [21]	yes	yes	yes	yes	连续（正态分布）数据
离散混合模型（GLMM）[22]	yes	yes	yes	yes	特定分组参数
广义估计方程（GEE）[23]	yes	yes	（no）	（yes）	总体平均（PA）参数（离散数据）
贝叶斯混合模型（连续/离散）[24]	yes	yes	yes	yes	各种统计方法，附加因子分析

参考文献

Aunsmo A, Ovretveit S, Valle P, Larssen R, Sandberg M. Modelling sources of variation and risk factors for spinal deformity in farmed Atlantic salmon using hierarchical and crossclassified multilevel model. Prev Vet Med. 2009;90 137-145: .

Browne W, Goldstein H, Rasbach J. Multiple membership multiple classification (MMMC) models Stat Modelling. 2001; 1: 103-24.

Clarke P. When can group level clustering be ignored? Multilevel models versus single-level models with sparse data J Epidemiol Community Health. 2008; 62: 752-8.

Collett D. Modelling Binary Data, 2nd Ed.Chapman & Hall/CRC; London. 2002.

Dohoo I, Stryhn H. Simulation studies on the effects of clustering. In: Proceedings of the 11th Symposium of the International Society for Veterinary Epidemiology and Economics, Cairns. 2006. p. 505.

Dohoo IR, Tillard E, Stryhn H, Faye B. The use of multilevel models to evaluate sources of variation in reproductive performance in dairy cattle in Reunion Island Prev Vet Med. 2001; 50: 127-44.

Donner A. The comparison of proportions in the presence of litter effects Prev Vet Med. 1993; 18: 17-26.

Froot K. Consistent covariance matrix estimation with cross-sectional dependence and heteroskedasticity in financial data Journal of Financial and Quantitative Analysis. 1989; 24: 333-55.

Guan W. From the help desk: Bootstrapping standard errors The Stata J. 2003; 3: 71-80.

Hardin J, Hilbe J. Generalized Linear Models and Extensions, 2nd Ed. Stata Press; College Station. 2007.

Hilbe J. Logistic Regression Models. CRC Press; Boca Raton. 2009.

Huber P. The behavior of maximum likelihood estimates under nonstandard conditions. In: Proceedings of the Fifth Berkeley Symposium on Mathematical Statistics and Probability: University of California Press, Berkeley. 1967. p. 221-223.

Liang KY, Zeger SL. Regression analysis for correlated data Annu Rev Public Health. 1993; 14: 43-68.

McCullagh P, Nelder J. Generalized Linear Models, 2nd ED. Chapman & Hall; London. 1989.

Mead R. The Design of Experiments: Statistical Principles for Practical Applications. Cambridge University Press; Cambridge. 1990.

Okoumunne O, Gulliford M, Chinn S. A note on the use of the variance inflation factor for determining sample size in cluster randomized trials The Statistician. 2002; 51: 479-84.

Otte MJ, Gumm ID. Intra-cluster correlation coefficients of 20 infections calculated from the results of cluster-sample surveys Prev Vet Med. 1997; 31: 147-50.

Rabe-Hesketh S, Skrondal A. Multilevel modelling of complex survey data J Royal Stat Soc, Series A. 2006; 169: 805-27.

Wears RL. Advanced statistics: statistical methods for analyzing cluster and cluster-randomized data Acad Emerg Med. 2002;

9: 330-41.

White H. A heteroskedasticity-consistent covariance matrix estimator and a direct test for heteroskedasticity Econometrica 1980; 48:817-830.

Williams RL. A note on robust variance estimation for cluster-correlated data Biometrics. 2000; 56: 645-6.

第21章

连续型数据的混合模型

宗序平 译　戴国俊 校

目的

阅读本章后，你应该能够：

1. 写一个包含固定和随机组分的模型方程；

2. 计算多水平模型每个水平的方差；

3. 确定一个集群中观测值间的相关有多高；

4. 确定预测变量是否有相同的（固定的），或不同的（随机斜率）集群效应；

5. 计算模型中含有随机斜率的结果（复合方程）的方差；

6. 确定预测变量的组间和组内回归是否有不同的斜率（即组间组内数据中是否存在关联效应）；

7. 评估模型中固定和随机效应的统计显著性；

8. 评价多水平模型的残差；

9. 确定结果的最佳Box – Cox变换以便正态化模型的残差。

21.1 引言

混合模型（对连续数据）包含2个参数或者效应

（1）固定的，或平均效应，比如线性回归模型中的普通回归系数（第14章）；

（2）随机的，或"围绕均值波动"效应，用以解释一些误差项。

混合模型可以用来考虑具有分层、多水平或者具有嵌套结构的数据，即混合模型有时会被这些项所涉及。尽管可用其他方法分析分层结构数据，但由于计算能力的进步，在过去十年里混合模型使用非常广泛。多水平模型，一种特殊类型的混合模型，已作为一种合适的架构被应用在许多流行病学分析中（Diez-Roux，2000；Greenland，2000b），有关内容将在21.3.4节详细阐述。混合模型也适用于许多其他类型的数据结构，但本章的重点是分层数据（将在第23章和第25～26章讨论重复测量和空间数据）。混合模型也被称为方差组分模型。方差组分常常用技术或数学概念将数据集中的方差（变异，可变性）分解成几个能给出合理解释的组分。

数据集scc_40（见第31章中更详细的描述）被用来从数值上对方法进行说明。它由40个畜群的数据组成，这些数据选自一个更大的数据集，而这个更大数据集中的数据是用来研究与乳腺炎和牛奶产量相关的问题。将（对数）体细胞计数（SSC）作为结果，数据结构是3水平层次：对40个牛群中2178头奶牛进行14357次检测。在每个泌乳期，大约每个月对每头奶牛进行一次检测，从而为每头奶牛构建重复测量（数据）。本节，每头奶牛只检测一次，也即奶牛泌乳期内的第一次检测记录。形成了一个40个牛群2178头奶牛的2水平结构资料；数据集中牛群规模从12至105。2水平的数据集记为scc40_2水平。显然，任何结果和预测变量真实相关的推断不应该以数据子集的结果为依据。本章例子中所用变量如下。为了明确起见，对于1/4年，使用季节这一说法，但不主张推断两年数据的季节效应。

表 21.1　数据集scc_40的选择变量

变量	测量水平	说明
herdid	3：奶牛群	牛群编号
cowid	2：奶牛	奶牛编号
test	1：检查	泌乳期月份检测：0，1，2，…，10
hsize	3：栏	牛群大小（研究期内平均值）
heifer	2：奶牛	奶牛经产情况：1-小母牛；0-老母牛
season	1：检测	检测季节：1-冬季（1～3月）；2-春季（4～6月）；3-夏季（7～9月）；4-秋季（10～12月）
dim	1：检测	（从产犊开始）产奶天数
inscc	1：检测	体细胞数的（自然）对数

21.2 线性混合模型

线性混合模型延伸了一般线性回归模型（见第14章）的形式：

$$Y_i = \beta_0 + \beta_1 X_{1i} + \ldots + \beta_k X_{ki} + \varepsilon_i, \quad i=1,\ldots,n \qquad \text{等式 21.1}$$

Y是结果，表示体细胞数的对数，回归变量X_1, ..., X_k为连续型变量和虚拟变量，表示所选择的必要预测变量。此外，假设误差ε_1，…，ε_n相互独立，服从$N(0,\sigma^2)$。如果每头母牛仅有一次检测，牛群也没有集群（例如，只有一个牛群的数据），那么这个等式（及其假设）将是有意义的。值得一提的是，在这个模型中，观测值Y_1，…，Y_n是独立的，且具有相同的方差：

$$\mathrm{var}(Y_i)=\mathrm{var}(\varepsilon_i)=\sigma^2$$

到目前为止，残差方差是唯一的方差组分。然而，实际上有若干个（40）牛群的记录，且想要这些牛群加入模型，因为在畜群中，细胞计数可能会有一些变化。在此之前，已经讨论过通过增加一组（40−1）指示变量，并估计每一个指示变量的β来将畜群包含在模型中。具有随机群体效应的混合模型可以表示成：

$$Y_i=\beta_0+\beta_1 X_{1i}+\ldots+\beta_k X_{ki}+u_{\mathrm{herd}(i)}+\varepsilon_i \qquad \textbf{等式 21.2}$$

该模型通常称为随机截距模型，此模型将在后面进行解释（见第21.3.4节）。注意：为了简单起见，单一指标符号将被用于所有多水平的数据。下标i表示个体（最低级）的观测值。在上述等式中，$u_{\mathrm{herd}(i)}$指的是包含第i个体的畜群（例如u_7表示牛群7中的奶牛）。如果有40个畜群，u为40个值之一：u_j，$j=1$，40。一种替代的符号是使用诸如$u_j+\varepsilon_{ij}$这样的多指标，其中j指畜群，i指第j个畜群中的第i个个体。

从等式21.1到等式21.2，解释变量和β参数是不变的，这些通常被称为固定效应，这是相对于最后两项的随机效应而言的。等式21.2中唯一的新项是$u_{\mathrm{herd}(i)}$，这是第i头奶牛的牛群随机群体效应。相对于一个固定的参数，简单地说，随机意味着模型是一个随机变量（根据"频率论"或者非贝叶斯观点；替代贝叶斯方法见第24章）。至于为什么将畜群作为一个随机项，将在后面考虑这一问题，首先让我们来看一下u和ε假设：

$$u_j \sim N(0,\sigma_h^2),\quad \varepsilon_i \sim N(0,\sigma^2)$$

所有的u_j和ε_i是独立的。

因此，假设每个牛群的影响是随机波动的，均值为0（以固定效应决定的均值为中心），标准差为σ_h。因此，参数σ_h^2可以解释为牛群之间细胞计数对数的随机变量。此外，可以计算：

$$\mathrm{var}(Y_i)=\mathrm{var}(u_{\mathrm{herd}(i)})+\mathrm{var}(\varepsilon_i)=\sigma_h^2+\sigma^2 \qquad \textbf{等式 21.3}$$

实际上，已经把总方差分解为畜群之间方差的总和和误差方差（或群内方差）。σ^2是方差组分；例21.1显示如何对它们加以解释。注意：这里不包括固定效应的变异；一个说法是，等式21.2是为了无释方差。

可以用不同的方式来建立畜群的随机效应模型，严格来说，它对应于从群体随机选择模型的效应（畜群）。有时候，在某一项研究中，这可能是事实，但假设畜群是群体的代表可能是合理的，即使它们不是随机选择的。在所讨论的实例中，40个畜群是随机选自所研究畜群的完全集，而这个研究包含丹麦特定地理区域的所有产奶牛群。因此，这40个畜群是这一地区的代表。由于随机效应，焦点从单个牛群转移到整体牛群之间的方差σ_h^2。在一个只对一些牛群特别关注的研究中（可能是因为它们被分别选择用于这一研究），人们可能更倾向于群体模型而不是固定效应（例如β值）（见20.5.2节讨论）。

混合模型可以通过在最低水平上插入各级随机效应来考虑更为一般的分层数据结构（已经在目前

的模型作为误差项）。例如，在地区，牛群中的动物的3级结构将导致牛群和区域的随机效应，将方差分成三项：var（Y_i）=σ_r^2+σ_h^2+σ^2。在混合模型中，预测变量可能驻留在任何层次的水平。作为一个特殊的例子，裂区设计可以通过主区的具有随机效应的混合模型来分析（见20.2.1节）。在流行病学中，经常使用这样的数据集，其中的预测变量可以解释各个水平的变化（见20.2.2节）；混合模型分析充分考虑到这一点。例21.2显示了一个包括固定效应的线性混合模型的一些可能变化。最后，如果（仅是假如）在那一层没有任何预测变量，"每级的随机效应"规则的一个例外是高层可以通过固定效应来建模。这种情况通常发生在高层不是一个更大的整体随机抽样且没有大量元素的时候（例21.3）。一些"最后"的关于随机或固定效应的备注已在21.5.7节收集。

例21.1　方差组分和随机效应

data= scc40_2level

此数据集包含一个来自40个畜群2178头奶牛的观察值。在2级无固定效应的随机效应模型（"空"模型）中，方差分量估计为：

$$\sigma_h^2=0.148 \text{和} \sigma^2=1.730$$

因此，总（不确定）方差0.148+1.730 = 1.878。它往往有利于计算不同级别的分数；这里牛群间的方差为0.148/1.878 = 7.9%及牛群内的方差为92.1%。我们也可以提供一个直接的σ_h^2解释：95%的牛群效应出现在区间[$-1.96\sigma_h$, $1.96\sigma_h$] = [-0.754, 0.754]内。由于整体平均值（β_0）为4.747，这意味着群体中的大多数群体-Insec-均值在3.993与5.501之间。

例21.2　2级体细胞计数数据混合模型的估计

data= scc40_2level

可以用40-牛群、2水平scc数据来拟合包含牛群规模、小母牛、季节和泌乳天数的线性混合模型。变量在下面的表中进行解释；此外，牛群的规模可以通过减去近似的牛群均值（45）再除以100来标准化，从而可以以百为单位来有效地测量超过45的牛群规模。同样，将泌乳天数（ – sdim – ）减去150除以100来标准化。

变量名	系数	SE	Z	P	95%置信区间	
shsize	0.408	0.377	1.08	0.279	−0.331	1.148
heifer	−0.737	0.055	−13.3	0.000	−0.845	−0.628
season=spring	0.161	0.091	1.78	0.076	−0.017	0.339
season=summer	0.002	0.086	0.02	0.986	−0.168	0.171
season=fall	0.001	0.092	0.02	0.987	−0.179	0.182
sdim	0.277	0.050	5.56	0.000	0.179	0.375
constant	5.241	0.114	–	–	5.018	5.464

注意，由于随机群体效应，常数与一个平均牛群中体细胞计数的对数有关，而不是与整个奶牛群体的平均值有关。因为牛群的大小不同，这些方法不一定相同。例如，如果最高细胞计数是从最大的牛群（即使在– shsize–，估计很难说明这是如此）获得的，那么该奶牛的平均数通常高于牛群的平均数。在多级抽样中，对于加权和不加权平均，母牛和牛群是相似的（见2.8节）。其他的回归系数可以以相同的方式来解释。

此外，估计方差分量（也含标准误差）为：

$$\sigma_h^2=0.149（0.044） \qquad \sigma^2=1.557（0.048）$$

在一个线性回归模型中，增加预测变量往往减少了无释方差。直觉上，在受到增加预测变量影响的水平上，希望在混合模型中有相似的效应。但是，相比之下，在例21.1中，σ^2有所减少，σ_h^2略有增加。在多级模型中加入固定效应在整个水平上重新分配变异，从而增加一些方差组分，有时甚至增加了总的变异（所有方差组分的总和），这是很平常的。没有简单的直观的解释可以提供，用固定效应进行解释的详情及界定方差的措施见第7章（Snijders和Bosker，1999）。

21.2.1　组内相关系数

该模型假设要求检验同一畜群观测值之间的非独立性或相关性。在线性模型中，所有观测值是独立的，但在混合模型不是如此。组内观测值的相关性（在我们的例子中）通过组内相关系数（ICC或ρ）描述。对于2级模型（等式21.2），ICC等于在上层水平的方差比；由例21.1知：

$$\rho=\frac{\sigma_h^2}{\sigma_h^2+\sigma^2}=\frac{0.148}{0.148+1.730}=0.079 \qquad \text{等式 21.4}$$

因此，一个低的ICC意味着大多数的变异存在于群体内（即只有很少集群），而高的ICC意味着相对于群体间的变化群体内的变化是小的。

一般来说，在具有相同方差和独立随机效应的混合模型中，一个群体中任何两个观测值的相关性假定是相同的，并可以用一个简单的公式计算。相关系数（等式20.1）是两个观测值的协方差和标准差积之比。由于所有的观测值都有相同的方差，这个比率的分母就是总变异，即所有方差组分的总和。该分子是通过随机效应在同一层并累加各自的方差组分得到的。对于2级模型，等式21.4给出同一群体的观测值及不同群体的不相关性。如果地区作为第三个层次增加到模型中，同一牛群的相关系数（因此在一个区域内）是：

$$\rho=\frac{\sigma_r^2+\sigma_h^2}{\sigma_r^2+\sigma_h^2+\sigma^2} \qquad \text{等式 21.5}$$

同样，同一地区不同牛群奶牛之间的相关系数是：

$$\rho=\frac{\sigma_r^2}{\sigma_r^2+\sigma_h^2+\sigma^2} \qquad \text{等式 21.6}$$

例21.3给出了类似4水平模型的计算方法。等式21.6相关性涉及的是不同牛群的奶牛，而更有吸引力的值可能是牛群间的相关系数，更精确地说，是牛群均值之间的相关系数。规模为m的2个牛群均值间的相关系数为：

$$\rho\text{（同一地区牛群规模为}m\text{）}=\frac{\sigma_r^2}{\sigma_r^2+\sigma_h^2+\sigma^2/m} \qquad \text{等式 21.7}$$

例21.3　4水平混合模型中的组内相关

data= reu_cfs

（Dohoo等，2001）采用4水平混合模型分析留尼汪岛的牛在产犊列第一次配种的间间隔。他们的模型有几个固定的效应$X_1,\dots,X_k$，具体的模型如下：

$$Y_i=b_0+b_1X_{1i}+\dots+b_kX_{ki}+u_{cow(i)}+v_{herd(i)}+w_{region(i)}+\varepsilon_i$$

无解方差的方差组分是：区域：$\sigma_r^2=0.001$，畜群：$\sigma_h^2=0.015$，母牛：$\sigma_c^2=0.020$，哺乳：$\sigma^2=0.132$。

含2种预测（−ai−和−heifer−）−reucfs−数据的4级模型分析提供类似的估计。前3个方差组分很小这一事实再次被指出，在一头牛的两个泌乳期之间（从产犊到第一次配种的间隔），在一个牛群的母牛之间或者一个地区的两个牛群之间，几乎没有什么相似性。在最初的研究中，作者建议，繁殖性能的管理应侧重于个别奶牛的各个泌乳期，因为这是大多数无法解释的变异之所在。

从估计中可以计算出总方差为0.168以及如下的观测值相关系数：

同一个奶牛的泌乳期：$\rho=(0.001+0.015+0.020)/0.168=0.214$

同一牛群不同奶牛的泌乳期：$\rho=(0.001+0.015)/0.168=0.095$

同一地区不同牛群奶牛的泌乳期：$\rho=0.001/0.168=0.006$

因为研究仅仅包含5个地区，这几个地区不能作为所有地区的代表，所以通过固定效应来给地区建模会更加合适。需要指出的是，地区之间几乎没有变化（就是没有统计显著性），人们完全可以从模型中删除地区的影响。

当m大时，σ^2/m对公式的影响是很小的，可以忽视不计。进一步的讨论见Snijders和Bosker（1999）的例4.7。

21.2.2　向量矩阵符号

用向量和矩阵可以将线性和线性混合模型表示为紧凑和清晰形式。线性回归模型（等式21.1）可以写为：

$$Y = X\beta + \varepsilon$$

其中Y，β以及ε是（列）向量，X是所谓的设计矩阵，它由k列包含模型的k个预测值组成（用X_{ji}作为X的第i行第j列的元素是与矩阵符号作对照，不是严格的，因为不进行任何矩阵运算）。同样，如等式21.2式线性混合模型一般可写为：

$$Y = X\beta + Zu + \varepsilon \qquad \text{等式 21.8}$$

其中u是所有随机效应的向量（除了ε），Z是模型随机部分的设计矩阵。（本章）模型的假设是所有的随机变量服从均值为零的正态分布，所有的误差都是独立的，具有相同的方差，而且独立于随机效应。

在进一步讨论层次结构数据的混合模型前，简要地说明交叉分组数据结构的混合模型是怎样建立的（见20.2节）。在最简单的交叉分组结构中，每一个观察值通过2个组来进行归类，如饲养数据中的公畜和母畜，将这两个组分为A和B。如果公畜和母畜被用来代表一个群体，那么自然模型除了误差项还有两个随机影响，表示如下：

$$Y_i = (X\beta)_i + u_{A(i)} + v_{B(i)} + \varepsilon_i \qquad \text{等式 21.9}$$

其中$X\beta$代表固定效应，并且A和B的随机效应服从方差为σ_A^2和σ_B^2的正态分布。在试验设计数据分析中，这种模型被称为2维随机效应ANOVA模型（Dean和Voss，2000）（通常写作2指标记号，其中i和j分别表示因子A和B）。ICC可以由上述同样的原则进行计算，例如组A的同一水平观测值的ICC可以计算为：

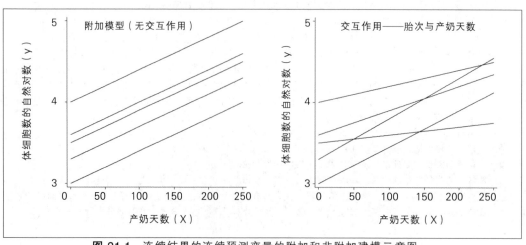

图 21.1　连续结果的连续预测变量的附加和非附加建模示意图

$$\rho = \sigma_A^2 / (\sigma_A^2 + \sigma_B^2 + \sigma^2)$$

21.3 随机斜率

21.3.1 加性和非加性模型

在扩展具有随机斜率的混合模型之前（等式21.2），应当更加详细地考虑模型假设的含义。下面着重解释定量变量，例如产奶天数。假设这些值是在X_1中，并假设该模型包含正回归系数（β_1）的X_1线性项，且与X_2没有交叉项（奶牛的胎次）。基于不同胎次不同奶牛建立的模型对体细胞计数对数的预测，其作为X_1的函数将会是平行线，如图21.1左边显示的那样。每一条线代表特定胎次奶牛的预测值。如果在胎次和产奶天数之间添加交叉项的话，将会产生非平行线（为了不同的胎次），如图21.1右边所示。

对不同牛群的奶牛同样的解释是有效的：在一个附加模型（等式21.2）中对应着不同牛群的奶牛的回归线是平行的，且随机群体效应可以被解读为这些线之间的垂直距离。这是因为等式21.2假定产奶天数的变化（例如增加10d）对细胞计数对数的影响在所有群体（平行线）的所有奶牛中是相同的。

21.3.2 非加性群体效应的随机斜率

附加群体效应（平行线）的假设在生物学上可能不是很明显，因为诸如畜群管理因子等其他因素（固有的群体效应）可能会影响关系。在牛群和X_1之间加入交互作用意味着牛群之间的斜率发生改变。如果牛群作为一个固定效应包含在模型中，交互项将会导致特定的效应，而对每一个牛群来说，这个效应将会被估计。如果牛群是作为一个随机效应，我们假设斜率是随着一些分布而变化的（除了牛群之间截距的变化之外）。对单个固定效应X_1来说具有随机斜率的模型可以写成：

$$Y_i = \beta_0 + \beta_1 X_{1i} + u_{\text{herd}(i)} + b_{\text{herd}(i)} X_{1i} + \varepsilon_i \qquad \textbf{等式 21.10}$$

这里除了前面的假设，还假设随机斜率$b_{\text{herd}} \sim N(0, \sigma_1^2)$。参数$\sigma_1^2$被解释为在牛群中斜率的变化。回归参数$\beta_1$是$X_1$的整体或平均斜率，它受到牛群之间的随机波动的限制。作为一个大致规则，以概率95%，给定畜群的斜率落在区间$\beta_1 \pm 2\sigma_1$。斜率是否应作为随机或固定效应用于模型中通常取决于随机效应自己。也就是说，如果牛群建模为随机的，牛群之间的任何斜率变化应该也是随机的（注意：随机群体效应u_{herd}以及它的方差σ_h^2，表示$X_1=0$处的牛群之间的变化，为了使这个有意义，我们必须保证0是X_1一个有意义的值；否则它必须被中心化）。

上面还没有详细说明b_{herd}s和其他随机变量之间关系的假设，假设同一水平的随机效应相互独立通常是不可取的。在上述实例中，牛群水平的两个随机效应（u_{herd}和b_{herd}）对应于在牛群水平X_1的截距和斜率的回归。回想一下，斜率和截距往往呈现强负相关（尽管围绕该变量可能会删除此相关）。因此，常常要估计牛群之间截距和斜率的相关性和协方差。以下2×2矩阵给出3个参数：σ_h^2，σ_1^2和协方差σ_{h1}。

$$\begin{pmatrix} \sigma_h^2 & \sigma_{h1} \\ \sigma_{h1} & \sigma_1^2 \end{pmatrix}$$

牛群的截距和斜率之间的相关性为：$\sigma_{h1}/(\sigma_h\sigma_1)$。例21.4给出了增加随机斜率到SCC数据的影响。

例21.4　体细胞计数数据的-sdim-随机斜率

data= scc40_2level

添加一个– sdim–随机斜率到例21.2的模型几乎给出了相同的回归系数（0.273），但是随着有一些增加的SE（0.061），随机效应的参数为：

$$\begin{pmatrix} \sigma_h^2 & \sigma_{h1} \\ \sigma_{h1} & \sigma_1^2 \end{pmatrix} = \begin{pmatrix} 0.130(0.048) & 0.0053(0.0246) \\ 0.0053(0.0246) & 0.0426(0.0259) \end{pmatrix} \text{和} \quad \sigma^2=1.541(0.048)$$

σ_1^2的值表明，95%的–sdim–斜率，大约在$0.27\pm0.40=(-0.13, 0.67)$。截距和斜率之间的相关性小且是正的（$0.0053/\sqrt{0.130\times0.0426}=0.07$），因此–sdim–的中心有效地消除了相关性。$\sigma_1^2$的值仅比其SE大一点，$\sigma_{h1}$看上去完全没有意义，所以随机斜率是否向模型增加很多这一点并不明显。我们稍后会看到如何计算随机斜率（它是弱显著）的统计检验。最后请注意一个-shsize-斜率的随机模型将没有多大意义；随机斜率也可能只在变量上低于随机效应，以便用我们所做的方法来解释。

21.3.3　随机斜率建模警告

直觉地用随机斜率的时候需要警惕，在对固定效应关注的时候，不去建立包含太多方差参数的模型是明智的。根据经验，在一个模型中，在每个水平具有超过一个或者两个随机斜率将是毫无用处的，并且只有为了统计显著性和给予预测变量清楚解释的时候，才将随机斜率包含进来，详细的解释见21.3.4节。

随机斜率应谨慎使用的原因之一是该模型的方差不再是常数。为了说明这一点，计算等式21.10随机斜率模型的方差组分为：

$$\text{var}(Y_i) = \text{var}(u_{\text{herd}(i)})+\text{var}(b_{\text{herd}(i)}X_{1i})+2\,\text{cov}(u_{\text{herd}(i)}, b_{\text{herd}(i)}X_{1i})+\text{var}(\varepsilon_i)$$
$$= \sigma_h^2+X_{1i}^2\sigma_1^2+2X_{1i}\sigma_{h1}+\sigma^2$$

等式 21.11

这个等式包含了解释性变量X_1的值，所有观察值的方差也不再相同，而是关于X_1的函数。此外模型的方差的分解也不再是唯一的。对于中等大小的σ_1^2和σ_{h1}，在X_1的大致相关的范围内，可以得到近似相同的方差分解。人们经常建议从一个随机斜率模型来绘制所产生的方差函数，如果可能的话，要确信它有生物学意义。图21.2展示了SCC数据的随机斜率模型的方差函数。基于X_1的总方差的相依性是比较弱的，因为方差的主要部分是在母牛/检验水平，然而，基于X_1的相依性在生物学上是合理的。在泌乳早期奶牛乳腺炎是更有活力的（所以希望在泌乳早期有更多的变异）且在泌乳后期再次上升。

随机斜率模型被认为（其中Y和X之间的关系是回归）是为连续预测变量而引入的。但是，分类变量和随机效应之间存在相互作用也是可能的，尽管不能被解释为随机斜率。因此，更加常用的术语随机系数可能被用于替代随机斜率。如前所述附加模型假定每个类别预测变量的影响在所有畜群是一样的，可能允许它在畜群之间变化。这是为二值预测变量指定这样模型的最简单的方法：用0-1来表示，就好像它是一个连续变量。如果该变量取几个（j）类别值，可创建（$j-1$）指标变量，以同样的方式进行。要知道，这种模型迅速成长为包含很多协方差项，因此，产生不同类别非常不同的方差。在这种情况下，限制协方差为零可能会是有帮助的。

例21.5显示了SCC数据中的二分类预测变量增加对随机斜率的影响。

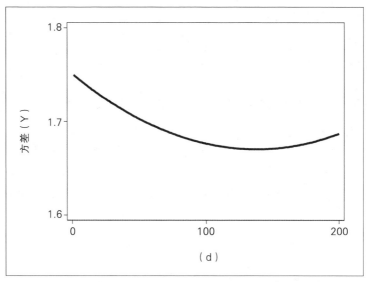

图21.2 体细胞计数数据的随机斜率模型的方差函数

例21.5 体细胞计数数据的–heifer–随机斜率

data= scc40_2level

添加一个随机斜率（–heifer–）到例21.2的模型，产生回归系数 – 0.734（0.067）和方差参数（SE）：

$$\begin{pmatrix} \sigma_h^2 & \sigma_{h1} \\ \sigma_{h1} & \sigma_1^2 \end{pmatrix} = \begin{pmatrix} 0.202(0.062) & -0.076(0.042) \\ -0.076(0.042) & 0.051(0.039) \end{pmatrix} 和 \sigma^2 = 1.546（0.048）$$

在这种模型畜群水平上两个方差的贡献为0.202（non–heifers）和0.202+ 0.051+ 2×（–0.076）= 0.101（–heifers–）。我们看到的协方差是方差计算的一部分，因此，当处理属性预测的随机斜率时，它不应该被假定为0。这些数据似乎都表明，相对年龄较大的牛，小母牛体细胞数的均值更小，变化更少。由此产生的生物学意义以乳腺炎知识为基础。

21.3.4 分层模型的随机斜率模型

使用术语"层次"仅仅是为了描述数据结构，多层次模型比多层次结构数据要更有意义（见第24章中的贝叶斯定理内容）。在社会科学和心理学的应用中，随机斜率模型通常被称为分层模型（Raudenbusch和Bryk，2002）。根据建模方法的合理性，可将等式21.10的随机斜率模型改写为：

$$Y_i = 1 \cdot (\beta_0 + u_{\text{herd}(i)} + \varepsilon_i) + X_{1i} \cdot (\beta_1 + b_{\text{herd}(i)})$$

这个模型的表示说明每个预测变量可以三种方法（2水平分层）被包含在模型中：作为一个固定效应，或作为模型中每2个水平的随机效应。在等式中，常数（1）对应截距，项 u_{herd} 通常表示随机截距（在畜群水平），从而等式21.2也被命名为随机截距模型。随机斜率模型的特征是：至少有一个预测变量（除去常数）有一个更高水平的随机效应（注意：在自己或较低水平的预测变量的随机效应模型对应于分层方差模型，见21.5.8节中讨论）。在层次模型中包含（更高水平）默认的所有预测的随机效应是普遍的，原因是不同水平的效应在概念上是相关的。一种观点为在流行病学中将随机系数模型（如随机斜率）（Greenland，2000b）作为一个方法，以此来调整不可测量的干扰因素，实现预测和结果之间的整体水平相关性更加真实的评估。随机斜率模型潜在的问题是在较高水平缺乏方差参数辨别（如一些单位通常不会很大）。第24章对这个问题已经提出了贝叶斯方法（Gustafson和Greenland，2006），但是在当前，最好的方法仍然是方差模型（如前一节的观点）。

21.4　关联效应

根据层次模型讨论，预测变量应当在多层次效应的基础上建模。关联效应，在一定条件下，通过允许在更高（与它被记录的相比）水平的预测变量的固定效应来向图像中添加另一个方面。预测变量的关联效应一词源于社会科学，并且包含这样的思想——虽然预测变量被记录在个体水平，但它的作用大多数与组（个体所属的组）或者背景有关（Snijders和Bosker，1999）。首先，描述随机截距模型一个预测变量的关联效应，然后再考虑扩展到随机斜率模型中。预测变量X_1如果它满足以下两个条件称为具有关联效应：

（1）X_1在群内和群间变化；

（2）X_1群内和群间的回归Y有不同的斜率。

条件（1）不满足的情况是：当X_1是一个畜群水平预测变量和当畜群的平均数$\overline{X}_{1herd}$是畜群之间的常数。对于条件（2），X_1群内的回归Y对应于回归方程，而这个回归方程对应于同一个畜群的不同动物。此外，群间回归是基于畜群预测变量均值$\overline{X}_{1herd}$的畜群均值结果$\overline{Y}_{herd}$的回归。图21.3说明X_1群内和群间的回归Y是完全不同的（右图）。在右图中，群间斜率与群内斜率是相反的。可以允许等式21.2中的X_1的关联效应，这是通过包含畜群均值$\overline{X}_{1herd}$作为附加的固定效应预测变量（同时保留预测变量X_1），即：

$$Y_i = \beta_0 + \beta_1 X_{1i} + \beta_2 \overline{X}_{1\,herd(i)} + u_{herd(i)} + \varepsilon_i \qquad \textbf{等式 21.12}$$

其中$X_{1herd(i)}$表示i所属的畜群X_1的均值。当回归估计系数β_2是统计显著的时候，关联效应（显著）存在。如果关联效应存在，建议（以减少和更方便地取得可解释估计）用$Z_{1i}=X_{1i}-\overline{X}_{1herd(i)}$重写模型（见21.2节）取代原来的预测，等式如下：

$$Y_i = \beta_0 + \beta_1 Z_{1i} + \tilde{\beta}_2 \overline{X}_{1\,herd(i)} + u_{herd(i)} + \varepsilon_i \qquad \textbf{等式 21.13}$$

等式21.12和等式21.13表示相同的模型，X_1和Z_1的系数是相同的β_1，而$\tilde{\beta}_2 = \beta_1 + \beta_2$。参数$\tilde{\beta}_2$是$Y$关于$X_1$上的群间回归斜率。并且模型21.12或模型21.13中的参数β_1是Y关于X_1上的群内回归斜率。例21.6显示了如何用牛的体细胞数来拟合这些模型。

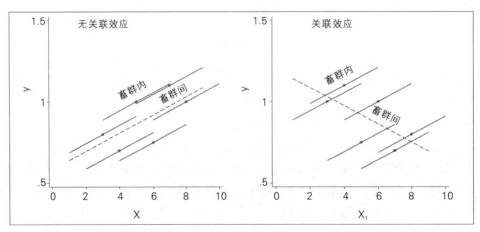

图 21.3　显示无关联效应的示意图（左）和预测变量X_1的强关联效应（右）

例21.6 小母牛体细胞计数数据关联效果

data= scc_heifer

一个关于泌乳早期与泌乳后期体细胞计数关系的预测值的研究是根据收集于2000~2001的Belgain牛群小母牛数据（De Vliegher等，2004）进行的。在第一个哺乳期（直到干奶）每个小母牛都被记录了，但我们只考虑每个小母牛的一条记录（在产奶的第76~105天获得的）。这个数据集包括3095个牛群的10996个小母牛。该预测主要关心的是泌乳早期SCC的对数（在产奶的第5~14天– insccel –），并且关注的重点是泌乳期后期SCC的对数。这里给出了4个含有单一预测和畜群随机效应的混合模型，De Vliegher的分析包括诸如产量、季节、品种以及获得泌乳早期SCC的产奶天数，Stryhn等（2006）给出了SCC对数和产量的关联效果的结果。

模型 参数	随机 截距		关联效应		随机 斜率		关联 随机斜率	
	估计	SE	估计	SE	估计	SE	估计	SE
β_0（intercept）	4.095	0.012	4.094	0.012	4.095	0.012	4.095	0.012
β（lnsccel）	0.262	0.008	0.242	0.009	0.271	0.009	0.248	0.010
β（hlnsccel）	–	–	0.080	0.019	–	–	0.089	0.019
σ^2（herd）	0.121	0.011	0.118	0.011	0.118	0.011	0.115	0.011
σ^2（lnsccel）	–	–	–	–	0.021	0.005	0.021	0.005
σ^2（heifer）	1.037	0.016	1.038	0.016	1.007	0.017	1.007	0.017

变量–hlnsccel–包含–lnsccel–的牛群均值。估计的–hlnsccel–比它们的SE大很多表明随机截距和随机斜率模型的关联效果具有重要意义。在含关联效果的随机截距模型中，牛群内和牛群间回归率的估计值分别为0.242和0.322（计算为0.242+0.080）。因此，随机截距模型中的单一斜率（0.262）大多表示畜群内回归，并最可能被这样解释。牛群间回归增加的强度，也许可以归因于畜群管理的效果：小母牛群中一般含有低的泌乳早期SCCs，在泌乳后期的SCCs也是比较低的，这两种情况都反映了良好的畜群管理。在这种情况下，关联效果增加了单一回归系数的解释而不需改变它的（群体内）解释。Stryhn等（2006）给出了一个关联效应改变解释的例子。

给模型添加强的–lnsccel–随机斜率并不会很大地改变群间和群内回归的估计值和SE。总之，–lnsccel–效应可以被描述成如下三方面的综合。平均来说，–lnsccel–每增加一个单位，进入泌乳期第76~105天的同样的动物相应增加0.248个单位。然而，在母牛中这种效应的95%范围相当宽泛：$0.248 \pm 2 \times \sqrt{0.021} = 0.248 \pm 0.290$。此外，–lnsccel–平均增加1个单位，–lnscc–将预期增加0.089个单位，在76~105d后，最初的提高中总共有0.337（0.248+0.089）个单位剩余。

正如这个例子所表明的，关联效应也可能被纳入随机斜率模型中，通过将预测变量的畜群平均加入到模型方程中来实现这一点，就像我们在等式21.12和等式21.13所做的那样。应当注意，如果固定和随机斜率使用相同版本的预测变量（分别为X_1和Z_1），那么上面的两个参数化方法会导致不同的模型。该群体的平均预测Z_1的有效性已经在文献中讨论了（如Hox，2002，见4.3节）；一个实用的做法是探讨两种模型，并比较哪一种更适合实际的数据。

总之，认识到一个问题关联效应的存在性是很重要的，因为组内和组间回归可能表示不同的效应，因此往往有不同的解释。如果关联效应存在，模型21.2的单个回归系数是2个斜率β_1和$\tilde{\beta}_2$的一个复杂函数（在有些特定情况下是加权平均），并且是难以解释的（详见Snijders和Bosker，1999，3.6节）。对关联效应的失效解释可能导致依据区群或微体理论得出谬误结论（第29章）。

21.5 线性混合模型的统计分析

在混合模型中有几种以似然函数（见21.5.1节）为基础的分析方法和主要估计程序，没有估计的显式表示，但有包含运行估计算法的几个步骤。对于研究人员来说，一定要特别注意统计软件，以确保使用所需的估计程序，并确保它具有分析当前数据的能力。统计软件根据可以分析的模型的范围、处理大数据结构的能力以及它们的用户界面来划分。专门的分层和多水平软件已经被开发出来用于处理大的数据结构；一个好的信息源是英国Bristol大学的多水平建模中心网站：http://www.cmm.bristol.ac.uk。截至2009年冬天，主要的软件（能够提供理论，例子和代码的相应文本）有（未排列顺序）：Stata（Rabe-Hesketh和Skrondal，2008），S-Plus/R（Gelman和Hill，2006；Pinheiro和Bates，2000）），SAS（Littell等，2006），和2个多水平软件包MlwiN（在上面提到的网站上有大量的材料）和HLM（Raudenbusch和Bryk，2002）。

在大多数情况下，线性混合模型中的分析机制是与线性模型的分析相似的，因为实际的估计程序被软件程序小心使用，它还可能会输出相同的量（例如估计值和SEs，单个参数测验和置信区间，如例21.2中显示的一样）。

21.5.1 基于似然的分析

正态线性混合模型的参数估计是基于源自正态分布假设的似然函数。粗略地说，对于任何参数集的似然函数给出了那个参数集下的观察数据的"概率"（见16.4节）。然后，寻找最大化这个概率的参数集——最大似然估计，这在直观上是合理的。由于似然函数形式复杂，最大似然估计的闭形公式一般不存在。因此，参数估计采用了迭代过程，在这个过程中，要逐渐调整初值使它们最终收敛。正如所有的迭代过程，必须谨慎，以便达到收敛的目的。估计软件应该认真关注这个问题，任何迭代程序没有收敛的信息都是警告的真实原因。如果迭代过程不收敛，有时有助于提供方差参数的敏感初始值；然而，通常情况下，它是模型不合适的信号。高级用户也可以尝试通过控制算法的设置来调整估计程序。例如不用进入技术细节，在切换到Newton-Raphson优化之前，一些目前的估计程序可以通过EM算法执行初始的迭代，在切换前改变EM算法迭代默认的次数是非常有用的。

最大似然估计的两种变体可用于混合线性模型：真极大似然（ML）（也被称为全信息极大似然，FIML）估计和约束极大似然（REML）估计。从理论的角度讲，REML估计是无偏的，而ML往往方差较小；这些性质的权重不是直接的，但是在实际中这种差别是可以忽略的。这两个变体都给出了近似正确的值（也就是当层次所有水平的观察数变地很大时），并且使全混合模型可以进行统计推断。因此在两种估计中进行选择需要有一定的技术，并且需要多次尝试；以作者的经验，REML更加常用。除非有特别的说明，这一章的所有结果是基于REML的估计。

在进行基于似然函数的统计推断之前，值得一提的是基于ANVOA表的估计方法（Dean和Voss，2000，第17章）。它更易执行，并且有更多的软件包支持。总的来说，虽然这种方法以今天的标准看已经过时了，但对平衡数据集而言，它与REML一样给予方差组分以相同的估计，给予固定和随机参数以同样的统计检验。数据中当每个预测变量值（处理）的组合出现相同数量的次数时，数据集是平衡的。虽然在因子设计试验中往往是这样的情况，但在观察研究中很少出现（特别是如果数据包含连续预测变量）。该方法的思路是，将方差组分作为ANOVA表的均方的线性函数来计算，合适的选择可使得方差组分估计为无偏。因此，闭合形表示是可行的，并且除了ANOVA表外，它们需要的计算很少。因此，该方法是一种加载的固定效应分析，而不是一个"真正的"混合模型分析，这是它的缺点：并非所有的统计推断是正确的，如标准误差就不容易获得。

基于ANOVA方法的一个特别的仍然经常被使用的例子是——使用如下的公式估计源于单向ANOVA的2水平结构的ICC：

$$\rho \approx \frac{MSM - MSE}{MSM + (m-1)MSE}$$ 等式 **21.14**

其中，m是每个组的观察值的（平均）数量。如果所有组的规模是一样的（平衡数据），这与使用等式21.4所计算的基于似然的方差组分的ICC值是一样的。但当数据不平衡时，基于似然的估计是首选。对于2水平的SCC数据，上述公式的$\rho=0.076$；等式21.4给出的值为0.079。

21.5.2 模型固定部分的推断

读者也许已经注意到例21.2中的检验和置信区间用的是z分布（标准正态分布），而不是一般线性模型中的t分布（第14章）。这反映了统计推断不是准确，而是近似准确，并且是近似的"渐近精确"。当观测值的数量变得非常大的时候（在各层次级别），参考分布接近标准正态分布——参考分布其中的一种选择。然而，如果在一些层次水平的观察值的数量比较少或者是中等大小，那么标准正态分布可能过于宽松，因为它高估了自由度。一些软件程序提供了一个基于t分布的有限样本近似（Satterthwaite近似），而这个t分布的自由度反映设计和所考虑的参数；Schaalje等（2002）研究了SAS混合模型过程可行的几个渐近参考分布的表现。有了一个恰当的参考分布，检验和置信区间用通常的方式计算，例如95%的置信区间是$\beta_1 \pm t(0.975, \mathrm{df})\mathrm{SE}(\beta_1)$。

由估计值和它的SE计算出的近似检验通常称为**Wald检验**（见6.5.2节），对于包含几个参数的检验，存在多种版本，如对于类别变量的几个指示变量。基于模型中包含或不包含关注参数的似然函数取值的比较检验也是可行的，但是它通常没有Wald检验有优势，这方面的内容下一节学习。Pinheiro和Bates（2000）在2.4.2节建议不使用具有卡方参考分布的基于似然的检验，因为它们高估了自由度（如上述讨论）。例21.7解释了SCC数据中固定效应的推断。

例21.7 2级体细胞计数数据的固定效应

data= scc40_2level

季节综合效应的多级Wald检验给出的$\chi^2(3)=6.21$和P值为0.10；因此，季节间没有显著差异（在这一子数据集中）。通过SAS 混合模型过程或R（Lme库）分析$-heifer-$、$-sdim-$、$-season-$的系数的有限样本参考t分布的自由度为2100与在母牛/检验水平的残差自由度大致相当。有了这样大的自由度，t分布和z分布推断之间没有差异。

$-shsize-$的有限样本参考分布是$t(38)$，反映这是一个畜群水平预测变量，对于畜群水平残差自由度而言，40个畜群仅仅剩下38个。因此，$-shsize-$效应估计的精确性比其他预测变量要低，并且没有显著性，这一点并不令人惊讶。用了t参考分布，Wald检验的P值仅有稍微增加，达到0.286；较小的自由度（10个或更少）会极大地影响推断。

21.5.3 模型随机部分的推断

尽管软件通常输出方差参数和它们的SEs，但是后者不应该用来构建Wald型置信区间或检验，因为该估计的分布高度非对称。

方差参数可以用基于似然（似然比）的检验进行测验，虽然通常保留与分层水平相一致的随机效应而不管他们的非显著性（除非方差估计为0）。为了说明这一点，等式21.2中假设$H_0: \sigma_h = 0$的似然比检验可以计算为$G^2 = -2(\ln L_{\mathrm{full}} - \ln L_{\mathrm{red}})$，这里完整和简化的模型是指有或者没有畜群随机效应的模型，而L指的是似然函数值。如果两个模型包含相同的固定效应，我们可以使用ML或REML似然函数。一般来说G^2值可以用来和渐近χ^2分布比较，而这个χ^2分布的自由度等于2个模型中参数减少的数量。Snijders和Bosker（1999）在第6.2节指出，当检验的方差参数是0的时候，参考的χ^2分布是保守的，我们推荐来自于χ^2分布的减半的P-值来考虑替代假设是单侧的（$H_a: \sigma_h > 0$）。大多数软件程序包默认使用这样的修正来检验随机截距方差。同样的程序（减半的P值）适用于（Berkhof和Snijders，2001）随机斜率测试。如果模型中只有一个随机斜率，随机斜率检验包含2个参数（方差和协方差），因此名义上的自由度为2。例21.8中给出了SCC数据的这些计算。如果比较的是一个随机斜率模型，而不是一个随机截距模型，参考分布变得更加复杂［Fitzmauriceet等，2004，第8.5节，提出的设置修正值的表］。模型的随机部分的选择也可能是基于模型统计量的选择，例如AIC（见15.8.1节）。模型参数的惩罚包括随机部分的方差和协方差。我们不推荐使用BIC来进行协方差选择，除非它在Bayes框架下也起作用（Fitzmauriceet等，2004，7.5节）。

对于随机效应参数，对称置信区间通常是不合适的。如果您的软件可以显示在被估计标度下的方差估计值，最好计算在那个标度下的置信区间，并改变它的终点，这也可能是您的软件的默认方法。文献中建议的两种替代方法是：自助法（bootstrapping）（Goldstein，2003，3.6节）和子集似然区间法（Longford，1999）。自助法是一个普遍的统计技巧，主要是用来估计标准差和计算分析方法难以处理情形的置信区间。但是，自助法置信区间需要专门的软件（例如MLwiN）。简言之，轮廓似然置信区间（在接近95%的范围内）包含参数的值（σ^*），为此，与模型的两次对数似然值相比，所考虑参数在特定点（$\sigma=\sigma^*$）减少小于3.84。如果您的软件可以让你固定模型的方差，那么进行参数值的大致搜索是简单的。例如21.8解释了SCC数据中随机参数的推断。

例21.8　2级体细胞计数数据的随机效应

data=scc40_2level

下表给出了本章各种体细胞模型两倍对数似然函数的值（基于REML）和模型比较的似然比检验统计量［例21.2（随机截距模型）比较了该例中的模型和其他所有的模型］。注意，P值通过将各自卡方分布的尾部概率进行减半来计算。

模型	2lnL	AIC	G^2	df	P值
无栏随机效应	−7328.51	7344.51	97.01	1	0.000
随机截距（例21.2）	−7231.50	7249.50	−	−	−
−sdim−的随机斜率	−7225.48	7247.48	6.02	2	0.025
−heifer−的随机斜率	−7225.71	7247.71	5.80	2	0.028

此表表明：畜群间没有（随机）变化这一假设是不对的，同时它也表明，用随机斜率−sdim−和−heifer−对模型进行扩展都是弱显著的。根据这些结果，探索包含随机斜率−sdim−和−heifer−的模型是合乎逻辑的，但我们到此为止。

例21.2中模型的软件提供的σ_h^2的95%的置信区间是（0.084，0.265）。在估计值（0.149）周围这是不对称，并且它是基于对数平方根标度变换的。该估计命令不提供轮廓似然区间或者固定参数值。为了说明轮廓似然方法，评估一个给定的值是否属于置信区间，估计模型在固定点0.20处的σ_h^2，获得模型的2lnL值（−7234.48），它仍然在3.84内模型的值（−7231.50）；因此，值0.20属于95%的置信区间。通过粗略搜索得到的轮廓似然的置信区间为（0.085，0.269），这非常接近上述由估计尺度变换计算得到的区间。

21.5.4　预测

即使在一个混合模型中的随机效应在通常意义下不是参数，但可给出这些值的估计值（更准确地说应该是预测）。这些称为最佳线性无偏预测变量（BLUP），指的是它们内在的统计特性，经验Bayes估计（Greenland，2000a），指的是它们计算方式的解释。为了给包含随机效应的单位分级（畜群，教育研究中的学校，人口公共卫生研究中的医院），或者为了鉴别极端值（下一节介绍），这些预测可能是有用的。分级统计推断和2个单位（例如为了显著性检验）的预测的比较已经有人描述过（Goldstein和Spiegelhalter，1996）。由于假设随机效应为普通（正态）分布，预测要比从固定效应模型获得的估计要正规（也就是说变量比较少），这种现象称为**收缩**（指向总的均值）。收缩量依赖于方差的量和组样本量：对于整体均值而言，小的组收缩更多，在有高ICC的数据集中这种收缩是较弱的（因为，如果群间的变化很大，那么其他群将会对任何特定群的水平贡献相对较少的信息）。在简单化的假设下（Snijders和Bosker，1999，第4.7节），经验Bayes估计是组均值和总均值的加权平均，而组均值的权（称为收缩因子）为$\sigma_h^2/(\sigma_h^2+\sigma^2/m)$，其中$m$是组的大小。可以看出，这个公式有刚才所说的定性行为，例如，如果m比较大，权重就接近1，而预测值接近于组的均值（例如没有收缩）。

21.5.5 残差和诊断

在混合模型中，残差和诊断起着类似的重要作用，就像它们在普通模型中所起的作用一样。它们的机制和解释是相似的（见14.8节～14.9节），但是附加模型假设（为随机效应）应该和其他假设一起被严格估计。但更多的模型假设，应与其他假设在一起评估。因此，混合模型包含额外的"残差"——模型中每个随机效应的一个残差集（注意，在不同的等级层次中残差含有不同数量的观测值，例如SCC数据集只有40个畜群级残差）。残差不仅包括多层次效应，还包含随机斜率，例如在一个具有随机截距和斜率的模型中，对应的水平有两个残差集。在现实中，这些残差是预测模型的随机变量值（就像前面讨论过的那样）。一般来说，观察值和期望值的残差是不同的，然而，这里没有观测到畜群的值，因此预测值项看上去是可取的。推断诊断也是在每一个层次水平计算出的，并且是为每一个随机效应的计算。多层次分析软件的最新进展已经给出关于残差和诊断的软件包，但是它们在执行上有一些差异，特别是关于标准残差的定义（Skrondal和Rabe-Hesketh，2009）。一项使用残差和诊断（Langford和Lewis，1998）进行模型检测的研究建议我们应该首先检查最高层次水平处的残差，然后渐渐地向下进行。因此，在观察受影响或者被模型拟合得不太好的单个母牛之前，要对畜群进行同样问题的检查。这是因为一些被标记的牛可能源于同一牛群，所以"问题"可能是整个牛群而不是单个的牛。例21.9介绍了SCC数据畜群水平的残差和诊断。

21.5.6 线性混合模型的Box－Cox变换

在14.9.3节中，讨论了选择一个数据的最佳幂次（λ）变换的Box-Cox方法来匹配一个线性模型假设。此假设在软件实施上是可行的，并且不需要讨论如何计算最佳的λ这些细节。然而，对于混合模型，Box-Cox并不总是可行的，所以应当给出分析结果变换的必要细节。原则上，Box-Cox转换需要考虑到模型的所有假设，从已有的经验来看，最敏感的假设在最低水平。

回想一下，我们只分析到了一组"好"的λ值，如右偏态分布。我们可以在$\lambda=1$，$1/2$，$1/3$，$1/4$，0，$-1/4$，$-1/3$，$-1/2$，-1，-2之间寻找最好的λ值。其中，$\lambda=1$对应于没有转换，$\lambda=0$对应于自然对数转化，$\lambda=-1$对应于倒数转化。寻找近似最优λ值包括以下步骤：

（1）计算出$\ln(Y)$的均值，并用$\overline{\ln(Y)}$表示，用n表示观察值的总个数。

（2）对于每个候选λ值，为每一个观测值i计算变换值：

$$Y_i^{(\lambda)}=\begin{cases}(Y_i^\lambda-1)/\lambda & \lambda\neq0 \\ \ln(Y_i) & \lambda=0\end{cases}$$

并且通过没有变换值的混合模型分析这些$Y(\lambda)$值，并用极大似然估计（不是REML！）记录模型达到的对数似然值$[\ln L(\lambda)]$。

（3）计算出轮廓似然函数的值：

$$pl(\lambda)=\ln(L^{(\lambda)})+n(\lambda-1)\overline{\ln(Y)} \qquad \text{等式21.15}$$

例21.9　体细胞计数数据的残差和诊断

data= scc40_2level

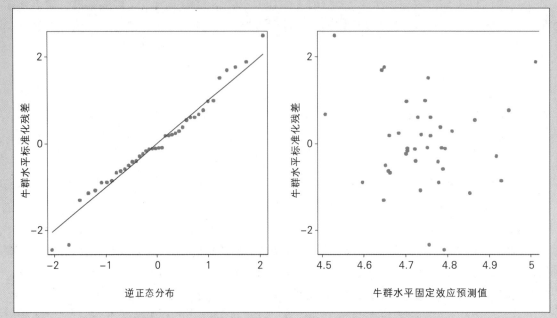

图 21.4　牛群体水平残差的分位图（左）和残差图（右）

　　这里呈现了畜群水平的残差图以及6个最极端畜群的残差和诊断的清单；母牛水平残差和诊断分析遵循第14章中类似的路线。大部分计算是使用Stata软件完成的，影响力和DFITS值用MLwiN软件计算，这个软件还给出了稍微不同的标准化残差（没有显示）。

牛群编号	牛群大小	原始残差	标准化残差	Cook距离	杠杆值	拟合值偏离
40	37.7	−0.831	−2.453	1.287	0.113	0.405
7	37.4	−0.787	−2.335	1.361	0.117	0.389
8	35.1	−0.445	−1.309	0.441	0.114	0.204
…		…	…	…	…	…
32	43.3	0.600	1.760	0.549	0.103	0.264
6	84.0	0.666	1.880	1.985	0.130	0.344
18	10.3	0.688	2.488	1.570	0.300	0.712

　　标准化残差的分位数图并不表明任何对正态分布的严重偏离，残差也没有揭示任何关联。基于残差和诊断，牛群18给出了残差，影响力和DFITS的最高值。残差的大小不是所要担心的东西，但是影响看上去是相当可观的。在分析这个畜群以外的数据时，−h_size−的作用增加了50％，达到了显著的水平。畜群18变得具有最小的−h_size−值，但是它具有最高的平均−lnscc−值。畜群6 Cook距离的高值与这一畜群为大畜群有关，并且也具有第二高的平均−lnscc−值；没有畜群6，−shsize−系数减少至其值的1／3。单个畜群上−shsize−系数强大的影响可以归因于在畜群水平上样本量太小。

　　绘制函数图形确定pl（λ）最大的λ值，这是结果的最佳幂次变换。λ的一个近似95％置信区间为包括这样的λ值：它们使pl（λ）取到3.84以内的最优pl值。

　　例21.10用SCC的数据演示了这一过程。

　　回想一下（从第14章），最佳Box-Cox值不保证 "表示好的" 残差（在所有层次的水平），并且这种转变可能将问题从一个模型假设转移到另一个（例如从偏的残差到共线性）。因此，即使改造后，所有的残值应当被检查。如果在某些层次水平表现良好残差不能通过变换获得的话，可以转而建

例21.10 体细胞计数数据的Box-Cox分析

Data=scc40_2level

数据集包含 n = 2178个观察值，且细胞计数平均数（自然）的对数是4.757。下表和图给出Box-Cox分析：

λ	1	0.5	0.33	0.25	0
$Y^{(\lambda)}$的ln（L）	−17258.93	−9833.99	−7619.04	−6569.06	−3651.53
（21.15）的pl（λ）	−17258.93	−1504.35	−14.526.53	−14339.60	−14012.24
λ	−0.10	−0.25	−0.33	−0.5	−1
$Y^{(\lambda)}$的ln（L）	−2580.62	−1070.11	−277.33	1221.18	5173.51
（21.15）的PI（λ）	−13977.41	−14021.01	−14091.27	−14319.90	−15547.93

由表和图表明最优 λ 值接近于0，并略小于0，但 λ 的95%置信区间不包括0。由于最低水平观察值的个数太多导致置信区间很狭窄。在没有幂次转换改善模型假设的顺应性的意义下，随着转换接近对数变换，Box-Cox分析支持对数体细胞计数的分析选择。分析SCC值的幂次变换（λ =− 0.10）而不是−lnscc−的幂次变换减少母牛水平残差的偏差，但是并没有实质性地改变推断（结果未显示）。

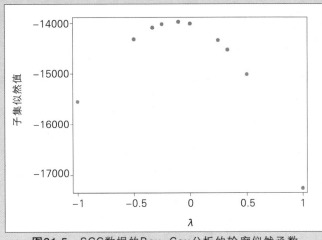

图21.5 SCC数据的Box-Cox分析的轮廓似然函数

立具有非正态随机效应的模型，对于层次模型，在Bayes框架内（第24章）这些模型是可行的，或者依赖于线性混合模型的稳健性（见21.5.8节）。

21.5.7 模型规范：固定效应与随机效应的对比

本节将讨论一个检验来比较基于固定效应和随机效应的估计，并总结这两个模型之间的选择。在经济计量方面，人们通常用"Hausman规范检验"来评估随机效应模型的适应性。

Hausman检验是比较两个估计的常用程序，其中之一是在更一般的条件下是渐近有效。选择固定效应模型的理由是随机效应模型的假设之一［随机效应独立于预测变量（X）的］是无效的（有问题的预测变量称为"内生"）。然而，SKrondal和Rabe-Hesketh指出这是误导，因为检验实际上是针对其中一个预测变量的一个关联效应，并且如果检验是显著的，我们应该向随机效应模型中插入丢失的关联效应（Rabe-Hesketh和Skrondal，2008，3.2.1节）。此外，在21.4节讨论的关联效应的Wald检验仍然有效。为了说明这一点，例21.2中模型的Hausman检验给出：χ^2（5）=4.33，关于自由度为5的χ^2分布（P = 0.50）这是绝对不显著的。请读者自己去验证模型中每个预测变量都没有关联效应。

我们认为，分层水平的随机效应通常需优先考虑，但固定效应建模有时在考虑畜群集群时是有用的方法，特别当：

（1）没有畜群水平预测变量；

（2）畜群数量相当少；

（3）比起考虑它们代表一个群体，我们对特定畜群更感兴趣的时候。

固定和随机效应建模的技术比较可以参考相关文献（RabeHesketh和Skrondal，2008，3.8节）。

21.5.8　稳健性与模型的非规范性

除了内生性（上面已经讨论过），使（标准）线性混合模型的假设明显不成立的就是随机效应（包括误差项）的异方差性和非正态性。最近的研究是基于（标准）线性混合模型研究估计方法的稳健性，以及模型假设不成立的非规范性。一个明确的思路是通过稳健方差估计（见20.5.4节）来调整线性混合模型估计。现在的目的不是去考虑聚类效应（混合模型已经考虑了），而是要得到违背异方差和非正态误差分布（Hox，2002，11.2节）的稳健性。据了解，回归系数的估计对于非规范性的随机效应分布是稳健的（McCullaghe等，2008，12.3节），所以要做的就是进行方差调整。虽然稳健方差估计不能保证对模型假设的否定，他们可能会成为一个特别重大的改进，尤其是对方差参数的SEs（Verbeke和Lesaffre，1997），并且它还可以作为一种诊断工具（即稳健性和基于模型的SE之间的大的差异被用来指示与模型指定有关的问题（Maas和Hox，2004））。稳健标准误通常按照层次结构实施，所以他们的有效性取决于集群的合理数量（样本量在下一节讨论）。例21.2增加稳健标准误到线性混合模型导致了SEs的适度增加（对于固定效应是1%～2%，对于方差是11%～33%，结果没有显示）；稳健的标准误可以给出一个更谨慎的分析，代价就是会损失一些幂次。已经研究了随机效应分布的非参数和参数规范但是对标准软件并不可行，也有其不足之处（McCullageet等，2008，12.4节）。Bayes建模可以包含除了正态分布之外的其他随机效应分布，如：t分布（第24章）。

线性混合模型的优点之一是，它们允许异方差直接建立在模型中。我们已经看到随机斜率模型是异方差的（变异取决于预测变量）。这样的建模可能优于通过稳健标准差进行的调整，因为它提供关于数据的额外信息，这些信息可以让我们更好地理解因果机制，并且可以用来获得更好的预测（Fitzmaurice等，2004，11.3节）。在多级水平的框架内，最低水平方差的异方差直接建模也是可能的，并且可以得到许多软件的支持。建议计算横跨所有类别预测水平标准化残差的描述性统计和绘制标准化残差而不是定量预测作为常规检查的一部分。如果在变化中出现一些分歧，我们可以尝试异方差模型。例21.11说明了SCC例子和预测变量-heifer-的程序。

21.5.9　样本量

一个常见的问题是：多层次分析时每个层次水平需要多少个单位？最高（第二）水平参数估计（Maas和Hox，2004）单位数影响的模拟研究提供了以下规则："如果一个人只对固定效应感兴趣，10组可以产生良好的估计。如果一个人对关联效应也有兴趣，那么就需要30个组。如果一个人还想正确地估计标准误，取50组是必要的。"对于集群的大小，Rabe-Hesketh和Skrondal（2008）在3.8节告诉我们如果有许多集群，集群的大小为2就够了。

对于多水平模型，为了达到期望的精度或者假设检验的理想幂次而所需的样本量的计算是十分困难的问题，因为复杂性涉及多个水平的效应。设计效应（第20.3.3节）的固有方差膨胀只适用于组水平的预测变量。对于2水平设置，PinT共享软件程序（Snijders和Bosker，1993）多年来一直是多层次分析的标准参考。最近，William Browne和同事（MLPowSim，在多层次建模的网站上可以找到）将基于模拟的幂次计算方法推广到复杂的多层次设计，包括交叉分组。

例21.11　体细胞计数数据的异方差

data= scc40_2level

在例21.5中，–heifer–的随机斜率模型表明了老龄母牛的方差比小母牛大。随机截距模型标准化母牛水平的残差的标准差是：小母牛0.93，老龄母牛1.035。这促使我们去拟合这样的模型，对于小母牛和老母牛有不同的误差项方差。下表给出了–heifer–的估计，几个方差模型的参数，是通过极大似然估计拟合的（所以估计是不相同的）。异方差参数的标准误差通过delta方法计算（Weisberg，2005，6.1.2节）。

模型	随机截距		异方差		随机截距		异方差随机斜率	
参数	估计	SE	估计	SE	估计	SE	估计	SE
β（heifer）	−0.737	0.055	−0.739	0.054	−0.734	0.066	−0.736	0.065
σ^2（herd）	0.139	0.040	0.133	0.039	0.191	0.058	0.185	0.057
σ^2（heifer）	−	−	−	−	0.047	0.037	0.049	0.037
σ（covar）	−	−	−	−	−0.073	0.040	−0.068	0.040
σ^2（cow）	1.554	0.048	−	−	1.543	0.048	−	−
–heifer	−	−	1.359	0.065	−	−	1.354	0.065
–older cow	−	−	1.695	0.069	−	−	1.679	0.068
2lnL	−7209.36		−7197.23		−7203.69		−7192.07	

对数似然值表明异方差模型是随机截距和随机斜率模型的一个显著改善。在母牛水平方差方面，老龄母牛比小母牛约大25%。但事实上小母牛和老龄母牛之间差异的推断几乎没有受到影响。

参考文献

Berkhof J, Snijders T. Variance component testing in multilevel models Journal of Educational and Behavioral Stat. 2001; 26: 133-52.

De Vliegher S, Laevens H, Barkema HW, Dohoo IR, Stryhn H, Opsomer G, de Kruif A. Management practices and heifer characteristics associated with early lactation somatic cell count of Belgian dairy heifers J Dairy Sci. 2004; 87: 937-47.

Dean A, Voss D. Design and Analysis of Experiments. Springer; New York. 2000.

Diez-Roux AV. Multilevel analysis in public health research Annu Rev Public Health. 2000; 21: 171-92.

Dohoo IR, Tillard E, Stryhn H, Faye B. The use of multilevel models to evaluate sources of variation in reproductive performance in dairy cattle in Reunion Island Prev Vet Med. 2001; 50: 127-44.

Fitzmaurice G, Laird N, Ware J. Applied Longitudinal Analysis. Wiley; Hoboken, New Jersey. 2004.

Gelman A, Hill J. Data Analysis using Regression and Multilevel/Hierarchical Models. Cambridge University Press; Cambridge. 2006.

Goldstein H. Multilevel Statistical Models, 3rd Ed. Arnold; London. 2003.

Goldstein H, Spiegelhalter D. League tables and their limitations: statistical issues in comparisons of institutional performance (with discussion) J R Stat Soc A. 1996; 385-443.

Greenland S. Principles of multilevel modelling Int J Epidemiol. 2000a; 29: 158-67.

Greenland S. When should epidemiologic regressions use random coefficients? Biometrics. 2000b; 56: 915-21.

Gustafson P, Greenland S. The performance of random coefficient regression in accounting for residual confounding Biometrics. 2006; 62: 760-8.

Hox J. Multilevel Analysis: Techniques and Applications. Lawrence Erlbaum; Mahwah, NJ. 2002.

Langford I, Lewis T. Outliers in multilevel models (with Discussion) J R Stat Soc A. 1998; 161: 121-60.

Littell R, Milliken G, Stroup W, Wolfinger R, Schabenberger O. SAS for Mixed Models, 2nd ED. SAS Publishing; Cary, NC. 2006.

Longford N. Standard errors in multilevel analysis. Multilevel Newlsetter 1999; 11:10-13.

Maas C, Hox J. Robustness issues in multilevel regression analysis Statistica Neerlandica. 2004; 58: 127-37.

McCullagh C, Searle S, Neuhaus J. Generalized, Linear, and Mixed Models, 2nd Ed. Wiley; New York. 2008.

Pinheiro J, Bates D. Mixed-effects Models in S and S-Plus. Springer; New York. 2000.

Rabe-Hesketh S, Skrondal A. Multilevel and Longitudinal Modeling using Stata, 2nd ED. Stata Press; College Stn. Tx. 2008.

Raudenbusch S, Bryk A. Hierarchical Linear Models: Applications and Data Analysis Methods, 2nd ED. Sage; Thousand Oaks CA. 2002.

Schaalje GB, McBride JB, Fellingham GW. Adequacy of approximations to distributions of test statistics in complex mixed linear models J Agr, Biol, and Env Stat. 2002; 7: 512-24.

Skrondal A, Rabe-Hesketh S. Prediction in multilevel generalized linear models J R Stat Soc A. 2009; 172: 659-87.

Snijders T, Bosker R. Standard errors and sample size for two-level research Journal of Educational Statistics. 1993; 18: 237-59.

Snijders T, Bosker R. Multilevel Analysis: An Introduction to Basic and Advanced Multilevel Modelling. Sage Publications; London. 1999.

Stryhn H, De Vliegher S, Barkema H. Contextual multilevel models: effects and correlations at multiple levels. In: Proceedings of the XIth International Symposium on Veterinary Epidemiology and Economics. 2006.

Verbeke G, Lesaffre E. The effect of misspecifying the random-effects distribution in linear mixed models for longitudinal data Computational Statistics and Data Analysis. 1997; 23: 541-56.

Weisberg S. Applied Linear Regression, 3rd ED. Wiley; New York. 2005.

第22章

离散数据的混合模型

宗序平 译　严钧 校

目的

读完本章后，你应该能够：

1. 理解线性混合模型（连续数据）和广义线性混合模型（GLMMs，离散数据和连续数据）的差异，以及广义线性混合模型联结函数所起的作用；

2. 拟合Logistic和Poisson随机效应模型；

3. 理解总体均数和特定主体模型之间的差异；

4. 使用潜在变量计算二项分布结果的类别内相关系数（ICC，Intra-cluster correlation）；

5. 使用拟似然法或最大似然法拟合GLMMs；

6. 评价广义线性模型中的固定和随机效应的显著性；

7. 计算残差并对已经拟合的广义线性模型评估其合适性。

22.1   引言

理论和实践已经证实：广义混合模型方法从连续数据过渡到离散数据的困难可能比人们所预料到要大得多。离散数据混合模型的各种推广存在是面临的困难之一，有些推广只适用于某些特殊类型的离散数据（通常是服从二项分布数据），而有些是可以广泛应用的。在本章，先回顾模型类型中与线性混合模型最相似的模型：广义线性混合模型（GLMM）。为了完全理解这种相似性，读者首先要回顾一下线性混合模型（见第21章）。

本章的重点放在二元数据（Logistic随机效应回归，见22.2节）和计数数据（Poisson随机效应回归，见22.3节），随机效应可推广到诸如多项式回归的离散模型。第21章中的混合模型反映了一个分层结构，也可以在其他数据结构上构建如此模型。但是，（对离散数据混合模型）比连续数据模型的统计分析要困难得多，研究人员需要更多的耐心和选择（例如软件的选择就非常重要）。这个领域正在不断的发展，本章将让研究人员了解这个领域的现状。

描述上述方法使用下面两个二元数据实例：一个是猪肺炎数据，另一个是奶牛第一次配种受孕风险数据。第一数据集pig_adg包括两个分层水平（猪，农场内），我们将只考虑单猪水平二值预测变量。第二数据集reu_cfs来自Reunion Island（留尼旺岛）的繁殖研究（在例20.1中讨论过），包括三个分层水平（泌乳期，奶牛内，群内）和两个泌乳期水平的预测变量。Poisson回归模型将利用第18章TB数据集（tb_real）进行讨论。

22.2   随机效应Logistic回归

重新考虑在若干畜群所观察到动物疾病的例子（如猪肺炎数据）。类似于等式21.1，基于第i只动物生病的概率p_i的Logistic回归模型为：

$$\text{logit}(p_i) = \beta_0 + \beta_1 X_{1i} + \ldots + \beta_k X_{ki} + u_{\text{herd}(i)} \qquad \textbf{等式22.1}$$

其中，$u_{\text{herd}(i)}$是畜群拥有第i只动物的随机效应，假设$u_{herd}(i) \sim N(0, \sigma_h^2)$，$X_i$是第i只动物的预测变量，概率$P_i$和二值变量$Y_i$之间的关系是不会改变的：$p(Y_i=1)=p_i$。对于普通Logistic回归模型，唯一变化是畜群的随机效应。例22.1表明加上随机效应可能对模型产生适当的影响。

22.2.1   线性模型的相似性和分歧性

前面已经知道在Logistic 尺度上Logistic混合回归模型是在固定效应基础上加上随机效应项。对于Logistic尺度，应用类似于线性混合模型的方法建模，其包括多重随机效应和随机斜率。统计分析与线性混合模型具有很大的相似性，从而可以计算出置信区间，并进行假设检验。

上述2水平模型（等式22.1）讨论观测数据间的关系与线性混合模型相似性：同一畜群的动物间关系是等相关，而不同畜群间是相互独立的。尽管如此，在此必须谨慎：一个畜群中的相关性对那些具有相同固定效应的动物而言是相同的。在上述例子中，一个畜群中所有-ar_gl-为正的动物是等相关的，同样的，-ar_gl-为负的动物也是等相关的。具有不同预测变量值的动物间差异似乎很大，但在实践中通常很小（除非预测变量具有很强的效应）。这是在Logit尺度上模拟固定效应和随机效应模型得到的结论之一。另外，此模型作为计算同一畜群中动物间的相互关系（或聚类）也非常有效。

严格地说，等式22.1这个模型有2步解释，可以通过想象数据是如何由这个模型产生的。对于第j个畜群中的动物i，根据$N(0, \sigma_h^2)$分布选择这个畜群的随机效应u_j，计算固定效应并选择对应u_j值的

例22.1 猪肺炎数据的Logistic模型的随机效应

data=pig_adg

数据记录了314头屠宰的猪有关萎缩性鼻炎和地方流行性肺炎，而且由于猪的空气过滤机制（鼻甲）遭到破坏，萎缩性鼻炎可能会增加肺炎的风险。将萎缩性鼻炎评分大于1的变量转换成是否存在一个萎缩性鼻炎二值变量（-ar_gl-）。类似地，肺炎评分转换成可以反映是否存在肺炎的二值变量（-pn-）。

-ar_gl-与-pn-之间具有无条件关系：

		ar_g1			
		1	0	合计	
pn	1	109	77	186	比数比=1.909
	0	66	89	155	95%的置信区间=（1.212，3.010）
合计		175	166	341	Chi-square=8.69
					P-value=0.003

这些统计结果表明-ar_gl-与-pn-之间有清晰且显著性的关系。尽管如此，这里已经忽略了猪是来自于15个农场，而且这些农场肺炎的流行率从17%到95%不等，因此，有必要考虑农场效应。带随机效应Logistic回归（等式22.1）给出了如下估计：

	系数	标准误	Z	P	95%置信区间	
ar_g1	0.437	0.258	1.69	0.091	−0.069	0.943
constant	0.020	0.301	0.07	0.948	−0.57	0.61

另外，农场随机效应的方差估计（SE）为：

$$\sigma_h^2 = 0.877 \ (0.433)$$

后面将会讨论如何计算随机效应的显著性（显著性非常大）。将-ar_gl-的回归系数与简单比数比的对数 [ln（1.909）=0.647] 进行比较，说明畜群效应减少了其联系，即不再具有显著性。换句话说，农场有混杂作用和群体效应。

p_j。然后以概率p_j选择正的Y_i和以概率$1-p_j$选择负的Y_i。这种两步解释是：等式 22.1是以随机效应为条件的。在线性混合模型中，可以直接模拟结果，所以没有必要进行条件解释。

下面的2小节将描述Logistic回归模型和线性混合模型中固定和随机效应参数是如何变化的。

22.2.2 固定效应参数的解释

在线性混合模型中固定效应参数本质上不受加入的随机效应影响。在logit 尺度上建立的模型如等式 22.1使模型复杂化，条件模型的解释意味着回归系数的指数（例子中的-ar_gl-）得到比数比 [即$OR=\exp（0.437）=1.55$]，比数比表示一个特定的畜群中（相对于选定的畜群随机效应，不管u_j的实际值），患萎缩性鼻炎的猪与没有患萎缩性鼻炎的猪的比值。通常称为特定动物或特定群体（在例子中，是特定群体）的估计，他们是相对于总体平均的估计。总体平均估计的OR用于任何畜群中患萎缩性鼻炎猪和没有患萎缩性鼻炎猪的比较（例中2头来自不同的猪群）。因此，如果将OR作为问题"风险增加了多少"的答案（在这个例子中，是'ar'-pig和健康猪的肺炎风险），特定群体估计回答了农场关心的问题，总体平均估计回答了屠宰场（猪来自于不同猪群）关心的问题。这个问题有不同的回答，这是无可争辩的事实。

特定群体OR存在两种选择。一种是通过以下公式从特定群体转换到总体平均参数（在logit尺度上）的估计：

$$\beta^{PA} \approx \beta^{SS} / \sqrt{1+0.346\sigma_h^2} \qquad \text{等式22.2}$$

例22.2说明了这一估计方法（也可见22.4节，进一步讨论特定群体估计和总体平均估计）。对于特定群体OR值的另一选择是将这个值再次解释，即作为总体猪群比数比的中位数（MOR）。Larsen K

等（2000）中介绍了这一思想所包含的基本原理：当比较两头来自不同猪群、分别患有萎缩性鼻炎和没有患有萎缩性鼻炎的猪时，由于OR值取决于农场效应，所以OR值是随机变量。就像其他的随机变量，它也有分布，而且寻找这个分布的中位数值是有意义的。这个分布的期望是总体平均OR，分布的中位数（MOR）等价于特定群体的OR（经计算大于1.55）。我们现在可以说当比较来自于总体的患有萎缩性鼻炎和没有患萎缩性鼻炎的猪时，在概率为0.5的条件下，比数比OR要么大于1.55，要么小于1.55。在一个相关的范围中，OR的值依赖于给定的概率，例如80%，详见例22.2。

例22.2　猪肺炎数据的固定和随机效应参数的解释

data=pig_adg

在例22.1模型的基础上，得到-ar_gl-的比数比OR为1.55.它可以被理解为特定群体值，也可以理解为整个农场比数比的中位数MOR。对于总体平均比值，首先将参数转换成边缘模型（应用等式22.2）：

$$\beta^{PA} = 0.437/\sqrt{1 + 0.346 \times 0.877} = 0.383$$

用常用方法计算的比数比OR是exp（0.383）=1.47，这是农场群体的比数比。两个OR值的区别取决于农场方差的稳定性。随机选择的农场的猪的OR值的80%置信区间是：

$$80\%的区间：\exp\left(0.437 \pm 1.282\sqrt{2\sigma_h^2}\right) = \exp(0.437 \pm 1.689) = (0.28, 8.46)$$

其中1.282是第2章中在$\alpha = 0.2$时（Z的90%的百分位点），Z_α的值，范围越大，跨度将超过1，表明农场间变化的影响比预测的大。

对于另一个方差参数而言，通过潜在变量的方法计算得到总方差为0.877+3.290=4.167，和ICC值为：

$$\rho = 0.877/4.167 = 0.21。$$

最后，随机效应群比数比中位数为

$$MOR_C = \exp\left(0.954\sqrt{0.877}\right) = 2.44$$

来自2个随机选择的猪群的两头可比较的猪（有相同固定效应）的比数比中位数是2.44，这个值比来自同一农场的猪的比数比OR（1.55）大的多，这表明农场的变化对个体猪的风险有相当的影响。

22.2.3　方差参数的解释

在等式22.1中，畜群随机效应方差σ_h^2在疾病概率方面不能直接解释。这个等式显示了在Logit尺度上猪群疾病概率的变化。这里仍然可以量化解释：零意味着猪群间没有变化（没有群集效应），大的正值意味着一个高度的聚集效应。尽管如此，概率Logit的变换以95%的概率在$\pm 1.96\sigma_h$变化，这并不是很直观。方差σ_h^2在没有很多精确工作的前提下，可以理解为方差分量或比数比的中位数，接下来将分别进行讨论。

在混合线性模型中，方差参数可以作为方差分量来理解，但是在离散数据模型中，要解释它是有困难的。如果比较等式22.1和线性混合模型（等式21.2），则在Logistic方程中不存在ε_i误差项。这是因为分布是建立在原始尺度上的——在上述实例中是$Y_i \sim \text{bin}(1, p_i)$，所以模型误差来自于二项分布而不是正态分布。而二项分布的方差是$p_i(1-p_i)$。现在数据的总体方差$\text{var}(Y_i)$，不再是误差方差和随机效应方差的总和，因为它们是在不同的尺度上度量的。还有，总体方差不再是常数，因为二项分布的方差随p在变化，所以方差的单个分解就不存在。几年前，一些文章回顾了方差分量和Logistic回归随机效应的类别内相关系数［ICCs，见20.3.3节；有时对于上述的非常数方差和相关性，ICC称为方差隔离系数（VPCs）］的计算，而且还提供了许多不同的方法（Browne W等，2005；Goldstein等，2002；Rodriguez和Elo，2003；Vigre等，2004）。在潜在的响应变量的基础上，可以找到一个近似的方法作为阈值模型去代替Logistic模型（潜在变量在第17章中已介绍；Snijders和Bosker，1999；14.3节，Rabe-Hesketh和Skrondal，2008；第8章）。

在同样（Logistic）尺度下获得个体和猪群方差的最简单方法是将每个动物i和一个潜在连续变量Z联系在一起，Z_i表示动物的生病程度。被观察的二项结果Y_i作为检验生病的程度是否已超出了某一特定的值。在公式中，设阈值为t，如果$Z_i > t$，则$Y_i = 1$；如果$Z_i \leq t$，则$Y_i = 0$。有时，这可能是一个似是而非的理论结构，有的时候又不是如此。对于pig_adg数据，猪肺炎分数反映了肺的损坏程度；另一方面，reu_cfs数据，受精取得成功似乎是一个二项元件。从数学上来讲，I_i的任何模型可转换成二元结果模型。特别地，当$t=0$等式22.1可精确地得到以下关系式：

$$Z_i = \beta_0 + \beta_1 X_{1i} + \ldots + \beta_k X_{ki} + u_{\text{herd}(i)} + \varepsilon_i \qquad \text{等式22.3}$$

这里固定效应和猪群效应与以前一样，误差ε_i被认为是服从期望为0，方差为$\pi^2/3 = 3.29$的Logistic分布（Logistic分布在形状上与正态分布相似，在实际应用中可假设其服从正态分布或Logistic分布）。等式22.3是Z_i的一个线性混合模型。因此，利用第21章的方法，方差分量的计算和Z_i变量的类别内相关系数$ICCs$满足下面等式：

$$\text{var}(Z_i) = \text{var}(u_{\text{herd}(i)}) + \text{var}(\varepsilon_i) = \sigma_h^2 + \pi^2/3$$
$$\rho = \sigma_h^2 / (\sigma_h^2 + \pi^2/3) \qquad \text{等式22.4}$$

上述公式在例22.2得到了应用。总的来说，通过固定误差方差$\pi^2/3$，潜在变量方法有助于对方差分量和类别内相关系数的理解。应当知道对于潜在变量而言，其值只是二元结果的近似。特别的，对于二元分布方差和相关性不是常数，而是取决于预测变量的值；对于潜在变量而言，这种依赖性是不存在的。计算类别内相关系数不同方法的经验表明，潜在变量类别内相关系数往往比二元结果真实的ICC要稍微大一点（见以上引用的论文）。许多有感染疾病的动物的畜群相关系数范围在0.04~0.42之间（大多数是小于0.2的）（Otte和Gumm，1997）。

方差σ_h^2可以解释为在2个随机选择畜群的得病风险比数比，2个随机选择畜群动物和畜群的固定效应是一样的。2种风险中大的与小的比数比≥ 1，它分布（比数比的群体中位数，MOR_c）的中位数可以被计算出来：

$$MOR_c = \exp(0.954\sigma_h) \qquad \text{等式22.5}$$

MOR的理解是当比较两个被选择的畜群中动物时，在概率为0.5的前提下，比数比OR要么大于MOR要么小于MOR。MOR的一个优点是将聚集的多样性当做是固定效应的影响（Larsen等，2000）。例22.2利用猪肺炎数据说明了这一点。

22.3　随机效应Poisson回归

畜群随机效应u，暴露为n的Poisson随机截距回归模型可以写成如下形式：

$$\ln(\lambda_i) = \beta_0 + \beta_1 X_{1i} + \ldots + \beta_k X_{ki} + u_{\text{herd}(i)}$$
$$Y_i \sim \text{Poisson}(n_i \lambda_i) \qquad \text{等式22.6}$$

假设$u_{\text{herd}(i)} \sim N(0, \sigma_h^2)$。类似于Logistic回归模型，固定效应加上了随机效应。在上一节所描述带有和不带有随机效应模型有很大的差异，下面对Poisson回归进行讨论。先简要的讨论一下方程22.6中的固定和随机效应参数的解释，并通过一实例加以说明（见例22.3）。

例22.3　Poisson随机效应模型

data=tb_real

在例18.1和例18.3中，Poisson和负二项模型适合加拿大的牛群和鹿科动物群的新的TB病例发生率的数据。在例18.1中简单的Poisson模型对于过大离差的数据是不适用的。以下是带有服从正态分布的随机畜群效应的Poisson随机效应模型的结果：

对数似然（log likelihood）=−143.56

	系数	标准误	Z	P	95%置信区间	
type=beef	−0.394	0.333	−1.18	0.236	−1.046	0.258
type=cervid	−0.238	0.487	−0.49	0.625	−1.192	0.716
type=other	−0.104	0.800	−0.13	0.896	−1.673	1.464
sex=male	−0.339	0.208	−1.63	0.103	−0.747	0.069
age=12–24 mo	2.717	0.747	3.64	<0.001	1.252	4.181
age=24+ mo	2.467	0.726	3.40	0.001	1.044	3.889
constant	−11.056	0.830	–	–	−12.682	−9.428

另外，畜群随机效应的方差估计 σ_h^2 =1.688（0.593）。

与负二项模型相比，动物的类型完全不显著，性别和年龄群体的系数已经远离了原假设，它们的P值已经开始下降。Poisson随机效应模型比负二项随机效应模型更适合这组数据，因为对数似然比是−143.6对−157.7；模型没有相互嵌入但是它们的参数个数相同。Poisson模型还适合Gamma分布的随机效应，但是它们的拟合程度有点差（对数似然比为−146.53），畜群水平方差估计是1.613（0.477），固定效应参数和前面的类似。

图22.1反映的是同一畜群的2个动物群体的类别内相关系数ICC的估计，ICC取决于年龄群体（小的<12个月，大的>24个月）和总体风险，因为它们对反应的平均个数有很强的影响，ICC是关于平均值的单调增函数。在具有较强变化的数据集中，ICC在描述畜群水平时没有特别的作用。

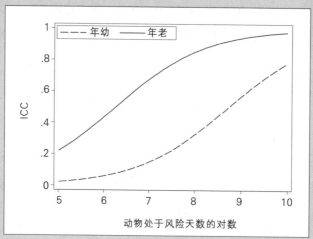

图22.1　同一畜群的2个年龄组动物群体风险的类别内相关系数（ICC）估计

22.3.1　固定效应参数的解释

特定群体和总体平均参数之间的区别很大，是因为固定效应参数的截距在特定群体和总体平均中取不同的值（Diggle等，2002，7.4节）。假定它们包括多个分层水平或随机斜率，这与对数联结函数相关，与随机效应的形式无关。

22.3.2　方差参数的解释

线性混合模型（第21章），可以将未解释的总方差分解到每个分层水平中（见例21.1和例

21.3），类别内相关系数ICC（相同群内的观测）是可以计算的。对一个Logistic随机效应回归而言，通过潜在变量的方法，有一个相似（近似）计算可以实现。对Poisson回归而言，存在一个精确的计算公式（Stryhn等，2006），但方差分解和类别内相关系数ICC依赖于预测变量的值，所以对整个数据（除非原假设模型没有预测变量）而言，没有一个简单而且唯一的类别内相关系数ICC。为了简化这一陈述，记βX为一系列预测变量，包括了对数部分：

$$\beta X = \beta_0 + \beta_1 X_1 + \dots + \beta_k X_k + \ln(n)$$

则水平1（最低）和水平2（最高）的方差，类别内相关系数（ICC）（方差比例处于最高水平）如下：

$$
\begin{aligned}
&\text{level 1:} && \sigma(1) = \exp(\beta X + \sigma_h^2/2)\\
&\text{level 2:} && \sigma(2) = \exp(2\beta X + 2\sigma_h^2) - \exp(2\beta X + \sigma_h^2)\\
&ICC: && ICC = \sigma(2)/(\sigma(2)+\sigma(1))
\end{aligned}
\qquad \textbf{等式22.7}
$$

这里介绍了通过βX的值计算ICC，可见例22.3.

22.4　广义线性混合模型

前两节中混合模型的实例推广到更广泛的一类模型，称为广义线性混合模型。与处理Logistic和Poisson回归的方法一样，这些模型通过在特定的联结函数变换尺度上增加所需的随机效应。假定随机效应是服从期望为0的正态分布，但是也可能包括一些非零相关性（随机效应处于同一水平下）。尽管线性预测变量的分布形式和方程是以随机效应的值为条件（见22.2.1节），但在16.5节中所列出关于模型的假设仍然成立。对于22.2节，固定效应的解释和方差参数相关结构的讨论在广义线性模型中仍然要进行，但是对于二项分布/二元分布数据的一些特定的算法就不存在了，例如潜在变量法计算方差分量和ICC。为了保持简洁性，用处理线性混合模型的方法（见21.3节和21.4节），对随机截距模型（即不包括随机斜率），广义线性模型增加随机斜率和关联效应是可以处理的。

这一节将讨论广义线性模型GLMM中参数的总体平均和特定群体参数（见22.4.1节），然后讨论二元，计数和多项式数据的特定模型（见22.4.2节～22.4.5节）。

22.4.1　总体平均和特定群体参数

聚集数据的总体平均（PA）和特定群体（动物群体；SS）模型间的区别在22.2.1节和22.3.1节中已经讨论了，在22.2.1节和22.3.1节中广义线性模型是对于特定群体进行讨论的。这里我们将给出更多的例子（Diggle P等，2000）。首先来谈一下"特定主体"，它源于由若干不同动物（见第23章）通过重复测量（如关于时间）构成的数据集，在这种情况下，测量值组成了动物的"聚集"数据。在通常的分层聚集中，动物聚集是动物群体（如一栏动物）。为了避免双重使用"主体"而带来混淆，将结构的上层水平作为群体或聚集（而不是主体）。另一个结论是回归系数的PA和SS解释等价于线性混合模型。这并不取决于通常的正态分布假设，但是取决于线性预测变量是在原始尺度上这一事实；用广义线性模型的术语，如果联结函数是恒等函数，尺度没有变化，则模型是线性混合模型。因此假设有两个水平的结构，应当适当的讨论非恒等联结函数的广义线性模型。

PA和SS方法的区别在于处理群体或聚集数据。正如上述讨论，特定主体（或特定群体）模型中包括了线性预测变量和每一个群体的随机效应。随机效应（分布和相关性）的假设意味着群体内的一系列观测值的分布有特殊形式，还包括它们的相关结构。总体平均或边缘模型只涉及边缘期望，即与群体内预测变量的期望值相关，不包括每个群体的特定效应。对于两类模型中的参数区别具有简单的公式，记观测值为Y，u为群体随机效应（在SS模型中），利用21.2.2节中介绍的向量矩阵符号，SS和PA的广义线性模型基于以下方程：

$$特异聚集：\ link[E(Y|u)]=X\beta^{SS}+Zu$$

$$群体平均：\quad link[E(Y)]=X\beta^{PA}$$

等式22.8

和前面的等式21.8一样，X和Z是模型的固定和随机部分预测变量，E（$Y|u$）是在u的条件下，Y的条件期望。等式22.8表明，SS和PA回归参数是不相等的（除非联结函数是恒等函数或者没有聚集效应）。一般地，PA参数比它们的SS参数更接近于（衰减到）原假设模型；这种衰减是由于它们不是恒等联结与对数联结（不含截距）。这一区别取决于聚集的数量，而且相关的估计误差很小。特定的模型公式在22.4.1节和22.4.2节中给出。

最恰当模型类型（SS或PA）的选择取决于被检验的预测变量。作为一个例子，考虑母牛乳热症风险治疗（与安慰剂比较）临床实验的效果。这个研究在多个牛群和品种中实施，（Holstein、Jersey）也记录了研究数据。最后的模型包括了2个二值变量：治疗和品种。特定群体模型治疗效应的β^{SS}估计反映了特定畜群的乳热症的治疗效果（与没有治疗的具有相同风险的牛群相比），这对于在同一牛群上的母牛具有生物学意义。另一方面，β^{PA}反映了治疗过所有患有母牛乳热症牛群的医疗效应（假设奶牛热症的风险降低了）。因此，研究兴趣从个体转移到了所有牛群。品种参数的解释是类似的，但是其SS解释对于单个个体品种（指的是如果所有的牛被某一品种的牛代替，奶热症的风险发生变化）似乎没有多大意义，通过比较整个牛群的品种，PA估计更适合。SS解释对于一个畜群水平固有（与场所相关）的预测变量没有意义。对于重复测量数据的群体是主体（个体），例如预测变量为性别、种类，预测变量的SS解释不可变性这一问题在重复测量数据中变得更为普遍。

最后介绍包括多种预测变量模型的（不常出现）情况，有一些预测变量有良好的SS解释，有一些预测变量具有好的PA解释。如果等式22.2这样的转换公式存在于以上使用的模型中，应该转换（或"边缘化（marginalise）"，Hedeker和Gibbon，2006）PA解释的参数。从PA估计转换到SS估计更困难，因为PA估计不包括方差信息（见23.5节）。

22.4.2 二元数据的广义线性模型

Logistic随机效应回归在22.2节中已经加以介绍。这里增加一些关于联结函数的评论以及SS和PA估计、潜在变量ICC的转换公式。例22.4介绍的数据和模型，用来描述二元广义线性模型统计方法。

对于一个随机截距Logistic回归模型，等式22.2给出了关于PA与SS关系的近似公式为：

$$\beta^{PA}\approx\beta^{SS}/\sqrt{1+0.346\,\sigma_h^2}$$

其中，σ_h^2是群体方差。通过这个公式，PA参数比SS参数小10%以上，要求$\sigma_h^2\geq0.68$。对于一个具有多重随机截距的模型（例如数据分层具有3个以上水平），等式22.8在σ_h^2被总方差分量的和代替后仍然适用。当模型包括随机斜率时，与随机效应相关的方差不再是常数，因此转变公式取决于随机效应的预测变量（Z）。对于动物i的一般公式可以写成如下形式（见Hedeker和Gibbons，2006，第9.7节）：

$$\beta_i^{PA}\approx\beta^{SS}/\sqrt{1+0.346\,var((Zu)_i)}$$

等式22.9

例22.4　初次配种受孕数据的广义线性混合模型（Logistic随机效应回归）

data=reu_cfs

　　在生殖研究中，初次配种受孕的成功或失败是结果评价之一。研究比较了分布在50个畜群的1575头母牛中，3027头处于泌乳期奶牛。利用3个水平的Logistic随机效应回归模型（母牛与畜群为随机效应）分析了这些数据（泌乳期并没有被重复测量，因为每头牛的泌乳期很小）。这个模型包括了2个二值预测变量、泌乳水平预测变量：-heifer-（初产和经产）和-ai-（人工授精和自然配种）

LogL =-2010.85

	系数	标准误	Z	P	95%置信区间	
ai	-1.019	0.130	-7.81	<0.001	-1.274	-0.763
heifer	-0.064	0.097	-0.66	0.509	-0.254	0.126
constant	0.578	0.129	–	–	0.326	0.831

　　另外，母牛和畜群随机效应的方差估计分别如下：

$$\sigma_c^2=0.266（0.120）和\ \sigma_h^2=0.087（0.039）$$

　　这些估计给大家的第一印象是它们没有同等的效果，人工授精在受孕率方面有一个清楚、消极的效果。虽然这两个效果很小，但是它们的显著性很难评估。来自同一母牛（ρ_c）的两组观测值间的ICCs和来自同一畜群（ρ_h）不同母牛的两组观测值间的ICCs通过使用潜变量的方法可以得到估计如下（见21.2.1节、22.2.2节）：

$$\rho_c（同一奶牛的泌乳期）=\frac{0.266+0.087}{0.266+0.087+\pi^2/3}=0.097$$

$$\rho_h（同一群中不同奶牛的泌乳期）=\frac{0.087}{0.266+0.087+\pi^2/3}=0.024$$

　　下面表格给出相应probit随机效应回归估计，实际上是用完全相似模型的拟合（用极大似然法）。

LogL=-2010.87

	系数	标准误	Z	P	95%置信区间	
ai	-0.626	0.079	-7.92	<0.001	-0.780	-0.471
heifer	-0.040	0.059	-0.68	0.499	-0.156	0.076
constant	0.355	0.078	–	–	0.201	0.509

　　另外，母牛和畜群随机效应的方差估计分别如下：

$\sigma_c^2=0.100(0.044)$ 和 $\sigma_h^2=0.033(0.014)$

　　probit回归模型估计和SEs大约以1.6倍（1.019/0.626=1.63）的尺度比例趋于零；事实上，尺度比例在1.6~1.8，略小于理论比例$\pi/\sqrt{3}=1.81$（Hedeker和Gibbons，2006，第9.4节），方差与这个数的平方成比例，潜在变量的ICCs要略大一点（$\rho_c=0.11$）。

　　其中，方差可由类似于等式21.11计算（取决于模型的细节）。

　　对于二元/二项数据，常常有两个联结函数的选择：一是Logit函数，它是所谓的probit函数（标准正态分布函数的反函数），另一是双对数（log-log）函数。联结函数的选择很大程度上取决于GLM（见16.11节）相同的讨论；事实上，模型拟合的差异和联结函数不同对于统计推断结果的差异通常是很小的（见例22.4）。对于probit回归，当1取代常数0.346时，等式22.8和等式22.9变得更精确。用1取代常数$\pi^2/3$时，潜在变量的ICC的计算是有效的。

22.4.3　计数数据的广义线性模型

　　第22.2节介绍了Poisson随机效应回归，与二项数据混合模型相比较，计数数据混合模型的选择是多种多样的和混淆的（从应用的观点）。其中一个原因是计数数据模型的选择范围大，它包括负二项模型、零膨胀模型（见第18章），它们均可推广到随机效应模型。另一个原因是Poisson模型和它的推广模型可以合并不同类型和不同分布的随机效应。这一节将简要的介绍这些模型，并用例22.3的TB数据对这些模型进行拟合。最近一本书（Hible，2007）详细完整描述了关于负二项模型的理论方法。

等式22.6的Poisson随机效应回归模型的一个选择假定随机效应$u_{herd(i)}$为对数Gamma分布而不是正态分布。其真正含义是畜群随机效应是$v_{herd(i)} = \exp(u_{herd(i)})$，Gamma分布变量有多重随机效应：$Y_i \sim$ Poisson$(n_i \lambda_i v_{herd(i)})$。这个模型的好处是它的似然函数很容易计算，因此可应用似然为基础的统计推理（如极大似然估计）。

负二项分布（标准形式）是由其期望λ和离差参数a确定（见第18章）。聚集数据（当离差是常数的时候）可以说明其均值与子集均值具有相似性；另一方面，（当均值是常数的时候）其离差与子集的离差也相似。这两种情况可以通过合并均值参数和离差参数的随机效应建立模型。Poisson回归模型的最直接推广方式是在均值的对数尺度上加上具有正态分布随机效应（类似等式22.6），但是参数估计的数值计算很难。关于特定负二项随机效应模型使用在统计软件时需要加上手工编程。例22.5描述了3个备选的Poisson和负二项模型去拟合TB数据。

关于零膨胀计数（见第16章）模型的推广会产生另一个问题。由于这些模型方程数据有零与非零部分，所以在任何一个方程内嵌入随机效应应做一个选择。在后面的讨论中，模型中一个群体包含两个相关的随机效应。带有随机效应的零膨胀模型已经出现在当前统计软件中，它的进一步研究和应用很可能会在这一领域中出现。

22.4.4 分类数据的广义线性模型

第17章的多项式模型也可推广具有随机效应的模型。大量文献都讨论比数比模型（见第17.5节）的推广，例22.6是此类模型最简单的例子。属性数据（见17.3节）简单多项式Logistic回归模型，在每个模型加上参考类别的随机效应（Hedeker和Gibbons，2006，第11章），可以推广到随机效应模型。虽然这些模型在统计软件中一般不可行，但其他的多项式模型也可以有类似的推广。

例22.5　计数数据的随机效应模型

data=tb_real

下表给出了服从对数Gamma分布随机效应的Poisson回归模型，带有均值线性预测的正态分布随机效应的负二项回归模型和有离差参数Beta分布随机效应的负二项回归模型的极大似然估计和对数似然值。

相关结果分布	Poisson	负二项	负二项
随机效应分布	对数gamma	正态	beta
type=beef	−0.349（0.335）	−0.394（0.333）	−0.363（0.338）
type=cervid	−0.353（0.469）	−0.238（0.487）	−0.319（0.479）
type=other	−0.241（0.788）	−0.104（0.800）	−0.167（0.799）
sex=male	−0.352（0.207）	−0.339（0.208）	−0.333（0.220）
age=12–24 mo	2.702（0.746）	2.717（0.747）	2.264（0.758）
age=24+ mo	2.462（0.726）	2.467（0.726）	2.384（0.742）
constant	−10.132（0.833）	−11.056（0.830）	−7.431（2.234）
herd variance	1.613（0.477）	1.688（0.593）	n/a
log–likelihood	−146.53	−143.56	−146.39

带有正态分布随机效应的负二项模型的离差参数的估计为零，在例22.3中这个模型认为是Poisson模型。可以解释为：当群聚引起的离差过大时，Poisson离差很符合这个数据。带有beta分布随机效应的负二项模型的参数不同，因此畜群的方差或者一般的负二项离散参数不能直接进行比较。拟合的模型间的差别和大部分估计的参数间的差别都很小。当拟合模型的差别很小时，模型的选择通常由模型参数的解释的意义所确定；在这种情况下，带有正态分布随机效应的Poisson模型似乎是很明显的选择。

例22.6　比数比随机效应模型

data=beef_ultra

在例17.4中，根据牛肉超声检查评估数据，模拟了一个比数比模型。数据来自于8个农场，这里假定它代替农场的全体，带有农场随机效应的模型的估计如下：

对数似然数=374.80

	系数	标准误	Z	P	95%置信区间	
sex=steer	0.892	0.240	3.72	<0.001	0.422	1.363
backfat	−0.286	0.108	−2.66	0.008	−0.497	−0.075
ribeye	0.234	0.076	3.06	0.002	0.084	0.383
imfat	−0.568	0.113	5.01	<0.001	−0.791	−0.346
carc_wt	−0.019	0.003	−5.51	<0.001	−0.025	−0.012
cutpoint 1	−7.665	1.276				
cutpoint 2	−3.887	1.231				

另外，畜群的随机效应的方差估计是

$$\sigma_h^2 = 0.420\ (0.264)$$

随机效应提高了模型的拟合程度。方差估计很小，等于由潜变量法计算得到的ICC的0.11倍。回归系数要么是不变的，要么是接近于零的，这与带有特定群解释的参数是相对的。尽管如此，带有农场固定效应模型的估计更接近于零，一些农场的混杂影响还是存在的。被估分割点的变化取决于−carc_wt−系数的变化，这个预测因子的取值范围不包括零。对于较少的农场，随机效应模型似乎改进了简单的比数比模型。

比数比模型比多项式模型更容易推广到随机效应模型，因为其固定效应是简单的方程，给这个方程添加随机效应等同于在等式17.7中给（未观测到）潜在变量S_i添加随机效应。来自Logistic回归模型特定主体的参数估计解释和潜在变量法计算的ICC几乎没有改变，这是因为建立的模型方程是类似的。但有一些推广可能是不恰当的，因为线性预测变量尺度在选择合适的预测变量组时发生变化。例如，由多个评估者打分的数据集（Rabe-Heskth和skrondal，2008，第7章）的评估者之间尺度不同，或在带有吸烟经历（Hedeker和Gibbons，2006，第10章）的群体中尺度发生变化。例22.6利用第17章通过超声检查对牛肉进行评估的数据，采用比数比随机效应模型来分析。

22.4.5　其他类型的随机效应模型

带有原始尺度随机效应混合模型（不经过GLMM变换）是存在的，下面简要地介绍2个这样的模型。

Beta二项模型在兽医流行病学中被广泛使用（Donald等，1994）。由它的名字可以知道，它是二项数据概率模型，同时具有服从Beta分布随机效应。如果Beta分布的2个参数（α_1，α_2）可以由均值μ和ICC值ρ来表示，则模型可当作是线性预测变量组合的回归模型，通过logit变换（或probit变换）成为GLM。重新参数化的表达形式为：

$$\alpha_1 = \mu(1-\rho)/\rho \quad \text{和} \quad \alpha_2 = (1-\mu)(1-\rho)/\rho$$

在上述模型中，回归参数具有PA解释。它是估计ICC的最好模型之一（Ridout等，1999）。Beta二项模型最大的一个优点是它的似然函数有一个既简单又明确的公式（并不是GLMMs形式）。因此它比广义线性混合模型更容易进行数值计算（Andreasen和Stryhn，2008）。但它也有一个缺点，在最低水平没有预测因子，或在一些分层水平不能简单的推广；它本质上是一个群体或可以重复测量的二元数据模型。对于群体（二项）结果方差关系为等式20.4；这个假设在这里是不同的，但是不会比其他方差假设更坏（例如Logistic随机效应模型的一个隐式）；通过对数似然或AIC统计，可以将beta二项模型的拟合和其他模型的拟合进行比较。

负二项分布已经在第18章中介绍过了，是Poisson分布具有过大离差分布的推广。过大离差理解为Poisson分布随机变量Y均值λ的随机变化。这种变化可能是由"主体内在变异引起的"—— 主体间的异质性不能用Poisson模型说明。如果λ服从以$1/\alpha$为形状参数、$\alpha\mu$为尺度参数的Gamma分布（等价于均值为μ，方差为$\alpha\mu^2$），那么由等式18.9，Y是服从μ为均值，$\mu+\alpha\mu^2$为方差的负二项分布。这个分布又称为混合Poisson分布模型。这些随机效应不能用于分层结构的模型中，因为它们已经合并到了负二项分布中去了，并处于最低水平。在例22.5中，一旦TB数据的农场效应被考虑，则最低水平（动物群）将不存在过大离差。

22.5 广义线性混合模型的统计分析

虽然等式22.1和等式22.6看似是简单的模型，但是广义线性模型GLMMs的分析并不直接，Logistic和Poisson回归也是这样。与书中大部分的模型相反，参数估计是不明确的。不同的方法，它们会给出不同的结果。书的大部分内容中都使用了极大似然估计法，如果不存在无法计算的困难，极大似然估计法是标准的选择。在过去的几年里，计算能力的提高和软件的使用使得极大似然估计法对于大的数据和模型是可行的。广义线性模型的实现的仍然是一个很活跃的研究领域，建议在决定一个方法前先研究一下不同软件的选择（22.6节中介绍了目前所用的一些软件）。现在先简要的概括一下可行的方法，并指明将在本书哪里对它们进行讨论。

（1）极大似然估计法（22.5.1节）：似然函数包含了一个完整的随机效应，可以用一个和式近似表示，因此可以对大模型计算得到似然估计。

（2）拟似然估计或迭代加权最小二乘估计（见22.5.2节）：结合线性混合模型和GLMs的算法可得到多个有细微不同的随机变量，这种方法比极大似然法计算的更快更简单。

（3）贝叶斯蒙特卡罗估计（见第24章）：根据不同的统计软件（贝叶斯统计），进行一个计算量较大的模拟估计。

目前为止这一章中所有的结果都来自极大似然估计。但是对于已给定的数据，怎么决定哪一种方法最好？一个标准答案是使用模拟，即对一个参数已知的模型，产生模拟数据，然后用每一种方法来计算数据，将它们的结果进行比较。这种模拟研究已在统计杂志（如Browne和Draper，2006；或Masaoud和Stryhn，2009）上出版，读者也可以根据自己手上的数据结构进行的模拟研究（Stryhn，等，2000）。

尽管研究者正致力于用最好的方法分析数据，但如果能意识到这些方法的主要区别什么时候会出现，对数据分析是很有帮助的（见22.5.2节中拟似然估计的讨论）。如果方差很大，或包含在数据里的信息是有限的，例如重复测量是稀疏的矩阵，那么广义线性模型的估计是非常困难的。通常情况下，二项数据比计数数据更难分析，对于中等样本量的二项数据，应该避免用过于费劲的模型去拟合。引起问题的另一个可能原因是多重群体单元是否拥有极端预测值，例如Logistic模型中反映畜群所有动物的预测变量都是负的（或都是正的）。在任何时候，一个数据集或一个模型不会自动显示说自己难以估计，要很谨慎的去分析，用不同的方法进行分析通常是有效的。

22.5.1 极大似然估计

广义线性模型中的极大似然估计（ML）似乎是我们的首选，这是由于这种方法的整体优越性

（MLE好的统计性质）和似然基础推断（似然比检验）。尽管如此，直到近几年，大家都知道对不包括简单2层水平模型的广义线性模型，极大似然估计与巨大的、困难的计算联系在一起。统计软件的选择会对计算产生相当大的影响，近年来计算机能力和软件的改进已经改变了这一观点。似乎在近几年，极大似然估计已成为除了巨大型广义线性模型外其他模型的标准估计方法。这个方法的数值计算从这一点看起来是有前途的，下面将概要说明为什么似然函数的计算是如此困难，以及计算时需要谨慎注意的事项（复杂计算过程经常很难预料，复杂性甚至藏在软件中）。

为简单起见，先考虑2个水平的Logistic回归模型（等式22.1），把焦点放在一个畜群上——畜群1，给定u_1值（畜群1的随机效应），来自这个畜群的观察条件似然函数是基于二项分布的，

$$L_1(\beta|u_1)=\prod_{i:\text{herd}(i)=1} p_i^{Y_i}(1-p_i)^{1-Y_i}$$

通过对随机变量u_1的分布进行积分可以得到所有动物的全似然（又称为边缘似然）函数：

$$L_1(\beta)=\int L_1(\beta|u_1)(2\pi\sigma_h)^{-1/2}\exp(-\tfrac{1}{2}u_1^2/\sigma_h^2)\,du_1 \qquad \textbf{等式22.10}$$

积分加权了所有u_1可能的值，而u_1是期望为零、标准差为σ_h的正态分布。像等式22.10的积分不能得到简单的分析式，因此常常需要进行数值积分。这种方法是在许多个选定的正交点处的被积函数值的加权总和视为这个积分（函数是可积的）的近似值。正如等式22.10指数项含有平方的特殊加权称之为Gauss-Hermite 积分。这种方法需要决定正交点的个数和它们的选择方式。一般，增加正交点个数可以提高精确度，也会增加计算时间。通常使用自适应近似方法，即它们的正交点（权重）对被积函数进行连续调整。

目前为止，仅处理了一个农场的观测值。来自不同农场的观测值是独立的，所有农场的全部数据的联合似然函数可以由等式22.10的乘积得到。没有必要将这个方程写出来，不仅是计算，而且对这个模型的固定、随机效应的多重积分的近似求解是一项很艰巨的任务。多层水平的估计或同一水平下多重随机效应的估计增加了问题的复杂性。

综上所述，对广义线性模型极大似然估计法给出如下建议：

- 极大似然估计计算可能不稳定或似然函数估计的近似是不恰当的；因此，强烈建议：使用算法的不同初值或数值积分不同方法来验证结果的稳定性，如使用不同的正交点个数也是个恰当的方法。
- 可以将ML估计和其他的方法（如拟似然法或处理聚集数据的其他方法）进行比较，如果有很大差别，需要谨慎些；如果估计问题很困难，强烈推荐这个方法（如上讨论）。
- GLMM的ML估计可能对模型的选择（由于计算要求）是不实用的；采用更为简便的（部分）模型选择以确认选择的模型可以用ML估计得到结果。

例22.7利用实例证明极大似然估计积分的稳定性。

22.5.2　拟似然估计

当似然函数不存在或很难计算时，拟似然函数可看做是（真实）似然函数的代替。在20世纪90年代早期，计算机的功能还不强大，就开发出了关于GLMM利用迭代加权最小二乘来最大化拟似然函数的一些算法。这些算法采用首字母缩写的形式，字母QL（拟似然）、PL（伪似然）或ILS（迭代最小二乘），它们经常与G（广义）、W（加权）或R（限制）结合在一起用。迭代加权最小二乘法的基本思想是每次迭代中计算联结函数尺度（Logistic尺度）上的"修正"变量，即通过Y在估计平均值处的Taylor展式而得到修正变量，可以认为它是离散结果的连续版本。修正变量的估计可通过线性混合模

例22.7 验证广义线性模型的极大似然估计

data=reu_cfs

在例22.4中，使用了极大似然估计法对留尼旺岛初始受孕风险数据拟合了Logistic随机效应回归模型。这个模型在估计过程中修正正交点的数量范围，每次估计中固定和随机效应估计如下：

	在（畜群，母牛）水平下的正交点的个数			
	（1，1）	（3，3）	（7，7）	（12，12）
ai	−0.993	−1.019	−1.019	−1.019
heifer	−0.065	−0.064	−0.064	−0.064
constant	0.568	0.578	0.578	0.578
牛群效应方差	0.083	0.087	0.087	0.087
奶牛效应方差	0.145	0.267	0.266	0.266
对数似然	−2012.446	−2010.839	−2010.847	−2010.847

在估计中所使用的软件默认7个正交点。使用一个（1）正交点有时是用拉普拉斯近似（22.5.2节）。带有20个正交点的估计和带有12个正交点的估计是一样的，随着正交点的个数的增加，估计的变化很小，所以这个模型是稳定的，正交点的默认个数是合理的。

型的估计法得到（加权REML 或ML估计），直到参数估计收敛而停止运算。一些可供选择的方法如下：

- 一阶或二阶泰勒展开式：当方法收敛时，后者更为精确；
- 修正变量的ML或REML估计，后者的使用更为普遍；
- 修正变量的MQL或PQL形式（M为边缘，P为预测或惩罚）：通过忽略线性预测变量中的随机效应估计，前者的计算更为稳健，因而估计有PA解释（Brelow和Clayton，1993），广义线性模型中的其他估计方法则不然。

这3种方法选择可以任意的结合在一起（取决于所使用的软件包的设备），例22.8给出了来自这些算法的结果。

20世纪90年代大量论文讨论了不同版本的算法，并讨论它们在软件包中是如何实现（Browne和Draper，2006；Zhou等，1999）。对于好的数据，不同的算法有相似的结果（考虑估计的标准误

例22.8 广义线性模型的拟似然估计

data=reu_cfs

3个拟似然估计法应用到例22.4初次配种受孕风险数据上，通过MLwiN软件可得到估计；在第一阶的方法中，由SAS（Proc Glimmix）软件得到的估计要比方差参数的SE略大一点。

	ML（极大似然）（例22.4）	一阶MQL	一阶PQL	二阶PQL
	系数（标准误）	系数（标准误）	系数（标准误）	系数（标准误）
ai	−1.019（0.130）	−0.941（.120）	−0.953（.121）	−0.995（.123）
heifer	−0.064（0.097）	−0.062（.092）	−0.062（.093）	−0.064（.093）
constant	0.578（0.129）	0.540（.120）	0.545（.122）	0.567（.123）
herd var.	0.087（0.039）	0.079（.032）	0.080（.032）	0.088（.034）
cow var.	0.266（0.120）	0.100（.076）	0.130（.078）	0.153（.080）

在例22.4中所有拟似然方法的估计比极大似然估计更接近于零。最大的不同点是母牛的水平方差是极大似然估计的40%~60%。我们把这个不一致性理解为拟似然估计方法的偏差；模拟研究结果表明这些数据的拟似然方法一贯得到很低的母牛水平方差估计（Stryhn等，2000）。含有二阶的方法比含有一阶的PQL方法的偏差小。回归系数MQL估计带有一个PA解释，但是方差会受到偏差趋于零的影响。注：拟似然方法不适用于检验统计量或者是方差参数的置信区间的简单计算。

差）。无论什么时候，应该选择那个可能是"最好"的方法（其次选择REML、PQL）。更重要的是，任何一个"看似奇怪"的估计或标准误差，应当促使我们更加仔细的去检查模型，并将这个模型与其他模型或估计方法相互对比。

早期的模拟研究表明来自广义线性模型的一些迭代最小二乘算法的估计是有偏倚的。这种偏倚可能会影响固定和随机效应参数，但是随机效应参数是最容易受影响的。一致认为要特别注意以下两点：

(1) 在分层水平下，重复测量的次数不大（少于5）；

(2) 相应的随机效应很大（方差超过0.5）。

在例22.8中，母牛水平的重复测量次数是很小的，平均每头牛是1.9次。回归系数的偏差相当小，这取决于2个层次水平的小方差，在数据集中方差越大，偏倚也越大。

最后提一下称之为拉普拉斯近似的方法。这种方法是在过去的十年内相继发展起来的，包括了更为精确的近似和对数似然函数（可以进行似然统计）有效的近似。最近的一篇论文中说拉普拉斯近似方法完全适用于Poisson回归（Pinheiro和Chao，2006），进一步的模拟研究表明计数和二项数据也可得到更为精确的结果（Joe，2008）。

22.5.3　置信区间和检验

GLMM的统计推断是近似的（当分层水平观测的次数都很大时才是渐近正确的）。固定效应参数由Wald置信区间和检验评估，当参数高度相关或不确定的时候，似然推断（子集似然置信区间CI和似然比率检验LRT，见21.5节）可以使用。当使用似然估计的时候，似然推断才可行。关于GLM，对于"出界的"参数，Wald统计是没有用的，如Logistic回归当分类预测变量不存在时就会发生这种情况。这些情况的出现经常是个例问题（Heinze和Schemper，2002），可能会影响到随机效应的估计（因此，极大似然估计可能也会受影响）。

这里涉及的分布大部分是"渐近的"，如标准正态或者是χ^2分布。如果在感兴趣的参数水平下，重复测量所得矩阵是稀疏的，那么推断是不稳定的（Stryhn 等，2000），一些软件包为此使用类似线性混合模型中的t分布和F分布来作为近似。一般，在广义线性模型中，没有关于近似推断的准确性的明确指导。在线性混合模型中，Wald统计对方差参数是不适用的，需要用似然推断或bootstrap方法来评估（例22.9）。

22.5.4　预测

GLMM中的随机效应可以根据线性混合模型中的方法进行预测（见21.5.4节），并表明均值是压缩估计。由于固定和随机效应在不同的尺度上（如logit尺度），因此关于观察值的预测或均值产生了

例22.9　广义线性模型的统计推断

data=reu_cfs

在例22.4中，固定效应的检验和置信区间是近似的。例如，95%的CIs计算为$\beta \pm 1.96 \times SE(\beta)$。在最低水平，两个预测会发生变化，尽管在高水平，一些变化可能是固定的（如母牛水平），对于以标准正态分布为基础的解释推断有充足的理由。

比较随机效应模型的检验，注意到拟合模型的对数似然值（−2010.85）和不具有兴趣随机效应的修整模型。不带有母牛随机效应和畜群随机效应的模型，它们的对数似然值分别为（−2014.11）和（−2017.93），相应的以自由度为1的χ^2统计的值为6.52和14.2，都是显著的。在21.5.3节中，由于单边假设，p值应为$\chi^2(1)$的尾概率的一半。在二者之间，畜群随机效应是最重要的，这在估计和标准误差中并不明显。

新的问题，这与SS和PA参数间的差异相关。根据Skrondal和Rabe-Hesketh（2009）的结果，例22.10描述了在Logistic随机效应回归模型中，计算预测概率的3种不同的方法。前面两个方法是很普通的，见McClure等（2005）。为了显示这些方法的差别，利用来自例22.1中的2个水平的猪的数据，其组间方差比Reunion岛数据大。

例22.10 Logistic随机效应回归中的预测

Data=pig_adg

我们再次考虑带有萎缩性鼻炎的来自15个农场的341头猪的肺炎Logistic回归模型，将它作为唯一的预测变量和农场随机效应。截距的极大似然估计、-ar_gl-的系数个农场间的方差分别为：

$$\beta_0=0.020 , \beta_1=0.437 , \sigma^2=0.877$$

我们希望去预测带有或不带有萎缩性鼻炎猪的肺炎概率。对这个概率的3个解释为：

1. 假设农场的猪的概率：对任何给定的（假定）农场随机效应u，我们计算特定农场（条件）概率为：$p(1)=logit^{-1}(\beta_0+\beta_1 ar\_g1+u)$，利用u=0，给出整个农场的中位数概率。也可以利用u=±1.96σ去得到全体农场的95%的范围。

2. 来自任何农场的猪的均值概率：等式22.2的近似公式给出了这样的总体平均概率：$p(2)\approx logit^{-1}[(\beta_0+\beta_1 ar\_g1)/\sqrt{(1+0.346\sigma^2)}]$。在下面的表格中，使用了$p(2)$的一个更为精确的近似（见Skrondal和Rabe-Hesketh，2009）。

3. 研究农场的猪的概率：对研究农场进行预测时，需要合并我们已有的随机效应的信息，这取决于logit函数的非线性，简单的预测农场的随机效应是不起作用的；相反，可以去计算随机效应的后验分布的均值概率。

下面表格给出了预测的2个分类和一些农场的3种概率：

ar_g1	farm#	u（farm）	p（1）with u=0	p（2）	p（1）with u（farm）	p（3）
0	1	1.115	0.505	0.504	0.757	0.748
	3	−1.457			0.192	0.200
1	1	1.115	0.612	0.595	0.828	0.819
	3	−1.457			0.269	0.276

作为中等大小的两个固定效应参数，两个概率是相当接近的且接近于0.5。带有适度大小随机效应的研究农场的预测概率是不一样的。随机效应比固定效应强得多，带有被估随机效应的计算结果与正确结果$p(3)$相比，略有不同。

22.5.5 残差与诊断

模型诊断的标准工具——残差和诊断统计量——在广义线性模型中发展没有在混合模型中的发展快，而且广义线性模型比线性混合模型（见21.5.5节）更有意义。标准误差的不同形式间的差别仍然存在，而且计算起来更困难。在实践中，我们可能会接受统计软件所提供的所有信息（Skrondal和Rabe-Hesketh，2009）。广义线性模型的一个新特点（与线性混合模型相比）是：在最低水平上，模型的误差不服从正态分布，相应的残差和诊断统计量很难估计。作为一个极端例子，在二项模型中，所有最低水平的残差是二值变量，不服从正态分布。在这种情况下，最低水平的残差不是很有用。更糟糕的是，如果没有重复测量，最低水平的残差的问题可能会渗入到高水平中去。残差与诊断统计量的分布很难精确地使用，取而代之的是要去寻找相对于观测点极端值或离群值。例22.11 给出了3个水平的Reunion岛数据的残差分析。

离散数据的广义线性模型具有类似特殊统计，例如Logistic回归模型的拟合优度检验用Hosmer-Lemeshow检验是不可行的。目前有一篇论文描述了用广义线性模型模拟拟合优度检验，这种方法在标准软件中仍是不可行的（Waagepetersen，2006）。

例22.11　三个水平的广义线性模型的残差

data=reu_cfs

例22.4（Reunion岛初次配种受孕风险数据）三个水平Logistic回归在三个层次上有残差，但是最低水平的残差几乎不用，在这种情况下，我们完全不考虑它。图22.2是1575头母牛水平标准化残差的正态Q-Q图。图中的曲线是一个很奇怪的形式，它远离那条直线，而且分成三部分，每一部分几乎都是直线。只有1～3个观测值的每头母牛，而且只有4个不同预测值，那么这样的牛水平离差并不像是正态分布。进一步研究，图的每个近似直线的部分对应于带有相同反应类型的母牛。例如，曲线的下面部分对应于在数据中没有任何母牛第一次配种就怀孕，曲线的上面部分对应于在所有泌乳期第一次配种就怀孕的母牛。从这条曲线上似乎不能去评估在母牛水平下的模型是否有问题。

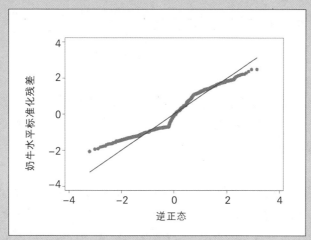

图22.2　Reunion岛数据利用了一水平模型奶牛水平残差的正态图

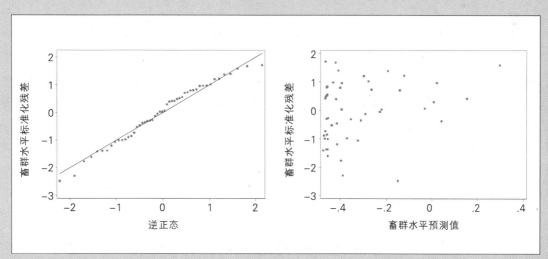

图22.3　Reunion岛数据利用了一个水平模型畜群水平残差的正态图（左）和畜群水平残差相对预测值的散点图（右）

图22.3是以正态曲线描述的畜群水平残差和绘制了畜群水平预测值（包括牛水平预测变量）。这个正态曲线有点斜交，是由于畜群缺少正的离差值；尽管如此，分布的低尾只有两个负的离差比高尾的离差离中心远。这曲线的拟合值是预测值，不是残差的特殊情况。

22.5.6 稳健性与模型不确定性

21.5.7节大部分对线性混合模型分析的稳健性和模型的不确定性进行讨论，应用到广义线性模型上，显著不同的是：对于非正态数据，稳健的标准误差作用并不是很明显。关于广义线性模型的不确定性研究，在过去的十年中已经开始研究，特别是McCulloch和Neuhaus的研究工作，其主要工作总结在McCulloch等（2008）第12章中。另外还有Heagerty、Kurland（2001）和Litière等（2008）的研究工作。关于此研究工作的一个很普通的结论是：随机效应分布的不正确性不是很严重（McCulloch和Neuhaus，2009）。

22.5.7 广义线性模型中的过大与过小离差

20.5.3节讨论了GLMs中的非分布离差，它解释了额外二项离差参数应该如何加入到GLM结构的二项模型中去。通过修正$var(Y_i)=\varphi\lambda_i$，一个类似乘法离差参数$\varphi$可以加入到Poisson分布中去，$\varphi=1$等同于一般的Poisson分布，其他模型也可于计数数据或分类数据。尽管这个方法不像其他的方法如混合模型那样具有吸引力，20.5.3节讨论了额外的参数怎样可以用来解释聚集数据。第16章也讨论了明显过大与过小离差产生的原因，这里讨论的是混合模型里允许加上额外分布参数的问题，就是随机效应可以说明的分层结构。

基于拟似然函数为基础（在22.5.2节）的参数估计与模型不能完全确定时，首先考虑观察中GLM结构存在额外分布参数。对于那些已经提出的模型，没有生成数据机制是这个方法的一个最大缺点（Skrondal和Rabe-Hesketh，2007）。使用不受欢迎的GLMM估计方法是不恰当的。在固定和随机效应合并到模型当中去后，一个数集可能会包含一个和原分布不相符的离差。在这种情况下，额外分布的参数可以用作诊断工具。如果φ的值不是1，应当利用拟似然估计方法中的标准误差探究不同的分布，要么忽略φ值。

如果指明是过小离差，那么就要寻求观测值间的负相关性的原因，一个代表性的例子是动物为了它们的资源而引起的竞争（如食物）。如果找不到这种解释，过小离差意味着拟合了比所期望更好的一个数据模型，对此用不着担心（恰恰是"幸运"）。应当忽略可评估的过小离差（如果离差确实很小）并将离差当作是模型预测参数，此时统计推断要变得保守些，这种方法当作是"幸运情况"的最恰当方法。过小离差（会产生检验统计量单边值很小）可能说明数据中存在的一些奇怪的东西，所以要很谨慎的进一步检查数据。通过过小离差因子降低标准误差是一个很严肃的决定，因为可能会产生假的显著性，只有当要解释一个生物现象时，这方法才可以应用。用稳健标准误差（见20.5.4节）去看数据点是否在同一方向上是很有帮助的。例22.12用的是额外二项分布参数小于1的数据。

例22.12 猪血清转化数据的最低水平的聚集

data=ap2

Vigre等（2004）表明在仿真生产系统中，胸膜肺炎放线杆菌的血清转阳聚集在一组猪上。平均每组有30头猪，共有36组，有17组血清转换的猪超过90%，有4组血清转阳的猪在50%~85%之间，其余的15组中没有血清转阳的猪。一个3个水平的Logistic回归模型给出了一个$\varphi=0.2$的"离差参数"，尽管二项数据的过小离差可能不存在。离差参数在数据中代表了什么并不明确。尽管如此，当使用拟似然估计拟合时，3个水平的分析也显示了一些数值的不稳定性，在Batch水平下，有一个大的方差成分。将所有的数据放到一个组水平下，如果至少有一头血清转阳猪，定义一个组作为是正的，否则作为负的。计算在屠宰场的每个组的猪的平均年龄，使用这个组水平的预测值通过2个水平的模型进行数据分析。从生态角度看，指定组作为血清转换是可以接受的，2个水平的模型比3个水平的模型要好。

过大离差可能更容易直观理解，不需要像标准误差那样仔细考虑；稳健标准误差相比是有必要的。在一些特殊的情况下，建立模型必须这样去做。如果在Poisson模型中出现了过大离差，很自然用一个负二项分布去代替（见第18章）。如果在二项数据的（混合）模型中出现了过大离差，在群水平下引进一个随机效应，这将会有效地除去过大离差（Browne 等，2005；Skrondal和Rabe-Hesketh，2007）。如果结果是二项的，额外的二项离差不存在（Skrondal和Rabe-Hesketh，2007）；在GLM中也有类似的情况（见16.12节），同样可以考虑单向分类观察数据的多项式模型。尽管如此，许多的拟似然估计方法适用于二项数据的额外二项参数的估计，像这种例子有很多（Skrondal和Rabe-Hesketh，2007）。那些估计方法在数据中估计到什么并不清楚，如果超过了难以形容的"诊断"，被估计的φ的解释是很难给出的。Skrondal和Rabe-Hesketh认为在这些例子中应该避免使用额外的离差参数。

22.6 离散数据集分析的总结

这一章重点讨论特定主体（SS）和边缘模型（PA）之间的区别，以及效应的解释。指明SS参数和PA参数属于不同的尺度，这两种尺度的区别取决于方差分量的大小（如等式22.2）。通过一个依赖方差的因子，将SS参数尺度化（相对于PA参数）有这样的一个结果：在不同数据集和分析中，SS参数变得很难比较。由于方差参数的估计对估计方法选择相当敏感，当方差较大时，固定效应的估计也同样敏感。这就是22.5节所介绍的方差很大时，要特别小心地分析原因。当兴趣在PA参数时，在尺度转换到兴趣尺度前（方差很大时），通过在另一个尺度上获得的估计很难严格地建立起来。这促进了边缘化模型的发展，在边缘模型中，固定效应建立在PA尺度上，然而随机效应建立在SS尺度上（Diggle等，2002，第11章）。尽管这一类新模型的结果是非常好的（Heagerty和Zeger，2000），但这些模型还不够受欢迎，因为它们还不存在标准的统计软件。

在第21章中涉及有关混合模型的一些专题（如样本大小）在这一章中没有特别分析，因为在第21章，其范围涉及广义线性模型。关于广义线性模型的文献很多并且在快速膨胀，近几年有许多优秀的教科书（关于线性混合模型见21.5节，重复测量数据见第23章）。下面对广义线性模型的统计软件作个简短的总结。由于不同的估计方法存在，速度、灵活性不断改进的算法连续出现，与线性混合模型相比，这个领域有多种多样更为混淆的模型。通过数值积分的极大似然估计，Stata提供了通用的统计软件包，它提供了两点数据和计数数据不受分层水平数约束以及交叉分类表分析标准程序，并提供了强大的广义线性潜在变量与混合模型（-gllamm-）软件包以实现多水平的建模（Rabe-Hesketh和Skrondal，2008），-gllamm-软件适用于包含潜在变量在内很广范围内模型分析（Skrondal和Rabe-Hesketh，2004）。极大似然估计工具在其他软件包中受到的限制较多，但是更新似乎很快。对于拟似然估计，随着算法越来越精确和灵活，在通用的统计软件包（如SAS、R/S-Plus）中和专业多层次软件包（MLwiN、HLM）中存在许多不同的工具。另外一个混合模型的专业软件包（AD Model Builder）提供了一个高阶的拉普拉斯逼近。

这一章和前面的章节中介绍了处理聚集数据集的多种方法，接下来将在第23章和第24章中继续介绍两个方法。使用猪肺炎数据比较各种估计方法所得到的估计（例22.13）。

例22.13 猪肺炎数据分析的总结

data=pig_adg

变量	模型	β	标准误
ar_g1	logistic	0.647	0.220
	robust variance	0.647	0.276
	fixed effects	0.365	0.268
	stratification	0.349	0.261
	GLMM	0.437	0.258
	GEE	0.354	0.215
	Bayesian	0.438	0.260

　　GEE估计使用了交换工作相关的结构（23.4节）。贝叶斯分析方法给出了后验期望和SD来自具有标准先验的混合模型（第24章）。

　　广义线性模型GLMM和GEE估计分别是最好的SS、PA估计，固定效应和分层估计（也是SS）接近GEE结果是很奇怪的。Logistic和稳健方差估计不能解释畜群强的混杂作用。

参考文献

Andreasen C, Stryhn H. Increasing weed flora in Danish arable fields and its importance for biodiversity Weed Research (Oxford). 2008; 48: 1-9.

Breslow N, Clayton D. Approximate inference in generalized linear models J Am Stat Assoc. 1993; 88: 9-25.

Browne W, Draper D. A comparison of Bayesian and likelihood-based methods for fitting multilevel models Bayesian Analysis. 2006; 3: 473-514.

Browne W, Subramanian S, Jones K, Goldstein H. Variance partitioning in multilevel logistic models that exhibit over-dispersion J R Stat Soc A. 2005; 168: 599-613.

Cameron A, Trivedie P. Regression Analysis of Count Data. Cambridge University Press; Cambridge. 1998.

Diggle P, Heagerty P, Liang K, Zeger S. Analysis of Longitudinal Data, 2nd Ed. Oxford University Press; Oxford. 2002.

Donald AW, Gardner IA, Wiggins AD. Cut-off points for aggregate herd testing in the presence of disease clustering and correlation of test errors Prev Vet Med. 1994; 19: 167-87.

Goldstein H, Browne W, Rasbash J. Partitioning variation in multilevel models Understanding Statistics. 2002; 1: 223-32.

Heagerty P, Kurland F. Misspecified maximum likelihood estimates and generalised linear mixed models Biometrika. 2001; 88: 973-85.

Heagerty P, Zeger S. Marginalized multilevel models and likelihood inference Statistical Science. 2000; 15: 1-26.

Hedeker D, Gibbons R. Longitudinal Data Analysis. Wiley; New York. 2006.

Heinze G, Schemper M. A solution to the problem of separation in logistic regression Stat Med. 2002; 21: 2409-19.

Hilbe J. Negative Binomial Regression. Cambridge University Press; Cambridge. 2007.

Joe H. Accuracy of Laplace approximation for discrete response mixed models Computational Statistics & Data Analysis. 2008; 52: 5066-74.

Larsen K, Petersen JH, Budtz-Jørgensen E, Endahl L. Interpreting parameters in the logistic regression model with random effects Biometrics. 2000; 56: 909-14.

Litière S, Alonso A, Molenberghs G. The impact of a misspecified random-effects distribution on the estimation and the performance of inferential procedures in generalized linear mixed models Stat Med. 2008; 27: 3125-44.

Masaoud E, Stryhn H. A simulation study to assess statistical methods for binary repeated measures data Prev Vet Med. (under revision). 2009.

McClure CA, Hammell KL, Dohoo IR. Risk factors for outbreaks of infectious salmon anemia in farmed Atlantic salmon, Salmo salar Prev Vet Med. 2005; 72: 263-80.

McCulloch C, Neuhaus J. Misspecification of the Distribution and Prediction of Random Effects in Generalized Linear Mixed

Models. University of California; San Francisco. 2009.

McCulloch C, Searle S, Neuhaus J. Generalized, Linear, and Mixed Models, 2nd Ed. Wiley; New York. 2008.

Otte MJ, Gumm ID. Intra-cluster correlation coefficients of 20 infections calculated from the results of cluster-sample surveys Prev Vet Med. 1997; 31: 147-50.

Pinheiro J, Chao E. Efficient laplacian and adaptive gaussian quadrature algorithms for multilevel generalized linear mixed models J Comput Graph Stat. 2006; 15: 58-81.

Rabe-Hesketh S, Skrondal A. Multilevel and Longitudinal Modeling using Stata, 2nd ED. Stata Press; College Stn. Tx. 2008.

Ridout MS, Demétrio CG, Firth D. Estimating intraclass correlation for binary data Biometrics. 1999; 55: 137-48.

Rodriguez G, Elo I. Intra-class correlation in random-effects models for binary data The Stata J. 2003; 3: 32-46.

Skrondal A, Rabe-Hesketh S. Generalized Latent Variable Modelling. Chapman & Hall/CRC; London. 2004.

Skrondal A, Rabe-Hesketh S. Redundant overdispersion parameters in multilevel models for categorical responses Journal of Educational and Behavioral Statistics. 2007; 32: 419-30.

Skrondal A, Rabe-Hesketh S. Prediction in multilevel generalized linear models J R Stat Soc A. 2009; 172: 659-87.

Snijders T, Bosker R. Multilevel Analysis: An Introduction to Basic and Advanced Multilevel Modelling. Sage Publications; London. 1999.

Stryhn H, Dohoo I, Tillard E, Hagedorn-Olsen T. Simulation as a tool of validation in hierarchical generalized linear models. In: Proceedings of International Symposium for Veterinary Epidemiology and Economics, Breckenridge, Colorado. 2000.

Stryhn H, Sanchez J, Morley P, Booker C, Dohoo I. Interpretation of variance parameters in multilevel Poisson regressions models. In: Proceedings of International Symposium on Veterinary Epidemiology and Economics, Cairns, Australia. 2006.

Vigre H, Dohoo IR, Stryhn H, Busch ME. Intra-unit correlations in seroconversion to Actinobacillus pleuropneumoniae and Mycoplasma hyopneumoniae at different levels in Danish multi-site pig production facilities Prev Vet Med. 2004; 63: 9-28.

Waagepetersen R. A simulation-based goodness-of-fit test for random effects in generalized linear mixed models Scandinavian Journal of Statistics. 2006; 33: 721-31.

Zhou X, Perkins A, Hui S. Comparisons of software packages for generalized linear multilevel models American Stat. 1999; 53: 282-90.

第23章

重复测量数据

宗序平 译　严钧 校

目的

读完本章后，你应该能够：

1. 认识重复测量数据的结构，并且理解重复测量数据结构的独特特征；

2. 使用图形化工具来描述和量化重复测量数据集的结构；

3. 使用简单的单变量方法分析重复测量数据；

4. 使用混合模型来分析重复测量数据，并了解这些数据的随机截距混合模型的局限性；

5. 对重复测量和空间数据，选择恰当的相关结构；

6. 了解混合模型和广义估计方程（GEE）分析群集数据方法之间的差异；

7. 使用GEE程序去分析聚集数据，尤其是重复测量数据。

23.1 引言

本章将描述重复测量数据的分析方法，第20章已经讨论了聚集数据的分析方法，重复测量数据可以被看作特殊类型的聚集数据。它也是在兽医流行病学和卫生科学最常遇到的数据结构。有多种方法可对这些数据进行分析，方法的选择必须基于分析的目标及数据的特点。用单独一章来介绍所有的方法或者详细描述所选择的方法是不可能的。对重复测量或纵向数据有很多优秀的教科书，其中Diggle等（2002）的著作是一本基础（理论性相对较强）参考书，Fitmaurice等（2004）、Molenberghs和Verbeke（2005）、Veerbeke和Molenberghs（2001）是融合理论和实践具有广泛覆盖面的参考书。

为描述这个方法，稍后会重新研究第21章体细胞计数的数据集（–scc_40–），但首先考虑在临床领域疫苗试验关于鲑鱼生长的数据集（–fish_trial–）。在商业水产网箱养殖时，鱼被贴上电子标签（具有集成转发器），随机分配到几个疫苗组中，在整个生产周期直至收获进行重复取样，所有在箱子里的鱼都被称重和检查。这里考虑的数据集，是一个完整的数据集的一小部分，包括疫苗接种后的初期和收获时3次抽样测量，每条鱼共有5次测量。在每个取样中，对鱼的健康问题进行了筛选，这些颌骨畸形包含在数据集内，数据集变量名称见表23.1。

表23.1　数据集fish_trial选择变量

变量	说明
fish	fish identification
sample	sampling number（1–5），where 1~vaccination and 5~harvest
day	days since vaccination（0–900）
wt	weight in grams
vaccine	vaccine group（1–4）
jaw	presence of jaw deformity（0/1）

23.1.1 什么是重复测量数据

纵向数据研究的特点：相对于每个主体只有一次测量，纵向数据在同一主体（个体，或指试点单位如在某领域内采样）同一时间进行多次测量。纵向数据研究就是对同一主体经过重复测量（或度量）。上述后一个定义常用于更一般的意义，表示连续测量，即测量有某种固有的顺序（如对于拴养的奶牛组）。如果在同一主体上没有多次测量，如前所述（第20～22章），可认为这些数据为在同一个主体内的聚集数据。

在主体内的重复测量，视为独立测量，它通常是不合理的。这样做，将忽略主体特征对分析结果的影响。例如，发育期的鱼相对较大，并在整个生育期保持较大。在（时间相关）的测量顺序中，通常同一主体2次相近测量的相关性，比2次相距较久的2次测量的相关性大。在鱼类试验中，初始重量与初始取样时体重的相关性比收获时重量的相关性要大。这种相关的模式，称为自相关，并不能说明这种相关性随时间推移而减小。由于重复测量的特点，一般不能作为一个分层数据结构进行处理。具体来说，2水平分层结构（主体内的嵌套测量）不能把时间的测量考虑在该模型的随机部分。在一个群体中动物互换不改变数据结构，而在同一主体随时间推移进行的观察测量则不然。尽管自相关是直观的逻辑，有些结果可能不显示自相关，所以需要对每个数据集评估是否具有自相关，或数据集中是否存在简单的聚集，或者根本没有聚集数据存在。

由于分析方法取决于数据集的结构，因此有必要介绍描述重复测量数据的一些术语。最普通数据类型是每个主体采取相同的重复测量的次数（即根据时间是平衡的），并具有统一（即同一主体时间节点相同）和等距的时间节点。例如，fish_trial数据采用平衡的，统一但不等距抽样方法，因为没有定期的时间节点，在临床试验中通常需要等距离抽样。一般来说，最普通的数据类型，有广泛的分析方法，也更容易分析。缺失数据的存在将使得设计不平衡，但难以避免。重复测量数据的唯一特征是观测具有缺失数据，因为一些主体对象过早地从研究中丢失。

23.1.2 描述性统计量和图示法

由于对重复测量数据分析方法的选择在一定程度上取决于当前数据的特点，在进行复杂分析之前，熟悉数据本身是极为重要的。两种简单的方法是描述性统计和数据可视化分析，正如23.2节中的描述，可以进行简单的分析（可能是简单的）。首先，应该评估每个主体测量在各时间节点的分布，以决定如何分配这些定点（如平衡、等距）。然后，计算在不同时间点各主体的均值，以了解时间点如何影响结果；这些可以在均值关于时间散点图中显示出来。如果时间点是均匀的，可以计算不同的时间点之间原始测量数据之间的相关性，这对理解数据结构是非常有用的。常常需要把长的数据格式（每行对应一个测量），变为广泛的数据格式（每行对应同一个主体，重复测量分布在多个列中）。最后，构建一个或多个显示主体测量观察值关于时间的剖面图。如果在一个简单图中要显示太多的主体，可以适当选择动物组（由预测值组成）和/或选择一些主体，然后构建关系图。例23.1～23.2利用fish_trial和scc_40数据集说明了上述方法。

23.1.3 纵向与横断面研究设计

Diggle等对纵向和横断面设计（Diggle等，2002，第2章）进行了对比，下面将简要回顾其基本要点。横断面研究，可以用来提供有关主体不同于子群体的差异信息。而纵向研究，可以提供有关随时间变化的信息。如果要评估预测随时间变化的影响，这一点特别重要。在横断面研究中，为了解释个体的变化，可采用主体之间回归估计其差异，必须假定，在主体内回归具有相同的斜率，即预测变量没有关联效应（见21.4节）。

此外，纵向设计可大大增强横断面设计在主体内预测变量推断的统计分析。这是类似于一个分块内分配处理块设计，例如，交叉设计。如果不同主体的抽样成本不高于同一主体的重复抽样成本，与20.3.3节同样的道理，对主体之间的预测变量，独立性横断面设计是很好的设计方法。

23.2 重复测量数据的单变量和多变量方法

本节将简要地回顾一些相对简单的统计方法，以处理主体间设计的重复测量数据，即假设对所有主体测量是均衡和统一的，并考虑对同一主体水平的预测变量推断；fish_trial数据就是这样数据结构的实例。这些方法在以下各章较少使用，部分原因是没有考虑数据结构，即没有充分利用数据信息。不过，这些分析可作为更复杂分析的参考，并可能在某些情况下足以得出关于假设研究的结论。

23.2.1 单变量方法

下面讨论的方法称为单变量方法，因为对每个主体内系列测量减少到一次，并对每个主体计算其一个（或几个）统计量，基本上避免重复测量结构建模。关于每一个主体观察（统计量），对主体涉及多个预测变量及进一步主体分层结构分析的方法是多变量分析或多元分析，下面将遵循该书前几章

例23.1　图和鱼类试验描述统计

data=firsh_trail

　　鱼生长从大约50g接种疫苗到几千克收获，由于差异和可能的相关性，将在很大程度上取决于时间，因此在原规模尺度上分析重量这是不切实际的。我们的工作将之转化为对数尺度并加上加法效应与乘法效果，线性增长对应于原来的尺度呈指数增长。我们的重点将是对疫苗的群体和颌骨畸形的对数增长的影响，因此很自然地为这2个明确的预测变量计算所有组合进行描述性统计。

平均体重记录（SD）鱼的数量			抽样				
疫苗	颚		1	2	3	4	5
1	0	91	4.10（.17）	4.37（.17）	6.52（.15）	7.55（.24）	8.68（.21）
	1	9	4.04（.19）	4.32（.24）	6.40（.32）	7.59（.44）	8.36（.31）
2	0	86	4.10（.20）	4.36（.21）	6.53（.19）	7.54（.24）	8.65（.26）
	1	14	4.04（.18）	4.30（.11）	6.43（.19）	7.36（.44）	8.33（.38）
3	0	88	4.10（.19）	4.37（.19）	6.52（.17）	7.58（.24）	8.69（.22）
	1	12	4.11（.22）	4.34（.24）	6.48（.26）	7.47（.44）	8.65（.37）
4	0	88	4.07（.18）	4.32（.19）	6.47（.18）	7.50（.24）	8.61（.25）
	1	12	3.98（.18）	4.22（.17）	6.45（.20）	7.39（.44）	8.45（.22）

　　该表显示，疫苗组之间的差别很小，但显然随着时间的推移一致，其中涉及的变数较多的模式与下巴畸形鱼，可能是由于较低的样本大小。图23.1显示了选定的15尾鱼比较有无颚畸形均值的剖面图。

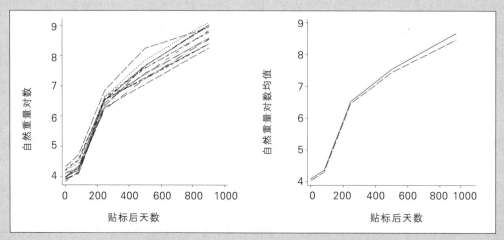

图23.1　在一个牛群中奶牛体细胞数的对数图

　　该剖面图显示了相当正规的生长曲线，一些证据显示，群体内数据有很大的相关性，因为主体在整个生育期倾向于保持高或低（这些视觉的现象有时被称为"跟踪"）的重量。均值图形表明，在平均颌形鱼比健康成长鱼略小，符合生物期望。最终给出下面表格（左）简单的相关性，方差和协方差（右边第5项）结果（见第20.1节和23.2.3节）。

	相关					方差/协方差				
样品	1	2	3	4	5	1	2	3	4	5
1	1					0.034				
2	0.878	1				0.031	0.036			
3	0.553	0.660				0.019	0.023	0.033		
4	0.439	0.507	0.681	1		0.021	0.025	0.032	0.068	
5	0.226	0.266	0.396	0.490	1	0.011	0.013	0.019	0.033	0.068

　　例如，测量（样本＝1）和收获（样本＝5）接种疫苗后相关性为0.226，而接种测量方差是0.034。我们看到，对数尺度的差异非常温和，随着时间的推移，在最后生长期最大。正如所料，相关数据显示，自相关下降，因为随着时间的增加取样增加。而相邻采样相关性也随着时间推移发生下降，相信部分原因是存在非等距时间点。

例23.2 图和体细胞计数统计数据描述

data=scc_40

体细胞计数的数据集是每头奶牛的观察数目2~11是高度不平衡的（只有一个观测量被淘汰）。此外，实际的时间点（-dim-）奶牛和农场各有不同，因为，-dim-相对于产犊日期不同，农场主正常每月进行访问观察。变量-test-构建哺乳期近似一个月，为了在时间点之间容易地比较奶牛，图23.2显示了所有奶牛处于一组（22头奶牛）数据集的剖面图。

图形显示无论是实际数值，还是他们对时间点的模式，母牛之间的变异性相当大。最短的时间曲线从0开始在时间延长只有1或2。该曲线相对稳定一些，过一段时间，时间影响很难辨别。缺失值似乎不是发生在开始。

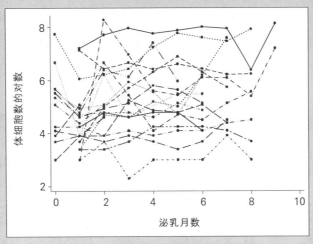

图23.2 一栏奶牛体细胞数对数剖面图

的步骤进行讨论。

最基本的方法是对单独时间节点进行分析。在前面的鱼类试验中，从经济角度来看，最重要的测量是收获时的重量，因此只要对最后重量进行分析。对于2个明确预测变量疫苗和颚可采用线性模型的双因素方差分析法（第14章）分析。因为没有使用所有的前面测量数据，分析不会出错，但效率肯定会比较低。如果类似的分析在其他时间节点进行，则难以从不同的分析中得到结论。由于对来自不同时间节点的数据分别进行处理，所以难以知道他们的相关程度有多强，也无法知道不同的时间节点预测变量的作用是否显著，同样也不知道预测变量在若干时间节点是否有同样的作用。另一方面，在多个时间节点进行分析时，特别是试图寻找"最优"效应的时间节点，这就可能增加犯第二类错误的概率。上述讨论显示时间节点选择规则的必要性；一般适用的规则是Bonferroni校正，通过分开显著性水平、多种分析或时间点的数目选择来执行多元分析（见14.10.1节）。这种方法产生一个单独的时间节点有效的分析，但它是一个薄弱的分析，部分原因是（保守的）使用了Bonferroni校正。更重要的是，分析过程中没有使用数据的（在不同时间点的主体对象是可以不同的）纵向信息，没有根据时间变化来描述或分析。例23.3将此方法演示应用到鱼试验数据上。

通过摘要统计量（summary statistics）（即响应特性或派生变量）进行分析是对各时间节点数据分析的提升，分下列2个步骤进行。第一步，选择反映每个主体的某个方面的数量或指标并计算出来，例如从第一个到最后一个测量，在每一个主体上，主体之间单一观测分析结果基础上进行如上所述的主体间分析。该方法的有效性取决于是否能够设计一个很好摘要统计量来捕捉到相关内在信息；摘要统计量的选择通常需要仔细研究剖面图。常用的摘要统计量是：主体的均值或中位数、主体内斜率、增益和曲线下面积（AUC）。摘要统计量一般应选择有实际的解释和/或感兴趣的量，摘要统计量的选择不是（主要）基于统计的考虑因素；例如，应用主体内回归斜率，并不要求该拟合曲线是直线（或线性统计评估），斜率可以简单地被用来作为衡量的平均增幅，即使拟合曲线有一些弧度也没有关系。动物生产平均日增重（由增长期的长短确定的体重增加定义）是标准的增量度量，虽然增长量可能是非线性的，例23.3鱼试验数据的应用增长量作为摘要统计量。

　　该方法的优点是它的简单性和灵活性，并对离散数据也可使用，直接考虑兴趣特性难以抽象出复杂模型。选择适当的摘要统计量，对模型的假设和数据的不规则性（Everitt，2005；Senn等，2000）可以是有效并且稳健的。其缺点是选择的统计量具有主观性，同时将每个主体统计资料减少到单一的统计量中，这导致了信息损失，即仅仅利用了有限的资料信息进行分析（如无相关性或预测变量），此外，摘要统计量难以将主要或重要的主体预测变量加入到方法中进行讨论。

例23.3　单变量方法分析鱼试验数据

data=fish_trial

　　在每个时间节点的测量数据通过双因素线性模型方差分析方法来检验疫苗、颌骨畸形以及其交互作用。分析疫苗在于评价随机分配疫苗组并产生对照组。Bonferroni校正规则调整4个时间节点；如果P值小于$0.05/4 = 0.0125$考虑其为显著。另外引入了2个摘要统计量：gain（疫苗组收获时产量对数差异），长时间海水生长期3~5时间节点的斜率（slope），在图23.1具有弱线性。下表给出了疫苗、颌骨畸形以及其交互作用的P值。

P值	各时间节点的独立分析					摘要统计量	
	1	2	3	4	5	gain	slope3-5
Vaccine	0.261	0.147	0.667	0.107	0.004	0.081	0.025
Jaw	0.087	0.045	0.012	0.025	<0.001	<0.001	<0.001
Vaccine*Jaw	0.651	0.824	0.606	0.318	0.027	0.116	0.104

　　不同时间节点的分析表明只有产量具有显著性。群体均值在例23.1中给出。似乎收获的产量明显低于颌骨畸形鱼产量，在第3个时间节点与其他有明显差异，特别是对颌骨畸形鱼（交互作用不显著）。摘要统计量有类似的结果；疫苗间的显著差异由于疫苗3斜率有大的变化。

23.2.2　重复测量ANOVA

　　对于主体间重复测量象分层结构数据一样会导致模型具有主体随机效应。其最简单的模型是随机截距模型，可以应用混合模型（见21.5.1节）方差分析的方法，在普通主体之间进行分析与设计，有时也被称为重复测量数据"分组设计"的方法，数据之间的层次结构和分组设计环节见20.2.1节的解释。从第21章看到，对随机截距模型，群体内相关性是相同的（正的）（如等式21.4），23.3.1节称之为复合对称相关结构。在本章引言中已经提到自相关性在重复测量数据中是存在的，随机截距模型可能产生错误的相关结构，其原因在于：分层模型本质上没有考虑到每个主体重复测量的时间顺序，基于这些原因，随机截距模型目前认为对于大多数重复测量数据的分析是不足的。但是，在这种情况下，对于每个主体只有2次重复数据测量是有效的，并可能作出一系列合理的短期分析（3或4个时间点），复合对称性考虑是合理的。由于随机截距模型提供了完整数据集的最简单分析方法，结果往往是作为出发点（或参考）为进一步更复杂的模型所使用。它也可以用来决定建模中是不是采用准确的相关结构，例如，相关结果变换选择（虽然最终模型变换要重新评估）。

　　有几种方法首先要评估（检验）相关结构的假设，对主体之间关系可以用重复测量方差分析方法。这种方法的目的是评估、调整相关结构假设对方差分析表的检验统计量的影响；因此，它本质上是一种校正试验统计量方法，但并没有调整其他统计量，例如估计的标准误差。因此基于设计要求（这意味着缺失值容易处理），重复测量方差分析的方法主要由推广的混合模型（见23.3节）所取代。这是因为错误的复合对称结构会产生很大的影响，（在常规设计中）可以看出错误的复合对称假设会影响主体内效应（即效应涉及时间），使相应方差分析表不正确的检验统计量过于宽松（即检验统计量给出了一个过小的P值）。因此应当校正存在的几个因素，即调整（降低）F统计量的自由度，以达到近似正确的推断，例23.4中说明了上述校正过程。如前所述，统计人员之间的普遍共识是，重复测量方法的使用有各种约束条件的限制，在实际工作中没有太多的优点，因此一般不建议广泛使用。

23.2.3　多元分析

多元统计方法适用的数据，其在每个主体或实验单位上的有多次测量，包含多元记录，正如前几章所介绍的情况。例如，牛奶生产的每一天可以进行多重常规记录，包括产奶量、脂肪率和体细胞计数。这种多重记录通常汇编关于每个主体观察向量（本节中为3维向量），所以多元数据可用观测向量来代替每次测量的单个观测值。对于多元数据的处理有一系列的理论和方法，这里就如何处理重复测量数据进行讨论（如Davis（2002），第3～4章）。关于同一主体（动物）的重复测量可以视为单一的观察（向量），其分量为所有时间节点的取值。为说明分析的基本思想，首先介绍常用的数学符号：Y_{ij}为主体i在时间节j的测量值，$j=1$，$\cdots$，m，即有m个时间节点。因此在多元框架下，主体i的观察值为向量$Y_i=(Y_{i1}, ..., Y_{im})$。普通的多元线性模型（第14章）推广为观测向量具有均值（向量）和方差（矩阵）多元线性模型。均值向量包括在不同时间节点的因变量的均值，（协）方差矩阵是不同时间点之间因变量的协方差，这是更常见的协方差矩阵（有时也称为方差—协方差矩阵）。此外，协方差更直观的解释为标准化的相关系数，协方差和相关系数之间的关系（见等式20.1）。对于在同一主体的一系列测量（$Y_1, ..., Y_m$）（为方便起见忽略了关于主体i的下标i），协方差矩阵cov（Y）和相关系数corr（Y）是（m·m）矩阵为：

$$\text{cov}(Y)=\begin{pmatrix} \text{var}(Y_1) & & & & \\ \text{cov}(Y_1,Y_2) & \text{var}(Y_2) & & & \\ \text{cov}(Y_1,Y_3) & \text{cov}(Y_2,Y_3) & \text{var}(Y_3) & & \\ \vdots & \vdots & \vdots & & \vdots \\ \text{cov}(Y_1,Y_m) & \text{cov}(Y_2,Y_m) & \text{cov}(Y_3,Y_m) & \cdots & \text{var}(Y_m) \end{pmatrix}$$

等式23.1

$$\text{corr}(Y)=\begin{pmatrix} 1 & & & & \\ \text{corr}(Y_1,Y_2) & 1 & & & \\ \text{corr}(Y_1,Y_3) & \text{corr}(Y_2,Y_3) & 1 & & \\ \vdots & \vdots & \vdots & & \vdots \\ \text{corr}(Y_1,Y_m) & \text{corr}(Y_2,Y_m) & \text{corr}(Y_3,Y_m) & \cdots & 1 \end{pmatrix}$$

等式23.2

上式矩阵是对称的，对角线右上方的值省略。对鱼的试验数据，其5次重复测量重量对数的协方差和相关系数矩阵在例23.1列出。

多元方差分析（MANOVA）假定多元结果服从正态分布，均值建立在主体水平预测变量基础上，且方差没有任何具体的协方差结构（尽管可以假定多元协方差结果是常数或具有齐性）。上述模型的缺点在于不同时间节点的方差具有齐性且没有相关结构的假设，其分析结果得到的均值估计（及标准误SEs）、方差和相关系数，可以用来检验主体之间预测变量作用和时间效应。相同的假设存在不同的检验统计量（对于简单的假设，其结果是一致的）；Wilk 检验统计量服从F分布可选择作为整体拟合程度度量。标准的关于多元方差分析检验软件没有提供包括有关时间统计假设（因为一般多元分析，因变量之间没有相关结构即独立），所以需要手动设置出合适的对照，详见参考书（如Davis（2002），第3～4章）。多元分析，类似于无相关结构混合模型分析（见23.3.2节），（应用适当的统计软件）容易得到具体的对比和检验。例23.4以鱼的试验数据给出了多元和混合模型分析的结果。

多元方法的优点是，避免了错误指定相关结构（随机截距模型中）问题。这一优点也包含潜在的缺点，许多协方差参数（所有的方差和相关性系数）的估计可能无效或根本无法估计，尤其是一长串测量数据。（Davis，2002，第6章）模拟研究了少量数据方法表明多元分析统计推断优于混合模型的统计推断。该方法的主要缺点是：它要求正态分布，平衡的数据统一时间节点，没有缺失值，也没有主体内的预测变量。软件（MLwiN）放宽所有这些条件，对分层结构模型（Rasbash等，2008，第14章）也可应用。

23.3　有协相关结构线性混合模型

23.2.2节提到利用简单线性混合模型、随机截距模型处理重复测量数据的不足之处。下面讨论两种方式推广模型，对连续重复测量数据处理加入更为符合实际的相关性。对于这两种推广的模型（见23.3.2～23.3.3节）仍然称为线性混合模型，重要细节在于该模型的真实假设。线性混合模型的优点

例23.4　鱼试验数据分析的ANOVA和MANOVA

data=fish_trial

继续以鲑鱼为例，对例23.1和例23.3的数据进行分析，展示从随机截距模型、重复测量ANOVA调整、多元（MANOVA）与未构造协方差矩阵（见23.3.2节）混合模型的结果。由于数据的平衡性，从各模型得到的参数估计是疫苗 * 颌骨 * 样本组合的均值。下表给出了固定效应假设P值。估计主体内部和之间随机截距模型方差分别是0.0246和0.0216，对应ICC是0.47。重复测量ANOVA给出Huyhn－Feldt校正因子是 ε =0.66（其中 ε =1意味着检验统计量不需要调整，该随机截距模型相关结构假设不成立），并调整F分布的自由度为乘以这个因子，例如，疫苗样品 * 自由调整度分别为（ ε ×12， ε ×1568）=（8.1035）。

P值		模型/方法		
	随机截距	重复测量		混合无相关结构
效应		ANOVA	MANOVA	
vaccine	0.075	0.075	0.003*	0.080
jaw	<0.001	<0.001	0.000*	<0.001
vaccine*jaw	0.575	0.575	0.011*	0.575
sample	<0.001	<0.001	0.000	<0.001
sample*vaccine	0.004	0.013	0.006	0.006
sample*jaw	<0.001	<0.001	0.006	0.006
sample*vaccine*jaw	0.006	0.017	0.014	0.014

*：同时所有时间点的试验。

MANOVA与混合模型估计误差协方差矩阵是一样的，非常接近在例23.1（未显示）中显示的值。对比与单一估计（ICC）相关的随机截距模型的相关性能够说明随机截距模型的实际相关结构。然而，其对检验统计量的影响微不足道。请注意，3个MANOVA检验不同的假设（同时涉及所有时间点）与其他方法是不能来比较的。

对疫苗的效果和颌畸形的结论是，确实存在显著差异，而这些随时间变化。颌骨畸形的整体效果已经在例23.1中讨论了，这里的分析说明了其强显著性。在例23.1的均值也显示颌骨畸形的影响随着时间的推移疫苗群体不同：在样品4和5，一些但不是所有疫苗群体显示出颌骨畸形的效果。我们可以使用多个比较，以说明差异显著性，但我们在这里不作讨论。

是具有灵活性，可以处理分层结构、多水平预测变量，以及以似然为基础的推断，对于缺失值问题，只要这些值是随机的（见15.5节）缺失，其结果对于缺失具有稳定性即保持不变。这些是线性混合模型方法独特的优点，也是迄今为止较为简单的方法。本节不再对第21章的线性混合模型的分析加以回顾，主要描述该模型的两种推广方式及其对分析结果的影响。

23.3.1 相关结构

在模型进行推广之前，应当更准确地分辨出不同的相关结构对于建模的重要性。首先，习惯使用的"相关结构"，实际指的是协方差矩阵，由于方差是用于建模结构中的一部分（"协方差结构"没有相关结构直观）。其次，相关结构作为建模的对象，如果假设不成立会影响推断结果，其原因在误差项而不在于观测数据的结构。两者之间的不同之处在于：前者将该模型的固定和随机效应估计出来，并从相关性方面进行了调整（消除）。下面分别讨论固定和随机效应的影响。

如果固定效应很强，原始的与调整的相关系数显然不同。例23.4中的原始相关系数与模型的误差估计非常类似；这些数据，固定效应相对比较小（在各时间节点）。为了固定效应的预测变量能够说明重复测量数据的自相关性，模型必须包括主体内预测变量，这样就显示出自相关。与此相关的实例是在整个哺乳期牛奶产量（kg）列入作为一个体细胞数模型预测变量，这实际上表明普通的固定效应不能消除主要的自相关性。

随机截距模型中的随机效应，只包括复合对称相关性。如果预测变量本身与时间相关，随机斜率可以包括自相关性。导致随机斜率的自相关因素是时间。随机截距模型加上与时间相关的随机斜率，随机截距模型产生自相关，并可因此删除误差项中的自相关性。线性混合模型加上时间相关的随机斜率又称为趋势模型，这构成了随机截距模型推广两者之一处理自相关模型（见23.3节）。

下面将描述相关结构，其可以存在于重复测量数据中也可能存在于模型的误差中。表23.2列出了关于同一主体在$m=4$重复测量情况相关的结构。为简单起见，只列出除了最后一个矩阵相关的所有情况，方差假设是相同的（σ^2），协方差为相关系数乘以（σ^2）。

前两个相关结构是众所周知的，主要是让读者熟悉一下。前面曾经提到随机截距模型相关系数ρ可以由方差分量σ_h^2和σ^2来表示，表达式为$\rho=\sigma_h^2/\sigma_h^2+\sigma^2$（等式21.4）。也称为可交换结构，这是由于各单位（这里指时间节点，在分层模型指的是群体中的动物）的相关性是相同的，单位内可以互换（或交换）而不影响结构。

观测数据随距离增加，其相关性在衰减的最简单的结构模型是一阶自回归，或ar（1），它是时间序列分析的术语（见14.11节）。这里有2个假设：所有两两相关的观察数据在相同步骤（或点）距离具有同等程度的相关性，且相关性随着时间呈幂次方衰减。第一个假设如观察数据组（1，2）、（2，3）和（3，4）的相关性是相同的（ρ）。有时这种假设被称为齐次性或平稳相关性（下文进一步讨论）。注意到ar（1）的相关性的衰退非常迅速，比如对于$\rho=0.5$，观察4步后就近似不相关了（$0.5^4=0.063$）。

为了说明相关性随时间距离或慢或不相一致衰减，比ar（1）更复杂的相关结构也经常被使用，arma（1，1）的结构也源于时间序列分析，Toeplitz结构增加了1到（$m-2$）额外的参数。选择（命名）相关结构的建模取决于统计软件，许多额外的和更复杂的结构存在，但常用的是3个齐次结构，时间节点等距的齐次结构是最有意义的。在某些情况下，当过程中出现在考虑的不同阶段时间内有相关性的速度不同，可以考虑非等距时间点，但应当是"生物学意义上的等距离"（即他们应该有相同的影响）。例如，如果研究的一个药品注射到动物，对动物产生的影响，测量在后续反应时间1min、2min、5min、10min和30min后反应。如果生物过程反应发生在注射后最初阶段非常快，它可能仍然具有齐次的相关关系，显然，这样的推断可能难以严格证明。

表23.2　重复测量的相关结构的4测量

时间	相关结构	解释
不相关或独立	$\text{corr}(Y) = \begin{pmatrix} 1 & & & \\ 0 & 1 & & \\ 0 & 0 & 1 & \\ 0 & 0 & 0 & 1 \end{pmatrix}$	不相关（正常数据，独立）的观察
复合对称或可交换	$\text{corr}(Y) = \begin{pmatrix} 1 & & & \\ \rho & 1 & & \\ \rho & \rho & 1 & \\ \rho & \rho & \rho & 1 \end{pmatrix}$	分层，混合模型（两两同相关）
ar（1）或一阶自回归	$\text{corr}(Y) = \begin{pmatrix} 1 & & & \\ \rho & 1 & & \\ \rho^2 & \rho & 1 & \\ \rho^3 & \rho^2 & \rho & 1 \end{pmatrix}$	重复测量或时间序列幂衰退的相关性
一阶自回归平均移动	$\text{corr}(Y) = \begin{pmatrix} 1 & & & \\ \gamma & 1 & & \\ \gamma\rho & \gamma & 1 & \\ \gamma\rho^2 & \gamma\rho & \gamma & 1 \end{pmatrix}$	重复测量或幂率衰退的时间序列模型
托普利兹或固定矩阵	$\text{corr}(Y) = \begin{pmatrix} 1 & & & \\ \rho_1 & 1 & & \\ \rho_2 & \rho_1 & 1 & \\ \rho_3 & \rho_2 & \rho_1 & 1 \end{pmatrix}$	多次在不同间距不受约束的相关测量
非结构化	$\text{corr}(Y) = \begin{pmatrix} 1 & & & \\ \rho_{12} & 1 & & \\ \rho_{13} & \rho_{23} & 1 & \\ \rho_{14} & \rho_{24} & \rho_{34} & 1 \end{pmatrix}$	反复完全不受约束的相关措施
异方差非结构或不平稳	$\text{corr}(Y) = \begin{pmatrix} \sigma_1^2 & & & \\ \sigma_{12} & \sigma_2^2 & & \\ \sigma_{13} & \sigma_{23} & \sigma_3^2 & \\ \sigma_{14} & \sigma_{24} & \sigma_{34} & \sigma_4^2 \end{pmatrix}$	重复测量，无约束方差和相关性

一种非结构化的相关结构将让数据自己说话，如鱼的试验数据（例23.4）的使用。其缺点是，随着长期的一系列重复测量，所涉及的参数数量增长如此之大，参数变得很难估计和解释。另一个问题是各时间点是否具有异方差性的假设，所有相关结构中对应了异方差性（不能在软件中实现）问题。常常假设方差随着时间变化不是常数，有很好的生物学解释；另一方面，异方差结构将明显增加长系列的参数数量。

对于相关结构应当注意的是：必须确保时间节点在你的软件里是正确的，尤其是如果数据包含不完整的系列（由于缺失值）。例如，必须明白观察时间点（1，2，3，4）、时间点（3，4，5，6）或时间点（1，2，5，6）相关性结构的差异。如果时间点对主体不是统一的（允许缺失值的补充），至少有一个良好的近似，相关结构对整个数据集将没有多大意义，基于固定相关结构上建模会产生误导。因此实际记录时间纳入矩阵有利于数据结构的提升。

对于非等距重复测量或空间数据，以$d_{jj'}$表示观察数据j和j'的距离。对于纵向数据在时间点对应的位置， 表示观察数据j和j'（绝对）距离， 对空间数据的距离是实际的物理距离（如牛群之间）。表23.3列出了一些这类的相关结构定义距离的例子。其结构具有各向同性，不仅仅为观测的实际位置j和j'使用。幂（或指数）结构是将ar（1）结构扩展到非等距时间点；参数ρ等于2个相差一个单位观察值的相关系数。

23.3.2 具有复杂相关结构的线性混合模型

第21章中的线性混合模型（等式21.8）为：

$$Y = X\beta + Zu + \varepsilon$$

等式 23.3

表23.3 空间（或不等距重复测量）相关结构

名字	相关结构	解释
幂或指数	$\mathrm{corr}(Y_j, Y_{j'}) = \rho^{d_{jj'}} = \exp(-d_{jj'}/\theta)$	幂率随着距离衰减，注意：$\rho = \exp(-1/\theta)$
幂或指数	$\mathrm{corr}(Y_j, Y_{j'}) = \dfrac{\sigma^2}{\sigma^2 + \sigma_0^2}\,\rho^{d_{jj'}}$	幂随距离衰减，密切观察不完全相关
高斯	$\mathrm{corr}(Y_j, Y_{j'}) = \exp(-d_{jj'}/\theta)$	二次指数随距离衰减
线性	$\mathrm{corr}(Y_j, Y_{j'}) = \begin{cases} 1 - \rho d_{jj'}, & \text{if } \rho d_{jj'} < 1 \\ 0, & \text{if } \rho d_{jj'} \geq 1 \end{cases}$	随着距离线性衰减

假设ε的分量是相互独立的，分层结构建模使用该模型的随机效应Zu部分。为了应用复杂的相关结构，特别是自相关，将允许ε的部分分量集合具有某一相关结构。对于重复测量数据，该集合包含某个个体所有的重复测量；在空间数据上，集合包含特定群体的观察，在此基础上建立空间相关性模型（如在一定区域内的牛群）。

在具有相关结构的这种混合模型中，随机效应部分Zu，误差项相关结构均影响到总的方差（不解释固定效应）。如果随机效应与误差相关结构指定在相同的水平上，如主体随机效应与主体内相关结构，由此产生的模型难以进行估计且在最坏的情况下产生过度参数化问题。为了说明问题，主体随机效应（截距）不能用复合对称结构拟合模型。这是因为该模型的两个部分将导致相同的相关结构，只有其中之一是必要的。主体随机效应可以结合ar（1）结构；这将产生一个具有自相关、不衰减至零的结构，代替ICC可计算主体之间与主体内的方差。同样，Toeplitz结构不能与主体随机效应相结合，而且，如果是非结构化相关性确定了，包括在主体水平上随机效应（或为随机截距和随机斜率）是没有意义的。如果在等式23.3没有随机效应，它可能误导为混合模型，因此上述模型也称为协方差模式模型（Hedeker和Gibbons，2006，第6章）。

统计分析"推广"的混合模型包括之前讨论的模型，包含了更多的方差参数估计。对于大型结构（有许多时间节点），对cov（Y）常常使用简洁模型，除非主体数目非常大，避免过分强调模型，从而对固定效应参数的协方差结构产生意想不到的影响。相关结构的选择可以使用大家熟悉的似然比统计量来检验相互嵌套的相关结构。例如，复合对称性和ar（1）模型可以基于arma（1,1）或Toeplitz

模型进行检验，但它们不能互相检验。为检验具有复合对称性模型相对于其他模型，最好的方式是允许自相关存在，以评估复合对称性是否合适。拟合相同数量参数的模型可以比较他们的对数似然值（大的似然一般优先）。模型选择准则如AIC（第15章）同样适用。图形评价残差自相关函数也可使用（Viger等，2009）。例23.5对SCC数据不同结构进行了检验。

具有复杂相关结构的混合模型，目前只有少数软件包适用：SAS（Littell等，2006）和R / S – Plus（Pinheiro和Bates，2000），以及最近发布的版本11的Stata软件。

23.3.3 趋势模型

23.3.1节提到趋势模型的特点是具有关于时间的随机斜率，使用这些随机斜率是将自相关性加入到模型中。它也可以说，模型关于主体假设随着时间变化其方式不变，但这对纵向数据是不现实的（Hedeker和Gibbons，2006，第4章）。随着关于时间主体随机斜率的引入，该模型包含代表群体水平（关于时间的固定效应），以及代表在个体水平关于时间的随机效应。

有必要进一步明确具体如何用时间建立模型。最简单的选择是一个时间的线性影响，但其往往过于简单，例如，线性趋势可能最终趋向最高水平或最低水平。选择适当形式的时间效应可遵循（见

例23.5   关于体细胞数的对数相关结构的混合线性模型

data=scc_40

利用40个群体细胞计数数据进行几个相关结构检验，使用如同在第21章的例子相同的固定效应，模型具有3个水平和畜群随机效应以及奶牛群体内相关结构。

相关结构	相关系数参数	ρ 的估计 1个月	2个月	3个月	−2*对数似然
compound symmetry	1	0.541	0.541	0.541	39004.73
ar（1）	1	0.661	0.437	0.289	38563.57
non–equidistant power	1	0.673	0.453	0.305	38574.30
arma（1，1）	2	0.657	0.578	0.509	37802.21
Toeplitz	10	0.657	0.578	0.512	37795.72

上表说明了如何使用不同结构拟合数据。根据统计显著性，Toeplitz模型并不比基于arma（1，1）模型好（似然比检验统计为6.49，自由度为8），显然与相关参数只有一个最好的结构。为得到估计的相关系数，检验1、2和3时间（用于非等距结构，每个视为相当于30d）说明了一个参数模型的缺陷。复合对称结构不允许自相关和自回归式结构，产生迅速相关的衰减。

为了比较2级水平的数据结果以及随后的GEE模型分析结果，我们给出一个固定效应和基于arma（1，1）随机参数模型估计表。固定效应估计和SE是非常接近所有上述考虑的模型。

	系数	SE	t	p	95%置信区间	
shsize	0.627	0.306	2.05	0.047	0.009	1.245
heifer	−0.777	0.040	−19.22	0.000	−0.857	−0.698
season=spring	0.034	0.022	1.54	0.125	−0.009	0.078
season=summer	0.039	0.027	1.57	0.117	−0.010	0.087
season=fall	−0.007	0.023	−0.32	0.752	−0.052	0.037
sdim	0.328	0.014	24.08	0.000	0.301	0.354
constant	5.283	0.060	–	–	5.163	5.402

此外，估计相关参数和方差分量（与SEs）是：

γ =0.657（0.008），ρ =0.880（0.006），σ_h^2 =0.104（0.028），σ^2 =1.378（0.027）

参数 ρ 与在ar（1）结构有相同的解释，作为相关因素，ρ 表示每增加一个月相关性下降量，γ 表示相隔一个月的相关性。

15.4节）连续预测变量选择的同样原则。理想情况下，为求一致，与时间相同（非线性）关系将用于固定和随机效应。正如21.3节中所指出的，应用简洁随机斜率模型的需要，考虑时间效应仅用少数参数表示。在某些情况下，单调非线性变换（如对数或平方根）尺度可以帮助实现一个近似线性关系。如果数据不相关（"独立"），时间的影响需要多个参数，这有利于方差参数的估计与解释。例如，如果使用多项式模型，使用重新参数化的正交多项式（Hedeker和Gibbons，第5章）。如果时间效应不可能建立一个简单模型，可以对随机斜率选择一个简单形式（如线性），将复杂形式放在固定效应部分。另一种选择是时间建模的随机部分具有独立的波动，波动围绕时间节点与主体（本质上是主体与时间之间的随机交互作用）的固定效应。它避免了随着时间推移主体处于平行轨迹的假设，但不必将自相关引入模型，否则模型过于复杂而不利于应用。

有关趋势模型的进一步细化，是指随机斜率（见21.3节）和混合模型推断（见21.5节）。前面已经利用线性随机斜率模型举例说明关于时间和2个水平体细胞计数数据（例21.4），但数据只包含对每头奶牛单一检验，没有重复的测量。例23.6给出了拟合关于时间的随机斜率，加上奶牛和群体水平模型的结果。更加复杂的固定和随机效应模型可以拟合完整的从scc_40中提取数据集（Stryhn等，2001）。

例23.6　线性趋势模型处理体细胞数对数

data=scc_40

例23.5的随机截距模型（具有复合对称相关结构）对－sdim－在奶牛和群体水平上推广到线性随机斜率模型，下表显示随机参数估计（随机截距模型的比较），固定效应估计，SEs类似于例23.5。

水平	参数	随机截距模型估计 （标准误）	对-sdim-随机斜率估计 （标准误）
herd	variance（interc.）	0.101（.028）	0.104（.028）
	variance（slope）	–	0.006（.003）
	covariance	–	−0.016（.007）
cow	variance（interc.）	0.750（.026）	0.760（.027）
	variance（slope）	–	0.173（.011）
	covariance	–	−0.030（.012）
test	variance	0.637（.008）	0.532（.007）
	−2loglikelihood	38986.31	38251.97

随机斜率在两个水平上具有显著性；从奶牛水平估计看有明显改进，对数似然值大幅度的提高，省略群体水平的随机斜率，导致对数似然增长约7个单位。尽管如此，该模型的拟合并不如例23.5具有复杂相关结构模型。如果考虑这两种方法相结合，这种模型的拟合计算越发困难，所以不再进行讨论。

23.4　不连续重复测量数据的混合模型

对于离散数据要相对容易，线性混合模型加入自相关可推广到预期类似的模型，但事实并非如此。在相关结构添加到GLMM，我们已经尝试了许多不同的方法，更详细地描述需要有过渡模型的概念，可从一个随机截距Logistic回归模型的估计，利用scc_40数据说明这种方法和趋势模型（上一节）的影响。

23.4.1　相关结构加入到GLMM

对线性混合模型，相关结构纳入到模型的误差分量 ε 中，在GLMMs模型中产生了严重的问题，线性预测变量（如等式22.1和等式22.5）不包含误差分量，其原因是GLM（M）模型的均值和方差在不同尺度上：均值在线性预测变量通过联结函数（联结尺度）尺度上，而方差处于观察尺度上。由于误差项在观察的尺度上，有关离散结果受此限制的影响（见16.1节）。由此而来的第二个问题是关系到不同尺度上相关性如何分离以便在不同的尺度上得以解释。前面的讨论可知线性混合模型中相关性可以分解为随机效应与误差相关结构（见23.3.2节），但是在尺度不同的时候，情况比较复杂。第三个问题是，聚集数据建模于联结函数尺度上，会产生集群特定（SS）参数，而聚集数据建模在观察尺度上（如beta-二项模型，见22.4.5节，或由广义估计方程，见23.5节）产生群体均值（PA）的参数。如果聚集数据建模在两个不同尺度上，目前尚不清楚如何解释参数。

将线性混合模型讨论的相关结构加入到GLMM结构中，模型更难讨论。这是为何对重复测量数据和空间结构没有GLMM模型的原因。相反，在很大的程度上，对于有趣的数据类型：二项和计数数据，开发出具体的模型。在这一领域的文献很多，技术上很大程度超出了本书的范围。下面仅仅介绍GLMM框架的一些基本思想。

随机截距模型（等式22.1）每一聚类具有单一的随机效应，这将不足以建立一个群体相关结构（Diggleet等，2002年，第11章），可以在联结函数尺度上，将模型推广为包括每个时间节点的（对每个主体）随机效应模型。在二项模型中，p_{ij}为主体i在时间点j的概率，因此等式22.1模型推广为如下形式：

$$\text{logit}(p_{ij})=\beta_0+\beta_1 X_{1ij}+\cdots+\beta_k X_{kij}+u_{ij}, \quad \text{式中 } u_{ij}\sim N(0,\sigma^2)$$ **等式23.4**

现在假设一系列主体的随机效应（u_{i1}，…，u_{im}）是自相关的，如ar（1）结构具有相关系数ρ（请注意，ρ是随机效应之间不是二项结果之间的相关系数）。在$\rho=1$的特殊情况下，随机影响将有完全一致的相关性，可以用一个随机效应（u_i）回到随机截距模型。不幸的是，该模型难以得到估计（可采用第24章提出的MCMC方法）。相同的随机效应结构也被应用于自相关数据计数数据，如计数时间序列（Davis等，2000）。

拟似然或伪似然估计的软件可允许规范重复测量或空间模型在每个迭代步骤（见22.5.2节）调整变量。虽然协方差参数对离散模型没有直接的解释，但这将导致重复测量或空间数据类型的相关结构（Gotway和Wolfinger，2003）。Molenberghs和Verbeke（2005，第8章和第22章）讨论这个方法（在SAS软件中实现，Proc Glimmix），它也包括最近评价这些方法的模拟研究（Masaoud和Stryhn，2009）。得到如下结论：①如果只使用一个相关结构，产生的估计有PA解释且比得上GEE估计；②如果随机效应和一个相关结构被使用，估计在PA和SS参数之间取值，因此估计从两个方面均有偏倚。

在原有尺度上具有相关结构的GLMM模型（Barbosa和Goldstein，2000）和多元多水平的Logistic（Yanget 等，2000）模型已经建立起来了，但都需要专门的软件（MLwiN macros），并且用得很少。离散结果的多元模型在软件MLwiN中可用于处理重复测量数据（Rasbash等，2008），如果没有额外的分层结构，参数有PA的解释。

重复测量的计数数据用随机效应建模有多种方法（Nelson和Leroux，2006），也包括Poisson回归的推广，这在第18章已经描述过，如零膨胀模型（Min和Agresti，2005）；过大离差（Molenberghs等，2007）和过渡模型将在下面描述（Li等，2007）。

23.4.2 过渡模型

对于聚类数据（包括重复测量）普遍接受建模方法分为3种类型：第7章的特定主体模型、边缘模型和过渡模型（Diggle 等，2002，第7章，Schukken 等，2003）。到目前为止主要讨论的是前2个模型，下面将介绍第3种方法的基本思想，并解释如何在GLMM中纳入一个自相关结构变量。侧重于基本思想，考虑二项结果的最简单情况。

在随机效应模型中，聚类内建模基于主体i在时间节点j事件发生的概率，是在条件（潜在变量）主体随机效应u_i下发生的概率，更为直观的是在前一事件$Y_{i,\,j-1}$条件下发生的条件概率，一步滞后过渡模型（在前一事件条件下）利用等式22.7可表示为：

$$\text{logit}\,(p_{ij})=(X\,\beta)_{ij}+(Zu)_{ij}+\gamma\,Y_{\,i,\,j-1} \qquad \text{等式23.5}$$

其中，只有过渡项$\gamma Y_{i,\,j-1}$是新的，注意到，Y在等式不是印刷错误！固定效应参数γ等于OR的对数，用于在前一时间事件发生与否进行比较。在等式23.5中仍然包括主体随机效应，因为过渡项不能说明主体内聚类效应。反过来说，即使过渡项能够纳入自相关性，模型左边也未捕捉自相关信息。过渡项有时用这种方式去捕捉数据中的自相关信息（Thurmond等，2005）。

在等式23.5中，在时间第j事件发生的概率跟前一未发生事件（$Y_{i,\,j-1}=0$）和前一已发生事件（$Y_{i,\,j-1}=1$）是不同的，所以这个等式基本上适用这两种情况。如果疾病事件发生在未发生事件后，解释为一个新的病例，前一种情况下概率对应于发病率，以及1减去疾病事件发生概率，在后一情况解释为治愈率。换句话说，等式23.5中2个转移：$0\to1$（新病例）、$1\to0$（治愈）。有了这个解释，似乎预测变量的影响对于上述转移假设为相等；这意味着预测变量数值上对发病率和治疗效果作用完全相反。为了避免这种假设（这当然不应该被认为是默认值），在$Y_{i,\,j-1}$和预测变量之间增加交互作用项。类似地，应当加上针对$Y_{i,\,j-1}$的随机斜率。在模型等式23.5（带或不带交互作用），回归参数与边缘和特定群体方程（等式 22.7）是不同的，且它们之间没有一般的转换公式（Diggle等，2002，第7章）。另一个问题是区别于一般的随机效应模型，过渡模型需要对初始时间点（$j=1$）进行特殊处理，没有以前预测变量的结果。$j=1$的值可以省略，可以包括在内，预测变量在这个时间节点上为虚拟变量，Y_{i0}可设置为0。在这两种情况下，该模型/数据与通常的随机效应模型不一样，这将导致进一步的参数差异。下节的例23.7中说明过渡模型。

23.4.3 没有明确相关结构的广义线性模型

虽然前面讨论的重点一直是具有主体随机效应随机截距模型，只要愿意接受缺少自相关性的不足之处（即不考虑自相关结构），这个简单的模型仍然有效，第22章用此模型分析了Reunion岛初始受孕数据。检测复合对称需要比在连续情况下更多的数据，因为离散数据的信息量更低，对于二项数据是肯定的［注意：相关结构认为复合对称，严格来说，主体内相关性在固定效应是常数条件下是常数（因为方差是均值的函数），在重复测量模型中通常认为时间是固定效应］。二项数据最近模拟研究（Masaoud和Strhn，2009）的结论是，重复测量为$m=4$短系列，无视等式 23.4模型生成自相关性可能会有偏差。早期研究应用随机截距模型使用自相关（Heagerty和Kurland，2001），对估计偏差进行理论评价，并对$m=5$模型进行了仿真模拟研究。

例23.7说明了如何用2个主要方法建立相关结构，即与时间相关的随机斜率（趋势模型，见23.3节）和过渡模型，对大量的二项重复测量数据集估计是有影响的，并再次使用scc_40数据，以每毫升（ml）乳汁有20万体细胞作为阈值，定义一个二项结果（ – highscc – ），样品超过阈值视为亚临床乳腺炎的指标（Dohoo和Meak，1982），虽然这样的规则不可避免地导致一些误判。

例23.7　广义线性混合模型处理体细胞计数

data=scc_40

14357次试验结果，5653（39.4%）超过阈值200000细胞数/ml。在2078奶牛中，1032（49.7%）在整个哺乳期–highscc–为常数，表明奶牛群体内有强的效应。下表比较随机截距模型、简单的过渡模型（没有交互作用）、对–sdim–随机斜率的线性趋势模型。对过渡模型采用了消除所有（2145）前一次试验缺失或不存在（即初始时间点）的有效数据。

模型变量	随机截距估计 （标准误）	过渡模型估计 （标准误）	线性趋势模型估计 （标准误）
shsize	1.367（.855）	1.012（.565）	1.559（1.005）
heifer	−2.227（.137）	−1.409（.105）	−2.458（.160）
season=spring	0.016（.076）	0.094（.079）	0.078（.091）
season=summer	0.071（.079）	0.144（.083）	0.099（.010）
season=fall	0.042（.079）	0.098（.082）	0.036（.093）
sdim	0.915（.038）	0.652（.047）	1.064（.061）
constant	−0.060（.169）	−0.945（.125）	−0.087（.199）
prevoutcome	–	1.745（.125）	–
herdvariance	0.741（.211）	0.317（.093）	1.043（.296）
cowvariance	6.297（.367）	2.141（0.248）	8.092（.511）
cowrandom slope（sdim）	–	–	2.147（.233）
covariance	–	–	0.740（.270）

2个推广的随机截距模型具有高度的显著性：$Y_{i, i-1}$在过渡模型中系数大大超过了其SE，随机截距与趋势模型的对数似然值相关144单位。在过渡模型中，具有相同结果比值比与前一时间节点相比要高（达$e^{1.745}$=5.7）。3个模型的估计显著不同。一个理由是奶牛群体内有强的效应，尤其是在随机截距模型，ICC=（0.741+6.297）/（0.741+6.297+3.29）=0.68（见22.2.3节）。2个随机效应模型的估计没有直接的比较，由于随机效应导致的尺度（见22.6节）引起方差比较大。对PA尺度的估计尺度化，如对–sdim–估计尺度化得到

$$0.915\sqrt{1+0.346\times(0.741+6.297)} = 0.494,\ 0.652\sqrt{1+0.346\times(0.317+2.121)} = 0.494$$

所以这些估计是一致的。过渡模型中截距有不同的解释和作用：它对应于检验原有值为0，而在其他模型中，它对应于相应的检验。由于随机斜率产生非常数方差，很难对趋势模型的估计尺度化。从此实例得到2个随机截距模型的推广高度影响到模型，对于哪个模型更好目前还不清楚。在例23.10对此模型进一步分析。

23.5　广义估计方程

前面的章节介绍了混合模型处理聚集数据（观察数据不独立）的方法。如前所述，这些混合模型是非常灵活的，可以处理任何水平分层聚集数据以及更复杂的数据结构。然而，一些悬而未决的问题依然存在。如23.4节讨论的混合模型它对连续数据有效，但不能成功处理重复测量和空间结构的离散数据。此外，随机效应正态分布假设具有一定的局限性；在实践中，遇到的数据，有些显然不符合这一假设。从更哲学的角度来看，在分析中，绝对有必要假设分布为"噪声效应"，并应用较少受特殊数据影响的稳健方法。这将符合现代统计学要求和发展趋势，可利用非参数、半参数方法，参考生存分析中实例。由于数据量的大小或数值计算的困难，复杂的混合模型有时难以拟合，广义估计方程（GEE）由Liang和Zeger（1986）；Zeger和Liang（1986）两篇论文提出，是用于处理离散和连续重复测量数据的估计方程组，由此可得到参数估计。这个想法已经证明，不仅耐用，而且可以推广到其他数据结构（如分层聚集数据和空间数据）。相应的估计统计推断，以及其他的估计方程参见（Hanley等，2003）。一个相当新的（统计）专著（Hardin和Hilbe，2003）完全致力于GEE模型方法，它是在保健和生物科学中最流行常用的方法之一。这里局限于描述原始（可能还是流行的）GEE

方法以获取聚集数据的群体均值估计。为了说明这种方法，采用第22章得到的体细胞数的重复测量数据（scc_40）和聚集的猪肺炎数据（pig_adg）。

23.5.1　估计方程

首先解释"估计方程"的含义，当使用最大似然估计（ML），参数选择最大化对数似然函数。在实践中，最大化一个函数，常常使该函数关于参数的（偏）导数等于零。这些就是ML估计的估计方程（对数似然函数的导数称为Score函数）。除了非常简单的情况，方程没有显式解，必须采用迭代方法。在这里要涉及GLM和部分指定的模型，没有似然函数可用。具体来说，GEE方法仅要求边缘均值和方差上的假设（以及关于主体信息，或更普遍聚集数据），估计仍然是基于类似的广义估计方程迭代求解。这些方程涉及聚类结果的均值，因此GEE得到的估计有PA解释。在第22.4.1节，SS和PA估计之间的区别是模型不必有相同的联结函数，如线性（混合）回归模型。

23.5.2　使用GEE模型进行统计推断

Liang和Zeger提出的GEE是基于相关系数矩阵，尽管对群体内数据的相关形式没有作出任何假设，估算方程所涉及的相关系数矩阵在每个迭代循环中包含群体内相关性观察估计。这个矩阵可以有不同的形式（独立、复合对称、自回归、非结构化等，见23.3.1节），可用来定制对数据结构理解的估算算法。由于矩阵不是模型的一部分，它的形式对整个参数模型不是关键。理论上，GEE方法给出参数的渐近无偏估计，即使错误地指定相关系数矩阵，但导致效率损失（Fitzmaurice，1995）。方差估计（即估计标准误差及估计的相关系数）可以如20.5.4节所述基于模型，或采用（或经验）稳健方法。后一种方法也是渐近无偏倚的，通常建议使用，因为基于模型方差估计的使用条件下，GEE方法失去稳健性产生误导作用。值得注意的是，独立的相关系数矩阵和稳健方差GEE模型完全等同于普通群体稳健方差估计（见20.5.4节）。

至于相关系数矩阵的选择，首先应该遵循数据的理解。对于分层聚集数据（如农场中的猪），任何一个复合对称（或可交换）相关结构似乎不合理，对于负相关的二项数据尤其要特别谨慎。在这种情况下，常常采用具有稳健标准误差的普通Logistic模型（Hanley等，2000）。对于重复测量数据，常常选择自相关结构，也可以尝试非结构化相关结构，看看数据是否有特定结构约束。然而，大相关结构矩阵意味着一个相当大的工作参数估计，尤其是在非平衡数据集中可能遇到数值计算问题。最近，一个标准（QIC），类似于AIC信息准则已经制定，以指导相关系数矩阵的选择（Pan，2001），标准软件已经完成（Cui和Qian，2007），首先在例23.8利用二项结果的2水平猪肺炎数据说明GEE方法。

值得注意的是：对于缺失的数据（见15.5节），使用GEE方法是适当的。人们早就认识到，GEE对于随机缺失（MAR）的假设具有不稳健性，但一个加权结构可以解决这个问题（Robins等，1995；Molenberghs等，2007，第27章）。实际的结构取决于缺失值机制，对于缺失的加权结构已经完成并出

例23.8　广义估计方程分析猪肺炎数据

data=pig_adg

对例22.13中的模型，采用复合对称结构的工作相关矩阵和稳健标准误差进行GEE分析，得到回归系数0.354（0.216）。与以前的随机效应估计（0.437）比较，我们可以用等式22.2计算其对应的PA：$\beta^{PA} \approx 0.437/\sqrt{1+0.346 \times 0.879} = 0.383$。因此，估计2之间的差异并不完全是由于其不同的解释，然而，相对于SE，差别不大。工作相关矩阵有0.18的相关性（猪之间在同一农场），$\rho = 0.21$这跟例22.2中计算类似。

版（Jansen等，2006），但这种对GEE调整似乎并不能在标准统计软件中使用。

23.5.3　多水平数据结构的GEE

　　GEE方法的明显缺点是其局限于单一的聚集水平。除交换的Logistic回归（ALR）的GEE模型下面将讨论外，更为复杂数据结构GEE算法推广问题并没有引起关注（Chao，2006）。问题是对二项重复测量加上分层水平数据如何建立最佳经典的GEE分析方法（如奶牛成群聚集进行重复测量），该问题的模拟研究见Masaoud和Stryhn（2009）的文章。建议认为，在最高水平上有中等到大量的聚类数据，应当充分利用最高水平上的聚类以得到各级水平的近似无偏倚估计和标准差，其他如忽视最高水平聚类或通过固定效应建模都不太成功。这一结果与Hardin和Hilbe（2003）的建议相一致，第3章对于超过30个聚类的完整数据集，使用更复杂相关结构比独立结构（事实是普通Logistic回归具有稳健标准误差）结果更差，这与普通调查数据调整主要聚类抽样单位，不关注后续水平（见2.10节和20.5.5节）一致。群体水平工作相关系数矩阵不容易建立，这说明奶牛自相关性，交换结构必须使用，结构假设的错误并可能带来损失必须接受。例23.9通过重新分析例23.5和例23.6细胞计数数据，比较不同3水平GEE方法，并分析连续的结果。

例23.9　广义估计方程分析体细胞数对数

data=scc_40

　　分析这些数据使用例23.5和例23.6重复测量线性混合模型。利用恒等的联结函数，SS和PA参数一致。GEE方法不同之处在于估计方法。下表显示了在复合对称、自回归［ar（1）］和非结构化的工作相关矩阵GEE模式分析参数估计。表中还给出了时间节点1、2和3数据的相关性；非结构化相关的值是平均在矩阵中得到相应的值。GEE有些软件实现（如在SAS）将适合平稳（Toeplitz）不排除重复测量不完整数据集结构，其结果表明非结构化的相关性。

| | 母牛水平工作相关结构矩阵 | | | Herdwork相关系数 |
| | 复合对称 | 自回归相关 | 非结构化相关 | 复合对称 |
变量	β（SE）	β（SE）	β（SE）	β（SE）
shsize	0.826（.123）	0.799（.124）	0.755（.121）	0.732（.322）
heifer	−0.777（.042）	−0.755（.042）	−0.771（.041）	−0.750（.054）
season=spring	0.015（.023）	0.054（.024）	0.031（.022）	0.086（.036）
season=summer	0.026（.026）	0.060（.026）	0.033（.024）	0.115（.045）
season=fall	−0.022（.025）	0.003（.025）	−0.010（.023）	0.033（.039）
sdim	0.336（.014）	0.315（.014）	0.327（.013）	0.312（.017）
constant	5.290（.033）	5.256（.033）	5.285（.032）	5.211（.068）
ρ（1month）	0.555	0.671	0.647	0.072
ρ（2months）	0.555	0.451	0.592	0.072
ρ（3months）	0.555	0.303	0.538	0.072
QIC	21102.24	21084.62	21101.43	21199.31

　　这些值应该与例23.5的值作比较。对−heifer−和−sdim−参数估计，在所有模型之间均一致，包括不正确分析。对−shsize−当考虑（从线性混合模型）大的SE也是如此。对于−season−变量，在群体水平上GEE模型的估计值是明显异于所有其他的估计（包括例23.5混合模型）；实际值接近一个简单的线性回归（未显示）。与混合模型最相一致的是采用非结构化相关模型，自回归结构得到估计略有不同。这些数据表明，工作关系结构的选择并不总是减小固定效应作用，即使在大数据集。标准误差都非常接近，除了−shsize−，其中仅在群体水平上进行聚类分析产生一个敏感值（接近混合模型），奶牛水平上GEE分析，不能说明群体效应，不能指望产生群体水平有效SE。奶牛水平的相关性表明，与混合模型估计有良好的一致性，同时还表明复合对称结构和自回归结构是不恰当的。对QIC点，也许令人惊讶，因为一阶自回归结构最好，并强烈拒绝了群体水平上的聚类。因此，根据QIC统计模型的选择会导致不同的结论，所以在混合模型应当采用仿真模拟研究。

　　总之，有一个与GEE和非线性分析的混合模型结果相当一致，但工作相关结构的选择问题仍然存在。

对于二项结果，标准GEE算法由Gareyet等（1993）开发，称为交替Logistic回归（ALR的），因为在每个迭代估计算法中采用2个（非常不同）Logistic回归模型来更新参数。由于这种方法尤其适合二项数据，关于二项数据的GEE方法见Hardin和Hilbe（2003）的文章，这个方法也有能力处理2个聚类水平的聚类数据，下面简要地描述其基本思想，并在例23.10中以体细胞计数说明它的应用（与其他GEE实现）。标准的GEE方法在工作相关系数矩阵中说明了群体内聚类效应；然而，并不是二项结果之间有最明显相关度量。在ALR的方法，描述同一个群集2对象比数比，并得到估计和SE。作为固定效应估计方程与标准GEE模式相同，GEE模式的稳健性将被保留。此方法的其中一个缺点是，只在少数统计软件包（SAS和R/S）实现，并且只有可交换相关结构。也就是说，在重复测量方面，同一主体另一次观察时是疾病阳性，对应的为疾病阴性，比数比参数说明疾病几率之间的比，例23.10给出了数值说明。

例23.10　GEE和高体细胞计数的ALR估计

data=scc_40

利用例23.7数据集，我们比较GEE模式不同的实现，来说明重复测量和额外牛群聚类的作用。为比较，采用普通的Logistic回归。自回归工作相关结构的GEE分析不能说明来自牛群的聚类作用。

模型变量	普通Logistic回归 估计（SE）	GEE [母牛服从ar(1)] 估计（SE）	GEE（作用于农场） 估计（SE）	对数回归 估计（SE）
shsize	1.150（.102）	1.034（.194）	1.045（.631）	0.748（.484）
heifer	−1.100（.038）	−1.125（.072）	−1.111（.081）	−1.165（.074）
season=spring	0.162（.051）	0.110（.047）	0.126（.062）	0.030（.060）
season=summer	0.191（.052）	0.119（.051）	0.168（.075）	0.047（.056）
season=fall	0.081（.054）	0.051（.050）	0.093（.066）	0.021（.053）
sdim	0.440（.023）	0.437（.026）	0.439（.028）	0.475（.030）
constant	−0.224（.041）	−0.143（.056）	−0.226（.106）	−0.062（.092）

我们立即从表中看到不同的分析方法估计比例23.7有较小变化。有两个解释：相对于例23.7分析对应的同一模型（固定效应），以及所有的估计基于相同的（PA）尺度。一些主要的分歧依然存在，因为ALR和GEE模型之间的差别。这些可能应当考虑丢失数据比例（相比大约40%，每头奶牛有11次观察）。2个ALR对数比值比参数估计为：

主体内：ϕ =2.229（.086），主体间（群内）：ϕ =0.218（.058）

这些值的解释是，在一次测试中的一个高体细胞数的比值是$e^{2.229}$=9.29倍，高于另一次测试同样动物试验为阳性时与其他试验测试为阴性；同样，比值只有$e^{0.218}$=1.24倍高于是相同栏的另一个动物。正如我们前面所指，在群体内作用非常强，而在主体之间和聚类内相比较作用较小。从例23.7重新调整到PA尺度，如对群体大小（−shsize−），随机截距模型估计与ALR估计吻合，

$$1.367/\sqrt{1 + 0.346 \times (0.741 + 6.297)} = 0.738$$

由于GEE型程序之间宽幅的差异，说明为这些数据选择合适的方法还没有完全解决，但程序似乎比例23.7的随机效应模型更稳健。

23.5.4　GEE和离散混合模型总结

在这里利用表20.4，专门说明GEE和离散混合模型之间的选择。GEE方法（及其推广）的优点是理论上的稳健性和少许的模型假设。这对大型数据集计算也是可行的，也可拟合广泛适用的工作相关系数结构。它是为数不多的适用于离散重复测量和空间数据的一般方法。但是，它不能提供有关数据随机结构的信息，也不能用于随机斜率模型建立随机结构。缺少似然基础推断和参数校正的标准误差

是一个问题，但GEE估计在缺失值比例较大时，不能假设完全随机缺失。

　　加入复杂的自相关和其他相关结构的一般GLM（M）的随机效应模型不存在（无视拟似然方法在23.4.1节讨论），但对二项和计数数据，有具体的方法。两种方法的选择需要相当大的努力，了解他们的理论基础，在实践中很难，如二项数据主体群体之间作用很强，正如上述实例。建议尝试多种办法，从评估结果的可靠性方面选择特殊的方法。关于时间的随机斜率（趋势模型）建模应当包括在这些方法之中，除非时间序列很短。包括额外的分层结构仍然是混合模型的主要优点之一。

参考文献

Barbosa M, Goldstein H. Discrete response multilevel models Quality and Quantity. 2000; 34:323-30.

Carey V, Zeger S, Diggle P. Modelling multivariate binary data with alternating logistic regressions Biometrika. 1993; 80: 517-26.

Chao E. Stat Med. 2006; 25: 2450-68.

Cui J, Qian G. Selection of working correlation structure and best model in GEE analyses of longitudinal data Communications in Statistics- Simulation and Computation. 2007; 36:987-96.

Davis C. Statistical Methods for the Analysis of Repeated Measurements. Springer; New York. 2002.

Davis R, Dunsmuir W, Wang Y. On autocorrelation in a Poisson regression model Biometrika. 2000; 87: 491-505.

Diggle P, Heagerty P, Liang K, Zeger S. Analysis of Longitudinal Data, 2nd Ed. Oxford University Press; Oxford. 2002.

Dohoo I, Meek A. Somatic cell counts in bovine milk Can Vet J. 1982; 23: 119-125..

Everitt B. The analysis of repeated measures: A practical review with examples J R Stat Soc D (The Statistician). 2005; 44: 113-35.

Fitzmaurice G. A caveat concerning independence estimating equations with multivariate binary data Biometrics. 1995; 51: 309-17.

Fitzmaurice G, Laird N, Ware J. Applied Longitudinal Analysis. Wiley; New York. 2004.

Gotway C, Wolfinger R. Spatial prediction of counts and rates Stat Med. 2003; 22: 1415-32.

Hanley J, Negassa A, Edwardes M. GEE: Analysis of negatively correlated binary responses: a caution Stat Med. 2000; 19: 715-22.

Hanley J, Negassa A, Edwardes M, Forrester J. Statistical analysis of correlated data using generalized estimating equations; an orientation Am J Epidemiol. 2003; 157: 364-75.

Hardin J, Hilbe J. Generalized estimating equations. Chapman & Hall/ CRC; Boca Raton. FL. 2003.

Heagerty P, Kurland F. Misspecified maximum likelihood estimates and generalised linear mixed models Biometrika. 2001; 88: 973-85.

Hedeker D, Gibbons R. Longitudinal Data Analysis. Wiley; New York. 2006.

Jansen I, Beunckens C, Molenberghs G, Verbeke G, Mallinckrodft C. Analyzing incomplete discrete longitudinal clinical trial data Stat Sci. 2006; 21: 52-69.

Li J, Yang X, Wu Y, Shoptaw S. Stat Med. 2007; 26: 2519-32.

Liang K, Zeger S. Longitudinal data analysis using generalized linear models Biometrika. 1986; 73: 13-22.

Littell R, Milliken G, Stroup W, Wolfinger R, Schabenberger O. SAS for Mixed Models, 2nd ED. SAS Publishing; Cary, NC. 2006.

Masaoud E, Stryhn H. A simulation study to assess statistical methods for binary repeated measures data Prev Vet Med. 2009.

Min Y, Agresti A. Random effect models for repeated measures of zero-inflated count data Statistical Modelling. 2005; 5: 1-19.

Molenberghs G, Verbeke G. Models for Discrete Longitudinal Data. Springer; New York. 2005.

Molenberghs G, Verbeke G, Demetrio C. An extended random-effects approach to modeling repeated, overdispersed count data Lifetime Data Analysis. 2007; 13: 513-31.

Nelson K, Leroux B. Statistical models for autocorrelated count data Stat Med. 2006; 25: 1413-30.

Pan W. Akaike's information criterion in generalized estimating equations Biometrics. 2001; 57: 120-5.

Pinheiro J, Bates D. Mixed-effects Models in S and S-Plus. Springer; New York. 2000.

Rasbash J, Steele F, Browne W, Goldstein H. A User's Guide to MLwiN. University of Bristol; Centre for Multilevel Modelling, Bristol. 2008.

Robins J, Rotnizsky A, Zhao L. Analysis of semiparametric regression models for repeated outcomes in the presence of missing data J Amer Statist Assoc. 1995; 90: 106-21.

Schukken Y, et al. Analysis of correlated discrete observations: background, examples and solutions Pre Vet Med. 2003; 59: 223-40.

Senn S, Stevens L, Chaturvedi N. Tutorial in biostatistics: Repeated measures in clinical trials: simple strategies for analysis using summary measures Stat Med. 2000; 19: 861-77.

Stryhn H, Andersen J, Agger J. Milk production in cows studied by linear mixed models Symposium in Applied Statistics. 2001.

Thurmond MC, Branscum AJ, Johnson WO, Bedrick EJ, Hanson TE. Predicting the probability of abortion in dairy cows: a hierarchical Bayesian logistic-survival model using sequential pregnancy data. Prev Vet Med. 2005; 68: 223-39.

Verbeke G, Molenberghs G. Linear Mixed Models for Longitudinal Data. Springer; New York. 2001.

Vigre H, Dohoo I, Stryhn H, Jensen V. Use of register data to assess the association between use of antimicrobials and outbreak of Postweaning Multisystemic Wasting Syndrome (PMWS) within Danish pig herds Prev Vet Med. 2009; submitted.

Yang M, Heath A, Goldstein H. Multilevel models for binary outcomes: attitudes and vote over the electoral cycle J R Stat Soc A. 2000; 163: 49-62.

Zeger S, Liang K. Longitudinal data analysis for discrete and continuous outcomes Biometrics. 1986; 42: 121-30.

第24章

贝叶斯分析介绍

宗序平 译　严钧 校

◤ 目的

读完本章后，你应该能够：

1. 理解贝叶斯和古典统计（似然或频率为基础）方法之间的区别；

2. 如何利用无信息先验和马尔可夫链蒙特卡罗估计（MCMC）拟合标准回归模型；

3. 评估由MCMC方法产生的链是否与后验分布的抽样相一致（以及MCMC推断）；

4. 使用分层贝叶斯模型分析聚集数据，并将此模型推广到更为复杂的数据结构模型；

5. 理解怎样用缺失数据、测量误差建模，以及用MCMC来进行不完全检验；

6. 理解利用贝叶斯和MCM将现存的数据和专家意见与由信息先验分布得到的新数据结合起来的其他方法。

24.1　引言

前面4章研究了有关数据集的聚集（观察非独立）问题。在兽医流行病学中聚集数据集处理是非常普遍的。处理聚集有许多方法，而在本章中将介绍一种完全不同的统计方法，其对混合模型、简单的非聚集数据集、其他更为复杂结构的数据都有用。

本章首先介绍可供选择的贝叶斯统计范例，并将它与本书中提到的其他古典或"频率"统计学派进行比较。然后介绍用于拟合复杂贝叶斯模型的相关MCMC方法。我们将温习一下前面介绍过的例子，与前面4章相比较，观察贝叶斯模型导致了怎样的差异，最后讨论那些可以很容易纳入贝叶斯框架复杂聚集结构、缺失数据和测量误差模型，以进行统计分析。

24.2　贝叶斯分析

统计学界以外的人几乎不知道有两种不同的统计推断方法，它们有不同的概念、不同的哲学基础，并会产生不同的结果。这两种方法的之争已经持续了几十年，没有分出胜负。许多统计学家选择中立，他们认为两种方法中的任何一种方法都有优缺点，这使得它们在特殊的环境中都受到欢迎。尽管如此，许多统计课程（引论）教的是非贝叶斯框架（经典，基于似然的频率论者），没有提及贝叶斯观点。

近几年，贝叶斯分析受到广泛的欢迎，例如用于兽医流行病中的一些复杂问题，如风险评估（如Ranta等，2005）或没有金标准的诊断比较试验（如Branscum等，2005）或多级数据分析（如Dohoo等，2001）。随着统计推断的模拟工具"蒙特卡罗估计"的发明和进步，实际上贝叶斯推断的应用范围不断扩大。几乎所有复杂模型贝叶斯分析方法都是基于蒙特卡罗方法。

希望读者能容许我们在本章引言中介绍一种全新的统计方法，当然在这里仅简单介绍。本章的目的是给出包含在贝叶斯分析的思想和步骤的初步印象。最近有关卫生和生态科学中应用贝叶斯分析的教材（如Gelman等，2004；Gilks和Wild，1992）是适当的起点。大多数的贝叶斯分析需要特定的软件，普遍选择剑桥生物医学研究委员会所发明的WinBUGS（http://www.mrc-bsu.cam.ac.uk/bugs）软件（免费下载）。BUGS是使用Gibbs抽样贝叶斯分析的缩写，是蒙特卡罗分析的特殊类型，这一节的分析是利用MLwiN软件（版本2.11）实现的。

24.2.1　贝叶斯范例

贝叶斯方法源于贝叶斯定理（见等式 24.1）。在贝叶斯推理中，不确定的是参数，然而抽样数据是确定的量。这意味着所有的参数是通过分布模拟的。在获得任何数据前，参数的信息包含在参数的先验分布中。得到实际的数据后，将先验分布和数据结合在一起，得到参数的后验分布。在观测数据之后，后验分布包含了参数的所有信息。古典和贝叶斯推断的主要不同点见表24.1。

表24.1　统计的贝叶斯和古典方法

概念	古典方法	贝叶斯方法
参数	固定不变	可能值的分布
参数的先验信息	无	先验分布
推断基础	似然函数	后验分布
参数点估计	估计（如极大似然估计）	来自后验分布的统计，如均值、中位数
参数区间估计	置信区间	贝叶斯可信区间
假设检验/模型比较	检验（如LRT）/标准（如AIC准则）	贝叶斯因子/标准（如DIC）

首先介绍先验分布与数据，记Y是数据，θ是参数（向量）：

- $L(Y|\theta)$——似然函数；
- $f(\theta)$—— θ 的先验分布；
- $f(\theta|Y)$——观测到数据Y后关于θ的后验分布。

其中$f(\cdot)$要么是概率函数（离散数据），要么是概率密度函数（连续数据），在此基础上，贝叶斯定理陈述如下：

$$f(\theta|Y) = const(Y) \cdot L(Y|\theta) \cdot f(\theta)$$ **等式24.1**

其中$const(Y)$是依赖于Y而与θ无关的常数。因此，θ的后验分布是似然和先验的乘积，是两者折中的一种方法。在复杂的模型中，等式24.1中取决于Y的常数几乎不可能计算出来。这意味着后验分布不可能分析计算出来，因此我们要选择替代方法。除了最简单的问题，所有的后验分布都没有显式表明，直至20世纪90年代，贝叶斯统计更倾向于理论而不是应用。随着电脑运行速度和容量提高，蒙特卡罗模拟方法对贝叶斯分析和它在实际上的应用有很大的影响。

24.2.2 使用后验分布的统计分析

尽管在先验分布前讨论后验分布可能是不对的。在讨论怎样选择先验分布之前，首先看一个简单的贝叶斯分析例子（例24.1）。贝叶斯分析的结果是一个分布，这个分析可以通过图形来概括（图24.1）。点估计和置信区间实质上不是贝叶斯，但是均值、中位数或众数这些值和区间构成的一个后验概率（有时候称为置信或可信区间）可以从后验分布中计算出来。后验均值和中位数由于可以从蒙特卡罗方法中直接计算得到，所以它们通常作为点值。（联合）后验众数也经常使用，通过蒙特卡罗模拟找到参数的点估计，这个值是蒙特卡罗产生的后验分布的最大值，因此又称作最大后验估计（MAP）。在古典框架中，极大似然估计（MLE）是似然函数的最大值，对于非信息先验（下面将讨论），众数应该和极大似然估计一致。

24.2.3 先验分布的选取

一般地，贝叶斯方法的优缺点关键在于先验分布的选取。在多维和复杂的问题中，可以将先验分布加入具体的模型结构中，这种方法已经取得了丰硕的成果，例如在图像分析中。一个分析的后验可作为后续研究的先验，因此，这使得收集到的和有效的信息不断更新，这在后面将会讨论。另一方面，先验分布的选择看起来是随意的，先验的主观思想并没有否认贝叶斯模式。过去，为了可以明确的计算出后验（共轭先验），先验经常选择一个特殊形式，这种方法仍然有用，但由于蒙特卡罗的出现，已经不是那么重要了。

先温习一下例24.1，然后解释为什么共轭先验是建模的一部分。首先，一个二项分布似然函数和均匀分布先验可以形成一个beta后验分布，这个beta后验分布可作为先验分布和未来（二项）数据相结合，在此产生beta后验分布。共轭先验分布是先验分布和一个特殊的似然函数相结合而产生的后验分布，其与先验分布有相同的分布形式。在这种情况下，beta分布是二项分布中概率参数的共轭先验。所使用的均匀先验分布与带有参数为（1，1）的beta分布是等价的，这也就解释了为什么均匀分布当作先验时会产生一个beta后验分布。

其他共轭先验分布包括正态分布均值的共轭先验分布为正态似然，Gamma分布的精度（1/方差）的共轭先验分布为正态似然，Gamma分布均值的共轭先验分布为Poisson似然。一个共轭先验分布只决

例24.1　比例的贝叶斯分析

假设检测了10只动物是否患一种流行率变化很大的疾病。在一个方案中，5只动物检测呈阳性，在另一个方案中，8只动物检测呈阳性。问在这两种方案中获得了关于疾病流行率的什么信息？

所有的贝叶斯分析包括了先验分布，对于疾病流行率P，假设不知道服从何种特殊的先验信息，P的所有先验值似乎都是一样，因此选择$(0,1)$上的均匀分布作为先验，这是一个非信息先验的例子。均匀分布的概率密度是常数1。10只动物中检测值是阳性的动物个数的似然函数是二项分布$(10,P)$的概率。因此，如果观察检测值为Y个阳性的动物，其后验分布的密度是：

$$f(P|Y)=const(Y)\cdot P^Y(1-P)^{10-Y}\cdot 1=const(Y)P^Y(1-P)^{10-Y}$$

这个概率密度服从以$(Y+1,10-Y+1)$为参数的beta分布。常数$const(Y)$可以由贝叶斯公式决定，但是在确认了后验分布是beta分布后，那么这个常数可由它的密度得到[为$(10+1)\times\binom{10}{Y}$]。例如$Y=5$，$Y=8$，图24.1显示了以$(6,6)$，$(9,3)$为参数的beta分布的图像。

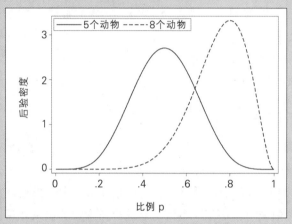

图24.1　10只动物检测阳性个数分别为5和8的后验分布

如果要总结关于P的知识，使用分布的均值、中位数或众数；对于这两种beta分布，它们分别为$(0.5,0.5,0.5)$和$(0.75,0.764,0.8)$。这些值可以和通常的估计$P=0.5$和$P=0.8$进行比较；众数和极大似然估计相一致，并不是巧合。如果要总结关于95%区间的P的知识，可以选择端点分别为2.5%和97.5%的区间；对于这两种beta分布，它们的区间分别为$(0.234,0.766)$和$(0.482,0.940)$。这些区间可以和二项分布的置信区间$(0.187,0.813)$和$(0.444,0.975)$进行比较，这些置信区间比可信区间的范围更大。

如果将这两种观察看做是连续的试验，那么将第一次试验看做是第二次试验的先验，且先验分布为beta$(6,6)$分布，然后有：

$$f(P|Y_2)=const(Y_2)\cdot P^{Y2}(1-P)^{10-Y_2}\cdot P^6(1-P)^6=const(Y_2)P^{Y_2+6}(1-P)^{16-Y_1}$$

第二次试验$Y_2=8$，这服从beta$(14,8)$。如果交换2次试验的次序或将两次试验合并为检验值为13的一次试验，会得到相同的后验。这说明了贝叶斯方法可以应用于数据连续出现的例子中。

定了分布的类型，并没有决定它的特殊参数如期望和方差的性质。

先验的一般选择（特别不是贝叶斯研究者）是一个非信息先验（绝对的、不明确的、啰嗦的），即θ的任何特殊值具有最小的优先权。作为一种极端情况，在等式24.1中，令$p(\theta)=1$，后验分布就是似然函数。因此，最大后验估计（MAP估计）也就是极大似然估计，因此带有非信息先验的贝叶斯推断类似于似然推断。$p(\theta)$并不总是常数，参数（可以取任何值）的一个选择是以零为期望，方差很大的正态分布，即参数可以在0周围很大的区间上取值。由于技术问题，有时候所使用的先验分布并不恰当，它并不是一个真正的概率分布，因为它并不满足整个样本空间有限概率的条件。不恰当分布的一个主要例子是无边界空间中的常数值（如在实轴上取常数1）。均匀先验分布可以认为是具有很大方差的正态分布的极限情况。尽管先验分布不恰当，后验分布也可以很好定义，因此，均匀分布这一类型是非信息先验的一个很好选择。对一个方差参数，其小于零是不可能的，方差倒数的标准非信息分布是一个Gamma分布，这确保了分布集中并接近于零（等价于很大的方差）。

24.3 马尔可夫蒙特卡罗（MCMC）估计

注：这节为了与这一领域的表示法相一致，运用了与本书其余地方不一致的表示法。特别地，设 X_1，X_2，…不是预测变量。

马尔可夫链

马尔可夫链（是以俄国数学家AA Markov名字命名的）是满足马尔可夫性的随机变量序列（X_0，X_1，X_2，…）的随机过程。变量在空间状态中进行取值，这空间的状态可以是有限的（如{0，1}），离散的（如{0，1，2，3，…}）或是连续的（如一个有限区间或无限区间）。X_0是这个链的初始状态，链的变化与时间相一致。马尔可夫性是对随机过程（X_t）概率分布的一个很强的假设：

$$\text{distribution of}\,(X_{t+1}, X_{t+2}, \ldots)\ \text{given}\ (X_0, X_1, \ldots, X_t)$$
$$= \text{distribution of}\,(X_{t+1}, X_{t+2}, \ldots)\ \text{given only}\ (X_t)$$

等式24.2

换句话说，将来（过程的）只与现在状态有关，与过去无关。因此，马尔可夫链有一个短程记忆性。马尔可夫链可用于描述游戏、人口规模和排队。例如，人口规模的马尔可夫模型假设人口规模的发展只取决于现在的人口规模，因此可单独的考虑出生、死亡和移民率。非马尔可夫过程是指没有短期记忆性的周期现象或增长曲线。这里感兴趣的是齐次马尔可夫链，它不随时间发生变化。在这种链中，马尔可夫条件（等式24.2）表明不管何时链达到状态X_t，等价于是从初始状态$X_0=x$到达这个状态。齐次马尔可夫链的重要性是随着时间的推移，在一定条件下，它们收敛到一个极限分布，即（X_t）分布→π，π是极限分布（或不变分布），有$p(X_t=x)$→$\pi(x)$。例24.2描述了简单马尔可夫链的收敛性。

例24.2 齐次马尔可夫链的收敛性

最简单的齐次马尔可夫链的例子中，状态空间为{0，1}，状态0和1可以是疾病状态（健康/生病）或系统状态（忙碌/空闲）。从一个状态转移到另一个状态可由转移矩阵来描述：

$$p = \begin{pmatrix} p_{00} & p_{01} \\ p_{10} & p_{11} \end{pmatrix}$$

其中$p_{00}+p_{01}=1$，$p_{10}+p_{11}=1$。如从状态0转移到状态1的概率为p_{01}，当所有的概率非零时，该链有一个平稳分布，$\pi(1)=p_{01}/(p_{01}+p_{10})$。图24.2显示了当$p_{01}=0.8$，$p_{10}=0.7$初始状态为$X_0=0$时，$p(X_t=1)$以很快的速度达到收敛，极限概率为0.5333。

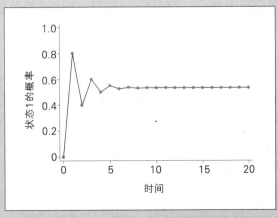

图24.2 马尔可夫链收敛到其极限概率分布

24.3.1 马尔可夫链蒙特卡罗介绍

MCMC估计的基本思想很简单，如果对一个特殊分布π感兴趣，由于分布的分析形式是未知的（分布来自于一个复杂模型的后验分布），这个分布的相关值很难计算。进一步假设能够设计一个马尔可夫链满足$(X_t) \rightarrow \pi$。然后，为了计算π的一些统计量，可运行马尔可夫链较长一段时间，到达时间T（T很大），使得X_t（$t \geq T$）的分布近似为π。为了计算分布的期望，可计算在T时间后链的观察值的平均值，公式为

$$\mathrm{E}(\pi) \approx \frac{1}{n} \sum_{t=T+1}^{s=T+n} X_t \qquad \text{等式24.3}$$

需要注意的是：从(X_t)中所取的样本并不是独立的（是马尔可夫链的n个连续相关值）。尽管样本具有相关性，仍然可以用等式24.3计算估计$\mathrm{E}(\pi)$。虽然没有独立时的精度好，甚至当马尔可夫链有很强的相关性时，精确度较差，但精确度随着链的增长而提高，而且可以计算蒙特卡罗标准误差（MCSE），用来描述模拟方法不确定性。MCSE是关于参数的不确定性、链的相关性和链的样本长度（n）的函数。对于不相关的链，MCSE与$1/\sqrt{n}$成正比。

和期望一样，其他统计值可以从极限分布中计算得到。链的初始部分$X_0, \cdots, X_T$，称之为老化阶段，在计算加权值之前，遗弃与老化阶段有关的参数值（见等式24.3）。

在没有得到π的分析形式时，上述基本思想的缺点是必须构造以π为极限分布的马尔可夫链。如果只知道π的一个比例常数［例如等式24.1中的const（Y）］，对许多多维统计模型也是可行的。为了构造一个马尔可夫链，需要确定它的转移机制（例如上面的转移矩阵P），而起始值并不重要。构造马尔可夫链有2个主要方法：Gibbs抽样法和Metropolis-Hastings抽样法（Gibbs抽样法是Metropolis-Hastings抽样法的特殊情况，但是通常认为独立的方法）。为了有效计算等式24.3的估计，蒙特卡罗估计实际应用困难在于老化阶段的长度。构造的马尔可夫链收敛到极限分布的速度可能很快，也可能很慢，如果速度很慢的话，那么这个马尔可夫链对估计目标是没有用的。拥有一个控制收敛速度以及老化阶段的所需长度的工具是至关重要的。MCMC软件将会提供这样的诊断工具。接下来两节将简要地介绍一下Gibbs抽样和Metropolis-Hastings抽样法。Gibbs抽样法适用于正态响应模式，而Metropolis-Hastings抽样法的适用范围很广，但是会导致链相关性较强和收敛速度很慢。

24.3.2 线性和非线性模型的Gibbs抽样法

回归模型的Gibbs抽样算法是建立在正态似然，或模型的期望和方差参数共轭先验分布的基础上（见24.2.3节）。首先考虑一个简单的线性回归模型：

$$Y_i = \beta_0 + \beta_1 X_i + \varepsilon_i, \quad \varepsilon_i \sim N(0, \sigma^2)$$

这里有3个未知参数：截距（β_0），斜率（β_1）和方差（σ^2），在贝叶斯回归中都需要先验分布，一般选择共轭先验，截距和斜率具有正态先验，方差选择逆gamma先验［等价于精度（方差的倒数）具有gamma先验］，这样的设定可以获得后验分布（正态逆gamma分布），尽管如此，下面描述如何利用Gibbs抽样算法解决这个问题。

完整的后验分布是$f(\beta_0, \beta_1, \sigma^2|Y)$，代替了来自于这个多维分布的抽样，Gibbs抽样于下列系列条件后验分布：

$$f(\beta_0|Y, \beta_1, \sigma^2), f(\beta_1|Y, \beta_0, \sigma^2), f(\sigma^2|Y, \beta_0, \beta_1)$$

在抽样步骤中，使用不断更新参数值。例如，如果在第一步中更新β_0，那么产生的新的值将会用

于更新β_1和σ^2。从3个分布抽样产生（独立）来自后验分布的链，当使用共轭先验时，3个条件后验分布的形式很容易从已知分布模拟出来（2个正态分布和1个逆Gamma分布）。应用Gibbs抽样算法，需要选择3个未知参数的初始值，然后就会出现老化阶段，直到链离开初始值，就从后验分布中抽出了样本。

MCMC算法的优点：由于它们是由更新参数的一系列步骤组成，可以通过包括额外的步骤和更新已有的步骤去拟合推广模型。通过随机效应推广上面的模型，随机效应对应于畜群母牛的测量，

$$Y_{ij} = \beta_0 + \beta_1 X_{ij} + u_j + \varepsilon_{ij}, \ u_j \sim N(0, \sigma_u^2), \ \varepsilon_{ij} \sim N(0, \sigma^2)$$

这里增加了2个额外参数，群体效应u_j和其方差σ_u^2，因此算法多了2个额外的步骤。将群体效应作为随机效应来描述，给出参数的先验分布，只需要额外加上σ_u^2的先验即共轭逆Gamma先验。在群体效应条件下，需要修正现有的步骤。Gibbs抽样算法以下列分布为基础抽样：

$$f(\beta_0|Y, u, \beta_1, \sigma^2), f(\beta_1|Y, u, \beta_0, \sigma^2), f(u_j|Y, \beta_0, \beta_1, \sigma_u^2, \sigma^2), j=1,\ldots,J,$$
$$f(\sigma_u^2|u_j), f(\sigma^2|Y, u, \beta_0, \beta_1)$$

每个群体效应都有一个步骤（对j进行循环），但是它们的形式都一样，方差也有一个步骤。有些步骤并不是以其他变量为条件的，例如群体方差只以群体效应为条件。这是因为一些变量是条件独立的——方差只出现在随机效应的先验分布中，因此其他参数都是条件独立的。以上的分布要么是正态分布，要么是逆Gamma分布，是很容易模拟的。为简化起见，常常将截距和斜率结合到向量β中，由于这个向量具有一个多维正态条件后验分布，截距和斜率可一起进行更新。

24.3.3 非正态模型的Gibbs抽样法和Metropolis–Hastings抽样法

上一节介绍了Gibbs抽样算法，通过为每组参数建立条件后验分布，然后从每个分布进行了模拟抽样。下面考虑一个不同的模型，即二元响应的Logistic回归模型（见第16章）：

$$p(Y_i=1)=p_i, \ logit(p_i)=\beta_0+\beta_1 X_i$$

将这个模型转换到贝叶斯框架下，这里要为未知参数β选择先验。由于参数可以在整个实数轴上取值，常选择期望为0和方差很大的正态先验分布。

像以上Gibbs抽样法的条件后验分布并不等同于标准统计分布，因此直接模拟有很大困难。可用舍选抽样方法为基础的为自适应舍选（AR，Adaptive Rejection）抽样技术（Gilks和Wild，1992），即用某个非标准分布去避开上述问题；WinBUSG软件Logistic回归模型中有使用这个技术的功能。

在MLwiN和WinBUGS中普遍使用和实现的技术是Metropolis–Hastings抽样法。在Metropolis–Hastings抽样法中不是模拟条件后验分布，而是模拟一个建议分布。模拟的参数要么接受要么拒绝，接受或拒绝的规则确保了这个技术等同于从正确的条件后验分布中抽样。在处理拒绝建议值的方法中，Metropolis–Hastings抽样法不同于自适应舍选（AR）抽样法：在Metropolis–Hastings抽样中，覆盖来自于后一次迭代的参数值，而对于AR抽样一直重复运行直到数值被接受。上述建议分布可以是任何形式，在有限次迭代中可以取到所有可行的参数值，这个建议函数在链中不会有强振荡行为（具有非周期性）。

下面讨论Metropolis–Hastings抽样法是如何从参数θ和它的后验分布为$p(\theta|Y)$进行抽样。建议函数取决于这个链的当前值；设$q(\theta|\theta_t)$是当前值θ_t和第t次迭代中的建议函数。如果在$t+1$次迭代中从$q(\theta|\theta_t)$计算得到θ^*，则以概率$\alpha(\theta, \theta_t)$接受这个新值：

$$\alpha(\theta^*, \theta_t)=\min\left(1, \frac{p(\theta^*|Y)q(\theta_t|\theta^*)}{p(\theta_t|Y)q(\theta^*|\theta_t)}\right) \qquad \text{等式24.4}$$

实际上，这个方法是从（0，1）上的均匀分布抽取一个随机数来决定是否接受提议：如果这个随机数超过$\alpha(\theta*, \theta_t)$，那么提议不接受，链保持原状态（$\theta_{t+1}=\theta_t$）。这个接收率包含了2个比率，建议值和目前变量值的后验比率和Hastings比率，Hastings比率是建议与非建议概率之比，并说明了建议的非对称性。最普遍的一种Metropolis-Hastings抽样是随机游走的Metropolis算法，在这种算法中使用一个以目前值为中心，有固定方差的正态分布作为建议分布，这个分布是对称的，因此以上的Hastings比率是不需要的（比值为1）。

以MCMC估计的马尔可夫链的建立来结束本节的简要介绍，虽然介绍的所有方法（理论上）都是"正确"的，但是它们对于具体模型的应用是不同的。对于一个可以模拟的链而言，到达目标分布所用的时间是不同的，相关程度是不同的（表明这些链之间没有相关性）。这就增加了评价MCMC估计方法应用的必要性，这将在下一节讨论。一般来说，Metropolis-Hastings抽样是很容易的，但是会导致具有相关性的链，部分原因是拒绝建议值导致链没有移动。不同的算法有不同的参数——MCMC方法的另一个特点，使得在拟合统计模型中，MCMC方法非常实用。

24.4　MCMC估计的统计分析

前一节详细描述的算法可在MCMC估计中使用。本节将研究贝叶斯分析具体实施。在这里将回答这样的问题：MCMC样本要运行多长时间，怎样综合得到估计？

24.4.1　MCMC的应用：Logistic 回归

例24.3考虑例16.2中拟合Nocardia数据集的Logistic回归模型。将这个Logistic回归模型转换到贝叶斯框架下，对所有的固定系数有一个（不适当的）均匀先验。为了使用MCMC拟合这个模型，对所用的未知参数需要一个特定初始值。使用古典方法的估计（在MLwiN软件中计算）似乎是很自然的，

例24.3　在MLwiN软件中使用MCMC拟合Logistic回归模型

data=Nocardia

下表是用*Nocardia*数据集采用标准MCMC（在MLwiN软件中）拟合Logistic回归模型的结果。左边是500次迭代的老化阶段后的5000迭代的结果；右边是100000次迭代后的结果。

| 估计 | 5000次迭代后 | | | | | 100000次迭代后 | | | | |
变量	mean	SD	2.5%	50%	97.5%	mean	SD	2.5%	50%	97.5%
dcpct	0.023	0.008	0.008	0.023	0.039	0.023	0.008	0.008	0.023	0.039
dneo	3.015	0.744	1.608	3.005	4.538	2.977	0.738	1.633	2.943	4.537
dclox	−1.279	0.613	−2.562	−1.264	−0.117	−1.315	0.608	−2.536	−1.304	−0.151
dbarn_2	−1.574	0.691	−3.012	−1.540	−0.313	−1.492	0.681	−2.924	−1.460	−0.247
dbarn_3	−0.273	1.260	−2.788	−0.287	2.187	−0.214	1.234	−2.634	−0.222	2.231
constant	−2.663	0.849	−4.382	−2.626	−1.235	−2.689	0.901	−4.562	−2.657	−1.020

风险因子的效应是类似的，但是比例16.2中的效应略大；来自后验分布95%的置信区间比例16.2中95%的置信区间范围要大。5000迭代和100000次迭代估计是有些区别的，特别是对于dbarn系数（分布移高）和常数（分布更广），表明需要一个更长的运行区得到一个精确的估计。注：作为模拟估计，实际的值会遭到随机噪音的破坏。后验均值和中位数是很接近的，因为所有的分布都是相当对称的（对于常数与dbarn系数的分布略左斜）。对于近似对称的分布，其后验均值和中位数没有太大的区别。贝叶斯方法没有为各个系数的检验提供*P*值，但是可以在后验分布中设置0值来评估他们的"显著性"（显著性在贝叶斯统计中未明确定义）。如果分布实际范围大于或小于0，可以说没有证据表明其不为0（可正可负），如−dbarn_3−的系数。另一方面，如果95%的置信区间不包括0，可以说有证据表明参数大于0，如dneo参数。

这种情况下，估计来自例16.2。对Logistic回归模型利用MLwiN软件使用Metropolis-Hastings算法，对每个参数要决定建议分布。这里MLwiN使用了来自古典方法（在MLwiN软件中计算）的尺度化标准误差，以及为了让每个参数获得所需的接受率（Metropolis-Hastings建议接受率），还使用了调节建议方差的方法（见Browne等，2009）。

例24.3通过估计的设置（如初始值、老化阶段的长度和运行长度），比较来自不同设置的结果，评估了MCMC估计结果的稳健性。实际上，上述系统的工作是不方便也很难做的，几乎没有为链中存在的潜在问题提供任何方法。相反，很大程度上依赖MCMC诊断，MCMC诊断为每个参数链的运行提供了描述性统计工具。这些诊断可以侦查链（和他们估计）的主要缺陷和指导找到一个合适的链长度。不同的软件包都提供了这种诊断；下面仅仅关注MLwiN最普通的特点和一些有用的特点。对每个参数都有一个诊断，在参数间，链的行为通常是不同的。

在给出诊断前，使用MCMC估计算法时，先要概述考虑的关键点。首先，需要确保所使用的链的初始状态收敛到所需的后验分布。然后调整链的长度，舍弃多余的迭代。例如，考虑从古典（极大似然）估计出发，由于后验众数与古典极大似然估计接近，因此收敛不成问题，几乎是瞬间的。许多使用古典方法很难拟合复杂模型，难以取得好的初始值，因此，确定算法的老化长度是很重要的。标准诊断方法是使用多重链去确保不仅算法收敛，而且链收敛到同一处，因此后验是单峰的（即只有一个峰）。WinBUSG软件为使用者提供了运行多重链和计算修正的Gelman-Rubin诊断收敛性方法（Brooks和Gelman，1998）。如果诊断似乎是不收敛的，应当通过链的检查，可以诊断出多峰性。在此情形下，增加运行的长度是没有用的，在其他情况下，增加运行的长度可以导致最终的收敛和更精确的估计。幸运的是，本书中的大多数情形中，后验多峰性是罕见的。

关于运行长度要考虑的第2个方面是：在收敛后，需要运行足够长度去获得一个精确的估计。对于给定一个自相关的链，所需的运行长度取决于参数精度和自相关程度的大小：自相关程度越大，链包含的信息越少，所需的样本量越大。例24.4介绍了例24.3产生的链和其他的MCMC诊断法以及自相关性。

例24.4诊断依次考虑了7个方面。左上方的跟踪图显示运行的整个MCMC链。图24.3可以看出这个链沿着后验游动相当慢，3700次迭代只经历了较小的数值。图24.4是一个更好的链，链的每个小单位的后验几乎都得到了探究。

右上方的图包含了后验分布的核密度曲线，是一种平滑直方图，事实上是后验分布所需的综合图。图24.3和图24.4似乎是对称和钟形曲线，而图24.3是带有平坦峰的且似乎不是很对称的，这是由于迭代次数不足。

下面的2个图包含自相关性（ACF）和部分自相关函数（PACF）（见14.11节）。ACF反映的是每次迭代与滞后于一个特定的数之间相关性；特别是，滞后于1的自相关性的值是链的X_t，X_{t+1}之间的相关性的估计。理想状况是ACF为零即独立，但如果链随机游动到正常位置时表现出混合链症状，混合的含义是指链穿越分布外的能力。一阶自相关系数在0.95左右，30次左右迭代的链的相关系数是0.5。在确定链是马尔可夫链时，自相关函数（PACF）是很有用的，可以看出：在一个滞后为1 的高峰后，紧随其后的是其他滞后的零值。

第3行包括了精确性的诊断。左边是估计潜在迭代的后验均值估计的蒙特卡罗标准误差（见24.3.1节）图。MCSE是后验均值估计精确性的标志，图示表明为了得到所需的MCSE所运行链的长度。其他的诊断方法有Raftery-Lewis（Raftery和Lewis，1992，763～773）法和Brooks-Draper诊断法，他们的目标是推荐运行长度。Raftery-Lewis诊断是以一定精确度估计分布的分位数为基础的。图24.3给出了

例24.4　MLwiN软件中的MCMC诊断

data=Nocardia

图24.3与图24.4显示例24.3中Logistic回归模型常数（截距）参数的MCMC诊断的结果，分别经过了5000与100000次迭代。

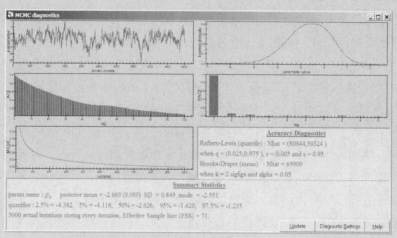

图24.3　经过5000次迭代Logistic回归截距MCMC诊断统计量

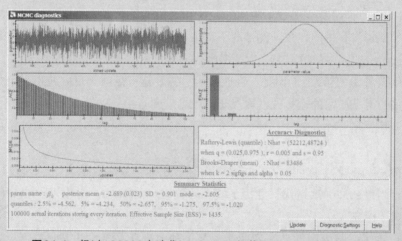

图24.4　经过100000次迭代Logistic回归截距MCMC诊断统计量

　　由于两个图描述的是同一个链的不同片断，它们之间具有相似性不足为奇。左上方图对长的链显得密集些，这是因为有较多的观察；左边中间的自相关函数（ACF）图长的链更光滑；右下图关于诊断统计量准确性虽不同却有类似的强度。基于这些诊断统计量链运行的长度应当多于5000次小于100000次迭代；即第一个图表明链运行的长度应当多于5000次迭代，第二个图表明链运行的长度多于100000迭代没有必要。进一步参看正文部分对各个图和统计量的解释。

　　在0.005（95%的概率）为求2.5%和97.5%分位数估计而进行的80000和50000次迭代的运行长度。在较差的链中，有时候会遇到似是而非的情况，增加运行长度会导致增加实际需要的运行长度，但是在图24.4中，所需的运行长度小于实际的长度，因此满足了诊断要求。Brooks-Draper诊断法是在给定精确度下，研究估计后验均值。可以看出对于以至少95%（=1-0.05）的概率，带有2个有效数字的估计，100000次迭代似乎是足够了。

　　例24.3最后使用了摘要统计量，有效样本量（ESS）诊断提供了链的相关系数的间接度量方法，其定义如下：

$$ESS = n/\kappa, \ \kappa = 1 + 2\sum_{i=1}^{\infty}\rho(i),$$

等式 24.5

其中，n是迭代运行的次数，$\rho(i)$滞后i自相关系数的估计。在实际计算过程中，当满足$\rho(i)$<0.1，且达到i时并停止运行，所求的总和是一个近似值。ESS的一个基本理解是与马尔可夫链的非独立样本包含相同信息的独立样本的个数。图24.4显示100000次迭代与1435个样本的ESS相一致，因此反映了链中有相当大的自相关系数。

24.4.2 MCMC的实际应用：线性混合模型

第一个例子考虑非正态响应模型，需要使用Metropolis-Hastings抽样法，因此链要运行很长时间。进一步通过第21章（例21.2）的2个水平的体细胞数模型来描述随机效应模型的MCMC技术的使用方法。使用软件默认值的非信息先验分布是：固定效应参数有均匀先验分布，而2个方差具有逆Gamma先验分布，使用Gibbs抽样法和Metropolis-Hastings抽样法所得到的估计的细节在例24.5中给出，并描述了方法间的差异性。

MCMC抽样的优点是基于模拟技术能够获得后验分布，从而得到模型的点估计、区间估计和其他统计量的估计。下面讨论方差隔断系数（VPC，Variance partition coefficient），这个概念是由Goldstein等（2002）提出作为本书ICC（见21.2.1节）替代。在两个水平的线性混合模型中，VPC反映了群水平的比例变化，计算公式如下：

$$VPC = \sigma_h^2/(\sigma_h^2 + \sigma^2) = ICC$$

等式24.6

第21章使用的REML估计，得到以上公式中2个方差的点估计，获得了VPC的一个点估计，代入上式得到VPC的点估计。由于MCMC是一个模拟方法，可再进一步在链的每一迭代中利用以上的公式，对于VPC变量产生一个新链。图24.5显示了一个以Gibbs抽样法为基础的VPC变量的诊断。后验均值估计（0.091）近似于将方差后验均值代入VPC公式所得到的值 [0.158/（0.158+1.559）=0.092]。结果还发现这个参数的后验分布是偏斜的，可得到（0.052，0.149）的95%的置信区间。

24.5 贝叶斯和MCMC模型的拓展

最后一节利用实例说明非信息先验的贝叶斯估计与似然估计具有一致性。贝叶斯方法的一个额外优点是模型可以很容易地得到推广，例如包括非信息随机效应和其他结构数据。这一节将要讨论一些可以用MCMC技术处理推广模型。

24.5.1 交叉分类和多成分模型

第20章介绍了交叉分类数据结构的概念，上一章将他与分层数据结构进行了比较。下面描述另一种复杂的数据结构，并说明如何用贝叶斯MCMC方法估计复杂的数据结构。利用Browne等（2001a）所描述的多成分多分类结构（MMMC）模型和该书的一个例子进行介绍。

当每次观察的数据（观察的单元）可以包含在2个（或更多的）分类中且每个分类不是嵌套（分层）结构时（见20.2节），那么就会存在交叉分类结构。交叉分类经常可在遗传学的例子中看到，如考虑祖先与其残障后代之间关系。连续测量（如生长或产量）的一个交叉线性混合模型可见等式21.9。在贝叶斯框架中，使用标准逆gamma分布作为方差参数的先验分布。交叉分类模型的拟合是很

例24.5 体细胞数的贝叶斯MCMC分析

data=scc40_2level

利用2个水平的体细胞数据集（避免重复测量相关结构的复杂性，不用全数据集）进行2个MCMC分析。一个使用Gibbs抽样法（使用线性混合模型），另一个使用的是Metropolis–Hastings抽样法（对固定参数）。理论上，两者都可以提供收敛的链。下面的表格给出例21.2（未加入两个连续的预测变量）的线性混合模型估计。

方法	混合模型		贝叶斯模型与MCMC			
	REML估计		Gibbs抽样		Metropolis–Hastings	
变量	β	SE	β*（SE#）	ESS	β*（SE#）	ESS
hsize（in100s）	0.408	0.377	0.404（0.386）	1.9k	0.387（0.383）	0.2k
heifer	−0.737	0.055	−0.736（0.056）	18.8k	−0.737（0.055）	12.3k
season=spring	0.161	0.091	0.161（0.091）	16.5k	0.160（0.091）	2.9k
season=summer	0.002	0.086	0.001（0.087）	18.0k	0.000（0.087）	3.0k
season=fall	0.001	0.092	0.002（0.092）	18.6k	0.001（0.093）	3.7k
dim	0.277	0.050	0.278（0.050）	17.1k	0.278（0.050）	7.0k
constant	4.641	0.197	4.642（0.202）	2.5k	4.654（0.202）	0.2k
herdvariance	0.149	0.044	0.158（0.048）	8.1k	0.158（0.048）	38.9k
errorvariance	1.557	0.048	1.559（0.048）	18.9k	1.559（0.048）	93.5k

*后验分布均值; #后验分布标准误; 有效样本量（k=1000次）。

Gibbs抽样法产生的链的收敛速度很快且没有相关性，在老化阶段长度为10000个样本后只需20000个样本就可进行估计。Metropolis–Hastings抽样法显示在一些固定参数条件下链具有很强的相关性，因此，估计所需样本量超过100000。3种估计方法得到的估计有很好的一致性，只有herd–level参数不太一致。Metropolis–Hastings的hsize参数的估计比其他2个估计略低，这是由于这个参数的链具有很高的相关性，得到的后验分布估计并不是很好。尽管Metropolis–Hastings抽样法要花的时间是其他方法的5倍，但是这个方法固定效应的ESS都比Gibbs抽样法要小。Hsize后验分布和常量的标准偏差比REML估计的SE略大一些。

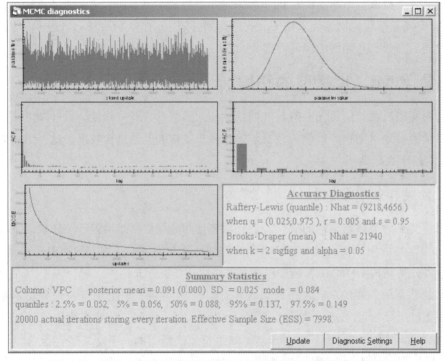

图24.5 用MLwiN软件得到的例24.5中方差隔断系数诊断统计量图

困难的，这是因为分类统计算法依赖于分块对角矩阵，而分块对角矩阵存在嵌套模型。尽管如此，由于MCMC算法由每个条件步骤的更新数据组成，所以它们不受分块结构的影响。

多成分模型是MCMC模型中另一个推广模型。这里消除观察数据与分类单元一对一的限制。这些结构对于说明群组成员的改变是很有用的。例如，买牛和卖牛都会影响牛群目前的效应。模拟这个模型的自然方式是给每个会影响观察数据的聚类单元一个权重，而权重之和为1。这样的模型包含了一个复杂的相关结构，如果不用依赖于极大似然函数（在数值上可能是无效的）的古典方法，这个结构是很难模拟的，例24.6是利用丹麦鸡的沙门氏菌数据运用多成分模型（交叉分类）的实例。

在这一节最后还指明MMMC模型框架还可用于空间效应（Browne等，2009，第15章），MCMC方法对空间建模特别有帮助（第26章）。

24.5.2 缺失数据

下面简要讨论15.5节所介绍的缺失数据的贝叶斯方法，从MCMC和贝叶斯的角度看，缺失数据可用一个模拟方法处理，而在这个模拟中缺失数据可作为额外参数处理。对于缺失响应变量，它们已经具备一个分布，所以它们可以在模型中作为额外步骤进行模拟。对于缺失的预测变量，缺失值需要一个额外的先验分布。缺失预测变量的类型将会影响先验分布的形式，如类别预测变量确定先验分布应当保证是由原始类别预测变量给出，而不是由模型中拟合的虚拟变量给出。缺失数据的贝叶斯方法Congdon（2007）和Gelman等（2004）用单独章节处理，在这些章节中给出了方法的很多细节。在兽医流行病学中，有关使用MCMC方法处理缺失数据例子的文献很少。

24.5.3 测量误差和不完全检验

第12章讨论了测量误差建模并提到了一些经典的处理方法。在贝叶斯理论中，测量误差建模时当作缺失数据问题，真值丢失了，然后用带有误差的数据代替。Browne等（2001b）在多水平模型中使用了MCMC算法处理连续预测变量中的测量误差。单个连续预测变量（X）的2个水平结构的模型简单地表示如下：

$$Y_{ij} = \beta_0 + \beta_1 X_{ij} + u_j + \varepsilon_{ij},$$
$$u_j \sim N(0, \sigma_u^2), \varepsilon_{ij} \sim N(0, \sigma^2), X_{ij}^o \sim N(X_{ij} \ \sigma_m^2), X_{ij} \sim N(\theta, \phi^2)$$

根据真实（未观察到）的预测变量值X_{ij}定义多重水平模型，在观察值X_{ij}^0和真实值间有关联的分布，真实值具有一个先验分布。模拟研究表明如果测量误差σ_m^2的大小是已知的，那么可以恢复正确的参数估计。为了解释测量误差，Congdon（2007）给出了一些使用MCMC估计的实例。当测量误差出现在类别变量中时，一般称之为误分类，这些误分类一般在兽医流行病学中研究中，考虑诊断检验时，二元结果变量的2种误分类形式的比例的数值具有敏感性和特异性。模型中包含的误分类目标是估计诊断检验的特征（在下一节中讨论）或者调整不完全检验的特征回归或混合模型。McInturff等（2004）回顾了包含带有误分类的多重Logistic回归的贝叶斯方法，用人类健康有很强的误分类率的先验，描述了这种方法实际应用。当遇到疾病的一个不完全检验时，Kostoulas等（2009）使用了MCMC方法调整方差隔断系数（VPC）的估计，所讨论的实例包括绵羊和山羊的亚临床副结核病的感染和不育之间的关系，相关的因素是2个希腊屠宰场的猪尸体沙门氏菌交叉污染的关键控制点和希腊肥育猪群肠炎沙门氏菌血清学流行率。

例24.6　丹麦鸡的沙门氏菌病

Browne等（2001a）检查了由Mariann Chriel提供的数据集，数据记录鸡场从1995年到1997年爆发的沙门氏菌病的病因和起源。在这种情形下，观察的对象是一个肉鸡群，3年内观察了10127只鸡，模型中考虑了2个聚集水平。第一个是生产层次，鸡群放在鸡舍内（725只），另一鸡群在农场内（304只）；第二个是繁殖层次，有200个种鸡（父母代）产蛋繁殖生产鸡，小鸡来自同一群种鸡的精确比例是已知的。

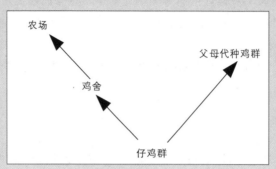

图24.6　丹麦鸡沙门氏菌分类图

二元响应变量表明鸡是否具有沙门氏菌病和两个额外的预测变量，鸡的年龄和孵化的地方。第i只鸡的可用如下模型表示：

$$p_i = P(Y_i=1)，logit(p_i)=(X\beta)_i + \sum_{j \in p.flock(i)} w_{ij}^{(2)} u_j^{(2)} + u_{house(i)}^{(3)} + u_{farm(i)}^{(4)}$$

$$式中\quad u_j^{(2)} \sim N(0, \sigma_{u(2)}^2)，u_h^{(3)} \sim N(0, \sigma_{u(3)}^2)，u_f^{(4)} \sim N(0, \sigma_{u(4)}^2)，$$

$w_{ij}^{(2)}$是母鸡j生鸡i的比例，仍然假设所有的随机效应是独立的。图24.6显示了相关的分类关系图，这里使用双箭头代表多成分关系。

在MLwin中使用Metropolis-Hastings抽样法和在WinBUGS中使用自适应舍选抽样法拟合上述模型的结果见下表：

MCMC抽样 变量	自适应拒绝法 估计*（SE#）	Metropolis-Hastings方法 估计*（SE#）
constant	-2.330（0.208）	-2.329（0.216）
year=1996	-1.242（0.164）	-1.238（0.165）
year=1997	-1.163（0.193）	-1.159（0.194）
hatchery=2	-1.733（0.255）	-1.730（0.259）
hatchery=3	-0.200（0.252）	-0.201（0.247）
hatchery=4	-1.054（0.380）	-1.056（0.381）
parent flock variance $\sigma_{u(2)}^2$	0.890（0.181）	0.884（0.182）
house variance $\sigma_{u(3)}^2$	0.202（0.113）	0.199（0.112）
farm variance $\sigma_{u(4)}^2$	0.924（0.193）	0.922（0.203）

*是后验分布的期望；#是后验分布的标准偏差。

这里可以看到2个MCMC方法具有很好的一致性并得到了以下结论：1995年研究开始时的沙门氏菌病比后两年的严重；孵化地1和3比孵化地2和4更具有显著性，种鸡和农场的效应很大，鸡舍的效应较小。

24.5.4　诊断检验评估的潜在类别模型

这一节用贝叶斯方法的一些论点补充回顾5.8节中的潜在类别模型，并在例5.12中增加与贝叶斯等效的极大似然法。当MCMC方法还处于初期时，不完全检验的贝叶斯方法20世纪90年代早期就已经有了（Johnson和Gastwirth，1991，Joseph等，1995），从那以后，他成为该领域中标准的分析方法。第5章提到，贝叶斯方法成功的理由关键在于它包含先验信息和处理复杂估计问题的能力。检验的敏感性和特异性是首要的参数，应当使用以前同一群体或类似群体的先验信息，或从发表的文献中获得重要的先验信息。除非研究者确实遇到了一个新的和无法检验的诊断方法，那么对于敏感性和特异性，贝叶斯方法不使用均匀先验分布（见例24.1）。将先验分布设定为beta分布是很普遍的，从分布的特征来看，直觉应当确定它的2个参数（a，b）。这一节的最后将会提到贝叶斯流行病学筛查方法（BEST）中的诊断检验可以下载BetaBuster软件，允许设定众数和分位数。给定分布（a，b）的值，则分布的期望公式为$\mu=a/(a+b)$，方差为$\sigma^2=\mu(1-\mu)/(a+b+1)$，但是这些参数比众数和分位数更难设定。Beta分布的形式取决于它的众数、最小值、最大值（如果a、b分别不是0和1），常常在风险分析中使用，Beta分布的特殊形式为Pert分布（Vose，2008）。均匀先验分布有时证明频率论和贝叶斯分析（均匀先验）具有一致性，尽管如此，当先验信息有效时，贝叶斯将会把这一点作为反对频率论方法的理由。

在潜在类别模型中，除非建立了抽样设计和允许检验间条件相关（见5.8.7节），贝叶斯方法处理复杂估计问题的能力缓解了带有不同发病率分开群体的要求（见5.8.1节）。贝叶斯框架中的MCMC估计为应用范围的增加提供了3种解释，最明显的一个是真正的先验分布提供了一个额外信息，估计可以这个信息为基础。这个估计避免了寻求一个潜在的很难的方程最大值（似然函数可能是多项式），通常运用一个非均匀先验分布可以简化估计的平滑目标函数（后验密度）。值得注意的是：在所有的贝叶斯分析中，要求模型参数是可辨认的，所以通过使用MCMC方法，任何一个模型（或推广）会导致一个有意义的分析是不正确的。宽松地可以这样说，可识别性意味着似然函数或后验分布包含了确定那些含糊模型参数的必要信息。通常在相同似然函数基础上的贝叶斯后验分布中，希望可识别的"频率论"模型可能产生可识别参数，而反过来就不成立。来自模拟马尔可夫链的不可识别性可能很难被直接诊断，只有最近才取得对可识别性充分必要条件的一个更好的理论理解（Jones等，2009）。

例24.7利用均匀和信息先验分布，重新分析例5.12的ISA数据，利用贝叶斯潜在类别模型进行了简短的讨论。在这里面重申一下（第5章）设在加利福尼亚州立大学戴维斯校区的BEST网站，有关于贝叶斯方法诊断检验问题的丰富信息（论文与软件），网站地址是：http://www.epi.ucdavis.edu/diagnostictests，有些内容超出了本书讨论范畴。

24.5.5 进一步的信息先验和专家意见

这一节再举几个在兽医科学中所使用的信息先验的例子。Green等（2009）考虑了先验分布的共同体，其代表一个临床先验信仰的频谱，也包含了兽医对特定乳腺炎控制计划怀疑、相信和不确定几个方面。将这些不同的先验观点和控制计划中规定的干预性观测结果结合在一起，通过后验分布去发现各种可能的兽医观点，以及这些观点如何随着数据的变化。它们把经济利益反映到计划里，并发现一个严重怀疑的先验会导致一个比0.5大的后验信仰，每头牛的经济效益少于5英镑。相反，相信者有一个大于0.5的后验信仰，则每头牛有大于20英镑的经济效益。它们都考虑了以后验为基础的数据集量的增大带来的影响和发现更多的证据，怀疑者会对这个计划的功效更加信服。

Jewell（2009）也使用了信息先验分布；Jewell等（2009）在他的工作中使用MCMC法去预测家畜中传染病流行的进程。在他的论文中，考虑对英国2007年可能的一次禽流感流行和英国口蹄疫小区域流行建模。他使用来自于2001年口蹄疫流行的数据给出了2007年流行病模型中参数的重要先验分布。流行病建模对于兽医流行病学家而言是令人振奋的并很重要的领域（见第27章），贝叶斯统计对建模起到了一个至关重要的作用。

例24.7　*Se*和*Sp*的贝叶斯潜在类别模型估计

data=isa_lcm

继例5.12，下面讨论3个群体、3个检验（第5章详细描述了研究细节，给出了全数据集参数的极大似然估计）的条件独立潜在分类模型的贝叶斯估计。有2种贝叶斯模型版本：（A）所有的先验分布是区间（0，1）上的均匀分布；（B）IFAT和VI检验采用特定参数的信息先验。基于前面关于这些检验的研究，在BetaBuster软件的帮助下，建立信息beta先验分布。IFAT的*Sp*的先验分布为beta（128.43，6.31），众数是0.96和5%的分位数0.92。类似地，VI的*Sp*分布为beta（458.21，1），众数是1和1%的分位数是0.99。这两种分析都用版本为1.4.2的WinBUGS软件进行，而且运行时使用了50000个老化样本和一个5000个样本的估计链。这个链没有相关性并满足所有的MCMC诊断。

所有先验分布为（0，1）上均匀分布的模型（A）的中位数估计（95%的可信区间）

模型（A）	患病率			IFAT		PCR		VI	
	最小	中位数	最大	Se	Sp	Se	Sp	Se	Sp
估计	0.024	0.296	0.828	0.693	0.980	0.994	0.726	0.963	0.980
下限值	0.004	0.212	0.735	0.599	0.952	0.968	0.657	0.886	0.974
上限值	0.068	0.390	0.910	0.778	0.994	1.000	0.792	0.996	1.000

这个估计和极大似然估计（例5.12）很一致。尽管靠近边界的估计已经往内偏移，但是区间边界上没有贝叶斯估计。所有参数的可信区间是有效的。

带有IFAT和VI特殊性的信息先验模型（B）的中位数（95%的置信区间）

模型（B）	患病率			IFAT		PCR		VI	
	最小	中位数	最大	Se	Sp	Se	Sp	Se	Sp
估计	0.026	0.297	0.828	0.691	0.971	0.994	0.728	0.963	0.999
下限值	0.006	0.213	0.736	0.597	0.949	0.968	0.659	0.885	0.994
上限值	0.070	0.393	0.911	0.775	0.986	1.000	0.794	0.996	1.000

与模型（A）相比，IFAT的Sp值要略小一点，VI的值略大一点。随着先验分布的中心略低和略高，发生相应的变化。另外，这些参数的置信区间是收缩的，取决于额外的信息。由于2种Sp参数的信息先验，其他的参数是不受影响的。

例24.8　体细胞计数的分层集中

data=scc40_2level

分层集中的简单意思是改写随机效应模型，因此随机效应集中在模型的任何群聚水平的预测变量中。目前为止，体细胞数据的模型是：

$$Y_{ij} = \beta_2 X_{2ij} + \beta_3 X_{3ij} + \ldots + \beta_6 X_{6ij} + u_j^* + e_{ij}, \quad u_j^* \sim N(\beta_0 + \beta_1 X_{1j}, \sigma_u^2), \quad e_{ij} \sim N(0, \sigma^2)$$

集中了兽群*j*的截距β_0的随机效应和大小效应$\beta_1 X_{1j}$，集中的随机效应u_j^*不同于原始的随机效应u_j^*。尽管如此，通过减少它们的均值，可以在参数间移动。以上的参数可以通过使用Gibbs抽样法拟合，而且存在不相关的链，因为集中的随机效应和固定效应不相关。下面的表格中比较了集中和不集中的参数结果。

参数化的变量	未中心化（Uncentred）		中心化（Centred）	
	估计*（SE#）	ESS	估计*（SE#）	ESS
hsize（in 100s）	0.404（0.386）	1.9k	0.407（0.385）	17.1k
heifer	−0.736（0.056）	18.8k	−0.736（0.055）	18.9k
season=spring	0.161（0.091）	16.5k	0.160（0.091）	17.6k
season=summer	0.001（0.087）	18.0k	0.002（0.087）	18.3k
season=fall	0.002（0.092）	18.6k	0.000（0.093）	18.4k
dim	0.278（0.050）	17.1k	0.278（0.050）	18.2k
constant	4.642（0.202）	2.5k	4.642（0.201）	17.5k
herd variance	0.158（0.048）	8.1k	0.157（0.048）	8.8k
error variance	1.559（0.048）	18.9k	1.560（0.048）	19.8k

*是后验分布均值，#是后验分布标准偏差，ESS=有效样本量（k=1000s）。

在上面的表格中，参数间的一致性很好，截距和群体大小参数的ESS的分层集中得到了提高。ESS中的其他参数没有变化。

24.5.6 MCMC算法的改进

这一章已经介绍了MCMC方法是怎样彻底改变贝叶斯统计模型的估计。MCMC模拟是非常灵活的，可以为同一个模型创造不同的MCMC算法。Browne等（2009）介绍了怎样通过改变一个模型的参数，来提高链的自相关性和速度，包括这种技术对奶牛乳房炎发病率的一个应用。例24.8描述了这种分层集中技术，重新拟合了例24.5中的模型。

参考文献

Branscum AJ, Gardner IA, Johnson WO. Estimation of diagnostic-test sensitivity and specificity through Bayesian modelling. Prev Vet Med. 2005; 68: 145-63.

Brooks S, Gelman A. Alternative methods for monitoring convergence of iterative simulations J Comp and Graph Stat 1998; 7: 434-55.

Browne W, Goldstein H, Rabash J. Multiple membership multiple classification (MMMC) models. Statistical modelling. 2001a; 1: 103-24.

Browne W, Goldstein H, Woodhouse G, Yang M. An MCMC algorithm for adjusting for errors in variables in random slopes multilevel models Multilevel Modelling Newsletter. 2001b; 13 (1): 4-10.

Browne WJ, Steele F, Golalizadeh M, Green MJ. The use of simple reparameterizations to improve the efficiency of Markov chain Monte Carlo estimation for multilevel models with applications to discrete time survival models. J Royal Statl Soc A. 2009; 172: 579-98.

Congdon P. Bayesian Statistical Modelling, 2nd Ed. Wiley; Chichester. 2007.

Dohoo IR, Tillard E, Stryhn H, Faye B. The use of multilevel models to evaluate sources of variation in reproductive performance in dairy cattle in Reunion Island Prev Vet Med. 2001; 50: 127-44.

Gelman A, Carlin J, Stern H, Rubin D. Bayesian Data Analysis, 2nd Ed. Chapman and Hall; London. 2004.

Gilks W, Wild P. Adaptive rejection sampling for Gibbs sampling J R Stat Soc C. 1992; 41: 337-48.

Goldstein H, Browne W, Rabash J. Partitioning variation in multilevel models Understanding Statistics. 2002; 1: 223-32.

Green MJ, Browne WJ, Green LE, Bradley AJ, Leach KA, Breen JE, Medley GF. Bayesian analysis of a mastitis control plan to investigate the influence of veterinary prior beliefs on clinical interpretation Prev Vet Med. 2009; submitted.

Jewell C. Real-time Interference and Risk-Prediction for notifiable diseases in Animals. University of Warwick; Warwick. 2009.

Jewell C, Kypraios T, Christley R, Roberts G. A novel approach to real-time risk prediction for emerging infectious diseases: a case study in avian influenza (H5N1) Pre Vet Med. 2009; 91: 19-28.

Johnson W, Gastwirth J. Asymptotics for the bayesian analysis of medical screening tests: application to AIDS data J R Stat Soc B. 1991; 53: 427-39.

Jones G, Johnson W, Hanson T. Identifiability of models for multiple diagnostic testing in the absence of a gold standard Biometrics 2009; submitted: .

Joseph L, Gyorkos TW, Coupal L. Bayesian estimation of disease prevalence and the parameters of diagnostic tests in the absence of a gold standard Am J Epidemiol.1995; 141: 263-72.

Kostoulas P, Leontides L, Browne WJ, Gardner IA. Bayesian estimation of variance partition coefficients adjusted for imperfect test sensitivity and specificity Prev Vet Med. 2009; 89: 155-62.

McInturff P, Johnson WO, Cowling D, Gardner IA. Modelling risk when binary outcomes are subject to error Stat Med. 2004; 23: 1095-109.

Nerette P, Stryhn H, Dohoo I, Hammell K. Using pseudogold standareds and latent class analysis in combination to evaluate the accuracy of three diagnostic tests. Prev Vet Med. 2008; 85: 207-25.

Raftery A, Lewis S. How many iterations in the Gibbs sampler? In J.M. Bernardo, J.O. Berger, A.P. Dawid, A.F.M. Smith (eds.) Bayesian Statistics 4, 763-773. Oxford: Oxford University Press; 1992.

Ranta J, Tuominen P, Maijala R. Estimation of true Salmonella prevalence jointly in cattle herd and animal populations using Bayesian hierarchical modeling Risk Anal. 2005; 25: 23-37.

Vose D. Risk Analysis: A Quantitative Guide, 3rd Ed. Wiley; New York. 2008.

第25章

空间数据分析：引言和可视化

王志亮 译校

目的

阅读本章后，你应该能够：

1. 了解空间数据的基本特征；

2. 区分兽医流行病学空间主要数据类型；

3. 了解空间数据可视化的主要方法；

4. 绘制各类空间数据的可视图像。

25.1　引言

在流行病学中，空间的概念可追溯到公元前4世纪，希波克拉底（Hippocrates）首次将疫情发生同当地的环境联系起来。他的著作《论水、空气和地域》强调了个体生活方式的重要性，城市位置、水源和风的作用，以及这些因素对疾病发生和传播的影响。

在处理流行病学数据时，很自然会想到空间问题。流行病学调查的主要目的之一是确定流行模式。在开展流行病学研究时，通常把某一种流行模式作为关注的重点，也可能同时关注其他群体特征的分布。空间是流行病学所涉及的"三间"之一，代表宿主、病因和环境相互作用的地理位置。

将地理空间与疾病发生相联系的经典案例是John Snow于1854年关于伦敦霍乱的爆发调查（见第1章）。那时还不知道霍乱弧菌是霍乱的致病因子，然而，Snow经过调查证实了这种微生物可以通过饮水传播。他发现死亡病例多分布在百老汇大街（Broad Street）的一个水泵附近，离水泵越近，死亡人数越多。于是，他绘制了一张点状图，标出了区域内所有病例与水泵的分布位置（详见www.ph.ucla.edu/epi/snow/mapsbroadstreet.htm）。

空间流行病学是流行病学的一个分支，也称为环境流行病学、景观流行病学或地理流行病学，它利用专门工具进行数据的捕获与分析，着重描述和解释疾病的空间格局。表25.1展示了流行病学空间分析的主要内容。

表25.1　流行病学空间分析的主要内容

空间分析	分析对象	应用
疾病绘图	表现某一地域范围内某一疾病相对风险的变化情况；空间风险差异的视觉表现。	描述性数据分析，预测风险图绘制，为疾病监测、资源配置、疾病图册编制提供信息
生态学分析	疾病的地理分布与解释变量之间的关系，通常在一定的空间聚集水平上进行；研究疾病对环境变量暴露程度的地理差异	生态学问题（见29章）
集群检测	评估疾病发生是否是按空间形成集群并确定集群的地理位置	监测

25.2　空间数据

已开发了专门用于管理和储存空间数据的分析软件。地理信息系统（geographic information system，GIS）可看作是一种计算机决策支持系统，通过专业人员、硬件、软件和数据的有机结合，实现地理坐标参照数据的储存、分析、展示和传播。尽管硬件和软件系统在不断进步，但空间数据处理仍有不少难题，包括收集信息花费的时间、频繁移动物体（如动物）的定位以及信息的展示等问题。

空间数据通常由两部分组成：地物与属性（Waller LA，2004）。地物包括自然实体（河流、山脉）和人工实体（如农场和道路）等，有一定的地理位置（如经纬度、地址），并具有一定大小、形状和方向。属性（或称表格数据）指与每一地物相关联的测量值（如某一农场的畜群大小），这些数据常常储存于数据库中并与空间数据连接，以便在用GIS绘图时可进行查询、连接和用符号表现。

25.2.1　空间数据类型

空间信息可用点、线、多边形和格网确定，其数据可用矢量格式或栅格格式表示。

矢量格式

矢量格式以系列X-Y坐标值和特征标识符的方式储存点、线和多边形等地理特征。点，亦称"节点"，用一对X–Y地理坐标表示。线（lines），亦称"弧线"（arcs），用两点之间的线段表示。线通常连接成网络，其顺序和连接如同地理坐标。线的例子包括河流、输电线和道路等。多边形用封闭的坐标环表示（其起点和终点坐标相同），由一系列连续的点和顶点组成。多边形的例子包括调查线路、湖泊、农场边界、地块或分水岭等。图25.1描述了3种地理特征的矢量格式。

栅格格式

栅格格式由均匀分布的网格单元组成，网格单元排成行与列，形成电子表格一样的网格。每个单元格代表一个空间特征，属性信息储存在每个单元中。每个单元在栅格中的相对位置反映其地理位置信息。栅格数据可来源于扫描地图、航空图片或卫星图片。图25.2比较了河流的矢量格式和栅格格式。在矢量格式中，河流用一条线表示，线被赋予一个标识符（ID），线上所有地理坐标分享同一个ID。另一方面，栅格格式用网格单元表示，每个单元都拥有一个独特的地理位置和一个描述其特征的值。图中"1"代表有河流，"0"代表没有。

矢量格式和栅格格式的运用和特点如下：矢量格式适合描述离散性特征，如河流、道路和建筑物；一般不运用于描述连续变化性特征，如土壤、植被、土地等。相比较而言，在地理定位方面，矢量格式较准；在计算机处理速度方面，栅格格式较快；在储存多属性数据时，矢量格式则更灵活。栅格格式的清晰度依赖于网格单元的大小。单元越小，地理特征描述越精准，但需要储存和加工的数据量越大。图25.3比较了单元大小不同的3个栅格图像，叠加的是同一图像的矢量格式。

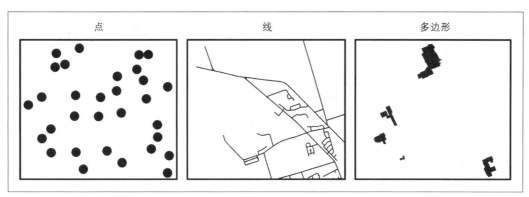

图25.1　空间数据的类型

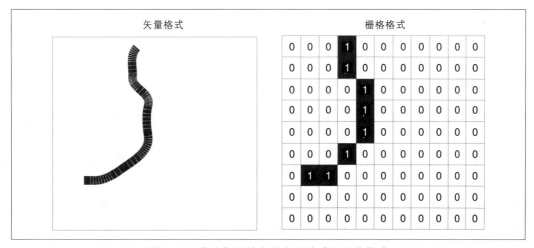

图25.2　线（如河流）的矢量格式和栅格格式

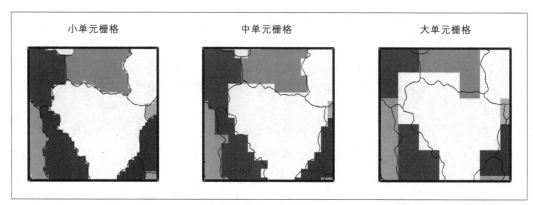

图25.3 3个栅格图像比较：单元大小不同清晰度不同

兽医流行病学空间数据，通常表示为离散性或连续性特征。离散性特征，空间充满物体，每个物体都具有好几个可测量的属性。离散性特征的主要类型是点和多边形。而连续性特征，通常每个地理位置只与一个属性值有关，该属性值在空间上连续变化。例如，用点或多边形标出发病动物或感染农场的位置，这是离散性特征；而土壤矿物质水平或降雨量则是连续性特征，因为它们在空间上是连续变化的。

从连续性的观点来看，我们关注的重点是如何进行空间现象的连续性表现。通常采样点的数量有限，需要我们引入数学函数来预测研究区域内所有非采样点目标物（如土壤矿物质）的属性值。

空间数据分析的主要特点是考虑了与每个属性相关的地理位置，以便了解这些位置之间的空间关系。表25.2总结了兽医流行病所涉及的空间特征。

表25.2 兽医流行病学空间数据

数据类型	位值	属性	存储格式*
点	位置是关注的变量，是一个数据集，由调查区内特定数量的位点组成	在每个位置进行记录。用相关的属性值进行位点标记，称为标值点过程	坐标值组，矢量格式
多边形（区域或栅格）	离散区域，形状规则或不规则，可参考邻接矩阵所界定的邻近关系确定	统计每一区域的事件、离散或连续变量的值	坐标值组，矢量格式；具有属性值的栅格单元，栅格格式
连续数据	整个调查区内所有可能的位置	在空间内连续变化。在调查区内选取一定数量的位点（任意位置）来估计属性值（如监测站记录的降雨量）	具有属性值的栅格单元，栅格格式

注：1. 资料来自Stevenson（2003）；
    2. *GIS中最常用的储存方式。

25.3　空间数据分析

可用上述离散或连续图像对流行病学现象进行空间描绘。下面的内容和后面的章节将介绍Bailey和 Gatrdl（1995）推荐的空间数据分析方法——可视化、探索性分析和建模。可视化是指用绘制地图的形式表现数据。探索性分析目的是归纳、确定空间格局和空间关系。建模依赖于统计模型的详细说明和对参数的估计。这3种空间数据分析具有一定程度的重叠，例如一些探索性分析方法需要将数据转变成可视的地图，参数估计的统计结果也可用地图显示。下面我们讨论离散性（点和面）和连续性空间数据的可视化方法，第26章将讨论探索性分析和建模。

25.3.1 可视化

空间数据经过输入和处理之后，可生成标准表格和图像，用于对结果的检验。此外，也可以生成"地图"，这是此类信息的一种特殊输出形式。制作地图的科学和艺术称为制图学或绘图法（Cartography），源自希腊文字*chartis*（图）和*graphein*（写）。地图是简化了的空间描绘，能反映空间组分的相对关系。地图的比例尺、制图法和标记法超出本章范围，感兴趣的读者可参考Brewer（2006）、Kenndy和Kopp（2000）、Monmonier（1996）和Waller（2004）发表的论著。

数据可视化作为空间数据分析方法，常用于动物卫生监测和监视。该方法涉及疾病的时间和空间分布图绘制，多用于分析空间格局，也可用于建立潜在风险因素的病因假设。

本章和第26章使用的数据集是2004年和2006年越南北部发生禽流感（AI）的地理数据。该数据集是从更大的全国数据集中获取的，这些数据的详细信息请参考第31章，更详细的内容可参考Pfeiffer 等（2007）关于该数据集的介绍。数据包括每个公社的中心点位置及其二分变量，即在上述时间内该公社是否发生过禽流感。分析的目的是生成一个比较直观地反映该地区禽流感爆发情况的空间异质性图像。图25.4 在越南地图上标出了研究区域。

图25.4　越南禽流感研究区域

25.3.2 点格局可视化

点格局

点格局是指在某个调查区域R内，由一系列发生事件位点S_1，S_2，…，S_n组成的离散数据。值得注意的是，如果我们的研究与事件的发生有关，那么我们关注的点格局就是事件发生的位置，要与调查范围内其他"属性值"格局区别对待，如发病动物数量或降雨量等。空间点格局可视化的目的是检验所观察事件的空间模型是否呈现一定的空间系统性，而非随机分布。如图25.5 显示点格局的3种可能分布（随机、聚类和规则分布）。

点图

点图是点数据地理分析中最常用的一类可视化图像，可用于显示任何与事件分布（如病例和对照

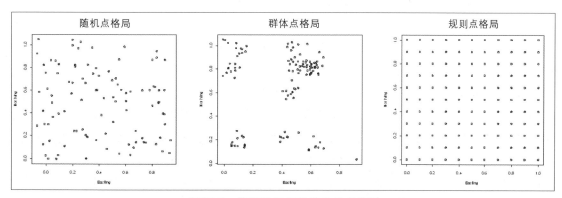

图25.5　兽医流行病学常见的点格局

农场）有关的格局。常用不同颜色和标识来表示不同类型的事件或相同事件在不同时期的出现情况。例25.1是调查区域中各社区疾病感染状态的点图。总之，该图仅适于点数较少且不太密集的情况。

25.3.3 空间聚集数据的可视化

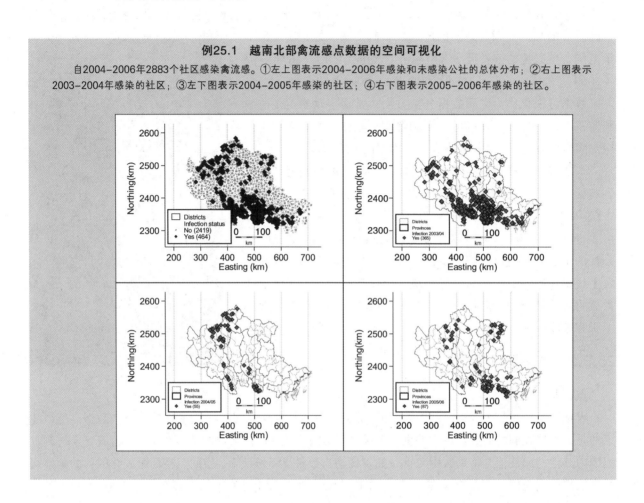

例25.1 越南北部禽流感点数据的空间可视化

自2004–2006年2883个社区感染禽流感。①左上图表示2004–2006年感染和未感染公社的总体分布；②右上图表示2003–2004年感染的社区；③左下图表示2004–2005年感染的社区；④右下图表示2005–2006年感染的社区。

对某一区域内地理流行病学信息进行汇总后的空间数据，称为空间聚集数据，该数据应能在很大程度上反映其他相关区域的信息，例如用一个省的农场数量来反映整个国家的农场数量，每个社区的疾病流行率等。空间聚集数据可用离散点数据和多边形数据表示。

点数据

空间聚集点数据可显示为"成比例的点图"。地图上位点的大小与变量的属性值（如禽流感发生次数）成正比。

面或多边形数据

对流行病学事件进行可视化处理，最常用的方法之一是用聚集数据绘图。绘成的地图称为等值区域图，此类图中按比色尺为多边形填充了颜色，比色尺显示聚集变量的属性值。绘制此类地图需要注意两点：一是组距的宽度、数量以及色彩选择；二是可塑性面积单元问题（modifiable area unit problem，MAUP）。

组距数量和宽度会严重地影响地图的视觉效果，有几种方法可用于确定属性值的分组或间隔数量。建议根据分布的总体形状而不是统计频率分布来选择组距。Evans（1997），Pfeiffer、Robinson、Stevenson、Stevens、Rogers、Clements（2008）详述了选择组距的不同方法。本章将讲述在制图和GIS软件中最常用的组距选择方法。

　　手动间隔（Manual Breaks）：依据分析者划定的临界值将属性值分组。

　　自然间隔（Natural Breaks，Jenkins法）：数据的自然分组由软件自动完成，分组依据的算法是组内相似性和组间差异性最大（即寻找数据值的剧变）。

　　分位数间隔（Quantile Breaks）：根据隐含数据百分率的相对值进行分组，以便每个间隔具有大致相同的观察数。该方法可能产生误导，因为生成的间隔会夸大边缘附近属性值之间的差异。

　　等距间隔（Equal Interval Breaks）：将最大属性值与最小属性值的差，分成相等的间隔。该方法未考虑隐含数据的分布特性，因此只有在对数据有了充分了解之后方可使用。

　　集群间隔（Cluster Break）：运用迭代过程（反复步骤）确定分组间隔，迭代过程使用标准集群分析法将数据分为"k"群或集群。

　　标准差间隔（Standard Deviation Breaks）：标准差间隔是以总平均值周围标准差单元的数量为基础确定的，其范围在标准差单元之内。分组间隔是标准差的一部分，即其分组间隔的宽度是标准差的分数，其比例取决于间隔的数目。该方法可显示局部值离总平均值的距离。

　　对于色彩方案，建议运用连续阴影或色彩层级来表示连续值。例如从淡颜色到深颜色可用来表示疾病流行率由低到高。另一方面，黄-绿-蓝等不同色调可用于相邻级别的绘图（如用于土地），用

例25.2　越南北部鸡、鸭和人分布密度

左上图表示调查区域内每个社区鸡、鸭和人的分布密度（数量/km²）。下图表明鸡和鸭的密度分布格局相似，西北部和中南部的社区分布较为密集。西南部（靠近河内）人口分布较集中。

对比色可表示结果相反（如阴性和阳性回归残差）。面数据的彩色绘图可参见Colorewer 网站（www. colorbrewer.org）（注意：本章许多图例，如果采用彩色印刷会提供更多的视觉信息，可惜本书是黑白的）。例25.3是越南禽流感数据的等值区域图。

例25.3　越南北部禽流感发生情况的等值区域图

下图表示每个片区发生禽流感的流行率。运用以下3种方法确定分组边界：（a）等间距法；（b）分位点法；（c）集群法。颜色越深表示流行率越高。等间距法（图a）显示有3个高流行片区（大于75%），大部分片区流行率≥25%。该法给人的印象是高流行片区很少，这是由于颜色和色度使用不当造成的。相反，分位点法（图b）较好地表现了禽流感流行率的分布，其组间据与集群法（图c）基本相似。据图得出用聚类方法绘制的流行率分布结果介于等间距和分位点方法之间。图a和图c显示高流行片区主要位于中部省份（东-西轴线），其他地方有个别片区流行率较高。

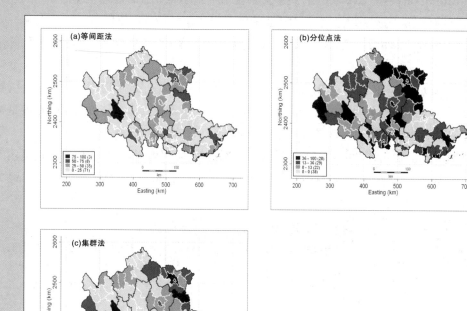

分析结果依赖于所用分辨率的高低，这便产生了可塑性面积单元问题（MAUP）。其主要原因是：地理区域通常是人为划分的行政区域，不会遵从我们要表现的空间现象，由于较大的区域一般人口密度较低，而这些区域却常主宰着显示结果，使事态严重程度得不到正确反映。Bailey 和Gatrell（1995）建议空间数据分析应尽可能使用最小区域单元的聚集数据。

有一种方法可应对可塑性面积单元问题（MAUP），但不常用，这就是统计地图（Cartogram）。统计地图中地理要素（如省）的形状、大小虽然发生了改变，但与某些属性值（如人口数量）是成比例的。目前已能用多种数学运算方法绘制统计地图。Gastner和Newman（2004）建议的方法称为扩散统计地图（diffusion cartogram），这是最常用的一种方法，可从网站（http：//chrogram.choros.ch/scaptoad）上免费下载。简单讲，该方法首先在调查区域叠加一个规则的网格，然后计算属性密度，根据密度按比例重新调整每个区域的大小，但不能超过调查区域的边界。统计地图的轮廓取决于用来绘制等密度地图的栅格大小。密栅格可绘制出属性值的局部变形图，粗栅格绘制的图像容易辨识，但属性分布的印象不佳。地图形状修改之后，就可按上述方法绘制等值区域图了。这类地图可以展现调查区域内2个变量分布图之间的关系。由于形状和大小的改变，原有的区域可能变得难以识别，因此配上原版地图较实用，而且在用计算机软件进行展示时，最好能将统计地图与原版地图进行动态连接。总之，要特别注意这些问题，因为选择分组间隔、色彩方案和分辨率的标准不同，会产生不同的解析。例25.4是越南禽流感统计地图，按鸡密度进行了调整。

例25.4　用等值区域图和统计地图实现空间连续数据的可视化

下图表示2004~2006年每个片区内禽流感感染社区的比例。左图是标准等值区域图。右图是统计地图，片区边界的形状和大小发生了变化，与片区内鸡密度成正比。从两张图中可以看出鸡密度较大的片区，感染社区的比例不是最高。虽然统计地图中调查区域的形状有些改变，但却可显示出目的属性的空间分布及其与另一变量鸡密度空间分布之间的关系。

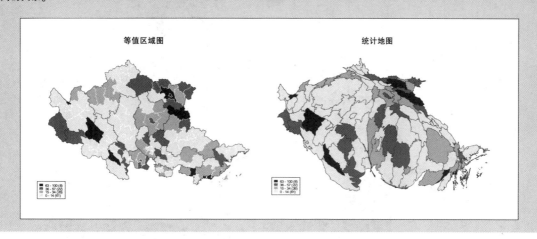

25.3.4　空间连续数据的可视化

空间连续数据的属性值是空间连续过程的反映，换句话说，在调查区域的每个地理位置都有可能获取目的属性的值。一般通过一定数量的采样点获取属性值，然后运用插入法［如趋势面、样条曲线回归或克里格法（Kriging）］绘制数据的平滑曲线。此类数据包括土壤矿物质的量、降水量、温度、海拔、空气污染等。当只使用从采样点获取的值对这类数据进行可视化时，可运用上述方法来显示点数据属性值的差异，视图中点的大小代表测量值的大小。另外，内插值可以通过二维或三维图像表示。例25.5是爱德华王子岛海拔高度分布的统计地图。

25.4　附加语

25.4.1　时空数据

尽管本章未曾提及，但空间数据往往具有时间属性值，利用这一信息和本章所描述的方法可生成一系列地图。如，例25.1 显示的是2004~2006年禽流感感染社区的点格局图，时空聚集数据可用类似的方法来显示。

例25.5　爱德华王子岛（PEI）海拔高度分布的统计地图

图中用两种方法显示PEI地面海拔高度。数据来源于http://geobase.ca网站，三维图像用Arc View 3.3软件（ESRI,Redlands,CA,USDA)的3D Analyst extension功能生成。

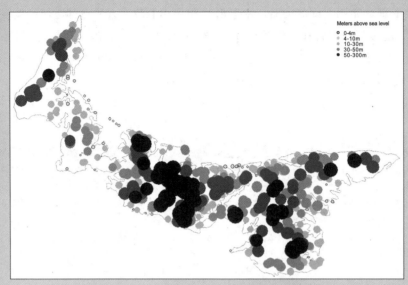

图25.6　爱德华王子岛海拔高度比例点图

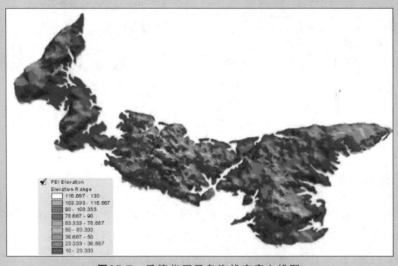

图25.7　爱德华王子岛海拔高度之维图

25.4.2　空间数据的动态显示

通过地理数据与属性标准图（如柱状图）的"动态"连接，也可实现空间聚集数据的可视化。Pfeiffer等（2008）报道，用"brushing"法可交互探究属性变量的空间分布和统计学分布，其技术软件（GeoDA）可从下列地址免费获得：https://geoda.uiuc.edu/。例25.6是该程序的一个截图。

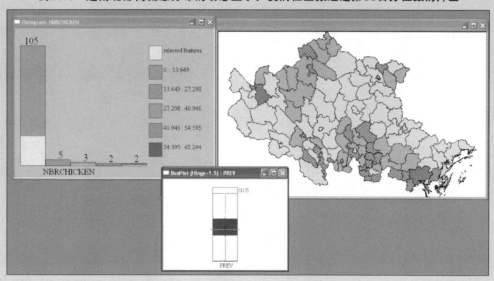

例25.6　越南北部禽流感分布的动态显示：发病社区数超过第65百分位数的片区

图25.8　越南资料的动态显示

　　在静态图片中充分展现动态过程是不可能的，这张图片仅用来举例。图中标出了一些片区的位置，在这些片区，禽流感感染社区的数量处于第75百分位数（在箱线图中互动选择出来的）。柱状图标明养鸡数量的频率分布（只/片区），黄色表示在选定片区子集中同一频率值的累加分布。等值区域图按片区描绘禽流感流行分布（被选中的片区用网格表示）。该图像由GeoDA软件生成（http://geoda.uiuc.edu/）。

参考文献

Armstrong MP, Xiao N, Bennett DA. Using Genetic Algorithms to Create Multicriteria Class Intervals for Choropleth Maps Annals of the Assoc Am Geographers. 2004; 93: 595-623.

Bailey TC, Gatrell AC. Interactive Spatial Data Analysis. Longman; Harlow, UK. 1995.

Brewer CA. Basic mapping principles for visualizing cancer data using Geographic Information Systems (GIS) Am J Prev Med. 2006; 30: S25-36.

Evans I. The selection of class intervals Transactions of the Institute of British Geographers. 1977; 2: 98-124.

Gastner MT, Newman MEJ. Diffusion-based method for producing density-equalizing maps Proc Natl Acad Sci U S A. 2004; 101: 7499-504.

Kennedy M, Kopp S. Understanding map projections. Environmental Systems Research Institute, Inc; Redlands, CA, USA. 2000.

Monmonier M. How to lie with maps. The University of Chicago Press; Chicago, USA. 1996.

Pfeiffer D, Robinson T, Stevenson M, Stevens K, Rogers D, Clements A. Spatial Analysis in Epidemiology. Oxford University Press; Oxford. 2008.

Pfeiffer DU, Minh PQ, Martin V, Epprecht M, Otte MJ. An analysis of the spatial and temporal patterns of highly pathogenic avian influenza occurrence in Vietnam using national surveillance data Vet J. 2007; 174: 302-9.

Stevenson M. The spatio-temporal epidemiology of BSE and FMD in Great Britain. [PhD Thesis]. Massey Univ.; Palmerston North, New Zealand. 2003.

Waller LA. Applied spatial statistics for public health data. John Wiley & Sons, Incorporated; Hoboken, NJ, USA. 2004.

第26章

空间数据分析

张志诚　李金明　包静月　刘华雷 译校

目的

阅读本章后，你应该能够：

1. 描述空间数据的特征；

2. 基于点状和面状数据，绘制疾病风险图；

3. 调查不同类型数据的空间依赖性及聚集性，包括空间–时间关联性；

4. 进行回归分析，描述空间分布格局，确定数据中具有空间关联性的风险因素。

26.1　引言

多数疾病事件、疫病发生的风险因素及其相关属性等都可用地理位置来描述。流行病学研究的目的在某种程度上可以说是调查风险因素的空间关系，例如，通过评估疾病事件之间是否表现出在一定尺度上的空间相似性，或者疾病的发生是否与其周边的某种潜在的风险因素有关等。但是，如果流行病学调查的数据的属性具有空间非独立性，即空间关联或空间依赖性，就会违反常规统计分析中对观察值要求的独立性假设的前提。在这种情况下，即便是分析的目的不是为了调查空间关系，也必须使用恰当的统计算法。

空间分析包括空间数据的可视化、空间关系描述及其建模。第25章主要阐述了空间数据的可视化，本章将集中阐述统计推断的一些方法，即空间数据的风险绘图、探究性分析以及空间数据的建模等。

本章的目标主要是介绍用于流行病学数据空间分析的方法。更详尽的阐述可参考如下专著：Bailey和Gatrell，1995；Bivand等，2008；Haining，2003；Lawson，2009；Pfeiffer等，2008；Waller和Gotway，2004。

26.2　空间数据统计分析的特异问题

26.2.1　空间效应

地理参照数据的一个主要特征是它可能会受两个特定效应的影响，即空间依赖性和空间异质性。空间依赖性是指空间距离越近，则其观察结果的相似程度就越高。举例说明：对于那些通过直接或间接途径传播的疾病（如禽流感或口蹄疫），一般情况下，相邻农场间的发病率比相距较远农场间的发病率更趋相似。因此，空间依赖是一个局部过程。另一方面，空间异质性是指在较大地域和尺度上呈现出的变化模式。如果在研究区域变量值波动幅度大，且其平均值有较大变化，则这个过程就具有空间异质。

用统计学术语，这两种空间关系类型可定义为：一级和二级空间效应。一级（全局性或大尺度）空间效应与空间过程平均值的变化相关（如越南北部越接近人口密集地（河内）家禽平均密度越高，导致空间异质性）。二级（局域性或小尺度）空间效应是指数据值之间的局域性（也叫空间自相关性），它包括过度分散等效应（16.12.4节中有关于过度分散方面的讨论）。二级效应可由传染病病例或者局部环境条件的聚集引起。例如，使用化肥过多会导致土壤中的硝酸盐含量超标。第20～24章阐述了如何将这些方差效应作为随机效应包含在回归模型中。值得注意的是许多空间变量都会存在这两种效应。统计分析时如果忽略了变量间既已存在的空间自相关性，数据分析中放弃和排斥无效假设的证据优势通常就会被扩大。这就意味着对具有空间自相关性的变量的统计功效就会比没有空间自相关性的变量的统计功效低，或者说对具有空间自相关性的变量的统计意义是有限的。因此，自相关效应经常会导致"信息丢失"。如果一级和二级空间效应同时作用于一个变量，那么在对其中一个效应进行无偏倚估计时就要除掉或控制另外一个效应。这种情况下，在对二级空间效应建模时，就会假设其为稳定的（或是同质的，即没有一级效应或空间异质性），即该变量的统计特征值如平均值和方差不会因位置信息的变化而变化。这也意味着纯粹的地理位置对描述空间变量的特性并不重要。举例说明，虫媒密度的空间分布可以通过在调查区域内布置一定数量的诱捕器来进行估计。在这个例子当中，二级稳定性可以假设该调查区域内平均虫媒密度是恒定不变的（没有一级效应或空间趋向），而且任一对随机采样点的昆虫种类数量的协方差只取决于采样点的距离或相对位置，而不取决于纯粹的地理位置。在这种情况下，图26.1中，采样点P_1和P_2之间的协方差应该与P_3和P_4间的协方差相似，而不必与P_5和P_6间的协方差相似。如果对与对之间的测量值协方差仅仅取决于距离而不是方向的话，二级效应就是各向同性的。这种情况下，在图26.1中，P_1和P_2测量值的协方差与P_5和P_6的协方差应该相同，与P_3和P_4的协方差也相同。借助于风传播的口蹄疫病毒则不太可能呈现出各向同性，因为它的传播取决于风的方向。

边缘效应产生的原因是位于边缘区域观察值数量少于中间区域观察值的数量。如果调查区域的形状不规则，则会进一步强化这种效应。如果数据中存在空间自相关，就会有边缘效应，因为区域边缘的观察值会受区域之外未测量的观测值的影响，所以用有限的数据形成的任何效果判断都可能会有偏差。因为即便点状数据之间不相关，但要生成平滑的点密度图时，结果靠近边缘位置的点密度估计值只能从比实有数据少的点数中得出，所以其可变性就会比区域中心高。

可塑性面积单元问题（MAUP）是生态学推理谬误影响空间分析结果的外在表现（Waller和Gotway，2004）。它是指数据聚合的方法不同，分析结论可能就会不同。通常情况下要考虑两个方面：聚合程度（尺度效应）以及聚合过程中用到的边界选择（区域划分）。例如，如果牛群中结核病的发病率在省级范围内聚合而不是在县级范围内聚合的话，采用多变量分析就会得到不同的结论。区域划分效应的例子可以参照Monmonier和de Blij（1996）的著作，其采用了John Snow所收集的1854年伦敦流行性霍乱的相关数据。研究结果证明，通过集合不同的地理单元亚区，但保持数据尺度不变（区域面积相同）的情况下，对原始点数据进行聚合，百老汇大街周围的积聚点位可能出现或消失。这是区域划分效应的实例，有别于聚合效应，聚合效应通常会有层次结构。这两者都会影响统计推论。Waller和Gotway（2004）建议数据采集的单元应该与分析的尺度相一致，这样可以避免"MAUP"现象的发生。通常情况下，分析过程中所检测到的任何关系都与分析中用到的特定聚合单元有关，但不一定与即便是同一研究区域的其他聚合单元有关。

26.2.2 空间排列描述

如果统计分析要考虑空间效应的话，观察点的空间排列可以用空间权重和邻近矩阵来表示。解读该矩阵取决于它所描述的是空间连续变量还是离散空间变量。空间连续变量可以由取样点的位置或规则的网格像素来定义。对点状数据而言，矩阵可以表示所有点对之间的距离，可以简化表示实际点与点之间的距离为距离带，而方向可以通过定义表示各特定方向组的距离带中的各段来进行说明。如果数据中包含像素、栅格或网格，则标准可以设定为像素对是否有共同的边界。这可通过能够跨越

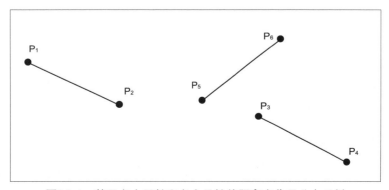

图26.1 基于各向同性和各向异性等距离点位置分布示例

的像素边界的数量来加以扩展。例如，如果必须跨越两个像素边界，将会有二阶滞后或二级相邻。分立空间物体的排列，如农场或多边形状的行政机构的空间排列就比较难以表示，因为其相近性既可以指他们拥有共同的一定长度的边界，也可以指这些物体的距心在一定的距离范围之内。二维空间连接矩阵是最简单的近邻关系的表示方式，也可以用于区域类型数据。在后者情况下，对称权重矩阵用于存储数值，数值1表示这一对区域拥有共同的边界，数值0表示没有共同的边界。图26.2以图表的方式阐述了该矩阵，图中以二维空间连接矩阵形式表示了澳大利亚各省的情况。关于该话题更多的讨论详见Haining（2003）的著作。空间权重矩阵可以通过各种不同软件来生成，常用软件如GeoDa（geodacenter.asu.edu/software/downloads），R（www.r-project.org），WinBUS/GepBIGS（www.mrc-bsu.cam.ac.uk/bugs/）。

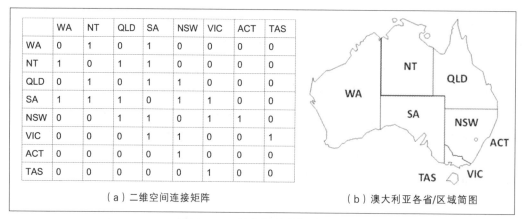

图26.2 二维空间连接矩阵示例

26.3 探查性空间分析

探查性空间分析旨在帮助我们提高对数据的理解和认识，尤其是运用统计方法来明确数据分布与完全随机性分布的差别。它可用于对疾病结果数据分析，同时也可用于对疫病存在的潜在风险因素的分析。探查性分析可以用于发展后来经建模方法验证了的因果关系假说。结合空间可视化分析，探查性分析方法有可能会成为未来疾病监测系统潜在的一个标准组成部分。用于探查性分析的数据类型可以分为空间点状和空间面状数据，以及连续性空间数据。空间点表示为实际的空间点的位置，或表现为在一定行政区域内的集合分布（图26.3）。对空间点状数据而言，它可能是空间随机过程中产生的一个随机位置，而对于连续空间数据，观测位点的空间位置则是固定和明确的，它代表着一种在潜在的空间连续过程中取样的位置，如对2个取样点为例，在这2个取样点之间可以存在无限个数量的潜在的取样点（图26.4）。连续性是和空间过程相联系的，但对连续性空间过程的度量却可以用连续的变量或离散的变量来表达（Schabenberger和Gotway，2005）。

风险或概率图可用于描述性的目的去表达疫病发生的空间分布状况，而探查性变量可用于对风险的预测（本章将进一步对后者进行探讨）。

26.3.1 绘制描述性点数据风险图

如果疫病发生点的数量有限或疫病发生单个点的位置可以通过目测进行区分，这样就可凭借点位置的分布来表达疾病的发生状况。但如果疫病点的数量较多，这些点可以集合成面状分类数据表达，

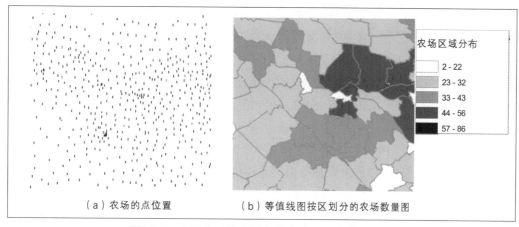

图26.3　农场位置的空间点状表达及面状表达模式

（a）农场的点位置　　　　（b）等值线图按区划分的农场数量图

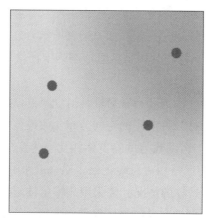

图26.4　连续性过程中的空间数据的抽样位点分布

或是用数据平滑的方法将其转换成一个点密度表面。他们也可以通过和某一个分母相联系用来作为一个风险的指示。

　　用于点数据的最为普遍的平滑方法是非参数内核密度估算法。其在点数据上运用的是双变量概率密度函数，生成空间点密度值（Bailey和Gatrell，1995）。相关数学公式如下：

$$\lambda_\tau(s) = \frac{1}{\delta_\tau(s)} \sum_{i=1}^{n} \frac{1}{\tau^2} k\left(\frac{(s-s_i)}{\tau}\right)$$

等式26.1

　　其中，$k(\ )$表示选定的双变量概率密度函数，$\tau>0$是带宽，s是半径τ的圆心，s_i是所选区域范围内的点，δ表示边缘校正因素。

　　结果值可以表示成一幅栅格图像，每一个栅格单元代表一个密度值。对计算结果影响最大的参数是带宽τ以及栅格单元的尺寸，而密度函数的选择不那么重要。此过程所依据的原理是：每个栅格单元的点密度都是依据距离-权重平均值计算出的，其中，权重取决于带宽（内核函数的宽度）以及概率函数的形状。带宽越大，得出的平面就越平滑，反之亦然（见例26.1）。带宽τ的选择可以基于数学计算或主观选择。重要的是在数学方法的客观性与基于能够反映相关潜在生物学过程的带宽主观选择之间进行适当的权衡。因此通常建议探讨不同的带宽对得出的平滑表面的影响。Diggle（2000）建议不使用自动程序，而是利用对应于不同τ值的密集度估计的均方误差图来选择带宽。用这种方法得出的与最小均方误差（MSE）相关的带宽可以作为平滑的初始值，但其他值也应进行尝试。Diggle等（2007）指出由于MSE方法在应对密集度发生巨大变化的情况时有些困难，所以运用该方法得出的带宽值通常都很小，因此建议仅用它来指导决策。对于传染病过程，他们建议使用一个大于能够进行直接传播的距离的带宽值。当局部带宽在估算过程中出现变化的时候可以使用自适应带宽选择方法，以确保其能涵盖观察的最小值（Bailey和Gatrell，1995）。更多有关带宽选择方法的细节和讨论可参考（Scott，1992；Wand和Jones，1995）。边缘效应很可能导致对靠近研究区域边界的位置进行估计时出现偏差现象（Lawson等，1999）。这样就有必要对其进行调整，如计算过程中使用的面积要根据研究区域与带宽确定的圆形面积的重叠部分做出相应的调整（Diggle，2000）。商业GIS软件产品如ArcGIS（www.esri.com）中的核密度估算法使用的是二元高斯内核和一个默认的算法来计算带宽，没有对边缘效应进行修正。也可以运用统计函数（该统计函数为统计计算与图解的R编程语言以及软件环境而设计开发，参照www.esri.com）来进行内核平滑法，这种方法更为灵活。

适当的栅格单元尺寸的选择应基于对问题的表象特征、生物学特征和其数量分布特征的认知。单元尺寸不应过大，因为那样会使生成的图看上去不平滑，而且有可能隐藏相关的格局。单元尺寸也不应小于所研究的生物过程的合理分辨率，例如，如果把农场作为分析单元的话，则栅格单元不应包含面积小于一个典型农场的区域。GIS软件会用默认算法来确定栅格单元尺寸，最好对结果进行审查并采用不同的设置进行试验。

评估疾病发病密度的空间异质性需要有针对性地对危险群体所处的背景进行考虑。如果没有危险群体背景的相关数据，可以使用另一种疾病的空间分布（假设该疾病具有不同的病因，并且报告偏倚没有差别）（Lawson，2001）。病例数与危险群体的比率为疾病风险记录，而如果分母表示对照数（即非病例），则该比率表示的就是相对风险记录（Kelsall和Diggle，1995）（参照范例26.1以及图26.5）。为防止计算中出现分母是零的情况，需采用非零尾核函数（如高斯函数）。可能需要用到带宽，这里的带宽与用于生成单独事件和风险群体的带宽不同。关于分子和分母是否应使用相同或不同的带宽来产生，并没有一个明确的标准（Bailey和Gatrell，1995；Bithell，1990；Diggle，2000）。Schabenverger和Gotway（2005）提出采用目测探查法来选择合适的带宽及栅格单元尺寸，这样就可以在生物学阐释的背景下平衡分辨率和稳定性。Monte Carlo方法可用于确定核估算的统计精度（Kelsall和Diggle，1995）。

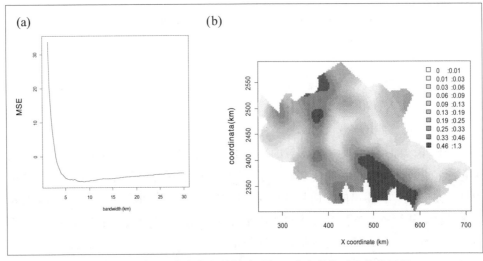

图26.5　基于社区疾病信息的越南北部AI发生的相对风险核平滑

例26.1 核平滑有助于直观越南北部地区AI爆发密度的空间异质性

在该例证中，涉及越南北部地区2004年和2006年间禽流感爆发的数据均来自于一个涵盖了全国范围的数据库（Pfeiffer等, 2007）。这些数据包括各社区的距心点位置以及一个二分变量，该二分变量指示禽流感是否在上述时间范围内至少爆发过一次。本分析的目的旨在绘制一幅更为容易理解的图，来说明越南该地区禽流感爆发的空间异质性。计算所用软件为R软件。

该研究中运用了基于带边缘校正的核平滑法，以及上述提及的MSE方法 [图26.5（a）] 中的带宽选择。爆发位置的最小MSE是8km，是所用数据的3倍，这样在所生成的平滑图中就会得到更直观的观察，更能充分地体现大尺度格局。禽流感爆发和非爆发位置所用的带宽是一样的。图26.5（b）描述的是这两幅内核平滑图的比率，其反映的是风险在面积较为广阔的南方以及北方邻近该地区的地方有所增加。基于该直观评估，可以得出以下结论：即禽流感爆发风险在该区域并不是均匀分布，在该区域的南方和西北区域的风险最高。

26.3.2 面状数据的风险描述

如果拥有疾病和风险群体的数据，并且把研究范围内各个区域的数据进行了整合，则每个区域的原始风险或风险比率可以计算得出。该方法的缺点在于不能充分反映个别区域及各区域间变化的不确定性。鉴于此，可以运用经验方法或全贝叶斯方法，使局部风险值趋向于全局平均值或局部平均值。这是通过计算一个将局部估算值与一个全局估算值或局部估算值结合在一起的加权平均值来完成的。计算局部平均值时运用了上述的空间权重矩阵。每个局部值都要计算出局部值与邻近值或全局值的相对权重（即收缩系数），相对权重取决于局部值和邻近值的差异。如果局部值的差异较大，那么就要给邻近值或全局值赋予更大的权重（即局部值就会朝着邻近值或全局值收缩），反之亦然。全局值或邻近值代表贝叶斯先验值，观测数据的分布会影响似然函数。先验值结合似然函数可以得出后验值θ。根据Bailey和Gatrell（1995），观测的局部比率计算公式为：

$$r_i = \frac{y_i}{n_i} \qquad \text{等式26.2}$$

其中，y_i是患病动物的数量，n_i是某个特定区域i的分母值。

在经验贝叶斯分析中，先验值y_i的均值和方差Φ_i是由观测数据计算得出的（详见Bailey和Gatrell，1995）。在全贝叶斯分析中，所有变量都被看做是拥有各自的先验分布（称为超先验分布）的随机变量（Waller和Gotway，2004）。权重系数或收缩系数w_i的计算公式如下：

$$w_i = \frac{\phi_i}{(\phi_i + y_i/n_i)} \qquad \text{等式26.3}$$

其中，Φ_i是区域i先验值的方差。

局部比率θ_i的后验值的计算公式如下：

$$\hat{\theta}_i = w_i r_i + (1-w_i) y_i \qquad \text{等式26.4}$$

其中，权重系数w_i决定了局部比率和先验值y_i的求和方式。

这些方法提供了在统计学上更为可靠的基础数据表达方式，但是应当注意的是，平滑后的数据不同于原始数据，这将会使得阐释更加困难，并且可能会隐藏一些重要的局部格局。但是，一般而言，这种平滑方法可以对大尺度空间格局提供更有意义的评估，因为该方法会减少局部小样本引起的干扰（例26.2和图26.6）。

例26.2　经验贝叶斯平滑法和全贝叶斯平滑法描述越南北部地区禽流感爆发的空间异质性

　　本范例使用上文所述数据。但在本案例中，社区禽流感发生率是在小区级水平上合计的，以此作为发生或未发生疾病的社区数目。本分析的目的在于描述该研究区域内疾病风险的空间格局。本分析中的全贝叶斯建模采用的是带spdep软件包的R软件以及WinBugs统计软件（www.mic-bsa.cam.ac.nk/bugs）。

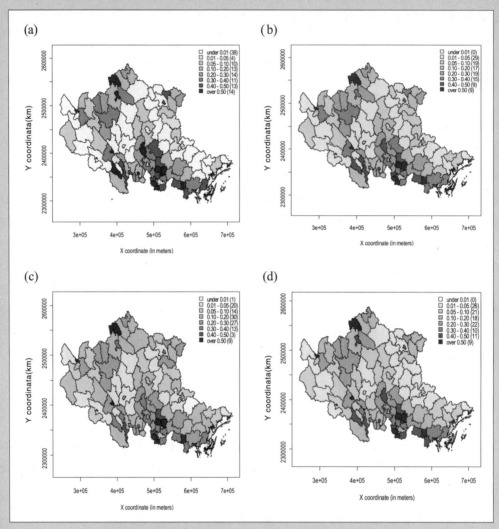

图26.6　基于社区数据的不同方法分析的禽流感发生风险

　　图（a）表明，原始风险估计显示局部估计值存在很大差异：南部和北部地区都具有较高风险，而中间区域则风险较低；图（b）显示了作为先验值的基于全区平均风险的全局平滑经验风险估计及其方差；图（c）基于顾及空间和非空间随机影响的条件自回归，对图（d）的数据应用全贝叶斯方法（详情将在后面的空间回归章节进行讨论）。总之，在这个实例中，使用原始数值和平滑后的数值获得的格局具有广泛的相似性，这表明由于样本容量（即社区数量）大，在大多数地区原始估计是相对稳定的。结果表明疾病在南部和北部地区集群出现，在下一章节中将使用群调查方法对此进行更正式的研究。

26.3.3　空间聚集分析

　　对于受感染的畜禽或其他动物的空间排序可以用于验证风险因素相关性的假设。如果空间邻近没有对感染风险造成任何影响，则感染应该是随机分布的。如果是聚集空间分布，则意味着存在一个接触的过程，或者说存在一个局部的风险因素。因此，空间聚集分析的目的在于验证一个完全随机分布的空间过程的无效假设。如点位置的分布，一个随机的空间过程应该遵循Poisson分布。因为传染病的发生取决于存在的易感畜禽/其他动物，而场所的分布在通常状况下并不是随机分布的，因此它们的空间排列情况在分析时应该给予考虑。图26.7描述了识别空间聚集性的关键条件。图26.7（a）中描述的空间分布格局非常容易识别，但极少会发生。更多情况是空间分布如图26.7（b）所示的，即受感染的群体处于明显的聚集点位之外的位置，所以比较难识别是否存在聚集性分布。在现实情况中，受感染群体是一个大的群体的亚群或分集，而这个大的群体潜在的存在聚集的趋向，如图26.7（c）所示。另外情况是，可能存在非空间的风险因素，如农场的类型，它可以影响畜群受到感染的可能性，如图26.7（d）。本章节中阐述的方法将会在解决类似图26.7（b）、图26.7（c）中所描述的问题时提供帮助。

　　统计检验通常包括对观测到的统计值与在理论分布的随机无效假设的统计值进行比较。使用和应用这种理论分布需要满足特定的假设条件，如所研究的区域为长方形区域，观察值的独立性和一定数量的观察值。因为在空间分析中，随机分布通常都很难实现，而通常会用到的方法是利用蒙特卡罗模拟法去产生无效假设的随机分布。值得注意的是，蒙特卡罗模拟中给定的是可以检测P值的最小的迭代次数。如果迭代次数是999次，说明总共有1000个数值（999个模拟数据加上1个观察数据）可以用于生成本实验统计的无效假设分布。如果观察数值是个极值，则其可能不会出现超过1/1000（$P \leqslant 0.001$）的概率。

　　从广义上来讲，空间聚集分析方法可以归类为全局性、局域性和聚集性统计。全局性统计指的是研究区域内是否存在聚集；局域性统计能够确定聚集的位置；而聚集性统计将会测试聚集是否存在于既定的空间位置周围。另外，还可以评估是否存在时间—空间聚集。

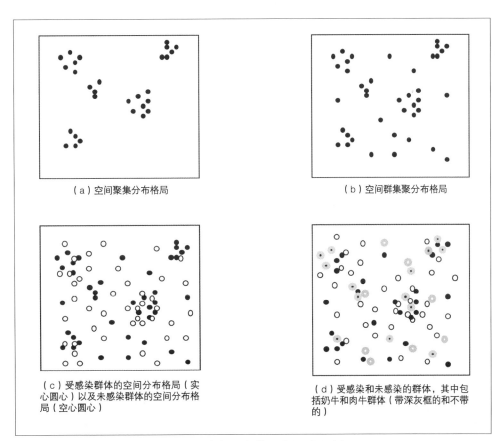

（a）空间聚集分布格局　　　　　　　　　　　（b）空间群集聚分布格局

（c）受感染群体的空间分布格局（实心圆心）以及未感染群体的空间分布格局（空心圆心）　　　（d）受感染和未感染的群体，其中包括奶牛和肉牛群体（带深灰框的和不带的）

图26.7　空间分布格局的识别和认知

Waller和Gotway（2004）指出，这些方法所使用的无效及选择性假设会有一定程度的变化。不同的方法有着不同的统计功效，尤其是当使用集合类型的数据以及风险群体中存在空间异质性时。在研究区域内，通常情况下，群体密集区域的聚集比群体稀疏区域的聚集更容易被探测到，这说明统计功效出现了空间异质性。

空间聚集的探查可以在发现可疑结果时进行，也可以作为例行监测的一部分进行。这些被探测到的聚集性可再进行统计分析，如果分析表明是疾病的非随机性分布，则提示我们可以进行更详尽的流行病学调查。疾病预防控制中心（CDC）设计了一份正式的框架用于该调查（Anon，1990）。就如同用于其他的流行病学调查一样，这种途径受到数据质量、偏差、诊断敏感性/特异性以及统计功效的影响。因为这个原因（主要是因为探测到的聚集性并不是必须的真实），因此只有一小部分的"聚集预警"用于识别因果因素（Wakefield等，2000）。

26.4 全局空间聚集

聚集分析可以基于点位置数据或者集合数据（如每个行政区的疾病数据）。对于这两种数据类型，显示的数据分布格局需要与一个在没有聚集分布模式下的空间分布格局相比较。"空间自相关"这一术语通常用于量化，如计数、风险或比率的评估。当解读和理解全域空间聚集分析时，需要注意全域空间聚集分析可能因为存在大尺度的效应而出现显著的偏差。另外需要注意的是，全域空间聚集分析目的是探测整个研究区域的平均效应，也就是说它们可能缺乏探测出大研究区域以内的集聚个例的统计功效。

26.4.1 点数据处理的方法

这里包括两组方法。一组方法是评估疾病的空间分布点的聚集，例如，患病兽群的位置。另一方法是评估二次再生数据，如每个畜群中受影响动物的发病率。

Cuzick与Edwards检验

如果病例和对照都具有位置信息，Cuzick与Edwards检验将评估邻近的或随机选取的病例和对照一样的无效假设（Cuzick和Edwards，1990）。相关的统计检验值是具有另一个病例作为最近邻的所有病例的总和（例26.3）。最近邻标准可以改变，因为可以使用最近邻关系中较高顺序的样本（如第二、第三或更近邻的），从而可以探测出不同尺度的集聚。使用基于高斯分布的渐近实验来检验统计显著性。或者可以用蒙特卡罗模拟来生成实验统计的零假设分布，其中涉及病例/对照状态在每个位置上的随机分配，并重复这一模拟许多次，每次都要重新计算实验统计量。

K函数

在某一给定距离内发生的同一类型事件的数量可以用K函数来表示。它被假定为静态的与各向同性，并具有空间过程的二阶效应。用Bailey和Gatrell（1995）描述的概念表达K函数的相关数学公式如下：

$$K(h) = \frac{1}{\lambda^2 R} \sum_{i=1}^{n} \sum_{j=1}^{n} I_h(d_{ij}) \qquad \text{等式26.5}$$

其中，h代表距离，λ代表一个给定区域R内的空间过程的强度，d是区域R内的事件i和j之间的距离，I_h是一个指示函数，当$d_{ij} \leq h$时等于1，反之等于0（例26.4、图26.8和图26.9）。

可以使用考虑边缘效应的算法，如比例加权法（Ripley，1987）。在计算K函数时，需要定义一个距离尺度。最多只能用到该区域的线性范围的1/3，因为K函数的估计值对于较长的距离无效。结果

例26.3　越南禽流感（AI）爆发聚类分析的Cuzik与Edwards实验

此次分析的目标是确定病例是否更可能有其他病例与其最近邻，这一分析是在1~5个邻近病例之间进行，采用商用空间分析软件ClusterSeer_2.2.8.1版（www.terraseer.com）。

采用蒙特卡罗模拟法检验统计显著性，基于对病例－对照状态进行999次随机迭代（即最小可探测P值为P=0.001，此分析包括446个病例定位和1851个对照样本。

k	T[k]	E[T]	Var[T]	z	Upper-tail Monte Carlo P-value+	P-value
1	165	86.442	96.765	7.986	0.000	0.001
2	340	172.883	205.284	11.664	0.000	0.001
3	518	259.325	313.150	14.618	0.000	0.001
4	673	345.767	424.901	15.875	0.000	0.001
5	811	432.208	534.973	16.377	0.000	0.001

用于蒙特卡罗随机选择的组合P值（Bunferroni P值：0.005）。

上述结果说明所有给定的距离上病例都存在集聚性。另外，整个组合P值（修正后用于Bonferroni法的多项实验）也是显著的。因此，爆发禽流感的乡镇的最近邻更可能是另一个爆发禽流感的乡镇，而不是没有爆发禽流感的乡镇。由于这是一个全域统计的方法，故而无法探测出病例集聚的数目和具体位置。

可以表示在K与h的关系图上，在完整的空间随机性下，函数应为抛物线形。为了更方便解读，建议对K进行转化，从而可以与一条反映随机性的直线进行比较（Bailey和Gatrell，1995）。这样的K函数描述了一个种群的空间分布，但没有考虑其他种群可能的空间异质性，例如处于风险中的一个种群。为此，可以通过以下公式计算差分函数D（h），从而比较病例-对照事件空间分布的K函数。

$$D(h)=K_{cases}(h)-K_{controls}(h)$$ **等式26.6**

差分函数D（h）表示在与一个随机参照病例相隔一定距离的位置上发生的额外病例的修正预期数目。这个差分函数的显著性可以用蒙特卡罗模拟法来检验，其中所有的事件都随机给定一个病例对照事件的数目。这样重复多次，就可以用差分函数的结果来定义模拟限界，并用它来比较观察到的差分函数D。使用蒙特卡罗模拟法允许在出现非平稳性时对D（h）进行统计推论（Diggle，2000）。如果后者超出模拟限界，可以得出结论：观察到的病例事件模型可以代表聚类。Diggle（2000）强调，差分函数也可以用于估计聚类的规模，但是聚类发生的空间范围要小于研究区域的总范围。Diggle-Chetwynd实验统计量可以用于从随机性中获得被观察样本的统计显著性的估计值（Diggle和Chetwynd，1991）。Diggle等（2007）扩展了K函数，对于一个不均匀的Poisson过程，可以将一个空间变化强度的估计值代入方程26.5，从而对聚类进行评价。核平滑强度参数采用基于病例-对照位置的Logistic回归来估算，允许包含混淆因素和真实风险因素。

图26.9（a）中的K函数给出了随着两点之间距离的增加而用等式26.5计算出来的值。在曲线图上对受影响乡镇中心位置和未受影响乡镇中心位置进行目视比较，可以看出在最大0.7个十进度的距离上观察到的预计数量有微小的差异。图26.9（b）中的差分函数D（h）支持这一观察结果，因为由观察值而得到的函数超出了模拟界限，模拟界限是随机选择受禽流感影响或未受禽流感影响的观察结果（n=99）而生成的，并且重新计算结果差分函数，随后归纳为模拟界限。因此结论是，在这个地区，禽流感曾经集群爆发。注：这个分析没有修正边缘效应。Diggle-Chetwynd统计量D为41.7，与用蒙特卡罗抽样法得到的小于0.0001的一个P值有关，也说明观察到的模型在空间上是聚类的（见图26.9（c））。图26.9（d）给出了基于带宽为0.7个十进度的非均匀K函数。它反映了差分函数的模式。P值

为0.01，确认了观察到的模型是具有统计显著性的。

26.4.2　集合类数据的处理方法

Moran's I，Geary's c和Getis-Ord G统计方法都可以用于评估分类的或连续的空间数据的自相关性。这些指标都是基于相邻属性加权而产生的一个相似性指数来表达（Haining，2003）。

Moran's I指数

如果有集合形式的数据可用，如社区的病例总数，可以用Moran's I指数来估算全域空间自相关，这与皮尔森积差相关系数相似，见下列方程（Bailey和Gatrell，1995）：

$$I = \frac{n\sum_{i=1}^{n}\sum_{j=1}^{n}w_{ij}(y_i-\hat{y})(y_j-\hat{y})}{\sum_{i=1}^{n}(y_i-\hat{y})^2(\sum_{i=1}^{n}\sum_{j=1}^{n}w_{ij})}$$

等式26.7

其中：n是观察数目，y_i和y_j是相关值，$\hat{y}$是全域平均值，w_{ij}是空间相邻矩阵。

Moran's I指数表示了连续尺度测量的区域值与其近邻之间的相似性，这是基于它们与全域平均值的偏差（例26.5和图26.10）。在连续尺度测量的区域值与其近邻之间的相似性比较中，要求用相邻矩阵来表达空间排列状况，在这种情况下，通常是基于两个位置之间的邻近性或距离。如果相邻值趋于相似，I值将为正。如果相邻值趋于不同，I值将为负。可以用蒙特卡罗模拟法通过向数据组中可用的位置随机分配观察值来测试统计显著性。如果I的观察值位于被模拟分布的尾部，则说明存在自相关。用疾病总数数据进行的这些分析的结果将不会考虑处于风险中的畜群的潜在差异。它更有助于评估疾病比例或发病率的数据。由于这些个别值的分母通常是不同的，这将违反恒变量的假设。这种情况下，可以用Moran's I指数的变形，如Oden方法（Oden，1995）。Waller和Gotway（2004）建议使用Walter（1992）描述的方法，即将观察到的总数与恒定风险假设下的预计总数进行比较。结果统计量变成观察总数和预计总数的差的一个加权向量积。它的统计显著性可以用蒙特卡罗模拟来测试。Assuncao和Reis（1999）建议了一种经验主义的Bayes方法，用于调整畜群规模的差异。另外重要的是要意识到数据中的一阶效应或空间趋势效应可能引起自相关估计值的偏差。

Geary's c

Moran's I指数评估的是与全域平均值的偏离有关的相似性，与此相反，Geary接近率（或称Geary's c）是基于配对相邻矩阵中规定的加权值的平均差。计算公式如下（Waller和Gotway，2004）：

$$c = \frac{n-1}{2\sum_{i=1}^{n}(y_i-\hat{y})^2} \cdot \frac{\sum_{i=1}^{n}\sum_{j=1}^{n}w_{ij}(y_i-y_j)}{\sum_{i=1}^{n}\sum_{j=1}^{n}w_{ij}}$$

等式26.8

其中：n是观察数目，y_i和y_j是相关值，$\hat{y}$是全域平均值，w_{ij}是空间相邻矩阵（见例26.6）。

数值0和2分别反映全正和全负自相关。数值越接近1，数值的空间分布越均匀。与Moran's I指数的情况相同，处于风险中的畜群的异质分布将对分析的有效性产生负面影响。

空间相关图

Moran's I和Geary'c可以计算不同距离的空间滞后，并可以把结果值与相应滞后表达成配对的相关图（de Smith 等，2007）（例26.7和图26.11）。相关图上Geary's c值所代表的信息与半方差图中表示的信息相似。Bailey和Gatrell（1995）指出，这种图上的近邻值高度相关，而且大空间滞后的相关性

例26.4　用K函数探测越南禽流感爆发的空间集聚

data=vietnam

　　在这个例子中，采用了与越南北部地区禽流感爆发相同的数据（如上所述）（Pfeiffer等，2007）。此分析的目的是确定禽流感爆发是否在乡镇一级发生了空间集聚。选定了一个矩形区域，以避免整个地区的不均匀边界对分析结果产生复杂的边缘效应。此分析采用R软件及其 splancs和spatialkernel软件包。非均匀法的R代码参考了Bivand等（2008）。

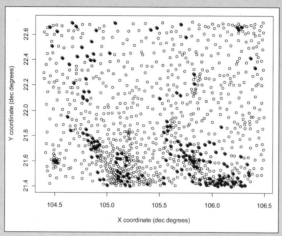

图26.8　2004-2006年越南北部受禽流感影响乡镇（实心圆）或未受影响乡镇（空心圆）的位置分布

K函数

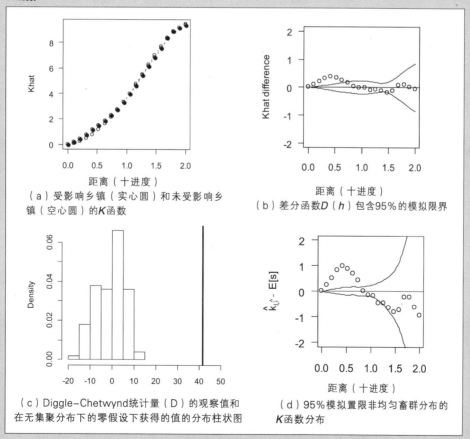

（a）受影响乡镇（实心圆）和未受影响乡镇（空心圆）的K函数

（b）差分函数D（h）包含95%的模拟限界

（c）Diggle-Chetwynd统计量（D）的观察值和在无集聚分布下的零假设下获得的值的分布柱状图

（d）95%模拟置限非均匀畜群分布的K函数分布

图26.9　2004-2006年越南北部受禽流感发生的K函数分析

例26.5　用Moran's *I*评估越南禽流感爆发的空间相关性

　　越南北部一个地区发生的禽流感爆发的同一数据组（如上所述）被用来评估空间自相关的存在。乡镇一级的点数据在区一级上进行了总计，从而代表了每个区受影响乡镇的数目，以及存在风险的乡镇数目。使用R软件和spdep软件包来进行分析。

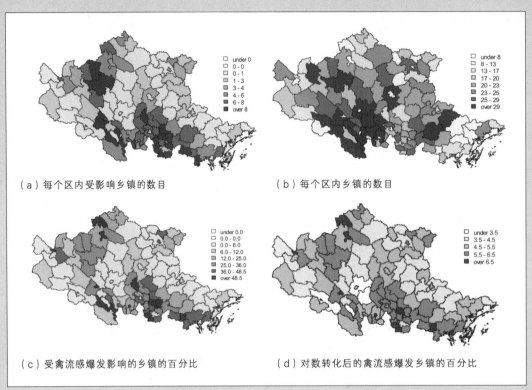

（a）每个区内受影响乡镇的数目　　　　　　　　　（b）每个区内乡镇的数目

（c）受禽流感爆发影响的乡镇的百分比　　　　　　（d）对数转化后的禽流感爆发乡镇的百分比

图26.10　2004-2006年每个区受到禽流感爆发影响的乡镇数目的地区分布图（越南北部一个地区的乡镇总数，有禽流感爆发的乡镇百分比以及每个区的对数转化的百分比）

　　基于4个最近的相邻区生成了一个空间权重矩阵，然后用它来计算随机选择下的Moran's *I*，计算结果是Moran's *I*指数为$I=0.33$（$P<0.0001$），说明两个区之间在受禽流感爆发影响的乡镇数目上存在正自相关。由于两个区之间存在风险的乡镇数目在变化，因此用Bayes经验法调整了Moran's *I*，重新分析了数据。结果Moran's *I*指数值为0.28，P值为0.001，基于999次蒙特卡罗模拟，说明即使考虑了每个区的乡镇数目的异质性，在统计学上仍然明显地存在正自相关。用发病比例作为结果变量，得到一个Moran's *I*值，未转化时为0.23（$P<0.0001$），对数转化后为0.30（$P<0.0001$）。从这4个分析来看，Bayes经验法修正以及对数转化后的发病率值的修正提供了更强大的统计估算。

例26.6　用Geary's *c*指数法来评估越南禽流感爆发的空间相关

data=vietnam

　　同样用蒙特卡罗模拟法针对Moran's *I*例子中的禽流感爆发数据来计算Geary's *c*，结果是对于爆发疫情的Geary's *c*指数为0.64（$P<0.001$）；对于发病比例的Geary's *c*指数为0.77（$P<0.001$）。由于这些值小于1，说明存在正自相关。这一分析使用了R软件和spdep软件包。

　　在某种程度上是一个小空间滞后的相关性的函数。因此，如果在低滞后值上有任何波峰，则需要更谨慎地来解读高滞后值上又出现的波峰。而且，这一分析假设：空间过程是各向同性的，而且消除了一阶空间效应，否则它们会使相关图发生偏离。

例26.7　越南禽流感爆发在不同距离上的相关性

data=vietnam

　　针对对数转化后的越南北部每个区的禽流感发病率生成了不同空间滞后上的Moran's I值。结果说明Moran's I在最多两个近邻的空间滞后上上是很显著的。这一分析使用了R软件和spdep软件包。

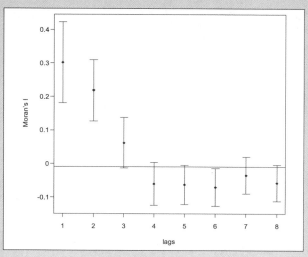

图26.11　Moran's I相关图

注：适用于对数转化后的区一级禽流感发病率数据的不同空间滞后（近邻数目）上的点估计（包括其方差的平方根的+/-两倍）

26.5　局部空间聚集检测

　　空间关联的全局指标提供了关于局部和研究区域关系的推论。全域正自相关的存在需要谨慎解读，因为它可能来自空间趋势（一阶效应）或局部聚集（二阶效应）。因此减少趋势和变量异质性对指标的影响是很重要的。但即使如此，一个全局性的探测指数可能不会探测到特定的聚集，而且也没有可能有足够的统计能力去探测单个的聚集（Waller和Gotway，2004）。鉴于此，多种有空间关联的局部指标已经被开发和使用，它们特别适用于有假设前提的流行病学调查和疾病监控。

26.5.1　点数据处理方法

空间探测统计

　　最常用的探测空间分析方法之一就是空间探测统计（Kulldorff等，1997）。它的主要原理是基于对选定区域（多边形）的窗口内、外的疾病风险状况的统计比较。运算法则使多边形（圆形较为常见）窗口的半径发生变化，直至达到用户指定的上限，并将它们移至研究区域的周围。这些圆形窗口的中心可以用一个规则的栅格来定义，或者可以基于观察到的数据位置，后者将更适于代表数据的任何可能的空间异质性。局域似然函数是通过每个窗口的Bernoulli概率结果来计算的。得出的概率统计量是二项分布假设（圆形窗口内部的风险高于外部风险）下的这些局部函数的最大值除以它在零假设（窗内风险等于窗外风险）下的最大值（例26.8和图26.12）。正如Waller和Gotway（2004）描述的，整体实验统计量T与以下公式成比例：

$$T_{scan} = max \left(\frac{c_{in}}{n_{in}} \right)^{c_{in}} \left(\frac{c_{out}}{n_{out}} \right)^{c_{out}} I \left(\frac{c_{in}}{n_{in}} > \frac{c_{out}}{n_{out}} \right)$$

等式26.9

例26.8 用空间探测统计量来探测越南禽流感爆发的聚集性

data=vietnam

越南北部禽流感爆发的数据用于此分析，包括2296个位置，其中446个爆发了禽流感。空间探测统计量用于确定潜在空间聚类的位置和规模。此分析采用了Bernoulli病例－对照点数据模型，999次循环，高风险聚类实验，聚类最大规模为兽群的50%。此分析可以用于圆形或椭圆形聚类，使用SaTScan软件8.0版（www.satscan.org）。

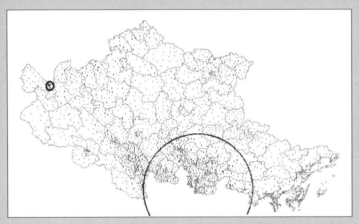

图26.12 2004–2006年禽流感爆发的统计显著性聚集的位置分布

（越南北部地区各区的地图，大圆表示最可能聚集区，小圆表示第二可能聚集区，黑点表示禽流感爆发的乡镇，灰点表示无禽流感爆发的乡镇）

此分析识别出2个圆形聚类（见Pfetffer等，2007），一个具有统计显著性，在方圆82km内最可能聚集（$RR=2.9$，$P<0.001$），另一个具有统计显著性，在方圆5.6km内第二可能聚集（$RR=5.2$，$P<0.045$）。这些结果也说明圆形聚集存在的问题，因为最可能聚集的区域中超过一半位于研究区域之外。

其中，c_{in}和c_{out}代表窗内和窗外的病例数目，n_{in}和n_{out}是对应的分母。I是指示函数，如果条件符合，I=1。

局域似然函数的最大值窗口指示着最可能集聚的位置所在的区域。它的统计显著性用蒙特卡罗模拟法确定，结果得到一个单独的p值，从而避免出现多个统计检验问题。这个方法也可以用于识别低风险的聚集，也可以寻找重叠或非重叠聚集。它同时还可以用于Poisson分布类型数据的分析，并调查时间－空间聚集。最近该方法已经被扩展到可以使用顺序的、正态的和指数分布的数据分析。

如果使用顺序数据，每个病例可能属于几个结果类别中的一个，而如果使用指数或其他类型数据，每个病例是由一个随机误差变量来确定的（1=事件，0=无事件），一个连续尺度变量表示事件或随机误差的时间。

26.5.2　集合数据法

这组方法包括空间关联的局部指标或称为LISA。Anselin（1995）定义了这些相邻地区值之间的局部相似性测量尺度。在图上画出这些数值可以确定局部空间关联高和低的区域位置。这就是说它们会指出具有相似属性值的区域，不管它们的相似性低、中还是高。Anselin要求LISA与一个全域空间关联指标相联系，其中Moran's I是最常用的。局部测量的优点之一在于它们与关联的全域指标相比，较少受到一阶效应的影响。低空间关联也可以用于确定离群值，这可以作为数据误差的一个指标。这些局部指标的统计实验，即使采用蒙特卡罗模拟法，也会受到几个因素的影响，包括多项测试（Waller和

Gotway，2004）。因此实验应只用于探索性调研目的。空间探测统计量也可用于这种类型的数据，尽管这一方法不属于LISA一组。在这种情况下，可能性是基于独立Poisson分布的结果。此分析中用到了每个区域的图心坐标位置，为此需要定义每个区域的病例和存在风险的畜群数目。

局部Moran检验

全域Moran's I统计量可以分解为研究地区中包含的每个区域空间自相关的一系列局部Moran's I值，如下列方程所示（Bivand等，2008）：

$$I_i = \frac{(y_i - \hat{y})\sum_{j=1}^{n} w_{ij}(y_j - \hat{y})}{\frac{\sum_{j=1}^{n}(y_i - \hat{y})^2}{n}}$$

等式26.10

其中，n是观察数目，y_i和y_j是各自的局部值，$\hat{y}$是全域平均值，w_{ij}是空间相邻矩阵。

每个局部Moran's I值结果的平均数和方差可以通过随机选择获得。可以实施标准化，因为在集合成全域Moran's I值时，使用不同权重的结果可能导致不同数值。Moran散布图提供了一种有效的方法来表示数据（Anselin，1995）。图上的X轴代表标准化局部值，Y轴代表标准化邻近值的加权平均数，邻近性由权重矩阵来定义。聚集性由散点图左下方（低–低）和右上方（高–高）象限内的数据点来表示。位于剩余象限内的值（高–低和低–高）与其近邻不相似，可以作为空间离群值。适合这一数据的一条回归线的斜率代表全域Moran's I统计量（例26.9和图26.13～图26.14）。

26.5.3 聚焦空间聚类探测

在空间聚集分析中，研究假设往往可能是：疾病风险随着距某一个特定地理位置的距离的增加而增加，例如电力线或核电站。Lawson-Waller局部计分检验是一种适合度检验，计算受影响程度加权的跨区域预计病例数目中观察到的偏差的和。受影响的程度可以不同的方式来规定，包括与焦距之间的逆距离。统计显著性可以用精确的方法或蒙特卡罗模拟法来检验。Morris和Wakefield（2000）对这一问题有比较深入的研究。

26.6 空间–时间联系

调查疾病发生的空间–时间关联的方法可以宽泛地分为聚集探测的方法和空间–时间互作的方法。如果疾病发生不只是在空间上聚集，在时间上也有聚集特征，则就会存在空间–时间聚集，这个程序通常要求病例数据和非病例数据。如果一个疾病是具有传染性的，空间和时间上的病例相近性就可能发生。在这种情况下，只要求病例数据，就可以检验出是否存在空间–时间的相互影响和关联。

26.6.1 时间–空间互作检验

所有这些检验都要求有关于疾病病例的时间和位置的数据，而非存在风险的畜群及其地理分布的数据。因此它们对异质的动物群体分布并不敏感，但如果动物群体密度在空间上的不同级别间发生变化，则会出现结果的偏离（Kulldorff，1998）。Knox（1964）设计了一个简单的空间–时间检验方法，要求对所有成对的病例按照其在空间和时间上发生的远近来分类，从而生成了一个2×2表。这个规定时间或空间距离的接近性的标准是主观的，而且这一方法只适用于处于短暂潜伏期的疾病。空间和时间独立性的统计假设用2×2表中计数的Poisson分布来检验。Norstrom等（2000）使用Knox实验来

例26.9 越南禽流感爆发的局部Moran探测

data=vietnam

使用禽流感爆发数据，可以计算对数转化后的禽流感发病率数据的局部Moran I值。这一分析的目的是识别潜在聚集和离群值。此分析采用了R软件中的spdep软件包。

图26.13所示的Moran散布图说明这一数据组中的某些观察值可能是离群值（主要在左上方和右下方的象限内）。散布图中右上方和左下方象限内的点代表了与其近邻自相关的区。图26.14中的地图说明那些局部Moran统计量具有统计显著性，并说明对应的区域存在禽流感爆发的局部聚类。可以看到这种模式与用空间探测统计量识别出的模式非常不同，但是这在某种程度上是因为它也识别出那些周围也是低数值区域。需要认识到空间探测统计量比较了圆形或椭圆形区域的内部风险和外部风险。相反，局部Moran I值则检验一个区域内的值与近邻的平均值之间的局部空间自相关，因此它聚焦于值的相似性而不是实际风险比较。

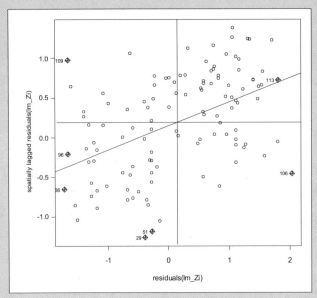

图26.13 对数转化后的禽流感发病率数据的Moran散点图

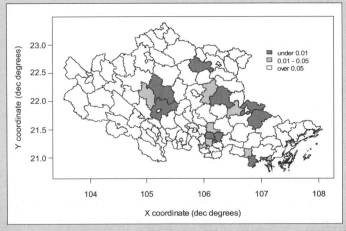

图26.14 越南北部各区禽流感发病率对数转化后的Moran I值的分布

检验挪威的家牛爆发急性呼吸道疾病的模式，这一实验使他们可以检验这一传染病的潜在空中传播机制的假设。作为这种类型数据的一种替代分析方法，Mantel实验或复原使用的是所有成对病例之间的空间和时间上的数字距离（Mantel，1967）。空间–时间独立性的统计假设采用置换或蒙特卡罗实验来评估。

常值可以加到空间–时间距离测量值中，使它们在一个尺度上，或者可以将它们转化，以减小离群值的影响。此分析的结果将受到某些武断决定的影响。Mantel实验可以用来评估任何一对距离矩阵之间的关联性，包括空间–遗传距离。也可能生成一个部分Mantel实验，可以在分析中考虑第三距离矩阵（Goldberg等，2000）。Jacquez k-最近邻实验表示了在 k 最近邻而不是绝对距离上的相近性，因此与上述方法相比，将较少受到风险畜群密度的空间变化的影响（Jacquez，1996）。可以计算一个单独的 k 值，或用一系列这种值来生成一个概括的统计量。Kulldorff（1998）指出，以上方法都假设风险畜群的空间分布并没有随着时间而在空间里发生变化。需要强调的是，如果这些统计量不具有显著性，则可能是因为存在时间或空间聚集。Ward和Carpenter（2000）详细地举例讨论了Knox、Mantel和 k 最近邻实验。

二变量空间–时间 K 函数 $K(h, t)$ 表示，在与一个随机事件之间的给定空间和时间距离内发生的事件的预计数目，与每个单位、每个空间和每个时间上的事件密度相关。这也可以看做以某个随机事件为中心的空间–时间圆柱体（Diggle等，1995）。这个函数可以进行边缘效应修正。如果没有空间–时间相互影响，则 $K(h, t)$ 函数应为 $K(h)$ 和 $K(t)$ 之间的乘积。应用一个合适的统计实验来计算 $K(h, t)$ 和 $K(h) \cdot K(t)$ 的乘积之间的差 $D(h, t)$。结果值可以用 $D(h, t)$ 对应于空间和时间距离值的三维图来表示。高 $D(h, t)$ 值说明有空间–时间相互影响，蒙特卡罗方法用于生成该统计量的零假设分布。所有观察到的 $D(h, t)$ 的总和将与这里生成的经验分布相比较。Diggle（1995）指出，空间–时间 K 函数只提供与总研究区域关系不大的 h 和 t 值的有用信息。Porphyre等（2007）应用空间–时间 K 函数来调查影响新西兰一个特定地理区域内牛结核病爆发率的因素。这种方法的使用帮助他们得出结论：通过农场与农场之间疫病的传播并不比其他潜在传染源更重要。

26.6.2　时空聚集检测

上述空间探测统计量可以扩展把时间包括在内，基本原则是用一个圆柱形而不是圆形或椭圆形来计算似然比（Kulldorff，1998）。这一技术将寻找那些在一个特定区域和时间间隔中随机发生的病例超过预期的聚集。这一方法可用于回顾性数据分析，也可用于前瞻性数据分析（Kulldorff，2001）。如果没有风险畜群的数据可用，例如使用监控系统的情况，则空间–时间置换统计量仅可与病例报告数据一起使用（Kulldorff等，2005）。基本原则与空间时间探测统计量相同，但置换是基于随机分配病例的空间和时间属性。它控制纯时间聚集或纯空间的聚集。这种空间–时间置换法会因畜群密度随时间发生的空间异质变化而发生偏差。该方法对缺少的数据很敏感，只有在没有或可用的风险畜群数据质量不高的情况下，用于替换空间–时间探测统计量。Abatih等（2009）使用空间–时间探测统计量来识别丹麦3个岛上氨苄青霉素抗性埃希氏大肠杆菌的聚集状况。

26.6.3　连续性空间数据分析

上述方法只可用于具有离散空间特征的变量。如果某个因素的空间变化是连续的，分析的焦点就取决于相互之间距离测量值的相似性。假设测量值或属性值是在随机选择的点位置上收集的。一个经验的半方差图概括了不同距离下观察点之间的属性值的共变，方法是计算每个距离范围内成对值（半方差）的方差平均数的一半（因此为半方差图）。在确定经验的半方差图之前，可以建立一个变量云图来表示所有值对的实际半方差。经验的半方差图概括了空间过程的空间独立性，如一个散点图，其中距离（空间滞后）表示在X轴上，半方差表示在Y轴上。计算如下：

$$\gamma(h) = \frac{1}{2|N(h)|} \sum_{N(h)} [Z(s_i) - Z(s_j)]^2$$

等式26.11

其中，$N(h)$是一组被距离h分开的明显值对，$|N(h)|$是$N(h)$中明显值对的个数。

一个重要的假设是潜在的发生过程是稳定的和静态的。如果独立性在不同方向上变化，且空间过程是各向异性的，则有必要为不同的方向分别制作半方差图。一个空间自相关过程的半方差图的典型形状是在滞后值较小时，它的值也较低（图26.15），说明属性值之间的差异很小。函数跨过Y轴的值被称为"块"。函数增大至Y轴上的一个值，称为"阈"。如果函数达不到"阈"，这说明存在不稳定性。如果没有空间自相关，则半方差图上的图形应为一条水平线。经验半方差图可以用于定义一个理论半方差图，它通过一个理论数学函数来表示观察到的独立关系。共变图和相关图表示与半方差图相似的信息，但是后者更为常用（例26.10和图26.16）。

半方差图通常用于评估回归模型的残差中是否存在空间依赖性。应该注意的是，如果是基于一个用普通的或一般的最小平方回归模型生成的原残差的分析，则半方差图的结果应谨慎解读（Schabenberger和Gotway，2005）。

26.7 建模

空间数据模型可用于描述一个单变量的空间变异性，或解释暴露变量可能受到空间效应影响的可变性。

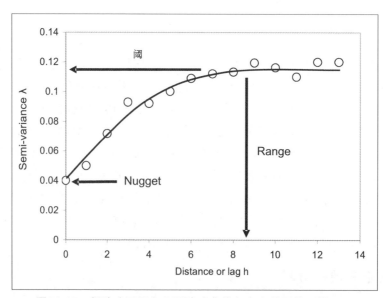

图26.15 经验（圆圈）和理论（曲线）半方差图的示例

例26.10 越南北部禽流感爆发的变量图分析

data=vietnam

在越南北部地区的每个区的一个单独位置上测量了海拔高度。当前分析的目的是通过半方差图来概括不同距离的位置上的高度测量之间的空间独立性，这一分析是用R软件的gstat软件包进行的。

图26.16（a）给出了所有观测点对的半方差值。它说明在较小的距离上可能有一些离群值。图26.16（b）是这些数据的半方差图。它表明存在空间独立度，因为半方差会随着观测点对之间的距离增大而增大。由于这些值似乎不会在某个特定的半方差值上趋于平稳，因此这些数据可能具有非平稳性。图26.16（c）是观测值消除趋势后的结果（即消除可能较长距离的趋势）。由此产生的模式似乎更容易达到最大值或阈值，但理论变差函数不稳定。图26.16（d）给出了一组基于消除趋势后值的4方向方差图。当模式轻微变化时，不能认为其有很强的方向性。但是半方差估计的变异性存在差异，其最低为135°角。

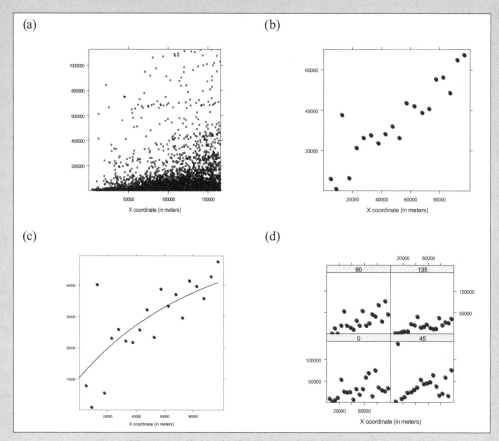

图26.16 越南北部地区海拔高度的变量图分析

26.7.1 描述空间变化的模型

用变量描述空间变化的模型通常被用于插值和预测未探测区域的属性值。数据类型和空间效应的类型将影响所采用的方法。例如，趋势面回归是基于坐标位置的多项式函数的线性组合，可用于描述连续尺度变量的一阶（或大尺度）空间效应。该方法不但可用于区域数据，而且适用于连续空间区域（Haining，2003）。平稳连续空间区域的二阶（或小尺度）空间效应的建模通常采用反距离加权插值或者Kriging方法。Kriging方法的优点在于它允许对预测值的不确定性估计进行插值。使用这种方法可以开发一个kriging方程组，其距离权重由一个半方差图（上面讨论的）获得。对于要插值的每个位置，使用其邻近的已知值来估计其数值和方差。现在已经拥有不同类型的Kriging技术，包括用于二进制数据的概率Kriging方法。Waller和Gotway（2004）详细讨论了这些方法。Berke（2004）利用1991~1997年德国下萨克森州调查的狐狸蠕虫病数据（汇总了43个行政区的数据），用Kriging方法得出了一个光滑的疾病风险图。从Kriging模型获得的空间相关性也可用于模拟一个随机效应模型的协方差结构，具体如下所述。Clements等（2007）提出了一个在Bayesian回归建模中的应用实例。

区域连续尺度数据可以用条件自回归（CAR）或同步自回归（SAR）方法来建模。如果区域数据为离散值，则可以使用自动逻辑、二进制模型或Poisson模型，建模的基本原则是局部值取决于其邻近值。这意味着该模型包含对局部效应以及邻近效应的固定效应参数估计。这些参数可以表现方向效应或趋势效应以及潜在相互作用。Haining（2003）对连续尺度和离散尺度区域数据进行了详细的讨论。

上述方法用于描述区域数据空间效应的参数，而分层建模的目的则是利用邻近区域的信息来获得空间变化参数（如疾病风险）的更精确的局部估计值。在这种情况下，就要使用空间结构化随机效应。上面给出了基于经验方法和全Bayesian平滑的例子。

26.7.2 模型解释可变性（空间和非空间）

原则上，当上述描述的模型包括暴露变量的参数时，这些模型就成为解释性回归模型（例26.11和图26.17）。第14~24章介绍了如何使用相应的方法处理不同类型的独立和非独立变量。这些方法的关键假设是构成数据（这些数据用来得到跨区域的暴露变量和反应变量之间的回归关系和不变关系）的观测值的空间关联性。如果一个模型的残差中存在空间自相关则说明假设不成立。空间依赖性可以发生在反应变量中，或者暴露变量中，或者两者同时发生。

如果反应变量的任何空间依赖或空间关联都可以完全由暴露变量的空间格局来解释（即不存在未检测到的空间相关因素），那么线性回归会产生具有正确置信区间的无偏效应估计。如果仍然有残余的空间依赖性，则通常会反映在回归残差的空间自相关性上。应该注意的是与传染病相关的反应变量通常受制于固有的空间关联，它不可能完全通过暴露因素来解释。一阶（或大尺度）空间效应可以用坐标位置作为协变量来建模，而二阶（或小尺度效应）使用协方差结构来建模。可以使用从kriging模型得到的距离参数函数（也称地理统计方法）使一个空间协方差结构参数化。如果数据与区域有关（聚集在每个区域的中心位置上），该方法会不恰当地假设已经在近邻区域中心之间的位置上获得了观察值。在这种情况下，空间自回归模型更加合适，它反映了协方差结构中反应变量的相似性。这是通过SAR或CAR自回归模型实现的。依赖性或关联性可以用空间移动平均值或空间滞后模型（后者可能是关于反应变量或特定暴露变量的滞后）来表示。Waller和Gotway（2004），Schabenberger和Gotway（2005）均给出了空间自相关数据的线性回归建模技术的应用实例。在线性混合模型中，观测到的暴露因素表示为固定效应，而未观测到的效应表示为随机效应。后者是指，不是把所有未解释的变量加到一般误差条件中，而是用随机效应来将结构化误差项区分开。当存在不能被固定效应暴露因素捕获的空间变异时，随机效应会拥有一个空间协方差结构。关联估计值是通过约束性最大似然估计得到的。Littell R等（2006）、Schabenberger和Gotway（2005）详细讨论了这一方法。

对于二进制、二项式或计数反应变量，应使用广义线性模型（GLM）方法，二阶（或小尺度）空间变异可以用广义线性混合模型（GLMM）中作为随机效应实施的协方差结构来建模。需要采用的估算方法包括准似然估计和拟似然估计，以及Bayesian方法。在一个Bayesian分析框架中，Besag等（1991）建议使用一个空间趋势项，一个空间相关异质项和一个不相关项（合称先验卷积）。Lawson（2009）详细描述了用R和WinBUGS软件开发各种全Bayesian空间回归模型的过程。在非贝叶斯方法

例26.11 越南北部禽流感爆发的空间回归模型

data=vietnam

当前分析采用的数据与"越南北部地区禽流感爆发数据"的数据相同。反应变量是研究区内每个区在2004-2006年经历了禽流感爆发的乡镇的比例。基于Pfeiffer等（2007）中给出的风险描述图，可以看到疾病风险不是随机分布的，这一点后来通过应用不同的空间聚集分析方法（包括空间扫描统计和Moran's I方法）而得到了证实。现在的目的是确定可能与禽流感爆发风险相关的因素，以及可能解释疾病风险的空间异质性因素。本分析中考虑的因素是地区级水平上鸭子的分布密度。分析中使用了R软件中的nlme、lme4软件包以及用于全Bayesian建模的统计软件WinBUGS（www.mrc-bsu.cam.ac.uk/bugs/）。

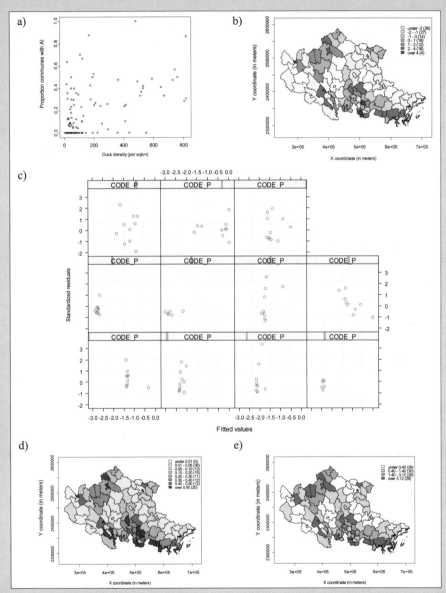

图26.17 越南北部地区级水平上鸭子密度和有禽流感爆发乡镇的比例之间关系的空间回归模型

图26.17（a）的散点图给出了禽流感爆发比例和鸭子密度这两个变量之间的关系。第一步，用一个二项式连接函数进行一个广义线性模型分析。下面对两个变量之间的线性关系进行检验。将连续尺度的鸭子密度变量用一个新的变量来表示，重新编码为4个等间隔的组，并将其放在单独的模型中作为一个连续的要素变量，然后比较模型拟合度与概率比统计量。将鸭子密度作为一个要素变量并没有提高模型的拟合度，因此得出结论，使用原来的连续尺度变量，将其作为线性效应来建立模型。

此分析的结果说明鸭子密度与禽流感发病比例正相关（模型1：$\beta=0.0021$，$P<0.001$）。对于固定效应变量

鸭子密度的系数而言，过度散布的控制只能引起p值的微小变化。这个模型的残差似乎存在空间聚集，如图26.17（b）所示。这一视觉印象可以通过对残差应用Moran's I（I=0.25，P < 0.001）而得到验证。把其纳入模型作为一个随机效应就得到一个鸭子密度系数0.0018（模型2: P < 0.001）。然后用一个空间协方差结构来进一步调整随机效应，使其适用于数据。使用Gaussian距离加权协方差结构得到鸭子密度的系数为0.002（模型3: P < 0.001）。

这一模型的残差如图26.17（c）方格图所示。最后，由全Bayesian方法得到风险图，如图26.17（d）所示。此分析中，应用了一个事先涉及空间和非空间随机效应的卷积，如Besag等（1991）所述。用一个最近邻矩阵来表示数据中的空间依赖性，则鸭子密度的回归效应变为0.0022（模型4:Bayesian 95%置信区间0.0005～0.004）。

模拟是基于2个模拟链，每个包含20000次迭代，加上一个5000次迭代的加强阶段。潜在尺度缩小因子Rhat（说明如果有无限次迭代，则置信区间可能进一步减小）对于所有参数都在1和1.1之间，说明数据链混合很好、很集中，只有一个参数的有效样本数目小于100（Gelman A和Hill J，2007）。残差如图26.17（e）所示，表明高值沿着研究区北部和南部边界聚集。比较这4个模型的结果，可以看出，禽流感爆发地区内的鸭子密度与社区的风险增加有关，而且在系数及其显著性水平相似的情况下，效应估计及其方差都不受空间依赖性的影响。

中，广义迭加混合模型（GAM）和地理加权回归（GWR）方法也可用于考虑空间独立性。GWR的原则是使用一个空间内核（Fotheringham等，2002），根据与数据集中任一点的距离来给数据赋予权重。该方法的一个缺点是需要规定核心及其带宽的数学形式，特别是后者会对模型的系数估计产生很大的影响。GAM利用非线性函数来预测变量，其中包括随机效应（Wood，2006）。与GWR方法一样，GAM也对非线性关系的数学形式进行了某些主观选择，而这往往会对分析结果产生很大影响。

对一个特定模型的选择可以通过各种方法，包括残差估计和基于概率的信息准则，如Akaike信息准则（AIC）或Bayes信息准则（BIC）。这些是在模型的离差和变量数目基础上计算的，通常其数值越小，模型越合适。Schabenberger和Gotway（2005）介绍了在比较不同模型时，特别是用于多层模型时，需要谨慎使用这些值的各种情况。这两种方法都不适合比较Bayesian模型，应该使用离差信息准则（DIC）（Banerjee等，2004）。系数的统计显著性用Wald检验或概率比检验来评估。需要检验残差来看是否存在空间变异性。这种评估可以通过目视检查残差图来进行。通常通过计算Moran's I或用残差绘制一个经验半方差图来进行定量分析。分析结果应谨慎解读，因为不可能清楚地确定个别结果是由潜在的空间过程造成的，还是在回归估计过程中人为造成的（Schabenberger和Gotway，2005）。

参考文献

Abatih EN, Ersbøll AK, Lo Fo Wong DMA, Emborg HD. Space-time clustering of ampicillin resistant Escherichia coli isolated from Danish pigs at slaughter between 1997 and 2005.

Prev Vet Med. 2009; 89: 90-101.

Anon. Guidelines for investigating clusters of health events. Morb Mort Weekly Rep. 1990; 39:1-16.

Anselin L. Local indicators of spatial association - LISA Geographical Analysis. 1995; 27: 93-115.

Assuncao R, Reis E. A new proposal to adjust Moran's I for population density. Stat Med. 1999; 18: 2147-62.

Bailey T, Gatrell A. Interactive Spatial Data Analysis. Longman Group; Harlow, Essex, England. 1995.

Banerjee S, Carlin B, Gelfand A. Hierarchical Modeling and Analysis of Spatial Data. Chapman & Hall/CRC; Boca Raton, Florida, USA. 2004.

Berke O. Exploratory disease mapping: kriging the spatial risk function from regional count data. Int. J.Health Geogr. 2004; 3: 18.

Besag, J., York, J., Mollié, A. Bayesian image restoration with two applications in spatial statistics. Annals Inst Stat and Math. 1991; 43, 1-59.

Bithell J. An application of density estimation to geographical epidemiology. Stat Med. 1990; 9: 691-701.

Bivand R, Pebesma E, Gomez-Rubio V. Applied Spatial Data Analysis with R. Springer; New York, USA. 2008.

Clements A, Pfeiffer D, Martin V, Pittliglio C, Best N, Thiongane Y. Spatial risk assessment of Rift Valley fever in Senegal. Vector Borne Zoonotic Dis. 2007; 7: 203-16.

Cuzick J, Edwards R. Spatial clustering for inhomogeneous populations. J Royal Stat Soc B. 1990; 52: 73-104.

de Smith M, Goodchild M, Longley P. Geospatial Analysis. Matador; Leicester: 2007.

Diggle P. Overview of statistical methods for disease mapping and its relationship to cluster detection. In: Spatial epidemiology - Methods and applications. Elliott P, Wakefield J, Best N, Briggs D (Eds). Oxford University Press; Oxford. 2000.

Diggle P, Chetwynd A. Second-order analysis of spatial clustering for inhomogeneous populations. Biometrics. 1991; 47: 1155-63.

Diggle P, Chetwynd A, Haggkvist R, Morris S. Second-order analysis of space-time clustering. Stat Meth Med Res. 1995; 4: 124-36.

Diggle P, Gomez-Rubio V, Brown P, Chetwynd A, Gooding S. Second-order analysis of inhomogeneous spatial point processes using case-control data. Biometrics. 2007; 63: 550-7.

Fotheringham A, Brunsdon C, Charlton M. Geographically Weighted Regression: The Analysis of Spatially Varying Relationships. John Wiley & Sons; Chichester, UK. 2002.

Gelman A, Hill J. Data Analysis Using Regression and Multilevel/Hierarchical Models. Cambridge University Press; Cambridge, UK. 2007.

Goldberg T, Hahn E, Weigel R, Scherba G. Genetic, geographical and temporal variation of porcine reproductive and respiratory syndrome virus in Illinois. J Gen.Virol. 2000; 81: 171-9.

Haining R. Spatial Data Analysis - Theory and Practice. Cambridge University Press; Cambridge, UK. 2003.

Jacquez G. A k nearest neighbour test for space-time interaction. Stat Med. 1996; 15: 1935-49.

Kelsall J, Diggle P. Non-parametric estimation of spatial variation in relative risk. Stat Med. 1995; 14: 2335-42.

Knox E. The detection of space-time interaction. Applied Statistics. 1964; 13: 25-9.

Kulldorff M. Statistical Methods for Spatial Epidemiology: Tests for Randomness. In: GIS and Health. Gatrell A, Löytönen M (Eds). Taylor and Francis; London. 1998.

Kulldorff M. Prospective time periodic geographical disease surveillance using a scan statistic J Royal Stat Soc A. 2001; 164: 61-72.

Kulldorff M, Feuer EJ, Miller BA, Freedman LS. Breast Cancer Clusters in the Northeast United States: A Geographic Analysis. Am J Epidemiol. 1997; 146: 161-70.

Kulldorff M, Heffernan R, Hartman J, Assuncao R, Mostashari F. A space-time permutation scan statistic for disease outbreak detection. PLoS.Med. 2005; 2: e59.

Lawson A. Disease map reconstruction. Stat Med. 2001; 20: 2183-204.

Lawson A. Bayesian Disease Mapping. Chapman & Hall / CRC; Boca Raton, Florida, USA. 2009.

Lawson A, Biggeri A, Dreassi E. Edge effects in disease mapping. In: Disease mapping and risk assessment in public health. Lawson A, Biggeri A, Böhning D, Lesaffre E, Viel J, Bertollini R (Eds). John Wiley and Sons; Chichester. 1999.

Littell R, Milliken G, Stroup W, Wolfinger R, Schabenberger O. SAS System for Mixed Models. SAS Institute; Cary, North Carolina. 2006.

Mantel N. The detection of disease clustering and a generalized regression approach. Cancer Research. 1967; 27: 209-20.

Monmonier M, de Blij H. How to Lie with Maps. Chicago: University of Chicago Press; Chicago, USA. 1996.

Morris S, Wakefield J. Assessment of Disease Risk in Relation to a Pre-specified Source. In: Spatial epidemiology - Methods and applications. Elliott P, Wakefield J, Best N, Briggs D (Eds). Oxford University Press; Oxford. 2000.

Norström M, Skjerve E, Jarp J. Risk factors for epidemic respiratory disease in Norwegian cattle herds. Prev Vet Med. 2000; 44: 87-96.

Oden N. Adjusting Moran's I for population density. Stat Med. 1995; 14: 17-26.

Pfeiffer D, Robinson T, Stevenson M, Stevens K, Rogers D, Clements A. Spatial Analysis in Epidemiology. Oxford University Press; Oxford. 2008.

Pfeiffer DU, Minh PQ, Martin V, Epprecht M, Otte MJ. An analysis of the spatial and temporal patterns of highly pathogenic avian influenza occurrence in Vietnam using national surveillance data. The Vet J. 2007; 174: 302-9.

Porphyre T, McKenzie J, Stevenson M. A descriptive spatial analysis of bovine tuberculosis in intensively controlled cattle farms in New Zealand. Vet Res. 2007; 38: 465-79.

Ripley B. Spatial point pattern analysis in ecology. In: Developments in Numerical Ecology. Legendre P (Eds). Springer Verlag; Berlin. 1987.

Schabenberger O, Gotway C. Statistical Methods for Spatial Data Analysis. Chapman & Hall/CRC; Boca Raton, Florida. 2005.

Scott D. Multivariate Density Estimation: Theory, Practice and Visualisation. John Wiley & Sons; New York. 1992.

Wakefield J, Kelsall J, Morris S. Clustering, cluster detection and spatial variation in risk. In: Spatial epidemiology - Methods and applications. Elliott P, Wakefield J, Best N, Briggs D (Eds). Oxford University Press; Oxford. 2000.

Waller L, Gotway C. Applied Spatial Statistics for Public Health Data. John Wiley & Sons; Hoboken, New Jersey. 2004.

Walter S. The analysis of regional patterns in health data. I. Distributional considerations. Am J Epidemiol. 1992; 136: 730-41.

Wand M, Jones M. Kernel Smoothing. Chapman & Hall / CRC; Boca Raton, Florida. 1995.

Ward M, Carpenter T. Analysis of time-space clustering in veterinary epidemiology. Prev Vet Med. 2000; 43: 225-37.

Wood S. Generalized additive models: An introduction with R. Chapman & Hall/CRC; Boca Raton, Florida. 2006.

第27章

传染病流行病学概述

方维焕 译　吴艳涛 校

目的

阅读本章后，你应该能够：

1. 理解为何传染病数据与先前讨论的其他形式数据存在本质区别；

2. 了解用于描述感染和疾病过程的术语，以及疾病传播的基本原理；

3. 理解传染病传播过程的建模原理，包括SIR模型和SEIR模型；

4. 理解有效接触率和R_0的概念；

5. 能够使用包括回归和数学模型在内的多种方法预测R_0。

27.1　引言

在先前章节，我们已经讨论过假定观察是独立的（第14～19章）或有一定独立性的（第20～26章）分析数据方法。这种独立性可能源于观察是在相同条件下进行的，如对同一个体重复测量或在空间上相关。传染病则不同，个体的独立性与群体中其他个体的状况有关，只有群体中的一个或更多个体中存在病原体（或由于其他个体散播而导致环境中存在病原体）才会发生新的感染。所以，易感个体在特定时间内成为感染个体的可能性取决于群体中散播病原体的个体的数量。

分析数据时，必须考虑传染病所具有的一些特征：

（1）系统是动态的：当群体中感染动物与易感动物比例发生变化时，出现新感染的可能性也随之变化。此外，感染的动态过程多呈非线性，即系统的反应（新感染率）不会因感染动物与易感动物比例的改变而发生成比例的变化。例如，给50%的动物接种一种有效的疫苗，可以使新感染率降低50%以上。

（2）群体中的感染个体具有异质性：这是由于感染传播的随机性造成的。两个群体即便处于完全相同的初始状态（即群体构成、环境、易感个体的数量等），也会因为病原体在个体间的传播是一个随机过程，从而导致疾病爆发的情况不同。疾病传播的可能性取决于个体间互相接触的频率以及接触后传播的概率。然而，对任何一个给定的概率，疾病都可能在这个范围内爆发（其影响在27.4.4节中讨论）。

（3）存在阈值效应：如果一个已感染的个体不能将病原传播给一个以上（平均数）的其他个体，这种感染就会消失。在一个完全易感群体中，由一个感染个体产生的新病例数称之为传播基数（R_0），在27.4节将会详细讨论。

（4）在易感群体中，感染个体数量的增加通常是指数型的（即具有稳定的倍增时间），直至群体中大部分个体都受到感染并产生免疫。

（5）病原不断演化。例如，某种病原体的致病性及其对药物的敏感性等会随时间而发生变化。由于许多病原体的生命周期相对较短，这种演化可以很快发生。

综上所述，疫苗或药物干预可以显著改变群体的疾病过程，尤其是针对群体中某一部分个体的干预措施同样会影响到群体中其他未受到干预的个体。

同样，区分微寄生性（microparasitic）感染和大寄生性（macroparasitic）感染也很重要。微寄生物是指致病因子的个体很小、难以计数，因此难以从病原体本身来进行准确的建模，若要建立该类模型，有必要考虑宿主的状态（如易感性、感染史、免疫史），使用房室模型（compartmental models）。而大寄生物引起的感染有足够的信息和理由使用密度模型（intensity models），建立明确的病原种群模型。这类模型得出的主要结果是病原数量（如寄生虫载荷、虱数）。

区分微寄生物和大寄生物感染在模型水平上是可行的。针对某些病原体感染（如泰勒虫），很大程度上可以用获得的数据进行处理和讨论。本章将主要探讨微寄生物感染所致疾病的房室模型，对大寄生物感染方面的信息可参考Anderson和May（1991）、Cox（1993）的文献。

微寄生物感染具有以下特征：

（1）病原体通常很微小，抗原性相对简单（如病毒和细菌）。

（2）病原体在宿主体内常迅速增殖，导致宿主死亡或产生免疫力；致病性高；免疫力强且持久；感染过程（即死亡或产生免疫力）短。

（3）有性繁殖（接合生殖）相对少见，且非必须；菌株间致病性差异显著。

（4）如果感染过程短，则流行程度低，且只有在不断引入易感动物（如通过分娩）的情况下才能出现持续感染。

与此相反，大寄生物感染则具有以下特征：

（1）病原体较大，抗原性相对复杂（如线虫、虱子、壁虱）。

（2）病原体有复杂的生活史，包括多种宿主或无宿主的自由生活阶段，不同生活阶段繁殖速度不同。

（3）病原体可进行（常需要）有性繁殖，并可能具有无性繁殖阶段。

（4）对病原体的免疫效果较差。

（5）个别病原体多呈现明显的低致病力，但疾病程度会随宿主体内病原体数量（虫体负荷）的增加而增强，感染数量是决定病原体对宿主影响的主要因素。

（6）在群体水平上，大寄生物感染的特征是感染率与宿主体内的病原数量成正比，而宿主体内病原数量与影响其生活周期的外界因素（如气候）有关。

上述这些代表了病原体的生物学特征。牛瘟病毒和蛔虫分别是原型微寄生物和大寄生物的代表，而许多细菌和原虫都处于这两者之间。举例来说，引起牛乳房感染的细菌可能只是低毒力（极少杀死宿主），激发宿主产生微弱的免疫反应，但其发病率可能很高。虽然如此，它们还是使用房室模型建模，因为不可能（或者没必要）准确计数出细菌的量。

27.2　感染与疾病

感染和疾病不能混为一谈。尽管感染是疾病发生所必需，但不是所有被感染的动物都会发病，即出现临床症状（注意：感染是引起疾病的必需环节，这是基于我们将疾病根据病原命名的事实，如沙门氏菌属细菌是引起沙门氏菌病的病原。如果疾病是以其症状命名，则特定的病原体就不一定是该病病因——沙门氏菌属细菌并不一定引起腹泻）。感染与疾病的时序如图27.1所示。

感染各阶段如下：感染潜伏期是指病原体通过感染动物个体传播至易感动物个体（详见27.3节），后者虽携带病原体，但不具备传播能力的这段时间。潜伏期可能很短（如禽流感约1d）或非常

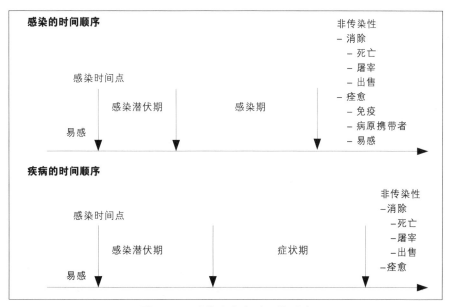

图 27.1　感染和疾病过程的时序

长（如禽结核分支杆菌副流感亚种——简称MAP——感染的潜伏期可能数年）。应该注意的是，对非传染性疾病而言，潜伏期是指从出现可观测到的变化（如出现病理损伤或生化指标变化）开始，到出现临床症状的时间，这一过程也可称为无症状阶段。潜伏期后即为传染期，宿主在此阶段可传播病原。这一阶段可能很短（如传染性鲑鱼贫血症病毒约为2周），也可能很长（如MAP可能数年），潜伏期与传染期的时间难以直接观测，通常是由实验感染推断得出，当从群体中除去宿主（如死亡、屠宰或出售），或通过干预（如治疗），或由于宿主产生免疫力从而清除病原或完全抑制病原复制使其不具传染性，传染期便结束。在某些感染中，免疫力持续时间长（如犬瘟热），而在另一些感染中，动物可以很快回复到易感状态（如乳腺感染）。

疾病各阶段如下：动物受到感染即进入疾病潜伏期，直到出现症状或产生免疫力（某些不显示症状的感染）。感染时间未知的情况下，潜伏期的时间长短难以直接观测。近来有文章论述了从疾病爆发的数据估计潜伏期的方法（Cowling等，2007）。当宿主被清除（死亡、淘汰）或痊愈（经治疗或不经治疗），则症状期结束。

从疾病控制角度来讲，区分感染潜伏期和疾病潜伏期很重要。如果感染潜伏期比疾病潜伏期短（如口蹄疫），则会出现无症状但是能够排泄病原的动物个体，从而使疾病难以控制（仅关注发病动物是不够的）；另一方面，如果感染潜伏期比疾病潜伏期长（如犬心丝虫感染），在动物出现症状时即进行治疗或清除患病动物可减少/预防疾病的传播。在感染和疾病过程中，动物个体差异很大，这种差异可能与环境因素（如营养）、宿主遗传特性（如品种）、病原体遗传特性（如菌株间差异）、感染量等有关。

27.3 传播

从病原角度来看，由于没有不死亡的宿主，所以必须通过传播以保证其存活。病原从感染动物到易感动物的传播可以有若干途径。

（1）**垂直传播**——经胎盘或围产期从母体到胎儿的传播（如牛的犬新孢子虫病）

（2）**水平传播**

　A　**间接接触传播**

　　a　**经媒介传播**——通常由昆虫媒介传播，但也可能由污染的针头或其他污染物传播（如由蚊子传播的西尼罗河病毒，由挤奶机传播的金黄色葡萄球菌）。

　　b　**贮存宿主**——病原由其他种类动物传播而来（如已感染的蝙蝠将狂犬病传播给牛）。

　B　**直接接触传播**

　　a　**密切接触**——传播需要两个动物之间密切接触（如牛结核病）。

　　b　**一般接触**——不太紧密的接触就可以传播（如呼吸道综合征病原在舍饲犊牛间的传播）。

　　c　**性传播**——需要性接触（或通过人工授精）传播（如牛胎儿滴虫）。

　　d　**空气/水传播**——病原由风或水的流动而发生的长距离传播（如口蹄疫）。

　　e　**污染物传播**——病原可在环境中长期存活，而易感动物接触环境中的病原体而感染（如炭疽）。

本章其余部分主要讨论直接接触传播的疾病，特别是通过密切接触或一般接触或性接触传播的疾病。

直接接触传播疾病发生的概率取决于群体中个体间接触的频率和接触后传播的概率。接触，是指被感染动物与易感动物间可能（但不一定）导致疾病传播的相遇机会，以胎儿滴虫为例，其传播通过公母牛的交配。接触率（c），是指在一段时间内一个动物与其他动物接触的次数。表27.1列出了本章中涉及的一系列参数和定义，还包括基于假定疾病爆发第一天的一些简单计算公式，以显示它们之间的关系。

表27.1 传染病参数

参数	描述	假设/计算
S，I，R，N	分别表示易感动物数、感染动物数、被清除动物数和群体中动物总数	$S=996$，$I=4$，$N=1000$
c	在一段时间内一个动物与其他动物接触的次数	10/（鱼·d）
p	一个感染动物和另一易感动物间感染传播的概率	0.15
cp	"有效"接触率	1.5/（鱼·d）
I/N	群体中具传染性个体的比例	$4/1000=0.004$
$\lambda =cp（I/N）$	易感动物被感染的概率 – 与通常定义的I同义——（感染率）（详见27.1） – 也称之为"感染力"或"每头易感动物传播率"	每条鱼每天新感染率为$1.5\times0.004=0.006$（或0.006 每条鱼-天）
$i=\lambda S$	感染率=群体中新感染的发生率 – 此为群体新感染率（i与本书中其余部分所指的I不同）	每天新感染率为$0.006\times996\approx6$
d	持续时间=传染期持续时间	5d
cpd	每个传染期有效接触率	$1.5\times5=7.5$/鱼/时间段
$s=S/N$	群体中易感动物所占比例 注意，在一个完全易感的群体中$S_0=N$，所以$s_0=1$	$996/1000\approx1$
$R_0=cpd$	R_0=传播基数=在一个完全易感的群体中一个传染个体引起的新感染数。	$R_0=1.5\times5=7.5$
$R_t=cpds_t$	R_t=有效传播数=在时间t内，从每个传染个体感染的新发病数。 注意，$s_t=S_t/N$ 注意，当$t=0$，$s=1$，则$R_0=cpd$	

注意：表中这些计算根据假定疾病爆发的第一天作为依据。在第2天，会有10（6+4）条被感染鱼，故λ为$1.5\times0.01=0.015$，同时，i增加到$0.015\times990=14.85$。

在动物群体中，接触的形式和频率主要由动物群体的结构和管理方式所决定，许多家畜以高密度饲养，接触率就高（是随机接触的结果）。动物的管理方式也影响接触方式，封闭式饲养并以人工授精的奶牛就不会接触胎盘滴虫；另外，与公牛共同饲养在开放牧场的母牛则有潜在接触的可能。如果所有动物接触到其他动物的机会相同，则混养可认为是均质的；如果由于诸如行为、管理等原因而使动物与具有某些特征的其他动物的接触概率高于群体中随机接触概率（如牛群中个体间的接触会因为发情周期不同而异），则混养为异质。

传播几率（p），指某头感染动物和另一头易感动物因接触而导致传播占全部接触者的比例。传播几率取决于病原特性、接触的形式和感染动物的传染性，接触率与传播几率的乘积（cp）被称为有效接触率。

27.4 传染病传播的数学模型

术语/缩写

在本章中，I表示群体中感染动物的数量。（它并不表示本书其他章节中所指的发病率）。R表示"被清除的"动物；R同时也表示传播数，但此时带有下标R_0或R_t。

开发和使用疾病的数学模型有以下三个理由（Green和Medley，2002）：

● 在疾病控制过程中使用概念模型有助于更好地分析干预措施的效果。如Medley等（2008）用概念模型评估了基于主动监测的控制计划的效果。

● 结合来自于试验调查所得数据，从概念模型可以开发出具有固定特征动物群体中疾病传播的预测模型，然后将其用于评估疾病控制的效果。具体实例可参考Tildesley等（2006）。

● 结合观测数据（如自然发生的动物疫病），概念模型可用于洞察动物群体中疾病的流行病学，并评估如R_0等参数。本章主要论述这些疾病模型的应用。

一般来说，疾病模型可以是确定性的或随机性的。前者从一组给定的参数中得出单一的结果，后者由于事件的随机性（如传播）而产生的结果呈概率分布（Ball和Neal，2002；MacKenzie和Bishop，2001）。随机模型的平均值并不总是与确定性模型相同，结果可能呈双峰分布。举例来说，当易感群体中引入一头具有高传染性的感染动物，初期疫情在确定性模型中呈对数变化，而随机模型则呈现双峰，其中一个为无疫情的概率峰（如果初期侵入因随机事件而消失），另一个为疫情的概率峰，在这种情况下，随机模型的平均值与确定性模型相同。

最简单的模型是易感–传染–痊愈（SIR）模型，如图27.2所示。在SIR模型中，假定易感动物

图27.2　具有2个传播率的简单SIR模型

（S）以特定的率（λ）被感染（并立即具有传染性），感染动物（I）以特定的率（γ）痊愈（且具免疫力），痊愈动物（R）一直保持健康状态，那么整个群体大小为$N=S+I+R$。

SIR模型可用于确定传染病模拟所需的关键参数。这些参数如表27.1所示，并有一个简单的计算例子说明其关系，这个例子假定一条感染的大西洋鲑鱼引入易感群体，在计算过程中会使用以下特定的假设：

● 每个网箱中有1000条鱼均质混养（$N=1000$）。

● 鱼间的接触率为每天每条鱼10次（即一条鱼每天与其他鱼接触10次），并在网箱中是均质的。

● 一个新的病原进入网箱，最初感染4条鱼。

● 在任何一次接触中疾病传播的概率为15%（0.15）。

● 感染的鱼有5天处于传染期，然后便痊愈并具备足以抵抗进一步感染的免疫力。

27.4.1　感染率

在表27.1中有2个感染率。λ与第2章中讨论的感染率（I）一致，在1000条鱼的群体样本中，每天有1500次有效接触，但其中只有0.4%的接触涉及感染鱼，所以每一条易感鱼在第一天被感染的几率仅为0.006（即当天有6条鱼感染）。对一条易感鱼来说，λ指其在短时间内感染的概率，有时称之为感染力。

如前所述，表27.1中的感染率（i）与本书中别处的I是不同的概念，它是指群体新感染率，代表

群体中新感染发生的比率。当群体中易感动物所占比例下降，i也随之下降，尽管λ仍处于较高水平。

27.4.2　感染基数（R_0）

如表27.1中所示，感染基数（R_0）表示在一个完全易感的群体中，平均由一个感染动物所引起的新感染数（在传染病流行初期）。

$$R_0 = cpd \qquad \text{等式 27.1}$$

R_0是有效感染率（cp）和传染期持续时间（d）的乘积，是了解传染病的关键参数。如果$R_0 > 1$，由于每头感染动物平均感染一头以上的易感动物，疾病就会蔓延。如果$R_0 < 1$，传染病就会消失。但如上所述，传播是一个随机过程，当$R_0 > 1$时疾病不一定就会传播，反之亦然。另外，R_0是群体的平均值，群体中的动物很可能出现不同的类别，不同类别动物群体的R_0可能远高于或低于群体平均值（非均匀接触）。

随着群体中感染的扩散和一些动物从易感到感染，再到痊愈的转归，整个群体便不再处于完全易感状态，那么在t时间的有效感染数（R_t）为：

$$R_t = cpds_t = R_0 s_t \qquad \text{等式27.2}$$

其中$s_t = S/N$（在t时间，群体中易感动物所占比例）。本章重点讨论R_0作为衡量一个群体中（如网箱、畜群）动物间感染传播参数，也可在群体水平上定量分析牧群间疾病的传播（Medley等，2008；Stegeman等，1999；Van Nes等，1998）。

27.4.3　R_0和免疫接种

疫苗常用于防止群体中感染的传播和/或疾病的发生，如果疫苗只能防止疾病发生而对感染的传播无影响（如破伤风类毒素），那么它对群体中病原的动态变化没有影响。我们将讨论疫苗有效控制病原传播的情形。如果将预防感染有效率为100%的疫苗接种于群体中的所有个体，则就不会有新感染的发生。但事实上很少有100%有效的疫苗，也很难对群体中所有个体都实行疫苗接种。

如果群体中一部分动物（f）接种具有完全保护性的疫苗，则有效感染数（R^*）为：

$$R^* = R_0(1-f) \qquad \text{等式27.3}$$

当$f > 1-1/R_0$，R^*小于1，在此情况下，传染病会消失。如果能够获得特定群体中某种病原的R_0估计值，你就能评估要预防感染传播所需的疫苗接种范围［有时也被称为临界百分比（用f_{cp}表示）］。例如，如果R_0为5，则$f_{cp} = 1-1/5 = 0.8$，即群体中80%的个体接种100%有效的疫苗就可以防止感染传播。Coleman和Dye（1996）评估了犬群中狂犬病的临界百分比（数据来源于4个国家的农村和城市狂犬病爆发数据）介于39% ~ 57%之间，这里强调群体免疫的原则，表明不必为防止疫病流行而免疫群体中的所有动物。

如果一种疫苗只能保护一部分个体（h）（但对这些个体有完全的保护力），则$R^* = R_0(1-hf)$，需要免疫的动物数为：

$$f_{cp} = \frac{1-1/R_0}{h} \qquad \text{等式 27.4}$$

如果疫苗只是部分有效，免疫可能会降低动物的易感性，从而将传播概率降低一个系数（用z_1表示），即从p降低到$z_1 p$；这也能将感染期缩短一个系数（z_2）和/或将感染动物的传染性降低一个系

（z_3）。如果一种疫苗具有全部这些作用，则R^*为：

$$R^* = R_0 z_1 z_2 z_3 \quad 和 \quad f_{cp} = 1 - 1/R^*$$

等式 27.5

例如，已经有学者研究了高致病性禽流感疫苗对感染传播参数的影响（van der Goot等，2005）。这些概念不仅对分析疫苗效果的建模有用，而且对评估疫苗免疫效果的现场试验设计有重要作用（详见 11.10节）。

27.4.4　R_0的局限性

如上所示，如果$R_0 > 1$，则感染会在易感动物群体中传播。然而，疾病传播是一个随机过程（传播是否发生，有一个"机会"元素）。如果将传染源引入一个均质易感动物群中，爆发疾病的概率（在过了感染初期阶段后的疾病传播）为：

$$p(爆发) = 1 - (1/R_0)^{I_0} \quad （假设\ R_0 > 1）$$

等式 27.6

其中I_0是引入群体的传染性动物数（当$t=0$时）（Keeling，2005）。故当$R_0=7.5$时引入1例感染动物，爆发疾病的概率为87%；但当引入4只感染动物时，爆发疾病的概率将升至99%以上。

然而，即使疾病从最初的感染动物扩散，所引起的流行规模和时间也会有很大差别。同样，如果$R_0 < 1$，也不能保证不会在动物群体中发现新感染。图27.3显示了当R_0值从0.5～2.0变化时可能的流行曲线范围。对每个R_0值，模拟20次爆发，并挑选其中5次来代表可能结果的范围，每次爆发由100只易感动物组成，在群体中引入1只感染动物，持续时间（d）为1d，实线表示预期的发病曲线（确定性模拟）。即使当$R_0=0.5$时，群体仍会发生局限性爆发。$R_0=2$时，某些疾病爆发后会很快消失；而其他一些疾病爆发后，群体中的大部分动物会受到感染。

对R_0在这些模式下的估计结果显示，一次爆发只能提供很有限的信息。（注意：从建模角度来说，任何一次疾病爆发即指$R_0 > 1$，而从观测到的数据来看，疾病爆发意味着病例数比预期多，且可

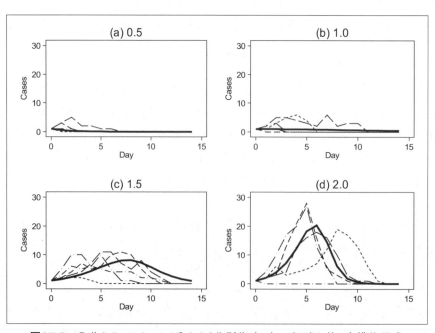

图27.3　R_0为0.5、1.0、1.5和2.0 [分别为（a）～（d）] 的6次模拟爆发

以在$R_0 < 1$时发生——详见图27.3（a））。

27.5 R_0和其他传染病参数的估计

27.5.1 传播概率的估计

要估计接触率（c）和传播概率（p）是很困难的。在疾病爆发时，继发率（SAR）是指传播概率的一种度量值。（注意 SAR并不是率而是危险性）。SAR被定义为一个易感动物因群体中第一例（最初）病例而受到感染的概率，即继发感染病例数（从最初病例获得的感染）除以暴露的易感动物总数：

$$SAR = \frac{继发感染病例数}{暴露的动物总数} \qquad 等式\ 27.7$$

SAR数据通常来自于小规模爆发（如某栏牛的某一次爆发），这些小规模爆发时最初病例出现时间都是明确的。计算SAR的问题在于哪些是继发病例，这就需要了解预期的（最长和最短）疾病潜伏期和感染潜伏期。而估计初次病例的感染时间（t_0）则要基于预期的疾病潜伏期和感染潜伏期，继发病例指发生在t_0加最短疾病潜伏期和t_0加最长疾病潜伏期这段时间内的病例，用图27.4说明。

评估p的另一种方法是使用疾病传播的二项模型。二项模型将新感染病例数与动物群中与感染动物的接触总次数相关联，而不仅仅从暴露动物的数量得出传播概率。因此，二项模型适用于易感动物与潜在的传染性动物发生多次接触的情形。在任一次接触的传播率为p，则避免传播的概率为$q=（1-p）$，那么在n次与潜在感染病例接触后避免疾病传播的概率为q^n，故被感染的概率为$1-q^n=1-（1-p）^n$。假设二项模型可应用于不连续的时间段，这些模型可随时间的推移而扩展，这些模型称之为链式二项模型，包括Reed-Frost模型和Greenwood模型，前者假设在同一时间段内接触到两个或更多

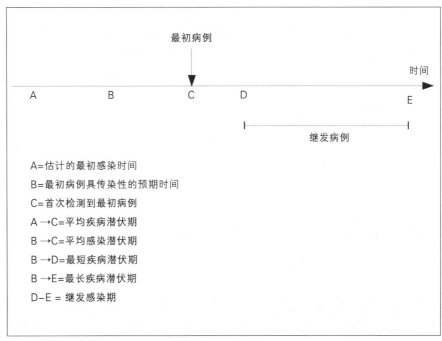

图27.4 通过预期感染潜伏期和疾病潜伏期估计继发率

的传染性动物是独立事件，而后者则假定它们是单一事件，尽管二项模型在研究疾病传播方面在概念上听起来很吸引人，但尚未用于评估 p。

27.5.2　估计 R_0

如上所示，R_0 虽然仅针对某一时间点上一个特定动物群体中的特定病原，但从一些群体中估计 R_0 也有助于了解新情势下预期发生的事情。当然，即使具有了与某个 R_0 值相一致的疾病可能爆发状况，从单个爆发中估计 R_0 的价值是有限的。

估计 R_0 的方法有多种，这里讨论其中一些应用较广的方法。这些方法的详细内容见Anderson和May（1991）；Becker（1989）；Diekmann和Heesterbeek（2000）；Dietz（1993）。

27.5.3　从爆发的指数期估计 R_0

在疾病爆发初期，新感染的病例数不受易感动物数的限制，这一时期被称为指数期，倍增时间（t_d=新病例倍增的时间）与 R_0 的关系如下：

$$t_d = (\ln 2)d/(R_0-1) \approx 0.7\,d/(R_0-1) \qquad \text{等式 27.8}$$

其中 d 为感染期持续时间（假定爆发呈指数型，且易感动物数量不减少，Keeling，2005）。因此，如果从数据中可得 t_d，且从实验研究中推测 d，则：

$$R_0 = 0.7(d/t_d)+1 \qquad \text{等式 27.9}$$

预测 t_d 的一种方法是用时间作为唯一自变量，将一次指数期爆发得出的数据代入指数回归模型，则：

$$t_d = \ln 2/\beta \quad \text{和} \quad R_0 = (\beta_d)+1 \qquad \text{等式 27.10}$$

其中 β 为回归曲线的斜率。如果感染过程包括感染潜伏期和疾病潜伏期，则 d 被世代间隔（generation interval）所替代，后者即感染潜伏期和感染期之和。使用这种方法预测 t_d（或 R_0）对选择世代间隔持续期的分布是敏感的（Wallinga和Lipsitch，2007）。例27.1中，加拿大东部一次鲑传染性贫血症（ISA）爆发时，这种方法就被用于预测其中9个网箱的 R_0 值（Hammell和Dohoo，2005）。

27.5.4　由传染病爆发高峰期预测 R_0

在疾病爆发峰期，流行曲线由上升转为下降（即在一段时间内，新感染的数量由增多转为减少），则 $R_t=1$（即每一现存感染均为新感染）。因为 $R_t = R_0 \cdot s_t=1$，故：

$$R_0 = 1/s_t \qquad \text{等式 27.11}$$

其中 s_t 是峰值时群体中易感个体所占比例（称为临界易感比例）。

27.5.5　地方流行性疾病 R_0 的预测

到目前为止，我们介绍的情况是动物群体中引入一个传染源，引发一次疾病爆发。然而，许多传染病呈地方流行（即它们在一个群体中长期存在）。尽管发病率时有起伏，从长期平均计算，感染的持续存在说明每一个感染动物都会传染给一个新个体（即 $R_t=1$，故 $s_t=1/R_0$）。注意，这与一次疾病爆

例27.1 由传染病爆发指数期预测R_0

data=isa_day

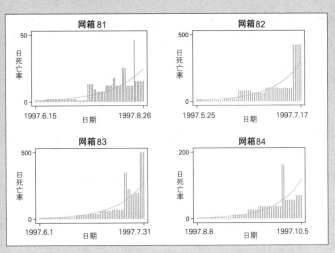

图27.5 4个网箱中观测到每日死亡率的柱状图

　　数据取自加拿大东部一次鲑传染性贫血症（ISA）爆发初期的死亡数（从同一处取9网箱，但图27.5中仅显示其中4箱的数据），同样假定群体完全易感。定期潜入网箱收集死鱼，每日死亡数由死亡鱼的数量除以从最后一次潜水起的间隔（如果有15条死鱼，3d前最后一次潜水取死鱼，则假定每日死亡数为5条鱼）。每箱初始时约有8000到10000条鱼有被感染的风险。世代间隔假定为21d，感染潜伏期为7d，感染期为14d（Mikalsen等，2001；Moneke等，2005）。

　　上图表示从指数回归（9个网箱中取4个网箱）得出的预测值与每日死亡数的关系。

　　4个网箱中的β、t_d和R_0的预测值如下表所示。所有网箱（$n=9$）中的R_0值范围是1.65～2.60，平均值为2.27。

网箱编号	77	78	79	80	81	82	83	84	86	平均值
β	0.076	0.076	0.070	0.031	0.045	0.068	0.063	0.070	0.045	0.060
t_d（d）	9.17	9.12	9.97	22.53	15.26	10.18	11.05	9.91	15.50	12.52
R_0	2.59	2.60	2.46	1.65	1.95	2.43	2.32	2.47	1.94	2.27

发处于峰值时的情况相同；若疾病维持流行态势，需要引入易感动物 — 图27.3（c）和图27.3（d）中疫病消失的原因就是群体中不再有易感个体，而易感动物的主要来源是新生动物和免疫力丧失的动物（地方流行情况实际上反映了易感动物通过感染的引入和消失过程中两者之间的动态平衡）。

　　当疾病流行处于平衡时，被感染动物的平均年龄（A）及其平均寿命（L）可以用于预测λ（新感染率），以及R_0和s^*（稳态时群体中易感动物的比例）如下：

$$\lambda = 1/A \qquad R_0 = L/A \qquad s^* = A/L$$

等式 27.12

　　仅当L为阈值（即所有动物寿命都达到L并死亡）时，本方法才适用。这对某些动物来说是正确的（如到达一定年龄后被屠宰的动物），但并不一定完全适用（如某奶牛群）。R_0的预测值只能代表不同年龄群内及年龄群间疾病传播平均水平的总体预测，而特定年龄群的R_0预测就需要知道其接触率。这些假设限制了本方法在R_0预测地方流行性疾病中的应用，但已被成功用于生命期相当长一段时间内饲养的不同组群动物（Laegreid和Keen，2004）。

　　感染的平均年龄可以通过血清学方法测定（Dietz，1993），如果感染后会出现临床症状，那么也可以通过临床病例数据确定感染平均年龄，现在有很好的系统来记录这些数据。使用血清学数据时，要确保采样的频度以便确定感染发生时间，当血清学数据有限时，可以根据最终感染（痊愈）的群体数量来确定（Becker，1993）。

若能够获得群体中某次感染与年龄相关的血清学资料，那么就可以预测 i（群体发病率）；从存活曲线图可得出在年龄=a（记为s_a）时仍然具有易感性的动物比例（如图27.6），该曲线在年龄=a时的斜率与感染发生率的关系如下所示：

$$斜率(a)=ds/da=-i s_a$$　　　　　　　　　　　　　　　　**等式27.13**

使用这种方法的前提是新感染发生率随年龄变化而变化，i 可用于估计不同的年龄组，注意当只有一个时间点单一年龄段数据时，难以区分 i 与时间和年龄变化的关系。

在疾病的流行态势稳定，并可获得发病率和流行性估测数据的情况下，可以进一步预测有效

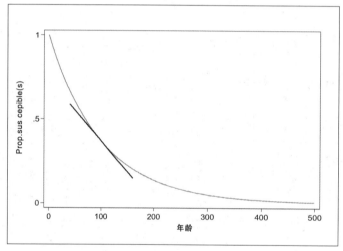

图27.6　生存曲线斜率用于预测任一特定年龄动物群的i

接触率。在表27.1中可得 $i=\lambda S= cp(I/N)S$，i 为群体中新感染的发生率，I/N 是感染的流行，因此，$cp=\lambda \cdot (N/I)$。

27.5.6　疾病爆发数据的回归模型

如果可以获得一次或多次疾病爆发的数据，则可用Poisson或负二项模型建模来分析特定时间段内新感染发生数（详见第18章）。由于传染病数据通常有超Poisson变异（即变异超过了Poisson分布预期范围），故常用负二项模型处理这类数据。

使用回归模型需要从观测数据"反向计算"感染发生的时间以"重建"疾病的流行趋势。例27.2显示了ISA数据，这个实例用点测法分析了感染潜伏期和感染期长度，但是更复杂的模型也许能推测出这些值的分布（Bos等，2007）。

为了说明 t 时间的新感染数与早期群体状况间的关系（就易感动物和传染性动物数量而言），模型中需要包括一个偏移量，它代表了新感染发生时（如果病原体有感染潜伏期，则可能有一个以上的时间段）群体的状态。偏移量的计算需要对群体中接触形式进行假设，即假设偏移量取决于群体中传染性个体所占比例（I/N），则需要计算非密度制约（SI/N）的估计值，当接触是由行为决定（如

例27.2 疾病爆发数据的回归模型

data=isa_wk

除死亡率每周要记录一次、假定被感染的鱼经历一周感染潜伏期后再经历2周传染期（d）外，其余数据均与例27.1相同（Mikalsen等，2001；Moneke等，2005）。这里使用同一区域9个网箱的数据。

本次分析意在了解某个特定星期内新感染的数量（E）。假设在–3周（正式记录前的第3周）将一条被感染的鱼引入群体，在–2周（E）时，该鱼感染了其他8条鱼，而这8条鱼在–1周和0周（Ia和Ib）时具有传染性。最终，这8条鱼死亡，就是最早观测到的病例（R）（第1周），这8条死亡的鱼就对应–2周的新感染，故这些新感染的偏移量由这周之前（–3周）的S、I和N计算得到。需要用非密度制约偏移量（SI/N）分析这些数据，由于N很大且在疾病爆发期相对恒定，使用密度制约的偏移量会产生非常相近的结果，在回归分析中只使用从0周开始的记录数据，因为0周实际就是传染性个体数量完整信息可用的第一周。

网箱	周	易感鱼群	S	E	Ia	Ib[1]	R	N
81	–3	8120	8119	0	1	0	0	8120
81	–2	8112	8112	8	0	1	0	8120
81	–1	8097	8097	15	8	0	1	8119
81	0	8085	8085	12	15	8	0	8119
81	1	8070	8070	15	12	15	8	8111
81	2	8062	8062	8	15	12	15	8096
81	3	7982	7982	80	8	15	12	8084
81	4			etc				

[1]感染周1（Ia）和2（Ib），I=Ia+Ib

开始时，使用负二项模型适用于各次疾病爆发。

网箱	77	78	79	80	81	82	83	84	86	平均值
β_0	0.68	0.56	0.90	–0.05	0.05	0.71	0.42	0.72	0.20	0.48
R_0	3.93	3.51	4.92	1.90	2.11	4.07	3.04	4.11	2.44	3.34

β_0的范围是–0.05～0.90，相当于平均值为3.3、变化范围从1.90～4.92的R_0值（或者，β_0的平均值可以转换成R_0，获得的平均数为3.0）。

然后将这些数据汇编成一个数据集，用随机效应负二项模型分析组合数据。β_0的总体预测值是0.57，相当于R_0为3.54。

形成鱼群）而非群体规模大小决定时，则适用此计算方法，在此情况下，$R_0=cpd$。另一方面，如果假设接触是完全随机的（完全随机相遇），则更适合根据密度计算估计值（SI）。当疾病传播需要密切接触时，计算该值更为常用。在此情况下，$R_0=cpd\,N$（关于这方面的详细讨论见Begon等，2002；McCallum等，2001）。

一旦获得估计值β_0，R_0如下所示计算：

$$R_0 = e^{\beta_0}d \qquad\qquad \textbf{等式 27.14}$$

其中β_0为回归截距，d为感染时间段的长短。

例27.2的分析假设所有感染鱼均死亡，而如果疾病任其流行（如图27.7中的网箱83），其中位数死亡率仅为6.6%（Hammell和Dohoo，2005），因此这种假设是不成立的。小部分鱼死后疾病的爆发终止了，则说明许多鱼已有免疫力，不会死亡。

鉴于测定鱼的免疫力较困难，因此也就难以确定有多少感染鱼死亡和有多少鱼产生了免疫力。在这种情况下，只能假设感染鱼死亡的比例。例27.3展示了这种假设的敏感性分析。

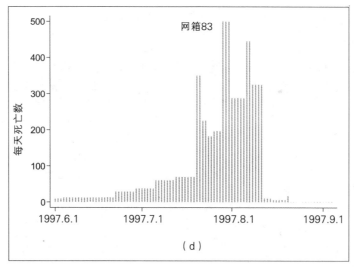

图27.7 83号网箱中鱼的每日死亡率柱状图

例27.3 敏感性分析

data=isa_wk

要校正每次疾病爆发的数据，以考虑到鱼群中只有一部分死亡。在下表中，假定每死亡一条鱼，都有4条鱼被感染，而后痊愈并具有免疫力。每个时间点暴露的个体数（E）和具传染性（Ia和Ib）鱼的数目均是例27.2中的5倍。

网箱编号	周	易感鱼群	S	E	Ia^2	Ib^2	R	N
81	−3	8133	8132	0	1	0	0	8133
81	−2	8131	8122	10	0	1	0	8133
81	−1	8127	8102	20	10	0	1	8132
81	0	8125	8092	10	20	10	0	8132
81	1	8121	8072	20	10	20	10	8130
81	2	8113	8032	40	20	10	20	8126
81	3	8098	7957	75	40	20	10	8124
81	4			etc				

与例2一样，意在了解新感染（潜伏感染）的数量，偏移量是基于前一周的感染鱼个体总数，使用随机效应负二项模型处理数据。假设感染鱼的数量与死亡鱼的数量比例范围在1~5，这些数据可用5个模型进行处理。下表总结了这些模型。

感染-死亡比例	1	2	3	4	5
β_0	0.571	0.602	0.633	0.667	0.706
R_0	3.54	3.65	3.77	3.90	4.06

尽管有大致上升的趋势，R_0的估计值对预测感染:死亡比例并不是特别敏感，这是因为随着死亡比例的上升，新感染的预期数也显著上升，能够传染给其他个体的感染鱼数量也增加。

27.5.7 微分等式模型

图27.2展示了一个非常简单的SIR模型。更复杂的模型可用于解析病原体和宿主间更复杂的互作，比如，一个新感染个体在具有传染性前会经历一段感染潜伏期，这就引发了SEIR（易感—暴露—具传染性—痊愈）模型。同样，在传染期后个体可能死亡或痊愈（并具备免疫力），由此产生的模

图27.8　考虑动物死亡或痊愈的SEIR模型

型见图27.8（Chowell等，2007；Keeling和Rohani，2007；Medley等，1993），在该模型中，只有三个率的参数（$\lambda\ \gamma\ \delta$），但还有一个必须预测的概率（死亡的概率）。在兽医文献中可找到更多更复杂的模型，但已超出本书内容，如在羊痒病的爆发（Hagenaars等，2003）和牛感染都柏林沙门氏菌（Nielsen等，2007）的研究中考虑了环境对感染的影响，其他诸如年龄对易感性和繁殖状况对传播的影响可以结合到更复杂的模型中（Cherry等，1998；Hagenaars等，2003）。

根据有关疾病模型，可以通过计算一系列微分等式得出模型所需的率参数估计值。图27.8中所示模型［SEI（RD）］，需要计算的等式如下：

$$\frac{dS}{dt}=-\lambda S \qquad\qquad \frac{dE}{dt}=\lambda S-\gamma E \qquad\qquad \frac{dI}{dt}=\gamma E-\delta I$$

$$\frac{dR}{dt}=(1-\alpha)\delta I \qquad\qquad \frac{dD}{dt}=\alpha\delta I$$

其中，α是一条受感染鱼死亡的概率（与痊愈并获得免疫力相对应）。

这些等式定义了每一单元内鱼数量的变化率。比方说，具有传染性鱼的数量变化（即dI/dt）是暴露后具有传染性鱼的比率（γE）与受感染后鱼的死亡率（δI）之差。痊愈鱼的数量以（$1-\alpha$）δI比率增多，死亡鱼的数量以$\alpha\delta I$比率增多。表27.1清楚地说明了λ和I之间的关系，可以计算出S、E和I的微分等式如下所示：

$$\frac{dS}{dt}=-cp\frac{SI}{N} \qquad\qquad \frac{dE}{dt}=cp\frac{SI}{N}-\gamma E \qquad\qquad \frac{dI}{dt}=\gamma E-\delta I$$

这更清楚地说明了每一单元鱼数量的变化率取决于该单元鱼的数量——这是疫病流行非线性本质的原因。

考虑到每个单元的不同情况，微分等式提供了各单元的变化率。为了解这些等式，我们需要有"初始状态"或一个起始点。一般来说，难以得出这些等式的分析结果，（即$S_t=S^0e^{-\lambda t}$这种形式的等式）因为I由S决定，而λ又由I决定。因此，这些等式必须以数值解题，这一过程如表27.1所示——取一时间段，计算出易感、暴露、感染、迁出和死亡的新数量，不断重复这一过程。要计算这些等式确实需要间隔比较短的时间（1d可能过长），故只有使用电脑软件，已有许多种软件处理这种普通的微分等式系统（如MatLab、Berkeley Madonna、Mathematics、Maple）。

这类问题被称为"初始数值问题"——设定模型假设，参数值和$t=0$时，S、E、I、R、D的初始状态，则当$t>0$时，S、E、I、R的值是多少？一个特别明显的假设是E和I两个阶段的演变率是恒定的。这与存活分析中恒定的风险率是相同的，故在ISA例子中，在E和I的预期停留期呈指数分布，平均数分别为7d和14d。

有多种方法将数据用这些等式进行分析。最直接的方法是使用非线性回归以计算出cp和α，而它们可将模型与数值（线和点）间的方差之和缩小到最小，R_0可由$R_0=cpd$计算得到，该方法被用于例27.2、例27.3中9次ISA爆发的分析，结果见例27.4。唯一已知量是每个时间段的死亡数量及初始群体数量（$t=0$时）。

如图27.3所示，传染病实际上是随机的：一次爆发几乎很少符合预期平均值。因此，从一次爆发中预测的cp值（如图27.9）难以得出该病多次爆发的可能cp值。如果能够获得多次爆发的数据，则可以通过预测值的范围了解传染过程的动态变化。另一种方法是使用和单次爆发数据相吻合的随

例27.4　ISA爆发的微分方程模型

Data =solutions2.dta

使用标准MatLab功能（ode45）计算由$SEI（RD）$推导的微分方程求解一系列方程式。E和I部分的持续时间假定呈指数分布，平均分别为7d和14d。在$t=0$时，初始状态（S, E, I, R, D）分别被设为（9969, 0, 1, 0, 0），由此得出的cp和α的预测值可作出最接近观测数据的流行曲线。

四种不同cp和α组合、拟合性差的曲线（破折线）对应观测数据（点）和最佳拟合曲线（$cp=0.3115$和$\alpha=1$）（实线）作图。显然，cp和α（以及R_0）值对传染病的流行方式有很大影响。

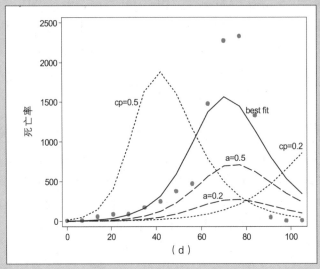

图27.9　四条拟合性差的曲线（图例请见正文），第83号网箱数据

全部9个网箱的cp、R_0和α预测值如下所示。

网箱	77	78	79	80	81	82	83	84	86	平均
cp	0.38	0.43	0.60	0.21	0.35	0.40	0.31	0.46	0.29	0.38
R_0	5.34	6.01	8.46	2.89	4.96	5.59	4.36	6.44	4.00	5.34
α	0.23	0.06	0.52	0.25	0.10	1.00	1.00	0.24	0.18	0.40

R_0的预测值比从负二项模型中所得的数值略大。这并不意外，首先，数学模型方法假设感染潜伏期和感染期呈指数分布（平均分别为7d和14d），而回归模型假设所有鱼的感染潜伏期和感染期为确定的7d和14d。其次，数学模型方法预测即时率，而回归模型预测的是每周的变化率。既然使用的方法不同，那么两个模型得出结果不同就不足为怪了。但从长远意义上来说（随着时间间隔较短的许多高质量观测数据的增加），两种方法的预测趋势会趋于一致。

数学模型分析的一个优势在于，它允许α（感染鱼群中死亡比例）自由预测，而不是回归模型中那样的固定值。

机模型，该模型可了解诸如R_0的参数变化范围。这些都超出了本书的内容，但例子包括Bjørnstad等（2002）、Ferrari等（2005）、Gibson和Renshaw（1998）。

参考文献

Anderson RM, May RM. Infectious Diseases of Humans. Dynamics and Control. Oxford Univ. Press; Oxford. 1991.

Ball F, Neal P. A general model for stochastic SIR epidemics with two levels of mixing. Math Biosci. 2002; 180: 73-102.

Becker NG. Analysis of infectious disease data. Chapman and Hall; London. 1989.

Becker NG. Martingale methods for the analysis of epidemic data. Stat Methods Med Res. 1993; 2: 93-112.

Begon M, Bennett M, Bowers RG, French NP, Hazel SM, Turner J. A clarification of transmission terms in host-microparasite models: numbers, densities and areas. Epidemiol Infect. 2002; 129: 147-153.

Bjørnstad ON, Finkenstädt BF, Grenfell BT. Dynamics of measles epidemics: Estimating scaling of transmission rates using a Time series SIR model Ecological Monographs. 2002; 72: 169-184.

Bos MEH, Van Boven M, Nielen M, Bouma A, Elbers ARW, Nodelijk G, Koch G, Stegeman A, De Jong MCM. Estimating the day of highly pathogenic avian influenza (H7N7) virus introduction into a poultry flock based on mortality data Vet Res. 2007; 38: 493-504.

Cherry BR, Reeves MJ, Smith G. Evaluation of bovine viral diarrhea virus control using a mathematical model of infection dynamics. Prev Vet Med. 1998; 33: 91-108.

Chowell G, Nishiura H, Bettencourt LMA. Comparative estimation of the reproduction number for pandemic influenza from daily case notification data. J R Soc Interface. 2007; 4: 155-166.

Coleman PG, Dye C. Immunization coverage required to prevent outbreaks of dog rabies. Vaccine. 1996; 14: 185-186.

Cowling BJ, Muller MP, Wong IOL, Ho L, Louie M, McGeer A, Leung GM. Alternative methods of estimating an incubation distribution: examples from severe acute respiratory syndrome Epidemiology. 2007; 18: 253-259.

Cox FEG. Modern Parasitology: A Textbook of Parasitology. Blackwell Science; Oxford. 1993.

Diekmann O, Heesterbeek JAP. Mathematical Epidemiology of Infectious Diseases: Model Building, Analysis and Interpretation. Wiley; Chichester. 2000.

Dietz K. The estimation of the basic reproduction number for infectious diseases. Stat Methods Med Res. 1993; 2: 23-41.

Ferrari MJ, Bjørnstad ON, Dobson AP. Estimation and inference of R0 of an infectious pathogen by a removal method. Math Biosci. 2005; 198: 14-26.

Gibson GJ, Renshaw E. Estimating parameters in stochastic compartmental models using Markov chain methods IMA J Math Appl in Med Biol. 1998; 15: 19-40.

Green LE, Medley GF. Mathematical modelling of the foot and mouth disease epidemic of 2001: strengths and weaknesses. Res Vet Sci. 2002; 73: 201-205.

Hagenaars TJ, Donnelly CA, Ferguson NM, Anderson RM. Dynamics of a scrapie outbreak in a flock of Romanov sheep-- estimation of transmission parameters. Epidemiol Infect. 2003; 131: 1015-1022.

Hammell KL, Dohoo IR. Mortality patterns in infectious salmon anaemia virus outbreaks in New Brunswick, Canada. J Fish Dis. 2005; 28: 639-650.

Keeling MJ. Models of foot-and-mouth disease. Proc Biol Sci. 2005; 272: 1195-1202.

Keeling MJ, Rohani P. Modeling Infectious Diseases in Humans and Animals. Princeton University Press; Princeton (NJ). 2007.

Laegreid WW, Keen JE. Estimation of the basic reproduction ratio (R0) for Shiga toxinproducing Escherichia coli O157:H7 (STEC O157) in beef calves Epidemiol Infect. 2004; 132: 291-295.

MacKenzie K, Bishop SC. Developing stochastic epidemiological models to quantify the dynamics of infectious diseases in domestic livestock. J Anim Sci. 2001; 79: 2047-2056.

McCallum H, Barlow N, Hone J. How should pathogen transmission be modelled? Trends Ecol Evol. 2001; 16: 295-300.

Medley GF, Cooper BS, Green LE. The dynamics of test and clear programmes: interaction between surveillance and control Prev Vet Med 2008, submitted.

Medley GF, Perry BD, Young AS. Preliminary analysis of the transmission dynamics of Theileria parva in eastern Africa. Parasitology 1993; 106 (Pt 3): 251-264.

Mikalsen AB, Teig A, Helleman AL, Mjaaland S, Rimstad E. Detection of infectious salmon anaemia virus (ISAV) by RT-PCR after cohabitant exposure in Atlantic salmon Salmo salar. Dis Aquat Organ 2001; 47: 175-181.

Moneke E, Groman DB, Wright GM, Stryhn H, Johnson GR, Ikede BO, Kibenge FSB. Correlation of virus replication in tissues with histologic lesions in Atlantic salmon experimentally infected with infectious salmon anemia virus. Vet Pathol. 2005; 42: 338-349.

Nielsen LR, van den Borne B, van Schaik G. Salmonella Dublin infection in young dairy calves: transmission parameters estimated from field data and an SIR-model. Prev Vet Med. 2007; 79: 46-58.

Stegeman A, Elbers AR, Smak J, de Jong MC. Quantification of the transmission of classical swine fever virus between herds during the 1997-1998 epidemic in The Netherlands. Prev Vet Med. 1999; 42: 219-234.

Tildesley MJ, Savill NJ, Shaw DJ, Deardon R, Brooks SP, Woolhouse MEJ, Grenfell BT, Keeling MJ. Optimal reactive vaccination strategies for a foot-and-mouth outbreak in the UK Nature. 2006; 440: 83-86.

van der Goot JA, Koch G, de Jong MCM, van Boven M. Quantification of the effect of vaccination on transmission of avian influenza (H7N7) in chickens. Proc Natl Acad Sci USA. 2005; 102: 18141-18146.

Van Nes A, De Jong MC, Buijtels JA, Verheijden JH. Implications derived from a mathematical model for eradication of pseudorabies virus. Prev Vet Med. 1998; 33: 39-58.

Wallinga J, Lipsitch M. How generation intervals shape the relationship between growth rates and reproductive numbers. Proc Biol Sci. 2007; 274: 599-604.

第28章

系统评述和荟萃分析

方维焕 译 吴艳涛 校

目的

阅完本章后，你应该能够：

1. 进行系统评述；

2. 完成数据抽提过程，为荟萃分析提供合适的数据；

3. 计算效应的总估计值，评价研究结果的异质性，选择固定模型或随机效应模型进行分析；

4. 以图表的形式呈现荟萃分析结果；

5. 评价不同研究间效应估计值出现异质性的可能原因；

6. 评价发表偏倚对研究结果的潜在影响；

7. 判断你的结果是否受到个别研究影响；

8. 处理相关研究中关于数据呈现类型（或者丢失）的各种情况；

9. 掌握观察性研究荟萃分析中的一些重要问题。

28.1　引言

在制定动物健康干预决策时，为了作出最有根据的决策，我们要应用所有可利用的信息。但是，文献中的信息通常是不确定的，甚至是矛盾的。例如，1994年，重组牛生长激素（recombinant bovine somatotropin，rBST）在美国的推广应用引发了一场关于使用这种药物是否存在引发奶牛乳腺炎风险的大讨论。关于临床乳腺炎风险比（或对估算风险比的数据）进行的所有rBST随机临床试验，1998年就有20项研究（代表29组奶牛）（Dohoo等，2003a）。这些研究中风险比（risk ratio，RR）的点估值从0.67（即低风险）到4.87（即潜在的高风险）不等（见例28.1）。然而，29组研究中有28组的结果在统计学上差异不显著。你可能由此得出rBST对乳房炎没有影响的结论。尽管如此，你不禁要问：随机变异的存在是否使结果的变异程度比预期要大？每项研究能够检测出rBST效应的能力如何？

同样，如果你评价rBST对产奶量（以3.5%乳脂率校正奶产量）的影响，可以找到19项不同研究中28组奶牛的数据。点估值从每天降低0.7kg产奶量到每天增加10.6kg产奶量不等。尽管点估值变动范围很大，但是大多数都大于3kg/d，而且28组中有23组的产奶量增加值在统计学上是显著的。显然，rBST对产奶量有影响，但你可能想知道平均效应是多少或者不同试验间存在差异的原因。

如果你想利用现有数据就rBST对乳房炎风险影响进行评述，有两种可以利用的基本方法：叙述性评述或者系统性评述（可能会包含荟萃分析）。

例28.1　rBST对乳腺炎影响的风险比单点估算值

data=bst_mast

20个研究中涵盖了29组奶牛，有充足的数据能够估计rBST导致乳房炎的风险比，29组中每组的点估值如下：

研究	分组	RR	研究	分组	RR	研究	分组	RR
1	1	0.83	6	11	1.00	15	21	1.19
1	2	0.91	7	12	0.96	15	22	1.26
2	3	1.08	8	13	0.95	16	23	1.40
3	4	1.30	8	14	1.31	16	24	0.67
3	5	0.90	9	15	1.45	16	25	1.11
4	6	1.75	10	16	1.02	17	26	4.87
4	7	1.45	11	17	1.40	18	27	2.60
4	8	0.83	12	18	1.80	19	28	4.00
4	9	1.35	13	19	1.73	20	29	1.37
5	10	2.50	14	20	1.91			

28.2　叙述性评述

当研究数很少时（或者评述者只选择评述少数研究时），可采取对研究报告逐一进行评述的形式。这种情况下，单独分析每项研究以便能客观地考虑每个研究的特定情况，而很少会对结果进行整体评价。如果对rBST数据完全采取这种分析方法，可能会发现这样一个问题，即其中的每项研究对rBST中等水平效应的检测能力有限，而且每个风险比（即RR）的评估值准确性都很低。如果有很多可利用的数据，你可能偏向于对所有研究的效应进行某种形式的总结性评估，而对研究报告逐个进行分析就无法做到。

第二种方法是传统的叙述性评述，即对所有研究进行定性评价，并将评价结果整合，形成总体结论。传统的叙述性评述不如系统性评述合理（Sargeant等，2006），主要表现在以下几个方面：

（1）传统评述一般是由该领域的专家执行，而专家常会将一些先入之见带入这个过程从而导致有偏倚的评述；

（2）传统评述通常没有系统的方法来鉴定和评价相关研究，从而可能会选择那些支持评述者意见的研究；

（3）一些研究设计很好但样本量较小。由于缺少统计学意义上的样本量，显然就不能提供统计学上差异显著的结果；

（4）通常不述及足够详细的试验研究入选标准，读者无法评价文献检索的完整性；

（5）在获得效应的整体估计时，会倾向于平等权衡所有的研究。后面会看到，这些研究不应该有相同的权重；

由于上面这些限制，叙述性评述仅能用于针对一个特定内容的文献进行评述，而不能用来指导治疗和预防。

28.3　系统评述

最近发表的一篇综述（Sargeant等，2006）列出了实施一项系统性评述的步骤如下：

（1）明确要回答的问题；

（2）设计评述的方案；

（3）查找出所有的研究；

（4）判断哪些研究是相关的（需要有入选和排除的标准）；

（5）评价研究的质量；

（6）从每项研究中抽提相关数据；

（7）总结与分析结果（可能包括执行一项荟萃分析）。

下面对每个步骤进行论述。

28.3.1　明确问题

对于以临床或动物保健决策为目的的研究，需要明确哪些问题最重要，而不是让数据的可利用性来左右研究目的。提出一个较为普遍而不是很特定的、限制性的问题通常更为合理，这样能够使入选评述的研究文献范围更广。例如，评估受体阻滞剂降低心肌梗塞短期风险的性能时选用了12种不同的药物（Freemantle等，1999），而不只关注一种特定的药物，这样就强化了结果的概括性。

评述中要明确的问题，除了考虑干预措施外，还要考虑特定的结果、不同研究方法间的比较（例如新的处理与标准处理或无处理之间的比较）以及包含的试验设计。

28.3.2　设计评述方案

系统性评述应当既客观又透明，以便读者在需要时能够重复该方案。那么就需要有一个书面方案来做指导。这个方案对应于原始研究中的"材料和方法"部分，而且要覆盖评述过程中的所有步骤（详见下文）。一个清晰的方案可以减少评述过程中的主观性。

28.3.3　查找研究文献

荟萃分析所涉及的文献综述应该完备、有出处。为确保能够找到所有发表的文献，最常用的途径是与主要电子数据库（如Medline、Agricola、Index Veterinarius和Veterinary Bulletin）进行联机检索，再浏览检索到文章的参考文献目录。Robinson和Dickersin（2002）列举了Medline检索随机对照临床试验的相关文献有效策略，包括所有数据库名称、时间范围以及检索策略（如用到的关键词）等检索过程都应记录在案。

相对于在经同行评议发表的文献中找文章，会议论文集以及一些其他形式的文章（如杂志发表但未收入索引系统的那些文章）查找要更难一些，但这又是必要的（Hopewell等，2002）。虽然有一些数据库涵盖这些资源中的文献，但通常需要确定会议是否以论文集的形式发表，然后再手工检索相关时间范围内论文集中的资料。

诸多难题中有一个需要提出的问题是，系统评述是否应该包括未发表研究资料中的数据。发表偏倚的潜在影响在28.8节中讨论，而从未发表的研究中发现并获得结果是一项困难的任务。某些情况下资助项目的数据库可以用来发现已经试验但未发表的研究工作。此外，与该领域研究人员的直接交流也可以获得未发表的研究结果。

28.3.4　确定研究是否相关

确定研究是否相关的过程包括确定评述的纳入与排除标准。纳入标准包括：感兴趣的干预措施、研究涉及的群体、结果以及研究类型（很多系统性评述仅考虑随机对照试验，但这并不现实）。排除标准包括诸如评述人员不懂发表论文的语言、论文发表于特定的时间以前等。研究是否相关常通过题目和摘要判断，而且应该由评述团队的2个或以上人员独立评判。

28.3.5　评价研究质量

要评价每项研究的内部和外部有效性（应注重内部有效性）。纳入标准（如上所述）在保证所考虑使用的研究有效性中起一定作用（如荟萃分析可能仅是基于随机对照试验），试验设计的其他问题也应该评价（双盲法、随机处理分配的方法、试验中受试对象合格性的标准）。目前已经建立了多种衡量方法和清单（Jüni等，2001），清单的使用取决于有待评价的研究类型（如观察性研究的标准不同于随机对照试验）。考科蓝协作组织（Cochrane Collaboration）已经建立了一个用来估计研究中出现偏倚风险的工具，它覆盖了6个方面：排序、分配隐藏、盲法、不完整的数据、选择性报告以及其他偏倚来源。详见《考科蓝干预系统评价手册》（Higgins和Green，2008）。

质量评价结果可以有3种应用方式。首先，如果一个研究不符合所有的（或子集）质量标准，研究者就有可能将其从荟萃分析中排除。然而，如果设置很严格的标准，最终可能将多数研究排除在外。

第二种方法是评价研究的设计问题，并对该研究质量进行打分。该质量分数可作为荟萃分析中排除或加权的依据（即在评价总体结果时，较差的研究对应较小的加权系数），但是使用质量评定尺度会对荟萃分析带来一定主观性，因此通常不推荐使用（Greenland，1994；Herbison等，2006；Higgins和Green，2008）。

第三种方法是记录质量评价中的主要因素，并且将其作为研究间异质性（见28.7节）的来源进行评估。质量评估也可以作为敏感性分析用来比较总体与特定子集特性方面的研究结果。

28.3.6　抽提相关数据

流行病学研究结果的表述千变万化，观察性研究更是如此，而随机对照试验的评述也存在这个问题。从每个研究报告中需要获得的信息有两条：结果的点估算值和这个估算值准确性的尺度（SE或CI）。某些报告不直接表述这些信息，但会有充足的数据用来计算所需的信息。例如，上面提到的重组牛生长激素研究，多数试验以产奶量作为主要结果，但每个研究组中都有1例或以上乳腺炎。通过这些数据可以估算乳腺炎的风险比率及其置信区间并用于荟萃分析。

对于以二进制方法衡量的结果（如临床型乳腺炎的发生），需要决定是否要抽提并记录一个效应的相对量值（如风险比—RR）或是一个绝对值（如风险差异—RD）。一般来说用相对值来总结更有意义。总结性评估可以在特定动物群体疾病总体风险已知（或者能估计）的情况下，用来估算干预措施的绝对作用。不管使用何种效应值衡量标准，都应该记录对照组疾病的发生率（或风险），因为这有可能是研究结果异质性的一个来源（见28.7.4节）。除了获得所关注结果的相关数据，参考文献信息和研究特征信息（如动物群体、具体干预措施以及随访时间的长短等）也应该记录下来。

在数据抽提过程开始前，需要建立一个模板以便据此去记录所有相关研究的基本信息，包括评价研究质量所需要的任何信息，或者可能导致不同试验结果间异质性的相关信息。考虑到数据抽提是个复杂的过程，可进行复式数据抽提（即由两个调查人员独立抽提数据），并对两份数据进行比较以找出并解决其中的差异（Buscemi等，2006）。当进行数据抽提时，要注意其是否是重复发表的结果。有时，某个研究的数据可能会在多处发表（如公司报告和同行评议的刊物上），但荟萃分析只能用其中的一个。例28.2叙述了rBST荟萃分析时的文献综述和数据抽提过程。这些数据用在本章接下来的例子中。

例28.2　用于荟萃分析的文献综述和数据抽提过程

关于rBST对奶牛生产性能和健康影响的荟萃分析是由加拿大兽医学会专家小组应加拿大卫生部要求而执行的。数据通过下述过程获取。检索了3个电子数据库，找出了从1984年–1998年关于rBST的文献共计1777篇。浏览题目，共有242篇文献可能含有随机临床试验的结果或者相关的综述。这242篇文献由专家组成员全部审阅，并认定其中60篇对评述有用，另包括公司为药品注册要求递交的26篇未发表研究报告。所有这些报告（n=86）中，53项研究（代表94组不同的奶牛）包含随机临床试验的原始数据。通过分析获得了各种结果的效应值，并用于荟萃分析。

本章只呈现了产奶量（3.5%乳脂校正产量）和临床乳腺炎风险的数据。方法的详细描述和对其他参数效应的评估已经发表（Dohoo等，2003a；Dohoo等，2003b）。

28.3.7　结果总结与综合分析

可以用定性或定量方法来综合分析抽提的数据。定性方法对主要结果以表格或图表的形式呈现，并对试验进行叙述。在只有很少几项研究和/或研究结果差异很大的情况下，一般只进行定性总结。在另外一些情况下，通常需要对感兴趣的结果进行总体估算，并定量分析不同研究间结果评估值出现差异的原因。这种定量的评价即称为荟萃分析，也是本章其余部分的主题。

28.4　荟萃分析概述

荟萃分析曾被定义为"以整合调查结果为目的，对来自单个研究的大量结果进行统计分析"（Dickersin和Berlin，1992）。从许多研究中整合结果是一个规范的过程，其在人类医学中的应用正逐渐增加，但在兽医学中的应用还很有限。荟萃分析已经很普遍地应用于从一系列的对照试验中整合结果，本章集中描述其应用。然而，荟萃分析也被应用于从一系列的观察性研究（见28.11节）中整合数据，如关于疾病对奶牛繁殖性能影响的荟萃分析（Fourichon等，2000）。更完整的关于荟萃分析的描述可在一些文章中找到，如Egger等（2000）或由考科蓝合作组织编写的（Higgins和Green，2008）在线书籍。考科蓝合作组织是一个国际性组织，主要帮助卫生保健专家通过对健康研究的系统性评述而做出比较有根据的决议。最近，关于荟萃分析方法学研究进展的一篇综述已经发表（Sutton和Higgins，2008）。

荟萃分析的主要目标是以一些科学研究数据为基础，对结果进行总体评价，并且探索不同研究之间结果差异的原因。这是将系统方法学运用于评述过程来完成的。由于它整合了多个研究的数据，其对效应的分析更具统计学效力。当计算效应总体估计值时，既考虑单个研究的估计值，又考虑这些估计值的准确性（标准误），以便恰当地权重每个研究的结果。

制定临床或动物保健决策前，可用荟萃分析对已有结果进行综合分析；荟萃分析也可以作为进一步研究的前期工作，定量分析已知结果并发现文献中的不足。荟萃分析可与传统的叙述性综述相结合，因此两者被认为是互补的。

28.4.1 荟萃分析—数据类型

有3种类型的数据可以用于荟萃分析：总估算数据、组数据和个体数据（individual patient data，IPD）（表28.1）。其中，总估算数据最常用，它包括效应的点估计值及其精确度。例如，一些研究可能会报道风险比率以及某种处理效果的置信区间。如果仅能获得总结性数据，则荟萃分析仅局限于运用已报道的效应值。组数据包含每个干预组的结果数据（如处理组和对照组各自的"痊愈"率）。对于二元干预（处理）及其结果的研究，通常可以构建一个2×2表，这样可以计算出多种效应量值。IPD相对难以得到，它包含研究中每个个体的原始数据。总估算数据仅能对研究水平的可变参数效应（如这一研究是否是双盲的）的异质性进行评估。而组数据同时也包含了组水平的协变量，但如果研究对象是随机分组的，那么组数据通常就不那么重要了。IPD则考虑到了对研究水平、组水平及个体水平的变量（如研究对象的年龄）等异质性来源的评估（见28.7节）。

表28.1 荟萃分析使用的数据类型

数据类型	二进制结果	连续性结果
总估算数据	点估计值：风险比（*RR*）、比值比（*OR*）、风险差异（*RD*）、发病率（*IR*）	点估计值：平均差（MD）
	精确度估计：标准误（SE）或置信区间（CI）	精确度估计：标准误或置信区间
组数据	处理组和对照组的单元值（由此可计算各种效应数据及其精确度）	每组的数值、均值及标准差（由此可计算平均差及其标准误）
个体数据	原始数据—结果值（0或1）和每个研究对象的个体特征	原始数据—结果值（连续性的）和每个研究对象的个体特征

效应的常用量值（如风险比*RR*、比值比*OR*等）及其标准误差和置信区间的方程式在第6章中阐述。如果可获得IPD，则可以把所有数据都集中到一个数据集并重新进行分析。鉴于研究内观察结果的聚集性，可以用第20～23章列出的方法来处理。这种方法虽然最为灵活，但是这些数据几乎不可能获得，所以在本章中将不再阐述。

28.4.2　荟萃分析—过程

对一个系统性评述的结果进行荟萃分析涉及多个步骤，包括：

（1）决定是否根据固定效应或随机效应模型进行分析；

（2）计算效应的总估计值（如果合适）；

（3）呈现数据（通常以图表形式）；

（4）评价研究结果异质性的可能原因（即为什么不同的研究有不同的结果）；

（5）寻找发表偏倚的证据，评价单个研究对结果的影响。

上述每个步骤将在随后各部分进行讨论。

28.5　固定效应模型和随机效应模型

任何荟萃分析的最基本考虑是使用固定效应模型或随机效应模型。固定效应模型假设不同研究所考虑因素的影响是恒定的，而且研究之间的差异仅归因于随机变异。相反，随机效应模型假设真实的效应在不同研究间确实存在差异，而且观察到的研究效应同时反映了这种真实效应差异和随机变异。图28.1显示了这些研究模型。

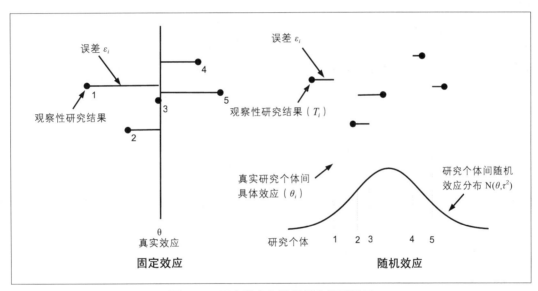

图28.1　固定效应和随机效应模型图示

28.5.1　固定效应模型

一个固定效应模型可以表示为：

$$T_i = \theta + \varepsilon_i \qquad\qquad \text{等式 28.1}$$

其中T_i是研究i的效应测度（如$\ln RR$）。（注意：为了区别效应值T_i与单个研究对象的测量结果Y_i，本书用T_i而不是Y_i作为结果变量来表示研究结果）。

θ是总体处理效应，ε_i是研究i的误差，如下分配：

$$\varepsilon_i \sim N(0, V_i) \qquad\qquad \text{等式 28.2}$$

等式中V_i是研究i的试验内方差（V_i=[SE（T_i）]^2）。假设V_i已知而且V_i的不确定性与建模过程无关。将方程28.1和方程28.2合并，则T_i的分布如下：

$$T_i \sim N(\theta, V_i)$$ 等式 28.3

计算效应的总估计值

为了计算整体效应的总估计值，应该根据每个研究结果的估计值精确度进行加权。最常用的方法是逆方差加权，其中加权值计算为$W_i=1/V_i$。这一方法适用于将连续型（线性回归、方差分析）和离散型（Logistic、Poisson回归）数据模型获得的结果进行汇总。然而，当研究规模较小时，这些方法就不再适用了。

对于二进制数据，可以用Mantel-Haenszel法和Peto法计算（Egger等，2001；Sweeting等，2004）。当数据较少（即结果为相对小概率事件）时，前者比逆方差加权方法更好。当处理效应较大或者干预组严重失衡时（样本量不相等），Peto法不是很适用；然而这一方法已经拓展运用于分析时间—事件数据。

对连续性数据，效应的大小有2种可能的量值：平均差和标准平均差。当所有研究用同样尺度（简化数据的汇总）表述结果时就可以用平均差，而权重是逆差额加权系数。基于标准平均差的方法见28.10.2节。

28.5.2 随机效应模型

随机效应模型假设研究间确实存在真实的处理效应分布（异质性），从而导致研究间结果的额外差异。最常见的假设是研究效应符合正态分布，所以随机效应模型变成了：

$$T_i = \theta + u_i + \varepsilon_i$$ 等式 28.4

其中： $u_i \sim N(0, \tau^2)$ 和 $\varepsilon_i \sim N(0, V_i)$ 等式 28.5

式中u_i是研究i的随机效应，τ^2是研究间的差异（异质性）。将方程28.4和28.5合并，则T_i的分布如下：

$$T_i \sim N(\theta, V_i + \tau^2)$$ 等式 28.6

随机效应模型一般给出总体效应的点估计值，与固定效应获得的值类似，但前者有更宽的置信区间（因为估计值的变异更大）。

随机效应模型最简单和经典的分析方法是用矩量法（MM）估计τ^2，从加权系数$W_i=1/(V_i+\tau^2)$计算总体估计值（DerSimonian和Kacker，2007；DerSimonian和Laird，1986）。最近有人提出根据混合模型进行统计推理延伸出的其他方法（第21章），包括最大似然法（ML）、限制性最大似然法（REML）和经验贝叶斯法（EB）。但如果τ^2值偏大，MM、ML、REML的估计值可能出现偏倚。然而，研究发现EB法估值一般比较准确（Sidik和Jonkman，2007）。如果能获得IPD，则混合模型（如第20~23章所述）可被用来荟萃分析。这种情况下，可以用随机斜率模型分析研究间的处理效应估计值的差异（见第21章关于随机斜率模型的讨论）。

固定效应模型的优点是，它既不需要估计τ^2，又不必考虑关于u_i分布的任何假设。然而，研究间的处理效应恒定不变的假设不符合实际，而且忽略研究间的差异可能会导致I类错误（θ的统计学意义），置信区间对于 θ 来说太窄。因此，随机效应模型现在更为常用。固定效应和随机效应模型分析rBST对产奶量影响的研究结果见例28.3。

例 28.3 固定效应模型与随机效应模型

data=bst_milk，bst_mast

进行rBST对奶牛生产性能和健康影响研究的荟萃分析，固定效应和随机效应模型都适合于产奶量和乳腺炎数据。所有模型都用逆方差法（见28.5节）来分配研究结果的权重。

产奶量（28个试验）

方法	综合估计 （kg/d）	Z	P	95%置信区间	
				下限	上限
固定	4.465	28.078	0.000	4.153	4.777
随机	4.434	14.911	0.000	3.851	5.016

异质性的 Q 统计值（见28.7节）为79.9，自由度为27（P=0.000），充分证明试验结果间具有异质性。这一异质性的可能原因将在例28.5和例28.6中探讨。正如所料，总体效应的点估计值非常相似，但随机效应模型产生了更广的置信区间。

基于随机效应模型，试验间的差异估计值为1.42（SD=$\sqrt{1.42}$=1.2），提示rBST的效应95%应该在4.4−2×1.2=2.0kg/d和4.4+2×1.2=6.8kg/d。Higgins I^2（见28.7.2节）为66.2%。

乳腺炎（29个试验）

方法	综合估计 （风险比率）	Z	P	95%置信区间	
				下限	上限
固定	1.271	4.016	0.000	1.131	1.429
随机	1.271	4.016	0.000	1.131	1.429

异质性的 Q 统计值为16.4，自由度为28（P=0.096），说明试验结果间没有异质性。注意由于 Q<df，试验间的估计差异为0，固定效应和随机效应模型得出的结果相同。

28.6 结果表述

荟萃分析最重要的输出形式之一是将结果用图表呈现，其中最常用格式称之为森林图，它既显示来自每个研究的效应点估计值及其置信区间，又有总估计值及其置信区间。图28.2 显示了一个关于rBST致临床乳腺炎风险的森林图，图中的要素在例28.4中阐述。

某些情况下，可能需要根据一些标准如完成年限（看其是否有随时间发生变化的趋势）或质量评分（看这一研究的质量是否影响观察到的效应），对每个研究进行排序。

28.7 异质性

异质性是指研究间结果的差异（随机变量除外），而且这一差异在荟萃分析中应当给予评价。然而，事实却并非如此，在1999-2001年的34次荟萃分析评述中，仅有23次对异质性进行了评价。

28.7.1 真实异质性与人为异质性的对比

异质性可能是真实的，也可能是人为的。只有当研究间的处理效应确实有差异时，才产生真实的异质性。如果仅仅是由于研究设计问题，而不是由于真实处理效应间的差异而产生的异质，便是人为异质性（Glasziou和Sanders，2002）。研究设计问题可能会导致研究间观察结果的差异，这些因素有：随访持续的时间、结果测量的可靠性（即结果误判的可能性），缺乏盲法和/或依从性。

例28.4 森林图

data=bst_mast

图28.2显示rBST对临床型乳腺炎影响的风险比率的森林图

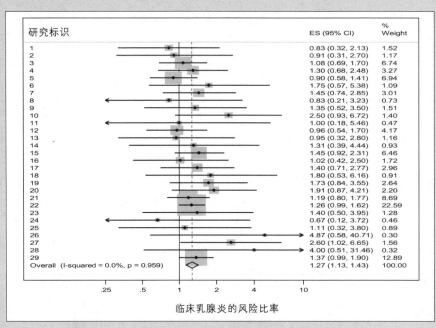

图28.2 rBST对奶牛乳腺炎风险比率影响研究的森林图

　　图中，每条水平线代表每个试验的结果（或一个试验中不同组别的奶牛）。每条线都有独有的标识（组号）。线的长度代表研究中参数估计值的95%置信区间。注意一些线在10或0.25处被截短。每条线上涂有阴影的方框中心表示该试验中参数的点估计值，方框面积与荟萃分析中该试验所占权重成正比。大方框对应的研究对总体结果估计具有重要影响。垂直的虚线表示效应的总体估算值。虚线底部的◇显示的是总体效应估算值的置信区间。垂直实线表示rBST无作用值（即$RR=1$）。

　　由此可见，不同研究中RR的点估计值有相当大差异，而只有其中一例统计学差异显著（CI不等于1）。但如例28.3所示，这种差异并未超过因偶然因素引起的预期值（考虑到研究规模普遍较小）。试验22对总体结果的影响最大（即最大的百分权重）。

　　处理效应的总体量值的选择也会导致人为异质性。例如，表28.2显示了同一个疗法的3项研究产生的假设数据，如果处理效应以风险比（RR）来评定，则3项研究恰好显示相同的处理效应（2.0）。然而，如果用比值比（OR）或者风险差异（RD）作为效应的量值，就出现了明显的异质性。一般说来，研究间用比率衡量比差异衡量更稳定（Schmid等，1998）。

表28.2 3项研究的假设数据显示，效应量值的选择会影响到研究间的结果是否存在异质性

对照[a]	Txa	*RR*	*OR*	*RD*
0.1	0.2	2.0	2.3	0.1
0.2	0.4	2.0	2.7	0.2
0.4	0.8	2.0	6.0	0.4

[a]数据为每组出现结果所点的比例

28.7.2 临床异质性与统计异质性

　　临床异质性和统计异质性之间也有明显区别。临床异质性是指研究群体之间的差异（如选择标准、疾病严重程度、干预措施的特殊性），结果的"真实"差异在预料之中（Egger等，2001）。统计异质性是指偶然因素导致研究间观察结果（对处理的反应）的差异比预期的要大。如果始终存在临床异质性，就产生两个重要的问题。首先，异质性是否一定需要统计学评价或者是否应该集中精力对异质性的程度进行量化？再者，若演算值是一个效应平均值而且可能不适用于任何特定的群体，那么，计算单一的总效应估计值是否合理呢？当然，任何总效应量值的解释都应该谨慎。

尽管存在上述问题，通常还是会评价异质性的统计学意义。最常用的方法是Cochran's Q值统计法。等式如下：

$$Q=\sum_{1}^{k} w_i(T_i-\theta)^2 \qquad \text{等式 28.7}$$

式中w_i为应用加权系数，θ为汇总后的估计值（假设固定效应）。零假设检验是"无异质性"（即方程28.5中$\tau^2=0$），而且在这一假设下，它有一个χ^2分布，自由度为$k-1$（k是研究的数量）。但是，当研究的数量很小（Higgins和Thompson，2002）或研究群体总数较小，或者研究的标准误变异很大时（Baujat等，2002），这种方法检测异质性的效力则相对较差。因此，即便检验产生的P值没有显著性，也不能排除效应的异质性。如果要让异质性有显著差异，要么放宽P值（即用0.1代替0.05），要么去评价研究间异质性检验方法的效力（Hedges和Pigott，2001；Jackson，2006）。如果有任何异质性的证据，就应该调查出现差异的可能原因（见28.7.3节）。

荟萃分析中的异质性水平可以用Higgins I^2的方法来量化，这一方法可以用来计算非偶然因素造成的异质性在不同研究间差异所占的比例（Higgins和Thompson，2002；Higgins等，2003）。

$$I^2=[Q-(k-1)]/Q \times 100\% \qquad \text{等式 28.8}$$

形容词：低、中和高最初分别指I^2值为25%、50%和75%（Higgins等，2003），当I^2值大于25%时，应该评价异质性的可能原因。

28.7.3 异质性的评价

有若干种评价异质性的方法，包括：
（1）亚组分析；
（2）分层分析；
（3）图表评价；
（4）荟萃回归。
这些途径将在下面讨论。

亚组分析

可以通过一个感兴趣的特征来确定研究中的某个特定亚组，并对其进行集中分析。但是应该慎重解释来自某个特定亚组的数据。作为一个假设例子，考虑在产犊期口服添加钙质预防产褥热的11项研究进行荟萃分析。总体效应值虽然有效（$RR=0.6$），但显著的异质性也同时存在，而奶牛的品种很可能是促成这一现象的原因。如果多数研究是在荷斯坦奶牛中进行，而在泽西奶牛中进行的一个研究发现没有显著效果（$RR=1.0$），那么你对泽西奶牛饲养者会提供什么样的建议呢？如果没有生物学基础预测泽西奶牛和荷斯坦奶牛之间处理效应的显著差异，那么对任一个亚组效应的最好估计都应该是通过考虑所有证据而获得的，而不是仅仅看这一亚组的数据。这即所谓的Stein's悖论（Egger等，2001）。因此，对泽西牛饲养者的建议是，治疗是有效的。总之，如果在系统性评述方案中明确提出评价亚组的目的，才可以考虑特定亚组的数据（见28.3.2节）（Higgins等，2002）。

分层分析

在分层分析中，数据应该根据影响处理效应的某个因素（应该在研究方案中明确）分层，并对每个分层数据进行单独的荟萃分析。这一方法的缺点是各个分层可能仅包含在少数几个研究中。可以用标准的Z检验来计算两个层次间差异的统计学意义：

$$Z = \frac{\theta_1 - \theta_2}{\sqrt{SE(\theta_1)^2 + SE(\theta_2)^2}}$$

等式 28.9

等式中θ_1和θ_2分别是两个层次的效应估算值（注意：必须避免多重比较问题）。基于每个层内的固定效应假设，Cochran's Q值统计可以用来计算层次间的异质性（零假设即没有层效应）。

$$Q_B = Q_T - \sum Q_s$$

等式 28.10

等式中Q_T和Q_s分别是全部数据和S层数据的考科蓝Q统计值。Q_B可以与一个自由度为$S-1$的卡方分布相比较，其中S指层数。然而，如果在层之间没有显著的残留异质性，这一检验才有效。例28.5阐述了一个关于rBST对产奶量影响的分层荟萃分析。

例28.5 分层荟萃分析

data = dst_milk

在几个关于重组牛生长激素（rBST）对奶产量（kg milk/day）影响的荟萃分析中，每个分析都分为3个组（初产牛组、经产牛组和未按胎次分类组，即研究未按照年龄分层）。

分组	研究数	估计值	置信区间		异质性 P	Higgin's I^2
未按胎次分类	15	4.916	4.505	5.327	<0.001	69.6%
经产牛	7	4.361	3.700	5.022	0.68	0%
初产牛	6	3.300	2.608	3.992	<0.01	64.9%
所有资料汇兑	28	4.465	4.153	4.777	<0.001	66.2%

胎次似乎说明一些研究间的异质性（不同年龄组的牛对rBST的反应性不同），但是结果却不明确。在经产牛，没有具有异质性的证据。然而，在用初产牛进行的研究中仍然具有异质性。你也许预期从未按胎次分类牛得到的资料会介于另外两组之间，但事实并非如此。然而，由于每一组的研究数相当小，对总体效应的解释必须慎重。因为有些组具有异质性，不应该用Q_B来对各层进行比较。

异质性的图表评价

有几种类型的图可用于评价异质性的水平以及特定因素对异质性的可能贡献。Galbraith图法可以将每个研究的Z统计量（$Z_i = T_i/SE(T_i)$）与标准误的倒数（$1/SE$）作图，线条的斜率就是总体（固定效应）的估算值。如果没有显著异质性，则这一条线±2个单位的线条应该包括95%的观察结果。这个图也可用来找出那些对Q统计量贡献较大的偏远点。图28.3显示了关于rBST——产奶量［28个观察值中的8个（29%）位于±2个单位的线条范围外］的Galbraith图。

简单散点图可用于评价效应值与对异质性有贡献的可疑因素之间的联系。如果效应参数是一个比率统计量（如RR或OR），则应该用效应的对数值作图。图28.4显示临床乳腺炎的log RR-rBST每日剂量的散点图，其中标绘点的大小与其权重成正比，所有点均标记有研究的标识符以便能找出偏远的观察值。效应（log RR）随着日剂量增加而提高的趋势不显著。

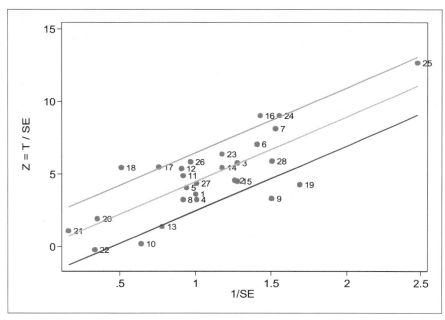

图28.3　评价牛重组生长激素对产奶量影响的异质性Galbraith图

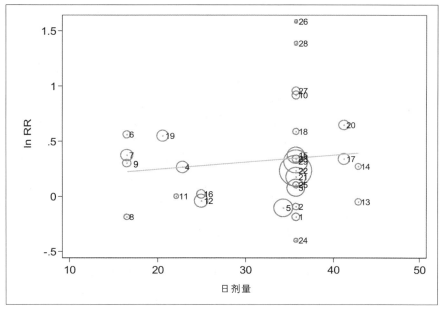

图28.4　临床乳腺炎风险比率的对数值对rBST日剂量的散点图及其线性拟合线。固定效应荟萃分析中每个研究都占有一定的权重，图中圆圈的直径与每个研究的权重成正比

28.7.4　荟萃回归

　　评价产生异质性原因的方法中最灵活的方法是荟萃回归，这种方法将研究水平预测值（权重时最常用逆方差加权系数）对观察到的处理效应进行加权回归。如果研究的数量有限，只能逐个因素分析。而数据充足时，则可建立多元回归模型。

　　和荟萃分析一样，固定效应和随机效应模型也可用于荟萃回归分析（Higgins和Thompson，

2004）。固定效应模型假定了模型中所涉及的因素完全可以解释试验间的差异（即预测值完全可以解释研究间的差异）。但这是一个不合理的假设，而且常会导致I类误差，因此不宜采用固定效应模型。

在随机效应模型（等式28.4）（如单因子模型）的基础上引入一些预测因子，可延伸出一个随机效应荟萃回归模型：

$$T_i = \theta + u_i + \beta_1 X_{1i} + \varepsilon_i \qquad \text{等式28.11}$$

$$u_i \sim N(0, \tau^2) \qquad \text{以及} \quad \varepsilon_i \sim N(0, V_i) \qquad \text{等式28.12}$$

式中u_i表示每一个试验研究的随机效应，τ^2表示试验研究间方差。用等式28.4中的方法（即矩量法、最大似然率法、限制性最大似然率法以及经验贝叶斯法）可以估算τ^2值。最大似然法的估计值可能会向下偏误，因为在对固定效应评估时并不考虑其自由度（Sidik和Jonkman，2007）。例28.6显示了不同厂商rBST及其每日剂量对奶牛产奶量影响（包括对不同胎次奶牛产奶量影响）的荟萃回归分析。

例28.6　异质性因素评估的荟萃回归分析

data =bst_milk

荟萃回归分析评估牛重组生长激素对不同胎次、不同厂商产品以及每日剂量对奶牛产奶量影响。

试验研究间差异的限制性最大似然率估计

研究数=28
Tau2=1.376
Higgins I2=64.29%
Model F（6.21）=1.47
Prob>F=0.2351

	系数	标准误	t值	P>t	95%置信区间	
风险群体-多产奶牛	−0.754	0.816	−0.920	0.366	−2.451	0，944
风险群体-初产奶牛	−2.034	0.884	−2.300	0.032	−3.872	−0.195
厂商2	−0.832	2.312	−0.360	0.723	−5.640	3.976
厂商3	0.238	1.058	0.220	0.824	−1.963	2.438
厂商4	1.874	1.347	1.390	0.179	−0.928	4.676
每日剂量	0.028	0.061	0.450	0.654	−0.099	0.155
常数	3.922	1.657	2.370	0.028	0.476	7.367

整体模型差异不显著（P=0.235）。不同胎次组差异接近显著（P=0.094）。与所有年龄段奶牛相比，多产奶牛组的研究具有类似的胎次效应，但初产奶牛组这种效应很小。这种胎次效应与分层分析结果类似（例28.5）。另外两个因素（厂商和每日剂量）并非是显著的预测因子。在荟萃回归分析中，τ^2值（1.38）对预测因子做出校正后的试验研究间的方差估算值。

进行荟萃分析需要考虑若干个问题（Thompson和Higgins，2002）。首先，即使分析中的研究是随机对照试验，必须认识到荟萃分析是一种观察性研究。因此，分析时要考虑一些混杂和干预因素的影响。在例28.6中，药物的每日剂量是一个因素。如果奶牛的品种影响rBST的用量以及产奶量，那么品种就成为了一个混杂的因素，因此就需要加以控制。

其次，各个预测因子的作用也需要仔细考虑。Knapp和Hartung（2003）引入了方差估算，相对于标准估算来说，它具有较大的置信区间范围。然而，在研究数很少时，由于这种方法过于保守，一般更倾向于选用非参数排列法（Harbord和Higgins，2008）。同时也存在着一些多重比较的问题，荟萃回归分析可能会根据相当少量的研究来评估大量的预测因子，这样就会因为偶然因素而大大增加出现一个或多个显著性关联的可能性（Higgins和Thompson，2004）。因此，有必要对评估预测因子的数量做一些调整，比如用Bonferroni法或基于排列法计算P值来进行调整（Harbord和Higgins，2008）。

最后，对于潜在的生态学谬误也必须加以考虑（见第29章）。荟萃回归分析中的预测因子是研究水平上的值，它们代表各个研究对象特征（如奶牛的平均年龄）的研究水平均值。研究水平上所得到的关联可能并不能真实反映研究个体水平上的相关性。对个体数据的IPD荟萃分析更适合于评估个体水平特征的效应。

28.7.5　异质性因素之一——隐性风险

如果试验结果具有二元性，那么就要特别考虑隐性风险是否是形成这种异质性的潜在原因之一，隐性风险可以通过对照组的风险来衡量。在每个研究中，对照组的疾病风险反映了研究群体中的总体风险。不管疾病罕见或常见，重要的问题是治疗是否或多或少有些效果？这种情况可以用L'Abbe 图来显示处理组风险与对照组风险间的关系（Song，1999）。如果研究间几乎没有异质性，那么相对总的治疗效果，图中的点就会聚集在一条直线周围。图28.5用L'Abbe方法显示了牛重组生长激素对临床型乳腺炎的影响，图中点的大小与研究的样本数成正比，这些研究的标识可以帮助识别异常值。从该图可知，没有迹象表明处理效果会随着隐性风险的变化而变化。

在荟萃回归分析中，隐性风险似乎是一个需要加以考虑的因素。然而，在隐性风险（对照组风险）和风险比之间存在着结构性依赖，那是因为后者在计算时包含了前者。与对照组低风险的研究相比，由于随机变化的存在，治疗组中更有可能存在较高的风险，反之亦然。由于结构性依赖的存在，标准的荟萃回归法并不适合于隐性风险效应的评估。最近有研究将荟萃回归、贝叶斯分析以及频率论3种方法做了比较（Dohoo等，2007），得出了如下主要结论：

（1）如果隐性风险确实会影响异质性，那么用通常的随机效应荟萃分析预测干预（治疗）效应

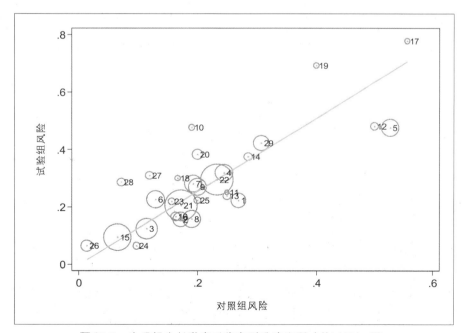

图28.5　牛重组生长激素对临床型乳腺炎影响的L'Abbe图

将会出现偏倚，但偏差程度一般不大；

（2）推荐使用3种模型中的任何一种（因为不要求太多的假设）；

（3）贝叶斯方法运用很灵活，并且可以直接提供预测因子的标准误估计值；

（4）如果试验研究数很少，那频率论方法更合适。

总的结论是：如果确定隐性风险会影响任何异质性，较合理的方法是先用标准荟萃回归分析法，最后再用这些更复杂的方法来评价和分析。

28.8　发表偏倚

当进行一项荟萃分析时，需要考虑是否可能已有人做过研究，但结果还未发表。相对于差异显著或有利结果，那些差异不显著的结果或对研究资助者不利的研究结果不大可能被发表出来（Dickersin，1997）。因此，发表的研究报告可能是这一主题领域全部研究结果中存在偏见的一部分结果（Hopewell等，2007）。遗憾的是，往往很难获得那些未发表的研究结果。但如果有迹象表明未发表的结果涉及的数据量相当大，那么还是应该努力去获得这些数据。另一方面，反对将未发表资料包括在荟萃分析中的理由是这些结果并没有得到同行的评审，缺乏保障数据质量的关键环节之一。

有3种方法处理发表偏倚的问题。如上所述，首先是从研究者那里直接获得未发表的结果，或者至少应该确定有多少未发表的结果。第二种方法就是，在荟萃分析确定总体效应不显著之前，先估计一下呈现"零"结果的研究数量。但这种方法很少推荐使用，因为它的重点是假设检验（是否存在着效应？）而非评估总体效应的大小。

第三种是漏斗图法，它是建立在对研究结果与其精确度之间相关性做出评价的基础上。它将每个研究的估计效应对标准误或其倒数（$1/SE$）作图。如果确实存在发表偏倚，那么就可能有相当一部分研究呈现较大的效应和标准误，但没有或很少有研究呈现较大的标准误、微效应或无效应。例28.7中的图28.6表示了驱虫药对泌乳期奶牛产奶量影响的荟萃分析（Sanchez等，2004）。治疗有效且具有较大标准误的研究在数量上要比治疗无效的研究多，提示可能存在发表偏倚问题。

有一些基于漏斗图原理的统计学检验方法，可以通过秩相关法（Begg's检验：Begg和Mazumdar，1994）或线性回归法（Egger's检验：Egger等，1997）评价研究结果与其标准误之间的关系。这两种方法在评价效应与标准误间的关系之前将效应值进行标准化。尽管在检测发表偏倚时，Egger's检验总的来说更有效（但在例28.7中似乎并非如此），但当研究数量少（比如少于20）时，这两种方法都很不灵敏（Sterne等，2000）。当研究效应很明显或每个试验只有少量结果或者所有试验规模一样时，这两种方法也可能形成假阳性结果。如果任一种检验方法的结果显著，那么发表偏倚很可能会影响研究结果。而且这两种方法只有在干预效应阳性或阴性时才适用（而不适用于阴性和阳性兼有的情形）。如果对阳性效应或阴性效应一样感兴趣，那么任何发表偏倚会在漏斗图中间形成一个空隙（零效应的研究结果不大可能被发表），而这种偏倚被发现的可能性很小。

"修补"（Trim和Fill）法（Duval和Tweedie，2000）评估可能的发表偏倚效应主要通过以下几个步骤：

（1）修剪——制作漏斗图，然后依次略去这些原始研究，直到漏斗图呈左右对称；

（2）确定这个新"对称"图的中心点（即，对处理效应的新估计值）；

（3）补——用假设研究（但具有相同的SE）代替那些略去的研究，重置于它们的对侧；

（4）对原始研究以及这些新的假设性研究重新进行荟萃分析。

如果所有的研究都已发表，那么"修补"法可以为处理效应提供一个估计值。例28.8中的漏斗图

例28.7　评价发表偏倚的漏斗图

data =meta-parasite

利用55个研究中的79组数据，对驱虫药影响泌乳期奶牛产奶量的荟萃分析。这项发表偏倚估计仅限于测量305d奶牛实际产奶量的研究（n=18）（排除了标准误很大的2个小样本研究）。

图28.6中的漏斗图显示治疗无效并且标准误很大的研究数量很少。

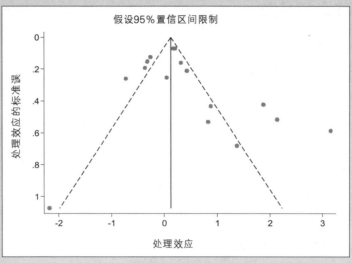

图28.6　漏斗图

发表偏倚的Begg's检验得出的P值是0.068，而Egger's检验的P值是0.342。这两种检验方法得出的显著性差异可能是由于研究数量少导致。

例28.8　用修补法估计发表偏倚

data =meta-parasite

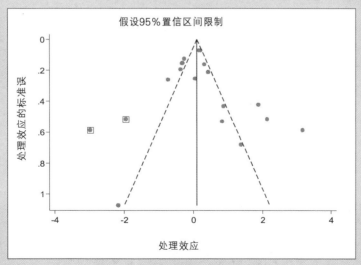

图28.7　发表偏倚的修补法评价

如图28.7所示，Duval和Tweedie的修补法通过额外引入两个研究（图中框出的点）后使整个漏斗图变得两侧对称。然而，正是这两个研究样本的加入，使得估计效应值（随机效应模型）从0.252降低到0.123，同时P值相应的从0.024增加到0.316。

显示，在加入假设性研究后，处理效应的估计值显著降低。

发表偏倚的评价是比较热门的研究领域，而且一些最新的调研领域都有描述（Sutton和Higgins，2008）。但需要提醒的是漏斗图评价带有主观性，对称性难以判定（Terrin等，2005）。另外，除了发表偏倚外的其他因素也会导致漏斗图的不对称，因此应避免过分强调漏斗图对发表偏倚的检验。

28.9　有影响力的研究

在大多数以回归分析为基础的模型中，要确定是否有个别研究会对荟萃分析中得出的整体估计值有显著影响。如果有，那么需要确定这种影响是否可靠。可能会出现这种情形，即某个研究的影响力远远大于其他研究，从而可以提供更为精确的估计效应。遇到这种情况时，就要对这个研究进行评价以确定它的质量是否高到能够接受其所得出的结果。

评价个别研究效应的一种方法是依次删除荟萃分析中的每项研究，并确定总体效应的估计值如何随之发生变化（例28.9）。校正过的点可以在影响力散点图中显示出来（如图28.8）。

28.10　结果尺度和数据问题

在提供多少数据以及如何呈现这些数据方面，发表的文稿之间有着很大差别。这就产生了一些与数据相关的问题，其中包括以下方面：

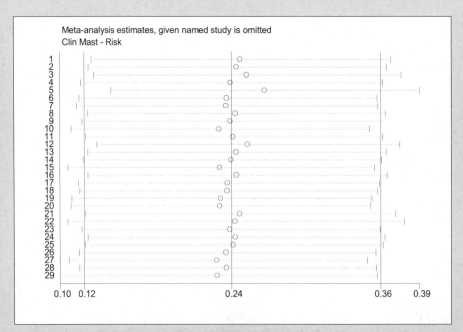

例28.9　不同研究的影响力

data =bst-mast
在牛重组生长激素对奶牛乳腺炎影响的荟萃分析中，利用影响力散点图确定个别研究略去后的影响。

图28.8　影响力散点图

　　图中可以看出，没有个别研究会对整体效应估计造成不当的影响。被删去的第5个研究的影响最大，使得lnRR从0.24增加到0.27（对应的RR值从1.27增加到1.31）。相对来说，这只是一个很小影响，意味着并没有个别研究会对整体风险比估计造成特别大的影响。

（1）计算标准误的方法；

（2）处理采用不同尺度得出的连续性结果；

（3）整合连续性和二分性结果的研究数据；

（4）方差估计缺失值的填充；

（5）2×2频数表的填充；

（6）处理散点数据。

以上这些问题将在下面介绍。然而，不管这些方法实际使用如何，重要的是要确保所有数据修饰都具有生物学合理性。如果要将不同尺度的数据合并，这些研究必须测试同样的效应。同样，如果要填充数据，就应该查证数据是否合理，并且确保不会出现对分析结果有影响的数据。

28.10.1　计算标准误的方法

如果一项研究以置信区间而不是标准误来表示，那么标准误可以这样估计，

$$SE = \frac{(UL - LL)}{2Z_{1-\alpha/2}}$$ 等式28.13

其中，UL和LL分别为置信区间的上下值。对95%的置信区间来说，$Z_{1-\alpha/2}=1.96$（注：对于小样本来说，可用t检验代替Z检验）。对一些比率的计算（如$\theta=$风险比或比值比），必须确定$\ln\theta$的标准误，可从置信区间中估计得到。

某项研究偶尔会以分组数据或原始数据来报道，因此有必要计算所关注的效应值及其标准误。对二分性结果来说，计算相关性（风险比、比值比和风险差异）及其标准误的等式在第6章中已作介绍。而对一些连续性结果，可以按照如下等式来计算：

$$MD_i = m_{1i} - m_{2i}$$ 等式28.14

其中，m_{1i}和m_{2i}分别为第i个研究中组1和组2的平均值。

$$SE(MD_i) = \sqrt{\frac{SD_{1i}^2}{n_{1i}} + \frac{SD_{2i}^2}{n_{1i}}}$$ 等式28.15

其中，SDs和ns分别表示第i个研究的标准差和样本数。对于某些数据的处理（见28.10.2节），有必要计算其合并标准差SD（S_i），

$$s_i = \sqrt{\frac{(n_{1i}-1) \cdot SD_{1i}^2 + (n_{2i}-1) \cdot SD_{2i}^2}{n_{1i} + n_{2i} - 2}}$$ 等式28.16

28.10.2　不同尺度得出的连续性结果

有时会遇到一些具有类似结果的研究，但这些研究使用的尺度却不同。如Duffield等在进行莫能菌素对泌乳奶牛影响的荟萃分析时，需要考虑那些不同尺度测量其代谢产物的研究，且这些研究数据又无法通过数学方法转换。解决这个问题的方法就是计算其标准平均差，即对每一个试验，用相对于试验结果变异性来表示其处理效应。这种处理后的结果通常称为效应量（ES），下面介绍3种计算效应量的常用方法。

Cohen's d法将两组中的平均差与合并标准差相结合考虑，

$$d_i = \frac{m_{1i} - m_{2i}}{s_i} \qquad SE(d_i) = \sqrt{\frac{N_i}{n_{1i}n_{2i}} + \frac{d_i^2}{2(n_{1i}+n_{2i}-2)}}$$ 等式28.17

其中，S_i是等式28.16中提到的合并标准差。

Hedge's adjusted g法是一种类似的计算方法，但对小样本作了些调整。

$$g_i = \frac{m_{1i}-m_{2i}}{s_i}\left(1-\frac{3}{4(n_{1i}+n_{2i})-9}\right) \qquad SE(g_i)=\sqrt{\frac{N_i}{n_{1i}n_{2i}}+\frac{g_i^2}{2(n_{1i}+n_{2i}-3.94)}} \qquad \text{等式28.18}$$

Glass's Δ法是通过对照组的标准差来衡量差异性，如果干预措施影响结果的平均值及其变异性，那么这种方法更可取。

$$\Delta_i = \frac{m_{1i}-m_{2i}}{SD_{2i}} \qquad SE(\Delta_i)=\sqrt{\frac{N_i}{n_{1i}n_{2i}}+\frac{\Delta_i^2}{2(n_{2i}-1)}} \qquad \text{等式28.19}$$

当研究结果包含原始数据和经过对数转换的数据时，数据整合方法可参照Higgins等（2008）。

28.10.3　整合连续性和二分性结果

有些情况下，有必要对连续性和二分性结果进行整合。一种方法是利用二分性结果研究中的2×2表计算效应量（即将风险差异、风险比或比值比转换为效应量）。用来计算效应量的7种方法中（Sanchez-Meca等，2003），当属Cox法运用得最为广泛，它将比数比的对数值（lnOR）换算成效应量（$d_{Cox}=\ln OR/1.65$），其相关标准误为$SE=SE(\ln OR)/1.65$。

另一种方法是在选定一个切点的基础上，将连续性结果分成两部分。这种方法的缺陷是必须确保所有连续性研究都采用同一种尺度（否则每一种尺度都需要选择一个切点）。所有二分法都会损失一些信息。

28.10.4　方差估计缺失值的填充

如果一些连续性结果的研究既没有报道平均差的标准误也未见研究群体中的标准差，若要将其包括在荟萃分析中，就需要估算平均差的精度。有多种方法可以解决这个问题（Thiessen Philbrook等，2007；Wiebe等，2006）。如果给出了两组间差异的检验统计值或P值，那么SE可以通过标准的统计学等式计算。如果只是给出了P值的范围（如P<0.05），那么可以采用保守的方法，并用最大可能的P值。

另外一种方法是"参考"其他研究的标准误估计值，选择报道中的最大标准误（保守的），用其他所有研究的平均标准误，或根据研究特性补充标准误（通常选用线性回归模型）。"参考"标准误法是可以接受的（Furukawa等，2006），在进行荟萃分析时，与其说将缺失标准误的相关研究删除，倒不如采用"参考"标准误法。

28.10.5　2×2频数表的计算

针对某些二分性结果的荟萃分析，不仅需要效应值（如lnOR）和标准误，还需要2×2频数表。例如在没有频数表的情况下，唯一能够使用的只有逆方差加权法，但这种方法存在一些局限性（见28.5.1节）。通过效应值（风险差异RD、风险比RR或比值比OR）、置信区间（或方差）以及样本数来计算频数表的代数方法已有报道（Di Pietrantonj，2006）。估算的精度不仅取决于已有报道的置信区间（或方差）的精确度及其区间范围（区间范围越大，计算越精确），还取决于置信区间有效数字的位数，一般情况下保留2位小数即可。

28.10.6　处理散点数据

可能会发生这样的情形：在一个或两个干预组中均发生零概率事件（如副作用是随机对照试验进行荟萃分析所评估的结果之一）。如果两组均发生零概率事件，则该研究可以被忽略，因为它不包含任何信息。如果一组发生了一个零概率事件，则其影响取决于数据汇集的方法。如果使用逆变量加权法，那么$\ln OR$或$\ln RR$会变得不确定。卡方加权法不太可能，但Peto法不受影响。Sweeting 等（2004）综述并评估了用来处理散点数据（细节超越本书范围）的不同连续性调节方法。Rücker等（2009）提出用反正弦差异法。

28.11　观察性研究的荟萃分析

虽然荟萃分析已经被普遍用于整合随机对照试验结果，但是观察性研究的荟萃分析也变得更加普遍和重要（Dickersin，2002；Egger等，2001）。一个典型的例子是，1964年美国军医署发布的吸烟与健康报告（Surgeon General，1964）评估了吸烟对癌症风险影响的7个队列研究。荟萃分析在观察性研究中的应用落后于随机对照试验的原因有以下几个方面（Dickersin，2002）：

（1）运用荟萃分析进行观察性试验的研究较少；

（2）至今没有建立观察性研究的注册登记（在兽医界也没有随机对照试验的注册登记制度）；

（3）对观察性试验报告方法的规范化才刚起步［例如：STROBE声明（国际流行病学、方法学、统计学和科技工作者共同提出的"加强流行病学观察性试验报告方式倡议书"）］（von Elm等，2007）；

（4）还需要考虑因果关系的标准（见1.10节）。荟萃分析会强化统计学证据，而且对异质性的评估有助于深入了解结果的一致性，但是，其他标准也需要被认真考虑。

观察性研究易于出现大范围偏误，并且存在将非实际（或通过计算获得）的准确值判断为可疑结果的风险（Egger等，1998）。所以，对观察性研究的荟萃分析重点应该是估计其异质性，并分析不同研究间的结果存在差异的原因。例如试验类型等研究特征（队列试验或病例–对照试验）、研究质量特征（如依从性、双盲性等）和研究群体的限定性（如饮食引起胃扩张和肠扭转的相对风险RR可因动物品种不同而有变化）应该视为异质性的来源。

尽管上文提出了很多限制，但是随机对照试验的荟萃分析所用到的方法大都适用于观察性试验的分析。然而，在开始评述之前，应该考虑观察性研究不同于随机对照试验的重要方面，并了解其如何影响荟萃分析。

28.11.1　观察性试验与随机对照试验——偏倚

综上所述，观察性研究比随机对照试验更易产生偏差。所以，当相关研究存在严重偏差时，荟萃分析显然无法提供统计学意义上的确定性。

理论上，只要分组随机、依从统计学规范并且样本量足够大，随机对照试验就不会产生混杂效应（在小规模试验中，干预组中一个影响因素的不平均分布仍然会导致残余混杂效应）。大样本量的观察性试验并不能保证不会发生混杂效应，即便是一个普通的混杂因素也会对所有研究结果的评估产生影响。

同样，随机对照试验几乎不会产生选择偏差，因为试验组和对照组都是经过随机分配而选出的目标群体代表。而观察性研究并非如此（见第12章）。

在随机对照试验中，虽然在结果处理中会出现一定程度的错误分类，但暴露（即干预措施）不可能出现分类错误。假设对2个研究组进行等同随访，后一种错误分类是无差别的（见12.6.1节），这意味着所有偏差都会归向零。另外，观察性研究在暴露和结果处理上都会出现错误分类，差异或无差异影响都有可能发生。

28.11.2 观察性试验与随机对照试验——暴露

虽然在不同随机对照试验中的干预措施（暴露）在多个重要方面会有不同（如剂量、投药持续时间），但在观察性研究中，暴露因素不受研究人员控制，其变化性更大。大多数随机对照试验评估单个暴露因素的作用，但这种限制不会影响那些可评估多个暴露因素的长期试验和病例–对照试验。虽然随机对照试验中的暴露因素大都是确定已知的，但在观察性研究中的暴露水平通常只以宽泛类别进行记录（如打扫厕所的频率，即每天打扫一次、每周打扫几次、每周打扫一次等），而且这些类别在不同的研究中也不一样。如果暴露因素在一个很宽的范围内变化，则有必要考虑使用量–效评价方法（Dumouchel，1995）进行评估。

28.11.3 观察性试验与随机对照试验——结果

与随机对照试验不同，观察性试验结果可能会出现低概率事件（见28.10.6节）。因此，对观察性数据的荟萃分析需要用到特殊的方法来处理散点数据（Austin等，1997）（这部分内容超出了本书的讨论范围）。

因为混杂因素在随机对照试验中并不是一个严重的问题，所以就没有必要对潜在的混杂因素进行校正来估算效应值。但这种校正对观察性研究的荟萃分析很重要。如果只能获得未校正的效益估算值，那么可用某种形式的外部校正因子来校正。

$$RR_a = RR_u/U \qquad U = RR_u/RR_a \qquad \text{等式28.20}$$

其中，RR_a为校正过的RR，RR_u为未校正的RR，U为混杂偏差的量值。U可以从同时报告有RR_a和RR_u的研究中估算［对于对数模型（如逻辑模型），$U=\beta_u-\beta_a$］。更详细的内容参见第33章（Rothman等，2008）。

28.12 诊断试验的荟萃分析

目前，对诊断试验进行荟萃分析是一个相当有意义的研究领域，应该给予特殊考虑。本书会提出一些重要的问题，但读者也可以通过其他途径获取更多相关知识（Egger等，2001（第14章）；Deville等，2002；Harbord等，2007；Whiting等，2003；Whiting等，2006；Zamora等，2006）。

首先，要注意诊断试验有多方面的性能是可以通过荟萃分析来加以总结的。除了敏感性（Se）和特异性（Sp）之外，也可以包括概率比、重复性、复现性或其他试验性能的表现形式（见第5章）。其次，大多数诊断试验的荟萃分析过程除了点估值和标准误（如Se和Sp的标准误）外，还要求组数据（2×2频数表）。

一般来说，如果不同研究的Se和Sp估计值相当一致，那么可以用标准荟萃分析技术来计算试验性能的总估值。如果要这样做的话，则需满足2个标准。第一，受评估的检测方法应当与一个性能良好的参照方法进行平行比对。如果研究运用了多种参照试验，那么受评估检测方法的Se和Sp的变异可能很大。第二，如果受评估的检测方法结果是用连续（或顺次）测量值，那么所有试验结果都要用同一个切点进行评估。如果使用不同切点，那么Se和Sp值肯定会出现很大变变异。当然，满足了这2个标准也不能完全保证研究结果一定是同质的。

如果Se和Sp呈反向关系，那么结合了Se和Sp信息的诊断试验性能的总体估计结果是有价值的。诊断比值比（DOR）就属于这种评价方法之一，计算等式如下：

$$DOR = \frac{TP \cdot TN}{FP \cdot FN} = \frac{\left(\dfrac{Se}{1-Se}\right)}{\left(\dfrac{1-Sp}{Sp}\right)} = \frac{LR+}{LR-} \qquad \text{等式28.21}$$

其中，TP、TN、FP、FN分别是研究中真阳性、真阴性、假阳性、假阴性的数量，$LR+$和$LR-$是阳性和阴性试验结果可能性的比率。通常给这4个数值都加上一个较小的值（通常是0.5）来避免计算上的困难。DOR值越大，该试验提供的诊断证据越充分（若DOR值为1，表示无任何诊断能力）。有时把DOR值汇聚后再进行荟萃分析，对该诊断试验的能力提供一个总体评价。虽然DOR可以把Se和Sp整合成一个量值，但值得注意的是，DOR无法甄别具有高Se低Sp与低Se高Sp的试验。

28.13　荟萃分析应用

荟萃分析最常用于总结一系列受控试验获得的数据。在兽医学领域，很少用某种制剂（或紧密相关的一类制剂）做多种试验以便于进行荟萃分析，所以在使用方面不如人医普及。然而，随着本行业对制剂功效的可靠性证据要求日趋强烈，临床试验的数据也会不断增加。

荟萃分析也可用于科研项目中。它们既可作为对许多先前试验结果汇总的"决定性"研究，也可通过提供最佳效应估算值用于样本大小的计算，为将来的研究服务。如果正在执行一系列的试验，荟萃分析的结果还可以提供一个"终止规则"，即当试验获得的证据足以证明产品的功效时，该试验就可以终止。在这种情况下，累积性荟萃分析非常有用。它可显示出当一个新研究结果加入后，总估计值如何变化。荟萃分析还可以辨识对研究结果有重要影响的因素（如与异质性相关的因素），并指导对这些因素的深入研究。

荟萃分析也可以用于指导决策。如加拿大卫生署在决定牛重组生长激素（rBST）是否在加拿大注册使用（该案例为决定不注册该药）时，使用的部分信息就是通过荟萃分析得出的该药对奶牛健康和生产性能影响的评估结果。

参考文献

Austin H, Perkins LL, Martin DO. Estimating a relative risk across sparse case-control and follow-up studies: a method for meta-analysis Stat Med. 1997; 16: 1005-15.

Baujat B, Mahé C, Pignon J, Hill C. A graphical method for exploring heterogeneity in metaanalyses: application to a meta-analysis of 65 trials Stat Med. 2002; 21: 2641-52.

Begg CB, Mazumdar M. Operating characteristics of a rank correlation test for publication bias Biometrics. 1994; 50: 1088-101.

Buscemi N, Hartling L, Vandermeer B, Tjosvold L, Klassen TP. Single data extraction generated more errors than double data extraction in systematic reviews J Clin Epidemiol. 2006; 59: 697-703.

DerSimonian R, Kacker R. Random-effects model for meta-analysis of clinical trials: an update, Contemp Clin Trials. 2007; 28: 105-14.

DerSimonian R, Laird N. Meta-analysis in clinical trials Control Clin Trials. 1986; 7: 177-88.

Devillé WL, Buntinx F, Bouter LM, Montori VM, de Vet HCW, van der Windt DAWM, Bezemer PD. Conducting systematic reviews of diagnostic studies: didactic guidelines BMC Med Res Methodol. 2002; 2: 9.

Di Pietrantonj C. Four-fold table cell frequencies imputation in meta analysis Stat Med. 2006; 25: 2299-322.

Dickersin K. How important is publication bias? A synthesis of available data AIDS Educ Prev. 1997; 9: 15-21.

Dickersin K. Systematic reviews in epidemiology: why are we so far behind? Int J Epidemiol. 2002; 31: 6-12.

Dickersin K, Berlin JA. Meta-analysis: state-of-the-science Epidemiol Rev. 1992; 14: 154-76.

Dohoo I, Stryhn H, Sanchez J. Evaluation of underlying risk as a source of heterogeneity in meta-analyses: a simulation study of Bayesian and frequentist implementations of three models Prev Vet Med. 2007; 81: 38-55.

Dohoo IR, DesCôteaux L, Leslie K, Fredeen A, Shewfelt W, Preston A, Dowling P. A metaanalysis review of the effects of recombinant bovine somatotropin. 2. Effects on animal health, reproductive performance, and culling Can J Vet Res. 2003a; 67: 252-64.

Dohoo IR, Leslie K, DesCôteaux L, Fredeen A, Dowling P, Preston A, Shewfelt W. A metaanalysis review of the effects of recombinant bovine somatotropin. 1. Methodology and effects on production Can J Vet Res. 2003b; 67: 241-51.

Duffield TF, Rabiee AR, Lean IJ. A meta-analysis of the impact of monensin in lactating dairy cattle. Part 1. Metabolic effects J Dairy Sci. 2008; 91: 1334-46.

Dumouchel W. Meta-analysis for dose-response models Stat Med. 1995; 14: 679-85.

Duval S, Tweedie R. Trim and fill: A simple funnel-plot-based method of testing and adjusting for publication bias in meta-analysis Biometrics. 2000; 56: 455-63.

Egger M, Davey Smith G, Schneider M, Minder C. Bias in meta-analysis detected by a simple, graphical test BMJ. 1997; 315: 629-34.

Egger M, Schneider M, Davey Smith G. Spurious precision? Meta-analysis of observational studies BMJ. 1998; 316: 140-4.

Egger M, Smith G, Altman D. Systematic Reviews in Health Care. Meta-analysis in context. BMJ Books; London. 2001.

Fourichon C, Seegers H, Malher X. Effect of disease on reproduction in the dairy cow: a metaanalysis Theriogenology. 2000; 53: 1729-59.

Freemantle N, Cleland J, Young P, Mason J, Harrison J. beta Blockade after myocardial infarction: systematic review and meta regression analysis BMJ. 1999; 318: 1730-7.

Furukawa TA, Barbui C, Cipriani A, Brambilla P, Watanabe N. Imputing missing standard deviations in meta-analyses can provide accurate results J Clin Epidemiol. 2006; 59: 7-10.

Glas AS, Lijmer JG, Prins MH, Bonsel GJ, Bossuyt PMM. The diagnostic odds ratio: a single indicator of test performance J Clin Epidemiol. 2003; 56: 1129-35.

Glasziou PP, Sanders SL. Investigating causes of heterogeneity in systematic reviews Stat Med. 2002; 21: 1503-11.

Greenland S. Invited commentary: a critical look at some popular meta-analytic methods Am J Epidemiol. 1994; 140: 290-6.

Harbord R, Higgins J. Meta-regression in Stata The Stata Journal. 2008; 8: 493-519.

Harbord RM, Deeks JJ, Egger M, Whiting P, Sterne JAC. A unification of models for metaanalysis of diagnostic accuracy studies Biostatistics. 2007; 8: 239-51.

Hedges LV, Pigott TD. The power of statistical tests in meta-analysis Psychol Methods. 2001; 6: 203-17.

Herbison P, Hay-Smith J, Gillespie WJ. Adjustment of meta-analyses on the basis of quality scores should be abandoned J Clin Epidemiol. 2006; 59: 1249-56.

Higgins J, Green S. Cochrane Handbook for Systematic Reviews of Interventions Version 5.0.1 [updated September 2008]. : The Cochrane Collaboration, Available from www.cochranehandbook. org. 2008.

Higgins J, Thompson S, Deeks J, Altman D. Statistical heterogeneity in systematic reviews of clinical trials: a critical appraisal of guidelines and practice J Health Serv Res Policy. 2002; 7: 51-61.

Higgins JPT, Thompson SG. Quantifying heterogeneity in a meta-analysis Stat Med. 2002; 21: 1539-58.

Higgins JPT, Thompson SG. Controlling the risk of spurious findings from meta-regression Stat Med. 2004; 23: 1663-82.

Higgins JPT, Thompson SG, Deeks JJ, Altman DG. Measuring inconsistency in meta-analyses BMJ. 2003; 327: 557-60.

Higgins JPT, White IR, Anzures-Cabrera J. Meta-analysis of skewed data: Combining results reported on log-transformed or raw scales Stat Med. 2008; 27: 6072-92.

Hopewell S, Clarke M, Lusher A, Lefebvre C, Westby M. A comparison of handsearching versus MEDLINE searching to identify reports of randomized controlled trials Stat Med. 2002; 21: 1625-34.

Hopewell S, McDonald S, Clarke M, Egger M. Grey literature in meta-analyses of randomized trials of health care interventions Cochrane Database Syst Rev. 2007; 2: Art. No.: MR000010.

Jackson D. The power of the standard test for the presence of heterogeneity in meta-analysis Stat Med. 2006; 25: 2688-99.

Jüni P, Altman DG, Egger M. Systematic reviews in health care: Assessing the quality of controlled clinical trials BMJ. 2001; 323: 42-6.

Knapp G, Hartung J. Improved tests for a random effects meta-regression with a single covariate Stat Med. 2003; 22: 2693-710.

Petitti DB. Approaches to heterogeneity in meta-analysis Stat Med. 2001; 20: 3625-33.

Robinson KA, Dickersin K. Development of a highly sensitive search strategy for the retrieval of reports of controlled trials using PubMed Int J Epidemiol. 2002; 31: 150-3.

Rothman K, Greenland S, Lash T. Modern Epidemiology, 3rd Ed. Lippincott Williams & Wilkins; Philadelphia. 2008.

Rücker G, Schwarzer G, Carpenter J, Olkin I. Why add anything to nothing? The arcsine difference as a measure of treatment effect in meta-analysis with zero cells Stat Med. 2009; 28: 721-38.

Sanchez J, Dohoo I, Carrier J, DesCôteaux L. A meta-analysis of the milk-production response after anthelmintic treatment in naturally infected adult dairy cows Prev Vet Med. 2004; 63: 237-56.

Sánchez-Meca J, Marín-Martínez F, Chacón-Moscoso S. Effect-size indices for dichotomized outcomes in meta-analysis Psychol Methods. 2003; 8: 448-67.

Sargeant JM, Rajic A, Read S, Ohlsson A. The process of systematic review and its application in agri-food public-health Prev Vet Med. 2006; 75: 141-51.

Schmid CH, Lau J, McIntosh MW, Cappelleri JC. An empirical study of the effect of the control rate as a predictor of treatment efficacy in meta-analysis of clinical trials Stat Med. 1998; 17: 1923-42.

Sidik K, Jonkman JN. A comparison of heterogeneity variance estimators in combining results of studies Stat Med. 2007; 26: 1964-81.

Song F. Exploring heterogeneity in meta-analysis: is the L'Abbé plot useful? J Clin Epidemiol. 1999; 52: 725-30.

Sterne JA, Gavaghan D, Egger M. Publication and related bias in meta-analysis: power of statistical tests and prevalence in the literature J Clin Epidemiol. 2000; 53: 1119-29.

Surgeon General. Smoking and Health. 1964. US Government Printing Office. Washington DC.

Sutton AJ, Higgins JPT. Recent developments in meta-analysis Stat Med. 2008; 27: 625-50.

Sweeting MJ, Sutton AJ, Lambert PC. What to add to nothing? Use and avoidance of continuity corrections in meta-analysis of sparse data Stat Med. 2004; 23: 1351-75.

Terrin N, Schmid CH, Lau J. In an empirical evaluation of the funnel plot, researchers could not visually identify publication bias J Clin Epidemiol. 2005; 58: 894-901.

Thiessen Philbrook H, Barrowman N, Garg AX. Imputing variance estimates do not alter the conclusions of a meta-analysis with continuous outcomes: a case study of changes in renal function after living kidney donation J Clin Epidemiol. 2007; 60: 228-40.

Thompson SG, Higgins JPT. How should meta-regression analyses be undertaken and interpreted? Stat Med. 2002; 21: 1559-73.

von Elm E, Altman DG, Egger M, Pocock SJ, Gøtzsche PC, Vandenbroucke JP. The Strengthening the Reporting of Observational Studies in Epidemiology (STROBE) statement: guidelines for reporting observational studies Epidemiology. 2007; 18: 800-4.

Whiting P, Rutjes AWS, Reitsma JB, Bossuyt PMM, Kleijnen J. The development of QUADAS: a tool for the quality assessment of studies of diagnostic accuracy included in systematic reviews BMC Med Res Methodol. 2003; 3: 25.

Whiting PF, Weswood ME, Rutjes AWS, Reitsma JB, Bossuyt PNM, Kleijnen J. Evaluation of QUADAS, a tool for the quality assessment of diagnostic accuracy studies BMC Med Res Methodol. 2006; 6: 9.

Wiebe N, Vandermeer B, Platt RW, Klassen TP, Moher D, Barrowman NJ. A systematic review identifies a lack of standardization in methods for handling missing variance data J Clin Epidemiol. 2006; 59: 342-53.

Zamora J, Abraira V, Muriel A, Khan K, Coomarasamy A. Meta-DiSc: a software for metaanalysis of test accuracy data BMC Med Res Methodol. 2006; 6: 31.

第29章

生态学与组群水平研究

王志亮 译校

目的

阅读本章后，你应该能够：

1. 列出生态模型中常用的3个主要变量类型，描述其属性，并用于特定问题研究；

2. 描述个体和组群水平的线性模型结构，以及在组群水平上估计发生率比的约束条件；

3. 描述群内错误分类，群间混杂和群间互作如何影响病因推断；

4. 描述生态学谬误和微体谬误的基本概念；

5. 确定能够降低生态学研究跨层推论误差的情形；

6. 描述将非生态组群水平研究用于流行病学研究的原理。

29.1　引言

本章首先讲述目标群的采集，通过组群层面的分析开展个体层面的推论，即生态学研究。生态学研究的基本特点是我们不知道风险因素的联合分布和各组群中的疾病。换而言之，尽管我们知道每个组群的暴露比例、病例出现的风险或比率，但我们不知道已暴露病例的比例，其原因通常是由于缺乏个体层面上有关风险因素和疾病的数据（Rothman和Greenland，1998）。

例如：假定某几种微生物是导致某牛场发生牛呼吸道病（BRD）的可能病因，我们可能会知道每个牛圈中BRD的发病率及其中每种微生物的感染频率，然而我们不知道BRD与其中每种微生物的联合分布。缺乏这方面的信息，会导致推论错误。因此，即使在组群上发现某一种微生物与BRD的高发生率呈正相关，而在实际上发病的动物也可能并没有感染这种微生物。

不进行暴露的直接测量或缺乏特定的暴露变量，这样的生态学研究可称作"探索性"研究。例如，在某个研究中，在地图上按行政区域绘出了某疾病（如人E coli O157）的发病率，我们就可以使用当地因素（如养牛密度）来解发病率的空间变化，尽管该研究中并没有对该因素进行直接测量。对疾病暴露因素进行了测量并用于分析过程，这样的生态学研究可称作"分析性"研究。

一般来说，生态学研究可采用与个体研究相同的方法进行，包括：

（1）比较在某个时间点或特定时间内一定数量组群之间的暴露率和发病率；与横断面研究相似；

（2）评估在一定时间区间内一个或多个组群内（通常是一个）暴露率和发病率的变化；与队列或病例对照研究相似；

（3）上述两种方法联合运用。

如果组群不大，分析时要考虑各组群发病率的精确性。空间分析可能需要按空间相关性进行调整。时间分布研究可能需要调整到较大的时间间隔，进行推论时，也应考虑诊断标准的变化。较大时间间隔的研究，必须考虑并尽量按年龄、时间段和组群关联队列分别处理。当然，在这3个因素相互联系且不能独立评估时，会有可辨识性问题（Osmond和Gardner，1989；Robertson等，1999）。群间和时间两类分析方法联合使用比单独使用能更全面地对假设进行检验。为什么可以研究组群？特别是，为什么可以通过组群层面的研究来进行个体层面的推论？我们不妨从这一问题展开讨论。

29.2　组群水平研究的原理

不同于生态学研究，在兽医学中，组群（如一群动物）常作为抽样单位和目标单位（Carver等，2002），聚集水平（如几窝动物、几窝蜜蜂、几塘鱼、几群家禽、几群羊等等）通常比组群组分（如单个的小猪、蜜蜂、鸡、鱼和羊）更有意义。近年来，空间统计应用到更大范围的集合体，如城市、地区和流域等。由于变量是在组群层面上测得的，而且推论也是针对这一水平的问题进行的，因此结果不会有较大的偏差。详见29.7节非生态组群研究。然而，我们经常碰到的是在组群分析的基础上进行个体推论，这时就要特别小心（理由后述）。尽管如此，组群研究仍有如下优点：

突破个体测量限制

通常，在个体水平上测量暴露是很困难的（如污染水平、采食量等），因此组群的平均值就派上了用场。另一种情况是，个体采食量可能差异较大，因此组群平均值会更充分地反映目的营养成分的暴露情况。

克服暴露同质性

如果组群中个体暴露水平变化不大，那么就很难评价暴露对它们的影响。例如，如果同群的所有动物以相同的方式管理，那么就需要研究几个组群以观察不同管理方式是否有明显的影响。因此，采用暴露的种类和水平有较大差异的多个组群进行研究，会更有效。

关注组群效应

进行区域范围内的影响或暴露研究，自然需要采用组群研究方法。例如，在多数情况下，疫苗使用、饲料投放、畜舍类型、给药方式（如饮水或饲料中投放抗生素）等只能在组群水平上实施，因此农场或组群就成了研究对象。

分析的简朴性

通常组群层面的数据，个体层面的数据更容易展现。但是，如果我们要进行个体层面的推论，组群层面的分析可能会隐藏着严重的方法学问题。

29.3　生态变量的类型

生态学中关于变量的分类仍未统一（见Diez-Zoux，1998a，b；McMichael，1999）。我们采用3种分类：综合变量（聚集变量）、环境变量和全局变量。

29.3.1　综合变量（聚集变量）

综合变量是同一组群内个体测量值的汇总，如暴露比例、平均年龄、平均营养摄取量等。综合变量可与预测变量（自变量）、结果变量（因变量）或二者共同相关。当将疾病作为结果时，由于多数组群都是开放的，通常用率来度量；如果组群是封闭的，就可以用风险分析的方法来研究。这一类型的变量也称之为"派生变量"。用于生态学研究的派生变量是在聚合了全部或至少是一部分个体观察值而形成的组群汇总变量（一般使用平均值，如暴露比例、饲料转化率、平均日增重、平均体细胞数、发病率和死亡率等）。

29.3.2　环境或情景变量

这类变量通常是组群的物理特征，如当地气候、污染水平、畜群特征（如牛奶体细胞计数）、水源特征（如地下水和地表水）和管理方式（如乳头浸泡消毒策略或初乳饲喂程序等）。这些变量的主要特征是在个体水平上拥有一个模拟数据（如初乳饲喂程序可能规定每头犊牛在出生后4h内要饲喂1L的初乳；而个体变量是要说明某头特定的犊牛是否在规定时间内吃到规定数量的初乳）。受实践限制，我们通常不进行个体变量测定，但为便于分析，我们通常会给同一组群内的所有个体赋予相同的变量值。这样，随着该变量在组群内方差的增大，这种研究方式的说服力就会越差。例如，被调查的牧场主可能会说所有的犊牛都得到了足够的初乳，但事实上，只有少部分犊牛在规定的时间内以规定的方式得到了规定量的初乳，所以就产生了严重的错误分类问题。另外，在组群免疫中，个体层面的因素（如病原X的抗体滴度）与该因素的情景变量（如具有保护滴度的动物比例）之间很可能存在相互影响，需要进行识别以便正确推理（注意：21.4节所描述的情景变量通常是一个综合变量，因为这些情景变量来源于个体层面的数据）。

29.3.3　组群变量或全局变量

该变量反应了个体所不具备的组群、组织或地区特征（例如群体密度）。全局变量包括农场主特征、畜群特征或管理策略，如组群大小、开放或封闭饲养、饲养密度、繁育方式和疾病预防措施等。

29.4　生态研究中与建模方法相关的问题

首先我们要注意：生态预测变量（自变量）和生态结果变量（因变量）在组群水平上通常都是以连续尺度测量的，尽管在个体水平上二者可能是分开的（二分变量）。对综合变量来说，更是如此。如果组群结果是二分变量（如发病或不发病）且推论仅在组群水平上进行，那么这样的研究就不能算作是生态学研究，用普通观察研究的方法就可以完成（见7~10章）。对于综合变量，因其结果反映的是组群平均率或风险，因而可用线性回归模型对结果变量和暴露变量进行回归分析（见第14章）。有些人喜欢运用Poisson模型［关于分析方法举例可参见Rothman Greeland（2008），P517–518；Ducrot等（1996）在兽医学中也提到该方法］。

举一个线性模型的例子。假设连续结果变量Y表示疾病的风险或率（如在畜群j中，$Y=0.15$/动物–年），模拟建立暴露变量（如j群中0.3%的犊牛未吃到足够的初乳）对Y的线性函数，其中预测变量可以是一个或多个混杂变量（如各群中犊牛的平均年龄）。模型方程表示为：

$$Y_j = \beta_0 + \beta_1 X_{1j} + \beta_2 X_{2j} + \epsilon_j$$

其中，X_{1j}表示吃到足够初乳犊牛的比例，X_{2j}表示j群中犊牛的平均年龄。

环境变量或全局变量可以加入该模型方程变量中，分别作为二分变量、顺序变量或连续变量进行分析。在分析研究时，结果可能需要转化才能更加符合线性模型的假设，这可能需要运用加权回归方法确定不同组群的精确度水平（因研究对象数量不同）。需要按组群大小、群内方差的倒数或一些与群内暴露同质性相关的函数对结果进行加权处理。

"好"的线性模型是这样的，如果不同组群在个体水平上的率差（或风险差）是恒定的，假设没有偏倚，那么在组群水平上的率差也是恒定。相反，如果个体水平上的率比（rate ratio）是恒定的，那么用logit模型（评定模型）对结果进行组群水平上的评价就会出现偏差（Rothman和Greenland，2008，P468）。

个体水平上的预测变量与二分结果变量之间的关系通常用比测量进行评价。然而，在线性模型上用比测量进行组群分析会有一个问题：对综合变量，这种分析常迫使我们要将推论延伸至零暴露和全暴露的组群，而通常这样的数据很少。例如，在一个简单的线性模型中，β_0是未暴露群（$X=0$）的发生率，$\beta_0+\beta_1$是暴露群（$X=1$）的发生率，因此，组群水平上的发生率比（IR，incidence rate ratio）为：

$$IR_G = \frac{\beta_0 + \beta_1}{\beta_0} = 1 + \frac{\beta_1}{\beta_0} \qquad\qquad \text{等式29.1}$$

可见，有关比测量的有效推论需要有完全暴露组和非暴露组。

在线性模型中（第14章），变量的混杂和相互作用问题是通过把这些变量包含在模型之中。在生态学分析中控制个体混杂因子很困难，而在个体分析中则相对容易，这是因为控制个体混杂因子通常使用平均或代理数据，弱化了变量间关联性。而且，生态分析中风险因子相互之间的关联性比在个体水平上的关联性强，因而想分离出单个风险因素的效应比较困难。当有另外的变量引入该模型时，要考虑这些变量的影响，重新评估IR_G值。为此，我们通常将这些变量（即X_{js}）的值设置成平均值，如等式29.2所示。

$$IR_G = \frac{(\beta_0 + \beta_1 + \sum \beta \overline{X})}{\beta_0 + \sum \beta \overline{X}} \qquad\qquad \text{等式29.2}$$

其中，$\sum \beta X$ 表示其他系数与其他 X 变量平均值的乘积之和。

有的研究者喜欢用标准化结果（如标准化发病率/死亡率比，SMRs）来控制混杂问题，他们将这些标准化结果对组群解释变量进行回归分析。通常，SMR 要包含年龄、性别和品种等因素。不过，这种方法不能避免混杂问题，除非用相同的方式对解释变量也进行了标准化，而实践中常缺乏足够的数据来满足这一要求。

个体分析中可用相同的方式对变量的相互作用进行建模，同样也使用乘积项（如 $X_1 \cdot X_2$）。不过，用组群平均值产生乘积项并不等同于把在个体水平产生的乘积项进行平均。因此，用该方法检测变量的相互作用，其效能水平是不同的（通常偏低）。有一种相互作用类型需要重点予以确定，这就是情景效应（contextual effect）。它是指组群因子对个体产生影响的效应，可以通过建立该因子在组群水平和个体水平的交叉乘积项并检验其显著性的方法来进行确定。

29.5　与推断有关的问题

推论问题主要是由暴露的异质性和组内的混杂因素引起的。因此，暴露因素在组群水平上使疾病风险增加（或降低）3倍，并不意味着在个体水平上真是这样，也就是说，暴露对象个体不一定具有最高的发病风险。这类推论性误差称为生态学谬误（关于微观谬误，请参考 μ 第29.7.2节）。另外，即使没有生态学谬误，组群水平的偏倚也几乎总是扩大了真实的关联度，使其不会是零，偶尔会有逆转关联性的情况。举一个简单的例子：假定你在调查一种传染病，X 是其唯一病原，能产生终生抗体，而且只有生命后期的感染才出现临床发病（早期感染不表现临床症状）。在个体水平上，疾病会与 X 暴露呈正相关（所有病例皆有抗体）。然而，在组群水平上，X 高度流行很可能会导致早期暴露，并因此与低水平的发病有关。

下面我们详细阐述生态偏倚的3个主要原因：群内偏倚、群间混杂和群间互作。

29.6　生态偏倚的来源

29.6.1　群内偏倚

混杂、选择偏倚和错误分类能导致群内偏倚。这里我们仅讨论个体暴露的错误分类及其对组群观测值的影响。

如果使用综合暴露变量，那么组群暴露水平就是个体暴露观测值的综合。不完善的个体暴露分类反过来会同时导致个体水平关联性和组群水平关联性评测的误差。如第12章所述，在个体水平上，无差异性暴露分类错误使观察到的关联度偏向零值，但在生态学研究中，它又使关联度偏离零值。如果得到公式29.3所需要的数据，就能预测这种偏倚对率比（由线性回归模型推出）的影响：

$$IR_G = 1 + \frac{IR - 1}{Se + Sp \cdot IR - IR}$$ 　　　　**等式29.3**

Se 指个体水平上的敏感性，Sp 指个体水平上的特异性，IR 指真正个体水平的发生率比。ID_G 也会因（$Se+Sp-1$）因素发生偏差。这一偏差可以非常大，如例29.1所示。如果组群暴露（或疾病）流行率是依据各组群内小量个体样本计算出来的话，那么个体水平的测量误差就夹杂了抽样误差（正如前面提及的小组群结果极限值），关于这一误差的详细内容，请参考Brenner等（1992）。

例29.1　个体水平上的暴露分类错误对组群水平结果的影响

首先对2个农场畜群结构进行正确分类研究（$j=1$，2）。

正确分类	农场1			农场2		
	暴露	非暴露	合计	暴露	非暴露	合计
病例数量	50	40	90	100	30	130
动物–时（t_j）	200	800	1000	400	60	1000
比率（I_j）	0.25	0.05	0.09	0.25	0.05	0.13
组暴露比例		0.2			0.4	

如果没有错误分类，粗体字表示的数据是组群分析时需要用到的数值。注意在农场1，20%的动物–时被暴露（200/1000），在农场2，40%的动物–时被暴露（400/1000）。在个体水平上，$IR=5$，$ID=0.20$。组回归系数分别由如下两个方程计算得出：$0.09=\beta_0+0.2\beta_1$，$0.13=\beta_0+0.4\beta_1$。模型方程式为$Y=0.050+0.2X$，$ID_G=0.20$。

$$IR_G=1+\frac{0.2}{0.05}=1+4=5$$

基于暴露敏感性0.8和暴露特异性0.9，并使用12.6节描述的一般方法，观察下列数据：

错误分类	农场1			农场2		
	暴露	非暴露	总比率	暴露	非暴露	总比率
病例数量	44	46	90	83	47	130
动物–时（t_j）	240	760	1000	380	620	1000
比率（I_j）	0.183	0.061	0.09	0.218	0.076	0.13
组暴露比例		0.24			0.38	

在个体水平上（基于2个农场错分数据的混合），$IR=3.04$，$ID=0.137$。暴露分类错误导致：每个农场动物–时暴露比例估计值偏倚，差异变小，暴露效应变大。运用同样的方法得出回归系数，模型方程式$Y=0.0214+0.286X$。在组群水平上，错误分类的$IR_G=14.3$，$ID_G=0.29$。因此个体水平上的无差异性错误分类使组群水平上的IR_G和ID_G偏离零值。

29.6.2　组群混杂

如果组群间在暴露率和非暴露个体的疾病本底率两个方面都存在差异，就会在组群水平上造成暴露与结果的关联性。产生这种混杂的原因，可以是额外个体风险因素在组群间分布的差异注意这些风险因素不一定是个体水平上的混杂因素，即群内混杂因素，也可以是在组群水平上出现了混杂因素（即，协变量在组群水平上与暴露和疾病二者都相关）。例29.2解释了这种现象。

29.6.3　组群效应修饰（组群交互作用）

在线性模型中，如果组群之间个体水平上的率差不同，就会产生组群水平上的偏倚。我们应该不会忘记，在个体水平上通常用logit模型，而在组群水平上却经常用线性模型。这会将非线性因素引入到结果比较之中，从而在线性模型中出现相互作用。这种差异可能来源于组群之间个体效应修饰因素的分布差异，或来源于某一组群因素的效应修饰（例29.3）。

29.6.4　组群混杂和交互作用总结

综上所述，如果满足如下条件，则不会出现跨层级（即生态）偏倚：

（1）群内发病率的差异在组群间是一致的；

（2）非暴露个体的事件的发生率与组群水平上的暴露之间没有相关性。

这些条件的唯一（但很大）缺陷是需要用个体水平的数据来进行评价，而这样的数据很难获得。

例29.2　组群结果的混杂效应

E_1表示某一因素在个体水平上的暴露情况，E_2表示一个在个体水平上的潜在混杂因素，两者都是二元的，在组群水平上，分别用变量X_1和X_2表示（为了简化，我们删去了下标符号farm），两者均是用连续尺度进行测量。数据来源3个农场：

农场A	E_2+		E_2-		E_2合并	
	E_1+	E_1-	E_1+	E_1-	E_1+	E_1-
病例	52	74	5	7	57	81
t_a	260	740	260	740	520	1480
I_a	0.2	0.1	0.02	0.01	0.11	0.055
IR_a		2		2		2
	$X_1=P(E_1+)=0.26$		$X_2=P(E_2+)=0.50$		$Y=P(D+)=0.068$	

农场B	E_2+		E_2-		E_2合并	
	E_1+	E_1-	E_1+	E_1-	E_1+	E_1-
病例	56	52	8	8	64	60
T_b	280	520	420	780	700	1300
I_b	0.2	0.1	0.02	0.01	0.09	0.046
IR_b		2		2		2
	$X_1=P(E_1+)=0.35$		$X_2=P(E_2+)=0.30$		$Y=P(D+)=0.056$	

农场C	E_2+		E_2-		E_2合并	
	E_1+	E_1-	E_1+	E_1-	E_1+	E_1-
病例	60	30	14	7	74	37
T_c	300	300	700	700	1000	1000
I_c	0.2	0.1	0.02	0.01	0.74	0.037
IR_c		2		2		2
	$X_1=P(E_1+)=0.50$		$X_2=pP(E_2+)=0.30$		$Y=P(D+)=0.056$	

观察上表数据，E_1和E_2的IR值分别是2和10；两个率比在各农场之间都是恒定的，因此在个体水平上没有干扰。而且在农场内，E_1和E_2相互独立的，不存在混杂问题。然而，由于各个农场E_2流行率不同，而各农场Y相对于E_1又是独立的，于是便产生了农场与Y之间的关联。因此，组群水平上E_1效应的估计值（X_1）可能是有偏倚的。农场水平上Y对X_1的线性回归方程为$Y=0.08-0.049X_1$，生态估计值$IR_G=0.031/0.080=0.39$。在分析中控制暴露2不能避免偏倚，即$Y=0.038+0.000X_1+0.060X_2$。$ID_G=0$，$X_2$平均暴露流行率$ID_G=0.40$，当$X_1$从0变为1，则

$$IR_G = \frac{0.038+0.000+0.4\times0.06}{0.038+0.4\times0.06} = 1.00$$

这种调整使暴露1的IR_G趋向"无效"的零值。不幸的是，由于我们没有足够的信息来证明组群和个体水平的结果是否一致，很难将组群观察结果与个体进行关联。

另一方面，如果个体水平的效应修饰因素在组群间分布有差异，就会产生组群效应修饰，从而导致生态学偏倚。如果额外风险因素在群间分布不同，不管该因素是否是个体水平的混杂因子，都将引起群间混杂，从而导致生态学偏倚。在生态学分析中，控制额外风险因素一般只能部分减少偏倚。

很清楚，当我们基于组群分析来进行个体推论时，要特别小心；虽然如此，组群分析方法还得继续使用。因此，怎样才能避免其中的一些问题？错误分类问题最好通过降低误差的等级来解决，但偏离零值的现象仍不可避免，在所有组群研究中都应注意。至于混杂和相互作用问题，的确是个难题。但是，本章所列举的混杂和相互作用的例子都是针对不是非常值得开展组群分析的情况，因为大多数的差异都是在个体水平上的；由于组群间的结果差异很小，因此研究应该集中于个体水平。

例29.3　组群修饰效应

数据来源于3个农场：

	农场A		农场B		农场C		合计	
	E+	E−	E+	E−	E+	E−	E+	E−
病例	120	30	120	36	120	42	360	108
动物时间（t）	1000	1000	800	1200	600	1400	2400	3600
I	0.12	0.03	0.15	0.03	0.2	0.03	0.15	0.03
IR		4		5		6.7		5
ID		0.09		0.12		0.17		0.12
X_1=P（E+）		0.5		0.4		0.3		
Y=P（D+）		0.075		0.078		0.081		

　　首先从个体的角度观察数据：各个农场E暴露的效应不同（*IR*或*ID*）。因此，某些农场水平的因素与暴露E是相互作用的，如果样本数量较大，用相加量表和相乘量表都可判断为显著相关（见第13章）。因为3个农场所有p（D+│E−）=0.03，因此在个体水平上不存在组群因素混杂，因此农场本身不是个体水平的病因。又因不存在混杂，且*IR*约等于0.5，说明个体效应估计值应无偏倚。然而，有一些农场因素对暴露有不同的影响，而且随着E+的降低，这种效用有所增加。

　　农场水平的生态分析只能使用聚集汇总数据（黑体），Y对X的生态线性回归方程为Y=0.09−0.03X，生态估计值IR_G=1+（−0.03/0.09）=0.67，可以清楚的发现在个体水平*IR*靠近5的地方并不适用。因此组群修饰效应导致了生态学偏倚，使个体水平的关联性发生逆转。

　　总之，在下列情况下，生态学偏倚减小：

　　（1）组群间暴露水平的观察范围较大。生态学数据的线性回归分析对群间暴露差异不大的问题特别敏感。如果你遇到了这种情况，建议你考虑运用其他模型，如指数模型和对数加法模型。

　　（2）组群内暴露差异较小。因此，在选择研究群体时，要使组内暴露差异最小化而组间暴露差异最大化（有时使用较小的、同质性较高的分组方法有助于实现这一目的）。

　　（3）暴露因素是较强的风险因素且群间流行率不同，因此，组群间的事件发生率差异很大。

　　（4）组群间额外风险因素的分布是相似的（即组群混杂较小）。

　　尽管存在这些缺陷，我们仍应继续努力通过组群研究中获得有效的知识（Webster，2002）。虽然偏倚会经常出现，但可能影响不大，不应该妨碍我们对个体做出有效推论。鉴于此，我们要用正确的方式对待这些偏倚，尽量加以理解、量化和减少，就像我们在个体水平的研究一样。

29.7　非生态组群水平研究

　　有些流行病学家注意到本学科起初是将组群作为研究单元的，只是在最近才将重点转向个体。概括起来，他们认为我们应当重新致力于组群研究。如果个体的确是我们关注的层级，那么多层级模型（第21～23章）可允许纳入从较高层级组织中得出的核心信息，并且可调查任一情景效应。不过，仍需注重组群水平的推论（Mcmichael，1995，199；Diez-Roux，1998a，b）。

　　Rose（1985）指出，研究组群以及是否要进行组群或个体水平上的推论，区别下述两个问题非常重要：

　　（1）什么是病例的病因？

　　（2）什么是发病率的病因？

　　这两个问题都强调对于特定疾病或情形，病因不止一个。关于病例的病因问题需要我们在个体水平上进行研究，即将个体动物作为主要或唯一的研究对象，来确定个体发病的原因。在这种情况下，在特定群（组）内，用关联度的比测量来确定潜在的病因并测定其强度，以推断被研究群体暴露的异质性。在极端情况下，如果所有对象都暴露于必要病因因素之中，那么个体病例的分布完全取决于个体易感性，而个体易感性是由充分病因因素中的其他组分（如遗传因素），而非暴露因素决定的。概括起来，Rose强调某一风险因素的流行或传播越广，越不能用来解释群体内的病例分布。因此，我们可以得出结论：普遍存在的必要病因意义不大，甚至可看作是正常的本底暴露（background exposure）。

此外，在进行个体研究时，不管运用固定效应模型还是随机效应模型，我们常常将所有组群水平因素当做多余变量来对待。在这种情况下，我们没有对组群之间的差异作出解释，仅仅是进行处理。在第20章中讨论过，在选择合适的聚集水平进行研究时，检验个体与组群的方差比例是有用的，可为进一步的调查提供指导。即使是针对个体的研究，了解暴露因素对个体的影响是否依赖于该因素或其他因素对组群的作用也是很有用的。家畜的组群免疫状态就是这方面的例证；组群内疾病的流行对个体病症的影响（如首次暴露的时间或剂量）也是如此。

要解决群体中病因问题，必须调查群体平均值的决定因素（例如，为什么疾病在"A"群比在"B"群更普遍？），即通过研究各群的特征来确定疾病分布转变的决定因素。因此，组群水平的研究要求组群间暴露水平差异较大、研究范围（即群数）较大，或二者同时具备。然而，要获得足够的组群数从而使组群水平的研究更有说服力，经常会在实践中受到限制。尽管如此，在畜群卫生管理和兽医公共卫生活动中，为预防群体发病，我们仍需了解在组、群或地理区域内疾病发生的决定因素。

29.7.1 组群与聚集范围

事实上，所有流行病学家都意识到我们所研究的群体属于分层结构。层级范围从亚细胞单位到细胞、器官、系统、个体、个体集合（家族、家庭、动物的窝、圈和群）、邻居、州、国家等。关键是每个高层级都包含了低层级的所有属性，同时又具备一些独特属性（Susser，1973；Krieger，1994；Diez-Roux，1998a；Ducrot等，1996）。因此，风险因素调查应在适当的群体水平上进行，这一点至关重要，当然同时还要注意其他层级的风险因素。跳出最初的个体生物学病因解释，并不是否认生物学，而是从全局和环境的角度观察生物现象。

兽医常常将农场这样的自然聚集体作为研究单元，因为临床兽医常常需要对该农场所有动物的健康状况负责。我们强调将动物聚集体作为研究单元，在很大程度上是由于个体的相对经济价值较低。池塘中的一条鱼、禽舍中的一只肉鸡或羊圈中的一只羊，对整个组群和畜主来说经济意义不大。单头猪和肉牛也差不多，而单头奶牛的相对经济价值较大，因此在大多数奶牛流行病学研究中常常侧重于个体。马和伴侣动物的健康研究也侧重于个体，人为聚集成一个群体不太可能。然而，要对宠物种群数量进行控制时，需要跳出单纯针对个体的方法（如去势或限制接触等），重点调查家养和野生宠物的社会学和生物学背景。同样，在免疫计划中，如果主要接种低风险动物，即便接种率较高，对群内疾病状况也不会产生多大影响。

超出个体水平的研究，如在研究食品安全问题时，除了要研究单一微生物（如$E.coli$O157）的特性以及在个体、农场和畜群水平上影响该微生物活力的因素外，我们还要了解现代农场、现代肉制品加工企业的运行状况，以及产业结构和食品加工集中化所产生的影响。同样这也适用于研究食用动物行业发生大规模疾病爆发的情况，如养牛业中发生BSE，不管其来源如何，我们不能否认饲料工业组织体系对该病的扩散起了推波助澜的作用。Wing（1998）指出，当前许多重要问题的解决都需要在较大范围内开展工作，尤其是那些与养殖和环境有关的问题。

经验告诉我们，不但解决地方流行性疾病问题需要借助于群体研究，传染病和外来病的防控更需要群体水平的研究。尽管个体感染的检测技术已非常发达，但许多全国疫病控制计划的后期，疫病控制的最佳策略几乎都是控制组群而不是个体。

29.7.2 组群与推论层级

推论层级与分析层级有关。某些研究是通过调查个体层面的风险因素来确定病因因素，而另外一些研究则可能是在组群层面上进行病因推断。然而，正如前几章所述，如果用高层级数据进行低层级推理，就可能存在跨层级推论偏倚。如果我们对组群变量和个体变量之间的相互影响感兴趣，就可以结合适当的组群变量进行个体水平上的分析（见21.4节情景效应）。

先前提到，当我们运用组群或生态学研究推论暴露对个体的影响时，可通过检验某些特性来帮助我们避免生态学谬误。在这种情况下，正确意味着组群水平上的结论与个体水平上的结论是一致的。尽管在这点上尚需讨论，但鉴于简化论（reductionism）在生物医学中的普遍性，微体谬误（使用低层级的数据来推论较高层级组群的特性）无疑是更常见的谬误。如果我们主要依据个体疾病信息对群体疾病做出解释，就会有产生这种谬误的风险。然而，关于这类谬误的论述很少。对这些谬误的不同评价，可能反映了在病因推论有效性方面的主要学术观点。生态学谬误被认为是一个严重的问题，因为在组群水平上存在的因果联系在个体水平上却并不存在。而在微体谬误中，在细胞或个体水平上发现的事实被认为是正确的，不管这些信息对群体疫病防控是否有用或是否正确。

作为微体谬误问题的补充，长期把握的原则是要解决群体问题就要进行群体研究（McMichael，1995）。这部分是因为高层级的物理、化学、生物学和社会学（管理学）特征可能与低层级不同，部分是因为许多社会/管理因素和某些生物学因素主要在组群水平上产生影响。举一个简单的例子，我们从氧和氢的特性上几乎看不出水的特性。同时正如Schwartz（1994）所观察到的，我们不应该将组群和个体特性相混淆，"陪审团的意见可能是悬而未决，但陪审员的意见却可能相当明确"。

在研究过程中，我们不能将组群水平上的研究只看作是对个体水平的粗略研究。有一种不可靠的假设认为个体水平上的分析才是最恰当的，这在生态学研究中招致了许多批评（Schwartz，1994）。事实上，个体健康状态本身就是一个综合度量，当我们说某一个体发病时，其实并不是该个体发病，而是该个体的细胞、系统发生了疾病。判断个体是否发病通常要有一系列的标准，有的是定性的，有的是定量的。很多情况下，作为流行病学工作者，在研究工作中，我们会对"有病"进行界定，而忽略疾病在严重程度和后果方面存在的巨大差异（因为这些不是我们的主要研究目的）。同理，当我们在组群水平研究疾病时，会将畜群分为发病组或未发病组，而忽略发病比例（例如，在建立无疫群时，这种方法可行）。然而，在其他研究中，这种将疾病分为存在与不存在（或不在界定范围内存在）两种情况的方法可能过于粗糙，因为这种方法丢掉了组群水平上疾病发生的范围和严重性等有价值的信息。在这种情况下，我们最好将疾病发生频率的定量数据作为发病水平（或后果水平）加以保留，尽管我们并不打算进行组群以下水平的推论。

为对某些组群研究作出更好的解释，必须要区分组群水平的因果推论和同一变量在个体水平上的因果推论（Schwatez，1994；Diez-Roux，1998a）。例如，如果个体水平的变量X_1表示某种病原的血清转化值，那么组群水平的变量X_2（$\sum X_1/n$）所包含的信息就不仅仅是血清转化的比例；根据一般规律还可以推断，X_2水平较低的群和X_2水平较高的群可能具有不同的感染动态。例如，这可能会影响对病原首次暴露时间的确定，而暴露时间是影响疾病征候的一个重要因素。

　　总之，在兽医流行病学研究中，运用聚集数据进行个体事件的推论还存在很多问题。在进行个体研究时，多层级分析允许我们将较高层级的重要因素，包括情景效应，纳入分析范围。然而，要确定影响群体健康和疾病分布的重要因素，需要制定恰当的组群研究方案。

参考文献

Brenner H, Greenland S, Savitz DA. The effects of non-differential confounder misclassification in ecologic studies. Epidemiology 1992; 3: 456-459.

Carver DK, Fetrow J, Gerig T, Krueger T, Barnes HJ. Hatchery and transportation factors associated with early poult mortality in commercial turkey flocks. Poult Sci 2002; 81: 1818-1825.

Diez-Roux AV. Bringing context back into epidemiology: Variables and fallacies in multilevel analyses. Am J Pub Hlth. 1998a; 88: 216-222.

Diez-Roux AV. On genes, individuals, society and epidemiology. Am J Epidemiol. 1998b; 148: 1027-1032.

Ducrot C, Legay J, Grohn Y, Envoldsen C, Calavas D. Approach to complexity in veterinary epidemiology; example of cattle reproduction. Natures-Sciences-Societies. 1996; 4: 23-33.

Greenland S. Divergent biases in ecologic and individual-level studies. Stat Med 1992; 11: 1209-1223.

Greenland S, Morgenstern H. Ecological bias, confounding and effect modification. Int J Epidemiol. 1989; 18: 269-274.

Greenland S, Robins J. Ecologic studies: Biases, misconceptions, and counter examples. Am J Epidemiol. 1994; 139: 747-760

Krieger N. Epidemiology and the causal web: Has anyone seen the spider? Soc Sci Med. 1994; 39: 887-903.

McMichael AJ. The health of persons, populations, and planets: epidemiology comes full circle. Epidemiology. 1995; 6: 633-636.

McMichael AJ. Prisoners of the proximate: loosening the constraints on epidemiology in an age of change. Am J Epidemiol. 1999; 149: 887-897.

Morgenstern, H. Ecologic studies in Rothman KJ and Greenland S. Modern epidemiology, 2 ed. Lippincott-Raven; Philadelphia. 1998.

Osmond C, Gardner MJ. Age, period, and cohort models. Non-overlapping cohorts don't resolve the identification problem. Am J Epidemiol. 1989; 129: 31-35.

Robertson C, Gandini S, Boyle P. Age-period-cohort models: a comparative study of available methodologies. J Clin Epidemiol. 1999; 52: 569-583.

Rose G. Sick individuals and sick populations. P.A.H.O. Epidemiological Bulletin. 6: 1-8, 1985.

Rothman KJ, Greenland S, Lash T. Modern Epidemiology, 3rd ed. Lippincott-Raven; Philadelphia. 1998.

Schwartz, S. The fallacy of the ecological fallacy: The potential misuse of a concept and the consequences. Am Jour Pub Hlth. 1994; 84: 819-824.

Susser M. Causal Thinking in the health sciences: concepts and strategies of epidemiology. Oxford University Press; Toronto. 1973.

Webster T. Commentary: Does the spectre of ecologic bias haunt epidemiology? Int J Epidemiol. 2002; 31: 161-162.

Wing S. Whose epidemiology, whose health. Int Jour Hlth Serv. 1998; 28: 241-252.

第30章

结构化数据分析方法

吴艳涛 译 方维焕 校

◤ 目的

阅读本章后，你应该能够：

对来源于流行病学研究的复杂数据集进行详细分析，同时在分析中花费最少的时间并最大可能地避免严重错误。

30.1　引言

当你开始分析一个复杂的数据集时，头脑中一定要有清晰的脉络。在本章中，我们提供了一种确信在大多数情况下都适用的模板。有数据分析经验的人士也许有很多不同的方法，我们也并不认为我们提供的以下方法是"唯一的"或者是"最好的"，因为每种分析模式都是不完美的，但都有其可取之处。然而，对于刚开始从事兽医流行病学研究的人士，下列方法将可用作指导他们数据分析的模板。

我们对于数据分析采用合乎逻辑的程序，从处理收集数据的表格开始，到跟踪分析结果结束。然而，应该认识到数据分析是一个反复的过程，经常需要反复思考以便对数据有更深入的了解。

在开始工作之前，很有必要对将要研究的问题建立一个合理的因果关系图（causal diagram）。这将有助于鉴别哪些是重要的结果变量和预测变量，哪些变量是可能的混杂因素，哪些是结果变量和预测变量之间的中间变量。在整个数据分析过程中一直要记住这个因果关系图。注：大型的数据集不可能将所有预测变量作为独立的实体。这个问题的解决可以通过在因果关系图中添加变量集合（如农场的管理系统），而非列举出所有变量。

30.2　数据收集

建立所有原始数据收集表格（如调查表、数据收集表等）的永久保存系统是很重要的，这样在数据分析时可以很容易检索到所需要的某份表格。如果研究中所涉及的动物（或动物组）有识别号，那么动物个体的档案保存及日后的检索将很方便。在接下来处理档案时应考虑以下几点：

（1）不要从档案中拿走原始材料。如果你需要在另一个地方使用某份表格，应该使用复印件。

（2）如果没有复印所有资料，决不要将资料运往另一地方（不要因为邮局或快递公司弄丢你的包裹而使你失去全部研究成果）。

（3）记录已经放入档案的数据收集表格，以便知道下一步研究开始时还需要收集哪些数据。

（4）一旦收集到所有表格，在做其他事情之前，你要浏览所有表格以便了解它们的完整性。如果表格上有遗漏（诸如忘记填写调查表的最后一页），应该回到数据的来源继续加以完善。这项工作尽可能在最初收集数据后不久进行，要比在几周后或者几个月后再进行更好。

30.3　数据编码

与数据编码有关的内容已在第3章讨论过，特别建议在数据收集表格上留出直接编码的地方。当进行编码时需要考虑的其他内容如下：

（1）正如第3章提到的，给所有缺失值都指定一个特别的代码。确信这一特定识别号不是你所得到的合法值。有些统计数据包允许多种缺失值，所以你要给不同类型的缺失值采用不同的代码（如−999 = 畜主未提供资料，−998 = 无效输入，−997 = 不适用）。

（2）如果是"开放性"的问题，你要浏览所有的应答，在开始编码前建立一系列所需的代码。

（3）建立一张包含所有需要用到的代码清单。

（4）使用数字代码。通常要避免使用线性变量，除非在少数情况下你需要获取一些文本信息（如注释字段）。

（5）编码一段信息中只含一个单一的变量。决不能复合编码，例如，如果在一项研究中记录了猫的性别和品种，你有可能这样编码：1=公，短毛家猫；2=母，短毛家猫；3=公，暹罗猫；……这样编码是不行的。你应该为性别和品种单独设置变量（事实上，性别也可根据公/母和阉割/未阉割这2个变量来编码）。

（6）对于各种类型的数据，要注意任何明显异常应答的情况（如某一头奶牛日产奶量为250kg），并在数据表格上及时更正。

（7）使用不同颜色的笔，这样在数据表格上正在编码的项目可以与先前的项目明显区别开来。

30.4 数据输入

当你将数据输入到电脑文档中时需要考虑以下问题：

（1）两次输入数据，然后比较两个文档不一致之处。两次输入数据法要比一次输入数据法更可取。

（2）电子数据表格是最初数据输入的方便工具，但必须格外谨慎使用。因为电子数据表格可能对项目分类汇总，这样有可能因为一个不合适的命令损坏整个数据集。

（3）定制数据输入软件的安全性高，可以使你在输入数据的同时进行校验，这种公用软件包括EpiDAta（http://epidata.dk/）。

（4）如果你要建立一个数据量大的多层次数据库（如数年数个牛群中每头奶牛所有泌乳期），使用分层数据库软件可以使数据的输入和检索更为方便。另一种方法是，你可以在不同层次上建立不同的数据文档（如一个牛群的文档、一头奶牛的文档等，数据输入后再将这些文档汇总）。

（5）数据输入的过程一旦完成，将原始数据档案保存在安全的地方。对于花费很大的试验，最好能够将所有原始资料备份保存在另一地方。

（6）如果你使用的数据输入软件不能将你的数据以统计数据包的格式储存起来，一些商用软件可以将数据从一种格式转化为另一种格式。

（7）如果你使用大众软件（如电子表格）来输入数据，一旦数据输入后，应立即用统计软件将其转化为可用于数据分析的有用文档。所有的数据分析都应使用统计软件（即不要在开始时使用电子表格做基本统计）。如果你始终使用统计软件，将使跟踪所有的分析变得更容易，这也简化了跟踪完善数据库的过程。

30.5 文档跟踪

能对所有文档进行跟踪是非常重要的。下面这些建议有助于你做这项工作：

（1）为文档设立以两个数字为后缀的逻辑名称（例如calf01）。两个数字后缀使你采用字母顺序时，有99种版本可利用，确保正确分类文档。

（2）当你处理数据的时候，将文档另存为一个新的名称。不要改变数据后又覆盖原来的文档。

（3）建立一个简单的文档索引（表30.1），并附非常简明的文档内容信息。

表 30.1 一项小牛败血症研究中的文档索引

文档名称	创建日期	描述	观察数	变量数
calf01.wb3	1997.9.27	由Glen录入的原始数据，QP格式，每头牛一个备份	275	41
calf01.dta	1997.9.28	原始文档—Stata格式	275	41
calf02.dta	1997.9.30	品种编码除去3份ID不正确的记录	272	47
......				

30.6 变量跟踪

流行病学研究中常会面对跟踪一系列令人眼花缭乱的变量。我们并不提倡研究中包含大量的预测变量（事实上也不鼓励这类研究），但是一旦转化变量和/或记录的分类变量建立起来后，即使是一个目标相对集中的研究也会产生大量的变量。为了更好地跟踪这些变量，我们建议：

（1）使用较短（但可提供有用的信息）的名称命名变量，所有相关变量的名称有相同的开头。例如，下面显示了一组合理的与犬年龄信息相关的变量名称。

- age = 原始数据（年数）
- age_ct = 年龄减去平均值的归心
- age_ctsq = 平方项（age_ct的平方）
- age_c2 = 年龄分为2类（年轻与年老）
- age_c3 = 年龄分为3类。

（2）较长的名称常被缩短成可辨认、去除元音的形式（例如flooring缩短为flrng）。

（3）有些情况下，加上一个字母前缀可以使一组变量在一起。例如，一组细菌学试验结果可命名为b_ecoli、b_staphau、b_strepag等。

（4）如果你使用的程序可区分大小字母（即可区分"d"和"D"），那可以只采用小写字母。

（5）有时你需要准备一张包含所有变量的基本信息的列表。统计软件应可以准备这种列表。

30.7 程序式与交互式数据处理

一些统计软件的使用形式是交互式，即每种功能通过菜单选项或输入指令来完成。交互式数据处理对于浏览数据和尝试分析很有用，但这种方式不能用于任何"真正"的数据处理和/或分析，因为它很难清楚地记录软件运行的每一步。因此，很难也不可能将已完成的分析再重建。

统计软件的另一种使用形式是程序式，即编写一系列数据处理步骤或分析的命令到一段程序中，然后运行这个程序。这些程序文件可以储存（再次强调，需要有合理的命名机制），并用于重建任何你已经实施的分析。本书中的数据分析例子用到的几乎所有程序都是这种类型的程序。

当你编写这些程序文件的时候，要牢记下列事情：

- 有逻辑地命名文件以便在重新分析时能够方便地找出所需的文件（如为准备和分析犊牛的数据集而编写的calf_dataprep, calf_uncond, calf_logit等文件）。
- 对程序进行分块以便能够更简单的操作。
- 许多程序以常见的文本块开始，文本块的作用是安装工作簿到你的计算机上、打开登录文件等。
- 使用有序的识别方法使得所有的命令程序块结合在一起（见下面的例子）。
- 完全标记文件。所有的程序均允许你增加评论到程序文件，这些评论用来记录。
- 程序的用途。
- 在某些情况下，这将便于在程序文件里记录重要的结果。

例30.1展开了进行第14章的分析所用程序的一小部分。

30.8 数据编辑

在进行任何数据分析前，花点时间编辑你的数据是很有益的。这个过程中最重要的要素是标记变

例 30.1　用于分析的程序文档案例

```
data = none
```
以下内容为程序文档（Stata中的–do–文档）的一部分，被用于进行第14章中的研究。
```
* ch14_all.do
* Linear regression–all calculations
*
        clear
        version 10
        set more off
        set memory 20m
        cd c:\ver2\ch14\data                /*this line is computer dependent*/
        capture log close ch14_all
        log using ch14_all, name(ch14_all) replace


************************************************************
* Open the data and restrict the observations saved
************************************************************


use daisy2.dta, clear
        keep if wpc~=.     /*keep only records with valid wait period to conception
inervals */
        keep if h7==1 /* keep only records from the 7 herds with high disease rates */
        *kept, but ignored, cows with multiple lactations


************************************************************
* simple linear regression models–120 day milk production as outcome
************************************************************
        * continuous predictor
        summ milk120, d
        regress milk120 parity
        predict pv, xb
        predict stdp, stdp  /*SE of population prediction */
        predict stdf, stdf  /*SE of individual prediction */
        drop pv
        * prediction intervals
        twoway (scatter milk120 parity) ///
                (lfitci milk120 parity, ciplot(rline) blcolor(black) blpattern(dash)) ///
                (lfitci milk120 parity, stdf ciplot(rline) blcolor(black) blwidth(medium) ///
                        blpattern(shortdash_dot_dot)), ///
                legend(off) scheme(slmono) ytitle( "120 day milk production" , m(r+2)) ///
                ylabel(, angle(horizontal)) xtitle( "parity" , m(t+2)) ///
                plotregion(style(none))
        graph save  "figs/fig14_predict.gph" , replace
        graph export  "figs/fig14_predict.wmf" , replace
```

量和变量的值，格式化变量和正确地编码缺失值。

（1）所有的变量都应该有一个标签来更完整地描述变量的内容。变量的名称往往很短，而标签可以长一点。注：一些计算机程序中，标签往往存在单独的文件里。

（2）分类变量应该在各自类别上附带有意义的标签。例如，性别可编码为1或2，但对于这些值应该附带有"公"或"母"的标签。

（3）分配给所有缺失值的数字需要用统计软件转换成代码。

（4）有些软件允许你将"注释"直接附加到数据集（或数据集里的变量）。这些解释性的注释在记录文件的内容时往往是很有用的。

30.9　数据验证

在进行任何分析之前，你必须验证数据是正确的。这一过程是逐个对结果变量和预测变量进行处理，因为两种变量包含了你所有的变量。

（1）如果你的数据集较小，你可能想将整个数据集打印出来，检查数据集有没有明显的错误。然而，这对来源于流行病学研究的数据集是很难行得通的。

（2）对于连续变量：

A. 确定有效观察的数目和缺失值的数目；

B. 查找最大值和最小值（或5个最小值和5个最大值），研究这些值是否合理；

C. 准备一个数据的直方图来了解分布情况，同时看数据是否合理。

（3）对于分类变量：

A. 确定有效观察的数目和缺失值的数目；

B. 获取频率分布来确认每一类的数目看起来是否合理（确保没有未预料到的分类）。

30.10　数据处理—结果变量

你也可以从处理结果变量开始进行数据验证。出于这个目的，你需要审查研究目标来决定最适合研究目标的结果变量的格式。例如，你可能进行人工养殖鲑鱼的传染性贫血症（ISA）疫苗的临床试验，记录了研究期间每天因ISA死亡的鲑鱼数量。从这一死亡数变量，你可以得到每天平均死亡率、研究期间累计死亡、观察到的死亡高峰、饲养鲑鱼的网箱是否符合ISA"爆发"的标准、从鲑鱼被转移至海水中直到爆发开始的时间间隔。你选择分析的变量取决于研究的目标。一旦你确定了合适的结果变量，应考虑下列内容：

（1）如果结果变量是可分类的，结果变量在各类别中的分布是否可接受？例如，你可能已计划开展3类结果变量的多项式回归分析，但如果3类结果变量中有一类几乎没有观察到，你就应该把它重新编码为2类变量。

（2）如果结果变量是连续的，那么它具有适合分析的必要特点吗？

（3）如果要进行线性回归分析，变量分布接近正常吗？如果不是，则需要寻找可能使变量分布正常的其他方法。注：残差（residual）分布正常尤为重要，但如果原始变量极不正常，且没有很强的预测值，残差将不可能正常分布。

（4）如果进行率（或数量）的Poisson回归分析，平均值和方差的分布几乎一致吗？如果不一致，则应考虑进行负二项回归分析或者其他分析研究方法。

（5）如果是时间-事件数据，需要检查哪部分观察值？你可以作一个简单的经验函数图来了解一下形状。

30.11　数据处理—预测变量

检查数据集里所有的预测变量，决定如何处理这些变量是非常重要的。要考虑的内容包括：

（1）有多个缺失值吗？如果是，你只能放弃使用这个预测变量；或者进行两种分析，一是对有预测变量的子数据集分析，二是对整个的数据集分析（忽略预测变量）。

（2）预测变量的分布如何？

（3）如果预测变量是连续的，它能合理地代表整个范围的数值吗？如果不是，有必要对变量进行分类（见26.13节）。

（4）如果预测变量是可分类的，是否所有的类别都已被合理表示？如果没有，你需要合并分类。

30.12　数据处理—多水平数据

如果数据是多水平的（如牛群–牛–产奶量），有必要评估数据的分层结构。

（1）在较高层中某层的观察值的平均数（以及范围）是多少？例如数据集里的每头奶牛的平均、最高、最低产奶量是多少？与此类似，每个牛群里所有牛的这些数值是多少？

（2）在多层数据集里，动物能被唯一识别吗？给数据集里的任一观察值设立一个独一无二的标识通常是很有用的。在评价异常值、具影响力观察值的时候，这将有助于寻找特别之处。可以设置结合了畜群和动物标识的变量，也可以直接给数据集的每一单元指定一个唯一序号。

30.13　无条件联系

在进行多变量分析之前，对数据集里的无条件联系进行评估是很重要的。

（1）变量之间的联系可用下列方法进行评估：

　　A. 两个连续变量——相关系数、散点图、简单线性回归；

　　B. 一个连续变量和一个分类变量 — 单向方差分析，简单线性回归或逻辑回归；

　　C. 两个分类变量——交叉表和χ^2（交叉表在识别意外的观察值时尤为重要）。

（2）预测变量和结果变量的联系需要评估：

　　A. 确定是否真正有联系，因为可能没有考虑这一阶段预测变量实际上和结果变量没有联系（见第15章）；

　　B. 决定任何连续预测变量和结果变量的函数关系（例如是否为线性关系？）是什么（见第15章）；

　　C. 简单了解预测变量和结果变量之间联系的强度和方向，以帮助你解释随后建立的复杂统计模型的结果。

（3）需要评估几对预测变量之间的联系，以确定是否存在共线性问题（预测变量之间高度关联）。

（4）对于可能的混杂变量需要特别注意。评估这些变量和重要的预测变量及结果变量之间的联系。这有助于了解你的数据集中是否有干扰因素（尤其是与重要的预测变量和结果变量存在重要联系）。

30.14　分析跟踪

你现在可以准备对数据进行实质性分析了。然而在开始前，设置一个系统来一直跟踪分析结果是很明智的。牢记下列要点将有助于你的跟踪分析：

（1）进行实质性"批量"分析。例如，进行描述性统计，输入所有的变量，而不只是其中的一两种（最终你要描述性统计所有变量，所以最好将它们放在一起）。

（2）大多数统计软件包带有"日志"文件，使你能够记录一系列分析的所有结果。

（3）除使用不同扩展名外，这些日志文件的名称要与程序文件相同。

（4）如果你以交互式做一些分析，要确信保留了一个完整的日志文件，因为这个文件将是你所做分析的唯一记录。

（5）将所有分析工作的打印稿装订保存。打印稿上作好标记、写上日期，在首页上简明描述里面的内容，以后可以方便找到分析结果。

如果你的数据集很大或需要很长时间进行复杂的分析，上述步骤是很有必要的。对于较小的数据集，你会发现储存分析中使用的数据文件和程序文件更为方便。在这种情况下，无论何时你想回头查阅结果，都可以再运行程序来重现结果。

遵循以上的步骤并不能够保证你能从分析中获得最可能的结果。然而这个过程尽可能地减少了错误，同时也减少了刚开始积累数据分析经验的研究者的耗时。随着你的经验越来越丰富，你可以有选择性地修改上述条目，因为你发现了更有效的分析方法。

第31章

数据集描述

吴艳涛 译　方维焕 校

目的

本书中举例和陈述问题所用到的数据集仅仅是以教学为目的。这些数据集可让读者重现书中的示例。数据集提供者从这方面考虑允许本书读者使用数据，这也是他们提供数据集的唯一用途。

自从产生数据的研究结果发表以来，数据集有时已被修改。很多情况下，只有一些原始数据的子集（即变量的子集或者是观测值的子集）被包括在数据集中。因此，读者不可以预期一定能够重现原始文献的结果。

下面所描述的一些数据集可能并不是本书这一版本中的一些示例所用到的，但可能出现于本书第一版中，或讲课过程中发现很有用的一些材料。

在接下来的描述中，除非特指，以代码为0或1的变量表示如下意思：

0=否，不存在或阴性

1=是，存在或阳性

所有数据集能够从"兽医流行研究"网站下载（www.upei.ca/ver）。

作者对数据集的提供者表示最衷心的感谢。

ap2

数据集提供者	研究类型	记录数	记录单位
HåkanVigre	队列研究	1114	猪

参考文献

Vigre H, Dohoo IR, Stryhn H, Busch ME. Intra-unit correlations in seroconversion to Actinobacillus pleurpneumoniae and Mycoplasma hyopneumoniae at different levels in Danish multisite pig production facilities Prev Vet Med. 2004; 63:9-28.

简要说明

这些数据从6个"全进全出"生产模式农场的35批次（共1114头）猪搜集。在断奶仔猪从保育舍转移到育肥舍（大约是70日龄）时，对猪进行称重和血样采集；6周后（屠宰前）再次对猪进行称重和血样采集。血样用于检测针对胸膜肺炎放线杆菌（2型）、肺炎支原体、流感病毒和猪呼吸与繁殖综合征病毒（PRRSV）的抗体。研究的两个目的是：确定各种病原体何时血清抗体阳转和在何种群体（如一头猪、一批猪、一群猪）水平上大多数血清抗体阳转。

变量表

变量	描述	代码/单位
farm_id	农场号	
batch_id	批次号	
litt_id	窝号	
pig_id	猪号	
parity	经产状况	
vacc_mp	肺炎支原体的免疫状况	0/1
seas_fin	猪在育肥舍的季节（0=夏天，1=冬天）	0/1
age_t	猪从保育舍转到育肥舍的日龄	d
w_age_t	age_t时体重	kg
age_t6	日龄加上6周	d
w_age_t6	age_t6时体重	kg
dwg_fin	age_t到age_t6间的日增重	gm
apt_2	age_t时对胸膜肺炎放线杆菌（2型）的血清学反应	0/1
mp_t	age_t时对肺炎支原体的血清学反应	0/1
infl_t	age_t时对流感病毒的血清学反应	0/1
prrs_t	age_t时对PRRS病毒的血清学反应	0/1
ap2_t6	age_t6时对胸膜肺炎放线杆菌（2型）的血清学反应	0/1
mp_t6	age_t6时对肺炎支原体的血清学反应	0/1
infl_t6	age_t6时对流感病毒的血清学反应	0/1
prrs_t6	age_t6时对PRRS病毒的血清学反应	0/1
ap2_sc	在育肥阶段胸膜肺炎放线杆菌（2型）血清抗体阳转	0/1

beef_ultra

数据集提供者	研究类型	记录数	记录单位
Greg Keefe	队列研究	487	动物

参考文献

Keefe G，Dohoo I，Valcour J，Milton R. Ultrasonic imaging of marbling at feedlot entry as a predictor of carcass quality grade Canadian Journal of Animal Science. 2004；84:165-70.

简要说明

这些数据从屠宰前被送到饲养场催肥的487头牛获得，包括统计信息和对动物超声检查评估的信息。背膘厚度、眼肌面积和肌肉内脂肪含量（大理石花纹）经超声检查测定。研究目的是确定是否可以在动物进入饲养场时通过超声检查预测最终的胴体等级（AAA、AA、A）。胴体等级主要与屠宰时肌肉内脂肪的含量有关。

变量表

变量	描述	代码/单位
farm	农场号	
id	动物号	
grade	胴体等级	1=AAA
		2=AA
		3=A
breed	品种（已知或估计）	多样
sex	性别	0=母
		1=公
bckgrnd	动物背景清楚	0/1
implant	激素使用	0/1
backfat	背膘厚度	mm
ribeye	眼肌面积	sq cm
imfat	肌肉内脂肪分数	% of area
days	催肥期	d
carc_wt	胴体重	kg

bst_mast，bst_milk

数据集提供者	研究类型	记录数	记录单位
Ina Dohoo	荟萃分析	2928	奶牛群

参考文献

Dohoo IR，DesCôteaux L，Leslie K，Fredeen A，Shewfelt W，Preston A，Dowling P. A meta-analysis review of the effects of recombinant bovine somatotropin.2.Effects on animal health，reproductive performance，and culling Can J Vet Res. 2003a；67:252-64.

Dohoo IR，Leslie K，DesCôteaux L，Fredeen A，Dowling P，Preston A，Shewfelt W. A meta-analysis review of the effects of recombinant bovine somatotropin. 1. Methodology and effects on production Can J Vet Res. 2003b；67:241-51.

简要说明

　　根据加拿大卫生组织的要求，加拿大兽医协会成立了专家组评估重组牛生长激素（rBST）对奶牛生产和健康的影响。专家组对可利用的文献进行荟萃分析，并且在大范围内评估了rBST对奶牛生产和健康的影响。文件中的数据由使用rBST相关的临床乳腺炎的风险比组成，来自于29个不同奶牛群和20个独立研究，估计的精确度在95%的置信区间范围内。

变量表 — bst_mast

变量	描述	代码/单位
study	研究号	
group	奶牛群号	
parity	经产状况	1=初产
		2=各种年龄混合
		3=经产
study_yr	研究年份	
rr	风险比	
cilow	95%置信区间下限	
cihigh	95%置信区间上限	
dur	使用rBST持续时间	天数
dose_day	每天剂量	mg/d

变量表 — bst_milk（除下列项目外，与上表相同）

变量	描述	代码/单位
diff	奶产量差别	
se	奶产量差别的标准差	
ncows	研究中奶牛数量	

bvd_test

数据集提供者	研究类型	记录数	记录单位
Ann Lindberg	队列研究	2162	奶牛

参考文献

Lindberg A，Groenendaal H，Alenius S，Emanuelson U. Validation of a test for dams carrying foetuses persistently infected with bovine viral–diarrhoea virus based on determination of antibody levels in late pregnancy Prev Vet Med. 2001;51:199–214.

简要说明

　　自2162头处于泌乳期不同阶段的怀孕奶牛采集血样或奶样，确定它们产犊后持续感染（PI）牛病毒性腹泻（BVD）病毒的状况。这些血样和奶样用ELISA检测BVD病毒抗体水平。根据各种时间节点的检查，确定检测PI阳性牛的敏感性和特异性最佳组合。逻辑回归分析被用来评价其他因素（特别是泌乳期不同阶段）对于试验敏感性和特异性的影响。

变量表

变量	描述	代码/单位
cow_id	奶牛号	
breed	品种	1=红和白
		2=黑和白
		3=肉牛
		4=其他
parity	经产状况	1=初产
		2=各种年龄段混合
		3=经产
pregmon	检测时怀孕的月份	
season	产犊季节	1=冬天
		2=春天
		3=夏天
		4=秋天
spec	样本类型	0=奶样
		1=血样
calfst	小牛的状况	0/1
od	光密度	
co_5	检测结果以0.5为分界线	0/1
co_6	检测结果以0.6为分界线	0/1
……		
co_15	检测结果以1.5为分界线	0/1
co_16	检测结果以1.6为分界线	0/1

calf

数据集提供者	研究类型	记录数	记录单位
Jeanne Lofstedt	回顾性队列研究	254	小牛

参考文献

Lofstedt J，Dohoo IR，Duizer G. Model to predict septicemia in diarrheic calves J Vet Intern Med. 1999;13:81-8.

简要说明

这些数据来自于一个对腹泻病牛医疗记录的回顾性分析，这些记录自1989-1993年由加拿大爱德华王子岛大西洋兽医学院保存。研究的最终目的是建立一种逻辑分析模式，来预测小牛入院治疗时是否有败血症（有败血症的小牛预后不良，而且从经济角度考虑不值得治疗）。数据集中有254条记录和14种变量。原始数据集里有更多变量（包括许多实验室数据），但是这个数据集只包括牛基本背景资料的子数据集和体检资料。所有观察记录都在牛入院当天确定，除了结局变量（败血症）是根据动物死亡或淘汰时所获得的所有数据而得到。

变量表

变量	描述	代码/单位
case	医院病例号	
age	入院年龄	d
breed	品种	coded 1-9
sex	性别	0=母，1=公
attd	小牛反应	0=精神好，警觉
		1=抑制
		2=无应答，昏睡
dehy	脱水程度（%）	
eye	临床明显眼葡萄膜炎/眼前房积脓	0/1
jnts	临床明显关节水肿	受影响的关节数
post	小牛姿势	0=站立
		1=笔直
		2=侧向
pulse	脉搏频率	每分钟跳动数
resp	呼吸频率	每分钟呼吸数
temp	直肠温度	℃
umb	临床明显脐带水肿	0/1
sepisi	败血症（结局变量）	0/1

calf_pneu

数据集提供者	研究类型	记录数	记录单位
Iver thysen	队列研究	24	小牛

参考文献

Thysen I. Application of event time analysis to replacement, health and reproduction data in daily cattle research Preventive Veterinary Medicine. 1988; 5: 239-50.

简要说明

这些数据应用在早期的一篇关于生存分析技术的兽医文献中。数据由24个小牛的死亡记录组成，这些小牛的饲养方式有两种：连续饲养或者分批饲养（即全进全出）。这项调查的要点是探究临床型肺炎发病的时间。小牛被追踪观察150天。

变量表

变量	描述	代码/单位
calf	小牛的识别号	
stock	饲养方式	0=分批饲养
		1=连续饲养
days	肺炎出现时间或检查时间	d
pn	肺炎	0/1

clin_mast

数据集提供者	研究类型	记录数	记录单位
Richard Olde Riekerink	纵向研究	5338	乳房炎病例或检查事件

参考文献

Olde Riekerink RG，Barkema HW，Kelton DF，Scholl DT. Incidence rate of clinical mastitis on Canadian dairy farms J Dairy Sci. 2008；91：1366–77.

简要说明

数据从加拿大10个省的106个牛群搜集，时间跨度大约1.5年。生产者从所有临床乳房炎病例搜集奶样，这些奶样被冻存起来，按月搜集，运往爱德华王子岛大西洋兽医学院培养。在本书中所用到的子数据集的结果变量是从产犊（或前次乳房炎病例）到临诊病例出现的时间。只有被追踪超过100d的奶牛才会被包括在数据集内。研究期间，在4595头奶牛中的608个奶牛监测到743起病例。

变量表

变量	描述	代码/单位
cowid	奶牛号	
prov	省	按1~10分类
herd	牛群号	
pr	经产状况（泌乳期识别号）	1~14
start	风险期开始	日期
stop	风险期结束	日期
par	风险时间	整个风险时间
cases	乳房炎病例数	
d	从产犊到病例的时间或删失	天
mast	乳房炎病例或删失	0=被删失
		1=临诊病例

culling

数据集提供者	研究类型	记录数	记录单位
Ashwani Tiwari	纵向研究	721	母牛

参考文献

Tiwari A，Van Leeuwen JA，Dohoo IR，Stryhn H，Keefe GP，Haddad JP. Effects of seropositivity for bovine leukemia virus，bovine viral diarrhoea virus，Mycobacterium avium subspecies paratuberculosis，and Neospora caninum on culling in dairy cattle in four Canadian provinces Vet Microbiol. 2005；109:147–58.

简要说明

　　这些数据的搜集是加拿大5个省份奶牛群中4种传染性病原体现患率调查的一部分，但是只有一个省的数据被包括在这个数据集内。本书用到的数据集只包含禽结核分支杆菌亚种副结核病（MAP或Johne 's病）的检测结果。从每个牛群中的30头母牛搜集血清样本，并检测MAP。这些母牛检测后被追踪调查4年，不管牛在这段时间内是否被检出都进行记录。被出售作为产奶牛的母牛被排除在分析之外。最终，30个奶牛群的721头母牛的记录可供分析。

变量表

变量	描述	代码/单位
herd	农场号	
cow	母牛号	
dar	检测后的天数	d
lact_c3	泌乳期 1，泌乳期2或泌乳期3+	
johns	Johne 's病血清阳性	0/1
culled	在追踪3.5年内被检出	0=被删失
		1=被检出

dairy_dis

数据集提供者	研究类型	记录数	记录单位
John Vanleeuwen	横断面调查	2454	奶牛

参考文献

Vanleeuwen J，Keefe G，Tremblay R，Power C，Wichtel J. Seroprevalence of infection with Mycobacterium avium subspecies paratuberculosis，bovine leukemia virus and bovine viral diarrhea virus in Maritime Canadian diary cattle Canadian Veterinary Journal. 2001;42:193-8.

简要说明

搜集这些数据是加拿大东部奶牛群中4种传染性病原体现患率调查的一部分。从3个省份（爱德华王子岛、新斯科舍和新不伦瑞克省）的所有参加牛奶生产监测计划的奶牛场名单中随机选取30个奶牛场，再在每一奶牛场随机选择大约30头牛采集血样。这些血样用来检测下列抗体：新孢子虫、禽分支杆菌（禽结核分支杆菌亚种副结核病）和流行性牛白血病病毒。此外，一组非免疫母牛被采血并且检测牛病毒性腹泻病毒，但这些测试结果不包括在此数据集内。根据奶牛场被选中概率和一头牛在奶牛场中被选中概率的倒数计算样本权重。

变量表

变量	描述	代码/单位
prov	省份	
herd	奶牛场号	
cow	奶牛号	
lact	泌乳期识别号	
dim	泌乳天数	d
johnes	副结核病检测结果	0/1
leukosis	白血病检测结果	0/1
neospora	新孢子虫病检测结果	0/1
tot_hrd	省内所有奶牛场数	
prob_hrd	奶牛场被选中的概率	
tot_cow	奶牛场所有奶牛数	
tot_smpl	奶牛场所有样本奶牛数	
prob_cow	奶牛被选中的概率	
pro_smp	奶牛被选中的总概率	
weight	样本权重	

daisy2

数据集提供者	研究类型	记录数	记录单位
John Morton	队列研究（纵向）	9383	哺乳期

参考文献

（待发表文章）

简要说明

这是在澳大利亚9个地区进行的大范围前瞻性纵向研究时收集的数据集的子数据集。在每个地区，由一位奶牛业从业人员负责牛群选择和研究监督。研究涉及全年繁殖奶牛和季节性繁殖奶牛的两种农场，包括了12~15个月的追踪调查期间开始时的所有泌乳期奶牛。疾病和人工授精数据由生产者记录，数据输入则由兽医诊所进行。奶产量数据是从统计机构收集来的电子数据。这个子数据集搜集于4个地理区域42个全年繁殖奶牛的农场，9383个泌乳期记录来自8441头奶牛。在本书的许多分析中用到的另一子数据集来自繁殖疾病发病率高的7个牛场。

变量表

变量	描述	代码/单位
region	地区	地理区域（代码1~4）
herd	奶牛场号	
cow	奶牛号（有唯一性）	
study_lact	研究泌乳期识别号	研究期间的第一或第二泌乳期
herd_size	群体大小	
mwp	奶牛场最小等待产奶时间	d
parity	泌乳期识别号	
milk120	在泌乳期头120d内的泌乳量	L
calv_dt	产犊日期	
cf	产犊到第一次人工授精的间隔时间	d
fs	第一次人工授精怀孕	0/1
cc	产犊到怀孕的间隔时间	d
wpc	等待产奶到怀孕的间隔时间	d
spc	怀孕的人工授精次数	
twin	产双胞胎	0/1
dyst	难产	0/1
rp	胎盘滞留	0/1
vag_disch	观察阴道分泌物	0/1
h7	7个奶牛场子数据集的标记	

elisa_ repeat

数据集提供者	研究类型	记录数	记录单位
Javier sanchez	实验	40	牛奶样品

参考文献

Sanchez J，Dohoo IR，Markham F，Leslie K，Conboy G. Evaluation of the repeatability of a crude adult indirect Ostertagia ostertagi ELISA and methods of expressing test results Vet Parasitol. 2002；109: 75-90.

简要说明

用粗提的奥斯特线虫抗原建立的间接ELISA对40份牛奶样品进行反复测试（6次）。结果记录为原始光密度（OD）值和根据阳性、阴性对照调整的值。

变量表

变量	描述	代码/单位
id	样品号	
raw1	1号样品原始OD值	
raw2	2号样品原始OD值	
……		
raw6	6号样品原始OD值	
adj1	1号样品调整OD值	
adj2	2号样品调整OD值	
……		
adj6	6号样品调整OD值	

fec

数据集提供者	研究类型	记录数	记录单位
Ane Nodtvedt	队列研究	2250	每月的粪便中虫卵数

参考文献

Nodtvedt A，Dohoo I，Sanchez J，Conboy G，DesCôteaux L，Keefe G，Leslie K，Campbell J. The use of negative binominal modeling in a longitudinal study of gastrointestinal parasite burdens in Canadian dairy cows Can J Vet Res. 2002;66:249–57.

简要说明

　　1年期间，每月对38个奶牛群中处于泌乳年龄的奶牛（n=313）收集粪便虫卵样本（在有些奶牛群采样频率较低）。数据搜集作为多层面研究泌乳奶牛寄生虫的一部分，其中包括一个纵向流行病学调查和在产犊时埃谱利诺菌素驱虫效果的对照试验。对驱虫效果影响因素和奶牛个体以及群体水平的粪便虫卵数进行了评价。

变量表

变量	描述	代码/单位
province	加拿大的省	1=爱德华王子岛
		2=魁北克
		3=安大略
		4=萨斯喀彻温
herd	奶牛群号	
cow	奶牛号	
visit	随访数	
tx	产犊时埃谱利诺菌素驱虫	0/1
fec	粪便虫卵数	虫卵数/5g粪便
lact	泌乳期	0=初产
		1=经产
season	季节	1=1999年10～12月
		2=2000年1～3月
		3=2000年4～6月
		4=2000年7～9月
past_lact	泌乳奶牛放牧	0/1
man_heif	在小母牛牧场施肥	0/1
man_lact	在奶牛牧场施肥	0/1

feedlot

数据集提供者	研究类型	记录数	记录单位
Wayne Martin	病例–对照动物	588	动物

参考文献

Martin SW, Nagy E, Armstsong D, rosendal S. The associations of viral and mycoplasmal antibody titres with respiratory disease and weight gain in feedlot calves Can. Vet J. 1999; 40:560-7, 570.

简要说明

这个数据集是若干有关牛呼吸道疾病（BRD）病原微生物研究的综合数据。这些肉牛通常秋天进入饲养场育肥，大约30%将发生BRD。研究的大体策略是，在所有的牛到达饲养场时采血分析，28天后（因为大部分BRD发生在那段时间）再次采血分析。我们分析了所有病例样本以及大致相同数量的对照样本。在一些较小的群体，我们将所有牛作为样本，因此研究实际上是单一队列。不同年份的研究均在同一饲养场进行，但根据群体大小，一个饲养场每年可以有很多组研究。以定量的方式记录效价，但在数据集中是二分法表示。注：在收集这些资料时，其中一种重要细菌被称为溶血性巴氏杆菌，它的新名称为溶血性曼氏杆菌。

变量表

变量	描述	代码/单位
group	分组编号	
tag	耳标号	
province	饲养场所在省	1=艾伯塔省
		2=安大略省
brd	临床牛呼吸道疾病（病例–对照）	0/1
brsvpos	到达饲养场时针对牛呼吸道合胞体病毒的抗体滴度	0/1
brsvsc	研究期间牛呼吸道合胞体病毒血清抗体阳转	0/1
bvdpos	到达饲养场时针对牛病毒性腹泻病毒的抗体滴度	0/1
bvdsc	研究期间牛病毒性腹泻病毒血清抗体阳转	0/1
ibrpos	到达饲养场时针对牛传染性鼻气管炎病毒的抗体滴度	0/1
ibrsc	研究期间牛传染性鼻气管炎病毒血清抗体阳转	0/1
pipos	到达饲养场时针对pi3病毒的抗体滴度	0/1
pisc	研究期间pi3病毒血清抗体阳转	0/1
phcypos	到达饲养场时针对Mh细胞毒素的抗体滴度	0/1
phcysc	研究期间Mh细胞毒素血清抗体阳转	0/1
phaggpos	到达饲养场时针对Mh凝集素的抗体滴度	0/1
phaggsc	研究期间Mh凝集素血清抗体阳转	0/1
hspos	到达饲养场时针对Hs的抗体滴度	0/1
hssc	研究期间Hs血清抗体阳转	0/1
wt0	到达饲养场时体重	kg
wt28	28d后体重	kg

fish_trial

数据集提供者	研究类型	记录数	记录单位
Tim Burnley	随机对照试验	2000	鱼

参考文献

Burnley T: Atlantic salmon vaccine performance and production characteristics evaluated through a multisite clinical field trial. *Unpublished PhD thesis*. Univ of PEI，Charlottetown，PEI Canada；2009.

简要说明

这些数据是一个数据集的子集，搜集于2004–2007年加拿大芬迪湾水产养殖临床试验。研究的目的是在标准生产条件下比较大西洋鲑鱼接种不同的疫苗后的生长和存活情况。这里的数据来自一个网箱的鲑鱼，每条鱼都在2005年2月被植入标签（体内植入异频雷达收发机），并且被追踪观察到2007年8月。给鲑鱼随机接种疫苗（0天），这样整个生长期一个网箱内有不同的疫苗组。4次采样称重（包括开始给鱼作标记时），收获时也称重。这里的数据来自4个疫苗组的100条鱼，被选定的鱼每次都称量了体重，包括所有下巴畸形鱼和无下巴畸形鱼的样本。由于下巴畸形在生长初期就已形成且不会愈合，每次采样时发现下巴畸形意味这条鱼已被标记，而且整个生长期都有下巴畸形。感兴趣的结局变量是体重；由于平均体重从0天时的60g增加收获时的5800g，分析时采用自然对数。

变量表

变量	描述	代码/单位
fish	鱼识别号	
sample	样本号	1～5
day	自接种疫苗之日起的天数	
wt	抽样当天的体重	g
inwt	体重的自然对数	
wt_gain	自上次采样后的增重	g
adg	平均日增重	g/d
vaccine	疫苗组	1～4
jaw	下巴畸形	0/1

isa_day，isa_wk

数据集提供者	研究类型	记录数	记录单位
Larry Hammell，Ian Dohoo	回顾性队列研究	isa_day 690	网箱–天
		isa_wk 101	网箱–周

参考文献

Hammell KL，Dohoo IR. Mortality patterns in infectious salmon anaemia virus outbreaks in New Brunswick，Canada J Fish Dis. 2005a；28:639-50.

Hammell KL，Dohoo IR. Risk factors associated with mortalities attributed to infectious Salmon anaemia virus in New Brunswick，Canada J Fish Dis. 2005b;28:651-61.

简要说明

这些研究的数据从14个地点、218个网箱的1996年生二龄鲑搜集，但只有1个地点的9个网箱的数据包括在此数据集中，记录的是1997年春天至秋天的鲑鱼死亡数据。每个网箱死亡鲑鱼数由潜水员每天收集。总死亡数根据每天的数据统计。从绘制的死亡分布图上可以看出ISA爆发的开始、尖峰和结束阶段。只有疾病爆发阶段的数据包括在数据集中。

变量表—isa_day

变量	描述	代码/单位
site	地点识别号	
cage	网箱号	
int_st_dt	研究开始日期	日期
int_end_dt	研究结束日期	日期
mortint	研究间隔时间	d
morts	研究期间的死亡数	
par	风险群体	
mort_d	日死亡率	
dt	日期（研究期间的每一天）	
stage	爆发阶段	1=高峰前
		2=高峰后

每周的ISA爆发模式根据每天的死亡数编制。假设死于ISA的鲑鱼死前2周内发生感染，并且之前暴露于致病因子。这些数据在isa_wk文件中。

变量表—isa_week

变量	描述	代码/单位
site	地点	
cage	网箱	
week	爆发的周数	
stage	爆发阶段	1=高峰前
		2=高峰后
par	风险群体	
C	病例（死亡）数	
S	易感数	
E	暴露数	
la	感染数 – 第1周	
lb	感染数 – 第2周	
I	感染数 –（第1周+第2周）	
R	退出观察数	
N	群体总数	

isa_lcm

数据集提供者	研究类型	记录数	记录单位
Pascale Nerette	纵向研究	403	鱼

参考文献

Nerette P，Dohoo I，Estimation of specificity and sensitivity of three diagnostic tests for infectious salmon anaemia virus in the absence of a gold standard. J Fish Dis.2005;28:89-99.

简要说明

重复采集4个大西洋鲑鱼群体中403条鱼的组织样本，假定这些鲑鱼群体的ISA现患率有很大不同。样品盲送到不同实验室，这些实验室不知道鱼来自哪个群体。样品用IFAT（1个实验室）、PCR（3个实验室）和病毒分离（2个实验室）检测，检测结果用于建立可能类别模型来评估所有检测方法。

变量表

变量	描述	代码/单位
site	地点识别号	
cage	网箱识别号	
id	鱼的特别识别号	
pop	群体（患病）	
ifat	IFAT试验评分	0~4
ifat_c2	IFAT 0/1	0/1
pcr_a	实验室A的PCR	0/1
pcr_b	实验室B的PCR	0/1
pcr_c	实验室C的PCR	0/1
vi_a	实验室A的病毒分离	0/1
vi_b	实验室B的病毒分离	0/1

isa_risk

数据集提供者	研究类型	记录数	记录单位
Larry Hammell，Ian Dohoo	横断面研究	182	网箱

参考文献

Hammell KL，Dohoo IR. Mortality patterns in infectious salmon anaemia virus outbreaks in New Brunswick，Canada J Fish Dis. 2005a；28:639-50.

Hammell KL，Dohoo IR. Risk factors associated with mortalities attributed to infectious Salmon anaemia virus in New Brunswick，Canada J Fish Dis. 2005b;28:651-61.

简要说明

传染性鲑鱼贫血病毒传入芬迪湾后，加拿大启动了关于疾病危险因素的流行病学调查。在该研究开始时，人们并不知道引起鲑鱼死亡的致病因子。基于观察到的网箱内死亡鲑鱼的情况来确定是否为疾病"爆发"。该研究评估了大量的风险因素，这个数据集包含182个网箱的记录的子数据集，而这些子数据集包括了这些风险因素的完整数据（见下表）。当下面列出的风险因素都是固定因素（即在研究期间没有改变）时，数据被用来计算一个随时间变化的因素（研究地点是否已经存在于另一疾病为阳性的网箱）。这在从时间到疾病爆发的存活模型中用到。

变量表

变量	描述	代码/单位
sitepen	（1000*地点）+ 网箱识别号	
site	地点的识别号	
net-pen	网箱识别号	
datestrt	鲑鱼最初放入网箱的日期	
apr01_97	1997年4月1日	
date	爆发的日期	
case	病例（爆发）	0/1
cummrt96	1996年累积死亡	
size	网箱养殖规模	0≤10000
		1≥10000
par	网箱内最初风险群体（鱼的数量）	
numcage	该地点的网箱数	

isa_test

数据集提供者	研究类型	记录数	记录单位
Carol McClure，Larry Hammell	横断面研究	1071	鱼

参考文献

McClure CA，Hammell KL，Stryhn H，Dohoo IR，Hawkins LJ. Application of surveillance data in evaluation of diagnostic tests for infectious salmon anemia. Dis Aquat Organ. 2005；63: 119–27.

简要说明

在传染性鲑鱼贫血病毒在芬迪湾（加拿大）的存在被确定后，采用多种诊断试验检测了大量鱼。不同的诊断试验往往出现不一致的结果，数据被用来初步评价每种诊断试验的操作特性。确论发生了ISA的鱼被认为是"金标准阳性"，在研究期间从未发生过ISA的被认为是"金标准阴性"。对共计1071条鱼进行多次测试，收入数据集的测试结果分为阳性（$n=264$）和阴性（$n=807$）。

变量表

变量	描述	代码/单位
id	病例号	
date	提交日期	
site	地点识别号	
cage	网箱识别号	
subm	提交识别号	
fish	每次病例中鱼的数量	
dz	疾病状态（临床）	
histo	组织学检查	0=阴性
		1=可疑
		2=阳性
histo_np	组织学检查阴性/阳性（阳性=可疑+阳性）	0/1
ifat1	实验室1 IFAT	0~4
ifat1_np	实验室1 IFAT 阴性/阳性（阳性为1）	0/1
ifat2	实验室2 IFAT	0~4
ifat2_np	实验室2 IFAT 阴性/阳性（阳性为2）	0/1
pcr	PCR	0/1
vi	病毒分离	0/1

ketosis

数据集提供者	研究类型	记录数	记录单位
无	队列研究	617	牛

参考文献

无

简要说明

这是一个假设数据集组，用来评估母牛产犊时的身体状况与发生临床酮病的风险。对奶牛产犊时的身体状况进行了评估，并追踪3个月以观察临床酮病。

变量表

变量	描述	代码/单位
bcs	身体状况评分	0=正常（bcs<4）
		1=肥胖（bcs≥4）
Ketosis	临床酮病	0/1

lympho and lympho_mo

数据集提供者	研究类型	记录数	记录单位
Ian Dohoo	临床试验（假设）	300	犬

参考文献

无

简要说明

这些数据是从虚拟的两种治疗犬淋巴肉瘤方法的临床试验中获得。该虚拟研究为多中心（$n = 10$ 例临床病例）对照试验。符合试验标准的犬（$n = 2000$）先经外科手术切除肿瘤，然后被随机分配到4个处理组：未处理组、单纯放疗组、单纯化疗组、放疗和化疗组。犬被随机分配在每个中心，所以各处理组犬的总数在所有处理组不完全相等。每只犬的追踪都从处理开始直到其因淋巴肉瘤复发死亡或无法继续追踪（如其他原因死亡、主人搬离研究地点）。记录出现这些事件的时间。

变量表—lympho

变量	描述	代码/单位
id	犬识别号	
clinic	诊所识别号	
age_dx	诊断时年龄（岁）	yrs
rad	放疗	0/1
chemo	化疗	0/1
died	死于淋巴肉瘤或被删失	0=被删失
		1=死亡
days	从诊断至死亡（或删失）的时间	d

相同的变量出现在lympho_mo，但是这个数据集的时间变量是月而不是天。

meta_parasite

数据集提供者	研究类型	记录数	记录单位
Javier Sanchez	荟萃分析	75	牛群

参考文献

Sanchez J，Dohoo I，Carrier J，DesCôteaux L. A meta-analysis of the milk-production response after anthelmintic treatment in naturally infected adult dairy cows Prev Vet Med. 2004；63:237-56.

简要说明

经过系统综述驱虫治疗对奶牛产奶影响的文献，搜集了75项试验数据。这些试验使用各种方法测量牛奶生产情况，采用的治疗方法以及试验设计也有很大差异。

变量表

变量	描述	代码/单位
std_num	研究代号	
pubyear	文献出版年代	
study_lbl1-3	3种不同方式标记的研究图表	
mlkmeas	牛奶生产的测量	12类
tx_nr	治疗组样本大小	
tx_mean	治疗应答	
tx_sd	治疗应答的标准误	
ctrl_n	安慰剂组样本大小	
ctrl_mean	安慰剂应答	
ctrl_sd	安慰剂应答的标准误	
md_n	样本大小	
md	治疗效果	
md_se	SE（平均差）	
md_lci	置信区间下限（平均差异）	
md_uci	置信区间上限（平均差异）	
rand	临床试验随机化	0/1
trblind	治疗处理盲化	0/1
clrout	结果明确界定	0/1
critpar	参与研究的动物符合标准	0/1
pubtype	出版物类型	1=杂志
		2=摘要
		3=待发表文章
		4=非索引杂志
nbrhrd	农场数	
drug	药物	17种
hrdtx	整群治疗	0/1

（续表）

变量	描述	代码/单位
nbrtx	治疗的动物数	1 ~ 28
parity	经产状况	0=第一胎
		1=第二胎
		2=混合各种胎次
tx_cat	治疗类别	0 = 干奶至产犊期治疗
		1 = 产奶中期治疗
		2 = 策略性治疗
endecto	阿维菌素治疗	0/1

nocardia

数据集提供者	研究类型	记录数	记录单位
Lynn Ferns，Ian Dohoo	病例-对照研究	108	群

参考文献

Ferns L，Dohoo I，Donald A. A case-control study of Nocardia mastitis in Nova Scotia dairy herds Can Vet J. 1991；32：673-7.

简要说明

　　这个数据集来自新斯科舍省患诺卡氏菌乳房炎奶牛群（或未患该病的奶牛群）所进行的病例——对照研究。自1987年以来，加拿大诺卡氏菌乳房炎的发病率显著提高。本研究意在鉴别与该病发生有关的风险因素。1989年夏季，为了搜集数据，一共随访观察了54个有病例的群体和54个对照群体。

变量表

变量	描述	代码/单位
id	牛群号	
casecont	牛群的病例/对照状况	0=对照
		1=病例
numcow	产奶牛数量	
prod	牛群平均产奶量	kg（牛·d）
bscc	1988年前6个月每贮奶罐的平均SCC	细胞/ml
dbarn	干奶母牛的牛舍类型	1=非栓养
		2=栓养
		3=其他
dout	干奶母牛使用的室外场地类型	1=牧场
		2=运动场/圈养
		3=无
		4=其他
dcprep	干奶治疗前的乳头处理	1=不处理
		2=仅清洗
		3=清洗和消毒
		4=不使用干奶治疗
dcpct	干奶母牛用干奶治疗的百分比	%
dneo	农场上年度干奶治疗方案中含新霉素	0/1
dclox	农场上年度干奶治疗方案中含林可霉素	0/1
doth	农场上年度干奶治疗方案中含青霉素或新生霉素	0/1

pgtrial

数据集提供者	研究类型	记录数	记录单位
Jeff Wichtel	临床试验	319	牛

参考文献

无

简要说明

在北卡罗来纳州的3个奶牛场进行临床试验，评估前列腺素在繁殖期开始阶段使用的效果。每个农场何时开始繁殖犊牛由生产者决定。开始时母牛被随机分配，注射一次前列腺素或安慰剂。这些母牛被跟踪（最多346天）直到怀孕（直肠检查确认）或被剔除。除了评价使用前列腺素对繁殖性能的影响外，另外3个因素（经产状况、身体条件和所在畜群）也被考虑在内。

变量表

变量	描述	代码/单位
herd	畜群识别号	
cow	牛识别号	
tx	使用前列腺素	0/1
lact	第几个泌乳期	
thin	身体状况	0=正常
		1=偏瘦
dar	有风险的天数	天数
preg	怀孕或被删失	0=被删失
		1=怀孕

pig_adg

数据集提供者	研究类型	记录数	记录单位
Theresa Bernardo	代表性	341	猪

参考文献

Bernardo TM，Dohoo IR，Donald A. Effect of ascariasis and respiratory diseases on growth rates in swine Can J Vet Res. 1990；54:278–84.

简要说明

从加拿大爱德华王子岛选择一些农场，搜集关于猪生长性能和在屠宰场调查的数据。这些数据用来研究呼吸系统疾病（萎缩性鼻炎及地方流行性肺炎）、蛔虫水平与日增重之间的内在联系。萎缩性鼻炎的评分标准通过切开猪鼻和测量腹面到鼻甲骨的距离决定。评分可根据鼻中隔的偏离程度进行调整。肺的评分记录为0到3级（阴性到重度肺炎），然后转换为有或无肺炎。寄生虫虫荷的评估采用粪便虫卵计数及小肠内蠕虫成虫的数量和肝脏上的可见蛔虫斑等指标。猪在原农场从出生到屠宰的生产数据也被监测和记录。

变量表

变量	描述	代码/单位
farm	农场识别号码	
pig	猪识别号码	
sex	猪的性别	0=母猪
		1=阉猪
dtm	上市的天数（从出生到屠宰的天数）	d
adg	平均日增重	g
mm	鼻部测量	mm
ar	萎缩性鼻炎评分	0~5
lu	流行性肺炎评分	0=阴性
		1=轻微
		2=中等
		3=严重
pn	肺炎（lu>0）	0/1
epg5	屠宰时粪便中胃肠道线虫的虫卵计数	虫卵数/5g粪便
worms	屠宰时小肠内线虫数	
li	肝脏评分（根据寄生虫引起的"白斑"数量）	0=阴性
		1=中等
		2=严重
ar2	严重萎缩性鼻炎（ar>4）	0/1

pig_farm

数据集提供者	研究类型	记录数	记录单位
Dan Hurnik	横断面研究	69	猪场

参考文献

Hurnik D，Dohoo I，Bate L. Types of farm management as risk factors for swine respirtory disease Prev Vet Med.1994a;20:147–57.

Hurnik D，Dohoo I，Donald A，Robinson N. Factors analysis of swine farm management practices on Prince Edward Island Prev Vet Med.1994b；20:135–46.

简要说明

在爱德华王子岛（加拿大）猪场进行了猪呼吸系统疾病（流行性肺炎和胸膜炎）风险因素的现况研究。根据对屠宰时胸腔内脏的常规评估，确定每种疾病现患率。研究者访问各个农场期间搜集了一系列风险因素的数据。面临的挑战是对这些因素之间以及这些因素和呼吸系统疾病之间的关系进行分类，但分类时样本大小很有限。

变量表

变量	描述	代码/单位
farm_id	猪场识别号码	
pneu	肺炎的现患率	
pncode	肺炎 – 类别（3级）	0<10%
		1=10%～40%
		2>40%
pleur	流行性胸膜炎现患率	
plcode	流行性胸膜炎 – 类别（3级）	0=0%
		1=0%～8%
		2>8%
num	屠宰时检验猪的数目	
size	群体大小	
growth	平均日增重	g/d
cmpfd	猪饲喂完全混合饲料	0/1
suppl	加饲料添加剂	0/1
prmx	饲喂预混料	0/1
strmed	仔猪料添加药物	0/1
selenium	饲料添加硒	0/1
dryfd	饲料干饲（vs湿饲）	0=湿饲
		1=干饲
flrfd	平面养猪	0/1
rooms	猪舍中的分设的猪圈数目	
m3pig	每头猪的空气体积	m^3
shipm2	密度（每平方米容纳的猪数）	pigs/m^2

（续表）

变量	描述	代码/单位
exhaust	排气扇功率	
inlet	进气口的面积	
maninlt	手动调节空气进入	0/1
mixmnr	猪圈间的粪便混合	0/1
straw	用垫草	0/1
washpns	猪舍清洗频率（每年）	
strdnst	猪舍地面面积—仔猪（平方米）	m^2
grwdnst	猪舍地面面积—生长猪（平方米）	m^2
fnrdnst	猪舍地面面积—育肥猪（平方米）	m^2
lqbmnr	粪便液化处理	0/1
floor	地面有栅板	0/1
sldprtn	猪圈间固定分隔	0/1
hlfsld	猪圈间半固定分隔	0/1
pigwtr	每饮水乳头的猪数量	
numpen	猪圈数	
mixgrp	不同组别猪混养	0/1
hldbck	屠宰缓慢生长的猪	0/1
dstfrm	与最近的养猪场距离（千米）	km
hmrsd	所有猪采用舍饲	0/1
nmbsrc	猪来源的数目	
mnlds	仅饲养最小疾病法繁殖的猪	0/1
vet	兽医每年访问数	
feedsls	饲料经销商每年访问数	
neighbr	邻居每年访问数	
pigprdc	养猪者每年访问数	
trucker	货车司机每年访问数	
you	猪场企业主在猪舍工作	0/1
family	猪场企业主家庭成员在猪舍工作	0/1
hrdhlp	雇佣帮工在猪舍工作	0/1
exprnce	养殖经验	年数

prew_mort

数据集提供者	研究类型	记录数	记录单位
Jette Christensen	横断面研究	6552	一窝仔猪

参考文献

Christensen J，Svensmark B.Evaluation of producer-recorded causes of preweaning mortality in Danish sow herds Prev Vet Med. 1997；32:155-64.

简要说明

这些数据来自Jette Christensen在丹麦所搜集的16个猪群的数据库，研究仔猪断奶前死亡的影响因素。这些数据含3个层次：仔猪（$n = 6552$）、母猪（$n = 3162$）和猪场（$n = 16$）。最主要的结果是仔猪断奶前死亡，表示为如果一窝仔猪中有一头或多头仔猪在断奶前死亡，则这窝仔猪归类于有断奶前死亡。

变量表

变量	描述	代码/单位
herd	唯一的猪群识别号	
sowid	唯一的母猪识别号	
litter	唯一的一窝仔猪识别号	
lmort	一窝仔猪中断奶前死亡	0/1
herdtype	猪群类型	0 = 商品猪
		1 = 种猪
year		
month	月份	1月=1，12月 = 12
quarter	季度	1 = 1~3月
		2 = 4~6月
		3 = 7~9月
		4 = 10~12月
sow_parity	母猪胎次	
sow_tx	母猪必要的处理（母猪在产前3d到产后7d）	0/1
dead	每窝死亡的仔猪数	
lsize	一窝仔猪数	
n	每窝有风险的仔猪数	
stillb	产死胎数	

reu_cc

数据集提供者	研究类型	记录数	记录单位
Emmanuel Tillard，Ian Dohoo	队列研究	2509	泌乳期

参考文献

Dohoo IR，Tillard E，Stryhn H，Faye B. The use of multilevel models to evaluate sources of variation in reproductive performance in dairy cattle in Reunion Island Prev Vet Med. 2001；50: 127–44.

简要说明

这些数据搜集自CIRAD（法国国际农业研究中心）的研究人员正在留尼旺岛（一个位于印度洋的法国海外领地）进行的奶牛繁殖性能研究项目，组成两个独立的数据集。其中一个数据集的数据记录从产犊到受孕的时间间隔，而另一个数据库则是关于从产犊到第一次配种的时间间隔和第一次成功配种的数据。数据有4层结构：泌乳期（ $n = 2509$ ）、母牛（ $n = 1345$ ）、牛群（ $n = 50$ ）和地理区域（ $n = 5$ ）。

变量表

变量	描述	代码/单位
region	地理区域	
herd	牛群编号	
cow	奶牛的唯一编号	
obs	观察的唯一编号	
lact	泌乳期编号	
cc	产犊到受孕的时间间隔	d
lncc	产犊到受孕的时间间隔—转换成对数	
lncfs_ct	产犊到第一次配种的时间间隔—转换成对数和取中间值	
heifer	年龄	0=经产牛
		1=初产牛
ai	第一次配种的授精类型	0=自然交配
		1=人工授精

reu_cfs

数据集提供者	研究类型	记录数	记录单位
Emmanuel Tillard，Ian Dohoo	队列研究	3027	泌乳期

参考文献

Dohoo IR，Tillard E，Stryhn H，Faye B.The use of multilevel models to evaluate sources of variation in reproductive performance in dairy cattle in Reunion Island Prev Vet Med. 2001；50: 127–44.

简要说明

与reu-cc数据集的研究相同，但这个数据库包含从产犊到第一次配种的时间间隔以及第一次配种是否成功受孕的数据。数据有4层结构：泌乳期（$n = 3027$）、母牛（$n =1575$）、牛群（$n =50$）和地理区域（$n =5$）。

只包含每头母牛第一个泌乳期记录的第二个数据库为reu-cfs-1lact。

变量表

变量	描述	代码/单位
region	地理区域	
herd	牛群编号	
cow	奶牛的唯一编号	
obs	观察的唯一编号	
lact	泌乳期编号	
cfs	产犊到第一次配种的时间间隔	d
lncfs	产犊到第一次配种的时间间隔 —转换成对数	
fscr	第一次配种受孕	0/1
heifer	年龄	0=经产奶牛 1=初产奶牛
ai	第一次配种的受精类型	0=自然交配 1=人工授精

sal outrk

数据集提供者	研究类型	记录数	记录单位
Tine Hald	配对病例–对照研究	112	个体（人）

参考文献

Molbak K，Hald D.An outbreak of *Salmonella typhimurium* in the country of Funen during late summer. A case-controlled study Ugeskr Laeger. 1997；159:36.

简要说明

这些数据来自于1966年丹麦菲英郡沙门氏菌病爆发的调查结果。其中包含39例鼠伤寒沙门氏菌病例和73例包括和年龄、性别和居住地因素相匹配的对照。大量的食物暴露因素的数据被记录，其中一小部分数据包含于sal_outbrk数据库。

变量表

变量	描述	代码/单位
match–grp	病例–对照对子的标记	
date	随访日期	
age	年龄	岁数
gender	性别	0=男性，1=女性
casecontrol	病例–对照地位	0/1
eatbeef	在前72h内吃过牛肉	0/1
eatpork	在前72h内吃过猪肉	0/1
eatveal	在前72h内吃过小牛肉	0/1
eatlamb	在前72h内吃过羊肉	0/1
eatpoul	在前72h内吃过禽肉	0/1
eatcold	在前72h内吃过冷肉片	0/1
eatveg	在前72h内吃过蔬菜	0/1
eatfruit	在前72h内吃过水果	0/1
eateggs	在前72h内吃过鸡蛋	0/1
slt_a	吃过在屠宰场A加工的猪肉	0/1
dlr_a	吃过批发商A销售的猪肉	0/1
dlr_b	吃过批发商B销售的猪肉	0/1

scc_40

数据集提供者	研究类型	记录数	记录单位
Jens Agger and Danish Cattle Organization，Paul Bartlett，Henrik Stryhn	纵向研究	14357	测试当天的观察

参考文献

Stryhn H，Andersen JS，Bartlett PC，Agger JFA. Milk production in cows studies by linear mixed models. Proc. of symposium in applied statistics，Copenhagen，January 2001. Proceedings（ed. Jensen NE. Linde P）：1–10.

简要说明

这些数据是一个大型的奶牛乳腺炎数据库的小子集，由Jens Agger 和丹麦奶牛业组织收集，包含40个牛群、2178头母牛、14357测试当天的观察数据。奶产量（生产记录）按月收集，并且每头牛只有一个泌乳期的数据包括在数据库中。影响体细胞数（SCC）的各种因素也被记录下来。这项研究的主要目的是：确定体细胞数和奶产量间的关系是否随着母牛的不同特性（年龄、品种、是否放牧等）而变化。

这些数据的一个子集为scc40_2 level，仅记录每头牛第一次观察的数据。因此这个数据集有两个水平（牛群和母牛）。

变量表

变量	描述	代码/单位
herdid	牛群识别号	
cowid	母牛识别号	
test	泌乳期大概的月份	0~10
h_size	平均牛群大小	
c_heifer	母牛胎次	1 = 小母牛
		0 = 经产牛
t_season	测试当天所在季节	1 = 1~3月
		2 = 4~6月
		3 = 7~9月
		4 = 10~12月
t_dim	测试的天数	天数
t_lnscc	测试当天体细胞数的对数	

scc_heifer

数据集提供者	研究类型	记录数	记录单位
Sarne de Vliegher	队列研究	10996	测试当天的观察

参考文献

De Vliegher S，Barkema HW，Stryhn H，Opsomer G，de Kruif A. Impact of early lactation somatic cell counts over the first lactation J Dairy Sci. 2004；87:3672–82

简要说明

这是一个有关小母牛的数据集的子集，于2000–2001年间从比利时牛群中搜集。研究的目的是探索和量化泌乳早期（泌乳开始5～14d）的体细胞数在预测整个泌乳期奶产量和质量时的作用。小母牛被按月追踪记录直到泌乳期结束。这个数据集只包括了每头小母牛在泌乳期76～105d的一次记录，共观察3095个牛群的10996头小母牛。预测指标是泌乳早期体细胞数的自然对数（–lnsccel–），感兴趣的结果是76～105d时间范围内测量的SCC对数值（–lnscc–）。

变量表

变量	描述	代码/单位
herd	牛群识别号码	
cow	母牛识别号码	
lnsccel	泌乳早期体细胞数的对数（取中间值）	
lnscc	测试当天体细胞数的对数（76～105d）	

tdize，staize_dir，stdize_ind

数据集提供者	研究类型	记录数	记录单位
Ian Dohoo	横断面研究（假设）	4	频率数

参考文献

无

简要说明

这3个小数据集都是假设数据，用于证明第4章频率的直接或间接标准化。

变量表（stdize）

变量	描述	代码/单位
region	地区	
type	牛的类型	
cases	发现结核病的牛群数	
hy	风险牛群–年数	

tac_mca

数据集提供者	研究类型	记录数	记录单位
Ahmed El Moselmany, Greg Keefe	队列研究	69	奶牛群

参考文献

Elmoselemany AM, Keefe GP, Dohoo IR, Jayarao BM. Risk factors for bacteriological quality of bulk tank milk in Prince Edward Island dairy herds. Part 1: overall risk facters J Dariy Sci. 2009a; 92: 2634–43.

Elmoselemany AM, Keefe GP, Dohoo IR, Jayarao BM. Risk factors for bacteriological quality of bulk tank milk in Prince Edward Island dairy herds. Part 2: bacteria count- specific risk factors J Dariy Sci. 2009b; 92: 2644–52.

简要说明

对2005年3月–2007年3月期间爱德华王子岛所有奶牛群（$n = 235$）罐装原奶的质量进行评价。每两周用薄膜型培养平板检测总需氧细菌数（TAC）。每次检测分别计算最后的6个分析量，当至少有4个高TAC时，牛群被归类为TAC病例；对照牛群的TAC较低。由熟练技术人员寻访病例牛群与对照牛群，记录了大量有关牛群的乳房健康和牛奶质量的数据。这个数据集只选择和保留了一个比较重要的变量子集。

变量表（stdize）

变量	描述	代码/单位
tac	根据总需氧细菌数确定的病例牛群或对照牛群	0 = 对照
		1 = 病例
X1	乳头药浴试验（风险因素=不进行药浴）	0/1
X2	清理乳房被毛（风险因素=不清理）	0/1
X3	水洗与干擦乳房（风险因素=水洗）	0/1
X4	乳头清洁程度（风险因素=脏）	0/1
X5	牛（乳房侧面和腿）的卫生（风险因素=脏）	0/1
X6	清洗管道用水的碱度（风险因素=高碱度）	0/1

tb_real

数据集提供者	研究类型	记录数	记录单位
Ian Dohoo，Fonda Munroe	回顾性队列研究	134	动物群

参考文献

Munroe FA，Dohoo IR，McNab WB. Estimates of within-herd incidence rates of Mycobacterium bovis in Canadian cattle and cervids between 1985 and 1994 Prev Vet Med. 2000；45: 247-56.

Munroe FA，Dohoo IR，McNab WB, Spangler L. Risk factors for the between-herd spread of Mycobacterium bovis in Canadian cattle and cervids between 1985 and 1994 Prev Vet Med.1999；41:119-33.

简要说明

回顾评价了1985-1994年在加拿大家畜（奶牛、肉牛、鹿科动物和野牛）中爆发的所有（n=9）结核病事件，调查了结核病在畜群内和畜群间传播的危险因素。审查了所有结核病爆发流行病学调查的详细记录（包括所有接触牛群的记录），对每次爆发都作了总结。这个数据库的数据只来源于发生过结核病的畜群。对于每个畜群，确定了感染进入畜群的最可能时间，以及根据检测结果认定的新病例的数目。确定了每一年龄、性别和类型的动物数量，并且计算了动物存在感染风险的天数。调查了年龄（3组）、性别（2组）和动物类型（5组）对新感染发生率的影响。注：为了保密和监管的需要，这些数据被故意修改。

变量表

变量	描述	代码/单位
obs	观察数量	
farm_id	农场识别号	
type	动物类型	1=奶牛
		2=肉牛
		3=鹿科动物
		4=其他
sex	性别	1=母
		2=公
age	年龄段	1=0～12月龄
		2=12～24月龄
		3=大于24月龄
reactors	阳性反应的数量	
par	风险动物天数	

Vietnam（various files）

数据集提供者	研究类型	记录数	记录单位
Dirk Pfeiffer	监测数据	134	动物群

参考文献

Pfeiffer DU，Minh PQ，Martin V，Epprecht M，Otte MJ. An analysis of the spatial and temporal patterns of highly pathogenic avian influenza occurrence in Vietnam using national surveillance data Vet J. 2007；174:302-9.

简要说明

这些数据搜集自2004-2006年对越南北部地区家禽H5N1型高致病性禽流感疫情的定期监测情况。压缩文件夹中包含很多文件。下面示例其中一个文件的内容。

变量表—viet_commune_centroid

变量	描述	代码/单位
id	该社区的名称	
x_coord	该社区中心点的经度	
y_coord	该社区中心点的纬度	
infected	该社区有禽流感感染	
inf_2003_4	该社区2003-2004年感染禽流感	
inf_2004_5	该社区2004-2005年感染禽流感	
inf_2005_6	该社区2005-2006年感染禽流感	

词汇和术语

刘秀梵 译校

在流行病学书籍和其他信息来源中提交数据在术语和方法上有相当大的差异。一般说，本书中所用的术语和数据布局与《现代流行病学》第2版（Rothman和Greenland，1998年）中所用的一致。

GT.1 数据布局

在表中后果变量为横排，预测变量为纵列。

风险计算（2×2表）

	暴露情况		
	暴露组	未暴露组	
有病组	a_1	a_0	m_1
非病组	b_1	b_0	m_0
	n_1	n_0	n

这里：

a_1 = 既有病又有风险因素的动物数

a_0 = 有病但没有风险因素的动物数

b_1 = 有风险因素但没有病的动物数

b_0 = 既无病又无风险因素的动物数

m_1 = 有病动物数

m_0 = 无病动物数

n_1 = 暴露动物数

n_0 = 未暴露动物数

n = 研究动物数

一般说，在从样本得到的值和总体值之间无区别时，通常容易从上下文确定所指的是什么。在需要区别的有选择情况下，大写字母（如A_1）用来表示总体值，而小写字母（如a_1）用来表示样本值。

率计算（2×2表）

这里动物—时数代替非发病数

	暴露情况		
	暴露组	未暴露组	
病例数	a_1	a_0	m_1
风险动物—时数	t_1	t_0	t

这里：

a_1 ＝暴露组病例数

a_0 ＝未暴露组病例数

t_1 ＝暴露组累计动物—时数

t_0 ＝未暴露组累计动物时数

t ＝研究动物的累计总动物时

诊断试验（2×2表）金标准布局

	试验结果		
	阳性	阴性	
疾病阳性	a	b	m_1
疾病阴性	c	d	m_0
	n_1	n_0	n

注：边界值与风险计算相同；格内值用a，b，c，d表示。

试验比较布局

	试验2阳性数	试验2阴性数	试验总数
试验1阳性数	n_{11}	n_{12}	n_1
试验1阴性数	N_{21}	N_{22}	n_2
试验总数	n_1	N_2	n

相关数据配对病例—对照数据布局

		对照对		病例总数
		暴露组	未暴露组	
	暴露组	t	u	$t+u=a_1$
病例对	未暴露组	v	w	$v+w=a_0$
	对照总组	$t+v=b_1$	$u+w=b_0$	

注：如果配对用于队列研究，则用相同格式，但是病例（行）—对照（列）状态被暴露（行）和未暴露（列）取代，暴露状态为疾病状态取代。

有效数字（位）

在整本书中，数据用较多的有效位提交，这样做是为了明晰和避免舍入误差。

GT.2　多变量模型

一般说，多变量模型将用下式表示，只有绝对需要清楚时才用明晰下标（如观察数）：

$$结果 = \beta_0 + \beta_1 X_1 + \beta_2 X_2 + \ldots + \beta_k X_k$$

这里结果可以是各种参数（例如Logistic回归结果=ln（$p/1-p$）），而k是模型中参数的个数（不计截距）。

在有些情况下，βX或μ用来代表模型的整个右边（即线性预测），以简化陈述：

$$\beta X = \beta_0 + \beta_1 X_1 + \beta_2 X_2 + \ldots + \beta_k X_k$$

预测、暴露、风险因子和独立变量等名称都被用来表示引起所关注结果的因素，虽然一般说我们倾向于用前两个名称中的一个。这些被称为X。

结果和依变量两者都用作响应，但是前者最常用，常记为Y。

GT.3   多水平模型

$$Y_i = \beta_0 + \beta_1 X_{1i} + \ldots + \beta_k X_{ki} + u_{\text{herd}(i)} + \varepsilon_i$$

注：为简单起见，单个指标用于表示所有的多水平数据。下标i表示观察个体（最低水平）。在上例中，$u_{\text{herd}(i)}$代表包含第i个体的畜群。如果有40个畜群，u可以有40个值中的一个值。另一种表示法是有多个指标，如$u_j + i_j$，这里j表示畜群，而i代表第j畜群中的第i个体。用这种表示法来描述重复测量数据，这里Y_{ij}=在j时刻对动物i的测量值。

GT.4   词汇表

与公式和方法有关的名称

a	病例数
ACF	自相关函数
AF_e	暴露组可归因分值
AF_p	总体中的可归因分值
AFT	加速失效时间
AIC	Akaike 信息准则
ALR	交互Logistic回归
ANOVA	方差分析
AP	显性流行
AR	自回归的
ARMA	自回归滑动平均值
AUC	ROC曲线下的面积
BIC	贝叶斯信息准则（希瓦咨–贝叶斯准则）
BLUP	最佳线性无偏预测
BUGS	用Gibbs抽样的贝叶斯分析
c	常数（如危害基线）
c	抽样费用
c	空间配对点值间相互关系的Gary常数
c	在一个时段中一个动物与其他动物的接触率
CAR	条件性自回归的
CCC	一致相关系数
chi^2	卡方（χ^2）
CI	置信区间

corr（Y）	Y的相关系数矩阵
cov（Y）	Y的协方差矩阵
covar	协方差
covar（＋）/covar（－）	在试验阳性（＋）/试验阴性（－）样本结果中的协方差
cp	临界点
Cp	Mallow统计量
cp	有效接触率
CRS	复合参照标准
CV	变异系数
D	剩余差统计量（$-2 \times \ln L$）
D	最小发病数
D	期间
D	疾病
d	期间=感染期间
d	倾向记分标准化差异
D–	没有特定疾病/情况的动物
D′	分类（未必正确）疾病状态
D（h）	差异函数（病例和对照间K函数）
$D+$	有特定疾病/情况的动物
DAC	定向非循环图（aka因果图）
DB	$\Delta\beta$
deff	设计效应
df	自由度
DFITS	拟合统计量差异
d_i	研究i的Cohen's d（荟萃分析）
DIC	剩余差信息准则
d_{ii}'	点i和i'之间的距离
d_j	在时间区间（精算寿命表）内的结果事件（失败）或在时刻t_j时（K–M寿命表）事件的个数
DOR	诊断比数比
e	2.71828（自然对数底数）
E	期望值（例如E（Y）=Y的期望值）
E	暴露因子
$E-$	未暴露的动物
$E+$	暴露的动物
ESS	有效样本量
EV	外源变量
exp	期望细胞数
exp	指数函数（即exp（x）=e^x）

f	总体接种疫苗的比例
$F(t)$	寿终（失效）函数
$f(t)$	概率密度函数
$f(\theta)$	θ的先验分布（贝叶斯分析）
$f(\theta\|Y)$	θ的后验分布（贝叶斯分析）
FNF	假阴性分值
FP	分数多项式
FPC	有限总体修正
FPF	假阳性分值
G^2	似然比统计
GEE	广义估计方程
g_i	研究i的Hedge调正g
GLM	广义线性模型
GLMM	广义线性混合模型
GWR	地理加权回归
$h(t)$	危害函数
$H(t)$	累计危害函数
$h_0(t)$	基线危害函数
h_i	杠杆值
Hj	在j层的宿主因素和/或动物时间的分布
HR	危害比
Hs	宿主因素的标准总体分布
HSe	群体易感性
HSp	群体特异性
i	观察计数
I	发生率
I	Moran I（空间自相关系数）
i	发生率=在群体中发生新感染的率–这是群体发生率（用i表示以与I区别）
IC	信息准则
ICC	类别内相关系数
ID	发病率差异
ID_G	基于组群平均数的发病率差异
I_{dir}	直接标准化率
I_e	期望发病率
I_h	K的示性函数
IIA	不相关替换的独立性
I_{ind}	直接标准化率
IPTW	处理权重的反概率
IQR	四分位数间距

IR	发病率比
IR_G	基于组群水平数据的发病率比
IS	标准群体发病率
j	指定层
j	指定种类
j	在数据集中指定协变量
j	指定时间区间（精算寿命表）或时间点（KM寿命表）
j	系统随机样本的抽样区间
J	j的总数
k	群体—水平检测的割点（阳性群分类需要的阳性数）
k	模型中预测变量数
k	空间聚集或组群的数目
k	荟萃分析中的研究数
$K(h)$	每距离h事件空间密度的K函数
$K(ht)$	双变量空间—时间K函数
KM	Kaplan-Meier（寿命表或生存模型）
L	容许误差（置信半径）
L	似然函数（例如L（$Y|\theta$））
L	在病例—交叉研究中的滞后时间
L_0	无效似然函数或基线似然函数
LCM	潜伏类模型
L_{full}	全模型的似然函数
LISA	空间联系的局部示性函数
l_j	在时间区间（精算寿命表）开始就处于失效风险的动物
ln	自然对数
lnL	对数似然函数
log	自然对数（又写作ln）
LR	似然比
LR_{cat}	基于确定种类结果的似然比
LR_{cp}	基于确定临界值的似然比
L_{red}	从减约（较小）模型来的似然函数
LRT	似然比检验
m	每个病例配对对照的数目
m	协变量模式中观察的数目
m	在混合样本中的样本数
m	每个聚集（组群）动物的数目
MANOVA	方差的多变量分析
MAR	随机缺失
MAUP	可变区域单位问题

MCA	多元响应分析
MCAR	完全随机缺失
MCMC	Markov链Monte Carlo
MCSE	Monte Carlo标准误
MD_i	在荟萃分析中研究i的平均差异
ML	最大似然
MNAR	非随机缺失
MOR	中位比数比
MOR_c	聚集中位比数比
MQL	边际拟似然
MSE	误差均方
n	数
n	样本量
N	群（总）体大小
n'	校正的样本量
NB–1 etc	负二项模型——详见第18章
o	比数
obs	观察的细胞数
OR	比数比
OR（ABC）	因素ABC的比数比
OR（ABC|D）	因素ABC有条件的对D的比数比
OR_a	校正比数比
OR_c	粗比数比
OR_j	层特异比数比
OR_{MH}	Mantel–Haenszel校正比数比
OR_{sf}	抽样分数的比数比
p	概率，如在p（$D+|E$）或者p（$Y=1$）
p	比例，如在ln（$p/1-p$）
p	Weibull分布的形状参数
p	如果一个动物是传染性的，一个动物是易感的，感染的传播概率
p'	带有暴露或疾病的分类（未必正确）比例
p_j	在存活区间j的概率（精算寿命表）或在时间t_j存活概率
P	P-值
P	流行
PA	群体均数
PACF	偏自相关函数
par	风险群体
par	参数
PAR	可归因风险群体

PD	流行差
PE	预测误差
pl（λ）	子集似然函数
$PlSe$	混合-样本敏感性
$PlSp$	混合-样本特异性
$PPV-$	一个阴性试验的阳性预测值
PQL	惩罚拟似然
PR	流行比
PS	倾向记分
PSU	初级抽样单位
PV	预测值
$PV-$	阴性预测值
$PV+$	阳性预测值
q	$1-p$
q_j	在j区间（精算寿命表）事件风险或在时间点t_j（KM寿命表）事件的风险
Q	Cochrane Q统计量
QIC	在独立模型信息准则下的拟似然
r	相关系数（也用ρ）
R	发生风险
R	空间区域
R_0	R_0=感染基数=在完全易感群体中从一个感染个体产生的新病例数
r^2	相关系数的平方（也用R^2）
R^2	决定系数（也用r^2）
RD	风险差（也称为可归因风险）
RDD	随机数字拨号
REML	约束极大似然
res_p	Pearson残差
r_i	原始残差
r_j	在一个时间区间（精算寿命表）或在一个时间点t_j（KM寿命表）处于风险动物的平均个数
ROC	受试者工作特征曲线
RR	风险比（另一种说法是相对风险）
RR_a，RR_u	校正和未校正RR（荟萃分析）
Rs	标准群体发病风险
r_{si}	标准化残差
R_t	R_t=感染基数=在时间t从每一个传染性个体产生的新病例数
r_{ti}	student残差
$s=S/N$	易感群体的比例

注：在一个完全易感的群体中$S_0=N$，因此$s_0=1$

S，I，R，N	在群体中易感的，传染性的，被除去的动物数（分别）和动物总数
$S(t)$	生存函数
SAR	同步自回归的
SD	标准差
SE	标准误
Se	敏感性
Se_{corr}/Sp_{corr}	基于现况确认的校正Se/Sp
Se_{new}/Sp_{new}	现今试验的Se/Sp校正为所指试验的Se/Sp
Se_p/Sp_p	试验结果平行解释的Se/Sp
Se_s/Sp_s	试验结果系列解释中的Se/Sp
sf	抽样分值
sf_{T+}/sf_{T-}	现况确认的抽样分值
S_i	个体i的潜在变量值
s_i	空间点
SMR	标准化发病/死亡比
so	抽样比
Sp	特异性
sr	抽样风险
SRR	标准化风险比
SS	动物特异的
STROBE	在流行病学中强化观察性研究的报告
t or T	动物—时数
TCE	真实因果效应
t_d	倍增时间
T_i	在荟萃分析中，研究i的研究结果
t_j	事件的时间（KM寿命表）
t_{j-1}，t_j	在区间中的时间跨度（精算寿命表）
Δ_t	时段
TP	真实流行
TR	时间比
Ts	标准群体处于风险的动物—时间
T_{scan}	间扫描统计量
TVC	时变协变量
U	混杂偏倚（荟萃分析）的变量
u_i	研究i的随机效应
var	方差
V_i	荟萃分析中为研究i的研究方差
VIF	方差膨胀因子

W	基于暴露概率的抽样权重
w_j	在时间区间撤回的主体，（审查过的观察）（精算寿命表）或在时间点t_j审查过的观察（KM寿命表）
X	预测变量或预测变量的设计矩阵
Y	结果变量或结果值的向量
Z	随机效应的设计矩阵
Z	外部变量、因素或混杂因素
Z	标准正态离差
Z_α	$\alpha/2$ I型错误的标准正态百分位数（用于样本大小的计算）
Z_β	单例β II型错误的标准正态百分位数（用于样本大小计算）

注： 缩写不用Arial字母形斜体（表和图）。

符　号

·，×	乘法
/	除法
#	数目
~	近似符号或者分布为（如是~否（0，1））
≈	近似等于
α	显著水平（I型错误）
β	回归系数，或系数向量（1*n）
β	II型错误
β	脆弱因子
β_{aft}	从加速失效时间模型得到的系数
β_{ph}	从比例危害模型得到的系数
γ	早期的（空间的）疾病率
$\gamma(h)$	经验半变量图
δ	空间边缘校正因子
Δ_i	研究i的Glass Δ（荟萃分析）
ε	误差或误差向量（1*n）
θ	局部（空间）疾病率的后验值
θ	特定或假定值
θ_0	无效特定值
λ	核密度
λ	危害
λ	易感动物变为传染性动物的率
λ	幂变换
μ	随机组群效应
μ	总体均数

π	3.14159
ρ	相关—组内相关系数（也用γ）
ρ_{ce}	混杂因素—暴露相关
σ	标准差
σ^2	方差
σ^2_h	群方差
σ^2_i	β_1的随机斜率方差
σ^2_r	区域性方差
τ	空间带宽
τ	比例优势的割点
τ	生存时间分布
τ^2	荟萃分析中的研究方差间
φ	在GLM（M）中的散度参数
φ	先期疾病率方差
χ^2	卡方统计量
$\chi^2 homo$	同质性卡方检验
$\chi^2 Wald$	Wald卡方统计量

与位置和动物健康问题有关的名称

AID	自家免疫病
Ap	胸膜肺炎放线菌
AVC	加拿大爱德华王子岛大学大西洋兽医学院
BRD	牛呼吸道疾病
BRSV	牛呼吸道合胞体病毒
BSE	牛海绵状脑病
bst	牛生长激素
BVD	牛病毒性腹泻
BVDV	牛病毒性腹泻病毒
d	日
EBL	地方流行性牛白血病
ELISA	酶联免疫吸附试验
IBR	牛传染性鼻气管炎（疱疹病毒I型）
IFAT	间接荧光抗体试验
ISA	鲑鱼传染性贫血
Map	禽副结核分支杆菌
Mh	溶血性曼氏杆菌
mo	月
MUN	乳尿素氮
OD	光密度

Ont.	安大略省（加拿大的大省）
OVC	安大略省圭尔夫大学安大略兽医学院
PCR	聚合酶链反应
PEI	爱德华王子岛（加拿大最小的省）
PI	持续感染的（如牛病毒性腹病毒感染）
ppb	十亿分之一（10^{-9}）
ppm	百万分之一（10^{-6}）
TAC	需氧菌总数
yr	年

GT.5　概率表示

$\mathrm{E}(Y) = Y$的期望值

$\mathrm{P}(D+) = $有所研究疾病的概率

$p(T+|D+) = $有所研究疾病的动物试验阳性的概率

$p(D+|E+) = $在暴露组群中有所研究疾病的概率

$p(D+|T+) = $试验阳性动物有所研究疾病的概率

$c_k^n = $从$n$个事物中取$k$个的组合数

GT.6　命名变量

书中变量名称位于两短横杠之间（如–变量名–），但是在表和图中不加短横杠，变量用在方程中也不加。

变量的改变一般将（但不总是如此–你大概不指望我们完全一致吧）通过在原来的变量名称加后缀来命名。例如：

变量的中心化	varname_ct
变量的平方	varname_sq
变量名的归类，带有n=种类数#	varname_c#
变量的对数转换	varname_ln

指示变量通常通过附于种类值而命名（或者如果是连续变量则左端为种类范围）。例如代表牛群大小的变量分4个组（0～29，30～59，60～89，90+），将形成下列4个变量：

–牛数_0–

–牛数_30–

–牛数_60–

–牛数_90–

注：除非特别指出，正好落在分界点上的值，将作为上一类。